U0264676

COMPREHENSIVE UTILIZATION OF
WASTE RESOURCES IN COAL INDUSTRY

煤炭工业"三废"资源综合利用

刘炯天　等编著

化学工业出版社

·北京·

本书围绕煤炭工业的"三废"处理、处置及利用过程，遵循由资源到技术的思路进行编著，内容涵盖了煤炭工业"三废"洁净化处理、资源化利用的相关技术。全书共分五篇，具体包括低热值煤资源开发与利用、煤系固体废物利用与处置、煤矿生产废水处理与利用、煤化工废水处理与利用、煤矿瓦斯的开发与利用。

　　本书内容全面丰富，含有大量工程实例，学术性与系统性强，可供环境工程、化学工程、煤炭工程等领域的工程技术人员、科研人员和管理人员参考，也可供高等学校相关专业师生参阅。

图书在版编目（CIP）数据

煤炭工业"三废"资源综合利用/刘炯天等编著 . —北京：化学工业出版社，2015.7

"十二五"国家重点图书

ISBN 978-7-122-24247-1

Ⅰ.①煤…　Ⅱ.①刘…　Ⅲ.①煤炭工业-废物综合利用

Ⅳ.①X752

中国版本图书馆 CIP 数据核字（2015）第 126143 号

责任编辑：刘兴春　　　　　　　　　　文字编辑：孙凤英　刘莉珺

责任校对：边　涛　　　　　　　　　　装帧设计：韩　飞

出版发行：化学工业出版社（北京市东城区青年湖南街 13 号　邮政编码 100011）

印　　刷：北京永鑫印刷有限责任公司

装　　订：三河市胜利装订厂

787mm×1092mm　1/16　印张 45¾　字数 1147 千字　2016 年 3 月北京第 1 版第 1 次印刷

购书咨询：010-64518888（传真：010-64519686）　售后服务：010-64518899

网　　址：http://www.cip.com.cn

凡购买本书，如有缺损质量问题，本社销售中心负责调换。

定　　价：258.00 元　　　　　　　　　　　　　　　版权所有　违者必究

《煤炭工业"三废"资源综合利用》编著委员会

按汉语拼音排序:

边炳鑫　郭中权　何绪文　蒋家超　李庆钊　李旺兴
刘炯天　吕俊复　苗真勇　王大鹏　王丽萍　解　强
尹中林　张明青　周福宝　周如禄

前言
FOREWORD

　　煤炭是保障我国能源稳定供应的主体，是支撑中国经济社会发展的基础性能源。煤炭工业是关系我国经济命脉和能源安全的重要基础产业，煤炭工业在我国国民经济中发挥着举足轻重的作用。然而，在煤炭开采、加工、利用过程中会产生大量的废渣、废水和废气，随意堆弃或排放，不仅会造成严重环境污染、破坏生态环境，同时也是各类资源的巨大浪费。面对环境、资源的双重挑战，对煤炭工业产生的"三废"进行洁净化处理、处置和资源化利用，既符合我国环境保护和资源综合利用技术政策，也是煤炭工业实施可持续发展战略的关键。煤炭工业"三废"的洁净化处理、资源化利用问题，已成为政府部门、科研院所和产业界等密切关注的热点。

　　本书共分五篇：第一篇是低热值煤资源开发与利用，内容涉及低热值煤概况、我国低热值煤发电技术现状、煤矸石等劣质煤发电技术；第二篇是煤系固体废物利用与处置，主要介绍煤系固废的利用及处置常用技术的原理、装置和工艺流程；第三篇是煤矿生产废水处理与利用，系统介绍了常见的煤泥水澄清处理方法、工艺和设备、实用技术热点等，阐述了常见煤泥水循环利用的控制方法和探索方向；第四篇是煤化工废水处理与利用，阐述煤焦化废水、煤气化废水及煤液化废水典型处理技术的工作原理、工艺流程、工艺特征及工程案例，为实现废水的达标处理或分质利用提供理论和技术支撑；第五篇是煤矿瓦斯的开发与利用，介绍了煤矿瓦斯赋存与抽采、瓦斯安全输送与预处理技术、低浓度煤矿瓦斯富集及综合利用以及高浓度煤矿瓦斯的资源化利用。

　　本书特点如下。

　　(1) 体系与结构创新　本书从低热值煤开始，按资源类型进行编写而形成独特的结构，构建了基于工业生态工程和循环经济理念的煤炭工业"三废"处理处置与资源化利用的整体技术体系。粉煤灰、煤矸石以高附加值利用为编著重点，分大规模填充利用、建材、高附加值利用三个层面来阐述煤中矿物资源综合利用技术；废水处理利用强调煤矿生产废水梯级利用，构建矿区大循环水体系功能；煤系固废利用与处置除高附加值利用技术外，还重点介绍了以废治废循环利用的大规模填充利用与复垦技术方法。

　　(2) 突出资源利用，内容丰富全面　涵盖了煤炭工业废水、废渣、废气三个领域，对煤炭工业"三废"的来源、污染、危害与处理技术、综合利用技术与工艺、设备和系统设计等内容均有全面阐述，重点突出"三废"利用技术，弥补了全面介绍煤炭工业"三废"处理与利用参考资料的不足。

　　(3) 实用性和启发性的统一　以知识性、系统性、可读性为指导原则，深入浅出地介绍相关基础理论知识，选取工程实例典型，突出资源和利用，同时指明相关技术的发展趋势和方向，实用性和启发性强。

　　本书作者长期致力于煤炭"三废"治理和利用的技术研究与应用，积累了扎实的基础理论知识和丰富的工程实践经验。他们结合各自研究成果，将煤炭工业"三废"综合利用方面的最新技术进行系统总结、编著成书，希望为从事煤炭工业生产、管理及科研等方面人员提供一本较为全面的参考书籍。

本书共分五篇，包括12章内容，由刘炯天统筹编著。具体编著分工如下：第1章由吕俊复、赵斌、苗真勇编著；第2章、第4章由解强、张军、曹俊雅编著；第3章由李旺兴、尹中林编著；第5章由王丽萍、蒋家超编著；第6章由郭中权、肖艳、崔东峰编著；第7章由张明青、王大鹏、刘炯天编著；第8章由何绪文、王春荣编著；第9章、第10章、第11章、第12章由周福宝、李庆钊编著。

限于编著者学识和水平，书中不足和疏漏之处在所难免，敬希读者朋友不吝指正。

编著者

2015 年 5 月

目录
CONTENTS

第7章　煤泥水澄清及循环利用　444

第四篇　煤化工废水处理与利用

第8章　煤化工废水处理与利用　500

第五篇 煤矿瓦斯的开发与利用

第9章 煤矿瓦斯赋存与抽采 596

第10章 瓦斯安全输送与预处理技术 634

第一篇
低热值煤资源开发与利用

导读

低热值煤发电是指以煤矸石（收到基低位发热量大于 4.8MJ·kg^{-1}）、煤泥和洗中煤为燃料，并可以混合中热值煤（收到基低位发热量小于 18MJ·kg^{-1}），形成入炉燃料收到基低位发热量不大于 14MJ·kg^{-1}，采用循环流化床（CFB）机组进行发电的低热值煤利用方式。

随着低热值煤发电技术的日益成熟，煤矸石、煤泥和洗中煤等低热值煤已经成为我国重要的发电资源。煤矸石是我国目前排放量最大的工业固体废物之一，年产量达 6 亿吨左右，国内大小矸石山近万座，占地约 1.7 万公顷，目前已累计堆放 50 多亿吨。我国煤矸石产生量占煤炭产量的 15%～18%，随着煤炭产量的增加，煤矸石排放量亦随之增加，因此开展资源综合利用，促进煤矸石等低热值煤资源化进程是实施节约资源基本国策的重要途径。目前，我国已从税收、电力调度等方面扶持煤矸石发电行业。"十二五"规划中，2015 年，全国煤矸石产生量 8 亿吨，利用量 6.1 亿吨，利用率达到 75% 以上。其中，电厂利用 3 亿吨，煤矸石制建材利用 1 亿吨，煤矸石井下充填、复垦和筑路利用 2.1 亿吨以上。煤泥是煤炭洗选加工的副产品，是由微细粒煤、粉化骨石和水组成的黏稠物，具有粒度细、微粒含量多、水分和灰分含量较高、热值低、黏结性较强、内聚力大的特点。随着我国煤炭开采产量和原煤入洗率的提高，煤泥的产量也在逐年增加。现阶段煤泥的利用途径主要有煤泥燃烧，煤泥制浆燃烧和煤泥制型煤。伴随着流化床燃烧技术的不断发展和成熟，国内外针对煤泥的特性先后开发了各种各样的煤泥循环流化床燃烧技术，为煤泥的利用开辟了有效途径。

煤矸石和煤泥的最好利用途径之一是发电。经过 30 年的发展，中国的煤矸石综合利用发电技术日臻成熟，产业初具规模。目前全国煤矸石综合利用电厂近 400 座，投产的总装机容量已达 26000MW 左右。随着国民经济的发展，煤炭产量的增加，能源需求量的增长，可以预测今后煤矸石发电必将有更大的发展。我国的煤泥电厂兴起于 20 世纪 90 年代，到目前有 20 余年的时间。在此期间，煤泥燃烧技术在国内得到了较快发展，锅炉容量由 35t·h^{-1}、75t·h^{-1}、220t·h^{-1}、440t·h^{-1} 等逐步增长。现代电力工业在飞速发展，电站建设规模也越来越大，对燃料要求也越来越高，然而煤炭资源却越来越少，煤炭适应能力也越来越低，吃肥丢瘦的问题日渐突出，从世界电力发展的趋势来看，开展资源的综合利用是必由之路。因此，低热值煤发电技术的发展就具有独特的战略意义。

第1章 | 低热值煤发电

1.1 低热值煤的资源化

1.1.1 低热值煤

（1）煤炭资源特征

我国是煤炭资源比较丰富的国家，煤炭是我国的基础能源，在一次能源结构中占70%左右。2011年我国煤炭总产量达到32亿吨。我国目前已探明煤炭储量10997亿吨，而预测煤炭总资源量将超过50000亿吨。国家在"十一五"期间重点集中建设和开发了占地面积共25085km²的十三个大型煤炭基地，这些基地的保有煤炭储量近万亿吨。

我国煤炭资源分布极广，在全国26个省（自治区、直辖市）均发现有煤炭资源并进行开采。但煤炭资源分布很不均衡，在秦岭-大别山以北地区，保有煤炭资源储量占全国总储量的90%左右，其中65%的资源集中分布在山西、陕西、内蒙古三省区；而在秦岭-大别山以南地区保有煤炭储量仅占全国总储量的10%，其中的绝大部分则集中分布在云南和贵州两省。若根据煤炭资源、市场等情况，可将全国划分为煤炭调入区、煤炭调出区和煤炭自给区三个功能区。我国经济最发达的东部十个省区的保有煤炭资源储量只占全国的5%，煤炭资源分布与经济发展程度呈逆向分布，这就造成了煤炭运输数量大、距离远的现状，使得煤炭运输成为我国煤炭供给的一大瓶颈。

煤炭通过洗选加工，质量将会提高，这就实现了优化产品结构、改善铁路运力、降低运输成本的目标，在此基础上实现按质分级利用，是煤炭绿色开采和高效利用的有效途径，也是煤炭工业结构调整和产业转型的重要内容。2011年已经建成并投产的在役选煤厂达到1800多处，年处理能力15亿吨，入洗原煤总量14.5亿吨：其中炼焦煤选煤厂1100余处，年处理能力8.5亿吨；动力煤选煤厂700余处，年处理能力6.5亿吨。通过洗选，减少交通运力占用1614亿吨·公里，减少运费支出145亿元。规划到2020年在13个大型煤炭基地中，将会新建选煤厂400座，改扩建74座，届时原煤入洗率将达到70%。在原煤生产、洗选过程中，不可避免地会产生大量的煤矸石、煤泥和洗中煤等低热值煤。

（2）低热值煤特征

煤矸石（收到基低位发热量大于4.8MJ·kg^{-1}）、煤泥和洗中煤等，可以混合中热值煤（收到基低位发热量小于18MJ·kg^{-1}），形成收到基低位发热量不大于14MJ·kg^{-1}的入炉燃料，称为低热值煤。

煤矸石是在煤炭形成过程中与煤共生、伴生的岩石，是煤炭生产和洗选加工过程中产生的固体废物,曾被看成是"工业垃圾"。煤矸石包括煤矿在建设期开凿巷道排出的矸石、原煤生产过程中掘进巷道排出的煤矸石、原煤出井后进入选煤厂进行洗选分离排出的洗矸。其中煤矿开凿巷道排出的矸石一般没有热值,只有在穿越煤系地层时才会排出少量含煤矸石。掘进巷道和半煤岩巷道会排放出大量含有煤炭的掘进矸石。选煤厂排出的洗矸是在井下开采中,煤层中间的夹矸、煤层的顶和底板脱落混入的炭质页岩类岩石。我国东部老矿区和其他部分矿区深部煤层本身含灰量大,原煤灰分有的超过50%,一些炼焦煤品种煤层灰分超过60%的也在开采,导致原煤灰分很高,洗选排矸量很大。这些固体废物如果堆存,将形成每座占地1500亩(1亩=666.7m²,下同)的煤矸石山100余座。这些矸石都是炭质页岩类矿物,是煤炭在成煤期地质变化而混入的,形成炭和黏土共存,无法避免,本身也有一定的热值。目前,十三个大型煤炭基地重介质选煤占洗选方式的50%以上,跳汰法选煤占30%左右。目前,重介质选煤洗矸热值一般都控制在6MJ·kg⁻¹之内,跳汰选煤洗矸热值在8MJ·kg⁻¹以下,炼焦煤选煤厂浮选尾矿热值可以达到12MJ·kg⁻¹左右,这些煤矸石均可用作燃料。各地区的具体情况因煤炭资源赋存状况和煤质、煤种不同,差别比较大[1]。

煤泥和洗中煤是煤矿生产的原煤经选煤厂加工后排出的较其原煤发热量低的煤炭。进厂时原煤中的细粉煤和原煤在洗选过程中煤粒间经过摩擦等机械破碎、被水浸泡泥化等作用而形成的一部分很细的煤岩末,统称煤泥。煤泥分原生煤泥和次生煤泥,原生煤泥是指原煤在地下开采和运输过程中被破碎的粉末;次生煤泥是指煤炭在湿法分选过程中,由于洗选工艺造成的机械破碎粉和经水浸泡泥化的煤岩末,通过浮选回收部分细粒精煤后,剩下的固体物质进行压滤脱水得到的煤泥。煤泥热值一般在10~14MJ·kg⁻¹之间。洗中煤是原煤在洗选过程中,由于没有充分破碎解离形成的半煤半岩颗粒产品。洗中煤含灰分较高,一般都在35%以上,热值多在10~16MJ·kg⁻¹,差别很大[2]。

次杂煤是煤矿对少数有一定热值的垃圾类物质的统称。主要来源于井下巷道遗撒、轨道和其他缝隙散落、清理水沟、井下水仓的淤泥煤岩末,以及地面堆存中铲除的地皮等,各煤矿数量都不大,一般每年在几百吨到上千吨之间。

(3)低热值煤产量

目前我国每年排放洗矸2.5亿吨,高灰煤泥6000余万吨。到2020年,13个大型煤炭基地每年将产生5.36亿吨可用于发电的低热值煤,折合标准煤1.62亿吨。低热值煤应该就地消化利用,否则大量灰分通过远距离运输进入消费环节,既浪费交通运力,又会造成消费环节的不必要损失。

山西、蒙西、陕西、宁东、陇东、贵州和新疆(以下简称七地区)煤炭资源储量丰富,除贵州外,均开采条件好,矿区规模大,主要以大型和特大型煤矿为主,未来我国煤炭增长和调出主要依靠这些地区。"十二五"期间七地区低热值煤产量大,外运不经济,就地消纳困难,但可以作为建设电厂的燃料,因此七地区是低热值煤发电发展的规划重点。

七地区所辖的42个矿区均在国家大型煤炭基地内,规划到"十二五"末期,原煤产量均在1000万吨以上,且煤矸石等低热值煤产量大且集中,详见表1-1。

表1-1 42个矿区(基地)煤炭资源储量及产量

地区	矿区(基地)	资源储量/亿吨	2010年产量/万吨	2015年产量/万吨
山西	大同	332	9800	11200
	平朔	112	15600	17100
	朔南	174	—	3500

续表

地区	矿区（基地）	资源储量/亿吨	2010年产量/万吨	2015年产量/万吨
山西	岚县	36	800	3200
	河保偏	208	2800	3600
	离柳	209	3500	5700
	乡宁	398	200	3800
	霍州	229	5400	5800
	汾西	125	5600	5400
	西山	220	7500	4800
	阳泉	188	6700	11600
	武夏	55	400	1300
	潞安	125	6400	8100
	晋城	298	5400	10200
蒙西	准格尔	258	13500	14500
	东胜	107	16000	16700
	万利	136	3500	4300
	高头窑	185	300	2500
	呼吉尔特	180	1000	4200
	塔然高勒	164	0	2000
	新街	230	0	3100
	上海庙	140	800	2100
	桌子山	50	1600	2100
	乌海	40	3300	3500
陕西	神府	423	13000	21700
	榆神	476	4000	9200
	榆横	454	1000	5000
	府谷	65	1000	3500
	彬长	110	2800	4000
	黄陵	21	1500	1600
宁东	灵武	29	3000	3100
	鸳鸯湖	90	1000	4700
	马家滩	50	—	1200
	积家井	46	0	1000
陇东	华亭	34	2000	3000
	宁正	33	0	3000
贵州	盘江	92	1600	3900
	水城	44	1200	2800
	织纳	170	500	1800
	黔北	150	600	3500
新疆	吐哈	2255	2200	8600
	准噶尔	2681	4800	21400
合计			150300	253300

　　截至2010年，七地区42个矿区原煤产量15亿吨，原煤入洗量9.45亿吨，产生低热值煤0.83亿吨，其中煤矸石0.40亿吨，煤泥0.25亿吨，洗中煤0.18亿吨。详见表1-2。

表1-2　2010年七地区低热值煤产量　　　　　　　　　　单位：万吨

地区	原煤产量	原煤入洗量	>1200kcal[①]·kg^{-1}洗矸量	煤泥量	洗中煤量	低热值煤量
山西	70100	47000	1730	1260	1300	4290
蒙西	40000	28600	1700	800	300	2800
陕西	23300	11000	300	300	—	600
宁东	4000	2100	100	—	—	100

续表

地区	原煤产量	原煤入洗量	>1200kcal[①]·kg⁻¹洗矸量	煤泥量	洗中煤量	低热值煤量
陇东	2000	500	—	—	—	—
贵州	3900	2500	100	100	100	300
新疆	7000	2800	100	50	50	200
合计	150300	94500	4030	2510	1750	8290

① 1cal=4.1868J,下同。

2015 年,预计七地区 42 个矿区(基地)原煤产量 25.33 亿吨,原煤洗选量 19.07 亿吨,产生低热值煤 1.59 亿吨,其中煤矸石 0.79 亿吨,煤泥 0.48 亿吨,洗中煤 0.32 亿吨。配入约 46% 的中热值煤后,可产生 3 亿吨发热量为 14MJ·kg⁻¹ 的发电燃料,详见表 1-3。

表 1-3　2015 年七地区低热值煤产量　　单位:万吨

地区	原煤产量	原煤入洗量	>4.8MJ·kg⁻¹洗矸量	煤泥量	洗中煤量	低热值煤量	14MJ·kg⁻¹燃料量
山西	95300	78800	2900	2100	2100	7100	12700
蒙西	55000	44900	2600	1200	500	4300	8700
陕西	45000	29600	1000	700	100	1800	3400
宁东	10000	8600	300	200	—	500	1100
陇东	6000	3600	100	100	—	200	400
贵州	12000	9500	400	400	300	1100	1700
新疆	30000	15700	600	100	200	900	2000
合计	253300	190700	7900	4800	3200	15900	30000

1.1.2　低热值煤的资源化

(1) 资源化利用途径

低热值煤最好的利用途径之一是发电,发电的主要实现方式是(CFB)锅炉机组。煤矸石除用作发电外还可以用于提取化工品、生产建材、生产农用肥料,以及用于沉陷区回填、筑路等。我国低热值煤发电和煤矸石建材已在工业化道路上不断发展,而在化工利用方面目前尚处于研究和示范阶段。

国外一般原煤产量较小,荒地多,人口少,低热值煤炭利用的问题不是很突出。除中国和俄罗斯外,其他主要产煤国家包括美国、澳大利亚、德国、南非等,都是将煤矸石、洗矸和煤泥等低热值煤直接堆存在地面适当地点,然后压实绿化,很少利用。而我国原煤生产数量巨大,相应的低热值煤炭排放数量大,矿点多,占用空间大,问题十分突出。

我国是发展中大国,人多地少,煤炭资源并不很富裕,而且东部矿区大多位于人口稠密的平原熟土区域,所以自建国以后,我国煤炭生产中排放的煤矸石一直在进行消纳利用,目的是减少矸石排放占用的耕地,降低矸石山的自燃引起的无序排放,缓解对环境生态的破坏,同时尽量回收矸石中的热量。部分矿区的煤矸石还有一些特殊成分,如高岭岩、膨润土、耐火黏土、硅藻土,可因地制宜地进行深加工。个别矿区的个别矿点的煤矸石中,含有诸如锗、钒、镓等稀有贵金属元素,可以进行提纯利用。还有少数矿点的煤矸石中含有较高的铝元素,也可提炼和回收利用。

由于低热值煤炭中煤矸石、煤泥和洗中煤的热值和成分存在着比较大的差异,因此对于低热值煤炭的综合利用宜采取分类利用的原则如下。热值在 1.2MJ·kg⁻¹ 以下的煤矸石,已经没有燃烧价值,主要用于填坑造地和道路建设的路基材料,剩余的部分只能是堆存覆土绿化。因此这部分煤矸石应力争不出井,用于井下局部充填置换煤柱,减少煤柱资源损失。对于热值 1.2~3.2MJ·kg⁻¹ 的煤矸石,燃烧非常困难,经济上也不合理,可添加黏土,用于生产内热式煤矸石烧结砖。目前全国已经发展到年产 80 多亿块标砖的能力，实际产量 60 亿块标砖左右，年消耗煤矸石 1800 万吨左右。但是矸石砖的生产受到运输半径的限制，而当地需求不足。热值超过 $3.2 \sim 4.8 MJ \cdot kg^{-1}$ 的煤矸石，由于内含热值过高，不能直接 100% 用于烧砖，需要掺混黏土，否则砖容易过烧变形。对于热值较高（$> 4.8 MJ \cdot kg^{-1}$）的煤矸石，由于煤矸石中碳含量较高，难以直接使用，必须先进行脱碳和活化，所以首先利用煤矸石燃烧发电或供热，脱碳和活化的同时回收热量，这也是大量建设煤矸石综合利用电厂的初衷。煤矸石经过低温煅烧后，其中的铝、硅、钙系化合物被活化，适宜用作水泥熟料的混合材料，充分消纳利用了煤矸石。

目前，对热值较高（$> 4.8 MJ \cdot kg^{-1}$）的煤矸石，煤炭调入省区基本都作为燃料利用，而在煤炭调出省区，由于产生量大和煤炭供应充足，少部分就地利用，大部分用于沉陷区回填、筑路等。洗中煤和煤泥的热值相对较高，一般掺入到高热值煤中作为燃料销售或就地利用。

（2）低热值煤发电现状

20 世纪 70 年代末 80 年代初开始，随着鼓泡流化床锅炉的出现，开始采用鼓泡流化床锅炉燃烧煤矸石进行发电，建设了一批单机 6MW 级煤矸石综合利用电厂，主要为矿区生产和生活提供电能和热能。有力地促进了我国流化床燃烧技术的发展，进而推动了循环流化床（CFB）燃烧技术的发展[3]。目前商业化循环流化床锅炉单机容量已经发展到 600MW，而这些循环流化床锅炉主要就是以煤矸石等低热值煤作为燃料的。

经过三十多年的发展，我国的煤矸石综合利用发电技术日臻成熟，产业初具规模。目前全国煤矸石综合利用电厂近 400 座，投产的总装机容量已达 26000MW 左右，主要分布在重点产煤区。2010 年，七地区 CFB 电厂总装机容量 15000MW，占全国总装机容量的 57%，利用低热值煤 0.8 亿吨左右，而全国煤矸石综合利用电厂共消耗低热值煤约 1.3 亿吨，相当于节约 3500 万吨煤炭，相应减少占压土地 $300 hm^2$[4]。低热值煤发电在节约能源、控制环境污染和生态破坏、缓解土地资源紧缺、减轻生态处置压力，以及减少安全隐患等方面都做出了重要贡献。

对于我国 CFB 机组，经过近十多年不断地研发和改进，300MW 级及以下容量的国产 CFB 机组已基本成熟，其设计、建设、调试、运行的技术已经不存在大的问题，锅炉及主要辅机产品（高压风机、冷渣器等）运行可靠性也大大提高[5]。作为低热值煤综合利用发电的主要方式，CFB 机组能够较好地利用各种热值燃料，在实现低热值煤综合利用方面具有不可替代的作用，是其他类型机组无法比拟的。另外，大型 CFB 机组在优化我国电源结构、减少发电污染物排放等方面具有一定作用。

1.2　流态化基础

1.2.1　流态化

（1）气固接触

流态化是用来描述固体颗粒与流体接触的一种运动形态，是一种使微粒固体通过与气体或液体接触而转变成类似流体状态的操作[6]。这里只讨论固体与气体接触的情形。

将固体颗粒盛于具有多孔底板的柱状容器内，如图 1-1 所示。气体经多孔的底板流入时，若气体流速较低时，流体只是穿过静止颗粒之间的空隙向上流动，这时固体颗粒保持静止不动，床层高度等于静止床高 L_m，床层体积也没有变化。由于此时颗粒保持静止，因此称为固定床。

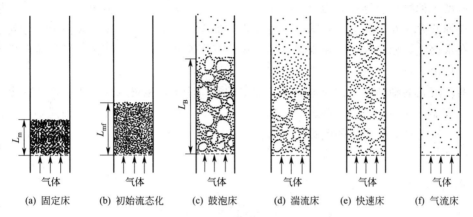

(a) 固定床　　(b) 初始流态化　　(c) 鼓泡床　　(d) 湍流床　　(e) 快速床　　(f) 气流床

图 1-1　流体流经固体颗粒层出现的流型

　　若气体流速进一步升高，在某个特定的速度下，全部颗粒都刚好悬浮在气体中，此时，床层高度增加，变为 L_{mf}。此状态下，颗粒与流体之间的摩擦力，亦即流体对颗粒的曳力刚好与颗粒的重力相等，相邻颗粒间在垂直方向上的挤压力为零，颗粒的重量完全由气体对它的曳力所支持。通过床层的任一截面的压力大致等于该截面之上颗粒和流体的重量。床层可认为是刚刚流化，称为初始流态化，或者称为处于临界流化状态，对应的气体速度称为临界流化速度。风速略高于临界流化速度但尚未鼓泡的状态，称为移动床。

　　当气体流速继续升高超过临界流化速度一定程度时，大于临界流化风量的那部分气体将集中以气泡的形式穿越床层。气泡上升过程中，由于周围压力的下降，气泡体积增加，与相邻的气泡相互重叠时发生合并。气泡到达床面时，由于环境压力骤减而发生破裂，产生很大的压力脉动，使床层出现很大的不稳定性。但是此时宏观上有一个十分清晰的上界面，床层进一步膨胀达到 L_B，但 L_B 并不比 L_{mf} 大很多。这样的流化状态称为鼓泡流化床，简称鼓泡床。

　　只要床层有一个十分清晰的上界面，气体流化床都可认为是密相流化床。但是当气体流速高到足以超过固体颗粒的终端速度时，床层上界面就会消失，并可以观察到夹带现象，固体颗粒被流体从床层中带出。若带出的颗粒浓度较低，此时对应的流化状态称为湍流床。

　　若下部有足够的细颗粒补充，则颗粒夹带的量很高，高到一定程度时，颗粒上升过程中会出现团聚，形成终端速度远远大于单颗粒的颗粒团，浓度进一步显著上升，此时对应的流化状态称为快速床。形成快速床的必要条件是要有细颗粒的循环。

　　若固体的存量较少、颗粒很细，气体对颗粒的携带能力很强，所有颗粒的终端速度均远小于气流速度，则形成稀相气力输送，对应的气固两相流动称为稀相输送床，有时又称为气流床[7]。

　　当固体颗粒处于流化状态时，在许多方面表现出一系列类似液体的性质，如图 1-2 所示。例如，当容器倾斜时床面会自动达到并保持水平，无论床层如何倾斜，床表面总是保持水平，床层的形状也与容器的形状保持一致，就像水一样会充满容器的每一个角落。当两个床体在水平方向连通后，颗粒将从一个床流向另一个床，并且两个床将最终趋于平衡，这就像中学物理课上讲的连通器一样。在任一高度的静压近似等于在此高度上单位床截面内固体颗粒的重量，床内沿高度方向任意两点的压降等于这两点间的床层静止压头之差，因此流化床两点间压降的测量方法与测液体压差的方法类似。密度高于床层表观密度的物体在床内会下沉，密度小的物体会浮在床面上。一个大而轻的物体可以很容易地被推入床层，当撤去外力后它就弹起并浮在床面上。铁球会沉在床底，而羽毛球则会浮在床层表面上，这就如同木头会浮在水面上，而铁块会沉在水底一样。床内气固两相流可以像液体一样，从底部或侧面的孔口中排出，可以利用这一特性在床层表面设置一溢流口，以维持稳定的床层高度并自动排出渣料。流化的颗粒可以像液体那样从器壁的孔口流出，也可以像液体一样从一个容器流入另一个容器，敲击器壁，床面还会出现波纹与浪头。如果搅拌床层会发现搅拌所消耗的能量比料柱不被悬浮时所需要的能量要少得多。

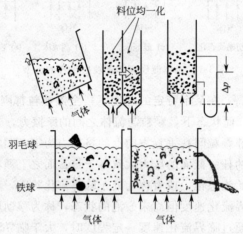

图 1-2　流化床系统的流体性质

流化床的特性，既有有利的一面也有不利的一面。表 1-4 给出了气固反应系统接触形式的比较。

表 1-4　气固反应系统接触形式的比较[7]

项目	固定床	移动床	流化床	气流床
温度控制	温度不易控制	温度可控制	温度可控性极好	不能控温
气固反应	不适合连续操作	可用粒度大小相当均匀的进料,可有少量粉末	可用宽粒级固体,适于温度均匀的大规模连续操作	仅适用于细颗粒的快速反应
温度分布	当有大量热量传递时,温度梯度较大	以适量气流能控制温度梯度,或以大量固体循环能使之减小到最低限度	床层温度几乎恒定。可由热交换或连续添加和取出适量固体颗粒加以控制	用足够量的固体循环能使固体颗粒流动方向的温度梯度减少到最低限度
颗粒要求	相当大且均匀,易烧结并堵塞反应器	相当大且均匀;最大受气体上升速度所限,最小受临界流化速度所限	一定范围内的宽粒级;容器和管子的磨蚀,颗粒的粉碎以及夹带均较严重	较窄范围的粒级,最大粒度受最小输送速度所限
能耗	气速低,流阻小,动力消耗低	介于固定床与流化床之间	造成大量动力消耗	细颗粒时压降低,但对大颗粒则较可观
传热	热交换效率低,需要大的换热面积	热交换效率低,需要大的换热面积	热交换效率高	介于移动床和流化床之间

可见流化床本身具有如下优点：a. 由于流化的固体颗粒有类似液体特性，从床层中取

出颗粒或向床层中加入新颗粒方便，容易实现操作的连续化和自动化；b. 固体颗粒混合迅速均匀，反应器内处于等温状态；c. 流化床气固之间的传热和传质速率高，床内换热器小，降低了造价；d. 通过两床之间固体颗粒的循环，易于提供或取出大型反应器中需要或产生的热量。

由于颗粒浓度高、容量大，易于维持低温运行，这对劣质煤燃烧、燃烧中脱硫等反应是有利的。但是，流态化装置也有一些缺陷：a. 当设计或操作不当时会产生不正常的流化状态，由此导致气固接触效率的显著降低；b. 脆性固体颗粒易成粉末并被气流夹带，需要经常补料以维持稳定运行；c. 气速较高时床内埋件表面和床四周壁面磨损严重；d. 对于易于结团和灰熔点低的颗粒，需要低温运行，从而降低了反应速率；e. 与固定床相比，流化床能耗较高。

虽然流化床存在一些比较严重的缺点，但流化床装置总的经济效果是好的。特别是在煤燃烧方面，流化床技术已经被成功地应用到工业规模，并呈现出良好的发展前景。对流化床内气固流动的运动规律有了正确、充分了解之后，就能够最大限度地克服其缺点，发挥其优点，使流态化技术得到更好的发展。

（2）颗粒分类

在实践中发现，颗粒的性质对于气固两相流的流态有着至关重要的影响，并不是所有的颗粒都能够被流化。根据流态化研究的结果，可以把固体颗粒大致分成如图 1-3 所示的 A、B、C 和 D 四类。在了解固体颗粒流态化性质上，分类是一种很重要的手段，因为在相近的操作条件下不同类的颗粒流动表现可能完全不同。某种固体颗粒是属于 A、B、C 还是 D 类，这主要取决于颗粒的粒径和密度，同时也取决于流化气体的性质，这主要是与气体的温度和压力有关[8]。

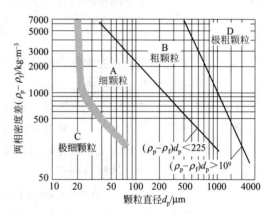

图 1-3　颗粒分类

A 类颗粒（$\rho_p = 2500 kg \cdot m^{-3}$）粒径一般在 $20 \sim 90 \mu m$ 范围内，气固密度差小于 $1400 kg \cdot m^{-3}$。这类颗粒能够很好地流化，但在表观速度超过临界流化速度之后及气泡出现之前，床层会有明显的膨胀。很多循环流化床化工反应器系统采用 A 类颗粒。这类颗粒在停止送气后有缓慢排气的趋势，由此可鉴别 A 类颗粒。B 类（$\rho_p = 2500 kg \cdot m^{-3}$）主要是砂粒和玻璃球，粒度通常在 $90 \sim 650 \mu m$ 范围内。气固密度差为 $1400 \sim 4000 kg \cdot m^{-3}$。B 类颗粒易于鼓泡，气速一旦超过临界流化速度，床内立即出现两相，即气泡相和乳化相。大部分流化床锅炉的颗粒为 B 类颗粒，能够很好地流化。C 类颗粒（$\rho_p = 2500 kg \cdot m^{-3}$）非常细，粒径一般小于 $20 \mu m$。C 类颗粒具有黏结性，颗粒间作用力与重力相近，特别易于受静电效应和颗粒间作用力的影响，很难达到正常流化状态。如果要流化 C 类颗粒，需要特殊的技术，否则常会形成沟流。常常通过搅拌和振动方式使之正常流化。D 类颗粒（$\rho_p = 2500 kg \cdot m^{-3}$）是所有颗粒中最粗的（$>650 \mu m$），粒径通常达到 1mm 或更大。虽然流化时也会鼓泡，但固体颗粒的混合相对较差，更容易产生喷射流。D 类颗粒的流化要求相当高的速度，通常处于喷动床操作状态。表 1-5 给出了不同类型的颗粒特性比较。

表 1-5　四类颗粒的特点[7]

类别	C	A	B	D
对于 $\rho_p=2500kg\cdot m^{-3}$ 的粒度	$<20\mu m$	$20\sim90\mu m$	$90\sim650\mu m$	$>650\mu m$
沟流	严重	轻微	可忽略	可忽略
喷动	无	无	浅程度	明显
临界鼓泡速度 u_{mb}	无气泡	$>u_{mf}$	$=u_{mf}$	$=u_{mf}$
气泡形状	只有沟流	平底圆冠	圆形有凹陷	圆形
固体混合	很低	高	中等	低
气体返混	很低	高	中等	低
气栓流	扁平雨状气栓	轴对称	近似轴对称	近似贴壁
粒度对流体动力特性的影响	未知	明显	微小	未知

粒度分布较宽的煤颗粒及其形成的灰渣颗粒，同时具有 A 颗粒和 B 颗粒的属性。气速较低时，它充分表现 B 颗粒的鼓泡特征；气速较高时，煤颗粒中细粉特征占主导地位，它也可以是下部为鼓泡流化床，而上部为湍流床或快速床。

（3）空隙率

如前所述，在气体与固体颗粒的接触过程中，随着流型的变化，单位空间体积内颗粒的质量发生变化。为了描述固体的浓度，引入空隙率 ε 的概念，定义为：

$$\varepsilon=\frac{\rho_p-\rho_b}{\rho_p} \tag{1-1}$$

式中　ρ_p——料层颗粒的视在密度，$kg\cdot m^{-3}$；

　　　ρ_b——料层颗粒的堆积密度，$kg\cdot m^{-3}$。

不论是固定床、流化床还是气流床均存在空隙率。固定床的空隙率是床料颗粒堆积密度的函数，与床料的粒径及其分布、真实密度有关。流化床的空隙率与表观气速有关，随着表观气速的提高，床层膨胀流化，流化床层高度增加，使其空隙率增加。在流化稳定时，床层的压差等于流化起来的固体颗粒的质量：

$$\Delta p=\rho_k gh_0(1-\varepsilon_0)=\rho_k gh(1-\varepsilon) \tag{1-2}$$

式中　g——重力加速度，$m\cdot s^{-2}$；

　　　ρ_k——颗粒的真密度，$kg\cdot m^{-3}$；

　　　h_0——固定床时的床层高度，m；

　　　h——流化床的床层高度，m；

　　　ε_0——固定床时床层的空隙率；

　　　ε——流化床层的空隙率。

由式（1-2），可以得到床层由固定床转化为流化床的膨胀比 R：

$$R=\frac{h}{h_0}=\frac{1-\varepsilon_0}{1-\varepsilon} \tag{1-3}$$

或者

$$\varepsilon=1-\frac{1-\varepsilon_0}{R} \tag{1-4}$$

可见，随着气流速度的不断增加，空隙率 ε 将不断增加，膨胀比 R 不断增加。当气流速度增加到使所有的床料都被气流带出炉膛时，就达到了气流床状态，此时膨胀比趋于无穷大，即 $R\to\infty$，空隙率 ε 约等于 1。

1.2.2　基本概念

1.2.2.1　流化速度

在前面已经提到，由于流化速度的不同，固体颗粒会出现不同的流动形式，从而出现不同的流型。尽管很多学者在流态化方面已经做过大量的研究工作，但是还不能完全根据颗粒和流体的物理性质以及操作条件，确切地预测流态化系统的特性。影响两相流动的重要参数是流化速度[7]，为了方便地确定固体颗粒所处的流动状态，必须了解流化速度的相关概念。

（1）临界流化速度

如前所述，固定床和流化床之间很少发生突变，流体以低流速通过床层时，颗粒之间相互作用基本不受影响。当流速低于某一速度时，松散堆积着的颗粒只发生局部运动，当流速进一步增加时，床层内可能只产生局部小空穴的流态化，此后，在一个较窄的速度范围内，床层大部分进入流态化。当流体对颗粒的曳力刚好与颗粒的重力相等时，这时颗粒的重量完全由气体对它的曳力所支持。此时的床层可认为是刚刚流化，这一状态被称为处于临界流化状态，对应的表观气速为临界流化速度 u_{mf}。

临界流化速度是流化床操作的最低速度，也是描述流化床的基本参数之一。若要使颗粒流化起来，气体速度必须大于临界流化速度。

临界流化速度可以采用固定床的压降和表观气体速度的关系式来进行计算。当颗粒处于临界流化状态时，颗粒的重量完全由气体的曳力和空气浮力来支持，即此时的压降等于该段悬浮颗粒的浮重。用这种方法计算临界流化速度，必须知道这一状态下的床层空隙率 ε_{mf}。ε_{mf} 与颗粒的球形度 ϕ_s 有关，即与颗粒形状和粒度分布有关。对于近似球形的颗粒，在临界流化状态下，其空隙率 ε_{mf} 约为 0.4。虽然缺乏可靠的预测空隙率的理论方法，但是空隙率容易由试验直接测出，因此床层的空隙率 ε 通常由试验方法求得。

在确定了床层空隙率后，就可以根据空隙率来计算床层的压降。

$$\Delta p = (\rho_p - \rho_f)(1 - \varepsilon)hg \tag{1-5}$$

式中　Δp——床层压降，Pa；

ρ_p——固体颗粒的密度，$kg \cdot m^{-3}$；

ρ_f——气体的密度，$kg \cdot m^{-3}$；

h——床层高度，m。

在临界流化状态时，将临界流化状态下的参数代入式(1-5) 得：

$$\Delta p = (\rho_p - \rho_f)(1 - \varepsilon_{mf})h_{mf}g \tag{1-6}$$

根据已有的研究，通过总结可以得到一些计算压降的关联式，这些关联式能够适用于临界流化速度的分析。对于细颗粒床，压降和表观气速的关系为：

$$u_{mf} = \frac{\varepsilon_{mf}^3}{5(1 - \varepsilon_{mf})^2} \times \frac{\Delta p}{\phi_s^2 \mu h_{mf}} \tag{1-7}$$

式中　u_{mf}——临界流化速度，$m \cdot s^{-1}$；

ε_{mf}——临界状态下的床层空隙率；

ϕ_s——球形度，定义为与实际颗粒体积相等的球形颗粒的表面积与实际表面积的比值；

μ——动力黏度，$Pa \cdot s$；

h_{mf}——临界流化状态时的床层高度，m。

对于较大的颗粒，床层压降和表观气速的一般关系为[8]：

$$\frac{\Delta p}{h} = 150 \frac{(1-\varepsilon)^2}{\varepsilon^3} \times \frac{\mu u}{(\phi_s d_p)^2} + 1.75 \frac{1-\varepsilon}{\varepsilon^3} \times \frac{\rho_g u^2}{\phi_s d_p} \qquad (1\text{-}8)$$

其中第一项为黏性项，当流速较低时占主导作用；第二项为惯性项，当流速较高时且流动为湍流时，该项起主要作用。该表达式通过引入球形度 ϕ_s，使得其也能适用于非球形颗粒情况。在颗粒雷诺数较低，通常小于 20 的情况下，黏度损失占主导，这样可以忽略惯性项，将式(1-8) 简化为：

$$\frac{\Delta p}{h} = 150 \frac{(1-\varepsilon)^2}{\varepsilon^3} \times \frac{\mu u}{(\phi_s d_p)^2} \qquad (1\text{-}9)$$

在颗粒雷诺数大于 1000 时，只需考虑动能损失而忽略黏性项，则式(1-8) 可以简化为：

$$\frac{\Delta p}{h} = 1.75 \frac{1-\varepsilon}{\varepsilon^3} \times \frac{\rho_g u^2}{\phi_s d_p} \qquad (1\text{-}10)$$

根据临界流态化的定义，临界流化速度是当床层压降等于床层颗粒质量时所对应的流体速度，由式(1-6) 和式(1-8) 得：

$$150 \frac{(1-\varepsilon_{mf})}{\phi_s^2 \varepsilon_{mf}^3} \times \frac{\rho_f d_p u_{mf}}{\mu} + 1.75 \frac{1-\varepsilon_{mf}}{\phi_s \varepsilon_{mf}^3} \left(\frac{\rho_f d_p u_{mf}}{\mu} \right)^2 = \frac{\rho_f d_p^3 (\rho_p - \rho_f) g}{\mu^2} \qquad (1\text{-}11)$$

写成显函数形式为：

$$u_{mf} = \frac{\mu}{\rho_f d_p} \sqrt{C_1^2 + C_2 Ar} - C_1 \qquad (1\text{-}12)$$

$$C_1 = 42.857 \frac{1-\varepsilon_{mf}}{\phi_s}$$

$$C_2 = \frac{\phi_s \varepsilon_{mf}^3}{1.75}$$

$$Ar = \frac{g d_p^3 \rho_f (\rho_p - \rho_f)}{\mu^2}$$

$$Re_p = \frac{d_p \rho_f u}{\mu}$$

由于影响临界流化速度的因素很多，很难进行条件相同或比较接近的平行试验，因此不同学者对式(1-12) 中的常数有不同的结果，因此式(1-12) 主要反映了临界流化速度与颗粒和流体物性之间的定量关系，计算结果只是对临界流化速度做的比较粗糙的估算。

流化床中固体颗粒的大小通常不是均匀一致的。因此，在临界流化速度的计算中，颗粒直径 d_p 要用平均颗粒直径。按不同的定义可以得到不同物理意义下的平均粒径。在流化床中，通常采用的平均粒径 d_p 为：

$$d_p = \frac{1}{\sum \frac{x_i}{d_{pi}}} \qquad (1\text{-}13)$$

式中　　x_i——颗粒各筛分的质量份；

　　　　d_{pi}——各筛分平均直径，可按算术平均计算，$d_{pi} = \dfrac{d_{pi1} + d_{pi2}}{2}$，也可以按几何平

　　　　均计算，$d_{pi} = \sqrt{d_{pi1} d_{pi2}}$；

　　d_{pi1}，d_{pi2}——上、下筛孔径。

在理想单粒径系统中，临界流化速度是固定床转变为流化状态时的速度，是唯一的确定值。实际上，临界流化速度则是一个范围。而对粒度分布宽的颗粒，临界流化速度的确定就变得更为困难了。目前公认的临界流化速度确定方法是采用压降-流速关系曲线。

在气固系统中，当通过的气体流率很低时，随着风速的增加，床层压降增加；当风速达到某个特定值时，床层压降达到最大值 Δp_{max}，如图 1-4 所示。该值略高于整个床层的静压，如果再继续提高气速，固定床会突然发生"解锁"，床层空隙率由 ε 增大至 ε_{mf}，同时导致床层压降降为床层的静压。随着气速超过临界流化速度，床层出现膨胀和鼓泡现象，在一段较宽的范围内，进一步增加气速，床层的压降几乎维持不变。上述从低气速上升到高气速的压降-流速特性试验称为"上行"试验法。由于床料初始堆积情况的差异，实测临界流化风速往往采用从高气速区降低到低速固定床的压降-流速特性试验，通常称其为"下行"试验法。用"下行"试验法，将固定床区和流态化床区的各点画线，并略去中间过渡区的数据，这两直线的交点即为临界流化速度。

图 1-5 是某锅炉临界流化速度的实际测试曲线，测定的床存量即静止料层高度基本上与实际运行时的静止料层高度一致。试验中用降低流速法使床层自流化床缓慢地复原至固定床，同时记下相应的气体流速和床层压降，在双对数坐标纸上标绘得到如图 1-5 所示的曲线。略去中间过渡区数据，分别利用固定床区和流化床区的数据点各自画线，这两条直线的交点即是临界流化点，其对应的横坐标的值即是临界流化速度 u_{mf}。图 1-5 中的 u_{bf} 为开始流化速度，此时床层中有部分颗粒进入流化状态。u_{tf} 为完全流态化速度，此时床层中所有颗粒全部进入流化状态。对于粒度分布较窄的床层，u_{mf}、u_{bf}、u_{tf} 三者非常接近。

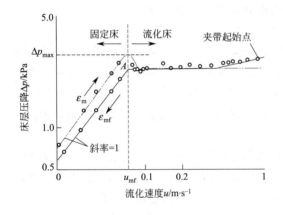

图 1-4　床层压降-流速特性曲线

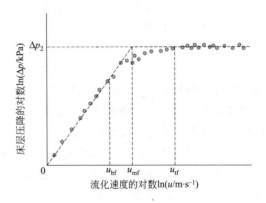

图 1-5　确定临界流化速度的实测方法

值得注意的是，临界流化速度主要受颗粒粒径、密度及形状的影响，在床存量不是很小的条件下，与床存量无关，这从临界流化速度的式(1-12) 表达可以看出。

（2）最小鼓泡速度

当表观气速高于临界流化速度时，超过临界流化风量的过余气体以气泡的形式上行，形成了以气体为主的气泡相，而气泡相之外的颗粒相称为乳化相，乳化相中颗粒处于临界流化状态，其中的气体速度近似等于 u_{mf}，且具有特征空隙率 ε_{mf}。气泡相是分散相，乳化相为连续相。床层内产生气泡的最小速度称为最小鼓泡速度 u_{mb}。对于 A 类颗粒，如果气速低于 u_{mb}，则不会形成气泡，此时床层会一直膨胀，直到气速到达 u_{mb}。简单地说，当达到最小流态化时，若气流量不够大，那么气体就是分散的，气体穿过固体颗粒与颗粒之间的空隙上升，不会形成气泡。

最小鼓泡速度 u_{mb} 与气固两相的性质有关[8]：

$$\frac{u_{mb}}{u_{mf}} = \frac{4.125 \times 10^4 \mu_f^{0.9} \rho_f^{0.1}}{(\rho_p - \rho_f)g d_p}$$ (1-14)

流化床中有固相和气相两类物质，当固相的性质确定后，若流化床装置不变，则只有气体流速是影响床层流化状态的唯一可控变量。工业中的操作气速一般均远大于临界流化速度，所以调节气速实际上是调节超过临界流化气量的那部分气体量，也就是改变气泡的数目、大小和频率，从而使整个床层的运动发生变化。在鼓泡流化床中，气体从布风板进入床层中时，由于布风板上开孔的限制，气体从孔口中高速喷入床内，除少量气体以临界流化速度在颗粒之间流过外，多余的部分均以气泡的形式通过。这些气泡在生成后，向上运动从而引起了周围乳化相的相应运动。一方面，小气泡随着上升过程中气泡相周边压力的下降，气泡本身膨胀，同时，上升途中气泡流动轨迹的随机性使气泡之间合并长大；另一方面，气泡过大而失稳，发生破裂，夹带一部分颗粒。由于气泡在床层水平截面上的分布是不均匀的，因此就产生了床内乳化相的局部以至整体的循环流动。

当气泡一旦到达床层表面，就会由于离开床层的压力突降而爆破，并把气泡周界的颗粒抛向上部的自由空间中去，形成气体对颗粒的夹带。一般而言，气泡破裂产生的气体瞬间速度远远大于表观气速。但是被气泡抛向空中的颗粒，由于其中的部分颗粒比较大，终端速度大于表观气速，因此在上升途中会有部分沉降下来回入床中。但那些细颗粒将被带走，只有通过炉膛出口的分离器才能将它们捕集下来，经过返料装置返回密相区内。在自由空间中，颗粒的浓度以及能实现沉降所需的高度都与气泡爆破时的大小和气速有关。

（3）颗粒终端速度

颗粒在某气体流速下既不上升也不下降，此速度即为颗粒的自由沉降速度，也叫终端速度。当气流的速度稍大于这一沉降速度时，颗粒就会被推向上方，因而流化床中颗粒的带出速度即等于颗粒在静止气体中的沉降速度。在某些条件下，如果希望避免颗粒被大量带出，可以控制表观气速小于或者等于此沉降速度。发生夹带时，这些颗粒必须循环回去，或用新鲜物料来代替，以维持操作状态的稳定。

颗粒在流体中沉降时，共受到重力、浮力和流体对颗粒的曳力三个力的作用。重力和浮力之差是使颗粒发生沉降的动力，摩擦阻力则是流体介质阻碍颗粒运动的力，其方向与颗粒运动方向相反。对于给定的颗粒和流体，颗粒大小和所受的浮力都已确定，阻力则随颗粒的运动速度而变。颗粒在流体中沉降时，一开始为加速运动，但由于颗粒与流体间发生了相对运动，因而流体与颗粒摩擦产生阻力。阻力的方向与颗粒运动方向相反，速度越大，阻力也就越大。在颗粒降落一段时间后，当流体对颗粒的阻力等于颗粒的重力与浮力之差时，颗粒即以等速度降落。由此可以推导出单颗粒终端速度：

颗粒所受的重力

$$F_g = \frac{\pi}{6} d_p^3 \rho_p g$$ (1-15)

颗粒所受的浮力

$$F_b = \frac{\pi}{6} d_p^3 \rho_f g$$ (1-16)

颗粒所受的摩擦阻力

$$F_d = C_d \frac{\pi}{4} d_p^2 \frac{\rho_f u^2}{2}$$ (1-17)

根据颗粒终端速度的定义，令 F_d 中的颗粒速度等于颗粒的终端速度，由 $F_g = F_b + F_d$

则可得终端速度 u_t：

$$u_t = \sqrt{\frac{4}{3} \times \frac{g d_p (\rho_p - \rho_f)}{\rho_f C_d}} \tag{1-18}$$

式中　C_d——曳力系数，它是终端速度对应的 Re_t 的函数。

根据球形颗粒的结果，非球形颗粒的终端速度为：

$$u_t = K_1 \frac{g(\rho_p - \rho_f) d_p^2}{18\mu}, \quad Re < 0.05 \tag{1-19}$$

$$K_1 = 0.843 \lg \left(\frac{\phi_s}{0.065} \right)$$

$$u_t = \sqrt{\frac{4}{3} \times \frac{g d_p (\rho_p - \rho_f)}{\rho_f C_d}}, \quad Re = 0.05 \sim 2000 \tag{1-20}$$

Re 在 $1 \sim 1000$ 范围内，C_d 的值可以查表 1-6。

$$u_t = 1.74 \sqrt{\frac{g(\rho_p - \rho_f) d_p}{K_2 \rho_f}}, \quad Re = 2000 \sim 200000 \tag{1-21}$$

$$K_2 = 5.31 \phi_s \sim 4.88 \phi_s$$

表 1-6　非球形颗粒的曳力系数 C_d[7]

ϕ_s	Re				
	1	10	100	400	1000
0.670	28	6	2.2	2.0	2.0
0.806	27	5	1.3	1.0	1.1
0.846	27	4.5	1.2	0.9	1.0
0.946	27.5	4.5	1.1	0.8	0.8
1.000	26.5	4.1	1.07	0.6	0.46

以上讨论的是单个颗粒在流体介质中不受任何干扰的自由沉降，然而实际床层中颗粒之间有相互干扰，容器壁的边界效应也会减缓颗粒的自由沉降速度。因而在实际应用时，还必须根据这些因素的影响，对 C_d 做出相应的修正。

实际上，如果供给床层一定量的颗粒，当气速大于颗粒的终端速度时，流化床内始终能维持有一定厚度的浓稠颗粒的床层。这是因为，一方面，床层颗粒是由一定粒径范围的颗粒组成的，通常计算的是平均粒径的终端速度；另一方面，在湍流床和快速床中，由于物料循环，床内总存在一定量的颗粒团，这些颗粒团的当量直径比颗粒的直径大得多，流化气速并不会超过这些颗粒团的终端速度。

常用 $\dfrac{u_t}{u_{mf}}$ 的比值来评价流化床操作灵活性的大小，如比值较小，说明操作灵活性较差，反之则较好。这是因为，比值大意味着流态化操作速度的可调节范围大，改变流态化速度不会明显影响流化床的稳定，同时可供选择的操作速度范围也宽，有利于获得最佳流态化操作气速。因而比值 $\dfrac{u_t}{u_{mf}}$ 是一项操作性能指标。另外，这一比值还可作为流化床最大允许床高的一个指标。因为流体通过床层时存在压降，压力降低必然引起流速的增加。于是，床层的最大高度就是底部刚开始流化而顶部刚好达到 u_t 时的床高。

1.2.2.2　床层压降和空隙率

（1）床层压降

如前所述，理想条件下，气体通过散料床层时，床层呈现固定床、流化床和气流床三种运动状态。

当流速很低时，流体通过床层，颗粒之间保持固定的相互关系而静止不动，流体经颗粒之间的空隙流过。固定床压降与流速呈幂函数关系。由于颗粒静止，空隙率保持不变。

随着流速的增加，至流化状态时，因为床层颗粒的重量完全由气体托曳，不再由布风板支持而全部由流体支撑，床层压降不再继续上升而维持一个常数。此时颗粒之间不再有相互支撑现象，可以在容器内自由运动。在流化床阶段，床层压降为常数，空隙率线性增长，床层均匀膨胀，这是散式流化床的特征。一般说来，高于临界流速的气体以气泡的形式穿过床层，其空隙率不为线性增加，这是与理想状态的区别。

当气速超过输送速度 u_{pt} 时，床层处于气流床阶段。在理想情况下，床高为无穷大，此时床层压降为床层颗粒重量，床层空隙率 ε 达到极大为 1.0。

实际流化床压降和流速的关系较复杂。由于受颗粒之间作用力、颗粒分布、布风板结构特性、颗粒外部特征、床直径大小等因素的影响，实际流化床压降和流速的关系会偏离理想曲线而呈各种状态。当流速接近临界流态化速度时，在压降还未达到单位面积的浮重之前，床层即有所膨胀，若原固定床充填较紧密，此效应更明显。此外，由于颗粒分布的不均匀以及床层充填时的随机性造成床层内部局部透气性不一致，使固定床和流化床之间的流化曲线不是突变，而是一个逐渐过渡的过程。在此过程中，一部分颗粒先被流化，其他颗粒的重量仍部分由布风板支撑，因而此时床层压降低于理论值。最后，随着流速的增加，床层颗粒重量才逐渐过渡到全部由流体支撑，压降接近理论值。流态化床内存在的循环流动会产生与流化介质运动方向相反的静摩擦力，导致异常压降的出现。当颗粒分布不均以及布风板不能使流体分布均匀时，可能出现局部沟流。结果，大部分流体短路通过沟道，而床层其余部分仍处于非流态化状态。因此，实际流态化过程总是偏离理想流态化的，这与实际颗粒分布、床中流体分布等很难达到理想状态有关。

流体通过固定床的压降和许多因素有关，如流体流速 u、流体密度 ρ_f 和黏度 μ、颗粒直径 d_p、床层空隙率 ε、颗粒球形度 ϕ_s、颗粒表面粗糙度 Δ 等。另外床层高度 h 对床层压降也有影响。从流体方面讲，各因素对压降的影响是不言而喻的，流体在床内和固体颗粒发生相互作用，流速越大，固体受到流体的曳力作用也越大。反过来，固体对流体的反作用力即流体对固体颗粒的阻力也就越大。该阻力的大小受到颗粒直径大小、流体密度、流体黏度等因素的影响，宏观表现为流体的动能损失。另外，黏度的大小又反映了流体内部摩擦造成的动能损失。因此固体颗粒和流体之间的相互作用很复杂，产生的动能损失的影响因素也相当复杂。一般而言，可以采用式(1-8)估算床层压降[7]。

(2) 床层空隙率

固定床的空隙率是指床层静止时，颗粒物料中的空隙体积和床层总体积的比值。空隙率用 ε 表示。固定床空隙率也是一个很复杂的量。一般而言，当床层静止不动时，固定床空隙率与颗粒形状有关。当使用形状不规则或表面比较粗糙的颗粒时，固定床的空隙率比使用球形颗粒时大（松散充填），由于这类颗粒表面不规则而造成相互"联锁"或"架桥"现象，从而增大空隙率。另一方面，使用粒径范围比较宽的物料时，因为小颗粒可充填于大颗粒空隙之间而造成床层空隙率变小。因而，当流体以一定的流速流过床层时，因空隙率不同，也会导致压降的不同。

颗粒表面粗糙度 Δ、颗粒直径 d_p、球形度 ϕ_s 等颗粒特性对床层压降 Δp 也有一定的影响。单纯颗粒粒度对固定床压降的影响主要表现为：不同粒度对应的空隙率不同。同时，不同粒径的颗粒在堆积时构成孔道的孔径大小不同，使气流流动时产生的摩擦力也不同。为了准确表示出颗粒直径 d_p 对固定床压降的影响，一般将 d_p 作为各参数或关联式的定型尺寸。颗粒的形状也会影响固定床的空隙率。非球形颗粒堆积时和球形颗粒堆积时产生的空隙率是不一样的。对于非球形颗粒，形状越不规则，或者说越偏离球形，则在紧密充填时，由于颗粒之间可以相互交错，较之于同粒度球体则空隙率越小；而在松散充填时，形状的不规则又造成颗粒之间的相互架桥支撑，使床层空隙率增大。另一方面，由于颗粒形状不同造成空隙率不同，颗粒堆积所构成的空隙形状和大小也不同，因而流体流过时产生的曳力也不同，并且由于不同形状颗粒具有不同的比表面积，因而流体通过时对颗粒的摩擦阻力也就不同。这些都会影响到床层压降的大小。颗粒表面粗糙度对压降的影响在于表面的凹凸不同，因而流体流过时，产生的摩擦阻力不同，这种影响随流速大小而变化。因为低速时，流体可在颗粒表面形成一个边界层，使外部流体流动受颗粒表面性质的影响很小；而在高速时，由于剧烈的湍动使边界层破坏，颗粒表面性质对流体流动就有较大的影响。但颗粒粗糙度一般很难确定，一般情况下可将其归并到球形度中一起考虑[7]。

1.2.3　典型流化形态

（1）鼓泡流化床

鼓泡流化床的核心特征是气泡的广泛存在。通常认为，床层由气泡相和乳化相组成，乳化相维持在临界流化状态，而多余气体以气泡形式流过床层。若假定：a. 气泡为球形，气泡中不含固体；b. 气泡上升过程中，颗粒被看作表观密度为 $\rho_p(1-\varepsilon_{mf})$ 的不可压缩的非黏性流体，在气泡两侧流动；c. 乳化相中的气体为不可压缩的黏性流体；d. 气泡中压力为恒定值，远离气泡处的压力梯度恒定不受气泡的影响，则可以计算气泡周围的流动和压力分布情况。计算结果表明，气泡周围的流型与气泡的相对速度 u_{br} 以及气体在乳化相中的相对速度 $u_e = \dfrac{u_{mf}}{\varepsilon_{mf}}$ 有关。依据 u_{br} 可将气泡区分为慢速气泡和快速气泡两类，如图 1-6 所示[9]。

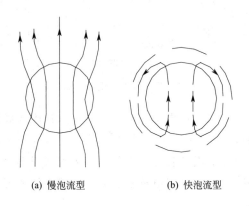

(a) 慢泡流型　　　　　　　　(b) 快泡流型

图 1-6　气泡周围气体流动示意

当 $\dfrac{u_{br}}{u_e}<1$ 时为慢速气泡流型，在这种情况下，气泡速度小于气体渗过乳化相向上运动的速度，气体通过床层时利用气泡作为捷径，由气泡底部进入而从顶部离去，另外还有小部分气体环随着气泡，并伴随着气泡一起向上运动。

当 $\frac{u_{br}}{u_e} > 1$ 时为快速气泡流型，在这种情况下，气泡速度要比气体渗过乳化相向上运动的速度快，气体由气泡底部进入，在气泡顶部离去后又环绕气泡循环并返回至气泡底部，气泡周围被这一循环气体所渗透的区域称为气泡晕。在气泡尾部存在着一个随气泡一起向上运动的尾涡区，这是由于气泡的底部压力要低于周围乳化相压力的缘故。

气泡相和乳化相之间的气体质交换，一方面靠相间浓度差引起的气体扩散，另一方面通过乳化相和气泡相间的气体流动进行。对于快速气泡流型，当气泡较大时，气泡晕半径较小，由气体流动产生的气体质交换很小，气泡相和乳化相间的气体质交换阻力很大。循环流化床气体流速比较高，密相床大部分都处在快速气泡流型，大部分气体在气泡中随气泡上升，气泡相和乳化相之间的气体得不到充分混合。

实际上密相区的乳化相流动和简单的两相流动理论假设不一致，主要表现在气泡中气体流速不能简单地由 $u_o - u_{mf}$ 给定，因为气泡中固体的体积含量为 $0.2\% \sim 1.0\%$，乳化相并非稳定不变，乳化相空隙率在气体速度大于 u_{mf} 时不等于 ε_{mf}，而且密相区不能仅简单地划为气泡相和乳化相[10]。这就需要对简单的两相流模型进行修正。根据密相区流动分析，可以将密相区划分为气泡相区、随气泡上升的气泡晕区（由气泡晕和尾涡组成）、乳化相区（固体颗粒下行）三个部分，如图1-7所示，其中 δ 为气泡份额。气泡中气体流速比气泡上升速度略高，高出的部分为气体从气泡的穿行速度。在气泡流速较快时，可以忽略气泡中气体穿行速度对气泡以及气泡晕中气体流速产生的影响，但它对气泡相区和气泡晕区之间的气体质量交换起了重要的作用。所以假设气泡、气泡晕和尾涡中气体都以气泡速度 u_b 上升，在计算气泡相区和气泡晕区之间的气体质量交换系数时考虑穿行速度的影响。

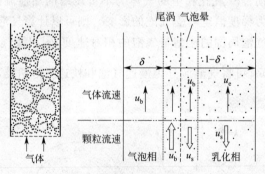

图1-7　密相区流动示意

夹带和扬析在流化床设计和运行中是非常重要的。这是因为固体颗粒是由一定范围的颗粒组成，反应过程中，颗粒收缩、破碎和磨损，有大量的容易被夹带和扬析微粒形成。为了合理地组织反应和传热，要保证锅炉有足够的物料，就必须从气流中分离回收这些细颗粒。因而要知道固体颗粒的特征，尤其要知道颗粒在夹带气流中的浓度，也就是要了解颗粒的扬析规律[3]。

夹带和扬析是两个不同的概念。夹带一般指在单一颗粒或多组分系统中，气流从床层中带走固体颗粒的现象。当自由空域高度低于输送分离高度（TDH）时，自由空域内固体的粒度分布随位置而变。在自由空域高度接近输送分离高度时，夹带减小。当气流在输送分离高度以上离开容器时，颗粒分布和夹带速率都变为常数，其大小由气流在气力输送条件下的饱和夹带能力来确定。扬析表示从气固混合物中分离和带走细颗粒的现象。这一现象不论自由空域高度高于或低于 TDH 时都存在。上述概念可以用图 1-8 加以说明[7]。一个流化床容器通常包括两个区域，一个颗粒浓稠的鼓泡相，它上面是一个稀相或分散相，二者被一个明显的界面分开。密相表面与流化气体离开容器之间的这一段容器称为自由空域，其高度称为自由空域高度。设置自由空域的目的是为了使颗粒从气体中分离出来，当高度增加时，夹带量减少。当自由空域高度达到某一值以后，夹带量为常数，此高度称为输送分离高度。

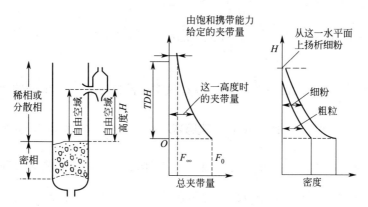

图 1-8　颗粒的夹带和扬析示意

夹带形成的机理包括从密相区到自由空域固体颗粒的输送、颗粒在自由空域的运动两个基本环节。对于鼓泡床，输送起因于气泡在床层表面的破裂。大多数研究者认为，气泡破裂喷出的颗粒主要来自气泡尾涡；也有人认为气泡表面颗粒是夹带的主要来源。

广泛应用的 TDH 的简单关系曲线见图 1-9。该曲线主要建立在流化催化剂颗粒的基础上，当用于其他类型的颗粒时显得较为保守。

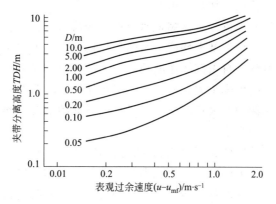

图 1-9　细颗粒夹带分离高度曲线

（2）湍流流化床

当气体流速在鼓泡流化床的基础上继续增加时，气泡作用加剧，气泡变大，气泡的合并和分裂更加频繁，压力波动的幅度也增大。当气速超过某一气速 u_k 时，压力波动开始减小，大的气泡开始消失。超过另一气速 u_c，压力波动的幅度值很小，但波动频率非常高，通常在宏观上看不到气泡。这一操作速度范围之内（$u_k < u < u_c$）的流化床即为湍流流态化。湍流床的空隙率一般在 0.7~0.8 范围内。

有学者认为，湍流床中气泡的分裂与其合并一样快，因此平均气泡尺寸很小，通常所理解的那种明确的气泡或气栓已看不出。但也有其他学者认为，湍流床居于鼓泡床和快速床之间，在鼓泡床中，贫颗粒的气泡分布在富颗粒的乳化相中间；而在快速床中，颗粒团分布在含少许颗粒的气体连续相中。湍流床最显著的特征是舌状气流，其中相当分散的颗粒沿着床体呈之字形向上抛射。虽然湍流床层与自由空域有一个界面，但远不如鼓泡床中那样清晰。湍流床的床面很有规律地周期性上下波动。

在常压下，对不同的颗粒用空气流化进行试验得出的结果为[8]：

$$u_k = 3.0\sqrt{\rho_p d_p} - 0.17 \tag{1-22}$$

$$u_c = 7.0\sqrt{\rho_p d_p} - 0.77 \tag{1-23}$$

式中，$\rho_p d_p = 0.05 \sim 0.7 \mathrm{kg \cdot m^{-2}}$。

对于细颗粒，$\dfrac{u_c}{u_t}$ 和 $\dfrac{u_k}{u_t}$ 的比值超过 10。随着颗粒粒径的增加，$\dfrac{u_c}{u_t}$ 和 $\dfrac{u_k}{u_t}$ 的比值单调递减到 1 的量级左右。试验表明，对于 $650\mu\mathrm{m}$ 的玻璃珠，$\dfrac{u_c}{u_t} \approx 0.65$；对于 $2.6\mathrm{mm}$ 的玻璃珠，$\dfrac{u_c}{u_t} \approx 0.35$，$\dfrac{u_c}{u_t}$ 值受系统压力变化的影响很小。此外，上述转化速度随床径的增加而减小。当有埋管时，虽然床内大部分处于鼓泡方式，但是在减小的通流断面上可能出现局部湍流区。

可以对湍流床和快速床做这样解释：前者是气速在 $u_k \sim u_c$ 的范围内床层压力波动逐渐变小的操作；后者是床层压力波动很小，而床层空隙率与固体循环量有密切关系的操作。

（3）快速流化床

如果表观气速在湍流床的基础上进一步提高，颗粒夹带量急剧增加；表观气速达到所谓载流速度 u_{pt} 之后，进入气流床状态。此时，如果没有颗粒循环或较低位置的连续给料，床中颗粒会迅速被吹空。当存在连续给料或物料循环时，可能出现的操作方式取决于加料量：加料少时会出现垂直气力输送；加料量多时会出现快速床。

快速床条件下，床层表面进一步模糊，通常很难分清床面，仅能粗略地将床分为密相区和稀相区。快速流化床具有如下基本特征：固体颗粒粒度细，平均粒径通常在 $200\mu\mathrm{m}$ 以下；操作表观气速高，可高至颗粒自由沉降速度的 $5 \sim 15$ 倍；虽然表观气速高，固体颗粒的夹带量很大，但颗粒返回床层的量也很大，所以床层仍然保持了较高的颗粒浓度。但从密相区的剧烈压力脉动来看，密相区中有大量的气泡，只不过气泡的形态不同于鼓泡床和湍流床，其数量巨大，单个气泡的体积很小。

在快速流化床中存在着以颗粒团聚状态为特征的密相悬浮夹带。在团聚状态中，大多数颗粒不时地形成浓度相对较大的颗粒团。认识这些颗粒团是理解快速流化床的关键。大多数颗粒团趋于向下运动，床壁面附近的颗粒团尤为如此；与此同时，颗粒团周围的一些分散颗粒迅速向上运动。快速床床层的空隙率通常在 $0.75 \sim 0.95$ 之间。与床层压降一样，床层空隙率的实际值取决于气体的净流量和气体流速。

已有的研究表明 u_{pt} 和 u_k、u_c 一样随 d_p 和 ρ_p 的增加而增加。对典型的颗粒团尺寸估算表明，颗粒团与气体之间的相对速度一般比单颗粒的终端沉降速度高一个量级。颗粒返混量很大，但气体返混量很小。

快速流化床的优点是气固接触好，处于上稀下浓的复合状态。由于快速床条件下离开上升段的气体携带大量的固体物料，使得床中物料损失很快，因此，为了维持快速床的状态，必须及时补充大量床料，最简单的办法就是将气体携带走的物料分离下来再回送回床内，即形成一个闭合的颗粒循环系统。在此系统中，床内的纵向空隙率变化如图 1-10 所示，曲线

的拐点 Z 处定义为快速流化床的床层高度，$Z_0 = \left(\dfrac{\xi \rho_p}{w \Delta \rho} \right) \dfrac{1}{\varepsilon^* - \varepsilon_a}$ 称为特征长度，Z_i 为床层空隙率纵向分布曲线的拐点。在床高 Z 处，团聚体从下部浓度较高的区域，按类似扩散的规律向上窜，而团聚体到达 Z 以上后，由于其密度大于周围床层平均密度而反向下沉[8]。

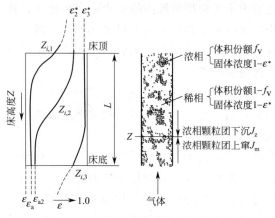

图 1-10　快速流化床流动的物理模型

1.3　循环流化床锅炉流动特性

循环流化床锅炉是一个床加一个循环闭路的装置系统。鼓泡床、湍流床和快速床是气固两相流动的流态。循环流化床锅炉中的气固两相流动状态是一个可以包括鼓泡流态化、湍流流态化、快速流态化的复合流态。但湍流床和快速床的流态只能在循环流化床系统中实现。因此循环流化床的显著特点是主循环回路是闭环系统。在这个闭环回路中，形成了宏观上的压力平衡和物质平衡。

1.3.1　压力平衡

典型的循环流化床的主循环回路由燃烧室、分离器、返料装置三部分组成，此回路保持压力平衡和物料平衡。

图 1-11 为循环流化床锅炉的循环系统压力变化图，其中图 1-11(b) 中的连线没有绝对意义。假设系统的每一部分都有它的特定压力特性，考虑整个系统的压力平衡：

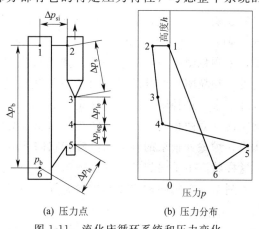

(a) 压力点　　　(b) 压力分布

图 1-11　流化床循环系统和压力变化

$$\Delta p_b + \Delta p_{si} + \Delta p_s + \Delta p_{le} + \Delta p_{leg} + \Delta p_{ls} = 0 \tag{1-24}$$

亦即：

$$\Delta p_{leg} = -(\Delta p_b + \Delta p_{si} + \Delta p_s + \Delta p_{le} + \Delta p_{ls}) \tag{1-25}$$

式中　Δp_b——炉膛压降，它随炉膛中的颗粒密度而变化，烟气流量和循环量对它产生直接影响，它的大小可根据炉膛内的平均密度按静压计算；

Δp_{si}——从炉膛出口到分离器进口的压力损失，当分离器形式一定时，尽管烟气量变化对它有一定影响，但同其他部分相比，此变化可忽略不计，其大小由沿程损失和局部损失两部分组成；

Δp_s——分离器下端阻力，由两部分组成，一部分是含尘气流沿旋风筒旋转流动产生的阻力损失，另一部分为流体密度和位差造成的压降；

Δp_{le}——料腿的无料部分压降；

Δp_{leg}——料腿的有料压降，由于颗粒总是以密相充气或移动床运动，它的大小根据料腿物料高度按静压计算，是物料循环的主要推动力；

Δp_{ls}——回料阀阻力，它在料腿压降的作用下形成料封，防止烟气从返料回路反窜，阀的松动风必须设计得合理，尽量使料腿中的颗粒处于稳定的充气或移动床型式流动，才能有效地起到料封的作用，而且不影响循环量。

因此，循环流化床锅炉的稳定操作是自动调节完成的。当 dp_{si}、dp_s、dp_{le} 和 dp_{leg} 一定时，床层压降 dp_b 的变化直接影响 dp_{leg} 亦即料腿料高。风量增加，炉膛内颗粒浓度、上部换热量和循环量增加，炉膛的压降也增加，这相当于图 1-11(b) 中的 6 点水平右移。由于 4 点基本不动，料腿中的物流空隙率也固定不变，此时料腿料高自动增加以维持压力平衡，5 点的位置随之自动水平右移。也就是说，只要料腿和回料阀设计合理，循环系统就具有较好的自平衡调节能力。

1.3.2　两相流动

鼓泡流化床锅炉对应的是完整的鼓泡床流态，与之不同的是，循环流化床锅炉对应的是复合流态，其下部密相区为鼓泡床、湍流床或者快速床，而上部稀相区通常是快速床。快速流化床条件下，气固两相混合物的密度不单纯取决于表观气速，还与固体颗粒的质量流率有关。在一定的气流速度下，质量流率越大，则床料密度越大，固体颗粒的循环量越大，气固间的滑移速度也越大。

气固两相动力学的研究表明，固体颗粒的团聚和聚集作用，是循环流化床内颗粒运动的一个特点。细颗粒聚集成大颗粒团后，颗粒团重量增加，体积增大，有较高的自由沉降速度。在一定的气流速度下，大颗粒团不是被吹上去而是逆着气流向下运动。在下降过程中，气固间产生较大的相对速度，颗粒团被上升的气流打散成细颗粒，再被气流带动向上运动，又再聚集成颗粒团，再沉降下来。这种颗粒团不断聚集、下沉、吹散、上升又聚集形成的物理过程，促进了循环流化床内气固两相间产生强烈的热量和质量交换。由于颗粒团的沉降和边壁效应，在循环流化床内，炉壁处很浓的颗粒团以旋转状向下运动，相对较稀的气固两相则在炉膛中心向上运动，这样就产生了强烈的炉内循环运动，大大强化了炉内的传热和传质过程，使进入炉内的新鲜燃料颗粒在瞬间被加热到炉膛温度，并保证了整个炉膛内的温度场在纵向及横向都十分均匀[7]。

当循环流化床锅炉所用的燃料颗粒采用不均匀的宽筛分燃料颗粒时，就会出现这样的现象：相应于采用的表观气速，对于大尺寸的燃料颗粒，可能刚好超过输送速度，这时炉膛内就会出现下部是粗颗粒鼓泡床或湍流床，上部为细颗粒组成的快速床两者相叠加的状态。因此，循环流化床锅炉燃料颗粒的粒度分布对其运行具有重要影响。

1.3.3　物料平衡

在循环流化床锅炉内，高温固体物料沿一个封闭的回路循环流动，并将燃料燃烧释放的热量传递给受热面。循环流化床锅炉的技术核心是物料循环性能。而物料循环性能是由物料平衡决定的。

物料平衡指的是包括燃料灰分、焦炭、脱硫剂及添加剂在内的固体床料在炉膛、分离器和回料装置组成的系统中形成的动态平衡。由灰、焦炭及钙氧化物组成的固体床料不仅仅是循环介质，还发挥着更重要的作用：它是燃烧及脱硫等气固反应的参加者；它决定着轴向和径向热交换的情况；通过悬浮段的物料浓度决定着向受热面的传热量；它还是将热量由炉膛下部带到炉膛上部的载体。

循环流化床锅炉是一个由灰或脱硫用石灰石连续进料、底部排渣及分离器排料构成的"一进二出"的平衡系统。无论是石灰石添加物料，还是由燃料燃烧所形成的灰分均是由大小不均匀的宽筛分颗粒构成。循环流化床物料循环系统中物料可以从床下排出，亦可能从分离器出口逃逸。只有满足以下条件的物料才能在床内累积形成大的物料循环：相应的分离效率很高；且不能从排渣口大量排出；在对应的流化风速下又有足够高的夹带率。可以用保存效率来表示不同颗粒在炉膛内的累计效率。显然保存效率是由分离器效率和排渣效率决定的，见图1-12。循环流化床床料事实上可以认为是由单一细物料组成的，表观气速和床存量就可以决定沿床高的物料浓度分布及携带率。

鼓泡流化床锅炉没有分离器，床料仅仅受到排渣效率的影响，因此床料的粒径比较粗，见图1-12。所以循环流化床和鼓泡流化床的根本区别在于二者床料平均粒度不同，随之而来的是物料浓度分布不同，从而造成燃烧状态不同。一般的普通鼓泡流化床锅炉的床料平均粒度为 $1\sim2mm$，而循环流化床床料平均粒度为 $300\mu m$ 左右[10]。事实上，鼓泡流化床锅炉和循环流化床锅炉固体燃料的成灰特性并没有太大差别，循环流化床锅炉"一进二出"的物料平衡系统对床内物料具有选择性保留功能，通过循环流化床锅炉物料平衡模型可以计算出，随着运行时间的进行，床平均粒度在逐渐变化并稳定在 $300\mu m$ 为峰的状态，见图1-12。因此，有时称床料的平均粒度为床料质量，简称床质量。床料平均粒度越细，床质量越好。

床料平均粒径变化对流化床燃烧造成的影响，可以用两个极端情况加以说明。

对于低表观气速运行的鼓泡流化床锅炉，平均物料粒度为 $1\sim2mm$，该颗粒的终端沉降速度大于流化风速，因此大多数的扬析颗粒将返回料层，仅有极细的物料被带出燃烧室，夹带量的大小取决于输入物料流率及粒径分布，燃烧份额大部分集中于密相区。从热量平衡的角度看，燃料在密相区释放的热量较多，而一次风冷却和密相区表面辐射带走的热量不足，必须在密相区内布置冷却埋管以吸收多余热量，使之能在 $800\sim900℃$ 下稳定运行。

相反，对于循环流化床，由于高表观气速下细颗粒携带能力加强，分离器的高分离效率使 $100\sim200\mu m$ 颗粒可以反复循环而得到积累，在床内形成了很大的物料循环量。由于床料平均粒度变化，气泡在密相区形成完整，长大迅速，在密相区表面发生爆炸，气泡相和乳化相之间传质减弱，它直接影响了燃料燃烧过程，使密相区燃烧份额大幅度下降，并且由于上下固体质交换的加强平衡了燃烧室上下的热量分配，因此，密相区内不需要也不能加埋管吸热。

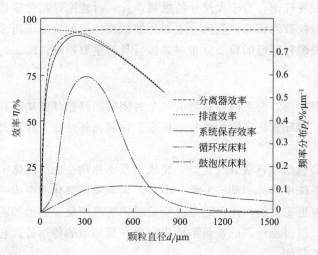

图 1-12　循环流化床系统保存效率

因此鼓泡流化床和循环流化床不但可从流动形态上，更可以从燃烧热量释放规律上加以区分。在很长一段时间里，人们曾把循环流化床物料循环的经验借用到鼓泡流化床上，开发了一批带有一定数量飞灰回送的流化床以提高燃烧效率，这些改进型的鼓泡流化床在工业应用中取得了成功，但也由于被称为低倍率循环流化床锅炉的原因，因而混淆了循环流化床锅炉和鼓泡流化床的概念。对于 $75\mathrm{t}\cdot\mathrm{h}^{-1}$ 及以上容量的流化床，改进型的鼓泡流化床显然不是发展方向。

如前所述，循环流化床锅炉的技术核心是物料循环性能，该性能主要体现在循环量上。循环量确定，则炉内物料浓度分布是唯一的，而物料浓度分布决定了燃烧行为以及受热面的传热系数[11]，因此必须保证炉内物料有一定的循环量。循环流化床内的物料循环量有一个范围，不能低于该范围的下限，一旦循环量无法满足设计要求，将导致炉膛内物料浓度出现偏差、床料粒径偏粗，表现为炉膛上部浓度偏低，大部分热负荷集中在密相区，底部超温，上部受热面传热不足，最终结果是锅炉无法达到满负荷运行。另一方面，循环量也不是越高越好，如果循环量过大，不但会因为过高的床压降而使辅机能耗大大增加，而且也会导致磨损更加严重。

由于循环流化床锅炉的稀相区是快速床，因此循环量的下限是保证达到快速床状态的最小循环量。较细固体物料在一定表观气速条件下流化，通过观察床层的空隙率情况可以发现：当表观气速低于 $u_{\mathrm{pt}}^{\mathrm{c}}$ 时，固体循环量对床层空隙率无明显影响；表观气速一旦超过 $u_{\mathrm{pt}}^{\mathrm{c}}$，床层空隙率主要取决于固体循环量，这可以从图 1-13 直接看出，其中 FCC 颗粒的 $u_{\mathrm{pt}}^{\mathrm{c}}$ 大约为 $1.25\mathrm{m}\cdot\mathrm{s}^{-1}$。因此，对任一细粒物料，当 $u=u_{\mathrm{pt}}^{\mathrm{c}}$ 时，床层达到饱和携带能力，物料便被大量吹出，此时必须补充等同于携带能力的物料量才能使床层进入快速流态化状态。故 $u_{\mathrm{pt}}^{\mathrm{c}}$ 为该物料进入快速流态化时的操作表观气速，即初始快速流态化速度。在初始快速流态化 $u_{\mathrm{pt}}^{\mathrm{c}}$ 时的最小加料率定义为最小循环量 R_{min}。

初始快速流态化速度 $u_{\mathrm{pt}}^{\mathrm{c}}$ 主要与物料特性有关，按照实验统计[7]：

$$u_{\mathrm{pt}}^{\mathrm{c}}=(3.5\sim4.0)u_{\mathrm{t}} \tag{1-26}$$

最小循环量的经验关联式为[8]：

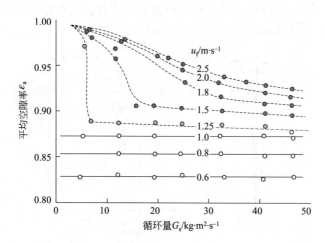

图 1-13　FCC 颗粒的循环量与各参数之间的关系

$$R_{\min} = \frac{(u_{\mathrm{pt}}^{\mathrm{c}})^{2.25} \rho_{\mathrm{f}}^{1.627}}{0.164 \left[g d_{\mathrm{p}} (\rho_{\mathrm{p}} - \rho_{\mathrm{f}}) \right]^{0.627}} \tag{1-27}$$

这即为循环流化床的最小循环量。对于鼓泡床和湍流床，饱和携带能力和最小循环量要根据颗粒的扬析和夹带来确定。

循环量的形成是诸多因素综合作用的结果，首先就是分离器的效率。循环流化床运行需要较高的床料质量和较大的物料循环量，决定细物料在系统内保存效率的分离器性能就显得尤为重要。在评价分离器设计的优劣时，它的分级分离效率而非总体分离效率是考察的关键。在一定的表观气速下，在可扬析颗粒的粒度分布中，某个粒径范围颗粒的分离效率达到或非常接近 100%，将这个临界颗粒粒径表示为 d_{99}。在 d_{99} 粒径附近的颗粒将构成循环灰的主体。如果分离器的分离效率对于任意粒径的颗粒都无法达到 100%，那么使用该分离器的循环流化床锅炉将不可能形成正常的物料循环，锅炉便无法正常运行。某个粒径范围的颗粒的分离效率达到 50%，将这个临界颗粒粒径表示为 d_{50}。d_{50} 反映了分离器对细颗粒的捕捉能力，其大小影响燃烧效率。

从循环流化床锅炉的流动来看，应该更加关注 d_{99}[12]。不同类型的分离器对 d_{99} 有不同的分离性能。例如，以离心力为主要分离机制的圆旋风筒、方旋风筒，它们的分离效率曲线存在一个清晰的 d_{99}，因此，这两类旋风筒构成的循环流化床均可以达到所需的循环量。近年来，对该类分离器进行改进，如中心筒偏心、进口粒径加速、进口段下倾等。工程实践证明，三个改进措施中，以第三个对提高循环量最有效。分析进口段下倾的作用可以发现，该措施实质上是使进口粗颗粒产生一个向下的初速度，以避免被旋风筒中心上升流夹带出中心筒，因而使 d_{99} 变得效率更高，但是该措施对于提高 d_{50} 并无大作用。

另一类分离器是惯性分离器，即二维分离器，如百叶窗、U-beam、平面流等，该类分离器的优点是易于保持锅炉紧凑化和改造其他炉型，分离器占用空间小，可以充分利用燃烧室出口与尾部之间的空间设置分离器，锅炉仍可以保持"Π"形结构。二维分离器的分离特性是：d_{50} 不差于旋风分离器，而 d_{99} 拖延到很大粒径，在可夹带粒径范围内很难找到 100% 分离点，见图 1-14。由于 d_{99} 较大，因此采用此类分离器的循环流化床锅炉床料粒径偏粗，很难达到大循环量运行，炉内物料浓度分布类似于鼓泡床，炉膛上部物料浓度很稀，与受热面间传热量降低，导致燃烧份额集中在密相区。在没有埋管条件下，下部燃烧室温度偏高，在达到满负荷之前，密相区温度已经达到或超过了灰熔点。锅炉操作员为了增加负荷，降低床温，只好采取提高一次风率的措施，但即使采用此种措施，锅炉也很难达到额定负荷。

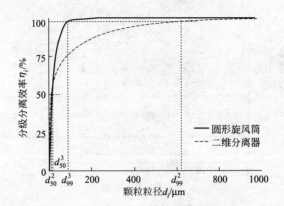

图 1-14　不同分离器的分级分离性能

床存量是影响循环量的一个重要因素[13]。在宏观上可以用床压降反映循环量。同样，循环流化床锅炉的正常运行需要合理的床压降。如果床压降过低，说明循环量不够，这样就会造成稀相区吸热量不足，密相区床温过高，不能保证额定负荷。如果床压降过高，一方面辅机的能耗太高，影响电厂效率，经济性比较差；另一方面，过大的循环量会造成严重的磨损，使锅炉的可用性大大降低，不利于锅炉的长期正常运行。因此，选择合理的床压降是十分必要的。

循环量是物料平衡的结果。而燃料的成灰特性和磨耗特性是物料平衡的影响因素。循环流化床锅炉物料来自外添加床料，如启动时常用河沙、脱硫用石灰石、燃料燃烧形成的灰渣，但启动用床料的输入是暂时性的，对连续运行的循环流化床锅炉的长期稳定物料平衡没有影响；而燃料形成的灰及脱硫用石灰石流则是稳定输入物料流，它们与燃烧室流化风速、分离器分级分离特性和排渣分层特性共同决定了系统的物料平衡特性，当然物料的磨耗特性也对物料平衡特性有重要影响。

有关循环流化床锅炉内的燃煤成灰粒度特性，已有深入研究[14～16]。研究发现，煤灰颗粒经过燃烧和初始的快速磨耗阶段以后得到的粒度分布，称为该煤种的本征成灰数据，只和煤种有关，它不受实际循环流化床锅炉运行条件的影响；考虑到输入石灰石的粒度，合并在一起可以作为循环流化床物料平衡系统的物料输入特性。不同煤种的成灰特性和磨耗研究表明，煤灰由较细的软灰即煤中富灰灰核、较粗较硬灰即煤中的矸石两部分构成。宽筛分的软灰的分布近似符合 R-R 分布，而硬灰的宽筛分分布类似于宽筛分给煤的粒径分布。这说明保持输入燃料粒径合适是维持物料平衡的有效的措施之一，尤其是矸石类燃料，通过改善破碎系统使破碎燃料及脱硫剂（石灰石）的绝大部分颗粒粒径处于能参与循环的颗粒范围以内，减少太粗和太细的颗粒，是至关重要的。煤泥中的灰分除了洗中煤中灰分的富集之外，还有较细粒度的硬灰，这些灰非常适于形成循环物料，因此燃烧煤泥的循环流化床的物料平衡一般没有问题。

煤泥中的灰分主要形成了飞灰，而燃烧煤矸石时由于矸石燃烧过程中的碎裂非常少，因此入炉燃料中的大颗粒燃烧后仍然是大颗粒，以排渣的形式排出。当床料具有较宽的筛分或者是不同的颗粒密度时，在流化过程中就会出现分层现象。前面的物料平衡分析表明，循环流化床锅炉底部排渣过程直接影响到床料在流化床系统内的保存效率。尽管锅炉密相区存在较强的颗粒分层现象，在排渣过程中仍将有一定量的细小颗粒随大颗粒一起被排出。为了提高小颗粒在流化床内的保存效率，应尽量减少细小颗粒的排渣量。为了防止能参与循环的细小颗粒在排渣时被排掉，可以采用选择性排渣。

1.4 循环流化床锅炉传热特性

如前所述，循环流化床锅炉由主循环回路和尾部对流受热面两部分构成。在主循环回路中，除了完成燃烧之外，还要在燃烧的同时完成一定量的换热，使得燃烧的放热量的一部分被受热面吸收，保证主循环回路的出口也就是主循环回路的温度控制在合理水平。

1.4.1 燃烧室受热面的传热

循环流化床锅炉由于炉膛内部有高浓度的物料循环，因而其传热机理与常规的煤粉炉或层燃炉不同。煤粉炉和层燃炉的炉膛内由于烟气携带的飞灰浓度很低，因此主要通过辐射的方式将燃料燃烧释放的热量传递给受热面。为了保证足够的传热量，设计中要求煤粉炉的炉膛温度比较高。而循环流化床锅炉则不同。由于其炉膛内部有大量的固体物料的循环运动，因此不可忽视颗粒和气体的对流传热作用。而且因为循环流化床的床温保持在 850～900℃这个较低的范围内，所以辐射传热量的份额也比较小。因此，循环流化床锅炉炉膛内部的传热既要考虑到对流传热的影响，也要考虑到辐射传热的作用。循环流化床锅炉的燃烧室中床对壁面的总体传热系数可达 $200W \cdot m^{-2} \cdot ℃^{-1}$，远大于一般的煤粉炉和固定床锅炉[11]。

在循环流化床锅炉内，气体与固体颗粒之间的传热系数是相当大的。这是因为，床内气固之间的滑移速度大，热边界层比较薄，传热热阻小。虽然单个细颗粒的滑移速度比较小，但是由于在悬浮段细颗粒有团聚行为而形成大尺寸的颗粒团，因此和气体之间仍能保证较大的滑移速度。而固体颗粒之间的频繁碰撞也导致其热边界层较薄，强化了传热。因此，气体与固体颗粒以及固体颗粒间的传热系数很大，使得炉膛温度表现出相当程度的均一性。

具体来说，循环流化床中的传热方式沿炉膛高度是不同的。在讨论床料与受热面之间的传热问题时，要分别考虑密相区和悬浮段的传热情况。

在炉膛底部的密相区内，由于物料浓度很高，返混流动剧烈，因此其传热方式以颗粒对流换热为主。这与鼓泡床埋管受热面的传热是一致的。在炉膛上部的悬浮段中，固体颗粒在上升气流中集聚形成颗粒团。大部分床料沿床中间区域上升，而在靠近壁面的区域内以颗粒团的形式贴壁下滑。在下滑过程中，这些颗粒团又会被近壁处的上升气流打散而随之向上运动，在向上的运动中再次形成新的颗粒团贴壁下滑，周而复始。因此向壁面的传热包括了气体的对流传热，固体颗粒的导热及气固流体对受热面的辐射传热等形式。

首先，悬浮固体物料的浓度对传热系数的影响是最主要的。传热系数随着物料浓度的增大而增大。固体颗粒对对流传热系数的影响非常明显，而烟气对流仅占总传热系数的10%～20%[11]。大量的研究表明，物料浓度是床对燃烧室内受热面传热系数的最大影响因素。有的研究认为循环流化床中传热系数与悬浮物密度的平方根成正比。由于悬浮段的固体物料浓度分布沿床高是按照指数形式衰减的，也就是说不同高度上的物料浓度是不同的，因此传热系数在不同的炉膛高度上也是不同的。其中辐射传热和对流传热所占的份额也是随之变化的。由此可见循环流化床锅炉中气固流体的流动对传热有重要影响。

其次，燃烧室的温度对传热系数也有较大的影响。床温的升高，不但加强了辐射传热，而且会提高气体的热导率，减小颗粒贴壁层的热阻，从而有效地提高总传热系数。近壁区贴壁下降流的温度有比中心区温度低的趋势，边壁下降流减少了辐射传热系数，而水平截面方向上的横向搅混有助于形成良好的近壁区物料与中心区物料的质交换，同时近壁区与中心区的对流和辐射的热交换使截面方向的温度趋于一致，综合作用的结果：近壁区物料向壁面的辐射加强，总辐射换热系数明显提高。因此，有些循环流化床锅炉在循环量不能达到设计要求的情况下，采用提高床温的办法来提高传热系数，保证锅炉出力。

粒径的减小会提高颗粒对受热面的对流传热系数。在循环流化床条件下，燃烧室内部的物料颗粒粒径变化较小，在较小范围内的粒径变化时传热系数的变化不大。

受热面的结构尺寸如鳍片的净宽度、厚度等对平均传热系数的影响也是非常明显的，鳍片宽度对物料颗粒的团聚产生影响，另一方面宽度与扩展受热面的利用系数有关。

此外，受热面的垂直长度也对传热系数有影响。炉内颗粒浓度较高时，当受热面的垂直长度较长时，顺着壁面下滑的颗粒团有足够的时间被冷却，从而形成一个比炉膛中心区温度低的热边界层，部分削弱了中心区对受热面的辐射换热影响。

H. Fang 等建立了基于颗粒团交替模型的颗粒对壁面的局部辐射和对流换热模型，该模型和 R. L. Wu 等的实验结果吻合得较好[17]。B. Leckner 认为在存在边界颗粒下降流的情况下，壁面与颗粒层之间存在一个颗粒很少的气体层，其中的温度梯度很大，这样由气体层和颗粒层构成了一个热力边界层。燃烧室中气固两相流对边壁的传热是通过边界层的传热来实现的。锅炉容量越大，边界层越厚。分析靠近壁面气固两相的质量、动量和能量平衡情况，可以得到床向壁面传热的详细情况[18]。P. Basu 等认为循环流化床中对流和辐射会同时对气固温度场和热流形态产生影响，它们不具有线性叠加性，而交替传热模型更合理，认为在快速流态化下，颗粒团和分散相交替流过受热面。总的传热系数由对流传热系数和辐射传热系数直接相加得到。两项传热系数中的每一项再按颗粒团和分散相覆盖壁面的时间比例线性叠加[19]。B. Leckner 的边界层分析方法比较复杂，与之相比，交替传热模型显得简单一些，用来解释循环流化床中的许多现象比较有效，但是难以考虑下降流对辐射的阻碍作用和粒径分布较广时的情形，所用的关联式并不能广泛地应用于各种工况，因而仍是比较粗糙的。

近年来，清华大学建立了循环流化床锅炉燃烧室受热面包括水冷屏、汽冷屏、水冷壁的传热系数计算方法，得到了实践验证，广泛用于工程设计，并被推荐为标准计算方法[20]。

1.4.2　其他部件传热

除水冷壁之外，循环流化床锅炉还有一些其他的换热部件，如冷却式分离器、外置换热器、冷渣机（器）等。

（1）分离器传热

对绝热式分离器而言，传热仅仅表现为散热损失；而对于冷却式分离器，受热情况较为复杂，由于分离器各位置上的流动情况存在差异，各处烟气中的固体物料浓度不同，因此详细的传热计算比较困难。一般的可采用燃烧室的近似计算方法[7]，该处理方法不会引起较大的误差。

（2）外置换热器传热

将分离器分离下的循环物料的一部分分流至一个特定的流化床换热器进行换热，然后再返回炉膛，这样的换热器称为外置式换热器。调节直接返送物料量（返回炉膛的物料温度较高）与进入换热床的物料量（返回炉膛的物料温度较低）的比例可以调节床温，扩大燃料适应性，改善脱硫效率；同时可以调节蒸汽温度，因此外置式换热器在大型循环流化床锅炉上得到使用。外置式换热器有各种形式，但其原理基本是一样的。换热床实际是鼓泡流化床，受热面可以是过热器、再热器或蒸发受热面。利用鼓泡床的埋管传热计算方法，可以进行外置式换热器的传热计算，相应的结果已经得到了工程验证[20]。

（3）尾部对流受热面传热

布置在分离器出口之后的过热器、再热器、省煤器、蒸发对流管束和空气预热器，这些受热面都用来吸收烟气的热量。这部分的传热计算与传统煤粉锅炉基本一致。但由于分离器出口的烟气中含尘颗粒的粒度和形态与煤粉炉不同，由于未经高温熔化，灰分中碱金属化合物的蒸发较少，因此对尾部受热面的污染远远小于煤粉炉，尤其在较高温度时，这一区别更为明显，因此循环流化床锅炉的尾部烟道中受热面高温段的热有效系数比相应的煤粉炉高0.1～0.25，循环流化床锅炉的过热器若按煤粉炉传热计算方法设计，必然导致超温[20]。

1.5　循环流化床燃烧过程

1.5.1　流化床燃烧技术

流化床煤燃烧技术是一种介于层燃和煤粉燃烧之间的燃烧方式，在流化床中，固体颗粒在一定条件下被气体托起而呈现流体的特性。流化床是 Friz Winkler 于 1921 年 12 月最早发明的[2]。从 20 世纪中叶起，基于流态化技术，流化床燃烧（FBC）技术逐步发展，最先出现的是鼓泡流化床锅炉（BFB）。鼓泡流化床燃烧技术的优点包括[3]：a. 燃料适应性广，能燃用高灰分、低热值等其他传统燃烧设备不能使用的劣质燃料；b. 采用低温燃烧和分级送风，有效地控制 NO_x 的产生和排放；c. 由于低温燃烧，可以采用炉内加石灰石的方法在燃烧过程中脱硫，低成本降低 SO_2 的排放；d. 燃烧温度低，灰渣有利于综合利用；e. 入炉燃料相对于煤粉炉比较粗，燃料制备系统简单。

但是在鼓泡流化床锅炉的使用过程中，发现其存在着一些显著的缺点，主要有：a. 由于热量释放位置的限制，密相区必须布置埋管以降低床温，而埋管受热面的磨损较严重；b. 飞灰中未燃尽碳含量高，当给煤粒度偏细时，飞灰排放量大，造成固体未完全燃烧热损失增加，即使采用飞灰再循环，但由于回送的飞灰温度较低，稀相区的温度又较低，稀相区的气固混合不佳，导致回送的焦炭燃烧反应速率不高，因而对燃烧效率的改进不令人满意；c. 用石灰石脱硫时，石灰石停留时间较短，稀相区的气固混合程度较弱，脱硫效率不够高，石灰石利用率偏低；d. 稀相区燃烧量只占很小的一部分，而且稀相区受热面的传热系数又比较低，因此大量稀相区受热面的利用效率较差；e. 截面热负荷较低，不利于大型化。

针对这些问题，人们在不断改进完善鼓泡流化床锅炉技术的同时，发展了循环流化床锅炉。循环流化床锅炉不但继承了鼓泡流化床锅炉的优点，而且其自身的特点使得循环流化床克服了鼓泡流化床锅炉所固有的缺点。在循环流化床锅炉中，存在着大量的循环细灰，这就改变了燃烧室中的气固两相流的流动形态，使其流动、燃烧和传热与鼓泡流化床锅炉有很大区别。借助于大量固体颗粒的循环，使得热量释放分布沿床高与传热一致，而不需要在密相区设置埋管，同时炉膛上下温度分布趋于均匀。循环流化床采用了将从炉膛逸出的固体颗粒收集并回送炉膛的措施，利用流态化的原理有效的增加了颗粒在炉膛中的停留时间，提高了燃烧效率和脱硫效率。循环流化床具有较高的燃烧强度，并且由于稀相区的固体浓度比鼓泡流化床锅炉得到了提高，大大增强了稀相区受热面的传热系数，提高了燃烧室的使用效率，更易于大型化。因此循环流化床锅炉具有更多的优势。

① 燃料适应性广　它不仅能够燃烧优质动力燃料，还几乎可以燃烧一切种类的燃料并

达到很高的燃烧效率。其中包括高灰分、高水分、低热值、低灰熔点的劣质燃料，如泥煤、褐煤、油页岩、炉渣、木屑、稻壳、甘蔗渣、洗煤厂的煤泥、洗矸、煤矿的煤矸石等，以及难于点燃和燃尽的低挥发分燃料，如贫煤、无烟煤、石油焦等。

② 能够在燃烧过程中有效地控制 NO_x，几乎无成本地实现低 NO_x 排放。典型的流化床燃烧温度为 900℃ 左右，在保证稳定高效燃烧的同时，有效地抑制了热力型 NO_x 的形成；如果同时采用分级燃烧方式送入二次风，以及本身固有的富氧条件下的欠氧燃烧形态，又可控制燃料型 NO_x 的产生；主循环回路物料的含碳量较高，可以有效地还原生成少量 NO_x，一般情况下循环流化床燃烧 NO_x 的生成量仅为煤粉燃烧的 $1/5 \sim 1/3$。

③ 在燃烧过程中直接向床内加入石灰石或白云石，可以低成本、无水耗地脱去在燃烧过程中生成的 SO_2。根据煤中含硫量的大小决定石灰石量，脱硫效率可达到 90%，甚至达到 95% 以上。

④ 燃烧热强度大，床内传热能力强，可以节省受热面的金属消耗。循环流化床床内气固两相混合物对水冷壁的传热系数是鼓泡流化床稀相区水冷壁的传热系数的 4 倍以上。

⑤ 负荷调节性能好，负荷调节幅度大，可以在 30%～100% 负荷范围内稳定燃烧。

由于燃烧温度低，灰渣不会软化和黏结，燃烧的腐蚀作用比常规锅炉小。此外，低温燃烧产生的灰渣具有较好的活性，可以用作水泥或其他建材原料，有利于灰渣的综合利用。

因此循环流化床燃烧技术是目前商业化程度最好的清洁煤燃烧技术之一。特别是当燃用高灰分低挥发分或高硫分等其他燃烧设备难以适应的劣质燃料时，以及在对低负荷要求较高的调峰电厂和负荷波动较大的自备电站中，循环流化床锅炉都是最佳选择[4]。

图 1-15 是一个典型的循环流化床燃烧系统。

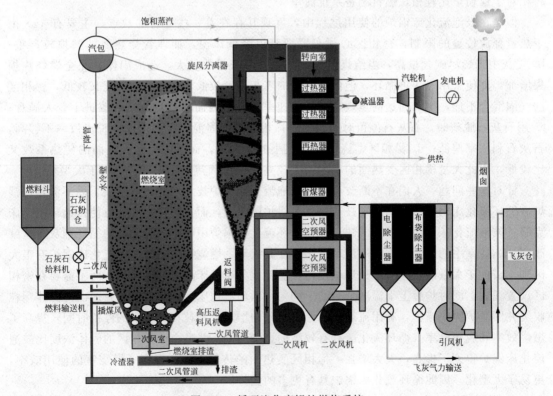

图 1-15 循环流化床锅炉燃烧系统

循环流化床锅炉是在炉膛里把矿物燃料控制在特殊的流化状态下燃烧产生蒸汽的设备。见图1-15，一次风通过炉膛底部一次风室、布风板进入炉膛，使床料流化；燃料在播煤风的播撒下进入炉膛的下部，在炽热的床料加热下着火，燃烧放热；二次风在炉膛下部一定高度处进入炉膛，提供进一步燃烧需要的空气。燃料燃烧放热被炉膛受热面吸收，烟气向上流动，并携带一些细小的固体颗粒离开炉膛，离开炉膛的颗粒绝大部分由气固分离器捕获，在距离布风板一定高度的位置送回炉膛，形成足够的固体颗粒循环，保证炉膛温度一致。分离器分离后的含尘较少的烟气进入尾部对流受热面，进一步换热降温。因此循环流化床锅炉由两部分组成。第一部分为主循环回路，包括炉膛、气固分离器、固体颗粒回送装置等。这些部件组合在一起在燃料燃烧时形成一个固体颗粒循环回路。循环流化床锅炉的炉膛通常是由水冷壁管构成。随着炉型的差异而采用不同形式的分离器，有紧凑型、高温或中温绝热型、高温冷却型等。第二部分是尾部烟道，其中布置有过热器、再热器、省煤器、空气预热器等对流受热面。

燃料通常加入炉膛下部密相区中，有时送入循环回路随高温颗粒一起进入炉膛。石灰石多采用气力输送通过二次风口送入炉膛，为简化系统也可采用简单的随燃料同时加入的方法。燃料进入炉膛和床料混合被加热着火燃烧；石灰石被加热分解，与 H_2S、SO_2、SO_3 等反应固硫。

国际上出现流化床燃烧技术是在20世纪50年代，主要是鼓泡流化床锅炉。到20世纪70年代末，开始出现了循环流化床锅炉。国外发展循环流化床锅炉主要是出于环境保护的考虑，循环流化床锅炉作为一种清洁煤燃烧技术，在低成本实现污染物排放上具有突出的优势。与国外不同的是，我国发展循环流化床锅炉技术的动力主要是解决如何利用劣质燃料的问题[5]。我国开始研究开发鼓泡流化床锅炉是在20世纪60年代初，到70年代末，我国已经有2000余台鼓泡流化床锅炉在运行，数量上超过了当时中国之外（世界上其他国家）的总和。这些鼓泡流化床锅炉主要是燃烧劣质燃料的。大量的鼓泡流化床锅炉在运行中除了表现出其显著的优点之外，自身的缺点和问题也暴露无遗。因此，20世纪80年代初我国开始发展循环流化床锅炉技术，到90年代初，在国家有关部门的支持下，我国开发研制了一批具有中国特色的循环流化床锅炉。鉴于当时对循环流化床技术的认识水平和经验有限，这批锅炉均在不同程度上存在一些问题，主要是出力不足、燃烧效率较低、磨损严重等。针对这些问题，国家开展实施了循环流化床锅炉完善化示范工程，这一工程将国产循环流化床锅炉的性能明显提升了一个台阶，并将相关技术实现了完全商业化，随后又在这一基础上开展了循环流化床锅炉的大型化工作。与此同时，部分锅炉厂采用购买国外技术的方式，也促进了我国循环流化床锅炉的发展。目前，我国已经能够设计和制造各种容量和参数的循环流化床锅炉，并已大面积推广。我国目前有2000余台各种容量的循环流化床锅炉，数量、单机容量和总容量已经超过了世界上其他国家的总和。我国的循环流化床燃烧技术已经处于国际领先水平。

1.5.2 燃烧过程分析

与任何燃烧过程一样，时间、温度和湍流度是组织良好燃烧过程的必要条件[6]。在循环流化床燃烧中，床温一般在850～900℃，外循环作用下产生的炉内物料的内循环给燃烧颗粒提供了比较长的停留时间，床内强烈的气固混合为良好的燃烧提供了必需的湍流度，以上几方面条件对保证良好燃烧都是有利的；但是另一方面，密相床上方的气固两相流动在横向的混合比较差，也就是说，如果在稀相区内局部出现欠氧情况，周围的氧很难扩散到该区域内以帮助燃烧，因而不利于焦炭和 CO 的燃尽[21]。

由于绝大多数循环流化床以煤为主要燃料，下面将定性地讨论煤颗粒在流化床中的燃烧过程。送入流化床中的煤颗粒将依次经历干燥和加热、挥发分析出和燃烧、膨胀和一级碎裂、焦炭燃烧和二级碎裂、磨损等过程。由于燃料量只占床料重量的极小部分（2%～5%），因此当新鲜煤颗粒进入燃烧室后，立即被不可燃的大量高温物料所包围，以 $10^3 \sim 10^4 \, ℃ \cdot s^{-1}$ 的速率升温，迅速加热至接近床温。

随着高温物料的加热，煤颗粒逐步开始析出挥发分。挥发分的第一个稳定析出阶段发生在温度 500～600℃ 范围内，第二个稳定析出阶段则在温度 800～900℃ 范围内。挥发分的产量和构成受到加热速率、初始温度、最终温度、最终温度下的停留时间、煤种和粒度分布、挥发分析出时的压力等许多因素的影响。煤颗粒在挥发分析出过程的 420～500℃ 温度范围内经历了一个塑性相，煤中的小孔被破坏。此后随着煤颗粒内部气相物质的析出，煤颗粒膨胀。挥发分在颗粒内部大量析出，不能及时传输到颗粒表面，从而使孔隙中气压急剧增加，使颗粒的固体结构受到一定的张力，当张力达到一定值后，就会导致整个颗粒的碎裂；当燃煤颗粒进入流化床后，其内部温度分布不均匀而产生的热应力也是煤颗粒碎裂的原因之一，这两种原因导致的碎裂称为一级碎裂。一般地，随着挥发分含量的升高，碎裂程度增强；灰分对碎裂程度有双重影响，一方面较高的灰含量可以增加颗粒不均匀性，形成内部分界面，加剧一次碎裂，另一方面灰分又可以提高颗粒的强度。

煤颗粒在投入燃烧室后，一边被热烟气和热物料加热，使得挥发分析出和燃烧，一边还随其他物料一起在炉内流动。对单颗粒而言，其运动轨迹是无规则的，其析出的挥发分在燃烧室内不同位置上的浓度也是无规则的，但是以统计的方法从宏观上来分析燃料的挥发分析出规律，可以看出挥发分在沿燃烧室高度方向上的浓度分布与床内物料的分布和流动有一定的关系。由于挥发分的燃烧受到氧的扩散速率的控制，燃烧室内的氧浓度分布直接影响了挥发分燃尽程度及热量释放的位置，而氧在炉内的分布和扩散取决于床内气固混合情况，所以挥发分的燃烧也与床内的物料分布和流动有关。

通过对实际运行的循环流化床的研究发现，挥发分通常比较容易在燃烧室上部燃烧，一般在燃烧室上部的浓度分布较高，燃烧份额较大。因此，对于高挥发分的燃料来说，其在燃烧室上部释放的热量较多；而对于低挥发分的燃料来说，其热量较多地在燃烧室下部释放。要想准确地了解挥发分在燃烧室内燃烧份额的分配，仍需要进一步地研究挥发分析出和燃烧规律。

焦炭的燃烧过程比较复杂。因为焦炭颗粒的粒度不同，其燃烧的工况不同。对于大颗粒焦炭而言，由于颗粒本身的终端速度大，烟气和颗粒之间的滑移速度大，使得颗粒表面的气体边界层薄，扩散阻力小，因此燃烧反应受化学反应速率控制，颗粒粒径越大，反应越趋于动力控制；而对细颗粒焦炭而言，其本身较小的终端速度使得气固滑移速度小，颗粒表面的气体边界层较厚，扩散阻力大，因而燃烧反应受氧的扩散速率控制，颗粒粒径越小，反应越趋于扩散控制。对循环流化床来说，燃烧室下部密相床内，焦炭燃烧受到动力控制和扩散控制的共同作用，两种控制机理的作用程度相当。而在燃烧室上部的稀相段内，情况就比较复杂。因为焦炭颗粒在稀相区的流动行为与煤粉炉内的运动行为有很大差异。在煤粉炉内，燃烧室温度高，燃料本身的燃烧反应速率快；细颗粒处于气力输送状态，扩散阻力大，所以燃烧反应为扩散燃烧。而在循环流化床的悬浮段内，燃烧室温度相对比较低，燃料的燃烧反应速率较低；同时细颗粒会产生团聚而形成较大尺寸的颗粒团，因而加大了滑移速度，减薄了颗粒团表面的气体边界层，从而减小了气体向颗粒团的扩散阻力，而颗粒团中可燃的焦炭颗粒比较少，因此，从理论上说，循环流化床悬浮段内的焦炭燃烧与煤粉炉相比应该是趋于动力控制的。但是，如果颗粒团所在的气体环境中本身氧气的浓度不高，则颗粒团中的焦炭颗粒也可能处于扩散控制状态。所以，悬浮段的焦炭燃烧也是非常复杂的。

　　焦炭颗粒的燃尽取决于颗粒在燃烧室内的停留时间和其本身的燃烧反应速率，停留时间越长，燃烧反应速率越快，颗粒就越容易燃尽。颗粒的燃烧反应速率是由颗粒本身的化学反应活性决定的，活性越高，燃烧速率越快。要想提高低反应活性燃料的燃烧速率，可以采用提高燃烧室温度和减小颗粒粒径的办法。提高燃烧室温度，可以增加反应速率，从而有利于燃烧反应的进行；减小颗粒粒径，即增大了颗粒的反应表面积，也有利于燃烧速率的提高。而不同粒径的焦炭颗粒的停留时间取决于该粒径下炉内物料所占有的容积与该粒径颗粒的来料流率的比值。也就是说，某一粒径的焦炭颗粒在炉内停留时间的长短，取决于这个粒径的物料占总物料量的份额，以及来料中这个粒径的颗粒的体积流率。该粒径的物料在物料中所占的份额越小，而来料中该粒径颗粒的流量越大，则这个粒径的焦炭颗粒在炉内的停留时间越短，越不利于其燃尽。在循环流化床燃烧中，对于不同粒径档的物料颗粒，其含碳量是不同的，这从图 1-16 中的飞灰含碳量变化趋势反映出来[22]。直径在 $20\mu m$ 以下的物料颗粒的含碳量比较小，这是因为，虽然该粒径挡的焦炭颗粒很难被分离器分离下来，在炉内的停留时间很短，但是其反应表面积大，反应速率快，因此其停留时间仍然大于燃尽所需时间，故颗粒在离开燃烧室之前就可以燃尽。对于直径在 $20\sim100\mu m$ 范围内的物料颗粒而言，其含碳量较高，这是由于该粒径挡的焦炭颗粒直径比较小，通常小于分离器的临界直径 d_{99}，分离效率不高，在炉内的停留时间也比较短；另一方面，该直径颗粒的燃烧主要在悬浮段内完成，燃烧反应属于扩散控制，而悬浮段内的气固混合尤其是横向扩散是比较差的，因而燃烧速率相对比较低，使得其燃尽时间大于颗粒在炉内的停留时间，所以该挡颗粒的含碳量很高。对于直径在 $200\mu m$ 左右的物料颗粒而言，其含碳量接近零，这是因为该粒径挡的物料颗粒是循环物料的主体，其分级分离效率几乎为 100%，该粒径的颗粒在炉内的停留时间远大于其燃尽所需时间，可以保证充分燃尽，所以该粒径物料颗粒中的含碳量接近于零。直径大于 $200\mu m$ 的物料颗粒的含碳量随粒径的增加也逐渐增大，但增幅很小，这主要是因为粗焦炭颗粒的反应表面积较小，燃烧速率比较低，燃尽时间比较长，而在底部排渣的影响下，焦炭颗粒的停留时间不足以保证其燃尽，所以会造成一定的未燃尽碳损失。

　　燃烧反应速率取决于表面反应速率和总的反应表面积。表面反应速率是燃料反应活性和温度的函数。循环流化床是低温燃烧，燃料的反应活性是确定的，因此表面反应速率相对较低，这就要求大量的颗粒表面积，也就是主循环回路中焦炭的含量比较高，一般在 $2\%\sim5\%$，这为 NO_x 的控制提供了极为有利的条件。

　　焦炭燃烧过程中继续伴随着粒径变化。由于燃烧反应和颗粒碰撞的综合作用，颗粒结构中某些联结部分可以断开，碎裂为更小的颗粒，这一过程称为二级碎裂。在燃烧过程中，颗粒会形成具有一定孔隙率的灰壳，由于氧气的渗透作用其炭核会逐渐趋于燃尽，使得整个颗粒的孔隙率不断加大，当孔隙率增大到某个临界值后，整个颗粒就会崩溃，变为许多更小的以灰分为主的颗粒，这是渗透破碎。流化床中，颗粒之间相互碰撞，在运动过程中产生磨耗。所谓物料的磨耗是指由于颗粒间相互碰撞摩擦，从较大颗粒表面撕裂和磨损下来许多微粒的过程。不仅床料，焦炭颗粒也会发生磨耗。煤燃烧过程颗粒粒径变化示意见图 1-17[14]。

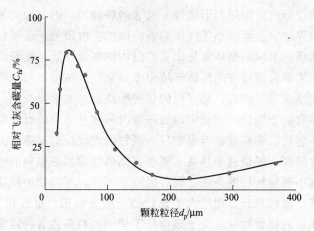

图 1-16　循环流化床锅炉飞灰烧失量与粒径的关系

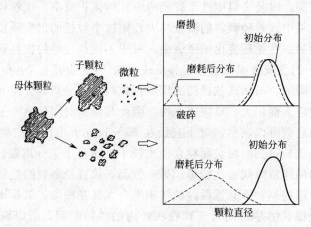

图 1-17　煤燃烧过程颗粒粒径变化示意

　　从上述燃烧过程分析中可以看出，循环流化床的燃烧问题是十分复杂的，但是宏观上表现为燃料燃烧的热量释放的经验性规律。对于不同的煤种，其热量释放规律曲线是不同的。热量释放规律可以用燃烧份额来表示，燃烧份额定义为在循环流化床燃烧室各个区域中燃烧释放的热量占整个系统热量释放量的百分比。

1.5.3　燃料热量释放规律

　　燃烧份额的概念最早应用在鼓泡流化床的设计中，鼓泡流化床中密相区和稀相区分界较明显，而且燃烧份额主要集中在密相区。我国长期的工程实践对鼓泡流化床密相区燃烧份额的数量及影响因素已经积累了丰富的经验。而在循环流化床燃烧中，由于其流动情况与鼓泡流化床有很大区别，因此其热量释放规律也有较大不同。

　　鼓泡流化床中，燃烧份额是一个确定值，密相区的热量平衡取决于一次风冷却效果、埋管吸热及密相区床面对悬浮段的辐射换热，而由扬析夹带传质引起的传热影响甚小。在循环流化床条件下，外部物料循环促使床内物料平均粒度变细，燃烧室上部物料浓度远高于鼓泡流化床锅炉的悬浮段。由此引起了燃烧室沿高度强烈的质交换，因而带来了上下强烈的热交换。这在很大程度上均化了燃烧室纵向温度分布。然而循环流化床纵向质交换强度与当地物料浓度直接关联。

对于典型的循环流化床，其沿床高的床压分布曲线见图 1-18(a)，沿床高的温度分布曲线见图 1-18(b)，燃烧烟煤时该循环流化床典型的累计燃烧份额沿床高的分布见图 1-19[21]。

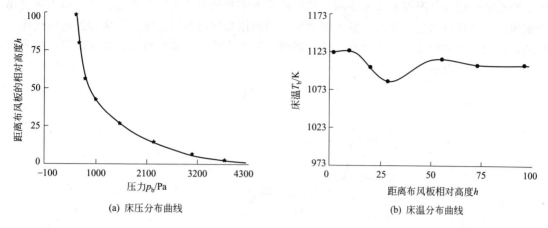

(a) 床压分布曲线　　　　　　　　　　(b) 床温分布曲线

图 1-18　沿床高的压力及温度分布曲线

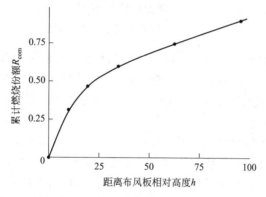

图 1-19　累计燃烧份额沿床高的分布

由图 1-19 可见，密相区的燃烧份额只占总燃烧量的 50% 左右，远小于鼓泡流化床的 80%。在稀相区，累计燃烧份额逐渐升高，稀相区的燃烧份额占整个床内燃烧量的很大一部分。对一系列工业规模循环流化床燃烧的热态测试表明，不但燃烧室内沿整个床高都有燃烧反应发生，而且在分离器中还有相当量的燃烧反应继续。

循环流化床热量释放规律非常复杂，它不仅受燃料本身的特性如粒度分布、挥发分含量、焦炭反应活性、挥发分析出规律等的影响，同时受到床内流动、传质、传热以及分离器的分离效率等的影响。床内烟气流速越高，密相区的燃烧份额越低；一、二次风配比对燃烧份额的分布有一定的影响，一次风比例增加，密相区的燃烧份额会有所上升，但是受密相区气泡相和乳化相之间传质阻力的限制，燃烧份额并未按同等比例地增加；床温对循环流化床内的燃烧份额也有一定的影响，床温越高，焦炭颗粒反应速率会加快，并且气体扩散速率也有所增加，这样有利于气体和固体的混合，而且密相区的挥发分释放速率和反应速率会加快，因此密相区的燃烧份额会明显增加；过量空气系数对燃烧份额分布有一定的影响，但是它直接影响的是床温，通过床温影响燃烧份额的分布；煤中挥发分对燃烧份额的影响最为明显，挥发分越高，上部的燃烧份额越大；物料循环系统的性能对燃烧份额的影响非常显著，物料循环量提高，密相区的燃烧份额有所下降。

值得注意的是，密相床的CO达到了相当高的浓度，见图1-20。循环流化床和鼓泡流化床中密相区的燃烧状况有着很大不同，鼓泡流化床密相区燃烧表现为氧化状态，而循环流化床密相区内燃烧行为是欠氧的。对比同时运行的燃用相同燃料的循环流化床和鼓泡流化床的排渣，发现循环流化床的排渣呈暗灰色，而鼓泡流化床的排渣略显红色，这可能是由铁元素在灰渣中的不同存在状态引起的[10]。

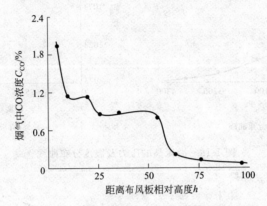

图1-20 CO体积浓度沿床高的分布

循环流化床密相床燃烧处于一个很特殊的欠氧状态，虽然床中有大量的氧气存在，然而床内的CO浓度仍维持在很高的水平，如在密相区底部测得的氧气浓度在13%左右，而CO浓度高达近2%[22]，表明循环流化床密相区燃烧局部处于欠氧状态。B. Leckner测定了密相区中氧化和还原的情况，发现密相区中氧化气氛和还原气氛更替的频率特别快，从密相区气固两相流的行为出发能较好地对这一现象加以认识。由于气固两相流的行为，循环流化床密相区存在着气泡相和乳化相，气体主要以气泡的方式通过床层，而燃料颗粒主要存在于乳化相中。与鼓泡流化床相比，由于循环流化床气泡流速较高，固体颗粒粒度又比较细，气泡相和乳化相之间的传质阻力对燃烧的影响显得更为突出。乳化相中通过的气体仅维持临界流态化状态，其中的空气量亦即氧气量较少，形成了乳化相中碳过量而氧不足的现象。与此同时，一次风中的大部分以气泡的形式穿越密相区，除了气泡边界的少量焦炭颗粒有机会接触到氧气之外，氧气没有机会与焦炭反应，形成了氧气过量而碳不足的现象。一方面氧气不能充分进入到乳化相中，限制了焦炭颗粒的燃烧反应，不完全燃烧的产物CO和粗大煤颗粒在密相区释放出的挥发分，也得不到充足的氧气供应；另一方面乳化相中的不完全燃烧产物CO和释放出的挥发分不能很快地传到气泡相中，因而不能进一步反应完全。因此在密相区中宏观上虽然有氧气存在，但焦炭颗粒的燃烧仍处于欠氧状态，密相区中会产生大量的CO，这些CO将和一部分挥发分被带到稀相区燃烧。这为循环流化床锅炉的NO_x排放控制提供了条件。

循环流化床内气固两相流的性质，决定了它用于燃烧时具有强烈的传质传热特性；同时大量的高温床料储存了较大的热容量，利于难燃煤种着火，使循环流化床可以在850~900℃稳定运行。同时该温度是氧化钙进行脱硫反应的最佳温度。然而运行于850~900℃范围的循环流化床，燃烧反应速率比较低，这对燃烧效率是不利的。

挥发分快速燃烧的本质，决定了其对未完全燃烧损失的贡献甚少。如前所述，循环流化床密相区的流动行为及其对焦炭燃烧的必然影响导致密相区的CO产率很高；过渡段和稀相区的气固混合较差，CO 在燃烧室内由于混合不良而难以燃尽，燃烧室出口的浓度可高达百分之几，但进入位于燃烧室出口的高温分离器后，在气固分离过程中，氧气和包括 CO 在内的可燃气体、固体颗粒充分混合，CO 可以基本燃尽，主要的未完全燃烧来自固定碳。

　　焦炭燃尽需要较长的停留时间。一个直接的推论是如果循环流化床所用分离器对未燃尽的飞灰颗粒有足够高的分离效率，则可使未燃尽的焦炭返回床内继续燃烧，直至燃尽为止。不幸的是，到目前为止，应用于循环流化床的大型旋风筒公认的临界粒径 d_{99} 均在 $100\mu m$ 左右，因此 $100\mu m$ 以下的焦炭颗粒，利用分离器实现循环燃烧是不可行的，而对于 $20\sim 50\mu m$ 的焦炭颗粒，其一次通过燃烧室的停留时间不足以保证低反应活性的碳燃尽。

　　根据统计，若将原煤的可燃基挥发分除以其热值，即折算挥发分，作为一个参考值，该值基本上与该煤种用于循环流化床时飞灰含碳量呈单调变化关系，图 1-21 是对多台燃用不同煤种循环流化床飞灰含碳量与燃料折算挥发分关系的统计数据[22]。虽然飞灰含碳量与未完全燃烧损失并不能等同，还要看飞灰的绝对量有多少，但循环流化床使用者往往更倾向于从飞灰的利用角度看待飞灰含碳量的问题，飞灰含碳量的多少是直接影响飞灰利用的。

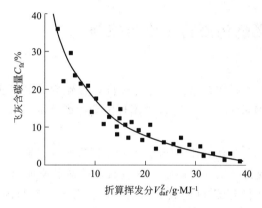

图 1-21　飞灰含碳量与煤种的关系

　　除了煤种是影响飞灰含碳量的主要因素之外，还有一些其他因素需要考虑。提高燃烧温度有利于降低飞灰含碳量。对燃用低挥发分、低反应活性的燃料，设计床温需要在脱硫效率能够容忍的情况下尽可能提高，例如 $900\sim920℃$。某些烧无烟煤的循环流化床，在不脱硫时甚至运行到 $1000℃$ 以降低飞灰含碳量。但是对于煤矸石，其燃烧速率的控制因素是氧气在颗粒灰层中的扩散，因此即使提高温度，对燃烧效率的影响也非常有限。

　　由于循环流化床悬浮段中固体浓度较高，在该区域气体横向混合特别差。燃烧室上部尽管存在氧气，CO 也无法燃尽，在燃烧室出口 CO 高达 2%[22]。在二次风口之上，燃烧室中心区存在一个明显的贫氧区，如图 1-22 所示，二次风动量不足以穿透浓物料空间抵达燃烧室中心区。单纯加强二次风风速及刚度，则减少了二次风口的数量，因而不能将二次风扩散到燃烧室全部横截面上。因此，二次风设计比例和进入方式是值得推敲的。

　　焦炭高温处理后，反应活性降低是早为研究者所熟知的现象。在流化床温度 $850\sim 900℃$ 条件下，则反应时间长达数十分钟，也会发生失活[23]。低活性残炭尤其是大颗粒磨耗产生的残炭，经历了长时间的停留、燃烧、碎裂，即使采用飞灰再循环的办法也是难于燃尽的。因此一次燃尽度决定了机械未完全燃烧损失。这是大量试图改善分离器效率以减少飞灰可燃物含量的效果实际比较有限的原因。

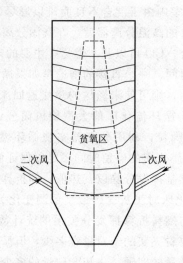

图 1-22 循环流化床锅炉燃烧室的贫氧核心区

1.6 循环流化床燃烧污染物生成与控制

1.6.1 燃烧中脱硫

循环流化床燃烧过程中添加合适粒度的石灰石等脱硫剂，可以实现燃烧过程中的脱硫，是一种低成本控制 SO_2 排放的技术，这也是循环流化床燃烧的优势之一。

（1）炉内脱硫过程

循环流化床燃烧中，煤的硫分在燃烧室内反应生成 SO_2 及其他的一些含硫物质，同时，具有一定粒度分布的石灰石被给入燃烧室，这些石灰石被迅速地加热，发生煅烧反应，产生多孔疏松的 CaO。SO_2 扩散到 CaO 的表面和内孔，在有氧气参与的情况下，CaO 吸收 SO_2 并生成 $CaSO_4$。生成的 $CaSO_4$ 逐渐地把空隙堵塞，并不断地覆盖新鲜 CaO 表面，当所有的新鲜表面都被覆盖后反应就停止了。这一过程的示意见图 1-23。当然脱硫剂颗粒也可能在还未达到上述状态时就被吹出了燃烧室，这时对脱硫剂颗粒的利用显然是不充分的[24]。

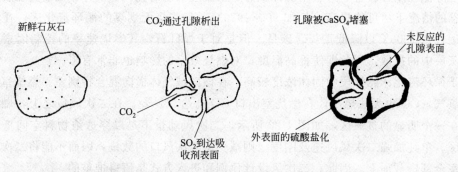

图 1-23 常压循环流化床中石灰石脱硫过程示意

脱硫过程本质上是一系列的气固反应，具体的脱硫效果由各个反应进行的情况决定。投入燃烧室的石灰石首先发生煅烧反应：

$$CaCO_3 \longrightarrow CaO + CO_2 \tag{1-28}$$

煅烧反应是脱硫反应的前期准备，这时产生的大量孔隙极大地增加了脱硫颗粒的可用表面积。煅烧反应进行的情况直接影响生成孔隙的大小及其分布、CaO 颗粒的比表面积以及 CaO 晶粒的大小等，进而直接影响 CaO 颗粒脱硫反应的特性。影响这些参数的主要因素有煅烧温度、环境 CO_2 浓度和石灰石本身的特性等。大部分石灰石的煅烧温度在 850℃左右；当温度上升到 920℃时，普遍发生烧结，煅烧产物的比表面积严重下降，因此床温应该控制在 850℃左右。

在有氧气存在的条件下与 SO_2 接触时，会发生：

$$CaO + SO_2 + \frac{1}{2}O_2 \longrightarrow CaSO_4 \tag{1-29}$$

这是一个总包反应方程，其具体的反应途径尚不清楚。

（2）脱硫反应影响因素

$CaSO_4$ 分子体积远大于 CaO，因而当 SO_2 扩散到 CaO 内表面发生反应时，生成的产物会把微孔堵死，使得可用的内表面积减小。微孔越是深入到颗粒内部，则其被堵塞而不能被充分利用的可能性越大。事实上，电子探针实验表明，石灰石的转化仅限于表面以内的数十微米[25]。对于小颗粒，由于它的比表面积要比大颗粒大，而且孔隙更接近表面，因而实验中观察到小颗粒的最大转化率要比大颗粒高。但是在具体的脱硫过程中，由于颗粒可能在达到最大转化率之前被吹出炉，因而各粒径石灰石的实际转化率的分析是非常复杂的。

石灰石的特性主要包括它的物理特性和化学特性。物理特性主要包括石灰石煅烧后生成孔隙的大小、分布及比表面积等。对脱硫反应而言，直径大于 $0.03\mu m$ 的孔隙才是比较重要的，更细的孔隙产生的扩散阻力很大，不利于脱硫反应的进行，而且微孔很容易被 $CaSO_4$ 堵塞致使其表面积利用率很低，因此要使煅烧产物的孔隙分布较为合理、比表面积较大，所使用的石灰石物理特性是很重要的。前面已经提到，石灰石的转化仅限于表面以内的几十个微米。反应主要是在表面进行的，总表面积取决于颗粒的大小，这就要求颗粒直径尽量小；但是考虑到在达到最大转化率之前被烟气携带离开主循环回路，颗粒粒度也不能太小，最佳范围在 $150 \sim 200\mu m$。

化学特性的影响主要指石灰石所含杂质的影响。已经发现许多杂质的存在会对石灰石的转化率产生影响。杂质的存在会使 CaO 颗粒在固硫过程中孔隙被堵塞的时间推迟，因而可以提高 CaO 颗粒的利用率。

由于循环流化床底部的密相区处于氧化/还原气氛的不断更迭状态之中，在氧化性气氛下，趋于生成 $CaSO_4$；在还原性气氛下，最稳定的则是 CaS，在循环流化床的底渣中常可测到少量的 CaS；两者中间有一个过渡区，这里最稳定的是 CaO。在实际的循环流化床中，密相区的 $CaSO_4$ 在床温高于 850℃下加速分解，会释放出已经被捕集的 SO_2。

无论是在较小的实验台上还是在大型的循环流化床上，都发现当床温处于 850℃左右时脱硫效率最高，见图 1-24，这是由于床温低于 850℃时，煅烧反应的速率明显下降，石灰石煅烧产生 CaO 的速率限制了脱硫反应的进行，因而使脱硫效率较低。当床温高于 850℃时，CaO 内部孔隙结构发生烧结而减弱了 CaO 与 SO_2 反应的活性，于是导致脱硫效率下降；还有学者认为此时脱硫产物 $CaSO_4$ 在还原性气氛中分解速率增加较快，导致已经被捕集的 SO_2 重新被释放出来，因而脱硫效率下降。目前后一种理论得到了更加广泛的支持。

（3）石灰石脱硫钙硫比

循环流化床的一个重要优势是燃烧过程中利用石灰石等作为脱硫剂脱硫。原煤中的各项成分，在加入了脱硫剂之后要发生变化，计算时必须用折算值而不是原始值。

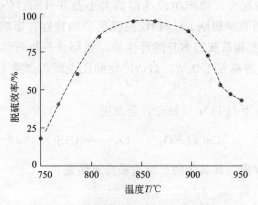

图 1-24 温度对脱硫效率的影响

　　一般常用的脱硫剂是石灰石（$CaCO_3$）、白云石（$CaCO_3 \cdot MgCO_3$）等。石灰石和白云石等吸收 SO_2 的能力是有一定限度的，反应过的脱硫剂要不断排出，新的脱硫剂要不断被加入。向流化床中加入的脱硫剂量，要根据煤中的含硫量进行计算，保证能够达到一定的脱硫效率以满足环境保护标准的要求。在循环流化床中，石灰石中的钙能否有效地被用来脱硫，取决于石灰石本身的反应性、循环流化床的运行条件等。一般情况下，850～900℃是脱硫的最佳反应温度，随煤种的不同有所变化，这也是循环流化床选择 850～900℃ 作为运行温度的原因。为了确定达到一定的脱硫效率所需要的 $CaCO_3$ 量，常用钙硫的摩尔比值 Ca/S 作为一个综合指标，用来说明在脱硫时钙的有效利用率。对于运行正常的循环流化床锅炉，可以根据收到基的硫含量和脱硫效率的要求，用图 1-25 估计 870℃ 条件下所需要的 Ca/S 值[20]。为达到一定的脱硫效率所需的 Ca/S 值越高，钙利用率则越低。

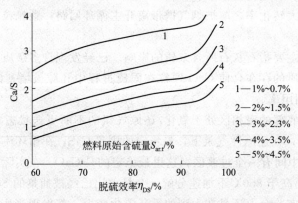

图 1-25 Ca/S 确定方法

　　循环流化床锅炉石灰石脱硫过程中，由于煅烧吸热、固硫放热、增加灰渣物理热损失，因此会影响到锅炉效率，其影响与 Ca/S 值有关。一般说来，在 Ca/S 值低于 2.5 时，脱硫会改善锅炉效率，在 Ca/S 值大于 2.5 时，脱硫会降低锅炉效率。

　　实践表明，循环流化床锅炉具有很强的炉内脱硫能力，对于多种不同燃料，燃料的含硫量从 0.3% 到 8.0%，循环流化床锅炉均能达到 96% 以上的脱硫效率，最高脱硫效率甚至可以达到 99.5%，最低 SO_2 排放值为 $18mg \cdot m^{-3}$。表 1-7 为我国实际运行的部分循环流化床锅炉的实际脱硫效率。

表 1-7　我国典型循环流化床锅炉的实际脱硫效率

电厂	容量 N/MW	收到基硫含量 S_{ar}/%	Ca/S	脱硫效率 η_{DS}/%
内江高坝发电厂	100	3.12	2.4	93.7
分宜发电厂	100	0.58	2.3	81.0
济宁运河电厂	135	0.76	2.3	89.3
白杨河电厂	135	2.4	2.2	93.8
大屯电厂	135	0.75	2.2	83.7
红河电厂	300	1.66	2.22	94.3
白马示范电站	300	2.9	1.67	94.7
开远电厂	300	2.03	1.97	94.5

循环流化床锅炉的脱硫优势已经得到国际上的公认，但是在我国由于各种历史原因，石灰石系统没有建设或者建设了但运行不正常，脱硫效果不佳甚至没有脱硫，这都曾经一度引起环保部门对循环流化床锅炉的脱硫产生极大的怀疑。近年来环保标准更加严格、执行力度更强，新建设的大容量循环流化床锅炉发电机组，脱硫系统比较完善、运行规范，循环流化床锅炉的脱硫优势逐渐得到充分发挥，很多机组的实际脱硫效率达到了 90% 以上，有的甚至在较低的 Ca/S 值（1.7）条件下，能够达到 94% 左右的脱硫效率。在控制床温在不超过 870℃ 左右、合理控制石灰石粒度分布、选择反应活性较高的石灰石、石灰石的连续稳定供给条件下，只要保证一定的 Ca/S 值，脱硫效率是比较高的。图 1-26 是某 300MW 循环流化床锅炉的 SO_2 排放实时监测结果。

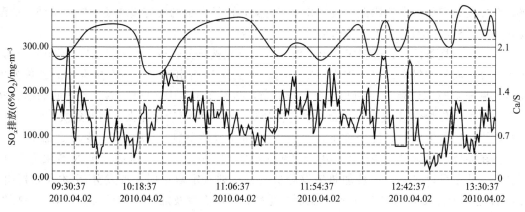

图 1-26　某 300MW 循环流化床锅炉烟气 SO_2 浓度曲线

当然，最终排放浓度与燃料的原始含硫量有关。目前我国的循环流化床锅炉的燃料没有选择的空间，基本上是劣质燃料，折算硫分一般较高，这就对床温、粒度、石灰石种类、石灰石系统的稳定性、Ca/S 值等的运行控制和管理的要求更加严格。

尽管循环流化床的脱硫效率很高，但在某些条件下，对 SO_2 的排放要求更高，此时需要采用二级烟气处理系统，以进一步降低 SO_2 的排放，同时提高石灰石的利用率，使得在脱硫的同时还可以脱除酸性气体和重金属[26]。

1.6.2　氮氧化物生成与控制

固体燃料燃烧过程中产生的氮氧化物主要是一氧化氮（NO）和二氧化氮（NO_2），此外，在低温燃烧下会有氧化亚氮（N_2O）产生。

氮氧化物在燃烧过程中的生成和排放浓度与煤燃烧条件之间的关系密切，如煤的燃烧方式、燃烧温度、过量空气系数等。固体燃料在循环流化床燃烧生成的 NO 占总 NO_x 的 90％以上，NO_2 占 5％～10％，N_2O 占 1％左右。燃烧过程中 NO_x 的生成途径分别是空气中的氮气在高温下氧化而生成的热力型 NO_x、燃料氮氧化生成的燃料型 NO_x、空气中的氮生成的瞬时反应型 NO_x。燃烧温度低于 1300℃时，几乎观测不到高温型 NO_x 的生成反应；瞬时反应型 NO_x 产生于燃烧时 CH_i 类离子团较多、氧气浓度相对低的富燃料燃烧情况。因此，循环流化床燃烧中氮氧化物的生成与控制的重点是燃料型 NO_x。

由于一般燃烧温度较高的常规燃烧设备中 N_2O 的排放浓度很低，过去对由化石燃料燃烧生成的 N_2O 对大气环境的破坏重视不足。近年来，随着流化床燃烧技术的迅速发展和循环流化床的大量应用，人们开始注意到燃煤循环流化床 N_2O 的排放问题。N_2O 不仅能破坏大气同温层的臭氧层，而且它还是一种温室效应气体。N_2O 在大气对流层相当稳定，存活期达 150 年以上，因此它不会像 NO_x 那样由降雨而返回地面，形成对流层的氮循环。

煤炭中的氮含量一般在 0.5％～2.5％，它们是以氮原子的状态与各种碳氢化合物结合成氮的环状化合物。煤中氮的有机化合物 C—N 的结合键能比空气中的氮分子的 N≡N 键能小得多，因此氧更容易首先破坏 C—N 键而与氮原子生成 NO。煤燃烧时 75％～90％的 NO_x 是燃料型 NO_x，因此，它是燃烧产生 NO_x 的主要来源[7]。

燃料型 NO_x 的生成机理非常复杂，虽然多年来世界各国许多学者为了弄清楚其生成和破坏的机理，进行了大量的理论和实验研究工作，但到现在对这一问题仍然没有完全弄清楚。这是因为燃料型 NO_x 的生成和破坏过程不仅与煤种特性、煤的结构、燃料中的氮热分解后在挥发分和焦炭中的比例、成分和分布有关，而且大量的反应过程还与燃烧条件，如温度和氧及各种成分的浓度等关系密切。

一般的燃烧条件下，燃料中含氮有机化合物首先被热分解成 HCN 和 NH_3 等中间产物，随挥发分一起从燃料中析出，称为挥发分 N。挥发分 N 析出后，残留在焦炭中的氮称为焦炭 N，见图 1-27。焦炭 N 的析出情况比较复杂，与氮在焦炭中 N—C、N—H 之间的结合状态有关。由于焦炭 N 生成 NO 的反应活化能比碳燃烧的反应活化能大，因此焦炭 NO_x 是在焦炭燃烧区后部生成。高温条件下，由焦炭 N 所生成的 NO_x 占总 NO_x 生成量的 25％～30％。在循环流化床燃烧条件下，由于焦炭的燃尽本身就比较难，因此焦炭 N 转化为 NO_x 的极少，几乎可以忽略。煤被加热挥发分析出量达到一定数量时，挥发分 N 才开始析出。燃料 N 转化为挥发分 N 和焦炭 N 的比例与煤种、热解温度及加热速率等有关。对于高挥发分煤种，热解温度和加热速率提高时，挥发分 N 产率增加，而焦炭 N 相应地减少。过量空气系数 α 对挥发分 N 的产率没有影响[6]。

挥发分 N 中最主要的氮化合物是 HCN 和 NH_3，其所占比例不仅取决于煤种及其挥发分的性质，而且还与温度等有关。对烟煤来说，HCN 在挥发分中的比例比 NH_3 大；劣质煤的挥发分 N 中则以 NH_3 为主；无烟煤的挥发分 N 中 HCN 和 NH_3 相当。挥发分中 HCN 和 NH_3 的产率随温度的增加而增加，但在温度超过 1100℃时，NH_3 的含量达到饱和。随着温度的上升，燃料 N 转化为 HCN 的比例大于转化成 NH_3 的比例。

挥发分 N 中 HCN 被氧化的主要反应途径如图 1-28 所示。随挥发分一起析出的挥发分 N 在挥发分燃烧过程中，遇到氧会发生一系列均相反应，其 N 中的 HCN 氧化生成 NCO 后可能有两种反应途径，这取决于 NCO 生成后所遇到的反应条件。在氧化性气氛中，NCO 会进一步氧化成 NO；若遇到还原性气氛，则 NCO 会反应生成 NH。生成的 NH 在氧化气氛中会进一步被氧化成 NO，成为 NO 的生成源；同时 NH 在还原气氛中又能与已经生成的

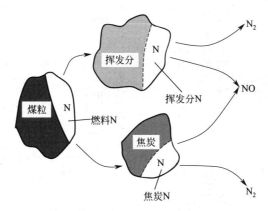

图 1-27 煤中的氮分解为挥发分 N 和焦炭 N 示意

NO 进行氧化、还原反应，使 NO 被还原成 N_2，成为 NO 的还原剂。

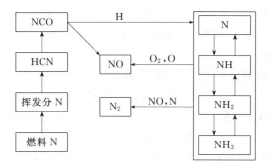

图 1-28 挥发分 N 中 HCN 被氧化的主要反应途径

挥发分 N 中 NH_3 被氧化的主要反应途径如图 1-29 所示。可见 NH_3 在不同条件下，可能作为 NO 的生成源，也可能成为 NO 的还原剂。

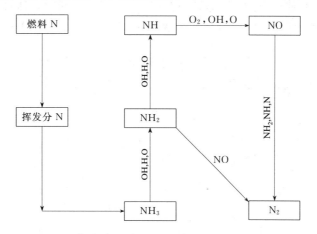

图 1-29 挥发分 N 中 NH_3 被氧化的主要反应途径

流化床燃烧时由挥发分 N 生成的 NO_x 占燃料型 NO_x 的 70%～75%。在氧化气氛中，过量空气系数增加时，挥发分 N 生成的 NO_x 迅速增加。

由于挥发分 N 的氧化对 NO_x 的生成有重要影响，因此挥发分含量的大小直接影响 NO_x 生成量，见图 1-30。燃料 N 的增加，会明显提高 NO_x 排放。

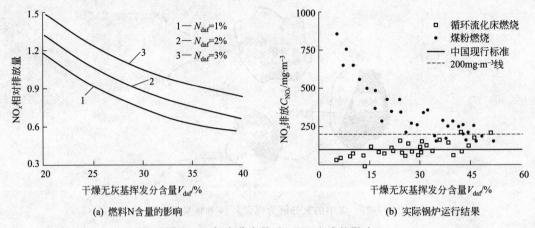

(a) 燃料N含量的影响　　　　(b) 实际锅炉运行结果

图 1-30　挥发分含量对 NO_x 生成的影响

由 HCN 和 NH_3 的演化途径可知，在氧化气氛中生成的 NO_x 遇到还原性气氛时，会还原成氮分子，这称为 NO_x 的还原或破坏。因此，最初生成的 NO_x 的浓度并不等于其排放的浓度，因为随着燃烧条件的改变，有可能把已经生成的 NO_x 还原成 N_2 而破坏掉。所以燃煤设备烟气中 NO_x 的排放浓度最后取决于 NO 的生成反应和 NO 还原或被破坏反应的综合结果。

NO_x 的破坏途径见图 1-31，可见破坏或还原 NO_x 有三条可能的途径。在还原气氛中 NO 通过烃类（CH_i）或碳被还原，见图 1-31 途径（a），生成 HCN，然后 HCN 与 O 发生反应，生成中间产物 NCO 等。在还原气氛中，NCO 会生成 NH_i。此时生成的 NH_i 在还原性气氛中如遇到 NO 则会将 NCO 还原为 N_2。在燃煤火焰中当 NO 遇到碳时，则有可能被还原成 N_2 和 CO、CO_2 气体。根据这个原理，可将含烃燃料喷入含有 NO 的燃烧产物中，即燃料分级燃烧技术，可以有效地控制 NO_x 的排放。在还原气氛中，NO_x 与氨类（NH_i）和氮原子（N）反应生成氮分子（N_2），如图 1-31 途径（b）所示。由图 1-31 可以看出，NO 的还原和破坏，是通过 NCO 和 NH_i 的反应而实现的。同时，通过 NCO 和 NH_i 还可以由图 1-31 途径（c）通过 NO 的破坏而生成 N_2O。由此可见，N_2O 的生成源是 NO。

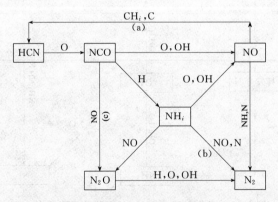

图 1-31　NO_x 破坏的反应途径

循环流化床锅炉中，燃烧是在分级燃烧过程中实现的；下部密相区中，燃料颗粒位于空气非常少的乳化相中，没有充分的氧气供给，处于富氧条件下的欠氧燃烧状态；炉膛上部稀相区中心普遍存在氧气浓度近于 0 的贫氧区，因此炉膛整体上的燃烧是还原性气氛[10]，炉膛出口的 CO 含量很高，在分离器中继续燃烧。同时，由于燃烧的需要，主循环回路中有大量的焦炭，主循环回路中的焦炭含量与燃料的反应活性有关。对于无烟煤、石油焦、贫煤等难燃燃料，由于反应活性低，燃烧反应速率慢，因此需要更多的反应表面，物料中的碳含量较高；而褐煤等高反应活性的床料含碳量较低。因此，循环流化床锅炉的 NO_x 排放随着燃料挥发分的增加而提高，与煤粉燃烧呈现了相反的规律，见图 1-30(b)，因为煤粉燃烧的 NO_x 还原主要依赖于挥发分。燃烧的还原性气氛以及主循环回路存在的大量焦炭颗粒，利于生成的 NO_x 还原，因此 NO_x 生成很少。表 1-8 为我国实际运行的部分循环流化床锅炉的实际 NO_x 排放。图 1-32 为某 300MW 循环流化床锅炉实际运行的 NO_x 浓度检测结果。

表 1-8　我国典型循环流化床锅炉的实际 NO_x 排放浓度

电厂	内江高坝发电厂	分宜发电厂	济宁运河电厂	白杨河电厂	大屯电厂	红河电厂	白马示范电站	开远电厂
容量 N/MW	100	100	135	135	135	300	300	300
NO_x 排放/mg·m^{-3}	72	114	123	119	51.5	126	90	93

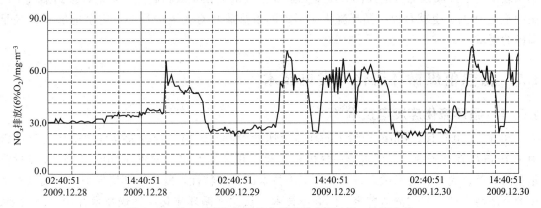

图 1-32　某 300MW 循环流化床锅炉烟气 NO_x 浓度曲线

对于 NO_x 低于 $200\text{mg}\cdot\text{m}^{-3}$ 的要求，绝大部分循环流化床锅炉能够满足；但是如果进一步要求 NO_x 低于 $100\text{mg}\cdot\text{m}^{-3}$，就需要考虑燃料、床温、过量空气系数等对 NO_x 的显著影响。无烟煤、石油焦、贫煤和低挥发分烟煤条件下，基本可以满足，但是床温不能高于 900℃；而对于高挥发分燃料，在床温比较低（<870℃）、燃料 N 含量比较低（<0.7%）的条件下，基本上可以达到；若床温控制不严，则 NO_x 原始排放超过国标的要求，需要考虑烟气脱硝。

比较经济的方法是采用非催化选择性还原（SNCR），即在锅炉合适的位置上喷入适当的氨气、氨水或者尿素溶液等脱硝剂，发生还原反应：

$$4NO+4NH_3+O_2 \longrightarrow 4N_2+6H_2O \tag{1-30}$$

$$4NO+2CO(NH_2)_2+O_2 \longrightarrow 4N_2+4H_2O+2CO_2 \tag{1-31}$$

SNCR 的温度窗口比较窄，但循环流化床锅炉分离器以及转向室中的温度都位于 SNCR 反应的最佳温度窗口之内，因此烟气在此温度窗口停留时间较长。利用旋风分离器的混合作用，利于进一步提高反应程度，减少氨逃逸。同时，循环流化床锅炉的循环灰是富含多种金属氧化物的多孔介质，是氨与 NO_x 反应的催化剂，并提供有效表面。在合适位置上喷氨，循环流化床循环灰的存在将使这一无外加催化剂的反应具有强烈的选择性催化反应特性，从而可以实现无催化剂消耗的 SNCR[27]，清华大学的实验表明，NO_x 的还原效率可轻易达到

70％以上，这是煤粉燃烧所无法达到的。对于高挥发分燃料，采用 SNCR 可满足新国标的要求，但是仍然要严格控制床温以降低原始生成量，减轻氨消耗。

1.6.3　汞排放与控制

汞和其他重金属一样，是煤中的一种微量元素。汞元素以三种形式存在，即单质汞（Hg^0）、氧化态汞（Hg^{2+}）、吸附在颗粒上的颗粒态汞（Hg-P）。氧化态汞（Hg^{2+}）亲水性很强，而单质汞（Hg^0）基本不溶于水。Hg^0 和 Hg^{2+} 都以气相的形式存在，并且很容易被颗粒吸附而形成颗粒汞 Hg-P。

在循环流化床燃烧条件下，在主循环回路中烟气始终伴随着固体物料，而固体物料是燃烧或脱硫形成的多孔介质，对单质汞（Hg^0）和氧化态汞（Hg^{2+}）均有很强的吸附力，因此，巨大部分 Hg 在燃烧过程中已经转化为颗粒汞，随着排渣和飞灰离开锅炉。剩余的少量单质汞（Hg^0）和氧化态汞（Hg^{2+}），在进入除尘装置后，进一步发生吸附。因此，循环流化床燃烧的汞排放很低，绝大部分微量元素都会被富集在飞灰和底渣中，汞转移到烟气中的比例不足 10％。也就是说，循环流化床锅炉的汞排放具有先天的优势，完全能够直接满足国标的要求[6]。

1.7　低热值煤循环流化床发电技术

1.7.1　循环流化床发电技术

20 世纪 70 年代，Lurgi 申请了循环流化床的专利权。第一台较大容量的循环流化床锅炉于 1985 年在德国杜易斯促进第一热电厂投运，其容量为 95.8MW（270t·h^{-1}）。经过一年多的调整、完善改造和试运行，显示了该技术的良好特性，既符合环境保护要求又具有很高的经济性，被称为"清洁燃烧"的高新技术。从此，循环流化床燃烧技术开始迅速发展。目前，我国已经能够生产各种参数和容量的循环流化床锅炉。

1.7.1.1　典型技术简介

主循环回路是循环流化床锅炉的关键，其主要作用是将大量的高温固体物料从气流中分离出来，送回燃烧室，以维持燃烧室的稳定的流态化状态，保证燃料和脱硫剂多次循环、反复燃烧和反应，以提高燃烧效率和脱硫效率。主循环回路不仅直接影响整个循环流化床锅炉的总体设计、系统布置，而且与其运行性能有直接关系。分离器是主循环回路的主要部件，因而人们通常把分离器的形式、工作状态作为循环流化床锅炉的标志。

旋风分离器在化工、冶金等领域具有悠久的使用历史，是成熟的气固分离装置，因此在循环流化床燃烧技术领域应用最多。德国 Lurgi 公司较早地开发出了采用保温、耐火及防磨材料砌装成筒身的高温绝热式旋风分离器的循环流化床锅炉。分离器入口烟温在 850℃ 左右。Alstom、Lurgi、Ahlstrom、AEE、EVT 等设计制造的循环流化床锅炉均采用了此种形式。我国的绝大部分技术也是这种分离器。旋风筒具有相当好的分离性能，使用这种分离器的循环流化床锅炉具有较高的性能。这种分离器也存在一些问题，主要是旋风筒体积庞大，因而钢耗较高，锅炉造价高，占地较大；旋风筒内衬厚、耐火材料及砌筑要求高、用量大、费用高，见图 1-33；启动时间长、运行中易出现故障；密封和膨胀系统复杂；尤其是在燃用挥发分较低或活性较差的强后燃性煤种时，旋风筒内的燃烧会导致分离下的物料温度上升，进而引起旋风筒内、回料腿或回料阀内的超温结焦。但是随着耐火材料的不断进步、结构设计趋于合理、运行技术逐渐提高，这些问题逐渐得到解决。

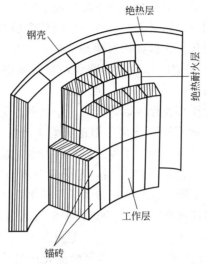

图 1-33　高温绝热式旋风分离器的筒体结构

为保持绝热旋风筒循环流化床锅炉的优点，同时有效地克服该炉型的缺陷，Foster Wheeler（FW）提出了堪称典范的水（汽）冷旋风分离器，其结构见图 1-34。该分离器外壳由水冷或汽冷膜式壁制造，取消了绝热旋风筒的高温绝热层，代之以受热面制成的曲面，受热面为膜式壁结构，内侧布满销钉，表面涂一层较薄厚度的高温耐磨浇注料。壳外侧覆以一定厚度的保温层，内侧只敷设一薄层防磨材料，见图 1-35。水（汽）冷旋风筒可吸收一部分热量，分离器内物料温度不会上升，甚至略有下降，较好地解决了旋风筒内侧防磨问题。该公司投运的循环流化床锅炉从未发生回料系统结焦的问题，也未发生旋风筒内磨损问题，充分显示了其优越性。这样，高温绝热型旋风分离循环流化床的优点得以继续发挥，缺点则基本被克服。但是水（汽）冷旋风分离器的缺点是制造工艺复杂，生产成本过高。

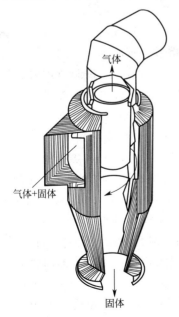

图 1-34　水（汽）冷旋风分离器筒体结构

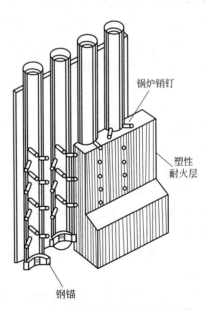

图 1-35　旋风分离器耐火材料结构

为克服汽冷旋风筒制造成本高的问题，Ahlstrom 创造性地提出了紧凑型分离器的设计构想，即方形分离器。分离器的分离机理与圆形旋风筒本质上无差别，壳体仍采用水冷管壁式，但因筒体为平面结构而别具一格。它与常规循环流化床锅炉的最大区别是采用了方形的气固分离装置，分离器的壁面作为炉膛壁面水循环系统的一部分。同时方形分离器可紧贴炉膛布置从而使整个循环流化床锅炉的体积大为减少，布置显得十分紧凑。此外，为防止磨损，方形分离器水冷表面敷设了一层薄的耐火层。

从国内许多已投入运行的循环流化床锅炉来看，一些锅炉存在有床内的燃烧工况组织不好、床温偏高以及旋风分离器内 CO 和残炭后燃造成数十摄氏度甚至上百摄氏度温升的现象。如果采用冷却式旋风筒，分离器内的温度可以得到控制，从而消除了结焦的危险。冷却式分离器与绝热式分离器的制造成本基本相当，考虑到前者所节省的大量的保温和耐火材料，则相应最终成本就会有所下降。此外它还减少了散热损失，提高了锅炉效率。再则由于保温厚度的减少，可以提高启停速度[28]，启停过程中床料的温升速率不再取决于耐火材料，而主要取决于水动力的安全性，使得启停时间大大缩短。

Lurgi 公司是一个冶金化学工业公司，有多年的流化床技术的经验。Lurgi 技术的主要特点为采用了外置式换热器，一部分蒸发受热面或过热受热面、再热受热面布置在外置换热器中，使得锅炉受热面的布置有了更多的灵活性。这对锅炉的大型化有很大的意义，它可以设计成双室布置，分别布置过热器和再热器，可以通过两个室的灰量控制来调节过热器壁温和再热器壁温，热交换后的"冷"物料送回炉膛可控制炉温，同时有利于提高循环流化床锅炉的燃料适应性。把热炉膛作为燃料燃烧的场所，仅在上部布置少量的受热面，炉膛温度通过改变炉物料中"冷"、"热"两种物料的比例，使炉温维持在 850℃±(10~20)℃，这对脱硫非常有利。循环物料的返回量由高温旋风分离器下方的高温机械分配阀控制，以调节床温和 EHE 的传热。Alstom 发扬光大了 Lurgi 技术。我国曾经引进 Alstom 的 150MW 和 300MW 循环流化床锅炉技术，效果比较令人满意。但是其运行相对复杂，厂用电比较高，我国针对这些问题开发了简约型循环流化床锅炉技术，涵盖了各种的容量等级。其流程更加接近于下面介绍的 Pyrofllow 技术。

Ahlstrom 和 Lurgi 一样，是世界上发展循环流化床锅炉最早的公司之一。它开发了 Pyrofllow 型循环流化床燃烧技术，其技术特点为锅炉结构系统较简单；采用两级供风，炉底送入一次风，密相层上方送入二次风，一次风率为 40%~70%，通过调节炉内的一、二次风的比例进行床温控制；燃烧室内设置 Ω 管或翼形墙过热器；采用高温旋风分离器，壳体为不冷却的钢结构，内有一层耐火材料和一层隔热材料，最里面一层为耐高温耐磨材料，外层隔热材料与护板用拉钩装置相连，以防脱落，分离下来的循环物料用 U 形料阀直接送回燃烧室，循环物料的平均粒径为 150~200μm；从挥发分基本为零的石油焦到灰分超过 65% 的油页岩，以及无烟煤屑、废木材、泥煤、褐煤、石煤、工业废料等均可燃用；负荷调节方法是根据改变炉膛下部密相床内固体物料的储藏量和参与循环物料量的比例，也就是改变炉膛内各区域的固气比，从而改变各区域传热系数的方法，来调节锅炉负荷的变化，其负荷调节比为 3:1 或 4:1，调节速率在升负荷时为 4%·min⁻¹，降负荷时为 6%·min⁻¹。我国开发的循环流化床锅炉技术，基本上与 Pyrofllow 技术类似，但是关键参数根据中国的燃料情况进行了优化调整。

FW 公司在 20 世纪 70 年代研制开发鼓泡流化床燃烧技术，80 年代发展循环流化床技术。FW 公司循环流化床燃烧技术有如下特点：炉膛上下截面基本一致，床内平均颗粒粒径

为 $300\sim400\mu m$，炉膛出口烟气夹带扬析到炉膛上部的粒径为 $150\sim250\mu m$，炉膛出口烟气携带固体粒子浓度为 $4\sim7kg$（固体）$\cdot kg^{-1}$（烟气）；下部为密相区，分级送风，二次风从过渡区送入，SO_2、NO_x 和 CO 排放较低；布风板采用水冷壁延伸做成的水冷布风板，定向大口径单孔风帽。采用床下热烟气发生器点火，启动速度比绝热旋风筒的循环流化床锅炉快得多，从 10h 缩短到 4h 即可；采用高温冷却式圆形旋风分离器，由膜式壁组成的旋风筒用蒸汽冷却（过热器）。在制造厂组装成若干片，连耐磨层也一起在工厂敷设好，这样工地安装工作就大大简化。汽冷旋风筒的使用使投资成本提高，但使用可靠性高，运行维修费用低；再对带再热器超高压大容量锅炉回灰系统上设置 Intrex，在形式上类似于清华大学发明的副床结构，其中布置有再热器受热面，将高温分离下来的飞灰在该低速流化床中进一步冷却，然后回送到炉膛下部，调节床温。这样不仅能采用控制回灰温度和回灰量的手段来调节负荷，而且结构紧凑，Intrex 与炉膛下部紧紧相连的，在结构上比外置式换热器更利于紧凑布置，操作方便简单。

中温分离的 Circofluid 最早由 Deutsche Babcock 开发，其技术特点为，锅炉呈半塔式布置，炉底部为大颗粒密相区，类似于鼓泡流化床，但不放置埋管，仅四周布置带有半绝热的水冷壁，燃料热量的 69% 在床内释放，上部为由悬浮段和过热器、再热器和省煤器构成的炉膛内部对流受热面。流化速度为 $3.5\sim4m\cdot s^{-1}$；采用工作温度为 400℃ 左右中温旋风分离器，从而改善了分离器的工作条件，旋风筒的尺寸减小可不必再用厚的耐火材料内衬，分离下来的"冷"物料可用来调节炉内床料温度，循环流率低，炉出口烟气中物料携带率为 $1.5\sim2.0kg\cdot m^{-3}$，从而缓解了位于燃烧室内受热面的磨损；循环物料除采用旋风分离器所分离下来的循环灰外，还采用了尾部过滤下来的细灰，以提高燃烧效率；采用冷烟气再循环系统，以保证在低负荷时也能达到充分的流化，并使旋风分离效率不致因入口烟速减少而降低，以避免循环灰量的不足。Circofluid 的中温分离技术在一定程度上缓解了高温旋风筒存在的问题，炉膛上部布置较多数量的受热面，降低了旋风筒入口烟气温度和体积，旋风筒的体积和重量有所减小，但炉膛上部布置有大量受热面，需要采用塔式布置，钢耗量大，检修有难度。

基于对循环流化床灰平衡的深刻理解，Ahlstrom 提出了水冷方形旋风筒专利。用膜式壁构成的方形或多角形旋风筒极大地降低了水冷（汽冷）圆形旋风筒的造价，且由于分离器的矩形截面，使整个锅炉结构更加紧凑。FW 并购 Ahlstrom 后将方形分离循环流化床锅炉作为重点发展方向。目前世界上最大的超临界循环流化床锅炉也是采用这一技术。

除了上述之外，还有其他一些类型的循环流化床锅炉技术，但是应用较少。这些技术尽管具体部件上或者关键参数选择上存在差异，但是其原理是一致的，差异基本在于流态的选择上。清华大学提出的流态选择的原则，见图 1-36，统一了各种技术的原理，并优化了选择结果，从而推动了循环流化床燃烧技术的发展[29]，也为燃料变化后循环流化床锅炉的设计提供了理论依据。

1.7.1.2　我国 CFB 发电技术

我国已经能够设计和生产各种参数容量的循环流化床锅炉，其中哈锅、上锅、东锅主要设计和制造 135MW 以上容量的循环流化床锅炉，华西能源、济锅、无锡华光、川锅、太锅等则主要设计和制造 200MW 以下容量的循环流化床锅炉。

因为国内市场的广泛需求，我国几乎具备了所有形式的循环流化床锅炉。目前我国的循

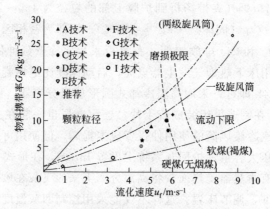

图 1-36　循环流化床锅炉的流态选择

环流化床燃烧技术已经处于国际领先水平，数量最多、总容量最大、品种最全，涵盖的燃料种类也最多，但这其中主要是低热值煤。冀中能源邯矿集团云宁电厂（50MW）、兖矿集团有限公司南屯电力分公司（50MW）、河南焦煤冯营电力公司（50MW）、江苏徐矿综合利用发电有限公司（55MW）、辽宁南票劣质煤热电有限公司（100MW）、河南蓝光环保发电有限公司叶县分公司（135MW）、兖矿电铝分公司济三电厂（135MW）、平顶山集团瑞平电厂（150MW）、山西潞安余吾发电有限公司（150MW）、阳泉煤业（集团）有限责任公司煤矸石综合利用电厂（135MW）、攀枝花发电公司（150MW）、阜新金山煤矸石热电有限公司（150MW）、乌海君正热电有限公司（200MW）、山西平朔煤矸石综合利用有限公司（300MW）、临涣中利发电有限公司（300MW）、江苏徐矿综合利用发电有限公司（330MW）等（括号内数据为单机容量），均为矸石循环流化床发电的成功案例。这些项目使得煤矸石发电成为煤炭绿色开采和洗选加工的重要一环，取得了良好的经济效益、社会效益和环境效益。

兖矿燃用煤泥和煤矸石 50MW 循环流化床锅炉，是国内首台燃用煤泥的大型循环流化床锅炉。锅炉的设计燃料为 70％煤泥和 30％煤矸石的混合燃料，煤矸石从回料阀给入，同时采用 4 个对称布置的泥浆泵输送煤泥到 4 个煤泥枪，煤泥喷枪布置在距布风板上约 1m 处，水平布置，其中前墙 2 个，两侧墙各 1 个，用压缩空气雾化煤泥喷入炉内，参与燃烧。锅炉自 2003 年投运以来，运行正常，具有较强的带负荷能力，各项参数均达到设计值。

蓝光电厂一期工程燃料为平顶山田庄洗煤厂的洗矸和平煤八矿的中煤的混合煤，设计煤质为中煤∶矸石＝2∶3，校核煤质为中煤∶矸石＝1∶1。前墙和左右侧墙共布置四个排渣口，与四台冷渣器相匹配。建成投产后，从 2006 年 6 月份开始大量掺烧煤矸石，下半年共计掺烧 0.143Mt，煤矸石平均热值为 6.082MJ·kg^{-1}，折算标煤约为 0.03Mt，掺矸石后入炉煤的热值 12.122MJ·kg^{-1}，发电量 2.8647×10^{10}kW·h。2007 年两台机组计划掺烧煤矸石 0.45Mt，折合标煤为 0.0935Mt，折合热值 17.974MJ·kg^{-1} 的原煤约为 0.15Mt，厂煤矸石单价 70 元·t^{-1}、到厂标煤单价 480 元·t^{-1}，体现了燃料成本的优势。

兖矿电铝分公司济三电厂建设有两台燃用煤泥和煤矸石的 135MW 循环流化床锅炉。锅炉设计燃料为煤泥、煤矸石和洗中煤的混煤，其混煤比例为：煤泥 25％、洗矸 10％、洗中煤 65％。锅炉自 2005 年投运以来，运行正常，与同容量等级的循环流化床锅炉相比，可用率较高，各项参数均达到设计值。

淮北临涣电厂建设了两台 300MW 燃用煤泥和煤矸石的循环流化床锅炉。锅炉设计燃料为煤泥、煤矸石和洗中煤的混煤，其混合比例为：煤泥 15%、洗矸 45%、洗中煤 40%，于 2008 年投入商业运行，比较成功。

目前完全燃烧煤矸石在经济性上还有问题，因此可以将矸石掺烧少量的低热值原煤，使运行燃料的热值提高到 6MJ·kg^{-1} 以上，以提高发电量。典型的是中煤能源黑龙江煤化工有限公司的 220t·h^{-1} 高温高压矸石 CFB 锅炉。该锅炉是国内首台燃用超低热值煤矸石 CFB 锅炉，于 2013 年 6 月正式投运，6 月 14~17 日通过 72h 满负荷试运行。设计煤种为 74% 的洗煤矸石掺烧 26% 依兰煤，掺混后燃料的灰分含量为 65.55%，热值 5.6 为 MJ·kg^{-1}，给煤颗粒粒度 0~8mm。锅炉燃料消耗量超过 120t·h^{-1}，实际燃煤热值在 4.8~5.6MJ·kg^{-1}，最低时低于 3.4MJ·kg^{-1}。运行良好，底渣含碳量和飞灰含碳量均小于 2%，锅炉效率可达 83%。

目前，几乎所有的煤矸石循环流化床燃烧发电项目都是成功的。但是，低热值煤毕竟是劣质燃料，高灰分也对机组的可靠性、经济性带来了一些不利的影响。

1.7.2　热值对循环流化床燃烧发电性能的影响

CFB 锅炉是商业化程度最好的洁净煤发电技术之一，在低热值煤利用中的作用是无可比拟的。以 2×300MW 电厂为例，按年利用小时数 5500h、发电标煤耗 350g·kW^{-1}·h^{-1}，分别燃用低位热值为 14.63MJ·kg^{-1} 和 23MJ·kg^{-1} 的燃料，低热值煤消耗量和排放的 SO$_2$ 约是高热值燃料消耗量的 1.57 倍；在除尘效率一定的情况下，燃用低热值煤产生的粉尘量是燃用高热值煤的 4.71 倍。如低热值煤矸石不进行综合利用，堆放在环境中自燃形成的无组织排放烟尘将是发电利用除尘后的 99 倍，SO$_2$ 是 85 倍。因此，在煤炭集中生产区和大型煤炭基地，国家提倡同步建设 CFB 锅炉坑口电站以消化副产的低热值燃料。

矸石的热值比较低，随着洗选技术的进步，还有进一步下降的趋势。原则上来说，灰分含量的提高对矸石的热值影响呈线性规律，与原煤的含灰量有关：

$$dQ_{ar,net,p} = -\frac{Q_{ar,net,p}}{1-A_{ar}}dA_{ar} \tag{1-32}$$

矸石的物理形态更接近于岩石，破碎性能很差。为了保证其燃烧充分，需要将其破碎成符合要求的粒径范围。由燃烧过程可知，含灰固体燃料在燃烧过程中，由于形态不同，灰分对燃烧的影响也不同。一般地，含灰燃料的灰分可以分为三种：第一种有机性灰，是成煤原始植物本身所含的矿物性杂质，它与燃料的有机部分有关，在燃料的可燃质中分布得很均匀，这种灰分只占总灰量的极小部分；第二种灰是煤在碳化期间，由于环境的自然变迁而混到成煤物质中的矿物杂质，如宇宙灰尘、火山灰等，数量变化范围很大，表现为可燃质的残渣或可燃质内部间隔开的夹层，其分布也比较均匀；第三种灰是在开采时混杂进来的矿物杂质，包括煤层边界处的可燃质含量较低的固体物，主要就是矸石，其特点是可燃质在灰分中比较均匀地分布。

燃烧过程中，如果燃料颗粒没有受到撞击扰动，燃烧形成的灰分在未燃部分的表面成为一层灰壳，燃烧需要的氧气需要通过这层灰壳扩散到未燃表面，燃烧反应才能进行，见图 1-37[6]。因此含灰颗粒的燃烧总阻力等于氧气从主流区向燃料外表面的扩散阻力 $\frac{1}{\alpha_d}$、气体通过灰壳的扩散阻力 $\frac{\xi}{D_a}$ 和炭层-灰层交界的燃烧面上的化学反应阻力 $\frac{1}{k}$ 之和，灰壳中的氧气扩散效果直接影响到燃烧反应速率 v_p：

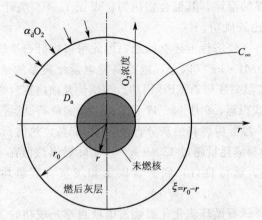

图 1-37　球形固体颗粒燃烧灰壳的形成

$$v_p = \frac{1}{\dfrac{1}{\alpha_d} + \dfrac{\xi}{D_a} + \dfrac{1}{k}} C_\infty \tag{1-33}$$

式中　α_d——氧气在颗粒环境气体中的扩散系数；

　　　ξ——灰壳的厚度；

　　　D_a——氧气在灰层中的扩散系数；

　　　k——燃料本征反应速率常数，与其反应活性和温度有关；

　　C_∞——周围介质中氧的浓度。

进而则可得到颗粒的燃尽时间 τ_0 为：

$$\tau_0 = \frac{\rho_C r_0}{\beta C_\infty}\left(\frac{1}{\alpha_d} + \frac{\xi}{2D_a} + \frac{1}{k}\right) \tag{1-34}$$

式中　ρ_C——颗粒未燃部分碳的密度，$\mathrm{kg \cdot m^{-3}}$；

　　　r_0——颗粒原始半径；

　　　β——燃烧反应化学计量比。

若温度很高，低灰燃料颗粒燃烧过程中灰可能熔化，处于液态的灰由于表面张力，而从焦炭粒表面上形成灰滴，见图 1-38，在重力作用下可以坠落，从而不断暴露出焦炭的反应表面，不能形成灰壳[6]。对于含灰分中等水平的燃料，高温熔融后可能形成灰液体膜，则会完全终止燃烧反应，这在燃烧低灰熔点燃料的层燃炉中常见[30]。而对于一些可燃质本身弥散的灰比较多的高灰燃料，形成的灰分是疏松的，存在着潜在的渗透碎裂的可能性，在流化床条件下颗粒之间的碰撞加速了这一灰层脱落的过程，因此灰层的扩散阻力并不明显。但是对于煤矸石这样的高灰燃料，形成的灰层是致密的，燃烧形成的灰壳是无法通过颗粒碰撞脱落的，只能通过相互之间的磨耗减薄，但是矸石的岩石类性质决定了其磨耗速率是非常低的，流化磨损速率远低于灰层形成速率。由式(1-33) 可以看出，当灰壳达到一定厚度 ξ 后，灰壳的扩散阻力可以远大于外部扩散阻力和化学反应阻力，此时的燃烧属于灰壳的扩散控制，而且扩散速率非常低，燃尽非常困难。这就要求矸石的破碎粒度非常小，以弥补燃烧反应速率的不足。这是燃烧矸石循环流化床锅炉底渣含碳量较高的原因。

矸石和洗中煤的水分含量相对比较稳定，洗矸的水分变化范围不大，煤泥的水分含量变

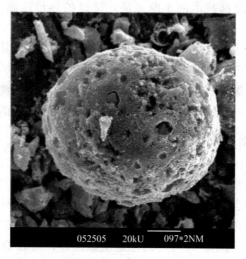

图 1-38 煤颗粒燃烧表面形成的液态灰滴

化大一些。水分增加后，燃料的低位热值变化显著：

$$dQ_{ar,net,p} = -\frac{Q_{ar,net,p} + 2.5}{1 - M_{ar}} dM_{ar} \qquad (1-35)$$

煤泥的形态是膏状物质，若其水分含量合适，可以很方便地采用泵输送。在炉膛上部适当的位置进入炉膛，在下落过程中逐渐干燥、粉碎、燃烧。为比较不同燃料的水分、灰分及硫分含量对燃烧的影响，科学的办法应该按一定热值所带入的质量进行比较，即规定按 1MJ 热值所带入的质量，称为折算含量：

$$M^z = \frac{M_{ar}}{Q_{ar,net,p}} \qquad (1-36)$$

$$A^z = \frac{A_{ar}}{Q_{ar,net,p}} \qquad (1-37)$$

$$S^z = \frac{S_{ar}}{Q_{ar,net,p}} \qquad (1-38)$$

$$N^z = \frac{N_{ar}}{Q_{ar,net,p}} \qquad (1-39)$$

式中　M^z——折算收到基水分，$kg \cdot MJ^{-1}$；

　　　A^z——折算收到基灰分，$kg \cdot MJ^{-1}$；

　　　S^z——折算收到基硫分，$kg \cdot MJ^{-1}$；

　　　N^z——折算收到基氮，$kg \cdot MJ^{-1}$；

$Q_{ar,net,p}$——收到基燃料的低位热值，$MJ \cdot kg^{-1}$。

煤矸石、煤泥等低热值煤的折算水分、灰分以及硫分相对较高，因此其灰渣量极大，污染物排放的压力比较大，因此，要求燃用低热值煤的锅炉达到高热值锅炉同样的性能是不现实的；另外，矸石的高灰分引起的磨损、破碎功耗、灰渣处理容量大等问题不可忽视，这是矸石燃料本身决定的。洗中煤和煤泥的热值比煤矸石高，可弥补矸石热值偏低的问题，混合燃烧利于提高煤矸石电站的整体经济性。

煤矸石、煤泥等规模化利用的重要途径是作为燃料就地燃烧发电，减少不必要的低热值煤长途运输耗能，提高煤炭的综合利用效率。煤矸石、煤泥等的热值一般比较低，矸石普遍

低于 $12\mathrm{MJ \cdot kg^{-1}}$，随着洗选技术的不断发展，洗矸的热值逐渐下降。煤泥的热值相对较高，收到基热值一般为 $12\sim16\mathrm{MJ \cdot kg^{-1}}$。作为燃料使用，煤矸石、煤泥等很难在煤粉炉、层燃炉等常规的燃烧设备中燃烧，流化床燃烧技术则对低热值煤具有很好的适应性。

尽管目前燃烧煤矸石等低热值煤的循环流化床锅炉取得成功，但还要关注其存在的问题。作为发电生产企业，煤矸石燃烧发电不仅仅是矸石的消纳处理，更是追求可靠性、环保性和整体经济性。煤矸石的特殊性，导致其燃烧发电的性能存在诸多不利方面[31]。

1.7.2.1 燃料热值对循环流化床发电的性能影响

图 1-39 给出了在燃用不同热值燃料时，机组可用小时数变化的统计结果。从图 1-39 中可以看出，除了非矸石的褐煤炉之外，燃料的热值越低，机组可用小时数就越小、机组的可用率就越低。过高的灰分含量对机组的可靠性带来了消极影响，体现在机组的磨损增加，同时还增加了给煤、灰渣处理设备的负荷。锅炉受热面严重磨损是导致非计划停炉的主要原因。图 1-40 给出了燃料热值不同时机组的停运次数统计，可以看出，当机组采用较低热值的燃料时，机组的非计划停炉与计划停炉次数均有所增加。对于大型机组来说，检修停运减少发电量所带来的损失很大，一般为 $10\,\mathrm{元 \cdot kW^{-1}}$ 左右，所以，提高机组的可靠性对提高机组的经济性有很大的影响。

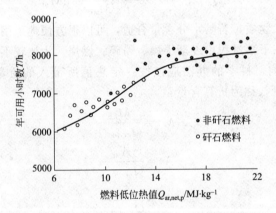

图 1-39 燃用不同热值燃料时的机组可用小时数

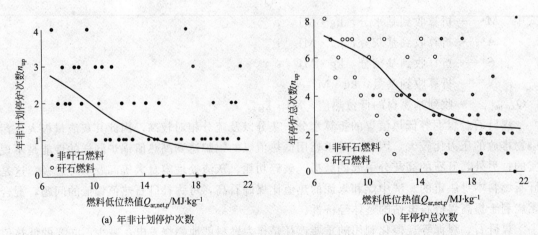

(a) 年非计划停炉次数　　　　(b) 年停炉总次数

图 1-40 燃料对停炉次数的影响

1.7.2.2　燃料热值对循环流化床发电的环保性能影响

燃料的热值对循环流化床锅炉运行的环保性能也有重要的影响。这主要是随着灰分和水分含量的增加，燃料的热值下降，见式（1-32）和式（1-35），一般的矸石中硫分并不低，尤其是洗矸、洗中煤和煤泥，洗选加工中将硫分转移到这些洗煤废物中，导致折算硫分增加，而烟气量的变化很小，因此原始排放浓度显著提高。目前的循环流化床锅炉已经普遍采用石灰石脱硫。脱硫效率随着热值的降低呈现出上升的趋势，见图 1-41（a）。这可能与矸石中石灰石的含量较高有关，自身灰分中的石灰石起到了自脱硫作用[32]。但是由于折算硫分的增加，尽管脱硫效率略有提高，但是排放浓度随折算硫分的增加而呈现上升的趋势。当热值较高的时候，SO₂ 排放普遍偏高，见图 1-41（b），分析可知，这与锅炉的设计有关。燃料的热值高的时候，物料平衡的结果是炉膛中固体物料浓度下降[12]，传热减小，导致炉膛内的温度偏高，降低了石灰石的脱硫效率[24]。图 1-41（b）的 SO₂ 排放浓度还不尽理想，这与石灰石添加量和锅炉技术密切相关。进一步的运行数据分析表明，SO₂ 排放浓度相对较高的锅炉，不是石灰石输送系统性能不佳，石灰石不能连续足量供给，就是运行床温均比较高，高于 915℃。随着石灰石系统的逐步完善、锅炉设计水平和运行技术的不断提高，SO₂ 排放浓度将进一步降低。

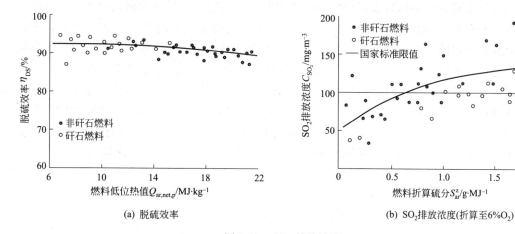

(a) 脱硫效率　　(b) SO₂ 排放浓度（折算至6%O₂）

图 1-41　SO₂ 排放浓度

循环流化床锅炉由于采用低温燃烧，燃烧产生的 NOₓ 主要来自于燃料氮[33]。统计数据表明，绝大部分循环流化床锅炉的 NOₓ 排放不大于 160mg·m⁻³，见图 1-42，远低于普通煤粉锅炉机组，充分体现了循环流化床锅炉机组低成本污染排放的优势。值得关注的是，当燃料热值降低时，尽管折算氮含量增加，但是 NOₓ 排放有降低的趋势，这与锅炉的设计有关。目前的锅炉设计中燃料热值对锅炉运行的影响考虑不足，当燃料热值较高时，由于物料循环和炉膛中固体颗粒浓度的下降，导致炉膛温度随之上升，从而导致 NOₓ 的生成增加；而高灰分的矸石，运行床温偏低，在一定程度上抑制了 NOₓ 的生成。

现在普遍采用了电除尘器或布袋除尘器，除尘效率一般不低于 99.5%，粉尘排放得到了很好的控制，见图 1-43。但值得注意的是，随着燃料热值的降低，烟尘排放浓度反而不断降低。由于循环流化床锅炉的运行默认于设计状态[29]，不随燃料变化而变化。但是对于某种燃料，其实际物料平衡可以达到的结果是有限的。因此忽略分离器效率和燃料成灰特性变化的条件下，不同燃料的飞灰绝对量可以认为是基本不变的。其直接结果是燃料热值越高，进入锅炉的总灰量越少，飞灰份额越高。目前锅炉设计中对此考虑不足，对于高热值燃料的飞灰浓度普遍估计偏低，据此选用的除尘器，出现了图 1-43 中的趋势。

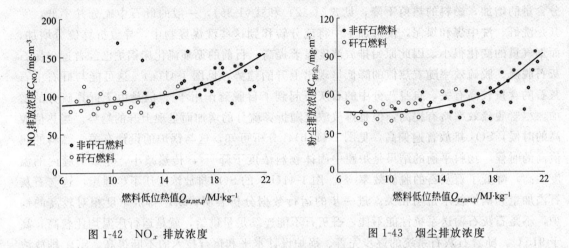

图 1-42 NO$_x$ 排放浓度   图 1-43 烟尘排放浓度

1.7.2.3 燃料热值对循环流化床发电整体经济性的影响

燃烧各种燃料的锅炉运行实践表明，随着燃料热值的降低，底渣含碳量呈现出上升的趋势，见图 1-44(a)。一般的锅炉中的床存量相差不大，而热值较低时燃料的流量增加，使得大颗粒燃料在炉内的停留时间缩短。同时，大颗粒燃烧过程中形成的致密的灰壳阻碍了燃烧的进一步进行，其燃尽非常漫长[34]，体现为底渣含碳量的上升。一般对于矸石而言，当燃料热值降低到 12MJ·kg^{-1} 时，燃料中灰分的含量已经超过了 45%，有的甚至达到 60%。尽管底渣含碳量的变化不大，但是由于热值较低时底渣的绝对量比较大，因此碳未完全燃烧损失的增加是非常明显的。同时，灰渣的物理热损失也明显增大。应当注意的是，飞灰含碳量的变化与燃料热值关联不大，见图 1-44(b)，更多地受到燃料的挥发分含量的影响[22]。

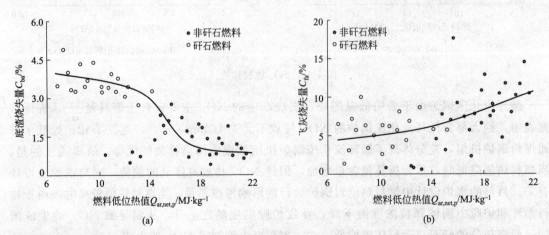

(a)   (b)

图 1-44 飞灰底渣含碳量

当矸石热值降低到 10MJ·kg^{-1} 时，灰分将增加到 55% 或者更高，会带来一系列的运行问题，如磨损、排渣困难、冷渣机（器）出力不足、灰渣输送系统负荷偏高等问题。如果排渣不畅，会使料层厚度增加，从而需要更高的一次风机压头；当风机压头不足以克服料层阻力时，会因为料层太厚而影响流化质量，甚至引起结焦。此时，一般采用强力排渣的方式，但这又带来了严重的安全隐患。

　　燃料热值对厂用电率有非常明显的影响。燃料热值越低，灰分越高，首先导致破碎系统与输煤系统耗电量的增加；其次是烟气量上升，增加引风机电耗；再次是增加排渣、冷渣以及输渣的难度和电耗。因此，燃料热值的降低与厂用电率的增加密切相关。图 1-45 是不同燃料热值循环流化床锅炉机组的厂用电率，基本上在 $9\%\sim11.5\%$，对于热值在 12MJ·kg^{-1} 以下的纯冷凝机组，尽管负荷率较高，利于降低厂用电率，但实际上厂用电率仍高达 10.5%。计算表明，在负荷率相同的条件下，燃料热值每提高 4MJ·kg^{-1}，厂用电率下降 0.7% 左右。当热值提高到 18MJ·kg^{-1} 以上时，厂用电率可以控制在 8.5% 以下。因此，燃料热值对厂用电率的影响是非常显著的。

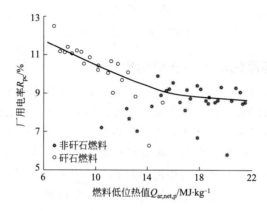

图 1-45　燃料热值对厂用电率的影响

　　当然，若是燃料采用洗矸，则本身比较细，破碎功耗较小，厂用电率可以低一些；当燃烧洗矸并掺烧煤泥时，还可以采用流态优化的节能型循环流化床燃烧技术，则厂用电率大约下降 1/3，这就是图 1-45 中几个项目厂用电率比较低的原因[35]。

　　发电机组的经济性受到负荷率的影响，这一方面受制于设备本身的可靠性，但更大程度上与电网调度密切相关。大量的低热值煤发电项目表明，建设地点越靠近煤矿，低热值燃料的来源越有保证，燃用的燃料热值越低，机组的负荷率越高，有的机组的负荷率平均达到了 90%。较高的负荷率改善了机组的运行经济性。

　　上述所有对机组经济性指标不利的影响最终都会不同程度地反映到机组的供电标煤耗上。由于机组标煤耗更多受到循环效率的影响，因此不具可比性。但是对于类型相同的纯凝机组、容量为 150MW 相近的机组进行比较发现（见图 1-46），当燃料热值降低的时候，机组供电标煤耗的增高趋势是不同的。在 14MJ·kg^{-1} 以上时，机组的供电标煤耗略有增加，但当机组所用燃料热值低于 14MJ·kg^{-1} 时，不论是供热机组、纯凝机组还是全体机组的平均值，其供电标煤耗都急剧上升。因此，从能源的合理高效利用来看，不宜将循环流化床锅炉的燃料热值选择很低，应该通过配煤的办法，将煤泥、洗中煤适当掺混到矸石中燃烧，适当提高入炉燃料热值，最好达到 14MJ·kg^{-1} 的水平。

　　为此，相关部门已经制订了《煤矸石电厂 CFB 锅炉能耗折标计算方法》行业标准，使得低热值煤发电通过折算与普通燃煤机组具有可比性。利用标准提供的方法，发现低热值煤循环流化床发电的经济性指标基本上与燃煤机组持平。这为低热值煤循环流化床发电行业的健康发展提供了支持。

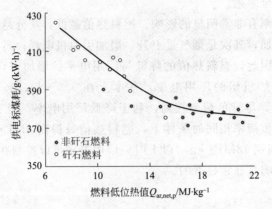

图 1-46 燃料热值对供电标煤耗的影响

1.7.3 低热值煤循环流化床燃烧发电辅机系统

低热值循环流化床发电与普通燃煤循环流化床发电的差异主要体现在燃料灰分、水分的变化上，这将引起锅炉辅助系统设备的变化。煤泥的输送问题目前已经解决，煤泥燃烧过程也已经掌控，使煤泥成为了很好的循环流化床锅炉燃料，燃烧后的主要产物是飞灰，目前国内厂商能够提供满足要求的高效除尘器。因此低热值煤辅机的特殊性主要表现在矸石上，更进一步则是反映在破碎机、给煤机、冷渣机（器）三个设备上。其中，对于煤炭行业而言，破碎机、给煤机是非常常规的，要达到粒度要求是容易实现的。因此下面主要集中讨论冷渣机（器）的选择。

随着循环流化床锅炉技术的发展，人们不断借鉴其他行业的各种成熟设备结构，并根据循环流化床锅炉排渣的特点，对冷渣机（器）进行了大量的研究开发，研制了各式各样的冷渣机（器），包括绞龙式冷渣机、滚筒式冷渣机、高强钢带式冷渣机、流化床式冷渣器、移动床冷渣器、混合床冷渣器、气力输送式冷渣器等。

水冷绞龙式冷渣机的冷却表面包括外壳、叶片和中心轴，见图 1-47。高温灰渣进入水冷绞龙式冷渣机后，在螺旋叶片的推动下，做螺旋运动，并在此过程中与冷却水换热被冷却。为缓解磨损，这种冷渣机中渣颗粒与换热表面的相对运动比较平缓，固体与冷却表面之间的换热热阻比较大，换热强度较低，为了充分冷却底渣，需要更大的受热面积，因此只能通过增加长度的办法，以便安排更多的受热面。为了提高单位长度上的受热面数量，可以采用双联绞龙，这样可以在有限长度上显著增大换热面积。由于底渣的硬度比较大，水冷绞龙式冷渣机磨损比较严重，其运行的可靠性不高；受限于结构，冷却水的压力不能太高，因此一般采用独立的循环水来对灰渣进行冷却，热量实际上并未回收。同时，该种冷渣机容易出现卡渣和叶片受热变形扭曲等情况，而且工艺比较复杂，造价比较高。此外，其单机出力比较小，一般用于对冷却效果要求不高的锅炉。

与水冷绞龙式的筒体固定、叶片旋转的形式相反，滚筒式冷渣机借鉴了回转窑的设计[36]，形式上是筒体带动叶片转，见图 1-48。滚筒式冷渣机具有国内自主知识产权，在国内各种型号的循环流化床锅炉上已经得到了较多的应用。

从锅炉炉膛排出的高温灰渣通过排渣管进入滚筒冷渣机后，在螺旋导流叶片的推动下逐渐向前流动，在这个过程中，灰渣与逆流而来的滚筒壁面内冷却水进行换热。冷却水一般来自凝结泵出口的凝结水，冷却完灰渣后回到末级低加出口。为了防止扬尘，滚筒冷渣机进出

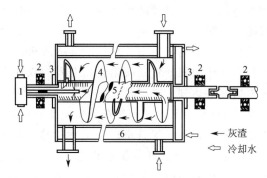

图 1-47　水冷绞龙式冷渣机

1—旋转接头；2—轴承；3—端封；4—螺旋叶片；5—轴；6—箱壳

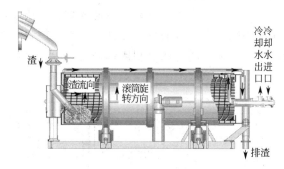

图 1-48　滚筒冷渣器

渣口各有一条负压吸尘管连接到尾部烟道引风机入口，因此滚筒内还有少量冷却风的存在，其对灰渣也有一定的冷却作用，不过和冷却水相比，冷却风的换热量很小。滚筒内壁面上不仅焊有螺旋导流叶片，还在螺旋导流叶片之间焊有很多呈一定折角的携带翅片，这些携带翅片可以把灰渣沿周向提升到较高的高度，以此增大接触面积、延长接触时间，提高滚筒冷渣机的冷却能力。对于滚筒冷渣机，其输送出力与冷却出力不同。在一定转速下，若结构已经确定，其输送出力不变、冷却出力也不变，但若改变转速，可以提高输送出力，在输送出力变化范围不大的条件下，尽管冷却出力并非同步提高，但是对冷却效果即最终渣温影响不大。利用这一特性，在工业应用中，可以利用滚筒的输送能力控制排渣量。为了使滚筒转速和锅炉排渣量自动匹配，通常把锅炉床压信号接入电机变频器，成为滚筒冷渣机转速的控制信号，这样冷渣机出力就可以达到比较好的自动控制状态。

　　滚筒冷渣机有很多独特的优点。滚筒冷渣机中，高温灰渣通过与水冷套筒的直接接触换热来进行自身的冷却，其运动依赖于导流叶片在半自由空间的运动，因此对灰渣的粒度组成几乎没有什么限制和要求，这意味着排渣粒度对冷渣机的可靠性没有影响；灰渣在滚筒内和壁面之间处于相对滑动状态，对壁面的磨损很小，增加了设备的使用寿命，因此，滚筒冷渣机有着较高的运行可靠性；滚筒转速可自动调节，实现了冷渣机出力和锅炉排渣量的自动匹配；颗粒在滚筒中处于强烈的混合状态，并对水冷套筒进行着不断的强烈正面冲击，因此颗粒和换热表面之间的换热强度比较大，可以实现有效冷却；由于颗粒的运动完全依赖于机械携带和重力下落，因此耗电量很低，每吨渣所需能耗只占风水联合流化床冷渣器的 3％ 左右。但是，滚筒冷渣机也有不足，一个问题是由于滚筒的套筒结构限制，其中的冷却水压力不能太高，因此通常将冷却水接入回热系统，将冷渣机作为低压加热器使用，凝结水压力受除氧器的要求，因此冷却水压较高，滚筒冷渣器相当于一个旋转的低压锅筒，其安全性是个问题；当机组参数提高到超临界时，夹套结构很难适应冷凝水的压力提高，因此筒体应该采用膜式壁结构。另一个问题是出力问题，目前一般的滚筒冷渣机的出力都不超过 $18t \cdot h^{-1}$，因此需要在有限的空间内扩大换热面积。青岛海诺公司开发的双管排滚筒冷渣机将滚筒冷渣机提高到新的水平，单机出力能够达到 $40t \cdot h^{-1}$。

　　高强钢带式冷渣机的系统原理见图 1-49。冷渣系统主要有两根高温排渣管、两套一级钢带冷渣机、一套二级钢带冷渣机、斗式提升机以及渣库组成，冷渣机在冷却灰渣过程中，同时实现了运输灰渣的目的。作为整个系统的核心设备，冷渣机主要有密封壳体、超强钢带、清扫链、端部驱动及从动滚筒等组成。从炉底排出的高温灰渣通过布置在炉前的两个排渣口分别下落到两台一级冷渣机，在一级冷渣机内经过逆流风的初步冷却后，灰渣又进入二级冷渣机进行进一步的风冷冷却。两级冷渣机内的冷却风是由专门配置的耐磨、耐高温风机直接提供的，冷却完灰渣后携带灰渣中的细颗粒物料通入炉膛，所以，该种冷渣机具有选择性。由于不需要流化，因此高强钢带式冷渣机的煤种适应性比较强，对排渣的粒度要求比较宽松，系统稳定性比较高；由于灰渣的运动是利用钢带实现的，电耗也比较低。

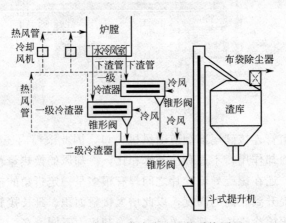

图 1-49　高强钢带式冷渣机的系统原理

　　但这种冷渣机对底渣的冷却完全依赖于风，换热效果不佳；由于空气的热容量比较小，因此冷渣机需要的风量很大，这些风进入锅炉之后，在一定程度上影响了锅炉的运行性能。并且这种冷渣机造价较高，系统体积庞大，占地较多，所以应用较少。

　　流化床式冷渣器是利用流化床换热的原理开发的，采用风水冷联合冷却，当渣量很小时也可以单独采用风冷，其利用床内气固混合强烈、传热系数高的特点把高温灰渣冷却到较低温度。流化床式冷渣器底部布置有布风板和风帽，床中布置有冷却水埋管，一般处于鼓泡床状态。中国在 20 世纪 80 年代初曾经研究过这种冷渣器，但是由于中国的燃料特点导致的底渣粒度问题，产生了难以克服的技术障碍，再加上经济性方面的考虑，放弃了这一技术路线。但该技术在国外发展的比较成熟，包括 FW 公司的选择式流化床冷渣器和 Alstom 溢流式流化床冷渣器。FW 的选择式流化床冷渣器如图 1-50 所示，从进渣口到出渣口依次布置一个选择仓、两个冷却仓和一个排渣仓，相邻两个仓室之间设有分隔墙，分隔墙侧面都有开口，从锅炉底部排出的高温灰渣通过排渣管进入冷渣器，然后在流化风的作用下在各个仓室之间经过一个"S"形的流动路线，最后从末端排渣口排出。选择仓和排渣仓都只有流化风冷却，而两个冷却仓既有风冷又有布置在侧壁内冷却水管束的水冷。第一冷却仓和第二冷却仓的冷却水一般分别来自锅炉给水和凝结泵出口的凝结水，四个仓室都设有事故喷水，流化风来自一次风机或单独设置的冷渣器风机。从第一冷却仓和第二冷却仓冷却水管路出来的加热冷却水分别通至省煤器入口和末级低压加热器出口，实现灰渣热量的回收利用。在冷渣器顶部开有两个排气孔，作为携带了较多细颗粒的流化风通入锅炉炉膛的通道，实现细颗粒物料返回炉膛而只有粗颗粒灰渣排出的选择性排渣过程，以此保证锅炉循环物料量的整体平衡，增强锅炉运行的安全稳定性能。

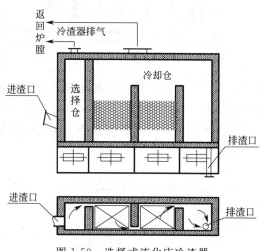

图 1-50　选择式流化床冷渣器

　　Alstom溢流式流化床冷渣器共设三个仓室，每个仓室独立布风，第二仓室和第三仓室布置有埋管受热面。高温灰渣通过锥形阀进入冷渣器，然后在各个仓室里以溢流的方式进入下一个仓室，直至从冷渣器末端排出，大颗粒灰渣因为很难流化起来，所以一般都得定期从每个仓室下面的大颗粒炉渣排放管排出，如图 1-51 所示。由于采用溢流冷渣方式，每个冷渣器仓室内都固存了一定量的灰渣，使得溢流式流化床冷渣器内的床压比选择式流化床冷渣器高很多，提高了对风机压头的要求。但同时由于每个仓室都设有大颗粒灰渣排放管，大颗粒被及时排出，冷渣器内被流化的灰渣粒度显著降低，所需流化风速较低，灰渣颗粒与流化风及冷却水的换热大大增强。冷却渣的受热面是管子结构，能够承受很高的压力，因此可以采用锅炉给水作为冷却水，冷渣器的热量回收可以明显改善锅炉发电效率。若将其接入回热系统作为低温加热器使用，则冷渣器热量回收的效果与滚筒冷渣器相同。流化床冷渣器的灰渣流化需要的流化风压头较高，因此这种冷渣器的风机电耗很大，增加了厂用电，电耗有时甚至高于因冷渣器热量回收发电效率提高而增加的发电量，得不偿失；一旦颗粒较大，则流化存在困难，因此该种冷渣器适用于粒径相对比较小且均匀的灰渣颗粒。我国由于煤种性质和成分很难达到循环流化床锅炉设计要求，尤其是燃用矸石等低热值煤时，经常影响锅炉的安全稳定运行。针对流化床冷渣器存在的问题，人们进行了很多改进尝试。

　　移动床冷渣器是一种比较简单的换热器，根据换热介质的不同分为水冷、风冷以及风水共冷式。水冷移动床冷渣器根据灰渣在管内流动还是管间流动分为单管式和搁管式。单管式的冷却水在管外套筒内逆向流动，通过管壁和灰渣进行间接换热。搁管式的管束可以是水平布置也可以是垂直布置，高温热渣自上而下通过管壁和管内的冷却水进行换热。图 1-52 为风冷移动床冷渣器的结构，高温灰渣从锅炉炉膛排出后进入移动床冷渣器，在冷渣器中自上而下流动，与从冷渣器底部逆流而上的冷却风接触换热而被冷却。携带着细颗粒物料的热风

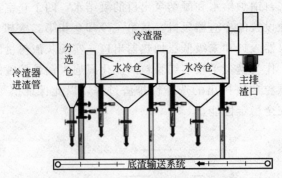

图 1-51 Alstom 溢流式流化床冷渣器

从冷渣器顶部通过管道引入炉膛，具有选择性排渣的功能。为了加强冷却效果，可在其中加入水冷受热面，则为风水共冷式移动床冷渣器。移动床冷渣器结构简单，操作容易，成本较低，但其冷却能力一般，而且水平搁管式冷渣器经常会出现结焦堵塞现象，一般用于排渣量比较小的锅炉。

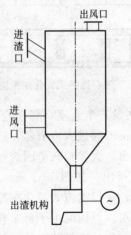

图 1-52 风冷移动床冷渣器

流化移动叠置式冷渣器在移动床的基础上叠加流化床，是一种典型的混合床冷渣器，见图 1-53。该冷渣器自上而下布置有进渣控制机构、流化床、移动床及出渣控制机构等。冷却风分三层进入布风管内，并分别送入处于冷渣器下部的移动床和处于冷渣器上部的流化床，冷却风在流化床内风速较高，可以使灰渣流化起来。热渣经过进渣控制机构进入流化床，利用此区域高传热系数特性，由 900℃ 左右迅速冷却至 300℃ 左右，然后进入移动床区域继续冷却，最终通过出渣机构排出。流化移动叠置式冷渣器兼具流化床传热系数大和移动床逆流换热的优点，可以把灰渣冷到较低的温度。但是这种冷渣器系统结构复杂，对运行操作人员的水平要求较高，灰渣处理量也不是很大，在 12MW 以下的小容量锅炉有使用。

气力输送式冷渣器采用风冷方式，其主要由吸渣管、旋风分离器（或者水封重力沉降室）、鼓风机和热风管组成。高温灰渣从锅炉底部排出后，与冷却空气一起被鼓风机吸入一根气力输渣冷却管，在输渣管中被冷风慢慢冷却，最后被风带到旋风分离器或水封重力沉降室内分离出来，而热风则携带着灰渣中的细颗粒物料最终返回炉膛，参与物料平衡。该冷渣器所需风量很大，对锅炉的燃烧产生影响。

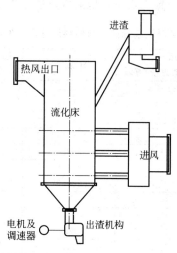

图 1-53　流化移动叠置式冷渣器

由于燃用矸石循环流化床锅炉的燃料灰分比较高、热值比较低，导致总灰渣量较大。由于矸石燃烧过程中发生碎裂的可能性比较低，燃烧后的灰渣粒度与入炉粒度相比变化不大，而考虑破碎能耗的限制，入炉燃料的粒度小于 1mm 的非常有限，这就意味着矸石循环流化床锅炉的底渣量远大于常规循环流化床锅炉的底渣量。冷渣机（器）是循环流化床锅炉发电系统的重要组成部分，其可靠性对锅炉的安全稳定运行有着很大的影响。上述各种冷渣机（器）都有应用，长期的运行实践表明，滚筒冷渣器是首选，尤其是双管排滚筒冷渣机在燃烧矸石等低热值煤条件下更有优势。

1.8　低热值煤发电技术存在的问题与挑战

1.8.1　装机容量与地区资源合理配置

经济模型计算表明，低热值煤的经济运输半径与其热值有关，以 8MJ·kg^{-1} 的煤矸石为例，其经济运输半径大约为 33km，因此低热值煤发电宜建设在矿区洗煤厂附近。装机容量应根据煤矸石等低热值煤的资源情况规划。发电项目的容量不同，消纳的低热值煤不同。将煤炭生产、洗选加工中产生的煤矸石、煤泥、洗中煤等固体废物混合，使入炉煤热值为 14MJ·kg^{-1}，以年运行按 5000h 考虑。装机规模与年消耗低热值煤量见表 1-9。

表 1-9　装机规模与年消耗低热值煤量

单机容量 N/MW	装机/台	年消耗低热值煤（折标煤）B/Mt·a^{-1}	年消耗低热值原煤量 B/Mt·a^{-1}
135	2	0.54	约 1.10
300	2	1.04	约 2.10
350	2	1.12	约 2.30
600	2	1.86	约 3.70

针对资源状况，主要矿区建设的低热值煤发电建设规模主要考虑相对较大的容量，其中中型矿区建设 135MW 等级及以下，大型矿区主要建设 300MW 等级，特大型矿区建设 300MW 等级或 600MW 等级。根据发电行业的特点，每个燃用低热值煤炭电站的装机数量不宜少于 2 台，发电用于采煤、洗选加工以及电气化铁路运输，从而形成大于 18MJ·kg^{-1} 的煤炭直接外运、小于 18MJ·kg^{-1} 的与采煤、洗选废弃物混合成 14MJ·kg^{-1} 左右煤就地消化的

循环经济链，节约运输能源消耗。重点煤炭基地的低热值煤炭量及其发电机组容量见表1-10。

表 1-10　重点煤炭基地的低热值煤炭量及其发电机组容量

基地名称	矿区名称	可用发电的低热值煤量/万吨	折标煤/万吨	满足300MW及以上机组的总容量/MW	推荐容量/MW
神东	神东	3254.4	862.4	4975	8×300＋4×600
	万利（地方）	694	212.8	1228	4×300
	准格尔	1924.9	582.3	3359	11×300
	包头	26.8	8.1	—	更小容量
	乌达海勃湾	811.5	208.6	1203	4×300
	府谷	728.4	201.8	1164	4×300
冀中	峰峰	607.8	205.3	1184	4×300
	邯郸	141	47.6	—	更小容量
	邢台	162.7	54.9	2×135	2×135
	井陉	112.1	37.8	—	更小容量
	开滦	655.5	221.4	1277	4×300
	蔚县	115.7	39.1	—	更小容量
	下花园	28.9	9.8	—	更小容量
	张北	65.1	22	—	更小容量
	平原	149.4	50.5	—	更小容量
晋中	西山	855.8	294.9	1701	5×350
	东山	94.4	32.5	—	更小容量
	离柳	799.4	275.5	1589	5×300
	汾西	577.2	198.9	1148	4×300
	霍州	453.8	156.4	902	3×300
	乡宁、霍东等	567.2	195.5	1128	3×350
晋东	阳泉	1405.8	397.6	2294	8×300
	武乡夏店	284	80.5	2×135	2×135
	潞安	1596.8	449	2590	8×350
	晋城	2324.7	658.9	3801	13×300
晋北	大同	2982	924	5331	18×300
	平朔	3079.7	947.5	5466	18×300
	朔南	1177.1	362.5	2091	7×300
	轩岗	145.7	44.9	—	更小容量
	岚县	182.2	56.1	2×135	2×135
	河保偏	756.7	233	1344	4×350
两淮	淮南	1470.6	427.8	2468	8×300
	淮北	1595	469.6	2481	8×300
	国投新集	225.1	66	2×135	2×135
河南	平顶山	1490.7	449.3	2592	8×350
	义马	560.1	167.1	964	3×300
	郑州	666.8	198.8	1147	4×300
	鹤壁	367.2	108.9	628	2×300
	焦作	393	117	675	2×350
	永夏	377.3	112.6	650	2×300
黄陇	彬长	491.7	162.5	938	3×300
	黄陵	104.3	34.5	—	更小容量
	铜川	164	54.2	2×135	2×135
	蒲白	53.6	17.7	—	更小容量
	澄合	182.5	60.3	2×135	2×135
	韩城	160.9	53.2	2×135	2×135
	华亭	467.9	154.6	892	3×300

续表

基地名称	矿区名称	可用发电的低热值煤量/万吨	折标煤/万吨	满足 300MW 及以上机组的总容量/MW	推荐容量/MW
东北（不含蒙东）	阜新	376.7	116.4	672	2×300
	铁法	768.2	235.1	1356	4×350
	沈阳	340.4	103.8	599	2×300
	抚顺和南票	269	83.6	3×135	3×135
	七台河	428	133.9	773	2×350
	鸡西	636.4	195	1125	3×350
	双鸭山	496.5	148	854	3×300
	鹤岗	568	168.5	972	3×300
云贵	四川筠连	665.2	204.4	1179	4×300
	四川古叙	610	180.9	1044	3×300
	贵州盘县	810.1	240.7	1389	4×350
	贵州普兴	364.1	110.4	637	2×300
	贵州水城	925.8	281.6	1625	5×350
	贵州六枝	306.7	93.8	3×135	3×135
	织金纳雍	820.2	249.8	1441	5×300
	黔北	1499.6	452	2608	8×350
	云南老厂	571.2	173.2	999	3×300
	小龙潭	525.5	160.7	927	3×300
	镇雄矿区	234.3	72.6	2×135	2×135
	昭通	214.2	65	2×135	2×135
	恩洪	257.6	78.1	2×135	2×135
宁东	石嘴山/石炭井	344.8	109.5	632	2×300
	灵武	262	67.9	2×135	2×135
	鸳鸯湖	495	122.7	708	2×350
	韦州	102.6	34.1	—	更小容量
	横城、马积萌	258.9	64.3	2×135	2×135
鲁西	兖州	327.9	106.5	614	2×300
	济宁	421.4	136.9	790	2×350
	新汶	162	53.9	2×135	2×135
	枣庄滕州	491.3	159.6	921	3×300
	巨野	412.8	134.1	774	2×350
	黄河北	260.2	84.5	3×135	3×135
陕北	榆神	688	219.7	1268	4×300
	榆横、子长等	42.4	13.5	—	更小容量
合计		51488.4	15580.9	约 85842	85825

1.8.2 技术发展中的问题与应对措施

目前国内低热值煤发电主要是指利用煤矸石、煤泥或洗中煤进行发电，其主要技术问题集中在煤矸石发电环节。全国煤矸石综合利用电厂近 400 座，投产的总装机容量达 2600MW 左右，主要分布在重点产煤区。2010 年，全国煤矸石综合利用电厂共消耗低热值煤约 $1.3 \times 10^8 t$，相当于节约 4200 万吨标准煤，相应减少占压土地 $300 hm^2$。煤矸石发电的入炉燃料热值（收到基低位发热量）不大于 $3000 kcal \cdot kg^{-1}$，其中煤矸石和煤泥的比例达到 60% 以上，采用 CFB 锅炉机组发电。煤矸石发电技术的本质是在发电的同时将煤矸石的排放产地进行异地转移，如果处理不当，会造成严重的环境污染和资源浪费[37]，现阶段煤矸石发电技术尚存部分技术问题有待解决。

① CFB 机组总装机容量小，导致大量低热值煤无法合理利用和增加运输能耗。2010 年

全国投产的 CFB 机组消耗低热值煤 1 亿多吨，而产生的可用于发电的低热值煤 3 亿吨以上，导致大量煤矸石被废弃，部分煤泥和中煤掺在优质煤中长距离运输，增加运输能耗，加剧了"西煤东运、北煤南运"的紧张局面[38]。

② CFB 机组单机容量小，相关规范和标准缺失。与大容量高参数的常规火电机组相比，低热值煤 CFB 发电机组容量等级较小，CFB 发电机组的设计、制造和安装等规范和标准缺失，现阶段只能参照常规火电机组相关规范和标准执行。当前应优先完善相关规范和标准，发展 300MW CFB 机组，有序推进 600MW 等级超临界 CFB 发电机组。

③ 入炉燃料发热量上限值偏低。目前国家有关煤矸石电厂使用的燃料收到基低位发热量限制为不大于 3000kcal·kg^{-1}。随着以输出为主的大型煤炭基地的建设，为减少铁路、公路的运输压力，将加大原煤入洗比重，这将导致在大型矿区出现大量发热量为 $10\sim14$MJ·kg^{-1} 的中低发热量煤炭无法消纳。建议在以外运为主的大中型选煤厂附近允许入炉燃料发热量上限控制在 14MJ·kg^{-1} 以内，以便于建设大容量、高参数、高效机组、规模更大的低热值发电厂，提高低热值燃料电厂的综合技术水平和综合效益[38]。

④ 灰分含量高，运行环境恶劣，脱灰要求高。煤矸石的灰分含量较高，需要较高的除尘效率，与此同时操作环境中的粉尘含量也会较高，需要加强工人的自我防护意识。

⑤ 设备磨损严重，检修频繁。煤矸石的灰分含量较高，对设备的磨损，尤其是磨煤系统、排渣系统、输渣系统和各受热面的磨损较为严重。

⑥ 氧量、床压、料层厚度和配煤比例等因素的调整。氧量调节，正常情况下，因煤矸石的煤种密度较大，进入炉内后一般在密相区内燃烧份额较多，因此为了保证充分燃烧，炉内的中、下二次风量尽量加大。因为 CFB 锅炉炉内是分级燃烧，在稀相区虽燃烧份额少，为了物料混合物完全穿透，横向扰动完全，上二次风量也应增大。床压调节，以河南某 135MW 循环流化床机组为例，燃用设计煤种时，床压的控制范围是 $6\sim8$kPa，当掺烧煤矸石时，床压的控制范围是 $7\sim10$kPa，因若床压过低时，其炉内的物料稀薄。物料浓度小，而进入炉内的燃煤因其发热量较低，相应的其进入煤量较多，其煤的浓度较大，物料与燃煤混合不好，容易造成流化不好，燃烧不良，锅炉容易结焦。配煤比例，在配比煤矸石时要综合考虑发热量影响，发热量过低则锅炉燃烧困难，发热量过高则机组达不到资源综合利用的条件[39]。

⑦ 堵渣问题。掺烧煤矸石时，渣量较大，如果排渣不及时会造成床压的迅速增高，威胁机组的安全运行，排渣不及时需要迅速放渣，较多红渣会随之排出，影响锅炉出力，降低机组效率。

⑧ 装机受地理位置影响，煤矸石不宜长途运输。煤矸石的运输成本较高，一般煤矸石电厂都是就近选址，地理位置在一定程度上会制约机组的大型化发展。

⑨ 合理选煤方式的确定。部分电厂在煤矸石发电利用过程中存在着粗放利用问题，即煤矸石不分等级，大量特低热值纯矸和硫铁矿进入锅炉，给电厂的正常运行和环境保护带来诸多弊端。重介选煤分选精度较高的优点无可厚非，从提高精煤产率方面考虑，对炼焦煤选煤厂来说宜采用该工艺。但其生产成本高、分选密度低（低于 1.8g·m^{-3}）的缺点也必须加以重视，而且每年还消耗几百万吨磁铁矿粉。对于动力煤选煤厂，更应从可燃物的最大回收率、煤矸石的纯度、高效综合利用以及节能减排的总体效益等各方面综合考虑，更加合理地选择洗选工艺[40]。

参考文献

［1］　匡亚莉．选煤工艺设计与管理．徐州：中国矿业大学出版社，2006.

［2］　Basu P, Large J F. Circulating Fluidized Bed Technology Ⅱ. Oxford：Pergamon Press，1988.

［3］　冯俊凯，岳光溪，吕俊复．循环流化床燃烧锅炉．北京：中国电力出版社，2003.

［4］　Li J, Mi J, Hao J, et al. Operational status of 300MW CFB boiler in China∥Proceedings of the 20th International Conference on Fluidized Bed Combustion. Xi' an, China：2009：243-246.

［5］　Yue G, Yang H, Lu J, et al. Latest development of CFB boilers in China∥Proceedings of the 20th International Conference on Fluidized Bed Combustion. Xi' an, China：2009：3-12.

［6］　徐旭常，吕俊复，张海．燃烧理论与燃烧设备．第 2 版．北京：科学出版社，2012.

［7］　吕俊复，岳光溪，张建胜，等．循环流化床锅炉运行与检修．第 2 版．北京：中国水利水电出版社，2005.

［8］　郭慕孙，李洪钟．流态化手册．北京：化学工业出版社，2008.

［9］　Jin X, Lu J, Yang H, et al. Comprehensive mathematical model for coal combustion in the circulating fluidized bed combustor. Tsinghua Science and Technology, 2001, 6 (4)：319-325.

［10］　吕俊复，金晓钟，张建胜，等．两相流动对流化床燃烧行为的影响．热能动力工程，2000，15 (3)：217-219.

［11］　吕俊复，张建胜，岳光溪．循环流化床锅炉燃烧室受热面传热系数计算方法．清华大学学报：自然科学版，2000，40 (2)：94-97.

［12］　Yang H, Yue G, Xiao X, et al. 1D modeling on the material balance in CFB boiler. Chemical Engineering Science, 2005, 60 (20)：5603-5611.

［13］　Hu N, Zhang H, Yang H, et al. Effects of riser height and total solids inventory on the gas-solids in an ultra-tall CFB riser. Powder Technology, 2009, 196 (1)：8-13.

［14］　吕俊复，杨海瑞，张建胜，等．流化床燃烧煤的成灰磨耗特性研究．燃烧科学与技术，2003，9 (1)：1-5.

［15］　Yang H, Wirsum M, Yue G, et al. A 6-parameter model to predict ash formation in a CFB boiler. Powder Technology, 2003, 134 (1-2)：117-122.

［16］　Yang H, Wirsum M, Lu J, et al. Semi-empirical technique for predicting ash size distribution in CFB boilers. Fuel Processing Technology, 2004, 85 (12)：1403-1414.

［17］　Fang Z H, Grace J R, Lim C J. Local particle convective heat transfer along surfaces in CFBs. International Journal of Heat and Mass Transfer. 1995, 38 (7)：1217-1224.

［18］　Andersson B A, Leckner B. Experimental methods of estimating heat transfer in circulating fluidized bed. International Journal of Heat and Mass Transfer, 1992, 35：3353-3362.

［19］　Basu P, Nag P K, Chen B H, et al. Effect of operating variables on bed-to-wall heat transfer in a circulating fluidized bed [J]. Chemical Engineering Communications, 1987, 61：227-237.

［20］　杨海瑞，吕俊复，岳光溪．循环流化床锅炉的设计理论与设计参数的确定．动力工程，2006，26 (1)：42-48，69.

［21］　赵石铁．循环流化床中热量及挥发分释放规律的实验研究．北京：清华大学，2005.

［22］　Lu J, Wang Q, et al. Unburned carbon loss in fly ash of CFB boilers burning hard coal. Tsinghua Science and Technology, 2003, 8 (6)：687-691.

［23］　Li Y, Zhang J, Liu Q, et al. A study of the reactivity and formation of the unburnt carbon in CFB fly ashes. Developments in Chemical Engineering and Mineral Processing, 2001, 9 (3-4)：301-312.

［24］　Qiao R, Lu J, Liu Q, et al. Modeling of sulfur retention in circulating fluidized bed coal combustors. Tsinghua Science and Technology, 2001, 6 (4)：314-318.

［25］　Anders L, Leckner B. SO$_2$ capture in fluidised-bed boilers：Re-emission of SO$_2$ due to reduction of CaSO$_4$. Chemical Engineering Science. 1989, 44 (2)：207-213.

［26］　吕俊复，毛健雄，岳光溪，等．循环流化床锅炉的可用率．全国电力行业 CFB 机组技术交流论文集，2007：1-10.

［27］　于龙，吕俊复，王智微，等．循环流化床燃烧技术的研究展望．热能动力工程，2004，19 (4)：336-342.

［28］　Lu J, Zhang J, Zhang H, et al. Performance evaluation of a 220t/h CFB boiler with water-cooled square cyclones. Fuel Processing Technology, 2006, 88：129-135.

[29]　Yue G，Lu J，Zhang H，et al. Design Theory of circulating fluidized bed boilers // Proceeding of the 18th International Conference on Fluidized Bed Combustion. Toronto：ASME，2005：135-146.

[30]　Knoebig T，Werther J. Horizontal reactant injection into large-scale fluidized bed reactors-modeling of secondary air injection into a circulating fluidized bed combustor. Chemicd Engineering and Technology，1999，22（8）：656-659.

[31]　李红兵，李建锋，吕俊复. 燃料热值对135MW级循环流化床锅炉运行性能的影响. 锅炉技术，2010，41（4）：32-37.

[32]　王智微，王鹏利，孙献斌，等. 循环流化床内高CaO含量煤自脱硫的试验研究 [J]. 动力工程，2003，23（3）：2436-2438.

[33]　Pilawska M，Butler C J，Hayhurst A H，et al. The production of Nitric Oxide during the combustion of Methane and air in fluidized bed [J]. Combustion and Flame，2001，127（4）：2181-2193.

[34]　Wang Y，Li W，Lu J. Modeling research on char particle combustion behavior in CFB condition // Proceeding of the 5th International Symposium on Coal Combustion，Nanjing，China：2003：120-124.

[35]　Su J，Zhao X，Zhang J，et al. Design and operation of CFB boilers with low bed inventory // Proceedings of the 20th International Conference on Fluidized Bed Combustion. Xi'an，China：2009：212-218.

[36]　Wang W，Si X，Yang H，et al. Heat-transfer model of the rotary ash cooler used in circulating fluidized-bed boilers. Energy and Fuels，2010，24（4）：2570-2575.

[37]　刘静丽，刘伯荣，赵敏. 煤矸石发电中两个不可忽视的问题. 煤炭加工与综合利用，2007（6）：44-46.

[38]　许德平，曹雅凤. 关于我国煤矸石发电存在问题的调查. 煤炭科学技术，1999，27（4）：46-48.

[39]　梁绍青. 循环流化床锅炉掺烧煤矸石技术的探讨. 煤炭工程，2010（7）：84-86.

[40]　魏树海. 论煤矸石分选提质发电的重要性. 能源与节能，2013（3）：43-44，56.

第二篇
煤系固体废物利用与处置

导读

煤是由远古死亡植物残骸没入水中经过生物化学作用转化，然后经地层覆盖并经过地质化学作用所形成的可燃有机生物岩。成煤物质、成煤过程都会给煤中带入各种无机质；煤炭资源开采所得到的原煤中，依据采煤工艺的不同，也带入了数量不等的夹矸、顶底板或剥离岩石。

这样，在煤炭作为原燃料生产能源和材料的过程中，会产生源于煤中无机矿物质的固体废物，主要有煤矸石、粉煤灰、炉渣、沸腾炉渣等，由于它们都来自煤的开采、加工和利用过程，因此被称为"煤系固体废物"。

能源和材料是社会经济赖以发展的物质基础。尽管目前世界上90%的化工产品的生产原料来自石油和天然气，但由于我国化石燃料的赋存特点，多年以来煤在我国的能源消费结构中约占70%，在化工原料结构中煤炭占1/2以上，且无论是比例还是数量，在较长的时期内以煤为主的能源结构和化工原料结构难以改变。2013年，我国的煤炭开采量达到了约37亿吨。伴随着煤炭大规模的开采和利用，煤系固体废物的产生量也会与日俱增。例如，我国每开采1亿吨煤炭，排放矸石1400万吨左右；每洗选1亿吨炼焦煤，排放矸石2000万吨；每洗选1亿吨动力煤，排放矸石量1500万吨。实际上，煤系固体废物是目前我国数量最大的工业固体废物。煤系固体废物的合理处置与利用具有重大的环境意义。

煤矸石是夹在煤层中的岩石，是一种在成煤过程中与煤层伴生的含碳量较低、比煤坚硬的黑灰色岩石，是采煤和选煤过程中排出的固体废物。我国煤矸石综合利用已有数十年的历史，主要用于发电、供热、制砖、水泥掺合料、制肥等。此外，煤矸石还可用于充填复垦、铺路以及回收矸石中高岭岩（土）和硫铁矿加工化工产品等。

燃煤发电是世界各国普遍采用的电力生产方式之一，燃煤所产生的大量粉煤灰，对生态环境造成极大的危害。与此同时，粉煤灰中有含有很多有用、甚至在自然界或其他工业过程难以获取的成分，具有资源化利用的物质基础，可从中提取有用元素和成分，生产化学品，通过生产建材进行大规模消纳。

沸腾炉渣是由燃烧低热值燃料的沸腾炉排出的固体废物。我国沸腾炉燃烧技术主要起步于20世纪70年代，现已得到广泛应用，它的燃料主要是煤矸石、石煤和劣质煤，燃烧后产生大量的沸渣。沸腾炉渣化学成分多样，反应活性高，是生产建材的适宜原料，已经大规模用作填充、灌浆材料、水泥生产的掺合料，配制砌筑砂浆和生产各种砌块。

本篇"煤系固体废物利用与处置"，即是介绍煤系固体废物利用及处置常用技术的原理、装置和工艺流程。

第2章 | 煤系固体废物的分选与加工

2.1 煤系固体废物中回收有用矿物

随着采煤机械化水平的不断提高，煤矿生产煤炭的煤质变差，导致矸石含量增高；另一方面，在跳汰生产中为了降低精煤在矸石中的损失，提高精煤产率，在操作过程中，使部分矸石进入二段，使中煤的矸石量增大，对精煤也造成了污染，影响了精煤的质量，同时也增加了中煤的灰分。这样，在有些矸石中（煤巷掘进排矸和洗矸等）往往混入发热量较高的煤、煤矸石连生体和碳质岩。此外，有些煤矸石是高铝矸石，而硫铁矿一般富集在洗矸中，均可采用适当的加工方法回收有用矿物，提高品位，作燃料或原料使用。加工后的矸石再作建材原料，也改善了质量。因此，从矸石中回收有用矿物可认为是进一步利用前的预处理作业。

矸石中有用矿物能否加以回收主要取决于技术和经济上的可行性。

2.1.1 从煤矸石中回收煤炭

2.1.1.1 煤矸石分选原理

从煤矸石中回收煤炭，其实质就是依据煤矸石中各种组分（煤、无机矿物）物理性质、物理化学性质和化学性质的不同将这些成分分离的过程。

煤与和煤共伴生无机矿物质在密度、表面润湿性、磁性和导电性之间，存在着较大的差异，根据这些差异，有时人为的创造条件增大这些差异，使煤和矿物质在分选过程中表现出不同的运动方向或运动速度，而加以分离。按照分选时所依据的煤与矿物质的性质差异的不同，分为：a. 重力分选法（重选），按照煤粒与矿物质在密度和粒度上的差异机械分选的方法，常见的有跳汰选、重介选和摇床法等；b. 浮游分选法（浮选），根据矿物表面物理化学（表面润湿性）性质的差异使煤和矿物质分离的方法；c. 磁选、电选，分别根据矿物的磁性和导电性质、粉煤的差异使煤和无机矿物质分离。

煤矸石分选回收煤炭主要由选前预处理、分选操作及产品后处理等环节构成。各种分选方法对原料的粒度、浓度有要求，有些方法对原料的水分有要求，通过破碎、筛分、干燥和矿浆准备等环节，为选煤作准备；然后采用重选、浮选、磁性和电选等方法将煤矸石中的各种成分分开，最后通过脱水、脱介、干燥和分级等方法对分选产品进行后处理得到合格的产品[1]。

（1）煤矸石的破碎

煤矸石的破碎就是矸石在外力作用下粒度减小的过程。破碎作用分为挤压、摩擦、剪切、冲击、劈裂和弯曲等，其中前三种是破碎机通常使用的基本作用。

根据煤矸石颗粒的大小、要求达到的破碎比和选用的破碎机类型，破碎流程可以有不同的构成方式，其基本工艺流程如图 2-1 所示。

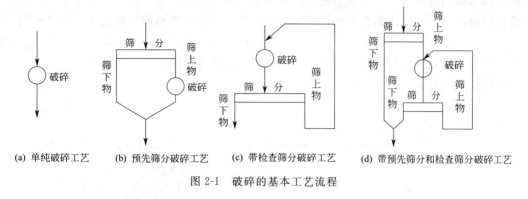

(a) 单纯破碎工艺　　(b) 预先筛分破碎工艺　　(c) 带检查筛分破碎工艺　　(d) 带预先筛分和检查筛分破碎工艺

图 2-1　破碎的基本工艺流程

煤矸石破碎常用的破碎机类型有颚式破碎机、锤式破碎机、冲击式破碎机和球磨机等。

① 颚式破碎机　颚式破碎机通常按照可动颚板（动颚）的运动特性分为两种类型，即动颚做简单摆动的双肘板机构（所谓简摆式）的颚式破碎机［图 2-2(a)］和动颚做复杂摆动的单肘板机构（所谓复摆式）的颚式破碎机［图 2-2(b)］。近年来，液压技术在破碎设备上得到应用，出现了液压颚式破碎机［图 2-2(c)］。颚式破碎机构造简单、工作可靠、制造容易、维修方便，至今仍获得广泛应用。

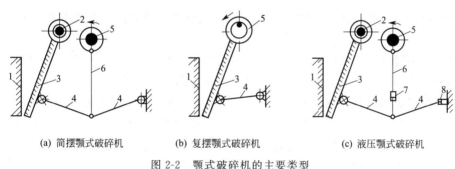

(a) 简摆颚式破碎机　　　(b) 复摆颚式破碎机　　　(c) 液压颚式破碎机

图 2-2　颚式破碎机的主要类型

1—固定颚板；2—动颚悬挂轴；3—可动颚板；4—前（后）推力板；5—偏心轴；

6—连杆；7—连杆液压油缸；8—调整液压油缸

② 冲击式破碎机　冲击式破碎机的工作原理是，给入破碎机空间的物料块，被绕中心轴高速旋转的转子猛烈碰撞后，受到第一次破碎；然后物料从转子获得能量高速飞向坚硬的机壁，受到第二次破碎；在冲击过程中弹回再次被转子击碎，难于破碎的物料被转子和固定板挟持而剪断，破碎产品由下部排出。当要求的破碎产品粒度为 40mm 时，可以达到目的，而若要求粒度更小（如 20mm）时，接下来还需经锤子与研磨板的作用，进一步细化物料，其间空隙远小于冲击板与锤子之间的空隙，若底部再设有箅筛，可更为有效地控制出料尺寸。

③ 反击式破碎机　反击式破碎机是一种新型高效破碎设备，它具有破碎比大、适应性广（可以破碎中硬、软、脆、韧性、纤维性物料）、构造简单、外形尺寸小、安全方便、易于维护等许多优点。反击式破碎机一般装有两块反击板，形成两个破碎腔。转子上安装有两个坚硬的板锤。机体内表面装有特殊钢制衬板，用以保护机体不受损坏。

　　④ 球磨机　主要由圆柱形筒体、端盖、中空轴颈、轴承和传动大齿轮圈等部件组成。筒体内装有钢球和被磨物料，其装入量为筒体有效容积的 25%～50%。筒体两端的中空轴颈有两个作用：一是起轴颈的支撑作用，使球磨机全部重量经中空轴颈传给轴承和机座；二是起给料和排料的漏斗作用，电动机通过联轴器和小齿轮带动大齿轮圈和筒体缓缓转动。当筒体转动时，在摩擦力、离心力和衬板共同作用下，钢球和物料被衬板提升，当提升到一定高度后，在钢球和物料本身重力作用下，产生自由泻落和抛落，从而对筒体内底脚区内的物料产生冲击和研磨作用，使物料粉碎。物料达到磨碎细度要求后，由风机抽出。

　　球磨机的构造示意如图 2-3 所示。

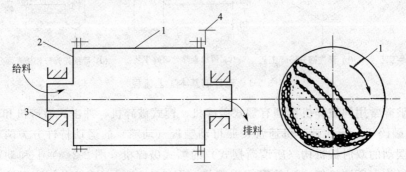

图 2-3　球磨机结构和工作原理示意

1—筒体；2—端盖；3—轴承；4—大齿轮

（2）筛分

　　筛分操作可将煤矸石按其组成的颗粒粒度进行分选，是煤矸石分选预处理过程的重要方法。

　　筛分是利用混合固体的粒度差异，使固体颗粒在具有一定孔径的筛网上振动，把可以通过筛孔的和不能通过筛孔的粒子群分开的过程。该分离过程可看作是由物料分层和细粒透过筛子两个阶段组成的。物料分层是完成分离的条件，细粒透过筛子是分离的目的。一个有均匀筛孔的筛子，只允许较小的颗粒透过筛孔，而将较大的颗粒排除。一个颗粒，如果至少有两个尺寸小于筛孔尺寸，它就能够透过筛孔。

　　煤矸石分选工艺常用的筛分设备主要有振动筛、共振筛。

　　① 振动筛　振动筛的特点是振动方向与筛面垂直或近似垂直，振动次数 600～3600r·min⁻¹，振幅 0.5～1.5mm。物料在筛面上发生离析现象，密度大而粒度小的颗粒钻过密度小而粒度大的颗粒的空隙，进入下层到达筛面，大大有利于筛分的进行。振动筛的倾角一般在 8°～40°之间。振动筛由于筛面强烈振动，消除了堵塞筛孔的现象，有利于湿物料的筛分，可用于粗、中、细粒的筛分，还可以用于振动和脱泥筛分。

　　惯性振动筛是通过由不平衡体的旋转所产生的离心惯性力，使筛箱产生振动的一种筛子，其构造及工作原理见图 2-4。当电动机带动皮带轮做高速旋转时，配重轮上的重块即产生离心惯性力，其水平分力使弹簧做横向变形，由于弹簧横向刚度大，所以水平分力被横向刚度所吸收。而垂直分力则垂直于筛面，通过筛箱作用于弹簧，强迫弹簧做拉伸及压缩运动。因此，筛箱的运动轨迹为椭圆或近似于圆。由于该种筛子激振力是离心惯性力，故称为惯性振动筛。

　　② 共振筛　共振筛是利用连杆上装有弹簧的曲柄连杆机构驱动，使筛子在共振状态下

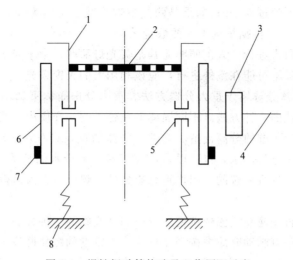

图 2-4　惯性振动筛构造及工作原理示意

1—筛箱；2—筛网；3—皮带轮；4—主轴；5—轴承；6—配重轮；7—重块；8—板簧

进行筛分。其构造及工作原理见图 2-5。

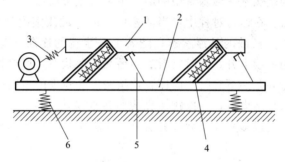

图 2-5　共振筛的原理示意

1—上机体；2—下机体；3—传动装置；4—共振炭黑；

5—板簧；6—支撑弹簧

　　当电动机带动装置在下机体上的偏心轴转动时，轴上的偏心使连杆做往复运动。连杆通过其端的弹簧将作用力传给筛箱，与此同时下机体也受到相反的作用力，使筛箱和下机体沿着倾斜方向振动。筛箱、弹簧及下机体组成一个弹性系统，该弹性系统固有的自振频率与传动装置的强迫振动率接近或相同时，使筛子在共振状态下筛分，故称为共振筛。共振筛具有处理能力大、筛分效率高、耗电少及结构紧凑等优点，是一种有发展前途的筛分设备；但其制造工艺复杂，机体笨重，橡胶弹簧易老化。

　　共振筛的应用很广，适用于矸石中的细粒的筛分，还可用于矸石分选作业的脱水、脱泥重介质和脱泥筛分。

　　（3）煤矸石的分选

　　① 手工拣选　对于手工拣选，确定选别程序和识别标志是很容易的。可以根据颜色、反射率和不透明度等性质来识别各种物料；可以凭感觉来检查物料的密度，最后用手拣出（分类）物料。手工拣选通常在第一级机械处理装置（一般是破碎机）的给料皮带输送机上进行。输送机的皮带将物料均匀地送入破碎机，拣选者就站在皮带的两侧，将要拣出的物料拣出。经验表明，一名拣选工人每小时约可拣出 0.5t 物料。供拣选的给料皮带，如果是单

侧拣选，皮带宽度应不超过 60cm；如果是两侧拣选，宽度可定为 90～120cm。皮带运动速度不大于 9m·min⁻¹，可根据拣选工人的数量来定。

手工拣选最好在白天进行。人工照明尤其是荧光灯照明，由于光谱较窄，使拣选工人难以识别各种物料。如果不可能在室外进行，应该利用大的天窗采光。

② 跳汰分选　跳汰分选属于重力分选方法。重力分选简称重选，是利用混合固体在介质中的密度差进行分选的一种方法。不同固体颗粒处于同一介质中，其有效密度差增大，从而为具有相同密度的粒子群的分离创造了条件。固体的颗粒只有在运动的介质中才能分选。重力分选介质，可以是空气、水，也可以是重液（密度大于水的液体）、重悬浮液等。以重液和重悬浮液为介质而进行分选的，叫作重介质分选。煤矸石在大多数情况下是以水为介质进行分选的。

跳汰分选是在垂直变速介质流中按密度分选固体废物的一种方法。它使磨细的煤矸石不同密度的粒子群，在垂直脉动介质中按密度分层，小密度的颗粒群位于上层，大密度的颗粒群（重质组分）位于下层，从而实现物料分离。在生产过程中，原料不断地进入跳汰装置，轻重物质不断分离并被淘汰掉，这样可形成连续不断的跳汰过程。

图 2-6 为跳汰分选装置的工作原理示意，机体的主要部分是固定水箱，它被隔板分为两室。右为活塞室，左为跳汰室。活塞室中的活塞由偏心轮带动做上下往复运动，使筛网附近的水产生上下交变水流。在运行过程中，当活塞向下时，跳汰室内的物料受上升水流作用，由下而上升，在介质中成松散的悬浮状态；随着上升水流的逐渐减弱，粗重颗粒就开始下沉，而轻质颗粒还可能继续上升，此时物料达到最大松散状态，形成颗粒按密度分层的良好条件。当上升水流停止并开始下降时，固体颗粒按密度和粒度的不同做沉降运动，物料逐渐转为紧密状态。下降水流结束后，一次跳汰完成。每次跳汰，颗粒都受到一定的分选作用，达到一定程度的分层。经过多次反复后，分层就趋于完全，上层为小密度的颗粒，下层为大密度颗粒。

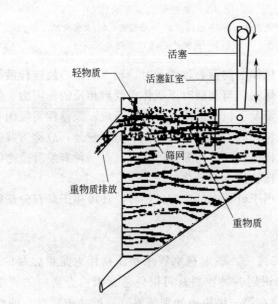

图 2-6　跳汰分选机原理

跳汰分选的优点是能够根据密度的不同进行分选，而不必考虑颗粒的尺寸（在极限尺寸范围内）。

③ 摇床分选　摇床分选也属于重力分选，是细粒固体物质分选应用最为广泛的方法之一。摇床床面由来复条构成，各来复条之间有缝隙，来复条也与水流方向垂直。图 2-7 是摇床的结构示意。

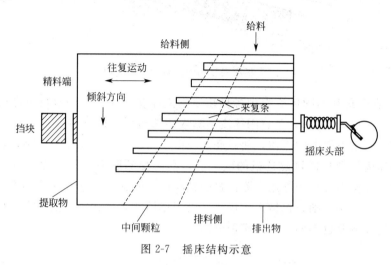

图 2-7　摇床结构示意

摇床的床头机构由一个偏心轮与一根柔性连杆组成。床面的运动由于受到挡块的阻挡而突然停止。给料从倾斜床面的上端给入，在水流和摇动的作用下，不同密度的颗粒在床面上呈扇形分布，从而达到分选的目的。细小颗粒直接横向流过床面并排出，而每一冲程开始时的冲撞作用，通过床面使粗重颗粒产生斜向运动速度，从而向精料端运动。当摇床被挡块阻挡而突然停止时，粗重颗粒由于冲力而进一步做斜向运动。驱动轴与床面之间的柔性连杆可缓冲偏心轮的运动，然后慢慢将床面拉离挡块，从而完成一个循环。

固体颗粒在摇床床面上有两个方向的运动，在洗水水流作用下沿穿面倾斜方向运动；在往复不对称运动作用下，由传动端向精料端运动。颗粒的最终运动为上述两个方向的运动速度的矢量和。

床面上的沟槽对摇床和方向起着重要作用。颗粒在沟槽内呈多层分布，不仅使摇床的生产率加大，同时使呈多层分布的颗粒在摇动下产生析离，即密度大而粒度小的颗粒钻过密度小而粒度大的颗粒间的空隙，沉入最底层，这种作用称为析离。析离分层是摇床分选的重要特点。颗粒在来复条之间的分布情况如图 2-8 所示。小而重的颗粒（精料）处于来复槽的底部，大而重的颗粒在小颗粒的上面，依次是小而轻的颗粒，最后是大而轻的颗粒。之所以能形成这种分布，首先是由于颗粒在床面往复运动过程中，因密度不同而重新排列（由轻到重）；其次是小颗粒穿过密度相同而尺寸较大的颗粒之间的间隙的运动；来复条面上水流的流动在来复槽中形成许多小涡流，则是第三种作用。

来复条的高度从床头至床尾逐渐减小。因此，大而轻的颗粒由于最先失去来复条的支持而最早流出床面。然后是小而轻的颗粒，最后是小而重的颗粒在床面尾端排出。

因此，摇床分选机床面的强烈摇动使松散分层和迁移分离得到加强，分选过程中析离分层占主导，使其按密度分选更加完善；摇床分选是斜面薄层水流分选的一种，因此，等降颗粒可因移动速度的不同而达到按密度分选的目的；不同性质颗粒的分离，不单纯取决于纵向和横向的移动速度，而主要取决于它们的合速度偏离摇动方向的角度。

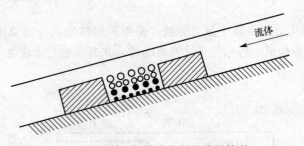

图 2-8　摇床来复槽中物料的分层情况

④ 磁选　磁选是利用固体废物中各种物质的磁性差异在不均匀磁场中进行分选的一种处理方法。磁选过程见图 2-9，是将固体废物输入磁选机后，磁性颗粒在不均匀磁场作用下被磁化，从而受磁场吸引力的作用，使磁性颗粒由于所受的磁场作用力很小，仍留在废物中而被排出。固体废物颗粒通过磁选机的磁场时，同时受到磁力和机械力（包括重力、离心力、介质阻力、摩擦力等）的作用。磁性强的颗粒所受的磁力大于其所受的机械力，而非磁性颗粒所受的磁力很小，则以机械力占优势。由于作用在各种颗粒上的磁力和机械力的合力不同，它们的运动轨迹也不同，从而实现分离。

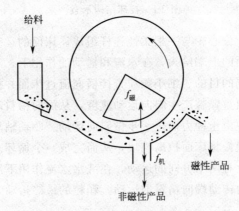

图 2-9　磁选法分选原理

常用的磁选机包括磁力滚筒、永磁圆筒式磁选机和悬吊磁铁器等。

1）磁力滚筒。磁力滚筒又称磁滑轮，有永磁和电磁两种。应用较多的是永磁滚筒，见图 2-10。这种设备的主要组成部分是一个回转的多极磁系和套在磁系外面的用不锈钢或铜、铝等非导磁材料制的圆筒。一般磁系包角为 360°。磁系与圆筒固定在同一个轴上，安装在皮带运输机头部（代替传动滚筒）。将固体废物均匀地置于皮带运输机上，当废物经过磁力滚筒时，非磁性或磁性很弱的物质在离心力和重力作用下脱离皮带面；而磁性较强的物质受磁力作用被吸在皮带上，并由皮带带到磁力滚筒的下部，当皮带离开磁力滚筒伸直时，由于磁场强度减弱而落入磁性物质收集槽中。

2）CTN 型永磁圆筒式磁选机。它的构造为逆流型（图 2-11），给料方向和圆筒旋转方向或磁性物质的移动方向相反。物料由给料箱直接进入圆筒的磁系下方，非磁性物质由磁系左下方的底板上排料口排出。磁性物质随圆筒逆着给料方向移到磁性物质排料端，排入磁性物质收集槽中。

这种设备适用于粒度≤0.6mm 强磁性颗粒的回收及从钢铁冶炼排出的含铁尘泥和氧化

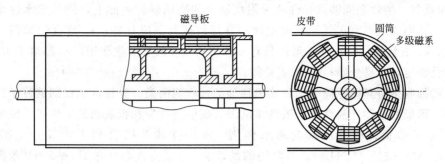

图 2-10　CT 型永磁磁力滚筒

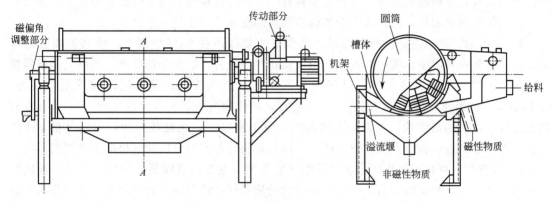

图 2-11　CTN 型永磁圆筒式磁选机

铁皮中回收铁，以及回收重介质分选产品中的加重质。

3）干式 CTG 永磁筒式磁选机。干式 CTG 是高效磁分离设备。磁系全部采用高性能稀土钕铁硼材料和优质铁氧体材料制作，经过巧妙的开放式磁路设计，筒表分选区最高磁感应强度达到 0.8T 以上，磁场梯度是常规中磁机的 3～5 倍，分选区的磁场力可达到电磁强磁选机的磁力水平。分选筒体采用耐磨不锈钢精制而成；分选矿物通过振动给料器均匀地给到分选筒的上部，旋转的筒体把非磁性物料抛离筒体，磁性物料受到强磁场力作用吸向筒体，用分矿板很方便、精确地将磁性、非磁性物料分离。强磁场力使用筒式磁选机分选中、弱磁性矿物变成现实。设备处理量大，分选矿物粒级范围宽、分离精度高、不堵塞；结构简单、维护方便，耗电量仅为电磁强磁选机的 20%。

⑤ 浮选　浮选是在固体矿物与水调制的料浆中，加入浮选药剂，并通入空气形成无数细小气泡，使欲选物质颗粒黏附在气泡上，随气泡上浮于料浆表面成为泡沫层，然后刮出回收；不浮的颗粒仍流在料浆内，通过适当处理后废弃。

在浮选过程中，煤矸石各组分对气泡黏附的选择性是由固体颗粒、水、气泡组成的三相界面的物理化学特性所决定的。其中比较重要的是物质表面的湿润性。煤矸石中有些物质表面的疏水性较强，容易黏附在气泡上，而另一些物质表面亲水，不易黏附在气泡上。物质表面的亲水、疏水性能，可以通过浮选药剂的作用而加强。因此，在浮选工艺中正确选择、使用浮选药剂是调整物质可浮性的主要外因条件。

浮选工艺一般均需要使用浮选药剂。根据药剂在浮选过程中的作用不同，可分为捕收剂、起泡剂和调整剂三大类。

1）捕收剂。捕收剂能够选择性地吸附在欲选的物质颗粒表面上，使其疏水性增强，提高可浮性，并牢固地黏附在气泡上而上浮。良好的捕收剂应具备：a. 捕收作用强，具有足够的活性；b. 有较高的选择性，最好只对一种物质颗粒具有捕收作用；c. 易溶于水、无毒、无臭、成分稳定，不易变质；d. 价廉易得。

常用的捕收剂有异极性捕收剂和非极性油类捕收剂两类。异极性捕收剂的分子结构包含两个基团，即极性基和非极性基。极性基活泼，能够与物质颗粒表面发生作用，使捕收剂吸附在物质颗粒表面；非极性基起疏水作用。非极性油类捕收剂主要成分是脂肪烷烃（C_nH_{2n+2}）和环烷烃（C_nH_{2n}）。最常用的是煤油，它是分馏温度在 $150 \sim 300 ℃$ 范围内的液态烃。烃类油的整个分子是非极性的，难溶于水，具有很强的疏水性。在料浆中由于强烈搅拌作用而被乳化成微细的油滴，与物质颗粒碰撞接触时便黏附于疏水性颗粒表面上，并且在其表面上扩展形成油膜，从而大大增加颗粒表面的疏水性，使其可浮性提高。

2）起泡剂。起泡剂是一种表面活性物质，主要作用在水-气界面上，使其界面张力降低，促使空气在料浆中弥散，形成小气泡，防止气泡兼并，增大分选界面，提高气泡与颗粒的黏附和上浮过程中的稳定性，以保证气泡上浮形成泡沫层。浮选用的起泡剂应具备：a. 用量少，能形成量多、分布均匀、大小适宜、韧性相当和黏度不大的气泡；b. 具有良好的流动性，适当的水溶性，无毒，无腐蚀性，便于使用；c. 无捕收作用，对料浆的 pH 值变化和料浆中的各种物质颗粒有较好的适应性。常用的起泡剂有松油、松醇油和脂肪醇等。

3）调整剂。调整剂的作用主要是调整其他药剂（主要是捕收剂）与物质颗粒表面之间的作用。还可调整料浆的性质，提高浮选过程的选择性。调整剂的种类较多，按其作用可分为以下四种。a. 活化剂：其作用称为活化作用，它能促进捕收剂与欲选颗粒之间的作用，从而提高余下物质颗粒的可浮性。常用的活化剂多为无机盐，如硫化钠、硫酸铜等。b. 抑制剂：其作用是削弱非选物质颗粒和捕收剂之间的作用，抑制其可浮性，增大其与欲选物质颗粒之间的可浮性差异，它的作用正好与活化剂相反。常用的抑制剂有各种无机盐（如水玻璃）和有机物（如单宁、淀粉等）。c. 介质调整剂：主要作用是调整料浆的性质，使料浆对某些物质颗粒浮选有利，而对另一些物质颗粒的浮选不利。常用的介质调整剂是酸和碱类。d. 分散与混凝剂：调整物料中细泥的分散、团聚与絮凝，以减小细泥对浮选的不利影响，改善和提高浮选效果。常用的分散剂有无机盐类（如苏打、水玻璃等）和高分子化合物（如各类聚磷酸盐）。常用的混凝剂有石灰、明矾和聚丙烯酰胺等。

国内外浮选设备类型很多，我国使用最多的是机械搅拌式浮选机，其构造见图 2-12。大型浮选机每两个槽为一组，第一个槽称为吸入槽，第二个槽为直流槽。小型浮选机多为 4～6 个槽为一组，每排可以配制 2～20 个槽。每组有一个中间室和料浆面调节装置。

浮选工作时，料浆由进料浆管进入，送到盖板与叶轮中心处，由于叶轮的高速旋转，在盖板与叶轮中心处造成一定的负压，空气由进气管和套管吸入，与料浆混合后一起被叶轮甩出。在强烈的搅拌下气流被分割成无数微细气泡。欲选物质颗粒与气泡碰撞黏附在气泡上而浮升至料浆表面形成泡沫层，经刮泡机刮出成为泡沫产品，再经消泡脱水后即可回收。

浮选工艺过程一般由以下几个环节构成。

浮选前料浆的调制——主要是煤矸石的破碎、磨碎等，目的是得到粒度适宜、基本上单体解离的颗粒，进入浮选的料浆浓度必须适合浮选工艺的要求。

加药调整——添加药剂的种类和数量，应根据欲选物质颗粒的性质通过试验确定。

充气浮选——将调整好的料浆引入浮选机内，由于浮选机的空气搅拌作用，形成大量的

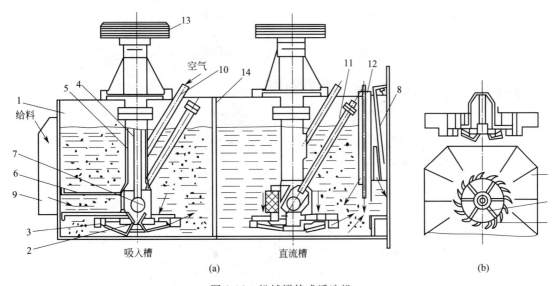

图 2-12　机械搅拌式浮选机

1—槽子；2—叶轮；3—盖板；4—轴；5—套管；6—进浆管；7—循环孔，8，12—闸门；9—受浆箱；
10—进气管；11—调节进气量的闸门；13—皮带轮；14—槽间隔板

弥散气泡，提供颗粒与气泡碰撞接触机会，可浮性好的颗粒黏附于气泡上而上浮形成泡沫层，经刮出收集、过滤脱水即为浮选产品；不能黏附在气泡上的颗粒仍留在料浆内，经适当处理后废弃或做他用。

2.1.1.2　选煤厂选矸再选回收煤炭工艺流程

从选矸中回收煤炭目前在国内外得到广泛应用。我国选煤厂大多采用跳汰-浮选联合流程，根据煤炭可选性的差异、精煤灰分的要求，洗矸中 1.8g·cm^{-3}级的含量在 15%～25%范围内，其灰分一般在 15%～30%波动，含有相当多的煤炭。这种矸石外排，一方面造成了大量的煤炭资源浪费，另一方面也对周围的环境造成了不良影响。为此，我国许多选煤厂开展了对矸石再选工艺、设备的开发与应用、回收煤炭，取得了显著的经济效益和社会效益。

（1）矸石再选工艺

某选煤厂采用集成式浅槽重介分选系统，具体工艺流程如图 2-13 所示。跳汰矸石先经过预先筛分（分级粒度为 20mm），筛上物进入重介浅槽分选机分选，筛下物送往电厂，并采用一个分叉溜槽，保留矸石全部输送到电厂的通道；筛上物经重介浅槽分选机分选后，轻、重产物都经弧形筛、直线振动筛脱介，轻产物入仓地销，重产物同筛下物一起输送到电厂做低热值燃料使用；弧形筛和直线振动筛合介段筛下液进入合格介质桶，由合格介质泵给入浅槽重介分选机内循环使用，直线振动筛稀介段筛下液进入到稀介质桶，由稀介质泵给入逆流筒式磁选机进行磁性介质的回收；磁选机精选出的磁性物输送到合格介质桶内循环使用，磁选尾矿直接排到厂外煤泥浓缩机内处理。并且，在合格介质桶和稀介质桶之间设有分流箱。

该系统的技术特点如下。

① 工艺集成　系统工艺简单，清晰可靠，包括准备筛分、重介浅槽主选、脱介、磁选，且实现了重悬浮液密度、液位集成智能调节，介耗低，分选效率高。

② 空间集成　设备经科学的集成改造，集中布置，所用设备少，占地空间小，投资少，

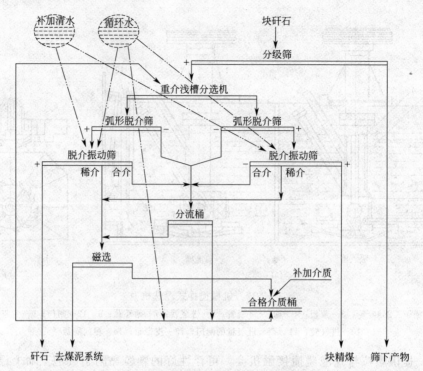

图 2-13　跳汰矸石再选工艺系统流程

布置紧凑，既充分利用了现有厂房空间，又不影响现有的生产管理。

③ 控制集成　系统设集成智能总控箱，灵活调节重悬浮液密度与液位，控制产品灰分与质量，操作简单，节约人力[2]。

（2）矸石再选用跳汰机改造

提高分选速度、减少分选面积，同时确保有效的分选面积并保持煤泥水系统稳定式洗矸再选用跳汰机改造的技术路线。通过提高筛板角度，提高分选角度，基本原理是使颗粒在每一个跳汰周期内移动距离加大，假设跳汰机的风水制度和运动周期不变，颗粒在不同角度筛板上的运动轨迹见图 2-14。

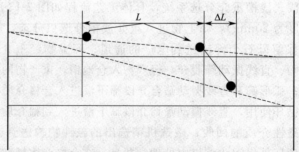

图 2-14　颗粒在筛板中的运动轨迹
● 物料颗粒；L—物料移动距离；ΔL—物料移动增加距离

从图 2-14 可以看出，在同一个跳汰周期中，筛板角度越大，颗粒在同一跳汰周期移动的距离就越大。为此，在改造中把筛板角度由 3° 提高到 5°，物料在一个跳汰周期中移动距离增加 ΔL。为确保有效的分选面积，把两段分选改为一段分选，第一段由两室改为三室，总面积由 15m² 改为 9m²，由一段两室的 6m² 提高到一段三室的 9m²。为保证洗水系统不受矸石再洗的污染，超粒度的物料进入尾煤系统，在溢流中增设一个物料沉淀区，防止未得到沉淀的物料直接进入溢流管，在沉淀区后加两道隔板，从煤泥水从隔板下侧返出，进入溢流管，同时在溢流管前设一箅子，有效地控制煤泥水固体颗粒的粒度。

改造后跳汰机的结构如图 2-15 所示。从改造后的实施情况看，矸石中 $1.8g \cdot cm^{-3}$ 级含量有大幅度下降，达到 8.8％以下。

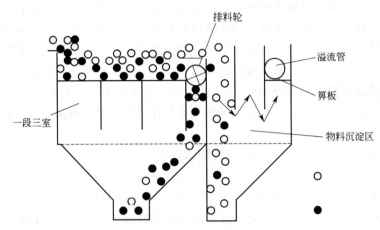

图 2-15　改造后跳汰机结构

○ $+1.8g \cdot cm^{-3}$ 密度级物料；　● $-1.8g \cdot cm^{-3}$ 密度级物料

矸石再选工程实施后取得了较大的经济效益和社会效益。选煤厂按实际年入洗原煤 1.50Mt 计算，矸石产率改造前为 17％，其中煤炭含量为 20％，实施改造后矸石带煤损失为 8.8％，比改造前降低 11.2％，折合煤量为 28.6kt·a^{-1}，生产劣质煤的灰分 40％左右，发热量为 $13.38 \sim 14.45MJ \cdot kg^{-1}$，可以作为低值燃料煤满足附近窑厂的用煤[3]。

表 2-1 是典型的矸石再洗产品平衡表[4]。

表 2-1　矸石再洗产品平衡表

产品名称	处理量/×10^4t·a^{-1}	产率/%	灰分/%
块煤	5.21	11.46	25.46
末煤	11.20	24.66	30.58
外排矸石	29.02	63.88	68.71
合计	45.43	100.00	—

（3）矸石再选工艺的比较

目前常用的矸石再选工艺及设备主要有单段空气式跳汰、动筛跳汰、重介浅槽（立轮、斜轮）和重介旋流器。各种工艺及设备的优缺点如下。

① 单段空气式跳汰的优点是技术成熟，工艺流程比较简单，分选精度较高，适合高密度排矸作业，排矸密度可在 $2.0g \cdot cm^{-3}$ 以上；缺点是单段空气式跳汰机分选上限较小，常用的分选上限是 200mm，另外循环水量大，煤泥水系统负荷大。

② 动筛跳汰的优点是工艺流程简单，分选精度较高，分选上限高，可以达到 300mm；缺点是分选下限为 25mm，不能实现全粒级入选。

③ 重介浅槽（立轮、斜轮）工艺的主要优点是分选精度高，对煤质的适应性强，单台设备处理能力大，自动化程度高，分选粒度范围 200～13mm；缺点是有介质回收净化系统，比较复杂，建设投资和生产费用均较高，且不能实现全粒级入选。

④ 重介旋流器的工艺主要优点是分选精度高，悬浮液可自动调节，自动化水平较高，分选粒度范围可以达到100～0mm；主要缺点为煤在高速旋转的离心力场中分选，次生煤泥量大，备磨损快，生产成本和建设投资相对较高，且高密度分选时经济性不好[5]。

某选煤厂矸石跳汰再洗系统充分利用了现有生产系统，并对传统的工艺进行了改进：在原矸石仓下加装分流闸板，矸石既可以直接去缆车运输系统外运，也可以进入新建矸石再洗系统入料胶带。生产时入料胶带把矸石输送到缓冲仓，经过仓下振动给料机把矸石给入单段空气式跳汰机；跳汰机排出的纯矸石经斗式提升机脱水后，由缆车运输系统外运，劣质煤则由溢流进入捞坑，经过斗式提升机脱水后进入原中煤胶带；捞坑溢流自流到煤泥水桶，用泵直接打到跳汰机作为循环水，浓度高时通过调节阀门将煤泥水打入浓缩机，由浓缩机溢流补充来水。捞坑溢流直接作为循环水使用，最大程度地降低了对现有的煤泥水系统的不良影响，并在生产中取消了定压水箱，通过循环水水泵加装变频器，使循环水水量、压力调节方便，既经济又节能。

整个系统于2010年1月上旬完成安装调试并投入生产，达到了预期设计指标。但在生产中也出现了一些不足之处，如跳汰机排料系统过矸能力不够，当来料不稳、波动较大时，跳汰机排料轮发生卡轮现象。原因在于：跳汰机改成上排料结构后，排料轮长度增加了1倍，在增加重产物的通过能力的同时，也直接降低了排料轮电机工作的频率，而跳汰机控制系统的变频器出厂设置是V/f控制模式，电机在低频、低转速时转矩比较小，所以导致了卡轮。在将其调整为矢量控制模式之后，使电动机在基频以下实现了恒转矩，当电动机在低速运行区域内时，变频器能根据负载电流大小和相位进行转差补偿，使电动机具有很好的力学特性，从而解决了卡轮现象。

该厂矸石再洗系统初期投资400万元，建成后每年可回收大约10万吨劣质煤，可增加收入2000万元，扣除加工费500万元，每年可增加1500万元的收益[6]。

2.1.1.3　小型模块式煤矸石回收煤炭工艺

由于国外煤炭生产成本迅速提高，煤价不断上涨，从煤矸石中回收煤炭有利可图，如英国威尔士的勃尔发矿区的矸石选煤厂小时处理能力140t，采用威姆科型三产品重介分选机，入料粒度76～5mm，<5mm粒级矸石用两台威姆科型末煤跳汰机分选，小时处理能力30t，日处理量为2400t，平均日产商品400t，灰分16%，回收率22%，吨煤选煤成本不到该矿区煤炭生产成本的1/2。因此，美国、英国、法国、日本、波兰和匈牙利等国都建立了从矸石中回收煤的选煤厂。

从矸石中回收煤炭的分选工艺各有特点，除上述重介-跳汰联合分选工艺外，还有一些小型、模块组合式煤矸石煤炭回收工艺，较典型的工艺包括重介旋流器工艺、斜槽分选机工艺及螺旋分选机工艺等。

（1）重介旋流器回收工艺

波兰和匈牙利联合经营的哈尔德克斯（HALDEX）矸石利用公司在波兰建立五个矸石处理厂，矸石处理首先着眼于回收煤炭，再根据矸石特性加以利用。该公司每年处理矸石600万吨，从中回收发热量为5000kcal·kg^{-1}的煤炭40万吨，供发电厂作燃料；生产水泥和轻质陶粒原料各30万吨，剩余500万吨矸石作矿井水砂填料。

米哈乌矸石处理石的工艺可见图2-16。小于40mm的矸石进入直径为500mm的分选旋流器，以风化矸石粉作重介质，配成相对密度为1.3的悬浮液，固液比为1∶4，入口压力为 1kgf·cm^{-2}（1kgf＝9.80665N，下同）。分选旋流器的溢流经脱介和分级，得到 5000kcal·kg^{-1} 的块煤和末煤，底流经筛孔为 ϕ15mm 和 ϕ3mm 的双层共振筛脱介和分级，得到大于 15mm 的矸石制轻骨料；15～3mm 的矸石，发热量 600～800kcal·kg^{-1}，作水砂充填料；小于 3mm 的物料，发热量 1000～1400kcal·kg^{-1}，作陶瓷原料[7]。

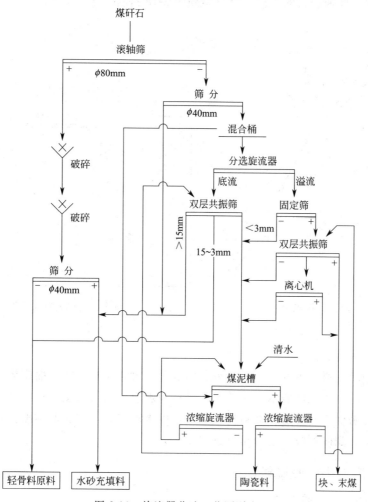

图 2-16 旋流器分选工艺原则流程

短锥旋流器是一种常用于高密度分选的设备，在前苏联、南非、加拿大以及美国一些选矿厂、选煤厂中，短锥旋流器展示了分选煤、砂金和一些其他金属矿物的良好性能。我国从事矸石回收硫铁矿研究的学者也将其应用在了矸石回收硫铁矿的研究中。

通过在南桐矿业公司南桐选煤厂工业试验研究，采用大锥角（90°）重介旋流器改造二段小锥角（20°）重介旋流器，用于二段中矸分选，将二段中矸分选密度由原来的 1.9g·cm^{-3} 提高到 2.6g·cm^{-3} 左右，增加二段中煤回收率，减少高硫矸石排放量，减少了 40% 左右的高硫洗矸加工量[8]。

（2）斜槽分选机工艺

在前苏联乌拉尔、库兹巴斯等矿区广泛采用斜槽分选机（KHC）从煤矸石或劣质煤中回收煤炭。斜槽分选机（图 2-17）是一个矩形截面的槽体，呈 46°～54°倾斜安装。分选机内设有上、下调节板，板上装有铝齿形横向隔板，靠手轮调节下部矸石段和上部精煤段的横断面。入料由给料槽连续给入分选机中部，水流按定速在分选机底部引入。由于下降物料在水力作用下周期性地松散和密集，轻物进入上升物料流由溢流口排出，重产品逆水流移动到排矸石，实现按密度分选。

用斜槽分选机处理矸石的工艺过程可参照图 2-18 进行。

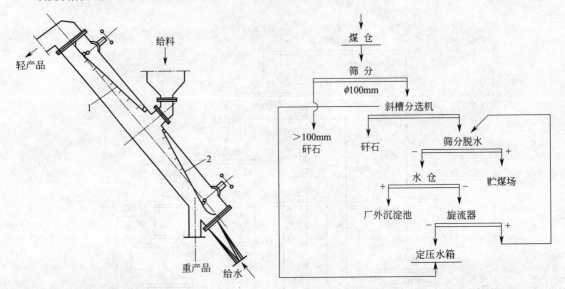

图 2-17　斜槽分选机示意
1—隔板；2—调节板

图 2-18　斜槽分选机处理煤矸石工艺原则流程

（3）螺旋分选机工艺

美国除采用跳汰机、重介分选机、重介旋流器、水介质旋流器及摇床从矸石中回收煤炭以外，还采用螺旋分选机回收露天矿或矿井废料和水混合后给入顶部给料箱，物料在重力和离心力作用下按密度不同分层，煤粒浮在上层，由水流带走，到底部排出；矸石沿螺旋槽底部排入卸料孔汇集到矸石收集管排出（见图 2-19）。

2.1.2　从煤矸石中回收硫铁矿

2.1.2.1　回收硫铁矿的意义

硫铁矿是化学工业制备硫酸的重要原料。据不完全统计，我国和煤伴生或共生的硫铁矿资源比较丰富，储量约 16.4 亿吨，占全国硫铁矿保有储量的 1/2 以上，分布在全国 21 个省。这些硫铁矿可和煤炭一起或分层开采出来，经精选后获得符合质量要求的硫精矿。一般硫铁矿在原煤洗选过程中富集于洗矸中。例如某矿区原煤的硫含量为 2.5%～3.5%，而洗矸中的含硫量达 10% 以上，超过硫铁矿的工业采品位（8%）。分选回收的硫精矿含硫量为 40.1%，完全能达到工业上制备硫酸的要求（制硫酸时要求含硫量≥35%），是制备硫酸的好原料。

煤矿从矸石中回收硫铁矿，即可使资源得到合理利用，减少硫黄进口，满足国内急需；同时投资较省，吨精矿生产能力投资要比单独开采约减少 1/2。从洗矸中回收 1t 精矿，同时每处理 4～5t 洗矸尚可回收 1t 劣质煤作沸腾锅炉燃料。

回收矸石中的硫化铁不仅可以得到化工原料而带来可观的经济效益，同时也减轻了对环境的污染。煤矸石中的黄铁矿与空气接触，产生氧化作用，这是一个放热的过程。在通风不

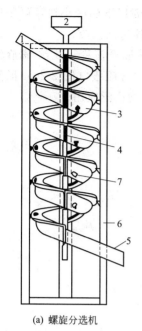

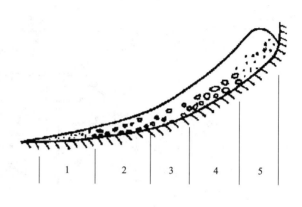

(a) 螺旋分选机

1—给矿槽；2—冲洗水导槽；3—螺旋槽；
4—连接法兰；5—尾矿槽；6—机架；7—重矿物排出管

(b) 螺旋分选机分选原理

1—重矿物细颗粒；2—重矿物粗颗粒；3—轻矿物细颗粒；
4—轻矿物粗颗粒；5—矿泥

图 2-19 螺旋分选机装置及分选原理示意

良的条件下，热量大量积聚，就导致矸石的温度不断升高，当温度升高到可燃质的燃点时便引起矸石山自燃。另外，硫化铁的氧化还放出大量的 SO_2 气体，污染大气。因此，回收（或除去）矸石中的硫化铁，就减少了矸石山自燃和污染大气的内在因素。

2.1.2.2 煤矸石中回收硫铁矿的原理

高硫煤矸石中含有的主要有用矿物为硫铁矿和煤。纯硫铁矿相对密度高达 5，与脉石相对密度差为 2~2.3，而共生硫铁矿与脉石相对密度差为 0.5~1。因此，若使硫铁矿尽可能从共生体中解离出来，利用相对密度差即可实现。

煤矸石的原矿粒度较大，其中黄铁矿的组成形态包括结核体、粒状、块状等宏观形态，经显微镜和电镜鉴定，煤中黄铁矿以莓球状、微粒状分布在镜煤体中，而在细胞腔中亦充填有黄铁矿，个别为小透镜状。矿物之间紧密共生，呈细粒浸染状，所以在分选前必须进行破碎、磨矿，煤矸石的解离度越高，选别效果越理想。

赋存在煤中的黄铁矿，经过洗选后大部分富集于洗矸中。洗矸中黄铁矿以块状、脉状、结核状及星散状 4 种形态存在。前 3 种以 2~50mm 大小不等、形态各异的结核体最常见，矸石破碎至 3mm 以下，黄铁矿能解离 80% 左右，破碎至 1mm 以下几乎全部解离。星散状分布的黄铁矿很少，多呈 0.02mm 立方体单晶，嵌布于网状岩脉中很难与脉石分开。黄铁矿回收方法和工艺流程原则上是从粗到细把黄铁矿破碎成单体解离，先解离、先回收，分段解离、分段回收。

2.1.2.3 硫铁矿回收工艺

硫铁矿回收工艺主要根据硫化铁在矸石中的嵌布特性来确定，原则上应该是从粗到细把硫化铁破碎成单体分离；先分离，先回收；分段破碎，分段回收。例如 50~13mm 的大块，一般采用跳汰机或重介分选机回收硫精矿；13mm、6mm 或 3mm 以下的中小块，可采用摇床、螺旋分选机回收；小于 0.5mm 的细粒物料可采用电磁选或浮选法回收。

　　硫铁矿回收流程有重介旋流器流程、全摇床流程、跳汰-摇床联合流程、跳汰-螺旋溜槽联合流程和跳汰-摇床-螺旋溜槽联合流程五种，其中跳汰-摇床联合流程（图 2-20）虽然流程复杂、投资大，但其分选效果好、综合技术经济指标合理，得到广泛应用。

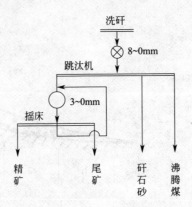

图 2-20　跳汰-摇床联合流程

　　彩屯选煤厂采用梯形跳汰机分选的矸石，将硫分为 9.56％的矸石破碎至 10～0mm 后，先后进行了 10～0mm 宽粒度级别，10～6mm、6～2mm 和 6～0mm 窄粒度级别的跳汰试验，均获得了相近的分选指标。其中，10～0mm 宽粒级跳汰的分选指标为：精矿品位 30.69％，产率 19.66％，回收率 63.21％；尾矿品位 4.41％。

　　南桐干坝子选煤厂将煤用跳汰机改装后用于分选回收矸石中块状硫铁矿。跳汰机主要进行了三方面改装：一是三段跳汰机只用两段；二是筛板倾角提高到 7°，以使高密度的物料能够较顺利地在筛板上移动；三是降低了溢流堰的高度，以减轻床层负荷。入选矸石硫分在 15％左右，经跳汰机一次选别后，得到的精矿硫分达 30％以上，产率在 25％左右。

　　彩屯选煤厂采用径向跳汰机分选的矸石，入选矸石硫分为 7.67％，入选粒度 25～0mm，经跳汰机一次选别后，得到的精矿硫分为 31.49％，产率为 17.62％，回收率达 72.34％，精矿硫分达到浮沉试验理论指标的 90.40％，回收率达到了浮沉试验理论指标的 93.60％。

　　四川南桐矿务局建设有三座煤矸石选硫车间厂，其中南桐、干坝子洗煤厂选硫车间以洗煤厂洗矸为原料加工回收硫精砂；红岩煤矿硫铁厂以矿井半煤岩掘进煤矸石为原料加工回收硫精砂。均采用原矿破碎解离、跳汰或摇床主洗、矿泥摇床扫选回收硫精矿工艺。三座车间在生产回收硫精砂的同时，副产沸腾煤供电厂发电。

　　开滦唐家庄选煤厂洗矸含量为 3.18％，采用如图 2-21 所示的工艺流程回收硫铁矿，硫铁矿含硫量 36.66％，用于制硫酸；同时回收热值约 14.63kJ·kg^{-1} 的动力煤。硫精矿的回收率见表 2-2。

表 2-2　唐家庄选煤厂硫精矿回收率

名　称	产率/％	硫品位/％	硫回收率/％	备　注
硫精矿	4.84	36.66	44.75	含碳 5.16％
动力煤	20.96	2.32	11.89	灰分 50.67％
尾矿	74.20	2.25	43.36	
原料	100.00	3.96	100.00	

南桐、干坝子选硫车间始建于 1979 年，后经多次改造，南桐选硫车间于 1996 年形成设计处理洗矸 $21\times10^4 t\cdot a^{-1}$、生产硫精砂 $3.5\times10^4 t\cdot a^{-1}$ 的能力；干坝子选硫车间于 1984 年新建形成设计处理洗矸 $10\times10^4 t\cdot a^{-1}$、生产硫精砂 $3\times10^4 t\cdot a^{-1}$ 的能力；红岩选硫车间于 1989 年 12 月建成投产，形成设计处理半煤岩掘进煤矸石 $13\times10^4 t\cdot a^{-1}$，生产硫精砂 $2.5\times10^4 t\cdot a^{-1}$ 的能力。

由于分离粒度的不均匀性，所以一般采用多种方法的联合工艺流程。四川南桐干坝子选煤厂回收黄铁矿流程见图 2-22[9]。

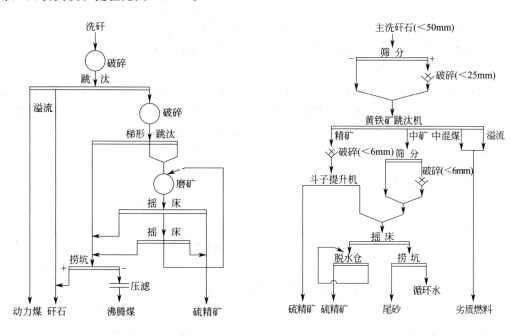

图 2-21　唐家庄选煤厂硫铁矿回收流程　　　图 2-22　干坝子选煤厂从选矸中回收黄铁矿的原则流程

2.1.3　以煤矸石生产高岭土

由于矿床赋存条件的原因，露天采矿时有大量的煤矸石随着原煤的开采而采出。有些煤矸石的主要矿物成分为高岭石，属煤系高岭岩矿物原料。煤系高岭岩经提纯、超细粉碎、煅烧等工艺深加工后，可生产出物理性能和化学性能均好于普通高岭土的高岭石产品，不但可以充分综合利用有限的矿物资源，而且可以得到较好的经济效益和社会效益。

用于制备高岭土煤矸石的选择、制备工艺流程的确定及工艺参数优化都要求以煤矸石的矿物组成、影响高岭土质量（白度）主要杂质含量的资料为基础。例如，如果煤矸石中含有较高含量微细粒嵌布的 Fe_2O_3、TiO_2，这些物质采用物理分离方法很难除去，直接煅烧对最终产品的白度影响较大，在确定工艺流程时研究脱除显色物质 Fe_2O_3、TiO_2 的工艺环节就显得尤为重要。显微镜鉴定、扫描电镜能谱分析、X 射线衍射分析，以及常规化学分析等检测手段是表征煤矸石中矿物的主要方法。

2.1.3.1　煤矸石制备高岭土工艺流程

将成分适宜的煤矸石进行煅烧脱碳（也可直接采用煤矸石炉渣），经破碎、粉磨，然后采用磁选、酸浸、氯化焙烧联合工艺，可有效去除原料中的 Fe_2O_3、TiO_2，得到物白度大于 90 度的优质高岭土。煤矸石煅烧制备高岭土的工艺流程如图 2-23 所示。

矸石──→煅烧──→破碎、磨细──→磁选──→酸浸──→超细研磨──→氧化焙烧──→高岭土

图 2-23　煤矸石煅烧制备优质高岭土流程

采用氯化焙烧工艺，即原料（强磁选的非磁性产物）与一定量的氯化剂混合，在一定的温度和气氛下进行焙烧，脱除其中的铁、钛等显色物质。氯化焙烧可采用以下方案：a. 非磁性产物的直接氯化焙烧；b. 非磁性产物的还原焙烧、酸浸、氯化焙烧；c. 非磁性产物的酸浸、氯化焙烧试验。

煤矸石制工业用煅烧高岭土有两种工艺流程：其一是先烧后磨，即将粉碎成 325 目（<4.5μm）的高岭土原料，先煅烧，然后超细磨至所需粒度，干燥后包装成产品；其二是先磨后烧，即将 325 目的原料，先进行剥片粉磨，使之达到所需的粒度，然后煅烧成产品。

传统的外热式隧道窑煅烧工艺，因其高热阻的间接传热或因气固接触不充分的对流传热，难以高效快速地传热和有效地控制产品质量。而快速流态化悬浮煅烧技术就能很好地适应这一过程，由于气固直接接触，充分利用高强对流的辐射传热，加快了反应过程，可成倍提高生产能力，大幅度降低能量消耗，同时气固充分混合，消除了料层中的温差，避免"过烧"或"欠烧"，改善了产品质量，因而可全面满足生产要求[10]。

2.1.3.2　煤矸石煅烧脱碳

煅烧温度一般控制在煤矸石所含有机物基本挥发、高岭石大部分脱羟生成变高岭石和水的范围，主要发生如下反应：

$$Al_2Si_2O_5(OH)_4 \longrightarrow Al_2Si_2O_7 + 2H_2O$$

500～600℃恒温煅烧 3h，可获得较理想的脱碳效果。煤矸石脱碳前破碎至 0～3mm，对细磨至 10μm 的原料进行的煅烧试验表明，煅烧结果未见明显变化。

煤矸石焙烧 3～4h 后，可以获得产率 86%～87%、残炭 0.015%～0.040% 的脱碳产物，碳的脱除率达到 99.70%～99.89%。但焙烧脱碳产物的白度只有 56.5～59.9 度，白度偏低。因此必须将该物料中的显色物质脱除才能提高白度。这些有害杂质粒度很细，分布均匀，脱除难度很大，提高产品白度将有很大难度。

2.1.3.3　煤矸石焙烧料的脱铁、脱硅

对煤矸石脱碳物料采用湿式强磁脱铁和浮选脱硅以去除影响高岭土质量的杂质。

磁选对该煤矸石尾渣的 Fe_2O_3、TiO_2 的去除率分别为 23.60%～29.95%、8.85%～9.03%，可使得原矿中 Fe_2O_3 下降近 0.5 个百分点，TiO_2 效果不明显。另外，随磁场强度的增强，除铁率升高，但达到 1.6T 后，增加的幅度不显著。

浮选脱硅可采用酸性条件下的胺浮选或碱性条件下的油酸浮选两种方法。

2.1.3.4　氯化焙烧增白

（1）非磁性产物的直接氯化焙烧

采用动态和静态两种方式对磁选样品进行氯化焙烧。结果表明，采用氯化焙烧磁选后的煤矸石尾渣白度增加明显（白度达到 80 度），而同样的煅烧条件下，不采用氯化方法，其产品白度为 65～70 度，产品呈红褐色。

动态煅烧 Fe_2O_3 的去除率在 30% 左右，使其铁含量下降 0.8 个百分点，但除钛不够明显。静态焙烧时 Fe_2O_3 的含量未见减少，并有黑点存在，表明 $FeCl_2$ 生成后未得到及时挥发，而在氯化剂点上形成聚集体。当去除黑点后，焙烧产物的白度可提高 3～4 个百分点。

如果原料中 Fe_2O_3 含量高（＞2.0％），最终产品白度难以达到 90 度以上。

（2）非磁性产物的还原焙烧、酸浸、氯化焙烧

结果如图 2-24 所示。结果表明，酸浸前进行还原焙烧，随温度的升高，最终产品的白度随之大幅度下降，主要原因在于前期的还原温度过高，晶型发生变化，不利于酸浸。对 900℃、1000℃ 焙烧的样品酸浸后，其 Fe_2O_3 含量无变化可以证实这点，且由于前期的还原焙烧过程中矿物晶体的变化，同样使后面的氯化焙烧过程中 $FeCl_2$ 的形成难度增大，故氯化焙烧效果不显著。对于 600℃ 的还原焙烧，由于该温度较低，未能完全烧透，酸浸的效果反而较好，其产品的 Fe_2O_3 下降近 1.2 个百分点，且氯化焙烧效果较好。

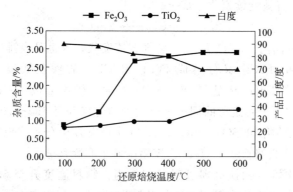

图 2-24　还原焙烧温度对产品白度的影响

因此，采用不经前期还原焙烧直接酸浸的方法，其氯化焙烧后的白度达 90 度以上，Fe_2O_3 含量下降至 0.86％，其中酸浸下降 1.2 个百分点（焙烧后的数值），氯化焙烧下降 0.8~1.0 个百分点（焙烧后的数值），总体效果较为理想。煅烧产品的全分析结果见表 2-3[11]。

表 2-3　煤矸石煅烧料中非磁性产物还原焙烧-酸浸-氯化焙烧产品的化学组成　单位：％

SiO_2	Al_2O_3	Fe_2O_3	CaO	MgO	K_2O	Na_2O	TiO_2	烧失量
53.36	39.12	0.76	0.47	0.27	0.30	0.89	1.08	2.95

（3）氯化焙烧机理

氯化焙烧除铁主要是矿物原料（煤矸石渣）与氯化剂混合，在一定的温度和气氛下进行焙烧，物料中的金属或金属氧化物转变为气相，即以气态金属化合物（Fe_2O_3、$TiCl_4$）的形式挥发，而与高岭土分离，达到提纯、除铁、钛的目的，进而使煅烧高岭土的白度随之提高。

影响氯化焙烧的重要因素为温度（金属氯化物生成和挥发的温度范围）和气氛（为保证金属氧化物向金属氯化物转化的反应气氛），以及一定的气体流速确保产生的气态金属氯化物及时排走。判断一种金属氧化物能否氯化，要依据其反应的 $\Delta G^0\text{-}T$ 关系图，即在相应的温度下，反应的自由焓 ΔG^0 越小，反应越容易。所涉及的氯化反应主要有：

$$2Fe_2O_3 + 6Cl_2 = 4FeCl_3 + 3O_2 \tag{2-1}$$

$$2FeO + 3Cl_2 = 2FeCl_3 + O_2 \tag{2-2}$$

$$TiO_2 + 2Cl_2 = TiCl_4 + O_2 \tag{2-3}$$

由 $\Delta G^0\text{-}T$ 关系图可知，在 200~1400℃ 之间，式(2-1)、式(2-3) 的 ΔG^0 为正值，即在不加任何控制条件（如还原剂）的状态下，式(2-1)、式(2-3) 的正反应（氯化反应）是不能进行的；式(2-2) 的 ΔG^0 为负值，即式(2-2) 的正反应（氯化反应）是可以进行的。既

然 $FeO(Fe^{2+})$ 有利于氯化反应，或 O_2 的减少可在一定程度上促进式（2-1）、式（2-3）的反应发生，那么在煤矸石的氯化焙烧过程中，造成一定的还原气氛非常必要。这里还原气氛的获得有两条途径：a. 一定量的碳质（煤系高岭土内部自有或外加的）燃烧消耗掉一定量的 O_2；b. 通入一定量的保护气体 CO_2 及时排走 O_2 气体确保一定的还原气氛。这样可使得反应体系的 $MO-Cl_2-MCl_2$ 中氯与氧的分压比值（氯氧比）大于其标准态的分压比值，从而使反应向氯化物方向进行。

在煤矸石氯化反应过程中，铁有两种氯化形式：FeO 直接与 Cl_2 反应生成 $FeCl_2$，或 Fe_2O_3 先被还原，生成较易被氯化的 FeO，而后进行氯化反应。当物料局部范围内 Cl_2 量相对较充足时，$FeCl_2$ 也可被继续氯化生成 $FeCl_3$，即

$$2FeCl_2 + Cl_2 \longrightarrow 2FeCl_3$$

而 $FeCl_3$ 在一定范围内（550℃以上）呈气态挥发状，这也是在排气检测时有 Fe^{3+} 存在的原因。但温度过高时 $FeCl_3$ 又分解成 $FeCl_2$ 和 Cl_2，故铁在低温（550～700℃）下以 $FeCl_3$、$FeCl_2$ 两种形式排出；高温（700～800℃）时，铁主要以 $FeCl_2$ 形式排出。在煤矸石氯化焙烧过程中，加入了一定量的固体氯化剂，当温度升至550～700℃（物料自身温度）以后，氯化剂在一些催化组分 SO_2、SiO_2、H_2O 作用下发生分解。SO_2 由少量的黄铁矿分解产生，SiO_2 由高岭土自身产生，H_2O 为煤系高岭土脱除部分。

因此，煤矸石氯化焙烧除铁机理过程可归纳为：物料温度升至550℃以后，氯化剂在 SiO_2、H_2O、SO_2 等催化组分作用下，开始分解生成 Cl_2、HCl 气体，当气量足够大时，可与高岭土中的 FeO 直接进行氯化反应，而 Fe_2O_3 则在还原气氛及碳质还原剂的作用下，先生成 FeO 而后氯化生成 $FeCl_2$，部分 $FeCl_2$ 亦可与足量的 Cl_2 作用生成 $FeCl_3$。在550～700℃之间有两种铁的气态挥发，但量较少。温度升高后，$FeCl_3$ 又要分解，因此主要以 $FeCl_2$ 的气态挥发物存在，量较大。气态铁的氯化物由物料表层逸出，经一定的气体流速而带走，而没有及时带走的则在物料表层形成铁的氧化物富集点。煤矸石中的碳质参与还原反应，使 Fe^{3+} 还原成 Fe^{2+} 而易于氯化，并促使 TiO_2 的氯化反应进行。一定流量的 CO_2 气体可作为保护炉内的中性或还原性气氛，同时可及时带走铁的气态氯化物。

2.1.4　富镓煤矸石中镓的提取

镓为稀土元素，主要与铝和锌矿物共生，其生产主要来自氧化铝工业，其次来自炼锌厂。镓的工业品位为 $30g \cdot t^{-1}$ 左右。煤矸石作为采煤及洗选加工过程中排放的固体废物、最大的工业固体废物源，不仅含有黏土矿物、石英、方解石、硫铁矿等矿物，还有少量镓、钒、锗等稀土元素。富镓煤矸石主要是指其中金属镓含量大于 $30g \cdot t^{-1}$ 的煤矸石，因其含镓品位达到了镓的工业品位，所以就有回收镓的可能。

镓主要用于导体工业，它的化合物有砷化镓、磷化镓、镓砷磷等。20世纪90年代以来，随着科学技术的不断发展，镓的用途越来越广泛。尤其是高纯镓与某些有色金属组成的化合物半导体材料已成为当代通信、大规模集成电路、宇航、能源、卫生等部门所需的新技术材料的支撑材料之一。以 $GaAs$、GaP 等为基础的发光二极管，特别是高辉度发光二极管和彩色二极管的发展速度相当快，预计年增长率为20%～30%。用于移动电话的金属镓每年也增长较快。目前，世界金属镓的需求每年以5%以上的速度增长[12]。

因此，富镓煤矸石的综合利用意义重大。富镓煤矸石综合利用的原则是，对于含镓高的煤矸石，特别是镓品位达到 $60g \cdot t^{-1}$ 时，其综合利用应以回收镓为中心，同时兼顾煤矸石

其他有用组分（主要是铝和硅）的利用。

2.1.4.1　煤矸石中镓提取的机理

煤矸石中镓的提取可采用两种方法，即高温煅烧浸出或低温酸性浸出，使煤矸石中的晶格镓或固相镓转入溶液，然后用汞齐法、置换法、萃取法、离子交换法、萃淋树脂法、液膜法等从浸出液中回收镓。

2.1.4.2　富镓煤矸石的浸出

煤矸石的酸性浸出，是利用酸与镓、铝、硅氧化物反应，生成相应的镓、铝盐和硅渣。反应过程如下：

$$Ga_2O_3 + 6H^+ \longrightarrow 2Ga^{3+} + 3H_2O$$

$$Al_2O_3 \cdot 2SiO_2 + 6H^+ \longrightarrow 2Al^{3+} + 3H_2O + 2SiO_2$$

浸取反应完毕后过滤，滤液用于回收镓和铝盐，滤渣含 $80\% \sim 90\%$ 的活性 SiO_2。

（1）高温煅烧浸出

煤矸石经粉碎到一定粒级后，在 $500 \sim 1000℃$ 进行煅烧，然后用酸（硫酸、盐酸、硝酸和亚硫酸等）或多种酸的混合物在一定温度和压力下浸出，使铝和镓转入溶液，而硅进入滤渣。由于煤矸石含部分炭质，有时利用自身热量也能在所需温度下焙烧。

差热分析的结果表明，煤矸石在 $500 \sim 1000℃$ 之间有强吸热峰，为黏土矿物（高岭石、多水高岭土、伊利石等）的吸热反应。主要是晶体结构的变形与部分化学键的断裂。经过焙烧生成大量活性 $\gamma\text{-}Al_2O_3$，更有利于镓、铝的浸出，镓、铝的浸出率可达 85% 以上。

（2）低温酸性浸出

煤矸石经粉碎至细粒级后，在有酸存在下，加入一些添加剂，于 $80 \sim 300℃$ 和一定条件下浸取几小时，使部分镓、铝转入溶液。由于所需温度较低，镓的浸出率不到 75%，并且浸取时间较长，所需酸量较大。低温酸性浸出还有许多工作得做。

2.1.4.3　含镓浸出母液中镓的回收

从酸性母液中富集分离镓，主要有溶剂萃取法、萃淋树脂法和液膜法等。

（1）溶剂萃取法

溶剂萃取法根据所用萃取剂的不同，又可分为中性萃取剂萃取法、酸性及螯合萃取剂萃取法、胺类萃取剂萃取法等。

中性萃取剂主要有醚类萃取剂、中性磷类萃取剂、酮类萃取剂以及亚砜类（二烷基亚砜）萃取剂、酰胺类（N503）萃取剂等。酮类萃取剂如 MIBK（甲基异丁酮）等在萃取镓时首先在强酸性介质中质子化，然后与镓的化合物缔合制备 $RH^+ \cdot GaCl_4^-$ 进入有机相。HAA（乙酰丙酮）的萃合物为 $H_2GaCl_4^+ \cdot AA^-$。但酮类萃取剂主要用于镓的分析。醚类萃取剂如乙醚、二异丙醚、二异丁基醚等，其萃取镓的机理也是在强酸性介质中质子化，然后缔合制备 $R_2OH^+ \cdot GaCl_4^-$ 萃合物。由于醚类萃取剂沸点低，易燃，在工业应用中逐渐淘汰。中性磷类萃取剂主要有 TBP（磷酸三丁酯）、TOPO 等，其得到的萃合物组成随条件的不同而不同，可从 $GaCl_3 \cdot 2TBP$、$GaCl_3 \cdot 3TBP$ 和 $GaCl_3 \cdot TOPO$、$GaCl_3 \cdot 2TOPO$ 到 $HGaCl \cdot nH_2O \cdot 3TBP$、$HGaCl_4 \cdot nH_2O \cdot 3TOPO$，中性磷类萃取剂已应用于工业。

酸性及螯合萃取剂是目前研究较为活跃的领域之一，有酸性酸类、脂肪酸类（癸酸、高级脂肪酸）、羟肟酸类（$C_7 \sim C_9$ 羟肟酸、H106）及它们与一些非极性溶剂的组合等，其中酸性磷类是研究较为充分的一类萃取剂，主要有 P204、P507、P5709、P5708 等。P204（D_2EHPA）在有机相主要以二聚物体形式存在（记为 H_2A_2），其单独萃取 Ga^{3+} 或有大量 SO_4^{2-} 存在时的反应式为：

$$Ga^{3+}(a)+nH_2A_2(O)\longrightarrow GaA_m(HA)_{2n-m}(O)+mH^+(a)$$

在盐酸介质中的萃取机理为：

$$Ga^{3+}(a)+nCl^-+(3+m-n)/2H_2A_2(O)\longrightarrow GaCl_nA_{3-n}(HA)_m(O)+(3-n)H^+(a)$$

在强酸性介质，P204 萃取机理为：

$$Ga^{3+}(a)+4HCl+n/2H_2A_2(O)\longrightarrow HGaCl_4\cdot nHA(O)+3H^+(a)$$

P507（EHP）与 P204 相比，酸性较弱，萃取 Ga^{3+} 的平衡常数也低，在不同的条件下，得到的萃合物组成也不相同，主要有以下几种形式：$GaA_3\cdot HA$、$GaCl(HA_2)_2$、$Ga(HA_2)_3$ 和 $HGaCl_4(HA)_2$。

有机胺类萃取剂从盐酸介质中萃取 Ga^{3+} 时，其萃取能力依伯胺、仲胺、叔胺、季铵顺序依次增强。为满足胺类缔合萃取机理，水相介质的酸性一般较强，以使镓转化为 $GaCl_4^-$。常见的胺类萃取有三辛基胺、季铵盐以及胺醇类（SAB-172、TAB-194、N2125）等。

(2) 含镓浸出母液中镓的回收新方法

萃淋树脂法、液膜法等正处于研究阶段，它们是在溶剂萃取法的基础上发展起来的。目前，研究较多的萃淋树脂有 N503 萃淋树脂、Cl-TBP 萃淋树脂等。Cl-TBP 萃淋树脂是以苯乙烯-二乙烯苯为骨架，共聚固化中性磷萃取剂 TBP 而成。该种树脂已用于多种元素分离，具有萃取速度快、容量大的特点。在酸性溶液中，镓能以水合离子或酸根配阴离子稳定存在。TBP 在酸性介质中加质子生成阳离子 $[(C_4H_9O)_3P=OH^+]$，从而与镓配阴离子发生离子缔合作用。而 N503 萃淋树脂与镓的反应为：

$$2N503+H^++Ga^{3+}+4Cl^-\longrightarrow(N503)_2H^+GaCl_4^-$$

因浸出液中含大量 Al^{3+}、Fe^{3+} 等，若不能使镓与它们有效分离，会影响镓产品的质量与进一步加工。我们的研究是利用 Fe^{2+} 与某些萃取剂结合能力弱的特点，用铁粉将 Fe^{3+} 还原为 Fe^{2+}，然后在酸性介质中用萃取剂除去绝大多数 Al^{3+}、Fe^{2+}，而镓富集于萃取剂的有机相。经过调节溶液酸碱度，变换萃取剂，改变水相与有机相配比，进行多级连串萃取反萃操作，可使镓富集 100 倍以上，镓的收率达 90% 左右。最后的反萃液或电积或沉淀或置换得镓产品。

2.1.4.4　浸出母液和浸渣的综合利用

(1) 母液中铝的利用

在用硫酸或盐酸浸取反应完毕后，原则上可在提镓之前或之后提铝。滤液经过浓缩、结晶，可获得硫酸铝或结晶氯化铝。将精制硫酸铝分别与 NH_4HCO_3 或硫酸铵反应，可得到氢氧化铝及铵明矾。铵明矾和结晶氯化铝加热分解，又可获得活性氧化铝及冶金氧化铝。它们的反应原理如下：

$$Al_2O_3\cdot 2SiO_2\cdot 2H_2O+3H_2SO_4+13H_2O\longrightarrow Al_2(SO_4)_3\cdot 18H_2O+2SiO_2$$

$$Al_2O_3\cdot 2SiO_2\cdot 2H_2O+6HCl+7H_2O\longrightarrow 2AlCl_3\cdot 6H_2O+2SiO_2$$

$$Al_2(SO_4)_3\cdot 18H_2O+6NH_4HCO_3\longrightarrow 2Al(OH)_3+3(NH_4)_2SO_4+6CO_2+18H_2O$$

$$Al_2(SO_4)_3\cdot 12H_2O+(NH_4)_2SO_4\longrightarrow 2NH_4Al(SO_4)_2\cdot 12H_2O$$

$$2NH_4Al(SO_4)_2\cdot 12H_2O\longrightarrow Al_2O_3+2NH_3\uparrow+13H_2O+4SO_3\uparrow$$

但煤矸石滤液应用较多的还是用于制净水剂聚铝（$[Al_2(OH)_nCl_{6-n} \cdot xH_2O]_m$），可分为热解法和两步法。热解法的反应原理是用结晶氯化铝在一定温度下分解为碱式氯化物（聚合铝单体），然后熟化制备固体聚合铝。两步法是将铝的氯化物溶液加入聚合剂熟化制备液体产品，若制成固体产品可进一步干燥成品。

（2）硅渣的利用

为提高滤渣中 SiO_2 的含量，可用酸洗硅渣，进一步除去无机化合物，经水洗合格后加入改性剂进行表面改性，经脱水、烘干、粉碎后得产品白炭黑（一种橡胶补强剂和塑料填充剂）。由于硅渣中的 SiO_2 具有较强的活性，一定条件下与碱反应制取水玻璃（亦称硅酸钠、泡花碱）。然后以水玻璃为源头，通过不同的化学处理制得沉淀二氧化硅、偏硅酸钠、硅溶胶、PAAS 和沸石等硅系化学品。

2.1.5　粉煤灰中回收有用元素

粉煤灰是煤在高温燃烧时，其中杂质熔融，经过骤冷而形成的玻璃态固体微粒，其中含有固定碳、活性氧化硅、活性氧化铝、空心玻璃微珠和铁等有用成分，每种成分都是单独可以利用的资源。粉煤灰的资源化利用，既避免了资源浪费又实现了其中的金属及矿物的回收，降低了灰场的容量，减轻了其对环境的危害。这不仅使排放问题得到解决或部分解决，而且为我国提供了新金属和盐类的来源。前面的章节中已经介绍了粉煤灰提取氧化铝的技术，本节将主要介绍粉煤灰的其他利用技术。

2.1.5.1　粉煤灰主要元素的回收

粉煤灰中的主要元素是硅、铝、铁、碳等，要对这些元素进行提取回收，关键的问题是掌握它们在粉煤灰中的存在形式，表 2-4 是粉煤灰的物相组成[13]。通过对粉煤灰物相分析可知，要从粉煤灰中以较高的提取率获得硅、铝等元素，需对粉煤灰进行预处理，设法破坏 $SiO_2—Al_2O_3$ 键，提高其活性[14]。下面列举粉煤灰中硅、碳、铁等主要元素的回收方法。

表 2-4　粉煤灰的物相组成　　　　单位：%

石英	莫来石	赤铁矿＋磁铁	碳	玻璃体	玻璃体中 SiO_2	玻璃体中 Al_2O_3	玻璃体中 SiO_2/Al_2O_3
3	26.1	2.3	3.52	65.08	36.03	14.05	2.56

（1）硅的回收

粉煤灰中含有大量的硅，含量一般在 50% 左右，如果可以充分利用将有很大经济价值。粉煤灰中的硅通常以氧化硅的形式存在，而氧化硅是构建无机非金属材料的骨架物质，用于生产水泥、玻璃、陶瓷和耐火材料等硅酸盐产品；氧化硅也是生产硅酸钠、白炭黑、分子筛和五水偏硅酸钠等无机硅化物产品的基本原料[15]。

粉煤灰中的氧化硅大多呈非晶态结构，活性较高，在一定反应条件下可采用一定浓度碱性溶液将其进行选择性提取。关于粉煤灰碱溶脱硅机理研究，国内外学者主要通过分析不同反应条件下产物的物相变化及溶液氧化硅浓度推测反应过程。可能发生的化学反应主要包括存在于晶相中的刚玉、莫来石及玻璃相中非晶态 SiO_2 与 NaOH 的反应，其主要方程式为：

$$Al_6Si_2O_{13}(s)+10NaOH(aq)\Longrightarrow 6NaAlO_2(aq)+2Na_2SiO_3(aq)+5H_2O(l)$$
$$SiO_2(非晶态)+2NaOH\Longrightarrow Na_2SiO_3+H_2O$$

目前，从粉煤灰提取硅的方法主要有碱溶-碳酸化分解-酸溶方法、碱溶-微波消解法，另外还有酸法、碱法等提取方法[16,17]。具体方法如下：

① 碱溶-碳酸化分解-酸溶方法　采用碱溶-碳酸化分解-酸溶方法处理粉煤灰，可制备硅胶、三氯化铝或者氧化铝。先将粉煤灰预处理后，在 250℃ 下与 NaOH 溶液反应 1h，通入 CO_2 气体碳化，再加入盐酸加热过滤，所得滤渣在干燥箱 60～70℃ 下干燥，继续在 300℃ 下老化 1h，得到硅胶。

② 碱溶-微波消解法　先将粉煤灰经过 950℃ 温度下进行热处理，然后微波碱溶经热处理后的粉煤灰，其在微波碱溶下溶解 30～40min，溶出碱溶液浓度为 2.5mol·L^{-1}。经过 950℃ 热处理的粉煤灰样品，在液固比 L/S 为 50 时，溶出时间为 4.5h，溶出温度为 160℃。粉煤灰中的氧化铝和二氧化硅与碱溶液反应生成相应的硅铝酸盐溶于溶液中，而铁、钙、镁、铅等金属不溶，因而得到只含硅和铝的浸出液[17]。

(2) 碳的回收

粉煤灰中的炭粒主要是无晶质的无机碳，具有质轻、挥发分低、硫含量低、表面积大、有一定的吸附能力和发热量等特点。其用于工业与民用燃料，可作为砖瓦厂砖坯的内燃燃料和民用型煤的添加料，降低能耗和成本。用作碳素制品的原料，利用其表面多孔特点，作吸附剂或活性炭原料，也可作铸铁型砂掺合料及冶炼铁合金炭球还原剂等。其中用粉煤灰炭粒制备活性炭的研究取得新的进展，为粉煤灰的综合利用提供了有效的途径[18]。

粉煤灰中的残余炭是燃烧锅炉中煤未完全燃烧所产生的固体物。由于煤在炉膛内燃烧时间很短，一般在 2s 左右，虽然热电厂煤粉锅炉的炉膛温度达 1100～1500℃，但由于煤粉细度不同，升温速率及冷却条件不同，所以煤中有很多炭粒来不及燃烧残留在煤灰中。其中无烟煤未完全燃烧损失达 4%～6%，而烟煤未完全燃烧损失达 2% 左右。我国燃煤发电厂粉煤灰中未燃炭高达 10%～30%，以湖南岳阳洞氮热电厂为例，粉煤灰中未燃炭为 22%～28%，每年排灰达 120kt，如果每吨粉煤灰可回收 15% 炭，则可回收可燃炭 18kt，如全部回收当作燃料，则年回收价值为 387 万元。可见粉煤灰中炭的回收经济效益相当可观。

粉煤灰中的炭粒是一种含量不定的次要成分，主要以烧失量指标来衡量，与煤种、煤粉粒径、锅炉炉型及燃烧工况等因素密切相关。炭粒在宏观上多为圆形、蜂窝状和多孔状大颗粒。微观上为非均质体，呈惰质炭、各向同性焦和各向异性焦三种形态。炭粒具有质轻、挥发分低、硫含量低、表面积大、有一定的吸附能力等特点，属于可浮选性较好的非极性物质。它与粉煤灰中其他硅酸盐类矿物表面对水的润湿性有着明显的差异。所以，粉煤灰中残余炭的回收方法主要有电选法和浮选法[19]。

① 电选法　电选法脱炭是利用粉煤灰中的炭粒和灰粒导电性能的差异进行的。当粉煤灰由溜灰槽进入直流电场后，其炭粒和灰粒均带上电荷，导电性能比较好的炭粒（电阻率 10^4～10^5Ω·cm）与金属圆筒接触，立即将所带电荷传递给圆筒，随着旋转的惯性离心力和重力的作用，炭粒离开圆筒掉入圆筒前部的炭收集槽中。导电性能较差的灰粒由于电阻率大（约 10^2Ω·cm），不能将所带电荷迅速给出而继续带电，在电场力的作用下克服圆筒的惯性力、离心力及重力作用而吸附在圆筒上，随着圆筒的旋转，灰被带入圆筒的后部，用毛刷强行刷落，掉入灰收集槽中，达到炭灰分离的目的。

电选脱炭技术参数为：给料量为 2～3t·h^{-1}，粉煤灰圆筒表面温度为 60～80℃、电极距离为 50mm、1 级电选电压为 33kV、2 级电选电压为 36kV、圆筒直径 1000～1200mm，圆筒的转速 1 级电选为 250r·min^{-1}、2 级电选为 200～220r·min^{-1}。通过 2 级电选当原灰给料量在 213～214t·h^{-1}，灰中含碳量在 23% 左右时，可选出含碳量大于 50% 的精炭 0.67～0.79t，含碳量小于 8% 的尾灰 113～114t。以每年 120kt 排灰量计，则需 6 台串联电选机，考虑 2 台备用，共需 8 台。当采用电选分离方法时，由于干灰灰尘飞扬，环境卫生较差，而高压电极不太安全，故一般工厂采用浮选法选炭，但北方地区水少，仍用电选法。

② 浮选法　浮选法依靠的是炭颗粒表面的疏水性及亲油性，而灰分表面是亲水性。利用这些性能差别，在浮选药剂和捕收剂的作用下借于浮选内机所产生气泡，把炭粒浮到灰水上，形成矿化泡沫层。用浮选机刮板刮出去，这就是精炭。而灰分不与气泡黏附而留在灰浆中。目前捕收剂一般采用 0# 柴油，起泡剂一般可采用甲醇母液、松节油或煤焦油，湖南省株洲发电厂采用己内酰胺生产过程中的蒸馏釜渣油（即 X 油），其炭回收率较高。图 2-25 是浮选的工艺流程。

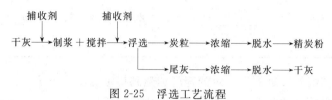

图 2-25　浮选工艺流程

粉煤灰中的炭被提取出后，炭颗粒是细颗粒，炭粒燃烧热值为 $2109 \times 10^7 J \cdot g^{-1}$ 以上，分离炭密度为 $0.6 \sim 0.8 g \cdot cm^{-3}$，呈不规则形状，以片状为多，大多有煤的光泽，其炭的表面都有微孔，呈多孔海绵状。由于分离炭粒度细，如回收作燃料，则可以省去燃料的破碎工序而节能。分离炭还可作碳素制品的原料，或者用作直接吸附，还可作铸造铸铁型的掺合料以及制造活性炭等。

以电厂粉煤灰炭作为基础原料，配以煤焦油和少量的沥青，选择合适的工艺条件就可制造出性能较好的粒状活性炭。主要工艺过程、影响因素以及活性炭的性能如下。

a. 工艺过程。在煤焦油中配以少量的沥青，加热至 $60 \sim 80 ℃$，边搅拌边加入粉煤灰炭中，使之充分混合均匀，并始终保持物料温度为 $60 \sim 80 ℃$，把物料装入成型模，挤压成型，活性炭直径为 5mm。以便保证在加热处理过程中容易排出气体，促进物料颗粒内部形成均匀的孔隙结构。

成型料经干燥后进行炭化。为了控制合适的炭化温度，对原料进行了差热分析，由分析结果可知，在 $130℃$ 时出现第一个吸热峰，煤中的水分开始蒸发。随着温度的升高，挥发气体开始逸出，煤质逐渐分解，$360℃$ 左右时有焦油生成，大约在 $560℃$ 时结束，当温度超过 $600℃$ 时炭被大量烧失。所以炭化温度控制在 $500 \sim 550℃$，升温速度为 $5℃ \cdot min^{-1}$。

活性炭的活化或再生可以使用各种形式的活化炉，本实验采用竖式活化炉，它可以使制品不变形，活化均匀，且保证气密性，不被氧化。以水蒸气为活化介质，活化温度 $900℃$，活化时间 $5 \sim 6h$，水蒸气量为活化物∶水蒸气 $=10.6 \sim 1.2$。碳与水蒸气在高温下的反应不仅是水蒸气的分解反应，也伴随着化学吸附过程。开始阶段是水蒸气在碳表面的物质吸附，进一步是碳与水蒸气形成中间表面络合物。在高温下中间表面络合物发生分解，脱离碳表面进入气相，产生高度发达的孔隙结构，活化反应方程式如下：

$$C + H_2O = CO + H_2$$
$$C + H_2O = C(H_2O)$$
$$C(H_2O) \longrightarrow C(O) + H_2$$
$$C(O) \longrightarrow CO$$

b. 影响活性炭质量的主要因素。活性炭的吸附性能不仅受其孔隙结构和表面化学结构的影响，而且原料中灰分对它的影响也是不可忽视的。原料中的一些无机成分，如 SiO_2 和

Al_2O_3 不但不能提高活性炭的性能，而且对活化过程有阻碍作用，无机成分中的矿物质使得炭化而活化表面不能顺利进行，孔隙结构形成不完全。因为粉煤灰炭的灰分含量比较高（21.31％），通过浮选降低原料中的灰分，浮选效率达 40％～50％。经浮选的粉煤灰炭制备的活性炭，其吸碘值和亚甲基蓝的吸附值有明显的提高，实验结果见表 2-5。但炭分的含量与热解烧失率有很大的关系，炭分含量越低，烧失率越高，活性炭成本越高。所以既要保证孔隙结构的均匀发展，又不至于烧失率过大。

表 2-5 原料灰分含量对活性炭性能影响

编号	浮选前			浮选后		
	原料灰分/%	碘值/mg·g^{-1}	亚甲基蓝值/mg·g^{-1}	原料灰分/%	碘值/mg·g^{-1}	亚甲基蓝值/mg·g^{-1}
1	20.3	573.5	106.4	11.8	724.4	135.0
2	21.5	558.2	106.9	12.1	702.8	132.0

炭化过程是煤在惰性气氛下以一定的速度加热到指定温度后恒定一段时间冷却下来的过程，炭化条件对物料孔径的分布有重要作用，炭化料的结构基本决定了活性炭结构。炭化温度和升温速度既影响物料的原始热解行为，也影响缩聚反应，物料的密实和坚固过程的深度取决于炭化温度；温度太低不足以形成强固的颗粒，机械强度也不够；随着温度的提高，颗粒强度上升，物料进入塑性状态，伴随着挥发性产物的强烈排出而引起物料的膨胀，形成了颗粒的孔隙结构，并在塑性物料固结以后而保留下来。加热速度对孔径的分布有很大影响，加热速度缓慢则形成发达的微孔，随着加热速度的增大，孔隙度显著增大，将导致挥发分更强烈的排出，从而引起塑性物质的膨胀和粗孔的大量产生，同时活性炭的强度和吸附性能均有下降，因此选择合适的炭化条件，有助于气体较缓慢而又均匀挥发。炭化条件对活性炭的影响如表 2-6 所列。

表 2-6 炭化条件对活性炭性能的影响

编号	升温速度/℃·min^{-1}	水容量/%	强度/%	吸碘值/mg·g^{-1}	亚甲基蓝吸附值/mg·g^{-1}	比表面积/m²·g^{-1}
1	9.0	100.7	72.5	537.3	112.4	886.0
2	8.0	95.1	79.4	624.6	123.6	894.0
3	7.0	88.6	84.7	630.1	120.3	1007.0
4	6.0	83.2	89.4	717.4	131.5	1020.0
5	5.0	89.2	90.5	723.5	132.5	1035.0
6	4.0	82.1	91.6	731.4	139.8	1033.0

活化是活性炭制造过程中至关重要的环节，通过水蒸气与碳的气固相反应，形成发达的孔隙结构，影响活性炭性能指标的主要活化因素是活化温度、活化时间、烧失率、活化介质等。活化温度和活化时间对活性炭性能的影响见表 2-7。

表 2-7 活化条件对活性炭性能的影响

编号	活化温度/℃	活化时间/h	水容量/%	强度/%	吸碘值/mg·g^{-1}	亚甲基蓝吸附值/mg·g^{-1}	比表面积/m²·g^{-1}
1	800	5	56.1	91.8	398.7	95.6	875.0
2	850	5	68.1	90.7	482.0	116.0	921.0
3	900	5	102.3	87.3	723.5	138.2	989.0
4	950	5	93.8	83.5	734.6	141.8	1014.0
5	900	6	100.0	81.7	631.5	119.1	1048.0
6	900	4	88.4	90.6	510.2	122.5	872.0
7	900	3	85.8	92.5	327.9	87.3	643.0

从表中数据可知，随着活化温度的升高，活性炭的比表面积、吸附性能都有明显的提高。但温度过高，对设备的要求较高，且不易操作，能耗大，有时还会造成灰分结渣现象。温度较低，活化时间延长，产率下降，但可生成孔隙结构比较发达的活性炭，水容量、比表面积呈上升趋势；随着活化时间的进一步延长，烧失率增大，耐磨强度、吸碘值及亚甲基蓝吸附值逐步提高到一定的程度后出现下降的趋势。

c. 活性炭制品的性能。粉煤灰炭制备的活性炭，活性炭物理性能表征用气体吸附仪对其比表面积、活性炭的强度、水容量、亚甲基蓝吸附值和吸碘值均按国家标准局发布的《煤质颗粒活性测定方法》分析测得，其结果见表 2-8。结果表明，由粉煤灰炭制备的活性炭各项指标基本达到国家煤质颗粒活性炭标准 GB/T 7701—2008，适用于空气的净化、有机溶剂的吸附回收、水处理及催化剂载体等方面。

表 2-8　活性炭的主要性能

项目	粒度/目	强度/%	水容量/%	碘值/mg·g^{-1}	亚甲基蓝值/mg·g^{-1}	比表面积/m^2·g^{-1}
检验结果	10~20	87.2	101.9	725.0	139.0	1035.0

（3）铁的回收

煤炭中含有的铁矿物质虽然很多，但只有很少一部分具有磁性，大部分是非磁性的，在高温及碳和一氧化碳的还原作用下，一部分形成铁粒；另一部分非磁性矿物却被还原成为磁性铁，因而能用磁选的方法分离出来。

粉煤灰中的铁成分主要以 Fe_2O_3、Fe_3O_4 和硅酸铁的形式存在，一般含 Fe_2O_3 为 4%~20%，最高时可达 40% 以上。具有分选价值的粉煤灰中 Fe_2O_3 的含量一般要 >5%，且经过选铁后的尾灰对粉煤灰的某些品质有所改善（如耐火度），能为粉煤灰的其他利用途径创造一些条件。

铁回收采用的磁选法分为湿式磁选法和干式磁选法[20]。

① 湿式磁选法　湿式磁选法就是在选铁粉过程中需要借助水源，将物料混合制备流体后再进行选取的方法。其工艺流程为：先将粉煤灰用清水搅拌成可流动的粉煤灰水浆，然后用抽水泵将粉煤灰水浆抽到输送管道，均匀喷洒在旋转的磁性滚筒上，粉煤灰水浆中的铁粉将吸附在滚筒的表面而被分离出来，通过刮板将铁粉从滚筒表面刮出后存放在指定位置，经过磁选后的粉煤灰水浆排放到另外的地方（见图 2-26）。此方法能耗大、需要水源、占用场地大、投入设备多、人员配备多，同时排放的二次粉煤灰对环境也造成二次污染。

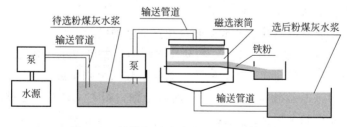

图 2-26　粉煤灰湿式磁选法工艺流程示意

② 干式磁选法　干式磁选法是指在选铁粉过程中不掺入水，从干灰输送管道中或灰库落灰筒中直接选取的方法。即在管道或落灰筒中串联干式粉煤灰铁粉回收机，通过特殊设计的磁路，将粉煤灰中的铁粉提取出来，收集到指定位置，磁选后的粉煤灰仍然回到原输送管道或落灰筒中继续往下输送，其工作原理及流程见图 2-27。当铁粉回收机检修时，输送的

粉煤灰走旁路，不影响设备的运行，铁粉回收机在设备中串联安装位置状况见图2-28。该方法工艺简单，设备少，能耗低，是一种环保、节能的铁粉回收设备。

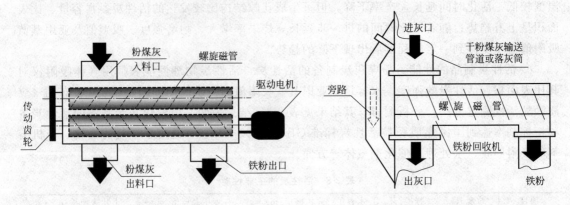

图 2-27　铁粉回收机工作原理及流程　　　　　图 2-28　铁粉回收安装示意

　　从粉煤灰中提取铁粉具有很大的市场推广价值。从能源方面讲，从粉煤灰中选取的磁铁矿，除可以用作烧制水泥的原料外，还可以掺入含铁品位较高的铁矿中作炼铁原料，使铁资源得到充分的利用。从经济方面讲，从粉煤灰中回收铁矿物不需剥离、开采、破碎、磨矿等工段，其投资仅为从矿石中选铁的1/4左右，节省费用。另外，磁选出的铁粉还可以制成还原铁粉（海绵铁），广泛用作提炼贵重金属、粉末冶金、化工涂料等的辅助原料。海绵铁对冶炼优质钢和特种钢，如石油管道、汽车用钢、核电站用钢等是非常重要的原辅材料。

2.1.5.2　粉煤灰提取稀有金属

　　煤在形成过程中，其中有机物会吸附一些稀有元素（Ga、Ge、Ti、Th 和 U 等），但通常含量不会很高。煤经燃烧后有机物消失，稀有元素将在粉煤灰中得到富集，其含量有可能达到综合利用水平，而这些稀有元素往往是尖端技术中不可缺少的重要材料。下面主要介绍较为成熟、简单、可行的稀有金属锗（Ge）、镓（Ga）和钛（Ti）的提取方法。

　　（1）锗的提取

　　煤中锗的含量为 0.001%～0.01%，燃烧后的粉煤灰中锗含量将更高，可以成为一种新的锗资源。锗金属是一种十分重要的稀缺战略资源，在光纤通信、红外光学、化学催化剂、光伏产业、航空航天、军工产业、医药保健品等领域应用广泛。美国、俄罗斯等发达国家已将其列为战略储备物资[21]。

　　锗的提取方法主要有沉淀法、萃取法和氧化还原法等[22]。

　　① 沉淀法　沉淀法是基于在 pH<2 的酸性溶液中，锗可以生成各种锗酸盐。常用的沉淀剂有单宁及其衍生物，氧化镁和硫化物等。锗经沉淀后分别生成单宁锗、锗酸镁、硫化锗和硫化锗酸盐等。将该浓缩物溶解于 HCl，随后分馏，得纯 $GeCl_4$，通过水解转化为氧化物，最后通过氢还原得到金属锗。

　　② 萃取法　萃取法主要是萃取剂的选择，目前常用的萃取剂主要有以下几种。a. 单烷基磷酸萃取剂。例如采用 2-乙基己基磷酸烃作萃取剂，以二烷烃作稀释剂，NaOH 作反萃剂，从粉煤灰酸性浸出液中萃取锗，效果较好。b. 胺类萃取剂。在单宁存在下采用三辛胺-丁醇或者三辛胺-草酸-邻苯二酚溶液作萃取剂，用1%氨溶液作反萃剂，获得的萃取率高。c. 8-羟基喹啉萃取剂（kelex-100）。采用 kelex-100 的 4% 的煤油溶液为萃取剂，10%辛醇为

改性剂对 H_2SO_4 质量浓度为 $150g \cdot L^{-1}$ 的粉煤灰富锗液进行萃取，用 $3mol \cdot L^{-1}$ NaOH 作反萃剂，萃取效果佳，萃取后的溶液几乎不含 Ge。d. α-羟肟（LIX-63）萃取剂。使用 LIX-63 的 50％的煤油溶液对 H_2SO_4 质量浓度大于 $90g \cdot L^{-1}$ 和 HCl 质量浓度大于 $50g \cdot L^{-1}$ 的含锗液进行萃取，其选择性好，萃取效果佳，用 $150g \cdot L^{-1}$ 的 NaOH 反萃后，反萃率达99％。

③ 氧化还原法　氧化还原法是先将粉煤灰进行分选，尽可能除去非锗的化合物，把预处理后的粉煤灰做成小球，再将小球放入炉中，在氧化性气氛下直接加热以除去易挥发的其他元素，主要是砷和硫的化合物，并以气体的形式挥发出来，而锗仍以氧化物的形式留在粉煤灰中。而后在还原性气体的混合气氛中，加热将锗还原为低价氧化物。这些低价态的氧化物可以挥发出来，然后冷凝或吸收，就可以得到锗含量较高的体系，再经过化学处理，即可得到锗的化合物。

尽管国内外提锗的方法很多，但绝大多数是从炼锌等产品的过程中提取锗，少数是从烟道灰中提取锗，而直接从燃煤电厂排放的粉煤灰中提取锗的系统研究很少报道。即使是上述的多种提锗方法，尚普遍存在过程较复杂、成本较高、产品纯度也不够理想等许多问题。尤其是萃锗效果好的溶剂，可惜国内缺少，需要进口。

（2）镓的提取

镓作为一种稀有元素，以其特有的属性，在半导体器件、阴极蒸气灯等领域被广泛应用。近年来，随着 IT 技术日新月异的发展，半导体材料完成了第一代半导体硅和第二代半导体砷化镓向第三代半导体氮化镓的飞跃，可以说镓及其代表的Ⅲ-Ⅳ族化合物的优良特性在此领域发挥得淋漓尽致[23]。

粉煤灰中镓来源于两个方面：其一是煤燃后形成的灰中自有的；其二是煤在燃烧过程中，一部分镓挥发后，由于粉煤灰的表面细孔特别丰富，吸附在粉煤灰的表面，从而富集了一部分镓。

粉煤灰在燃烧之后，其中镓的赋存状态发生了极大的变化，一部分留在原矿里，另一部分在燃烧之后转化进入晶格里，而转化进入晶格的镓则被禁锢于 Al-Si 玻璃体内，虽然不如真正的晶格态牢固，但远较其他形式紧密，而这种转化对化学法（湿法冶金法）提取镓极为不利。目前镓的提取方法主要有以下三种[24]。

① 沉淀法　将煤灰烟尘与三氯化铝、氧化钙等溶剂混合，在高温下熔融，使氧化镓转化为水溶性的镓酸盐，用碳酸钠浸出镓，再经三次碳酸化，得到富镓沉淀，该沉淀用氢氧化钠溶解后，可用电解法制得金属镓。

② 萃取法　用酸性溶液直接从烟尘中浸出镓，再用萃取剂从浸出液中回收镓。例如用浓度 $118mol \cdot L^{-1}$ 盐酸溶液，以 5∶1 的液固比，在室温下浸出 24h，每克煤烟尘中可浸出镓 95g，浸出液经净化除 Fe、Si 后，用开口乙醚基泡沫海绵 OCPUFS 固体提取剂吸附分离净化液中的镓，吸附率达 95％以上，然后用常温两段逆流水解吸，得到富镓溶液，经电解得金属镓。

③ 还原熔炼萃取法及碱熔化法　粉煤灰粗筛选后，焚烧，然后酸浸过滤后得到含镓滤液，此滤液通过吸附塔吸附，用碱性络合淋洗剂淋洗后电解，得镓金属[25]。

近年来，金属镓在移动通信、个人电脑、汽车等行业的应用以年平均 13.6％的速度递增。而目前国内镓的产量却远远不能满足国内市场的需求。所以，粉煤灰中镓的提取，对促进我国砷化镓、磷化镓等化合物半导体材料及其器件产业的发展具有重要意义。

（3）钛的提取

　　粉煤灰中不仅氧化铝含量高，而且氧化钛和氧化铁含量也较高，是提取铝、钛和铁等化合物生产氧化铝、钛白和铁红的资源。利用各种二次资源制取钛白和铁红，不仅可以提高资源的利用率，而且有利于环境保护。

　　从煤灰中分离提取钛化合物的关键在于钛、铁化合物与铝类化合物等的分离。由于铁、铝的化学性质近似，因此，采用化学法分离存在工艺流程长、劳动强度大和铝损失多等缺点。溶剂萃取是湿法冶金中经常采用的金属离子富集与分离工艺，具有选择性高、回收率高、设备简单、操作简便、能耗低和污染少等优点，正被广泛用于工业废弃物中金属资源的回收。

　　粉煤灰中钛的提取通常采用溶剂萃取法，对硫酸介质中钛的萃取，多采用酸性磷酸酯萃取剂（如磷酸二异辛酯 P204）和中性磷酸酯萃取剂（如三正辛基氧膦 TOPO、Cyanex923）。萃取工艺流程如下：粉煤灰经焙烧活化、酸浸得到硫酸铝粗液，粉煤灰中 Al_2O_3、Fe_2O_3、TiO_2 和 CaO 被浸出，将其稀释并用氨水调节 pH 值，再分别用 TOPO-煤油、P204-煤油等萃取剂相继萃取钛和铁。当萃取达到饱和后，用等体积氨水反萃再生载钛 TOPO，用碳酸铵溶液在室温下按 1：2 相比二级逆流反萃再生载铁 P204，分别得到 $Ti(OH)_4$ 和 $Fe(OH)_3$ 沉淀，煅烧后得到高纯 TiO_2 和 Fe_2O_3。TiO_2 再通过锂、镁、铝、钙等金属还原制备纯钛[26]。

　　① 锂还原　TiO_2 可在 200℃以上的温度下被金属锂还原为金属钛：

$$TiO_2 + 4Li \Longrightarrow Ti + 2Li_2O$$

　　在 TiO_2 粉末中加入液锂（锂熔点 180℃），在 600℃下完成还原反应，然后用真空蒸馏法从还原产物中分离出过剩的锂，并除去产物中的 Li_2O，便可得到粉末状的金属钛。但是使用这种方法制取金属钛，必须使用氮含量低的高纯锂。高纯锂是用活性吸气剂处理和精馏相结合的方法精制工业锂而制取，因此它的成本是很高的，无法在工业上应用。

　　② 镁还原　镁还原 TiO_2 的反应在 700℃开始，在 750℃下仅能把 TiO_2 还原为低价钛氧化物。即使在 1000℃下进行还原，得到的产品中氧含量仍在 2% 以上。由此可见，镁还原 TiO_2 的方法不能获得含氧量低的金属钛。

　　③ 铝还原　铝是一种廉价还原剂，它可将 TiO_2 还原为金属钛，但过程必须要在高温高压条件下进行：

$$3TiO_2 + 4Al \Longrightarrow 3Ti + 2Al_2O_3$$

　　在还原过程中由于生成的低价氧化钛与氧化铝形成固溶体，导致二氧化钛不容易被还原完全。要使产品中的氧含量小于 0.1%，则需要过量铝 56%～63%，而且生成的金属钛又与铝生成稳定的金属间化合物。因此，还原剂必须过量很多，而且要从还原产品 Ti-Al 合金中除去铝是很困难的。所以在工业中尚未采用铝热还原法生产纯钛。

　　④ 钙还原　钙是 TiO_2 最有效的还原剂。钙还原 TiO_2 的反应在 500℃便开始进行，在 800～1000℃下反应可得到金属钛。在 900～1020℃下钛与 CaO-Ca（液体）接触达到平衡时，氧在钛中的平衡含量（质量分数）为 0.007%～0.12%。因此，钙还原 TiO_2 可以得到氧含量低（<0.1%）的金属钛。但所用钙必须过量，而且在反应物分离过程中，产品金属钛往往被氧化物污染，需要再进行一次还原，才能得到氧含量较低的纯钛。但由于含氮量低的高纯钙生产成本高，所以钙还原法未能够在工业中广泛应用。

　　除上述四种金属热还原法生产纯钛之外，还有碳还原法和氢还原法也可以制备纯钛。另外，卤化钛还原法和卤化钛热分解法，以及钛化合物电解法都是制备金属钛的有效途径。

2.2 煤矸石生产含铝化合物

煤矸石作为化工原料，主要是用于生产无机盐类化工产品。例如南票矿务局用洗矸作原料，建成了一座年产 1 万吨的化工厂，生产氯化铝、聚合氯化铝和硫酸铝，并从提取氯化铝的残渣中制出氧化钛和二氧化硅；太原选煤厂利用煤矸石中含碳酸铁、硫酸铝和硫酸镁较高的特点制取铵明矾等。

选择合适的煤矸石为原料，能制备多种化工产品。

2.2.1 结晶氯化铝的生产工艺

结晶氯化铝呈浅黄色粉末，分子式为 $AlCl_3 \cdot 6H_2O$，代号 BAC。它是新型净水剂、造纸施胶沉淀剂和精密铸造型壳硬化剂。氯化铝的生产原料包括金属铝、氢氧化铝、三氧化二铝或各种含铝矿物。一些煤矸石含有较高水平的铝，也是生产结晶氯化铝的优良原料。

一般煤矸石的硅铝比小于 3，常用酸法生产。煤矸石中的铝主要以高岭石的形式存在，煤矸石受热分解可形成具有活性的 Al_2O_3，加酸后形成 $AlCl_3$ 溶液，再经固液分离、浓缩、结晶，就可生产出结晶氯化铝。结晶氯化铝生产的原则流程见图 2-29，生产过程主要包括矸石准备、焙烧、酸浸和浓缩结晶等主要环节[27]。

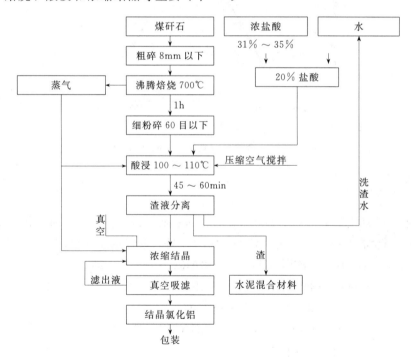

图 2-29　结晶氯化铝生产原则流程

2.2.1.1 原料的选择和准备

实践证明，用煤矸石提取铝盐产品时，选择的原料一般应满足以下 3 个条件。a. 矸石中杂质含量要低。尤其是含铁量应低于 1.5%，钙、镁含量在 0.5% 左右。b. 矸石中氧化铝含量要高。实际生产中氧化铝含量应在 30% 以上，以降低原料和盐酸的单耗。c. 浸出率要高。一般 Al_2O_3 酸浸出率应大于 60%。

由于原料焙烧速度和粒度大小有关，因此要先将原料破碎至 8mm 以下，然后加入沸腾炉中焙烧。

2.2.1.2　焙烧

焙烧的作用主要是使原料脱水、脱碳，破坏其内部分子结构，形成游离态的 Al_2O_3 和 SiO_2 无定形混合物。焙烧后的熟料失去结晶水和有机物，形成无数的微孔，具有很大的活性表面，有利于提高浸出率。

焙烧温度对氧化铝浸取率有很大的影响。焙烧温度控制在 $600\sim700℃$ 之间最佳。当温度高于 $850℃$ 后，铝硅二次结合，重新重结晶成新相，非晶质 Al_2O_3 和 SiO_2 不断减少，Al_2O_3 与酸的反应性急剧减弱，浸出率降低。

由图 2-30 可以看出，煤矸石在 $400\sim700℃$ 区间脱除 H_2O，其间逐步形成在酸中具有一定化学活性的偏高岭石，因而，浸取率随焙烧温度的提高而增加。当温度为 $700\sim800℃$ 时，氧化铝转变为在酸中具有化学活性的 $\gamma\text{-}Al_2O_3$，故浸取率较大。但随着温度的继续升高，$\gamma\text{-}Al_2O_3$ 逐步过渡为 $\alpha\text{-}Al_2O_3$，失去反应活性，导致氧化铝在酸中的浸取率急剧降低。

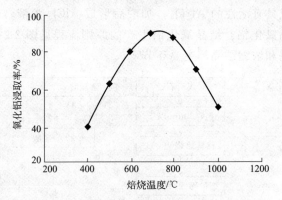

图 2-30　焙烧温度对氧化铝浸取率的影响

2.2.1.3　酸浸

（1）酸浸反应

酸浸制取结晶氯化铝工艺的主要环节。浸出过程有连续和间歇法两种。因沸渣中除含活性 Al_2O_3 外，尚含有 SiO_2、Fe_2O_3、CaO、Ga_2O_3 等，酸浸的主要反应有：

$$Al_2O_3+6HCl+3H_2O \longrightarrow 2AlCl_3 \cdot 6H_2O+168.8kcal$$

$$Fe_2O_3+6HCl+9H_2O \longrightarrow 2FeCl_3 \cdot 12H_2O+31.0kcal$$

$$CaO+2HCl \longrightarrow CaCl_2+H_2O$$

$$Ga_2O_3+6HCl \longrightarrow 2GaCl_3+3H_2O$$

（2）影响酸浸反应的因素及控制

由于铁的金属性比铝更强，优先转入溶液，给浓缩、结晶和分离作业带来困难，影响质量和外观色泽。CaO 和 MgO 很容易和 HCl 反应，增加了单位成品 HCl 的消耗量。因此这些杂质含量要严格控制。Ga_2O_3 富集于滤液中，可用低碳脂肪酸萃取，回收镓。

从酸浸的主要反应看到，矸石和盐酸反应属于固-液多相反应，影响浸出率和速度的因素较多，生产中控制的主要因素如下。

① 矸石的成分和性质　要求原料中 Al_2O_3 含量高，结构不复杂，杂质少。焙烧后形成活性 Al_2O_3 含量越高，越有利于浸出。反应时熟料的粒度越小，反应总表面积越大，浸出

速度越快。粒度过细，由 60 目减小到 100 目时，浸出率略有增加，但粒度太细，使溶液浓度增加，造成渣液分离困难，因此粒度以小于 60 目为宜。

② 反应温度　提高反应温度，在其他条件相同时，每增加反应温度 10℃，则可提高浸出率 1/5～1/2。但考虑到系统压力不宜太大，要保持良好的操作条件。因此反应温度一般控制在 100～110℃之间。

③ 溶剂浓度　从理论上分析，用高浓度的盐酸浸取，化学反应激烈，浸出速度能提高一些，但酸的浓度过高，在反应中容易挥发造成单耗过高，污染环境。因盐酸浓度在 20%时沸点最高，浸出效果亦较理想，所以选用 20%浓度的盐酸作溶剂为宜。

④ 搅拌强度　增加搅拌强度，有利浸出反应进行，但增加到一定值后，对浸出速度影响不大。为了避免机械搅拌的腐蚀，一般采用压缩空气搅拌。

⑤ 反应时间　浸出时间与原料的内部结构有很大关系。一般反应时间增长，浸出率增加，但时间过长反应速率逐渐下降，同时设备生产能力降低，因此反应时间一般控制在 1～1.5h。

2.2.1.4　渣液分离

氧化硅不与盐酸反应，在料浆中以硅渣固相的形式存在。我国多数生产厂均采用自然沉降工艺，使三氯化铝母液与硅渣分离。一般硅渣微粒（1～5μm）在料浆中沉降速度要受到渣粒大小、料浆密度、料浆的 pH 值和溶剂黏度的影响。为了加快沉降速度，在溶剂中可加入万分之五的聚丙烯酰胺溶液絮凝剂。

2.2.1.5　浓缩结晶

由沉降分离出来的三氯化铝液体，入浓缩器加热蒸发。为了提高浓缩效率，可采用负压蒸发。

当母液蒸发后达到过饱和状态时，出现新的固相，开始结晶过程，改变影响晶核生长速率和晶粒成长速率的因素，就可以控制晶粒的大小。

经渣液分离后的氯化铝浸出液，送入搪瓷浓缩罐中进行浓缩结晶。罐体夹套通入 120～130℃的蒸汽加热，蒸汽压力保持在 300～400kPa。为加快浓缩和结晶的速率，采用负压浓缩，真空度控制在 665kPa 以上。在加热和负压条件下，浓缩液内有大量结晶生成，当固液比达到 1∶1 时，便可停止加热，打开底阀，将浓缩好的浓缩液放入缓冲冷却罐，使浓缩液冷却到 50～60℃，晶粒进一步长大，以利于真空吸滤和单罐产量。

浓缩液脱水采用真空吸滤，将冷却后的浓缩液中的结晶氯化铝与饱和溶液用吸真空的方式进行分离。真空吸滤采用普通砖砌真空吸滤池，其内壁及池底衬三层玻璃钢及两层瓷板以加强防腐。池底向滤出液出口方向倾斜，池底上用小瓷砖砌成支撑柱，支撑上部的玻璃钢穿孔滤板，滤板上铺耐酸尼龙筛网。浓缩液放入池内，开启真空泵，滤出液通过尼龙筛网流入池底，筛网上剩余的黄色结晶便是结晶氯化铝的成品。

浓缩结晶后的料浆放入过滤器中，使晶体和滤液分离，得到的晶体即为结晶氯化铝成品。滤液加工成品，滤液循环，当滤液中铁含量超过控制指标时，就不再循环，而将其浓缩加工成 3# 混凝剂，供净化工业污水使用。

2.2.2　聚合氯化铝的生产工艺

聚合氯化铝的通式为 $[Al_2(OH)_nCl_{6-n} \cdot xH_2O]_m$，简称 PAC，属于阳离子型无机高分子电解质，相对分子质量为 1000～2000。它是由碱式铝盐经缩聚而成的羟基铝聚合物，因此也称为碱式铝、羟基铝、络合铝和聚合铝等，可视为 $AlCl_3$ 水解成 $Al(OH)_3$ 的中间产物。聚合氯化铝分子结构中羟基化程度称为碱化度。碱化度高，说明聚合物的聚合度高，相对分子质量大，电荷量低，凝聚效能高。碱化度常用羟基铝当量比即 $B=[OH]/3[Al]\times100\%$ 来表示。

聚合氯化铝是一种无机高分子化合物，其组成随原料及制作条件的不同而异，非单一固定的分子结构，而由各种络合物混合而成，属可水解阳离子的无机盐类，具有使胶粒脱稳和吸附架桥作用，是水质的混凝处理中首选混凝剂。

聚合氯化铝有液体和固体产品，氧化铝的含量：固体中为 $43\%\sim46\%$，液体中为 $8\%\sim10\%$，与硫酸铝比较，Al_2O_3 成分含量高、投量少、药耗省、成本低；pH 值在 $5.0\sim9.0$ 范围内均适用，投加时最低配制浓度为 5%，其絮凝体致密且大、形成快、易于沉降。聚合氯化铝在投加使用中操作方便，腐蚀性较小；处理水碱度降低少，对低温低浊和污染原水的处理效果较好，在众多混凝剂中应用最为广泛和普遍。

聚合氯化铝作为一种新型无机凝聚剂，同传统硫酸铝、氯化铝等相比，有一系列的优点，它不但在各种用水和工业废水处理技术中应用日益广泛，而且在造纸、制药、制糖、精密铸造、油井防砂、混凝土、高级鞣皮和耐火硅铝纤维的黏结等方面也有研究和应用。

用煤矸石生产聚合氯化铝，有热分解、喷雾选粒和溶液干燥三种工艺。其中喷雾选粒工艺具有工艺短、质量好、易控制、整个工艺能连续化、自动化等优点。喷雾选粒工艺是将矸石与盐酸反应，得到氯化铝母液，母液通过雾化器的作用，喷洒成极细小的雾状液滴，这些液滴同载热体均匀混合，在瞬间进行热交换，使水分解时蒸发形成固体，然后在同一装置内进行热分解，得到单体，单体加水聚合产生固体聚合氯化铝。

结晶氯化铝水解也可得到聚合氯化铝。

2.2.2.1　聚合氯化铝生产的基本原理

首先用含铝矿物生产出结晶氯化铝，在一定温度下加热，分解析出一定量的氯化氢和水分，变成粉末状的碱式氯化铝，称为聚合铝单体，如把单体聚合，即可得到溶于水、凝聚效果好的固体聚合氯化铝。

反应式：

$$2AlCl_3\cdot6H_2O \longrightarrow Al_2(OH)_nCl_{6-n}+(12-n)H_2O+nHCl \xrightarrow{\text{聚合}} [Al_2(OH)_nCl_{6-n}\cdot xH_2O]_m$$

2.2.2.2　生产工艺

（1）聚合氯化铝的生产工艺

固体聚合氯化铝生产工艺流程见图 2-31。将结晶氯化铝加入热解塔内，由塔底导入 $400\sim500\text{℃}$ 的热风，经密孔板进入炉内使结晶氯化铝进行热解，沸腾段的热解温度应严格控制在 $170\sim200\text{℃}$ 之间。分解出的氯化氢和水分经冷水洗涤塔回收盐酸复用。得到的聚合铝单体再进行熟化聚合。聚合反应可在一个带搅拌的罐中进行。先把水加入罐内，再陆续加入单体，达到单体和水按质量比 $1:1.5$ 配合。由于单体和水发生放热反应，温度可上升到 60℃以上，反应约 $10\min$，料浆由淡黄色逐渐变成深褐色的稠状液体时，即放入冷凝池内，形成树脂状胶体产物，即固体聚合铝。再进一步烘干后便可长期保存。

（2）影响氯化铝生产的主要因素

① 加酸摩尔比、盐酸起始质量分数的影响　加酸摩尔比即反应时加入的盐酸与矸粉中氧化铝的摩尔比。加酸摩尔比、盐酸起始质量分数对氧化铝浸取率的影响如图 2-32 所示。从图 2-32 可知，盐酸起始质量分数一定，浸取率随加酸摩尔比的增加而增加。当加酸摩尔

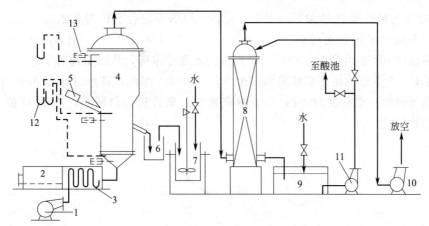

图 2-31　固体聚合氯化铝生产工艺流程

1—鼓风机；2—加热炉；3—列管式换热器；4—沸腾热解炉；5—电磁振荡；6—单体料桶；

7—熟化聚合罐；8—吸收塔；9—循环洗涤水池；10—引风机；11—循环耐酸泵；12—压差计；13—热电偶

比小于 1.25 时，增幅较大；大于 1.25 时，增幅较小。加酸摩尔比一定，浸取率随盐酸起始质量分数的增大而增大。盐酸质量分数大于 18％时，浸取率增加的速度减慢。

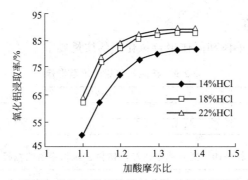

图 2-32　加酸摩尔比和盐酸起始质量分数对氧化铝浸取率的影响

② 矸粉投加比 A 对碱化度 B 的影响　矸粉投加比 A（A＝新加入的矸粉中的 Al_2O_3 质量/一次酸浸液中的 Al_2O_3 质量）对碱化度 B 的影响如图 2-33 所示。可以看出，碱化度 B 值随 A 值的增加而增加。当 A 小于 1.5 时，由于在一次酸浸液中含有过量的盐酸，随着矸粉的加入，过量的盐酸逐步被反应消耗掉，酸浸液中 Al^{3+} 逐步增多，$[Al(H_2O)_6]^{3+}$ 中的配位水水解机会增多，使溶液中 OH^- 浓度增加，从而使 B 值增加的幅度较大。当 A 大于 1.5 时，过量的盐酸已基本反应完，酸浸液中 Al^{3+} 就不会增多，因而 B 值趋于稳定。

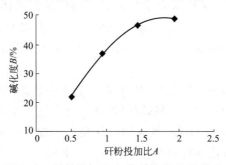

图 2-33　矸粉投加比 A 与碱化度 B 的关系

③ 聚合率与碱化度 B 的关系　聚合率是指 PACS 中聚合态铝与总铝的百分比。图 2-34 表明，聚合率随 B 的增加而增加。聚合开始时，铝是以络合离子 $[Al(H_2O)_6]^{3+}$ 的形式存在的。当溶液中 pH 值升高时，络合离子内配位水发生水解，从而引起质子迁移过程，单体间的两个 OH^- 产生架桥而逐步缩聚为二聚体、三聚体。因此，开始时随 B 值增加而聚合率增大。但当聚合到一定程度时，因 Al^{3+} 越来越少，聚合机会就减小，因而 B 值大于 70％ 后，聚合率趋于稳定。

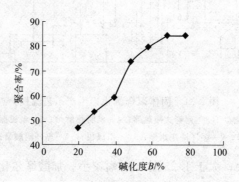

图 2-34　聚合率与碱化度 B 的关系

2.2.2.3　产品质量规格

结晶氯化铝、聚合铝单体和固体聚合氯化铝的质量要求见表 2-9 和表 2-10。

表 2-9　结晶氯化铝的质量指标

等级	Al_2O_3/％	Fe_2O_3/％	不溶物/％	游离酸	外观
一级品	≥20	<0.5	<0.1	无	淡黄色
二级品	≥18	<2.0	<0.3	无	深黄色

表 2-10　聚合铝单体和固体聚合氯化铝质量指标

指标名称	质量指标	
	聚合铝单体	固体聚合氯化铝
外观	黄色粒状固体	褐色树脂状固体
不溶物	微量	微量
Al_2O_3/％	>45	>20
碱化度/％	70~75	70~75

2.2.3　煤矸石生产氢氧化铝和氧化铝

2.2.3.1　氢氧化铝和氧化铝的用途

氢氧化铝 $[Al(OH)_3]$，又称水合氧化铝，为白色单斜晶体，相对密度 2.42，不溶于水；氧化铝为白色晶体，熔点 2050℃，沸点 980℃。氧化铝及水合氧化铝是冶金炼铝的重要基本原料。冶金级氧化铝（熔盐电解生产金属铝）应符合行业标准 YS/T 274—2006 要求。化学成分见表 2-11。

氢氧化铝为含铝矿物制取氧化铝的中间产物，它本身也是一种商品。水合氧化铝加热至 260℃ 以上时脱水吸热，具有良好的消烟阻燃性能，可广泛用于环氧聚氯乙烯、制备橡胶制品的无烟阻燃剂。高纯超细 α-Al_2O_3 具有特殊优良的物理、化学性能，在精细陶瓷、微电子集成电路、轻工纺织等行业亦有很高的应用价值。我国非冶炼行业用（多用途）氢氧化铝数量占炼铝用量的 15％ 左右。"九五"期间，非冶炼用氢氧化铝的数量每年要达到 45 万吨左右才能满足电子、石油、化工、陶瓷、造纸、耐火材料、磨料、油墨等行业对氢氧化铝和氧化铝的需要。

表 2-11　Al_2O_3 化学成分行业标准　　　　　　　　　　　　　　单位：%

等级	牌号	Al_2O_3	杂质含量			
			SiO_2	Fe_2O_3	Na_2O	灼烧
一级	Al_2O_3-(1)	≥98.6	≤0.02	≤0.02	≤0.50	≤1.0
二级	Al_2O_3-(2)	≥98.4	≤0.04	≤0.03	≤0.60	≤1.0
三级	Al_2O_3-(3)	≥98.3	≤0.06	≤0.04	≤0.65	≤1.0
四级	Al_2O_3-(4)	≥98.2	≤0.08	≤0.05	≤0.70	≤1.0

世界上绝大多数氢氧化铝、氧化铝均采用铝土矿碱法生产，要求原料有较高的铝硅比。我国铝土矿主要分布在山西、河南、贵州、广西等地。如果铝土矿的铝硅比低于 4.5，则采用烧结法生产，能耗高、成本高。随着铝土矿的长期开采，所生产的矿石产量及性能将无法满足日益发展的铝业要求。与此同时，我国煤系地层中的共生高岭岩（土）资源丰富，现已探明的储量为 16.73 亿吨，远景储量为 55.29 亿吨，以高铝矸石为原料制取多用途氢氧化铝，不仅可以扩展煤矸石的综合利用途径，也可为铝业生产开拓一种取之不尽、用之不竭的矿物资源[31]。

2.2.3.2　氢氧化铝生产的基本原理及工艺流程

（1）生产氢氧化铝的工艺流程

高铝矸石生产氢氧化铝和氧化铝的工艺流程如图 2-35 所示。

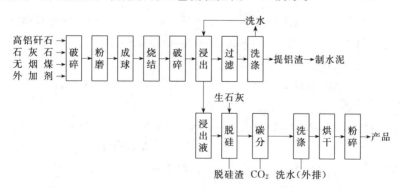

图 2-35　高铝矸石制取多用途氢氧化铝工艺流程

（2）氢氧化铝的生产原理

氢氧化铝和氧化铝生产过程中各主要环节及发生的化学反应如下。

① 烧结　对铝矿物进行烧结的目的在于使矸石中的 Al_2O_3 成为可溶于纯碱溶液的化合物，而使铝与硅、铁等杂质分离。由于高铝矸石含铝较低而含硅高（铝硅比<1），只能采用石灰烧结法。

在石灰烧结过程中发生的主要化学反应如下：

$$CaCO_3 \longrightarrow CaO + CO_2$$
$$3(Al_2O_3 \cdot 2SiO_2) \longrightarrow 3Al_2O_3 \cdot 2SiO_2 + 4SiO_2$$
$$SiO_2 + 2CaO \longrightarrow (2CaO \cdot SiO_2)(C_2S)$$
$$3Al_2O_3 \cdot 2SiO_2 + 7CaO \longrightarrow 3(CaO \cdot Al_2O_3) + 2(2CaO \cdot SiO_2)(CA)$$
$$7(3Al_2O_3 \cdot 2SiO_2) + 64CaO \longrightarrow 14(2CaO \cdot SiO_2) + 3(12CaO \cdot 7Al_2O_3)(C_{12}A_7)$$
$$2CaO + Fe_2O_3 \longrightarrow 2CaO \cdot Fe_2O_3(C_2F)$$

$$CaO + TiO_2 \Longrightarrow CaO \cdot TiO_2(CT)$$

上述反应的结果，生成了可被碱液分解出铝酸钠的铝酸钙（$C_{12}A_7$、CA）及不易与碱液反应的 C_2S、C_2F 和 CT 等。

② 浸出　浸出的目的在于通过用纯碱溶液处理烧结熟料，使其中的铝化合物以铝酸钠形态进入溶液而与绝大部分杂质分离。

在浸出过程中发生的主要反应有：

$$(12CaO \cdot 7Al_2O_3) + 12Na_2CO_3 + 33H_2O \longrightarrow 14NaAl(OH)_4 + 12CaCO_3 \downarrow + 10NaOH$$

$$(2CaO \cdot SiO_2) + 2Na_2CO_3 + aq \longrightarrow Na_2SiO_3 + 2CaCO_3 \downarrow + 2NaOH + aq$$

$$(2CaO \cdot SiO_2) + 2NaOH + aq \longrightarrow 2Ca(OH)_2 + Na_2SiO_3 + aq$$

$$3Ca(OH)_2 + 2NaAl(OH)_4 + aq \longrightarrow 3CaO \cdot Al_2O_3 \cdot 6H_2O + 2NaOH + aq$$

$$2Na_2SiO_3 + (2+n)NaAl(OH)_4 + aq \longrightarrow Na_2O \cdot Al_2O_3 \cdot 2SiO_2 \cdot nNaAl(OH)_4 \cdot$$
$$xH_2O + 4NaOH + aq$$

第一个反应是生产的主反应，余下的几个反应称为副反应（二次连串副反应）。副反应的发生，导致 Al_2O_3 和碱的损失。

③ 脱硅　碱浸液除含有铝、钠等元素外，还含有硅等杂质。当用此种溶液制取阻燃剂氢氧化铝时，必须加以净化才能制得合格产品。碱浸液含 SiO_2 约 $1g \cdot L^{-1}$，可采用加石灰常压除硅。

除硅过程中发生的主要反应为：

$$3Ca(OH)_2 + 2NaAl(OH)_4 \longrightarrow 3CaO \cdot Al_2O_3 \cdot 6H_2O + 2NaOH$$

$$3CaO \cdot Al_2O_3 \cdot 6H_2O + xNa_2SiO_3 \longrightarrow 3CaO \cdot Al_2O_3 \cdot xSiO_2 \cdot (6-x)H_2O + 2xNaOH + aq$$

④ 碳分　碳分过程发生的主要反应有：

$$2NaAl(OH)_4 + CO_2 \longrightarrow 2Al(OH)_3 \downarrow + Na_2CO_3 + H_2O$$

当溶液含硅较高时，还有下列反应发生：

$$2Na_2SiO_3 + (2+n)NaAl(OH)_4 + aq \longrightarrow Na_2O \cdot Al_2O_3 \cdot 2SiO_2 \cdot nNaAl(OH)_4 \cdot$$
$$xH_2O + 4NaOH + aq$$

在碳分后期，当 $NaAl(OH)_4$ 浓度不高时，有下列反应进行：

$$2NaAl(OH)_4 + 2CO_2 + aq \Longrightarrow Na_2O \cdot Al_2O_3 \cdot 2CO_2 \cdot nH_2O + aq$$

在生产过程中，可以通过控制碳分工艺条件（CO_2 浓度、碳分温度、原液的 Al_2O_3 浓度、碳分率和碳分速度等）及洗涤来实现对产物质量的控制[28]。

2.2.3.3　氧化铝的生产

（1）生产原理与工艺

高铝煤矸石经煅烧，所含的高岭土活化，其中的 Al_2O_3 再经酸溶、水解、碱溶、碳化及焙烧，就可得到纯净的 Al_2O_3。

生产过程中发生的主要反应有

酸溶：$Al_2O_3 + 6HCl \Longrightarrow 2AlCl_3 + 3H_2O$

$\qquad Fe_2O_3 + 6HCl \longrightarrow 2FeCl_3 + 3H_2O$

水解：$2AlCl_3 + 6H_2O + 3CaCO_3 \Longrightarrow 2Al(OH)_3 \downarrow + 3CaCl_2 + 3CO_2 \uparrow + 3H_2O$

$\qquad 2FeCl_3 + 6H_2O + 3CaCO_3 \Longrightarrow 2Fe(OH)_3 \downarrow + 3CaCl_2 + 3CO_2 \uparrow + 3H_2O$

碱溶：$Al(OH)_3 + NaOH \Longrightarrow NaAlO_2 + 2H_2O$

碳化：$2NaAlO_2 + CO_2 + 3H_2O \rightleftharpoons 2Al(OH)_3\downarrow + Na_2CO_3$

焙烧：$2Al(OH)_3 \rightleftharpoons 3Al_2O_3 + 3H_2O$

以煤矸石为原料生产氧化铝的工艺流程如图 2-36 所示。

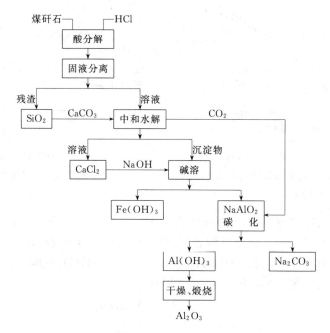

图 2-36　煤矸石生产氧化铝的工艺流程

（2）影响氧化铝生产的主要因素

① 酸浸条件　煤矸石粒度通过 $100\sim120$ 目筛，焙烧时温度控制在 (700 ± 50) ℃，焙烧时间 1h。盐酸浓度为 20％，酸浸温度为 100℃，酸浸时间为 1.5h，固液比为 $1:3.5$，Al_2O_3 溶出率可达 85％以上。

② 水解温度影响　碳酸钙作为 $AlCl_3$ 和 $FeCl_3$ 的水解促进剂，其反应机理为：

$$CaCO_3 + 2H^+ \rightleftharpoons Ca^{2+} + H_2O + CO_2\uparrow$$

该反应在室温下能够顺利进行，反应 60min 后 $FeCl_3$ 的水解率达 91.3％，$AlCl_3$ 的水解率达 87.7％，并且在 80℃以前随着水解温度升高，水解率也随之增大（见图 2-37）。固液比为 $1:10$；反应时间 60min。

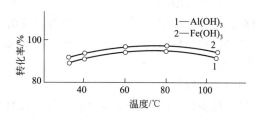

图 2-37　$Al(OH)_3$ 和 $Fe(OH)_3$ 转化率与反应温度之间关系

③ 碳酸钙用量的影响　从图 2-38 可以看出，当反应温度为 60℃时，固液比为 $1:10$，碳酸钙过量 100％（按化学反应方程式计量）。反应时间为 60min 后，它们已达到足够高的转化率，若再增加碳酸钙用量显然是不合理的。

④ 反应时间的影响　从图 2-39 可以看出，在反应温度为 60℃，固液比为 1:10，碳酸钙过量 100% 的条件下，反应时间为 80~100min，氢氧化铝和氢氧化铁转化率为最大。

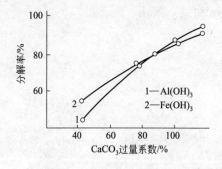 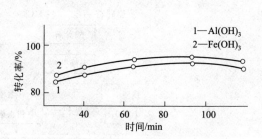

图 2-38　Al(OH)$_3$ 和 Fe(OH)$_3$
转化率与 CaCO$_3$ 过量系数之间关系
固液比 1:10，反应时间 60min，反应温度 60℃

图 2-39　Al(OH)$_3$ 和 Fe(OH)$_3$
转化率与反应时间之间的关系
固液比 1:10，反应温度 60℃，CaCO$_3$ 过量 100%

⑤ 固液比的影响　溶液中的水不仅作为溶剂，而且还参与 Fe^{3+} 和 Al^{3+} 的水解反应而生成 Fe(OH)$_3$ 和 Al(OH)$_3$，因此将随着固液比的降低，FeCl$_3$ 和 AlCl$_3$ 的水解率大为提高（图 2-40）。当固液比为 1:1 时，Al(OH)$_3$=85.5%，Fe(OH)$_3$=80%，而当固液比为 1:10 时，Fe(OH)$_3$=100%，Al(OH)$_3$=98.2%[29]。

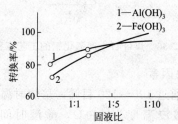

图 2-40　Al(OH)$_3$ 和 Fe(OH)$_3$ 转化率与固液比之间的关系
反应时间 80min，反应温度 60℃

2.2.3.4　生产氢氧化铝和氧化铝的新工艺

(1) 生产氢氧化铝和氧化铝新工艺的工艺流程

从煤矸石中制备 Al$_2$O$_3$ 及 Al(OH)$_3$ 产品的研究一直是煤矸石化工利用的一个热点。从煤矸石中提取氧化铝并用残渣直接煅烧硅酸盐水泥熟料，同时作废气、废液循环利用是煤矸石高附加值、低污染资源化综合利用的新工艺。在这一工艺过程中，氧化铝提取是至关重要的步骤。既要通过粉料制备、烧结和浸取工序，完成一系列的物理、化学变化，尽可能多地提取煤矸石中的氧化铝，又要使得残渣具有合适的化学和矿物组成，以实现其直接利用。

工艺流程如图 2-41 所示。

(2) 新工艺的主要影响因素及控制

对影响氧化铝提取过程的诸多因素进行研究和分析，寻求合理的工艺配方和工艺条件，是提高煤矸石中氧化铝的提取率的关键。

① 反应原料的配料　煤矸石-石灰石-纯碱混合粒化物料烧结过程的目的是使煤矸石中的 Al$_2$O$_3$ 与纯碱中的 Na$_2$O 结合，生成易溶于水的铝酸钠。考虑到提取氧化铝的残渣中保留适量的 Al$_2$O$_3$，故物料中 Al$_2$O$_3$ 与 Na$_2$O 的分子比可采用 1:1，并由此确定煤矸石与纯碱之间的配比。

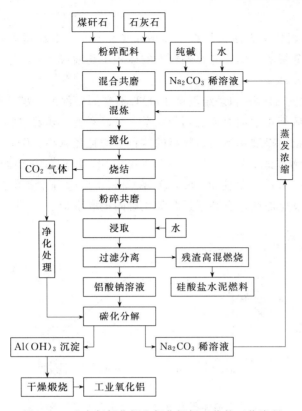

图 2-41　生产氢氧化铝和氧化铝新工艺的工艺流程

物料中 CaO 与 SiO_2 的分子比（钙硅比），对煤矸石-石灰石-纯碱烧结过程中的固相反应，特别是对铝酸钠的生成反应影响较大。图 2-42 描述了维持 Al_2O_3 与 Na_2O 分子比为 1 时，混合物料在 1000℃下烧结 80min 后，氧化铝的提取率随 CaO 与 SiO_2 分子比变化而变化的情况。当钙硅分子比较小，烧结过程中只有少量的 SiO_2 与 CaO 生成 $2CaO \cdot SiO_2$，大量游离的 SiO_2 一方面阻碍煤矸石中高岭石的分解，另一方面也可能消耗一部分 Na_2O 并生成 Na_2SiO_3，从而影响铝酸钠的生成，使 Al_2O_3 的提取率降低。随着钙硅分子比的增大，氧化铝的提取率提高，当钙硅分子比约为 2 时，提取率达到最大值，这显然与烧结物料中物质的结合状态有关。

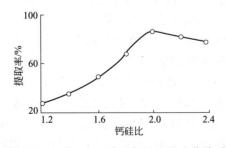

图 2-42　氧化铝提取率随钙硅比的变化关系

进一步提高钙硅分子比虽然能使烧结物料中的 $2CaO \cdot SiO_2$ 含量达到最大值，但同时也将使游离的 CaO 含量增加，从而促进 CaO 与 Al_2O_3 之间的反应，生成更多的 $CaO \cdot Al_2O_3$，消耗掉一部分 Al_2O_3，使氧化铝的提取率明显下降。所以烧结物料配方的钙硅分子比以 2 为适宜。

② 物料粒径　物料的比表面积与粒径大小和级配有关。对粉料颗粒群的粒径描述方法有很多，其中在筛分分析的基础上计算颗粒群的体积平均粒径 D_V，是一种较为常见的粉料粒径表示形式。

图 2-43 为烧结时间 80min 和烧结温度 1000℃不变的条件下，煤矸石、石灰石粉料体积平均粒径与物料烧结后氧化铝提取率之间的关系。可以看到，随着物料颗粒体积平均粒径的增大，煤矸石中氧化铝的提取率下降。物料的体积平均粒径越小，则其比表面积越大，烧结过程中固相反应的接触界面增大，反应的完全程度增加，因而氧化铝的提取率增大。此外，物料的体积平均粒径降低后，反应物 Na_2CO_3 在固相反应过程中扩散迁移的距离缩短，也使得烧结过程的固相反应加快，有利于提高氧化铝的提取率。

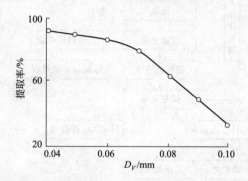

图 2-43　粉料体积平均粒径与氧化铝提取率的关系

物料的体积平均粒径下降，加速烧结过程固相反应另一个不容忽视的原因是，物料在机械加工过程中增大了颗粒的表面能，同时也造成了煤矸石、石灰石等物料颗粒晶格或内部结构的缺陷，不仅增大了颗粒表面与其他物质的反应倾向和反应速率，而且也提高了晶体本身的反应活性，降低了固相反应的开始温度。

由图 2-43 可知，要使氧化铝的提取率在 80%～85% 之间，煤矸石、石灰石粉料的体积平均粒径应在 0.06～0.07mm（即 200～270 目）范围内。

③ 烧结温度及时间　烧结温度的变化对煤矸石中氧化铝提取率的影响十分明显。从图 2-44 中可见，固定烧结时间为 80min 时，煤矸石中氧化铝的提取率随烧结温度的升高呈上升状态，并在大约 1040℃温度下达到极大值。这是因为烧结温度升高，煤矸石中高岭石的分解趋向完全、铝酸钠的生成反应加快，氧化铝的提取率增大。但当烧结温度超过 1040℃时，由于煤矸石中部分 Al_2O_3 与石灰石分解产生的 CaO 生成难溶的铝酸钙（$CaO \cdot Al_2O_3$）数量增大，使得氧化铝的提取率反而呈下降趋势。

保持烧结温度为 1040℃不变，测定不同烧结时间下煤矸石中氧化铝的提取率，得到图 2-45 所示的关系曲线。当烧结时间较短时，随着烧结时间的延长，煤矸石中的高岭石分解趋向完全，铝酸钠的生成量也逐渐增多，因而氧化铝的提取率不断上升。经过一定的烧结时间（约 80min）后，氧化铝的提取率随时间变化十分缓慢。这说明烧结过程的各种固相反应已经基本完成，铝酸钠的生成量不再增加，延长烧结时间只是使烧结过程中的一些新生矿物的晶体长大，而不能提高氧化铝的提取率。

值得指出的是，以水溶液的形式向物料中引入纯碱，不但提高了纯碱分散的均匀性，而且对烧结过程的固相反应有着重要的促进作用。因为，煤矸石中的高岭石分解并与 Na_2CO_3

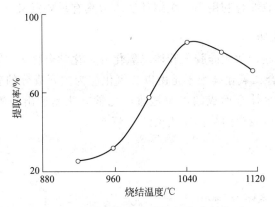

图 2-44 烧结温度与氧化铝提取率的关系

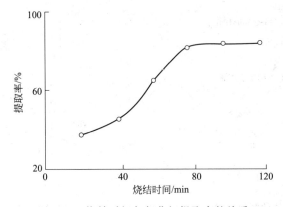

图 2-45 烧结时间与氧化铝提取率的关系

反应生成铝酸钠,这一反应是在基本没有液相参与的情况下进行的,因而反应的速度和完全程度取决于反应物 Na_2CO_3 在固相中的传质扩散迁移。以水溶液的形式引入 Na_2CO_3,煤矸石颗粒被 Na_2CO_3 溶液润湿并均匀包裹,且溶液还能沿着煤矸石颗粒本身的毛细孔、相界面及内部缺陷进一步渗透到其内部,水分蒸发后,Na_2CO_3 便均匀分布于粉体中,使得其扩散传质的距离缩短,速度加快,从而加速了烧结过程的固相反应,有利于提高氧化铝的提取率[18]。

2.3 煤系固体废物生产化工产品

2.3.1 煤系固体废物制备白炭黑

白炭黑即沉淀二氧化硅,是一种白色无定形微细粉状物,质轻且多孔,可用作制备橡胶的良好补强剂,其补强性能仅次于炭黑,若经超细化和恰当的表面处理后,甚至优于炭黑。用作稠化剂或增稠剂,制备油类、绝缘漆的调和剂,油漆的退光剂,电子元件包封材料的触变剂,荧光屏涂覆时荧光粉的沉淀剂,彩印胶版填充剂,铸造的脱模剂。加入树脂内,可以提高树脂防潮和绝缘性能。填充在塑料制品内,可以增加抗滑性和防油性。填充在硅树脂中可以制成耐 200℃ 以上高温的塑料。在造纸工业中可以作为填充剂和纸的表面配料;还可以用作杀虫剂及农药的载体或分散剂、防结块剂以及液体吸附剂和润滑剂。利用煤系固体废物制备白炭黑对于提高资源综合利用率、缓解环境压力具有重要意义。

2.3.1.1　白炭黑的性质

白炭黑又叫二氧化硅、微粒硅胶、胶体二氧化硅。化学名称为水合二氧化硅，分子式为$SiO_2 \cdot nH_2O$。这些水合二氧化硅绝不是由以二氧化硅为主要成分的矿物石类通过机械粉碎后，再通过物理方法与水拌合而成的，而是通过化学方法制造出来的，其制取工序见图2-46。胶体二氧化硅——白炭黑的结构模式见图2-47[30]。

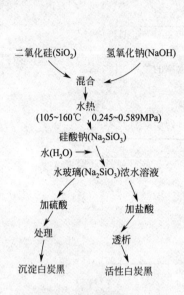

图 2-46　白炭黑的制取工序

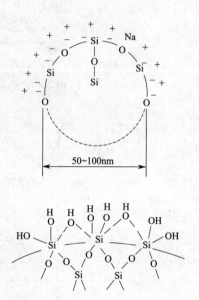

图 2-47　白炭黑的结构模式

从白炭黑制取工序中可以看出，二氧化硅到白炭黑的转变过程中有一个重要的中间产物——水玻璃。水玻璃按模数可分为中性水玻璃，其模数大于3（即$SiO_2/Na_2O>3$）；碱性水玻璃，其模数小于3（即$SiO_2/Na_2O<3$）。水玻璃的模数可以调整，要提高模数需向水玻璃中加入硅胶，加入苛性钠可以降低模数。有了水玻璃，只要将其进行酸化处理便可得到白炭黑。通常是用硅石粉与烧碱在一定条件下制取水玻璃。

2.3.1.2　白炭黑的制备方法

（1）煤矸石生产白炭黑

① 生产原理及方法　煤矸石中所含的元素可达数十种，其主要成分是Al_2O_3和SiO_2，另外还含有Fe_2O_3、CaO、MgO、K_2O以及磷、硫的氧化物和微量的稀有金属元素。由于煤矸石中SiO_2和Al_2O_3的平均含量较大，一般在$40\%\sim60\%$和$15\%\sim30\%$之间；同时在一定焙烧温度下，煤矸石中原来的结晶相大部分分解为无定形态，活性大大提高，为从煤矸石中提取白炭黑奠定物质和化学反应基础。

生产方法一般有碳化法、燃烧法和沉淀法三种。前两种方法存在所需设备较多、操作复杂、成本较高等问题，沉淀法（即酸性硅溶胶两步法）是以煤矸石制取白炭黑的主要工艺路线。这种方法不需要像碳化法那样高的温度和诸多的生产设备，也不需要像燃烧法那样需经过压缩和高温水解等复杂过程，反应条件易控制，操作简单，成本低，经济效益好。

将煤矸石破碎、焙烧、酸溶、过滤后，滤液中的氯化铝经过浓缩、结晶、热解、聚合、固化、干燥等过程制成聚合氯化铝；而滤渣中的二氧化硅通过碱浸（与 NaOH 反应）就可制成水玻璃，然后以水玻璃和无机酸为原料，按一定计量比，在适当的温度下，经过一定时间使两者完全反应而制取白炭黑产品，其反应方程式为：

$$Na_2SiO_3 + 2HCl == H_2SiO_3 + 2NaCl$$
$$mH_2SiO_3 == mSiO_2 \cdot mH_2O$$

因此，超微细沉淀法（酸性硅溶胶两步法）制取白炭黑的工艺过程：煤矸石经煅烧、酸溶等制备出水玻璃；然后在已形成的二氧化硅晶核粒子的母液中，加入酸溶胶，在碱性条件下，酸性硅溶胶解聚的单体硅酸通过 OH^- 的催化作用，在二氧化硅晶核或粒子表面与之发生缩聚反应，使二氧化硅粒子逐渐长大。当反应介质中盐酸超过一定浓度时，粒子开始形成聚集体，若继续加入活性二氧化硅，对聚集体进行补强，就可使其形态稳定。

② 影响煤矸石生产白炭黑的主要因素及控制

1）焙烧温度。煤矸石中硅、铝的浸取率直接影响到水玻璃的质量，进而影响到白炭黑的质量，因此煤矸石的活化是十分关键的步骤。煤矸石的最佳焙烧温度应在 650～750℃ 之间，在此区间煤矸石大量脱水、脱炭，生成游离状态的 SiO_2 和 Al_2O_3，活性最高。温度过低，活化不完全；温度过高，又会重新生成新的结晶相而使活性急剧下降。

2）焙烧时间。焙烧时间对熟料活性的影响相对较小，当焙烧时间达到 2h 后，浸取率增加缓慢，焙烧时间越长，耗能越多，成本越高，因此焙烧时间控制在 2～2.5h 为宜。

3）煤矸石的粒度。在焙烧之前，煤矸石的粒度需要控制，以保证焙烧效果，并节省焙烧时间。焙烧之后的熟料粒度更需要控制，此时熟料粒度越细，进行酸溶、碱浸反应时固液两相接触面积越大，浸取率越高。但粒度过细，渣液分离困难，同时破碎设备所消耗的电能大大提高，综合考虑，熟料粒度控制在 60 目左右为宜。

4）反应温度。在晶核生成的过饱和范围内，升高温度，能使继续增大的质点尺寸变小，因而聚集体原生粒径小。而且高温能增大聚集速度，增加高能簇团的总数，使得大簇团之间相互有效碰撞形成更大的聚集体概率增大。因此高温下生成的聚集体结构疏松，原生粒径小，比表面积大，活性高。而在低温时，原生粒径大，且较大簇团易动性较差，聚集过程主要为小粒子与簇团之间逐渐变化，结果形成紧密且坚实的聚集体，活性低，补强性差。但温度也不能太高，否则成核速度快，生成的晶核又极小，质点表面张力降低，在溶液中分散性增强，从而抑制了质点的增长。反应温度一般控制在 50～90℃ 为最佳。

5）溶液的 pH 值。酸性条件下，二氧化硅不可能完成成核及粒子增长反应，它只能形成一种被称为聚硅酸的低分子聚合物，在 pH 值为 5～7 时，溶胶粒子极易聚结成凝胶。pH 值小于 8，不易制得沉淀白炭黑，而 pH 值大于 10.5 时，溶胶部分解聚为硅酸盐离子，在 pH 值为 8～10 时所得产品性能最好。

6）陈化条件。陈化的目的是使系统里的溶胶粒子均匀化。一般情况下，陈化条件对产品的品质有较大影响。在 80℃ 以上沸腾并保温 0.5～2h 效果最佳。

7）加酸速度。利用盐酸与水玻璃反应来制备酸性硅溶胶的过程中，加酸速度是控制参数中的一个非常重要的指标。加酸速度慢，则同一时间内晶核生成数量少，随着酸的加入，新核不断产生，溶液中晶核增长过程不同，因而导致原生粒径很不均匀，从而影响产品质量。若加酸速度过快，则晶核生成速度太快，大量的晶核来不及增长，结果同样得到大量细小的质点交联而成的凝胶。因此加酸速度以控制反应时间为 0.5～1.0h 为宜。

③ 白炭黑的质量　用煤矸石为原料采用超微细沉淀法，以上述较佳操作条件，生产了

水玻璃，然后可进一步制取白炭黑产品。

生产的白炭黑的性质指标列于表 2-12。由表中数据可以看出，以煤矸石为原料制取的白炭黑，其质量指标除挥发分略超一点外，其他各项指标均达到了部颁标准 HG-1-125-64 或企业标准。

表 2-12　白炭黑产品质量

项　　目	数　　值	部颁标准 HG-1-125-64	备　　注
SiO$_2$ 含量/%	87.2	≥86	
游离水分/%	5.0	≤6	150℃恒重
挥发分/%	13.2	≤13	950℃恒重
pH 值	6.8	6～8	
相对密度/g·mL^{-1}	0.24	0.25	
吸油值/mg·g^{-1}	3.2		企业标准为 2.6～3.5

(2) 粉煤灰生产白炭黑

① 生产原理　粉煤灰中所含的二氧化硅是煤粉中的黏土质矿物熔融并以液滴状态排出炉外，在排出炉外时经过急速冷却而形成的微细活性微粒，由于其比表面积大，所以其参加化学反应的活性要比天然硅石粉碎的粉末状微粒的活性要强。因此，用粉煤灰制取白炭黑是完全可行的。

粉煤灰的主要物相为莫来石和二氧化硅，所需组分主要存在于这些惰性物质晶格中而不易被提取，所以粉煤灰活化就成为关键。碱熔活化即是将粉煤灰中的硅铝物质在碳酸钠助熔作用下反应生成活性物质硅铝酸钠。硅铝酸钠再与高浓度盐酸溶液在一定温度下反应，反应结束后进行过滤。过滤后的硅铝溶液置于恒温水浴中进行溶胶-凝胶转变，其中 Si 以水合 SiO$_2$ 的形式沉积下来，Al 则以离子形式留在溶液中。沉淀物经洗涤、干燥得到白炭黑产品。反应方程式如下[31]：

$$3Al_2O_3 \cdot 2SiO_2 + 4SiO_2 + 3Na_2CO_3 \longrightarrow 6NaAlSiO_4 + 3CO_2$$
$$NaAlSiO_4 + 4HCl \longrightarrow H_4SiO_4 + AlCl_3 + NaCl$$
$$H_4SiO_4 \longrightarrow H_2SiO_3 + H_2O$$
$$mH_2SiO_3 \longrightarrow mSiO_2 \cdot nH_2O + (m-n)H_2O$$

② 制备方法　以粉煤灰为原料制取白炭黑主要有气相法、沉淀法、浸出法、熔出法、煅烧法等。下面是各种方法的主要内容及优缺点介绍[32]。

1) 气相法。气相法主要是通过一定反应将粉煤灰中的硅以气体形式挥发出来，然后利用特定溶液进行水解制取白炭黑。通常利用的是粉煤灰与氟化钙反应生成的 SiF$_4$ 气体。其原理是先对粉煤灰进行焙烧，焙烧物与氟化钙和浓硫酸在加热条件下进行反应。生成的 SiF$_4$ 气体在乙醇溶液中水解，最后将水解沉淀物烘干即得白炭黑产品。反应式如下：

$$SiO_2 + 2CaF_2 + 2H_2SO_4 \longrightarrow SiF_4 \uparrow + 2CaSO_4 + 2H_2O$$
$$3SiF_4 + (n+2)H_2O \longrightarrow SiO_2 \cdot nH_2O + 2H_2SiF_6$$

用乙醇溶液作水解液，通过酸解和水解制备白炭黑，方法简单，有利于提高生产效率，节约成本。但如何更好地控制酸解及水解速率并且提高液体对气体的吸收率需要进一步研究。

另一种气相法是将浓硫酸滴入经油浴加热的白炭黑粗产品和氟化钙混合物中使形成气体，并将气体导入由氨水和分散剂组成的溶液中进行水解，制备硅酸铵和氟硅酸铵，然后加入浓氨水使白炭黑析出，再经洗涤、干燥、灼烧等制备白炭黑。与前一种气相法相比，该法的不同之处只是所用水解液成分不同。此种气相法过程较前者稍烦琐，而且更容易引入杂质，成本也相对高一些。

还可以将反应产生的 SiF_4 气体先与水蒸气结合，然后再进行水解制备白炭黑，反应式如下：

$$SiO_2 + 2CaF_2 + 2H_2SO_4 \longrightarrow SiF_4 \uparrow + 2CaSO_4 + 2H_2O$$

$$3SiF_4 + (n+2)H_2O \longrightarrow SiO_2 \cdot nH_2O + 2H_2SiF_6$$

此种方法制备的白炭黑质量上不如前种方法，但流程短，所需试剂只有硫酸和氟化钙，若加以改进，对于降低气相法的成本有重大意义。

2）沉淀法。沉淀法生产白炭黑的研究起步较早，相对较成熟，但以粉煤灰为原料的研究并不多，且产品质量较国外同类产品还存在差距。其具体过程如下：粉煤灰＋NaOH（水热）→硅酸钠＋水→水玻璃＋硫酸→凝胶→酸化→洗涤过滤→喷雾干燥→白炭黑。

本法制得的产品纯度不是很高，且工艺流程较为复杂，成胶过程及酸化过程条件不易控制，需要用压滤机及压缩空气，生产过程有些烦琐。

3）浸出法。浸出包括酸浸出、碱浸出和酸碱联合浸出，是将粉煤灰或经处理过的粉煤灰在酸性或碱性溶液中浸出或综合浸出，最终将其中的硅元素转变为白炭黑。

a. 酸浸出。酸浸出主要用盐酸将粉煤灰中的硅元素转变为硅酸或将粉煤灰中的氧化铝等杂质溶解去除。

先将粉煤灰与烧碱混合进行灼烧激活，然后与盐酸反应，上清液静置陈化，固相即为水和二氧化硅。具体过程如下：粉煤灰＋NaOH（550℃保温1h）→酸浸（HCl）→过滤→上清液→陈化→水合二氧化硅→洗涤→干燥→白炭黑。

此法工艺简单，操作容易，但酸浸过程及陈化过程易引入杂质，洗涤过程并不能将杂质很好地去除，因此会影响产品纯度。

如果先利用酸和氟化铵将粉煤灰中的氧化铝去除，再将残渣与烧碱进行碱分解，使没有溶解的 SiO_2 转变为水玻璃，然后加入盐酸陈析得到白炭黑。这样将提高粉煤灰中氧化铝的溶解率，并有利于除杂。

b. 碱浸出。碱浸出是将粉煤灰在碱性溶液中进行浸出除去杂质，回收有用元素硅。具体过程如下：粉煤灰＋烧碱→常压浸出→过滤→滤液→一次碳分→过滤→滤液→二次碳分→过滤→碳分渣→洗涤→烘干→白炭黑。

滤渣进一步处理制备 Al_2O_3。本法第一步碱浸先除去粉煤灰中含量较多的氧化铝，然后通过两次碳分提高滤液中二氧化硅的回收率。碳分后的溶液经处理后再次用于浸出，不仅产品纯度高，所用试剂还可循环利用。碱浸渣用于制备氧化铝，总体来说此法对资源的综合利用有一定价值。

c. 酸碱联合浸出。先对粉煤灰进行酸碱两步浸出，浸出渣与碳酸钠混合焙烧，之后再进行二次酸浸法制备白炭黑。具体过程如下：粉煤灰→酸浸→过滤→碱浸→过滤→滤渣→加纯碱→焙烧→二次酸浸→过滤→滤渣→白炭黑。

本工艺有两步可以制取白炭黑，其中碱浸后所得的白炭黑品质上较二次酸浸后的要高。这种两次酸浸、酸碱浸出相结合的方法大大提高了有用元素的浸出率，且生产过程基本没有污染，是一种较好的方法。

4）熔出法。熔出法的原理主要是将粉煤灰与碳酸钠混合煅烧熔出后，把其中的惰性物质莫来石二氧化硅等活化为活性物质硅铝酸盐，然后再用盐酸浸出法制备白炭黑，具体过程如下：粉煤灰＋Na_2CO_3→煅烧→磨碎→灼烧→盐酸溶解→过滤→滤液陈化→过滤→烘干→白炭黑。

5）煅烧法。先将粉煤灰与碳酸钠混合煅烧，然后用盐酸转化成硅胶，洗涤后再对胶体进行煅烧得到产品白炭黑。本法工艺简单，生产过程无污染，产品纯度很高，具有很好的发展前景。

2.3.1.3　白炭黑的改性

煤系固体废物生产的白炭黑是亲水性的，可以通过白炭黑改性的方法以提高其疏水性，扩大其使用的范围。

白炭黑改性的基本原理是将亲水性白炭黑表面含有的大量羟基基团与含有活性官能团的物质，在适当条件下发生脱水缩合反应，使非极性的基团取代羟基而形成疏水的表面。

硅烷偶联剂类疏水剂是常用的白炭黑改性剂，改性过程中发生的主要反应主要有硅烷偶联剂水解、表面键合和缩合反应等。通过改性，白炭黑的疏水率提高 1/3[33]。

2.3.2　煤系固体废物生产沸石分子筛

2.3.2.1　概述

（1）分子筛性能及应用

分子筛属于无机笼状化合物，是一种微孔型的具有骨架结构的晶体。分子筛的骨架中有大量的水，一旦失水，其晶体内部就形成了许许多多大小相同的空穴，空穴之间又有许多直径相同的孔道相连。分子筛具有均匀微孔，孔径大小与一般分子直径相当。从结构上看，硅、铝、氧原子构成其三维骨架，金属阳离子分布其间平衡电荷。脱水的分子筛具有很强的吸附能力，能将比孔径小的物质的分子通过孔吸到空穴内部，而把比孔径大的物质分子拒于空穴之外，从而把分子大小不同的物质分开，正因为它具有筛分分子的能力，所以称为分子筛。

正是由于分子筛的微孔结构、较大的静电场和可逆的离子交换能力，使得它对气、液体分子的大小、极性差异表现出选择性吸附，从而广泛应用于工业、农业、环保等部门的气、液体的干燥、分离和提纯。

（2）沸石分子筛及分类

在生产中最常用的分子筛是沸石分子筛。沸石分子筛的基本结构单元是硅氧四面体和铝氧四面体按一定方式连接而形成基本骨架——四元环和六元环，再以不同的方式连接成立体的网格状骨架。骨架的中空部分（即分子筛的空穴）称作笼。

由于铝是＋3价的，所以铝氧四面体中有一个氧原子的负电荷没有得到中和，这样就使得整个铝氧四面体带有负电荷。为了保持电中性，在铝氧四面体附近必须有带正电荷的金属阳离子来抵消它的负电荷，在制备分子筛时，金属阳离子一般为钠离子。钠离子可用其他阳离子交换。

将胶态 SiO_2、Al_2O_3 与四丙基胺的氢氧化物水溶液于高压釜中加热至 $100\sim200℃$，再将所得的微晶产物在空气中加热至 $500℃$，烧掉季铵阳离子中的 C、H 和 N 并转化为铝硅酸盐沸石的方法，是人工制备沸石分子筛的主要工艺。

由于其晶型不同和组成硅铝比的差异而有 A、X、Y、M 型号；又根据它们孔径大小分别叫作 3A、4A、5A、10X 等。

　　① A 型分子筛　A 型分子筛的结构见图 2-48。在立方体的八个顶点被称之为 β 笼（β 笼的骨架是一个削去全部 6 个顶点的八面体）的小笼所占据。8 个 β 笼围成的中间的大笼叫做 α 笼。α 笼由 6 个八元环、8 个六元环和 12 个四元环所构成。小于八元环孔径（420pm）的外界分子可以通过八元环"窗口"进入 α 笼（六元环和四元环的孔径仅为 220pm 和 140pm，一般分子不能进入 β 笼）而被吸附，大于八元环孔径的分子进不去，只得从晶粒间的空隙通过。于是分子筛就"过大留小"，起到筛分分子的作用。

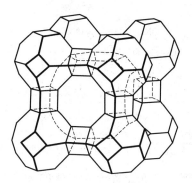

图 2-48　A 型分子筛

　　② X 型分子筛和 Y 型分子筛　X 型分子筛和 Y 型分子筛具有相同的硅（铝）氧骨架结构（图 2-49），只是人工制备时使用了不同的硅铝比例而分别得到了 X 型和 Y 型。X 型分子筛组成为 $Na_{86}[(AlO_2)_{86}(SiO_2)_{106}] \cdot 264H_2O$，理想的 Y 型分子筛的晶胞组成为 $Na_{56}-[(AlO_2)_{56}(SiO_2)_{136}] \cdot 264H_2O$。

　　X 型分子筛和 Y 型分子筛的孔穴被叫做八面沸石笼，见图 2-50。

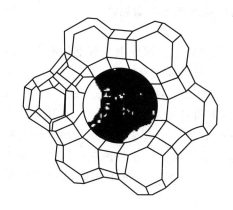

图 2-49　X 型分子筛和 Y 型分子筛的
硅（铝）氧骨架结构

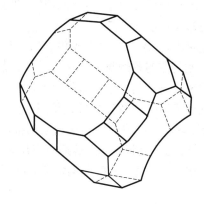

图 2-50　X 型分子筛和 Y 型分子筛的孔穴结构

2.3.2.2　利用煤矸石生产沸石分子筛

　　（1）利用煤矸石制备 4A 分子筛

　　目前，应用范围较广、应用量较大的 A 型分子筛主要有 3A、4A、5A 和富氧 5A 型，称为 A 型系列分子筛。在组织生产时，首先低温水热制备 4A 分子筛，然后对 4A 分子筛进行不同的离子交换，即可生产出 3A、5A 和富氧 5A 型分子筛，制备出高质量的 4A 型分子筛是生产 A 型系列分子筛的基础和关键，也是整个工艺中的技术难点。

① 4A 分子筛的结构、特性及用途　4A 分子筛，即 4 Angstrom Molecular Sieves，缩写为 4AMS，其化学式为 $Na_2O \cdot Al_2O_3 \cdot 2SiO_2 \cdot 4.5H_2O$，单位晶胞组成为 $Na_{12}(Al_{12}Si_{12}O_{48}) \cdot 27H_2O$，因此也称铝硅酸钠。其化学组成为 Na_2O 17%、Al_2O_3 28%、SiO_2 33%、H_2O 22%。

4AMS 是具骨架结构的铝硅酸盐晶体，其最基本的结构单位是硅氧四面体和铝氧四面体，四面体通过"氧桥"相互连接，便构成三维骨架孔穴，称为腔。其结构单元如图 2-51 所示。

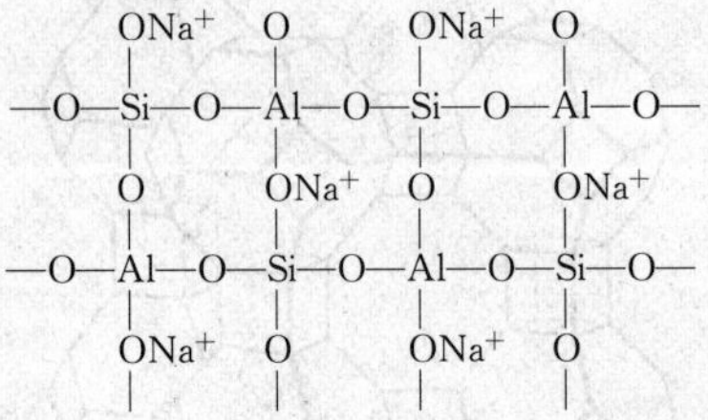

图 2-51　4A 分子筛的基本结构单元示意

硅（铝）氧四面体组成 β 笼，将 β 笼置于立方体的 8 个顶点位置上，用单四元环相连接，8 个 β 笼连接后在中心形成 1 个 α 笼，即构成 A 型沸石分子筛的骨架结构。在 1 个 α 笼周围有 8 个 β 笼、12 个立方体笼和 6 个 α 笼。α 笼和 β 笼通过六元环相沟通，α 笼之间通过八元环相沟通。八元环是 A 型沸石分子筛的主通道，有效孔径为 0.42nm。由于在八元环上 Na^+ 分布偏向一边，阻挡了八元环孔道的一部分，使得八元环的有效孔径变小为 0.4nm（4Å，$1Å=10^{-10}$ m），所以称其为 4A 沸石或 4A 沸石分子筛。

4A 分子筛是一种人工制备沸石。在矿物学上，它属于含水架状铝硅酸盐类，其内部结构呈三维排列的硅（铝）氧四面体，彼此连接形成规则的孔道。通道孔径为 4.12Å 的分子筛常简称 4A 分子筛。

近年来，4A 分子筛在我国石油、化工、冶金、电子技术、医疗卫生等部门有着广泛的应用，尤其在制备洗涤剂领域，随着人们环保意识的逐渐增强，易导致水体产生富营养化污染的传统洗涤助剂三聚磷酸钠（$Na_5P_3O_{10}$）正逐步被限用或禁用，4A 分子筛作为传统洗涤助剂三聚磷酸钠的替代品日益受到人们重视，需求量不断增加。然而，工业上利用化工原料制备 4A 分子筛因成本太高而给它的推广使用带来一定困难。近年来，利用优质高岭土制备 4A 分子筛的研究将 4A 分子筛的应用推进了一大步，但优质高岭土目前在我国同样是供不应求。因此，选择廉价的 4A 分子筛制备原料成为目前推广 4A 分子筛应用的重要影响因素[37]。

传统的沸石分子筛生产，大都采用 $Al(OH)_3$、NaOH 和 $Na_2SiO_3 \cdot H_2O$ 等化工原料低温水热制备的方法。由于原料成本高、生产工艺复杂等原因，阻碍了分子筛应用范围的扩大。

煤矸石可能作为沸石制备原料使用。煤矸石的矿物成分主要是高岭石，是一种较为纯净的高岭石泥岩，含有制备沸石所必备的成分 Al_2O_3、SiO_2 及少量 Na_2O，经过适当处理，采用合适的工艺条件，可以制备出合格的沸石晶体。以煤矸石中的高岭岩（土）等铝硅酸盐矿物为主要的铝源、硅源，调整补充适量的 $Al(OH)_3$ 和 $Na_2SiO_3 \cdot H_2O$，与 NaOH 等低温水热制备 A 型和 X 型系列分子筛，以其丰富、廉价的原料，简单的工艺流程和低廉的成本，具有较强的竞争力。

② 原料煤矸石的选择　我国煤矿资源分布时代较广,从古生代的石炭系、二叠系到中生代的三叠系、侏罗系都有煤层分布。各煤层中煤矸石的种类也不都相同,并不是所有煤层中的煤矸石以及所有种类的煤矸石都可以用来制备 4A 分子筛。能够用来制备 4A 分子筛的煤矸石应具备以下两个特征:其一,在矿物组成上,以高岭石为主,含量在 90% 以上,其他有害杂质含量较低;其二,在形成时代上,以石炭系、二叠系煤层中的煤矸石制备效果达到最佳。因为形成时代早,在煤层的成岩过程中,煤矸石都经过重结晶作用,形成的煤矸石具有质地致密、成分较纯等优点。因此,制备 4A 分子筛时宜选用石炭系、二叠系煤层中的硬质黏土煤矸石。

③ 煤矸石生产沸石分子筛的工艺流程　根据煤矸石本身自然特征,用它作原料制备 4A 沸石的工艺流程如图 2-52 所示。

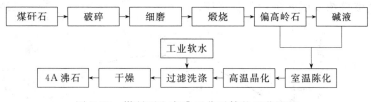

图 2-52　煤矸石生产沸石分子筛的工艺流程

将煤矸石先经过煅烧,成为活性高岭土,然后加入 NaOH 溶液与之反应,晶化,最后过滤、洗涤、干燥即得 4A 分子筛成品[34,35]。

1) 煤矸石的破碎和细磨。用颚式破碎机将煤矸石粉碎后再送入球磨机进行球磨直到产品能够通过 320 目筛子为止。这样小的固体原料颗粒使原料具有极大的比表面积,能够提高固液反应的接触面积。

2) 煤矸石的煅烧。在采用煤矸石制备 4A 分子筛之前,应预先对煤矸石进行煅烧,通过煅烧可以清除煤矸石中的碳和有机质,提高制备原料的白度。要使煅烧产物能够满足制备 4A 分子筛的要求,煅烧时应控制如下一些因素。

a. 煅烧温度:煅烧温度主要取决于高岭石的失水温度以及碳和有机质的分解温度。根据高岭石的差热分析曲线特征,550℃开始矿物结构破坏逸出羟基水,在 970℃左右形成新的矿物相。因此,要使煤矸石中的高岭石充分转化,煅烧温度必须控制在 550～970℃之间。煤矸石中的碳以有机碳、无机碳和石墨三种形式出现,各自对应的分解温度分别为 460～490℃、620～700℃以及 800～840℃。因此,要使煤矸石中的碳完全分解,煅烧温度应控制在 840℃以上。结合高岭石、碳两方面的因素确定,煤矸石的煅烧温度在 850～950℃范围内最为适宜,恒温时间一般为 6～8h。

b. 煤矸石煅烧的气氛:煤矸石在煅烧时,只有保持氧化气氛才能使其中的碳分解,即煅烧体系应始终是一开放体系,有充足的氧气供给,这一点在工业窑炉中常难以控制。目前,煅烧煤矸石的方法主要有煤煅烧、煤气煅烧和天然气煅烧等几种方式,其中以煤气煅烧、天然气煅烧最有利于气氛的控制。

c. 煤矸石中易熔组分 (K_2O+Na_2O) 的影响:K_2O+Na_2O 是易熔组分,在煅烧时容易导致产物产生固结,造成工业生产上的"结窑"。因此,煤矸石中的全碱 (K_2O+Na_2O) 含量应注意控制,一般说来不宜高于 5%,越低越好。

d. 煅烧煤矸石白度的提高:对于制备的 4A 分子筛,其应用领域常对白度有一定要求,如作洗涤助剂的 4A 分子筛,对白度要求就相当高。这就要求制备的原料应具备相当高的白度。对于沉积成因的煤矸石，由于其中影响白度的杂质主要是 Fe_2O_3、TiO_2，在煅烧过程中导致产物发黄、发灰，如不对其进行预处理，煅烧产物的白度常达不到要求。采用食盐与腐殖酸混合作增白剂，增白效果显著，可达 5 度左右。

3）反应碱液的浓度。碱浓度的大小决定反应的速度和产物的质量。一般说来，碱浓度越大，反应速率越快。但产物中无效组分羟基方钠石（$4Na_2O \cdot 3Al_2O_3 \cdot 6SiO_2 \cdot H_2O$）含量增大，4A 分子筛有效组分减少，产品的性能变差。

碱液浓度对分子筛制备反应的影响还可从 Ca^{2+} 交换能力的角度加以研究。碱液浓度不能过大，否则容易发生晶型转变或变成羟基方钠石，影响产品质量。碱液浓度在 $0.09\sim$ $0.13g \cdot mL^{-1}$ 范围内，4A 沸石产品晶体颗粒均较小。图 2-53 表示碱液浓度和 Ca^{2+} 交换能力之间的关系。从图 2-53 中可以看出，碱液浓度在 $0.10\sim0.12g \cdot mL^{-1}$ 之间时，Ca^{2+} 交换能力较大。可选取该浓度区间进行制备反应。

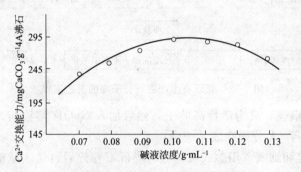

图 2-53　碱液浓度和 Ca^{2+} 交换能力的关系

4）固液比。固液比指的是煤矸石焙烧粉样（偏高岭石粉）和 NaOH 溶液的配料比例。在 NaOH 溶液浓度一定时，其溶液用量（容积）多少也直接影响 4A 沸石分子筛的制备质量。在制备 4A 分子筛过程中，固液比的大小对制备的速度、产品的性质也有较大的影响。若固液比过小，则制备后 NaOH 过量，导致制备的 4A 分子筛向羟基方钠石转化，降低产物的有效性能；反之，若固液比太大，则又不能保证煅烧土完全反应。因此应采取合适的固液比。

图 2-54 表示固液比和 Ca^{2+} 交换能力的关系。可以看出，当固液比在 $0.24\sim0.40$ 范围内时，生成的沸石晶体颗粒较小。随着固液比的增大，4A 沸石 Ca^{2+} 交换能力也增强。但固液比超过一定数值后，Ca^{2+} 交换能力开始下降。因此选定 $0.28\sim0.36$ 作为制备反应的最佳固液比。

5）制备温度及时间。沸石制备过程中，制备晶化温度作为一个重要因素不容忽视。晶化温度不宜过低，否则晶化过程太慢；也不宜过高，因为 4A 沸石在热力学上属亚稳体系，容易转变成羟基方钠石，影响产品的纯度。

从表 2-13 可以看出晶化温度对晶化时间及沸石 Ca^{2+} 交换能力的影响。可见在晶化过程中提高晶化温度可加快结晶进程，缩短晶化时间。在 60℃ 下晶化可获得的沸石的 Ca^{2+} 交换能力较大，但需要 24.5h 左右；在 80℃ 以下晶化时间可缩短至 6.5h，但 Ca^{2+} 交换能力稍有降低；在 100℃ 下晶化时，只需 4.5h，但 Ca^{2+} 交换能力明显低于 60℃ 时的数值。

因此，制备晶化温度、时间的选择应综合考虑，一般以 $85\sim90$℃ 制备温度、恒温时间 10h 效果较好。

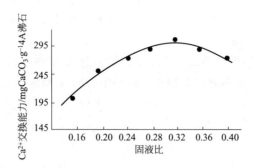

图 2-54　固液比和 Ca^{2+} 交换能力的关系

表 2-13　晶化温度对晶化时间和 Ca^{2+} 交换能力的影响

晶化温度/℃	晶化时间/h	Ca^{2+} 交换能力/mgCaCO$_3$ · g^{-1}4A 沸石
60	24.5	302
80	6.5	294
100	4.5	289

6）制备产物的分离。4A 分子筛在中性或弱碱性介质中较稳定，在强酸或强碱性溶液中则不稳定，结构易遭到破坏。在制备 4A 分子筛的母液中，一般碱度较高，因此制备的 4A 分子筛应及时分离，否则，随着时间的增长，4A 分子筛会转化为羟基方钠石，影响产品性能和制备效果。

（2）利用煤矸石制备 Y 型沸石

以煤矸石为原料，采用导向剂法可以制备 Y 型沸石。

Y 型沸石是一种重要的石化催化剂，40 多年前就已应用于硫化催化裂化及加氢裂化。与别的催化剂相比，它具有高的稳定性及产物选择性，可大幅度提高汽油产率及辛烷值。目前，其生产工艺主要是化工原料法，但此法成本较高，所以，以储量大且成本低的煤矸石生产 Y 型沸石，是一条经济、环保的技术路线。

① 煤矸石生产 Y 型分子筛的原理与工艺　煤矸石原料是含有有机杂质的煤系高岭岩，经高温焙烧，不仅可脱除有机杂质，且可提高原料的反应活性。焙烧温度一般在 700℃ 左右，在此条件下，煤矸石发生的化学变化为：

$$Al_2O_3 \cdot 2SiO_2 \cdot 2H_2O \longrightarrow Al_2O_3 \cdot 2SiO_2 + 2H_2O$$

这样就使活性低的高岭石结构转变为高活性的偏高岭石结构。焙烧温度超过 1000℃ 时，则偏高岭石结构又转变为尖晶石结构，其化学变化为：

$$2Al_2O_3 \cdot 4SiO_2 \longrightarrow Al_4Si_3O_{12} + SiO_2$$

原料中的 Si、Al 就失去了反应活性，特别是分解生成的 SiO_2。

总的制备工艺流程可表示为：[（煤矸石→粉碎→焙烧）+碱液+水玻璃+导向剂]→陈化→晶化→过滤、洗涤→产品。

在补加导向剂之后，原料配比为 $(1.0～2.8)Na_2O：Al_2O_3：(3.0～8.2)SiO_2：(70～100)H_2O$ 的产品的过滤和洗涤可同时进行，一般洗到 pH 值在 8～9 为宜。

煤矸石一般粉碎至 325 目左右。焙烧实质上就是其脱炭及活化的过程，活化后煤矸石粉的 SiO_2/Al_2O_3 在 2 左右，而一般制备 Y 型沸石时该比值需调到 6～10，所以需添加部分硅源，如液态水玻璃。添加一定量的碱液和导向剂后，体系进入陈化，即预晶化阶段。晶化过程中温度控制在 95℃ 左右，一般需 18～24h 完成。产品的过滤和洗涤可同时进行，一般洗到 pH 值在 8～9 为宜。过滤洗涤后产品为白色粉末，粒径在 $4\mu m$ 左右。

② Y 型沸石制备影响因素

1）导向剂。导向剂是生成高结晶度及晶相单一的 Y 型沸石的重要条件，它在沸石制备中起结构导向作用。不加导向剂很难制备出晶相单一的 Y 型沸石。

常采用的导向剂配比为 $16Na_2O：Al_2O_3：15SiO_2：320H_2O$。在使用不同量的导向剂时，结晶相在相同时间下的晶化度见图 2-55。结果表明，导向剂的添加量是影响沸石晶化速度及晶化结果的重要因素。导向剂量不足时，不仅有 P 型沸石，而且 Y 型沸石的结晶度很低；当量达到反应体系总体积的 10％ 时，产品的晶化速率基本恒定。

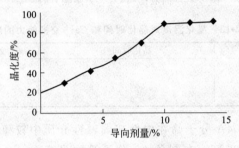

图 2-55　导向剂量与产物结晶度的关系

2）碱度。碱度是影响沸石制备的制备速度、产物硅铝比及粒度大小的重要因素。它主要是控制硅酸根离子的状态及体系中各组分平衡状态的位置。不同碱度下 Y 型沸石晶化的结果，见图 2-56。由图可知，适宜的碱度是保证沸石晶化速度的重要因素，碱度过高，Y 型沸石的晶化度下降，这主要是因为高碱度下 P 型沸石生成。不同碱度下产物的硅铝分析结果，见图 2-57。由图可知，随着晶化碱度的提高，产物的硅铝比逐渐降低。

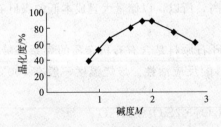

图 2-56　晶化碱度与产品结晶度的关系

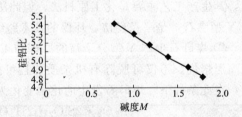

图 2-57　碱度与产物硅铝比的关系

3）陈化时间。以煤矸石为原料采用补硅工艺制备 Y 型沸石，由于存在一个补充硅源与煤矸石相中原有硅源的结合过程，所以在配料完成后必须有一个低温的陈化过程。在陈化阶段，补充硅源在新的碱度环境下重新解聚、重排，而固态煤矸石也会在碱性环境下溶解，并与补充硅源结合制备一个新的离子聚集体。不同陈化时间下产品的结晶情况，见表 2-14。

表 2-14　不同陈化时间下产品晶化结果

陈化时间/h	0	4	8	10	12	14
晶化结果	Y+A+P^{++++}	Y+P^{+++}	T+P^{++}	Y+P^{+}	Y	Y

注：＋越多者，表明其含量越大。

4）配料硅铝比。Y 型沸石的硅铝比是影响其水热稳定性的一个重要因素，硅铝比高，则其水热稳定性好。为了获得硅铝比高的沸石产物，在保证合适的碱度的前提下，可通过提高配料硅铝比来提高产物的硅铝比。不同配料硅铝比时产物的硅铝比，见图 2-58。由图可知，产物硅铝比的提高与配料硅铝比的增加并不呈线性关系，特别是当配料硅铝比超过 8 以后，产物的硅铝比不再提高，这说明补充的硅源并没有全部参与沸石的晶化过程。由此可见，通过单纯提高配料硅铝比的办法，很难获得高硅铝比的产物[36]。

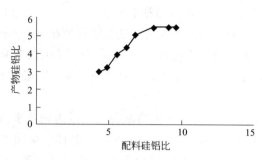

图 2-58　配料硅铝比与产物硅铝比的关系

2.3.2.3　利用粉煤灰生产沸石分子筛

分子筛一般采用碱、铝、硅酸钠等制备，其原料的来源较少，价格较贵。而粉煤灰的主要组成是硅铝酸玻璃体，其含量一般在 70% 以上，它们是粉煤灰中的主要活性成分，可在较温和的条件下转化为沸石；而粉煤灰中的石英和莫来石等少量结晶矿物属惰性物质，需在较苛刻的条件下才能转化为沸石。为了节约制造成本，早在 20 世纪 70 年代初，人们就用粉煤灰、纯碱为主要原料，再配适量氢氧化铝研制并生产了 4A 分子筛。以粉煤灰为原料生产分子筛，不仅可节约化工原料，而且工艺简单，质量好。用粉煤灰制分子筛的优点如下。

① 节约原料　此工艺生产 1t 粉煤灰分子筛可节约 0.4～0.5t 氢氧化铝，1.2t 水玻璃，0.6t 烧碱。

② 工艺简单　此工艺省去了稀释、沉降、浓缩、过滤等烦琐流程，并省去了化铝釜、化硅釜、真空泵等设备。

③ 质量好　此工艺在主要指标方面达到甚至超过由化工原料制备的分子筛，该分子筛特别适用于制富氧空气。

沸石分子筛的制备方法[37～41]如下。

① 原料的要求和配比　4A 分子筛的硅铝比近似等于 2，而一般电厂排出的灰达不到此要求，因此，要求通过计算，给粉煤灰补加铝矾土或氢氧化铝。粉煤灰细度要求通过 100～200 目筛，氢氧化铝和纯碱需要在 120℃下烘干 2～3h。原料的配比为粉煤灰：纯碱：氢氧化铝＝1：1.5：0.13。

② 制备方法　用粉煤灰制备沸石分子筛的研究，迄今已用粉煤灰制备出了 NaA、NaX、NaY 等 15 种分子筛。目前粉煤灰制备分子筛的主要方法有以下几种。

1）传统水热制备法。传统水热制备法是将粉煤灰与一定浓度碱液混合，并调节反应条件（液固比、硅铝比、搅拌速度、反应温度、反应时间等），而后在玻璃或带有聚四氟乙烯内衬的不锈钢反应器中通过自升压力进行反应，或在开放体系中进行反应，来制备不同类型的沸石。过程如下。

a. 将调好的粉煤灰等混合物料在 800～900℃之间进行高温燃烧 0.5～2h，使其中的

SiO_2、Al_2O_3、$Al(OH)_3$、Na_2CO_3 进行充分反应。最终烧结产物为浅绿色，原因是粉煤灰中的 Fe_2O_3 在燃烧过程中生成亚铁盐。

b. 将烧结物粉碎至通过 $100\sim200$ 目筛，并按料：水＝$1:10$ 或 $1.5:10$ 进行水热制备。第一阶段在 $50\sim60℃$ 搅拌反应 $0.5h$ 后，取液分析碱度，确保碱浓度为 $1mol \cdot L^{-1}$；第二阶段提高到 $75\sim80℃$ 晶化 $5\sim7h$；第三阶段在 $96\sim100℃$ 继续晶化反应 $1\sim2h$。

c. 将水热制备产物用水洗涤，然后加黏土成型。

d. 将成型的分子筛在 $90\sim100℃$ 干燥后，进入活化炉在 $450\sim550℃$ 活化。即为成品。

需要注意的是，粉煤灰作为代用料生产 A 型分子筛易生成杂晶，这种杂晶一般为羟基方钠石，特别在高浓度的碱液中、高温下最容易生成。因此，必须严格控制碱的浓度和晶化温度、反应速度。

2) 两步水热制备法。将传统的一步水热制备法改进为两步水热制备法。通过两步制备法可以得到纯度很高的 Na-P1，Na-X 以及 Na 等沸石晶体。影响两步水热制备的主要因素包括液固比、碱的浓度、SiO_2/Al_2O_3、反应温度、反应时间等，其中液固比、碱的浓度、SiO_2/Al_2O_3 对粉煤灰制备分子筛的类型和产量起决定作用，同时也制约着反应温度和时间。

3) 微波辅助制备法。微波辅助制备法和上述传统水热制备法相似，只是在晶化时有微波辅助，可使反应速率提高，制备时间大大缩短。

4) 晶种法。按照配比制备所要制备的沸石晶种，再将适量的晶种和粉煤灰以及碱源混合，在较低温度下晶化，便得到沸石。这种方法粉煤灰中的石英和莫来石不能完全转化，晶种在粉煤灰转晶为沸石时起导向作用，能大大减少其他沸石杂晶的生成。

5) 碱熔法。传统水热制备法，粉煤灰中的石英、莫来石等结晶体很难溶解于碱溶液中，为了提高产品的产量和纯度，采用了在水热反应前引入碱熔融的方法。将一定量的 NaOH、铝酸钠与 $10g$ 粉煤灰混合，在铂坩埚内加热至 $773K$ 恒温 $1h$，混合物冷却至室温，研磨，加 $100mL$ 蒸馏水混合搅拌 $12h$，放入容器中，在 $373K$ 下反应 $6h$，制备沸石主要为结晶相 NaX，含量高达 62%。富铝的粉煤灰则制备主要结晶相 NaA 沸石矿物。研究发现，在制备过程中，石英晶体溶解并参与制备，而莫来石仍然保持稳定的结晶相。在熔融前，向粉煤灰和 NaOH 混合物中添加少量水，使莫来石在熔融过程中充分分解。

6) 盐-热（熔-盐）制备法。在上述制备方法中，发现在制备过程中都需要用水作为反应试剂，并且需要较高的液固比。因此，不可避免地产生了废液处理问题。为了改善这种情况，盐-热制备法在制备过程中用 NaOH、$NaNO_3$ 混合物取代水作反应介质，在温度为 $250\sim350℃$，$m(NaOH)/m(NaNO_3)$ 为 $0.3\sim0.5$，$m(NaNO_3)/m(粉煤灰)$ 为 $0.7\sim1.4$ 情况下反应得方钠石、钙霞石等沸石结晶体。

7) 混碱气相制备法。首先将一定比例的粉煤灰和碱源在水的参与下混合均匀，然后干燥成固态前驱态物质，再在水或水和有机胺蒸气中晶化。在低于 $200℃$ 下，将粉煤灰中的大部分硅铝成分包括莫来石和石英结晶相在内的物质转化为钙霞石。

2.3.2.4 沸石分子筛的应用

目前，煤系固体废物制备的沸石分子筛广泛地应用在环保领域。

(1) 处理废水

煤系固体废物制备的沸石分子筛可以有效地去除废水中重金属离子、氨氮、有机物、色度等，而且吸附后的分子筛可以再生，有利于回收利用，可防止二次污染。沸石对有机物的吸附能力主要取决于有机物分子的极性和大小。水中有机氯化物被证实会对人体产生强致癌作用。二氯甲烷、三氯甲烷、三氯乙烷、四氯乙烷、三溴甲烷都是极性小分子或较小分子的有机化合物，属于沸石易吸附物质之列。天然水中的腐殖酸或富里酸——带有芳香环基本结构的高分子有机酸（相对分子质量 600N3000），由于它们的分子较大，不可能进入沸石孔隙，但这类分子带有—COOH、 $>C=O$ 、—NH$_2$ 等强极性官能团，因而能被吸附在沸石的外表面除去。其他一些有机污染物如酚类、苯胺、苯酮等多为极性分子，分子直径适中，可以被沸石吸附。

（2）气体净化

利用煤系固体废物制备的不同种类型的沸石，如孔径较大的八面沸石，X、Y 孔径约为 0.74nm，A 型约为 0.42nm，P 型约为 0.53nm。它们有选择地吸附 NH$_3$、NO$_x$、SO$_x$、Hg 进行气体净化和除臭，因为这些气体的孔径都低于沸石的孔径。但必须指出的是，如果污染气体中有水蒸气存在，水蒸气将会降低上述分子筛对 SO$_2$ 等气体的吸附能力，这是因为高铝硅比的分子筛亲水较强，对水具有更强的吸附力。故此，可以认为，这类分子筛在气体净化方面的主要应用包括吸附水蒸气和低含水量的 NH$_3$、NO$_x$、SO$_x$、Hg 等污染气体。

（3）土壤净化

利用煤系固体废物制备的沸石分子筛，作为土壤添加剂，可以有效地脱除铜、镍、锌、铬等易滤去性金属离子，防止污染地表水和地下水。其次，低品质粉煤灰沸石含有大量无定形硅铝酸盐和未完全沸石化的无定形硅及其他微量元素，也是改良土壤的有益成分。

总之，煤系固体废物制备的沸石分子筛，由于其原料来源储量大、价格低廉、制备方法简单且具有环保效益，同工业制备沸石相比具有很好的市场应用前景。

2.4　粉煤灰其他利用技术

2.4.1　粉煤灰制备硅铝合金

粉煤灰中含有大量铝、硅、铁等元素，采用碳还原法，可从中提取硅、铝或硅铝铁合金。硅铝合金通常是指硅铝共晶、亚共晶铸造合金。硅铝共晶合金不仅可用于铸造，也可以用于变形加工，因而也可把它看作变形合金。用硅铝合金加工制成的产品各项力学性能优良，完全可作为 LD2 的代用品，可挤压、轧制成板、棒、管及多种规格的型材。该合金还可用于建筑、汽车制造等方面[42]。

目前我国有两种生产硅铝合金的方法：第一种是用纯铝、纯硅熔炼后掺兑成硅铝合金，第二种是用高品位的铝土矿在矿热炉中炼成硅铝合金。前一种方法造价贵、成本高、耗电量大；后一种方法因高品位的铝土矿稀缺而价格昂贵，因而成本高。鉴于这种状况，钢铁冶炼企业不得不以硅铁来代替硅铝合金，而使钢的质量有所下降。使用硅铝合金后可减少钢产生皮下气泡的敏感性，是钢与铁的脱氧剂和合金元素，比纯铝脱氧能力强、利用效率高。用矿热炉从粉煤灰中提取硅铝合金，不仅能克服上述电解法的缺点，而且原料易得，价格低廉，冶炼中可直接炼成硅铝合金。目前，部分铁合金行业由于无序扩张、生产过剩、销路受阻，导致减产、停产、大量固定资产闲置或被淘汰报废。此时如果投入少量资金把炉子加以改造，转用粉煤灰生产铝硅合金，短时间内便可投入生产，消除减产、停产或被淘汰的困扰。3～4t 粉煤灰便可提取 1t 硅铝合金，1t 硅铝合金价格在 7000 元左右，纯度高的吨价格在万元以上。

粉煤灰生产硅铝合金工艺流程：将粉煤灰与添加剂、还原剂、黏结剂按比例进行混合搅拌后制成高强度的球团，通过矿热炉进行冶炼还原，制得粗硅铝合金，再经精炼炉，添加精炼剂，精炼除渣、铸锭，就可以制得含铝量很高的硅铝合金。

高温中，炉料中 Fe_3O_4、Al_2O_3、SiO_2 被碳还原成金属铁、铝和硅，其反应式如下。

① $SiO_2 + 2C \longrightarrow Si + 2CO$

炉内亦有部分碳化硅生成，在高温下被 SiO_2 破坏生成金属硅。

$$SiO_2 + 3C \longrightarrow SiC + 2CO$$

$$2SiC + SiO_2 \longrightarrow 3Si + 2CO$$

② $Al_2O_3 + 3C \longrightarrow 2Al + 3CO$

由于 Al_2O_3 还原生成 Al_4O_4C 的温度（1973℃）比生成 Al 的温度（2050℃）低，所以炉内亦会产生 Al_4O_4C，而它的生成，使 Al_2O_3 的还原反应更易进行。

$$2Al_2O_3 + 3C \longrightarrow Al_4O_4C + 2CO$$

$$3SiC + 2Al_4O_4C + 3C \longrightarrow 8Al + 3Si + 8CO$$

③ Fe_2O_3 在高温下被 CO 还原分三步进行：

$$3Fe_2O_3 + CO \longrightarrow 2Fe_3O_4 + CO_2$$

$$Fe_3O_4 + CO \longrightarrow 3FeO + CO_2$$

$$FeO + CO \longrightarrow Fe + CO_2$$

表 2-15、表 2-16 和表 2-17 分别是还原炉中的各氧化物被还原情况、还原出的元素分配比和还原炉料中各种氧化物的需碳量。

表 2-15　各氧化物在冶炼过程中的情况

氧化物	SiO_2	Fe_2O_3	Al_2O_3	CaO	P_2O_5	MgO
被还原的/%	98.0	100	85.0	40.0	—	0
进入炉渣中的/%	2.0	—	15.0	60.0	—	100

表 2-16　还原出的元素分配比

元素	Si	Al	Fe	Ca	SiO
进入合金/%	90	85	100	35	—
挥发/%	10	15	0	65	100

表 2-17　还原炉料中各种氧化物的需碳量

原料及数量/kg	需碳量/kg	需还原的氧化物
粉煤灰 100	26.54	SiO_2、Fe_2O_3、Al_2O_3、CaO
黄泥 5	1.53	SiO_2、Fe_2O_3、Al_2O_3
烟煤 100	6.53	SiO_2、Fe_2O_3、Al_2O_3、CaO

铁的生成可增加合金密度，促使溶渣中硅铝铁合金形成和沉降；炼钢脱氧时铁能起到增加合金密度、促进熔化和提高铝回收率的作用。因此适量的 Fe 有利于合金冶炼和应用[43]。

2.4.2　粉煤灰高分子材料填充剂

2.4.2.1　粉煤灰高分子材料填充剂的特征

在塑料、橡胶等高分子材料制品中，为了降低成本，提高某一方面性能，常常加入一定量的填充剂。对这些填充剂一般要求是价格低廉，相对密度小，易加工，与底材的混合性能好，填充量尽可能大，能开发出制品的特殊功效等。

众所周知，在现代塑料工业中，碳酸钙系大宗应用的填料，原因不仅是其成本低，实际上它还具备一系列优良特性。与其相比，粉煤灰作为填充剂更为价廉易得，且密度与比热容小，硬度与热稳定性高，流动性好，在树脂中易分散均匀。

粉煤灰用作高分子材料填充剂具有如下优点：a. 来源丰富，成本低；b. 含有玻璃微珠，可提高熔体破坏的临界剪切应力，流动性好，因而可在更高剪切速率下加工成型，且由于滚珠、轴承作用，可改进物料的细部成型性，适于薄壁制品成型；c. 填充体系黏度上升小，加工磨耗较玻璃纤维小，制品表面状态好，且内部应力均匀化，即制品中残留变形分布均匀；d. 硬度高，与石英类似，利用这一点可提高耐磨性。

2.4.2.2 粉煤灰填充塑料制品

（1）填充聚氯乙烯（PVC）

聚氯乙烯（PVC）由于它的特殊性能和廉价而被广泛应用于国民经济的许多部门。为进一步改善其性能，降低成本，拓宽应用范围，目前多采用共混改性办法。作为 PVC 常用的无机填料有碳酸钙、红泥、陶土、氧化物、硅铝炭黑等；有机填料多采用植物纤维、木粉以及某些与 PVC 具有一定相容性的聚合物。粉煤灰作为 PVC 的填充料，不仅可以降低制品成本，同时也是一种改性剂，可提高材料某些性能指标[44]。

① 粉煤灰粒度对 PVC 性能的影响　粉煤灰粒度是保证填充剂在 PVC 制品中分散均匀的重要因素。填充粒度不同、配比相同的 PVC 制品进行扫描电镜（SEM）和力学实验的研究表明，随着填充粉煤灰粒度的变小，它在 PVC 中分散较均匀，被 PVC 包埋较好，与 PVC 间的黏结力增强，从而使制品的拉伸强度、伸长率、弯曲模量、弯曲程度、冲击强度呈增加趋势。

② 粉煤灰添加量对 PVC 性能的影响　一般情况下，随着粉煤灰添加量的增加，PVC 制品的拉伸强度、弯曲模量、弯曲强度、冲击强度、伸长率均下降，原因是 PVC 试样中 PVC 分子间作用力比 PVC 与填充剂粉煤灰分子间作用力要大，但是热稳定性和耐磨性有所增加。

在不影响制品使用性能的情况下，粉煤灰的填充与其是否经过表面活化处理有关。一般情况下，没有进行表面活化处理的粉煤灰，填充量大于 40% 时，加工相当困难。且粉煤灰与树脂表面结合力变弱，导致制品力学性能差，易受大气中水汽的侵蚀，使材料抗老化性能变差。

作为填充剂用的粉煤灰，常用的表面活化方法是用硅烷偶联剂或钛酸酯偶联剂进行处理，即将在 120℃ 下干燥好的无杂质、粒度合适的粉煤灰与偶联剂混合活化，然后再加入到树脂中去。经过表面活化处理的粉煤灰，不仅能使其在树脂中添加量增加，而且改善了粉煤灰与树脂的黏结性和物料的流动性，提高制品的冲击强度、压缩强度等。

研究结果表明，在实验的添加量范围内，偶联剂处理粉煤灰填充硬质 PVC 的拉伸强度、缺口冲击强度稍低于碳酸钙填充硬质 PVC，但弯曲强度和热变形温度则正好相反。可见，同样份数的粉煤灰与碳酸钙经偶联剂处理后填充硬质 PVC，其性能各有千秋，大体相差不大，均可达到使用要求。因此，用粉煤灰填充制硬 PVC 板是可行的。

含 30%～60% 粉煤灰的 PVC 复合材料，适宜于制造地板、隔声或隔热板。研究表明，在 15m²

铺有复合材料地板的房间内常年居住，受到的辐射剂量为 57mR（$1R=2.58\times10^{-4}C\cdot kg^{-1}$）当量，远低于国际辐射防护委员会（IRPA）规定的 500mR（$1R=2.58\times10^{-4}C\cdot kg^{-1}$）当量标准。

（2）填充聚丙烯（PP）

粉煤灰填充聚丙烯塑料具有以下优点[45]。

① 粉煤灰经过表面处理及微细化，有助于提高与聚丙烯（PP）的复合效果　用电镜分析研究 PP-粉煤灰复合材料的结构，发现未经偶联剂处理的粉煤灰与 PP 之间有一圈明显的空隙，是一种纯粹的物理混合；而经过偶联剂处理的粉煤灰与 PP 结合较紧密，绝大部分界面不太明显。由于偶联剂对粉煤灰的微珠有良好润湿包覆作用，增加了微珠和树脂之间的亲和力。填充后所得到的复合体系，由于一方面降低了树脂与微珠间的界面张力；另一方面加大了聚丙烯分子间的距离，降低了聚丙烯分子间的范德华力，所以当材料受冲击时，因裂纹与应力集中减少，而使得破坏需要更大的能量。同时，由于材料的韧性增加，使材料在冲击力下有个微小的变形缓冲过程，能量被吸收、分散，减小了内部的微裂纹和应力集中减少，使抗缺口冲击性能得到提高。另外偶联剂在聚丙烯/粉煤灰之间的桥接作用改善了两者的结合，使材料的结构和承载面积发生了变化，偶联剂对微珠的包覆使微珠更易分散，减少了内部的微裂纹和应力集中，故拉伸强度提高。

同时发现，在这种复合材料的结构因素中，不仅上述两相界面状态对材料性能有影响，而且粉煤灰的含珠量、粒度也对材料性能有很大影响，参见表 2-18。

表 2-18　粉煤灰对复合材料性能的影响

项目	因素形态	拉伸强度/MPa	缺口冲击强度/MPa
含珠量	95%	22.53	4.71
	87%	22.50	3.71
偶联剂	空白	22.53	4.71
	DL-441-DF	27.00	6.53
粒度	300～400 目	24.33	4.95
	200 目	22.50	3.70

可见，粉煤灰的含珠量越高，粒度越小和活性越高，复合材料性能越好，尤其是抗冲性能显著改善。

PP-粉煤灰复合材料的性能因粉煤灰含量不同而不同。研究表明，粉煤灰含量增加，复合材料的拉伸强度下降，但其抗冲强度出现一个峰值。为使用方便，粉煤灰常被制成填充母料，典型配方为粉煤灰 100 份，载体树脂 10 份，偶联剂 1 份，改性剂及其他助剂 10 份。这种填充母料对 PP 力学性能的影响见表 2-19。从表 2-19 中可知，对力学性能要求较高的产品，母料填充量以 0～50 份为好。

表 2-19　粉煤灰填充母料填充 PP 复合材料的影响

母料填充量/份	拉伸强度/MPa	缺口冲击强度/MPa
0	31.49	6.56
20	30.68	7.74
30	31.19	7.49
40	27.59	6.92
60	24.05	5.89

含 20%～25%粉煤灰的 PP 复合材料，其压缩断裂强度达 36.5～38.5MPa，适用于制

造排水工程的管道与管件及汽车零部件等；含 30%～60%粉煤灰的 PP 复合材料可用于制造地板、隔声板或隔热板等。

② 粉煤灰与其他填料在 PP 中并用 利用粉煤灰填充 PP 具有较好加工流动性的优点，将玻璃纤维、碳酸钙与玻璃微珠并用填充 PP，结果发现，最大负荷时的力矩分别减少 36%、16%，有利于加工成型，同时还有利于玻璃纤维分散以减轻内应力，并补偿了单一填充玻璃微珠时材料性能较差的缺陷。

③ 粉煤灰用 PP 母料化 近年来，福州塑料研究所研制了 WZ 改性粉煤灰填充母料，具有工艺简单、卫生、分散性好、填充量大、易于加工、密度低等优点，可广泛用于聚烯烃塑料提高冲击和弯曲强度，加工性能优于碳酸钙的母料。

将在 120℃干燥好的粉煤灰母粒化，其配方如下：粉煤灰 100 份，载体树脂 20～30 份，硅烷偶联剂 1.5 份，分散剂 3～7 份，其他助剂少量。

与此同时，将粉煤灰母料和 $CaCO_3$ 母料分别以相同的添加量填充 PP、PE。测试结果表明，尽管添加母料种类不同，但对聚烯烃塑料的力学性能影响相近。

（3）填充聚氨酯（PU）

在 PU 原料中填充粉煤灰微珠，可使 PU 泡沫密度均匀，强度提高，并能增加尺寸稳定性。这种方法，对硬质 PU 泡沫更为有效。

在保证泡沫密度基本不变的前提下，为了获得较好的机械强度可加入适量粉煤灰。表 2-20 是硬质泡沫（芯层密度 $120kg \cdot m^{-3}$）中加入表观密度为 $0.9kg \cdot cm^{-3}$、经 200 目筛子过筛的粉煤灰（经 1%硅烷类偶联剂处理）的试验结果。基础配方为：N-635 100 份，1,4-丁二醇 12 份，9601 0.8 份，三乙醇胺 0.6 份，有机锡 0.1 份，F11 15 份，PAPI 125 份[46]。

由表 2-20 可见，在一定范围内，随着粉煤灰用量增加，泡沫的压缩强度随之显著提高，这是因为粉煤灰本身的压缩强度在一定程度上改变了泡沫壁的压缩强度；但随着用量进一步增加，当达到粉煤灰本身的压缩强度时，泡沫的压缩强度也就增加缓慢；再进一步增加用量，则由于大量粉煤灰颗粒在一定程度上阻碍了的交联反应，以及粉煤灰与 PU 之间黏结强度下降，导致泡沫压缩强度迅速下降，甚至出现泡沫粉化现象。此外，还发现粉煤灰表观密度越小，其增强效果越显著，例如在表 2-20 的基础上，在配方中加入 5 份表观密度 $0.4kg \cdot cm^{-3}$、经 200 目筛子过筛的粉煤灰（经 1%硅烷类偶联剂处理），所得泡沫压缩强度为 2.50MPa。

表 2-20 粉煤灰用量对泡沫强度的影响

用量/份	压缩强度/MPa
0	1.92
5	2.24
10	2.53
15	2.52
20	2.16
25	1.68

这种复合材料适用于作管道等的保温层，其强度比玻璃棉高 2 倍，传热系数为纤维保温材料的低 1/2。

（4）粉煤灰作酚醛塑料的填料

研究表明，添加 10%～15%粉煤灰的酚醛树脂制成的纺织梭子线轴尺寸稳定性好，吸水率低，弯曲强度、冲击强度、压缩强度均有提高，耐电压性能、绝缘电阻指标也能达到国家标准；添加 40%粉煤灰的酚醛树脂制成的汽车隔热板，其机械特性不低于玻璃填充剂制品，耐高温性能有新提高。

不过，为了改善粉煤灰作为酚醛树脂成型材料的填料性能，首先，需要对粉煤灰进行偶联剂改性活化处理，以提高其与有机组分分子的相容性和相联作用；其次，要进行粒度筛选，粒径减小，有利于其在酚醛树脂中分散，提高制品力学性能，增加填充量；第三，由于粉煤灰中含有未燃尽的炭，随粉煤灰添加量的增加，制品电性能降低。因此，添加量应根据酚醛塑料制品用途适当选择。

除上所述，粉煤灰还可用作环氧树脂、不饱和聚酯、聚氨酯防水涂料、改性尼龙 6 等填料。在环氧树脂和聚酯中填充粉煤灰，可使其减轻质量、增加强度、提高抗破坏性，可应用于电气工程、深水仪器与设备、船舶以及浇注模型等方面，还适用于制造室内装饰品与工艺美术品。由涤纶布、聚烯烃与粉煤灰制成的复合布料，其耐燃性相当高，这是因为粉煤灰微珠在高温下能释放 CO_2，抑制材料的氧化燃烧过程，所以这种复合布料适用于制造高压电缆的外包覆层，也适用于缝制冶炼工与电焊工的工作服及其他防燃制品[45]。

2.4.2.3　粉煤灰填充橡胶制品

填料是橡胶的重要配合剂之一，其作用是增大容积、降低成本、改进混炼胶和硫化胶性能。橡胶中常用的填料有软质炭黑、白炭黑、轻质碳酸钙、重质碳酸钙等，而这些组分在粉煤灰中都存在，只不过含量有多有少。因此，粉煤灰可以用作橡胶填料。例如粉煤灰中的 SiO_2 在橡胶中可起增强、补强作用，代替黏土、白炭黑；Al_2O_3 在橡胶中可起增量作用，代替特种碳酸钙；CaO 可起增量补强作用，代替轻质碳酸钙、重质碳酸钙、特种碳酸钙；SO_3 可起硫化剂作用，代替加硫；未燃尽的可燃物起炭黑作用。

填料对橡胶性能的影响主要取决于填料粒子的大小、粒子形状和粒子的表面性质，而粉煤灰作为一种高分散度的固体颗粒集合体，其中各种形态的颗粒混杂在一起。因此，使用之前首先要对粉煤灰进行预处理，即采用分离技术将不同形态和组分的颗粒分离出来，特别是球形颗粒的富集，改善粉煤灰的性质。

其次，由于粉煤灰与有机物的相容性差，影响了它在橡胶中的用量和性能，为此需对预处理的粉煤灰进行表面改性及研磨处理，以便让粉煤灰得到活化，适应橡胶加工工艺，满足产品性能要求。

已有的研究结果表明，不经任何处理的粉煤灰直接用来作橡胶填料，其拉伸强度与制品质量要求相差很远。在原粉煤灰粒度的基础上对其进行表面改性，其力学性能有很大提高，但仍不能满足质量要求。如果对粉煤灰进行筛分，收集 300 目以下的组分，或是直接用分选出的微珠进行表面改性处理，或用活化剂与原粉煤灰一起研磨活化 4h，用这些活化灰作填料，所得样品的性能却能达到质量指标的要求。同时也可看出，使用不同类型的活化剂，对橡胶各种性能影响程度不一样。因此可根据具体要求选用不同的活化剂。

总之，研究和应用发现，粉煤灰补强性能同半补强炭黑的性能相当，还具有永久变形小、相对密度小、弹性好等优点，并且混炼、压出工艺性能良好。在相同质量下，相对密度小的填料可以挤出较长的胶条，所需胶量也少，节约材料。用化学添加剂处理的粉煤灰可以提高橡胶性能，同时也可以加入可燃性的烟灰或富含腐殖酸的煤粉达到补强效果。

粉煤灰制橡胶填料不但具有含硅铝炭黑的性质，还具有煤制填料的性质。可燃物的固体凝胶物在橡胶充填时，细小粒子进入到橡胶分子链中与煤粒毛细孔结网，从而起补强作用。

粉煤灰制橡胶填料生产工艺与煤制橡胶填料完全相同,并且粉煤灰比煤更易研磨。

需要指出的是,由于粉煤灰呈灰色,因此不适用于浅色或鲜艳色的制品。

2.4.3　粉煤灰制备微晶玻璃

2.4.3.1　微晶玻璃的制备方法

微晶玻璃是把加有晶核剂或不加晶核剂的特定组成的玻璃在可控条件下进行晶化热处理而制备出的一种微晶相和玻璃相均匀分布的复合材料。微晶玻璃具有优良的力学、热学、电学和化学性能,在国防、航空航天、电子、化工、生物、医学、机械工程和建筑等领域得到了广泛应用。然而,传统的微晶玻璃制备工艺采用化工原料,制品的成本较高。为了降低生产成本,可利用粉煤灰为主要原料,制备粉煤灰微晶玻璃。

因为粉煤灰的化学成分基本属于 $CaO-Al_2O_3-SiO_2$ 系统,为了最大限度地应用粉煤灰,目前粉煤灰微晶玻璃系统也基本上是基于该系统。因此,可通过一定的工艺用粉煤灰来制备 $CaO-Al_2O_3-SiO_2$ 系统的微晶玻璃,即粉煤灰微晶玻璃[47]。

微晶玻璃的核化和晶化过程多属于非均相过程。晶核剂能降低玻璃晶核生成所需要的能量,从而使核化在较低的温度下能够进行。要使玻璃中产生均匀分布的晶核有两种方法:一种方法是加入晶核剂,使玻璃在热处理时产生分相,促进玻璃的核化;另一种方法是利用玻璃在分界面处易于核化的性质,把玻璃制成粉末再成型,这样在热处理时就会在粉末的表面成核、晶化。

粉煤灰微晶玻璃通常采用第一种方法使晶核均匀分布,常见的晶核剂有以下几种。

(1) 硫化物和氟化物

硫化物在微晶玻璃生产过程中的作用表现为:能降低基玻璃的晶化开始温度并促进晶化过程;并与氟相似降低基玻璃的黏度;还参与构成了玻璃的结构网络,从而削弱了硅氧骨架,降低了键的转换活化能,使扩散过程在低温区间进行;在低温下硫化物可促使主要的硅酸盐晶相增加。氟在基玻璃中对玻璃的熔制过程有良好的促进作用,并能降低基玻璃的析晶上限温度,减小成核和晶体生长之间的温度间隔。但硫和氟都极易挥发,对环境造成严重污染,危害人体健康,所以使用已经被限制。

(2) 二氧化钛

TiO_2 通常被认为是常用的、有效的晶核剂,它在高温下易溶于硅酸盐熔体。其阳离子电荷多,场强大且配位数较高,在热处理过程中容易从硅酸盐网络中分离出来导致结晶。

(3) 复合晶核剂

采用复合晶核剂要比单一晶核剂 TiO_2 更有助于玻璃的结晶,建议采用(TiO_2+CuO)、(TiO_2+CoO)或者(TiO_2+CaO)复合晶核剂。

(4) 三氧化二铁

粉煤灰中一般具有一定含量的 Fe_2O_3,关于它的存在对结晶的影响,目前还存在争议。研究表明,晶体的生长不仅取决于氧化铁的含量,而且还取决于 Fe^{2+}/Fe^{3+} 的比率;并且在玻璃中最先发现的晶相是尖晶石相 [$Mg(Al\cdot Fe)_2O_4$],所以铁对微晶玻璃的晶化行为的作用不是直接形成晶核,而是促进了尖晶石型晶核剂 $MgFe_2O_4$ 的形成,从而有利于晶体生长。

粉煤灰中 SiO_2、Al_2O_3、Fe_2O_3 的含量较高,在这些成分中除 Fe_2O_3 会对玻璃的颜色产生不良影响外,其他成分对玻璃的形成是必要的。其中粉煤灰中的铁、钛又可作为硅酸盐玻璃中的晶核剂,利用粉煤灰制备微晶玻璃具有成功的可能。但是粉煤灰中 Al_2O_3 含量较高,CaO 含量较低,为了能制备出性能良好的粉煤灰微晶玻璃,必须引入其他原料来调整 SiO_2、CaO、Al_2O_3 的含量。同时,还必须根据生产工艺调整基础玻璃组成。国内一般选用 CaO-Al_2O_3-SiO_2 系统,部分选用的是 MgO-Al_2O_3-SiO_2 系统,然后再根据粉煤灰及其他原料的化学组成确定配方。一般说来,在满足玻璃形成及析晶的基础上,最大程度地提高粉煤灰添加量是配方设计的首要目标。

为了提高产品性能,优化制备工艺,粉煤灰微晶玻璃的配方大多以粉煤灰为主要原料,适当添加其他矿物原料或化工原料,如石英砂、石灰石、白云石、萤石或碳酸钠等。粉煤灰的用量可达 40%～60%,甚至高达 68% 以上。然而,化工原料和矿物原料的引入,在一定程度上提高了粉煤灰微晶玻璃制品的成本。

微晶玻璃的生产工艺总体上分为整体析晶法、烧结法和溶胶-凝胶法三大类,粉煤灰微晶玻璃主要采用前两种方法制备。

整体析晶法是最早用来制备微晶玻璃的方法,现在仍广泛使用。其工艺过程为:将玻璃原料和适量的晶核剂充分混匀制成玻璃配合料,然后在高温下熔制得到熔融玻璃液,待其澄清均化后进行成型,经退火后在一定的热处理制度下进行核化和晶化,从而获得晶粒细小且结构均匀的微晶玻璃制品。该法可沿用吹制、压制、拉制、压延、浇注等玻璃的成型方法,适合自动化操作和制备形状复杂、尺寸精确、组成均匀、无气孔的微晶玻璃制品。

烧结法主要生产工艺流程为配料,熔制,水淬,粉碎,过筛,压制成型,烧结和晶化处理,冷加工,成品。烧结法很难生产异型制品,且制品有时含有气孔,但烧结法可以通过表面或界面晶化形成微晶玻璃,而不必使用晶核剂,降低了原料成本,而且制品厚度及规格容易调整,因此该法成为国内制备建筑微晶玻璃的常用方法。粉煤灰微晶玻璃的熔制温度一般为 1300～1500℃,退火温度(整体析晶法)550℃,核化温度 650～720℃,晶化温度 850～1100℃,最佳的热处理制度随基础玻璃化学组成的变化而改变[48]。

2.4.3.2　微晶玻璃的工艺流程

(1) 工艺流程

试验工艺流程如下:原料调配→熔化水淬→装模→烧结晶化流平→研磨抛光切边→成品。

(2) 配方确定

水淬法微晶玻璃的主晶相是 β 硅灰石,结晶形态为针状、纤维状。当 MgO、Fe_2O_3 等含量较高时也会伴有少量辉石、橄榄石及长石类矿物晶体。硅灰石结晶的形态决定了微晶玻璃具有较高的机械强度。为了得到硅灰石相,并使玻璃在晶化过程中具有适当的流变特性,确定玻璃的基本组成为 Na_2O-CaO-Al_2O_3-SiO_2。其最终配方需由实验确定[49]。

微晶玻璃的氧化物组成范围(%),SiO_2,55～65;Al_2O_3,7～10;CaO,13～17;MgO,0～8;Na_2O＋K_2O,3～5;Fe_2O_3,0～8;B_2O_3,0～3;ZnO,4～7;BaO,4～7。

表 2-21 是各种原料的化学组成。从表中知道粉煤灰含 Al_2O_3 较高,含 CaO 较低,为了能受控析晶制备出性能良好的微晶玻璃,必须引入其他原料来调整 SiO_2、CaO、Al_2O_3 的含量。为了最大限度引入工业废渣粉煤灰,根据 CaO-Al_2O_3-SiO_2 系统相图,选择主晶相为钙(镁)黄长石的区域。表 2-22 是经过多次实验得到的理想基础玻璃配方。表 2-23 是其相

应的化学组成。采用复合晶核剂（TiO_2＋CuO 或 TiO_2＋CaO）有利于玻璃的析晶，并能明显降低晶化温度，使得晶化处理在较低温度下进行。表 2-24 是三种玻璃的晶化情况及晶核剂引入量。粉煤灰含有一定量还原性物质，它们的存在会使玻璃颜色加重，影响微晶玻璃的色彩，并会在晶化过程中产生气体，使产品内部气孔增多，影响质量。在熔化玻璃料时加入乳浊剂，能有效去除原料中的还原物质，并降低玻璃的杂质着色程度，且晶化时产生的气泡大大减少，改善了原料的可利用性。

表 2-21　原料的化学成分（质量分数）　　　　单位：%

项目	SiO_2	Al_2O_3	CaO	MgO	Fe_2O_3	K_2O＋Na_2O	CaF_2	C	S
粉煤灰	57.68	23.31	2.52	1.08	7.27	2.41	—	2.45	—
长石	74.14	14.82	0.60	0.10	0.61	9.80	—	—	—
白方石	1.00	0.17	31.66	20.52	0.08	—	—	—	—
石灰石	0.80	0.48	54.28	0.64	0.13	—	—	—	—
萤石	27.36	1.34	—	—	0.16	—	72.35	—	—
高炉渣	40.67	7.69	42.66	6.04	0.24	—	—	—	1.00

表 2-22　基础玻璃配方（质量份）

粉煤灰	长石	高炉渣	石灰石	白云石	萤石	氧化钛	氧化铜	氧化钴	氧化锌
147.26	5.90	4.22	22.78	14.35	1.69	1.26	0.84	—	1.69
242.81	3.06	24.46	15.30	3.06	4.89	—	—	0.30	3.06
354.36	4.53	3.23	17.47	11.00	2.59	5.17	0.32	—	1.30

表 2-23　玻璃的化学组成（质量份）

SiO_2	Al_2O_3	CaO	MgO	Na_2O＋K_2O	CaF_2	TiO_2	CuO	CaO	ZnO	Fe_2O_3
141.79	15.15	22.95	4.72	2.10	1.50	2.15	1.0	—	2.0	4.21
238.54	13.99	25.18	4.92	1.75	2.90	2.83	—	0.4	4.0	4.13
344.63	16.41	17.3	13.57	2.11	2.25	6.94	0.38	—	1.57	4.80

表 2-24　玻璃的晶化情况试样序号晶核剂引入量（质量分数）　　　　单位：%

试样序号	晶核剂引入量			晶化情况
	TiO_2	CuO	CaO	
1	2.15	1.00	—	整体析晶,致密,灰褐色
2	2.83	—	0.40	良好,整体析晶,青灰色
3	6.94	0.38	—	整体析晶,红黑条纹相间

（3）玻璃熔化和晶化

微晶玻璃的熔化温度（1500℃）高于陶瓷熔块和普通钠-钙-硅玻璃。熔化后将玻璃液倒入水中即淬化成颗粒状。微晶玻璃晶化是一个结晶和成型同时进行的过程，在窑炉中的适当温度下经过烧结、结晶、流平三个基本步骤完成。

水淬-烧结法微晶玻璃的结晶机理是"成核-生长"，结晶从表面向内部延伸。玻璃的最大成核速率温度为 750～800℃，最大结晶速率温度为 900～1000℃。在 800～960℃之间是玻璃成核与结晶同时进行的温度，应采用较慢的速度；在 960℃之上直至流平温度可用快速升温。

（4）微晶玻璃性能

以粉煤灰熔制出均匀透明的黄绿色或黑色玻璃，经热处理以后可以制得以 β 硅灰石为主晶相的微晶玻璃，且玻璃相和晶相相互咬合共存。微晶玻璃性能见表 2-25。

表 2-25 微晶玻璃性能

项 目	1	2	3
密度/g·cm⁻³	3.0325	2.8878	2.9385
抗折强度/MPa	71.21	13.41	12.4
耐碱性/mg·100⁻¹cm⁻²	0.42	0.51	0.93
耐酸性/mg·100⁻¹cm⁻²	6.51	6.90	2.57
耐磨性/g·cm⁻²	0.03	0.01	0.02
抗冲击强度/kJ·m⁻²	3.04	3.36	3.19

注：密度用比重瓶法测定；抗折强度用三点法测定；耐碱、耐酸性用表面法测定，室温（20℃）下采用 20% 的 NaOH 溶液和 20% 的 H_2SO_4 溶液；耐磨、抗冲击性按建材制品有关标准测试。

参考文献

[1] 赵跃民．煤炭资源综合利用手册．北京：科学出版社，2004．

[2] 赵继芬，陈亚伟，姜红军．演马庄矿选煤厂介石回收工艺的研究与实践．选煤技术，2012（1）：45-48.

[3] 舒方才．改造工艺设备实现矸石再选．煤炭加工与综合利用，2000（6）：40-41.

[4] 王凤兰，刘国停，金晓明．增设矸石再洗工艺的实践及效果．煤炭技术，2002，21（4）：31-32.

[5] 娄德安，袁文良，彭先华．跳汰机在攀煤公司精煤分公司二车间矸石再洗系统中的应用．选煤技术，2012（6）：34-35.

[6] 娄德安，袁文良，彭先华．跳汰机在川煤集团矸石再洗系统的应用．2010 年全国选煤学术交流会论文集，2010.

[7] 师天华．煤炭资源绿色开采高效利用技术和政策建议．国土资源情报，2010（9）：35-40.

[8] 黄阳全，何青松．高硫洗选尾矸综合利用工艺改进的研究．洗选加工，2008，14（4）：22-24.

[9] 葛小冬，杨建国．我国矸石中硫铁矿回收研究现状．中国科技论文在线．

[10] 李晓辉．山西省应大力发展煤矸石煅烧高岭土精品．科技情报开发与经济，2004，14（11）：101-102.

[11] 魏明安．利用煤矸石制取优质高岭土的试验研究．有色金属：冶炼部分，2002（3）：22-25.

[12] 刘广义，戴塔根．富镓煤矸石的综合利用．中国资源综合利用，2000（12）：16-19.

[13] 袁春华．粉煤灰的特性及多种元素提取方法研究．广东化工，2009，36（11）：101-103.

[14] 翟建平，等．粉煤灰中有用元素的提取技术．粉煤灰综合利用，1995（4）：44-46.

[15] 王佳东，等．碱溶粉煤灰提硅工艺条件的优化．矿产综合利用，2010（4）：42-43.

[16] 杜淄川，等．高铝粉煤灰碱溶脱硅过程反应机理．过程工程学报，2011，11（3）：442-446.

[17] 袁春华．粉煤灰精细利用——多种元素提取方法的研究．粉煤灰综合利用，2010（1）：46-48.

[18] 黄彪，等．粉煤灰活性炭吸附水中六价铬试验．化工环保，1997（17）：346-349.

[19] 成志英．热电厂粉煤灰回收碳的探讨．大氮肥，2000，23（5）：316-318.

[20] 江搞虎，等．粉煤灰铁磁性物质回收方法与设备．合肥工业大学学报，2009，32（7）：959-961.

[21] 普世坤，等．从粉煤灰中回收锗的湿法工艺研究．稀有金属与硬质合金，2012，40（5）：16-18.

[22] 李样生，等．国内外从粉煤灰提锗现状．江苏化工，2000，18（28）：23-24.

[23] 曾青云．从粉煤灰中提取金属镓的实验研究．北京：中国地质大学，2007：2-11.

[24] 何佳振，等．从粉煤灰中回收金属镓的工艺研究．粉煤灰，2002，5：23-26.

[25] 芦小飞，等．金属镓提取技术进展．有色金属，2008，60（4）：105-108.

[26] 薛茹君．粉煤灰硫酸浸出液中钛和铁的萃取分离．应用化学，2011，28（7）：804-807.

[27] 吴凡．利用煤矸石生产聚合氯化铝的研究．粉煤灰，2011（3）：23-24.

[28] 杜玉成，郑水林，康凤华．煤矸石制备氢氧化铝-氧化铝及高纯 α-氧化铝微粉的研究．河北冶金，1997（5）：28-31.

[29] 蔡晋强，张顶烈，巴陵，禹永红．以高铝矸石为原料制取多用途氢氧化铝．煤炭加工与综合利用，1997（3）：27-31.

[30] 李秀悌，等．利用粉煤灰制取白炭黑及其表面改性研究．功能材料，2010，41（6）：939-940.

[31] 翟玉祥．用粉煤灰制取白炭黑的工艺方法．黑龙江电力，1995，17（3）：148-149.

[32]　徐本，等.用粉煤灰制取白炭黑的工艺现状.湿法冶金，2013，32（3）：135-137.

[33]　颜和祥.硅烷偶联剂及其对白炭黑的改性研究进展.橡胶工业，2004，51：376-379.

[34]　顾炳伟.利用煤矸石合成4A分子筛初探.江苏地质，1997，21（2）：90-92.

[35]　廉先进，葛宝勋，李凯琦.用煤矸石作原料合成A型沸石分子筛工艺条件的探讨.郑州大学学报：自然科学版，1998，30（2）：34-38.

[36]　贾立胜，田震.以煤矸石为原料合成Y型沸石.非金属矿，2002，25（4）：29-30.

[37]　王霞.利用粉煤灰合成沸石分子筛处理含酚废水及其再生的研究［D］.太原：太原理工大学，2009.

[38]　代红，等.粉煤灰制备沸石分子筛及处理废水的研究现状.科技情报开发与经济，2008，18（34）：80-83.

[39]　徐阳.流化床粉煤灰合成沸石处理含氟废水及沸石再生的研究［D］.太原：太原理工大学，2005.

[40]　范培培.粉煤灰合成分子筛与分子筛吸附金属的研究进展.广东化工，2011，38（10）：63-64.

[41]　苑鑫.粉煤灰合成分子筛处理高浓度氨氮废水的研究［D］.太原：太原理工大学，2008.

[42]　陈洁，熊文强，李仕莲.用粉煤灰制取硅铝铁合金的新工艺.粉煤灰综合利用，1996（3）：37-39.

[43]　袁宁谦，张艇.粉煤灰球团矿冶炼硅铝铁合金的可行性试验研究.西安建筑科技大学冶金工程学院，1998（1）：37-38.

[44]　何水清.粉煤灰在填充塑料和废旧塑料中的应用.中国资源综合利用，2002（6）：22-23.

[45]　蔡新安.改性粉煤灰在塑料工业中应用的研究进展.景德镇高专学报，2004，19（2）：13-14.

[46]　段予忠，陈松斌.粉煤灰填充改性酚醛塑料的研究.粉煤灰，1997（5）：15-18.

[47]　王宗舞，王立久.粉煤灰微晶玻璃的研究进展.粉煤灰，2006（6）：33-36.

[48]　许红亮.我国粉煤灰微晶玻璃研究现状.河南建材，2008（5）：10-11.

[49]　冯小平.粉煤灰微晶玻璃的晶化机理研究.玻璃与搪瓷，2005，33（2）：7-10.

第 3 章 | 粉煤灰提取氧化铝

3.1 粉煤灰提取氧化铝的战略意义

3.1.1 粉煤灰及其性质[1~13]

粉煤灰是煤粉经高温燃烧后产生的一种非挥发性煤残渣,包括漂灰、飞灰及炉底灰三部分。在引风机将烟气排入大气之前,上述这些细小的球形颗粒,经过除尘器被分离、收集,即形成粉煤灰。

通常我们所说的粉煤灰主要来源于电厂所用的煤粉炉,其次是沸腾炉。

粉煤灰在煤粉燃烧过程中形成,其形成大致分为三个阶段。

第一阶段,煤粉变成多孔炭粒,颗粒的形态基本无变化。煤粉在开始燃烧时,其中气化温度低的挥发组分首先从矿物与固定炭的缝隙之间不断逸出,使煤粉变成多孔炭粒,颗粒状态基本保持原煤粉的不规则碎屑状,但其表面积增大。

第二阶段,煤粉由多孔炭粒转变成多孔玻璃体。伴随着多孔炭粒中的有机质完全燃烧和温度的升高,其中的矿物也将脱水、分解和被氧化变成无机氧化物,此时的粉煤颗粒变成玻璃体。

第三阶段,由多孔玻璃体变成玻璃珠。随着燃烧的进行,多孔玻璃体逐渐熔融收缩而形成颗粒,其孔隙率不断降低,圆度不断提高,粒径不断变小,最终由多孔玻璃体变成密度较高、粒径较小的密实球体,颗粒比表面积下降为最小,不同粒度和密度的灰粒具有显著的化学和矿物学方面的特征差别,小颗粒一般比大颗粒具有更大的化学活性。最后形成的粉煤灰是外观相似、颗粒较细而不均匀的复杂多变的多相物质。

3.1.1.1 粉煤灰的分类

由于煤的种类和燃烧方式不同,不同粉煤灰的性质差异很大。粉煤灰可以从以下几个角度进行分类。

(1) 按照粉煤灰的化学成分分类

美国 ASTMC 618—80 标准,按照 $SiO_2 + Al_2O_3 + Fe_2O_3$ 的含量将粉煤灰分为 F 级和 C 级,其中 $SiO_2 + Al_2O_3 + Fe_2O_3 > 70\%$ 为 F 级,$SiO_2 + Al_2O_3 + Fe_2O_3 > 50\%$ 为 C级。依据煤源而言,F 级主要为无烟煤和烟煤燃烧产生,化学组成中 $CaO < 10\%$,属于低钙粉煤灰;C 级主要为褐煤和次烟煤燃烧产生,化学组成中 $CaO > 10\%$,属于高钙粉煤灰。

（2）按照粉煤灰收集和排放方式分类

按照粉煤灰收集和排放方式分为湿灰、干灰、调湿灰、脱水灰及细粉煤灰。

湿灰是经文丘里等湿式除尘器收集的粉煤灰或经电除尘器等干式除尘器收集，用水力排放，且含水率大于 30％的粉煤灰。

干灰是经旋风、多管、布袋、电除尘器等收集的水分小于 1％的粉煤灰。

调湿灰是干灰经喷水调整湿度，含水量在 10％～20％的粉煤灰。

脱水灰是经浓缩池沉淀，真空脱水或晾干的湿灰，水分小于 30％的粉煤灰。

细粉煤灰是经电除尘器收集的第二电场和第二电场以上的粉煤灰。

（3）按照粉煤灰中三种颗粒（球形颗粒、不规则的熔融颗粒和炭粒）的组成和比例分类

根据粉煤灰中三种颗粒的组成和比例可以将粉煤灰分为四类：Ⅰ类粉煤灰主要由一类球形颗粒组成；Ⅱ类粉煤灰除含有球形颗粒外还有少量的熔融玻璃体；Ⅲ类粉煤灰主要由熔融玻璃体和多孔疏松玻璃体组成；Ⅳ类粉煤灰由多孔疏松玻璃体和炭粒组成。其中前两类粉煤灰质量较好，可以作为建筑材料；后两类粉煤灰质量差，不能作为建筑材料。

（4）根据煤炭的燃烧方式分类

根据煤炭的燃烧方式粉煤灰可分为煤粉燃烧灰、流化床燃烧灰和块状煤燃烧灰。

（5）根据粉煤灰的 pH 值分类

根据粉煤灰的 pH 值可将粉煤灰分为酸性、中性和碱性三种。还有根据粉煤灰的酸性模量将粉煤灰分为强碱性、碱性、中性、弱酸性、酸性和强酸性六种。

$$粉煤灰的酸性模量 = (SiO_2 + Al_2O_3 + Fe_2O_3)/(CaO + MgO - 0.75 \times SiO_2)$$

当酸性模量小于 1 为强碱性，1～2 为碱性，2～3 为中性，3～10 为弱酸性，10～20 为酸性，大于 20 为强酸性。

3.1.1.2　粉煤灰的化学组成

粉煤灰的主要化学成分是 SiO_2、Al_2O_3、Fe_2O_3、CaO、MgO、K_2O、Na_2O、TiO_2、MnO 和未燃烧的碳，有些粉煤灰还可能富集了锗、镓、铀和铂等稀有元素。表 3-1 和表 3-2 分别为我国粉煤灰的化学成分及元素组成。

表 3-1　我国粉煤灰的主要化学成分　　　　　　　　　　　单位：％

化学成分	F 级粉煤灰	C 级粉煤灰	化学成分	F 级粉煤灰	C 级粉煤灰
SiO_2	33.9～59.7	20～25	MgO	0.7～0.9	3～5
Al_2O_3	16.5～35.4	10～15	SO_3	0.1～0.1	2～4
Fe_2O_3	1.5～16.4	9～12	Na_2O	0.2～1.1	0.06
CaO	0.8～10.4	35～45	K_2O	0.7～2.9	0.26

表 3-2　我国粉煤灰的主要元素组成　　　　　　　　　　　单位：％

元　素	质量分数	元　素	质量分数
O	47.83	Ti	0.4～1.8
Si	11.48～31.14	S	0.03～4.75
Al	6.4～22.91	Na	0.05～1.4
Fe	1.9～18.51	P	0～0.9
Ca	0.3～25.1	Cl	0～0.12
K	0.22～3.1	其他	0.5～29.12
Mg	0.05～1.92		

从表 3-1 中可以看出，我国粉煤灰中 SiO_2、Al_2O_3 和 Fe_2O_3 含量较高，粉煤灰的利用在很大程度上取决于这三种氧化物的含量及反应活性。CaO 是粉煤灰的重要成分，它是粉煤灰的主要凝胶成分。在低钙粉煤灰中，CaO 绝大多数结合于玻璃体中；在高钙粉煤灰中，

CaO 除大部分被结合外，还有一部分是游离的。

粉煤灰中的硫以硫酸盐的形式存在，硫酸盐一般为 $0.1\sim0.3\mu m$ 粒径的颗粒，其中以 $CaSO_4$ 占多数，主要以单独颗粒或聚集颗粒形态存于粉煤灰中。Na_2SO_4 和 K_2SO_4 等则凝聚于粉煤灰玻璃微珠的表面，其中还有少量的 $MgSO_4$。粉煤灰中的硫酸盐大多是可溶性的组分，按照硫酸盐含量（按 SO_3 计算）的不同把粉煤灰分为低硫酸盐粉煤灰（小于 1%）、中硫酸盐粉煤灰（1%～3%）、高硫酸盐粉煤灰（大于 3%）。

Na_2O 和 K_2O 能加速水泥的水化反应，对激发粉煤灰化学活性以及促进粉煤灰与 $Ca(OH)_2$ 的二次反应有利，因此 Na_2O 和 K_2O 是有益的化学成分。

煤炭中的痕量元素主要以有机盐、羧酸官能团和无机质（如铝硅酸盐、黄铁矿、碳酸盐和硫化物）等形式存在，随着燃烧过程会富集在粉煤灰中。不挥发或难挥发的元素（如锰、锆和钪等）在飞灰和炉渣中的含量大致相同；较易挥发的元素（如砷、镉和铅等），主要通过均相成核作用和非均相凝结形式存在于飞灰中。

我国的粉煤灰以低钙灰为主，高钙灰仅产于个别地区。高钙灰中 CaO、MgO、SO_3 明显高于低钙灰，而其他成分低于低钙灰。鉴于粉煤灰非均质性，上述成分只能代表粉煤灰非均相众多颗粒聚集总体平均成分，粉煤灰中不同颗粒类型，其化学成分有明显差异。

高铝粉煤灰是近年来随着我国西部煤炭资源的开发以及大型火力发电厂的建设，出现在内蒙古中西部地区的一种新的粉煤灰类型，其 Al_2O_3 含量通常可高达 50% 左右，相当于我国中低品位铝土矿中 Al_2O_3 的含量。孙俊民依据我国铝土矿的边界品位以及高岭石中 Al_2O_3 的含量，将高铝粉煤灰的划分界限确定为 Al_2O_3 含量≥40%。

内蒙古中西部地区的高铝粉煤灰与其特殊的地质背景有关，在晚古生代煤层中含有大量一水软铝石和高岭石等富铝矿物。表 3-3 为内蒙古准格尔地区典型煤粉的矿物组成，可以看出该煤种属于煤铝共生矿产资源，主要分布于自治区的准格尔煤田、桌子山煤田和大青山煤田。表 3-4 为内蒙古中西部地区高铝煤质资源的主要分布情况。煤中氧化铝含量高达 9%～13%，煤灰成分中氧化铝含量高达 40%～51%，其中准格尔煤田潜在高铝粉煤灰的蕴藏量为 70 亿吨，相当于我国铝土矿目前保有储量的 3 倍。通常情况下，普通煤中含量较为丰富的矿物有高岭石、方解石以及菱铁矿，常见矿物主要有石英、伊利石、绿泥石、蒙脱石、黄铁矿、赤铁矿、褐铁矿、白铁矿、白云石和铁白云石等。在夹杂的矿物种类及含量方面，准格尔煤与普通电厂燃煤相比有以下特点：a. 准格尔煤夹杂的矿物种类简单，主要夹杂四种矿物，主要矿物是高岭石，次要矿物是一水软铝石，其他少量矿物有方解石和黄铁矿；b. 准格尔地区煤中高岭石、一水软铝石等富铝矿物含量明显高于其他地区的普通煤种；c. 铁质矿物含量低；d. 石英非常少见。

表 3-3　准格尔地区典型煤粉的矿物组成　　　　　单位：%

样品名称	有机碳	高岭石	一水软铝石
准格尔煤矿煤粉	59.2	33.6	7.2

表 3-4　内蒙古自治区煤铝共生矿产的分布与开采情况

煤田名称	产地	资源量/亿吨	氧化铝含量/%	粉煤灰中氧化铝含量/%
准格尔	准格尔旗	264	10～13	40～51
桌子山	乌海、鄂托克	37	9.26～11.6	40
大青山	土右旗	20	9.12～11.9	40
合计		321		

准格尔及附近煤田中独特的无机矿物组成特点决定了内蒙古中西部地区高铝粉煤灰高铝、低铁和低硅的化学组成特点。某高铝粉煤灰的主要化学成分见表 3-5。与普通粉煤灰相比，Al_2O_3 的含量远远高于普通粉煤灰的平均值，SiO_2 和 Fe_2O_3 含量相对较低，在碱土元素

方面，CaO 含量略高于平均值，而 MgO 含量远低于平均值，在碱金属元素方面，K_2O 和 Na_2O 均远低于平均值，此外高铝粉煤灰的烧失量相对较低。

表 3-5　某高铝粉煤灰主要化学成分　　　　　　　　　单位：%

SiO_2	Al_2O_3	Fe_2O_3	CaO	MgO	K_2O	Na_2O	TiO_2	MnO	P_2O_5
37.8	48.5	2.27	3.62	0.31	0.36	0.15	1.64	0.012	0.15

3.1.1.3　粉煤灰的矿物组成

粉煤灰中的矿物来源于母煤。母煤中含有硅酸盐类黏土矿、碳酸盐、硫酸盐、磷酸盐和硫化物等矿物，以铝硅酸盐类黏土矿为主。表 3-6 为电厂燃煤中的常见矿物。

表 3-6　电厂燃煤中的常见矿物

矿物分类	矿物名称	化学式	相对含量/%
硅酸盐	石英	SiO_2	5～70
	高岭石	$Al_4(Si_4O_{10})(OH)_8$	5～75
	伊利石	$K_{1-x}Al_2(Al_2Si_4O_{10})(OH)_2 \cdot 2H_2O$	5～80
	蒙脱石	$Na_{0.7}(AlMg)_4[(AlSi)_8O_{10}](OH)_8$	0～30
	绿泥石	$(MgFeAl)_6[(SiAl)_4O_{10}](OH)_8$	0～10
	混层黏土	略	0～20
	斜长石	$Na(AlSi_3O_8)$-$Ca(Al_2Si_2O_8)$	0～5
	正长石	$K(AlSi_3O_8)$	0～5
碳酸盐	方解石	$CaCO_3$	0～35
	白云石	$CaMg(CO_3)_2$	0～10
	铁白云石	$Ca(FeMg)(CO_3)_2$	0～25
	菱铁矿	$FeCO_3$	0～35
硫酸盐	石膏	$CaSO_4 \cdot 2H_2O$	0～10
	烧石膏	$CaSO_4 \cdot 0.5H_2O$	0～5
	硬石膏	$CaSO_4 \cdot H_2O$	0～2
硫化物	黄铁矿	FeS_2	2～70
	白铁矿	FeS_2	0～20
	闪锌矿	ZnS	0～2
	方铅矿	PbS	0～2
	磁黄铁矿	$Fe_{1-x}S$	0～5

黏土矿物是指颗粒很小的层状硅酸盐类矿物，各种矿物具有相似的晶体结构和化学成分，在加热和燃烧过程中的转变也是相似的。高岭石被加热到 450℃ 时，结构中的 OH 以水的形式解脱；继续加热到 950℃，高岭石转变为假莫来石；温度再升高到 1000℃，假莫来石转变为莫来石。在高温的相转变过程中，还伴随着硅、铝、铁等氧化物玻璃体的形成。伊利石在加热到 500～600℃ 时，结构被破坏，并有水析出；继续加热到 900℃ 左右形成硅尖晶石。长石类矿物在被加热时，中低温段比较稳定，当温度达到 950～1100℃ 时，直接转变为莫来石、方英石和玻璃体。

碳酸盐矿物的加热反应比较简单，在达到一定温度时发生分解，形成氧化物并放出二氧化碳。方解石在 950℃ 时发生分解。白云石和铁白云石的分解温度是 700～950℃。菱铁矿在 400～600℃ 时转变为氧化亚铁；在 600～800℃ 时转变为磁铁矿；温度继续升高，磁铁矿有一部分转变为赤铁矿。

石膏是煤中最主要的硫酸盐矿物，但其含量较低。当温度上升到 70～90℃ 时，石膏转变为烧石膏（半水石膏）；100℃ 时，半水石膏失去仅剩的水，变为不稳定的 γ-$CaSO_4$；继续加热到 150℃，转变为硬石膏（β-$CaSO_4$）。在温度继续升高的情况下，有部分硬石膏发生分解。黄铁矿和白铁矿是煤中的主要含硫矿物，高温分解，形成磁铁矿和赤铁矿，并放出三氧化硫。煤中的主要氧化物是石英。石英是自然界中最稳定的矿物之一。在锅炉内燃烧时，一部分石英基本不发生变化，其余的石英在高温时被熔化，形成玻璃体。

粉煤灰的矿物组成主要有无定形相和结晶相两大类，无定形相主要为玻璃体以及少量的无定形碳，无定形相约占粉煤灰总量的50%～80%。玻璃体由硅铝质等组成，经过煅烧，储藏了较高的化学内能，这是粉煤灰活性的来源。空心和实心颗粒及多空体的非晶质是玻璃相，铁珠表面由于混杂有硅铝等成分，也有玻璃相，一般 Na_2O、K_2O 等均存在于玻璃相中。结晶相主要有莫来石、石英、云母、长石、磁铁矿、赤铁矿和少量钙长石、方镁石、硫酸盐矿物、石膏、金红石和方解石等。这些结晶相大多在燃烧区形成，又通常被玻璃相包裹。因此，在粉煤灰中单独存在的结晶体极为少见，单独从粉煤灰中提纯结晶相极为困难。莫来石（$3Al_2O_3 \cdot 2SiO_2$）在粉煤灰中不是独立的颗粒组分，常存在于空心玻璃珠的表面与玻璃体共生。粉煤灰中 Al_2O_3 含量高时，形成的莫来石增多。原煤中含有一定量的 CaO 和 MgO，它们在燃烧中很容易与 SiO_2 形成硅酸盐，这是粉煤灰的主要晶相。尽管粉煤灰为玻璃质，但从炉膛出来的原灰表面有大量的 $Si-O-Si$ 键，经与水相互作用后，颗粒表面将出现大量的羟基，使其具有显著的亲水性、吸附性和表面化学活性，但是未燃尽的炭粒则具有憎水性。

不同地区不同种类粉煤灰中的矿物相差异巨大，这种差异使得不同的粉煤灰在不同领域的使用效果和资源化程度差异比较大。我国普通粉煤灰的主要矿物组成范围如表3-7所列。与普通粉煤灰相比，在物相组成上高铝粉煤灰中富铝矿物的含量远高于平均水平，而玻璃相的含量则远低于平均水平。其中莫来石含量可高达61%，远高于普通粉煤灰的最高值30.6%，更高于平均含量20.4%；玻璃相（低铁玻璃相与高铁玻璃相之和）含量远低于普通粉煤灰玻璃相含量的下限，同时出现了一定量的刚玉，几乎不含石英（表3-8）。结合煤中主要矿物在高温条件下的演化行为对这三种主要物相的形成机理分析如下。

表3-7 我国普通粉煤灰的矿物组成范围　　　　单位：%

矿物名称	含量范围	平均值	矿物名称	含量范围	平均值
低温型石英	1.1～15.9	6.4	玻璃态 SiO_2	26.3～45.7	38.5
莫来石	11.3～29.2	20.4	玻璃态 Al_2O_3	4.8～21.5	12.4
高铁玻璃相	0～21.1	5.2	含碳量	1.0～23.5	8.2
低铁玻璃相	42.2～70.1	59.8	烧失量	0.63～29.97	7.9

表3-8 某高铝粉煤灰矿物组成　　　　单位：%

矿物名称	莫来石	刚玉	玻璃相
含量	61	14	25

（1）莫来石的形成

莫来石的形成有两种方式。第一种方式是在高温下莫来石由以高岭石为主的黏土矿物部分熔融，产生分解所致。在温度逐步升高过程中，煤中高岭石（$Al_2O_3 \cdot 2SiO_2 \cdot 2H_2O$）首先在低温区脱去结晶水，形成偏高岭石（$Al_2O_3 \cdot 2SiO_2$），偏高岭石在高温区经逐步脱硅后形成富铝莫来石。第二种方式，莫来石在温度降低的过程中由非晶态 SiO_2 和 γ-Al_2O_3 反应而成。非晶态 SiO_2 主要来源于高岭石在高温条件下的自发脱硅，γ-Al_2O_3 主要来源于某些地区的煤中一水软铝石及其他铝硅酸盐矿物的高温分解，一水软铝石在500～600℃的较低温度下可脱水而形成 γ-Al_2O_3。γ-Al_2O_3 化学性质较为活跃，在炉内温度升高的过程中，一方面，γ-Al_2O_3 在接近1000℃会转化成较为惰性的 α-Al_2O_3；另一方面，由于该转化过程较为缓慢，因此当系统温度升到1200℃时，没有转化的那部分 γ-Al_2O_3 会在空间上和其接触的非晶态 SiO_2 反应生成 $3Al_2O_3 \cdot 2SiO_2$，在温度降低后，$3Al_2O_3 \cdot 2SiO_2$ 经过脱玻璃化形成莫来石晶体。

$$3\gamma\text{-}Al_2O_3 + 2SiO_2(\text{非晶态}) \longrightarrow 3Al_2O_3 \cdot 2SiO_2(\text{莫来石})$$

（2）α-Al_2O_3（刚玉）的形成

在一水软铝石转化为 γ-Al_2O_3 过程中，一部分和玻璃相中的非晶态 SiO_2 反应而生成莫来石，而另一部分（与非晶态 SiO_2 未直接接触）则会在超过 1000℃ 的温度条件下发生晶型转化变成 α-Al_2O_3（刚玉）。

（3）玻璃相的形成

在骤热后急速冷却条件下，由高岭石等黏土矿物逐级脱硅所产生的非晶态 SiO_2 以及其他含有 Al_2O_3、Fe_2O_3、CaO、TiO_2 等氧化物的熔体相来不及结晶便以非晶态玻璃体的形式保存下来。由于煤中含有大量的黏土矿物，因此一般粉煤灰中都有一定含量的玻璃相。但是高铝粉煤灰中的玻璃相含量明显低于普通粉煤灰，这与某些地区煤中无机组分中相对富铝贫硅的化学成分有关，因为在粉煤灰的形成过程中，铝元素易于参与形成晶态矿物，硅则更容易形成玻璃相。因此，某些地区的煤燃烧所产生的高铝粉煤灰中晶态矿物含量明显偏高，而玻璃相含量明显偏低。

3.1.1.4　粉煤灰的形态

粉煤灰是以颗粒形态存在的，且这些颗粒的矿物组成、粒径大小和形态各不相同。通常按照形状分为不规则玻璃质颗粒、未燃尽炭粒、复珠、富硅铝玻璃微珠和富铁微珠，见图 3-1。

(a) 不规则玻璃质颗粒

(b) 未燃尽炭粒

图 3-1

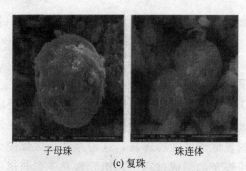

子母珠   珠连体
(c) 复珠

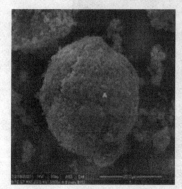

(d) 富硅铝玻璃微珠

(e) 富铁微珠
图 3-1 粉煤灰的形态

粉煤灰中普遍含有数量不等的形态不规则、结构疏松和粒径较粗的多孔玻璃质颗粒。这类多孔玻璃质颗粒活性差，多孔结构需水量大，干燥时易使制品开裂，因此对生产硅酸盐烧结制品是不利的。

粉煤灰中的炭粒一般是形状不规则的多孔体。炭粒内部多孔、结构疏松、易碾碎、孔腔吸水性高。粉煤灰中炭粒粒径较大，一般大于粉煤灰的平均粒径，小颗粒以片状居多，含有少量角粒状。粉煤灰中的炭粒对粉煤灰的综合利用会产生负面影响，其高温烧结烧失量大，是制备烧结砖的有害成分。

在粉煤灰中，有些微珠里面包含大量细小玻璃微珠的颗粒，或是柱状颗粒相互粘连成形状不规则颗粒，密度往往较大，置于水中能够下沉，表面发育有气孔，这些称为复珠或沉珠。前者通常称为子母珠，后者称为珠连体。一些研究证明，含有复珠是粉煤灰品质较好的一个标志。

富铁微珠是沉珠的一种，其中铁含量较高，铁质主要构成颗粒的壳壁，外观颜色较深。

圆形居多，球体发育较好，有少量含铁量较低的呈多孔不定形状，其中含有很多小微珠或外层包裹一层莫来石或石英结晶体。富铁微珠主要存在于粗灰中。

3.1.1.5　粉煤灰的物理性质

粉煤灰的物理性质包括密度、细度、堆积密度和比表面积等，这些性质是矿物组成及化学成分的宏观反应。鉴于粉煤灰的化学组成并不完全一致，这就决定了粉煤灰的物理性质相差很大。粉煤灰的基本物理性质见表 3-9。

表 3-9　粉煤灰的基本物理性质

项　　目		范　　围	平均值
密度/g·cm⁻³		$1.9 \sim 2.9$	2.1
堆积密度/g·cm⁻³		$0.531 \sim 1.261$	0.78
密实度/%		$25.6 \sim 47$	36.5
比表面积/cm²·g⁻¹	氧吸附法	$800 \sim 19500$	3400
	透气法	$1180 \sim 6530$	3300
原灰标准稠度/%		$27.3 \sim 66.7$	48.0
需氧量/%		$89 \sim 130$	106
28d 抗压强度比/%		$37 \sim 85$	66
筛余量/%	0.08mm	$0.6 \sim 77.8$	22.2
	0.045mm	$13.4 \sim 97.3$	39.8
颜色		$5 \sim 9$ 级	
热值/kJ·kg⁻¹		$6000 \sim 7500$	

我国燃煤电厂多采用煤粉炉，出于环境保护的考虑，采用沸腾炉的矸石电厂也被逐渐投用。矸石电厂的燃料以矸石为主，在燃烧前掺入中煤提高其热值，以达到燃料热值的要求。矸石、中煤是含灰量较高的燃料，所以虽然矸石电厂规模小，但是产灰量较高，约占全国排灰量的 1/4，其中底灰占 60%。同煤粉炉相比，沸腾炉具有燃烧效率高、污染易于控制、煤种适应性强等特点。沸腾炉燃烧温度低，煤粉在炉膛内部停留时间较长，因此其粉煤灰特性与煤粉炉相比有一定差异，见表 3-10。两种炉的燃烧条件如表 3-11 所列。

表 3-10　两种粉煤灰性质比较

灰型	煤粉炉粉煤灰	沸腾炉粉煤灰
颗粒形态	圆状颗粒为主，少许不规则棱角状颗粒	不规则棱角状颗粒占 80%，少量圆状颗粒
比表面积	小	大
结晶矿物的比例	高	低
细度	低	高
火山灰活性	低	高
含碳量	低	高

表 3-11　不同锅炉的燃烧条件

锅炉类型	煤粉炉	沸腾炉	锅炉类型	煤粉炉	沸腾炉
工业应用情况	大型电厂	小型电厂	工作温度/℃	$1000 \sim 1500$	$850 \sim 1000$
煤颗粒粒径/mm	$0.001 \sim 1$	$1 \sim 6$	典型停留时间/s	1	$100 \sim 500$
燃烧温度/℃	1400	900	实际停留时间/s	<1	$10 \sim 500$

（1）颜色

粉煤灰的外观颜色依煤源及烧失量不同而有浅灰色、灰色、深灰色、黄土色、褐色以及灰黑色等。通常粉煤灰颜色越浅，表明粉煤灰燃烧越充分，它的烧失量越低。因为粉煤灰颜色可以反映含碳量的高低，因此对粉煤灰的质量控制和生产控制，粉煤灰的颜色是一项重要的指标。

　　粉煤灰的颜色可以根据国际通用的 Munsell/Lovibond 彩色系统的规定，如果将粉煤灰的颜色从白色到黑色分成 11 个指数，可采用色泽测定仪来进行快速测定，一般来说，粉煤灰只需 1～9 级颜色指数；而 10 和 11 两个指数已是黑色，对粉煤灰来说不可能出现。用色泽测定仪测定粉煤灰的颜色可以在一定程度上判断粉煤灰的品质。在各国的粉煤灰有关标准中，一般都未列出对颜色的品质要求。但是在英国为了进行质量评价和生产控制，规定合格粉煤灰的颜色指数不能大于 7.0，而我国粉煤灰的颜色指数往往要大于这一数值。

　　（2）密度

　　粉煤灰中各种颗粒的密度差异比较大，在 $0.4～4.0\mathrm{g \cdot cm^{-3}}$ 之间变化。我国粉煤灰的密度范围为 $1.77～2.43\mathrm{g \cdot cm^{-3}}$，平均值是 $2.08\mathrm{g \cdot cm^{-3}}$，国外统计的粉煤灰密度范围在 $1.9～2.9\mathrm{g \cdot cm^{-3}}$ 之间。粉煤灰的密度对粉煤灰质量评价和控制也具有一定的意义，如果密度发生变化，在一定程度上表明其质量的波动。通常影响粉煤灰密度最主要的因素为 CaO 的含量。研究表明，低钙粉煤灰密度通常比较低，且变化范围也比较大，高钙粉煤灰的密度平均要比低钙粉煤灰的密度高 19% 左右。高钙粉煤灰具有较高密度的主要原因是：a. 玻璃体通常具有比较开放的结构，当 Ca、Mg、Na、K 改性剂的浓度增加时，玻璃体网架中的桥氧键将断开，然后开放结构被这些改性剂填充，增加了玻璃体的密度；b. 低钙粉煤灰中熔融物具有更大的黏性，很容易包裹气体在其中，因此有更多的中空的粉煤灰颗粒；c. 粉煤灰的含碳量相对比较低。

　　构成粉煤灰的一些矿物的密度分别为：磁铁矿 $4.5～5.1\mathrm{g \cdot cm^{-3}}$，石英 $2.65\mathrm{g \cdot cm^{-3}}$，莫来石 $3.03\mathrm{g \cdot cm^{-3}}$，碳 $1.2～2.0\mathrm{g \cdot cm^{-3}}$，铝硅玻璃体 $2.5～2.7\mathrm{g \cdot cm^{-3}}$。很显然，如果粉煤灰中铁的化合物含量比较高，粉煤灰的密度就比较大；反之，如果粉煤灰的烧失量比较高，粉煤灰的密度就比较低。但 McCarthy 等的统计分析发现，粉煤灰的密度和粉煤灰的氧化钙含量有比较好的线性关系，而与氧化铁的含量呈反比。出现这种情况可能还与粉煤灰的微观结构有关，关系式如下：

$$密度 = 2.15 + 0.018 \times CaO（相关系数 0.80）$$

　　粉煤灰的密度还与 $SiO_2 + Al_2O_3 + Fe_2O_3$ 的总量成反比，其关系式为：

$$密度 = 3.46 - 0.014 \times (SiO_2 + Al_2O_3 + Fe_2O_3)（相关系数 0.79）$$

　　（3）细度

　　粉煤灰的细度通常采用一定孔径的筛余量表示，也有采用比表面积表示的，这两种指标只能给出粉煤灰整体的细度，除此之外还有采用粒径分布曲线来表示粉煤灰细度的。根据我国国家标准《用于水泥和混凝土中的粉煤灰》（GB/T 1596—2005），我国粉煤灰的细度采用 $45\mu m$ 孔径的筛余量来表示；为了与水泥的细度对比，也采用 $80\mu m$ 孔径的筛余量来表示。

　　（4）渗透性

　　由于粉煤灰的多孔结构、球形粒径的特性，其在松散状态下具有良好的渗透性，其渗透系数比黏性土的渗透系数大数百倍。粉煤灰在外荷载作用下具有一定的压缩性，同比黏性土其压缩变形要小得多；同时粉煤灰有很强烈的毛细现象。

　　（5）比表面积

　　粉煤灰比表面积大，具有一定的吸附性能。研究证实，粉煤灰可有效去除富营养型湖泊表层水和间隙水中的磷酸酶，对造纸、印染、中草药等生产废水具有一定的净化作用，用粉煤灰对高浓度的有害物质进行固化处理，形成的固体块致密，空隙率很小，发生二次水化反应时，固形物的微小孔洞被封死，被固化的有害物质更不易溶出，造价较低，是理想的固化剂。粉煤灰在酸性条件下，其中的铝、铁离解成为无机混凝剂，与污水混合能将污水中的悬浮物粒子絮凝、沉降，使水质变清。用粉煤灰处理生活、造纸和制革废水等都已取得较好的效果。

3.1.1.6　粉煤灰的活性

粉煤灰具有物理和化学两方面的活性。物理活性包括减水效应、微集料效应和密实效应，是早期活性的主要来源，使得粉煤灰可以被直接利用，可促进制备产品凝胶活性和改善制品强度、耐候性等性能。球形玻璃微珠的"滚珠"作用使掺粉煤灰体系的流动性提高，降低了需水量，称为减水作用；粉煤灰颗粒（尤其是惰性晶体颗粒）充当微小集料，使集料的匹配更加合理，填充率提高，水泥分散得更加均匀，即微集料效应；粉煤灰填充水膜层和水泥骨架空隙，提高密实度，这种现象叫做密实效应。

粉煤灰的化学活性也称火山灰活性，是常温下粉煤灰中可溶性的 SiO_2、Al_2O_3 等成分与水和石灰缓慢反应生成稳定的铝硅酸钙盐的性质。粉煤灰的活性主要取决于玻璃体的化学活性，包括玻璃体中可溶性 SiO_2、Al_2O_3 的含量和玻璃体的解聚能力。造成粉煤灰活性低的原因主要有以下三个方面。

① 由于粉煤灰是在高温流态化条件下快速形成，传质传热速度极快，玻璃液相出现使之在表面张力作用下迅速收缩成球形液滴并相互黏结，形成了具有光滑表面的球形粉煤灰颗粒。如果液滴中仍有挥发分逸出，则在快速冷却过程中形成多孔玻璃体。快速冷却阻止了析晶，使大量粉煤灰粒子仍保持高温液态玻璃相结构。在这种较为致密的结构中，表面断键很少，这是造成粉煤灰活性低的原因之一。

② 在粉煤灰玻璃体中，Na_2O、CaO 等碱金属、碱土金属氧化物少，SiO_2、Al_2O_3 含量高，由于脱碱作用，在玻璃体表面形成富 SiO_2 和富 SiO_2-Al_2O_3 双层玻璃保护层。由于保护层的阻碍作用，使颗粒内部所含的可溶性的 SiO_2、Al_2O_3 很难溶出，活性难以发挥。

③ 粉煤灰中一部分 Al_2O_3 以莫来石相的形式存在，由于这种晶体通常情况下很稳定，这也在一定程度上降低了粉煤灰的活性。

因此要提高粉煤灰的活性需要：a. 破坏表面 $\equiv$Si—O—Si$\equiv$ 和 $\equiv$Si—O—Al$\equiv$ 网络构成的双层保护层，使内部可溶性 SiO_2、Al_2O_3 的活性释放；b. 将网络聚集体解聚、瓦解，使［SiO_4］、［AlO_4］四面体形成的三维连续的高聚合度网络解聚成四面体短链，进一步解聚成［SiO_4］、［AlO_4］等单体或双聚物等活性物；c. 使存在于惰性物相如莫来石中的氧化铝得以反应。通过人工手段改变其活性有以下三种方法。

1）机械细磨法。该方法对增加粉煤灰的活性很有效，尤其是颗粒较大的粉煤灰。粉煤灰磨细可将大颗粒粉碎，特别是粗大的玻璃体，使其颗粒黏结被打破，表面特性得到改善，提高物理活性。且玻璃体被粉碎后，其颗粒黏结和多孔结构被破坏的同时，玻璃体表面的保护膜也被粉碎，其内部可溶性组分（SiO_2、Al_2O_3）溶出，出现更多的断裂键，比表面积变大，反应接触面随之增大，活性得到提高。

2）碱性激发。碱溶液对粉煤灰有很强的作用，因为碱类物质对玻璃体中硅酸盐玻璃网络有破坏性。网络的连接程度随网络的聚合度的提高而增加，需要更大的能量来破坏网络，导致碱激发作用时间变长。但通常来说，pH 值和温度越高，激发作用也越强。

3）水热合成法。粉煤灰由于其形成条件和形成过程，造成其内部结构处于远程无序、近程有序状态，内能比完全无序的无定形态物质要低，但又高于相应成分晶态内能。常温下该结构对水很稳定，但其无规则网络在水热条件下会被激活，且会被水直接破坏掉，破坏作用随着温度的升高而加强。

3.1.1.7 粉煤灰对环境的污染

2010年9月15日，世界绿色和平组织发布调研报告称"火力发电产生的粉煤灰排放，已经成为中国工业固体废物的最大单一污染源，但这种对环境和公众健康损害巨大的污染物却被长期忽视"。近年来，我国的能源工业稳步发展，发电能力年增长率为7.3%，电力工业的迅速发展，全国粉煤灰排放量也急剧增加，1995年粉煤灰排放量达1.25亿吨，2000年约为1.5亿吨，2010年达到2亿吨，给我国国民经济建设和生态环境造成巨大的压力。粉煤灰的大量排放对人们的生活环境造成极大的危害，主要表现在以下三个方面。

（1）污染水源

目前，国内对粉煤灰的大批量处理主要是回填，粉煤灰随天然降水或地表径流进入河流、湖泊，并随渗沥水渗透到土壤中，进入地下水污染水源。粉煤灰浸出的一些微量元素会使地下水产生不同程度的污染，同时由于浸出的元素的环境迁移性，会对环境造成潜在的长期影响。美国环保局提出在燃煤电站需要关注的痕量元素包括：Ag、As、Ba、Be、Cd、Co、Cr、Hg、Mn、Mo、Ni、Pb、Se、Th、Zn以及非金属元素Cl、F、N、S。

（2）污染大气

电厂粉煤灰属于固体废物中细粒，粉尘随风飞扬，污染大气。高粉尘浓度的空气对人体健康危害很大，粉尘的聚集也对自然景观的形貌产生严重破坏。一些城区SO_2、NO_x等污染物可以达到国家空气标准，但是总悬浮物和降尘两项污染物均超标，尤其是降尘污染较重。

（3）占用大量土地、污染土壤

粉煤灰的储放方式可分为湿法储灰和干法储灰。湿法储灰运行简单、费用低、无噪声污染，输送过程的扬灰污染较易解决。但是储灰场的一次投资较高，解决渗漏与水质污染比较困难，灰场储满后场地的利用比较困难，存在着灰浆漏失或溃坝的危险。2008年12月22日，美国田纳西州的一个燃煤电厂的粉煤灰储灰场发生了溢出事故，超过400万立方米的粉煤灰溢出至附近河流，给周边地区造成了严重污染。

3.1.2 高铝煤炭及高铝粉煤灰资源

3.1.2.1 高铝煤炭及高铝粉煤灰资源的分布与数量

由于特殊的地质成矿背景，在内蒙古中西部和山西北部等地区，含铝矿物与煤层同时沉积形成的高铝煤炭资源，目前在国内其他地区尚未发现。根据有关研究成果，我国高铝煤炭资源不仅储量丰富，而且分布相对集中，远景资源量约1000亿吨，截至2008年年底，已探明资源储量为319亿吨，其中，内蒙古自治区237亿吨、山西省76亿吨、宁夏回族自治区6亿吨。燃烧后产生的粉煤灰中氧化铝含量在45%以上的煤炭资源主要分布在内蒙古中部准格尔煤田。初步预算，我国高铝煤炭远景资源量中含氧化铝100亿吨，是我国特有的具有开发价值的含铝非铝土矿资源。

初步统计，我国高铝粉煤灰累计积存量已超过1亿吨，主要分布在内蒙古中西部和山西北部。随着国家"西电东送"战略的深入实施，新建火电厂装机规模不断扩大，这些地区高铝粉煤灰的排放量还会增加。目前，我国高铝粉煤灰年排放量约2500万吨，其中，内蒙古中西部地区约1180万吨，集中堆存在呼和浩特市、鄂尔多斯市；山西北部约520万吨，主要堆存在朔州地区。高铝粉煤灰资源的大量排放和集中堆存，为规模化生产氧化铝提供了稳定可靠的资源保障。

3.1.2.2 高铝粉煤灰的化学成分与物相组成[14,15]

我国煤炭资源丰富，目前每年产生的粉煤灰达 4 亿～5 亿吨，其中高铝粉煤灰占粉煤灰总排放量的 30%。这部分高铝粉煤灰主要集中于内蒙古鄂尔多斯、山西平朔、陕西、安徽部分地区等。其中尤以内蒙古中西部地区的准格尔煤田、桌子山煤田和大青山煤田的氧化铝含量为高。这主要与其特殊的地质背景作用下，在晚古生代煤层及夹矸中赋存大量一水软铝石和高岭石等富铝矿物，形成了煤铝共生矿产资源有关。这些地区的煤中 Al_2O_3 含量高达 9%～13%，这些煤种在火电厂燃烧后，煤中的高岭石和一水软铝石分别转化成莫来石和 $\alpha\text{-}Al_2O_3$，致使粉煤灰中的 Al_2O_3 含量高达 50% 左右。

典型的高铝粉煤灰化学成分见表 3-12，三种粉煤灰相应的扫描电镜和能谱分析结果如图 3-2、图 3-3 和图 3-4 所示。图 3-5 为三种粉煤灰的 X 射线衍射图。

表 3-12 典型的高铝粉煤灰化学成分

化学成分	内蒙古	蒙西	山西	化学成分	内蒙古	蒙西	山西
Al_2O_3/%	54.41	40.48	34.31	K_2O/%	0.47	0.77	0.54
SiO_2/%	34.34	35.48	46.13	Na_2O/%	0.14	0.23	0.21
Fe_2O_3/%	2.78	3.70	4.54	SO_3/%	0.24	0.72	1.93
CaO/%	2.72	1.43	5.60	Ga/%	0.013	0.012	0.0091
MgO/%	0.17	0.34	0.37	LOI/%	2.49	14.02	4.60
TiO_2/%	1.74	2.22	1.33	A/S	1.58	1.14	0.74

(a) 扫描电镜

元素	质量分数/%	原子分数/%
O	44.15	58.67
Al	32.40	25.53
Si	16.59	12.56
Ca	2.16	1.15
Ti	4.70	2.09
总量	100.00	100.00

(b) 能谱分析结果

图 3-2 准格尔粉煤灰扫描电镜及能谱分析结果

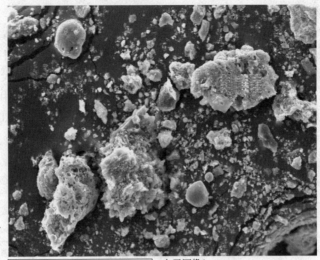

100μm　　　　　电子图像1

（a）扫描电镜

元素	质量分数/%	原子分数/%
O、K	32.36	45.18
Al、K	31.14	25.78
Si、K	36.51	29.04
总量	100.00	100.00

（b）能谱分析结果

图 3-3　蒙西粉煤灰扫描电镜及能谱分析结果

40μm　　　　　电子图像1

（a）扫描电镜

元素	质量分数/%	原子分数/%
O	54.61	68.55
Al	16.73	12.45
Si	19.76	14.13
S	3.22	2.02
Ca	5.68	2.85
总量	100.00	100.00

（b）能谱分析结果

图 3-4　朔州粉煤灰扫描电镜及能谱分析结果

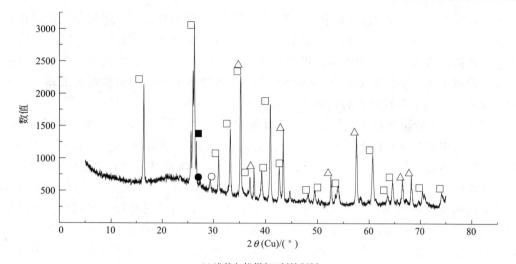

(a) 准格尔粉煤灰X射线衍射

□ 莫来石；　△ α-Al₂O₃；　● 金红石；　○ 方解石；　■ 石英

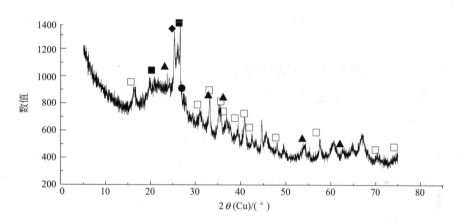

(b) 蒙西粉煤灰X射线衍射

□ 莫来石；　▲ 赤铁矿；　◆ 锐钛矿；　● 金红石；　■ 石英

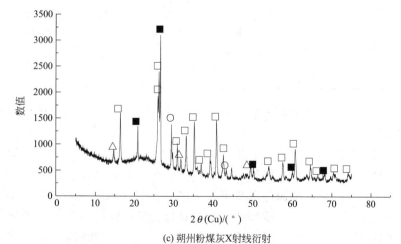

(c) 朔州粉煤灰X射线衍射

□ 莫来石；　■ 石英；　△ CaSO₄；　○ 方解石；

图 3-5　三种粉煤灰的 X 射线衍射

从表 3-12 以及图 3-2～图 3-5 中可以看出，三种粉煤灰中准格尔粉煤灰中氧化铝含量最高，超过 50%，且其中的二氧化硅含量相对较低，粉煤灰的 A/S（氧化铝与二氧化硅质量的比值）较高，约 1.60；蒙西的氧化铝含量居中，大约 40%，其中的氧化硅含量与准格尔粉煤灰中含量相近，该种粉煤灰的 A/S 为 1.14；三种粉煤灰中，朔州粉煤灰最差，氧化铝含量不到 35%，而氧化硅含量超过 40%，粉煤灰 A/S 仅为 0.74。

从图 3-5 三种粉煤灰的 X 射线衍射中可以看出，三种粉煤灰的矿物组成也有很大区别，准格尔粉煤灰中主要含有莫来石、α-Al_2O_3、金红石、方解石和石英，莫来石和 α-Al_2O_3 的大量存在是该种粉煤灰中氧化铝含量最高的关键原因；蒙西粉煤灰中的主要矿物为莫来石、石英、赤铁矿、锐钛矿和金红石，从图 3-5(b) 上可以看出该种粉煤灰中的石英含量较高，这是造成该种粉煤灰 A/S 低于准格尔粉煤灰的原因之一；与前两种粉煤灰相比，朔州粉煤灰因其中的石英含量最高，且因为生产该粉煤灰的锅炉采用的是石灰烟气脱硫，粉煤灰中钙含量较高，这一点也可以从图 3-4 朔州粉煤灰的能谱图上看出，这两种因素致使三种粉煤灰中该种粉煤灰氧化铝含量及铝硅比最低。

从上述分析可以看出，即使同为高铝粉煤灰，不同地区或者即使相同地区，粉煤灰中氧化铝的含量也会有很大差别，这是今后氧化铝工业利用高铝粉煤灰生产氧化铝时应予以考虑的一个关键因素。

3.1.3　高铝粉煤灰生产氧化铝的战略意义

3.1.3.1　开发非铝土矿含铝资源生产氧化铝的必要性

我国铝土矿资源严重不足，人均探明储量仅占世界平均水平的 14.2%，但氧化铝生产能力不断提高，资源保障能力不足。目前我国铝土矿资源储量仅占世界的 2.95%，而氧化铝产量占全世界的 39%。

从表 3-13 所列的几个典型氧化铝厂近几年所使用的铝土矿品位指标可以看出，矿石 A/S基本呈逐年下降趋势，2011 年进入氧化铝生产系统的 A/S 已降低到 5 以下。

表 3-13　几个典型氧化铝厂铝土矿品位指标（A/S）的变化

氧化铝厂	A	B	C
2007 年	8.68	5.94	7.71
2008 年	7.33	4.93	8.11
2009 年	6.62	5.56	7.64
2010 年	5.77	5.04	6.44
2011 年	5.24	4.82	5.78

从图 3-6 可以看出，2011 年我国铝土矿资源对外依存度高达 50% 以上，已成为严重制约中国氧化铝工业可持续发展的重要瓶颈。

更为严重的是，我国进口铝土矿及氧化铝来源国家较为单一，资源保障存在风险。据统计，2011 年 79.65% 的进口铝土矿来自印度尼西亚（详见图 3-7）。从 2012 年 5 月 1 日起，印度尼西亚对出口铝土矿实行出口配额许可政策并加增 25% 的出口关税，导致了山东、河南采用进口矿的氧化铝企业矿石供应严重短缺，生产难以为继；2014 年以后，印度尼西亚禁止铝土矿出口，将对中国氧化铝产业造成严重的冲击，进一步加大我国铝土矿资源供给风险。因此，寻找生产氧化铝用的非铝土矿替代资源成为中国氧化铝工业面临的一个重大关键课题。

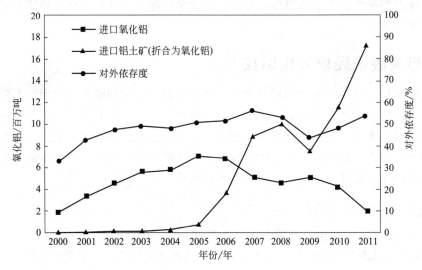

图 3-6　10 年来我国氧化铝对外依存度的变化

注：按 2.58t 铝土矿生产 1t 氧化铝计算。

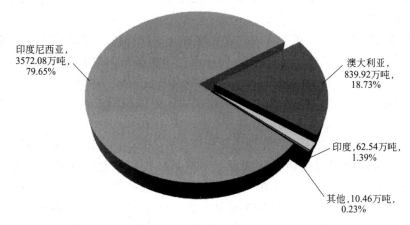

图 3-7　2011 年我国进口铝土矿来源情况

3.1.3.2　高铝粉煤灰生产氧化铝的战略意义

面对高品位铝土矿资源日益枯竭、中低品位铝土矿经济生产氧化铝困难重重的局面，国内相关的研究机构以及生产企业联合攻关，开展了以高铝粉煤灰和煤矸石为原料生产氧化铝技术的研究开发，先后在内蒙古、山西等地区进行了以粉煤灰和煤矸石生产氧化铝的工业实践。虽然工艺技术还有待完善，但是都证明了从高铝粉煤灰中提取氧化铝的技术可行性。

根据国家发改委《关于加强高铝粉煤灰资源开发利用的指导意见》，我国高铝煤炭远景资源量约 1000 亿吨，其中氧化铝含量大约 10％，所有高铝煤炭资源中含有大约 100 亿吨的氧化铝，即使考虑开采率与氧化铝的回收率，按我国每年 4000 万吨的氧化铝需求量计，也可供我国铝工业使用 100 年以上。

目前仅内蒙古地区每年高铝煤炭资源的开采量已经达到 1.0 亿吨，按每 4t 煤排放 1t 粉煤灰计算，仅该地区高铝粉煤灰的年排放量约 2500 万吨，可以提取约 1000 万吨氧化铝。

因此，开发利用高铝粉煤灰，可部分替代铝土矿资源，有利于缓解国内铝土矿资源短缺的矛盾，对于增加矿产资源有效供给，保障产业安全，增强氧化铝工业可持续发展的能力具有重要的战略意义。

3.2 粉煤灰酸法提取氧化铝技术

粉煤灰酸法提取氧化铝基于粉煤灰中硅物质含量较高，采用常规一水硬铝石铝土矿生产氧化铝的拜耳法碱法工艺无法将其中的氧化铝有效提取，采用常规处理一水硬铝石矿用的烧结法碱法工艺因为能耗太高经济性较差，而活化或不经活化后的粉煤灰酸溶性质都较好，氧化铝提取率相对较高，且由于不大量添加其他固体物质，残渣较少。根据酸溶介质不同分为盐酸法、硫酸法及硫酸铵法粉煤灰提取氧化铝技术。

3.2.1 盐酸法提取氧化铝

粉煤灰盐酸法提取氧化铝是将粉煤灰活化或不经活化直接添加盐酸，使粉煤灰中的氧化铝以氯化铝的形式进入到溶液中，同时一起进入到溶液的还有氯化铁，采用树脂吸附或萃取方式将氯化铁除去，得到的纯净氯化铝溶液经过浓缩、煅烧后得到氢氧化铝，氢氧化铝再经焙烧后得到氧化铝。由氯化铝煅烧得到的氢氧化铝粒度较细，不符合冶金级氧化铝要求，如用于电解铝，则需进行低温碱溶后，制得偏铝酸钠溶液，然后再经晶种分解后得到氢氧化铝，再经过焙烧得到冶金级氧化铝。

中国神华能源股份有限公司申请的申请号为 2010101618499 "用粉煤灰生产超细氢氧化铝、氧化铝的方法" 的专利[16]中，提出以循环流化床粉煤灰为原料，采用盐酸酸浸经过湿法磁选除铁后的粉煤灰，得到的酸浸液经过树脂吸附并洗脱后，得到氯化铁和氯化铝的洗脱液，然后用碱溶除铁，得到纯净的铝酸钠溶液，加入分散剂后进行碳分，得到超细氢氧化铝，超细氢氧化铝在不同温度下煅烧得到 $\gamma\text{-}Al_2O_3$ 或 $\alpha\text{-}Al_2O_3$。

周华梅[17]采用四种粉煤灰（其化学成分分析见表3-14），研究了其在不同条件（直接酸浸、烧结后酸浸及加助剂烧结活化后酸浸等）下盐酸提取氧化铝的潜力。其中 FCFA 中 Al_2O_3 质量分数为 31.47%；CCFA 中 CaO 的质量分数较高为 18.75%，Al_2O_3 的质量分数偏低，大约为 19.99%；ACFA 中 Al_2O_3 质量分数高达 40.57%，是我国内蒙古、宁夏、山西等地含有铝矾土的煤炭燃烧后有代表性的粉煤灰；LCFA 中 Al_2O_3、CaO 和 Fe_2O_3 质量分数分别为 13.86%、13.55% 和 8.64%，烧失量很高，是我国煤化工灰渣的代表。

表 3-14　粉煤灰化学组成　　　　　　　　　　　　　　单位：%

粉煤灰	SiO_2	Fe_2O_3	Al_2O_3	TiO_2	CaO
FCFA	55.22	3.48	31.47	1.25	2.75
CCFA	40.57	10.36	19.99	1.03	18.75
ACFA	46.90	3.77	40.57	1.57	2.70
LCFA	41.03	8.64	13.86	0.63	13.55

当采用质量分数为 20% 的盐酸溶液直接酸浸（粉煤灰质量与盐酸体积比为 1:5，酸浸温度 98℃，直接浸取 1h）时，Al_2O_3 的提取率见表 3-15。其中，ACFA 提取率最低，只有 4.97%；FCFA 提取率较 ACFA 高一点儿，但也只有 8.25%；CCFA 中有 47.62% 的 Al_2O_3 浸出；从 LCFA 中直接浸出的氧化铝最高达 79.13%。主要是由于 FCFA 和 ACFA 这两种粉煤灰中的含铝物相大部分为结晶度高的莫来石，具有极好的物理和化学稳定性，活性非常低，在酸性、碱性溶剂及玻璃熔融体中都表现出较强的抗浸蚀能力。因此通过简单的盐酸酸

浸很难直接将 Al_2O_3 从这些粉煤灰中提取出来；而与 FCFA、ACFA 的物相组成相比较，CCFA 中晶相莫来石较少，峰强较弱，结晶度低，并且玻璃体含量比较多，而玻璃体结构处于亚稳状态，网络聚合度低，结构没有莫来石稳定，在盐酸溶液中只有以玻璃体形式存在的一部 Al_2O_3 可以直接浸取出来；LCFA 中主要为非晶相，Al_2O_3 全部以玻璃体形式存在，所以活性高，浸取率也最高。

表 3-15　直接酸浸条件下粉煤灰中氧化铝的提取率　　　　单位：%

样品	Al_2O_3 提取率	样品	Al_2O_3 提取率
FCFA	8.25	ACFA	4.97
CCFA	47.62	LCFA	79.13

周华梅将上述四种粉煤灰分别在 800℃、900℃、1000℃及 1100℃条件下焙烧 1h，所得熟料的浸取条件同前所述，各粉煤灰 Al_2O_3 的提取率如表 3-16 所列。FCFA 和 ACFA 经焙烧后，Al_2O_3 提取率随焙烧温度的升高略微下降。随着焙烧温度的升高，CCFA 中 Al_2O_3 提取率逐渐提高，800℃焙烧后 Al_2O_3 提取率与直接酸浸时相差不大；900℃焙烧后 Al_2O_3 提取率为 53.87%，比直接浸取时仅提高了 6.25%；1000℃焙烧后比直接酸浸提高了 13.86%；1100℃焙烧提高了 33.27%，为 80.89%。而 LCFA 在 900℃焙烧 1h 后，Al_2O_3 提取率则降低到 68.79%。各粉煤灰经焙烧后，其中的主要物相组成变化差异明显。FCFA 和 ACFA 经 800~1100℃焙烧 1h 后，物相组成没有明显变化，仍然以莫来石为主。而 CCFA 经 900℃焙烧后出现新的物相钙长石和钙铝黄长石（见图 3-8）。这应该归因于在高温焙烧过程中，CCFA 中高达 18.75% 的 CaO 与灰中的莫来石或铝硅酸盐反应生成反应活性高的铝硅酸钙；但由于其中一部分 CaO 最终转变成钙铁榴石 $[Ca_3Fe_2(SiO_4)_3]$，未能和所有的铝硅酸盐反应生成铝硅酸钙，所以最后仍有近 20% 的 Al_2O_3 未提取出来。LCFA 由于自身也含 13.55% 的 CaO，经900℃焙烧 1h 后，虽然也反应生成了钙长石（见图 3-9），但原来的非晶相玻璃相均趋于消失，转变成晶相物质，所以降低了化学活性，导致较低的 Al_2O_3 提取率。

表 3-16　粉煤灰在 800~1100℃焙烧酸浸后氧化铝提取率　　　　单位：%

样品	Al_2O_3 提取率			
	800℃	900℃	1000℃	1100℃
FCFA	8.72	7.89	7.20	5.05
CCFA	49.59	53.87	61.48	80.89
ACFA	4.78	5.20	4.25	4.09
LCFA	—	68.79	—	—

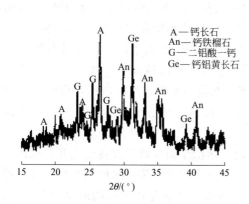

图 3-8　CCFA 在 900℃煅烧 1h 后的 XRD 图谱

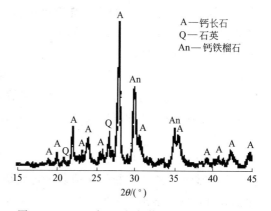

图 3-9　LCFA 在 900℃煅烧 1h 后的 XRD 图谱

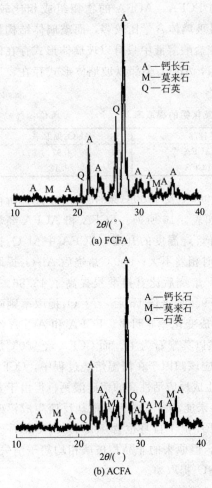

A—钙长石
M—莫来石
Q—石英

(a) FCFA

A—钙长石
M—莫来石
Q—石英

(b) ACFA

图 3-10 FCFA 和 ACFA 添加钙质
助剂 900℃焙烧 1h 后的 XRD 图谱

在上述结果分析的基础上，基于在高温焙烧条件下，钙能够和粉煤灰中的铝硅酸盐重新反应生成高活性矿物铝硅酸钙（主要为钙长石）的认识，周华梅针对含钙低的粉煤灰 FCFA 和 ACFA，通过添加一定量的钙质助剂焙烧，来提高其化学反应活性，并提高 Al_2O_3 提取率。其结果显示在 FCFA 和 ACFA 中添加适量的钙质助剂经 900℃焙烧 1h 后，Al_2O_3 提取率都得到显著提高，尤其是 FCFA 中 Al_2O_3 提取率达到 85.31%。因 ACFA 中的莫来石量较 FCFA 多，且结晶度高，所以 ACFA 与助剂发生焙烧反应的反应度较低，相应的 Al_2O_3 提取率也较低。图 3-10 是 FCFA 和 ACFA 添加助剂经 900℃焙烧 1h 后的 XRD 图谱。可以发现 FCFA 和 ACFA 添加助剂焙烧后均生成了钙长石，虽然熟料中仍然可以观察到莫来石相，但 ACFA 中未参与反应的莫来石含量比 FCFA 多，这与浸取数据结果一致。另外，其实验数据也显示，以生成钙长石为主的增钙方式活化粉煤灰 FCFA 和 ACFA，较生成铝酸钙和硅酸钙为主的增钙活化方式，在相同提取率下，可以降低活化温度，减少助剂掺量。

佟志芳等[18]以 KF 为助剂焙烧活化粉煤灰，用盐酸酸浸活化后的粉煤灰提取其中的氧化铝，研究了粉煤灰焙烧活化和盐酸浸出条件对粉煤灰中氧化铝铝浸出率的影响及其浸出过程动力学。试验结果表明，焙烧活化优化条件为：时间 1h，温度 800℃，粉煤灰与 KF 质量比为 20∶4，浸出温度 90℃，浸出时间 2h，盐酸浓度 4mol·L⁻¹，液固比 4mL·g⁻¹ 的条件下，氧

化铝提取率达到 92.46%。粉煤灰焙烧产物加热酸浸过程符合收缩未反应核模型，反应级数为 0.3718，反应活化能为 43.49kJ·mol⁻¹，过程速率为化学反应速率控制。

王苗等[19]认为粉煤灰未经煅烧时铝、铁的溶出率都很低，用盐酸进行酸浸，即使将酸的浓度提高至 37%，铝的溶出都很难进行，溶出率近似 0，铁的溶出率不足 10%，说明不经活化的粉煤灰很难将铝、铁溶解出来。与原状粉煤灰相比，粉煤灰经煅烧后，铝、铁的溶出率均增加。但总体而言，铝的溶出率均很差，700℃煅烧后溶出率最高，但仍不超过 5%；相比而言，铁的溶出要容易得多，700℃煅烧后铁的溶出率可高达 35%。煅烧温度对铝、铁的溶出有一定的影响。低于 700℃时，铝的溶出率随煅烧温度的增加而增加，高于 700℃后，又呈下降的趋势；铁的溶出规律与铝有一定程度的相似性，只是在 700~800℃时其规律有所差异。

王苗还认为由于粉煤灰中玻璃体的聚合度较高，而低聚物含量只有百分之几，因此，常温下很难参与反应。对粉煤灰原灰进行煅烧活化后，其中的玻璃聚合物依然难以打开，使氧化铝和氧化铁的溶出率很低。加入 NaOH 助剂后，粉煤灰中氧化铝和铁的溶出率有所提高。文献表明，在 NaOH 作用下，粉煤灰表面的低聚物会与碱发生反应，含 Al—O、Si—O 键

网络的部分聚合度较高的硅铝质玻璃体被打破，使聚合度降低成为活性状态。由于 NaOH 的熔点低（318.4℃），在 400℃ 以下与粉煤灰发生了反应，因此，以 NaOH 为助剂活化粉煤灰，在低温 400℃ 下，就能取得较好的效果。加入 Na_2CO_3 后，粉煤灰中氧化铝和氧化铁的溶出率均能增加到 90% 以上。

总之粉煤灰原灰的主要矿物组成是铝硅酸盐玻璃微珠，其中的铝、硅大部分含在莫来石（$3Al_2O_3 \cdot 2SiO_2$）中，不经活化很难被酸浸出。文献表明，Na_2CO_3 与莫来石反应生成 $Na_2O \cdot Al_2O_3 \cdot 2SiO_2$ 或 $2Na_2O \cdot Al_2O_3 \cdot 2SiO_2$ 相态，而该相态很容易被酸分解。因而，当加入 Na_2CO_3 后，莫来石中的 Al—Si 键打开，使其中的铝、铁浸出。其主要反应为：

$$Na_2CO_3 \longrightarrow Na_2O + CO_2 \uparrow$$
$$Na_2O + SiO_2 \longrightarrow Na_2SiO_3$$
$$3Na_2O + 4SiO_2 + 3Al_2O_3 \cdot 2SiO_2 \longrightarrow 3(Na_2O \cdot Al_2O_3 \cdot 2SiO_2)$$
$$6Na_2O + 4SiO_2 + 3Al_2O_3 \cdot 2SiO_2 \longrightarrow 3(2Na_2O \cdot Al_2O_3 \cdot 2SiO_2)$$

由于碳酸钠的熔点（851℃）较高，在 800~900℃ 温度下，熔融 Na_2CO_3 对粉煤灰的玻璃体结构有破坏作用，因而在高温下，碳酸钠助剂对粉煤灰的活化作用更为显著。因此，加碳酸钠助剂在 900℃ 煅烧时，粉煤灰中氧化铝的溶出率较高。不论加入何种助剂，粉煤灰中氧化铁的溶出率总是随温度的升高而增加，且较氧化铝的溶出容易。可能是因为粉煤灰中的氧化铁大部分分布在玻璃体外部，较分布于玻璃体内部的氧化铝更容易溶出。

总之，关于粉煤灰直接盐酸酸浸呈以下特点：a. 粉煤灰经过煅烧活化后直接酸浸，粉煤灰中氧化铝和氧化铁的溶出率较低；b. Na_2CO_3 或 NaOH 以及钙助剂的添加使粉煤灰高聚合度的玻璃体结构发生解聚和破坏，释放出其中包裹的氧化铝，从而使粉煤灰中氧化铝的提取率增高。

3.2.2　硫酸法提取氧化铝

硫酸直接浸取（DAL）法是以粉煤灰和硫酸为原料，即将粉煤灰经磨细后焙烧活化，然后用硫酸浸出，将浸取液浓缩可得到硫酸铝结晶。结晶硫酸铝经过煅烧、碱溶得到铝酸钠溶液，同时也会产生含铁的物质，再经过一些除铁工序得到氢氧化铝后再焙烧，就可以得到氧化铝。直接酸浸的反应见式(3-1)：

$$3H_2SO_4 + Al_2O_3 = Al_2(SO_4)_3 + 3H_2O \qquad (3-1)$$

但在实际操作中除铁是不容易的。而且用直接酸浸法的浸出率较低，有人提出用氟化物（如氟化铵）来作助溶剂来破坏铝硅玻璃体和莫来石。化学反应见式(3-2) 和式(3-3)：

$$3H_2SO_4 + 6NH_4F + SiO_2 = H_2SiF_6 + 3(NH_4)_2SO_4 + 2H_2O \qquad (3-2)$$
$$3H_2SO_4 + Al_2O_3 = Al_2(SO_4)_3 + 3H_2O \qquad (3-3)$$

在使用此法时操作人员需特别小心，因为硫酸为强酸，具有腐蚀性。如果反应温度较高会导致酸挥发，不仅污染环境，而且对操作人员健康伤害也大。

李来时等[20]研究了硫酸浸取法从粉煤灰中提取氧化铝，回收率最高可达 93.2%。他得出的最佳实验条件为：浓硫酸在 85~90℃ 温度下溶出，浸出时间 40~90min，硫酸铝溶液在 110~120℃ 浓缩，以 $Al_2(SO_4)_3 \cdot 18H_2O$ 形式析出，在 810℃ 左右煅烧该晶体 4~6h，生成活性强的 γ-Al_2O_3，碱溶后再晶种分解制得氢氧化铝，再经煅烧制备出冶金级氧化铝。

陈德[21]在申请号为 2010102810240 "高铝粉煤灰硫酸法溶出工艺" 的发明专利中，提到了一种将高铝粉煤灰与质量分数为 25%~40% 的稀硫酸按比例混合，制成的矿浆经过多级加热至 175～185℃，保温 60～90min，得到硫酸铝溶液。

陈德[22] 在另一个申请号为 2010102810255 "硫酸法处理高铝粉煤灰提取冶金级氧化铝的工艺" 的发明专利中，将采用上述工艺得到的硫酸铝溶液通过控制过滤进行净化并脱铁后，将得到的纯净硫酸铝溶液进行蒸发浓缩后得到硫酸铝晶体，然后将硫酸铝晶体进行焙烧，最终得到氧化铝，将焙烧过程中产生的 SO_3 气体进行回收。

余红发等[23] 在申请号为 2010106016819 "粉煤灰生产冶金级氧化铝的方法" 的发明专利中，将粉煤灰机械活化后，加水浮选除去未燃尽的碳，经过磁选除去氧化铁，在粉煤灰残液中加入浓硫酸，在耐酸反应设备中于 200～240℃，0.1～0.5MPa 条件下反应 1～6h，反应结束后，加水加热煮沸，抽滤，得到的硫酸铝粗液经过蒸发浓缩后得到硫酸铝浓缩液；加入有机醇过滤；加水溶解滤饼，加入有机醇溶解硫酸铁，析出硫酸铝，过滤得到的硫酸铝滤饼，经过 70～100℃烘干、800～1200℃煅烧后得到 Fe_2O_3 含量低于 0.02％的冶金级氧化铝。

3.2.3　硫酸铝铵法提取氧化铝

由于硫酸铝铵在水中的溶解度小、易于结晶，而且经过适当的处理可以转化为氧化铝，所以常会被作为含铝非铝土矿资源制备氧化铝的中间产物。以它作为中间产物制备氧化铝的好处是：可以通过反复溶解-沉淀过程提高硫酸铝铵的纯度，从而获得较纯的氧化铝产品。

该法主要工艺过程为：先将磨细活化的粉煤灰与硫酸铵混合后高温煅烧，然后以硫酸来浸出，过滤所得滤液用氨水调节到 pH 值为 2.00 左右，此时会有硫酸铝铵结晶出来，然后再用硫酸 60℃下重新溶解，冷却至室温时会有晶体析出，如此重复多次，得到相对比较纯净的中间产物硫酸铝铵，再按照一定的流程加热将硫酸铝铵分解，最终得到纯度较高的氧化铝。

尹中林、李来时等均申请了采用硫酸铝铵法自粉煤灰中提取氧化铝的专利。李来时等[24] 在申请号为 2010102407955 "利用粉煤灰制备氧化铝的方法" 的发明专利中，将硫酸铵与粉煤灰按质量比为 (4.5～8)：1 进行混合磨制，然后在 230～600℃ 的温度范围内烧成 0.5～5h，制得的含硫酸铝铵熟料用热水溶出 0.1～1h，液固分离后得到硫酸铝铵溶液，向硫酸铝铵溶液中加入氨水或通入氨气，得到氢氧化铝和硫酸铵溶液；氢氧化铝洗涤煅烧后得到氧化铝。

3.3　粉煤灰碱法提取氧化铝技术

和酸法相比，粉煤灰碱法提取氧化铝技术研究相对较为深入和全面，具有代表性的方法是石灰石烧结法和碱石灰烧结法。石灰石烧结法从粉煤灰中提取氧化工艺是世界上最早工业化应用粉煤灰生产氧化铝的技术。20 世纪 50 年代，波兰采用该技术建成了年产 1 万吨氧化铝和 10 万吨水泥的实验工厂。传统的碱石灰烧结法只提取了粉煤灰中的氧化铝，而氧化硅的利用价值低，没有达到综合利用。改进型碱石灰烧结法不仅可以从粉煤灰中提取氧化铝，还可以制得白炭黑或活性硅酸钙等副产品，是当前被普遍关注的生产方法。下面对粉煤灰碱法提取氧化铝技术进行详细的介绍。

3.3.1　粉煤灰碱法提取氧化铝的基本理论

粉煤灰碱法提取氧化铝的基础建立在粉煤灰、苏打和石灰石的适当的配制（碱性炉料）或者仅仅粉煤灰与石灰石适当的配制（无碱炉料）之上，在一定的温度制度下，生成难溶的含硅化合物（二钙硅酸盐 $2CaO \cdot SiO_2$）和溶解性能好的或在溶液中能够分解（偏铝酸钠 $NaAlO_2$、偏铁酸钠 $NaFeO_2$）或在苏打溶液中能够分解（铝酸钙 $12CaO \cdot 7Al_2O_3$、$CaO \cdot Al_2O_3$）的化合物。

在熟料溶出阶段，将有用组分 Na_2O、Al_2O_3（进入溶液）和有害杂质 SiO_2、Fe_2O_3（残留在泥渣中）分离。

由于少量的二钙硅酸盐与铝酸钠溶液相互作用，在熟料溶出阶段少量 SiO_2 会进入溶液。为避免从溶液中析出的 $Al(OH)_3$ 被污染，溶出液预先作一段或二段脱硅，使 SiO_2 成为难溶的化合物 $Na_2O \cdot Al_2O_3 \cdot 1.7SiO_2 \cdot 2H_2O$（第一阶段）、$3CaO \cdot Al_2O_3 \cdot 0.15SiO_2 \cdot 5.7H_2O$（第二阶段）除去。

在烧结法中从脱硅后的溶液析出氢氧化铝，可以用不同的方法进行用碳酸化的方法从铝酸钠溶液中析出 $Al(OH)_3$ 最为常见。它与晶种分解相比是更有效的方法。所得的苏打溶液经蒸发后返回生料制备车间，而氢氧化铝则送去煅烧。

3.3.2　石灰石烧结法提取氧化铝

美国曾报道用石灰石烧结法对氧化铝含量为 20％的 30 万吨粉煤灰进行处理，以制取 5 万吨氧化铝，并生产 45 万吨水泥的设计方案，但未予实施。在 20 世纪 50 年代，波兰的 Grzymek 教授开发了利用粉煤灰和煤矸石为原料，以石灰石烧结法生产氢氧化铝（氧化铝）和水泥的技术，并在波兰进行了产业化生产。1980 年我国安徽省冶金研究所和合肥水泥研究院在进行提取氧化铝和制造水泥的实验室规模的试验后，提出用石灰烧结、碳酸钠溶出工艺从粉煤灰中提取氧化铝，其硅钙渣作水泥的工艺路线，于 1982 年 3 月通过成果鉴定。2006 年，我国内蒙古年产 40 万吨粉煤灰提取氧化铝项目正式宣布开工建设，利用氧化铝含量大于 40％的粉煤灰与石灰石煅烧，采用碱法提取氧化铝，整个生产过程实现了零排放和低成本的循环产业链，但是到 2009 年也未见投产的相关报道。

3.3.2.1　石灰石烧结法工艺流程[25,26]

石灰石烧结法是国内外最早提出的粉煤灰提取氧化铝的方法，也是目前国内唯一见诸报道的已工业化应用的生产工艺。石灰石烧结法基本工艺流程如图 3-11 所示。石灰石烧结法从粉煤灰中提取氧化铝的工艺过程主要包括物料的烧结及熟料的自粉化、熟料的溶出、溶出液的脱硅、精液的碳酸化分解析出氢氧化铝和氢氧化铝的焙烧五个主要阶段。

该法烧结温度一般在 $1320 \sim 1400℃$，故能耗较高，成本也高，同时产渣量也大。但其熟料冷却后，会因晶相发生急剧转变，体积膨胀 10％左右，所以可以自行粉化到一定的程度，节省了能耗。然后将熟料粉末与 Na_2CO_3 溶液混合，使偏铝酸钠溶解，经过滤可得到 $NaAlO_2$ 粗液，同时滤出的不溶性硅酸二钙用于水泥的生产。由于 $NaAlO_2$ 粗液中含少量 SiO_2，故需加入石灰乳进行脱硅处理，再过滤即可得 $NaAlO_2$ 精液。再通入 CO_2 进行中和，降低溶液碱度，使 $Al(OH)_3$ 析出。最后 $Al(OH)_3$ 经煅烧，从而获得 Al_2O_3。

3.3.2.2　石灰石烧结法工艺原理

石灰石烧结法也称石灰烧结法，就是将粉煤灰与石灰石或石灰混合后进行高温烧结。使粉煤灰中的莫来石和石英转变为 $2CaO \cdot SiO_2(C_2S)$ 和 $12CaO \cdot 7Al_2O_3$，即使粉煤灰中活

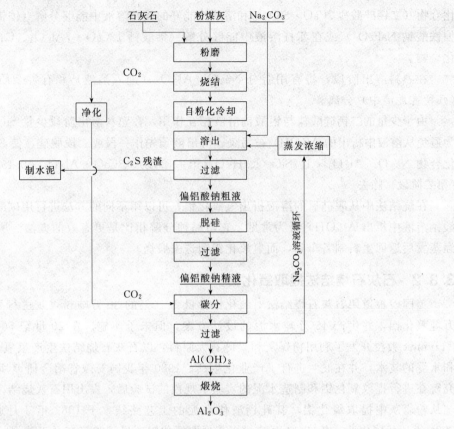

图 3-11 石灰石烧结法工艺流程

性低的铝硅酸盐生成易溶于碳酸钠溶液的铝酸钙和不溶的硅酸二钙，从而实现铝硅分离，见式(3-4)。铝酸钙可被碳酸钠溶出生成 $NaAlO_2$，见式(3-5)。

$$7(3Al_2O_3 \cdot 2SiO_2) + 64CaO === 3(12CaO \cdot 7Al_2O_3) + 14(2CaO \cdot SiO_2) \qquad (3-4)$$

$$12CaO \cdot 7Al_2O_3 + 12Na_2CO_3 + 33H_2O === 14NaAl(OH)_4 + 10NaOH + 12CaCO_3 \qquad (3-5)$$

粉煤灰石灰石烧结法提取氧化铝的工艺原理可用以下 $CaO\text{-}Al_2O_3\text{-}SiO_2$ 三元系相图来论述，见图 3-12。

该体系生成三种三元化合物，其中钙斜长石 $CaO \cdot Al_2O_3 \cdot 2SiO_2$（$CAS_2$）和斜方柱石 $2CaO \cdot Al_2O_3 \cdot SiO_2$（$C_2AS$）是稳定的化合物，不稳定的化合物 $3CaO \cdot Al_2O_3 \cdot SiO_2$（$C_3AS$）在图中没有标明。其余为二元化合物，在相图中位于三角形的边缘上。这些化合物的熔点列于表 3-17。

表 3-17 $CaO\text{-}Al_2O_3\text{-}SiO_2$ 体系中几种化合物的熔点

化合物	熔点/℃	化合物	熔点/℃
$3CaO \cdot Al_2O_3$	1535 分解	$CaO \cdot SiO_2$	1544
$12CaO \cdot 7Al_2O_3$	1455	$3CaO \cdot 2SiO_2$	1464 分解
$CaO \cdot Al_2O_3$	1600	$2CaO \cdot SiO_2$	2130
$3CaO \cdot 5Al_2O_3$	1720	$CaO \cdot Al_2O_3 \cdot 2SiO_2$	1553
$3CaO \cdot 2Al_2O_3$	1850	$2CaO \cdot Al_2O_3 \cdot SiO_2$	1593

石灰石烧结工艺的主要反应如下：

$$7(Al_6Si_2O_{13}) + 64CaO \longrightarrow 3(12CaO \cdot 7Al_2O_3) + 14(2CaO \cdot SiO_2)$$

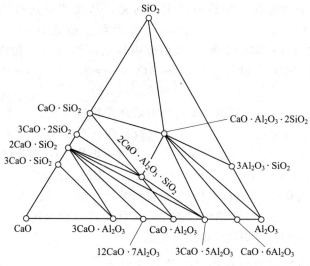

图 3-12　CaO-Al_2O_3-SiO_2 三元系相图[27]

或　　$7(3Al_2O_3 \cdot 2SiO_2) + 64CaO \longrightarrow 3(12CaO \cdot 7Al_2O_3) + 14(2CaO \cdot SiO_2)$ 　　（3-6）

$$Al_6Si_2O_{13} + 7CaO \longrightarrow 3(CaO \cdot Al_2O_3) + 2(2CaO \cdot SiO_2)$$

或　　　　$3Al_2O_3 \cdot 2SiO_2 + 7CaO \longrightarrow 3(CaO \cdot Al_2O_3) + 2(2CaO \cdot SiO_2)$ 　　（3-7）

在此三元系统中有两种熔化时不分解的三元化合物,钙斜长石($CaO \cdot Al_2O_3 \cdot 2SiO_2$)和斜方柱石($2CaO \cdot Al_2O_3 \cdot SiO_2$),另外在此系统中有三种主要的钙的铝酸盐:$12CaO \cdot 7Al_2O_3$、$CaO \cdot Al_2O_3$ 和 $3CaO \cdot 5Al_2O_3$。这几种化合物用碳酸钠溶液处理后的溶出率不同,结果见表 3-18。

表 3-18　几种含 Al_2O_3 化合物的提取率

化合物	Al_2O_3提取率/%	备　注	化合物	Al_2O_3提取率/%	备　注
$CaO \cdot Al_2O_3 \cdot 2SiO_2$	9.5	Na_2CO_3溶液	$12CaO \cdot 7Al_2O_3$	70.8	Na_2CO_3溶液
$2CaO \cdot Al_2O_3 \cdot SiO_2$	1.36	Na_2CO_3溶液	$3CaO \cdot 5Al_2O_3$	36.8	Na_2CO_3溶液
$CaO \cdot Al_2O_3$	61.8	Na_2CO_3溶液			

溶出过程中发生的主要反应如下:

$$12CaO \cdot 7Al_2O_3 + 12Na_2CO_3 + 5H_2O \longrightarrow 14NaAlO_2 + 12CaCO_3 + 10NaOH \quad (3-8)$$

$$CaO \cdot Al_2O_3 + Na_2CO_3 \longrightarrow 2NaAlO_2 + CaCO_3 \quad (3-9)$$

从表 3-18 中可以看出,$12CaO \cdot 7Al_2O_3$ 是最理想的铝酸盐,$CaO \cdot Al_2O_3$ 其次,而固相硅矿物 $2CaO \cdot SiO_2$ 是不溶稳定固相,也是所需的理想组分。故生料的配料范围是 CA、C_2S 和 $C_{12}A_7$ 三角形内(见图 3-12)。利用原料和熟料中 A/S 不变的特点,严格控制生料的配比及烧成制度,从而得到质优熟料,保证熟料的溶出率。

3.3.2.3　烧结熟料的自粉化

熟料中生成的硅酸二钙（$2CaO \cdot SiO_2$）在此烧结工艺中具有十分重要的作用,$2CaO \cdot SiO_2$ 在冷却的过程中能进行晶型转化,见式(3-10)。

$$\gamma\text{-}2CaO \cdot SiO_2 \underset{675℃}{\rightleftharpoons} \beta\text{-}2CaO \cdot SiO_2 \underset{1420℃}{\rightleftharpoons} \alpha\text{-}2CaO \cdot SiO_2 \xrightarrow{2130℃} 熔体 \quad (3-10)$$

当熟料冷却到 675℃ 以下时,β-$2CaO \cdot SiO_2$ 迅速转变为 γ-$2CaO \cdot SiO_2$,体积膨胀,

密度降低，致使晶体变为细粉，使熟料产生自粉化。从而使石灰石烧结工艺具有更优的经济性。粉煤灰和石灰石原料中所含的微量元素会阻止硅酸二钙晶相转变（即 $\beta\text{-}2CaO \cdot SiO_2 \longrightarrow \gamma\text{-}2CaO \cdot SiO_2$ 转变），从而影响烧结产物的自粉化效果。为能使烧结产物的自粉化率达到 100%，寻找 $\beta\text{-}2CaO \cdot SiO_2 \longrightarrow \gamma\text{-}2CaO \cdot SiO_2$ 转变的最佳条件具有十分重要的意义。

陆胜等[28]认为影响粉煤灰和石灰石配合料的煅烧产物自粉化的主要因素是煅烧温度及 CaO/SiO_2。他们处理含氧化铝 26.38%（质量分数）和含 SiO_2 52.10%（质量分数）的粉煤灰，在 $CaO/SiO_2 = 2.5$ 和煅烧温度为 $1260℃$ 的条件下煅烧 $1h$，煅烧试样降至 $700℃$ 保温 $1h$ 后从高温炉中取出，将试样置于空气中冷却，煅烧产物的自粉化率可以达到 100%。采用 8% 碳酸钠溶液对石灰石烧结法获得的自粉化料进行溶出，控制好料液比等参数，可从粉煤灰中浸出 70% 以上的氧化铝。碳酸钠浸取液经石灰乳脱硅处理后用 CO_2 进行碳酸化处理，可得到 $Al(OH)_3$，$Al(OH)_3$ 经煅烧可得到氧化铝。

3.3.2.4　石灰石烧结法提取氧化铝的工艺技术特点

粉煤灰生产氧化铝的石灰石烧结法工艺技术特点如下。

① 采用石灰石配料，不必配碱，因而碳分母液不进入烧结，可用耗能低的干法烧结。烧成反应的主要产物是铝酸钙（$12CaO \cdot 7Al_2O_3$）和硅酸二钙（$2CaO \cdot SiO_2$），利用铝酸钙在碳酸钠溶液中分解生成偏铝酸钠（$NaAlO_2$）溶液，而硅酸二钙基本上不分解，进而实现偏铝酸钠溶液与 SiO_2 等杂质的分离。偏铝酸钠溶液用于制取氧化铝，硅酸二钙用于制取水泥熟料。

② 粉煤灰与石灰石的烧结熟料在冷却过程中，由于熟料中的硅酸二钙发生相变，即由 $\beta\text{-}2CaO \cdot SiO_2$ 转变为 $\gamma\text{-}2CaO \cdot SiO_2$，体积膨胀 10%（相对密度由 3.4 变为 3.1），熟料自行粉碎为细粉，熟料不需磨制即可进行溶出，这不仅可节省电能，而且化学粉碎形成的粉末比机械粉磨生成的粉末更细，有利于 Al_2O_3 的提取。

③ 用于浸出铝酸钙熟料的调整液主要是碳酸钠溶液，而溶出液中 Al_2O_3 的浓度受反应平衡的限制，溶出液中 Al_2O_3 的浓度较低。

④ 排出的钙硅渣，其主要化学成分是 CaO 和 SiO_2，主要矿物是 $\gamma\text{-}2CaO \cdot SiO_2$，接近硅酸盐水泥熟料的化学成分，且含碱量低，只需稍作调整，即可用作生产硅酸盐水泥的原料。

由于石灰石烧结法本身的技术特性，加上粉煤灰高硅低铝的组成特征，决定了采用该工艺从粉煤灰中提取氧化铝时，由于烧结温度高，因此工艺能耗高。生产流程中固体物料氧化铝含量低、物料流量大，湿法系统浓度低、液固分离量大，氧化铝流程整体产出率低。某工业试验结果表明，生产 $1t$ 氧化铝，约需粉煤灰 $3.975t$，石灰石 $9.275t$，产出赤泥硅钙渣 $8.26t$；一个年产 40 万吨氧化铝的工厂需要一个年产 400 万吨的水泥厂与之配套。两倍于粉煤灰的赤泥硅钙渣的循环利用是经济生产氧化铝的基本要求，但由于水泥市场有效半径小，废渣的有效处理也是制约该技术大规模工业应用的主要因素。

3.3.3　碱石灰烧结法提取氧化铝

3.3.3.1　传统碱石灰烧结法提取氧化铝

（1）传统碱石灰烧结法的基本流程

粉煤灰碱石灰烧结法提取氧化铝的工艺过程主要有以下几个步骤。

① 原料准备　制取组分配比符合要求的细磨料浆。生料浆组成包括粉煤灰、石灰石（或石灰）、新纯碱（用以补充流程中的碱损失）、循环母液和其他循环物料。

② 熟料烧结　生料的高温煅烧，制取主要含铝酸钠、铁酸钠和硅酸二钙的熟料。

③ 熟料溶出　使熟料中的氧化铝和氧化钠转入溶液，分离和洗涤不溶性残渣。

④ 脱硅　使进入溶液的氧化硅生成不溶性化合物分离，制取高硅量指数（铝酸钠溶液中的 Al_2O_3 与 SiO_2 含量的比）的铝酸钠精液（精制溶液）。

⑤ 碳酸化分解　用 CO_2 分解铝酸钠溶液。析出的氢氧化铝与碳酸钠母液分离，并洗涤氢氧化铝；一部分溶液进行种子分解，以得到某些工艺条件所要求的部分苛性碱溶液。

⑥ 焙烧　将氢氧化铝焙烧成氧化铝。

⑦ 分解母液蒸发　通过对分解母液进行蒸发，从过程中排除过量的水，以实现水平衡。蒸发后的母液称为蒸发母液，再用于配制生料浆。

碱石灰烧结法提取氧化铝的工艺流程见图 3-13。

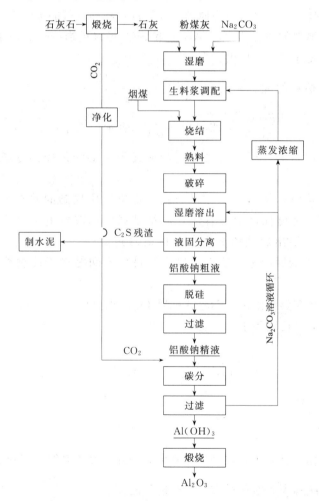

图 3-13　碱石灰烧结法提取氧化铝的工艺流程

此法烧结温度一般在 1220℃ 左右，与石灰石烧结法相比，烧结温度降低了 200～300℃，故能耗低些。该工艺中的 Na_2CO_3 可以回收后重复利用，节约了生产成本，并且该工艺对粉煤灰中氧化铝含量要求不高。

(2) 碱石灰烧结法原理[26~29]

碱石灰烧结法从粉煤灰中提取氧化铝的工艺与碱石灰烧结法提取铝土矿中氧化铝的工艺相似。碱石灰烧结法从粉煤灰中提取氧化铝的工艺就是在借鉴碱石灰烧结法提取铝土矿中氧化铝经验的基础上而提出的，把粉煤灰、石灰和碳酸钠经高温烧结成可溶性的偏铝酸钠及不溶性的 $2CaO \cdot SiO_2$，二者分离后制备氧化铝并回收碱液，残渣用作硅酸盐水泥原料。

粉煤灰中的 Al_2O_3 与碳酸钠在弱还原气氛下烧结成偏铝酸钠：

$$Na_2CO_3 + Al_2O_3 \longrightarrow 2NaAlO_2 + CO_2 \tag{3-11}$$

SiO_2 与石灰烧结转化为 $2CaO \cdot SiO_2$：

$$SiO_2 + 2CaO \longrightarrow 2CaO \cdot SiO_2 \tag{3-12}$$

(3) 碱石灰烧结法的炉料配方

炉料配方是指生料（浆）中各种氧化物含量所应保持的比例。炉料配方的选择以保证烧结过程的顺利进行、制得高质量熟料为原则。烧结过程顺利进行的关键在于炉料具有比较宽阔的烧结温度范围。熟料的质量表现在 Al_2O_3 和 SiO_2 等氧化物结合成预期的化合物，气孔度合适，以保证有用成分的充分溶出。

碱石灰烧结法中炉料的配方主要包括碱比 $\left(\dfrac{[Na_2O]}{[Al_2O_3] + [Fe_2O_3]}\right)$、钙比 $\left(\dfrac{[CaO]}{[SiO_2]}\right)$、铝硅比 $\left(\dfrac{[Al_2O_3]}{[SiO_2]}\right)$ 和铁铝比 $\left(\dfrac{[Fe_2O_3]}{[Al_2O_3]}\right)$ 四项指标 $\left(\dfrac{[\quad]}{[\quad]}$ 表示为摩尔比 $\right)$。其中铝硅比与铁铝比实际上是由粉煤灰所决定的，所以对配料过程来说最主要的是控制好碱比和钙比这两项指标。

炉料的配方决定炉料在烧结过程中的行为，也决定所烧制的熟料的物相组成。只有在适宜的配方条件下，才能保证炉料有适宜的烧结温度和较宽的烧结温度范围，炉料有较理想的标准溶出率，溶出后残渣具有良好的沉降过滤性能，这样才能节约原料（CaO 和 Na_2O），提高 Al_2O_3 的回收率。所以，研究炉料配方问题对于改善烧结过程具有重要意义。

如果各单体氧化物在熟料中是以 $Na_2O \cdot Al_2O_3$、$Na_2O \cdot Fe_2O_3$ 和 $2CaO \cdot SiO_2$ 的矿物形态存在，那么熟料的碱比应等于 1.0，即

$$\frac{N}{R} = \frac{[Na_2O]}{[Al_2O_3] + [Fe_2O_3]} = 1.0 \tag{3-13}$$

钙比应等于 2.0，即

$$\frac{C}{S} = \frac{[CaO]}{[SiO_2]} = 2.0 \tag{3-14}$$

生产实践中把按化学反应所需理论量计算出的配方，习惯地称为饱和配方或正碱、正钙配方。而把其他配方统称为非饱和配方。在非饱和配方中，又把 $\dfrac{N}{R} < 1.0$ 的配方称为低碱配方，把 $\dfrac{N}{R} > 1.0$ 的配方称为高碱配方，把 $\dfrac{C}{S} < 2.0$ 的配方称为低钙配方，把 $\dfrac{C}{S} > 2.0$ 的配方称为高钙配方。

从原则上看，饱和配方的熟料，在溶出时可以得到最高的 Al_2O_3 和 Na_2O 溶出率。因为如果取低碱配方，则由于 Na_2O 配量不足，不能使 Al_2O_3 和 Fe_2O_3 全部转变为 $Na_2O \cdot Al_2O_3$ 和 $Na_2O \cdot Fe_2O_3$，而导致 $2CaO \cdot Al_2O_3 \cdot SiO_2$ 和 $4CaO \cdot Al_2O_3 \cdot Fe_2O_3$ 一类化合物的生成，造成 Al_2O_3 溶出率的降低，但 Na_2O 的配量减少，碱耗有可能低些；高碱配方炉料一般具有较高的熔点，烧结温度范围比较宽阔，但配入的碱量增加，碱的损失量增大，烧结时多于生成 $Na_2O \cdot Al_2O_3$ 和 $Na_2O \cdot Fe_2O_3$ 的碱将与原硅酸钙发生反应生成 $Na_2O \cdot CaO \cdot SiO_2$（$Na_2CO_3 + 2CaO \cdot SiO_2 \Longrightarrow Na_2O \cdot CaO \cdot SiO_2 + CaO + CO_2$）使 Na_2O 溶出率降低，而且游离的 CaO 在熟料溶出时也转化成 $3CaO \cdot Al_2O_3 \cdot 6H_2O$ 沉淀，使 Al_2O_3 溶出率同时下降；低钙配方，则熟料中有不溶性的 $Na_2O \cdot Al_2O_3 \cdot 2SiO_2$ 生成，从而降低 Al_2O_3 和 Na_2O 的溶出率；高钙配方，在熟料中有游离的 CaO 存在，在溶出时造成 Al_2O_3 的损失。

（4）炉料烧结过程中的物理化学反应

烧结过程反应极为复杂，不但原料之间，而且反应生成物之间都有反应发生。参与反应的主要成分为 Al_2O_3、SiO_2、Na_2CO_3、$CaCO_3$ 和 Fe_2O_3。

① Na_2CO_3 与 Al_2O_3 之间的反应　Na_2CO_3 与 Al_2O_3 之间的反应是烧结过程中最重要的反应之一，这两种成分在高温下可能生成几种铝酸盐，但生成 $NaAlO_2$ 的反应是烧结过程中的主要反应。

$$Na_2CO_3 + Al_2O_3 \longrightarrow 2NaAlO_2 + CO_2 \qquad (3-15)$$

此反应在约 700℃ 开始，800℃ 反应完全，但时间很长，1100℃ 可在 1h 反应完全。

② Al_2O_3 与 CaO 之间的反应　Al_2O_3 与 CaO 之间的反应在 1000℃ 开始，随着温度的提高，反应速率增大，可能生成几种化合物，主要产物为 CA 和 $C_{12}A_7$。

$$Al_2O_3 + CaCO_3 \longrightarrow CaO \cdot Al_2O_3 + CO_2 \qquad (3-16)$$
$$7Al_2O_3 + 12CaCO_3 \longrightarrow 12CaO \cdot 7Al_2O_3 + 12CO_2 \qquad (3-17)$$

③ SiO_2 与 Na_2CO_3 之间的反应　SiO_2 与 Na_2CO_3 在高温下存在几种硅酸盐，如 Na_2SiO_3、$Na_2O \cdot 2SiO_2$ 和 $2Na_2O \cdot SiO_2$ 等。800℃ 的化学反应方程式为：

$$SiO_2 + Na_2CO_3 \longrightarrow Na_2SiO_3 + CO_2 \qquad (3-18)$$

继续升高温度，可能发生二次反应：

$$2Na_2SiO_3 + 2NaAlO_2 \longrightarrow Na_2O \cdot Al_2O_3 \cdot 2SiO_2 + 2Na_2O \qquad (3-19)$$

④ SiO_2 与 $CaCO_3$ 之间的反应

$$SiO_2 + 2CaCO_3 \longrightarrow 2CaO \cdot SiO_2 + 2CO_2 \qquad (3-20)$$

此外还有 Fe_2O_3 与 Na_2CO_3 之间的反应，700℃ 时就已经充分迅速进行，最后产物是 $Na_2O \cdot Fe_2O_3$。

$$Na_2O \cdot Al_2O_3 \cdot 2SiO_2 + 4CaO \longrightarrow 2(2CaO \cdot SiO_2) + Na_2O \cdot Al_2O_3 \qquad (3-21)$$

要使得硅铝酸钠分解为硅酸二钙和铝酸钠，碱石灰烧结法需要 1200~1250℃ 的高温。

按照化学反应计量比的参考值 $Na_2CO_3/(Al_2O_3 + Fe_2O_3) = 1$、$CaCO_3/SiO_2 = 2$ 进行配料，控制温度在 1250℃ 进行高温煅烧。烧结后的烧结块的主要成分是 $Na_2O \cdot Al_2O_3$、$Na_2O \cdot SiO_2$ 和 $2CaO \cdot SiO_2$ 等。

（5）熟料溶出过程的基本反应

熟料溶出过程是烧结法氧化铝生产中十分重要的工序，熟料溶出的效果对生产的技术指标有重大的影响。

熟料溶出的目的是使熟料中的 Al_2O_3 和 Na_2O 尽可能完全地转入溶液，而与熟料中的其他不溶性杂质组成的残渣分离开来。为了使残渣尽量少携带铝酸钠溶液，必须将分离出来的残渣进行充分洗涤。

熟料溶出的效果通常是用熟料中的 Al_2O_3 净溶出率和 Na_2O 净溶出率来衡量的。熟料中 Al_2O_3 净溶出率 $\eta_{A净}$ 和 Na_2O 净溶出率 $\eta_{N净}$ 可由下式计算。

$$\eta_{A净} = \frac{A_熟 - A_渣 \times \dfrac{C_熟}{C_渣}}{A_熟} \times 100\% \tag{3-22}$$

$$\eta_{N净} = \frac{N_熟 - N_渣 \times \dfrac{C_熟}{C_渣}}{N_熟} \times 100\% \tag{3-23}$$

式中　$\eta_{A净}$、$\eta_{N净}$——熟料中 Al_2O_3 和 Na_2O 的净溶出率，%；

$A_熟$、$A_渣$——熟料和弃残渣的 Al_2O_3 含量，%；

$N_熟$、$N_渣$——熟料和弃残渣的 Na_2O 含量，%；

$C_熟$、$C_渣$——熟料和弃残渣的 CaO 含量，%。

当熟料的标准溶出率 $\eta_{A标}$ 和 $\eta_{N标}$ 基本固定时，$\eta_{A净}$ 和 $\eta_{N净}$ 越高，就表示溶出过程中 Al_2O_3 的损失 $\Delta\eta_A$（$\Delta\eta_A = \eta_{A标} - \eta_{A净}$）和 Na_2O 的损失 $\Delta\eta_N$（$\Delta\eta_N = \eta_{N标} - \eta_{N净}$）越小，也就是表示溶出效果越好。

为了获得良好的溶出效果，必须了解熟料成分在溶出过程中的行为。熟料中主要成分是铝酸钠、硅酸二钙、铁酸钠、铝酸钙和铁酸钙等，它们在溶出时的行为可叙述如下。

① 铝酸钠　固体铝酸钠并不是由 AlO_2^- 和 Na^+ 组成的离子晶体，而是由 AlO_4 四面体共偶群三度空间网与 Na^+ 所组成。至于铝酸钠溶液，则含有 Na^+ 和 $Al(OH)_4^-$ 等离子。铝酸钠的溶解作用和一般的离子晶体的溶解不同，它是一个化学反应。铝酸钠极易溶于热水中，在冷水中溶解较慢。溶出反应如下：

$$Na_2O \cdot Al_2O_3 + 4H_2O === 2Na^+ + 2Al(OH)_4^- \tag{3-24}$$

此反应是放热反应。铝酸钠及其与铁酸钠组成的固溶体很容易溶解成铝酸钠溶液。在 100℃下，用碱溶液溶解固体 $Na_2O \cdot Al_2O_3$ 生成 Al_2O_3 $100g \cdot L^{-1}$、α_k（溶液中的苛性碱与氧化铝的摩尔比）为 1.6 的铝酸钠溶液的过程可以在 3min 内完成。所以化学反应速率不会成为熟料溶出过程的限制步骤。图 3-14 为不同温度下的 Na_2O-Al_2O_3-H_2O 系状态图。

由图 3-14 可以看出，氧化铝的溶解度都随溶液中苛性碱浓度的增加而急剧增长，但当苛性碱浓度超过某一限度后，氧化铝的溶解度反而随溶液中苛性碱浓度的增加而急剧下降，这是与溶液平衡的固相成分发生改变的结果。但它是迅速进行的溶解过程，可以得到 Al_2O_3 极为过饱和的溶液，极限浓度可达 $350\sim380g \cdot L^{-1}$。

在生产中由熟料得到的铝酸钠溶液，Al_2O_3 浓度通常低于 $120g \cdot L^{-1}$，由于含有 $5\sim6g \cdot L^{-1}$ 的 SiO_2，稳定性显著地增加，以致在碱石灰烧结法中，溶出液的 α_k 可以低至 $1.20\sim1.25$。

② 铁酸钠　铁酸钠不溶于水、碳酸钠、苛性碱及铝酸钠溶液中，但与水接触则发生水解生成氢氧化钠。反应式如下：

$$Na_2O \cdot Fe_2O_3 + 2H_2O === 2Na^+ + 2OH^- + Fe_2O_3 \cdot H_2O \tag{3-25}$$

此反应是吸热反应，反应热效应为 $83.6kJ \cdot mol^{-1}$[30]。在纯铁酸钠水解制取高浓度 NaOH 溶液时，反应速率缓慢。在铝酸盐熟料中，铁酸钠与铝酸钠构成固溶体，而且

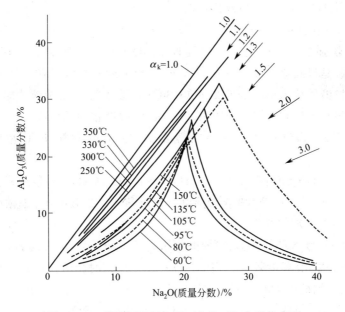

图 3-14　不同温度下 $Na_2O-Al_2O_3-H_2O$ 系状态图

溶出液的 Na_2O 浓度不是很高，它的水解速率大为加快。

③ 硅酸二钙　在碱石灰烧结熟料中，硅酸二钙主要是以 $\beta-2CaO \cdot SiO_2$ 的形式存在。实验研究和生产实践都证明：硅酸二钙的分解是使已经溶出的氧化钠和氧化铝又进入泥渣而损失的根源。这类反应及由此引起的一系列反应，被称为二次反应或副反应，而熟料中的氧化铝和氧化钠进入溶液的反应被称为一次反应或主要反应。由二次反应或副反应导致氧化铝和氧化钠的损失，被称为二次反应损失或副反应损失（在烧结过程中，由于氧化铝、氧化铁和氧化钠没有完全化合成相应的铝酸钠和铁酸钠而造成的损失为一次损失）。在工业条件下，氧化铝的这一损失常达 $6\% \sim 10\%$，而当溶出条件选择不当时，有时还要更大。由于硅酸二钙在溶出时的行为对烧结法生产的技术经济指标（氧化钠和氧化铝的溶出率等）影响很大，因此曾对此做过大量的实验研究工作。但是，至今仍未取得完全一致的结论[31]。

马泽里（转引自文献［32］）认为 $\beta-2CaO \cdot SiO_2$ 与氢氧化钠、碳酸钠及铝酸钠作用溶出二氧化硅和其与碳酸钠作用生成硅酸铝钠（$Na_2O \cdot Al_2O_3 \cdot nSiO_2 \cdot xH_2O$）沉淀是造成氧化铝和氧化钠损失的主要原因。但从我国某氧化铝厂的生产情况来看，赤泥中氧化铝和氧化钠损失分子比并非 $1:1$，氧化铝损失远较氧化钠多。所以这种解释不能完全说明氧化铝损失的主要原因。

列捷金（转引自文献［32］）研究了用渗滤器溶出熟料时氧化铝损失的原因。他用溶出后的赤泥进行了差热分析，结果认为赤泥中主要成分是氢氧化铝和水合铝酸钙 $3CaO \cdot Al_2O_3 \cdot 6H_2O$。

我国也进行过类似研究，将溶出 $0.5h$ 的赤泥放在岩石显微镜下观察，证明赤泥的主要成分是 $\beta-2CaO \cdot SiO_2$[31]。但若溶出时间较长，则 $\beta-2CaO \cdot SiO_2$ 的数量减少，而在 $\beta-2CaO \cdot SiO_2$ 结晶外围，有微细结晶生成，同时赤泥中氧化铝含量也大为增加。因此二次反应主要是 $\beta-2CaO \cdot SiO_2$ 和铝酸钠溶液的化学作用。

对 $\beta-2CaO \cdot SiO_2$ 与铝酸钠溶液中的 $NaOH$、Na_2CO_3 及 $NaAl(OH)_4$ 发生反应的情况叙述如下。

1）$2CaO \cdot SiO_2$ 与 Na_2CO_3 溶液的作用

$$2CaO \cdot SiO_2 + 2CO_3^{2-} + 2H_2O == 2CaCO_3 + H_2SiO_4^{2-} + 2OH^- \qquad (3-26)$$

上述反应比较强烈，用碳酸钠溶液处理 $2CaO \cdot SiO_2$，溶液中的 SiO_2 浓度可以达到 $8 \sim 10g \cdot L^{-1}$，但是每处理一次，只有一部分 $2CaO \cdot SiO_2$ 参与反应。在 $90 \sim 95℃$ 下用 10% 的 Na_2CO_3 溶液按液固比为 100 处理 $2CaO \cdot SiO_2$，要更换 10 批溶液才能使其全部分解[33]。

2）$2CaO \cdot SiO_2$ 与 $NaOH$ 溶液的作用。在 Na_2O 浓度相同的情况下，$2CaO \cdot SiO_2$ 与氢氧化钠溶液的作用不如 $2CaO \cdot SiO_2$ 与碳酸钠溶液的作用强烈。当 Na_2O 浓度低于 $250g \cdot L^{-1}$ 时[30]，反应式为：

$$2CaO \cdot SiO_2 + 2OH^- + 2H_2O == 2Ca(OH)_2 + H_2SiO_4^{2-} \qquad (3-27)$$

用含 $NaOH$ $100g \cdot L^{-1}$ 的苛性碱溶液溶出 $2CaO \cdot SiO_2$，二氧化硅平衡浓度仅为 $0.2g \cdot L^{-1}$，远低于用碳酸钠溶液处理的结果。

3）$2CaO \cdot SiO_2$ 与 $NaAl(OH)_4$ 溶液的作用。$2CaO \cdot SiO_2$ 也可能和 $NaAl(OH)_4$ 直接作用。由于 $2CaO \cdot SiO_2$ 溶解度较大，当 $2CaO \cdot SiO_2$ 存在时，溶液中的 Ca^{2+} 和 $Al(OH)_4^-$、OH^- 的浓度增大，因此可能有下列一类反应发生：

$$3(2CaO \cdot SiO_2) + 4Al(OH)_4^- + 2H_2O == 2(3CaO \cdot Al_2O_3 \cdot SiO_2 \cdot 4H_2O) + H_2SiO_4^{2-} + 2OH^-$$

$$(3-28)$$

文献 [34] 表明，水合硅酸钙在铝酸钠溶液中溶出时，溶出液中 SiO_2 浓度远小于烧结法生产氧化铝熟料溶出过程溶液中的 SiO_2 浓度，由此说明水合硅酸钙与 Na_2CO_3 和 $NaOH$ 的反应程度是有限的，因此引起二次反应的主导因素是 $NaOH$、Na_2CO_3，还是 $NaAl(OH)_4$ 与硅酸钙之间的相互作用，相关研究值得重视[35]。

④ 铁酸钙　$CaO \cdot Fe_2O_3$ 和 $2CaO \cdot Fe_2O_3$ 两种铁酸钙在溶出时都可能发生下列反应：

$$3(2CaO \cdot Fe_2O_3) + 15H_2O == 2(3CaO \cdot Fe_2O_3 \cdot 6H_2O) + 2Fe(OH)_3 \qquad (3-29)$$

$$3(2CaO \cdot Fe_2O_3) + 4NaAl(OH)_4 + 15H_2O ==$$

$$2(3CaO \cdot Al_2O_3 \cdot 6H_2O) + 4NaOH + 6Fe(OH)_3 \qquad (3-30)$$

$$CaO \cdot Fe_2O_3 + 4H_2O == Ca(OH)_2 + 2Fe(OH)_3 \qquad (3-31)$$

$$3Ca(OH)_2 + 2Fe(OH)_3 == 3CaO \cdot Fe_2O_3 \cdot 1.5H_2O + 4.5H_2O \qquad (3-32)$$

溶液浓度和温度的提高会增进铁酸钙的分解。

⑤ 铝酸钙　在碱石灰烧结法熟料中可能会生成 C_3A（$3CaO \cdot Al_2O_3$，以下简写类似），它是很难溶出的。在石灰烧结法熟料中，CA（$CaO \cdot Al_2O_3$，以下简写类似）和 $C_{12}A_7$（$12CaO \cdot 7Al_2O_3$，以下简写类似）是有意制成的化合物。它们用 $NaOH$ 溶液溶出时都将转变成水合铝酸钙 $3CaO \cdot Al_2O_3 \cdot 6H_2O$ 沉淀。只有用碳酸钠溶液溶出才能使其中的氧化铝转入溶液中，其反应可以从图 3-15 的 Na_2O-Al_2O_3-CaO-CO_2-H_2O 系平衡曲线得到了解。

（6）溶出过程的二次反应

熟料溶出对整个烧结法生产氧化铝工艺的影响极大，由于溶出时发生二次反应，不仅使氧化铝溶出率降低，而且还会影响其他工艺过程的正常运行，如赤泥沉降分离、洗涤及脱硅等，从而直接影响氧化铝生产技术经济指标。因此熟料溶出二次反应及其反应机理的研究，对选择正确的熟料溶出工艺制度，改善氧化铝生产工艺过程，提高氧化铝生产技术经济指标具有十分重要的意义。

熟料溶出过程要使熟料中的 $Na_2O \cdot Al_2O_3$ 尽可能完全地转入溶液，以获得高的 Al_2O_3

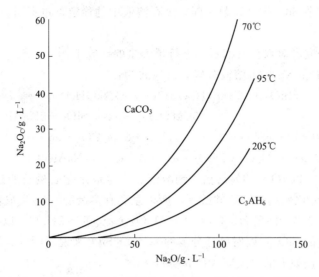

图 3-15　铝酸钙熟料溶出时溶液中 Na_2O_C（Na_2CO_3）的平衡浓度

和 Na_2O 溶出率，溶出液要与赤泥尽快地分离，以减少氧化铝和碱的化学损失。分离后的赤泥夹带着附液，应充分洗涤，以减少碱和氧化铝的机械损失。

　　铝酸钠和铁酸钠组成的固溶体易溶于水和稀碱，用稀碱溶液在 90℃ 下溶出细磨的熟料，在 3～5min 内便可将其中的铝酸钠完全溶出来。在烧结过程中，由于 Al_2O_3、Fe_2O_3 和 Na_2O 没有完全化合成铝酸钠和铁酸钠而引起的损失称为一次损失。原硅酸钙在熟料中的含量在 30% 以上，它是不溶于水的。但在溶出过程中赤泥中的 $2CaO \cdot SiO_2$ 可与铝酸钠发生一系列的化学反应，使已经溶出来的 Al_2O_3 和 Na_2O 又有一部分转入赤泥而损失，由此造成的氧化铝和氧化钠的损失为二次反应损失或副反应损失。当溶出条件不当时，二次反应所造成的损失可以达到很严重的程度。溶出过程的二次反应主要有：

$$2CaO \cdot SiO_2 + 2Na_2CO_3 + H_2O = Na_2SiO_3 + 2CaCO_3 + 2NaOH \tag{3-33}$$

$$2CaO \cdot SiO_2 + 2NaOH + H_2O = 2Ca(OH)_2 + Na_2SiO_3 \tag{3-34}$$

$$3Ca(OH)_2 + 2NaAl(OH)_4 = 3CaO \cdot Al_2O_3 \cdot 6H_2O + 2NaOH \tag{3-35}$$

$$3CaO \cdot Al_2O_3 \cdot 6H_2O + xNa_2SiO_2(OH)_2 =$$

$$3CaO \cdot Al_2O_3 \cdot xSiO_2 \cdot (6-2x)H_2O + 2xNaOH + 2xH_2O(x=0.5\sim0.8) \tag{3-36}$$

$$3Ca(OH)_2 + 2NaAl(OH)_4 + xNa_2SiO_3 =$$

$$3CaO \cdot Al_2O_3 \cdot xSiO_2 \cdot (6-2x)H_2O + (2+2x)NaOH + xH_2O \tag{3-37}$$

$$2Na_2SiO_3 + 2NaAl(OH)_4 + aq = Na_2O \cdot Al_2O_3 \cdot 2SiO_2 \cdot 2H_2O + 4NaOH + aq \tag{3-38}$$

　　二次反应的主要产物是水化石榴石和水合铝硅酸钠。水化石榴石是 $3CaO \cdot Al_2O_3 \cdot 6H_2O$-$3CaO \cdot Al_2O_3 \cdot 3SiO_2$ 系的固溶体，在 $3CaO \cdot Al_2O_3 \cdot 6H_2O$ 中有一部分 OH^- 被 $H_2SiO_4^{2-}$ 所替代[36]，因此水化石榴石的分子式中 x 被称为水化石榴石中 SiO_2 的饱和系数。水化石榴石中 SiO_2 的含量决定于它生成的条件，在熟料溶出条件下，水化石榴石中 SiO_2 的饱和系数一般为 0.5。在深度脱硅时生成的水化石榴石中 SiO_2 的饱和系数只有 0.1～0.2。一般来说，溶液中的 SiO_2 浓度越高，温度越高，所生成的水化石榴石的 SiO_2 饱和系数越高，而溶液中 $NaAl(OH)_4$ 和 $Ca(OH)_2$ 含量越高，则生成的水化石榴石中 SiO_2 的饱和系数越低。水化石榴石中 SiO_2 饱和系数不同，其在溶液中的稳定性也不同。SiO_2 饱和系数越大，稳定性越高。

国内外很多研究者对水化石榴石都进行了大量的研究工作。文献 [37~39] 认为水化石榴石可以被 NaOH 和 Na_2CO_3 溶液分解，反应式为：

$$3CaO \cdot Al_2O_3 \cdot xSiO_2 \cdot (6-x)H_2O + 2(1+x)NaOH + aq =\!=$$
$$3Ca(OH)_2 + xNa_2SiO_3 + 2NaAl(OH)_4 + aq \quad (3\text{-}39)$$

$$3CaO \cdot Al_2O_3 \cdot xSiO_2 \cdot (6-2x)H_2O + 3Na_2CO_3 + aq =\!=$$

$$3CaCO_3 + x/2(Na_2O \cdot Al_2O_3 \cdot 2SiO_2 \cdot nH_2O) + (2-x)NaAl(OH)_4 + 4NaOH + aq \quad (3\text{-}40)$$

在熟料溶出时，$2CaO \cdot SiO_2$ 与铝酸钠溶液反应生成水化石榴石的过程中，由于水化石榴石中 CaO 对 SiO_2 比例远大于原硅酸钙，所以总会有多余的 SiO_2 生成含水铝硅酸钠，假定含水铝硅酸钠的组成为 NAS_2H_2（$Na_2O \cdot Al_2O_3 \cdot 2SiO_2 \cdot 2H_2O$，以下简写类似），并且不考虑进入溶液中的 SiO_2，则对已经分解的 $2CaO \cdot SiO_2$ 来说，所生成的含水铝硅酸钠及水化石榴石的数值可按如下的总反应式计算[40]：

$$3C_2S + 2(3.5-x)NaAl(OH)_4 + (3-2x)H_2O + aq =\!=$$
$$2C_3AS_xH_{6-2x} + (1.5-x)NAS_2H_2 + 4NaOH + aq \quad (3\text{-}41)$$

NAS_2H_2 所含的 Al_2O_3 量为全部 Al_2O_3 损失的 $(1.5-x)/(3.5-x)$，当 $x=0$、0.5 和 1 时，这一比值相应为 43%、33.3% 和 20%，即大量的 Al_2O_3 是成为水化石榴石损失的。二次反应损失的 Na_2O 比 Al_2O_3 要少得多。当 $x=0.5$ 时，Na_2O 的损失量仅占损失的 Al_2O_3 量的 $(1.5-0.5)/(3.5-0.5) \times 62/102 = 20.3\%$。

① 二次反应的影响因素　$β$-$2CaO \cdot SiO_2$ 是导致二次反应的根源。如果 $2CaO \cdot SiO_2$ 完全反应生成水化石榴石和含水铝硅酸钠，粉煤灰中 SiO_2 造成氧化铝和氧化钠损失则比拜耳法还多。但是，选择适宜的熟料溶出条件，可以从动力学方面抑制 $2CaO \cdot SiO_2$ 的分解。综合而言，二次反应的影响因素如下[27,41~44]。

1）熟料的质量和粒度。熟料质量是保证溶出效果的前提。欠烧熟料（黄料）将引起严重的二次反应，而颗粒溶出时要求熟料的气孔率不小于 25%。同一种熟料，无论粒度的大小，还是气孔的分布特点都相同。熟料粒度虽然不能太粗以免溶出不完全或者溶出的时间太长。但是粒度太细，在颗粒溶出时易引起赤泥的胶结，因而小于 1~2mm 粒度的熟料要另行处理，否则在湿磨溶出时会带来赤泥分离和洗涤的困难，增大二次反应损失。

2）溶出温度。提高溶出温度，溶出过程中所有反应都加速进行，通常熟料的溶出是在 70~80℃ 下进行，此时 Al_2O_3 和 Na_2O 有足够的溶出速率。溶出过程通常是放热的，熟料和调整液都有较高的温度，再进一步提高溶出温度反而会加速 $2CaO \cdot SiO_2$ 的分解，增大二次反应损失，所以熟料溶出不能在太高的温度下进行。但是温度太低，溶液的黏度增大，妨碍赤泥与溶液的分离，而随着赤泥与熟料接触时间的延长，二次反应损失也会增加。

3）溶出液分子比（$α_k$）。在氧化铝浓度一定的条件下，提高溶出液分子比也就提高了 NaOH 浓度。目前，我国氧化铝厂传统烧结法大都采用低分子比（1.2~1.3）进行溶出。但在强化烧结法中，所采用的溶出体系分子比在 1.5 以上，氧化铝溶出率高达 95%。

4）碳酸钠浓度。溶液中碳酸钠浓度的影响是比较复杂的。溶液中的碳酸钠能分解 $2CaO \cdot SiO_2$，分解生成的 $Ca(OH)_2$ 可与铝酸钠溶液反应，造成氧化铝的损失。因此从这一方面来说溶液中碳酸钠的浓度越高，$2CaO \cdot SiO_2$ 分解越多，二次损失越大。但是目前工厂普遍在熟料溶出过程中加入一定量的碳酸钠，认为碳酸钠会与 $Ca(OH)_2$ 发生苛化反应生成

$CaCO_3$，而 $CaCO_3$ 的溶解度比 $Ca(OH)_2$ 小得多，所以苛化反应能够减弱由 $Ca(OH)_2$ 带来的氧化铝损失。

5）二氧化硅浓度。熟料溶出时 $2CaO \cdot SiO_2$ 的分解速率还与调整液中的二氧化硅浓度有关。如果溶液中的二氧化硅浓度大于 $2CaO \cdot SiO_2$ 分解反应的二氧化硅平衡浓度，那么就可以抑制 $2CaO \cdot SiO_2$ 的分解，减少二次损失。控制调整液中的二氧化硅含量来抑制 $2CaO \cdot SiO_2$ 的分解是很有意义的，因为不仅可以减少氧化铝和碱的损失，而且还降低了赤泥的含碱量，使之能更多地用于生产水泥。但只有当调整液中的碳酸钠浓度和溶出温度较低，在不利于脱硅反应的条件下，控制二氧化硅的浓度来抑制二次反应的措施才能获得较好的效果。

6）溶出时间。熟料中的有用成分在 15min 左右便已经溶解完毕，$2CaO \cdot SiO_2$ 的分解是在此后才趋于强烈。随着它与溶液接触时间的延长，分解数量增加，因此，尽快地使溶液和赤泥分离是减轻二次反应损失的重要措施之一。

7）溶出液固比。在湿磨溶出时，用入磨调整液体积与熟料量的比值来表示溶出液固比。溶出时液固比的选择应该与分离设备相适应，以便使赤泥与溶出液快速而有效地分离。液固比的大小决定了单位体积溶液处理的熟料量（熟料添加量）的大小。熟料溶出时是通过熟料添加量来控制溶出液氧化铝浓度的，而二次反应的程度与铝酸钠溶液浓度有关，溶液中氧化铝浓度高，则黏度大，分离困难，接触时间长，二次反应程度加大。

② 抑制二次反应添加剂的研究现状　所谓表面活性剂[45]，指的是这样一类物质，它在加入量很少时即能大大降低溶剂表面张力，改变体系界面组成与结构，改变界面性质。不仅如此，表面活性剂在溶液中达到一定浓度以上会形成分子有序组合体，从而产生一系列重要功能。表面活性剂按其在水中能否解离成离子，分为离子型和非离子型两大类。离子型的又分为阴离子型、阳离子型和两性离子型三类。不同类型的表面活性剂对熟料高浓度溶出过程的影响是不同的。

原则上讲，凡是能降低表面张力的物质都具有表面活性，然而表面活性剂则是指能显著降低溶剂（一般为水）表面张力和液/液界面张力以及具有一定性质、结构和吸附性能的物质。表面活性剂具有亲水和亲油的性质，能起到乳化、分散、增溶、润湿、发泡、消泡、保湿、润滑、洗涤、杀菌、柔软、拒水、抗静电和防腐蚀等一系列作用[46,47]。

在熟料溶出过程所采用的抑制二次反应发生的添加剂一般都是些表面活性物质，添加到熟料溶出浆液中，它可抑制原硅酸钙分解，减少溶出过程的二次反应损失。目前寻找一种有效的抑制二次反应发生的添加剂是减少二次反应损失、提高熟料氧化铝溶出率和实现高浓度熟料溶出的迫切任务，这对提高氧化铝生产技术经济指标具有十分重要的意义[48]。

在熟料溶出过程中加入添加剂后，由于其强烈的表面吸附作用，使固相表面形成疏水性表面，降低了铝酸钠溶液的表面张力，延缓或阻止了固相中的 $2CaO \cdot SiO_2$ 与铝酸钠溶液中的氢氧化钠、碳酸钠和铝酸钠接触，从而抑制原硅酸钙分解的效果[49]。添加二次反应抑制剂能有效地延缓或阻止 $2CaO \cdot SiO_2$ 与铝酸钠溶液发生二次反应，减少了溶出过程中的氧化铝损失。如李太昌[50]在二次反应抑制剂及其添加工艺技术研究中发现，代号为 YJG 的表面活性分子添加剂，能够有效地抑制熟料中 $2CaO \cdot SiO_2$ 的分解，添加量为干赤泥的 0.1% 时，熟料净溶出率提高 2%。将海藻酸钠[50]按 $2CaO \cdot SiO_2$ 含量的 0.4%～5% 添加到熟料溶出浆液中可以起到抑制 $2CaO \cdot SiO_2$ 分解的效果。添加腐殖酸钠等有机物也具有同样的作用，不但氧化铝和氧化钠的溶出率提高，溶出液中 SiO_2 含量减少，而且赤泥中的氧化钠也降低，可以得到多方面的好处。但添加海藻酸钠后溶出浆液黏度大增，赤泥分离困难，海藻酸钠又是较昂贵的化工制品，因而阻碍了它的应用研究。

（7）铝酸钠溶液的脱硅

在熟料溶出过程中，由于部分 CaO·SiO₂ 与溶液中的 NaOH、Na₂CO₃ 和 NaAl(OH)₄ 相互作用而被分解，使 SiO₂ 进入溶液，得到的铝酸钠溶液中含有较多的 SiO₂。烧结法粗液中含有 $5\sim 6g\cdot L^{-1}$ 的 SiO₂，粗液的硅量指数只有 $20\sim 30$。在碳酸化分解时，要求尽可能提高分解率，以免分解率过低而使氧化铝的循环量增加。但分解率提高，溶液中的 SiO₂ 会随同氢氧化铝一起析出进入成品氧化铝中，使氧化铝杂质含量增加。此外，如果溶液的 SiO₂ 含量高会使蒸发器管壁结疤，传热效率降低，影响蒸发作业顺利进行。因此，为了提高溶液的硅量指数，提高分解率，烧结法粗液必须进行单独脱硅。

① 脱硅原理　SiO₂ 之所以能以过饱和状态存在于粗液之中是因为粗液温度不高，SiO₂ 以无定形的含水铝硅酸钠状态存在，它在铝酸钠溶液中有较大的介稳溶解度，如果不加晶种、不加温、不搅拌，SiO₂ 能以介稳状态较长时间地存在于粗液中，随着搅拌时间的延长或温度的提高，SiO₂ 就以结晶型（Na₂O·Al₂O₃·SiO₂·2H₂O）在溶液中呈固相析出。

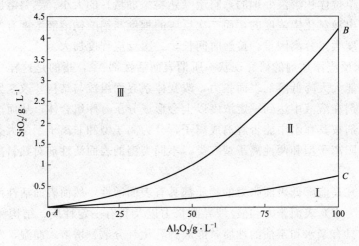

图 3-16　70℃下 SiO₂ 在铝酸钠溶液中的溶解度和介稳状态溶解度

图 3-16 表示 SiO₂ 在 70℃下的铝酸钠溶液（摩尔比 $1.7\sim 2.0$）中的溶解情况。向铝酸钠溶液中添加 Na₂SiO₃，搅拌 $1\sim 2h$ 后即可得到 SiO₂ 在铝酸钠溶液中的介稳溶解度曲线 AB，继续搅拌 $5\sim 6$ 昼夜，才能得到溶解度曲线 AC，析出的固相是含水铝硅酸钠。这两支曲线将此图分为三个区域：AC 下面的 Ⅰ 区为 SiO₂ 未饱和区；AB 曲线上面的 Ⅲ 区是 SiO₂ 的不稳定区，即过饱和区，在此区域内，溶液中的 SiO₂ 会以含水铝硅酸钠的形式沉淀析出；曲线 AB 和 AC 之间的 Ⅱ 区是 SiO₂ 的介稳状态区，所谓介稳状态是指溶液中的 SiO₂ 在热力学上虽然属于不稳定，但是在不加含水铝硅酸钠作晶种时，经长时间搅拌仍不会结晶析出的状态。曲线 AB 表示 SiO₂ 在铝酸钠溶液中含量的最高限度，氧化铝生产过程溶出粗液中 SiO₂ 含量大体上接近这一极限含量。

熟料溶出温度为 80℃ 左右，与上述相似，溶出时间也在 $1\sim 2h$ 范围内。因此，粗液中 SiO₂ 含量与 Al₂O₃ 浓度的关系，也应与曲线 AB 基本相符。

在 $20\sim 100$℃温度范围内，SiO₂ 在铝酸钠溶液中的介稳溶解度随溶液中的 Al₂O₃ 浓度的增加而提高，可以按以下经验公式进行计算[51]。

当 Al₂O₃ 浓度大于 $50g\cdot L^{-1}$ 时，$[SiO_2]=2+1.65n(n-1)(g\cdot L^{-1})$　　　　　(3-42)

式中　　n——Al_2O_3浓度（g·L^{-1}）除以 50 后的数值。

当 Al_2O_3 浓度小于 50g·L^{-1}时，$[SiO_2]=0.35+0.08n(n-1)(g·L^{-1})$　　　（3-43）

式中　　n——Al_2O_3浓度（g·L^{-1}）除以 10 后的数值。

根据此公式可以大致地估计出溶出时粗液中的 SiO_2 浓度以及碳分母液所允许的 SiO_2 含量。但是，由于碳分母液中含有大量 Na_2CO_3，使得 SiO_2 的介稳溶解度要比计算值小得多，所以精液的硅量指数应比计算值高。

对于 SiO_2 在铝酸钠溶液中能够以介稳状态存在的原因有不同的观点。以往有人[27,52]认为 Na_2SiO_3 一类含 SiO_2 化合物与铝酸钠溶液相互作用首先生成的是一种具体成分尚待确定的高碱铝硅酸钠 $mNa_2O·Al_2O_3·2SiO_2$，它后来水解才析出含水铝硅酸钠，水解反应式为：

$$mNa_2O·Al_2O_3·2SiO_2+(n+m-1)H_2O+aq \Longrightarrow$$
$$Na_2O·Al_2O_3·2SiO_2·nH_2O+2(m-1)NaOH+aq　　（3-44）$$

这种设想的依据是含水铝硅酸钠的析出程度是随温度的升高以及溶液浓度的降低而增大的，这正好是水解过程的特征。

较多的人[27,52]认为 SiO_2 的介稳溶解度是与刚从溶液中析出的含水铝硅酸钠具有无定形的特点相一致的。随着搅拌时间的延长，含水铝硅酸钠由无定形状态转变为结晶状态，溶液中的 SiO_2 含量也随之降低到稳定形态的溶解度，即该温度下的最终平衡浓度。因为物质的晶体越小，表面能越大，所以物质的溶解度是随着其晶体的增大而减小的。同一物质在溶液中以不同大小的晶体存在时，小的晶体将自动溶解，再析出到大的晶体上使其长大，晶体的表面能因此而降低。表面化学推导出半径为 r_1 的微小晶体与半径为 r 的较大晶体的溶解度（分别为 C_1 和 C）之间的关系如下：

$$\ln \frac{C_1}{C}=\frac{2\sigma_{晶-液}V}{RTr_1}$$

式中　　$\sigma_{晶-液}$——晶体与溶液界面上的表面张力；

　　　　V——晶体的摩尔体积。

图 3-17 表示物质溶解度与其晶粒大小的关系。由图 3-17 可见，当溶质晶体半径小到某

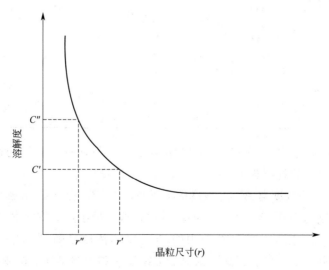

图 3-17　物质溶解度与其晶粒大小的关系

一临界数值 r' 之后，其溶解度便明显地高于正常晶体（稳定）的溶解度，有时无定形物质的溶解度可以比晶体物质的溶解度大得多。但是无机物结晶速度一般都较快，所以无定形很快转变为结晶形态，一般很少出现介稳溶解状态。含水铝硅酸钠由于其无定形状态转变为晶体的过程比较困难，才表现出明显的介稳溶解度。这些困难与含 SiO_2 的铝酸钠溶液的黏度以及含水铝硅酸钠与溶液的界面张力较大有关。温度升高后结晶条件得到改善，所以 SiO_2 含量才能够较快地由介稳溶解度降低到接近于正常溶解度。

在铝酸钠溶液中，人造沸石核心吸附各种附加盐，使生成的含水铝硅酸钠在成分和结构上互不相同，从而增加了无定形向结晶形态变化过程的复杂性。

② 影响含水铝硅酸钠在铝酸钠溶液中析出过程的因素

1）温度。温度对含水铝硅酸钠在铝酸钠溶液中溶解度的影响比较复杂，随着溶液组成不同而不同，有关数据列于表 3-19，通常是在某一温度下出现溶解度的最低点。当溶液中 Al_2O_3 浓度增大、碳酸钠含量减少时，这种特点更加明显。温度提高后，所得固相中 Na_2O 和 SiO_2 对 Al_2O_3 的摩尔比增大，而 H_2O 对 Al_2O_3 的摩尔比减少，同时晶粒增大，结构较为致密。提高温度还使含水铝硅酸钠结晶析出的速度显著提高，溶液中的 SiO_2 浓度在较短时间内便接近于平衡含量。表 3-19 中的数据表明，最低点的位置有的研究结果是 125℃，有的是 175℃，现在普遍认为，含水铝硅酸钠在铝酸钠溶液中的溶解度随温度的升高而升高。

表 3-19　摩尔比为 1.8 的铝酸钠溶液中 SiO_2 的平衡浓度和硅量指数

温度 /℃	Na_2CO_3 /g·L^{-1}	溶液中氧化铝浓度/g·L^{-1}							
		30		50		70		90	
		SiO_2	A/S	SiO_2	A/S	SiO_2	A/S	SiO_2	A/S
98	0	0.068	451	0.115	440	0.182	390	0.298	311
	10	0.049	612	0.085	588	0.132	532	0.218	432
	30	0.046	652	0.079	630	0.126	555	0.200	453
	50	0.043	678	0.078	633	0.125	558	0.212	430
125	0	0.079	392	0.108	471	0.167	417	0.246	368
	10	0.049	608	0.078	655	0.122	580	0.197	474
	30	0.044	682	0.074	688	0.111	652	0.171	532
	50	0.039	764	0.070	697	0.107	660	0.161	557
150	0	0.075	400	0.118	437	0.184	380	0.274	337
	10	0.049	618	0.078	625	0.129	538	0.200	461
	30	0.039	774	0.074	662	0.120	585	0.173	521
	50	0.038	790	0.066	743	0.115	603	0.170	533
175	0	0.080	378	0.129	380	0.210	330	0.272	333
	10	0.050	600	0.085	600	0.150	564	0.208	450
	30	0.044	675	0.074	688	0.132	530	0.170	528
	50	0.041	730	0.070	706	0.133	523	0.171	527

2）原液 Al_2O_3 浓度。采用低摩尔比溶出时，为了保证脱硅后精液的稳定性，需要加入种分母液将粗液的摩尔比提高为 1.50～1.55，Al_2O_3 浓度则相应降低为 95～100g·L^{-1}。铝酸钠溶液中 SiO_2 的平衡浓度与 Al_2O_3 浓度的关系见图 3-18。在 SiO_2 溶解度曲线上有一个最小点，在 Na_2O 浓度为 100～300g·L^{-1} 的范围内，这一最小点的溶液的 Al_2O_3 浓度为 40～60g·L^{-1}。所以在烧结法条件下，精液中的 SiO_2 平衡浓度是随 Al_2O_3 浓度的增大而提高的，而硅量指数则随之而降低。因此降低 Al_2O_3 浓度有利于制得硅量指数较高的精液。

3）原液 Na_2O 浓度。图 3-19 表明了 Na_2O 浓度增大后使 SiO_2 溶解度提高的规律。但在摩尔比不同的溶液中，Na_2O 浓度改变所带来的影响不一样，并且表现出复杂的关系[27]。

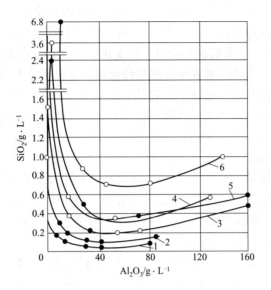

图 3-18　铝酸钠溶液中 SiO_2 平衡浓度与 Al_2O_3 含量的关系[27]

Na_2O 浓度/g·L^{-1}: 1, 2—100; 3, 4—200; 5, 6—300

温度/℃: 1, 3, 5—120; 2, 4, 6—280

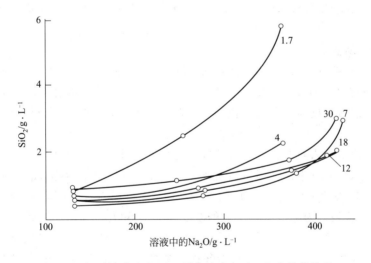

图 3-19　铝酸钠溶液中 SiO_2 平衡浓度与 Na_2O 含量的关系

（曲线旁的数字为溶液的摩尔比）

4）原液中 K_2O、Na_2CO_3、Na_2SO_4 和 NaCl 的含量。铝土矿中虽然只含有千分之几的 K_2O，但由于它能在流程中积累，故溶液中 K_2O 含量可以达到 $10g·L^{-1}$ 以上。由于人造钾沸石比人造钠沸石结晶缓慢，它生成含有附加盐的化合物的能力也比后者小［只能与 $KAl(OH)_4$ 结合］，而且也不像后者那样容易转变为比较致密的方钠石结构，所以在含 K_2O 的铝酸钠溶液中，特别是纯铝酸钾溶液，SiO_2 较难析出，这就是 K_2O 能够在生产中积累的原因。在人造钾沸石中，K^+ 与沸石核心结合的强度不如 Na^+，易于用水洗出来。从铝酸钾钠混合溶液析出的硅渣中，K_2O 含量随温度的提高及溶液中 K_2O 含量的增加而增大。这种硅渣在结构上与含水铝硅酸钠没有重大差别，是由钾和钠的含水铝硅酸盐组成的固溶体。

溶液中的 Na_2CO_3、Na_2SO_4 和 $NaCl$ 使含水铝硅酸钠转变为溶解度更小的沸石族化合物。因此这些盐类的存在可以起到降低 SiO_2 平衡浓度的作用，从而提高脱硅深度。

5）添加晶种的影响。含水铝硅酸钠的晶核很难生成，添加晶种则可避免这种困难，并能提高脱硅速度和深度。生产中可以用作晶种的物质有脱硅析出的硅渣和拜耳法赤泥，前者在国外又被称为白泥。晶种的质量决定于它的表面活性，新析出的细小晶体，表面活性大；而放置太久或反复使用后的晶体活性降低、作用差。我国使用拜耳法赤泥作晶种脱硅，往含 Na_2O_T（全碱）140.2g·L^{-1}、Al_2O_3 103.12g·L^{-1}，摩尔比为 1.57 的生产粗液中添加 15～30g·L^{-1} 赤泥，精液硅量指数可分别提高 100～150。

实验证明，溶液中原始 SiO_2 含量增大，亦使脱硅程度增高，其原因就在于大量过饱和的 SiO_2 可以析出成为结晶核心。这是脱硅过程表现出强烈的自动催化作用的缘故。将高压脱硅后的料浆在常压下继续搅拌 4～5h，溶液中 SiO_2 将进一步析出，含水铝硅酸钠晶体也得到发育的机会从而有利于硅渣的沉降分离。

国内外都进行过采用大量硅渣晶种以增大常压脱硅深度的实验研究。用含 Al_2O_3 82g·L^{-1}、Na_2O 75g·L^{-1}、Na_2O_C 27g·L^{-1}、K_2O 9g·L^{-1} 和 SiO_2 2g·L^{-1} 的粗液，每升加入刚析出的硅渣 100g 作晶种，在 100～105℃ 下搅拌 6h 后，溶液的硅量指数提高到 550，在 170℃ 下搅拌 2h，硅量指数甚至提高到 900。但是大量硅渣的循环使用，将使物料流量和硅渣沉降分离的负担增大；同时，大量使用硅渣的效果随溶液浓度和摩尔比的提高而明显降低。

③ 铝酸钠溶液添加石灰深度脱硅过程的机理　铝酸钠溶液深度脱硅已有不少研究，可用的含钙化合物脱硅添加剂有氧化钙、氢氧化钙[53]、碳酸钙、立方水合铝酸钙[54]、水合铝酸钙[55]、水合硫酸钙等。

使溶液中 SiO_2 成为含水铝硅酸钠析出的脱硅过程，精液的硅量指数一般很难超过 500。往溶液中加入一定数量的石灰，使 SiO_2 成为水化石榴石系固溶体析出，由于它的溶解度在相当高的温度、溶液浓度和摩尔比的范围内远低于含水铝硅酸钠，所以精液的硅量指数可以提高到 1000 以上。

往铝酸钠溶液中加入石灰，除了可能发生苛化反应外，还可能生成含水铝酸钙，并进而生成水化石榴石 $3CaO·Al_2O_3·xSiO_2·(6-2x)H_2O$[56]。当生成这一化合物时，在 $Ca(OH)_2$ 颗粒上出现两个反应层，外面的一层是水化石榴石，中间是一层含水铝酸钙，核心是 $Ca(OH)_2$，这是因为溶液中 Al_2O_3 的浓度远大于 SiO_2，含水铝酸钙比水化石榴石更先生成。实验证明，直接往溶液中添加含水铝酸钙也可以取得同样的脱硅效果，开始阶段的脱硅速度甚至还要快些。SiO_3^{2-} 进入含水铝酸钙并替换其中 OH^- 的速度决定于含水铝酸钙的微观结构、溶液中 SiO_3^{2-} 浓度和温度，脱硅速度随溶液温度和 Al_2O_3 浓度的提高而增大。在目前深度脱硅的条件下，SiO_2 饱和度为 0.1～0.2，即在析出的水化石榴石中，CaO 与 SiO_2 的摩尔比为 15～30，而 Al_2O_3 与 SiO_2 的摩尔比为 5～10。为了减少 CaO 和 Al_2O_3 的消耗，通常是在铝酸钠溶液中的大部分 SiO_2 已经成为含水铝硅酸钠分离之后，再行深度脱硅[57]。

（8）铝酸钠溶液的碳酸化分解

① 碳酸化分解过程的机理

1）氢氧化铝的结晶析出机理。铝酸钠溶液的碳酸化分解是一个气、液、固三相参加的复杂的多相反应。它包括二氧化碳被铝酸钠溶液吸收、二者间的化学反应和氢氧化铝的结晶析出等过程。在碳酸化分解过程中特别是后期还伴随着二氧化碳的析出，并生成丝钠（钾）

铝石类化合物[27,58]。由于连续通入二氧化碳气体，使溶液始终维持较大的过饱和度，所以碳酸化分解过程的速度远远快于种分过程。

在碳酸化分解过程中，随着 CO_2 的通入，溶液中的苛性碱不断被中和，但氢氧化铝并不随着溶液摩尔比的降低而相应析出。从开始通入 CO_2 中和苛性碱到氢氧化铝的析出有一诱导期。一般把这种现象归结为自动催化过程[58~60]，认为当有反应产物 $Al(OH)_3$ 析出作为催化剂时，分解反应才能较快地进行。但是在不加晶种的条件下，由于铝酸钠溶液与氢氧化铝间的界面张力达 $1.25N \cdot m^{-1}$[61]，分解时产生的氢氧化铝新相将成为晶核，其比表面能极大，分解过程实际提供不了这么大的表面能，氢氧化铝晶核难以自发生成，因而存在一个诱导期。

对诱导期的成因，陈念贻[62]则认为铝酸钠溶液中存在 $2Al(OH)_4^- \longrightarrow [(OH)_3Al—O—Al(OH)_3]^{2-} + H_2O$ 的平衡，当溶液稀释时，平衡向左移动，而二聚离子降解较慢，导致了诱导期的出现。

当 CO_2 继续通入，溶液摩尔比下降到一定程度时，溶液处于极不稳定状态，氢氧化铝猛烈从溶液中析出，形成自动催化过程。过去认为，铝酸钠溶液碳酸化分解时，氢氧化铝是以三水铝石或拜耳石形式呈固相析出，后来又证实了在某些条件下亦可以假一水软铝石形式的一水氢氧化铝析出。

一般认为[27]，二氧化碳的作用在于中和溶液中的苛性碱，使溶液的摩尔比降低，造成介稳界限扩大，从而降低溶液的稳定性，引起溶液的分解：

$$NaAl(OH)_4 + aq \Longrightarrow Al(OH)_3 + NaOH + aq \tag{3-45}$$

反应产生的 NaOH 不断为通入的 CO_2 所中和，从而使上述反应的平衡向右移动。

另外被大家认可和运用的观点还有：随着二氧化碳不断往铝酸钠溶液中通入，由于氢氧根离子同二氧化碳反应，溶液的 pH 值降低，结果铝酸盐离子分解，并析出氢氧化铝沉淀物[63]。

碳酸化分解过程中氢氧化铝的结晶析出机理还有其他一些不同的观点。

马泽里[64]认为：在碳酸化初期，主要是二氧化碳和氢氧化钠的作用以及由此引起的种子分解。在碳酸化末期，可能还有二氧化碳直接和铝酸根离子作用。二氧化碳通过铝酸钠溶液时，首先按式（3-46）和氢氧化钠发生反应：

$$2NaOH + CO_2 \longrightarrow Na_2CO_3 + H_2O \tag{3-46}$$

在氢氧化钠变为碳酸钠的过程中，溶液的摩尔比逐渐下降，因此，铝酸钠溶液的稳定性降低，随后铝酸钠溶液按照种子分解的机理分解，析出氢氧化铝。

利列夫[65]则认为二氧化碳与氢氧化钠、铝酸钠同时反应：

$$2NaOH + H_2CO_3 \longrightarrow Na_2CO_3 + 2H_2O \tag{3-47}$$

$$2NaAlO_2 + H_2CO_3 + 2H_2O \longrightarrow Na_2CO_3 + 2Al(OH)_3 \tag{3-48}$$

初期生成的无定形氢氧化铝重新溶入溶液中：

$$Al(OH)_3 + NaOH + aq \longrightarrow NaAlO_2 + 2H_2O + aq \tag{3-49}$$

由于溶液摩尔比不断下降，使铝酸钠水解产生铝酸，从而形成氢氧化铝结晶：

$$NaAlO_2 + H_2O \longrightarrow NaOH + HAlO_2 \tag{3-50}$$

$$HAlO_2 + H_2O \longrightarrow Al(OH)_3 \tag{3-51}$$

由于氢氧化铝结晶的析出，引起剧烈的种子分解，使溶液摩尔比不但不降低反而升高，因此引起氢氧化铝析出减少。此后又因吸收二氧化碳溶液，摩尔比逐渐降低，引起氢氧化铝重新析出。

热夫诺瓦特认为碳酸化分解过程中氢氧化铝析出是二氧化碳与铝酸钠溶液直接作用［见式(3-52)］以及铝酸钠水解［见式(3-53)］两个反应平行进行的结果。而碳酸化分解过程中溶液摩尔比的降低对于氢氧化铝的开始析出和整个碳酸化分解过程不起决定性作用。

$$2NaAl(OH)_4 + CO_2 + aq \Longrightarrow 2Al(OH)_3 + Na_2CO_3 + H_2O + aq \tag{3-52}$$

$$NaAl(OH)_4 + aq \Longrightarrow Al(OH)_3 + NaOH + aq \tag{3-53}$$

巴祖欣认为,由于 CO_2 作用的结果,溶液中的 OH^- 的活度大大降低:

$$OH^- + CO_2 \Longrightarrow HCO_3^- \tag{3-54}$$

$$OH^- + HCO_3^- \Longrightarrow H_2O + CO_3^{2-} \tag{3-55}$$

于是,溶液中铝酸根络合离子缔合而生成氢氧化铝结晶的速率将大大增加。

还有文献［66］报道称:当 CO_2 气泡通过铝酸钠溶液层时,苛性碱在气泡和溶液界面薄膜里化合生成碳酸钠,同时生成 $HAlO_2$; $HAlO_2$ 最初呈铝胶态,与生成的碳酸钠相互反应,而在很多情况下,还与生成的碳酸氢钠相互反应;所以固相除铝胶外,可能还含水铝碳酸钠。这个假设已被结晶光学分析和红外光谱分析结果证实。

2)二氧化硅的析出机理。研究碳酸化分解过程中二氧化硅的行为具有重要意义,因为它关系到氢氧化铝中的 SiO_2 含量,从而影响到氧化铝成品的质量[27]。过去人们对二氧化硅在碳酸化分解过程中的行为研究得比较多[67,68]。关于 SiO_2 的析出也存在着不同的观点。

一般认为,在分解初期 Al_2O_3 和 SiO_2 共同沉淀。分解原液硅量指数越高,与氢氧化铝共沉淀的 SiO_2 量就越少。在反应中期,二氧化硅析出很少,这一段的长度随分解原液硅量指数的提高而延长。在第三阶段,随着氢氧化铝的析出和 Na_2O 浓度的降低, SiO_2 过饱和度大大增加,故铝硅酸钠($Na_2O \cdot Al_2O_3 \cdot xSiO_2 \cdot yH_2O$)又强烈析出。试验表明,碳酸化分解初期析出 SiO_2 ,是由于分解出来的氢氧化铝粒度细、比表面积大,因而从溶液中吸附了部分氧化硅,而且碳酸化分解原液的硅量指数越低,吸附的氧化硅数量就越多。铝酸钠溶液继续分解,氢氧化铝颗粒增大,比表面积减小,因而吸附能力降低,这时只有氢氧化铝析出, SiO_2 析出极少。最后,当溶液中苛性钠几乎全部变成碳酸钠时, SiO_2 的过饱和度大至一定程度后, SiO_2 开始迅速析出,而使分解产物中的 SiO_2 含量急剧增加,这主要是因为铝硅酸钠在碳酸钠溶液中的溶解度非常小。预先往精液中添加一定数量的晶种,在碳酸化分解初期不致生成分散度大和吸附能力强的氢氧化铝,减少它对 SiO_2 的吸附,所得氢氧化铝的杂质含量减少而晶体结构和粒度组成也有改善。但随着分解率的递增,添加晶种的作用明显减少,当分解率超过 80% 后,添加晶种几乎无效果。其原因就在于添加晶种并不能改变二氧化硅的平衡浓度,随着碳酸化分解过程的进行,液相中的二氧化硅必将趋向平衡,最终在中后期析出。

莱涅尔(转引自文献［67］)指出二氧化硅随同氢氧化铝的析出规律近似一条"U"字形曲线,他用吸附作用解释了分解初期和末期二氧化硅的析出。又有文献［69］指出二氧化硅的析出量在分解初期和末期少,分解中期多,溶液中的 SiO_2 是呈含水铝硅酸钠形态存在的,二氧化硅的析出主要不是吸附作用,而是随氢氧化铝一起析出。仇振琢等[69]研究了 SiO_2 在铝酸钠溶液分解过程中的行为,并指出 SiO_2 在碳酸化分解过程中析出规律随 Na_2O_K (苛性碱)浓度的递减呈"U"形曲线关系,且后期析出的 SiO_2 具有可溶性。

现在已取得共识的是铝酸盐溶液深度脱硅是从根本上改进氧化铝生产的关键因素。

3)水合碳酸铝钠的形成和分解。在一定条件下,碳酸化分解过程生成丝钠铝石($Na_2O \cdot$

$Al_2O_3 \cdot 2CO_2 \cdot nH_2O$）和丝钾铝石（$K_2O \cdot Al_2O_3 \cdot 2CO_2 \cdot nH_2O$），其反应如下：

$$Na_2CO_3 + H_2O + aq = NaHCO_3 + NaOH + aq \tag{3-56}$$

$$2NaAl(OH)_4 + 4NaHCO_3 + aq =$$
$$Na_2O \cdot Al_2O_3 \cdot 2CO_2 \cdot nH_2O + 2Na_2CO_3 + (6-n)H_2O + aq \tag{3-57}$$

$$Al_2O_3 \cdot nH_2O + 2NaHCO_3 + aq = Na_2O \cdot Al_2O_3 \cdot 2CO_2 \cdot nH_2O + H_2O + aq \tag{3-58}$$

$$Al_2O_3 \cdot nH_2O + 2Na_2CO_3 + H_2O + aq = Na_2O \cdot Al_2O_3 \cdot 2CO_2 \cdot nH_2O + 2NaOH + aq \tag{3-59}$$

在碳酸化分解初期，当溶液中还含有大量游离苛性碱时，丝钠铝石与苛性碱反应生成 Na_2CO_3 和 $NaAl(OH)_4$：

$$Na_2O \cdot Al_2O_3 \cdot 2CO_2 \cdot nH_2O + 4NaOH + aq = 2NaAl(OH)_4 + 2Na_2CO_3 + (n-2)H_2O + aq \tag{3-60}$$

在碳酸化分解第二阶段，当溶液中苛性碱减少时，丝钠铝石被 $NaOH$ 分解而生成氢氧化铝：

$$Na_2O \cdot Al_2O_3 \cdot 2CO_2 \cdot nH_2O + 2NaOH + aq = Al_2O_3 \cdot 3H_2O + 2Na_2CO_3 + (n-2)H_2O + aq \tag{3-61}$$

在碳酸化分解末期，当溶液中苛性碱含量已相当低时，则丝钠铝石呈固相析出。试验证明，当溶液中 Al_2O_3 含量较低、碳酸钠和碳酸氢钠含量高、碳酸化分解温度低或添加含水碳酸铝钠晶种时，有利于丝钠（钾）铝石的生成[27]。添加氢氧化铝晶种以及降低碳酸化分解速率时，可以大大减少丝钠（钾）铝石的生成，因为在此条件下得到的粒度较粗、活性较小的氢氧化铝，不易与碳酸氢钠或碳酸钠反应生成丝钠（钾）铝石，这和生成的 $HAlO_2$ 初始化合物以三水铝石的形态在氢氧化铝晶体上结晶消耗的能量小于生成含水碳铝酸钠所需要的能量有关。

② 影响碳酸化分解过程的主要因素　影响碳酸化分解过程的因素很多，碳酸化分解作业效果是这些影响因素的综合作用结果，其中主要的影响因素包括分解温度、通气速度和 CO_2 气体浓度、搅拌制度以及氢氧化铝晶种。

1）分解温度。分解温度是碳酸化分解工序中最重要的影响因素之一。提高分解温度有利于获得结晶良好、吸附能力小和强度较大的粗颗粒氢氧化铝，其中碱和氧化硅的含量也相对减少[27,70]。因为分解温度高，溶液的黏度小，这有利于细小晶粒的附聚长大，而不利于其吸附碱和氧化硅。铝酸钠在苛性碱溶液中的溶解度随溶液温度变化较大[71]，因此分解温度是影响铝酸钠溶液过饱和度的重要因素之一。但是提高碳酸化分解末期的温度，将显著增加与氢氧化铝一同析出的丝钠（钾）铝石的数量。

2）通气速度和 CO_2 气体浓度。碳酸化分解时间主要取决于通气速度和 CO_2 气体浓度。通气速度和 CO_2 气体浓度不但决定了溶液中苛性碱浓度变化的快慢和氢氧化铝的分解速率，而且对碳酸化分解槽的产能、二氧化碳利用率以及碳酸化分解温度都有很大的影响[70]，所以也是碳酸化分解过程很重要的影响因素。

在其他条件相同时，提高通气速度使得分解速率加快，但是氢氧化铝的粒度偏细，碱含量增高；延长分解时间有利于降低氢氧化铝中的碱含量和增大其粒度；提高 CO_2 气体浓度可以加速分解，然而却使氢氧化铝中的碱含量提高，这是因为固相析出速率太快，则会使氢氧化铝不能稳定附聚于最初析出的氢氧化铝晶核上，引起产品粒度细化，而且细颗粒表面活性高，吸附杂质能力强，使分解产物中晶间夹杂碱和表面吸附碱更为突出。采用高浓度的二氧化碳进行碳酸化分解，在其他条件相同的情况下，氢氧化铝中的 SiO_2 含量比采用低浓度时低，这是因为铝酸钠溶液中处于过饱和状态的 SiO_2 析出速度比较缓慢。在连续碳酸化分解中采用的是先快后慢的通气制度，而在细种碳酸化分解工艺中为了得到粗粒氢氧化铝，却是采用先慢后快的分解制度通 CO_2，使前期缓慢分解，以利于细粒种子的附聚[71,72]。

3）搅拌制度。搅拌可使溶液成分均匀，避免局部过碳酸化，使氢氧化铝保持悬浮状态，加速分解，并有利于晶体成长，得到粒度较粗和碱含量较低的氢氧化铝。C. Misra[73] 在研究搅拌强度对晶体长大和附聚的影响关系时发现，只要保证体系内固、液相分散均匀，无明显浓度和温度梯度，加强搅拌对提高附聚颗粒强度有一定好处，但是无助于显著提高晶体长大速度。有人从分解过程不同阶段搅拌对产品物理性能的影响进行了实验研究，在"分解中期低速、初期和后期适当高速"的机械搅拌制度下，能够生产出物理性能良好的氢氧化铝产品[74]。但科其耶娃的研究表明，当分解率达到 $40\% \sim 50\%$ 以后，强烈的搅拌会加速水合铝硅酸钠（钾）的生成及其与氢氧化铝的共沉淀，从而使得产品中的不溶性碱和氧化硅的含量增加[27]。文献［75］认为若要使溶液中氢氧化铝呈现悬浮状态，机械搅拌速度 $260r \cdot min^{-1}$ 即可。

4）氢氧化铝晶种。在我国烧结法碳酸化分解工序中，很长一段时期内都采用不添加晶种的传统分解工艺，分解周期短，产品的结构疏松，强度很差，只能焙烧成粉状氧化铝。通过添加晶种来改善产品物理化学性能差的问题已经受到了科研人员的普遍重视，对此也展开了大量的实验研究。

张樵青的实验结果表明[72]，添加超细高活性种子进行碳酸化分解可以明显改善产品氢氧化铝的粒度和强度，并提高碳酸化分解率。张樵青[59] 还认为在碳酸化分解开始时，添加一定数量的氢氧化铝晶种，克服了从溶液中自行析出氢氧化铝晶核新相的困难，溶液可从较高摩尔比下开始分解。加晶种使碳酸化分解过程平缓，粒子在形成集合体时，能较充分地附聚，较均匀地结晶和较规则地排列，为生产砂状氢氧化铝提供有利条件。还有学者甚至提出了采用两步分解工艺制取超细高活性种子并生产合格氢氧化铝产品的具体途径[76]。也有文献［67］认为，碳酸化分解中加晶种能否提高产品质量值得商讨，所添加的晶种的粒度和数量对提高产品的质量不起作用，而是晶种中的 SiO_2 含量起决定性作用。周辉放[77] 对铝酸钠溶液中晶体附聚机理的观点：晶体附聚一般发生在粒度相近的粒子之间，并从最小的粒子开始，直到溶液及分解条件不能满足对应尺寸粒子发生附聚的要求为止。因此，碳酸化分解过程中氢氧化铝颗粒长大与拜耳法晶种分解过程类似，可以通过添加适量细小氢氧化铝晶种，并配合适当的搅拌强度，让新析出的氢氧化铝晶体被牢固附聚于晶种表面，使附聚程度较差的颗粒破碎重新附聚，从而提高产品的强度和粒度。J. L. Anjier 等[78] 还提出了在最短的时间内产出最大强度颗粒的条件是提高溶液的过饱和度和不是太低的种子量等观点。但添加晶种也有其不利的一面，晶种的加入增加了分解、分离过程氢氧化铝的循环量、设备负荷、消耗和成本。

（9）碳酸化分解母液蒸发

① 概述　碳酸化分解母液蒸发的目的是排出生产系统中多余的水，以保持生产系统中水、盐的平衡，使母液的浓度能满足配制生料浆的要求。在烧结法生产系统中，熟料烧成的能耗约占全部能耗的 1/2，并占氧化铝生产成本的 1/4 左右。因此，降低熟料烧成的能耗至关重要。降低熟料烧成能耗的关键之一是降低生料浆的水分，而提高碳酸化分解母液的蒸发

浓度则是降低生料浆水分的主要措施。

在碳酸化分解母液中，除含有较高浓度的碳酸盐外，还有硫酸盐、铝酸钠和二氧化硅等。在蒸发过程中，随着母液浓度的提高，碳酸盐逐渐达到过饱和状态而结晶析出；硫酸钠和二氧化硅等也会以盐类结晶形式析出。这些析出物可在蒸发器加热面上生成结疤，降低传热效率，严重影响生产的正常运行。因此碳酸化分解母液的蒸发是烧结法氧化铝生产过程的一个重要生产工序。

② 碳酸化分解母液蒸发的基本原理　碳酸化分解母液的蒸发与种分母液的蒸发相同，是一个相变过程。蒸发过程中，加热室内的加热蒸汽冷凝成水并放出热量，通过加热管壁传递给被加热的溶液，而被加热的溶液得到热量后汽化蒸发。可见，蒸发过程包括加热蒸汽变成水和溶液中的水变成汽的两种相变过程。

蒸发属于传热操作的范畴。借加热作用使溶液中部分溶剂汽化而达到溶液浓缩的过程，称为蒸发过程。要使溶液蒸发过程不断地进行，必须具备热能不断地供给以及汽化生成的蒸汽不断地排出的条件。碳酸化分解母液的蒸发过程，其溶质主要是碳酸钠、少量的硫酸钠、氧化铝和二氧化硅等，溶剂则是水。经蒸发后，水被排出一部分，达到浓缩溶液的目的。

（10）氢氧化铝焙烧[79]

① 概述　氢氧化铝焙烧是在高温下脱去氢氧化铝含有的附着水和结晶水，转变晶型，得到符合铝电解工业要求的氧化铝产品。产品氧化铝的物理性质除了由分解过程的条件决定之外，氧化铝的许多物理化学性质，特别是比表面积、α-Al_2O_3含量、安息角、粒度和强度等与焙烧过程也有很大关系。

氢氧化铝焙烧是一个强烈的吸热过程，为避免杂质污染产品，须使用灰分很低的清洁燃料。工业生产中多使用重油、煤制气和天然气等燃料。

② 氢氧化铝焙烧原理及相变过程　含有附着水8％～10％的氢氧化铝在窑炉内的高温作用下脱除附着水和结晶水，并部分发生晶型转变，成为合格的氧化铝产品。

氢氧化铝的脱水及晶型转变较为复杂，一般可以分成以下几个阶段。

第一阶段，附着水的去除。湿氢氧化铝中所含的附着水在100～110℃可蒸发完毕。

第二阶段，结晶水的脱除。湿氢氧化铝中的附着水除去后，在温度提升过程中，先失去两个结晶水，变成一水软铝石，温度升高至500～560℃后，一水软铝石又失去其结晶水，变成γ型氧化铝。

第三阶段，晶型的转变。γ-Al_2O_3在900℃以上开始晶型转变，逐渐由γ-Al_2O_3转变为α-Al_2O_3。α-Al_2O_3在焙烧过程中随着温度的升高，结构逐渐紧密，颗粒间的聚结能力变小，流动性变好。α-Al_2O_3属于六方晶系，原子排列紧密，原子间距小，密度大，异常稳定，完全不吸水。

3.3.3.2　改进型碱石灰烧结法提取氧化铝

（1）概述

碱石灰烧结法生产氧化铝并副产白炭黑或硅灰石等称为改进型碱石灰烧结法，该方法是当前主要的生产方法，其工艺原理是基于新生产的粉煤灰具有一定水化活性，在一定的条件下部分活性硅可以与苛性碱反应，生成硅酸钠，对硅酸钠进行处理制得白炭黑（SiO_2）和硅灰石（$CaO\cdot SiO_2$）等副产品；脱硅后的渣采用传统碱石灰烧结法生产氧化铝[80]。实质上就是预先对粉煤灰进行脱硅处理再用传统碱石灰烧结法从脱硅后的粉煤灰中提取氧化铝。

目前，在从粉煤灰提取氧化铝的几种常用方法中，多数对粉煤灰不做脱硅处理而直接提取氧化铝。与这些方法相比，预先对粉煤灰进行脱硅处理再提取氧化铝的优点如下：a. 可以显著提高剩余粉煤灰的铝硅比，大幅降低单位氧化铝需配制的待烧生料量、能耗、物耗及成渣量；b. 可以显著提高粉煤灰的资源化利用效率，例如每处理 1t 煤灰，可以生产 120～160kg 的白炭黑；c. 能在提取非晶态 SiO_2 的同时，打破玻璃相对莫来石和刚玉的包裹，使粉煤灰颗粒产生大量的孔洞，显著提高粉煤灰的反应活性，提高 Na_2CO_3-CaO-脱硅粉煤灰体系反应速率，降低焙烧温度，因而可降低对焙烧设备的性能要求。

（2）预脱硅过程中的相关机理分析

① 细磨对粉煤灰脱硅反应的促进作用　由于粉煤灰是在高温流态化条件下快速形成的一种以硅酸盐为主要成分的混合物，其中粉煤灰玻璃液相在表面张力的作用下收缩成球形液滴并相互黏结，在快速冷却过程中形成多孔玻璃体。快速冷却阻止了玻璃相析晶，使大量粉煤灰粒子仍保持高温液态玻璃相结构。由于高温条件下的脱碱作用，玻璃相外表面所含的 Na、K 等碱金属元素进入大气，于是在玻璃体表面形成 ≡Si—O—Si≡ 和 ≡Si—O—Al≡ 双层玻璃保护层。这种结构表面外断键很少，能与 NaOH 溶液反应的可溶性 SiO_2、Al_2O_3 也少，因而粉煤灰的火山灰活性比成分相近的火山灰低[81,82]。再加上双保护层的阻碍作用，使颗粒内部本来含量较少的可溶性 SiO_2、Al_2O_3 很难溶出，导致粉煤灰的活性进一步降低。有两种途径可有效激活粉煤灰的化学活性[83,84]：a. 破坏 ≡Si—O—Si≡ 和 ≡Si—O—Al≡ 网络构成的双层保护层，使内部可溶性 SiO_2、Al_2O_3 的活性释放；b. 将玻璃相中的网络聚集体解聚、瓦解，使 $[SiO_4]$、$[AlO_4]$ 四面体形成的三维连续的高聚合度网络解聚成四面体短链，进一步解聚成 $[SiO_4]$、$[AlO_4]$ 单体或双聚体等活性物。

通过细磨可破坏粉煤灰中的双层玻璃保护层。一方面粉碎粗大多孔的玻璃体，解除玻璃颗粒黏结，改善了表面特性，提高了粉煤灰的物理活性（颗粒效应、微集料效应等）；另一方面，破坏了玻璃体表面坚固的保护膜，使内部可溶性 SiO_2、Al_2O_3 溶出，断链增多，比表面积增大，使反应接触面、活化分子增加，粉煤灰早期化学活性得到提高。因此细磨可增加粉煤灰与 NaOH 的反应速率，可在较短的反应时间内提取更多 SiO_2。

② NaOH 浓度对 SiO_2 提取率影响的内在机理分析　张战军[85]研究了 NaOH 浓度对 SiO_2 提取率的影响作用，研究发现，在 20％～30％的浓度范围内，NaOH 浓度对 SiO_2 提取率的影响相对较小。为了更为全面地了解 NaOH 浓度对 SiO_2 提取率的影响，固定其他条件为最佳条件，用 10％的 NaOH 进行了脱硅实验，结果发现，SiO_2 的最高提取率仅为27.8％，脱硅效果明显低于高浓度 NaOH。将该条件下所获得的脱硅粉煤灰进行 X 射线衍射分析，分析结果如图 3-20 所示。

从图 3-20 可以看出，用 10％的 NaOH 对该类粉煤灰进行脱硅时，脱硅反应过程中出现的新生矿物不是方钠石而是一种沸石，其分子式为 $Na_6Al_6Si_{10}O_{32}$ 或 $Na_3Al_3Si_5O_{16} \cdot xH_2O$。与高浓度 NaOH 所产生的新生矿物方钠石类似，该矿物在整个脱硅反应过程中结构稳定，且总生成量一直随时间增加。由上述事实不难推断，低浓度 NaOH 的脱硅效果远低于高浓度 NaOH 的脱硅效果的原因可能如下：在 95℃下，不同浓度 NaOH 主要与粉煤灰玻璃相之间发生较为明显的反应，玻璃相中的 Si 和 Al 溶解进入液相，随着液相中 Al、Si 浓度的增加，开始发生形成 Al、Si 矿物的水热合成反应，低浓度 NaOH 的生成物为上述的一种沸石，其 Si/Al 摩尔比为 5:3，即每一个 Al 原子导致约 1.7 个 Si 原子重新回到粉煤灰中而无法被溶出；而高浓度 NaOH 的生成物为一种方钠石，其 Si/Al 摩尔比为 1:1，每个 Al 仅损

第 3 章　粉煤灰提取氧化铝

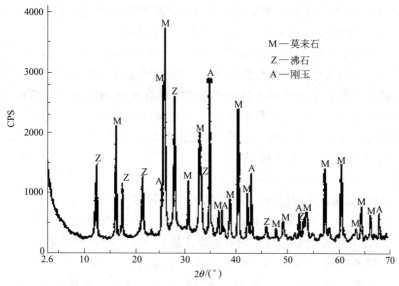

图 3-20　10％的 NaOH 脱硅后粉煤灰的 X 射线衍射

失 1 个 Si，所以相比而言，前者对脱硅效果的危害更大。I. MiKi 等进行了用 NaOH 溶液在 100℃与粉煤灰反应合成沸石的实验后认为，低浓度的 NaOH 易于形成 Na-P1 型沸石，而高浓度的 NaOH 则更易于形成羟基方钠石[84]，这与张战军等的研究结果一致。

③ SiO_2 提取率随时间变化规律的机理分析　粉煤灰化学组分较为复杂，与 NaOH 溶液之间可以发生多种反应，这些反应按对提硅率的贡献可分为两类：一类是粉煤灰中非晶态 SiO_2 及少量硅酸盐与 NaOH 之间的反应，这类反应使粉煤灰中的 SiO_2 溶解而进入溶液中，使溶液中 Si^{4+} 浓度升高，有利于 SiO_2 的提取，被称为正反应；另一类反应使 Si^{4+} 和 Al^{3+} 由溶液进入粉煤灰，造成溶液中 Si^{4+} 浓度降低，对 SiO_2 的提取有害，被称为副反应，这类反应最典型的代表就是溶液相之中的 Al_2O_3、SiO_2、Na_2O、OH^-、H_2O 以及 CO_2 等组分参与形成方钠石的反应。根据不同时间段溶液中 Si^{4+} 和 Al^{3+} 的浓度变化规律，可将脱硅反应分为四个阶段（见图 3-21）。第一阶段，0～0.5h。正反应速率在该阶段达到最大值，由于

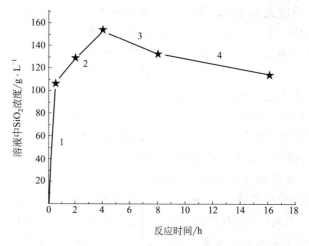

图 3-21　溶液中 SiO_2 浓度-反应时间曲线[85]

（图中的 1～4 分别表示反应的四个阶段）

溶液中 Si^{4+} 和 Al^{3+} 的浓度很低，副反应速率很小，正副反应的速率差最大，所以此时溶液中 Si^{4+} 和 Al^{3+} 的浓度增长速度最快，该阶段对应的斜率最大。第二阶段，0.5～4h。随着反应的进行，粉煤灰中非晶态 SiO_2 的量逐渐减少，非晶态 SiO_2 与 NaOH 的接触面积也随之减少，正反应速率开始降低。而随着溶液中 Si^{4+} 和 Al^{3+} 浓度的增加以及 OH^- 浓度的降低，生成方钠石的副反应速率大幅增加，但由于正反应对溶液中 Si^{4+} 浓度的贡献依旧超过了副反应所造成的 Si^{4+} 损失，所以此阶段溶液中 Si^{4+} 浓度继续增加，只是增速降低，在图 3-21 中对应的斜率变缓。在反应进行到 4h 左右时，正副反应速率相等，Si^{4+} 浓度达到最大值，因此如果此时终止反应，将会获得最高的 SiO_2 提取率。由于该类粉煤灰非晶态物质中 Al_2O_3 含量很低，到第二反应阶段后期，这些活性 Al_2O_3 逐渐消耗殆尽，与此同时，副反应对 Al^{3+} 的消耗继续增加，所以溶液中 Al^{3+} 的浓度开始降低。第三阶段，4～8h。反应进行 4h 以后，粉煤灰中的非晶态 SiO_2、Al_2O_3 消耗完毕，正反应速率降为零，不再对溶液中 Si^{4+} 和 Al^{3+} 的浓度有任何贡献，与此同时副反应还在继续进行，所以溶液中 Si^{4+} 和 Al^{3+} 浓度必然会降低。第四阶段，8h 以后。在此阶段，随着溶液中 Si^{4+} 和 Al^{3+} 浓度降低到一定值，副反应速率降低，溶液中 Si^{4+} 和 Al^{3+} 浓度随之缓慢降低，直到最后趋于一稳定值，此时合成方钠石的反应趋于停止。

由上述分析可知，用 NaOH 溶液脱硅对粉煤灰的物理化学性能有一定要求，即要求粉煤灰玻璃相中的 SiO_2 的含量占一定优势（通常要求粉煤灰玻璃相中的 Si/Al 摩尔比至少要大于 4），通过对全国部分电厂粉煤灰的统计情况来看，大多数粉煤灰都能满足这个要求[82]，因此这种脱硅方式具有一定的普适性。

④ NaOH 与粉煤灰的反应动力学研究 由于粉煤灰中的物相种类较多，且这些物相基本都要和 NaOH 发生或慢或快的反应，因此要精确研究该类反应的化学热动力学十分困难。仅玻璃相与 NaOH 的反应就十分复杂：NaOH 和玻璃相中的非晶态 SiO_2 按反应式(3-62)生成 Na_2SiO_3，NaOH 和玻璃相中的非晶态 Al_2O_3 按反应式(3-63)生成 $NaAlO_2$，然后部分 $NaAlO_2$ 和 Na_2SiO_3 再发生反应，生成方钠石等矿物或组分。

$$2NaOH + SiO_2（非晶态）== Na_2SiO_3 + H_2O \qquad (3-62)$$

$$2NaOH + Al_2O_3（非晶态）== 2NaAlO_2 + H_2O \qquad (3-63)$$

因此严格来讲，反应式(3-62)、式(3-63)及中间产物 $NaAlO_2$ 和 Na_2SiO_3 之间的反应共同构成了一个连串反应。由于方钠石等矿物的形成机理比较复杂，且在不同时刻的生成量难以获取，因此要对该连串反应进行精确的动力学研究同样十分困难。所以只有根据该类粉煤灰的具体特点做出如下一些合理的假设，才能使研究简单化：a. 假设在 95℃ 以下，NaOH 只和粉煤灰玻璃相发生反应，而与莫来石和刚玉不发生反应；b. 假设玻璃相中非晶态 SiO_2 占绝对优势，Al_2O_3 的量可以忽略不计。

上述两个假设应该可以认为是合理的，因为假设 a. 是根据莫来石和刚玉的化学性质做出的。假设 b. 是根据粉煤灰玻璃相的组成特点做出的，由于粉煤灰中可与 NaOH 快速反应的活性 Al_2O_3 的量比 SiO_2 要少得多，所以 Al_2O_3 与 NaOH 的有效接触面积也要少得多，因此式(3-63)的反应速率远低于式(3-62)。所以，可以将反应(3-63)忽略而只考虑反应式(3-62)。

假设粉煤灰的脱硅反应仅按照反应式(3-62)进行，设该化学反应的反应速率常数为 k，SiO_2 的相对提取率为 f，反应时间为 t，实验结果证明，f、k、t 基本满足克-金-布动力学方程：

$$1 - 2f/3 - (1-f)^{2/3} = kt \qquad (3-64)$$

证明如下：分别将 25℃、60℃ 以及 95℃ 三个温度条件下，反应 30min、60min、120min、

180min 及 240min 所获得的 SiO_2 提取率 f 代入式（3-64），得到这些反应时间下的 y 值，然后以反应时间 t 为横坐标，$y=1-2f/3-(1-f)^{2/3}$ 为纵坐标，分别将这三个温度下的 y 对 t 作图（见图 3-22），从图中可看出，y 和 t 较好地满足直线方程。再由三条直线的斜率可求得三个温度下的 k 值分别为 1×10^{-6}、30×10^{-6} 以及 100×10^{-6}。

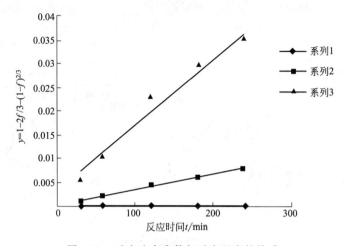

图 3-22　反应速率常数与反应温度的关系

（系列 1、系列 2 及系列 3 对应的反应温度分别为 25℃、60℃ 以及 95℃）[85]

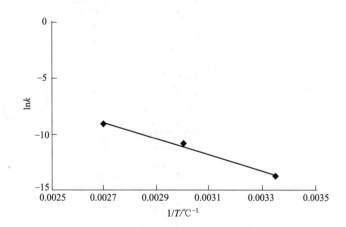

图 3-23　用 NaOH 从粉煤灰中提硅的 Arrhenius 图[85]

得到不同温度下的反应速率常数 k 之后，再以 $\ln k$ 为纵坐标，$1/T$ 为横坐标，作图（见图 3-23），可以看出 $\ln k$ 和 $1/T$ 可较好地拟合为一条直线，该直线的斜率就是 $-E_a/R$，其中 E_a 为该反应的活化能。从图可以得出，$-E_a/R=-7133.1$，所以可求得该反应的活化能 $E_a=7133.1R\approx59.3\text{kJ}\cdot\text{mol}^{-1}$，这个活化能数值相对较低，进一步说明 NaOH 与粉煤灰非晶态 SiO_2 之间的反应比较容易进行。

（3）改进型碱石灰烧结法提取氧化铝的工艺流程

张战军[85]通过高铝粉煤灰预脱硅反应的正交实验研究得到最佳预脱硅反应条件如下：灰碱质量比为 1：0.5，氢氧化钠浓度为 25%，反应温度为 95℃，反应时间为 4h。他按照已经成熟的工艺路线，将脱硅液进行碳分、过滤、除杂、扩孔、洗涤和烘干等工序的处理之后，获得了各项性能指标达到或者超过了国标要求的白炭黑。脱硅后的粉煤灰渣利用碱石灰烧结法生产氧化铝。他的研究结果表明，脱硅高铝粉煤灰的最佳焙烧条件为：钙比 2：1，钠比 0.95：1，焙烧温度 1150℃，保温时间 60min；熟料中铝酸钠的最佳溶出条件为：温度 70℃，溶出时间 10min。在上述条件下，制备出了成分指标达到或者超过了行业标准的氧化铝，其中 Al_2O_3 的提取率超过 90%。其工艺流程见图 3-24。

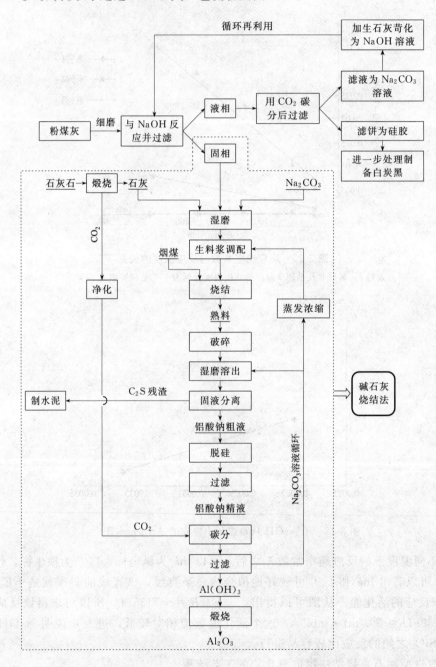

图 3-24　预脱硅-碱石灰烧结法生产氧化铝联产白炭黑的工艺流程

孙俊民等[86]将高铝粉煤灰首先与氢氧化钠溶液反应进行预脱硅，得到液相的脱硅液和固相的脱硅粉煤灰；向脱硅液中加入石灰乳进行苛化反应，固相为活性硅酸钙或硅灰石，经压滤和闪蒸干燥得到成品；脱硅粉煤灰中加入石灰石和碳酸钠溶液调配成合格生料浆，然后将合格生料浆焙烧成熟料,熟料溶出的液相为铝酸钠粗液;铝酸钠粗液经一二段深度脱硅、碳分、种分、焙烧等工序后便可得到符合要求的冶金级氧化铝。此工艺技术物料流量和成渣量少,能耗物耗及生产成本相对较低,氧化铝提取率高,同时联产附加值较高的活性硅酸钙或硅灰石,可广泛应用于化工领域。其工艺流程见图 3-25。

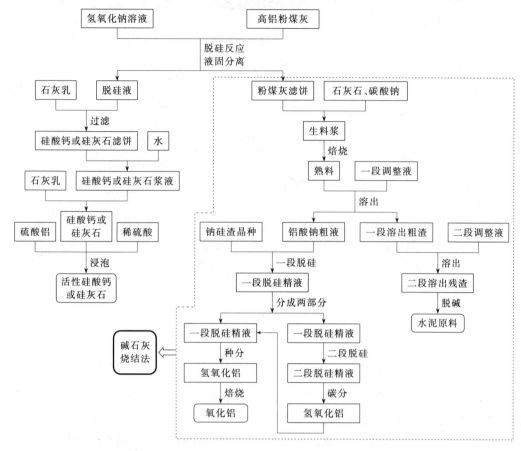

图 3-25 预脱硅-碱石灰烧结法生产氧化铝联产活性硅酸钙或硅灰石的工艺流程

陈刚等[87]利用高铝粉煤灰预脱硅液来生产 4A 沸石,从脱硅粉煤灰渣中提取氧化铝。他们将高铝粉煤灰与质量分数为 10%～30% 的氢氧化钠溶液混合加热后,导入耐压容器中在 100～135℃ 下脱硅反应 1.5～3h,其中氢氧化钠与高铝粉煤灰的质量比为 (0.3～0.6):1,然后进行液固分离得到液相的脱硅液和固相的粉煤灰滤饼。脱硅液与铝酸钠粗液在 50～70℃ 下进行水热合成反应 0.5～2h,其中 SiO_2 与 Al_2O_3 的质量比为 1.8～2.2,水热合成反应后的浆液在 80～120℃ 下晶化 4～8h,晶化后的浆液进行液固分离,固相产物入炉烘干得到 4A 沸石分子筛。脱硅后的粉煤灰渣利用碱石灰烧结法生产氧化铝。其工艺流程见图 3-26。

张战军等[88]还开发了一种利用粉煤灰脱硅液生产九水偏硅酸钠的方法,步骤包括:将粉煤灰加入到质量分数为 12%～18% 的氢氧化钠溶液中在 110～130℃ 下脱硅 1～2h,其中氢氧化钠与粉煤灰干基的质量比为 (0.4～0.6):1,脱硅后进行固液分离得到液相的一次脱硅液;取粉煤灰加入到一次脱硅液中在 115～135℃ 下进行二次脱硅 1～2h,其中一次脱硅液与粉煤灰干基的质量比为 (3±0.5):1,二次脱硅后进行固液分离得到液相的二次脱硅液;

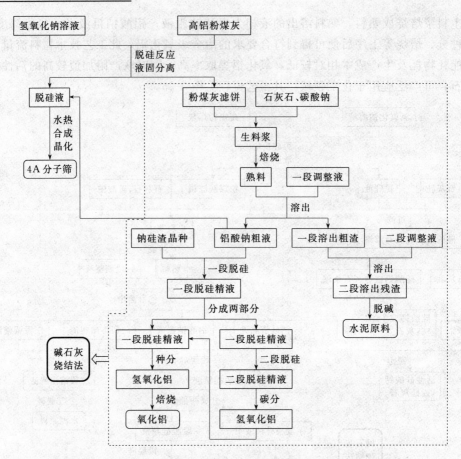

图 3-26　预脱硅-碱石灰烧结法生产氧化铝联产 4A 沸石的工艺流程

将二次脱硅液进行蒸发增浓，当二次脱硅液中的 SiO_2 含量为 $120\sim150g\cdot L^{-1}$ 时，停止蒸发增浓并开始降温，当温度为 $35\sim45$℃时，向二次脱硅液中加入九水偏硅酸钠晶体作为晶种，析出晶体；将析出晶体的二次脱硅液固液分离得到固相产物，固相产物干燥后得到产品九水偏硅酸钠。

许文强等[89]发明了一种粉煤灰的管道加停留罐脱硅方法，工艺过程为：将粉煤灰加入到质量分数为 $30\%\sim50\%$ 的氢氧化钠溶液中，调配成粉煤灰料浆，所调配的粉煤灰料浆液固质量比为 $(3\sim4):1$，送入二级多内管套管预热器，预热到 $70\sim75$℃；预热后的粉煤灰料浆进入多内管套管加热器，加热到 $130\sim135$℃；然后料浆进入保温停留罐，在保温停留罐内停留 $1\sim2h$；脱硅后料浆进入二级闪蒸器，料浆逐级降温降压，然后料浆进入缓冲槽，通过缓冲泵将料浆送入常规的粉煤灰分离及洗涤工序，缓冲槽的料浆乏汽进入水冷式乏汽回收器，热量被低温循环水吸收。其工艺流程见图 3-27。

商兆会等[90]以粉煤灰、碳酸钠和氧化钙为原料，碳酸钠经氧化钙原位苛化，在高温高压反应体系中碱溶得硅酸钠溶液、碳酸钙和脱硅粉煤灰固体。步骤如下：将一定比例的粉煤灰、碳酸钠、氧化钙和水放入密闭反应容器，其中碳酸钠和氧化钙的摩尔比为 $0.5\sim4$，粉煤灰和氧化钙的质量比为 $1\sim5$，液固比为 $2\sim10$，固体为粉煤灰、碳酸钠和氧化钙的总质量，然后在 $50\sim400$℃温度和 $0.1\sim20MPa$ 的压力下碱溶 $10\sim60min$ 后，过滤分离得硅酸钠溶液、脱硅粉煤灰和碳酸钙固体混合物，其中硅酸钠溶液经 CO_2 碳分得二氧化硅，碳酸钙

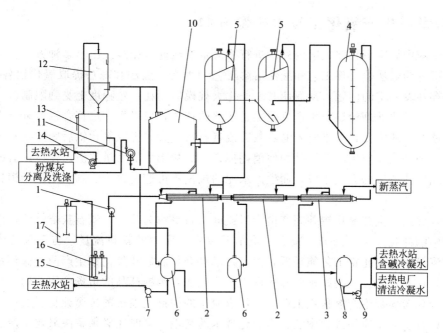

图 3-27　一种粉煤灰的管道加停留罐脱硅工艺流程示意

1—进料泵；2—多内管套管预热器；3—多内管套管加热器；4—保温停留罐；5—闪蒸器；
6—二次汽冷凝水罐；7—二次汽冷凝水泵；8—新蒸汽冷凝水罐；9—新蒸汽冷凝水泵；
10—缓冲槽；11—缓冲槽；12—水冷式乏汽回收器；13—热水槽；14—热水泵；
15—污水槽；16—液下泵；17—粉煤灰预调配出料槽

和脱硅粉煤灰固体可以采用碱石灰烧结法制备氧化铝。

　　与传统碱石灰烧结法相比，改进型碱石灰烧结法由于减少了进入碱石灰烧结系统的硅量，生产出了具有较高价值的白炭黑等副产品，实现了固体废物的减量化，提高了粉煤灰资源的利用率，工艺技术相对先进。但由于两个循环系统并存，工艺流程复杂，氧化铝系统的产能会受到副产品白炭黑或硅灰石等的生产与销售的影响。白炭黑作为一种性能良好的添加助剂，广泛用于橡胶、纺织、造纸、农药及阻燃材料等领域。据《中国化工报》报道，中国2010年白炭黑的产能达到117万吨，年产量为85.6万吨，整个行业处于供过于求的局面。硅灰石具有针状、纤维状晶体形态及较高的白度和独特的物理化学性能，广泛应用于陶瓷、涂料、塑料、橡胶、化工、造纸、电焊条、冶金保护渣以及作为石棉代用品等。特别在造纸行业中，硅灰石粉可作填料和植物纤维复合成造纸复合纤维替代部分植物纤维，减少木浆用量，降低成本，改善纸品性能。根据中国产业研究报告网2009年报道，全世界硅灰石产量大约为119万吨，我国硅灰石产量约为50万吨。即使粉煤灰预脱硅率按照30%计，每生产1t氧化铝至少生产333kg白炭黑产品或638kg硅灰石，不难得出，一个100万吨的氧化铝厂将同时联产33.3万吨白炭黑或63.8万吨硅灰石。因此，高铝粉煤灰生产氧化铝联产白炭黑或硅灰石等副产品从理论上看完全符合循环经济综合利用的要求，这就是该技术被行业热捧的主要原因。但客观上理论与市场实际差距很大。

　　粉煤灰碱溶后渣与水玻璃（硅酸钠溶液）分离困难、生产白炭黑或硅灰石等副产品系统需要新水量大以及会产生大量的含酸废水等问题也是制约该法大规模化应用生产氧化铝的主要瓶颈之一。

3.4 粉煤灰生产氧化铝技术研发方向

从粉煤灰中提取氧化铝，国内外均进行了大量的研究，相继提出了多种方法。从工艺原理上主要可分为碱法热处理工艺和酸法溶解工艺两大类。酸法和碱法提取氧化铝各有优点，但也各自存在着一定的问题，从而使其工业化大规模应用在一定程度上受到限制。

石灰石烧结法处理粉煤灰生产氧化铝是成熟的技术，可以生产出符合铝电解要求的氧化铝产品。该技术的主要特点是配入的石灰石或者石灰量大，提取氧化铝后固体残渣量大，该技术大规模经济工业应用的关键是如何消耗掉提取氧化铝后的大量残渣。建设配套的水泥生产线是消耗固体残渣的有效手段，而生产水泥的规模不可避免地会受到水泥市场销售半径的制约。

碱石灰烧结法生产氧化铝并副产白炭黑或硅灰石等称为改进型碱石灰烧结法，由于预先将粉煤灰中的硅脱除了一部分，减少了烧结及以后工序中的物料流量，与石灰石烧结法相比，物料流量小、氧化铝工艺能耗低，但该技术具有预脱硅和氧化铝生产两个循环系统，流程相对复杂，并且需要解决好预脱硅后白炭黑或硅灰石等副产品的市场应用问题。

酸法处理粉煤灰生产氧化铝工业化大规模应用的关键是廉价的抗腐蚀材料及抗腐蚀技术的突破，以及工业化应用过程中装备大型化技术的突破，同时还必须解决氧化铝产品的质量问题，使之符合大型预焙铝电解技术的要求。

中国铝业郑州研究院开发的"高温碱浸法粉煤灰生产氧化铝"新工艺，是一种在技术上可行、经济上可用的高效低耗粉煤灰碱法提取氧化铝新工艺技术，具有广阔的推广应用前景，其工艺流程见图 3-28。

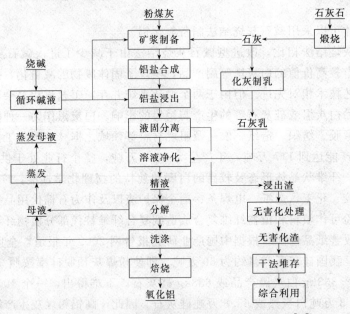

图 3-28 高温碱浸法粉煤灰生产氧化铝工艺流程[80]

"高温碱浸法粉煤灰生产氧化铝"新工艺基于传统碱法生产氧化铝的基本理论，采用的是常规冶金装备或化工装备，操作可靠、投资成本低，系统具有高浓度、低消耗、低能耗的特点，可成功实现浸出固体废渣的减量化和无害化，确保全部浸出渣的资源化利用；生产出的氧化铝产品质量能满足铝电解工业的要求；并且可充分利用生产过程产出的余热和废气，最大限度地减少废气排放；浸出渣碱含量低，可以 100％用于生产建筑材料的原料，从而可实现固体废物减量化、资源化和再利用。

参考文献

[1] 王福元，吴正严.粉煤灰利用手册.北京：中国电力出版社，2004.

[2] 沈旦申.粉煤灰混凝土.北京：中国铁道出版社，1989.

[3] 钱觉时.粉煤灰特性与粉煤灰混凝土.北京：科学出版社，2002.

[4] Rohatgi P K, Huang P, Guo R, et al. Morphology and selected properties of fly ash. Fly ash, Silica fume, Slag, and Natural Pozzolans in Concrete. Proceedings Fifth International Conference. Milwaukee, Wisconsin, USA: 1995: 459-478.

[5] 王运泉，张建平，郑燕君.粉煤灰的组分特征及其系统分类.环境科学研究，1998 (6)：1-4.

[6] 李辉，等.粉煤灰理化性质及微观颗粒形貌研究.粉煤灰，2006 (5)：18-20.

[7] 杨帆，李文兵，杨文舒.粉煤灰颗粒的微观分类探讨.粉煤灰，2012 (6)：10-12.

[8] 李军旗，等.不同燃烧方式粉煤灰性质研究.粉煤灰，2010 (5)：10-13.

[9] 罗玉萍，等.粉煤灰性质比较研究及综合利用途径探讨.沈阳建筑大学学报：自然科学版，2007，23 (3)：448-451.

[10] 薛群虎，杨源，袁广亮.粉煤灰理化性质及形态学研究.粉煤灰综合利用，2008 (3)：3-5.

[11] 孙俊民，等.燃煤飞灰的显微颗粒类型与显微结构特征.电子显微学报，2001，20 (2)：140-147.

[12] 邵龙义，等.燃煤电厂粉煤灰的矿物学研究.煤炭学，2004，29 (8)：448-452.

[13] 邵靖邦，邵绪新，王祖讷.煤中矿物成分对粉煤灰性质的影响.煤炭加工与综合利用，1996 (6)：37-41.

[14] 赵蕾，等.内蒙古准格尔燃煤电高铝粉煤灰的矿物组成与特征.煤炭学报，2008，33 (10)：1168-1172.

[15] 邵龙义，陈江峰，石毛珍.准格尔电厂炉前煤矿物组成及其对高铝粉煤灰形成的贡献.煤炭学报，2007，32 (4)：411-415.

[16] 李楠，等.用粉煤灰生产超细氢氧化铝、氧化铝的方法：CN，101870489 A. 2010-10-27.

[17] 周华梅.F型粉煤灰氧化铝提取潜力.华东理工大学学报：自然科学版，2011，37 (5)：577-581.

[18] 佟志芳，邹燕飞，李英杰.以 KF 为助剂焙烧粉煤灰活化机理.中国有色金属学报，2008，18 (1)：403-406.

[19] 王苗，郭彦霞，程芳琴.粉煤灰活化提取铝铁的研究.科技创新与生产力，2012 (1)：91-94.

[20] 李来时，等.硫酸浸取法提取粉煤灰中氧化铝.轻金属，2006 (12)：9-12.

[21] 陈德.高铝粉煤灰硫酸法溶出工艺：CN，102398912 A. 2012-04-04.

[22] 陈德.硫酸法处理高铝粉煤灰提取冶金级氧化铝的工艺：CN，102398913 A. 2012-04-04.

[23] 余红发，等.粉煤灰生产冶金级氧化铝的方法：CN，102020300 B. 2012-09-05.

[24] 李来时，等.利用粉煤灰制备氧化铝的方法：CN，102344155 A. 2012-02-08.

[25] 蒋家超，赵由才.粉煤灰提铝技术的研究现状.有色冶金设计与研究，2008，29 (2)：40-43.

[26] 刘瑛瑛，等.粉煤灰精细利用——提取氧化铝研究进展.轻金属，2006 (5)：20-23.

[27] 杨重愚.氧化铝生产工艺学.北京：冶金工业出版社，1992.

[28] 陆胜，方荣利，赵红.用石灰烧结自粉化法从粉煤灰中回收高纯超细氧化铝粉的研究.粉煤灰，2003 (1)：15-17.

[29] 马双忱.从粉煤灰中回收铝的实验研究.电力情报，1997 (2)：46-49.

[30] Wiestawa N W. Effect of some inorganic admixtures on the formation and properties of calcium silicate hydrates produced in hydrothermal conditions. Cement Concrete, 1997, 27 (1): 83-92.

[31] 李小斌，等.硅酸钙烧成及碱液溶出性质研究.矿冶工程，2005，25 (1)：47-49.

[32] 陈念贻.氧化铝生产的物理化学.上海：上海科学技术出版社，1965：88.

[33] 《联合法生产氧化铝》编写组.联合法生产氧化铝：熟料溶出与脱硅.北京：冶金工业出版社，1975：5-8.

[34] Li Xiaobin, Zhao Zhuo, Liu Guihua, et al. Behavior of calcium silicate hydrate in aluminate solution. Trans Nonferrous Met Soc China, 2005, 15 (5): 1145-1149.

[35] Quillin K C, Majumdar A J. Phase equilibrium in the CaO-Al$_2$O$_3$-SiO$_2$-H$_2$O system at 5℃, 20℃ and 38℃. Ad-

vances in Cement Research, 1994, 22 (6): 47-56.

[36] Klimesch D S, Ray A. Hydrogarnet formation during autoclaving at 180℃ in unstirred metakaolin-lime-quartz slurries. Cement and Concrete Research, 1998, 8 (28): 1109-1117.

[37] Bhatty M S Y, Greening N R. Interaction of alkaline with hydrating and hydrated calcium silicates. Proceedings of the 4th conference on the effects in cement and concrete. West Lafayette: Purdue University, 1978: 87-111.

[38] Lan G R, Adrian R B, Rik B, et al. Location of aluminum in substituted calcium silicate hydrate (C-S-H) gels as determined by Si and Al NMR and EELS. Am Ceram Soc, 1993, 76 (9): 85-88.

[39] Danielle S, Klimesch D S, Abhi R. DYA-TGA evaluations of the CaO-Al$_2$O$_3$-SiO$_2$-H$_2$O system treated hydrothermally. Thermochimica Acta, 1999 (334): 115-122.

[40] Klimesch D S, Ray A. DTA-TG study of the CaO-SiO$_2$-H$_2$O and CaO-Al$_2$O$_3$-SiO$_2$-H$_2$O systems under hydrothermal conditions. Journal of Thermal Analysis and Calorimetry, 1999, 1 (56): 24-27.

[41] Зеликман А Н. Теория гидрометаллургических процессов. Металлургия: Москва, 1988: 123-126.

[42] 冯国政. 碳酸钠在烧结法熟料溶出过程中作用与浓度控制. 矿产保护与利用, 2000, 6 (3): 32-36.

[43] 张亚莉, 刘祥民, 彭志宏. 钠硅渣湿法处理工艺——碱回收工艺研究. 矿冶工程, 2003 (23): 56-58.

[44] 刘桂华, 等. 钠硅渣中的氧化铝回收工艺. 中国有色金属学报, 2004 (14): 499-503.

[45] 刘程, 米裕民. 表面活性剂性质理论与应用. 北京: 北京工业大学出版社, 2003.

[46] 刘程. 表面活性剂应用手册. 北京: 化学工业出版社, 1992: 1-5.

[47] 段世铎, 谭逸玲. 界面化学. 北京: 高等教育出版社, 1990: 3-8.

[48] 陈恒芳, 等. 串联法生产氧化铝的新进展. 北京: 中国科学技术出版社, 1991: 28-42.

[49] 汪小兰. 有机化学. 北京: 高等教育出版社, 1982: 18-20.

[50] 李太昌. 二次反应抑制剂及其添加工艺技术研究. 有色金属: 冶炼部分, 2002 (1): 26-28.

[51] Rayzman V. More complete desilication of aluminate solution is the key-factor to radical improvement of alumina refining. Light Metals, 1996: 109-114.

[52] 叶绍龙. 铝冶金. 长沙: 长沙有色金属专科学校, 1990.

[53] 彭志宏. 铝酸钠溶液添加水合碳铝酸钙脱硅的研究 [D]. 长沙: 中南大学, 1993.

[54] 元炯亮, 张懿. 高苛性化系数铝酸钠溶液深度脱硅. 化工冶金, 1999, 20 (4): 342.

[55] 李小斌. 铝酸钠溶液铝硅分离工艺与理论研究 [D]. 沈阳: 东北大学, 2000.

[56] 朱应保. 间接加热技术在烧结法脱硅系统中的应用. 轻金属, 2003 (4): 12-14.

[57] Padilla R, Sohn H Y. Sodium aluminate leaching and desilication in lime-soda sinter process for alumina from coal wastes. Metallurgical transctions B, 1985, 16 (4): 707-713.

[58] 王志, 等. 碳酸化分解的机理研究与进展. 轻金属, 2001 (12): 13-15.

[59] 张樵青. 生产砂状氧化铝时加晶种碳分的机理. 轻金属, 1984 (4): 9-12.

[60] 张存兵. 浅析碳分氢氧化铝中结晶碱含量升高的原因. 第九届全国氧化铝学术会议论文集. 贵州: 山东铝业科协. 1998: 114.

[61] 赵继华, 陈启元. 强化过饱和铝酸钠溶液种分过程的研究进展. 轻金属, 2000 (4): 29-31.

[62] 陈念贻. 铝酸钠溶液分解诱导期机理的一种解释. 科学通报, 1991, 36 (19): 1520.

[63] 祁春韶. 铝酸盐溶液碳酸化分解过程的数学模型. 轻金属, 1981 (10): 16-17.

[64] Мазедь В. Производствогли иозема. 1955: 297.

[65] Лилеев И. Химия и технолог ияокиси алюминия. 1940: 27.

[66] 程鹏远. 论铝酸钠溶液碳酸化分解时氢氧化铝的析出机理. 轻金属, 1987 (12): 13-15.

[67] 李训诰. 铝酸钠溶液碳酸化分解过程初探. 轻金属, 1987 (6): 13-18.

[68] 仇振琢. SiO$_2$在铝酸钠溶液分解过程中的行为. 轻金属, 1987 (4): 14.

[69] 仇振琢, 等. 减少粗液SiO$_2$浓度提高经济效益. 轻金属, 1992, (11): 11.

[70] 王志, 等. 铝酸钠溶液碳酸化分解过程的影响因素. 有色金属, 2002, 54 (1): 43-46.

[71] 阿格拉诺夫斯基 A A. 氧化铝生产手册. 北京: 冶金工业出版社, 1974: 19-23.

[72] 张樵青. 关于细种碳分工艺学的研究. 轻金属, 1991 (3): 7-11.

[73] Misra C. Agitation effect in precipitation. Light Metals, 1974 (3): 759-775.

[74] 朱金勇，平文正，萨本榕．铝酸钠溶液晶种搅拌分解的搅拌速度．有色金属：冶炼部分，1988 (1)：35-38.

[75] 上官正．接触成核及制取细氢氧化铝．轻金属，1990 (6)：20-24.

[76] Ping Wenzheng. Production of sandy alumina by carbonization decomposition. Light Metals, 1989, 22 (19)：395-402.

[77] 周辉放．铝酸钠溶液中晶体附聚机理研究．有色金属，1994, 46 (4)：54-57.

[78] Anjier J L, Roberson M L. Precipitation technology. Light Metals, 1983：367-375.

[79] 李旺兴．氧化铝生产理论与工艺．长沙：中南大学出版社，2010.

[80] 李旺兴．粉煤灰生产氧化铝技术进展与展望．中国工程院化工、冶金与材料工程学部第九届学术会议论文集．徐州：中国矿业大学出版社，2012：340-349.

[81] 谷章昭，等．粉煤灰活性的研究．硅酸盐学报，1982 (10)：151-160.

[82] Sloss L L, Smiths L M, Badams D M. Pulverized coal ash requirements for utilization. Longon, UK：IEA Coal Research, 1996.

[83] 方军良，陆文雄，徐彩宣．粉煤灰的活性激发技术及机理研究进展．上海大学学报：自然科学版，2002, 8 (3)：255-260.

[84] MiKi I, Yukari E, Naoya E, et al. Synthesis of zeolite from coal fly ashes with different silica-alumina composition. Fuel, 2005, 84 (23)：299-304.

[85] 张战军．从高铝粉煤灰中提取氧化铝等有用资源的研究 [D]．西安：西北大学，2007.

[86] 孙俊民，等．高铝粉煤灰生产氧化铝联产活性硅酸钙的方法：CN, 102249253 A. 2011-11-23.

[87] 陈刚，等．高铝粉煤灰生产氧化铝、联产水泥及联产 4A 沸石分子筛的方法：CN, 102225778 A. 2011-10-26.

[88] 张战军，等．利用粉煤灰生产九水偏硅酸钠的方法：CN, 102190310 A. 2011-09-21.

[89] 许文强，等．一种粉煤灰的管道加停留罐脱硅方法：CN, 101811713 B. 2012-06-13.

[90] 商兆会，等．一种粉煤灰制备二氧化硅和氧化铝的方法：CN, 101993084 A. 2011-03-30.

第4章 煤系固体废物生产建筑材料

4.1 煤矸石生产建筑材料

4.1.1 煤矸石在水泥工业中的应用

水泥是基本的建筑材料,素有"建筑工业的粮食"之称,是三大重要建筑材料之一,使用广,用量大。2014 年我国水泥的产量达到 24.76 亿吨,中国水泥产量已占到全球约 60%,居世界首位。近年来,许多国家都在研究和开发把煤矸石应用于水泥工业的方法,逐步形成一种生产水泥的新工艺技术。目前,我国水泥品种有 60 余种,煤矸石在水泥工业中主要有三大应用途径,分别是:煤矸石作普通水泥的原燃料;煤矸石生产水泥混合材;煤矸石生产无熟料及少熟料水泥。

为了讨论煤矸石在水泥工业中的应用,首先简要介绍水泥生产的基本知识。

4.1.1.1 水泥生产的基本知识

(1)水泥的概念和分类

在物理化学作用下,能从浆体变成坚固的石状体,并能胶结其他物料,制成有一定机械强度的复合固体的物质,称为胶凝材料。

胶凝材料分水硬性和非水硬性两大类。非水硬性胶凝材料是只能在空气中或其他条件下硬化,而不能在水中硬化,如石灰、石膏等。水泥则是一种无机水硬性胶凝材料,它和水成浆状后,既能在空气中硬化,又能在潮湿介质或水中继续硬化,并能把砂、石等材料牢固地胶结在一起形成人工石材。

水泥的种类很多。按性质和用途把水泥分为一般用途水泥和特种用途水泥。一般用途水泥如硅酸盐水泥、普通硅酸盐水泥、矿渣硅酸盐水泥、火山灰质硅酸盐水泥、粉煤灰硅酸盐水泥等见表 4-1。特种用途水泥如用于快速和抢修工程的早强水泥和快凝快硬水泥、用于水利工程的水工水泥、用于防渗堵漏的膨胀水泥、油井水泥以及用于炉衬材料的耐火水泥等。按矿物的化学成分可分为硅酸盐水泥、铝酸盐水泥、硫铝酸盐水泥、氟铝酸盐水泥等。目前水泥品种已达一百多种。我国大量生产和广泛使用的普通硅酸盐水泥、矿渣硅酸盐水泥和火山灰质硅酸盐水泥。

由于水泥具有良好的黏结性和可塑性,凝结硬化后有很高的机械强度,硬化过程中体积变化小,能和钢筋配合制成钢筋混凝土预制构件或制成其他混凝土等可贵性能,因此是重要的建筑材料和工程材料。

（2）水泥的国家标准

根据国家标准《通用硅酸盐水泥》（GB 175—2007/XG 1—2009）规定，以硅酸盐水泥熟料和适量的石膏及规定的混合材料制成的水硬性胶凝材料，称为通用硅酸盐水泥。

由硅酸盐水泥熟料、5%～20%的混合材料及适量石膏磨细制成的水硬性胶凝材料，称为普通硅酸盐水泥，简称普通水泥。

表 4-1　常见的水泥品种及组成特性

水泥品种	混合材总掺量	混合材种类					
		矿渣	粉煤灰	火山灰（包括煤矸石渣）	窑灰	石灰石	砂岩
硅酸盐水泥	0～5%	0～5%				0～5%	
普通硅酸盐水泥	6%～15%	0～15%	0～15%	0～15%	0～5%	0～10%	0～10%
粉煤灰硅酸盐水泥	20%～40%		20%～40%				
火山灰质硅酸盐水泥	20%～50%			20%～50%			
矿渣硅酸盐水泥	20%～70%	20%～70%	0～8%	0～8%	0～8%	0～8%	
复合硅酸盐水泥	15%～50%	0～20%	0～45%	0～45%	0～8%	0～10%	0～10%

通用硅酸盐水泥按混合材料的品种和掺量分为硅酸盐水泥、普通硅酸盐水泥、矿渣硅酸盐水泥、火山灰质硅酸盐水泥、粉煤灰硅酸盐水泥和复合硅酸盐水泥。

硅酸盐水泥的品质指标如下。

① 氧化镁　熟料中氧化镁含量应小于5%，如水泥经压蒸安定性试验合格，则熟料中氧化镁含量允许放宽到6%。

② 三氧化硫　水泥中三氧化硫含量不得超过3.5%。

③ 细度　硅酸盐水泥和普通硅酸盐水泥以比表面积表示，不小于$300\text{m}^2 \cdot \text{kg}^{-1}$。

④ 凝结时间　初凝不小于45min，终凝不大于390min。

⑤ 安定性　用沸煮法检验，必须合格。

⑥ 强度　不同品种不同强度等级的通用硅酸盐水泥，其不同各龄期的强度应符合表4-2的规定。

⑦ 碱含量（选择性指标）　按$\text{Na}_2\text{O}+0.658\text{K}_2\text{O}$的计算值来表示。若使用活性骨料，用户要求提供低碱水泥时，水泥中的碱含量应不大于0.60%或由买卖双方协商确定。

表 4-2　普通硅酸盐水泥各强度等级各龄期的强度值（GB 175—2007/XG 1—2009）　单位：MPa

强度等级	抗压强度		抗折强度	
	3d	28d	3d	28d
42.5	≥17.0	≥42.5	≥3.5	≥6.5
42.5R	≥22.0	≥42.5	≥4.0	≥6.5
52.5	≥23.0	≥52.5	≥4.0	≥7.0
52.5R	≥27.0	≥52.5	≥5.0	≥7.0

（3）水泥的生产方法

水泥的生产工艺简单讲便是两磨一烧，即原料要经过采掘、破碎、磨细和混匀制成生料，生料经1450℃的高温烧成熟料，熟料再经破碎，与石膏或其他混合材一起磨细成为水泥。由于制造水泥的条件不同，生产方法也有所不同。

① 按生料制备的方法分类　由于生料制备有干湿之别，所以将生产方法分为湿法、半干法或半湿法、干法和新型干法4种。

1）湿法。采用湿法时，将生料制成含水32％～36％的料浆，在回转窑内将生料浆烘干并烧成熟料。湿法制备料浆，粉磨能耗较低，约低30％，料浆容易混匀，生料成分稳定，有利于烧出高质量的熟料。但球磨机易磨件的钢材消耗大，回转窑的熟料单位热耗比干法窑高500～700kcal·kg^{-1}，熟料出窑温度较低，不宜烧高硅酸率和高铝氧率的熟料。

2）干法。采用干法生产时，原料需预先干燥，然后进行磨碎和混合，制得的干细粉末叫生料粉（一般含水量仅1％～2％，省去了烘干生料所需的大量热量），入窑煅烧。以前的干法生产使用的是中空回转窑，窑内传热效率较低，尤其在耗热量大的分解带内，热能得不到充分利用，以致干法中空窑的热效率并没有多少改善。干法制备的生料粉不易混合均匀，影响熟料质量，因此20世纪40～50年代湿法生产曾占主导地位。20世纪50年代出现了生料粉空气搅拌技术和悬浮预热技术，20世纪90年代初诞生了预分解技术、原料预均化及生料质量控制技术。现在干法生产完全可以制备出质量均匀的生料，新型的预分解窑已将生料粉的预热和碳酸盐分解都移到窑外在悬浮状态下进行，热效率高，减轻了回转窑的负荷，不仅热耗低使回转窑的热效率由湿法窑的30％左右提高到60％以上，又使窑的生产能力得以扩大，目前的标准窑型为3000t·d^{-1}，最大的是10000t·d^{-1}。我国现在有700t·d^{-1}、1000t·d^{-1}、2000t·d^{-1}、4000t·d^{-1}的几种规格，逐步向大型方向发展。预分解窑生料预烧得好，窑内温度较高，熟料冷却速度快，可以烧高硅酸率、高饱和比以及高铝氧率的熟料，熟料强度高，因此现在将悬浮预热和预分解窑统称为新型干法窑，或新型干法生产线，新型干法生产是今后的发展方向。新型干法窑规模大，投资相对较高，对技术水平和工业配套能力要求也比较高，如条件不具备则难以正常发展。

3）半干法（半湿法）。介乎湿法和干法之间，将干法制得的生料粉调配均匀加适量的水（加水10％～15％），制成料球再入窑煅烧。带炉算子加热机的回转窑又称立波尔窑和立窑，都是用半干法生产。国外还有一种将湿法制备的料浆用机械方法压滤脱水，制成含水19％左右的泥段再入立波尔窑煅烧，称为半湿法生产。半干法入窑物料的含水率降低了，窑的熟料单位热耗也可比湿法降低200～400kcal·kg^{-1}。由于用炉箅子加热机代替部分回转窑烘干料球，效率较高，回转窑可以缩短，如按窑的单位容积产量计算可以提高2～3倍。但半干法要求生料应有一定的塑性，以便成球，使它的应用受到一定限制，加热机机械故障多，在我国一般煅烧温度较低，不宜烧高质量的熟料。

4）新型干法。20世纪70年代初，窑外分解新技术开始出现，即在带预热器窑上增设一个分解炉。它的产量能比同规格的悬浮预热器成倍增加，单位熟料的热耗也显著降低。新型干法是指以悬浮预热器和窑外分解技术为核心，利用现代科技和工业成就，如原料预均化、生料气力均化、烘干粉磨、各种新型耐火材料以及电子计算机和自控技术等，应用于水泥生产过程中，使水泥生产具有自动化、大型化、高效等特征，与传统湿法、干法和半干法水泥生产技术相比，这种技术具有自动控制、均化、安全和科学等保证。新型干法水泥生产工艺基本包括原料、燃料进厂，原料、燃料的破碎，生料制备，熟料煅烧和水泥的制成等环节。

一般回转窑生产可采用湿法、干法、半干法和新型干法，立窑生产只采用半干法。

② 按煅烧熟料窑的结构分类　按煅烧熟料窑的结构，水泥生产可大致分为立窑和回转窑两类。

1) 立窑。有普通立窑和机械化立窑。最早使用的是立窑，立窑是一个不动的竖筒，生料与煤混合粉磨制成料球，由立窑上部加入窑内。料球尺寸一般 7～15mm。含水 14% 左右，我国采用的预加水成球设备可将料球降到 3～5mm，含水 10%～12%，提高了窑的热效率。含某粉的料球在窑内被烘干，煤粉燃烧将生料烧成熟料。烧好的熟料由底部经卸料箅子卸出。冷风由窑下鼓入，在上升的过程中将熟料冷却，本身也得到预热，到高温带供料球中的煤粉燃烧用，废气由窑顶排出。立窑的直径以前 1.7～2.5m，现在扩大到 2.5～3.2m，高 8～11m，立窑的日产量已达 250～300t·d^{-1}。

2) 回转窑。可分为湿法回转窑（中空式、带热交换装置的窑）；干法回转窑（中空式窑、带余热锅炉的窑、带预热器的窑和带分解炉的窑）；半干法回转窑（立波尔窑）。回转窑是由钢板卷制的圆筒，内砌耐火砖，由装车筒体上的轮带和下面的托轮支承，用装在窑身上的大齿圈传动。回转窑通常以 3.5% 的斜度安放，转速一般在 1r·min^{-1} 以内，新式干法窑可达 3r·min^{-1} 以上。最简单的回转窑是干法中空窑。生料粉由窑尾加入，煤粉用一次风由窑头喷入并在窑内燃烧，这里的火焰温度达 1800～2000℃。生料在窑内不断向窑头流动，湿度也逐渐升高，经过烘干、脱水、预热、分解，到 1300℃ 左右时出现液相，在火焰下面升高到 1450℃ 烧成熟料，然后冷却到 1300～1100℃ 离开回转窑落入单筒冷却机，冷却到 100～150℃ 卸到熟料输送机运至熟料破碎机，破碎后入库储存。单筒冷却机与窑相似，不同的是筒内装有扬料板用以加速熟料冷却。窑头高温区筒体温度过高，以前曾用水冷却，现已改为用风冷却。干法中空窑是较早的窑型，其他各种窑型主要是改变后部的烘干、预热和分解部分的结构与型式，及变换熟料冷却机。如湿法窑因料浆含水量高不易烘干，所以将窑加长，窑内挂上链条帮助烘干料浆，又装上热交换器提高烘干后物料的预热速度。冷却机常使用多筒冷却机，它是装在窑筒体外面的小型冷却筒，一般由 9～11 个组成，筒内装扬料板，随窑筒体一起转动，将熟料冷却。半干法回转窑是用箅式加热机代替部分回转窑，生料球在炉箅子上被烘干、预热和部分分解，因箅式加热机的热效率比转筒高，所以窑的生产能力也比湿法窑高。

各种生产水泥的方法均具有各自的优缺点，例如湿法生产具有操作简单，生料成分容易控制，产品质量较高，浆料输送比较方便，原料车间扬尘较少等优点，但热耗较高。一般耗热量为 1250～1500kcal·kg^{-1} 熟料，但须采用比较复杂的空气搅拌系统才能保证生料成分均匀，同时存在扬尘大、电耗高等缺点。半干法采用立波尔窑生产水泥。由于窑内排出的高温废气再次通过物料，并且接触良好，传热迅速，所以热效率较高，煤耗低，生产能力较大。热料耗一般为 850～1000kcal·kg^{-1} 熟料。但箅式加热机管理较复杂，运转率低，而且生料成球需要有良好的可塑性；半干法采用体积产量大，可就地取材，充分利用地方资源，热耗较低。一般为 850～1100kcal·kg^{-1} 熟料，但生产规模小，劳动生产率低，劳动强度大，单机产量低。

新建厂时，应根据建厂地区的资源情况、自然与经济条件，选择合理的生产方法。一般大型厂（>50×10^4t·a^{-1}）和中型厂 [(10～50)×10^4t·a^{-1}] 宜采用回转窑，小型（<10×10^4t·a^{-1}）采用立窑生产。

（4）水泥生产的工艺过程

一般用湿法和干法回转窑生产硅酸盐水泥的工艺流程可见图 4-1 和图 4-2，用立窑（半干法）生产硅酸盐水泥的工艺过程可见图 4-3。

水泥生产的基本流程，以干法生产为例包括以下几个主要工序：原料开采—破碎—烘干—配料—粉磨—生料储存—均化—煅烧—熟料冷却及破碎—配料（加石膏和混合材）—

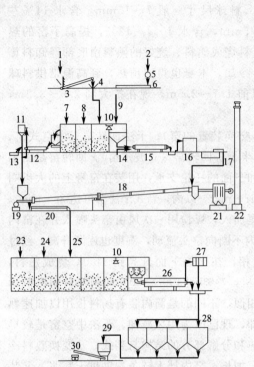

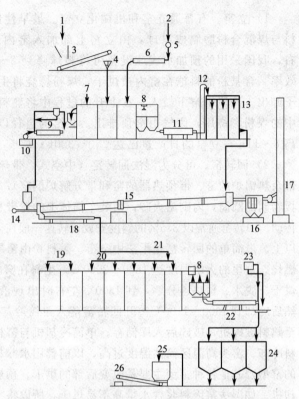

图 4-1　湿法回转窑生产硅酸盐水泥流程

1—石灰石；2—黏土；3—颚式破碎机（第一次破碎）；4—锤式破碎机；5—辊碎机；6—制浆池；7—煤；8—辅助料；9—黏土浆；10—吊车抓斗；11—旋风收尘器；12—磨煤机；13—燃烧室；14—水；15—原料磨；16—校准用的料浆池；17—卧式料浆池；18—回转窑；19—鼓风机；20—算条式冷却机；21—电收尘器；22—烟囱；23—水硬性混合材料；24—石膏；25—熟料；26—水泥磨；27—袋式收尘器；28—水泥库；29—包装机；30—装车

图 4-2　干法回转窑生产硅酸盐水泥流程

1—石灰石；2—黏土；3—颚式破碎机（第一次破碎）；4—锤式破碎机；5—辊式破碎机；6—烘干机；7—煤；8—吊车抓斗；9—磨煤机；10—燃烧室；11—原料磨；12—提斗；13—生料库；14—鼓风机；15—回转窑；16—电收尘器；17—烟囱；18—算条式冷却机；19—石膏；20—混合材料；21—熟料；22—水泥磨；23—袋式收尘器；24—水泥库；25—包装机；26—装车

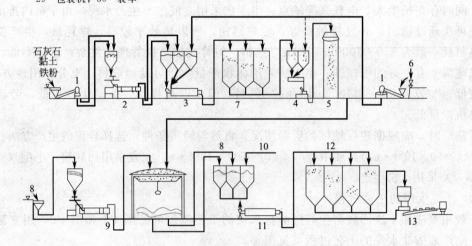

图 4-3　立窑生产硅酸盐水泥流程

1—破碎机；2，9—干燥机；3—生料磨；4—成球机；5—立窑；6—无烟煤；7—生料库；8—混合材料；10—粗碎石膏；11—水泥磨；12—水泥库；13—包装机

粉磨—水泥储存—装运。湿法生产的区别是在煅烧以前的生料制备过程加水粉磨制成生料浆。半干法生产的区别仅在出生料磨以后和入窑煅烧之前的一段，即粉磨—生料储存均化—加水成球—煅烧。新型干法生产则在各储存环节上都加强了均化，具体为：原料开采—破碎—预均化—配料—粉磨并烘干—生料粉储存均化—煅烧—熟料冷却破碎—熟料储存均化—配料—粉磨—水泥储存均化—装运（或混配搅拌—装运）。此外，用煤做燃料时也要经过储存均化，破碎（或烘干），粉磨制成煤粉再入窑。混合材则视品种而定，如粒化高炉矿渣要经过烘干，煤矸石要预先破碎，石膏也需预先破碎。混合材和石膏通常都与熟料一起粉磨，近年来对粒化高炉矿渣趋向于单独粉磨，因为矿渣比熟料难磨，如与熟料一起粉磨难以磨细，不能充分发挥矿渣的作用。

在确定某一种工艺过程时，应特别注意在生产中技术管理方便和降低水泥成本，同时应考虑生产工艺上的一些重要条件，即有效的粉磨设备、均匀的调合控制、优良的熟料烧成、合理的热利用和动力使用、经济的运输流程、高的劳动生产率、有力的防尘措施、最少的占地面积及最低的生产流动资金等。因此，工艺流程应通过不同方案的分析比较而确定。

4.1.1.2　煤矸石作原燃料生产水泥

煤矸石能作为原燃料生产水泥，主要根据煤矸石和黏土的化学成分相近的特点，代替黏土提供硅酸铝质原料；根据煤矸石能释放一定热量的特点，可代替部分优质燃料。

目前我国用煤矸石作原燃料生产水泥主要采用半干法立窑生产。

（1）生产流程

煤矸石作原燃料生产水泥的生产工艺与生产普通水泥基本相同。将原料按一定比例配合，磨细成生料，烧至部分熔融，得到以硅酸钙为主要成分的熟料，再加入适量的石膏和混合材料，磨成细粉而制成水泥。即所谓"两磨一烧"。一般生产工艺流程可见图4-4。

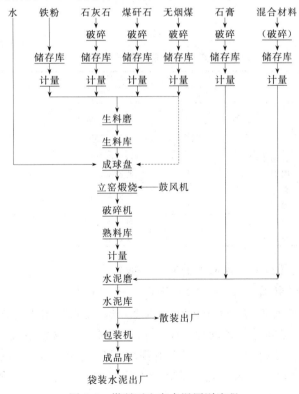

图 4-4　煤矸石生产水泥原则流程

（2）原燃料选择

水泥的质量主要决定于熟料的质量。要烧成高质量的熟料，关键是选择质量合格的原料，配成合适的生料。

① 石灰质原料　它以碳酸钙为主要成分，是提供水泥熟料中的 CaO。对石灰质原料的质量要求见表 4-3。在使用 Al_2O_3 含量高的煤矸石时，石灰石中 SiO_2 含量偏高一些更便于配料，这样可以适当降低对石灰石品位的要求。

表 4-3　石灰质原料的质量要求　　　　　　　　　　　　　　　　　单位：%

品　位		CaO	MgO	R_2O	SO_3	燧石或石灰
石灰石	一级品	>48	<2.5	<1.0	<1.0	<4.0
	二级品	45~48	<3.0	<1.0	<1.0	<4.0
泥灰石		35~45	<3.0	<1.2	<1.0	<4.0

② 煤矸石　大多数煤矸石是一种黏土原料，主要提供熟料所需的酸性氧化物 SiO_2 和 Al_2O_3。根据煤矸石生产水泥的特点，可按成分中对配料影响较大的 Al_2O_3 含量多少把煤矸石分为低铝（20%±5%）、中铝（30%±5%）和高铝（40%±5%）三类。

低铝矸石的成分与黏土相似，用于生产普通水泥时和黏土的配料相同。使用中铝煤矸石生产水泥，熟料中 Al_2O_3 含量达 7%~8%，基本仍和普通水泥配料相同。对于高铝煤矸石，宜用于生产特种水泥，可代替矾土，但为了尽可能多地处理煤矸石，只要当地有低品位石灰石和铁矿石等原料时，就应该生产需要量大的普通水泥。

各类煤矸石与石灰石、铁粉搭配，按普通水泥和双快水泥（快凝、快硬）计算（煤灰包括在煤矸石灰分内一起计算）。可粗略地用表 4-4 表示熟料中 Al_2O_3 含量变化趋势及可能得到的水泥品种。

表 4-4　煤矸石组成与煤矸石水泥品种

煤矸石灰成分 Al_2O_3	石灰石 CaO/%					
	53±2		49±2		≤47	
	Al_2O_3/%	品种	Al_2O_3/%	品种	Al_2O_3/%	品种
	水泥品种					
低铝（20%±5%）	7±1	普通水泥 喷射水泥	≤7	抗硫酸盐水泥 普通水泥	≤6	油井水泥 抗硫酸盐水泥
中铝（30%±5%）	7~10	普通水泥（高铝） 喷射水泥	≤8	普通水泥（高铝）	≤7	普通水泥
高铝（40%±5%）	≥10	喷射水泥 双快水泥	7~10	普通水泥（高铝） 喷射水泥	≤8	普通水泥（高铝）

生产实践表明，用矸石生产普通水泥时，一般要求如下。a. 应选择以黏土矿物为主组成的碳质页岩和泥质岩矸石。在不加校正料时，按矸石灰成分计算 Al_2O_3 应小于 30%，SiO_2 应大于 50%，发热量在 1500kcal·kg^{-1} 以上。b. 优先利用不需进行预均化的洗选矸石。使用堆放矸石时，必须进行预均化。c. 矸石中硬质砂岩含量过高时，因难磨细，电耗大，经济上不合算，不宜利用。d. 矸石产地到水泥厂运距过长，运费太贵时不宜利用。e. 矸石有害成分超过要求，影响水泥质量时，不能利用。因此，矸石能否代土、节能，要做可行性研究。

③ 铁质校正原料　铁质校正原料用来提供熟料中的 Fe_2O_3。一般采用硫铁渣或低品位铁矿石粉加入。当煤矸石中 Al_2O_3 含量较高时，采用高铁方案配料是一条技术途径，而且还希望铁粉品位低（Fe_2O_3 少，SiO_2 多）更容易把 SiO_2、Al_2O_3 调整到接近于普通水泥成分的范围。

④ 矿化剂　为了改善熟料的形成条件，保证好烧，又能使熟料的矿物组成产生重要变化，改善水泥性能，达到增产的目的，根据各地原料的不同性质，可适当添加萤石和石膏等矿化剂。

⑤ 燃料　燃料煤矸石发热量一般较低，为了保证熟料烧成需要的热量，尚需外加燃料。立窑煅烧时，一般用无烟煤，要求挥发分＜10％。

（3）配料计算

根据水泥品种、质量要求和各种原燃料的化学成分，按一定的比例配合，以达到烧制熟料所必需的生料成分称为配料。确定配料方案即配料计算的基本依据是对熟料矿物组成的种类和数量的要求，可归纳为几个常用的"系数"（熟料的率值）来反映熟料各种矿物组成和它们的化学成分之间的关系，并利用这些系数来确定配料方案。

① 普通水泥熟料的矿物组成　水泥熟料并不是各种氧化物简单混合组成，因此，水泥熟料是一种由多种矿物组成的结晶细小的人造岩石。组成水泥熟料的主要矿物有四种。

a. 硅酸三钙（$3CaO \cdot SiO_2$，简写为 C_3S），由 CaO 和 SiO_2 化合生成。特性是水化和凝结快，生成物早期和后期强度均较高。

b. 硅酸二钙（$2CaO \cdot SiO_2$，简写为 C_2S），由 CaO 和 SiO_2 化合生成。水化和凝结硬化速度较 C_2S 慢。水化生成物早期强度比较低，但后期强度可增进得相当高，甚至在水化几年之后还在继续发挥强度。

c. 铝酸三钙（$3CaO \cdot Al_2O_3$，简写为 C_3A），由 CaO 和 Al_2O_3 化合生成。水化和凝结硬化相当快，产物的强度绝对值并不大但在加水后短期内几乎可全部发挥出来，因此，是影响普通水泥早期强度及凝结快慢的主要矿物。

d. 铁铝酸四钙（$4CaO \cdot Al_2O_3 \cdot Fe_2O_3$，简写为 C_4AF）由 CaO、Al_2O_3 和 Fe_2O_3 化合生成。它不是影响水泥凝结硬化和强度的主要产物，但在煅烧熟料的过程中能降低熟料的熔融温度和液相的黏度，有利于 C_2S 的生成。

此外，还有少量氧化钙（f-CaO）、方镁石、含碱矿物及玻璃体等。游离氧化钙和方镁石是水泥的有害成分，水化速度很慢，在水泥硬化后才开始水化，从而引起水泥制品体积膨胀，致使强度下降、开裂甚至崩溃。因此，在水泥熟料中的含量不得超过国标规定。

一般回转窑和立窑烧制普通水泥熟料，其矿物组成的波动范围如表 4-5 所列。

表 4-5　普通水泥熟料的矿物组成　　　　　　单位：％

熟料类别	C_3S	C_2S	C_3A	C_4AF	SO_3	MgO	R_2O
回转窑熟料	42～61	15～32	4～11	10～18	＜1.5	＜4.5	＜1.3
立窑熟料	38～55	20～33	4～7	13～20	＜1.5	＜4.5	＜1.3

② 普通水泥熟料的化学成分　熟料的化学成分主要由 CaO、SiO_2、Al_2O_3 和 Fe_2O_3 四种氧化物组成，总含量 95％以上。另外还含有少量的其他氧化物，如 MgO、TiO_2、SO_3、Na_2O、K_2O、P_2O_5 等。普通水泥熟料的主要化学成分波动范围可见表 4-6。

表 4-6　普通水泥熟料的化学成分　　　　　　　　　　　单位：%

熟料类别	CaO	SiO_2	Al_2O_3	Fe_2O_3
回转窑熟料	62～67	20～24	4～7	2～5
立窑熟料	62～66	20～22	5～7	4～5
煤矸石配料熟料	60～67	17～24	4～6	2～7

③ 普通水泥熟料的率值　所谓率值就是用来表示水泥熟料中各氧化物之间相对含量的系数。

1) 石灰饱和系数（KH）。石灰石饱和系数是熟料中 CaO 和 SiO_2 实际化合的数量与理论上全部形成硅酸三钙所需 CaO 数量的比值，可反映出熟料中 SiO_2 被 CaO 饱和成硅酸三钙的程度。KH 可按下式计算：

$$KH = \frac{CaO - 1.65Al_2O_3 - 0.35Fe_2O_3 - 0.7SO_3}{2.8SiO_2}$$

KH 值一般在 0.80～0.95 范围内。KH 值越大，硅酸三钙含量越高，水泥具有快硬高强的特性，但要求煅烧温度较高，煅烧不充分时熟料中将含有较多的游离 CaO 影响熟料的安定性。KH 值过低时熟料中硅酸二钙的含量增多，强度发展缓慢，早期强度低。

2) 硅酸率（n）。硅酸率是熟料中 SiO_2 含量与 Al_2O_3 和 Fe_2O_3 含量的比值。可按下式计算：

$$n = \frac{SiO_2}{Al_2O_3 + Fe_2O_3}$$

n 值反映熟料中硅酸盐矿物（$C_3S + C_2S$）与熔剂矿物（$C_3A + C_4AF$）的相对含量。n 值过大时，熟料较难烧成，煅烧时液相量较少；n 值过小，熔融物含量过多，煅烧时易结大块。

3) 铝氧率（P）。铝氧率是熟料中 Al_2O_3 含量和 Fe_2O_3 含量的比值，可按下式计算：

$$P = \frac{Al_2O_3}{Fe_2O_3}$$

P 值反映熟料中铝酸三钙和铁铝酸四钙的相对含量。P 值过大时，C_3A 含量高，液相黏度大，不利于游离氧化钙的吸收，还会使水泥急凝；P 值过小，窑内烧结范围窄，不易于掌握煅烧操作。

普通水泥熟料的率值控制在一定范围内，见表 4-7。

表 4-7　普通水泥熟料的率值

熟料类别	KH	n	P
回转窑熟料	0.85～0.93	1.7～2.5	1.0～1.8
立窑熟料	0.84～0.90	1.8～2.2	1.0～1.5
煤矸石配料熟料	0.81～0.96	1.3～2.5	0.85～4.0

④ 煤矸石生产普通水泥的配料计算　配料计算的方法很多，有烧失量法、酸钙滴定法、试凑法、代数法等。在缺乏原料成分化学分析数据、技术条件较差的小型水泥厂，可采用烧失量法和碳酸钙滴定法。目前水泥厂较广泛采用试凑法。

例如某水泥厂用煤矸石代土在回转窑生产普通水泥，其原燃料的化学成分和煤及煤矸石的工业分析数据见表 4-8 和表 4-9。

表 4-8　原燃料化学成分　　　　　　　　　　　单位：%

原燃料名称	烧失量	SiO_2	Al_2O_3	Fe_2O_3	CaO	MgO	备注
石灰石	41.08	4.20	1.14	0.46	52.14	0.44	
铁矿石	3.66	44.80	6.54	36.53	3.64	1.27	
煤矸石	—	76.50	16.43	3.41	1.32	0.60	灰成分
煤矸石	27.89	55.00	12.10	2.46	0.95	0.43	灰分为72.11%
煤灰	—	35.40	24.72	14.63	12.42	0.95	燃煤SO_2为10.16%
洗矸	—	69.10	23.50	3.46	1.24	1.58	喷烧用煤矸石

表 4-9　煤和煤矸石的工业分析　　　　　　　　　　单位：%

名称　　工业分析指标	A_{ad}	V_{ad}	C_{ad}	$Q_{net,ad}/kcal \cdot kg^{-1}$
原煤	21.15	25.04	53.83	6843
煤矸石	72.11	10.56	17.33	1773
洗矸	68.30	13.70	13.00	2010

采用的灼烧基试凑法进行配料计算的步骤如下。

1）计算熟料中煤灰掺入量。

$$q = \frac{pAB}{100 \times 100}$$

$$p = \frac{Q^r}{Q}$$

式中　q——水泥熟料中煤灰掺入量，%；

　　　p——熟料耗煤，%；

　　　Q^r——热耗，$kcal \cdot kg^{-1}$；

　　　Q——煤的发热量，$kcal \cdot kg^{-1}$；

　　　A——灰分，%；

　　　B——熟料中煤灰掺入率，%，它与窑型有关，如立窑为100%，立波尔窑为80%。

根据工厂实际情况，假设Q^r（未考虑煤矸石带入的热量）为1500$kcal \cdot kg^{-1}$熟料，Q为6843$kcal \cdot kg^{-1}$，A为21.13%，B为80%。

则 p＝22kg/1000kg熟料

$$q = \frac{22 \times 21.13 \times 80}{100 \times 100} = 3.7\%$$

2）配料计算。

首先设计原料配比，然后算出生料成分和灼烧生料成分，最后算出熟料成分。

● 设计原料配比为石灰石∶铁矿石∶煤矸石＝81∶8∶11。

● 计算生料化学成分。

各生料的化学成分＝各原料的化学成分×配比，然后把各生料的化学成分相加，即得总的生料化学成分。

● 计算灼烧基生料成分，按下式进行。

$$灼烧生料的化学成分 = \frac{生料的化学成分}{100 - 烧失量}(\%)$$

● 不含煤灰灼烧基生料成分计算。

不含煤灰灼烧生料的基准为100%－3.7%＝96.3%。

则不含煤灰灼烧生料化学成分＝96.3×灼烧生料的化学成分。

- 计算煤灰的化学成分含量。

煤灰的化学成分含量＝煤灰化学成分×煤灰掺入量。

- 熟料的化学成分＝不含灰灼烧生料的化学成分＋掺入煤灰的化学成分。

3) 计算各率值。KH＝0.923，n＝1.92，P＝0.86。

计算结果表明（见表 4-10），熟料的化学成分及率值均在煤矸石烧普通水泥熟料的波动范围以内。同时和生产实际得到的熟料化学成分及各率值基本相符，因此设计的原料配比就可应用。如果计算得到的熟料化学成分和各率值某项不符合要求时，则可调整设计的配比，重新计算，直到获得满意的配比为止。

表 4-10　配料计算的计算结果

成分 名　称	配比	烧失量 /%	SiO_2 /%	Al_2O_3 /%	Fe_2O_3 /%	CaO /%	MgO /%
石灰石	81	33.30	3.40	0.92	0.37	42.25	0.36
铁矿石	8	0.29	3.68	0.52	2.92	0.27	0.10
煤矸石	11	3.07	6.05	1.33	0.27	0.10	0.05
生料	100	36.66	13.13	2.77	3.56	42.64	0.51
灼烧生成料	100	—	20.70	4.36	5.62	67.50	0.80
不含煤灰灼烧料	×96.3	—	19.95	4.20	5.42	65.00	0.78
煤灰	×3.7	—	1.31	0.91	0.54	0.46	0.04
熟料	100	—	21.26	65.11	5.96	65.4	0.82

注："×96.3"和"×3.7"表示两列数据分别用 96.3% 和 3.7% 校正。

（4）立窑烧制水泥熟料

① 立窑　煤矸石作原燃料生产水泥广泛使用立窑煅烧水泥熟料。立窑具有热耗低、投资少、收获快、需要钢材少、占地面积小等优点。按照加料卸料方式，可分为普通立窑和机械化立窑两类。普通立窑是指人工加料和卸料或机械加料，人工卸料。机械化立窑是采用机械加料和机械卸料。普通立窑和机械化立窑的结构可见图 4-5 和图 4-6。

普通立窑有 $\phi1.5m×6m$ 及 $\phi2m×8m$ 两种，年产（1～2）万吨水泥的小厂使用较多。机械化立窑一般规格为 $\phi2.5m×10m$，日产 170～220t。与普通立窑相比，机械化立窑改善了操作和卫生条件，产量高，熟料质量好，是小水泥厂的发展方向。机械化立窑装料过程是将生料和煤经自动称量、混匀、成球后落入加料器，均匀地撒入窑内，加料器可正反向旋转，卸料算子可回转，对熟料起破碎作用。一般从窑底鼓风，也可设腰部通风。

② 立窑煅烧的基本原理　水泥生料的煅烧是指生料在水泥窑（回转窑或立窑）内，加热到 1400～1500℃ 的高温，经过复杂的物理化学和热化学反应，最后形成各种矿物组成的熟料。生料在煅烧过程中，一般要经过干燥预热、碳酸盐分解、放热反应、烧成和冷却几个阶段。在立窑煅烧熟料过程中，上述几个阶段的反应大体可区分在三个带中完成。

1) 预热带。它是物料干燥、预热和分解阶段。生料球入窑后，首先被上升的热气流烘干，并预热到一定温度，当物料温度上升到 450℃ 左右时，黏土中的主要成分高岭土脱水，分解为偏高岭石，并进一步分解为化学活性较高的无定形氧化铝和氧化硅：

$$Al_2O_3 \cdot 2SiO_2 \cdot 2H_2O \longrightarrow Al_2O_3 \cdot 2SiO_2 + 2H_2O\uparrow$$
$$Al_2O_3 \cdot 2SiO_2 \longrightarrow Al_2O_3 + 2SiO_2$$

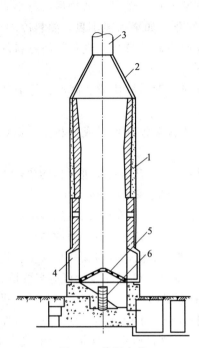

图 4-5 普通立窑

1—窑体；2—窑罩；3—烟囱；

4—卸料门；5—炉箅子；6—送风管

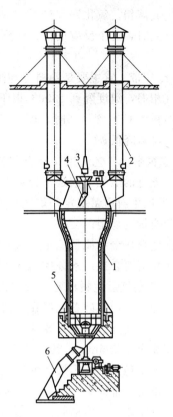

图 4-6 机械化立窑

1—窑体；2—烟囱；3—窑罩；

4—加料器；5—卸料箅子；6—密闭闸门

在 650℃左右时，石灰石中的碳酸镁开始分解，反应进行到 900℃左右基本结束：

$$MgCO_3 \xrightarrow{650℃左右} MgO + CO_2 \uparrow$$

在 750℃时，碳酸钙开始分解，在 1000℃左右时基本结束：

$$CaCO_3 \xrightarrow{750℃左右} CaO + CO_2 \uparrow$$

2）高温带。它是物料放热反应和烧成熟料矿物阶段。随着物料向下移动，温度逐渐升高，在 1300℃以前，CaO、Al_2O_3、Fe_2O_3、SiO_2 等发生固相放热反应，先后生成铝酸三钙、铁铝酸四钙、硅酸二钙及部分未化合的氧化钙等。其反应的顺序如下：

$$CaO + Al_2O_3 \xrightarrow{1000℃左右} CaO \cdot Al_2O_3 + 热$$

$$2CaO + Fe_2O_3 \xrightarrow{1000℃左右} 2CaO \cdot Fe_2O_3 + 热$$

同时少量 C_2S、C_3A_2 生成。当温度增高到 1200℃左右时，下列反应迅速进行：

$$2CaO + Fe_2O_3 \longrightarrow 2CaO \cdot Fe_2O_3 + 热$$

$$3(CaO \cdot Al_2O_3) + 2CaO \longrightarrow 5CaO \cdot 3Al_2O_3 + 热$$

$$5CaO \cdot 3Al_2O_3 + 3(2CaO \cdot Fe_2O_3) + CaO \longrightarrow 3(4CaO \cdot Al_2O_3 \cdot Fe_2O_3) + 热$$

$$5CaO \cdot 3Al_2O_3 + 4CaO \longrightarrow 3(3CaO \cdot Al_2O_3) + 热$$

$$2CaO + SiO_2 \longrightarrow 2CaO \cdot SiO_2 + 热$$

当温度升高到 1300～1450℃烧成温度范围内时，铁铝酸四钙、铝酸三钙及氧化镁、碱质焙烧成液相。氧化钙和硅酸二钙溶液在液相中进一步反应生成硅酸三钙。当温度达到1450℃以上时，这个反应进行很激烈。其反应式如下：

$$2CaO \cdot SiO_2 + CaO \longrightarrow 3CaO \cdot SiO_2 + 微量热$$

3）冷却带。它主要是熟料冷却阶段。由于物料不断下移，燃料逐渐烧尽，与窑底送入的冷空气相遇，温度降到1300℃以下，熟料中的液相固化。如果通风不良，熟料冷却缓慢，特别当熟料中C_2S含量多时，就会产生C_2S晶型转变而引起"分化"现象，使熟料的强度和水硬性显著降低。

③ 立窑煅烧工艺　用煤矸石配料在立窑中煅烧熟料，欲达到优质、高产、低消耗的目的，采用先进的煅烧工艺是十分重要的。

1）保证生料质量稳定是烧熟料的前提。生料稳定的含义包括生料成分和流量稳定、配煤和料球质量的稳定。

保证生料成分和流量稳定，就必须确定最佳的原料方案。煤矸石要进行预均化，入磨料的给量和粒度要合适，水分控制在1%～2%，磨出生料的细度要控制在4900孔筛筛余量不超过10%，磨细后生料也要进行均化，使生料$CaCO_3$滴定值波动在±0.2%以内。

准确配煤。用煤矸石配料在立窑中烧水泥熟料时，为了给煅烧提供合适的热量，在料球或中、边料中要外加煤炭。要加准、加匀，经常要根据煤质变化，及时调整加煤量。用无烟煤时粒度要求小于5mm，其中小于3mm的含量要大于80%，烟煤的粒度可适当放粗。

料球质量稳定。立窑煅烧的工艺特点是含有燃料的生料球由窑的上部向下运动，供燃烧用的空气由窑下部向上运动，通过料球间的缝隙与燃料反应，煅烧物料。由于缝隙分布不均匀等原因，很难在窑的横断面上达到通风均匀，因而影响熟料质量，这是立窑的最大弱点，所以必须十分重视提高成球质量，使布风均匀，达到煅烧均匀。一般要求生料球直径控制在5～10mm，在风压较低时，球径可提高到8～15mm。料球强度一般要求从1.3～1.8m高的孔隙度自由落地时不破碎。成球水分控制在12%～14%之间。料球的孔隙率不低于27%，最好达到30%～32%。一般水泥厂采用成球盘成球。

2）选择合适的煅烧方法。根据窑的横断面上中部通风差，耗热低，边部通风较好，耗热高的特点，为了保持全断面加热均匀，煤矸石制水泥宜采用中料全黑生料差热煅烧法，即将中料制成全黑生料球（煤矸石加少量好煤组成）。边料由中料加入部分粒状煤进行煅烧。此法可降低煤耗，熟料质量也有所提高。

3）在稳定底火的基础上，采用二大三快、浅暗火操作。稳定底火，主要为了保证高温煅烧。这就要做到不漏生、不结柱烧流。加料轻撒薄盖，窑面成蝶形。普通立窑卸料不宜过深，各卸料口应均衡卸料，每次出窑40～50cm，每班卸料8～12次。底火深度稳定在1m左右。底火不宜过深，否则烧成带过长，冷却不好，通风阻力增大；底火不宜过浅，以免烧成带太短，使物料反应不完全。生烧料增多，料球预热不够，窑面散热较多，耗热高，窑面温度高，料球遇热易炸，不利通风。

在稳定底火基础上，采用大风、大料（二大）和快烧、快冷、快卸（三快）操作制度，做到风料平衡，可以降低废气中CO含量，降低热耗，加快烧成速度，保证烧成质量，提高产量。

浅暗火操作的特点是底火不太深，窑面火苗微露。在普通立窑上操作时，哪里火苗微露，就轻撒薄盖一层料球，既有利于提高窑温，又方便看火操作，这是普遍采用的煅烧方法。

总之，立窑煅烧熟料应遵循稳定性料，稳定底火，保证高温，采用"二大"、"三快"的浅暗火的操作原则。

④ 水泥的制成 熟料烧成以后，尚需加入适量的石膏和混合材料磨制成水泥。为了保证磨制出合格的水泥，必须注意控制以下因素。

1）熟料要有一定存放期，要求按质堆放，搭配使用。这样有利于游离钙消解，改善安定性；有利于降低入磨物料温度，提高磨机产量；有利于水泥质量的稳定。

2）石膏掺入量。石膏的掺入，不仅起缓凝作用，对提高强度，减少干缩也有很好的效果。最合适的掺入量要根据熟料中C_3A含量、碱含量、混合材料质量与掺入量、水泥粉磨细度等情况，通过试验来确定。立窑厂一般掺3%～5%。煤矸石生产水泥时，一般C_3A含量较高，石膏掺入量可适当高一点。

3）混合材料的掺入量。与普通水泥一样，可以掺用矿渣、粉煤灰、煅烧矸石等。掺量要根据水泥品种、熟料质量等情况确定，要求做到掺量准确。

4）水泥的粉磨细度。水泥的细度直接影响水泥的质量、产量和成本。一般立窑厂细度控制在4900孔筛筛余量在5%～9%，最好在5%～7%范围内。比表面积控制在3000～3200$cm^2 \cdot g^{-1}$。

(5) 用煤矸石生产特种水泥

① 煤矸石生产快硬水泥 安徽省宿县地区水泥厂用Al_2O_3含量为28.8%的煤矸石代替黏土生产快硬水泥。原燃料化学成分见表4-11。

表4-11 原燃料化学成分

名称	烧失量/%	SiO_2/%	Al_2O_3/%	Fe_2O_3/%	CaO/%	MgO/%	生料配比
煤矸石	12.75	57.24	25.04	1.86	0.92	0.53	13.75
石灰石	41.68	3.82	0.39	0.35	53.25	0.53	80.17
铁粉	2.04	18.96	11.24	62.18	1.94	1.89	5.08
无烟煤		50.32	35.50	3.98	5.68	0.78	

采用立窑差热煅烧工艺，所得熟料的化学成分和矿物组成可见表4-12，熟料的各率值为：KH是0.275，f-CaO为0.865，n等于1.74，P是1.37。

表4-12 熟料化学成分和矿物组成 单位：%

SiO_2	Al_2O_3	Fe_2O_3	CaO	MgO	f-CaO	C_3S	C_2S	C_3A	C_4AF
2140	7.00	5.12	6562	0.98	0.58	48.44	24.64	9.86	15.56

生产所得熟料可达400号（硬冻）快硬水泥的要求；加入30%～40%矿渣、4%石膏，可满足400号（硬冻）矿渣水泥的各项规定要求。

② 煤矸石生产早强水泥 河南建筑工程材料科研所利用Al_2O_3为25%～27%的煤矸石，配以石灰石、石膏和萤石制成生料，在立窑上烧成以C_3S为主，又含有氟铝酸盐（$C_{11}A_7 \cdot CaF_2$）、无水硫铝酸盐（$C_3A \cdot CaSO_4$）以及少量β-C_2S、C_4AF、$CaSO_4 \cdot CaS$等矿物的熟料。熟料烧成温度为1350～1410℃。熟料外掺1%～3%经1000℃左右煅烧的石膏用以增强，并以1.5%～3%二水石膏调节凝结时间。粉磨细度为4900孔筛余量10%以下，1d硬冻强度可达30.0MPa以上，28d达60.0MPa以上。这种水泥不仅早期强度发展快，而且后期强度继续增长，具有作业性能良好的微膨胀不收缩等特点。

③ 煤矸石制双快水泥 锦州南票水泥厂采用Al_2O_3为42%的高铝煤矸石和CaO为52%

左右的石灰石配料,在立窑试制氟铝酸钙型双快水泥。熟料的主要成分是 C_2S、$C_{11}A_7$ · CaF_8、C_2S、C_2AF。通常 1d 强度可达 20.0~30.0MPa,28d 达 40.0~60.0MPa,可作为喷射水泥用于锚喷支护。

4.1.1.3　煤矸石作水泥混合材料

（1）混合材料概述

在磨制水泥时,除掺加 3%~5% 的石膏外,还允许按水泥的品种和标号,掺加一定数量的材料与熟料共向粉磨,习惯上称此材料为混合材料（简称混合材）。

在保证质量的前提下,水泥中掺加混合材可提高产量、降低成本;可改善水泥性能,例如改善水泥的安定性,提高混凝土的致密性、不透水性、耐水及耐硫酸盐等溶液侵蚀性能,减少水化热;可生产多标号、多品种水泥。

混合材的分类可见表 4-13。

表 4-13　水泥混合材料分类

种　类		名　称	来　源	作　用
非活性混合材		砂岩 长石 石灰岩等	天然	增加产量
活性混合材	矿渣混合材	高炉矿渣 钢渣 铝渣	炼铁废料 炼钢废料 炼铝废料	增加产量 改善性能 降低成本
	火山灰混合材	硅藻土、沸石 浮石、页岩灰 凝灰岩	天然	增加产量 改善性能 降低成本
		煅烧煤矸石 烧黏土、粉煤灰 煤渣	人工	

（2）煤矸石作水泥混合材

凡天然或人工矿物质原料磨成细粉,和水后本身虽不硬化,但与气硬性石灰或硅酸盐水泥混合加水拌成胶泥状态后,由于这种矸石中活性 SiO_2 和 Al_2O_3 能与石灰石或水泥水化后生成的 $Ca(OH)_2$ 在常温常压下起化学反应,生成稳定的不溶于水的水化硅酸钙和水化铝酸钙等水化物,在空气中能硬化,并在水中继续硬化,从而产生强度。因此,煤矸石煅烧后,含有活性 SiO_2 和 Al_2O_3,就可以作为活性火山灰质混合材使用。

煤矸石活性的高低,除与化学成分、细度有关外,主要取决于热处理温度。煤矸石煅烧过程中,当加热到某一温度时,黏土矿物分解,晶格破坏,变成非晶质,形成无定形 SiO_2 和 Al_2O_3,具有活性。继续加热到一定温度时又重结晶,新晶相增多,非晶质相应减少,活性降低。因此,煤矸石有一个最佳的煅烧温度,一般为 800~900℃,此时煅烧产物的活性最高。由于炉膛内温度不均,往往实际的煅烧温度为 1000℃。

人工煅烧煤矸石的方法有多种,国内主要使用的有堆炉、平窑、隧道窑、立窑和沸腾炉煅烧等。

（3）煤矸石作混合材生产火山灰水泥

① 生产工艺流程　用煤矸石作混合材生产火山灰水泥的工艺流程与生产普通水泥基本相同。一般流程是熟料、煅烧煤矸石和石膏按比例配合后入水泥磨磨细,入水泥库然后包装出厂。

② 原料要求

1）熟料：是水泥产生强度的基本组分，也是煤矸石混合材活性激发剂。因此希望熟料中的 C_3S 含量高。熟料的强度高，煤矸石掺量增加。熟料的游离石灰不宜超过 3％。

2）煅烧煤矸石：应以黏土矿物为主要成分，自燃矸石应均化，人工煅烧时，应控制烧失量指标。技术要求中规定烧失量小于 15％，从生产实践看，烧失量超过 8％时，对耐久性特别是抗冻性有明显影响。因此，为保证水泥质量，烧失量应小于 8％。

3）石膏。除了天然二水石膏、硬石膏外，也可用氟石膏、磷石膏、盐场硝皮子等工业废渣，采用时需经过试验。

③ 混合材配合比的确定　煤矸石作混合材生产火山灰水泥的配比，一方面应根据水泥的标号要求，现场使用的需要，另一方面与熟料和煤矸石的质量以及生产厂设备（粉磨能力）有关。

1）煤矸石掺入量：通常根据水泥要求的标号（如要求生产 325 号火山灰水泥），熟料质量（如 425 号熟料），做一系列掺不同百分比的煅烧煤矸石的强度试验，如掺 40％能达到 325 号，则决定掺加量为 40％。

2）石膏掺入量：适当掺入石膏，能提高水泥的强度，但达到一定值后，随着加入量增加强度下降。当水泥中 SO_2 含量为 2％～2.5％时，湿胀率最小；超过 3.5％时，湿胀率急剧增大。因此要求水泥中 SO_2 不超过 3.5％，一般石膏掺加量为 3％～5％。

④ 水泥磨粉细度　根据国家标准《矿渣硅酸盐、火山灰质硅酸盐水泥及粉煤灰硅酸盐水泥》（GB 1344—1999）规定，火山灰水泥细度要求 0.080mm 方孔筛筛余量不得超过 10.0％，实际生产一般细度控制在 8.0％以下。

4.1.1.4　煤矸石无熟料水泥及少熟料水泥

（1）概述

煤矸石无熟料水泥是以煅烧煤矸石为主要原料，掺入适量石灰石膏磨细制成的水硬性胶凝材料。有时也掺用少量熟料作激发剂。生产这种水泥方法简单，投资少、收效快、成本低、规模可大可小。标号能达到 200～300 号，经蒸汽养护的抗压强度可达 40.0MPa 以上。

煤矸石少熟料水泥也是以煤矸石为主要原料制成，但用熟料代替石灰作为主要原料之一。它与无熟料水泥相比，具有凝结快、早期强度高、劳动条件好、省去蒸汽养护、简化使用工艺等特点，标号可达 300～400 号。

以上两种水泥，可作为砌筑水泥使用，节省高标号水泥。

（2）生产工艺

一般生产工艺流程是煅烧煤矸石、石灰加少量熟料或单用熟料、石膏按比例配合磨细，然后入库即获得无熟料或少熟料水泥。

煤矸石的技术要求与作混合材料生产火山灰水泥基本相同。要求含碳量低、活性高、成分稳定。煅烧温度在 650～1050℃之间。

近年来许多地方采用沸腾炉煅烧法。掺入量根据煅烧煤矸石的活性、石膏和石灰（或熟料）的质量确定，一般占 60％～70％，如用蒸汽养护，可超过 70％。

石灰（或熟料）是提供 $Ca(OH)_2$ 与煅烧煤矸石中活性组分作用生成水硬性胶凝材料的原料。一般用量变动在 15％～30％之间，大部采用新鲜生石灰。

石膏加入是为了加速水泥硬化，提高强度。一般加量为 3％～5％。根据水泥中 SO_3 的总含量在 3.5%～4% 来控制石膏的掺加量[1]。

4.1.2　煤矸石制砖

煤矸石制砖是以煤矸石为主要原料，通过传统工艺，制成各种建筑用砖的新兴项目，自2002 年 6 月 30 日以来，全国 160 个城市禁止使用黏土砖，这就为煤矸石制砖带来了良好的发展空间。利用和黏土成分相近的煤矸石烧制砖瓦在技术上比较成熟，应用已很广泛，部分企业还生产了高级建筑材料如饰面砖等产品。煤矸石代土生产砖瓦可以做到烧砖不用土或少用土，烧砖不用煤或少用煤，大量节省耕地，减少污染。

矸石砖的规格和性能要求与普通黏土砖基本相同，标准尺寸为 240mm×115mm×53mm，其余性能指标符合国家标准《烧结普通砖》（GB 5101—2003）的要求。

利用煤矸石烧砖可分为内燃和超内燃焙烧两种方法。内燃法是将煤矸石和黏土混合在一起作原料，也可以全部用低热值矸石作原料，焙烧过程中矸石产生的全部热量将砖烧熟，制得内燃砖。超内燃法制砖，就是全部用煤矸石作原料，每块砖坯所含的热量，除把砖本身烧熟外，还有富余热量，余热可以利用，制得的砖称超内燃砖。热工计算的结果表明，每块标准砖烧成热量为 950～1200kcal，砖坯所含的热量大于此值时，就属于超内燃。例如，广东石鼓矿务局煤矸石平均发热量为 550～580kcal·kg^{-1}，每块砖坯干重 2.4kg，每块含热量 1320～1390kcal，超过每块标准砖烧成所需热量，即是超内燃焙烧，此时在焙烧窑上可设置余热锅炉。

4.1.2.1　对制砖煤矸石原料的要求

不同煤矿产生的矸石成分和性质变化很大，并不是所有的矸石均能制砖。其中泥质和碳质矸石质软，易粉碎成型，是生产矸石的理想原料；砂质矸石质坚，难粉碎，难成型，一般不宜制砖；含石灰岩高的矸石，在高温焙烧时，由于 $CaCO_3$ 分解放出 CO_2，能使砖坯崩解、开裂、变形，一般不宜制砖，即使烧制成品，一经受潮吸水后，制品也要产生开裂、崩解现象。含硫铁矿高的矸石，煅烧时产生 SO_2 气体，造成体积膨胀，使制品破裂，烧成遇水后析出黄水，影响外观。

制砖煤矸石需对其化学成分、工艺性质等按要求进行选择。

（1）化学成分

① SiO_2　一般含量控制在 50%～70%　煤矸石中的 SiO_2 主要以石英和黏土矿物形式存在。如果 SiO_2 含量高，则石英矿物多，黏土矿物少；反之，如果 SiO_2 含量低，则石英矿物少，黏土矿物多。

石英在焙烧过程中，发生多次晶型转变并伴随体积变化（表 4-14），易发生爆裂而严重影响砖体的完整性。

表 4-14　石英晶型转变及其体积变化

晶形变化	温度/℃	体积变化/%	晶形变化	温度/℃	体积变化/%
γ鳞石英——β鳞石英	117	+0.2	α石英——β石英	573	0.8
β鳞石英——α鳞石英	163	+2.3	α石英——α鳞石英	870	+14.7
β方石英——α方石英	180～270	+3.3			

SiO_2 含量高，干燥焙烧收缩小，制品抗压强度高，是砖的主要骨料。石英硬度高、无可塑性，在混合料中起到降低矸石泥料可塑性的作用，适当的石英含量可以减少坯体在干燥与烧成过程中的收缩作用，有助于提高成品率；当 SiO_2 含量超过 75% 时，制品的力学强度降低，特别是抗折强度降低显著。

值得指出的是，在石英各种晶形转变中，573℃的转变虽然体积变化小，但转变速度快，控制不当最易产生裂纹。煤矸石中的 SiO_2 含量应严格控制。当 SiO_2 含量过高时，可用筛选法除去矸石中的大粒径砂质岩石。

② Al_2O_3 一般控制在 10%～30% 为宜，以 15%～20% 为佳。含量高，可提高塑性指数、耐火度及制品的抗折强度，是制品的次要骨料。

煤矸石中的 Al_2O_3 主要以黏土形式存在，多为高岭石或伊利石，少部分可能以长石、铝土矿形式存在。因此，适当提高 Al_2O_3 含量，会提高黏土矿物含量，从而提高矸石泥料的塑性，能提高坯体强度和制品的抗压与抗折强度。此外，由于煤矸石的熔点随 Al_2O_3 含量增加而迅速提高，Al_2O_3 含量的增加将提高制品的烧结温度，特别是当含量超过 35% 时，制品易出现欠火现象。

由于选择了高 Al_2O_3 的煤矸石原料制砖而导致烧结困难、质量差的煤矸石砖厂较为常见，应该引起重视。

③ Fe_2O_3 是助焙剂，含量控制在 2%～8% 之间，最好不应大于 5%。

煤矸石中铁多以黄铁矿的形式存在，量小则以其他矿物的杂质存在。Fe_2O_3 是一种助熔剂，Fe_2O_3 含量高，可降低焙烧温度：Fe_2O_3 含量每升高 1%，T_1 降 18℃。因此，适度的 Fe_2O_3 可降低制品的烧结温度。氧气充足时，铁矿物转化为 Fe_2O_3，Fe_2O_3 是着色剂，使制品呈红色；含量<1% 时制品呈黄白色，含量越高，颜色越深，当含量>9% 时制品呈酱红或酱紫色。在缺氧条件下，生成 FeO，制品呈蓝、灰色。含量超过 5%，在高温焙烧时，砖的表面易出现膨胀泡，影响外观。

由于硫铁矿硬度大（6～6.5），难以磨细，煅烧时，由于局部铁含量过高易出现铁斑、铁瘤而影响外观。

④ CaO   是有害成分，煤矸石中的 CaO 是有害组分，主要以方解石（$CaCO_3$）的形态存在，也有少量以石膏（$CaSO_4 \cdot H_2O$）形式存在。一般控制在 2% 以内。如高于 2%，必须降低粒度，使 CaO 在砖坯中均匀分布，减少不均匀膨胀性，但 CaO 含量超过 6% 时，不宜作烧砖原料。

CaO 在矸石中多以 $CaCO_3$ 的形式存在。如果方解石颗粒较细，并均匀地分布在黏土中，一部分会与 Al_2O_3、SiO_2 反应生成稳定的多元化合物，一般至 1000～1050℃ 可保证砖体达到足够的强度，但烧成范围变窄。方解石颗粒>1mm 时在砖焙烧过程中不会完全转化为化合物，而是分解成生石灰 CaO，成品砖中未化合的生石灰遇水生成熟石灰 $Ca(OH)_2$，同时固相体积膨胀 97%。这就是高 CaO 砖遇水发生爆裂的原因。

碳酸钙受热后化学反应如下：

$$CaCO_3 \longrightarrow CaO + CO_2 \uparrow$$

氧化钙吸水后化学反应如下：

$$CaO + H_2O \longrightarrow Ca(OH)_2$$

CaO 最高允许含量与煤矸石粉碎后粉料的粒径有关（表 4-15），粒径小于 3mm，一般以含量不超过 2.5% 为宜。

表 4-15   CaO 最高允许含量与煤矸石粉料粒径间的关系

CaO 最高允许含量/%	2.5	4	5
粒径极限/mm	3	1	0.5

另外，适当提高砖的烧成温度、延长焙烧时间，或在原料中加入 $0.2\%\sim0.5\%$NaCl 溶液也可放宽 CaO 最高允许含量。无论采取哪种方法，其根本目的是促进 CaO 与其他成分化合而消除危害。

⑤ MgO　一般要求含量不超过 1.5%。

MgO 多以 $MgCO_3$ 的形式存在，且往往与 $CaCO_3$ 共生成 $Ca\cdot Mg[CO_3]_2$，是烧结砖瓦的有害组分。$MgCO_3$ 在 590℃分解为 MgO，与 CaO 相比，MgO 水化反应速率更慢，体积膨胀更大，因此潜伏时间长，危害更大。MgO 含量过高，焙烧时易使制品变形，若吸收空气中水分，也会发生体积膨胀及泛霜现象，影响制品的稳定性。

⑥ SO_2　硫是烧结砖的有害组分，一般含量控制在 1% 以下为宜。煤矸石中的硫，有无机硫和有机硫两种赋存状态，且以无机硫为主，最常见的是黄铁矿。

影响砖质量的另一个因素是泛霜，砖出现泛霜的根源是矸石中含有 MgO 和 $MgSO_4$，泛霜是一种砖或砖砌体外部的直观现象。它分为砖块和砌体两种泛霜，砖块的泛霜是由于砖内含有可溶性硫酸盐，遇水潮解，随着砖体吸收水量的不断增加，可溶解度由大逐渐变小。当外部环境发生变化时，砖内水分向外部扩散，作为可溶性的硫酸盐，也随之向外移动，待水分消失后，可溶性的硫酸盐形成晶体，集聚在砖的表部呈白色，称为白霜，出现白霜的现象称为泛霜。煤矸石空心砖的白霜是以 $MgSO_4$ 为主，白霜不仅影响建筑物的美观，而且它会使砖体分层和松散，直接关系到建筑物的寿命。

综上所述，对用于生产烧结砖的煤矸石原料，其化学成分（即灰成分）应符合表 4-16 的指标。

表 4-16　用于烧结砖煤矸石原料的化学成分

SiO_2	Al_2O_3	Fe_2O_3	CaO	MgO	S
$50\%\sim70\%$	$10\%\sim30\%$	$2\%\sim8\%$	$<2.5\%$	$<1.5\%$	$<1\%$

（2）塑性指数

塑性指数是评价制砖原料的一项重要参数，在制砖行业，塑性是指黏土-水物质在它的最大稠度时能够被挤压成型并在解除压力后能保持成型后形状的一种能力。这种能力的大小以塑性指数来表示。高的塑性指数有利于挤出成型，但干燥和焙烧时容易产生裂纹；塑性指数偏低，虽有利于干燥和焙烧，但又会给成型带来困难。如果塑性指数低于 7，不仅挤出成型困难，制品的强度也较低，一般来说，塑性指数一般控制在 $7\sim17$ 之间。如果指数偏高，可适当掺加瘦化剂（如河砂等）；如指数偏低，则粒度要细，或掺入少量黏土来调整，有条件的可加热蒸汽或热水搅拌提高塑性。

对于低塑性的煤矸石原料可采取以下措施提高其塑性。a. 降低原料的粒度。在破碎后增加筛分工序，严格控制粉料的粒度。b. 适当增加原料的陈化时间。目前国内煤矸石空心砖厂的陈化时间基本上是按 3d 考虑的。应根据原料性质的不同，通过陈化实验来确定原料的最佳陈化时间，提高原料的可塑性。c. 有条件的地方可通过掺加一些肥黏土以采用热水或蒸汽搅拌来提高原料的可塑性。

（3）矸石粒度

矸石粉料中细颗粒比例增多，可提高成型性能和制品的抗压强度。但如果料磨得过细，耗电和耗钢量增加，干燥时易出现裂纹。制砖原料中粗粒过多，影响外观和砖的质量，使砖坯和制品易产生裂缝。因此，原料一般要求粒度控制在 3mm 以下，小于 0.5mm 的含量不低于 50％，当 CaO 含量小于 2％时，粒度大于 3mm 的含量应少于 3％；当 CaO 含量大于 2％时，粉料中最大粒度应小于 2mm。

从图 4-7 可以看出，当煤矸石颗粒比较大时，随着粒度减小，煤矸石原料塑性提高很快；但在颗粒细度达到 0.177mm 之后，再减小颗粒细度对塑性的提高效果渐趋不明显。而原料细度每提高一个等级，对于工业生产来说，破碎成本将大幅度提高，所以实际生产中煤矸石原料并不是越细越好。生产中煤矸石原料的细度应根据原料的性能特点（主要指塑性的高低、含钙量的高低以及其他有害物质的高低）、挤出机挤出压力的高低、生产产品的质量要求等具体情况来确定。

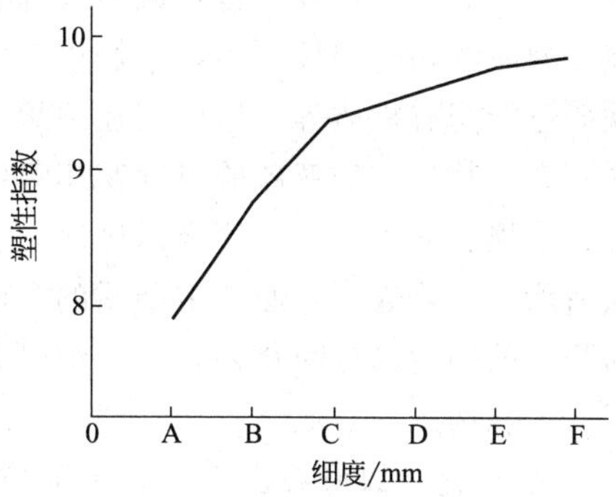

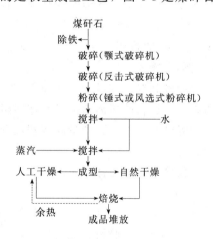

图 4-7　矸石破碎细度与塑性指数间的关系
矸石颗粒尺寸：A 组：0.42～0.50mm；
B 组：0.35～0.42mm；
C 组：0.25～0.35mm；D 组：0.177～0.25mm；
E 组：0.149～0.177mm；F 组：0.105～0.149mm

（4）发热量

全矸制内燃砖，一般每块砖的发热量控制在 950～1200kcal，并要保持稳定。若发热量低，则要加煤，以免欠烧。由于煤矸石性质不同，烟煤矸石的挥发分高，起火快，发热量要求可低些；无烟煤矸石的挥发分低，起火慢，发热量要求要高些。在全矸制超内燃砖时，余热要设法散失或加以利用，以防过火。

4.1.2.2　煤矸石制砖工艺

煤矸石的工艺过程和制黏土砖基本相同。主要包括原料制备、成型、干燥和焙烧等工艺过程。多数煤矸石制砖采用的是软塑成型工艺，图 4-8 是煤矸石制砖工艺原则流程。

图 4-8　煤矸石制砖工艺原则流程

（1）原料的制备

原料的制备工艺主要是把选择好的原料经过剔除杂质、均化、粉碎、困存和陈化、搅拌混合、蒸汽处理等工序制备成适宜成型的泥料。

① 净化　煤矸石在开采及运输过程中不可避免地会混入砂岩、石块、石灰石、铁物质、编织袋、草根、绳子、木块等杂物。砂岩、石块硬度高，难以破粉碎，极大地影响破碎设备、粉碎设备的使用寿命，影响其磨损程度，影响破粉碎效率，且降低原料的塑性；石灰石

213

是产生爆裂的主要原因，生产中必须减少石灰石的含量；铁物质如螺栓、螺母、铁钉、铁丝、铁块等对破粉碎设备及成型设备影响很大，必须剔除；黄铁矿（FeS_2）是干燥砖坯和烧成制品泛霜的间接原因，焙烧中爆裂则是块状、粒状黄铁矿造成的主要缺陷，坯体中的黄铁矿还能同有机质等一道形成还原黑心，黄铁矿的加热分解释放出二氧化硫、三氧化硫，气味刺鼻，其形成的亚硫酸腐蚀窑车等钢结构件以及厂房等，因此，必须将其尽量清除；编织袋、草根、绳子、木块等难以破碎，容易堵塞筛板、筛孔，影响成型坯体的外观质量，也必须清除。清除煤矸石原料中杂质的方法，除了将煤矸石在进行有用矿物回收（例如黄铁矿的回收）的同时进行净化外，我国煤矸石砖厂主要在煤矸石山处装车前、在板式给料机前后进行人工拣选。

② 均化　煤矸石由于其开采部位的不同、开采时间的不同，以及堆料的特殊性，造成其原料成分波动特别大。此外，物料具有离析现象。堆场中堆料是从料堆顶部沿着自然休止角滚落，较大的颗粒总是滚落到料堆底部两端，而细粒料则留在上半部，大小颗粒的成分不同引起料堆横断面上成分的波动。

原料成分的较大波动实际上就是原料的各种化学成分发生了较大变化，未经均化的原料，其化学组成的分布肯定是很不均匀的，这样就会影响烧成的质量。原料均化可以确保产品的质量均匀。在不增加原料的情况下，增加产量，降低成本；可以减小烧窑调整的难度；达到高热值矸石与低热值矸石的混合使用，不致造成高热值时排出大量余热，否则，在煤矸石热值较低的情况下为保证砖的烧成，需要掺煤或投煤，这就增加了生产操作环节，增加了生产成本。

原料均化是消除成分波动，满足生产工艺技术所规定的要求。对于煤矸石烧结砖生产线，其整个原料制备均化系统分为三个环节，即矸石山原料装车运输的合理搭配、原料的预均化堆场、粉碎加水后的陈化均化库。这三个环节对均化任务各尽其能，各有所长，必须要合理搭配。

③ 粉碎　原料的粉碎是矸石制砖的重要工序，是获得良好颗粒组成的关键，能使硬质物料"释放"出足够数量的自由黏土物质。

根据矸石的物理性质、最大粒度和要求的粒度、产量等参数选择粉碎工艺流程及设备。在煤矸石生产中，一般采用两级或三级粉碎机高速磨机和球磨机等。当煤矸石的含水量高于10％时，宜采用笼形粉碎机；当煤矸石中石灰石含量高或塑性低时，宜采用球磨机或风选式球磨机磨出部分细料作掺配用。

为保证粉碎物料的粒度均匀化要求，可在锤式破碎机后增加筛分工序，严格控制破碎后原料的粒度。

在破碎后增加筛分工序，可以带来以下好处。a. 可以增加原料的可塑性。在水的作用下，粒度越小，表面积越大，粉料外层的薄膜滑动能力越强，因而可以增加或改善成型时的可塑性。b. 可以提高坯体的致密性。粉料的粒度小，则料之间的空隙就小，提高了容重，进而增强了成品砖的抗冻性能。c. 加快反应速率。在焙烧过程中，坯体内的各种组分，因表面积大，其反应速率比粗料要快，同时可降低焙烧温度。d. 对有害物质起分散作用。矸石中的 CaO、MgO 含量超过一定的范围是有害的，若粒度过粗，会使砖发生爆裂。粒度小，矸石中的 CaO、MgO 吸收水分后，所生成的 $Ca(OH)_2$、$Mg(OH)_2$ 因体积膨胀而产生的应力就会愈小。因此，控制较小的粒度，可以对有害的杂质起分散作用。e. 可以提高砖的强度。粉料的粒度小，坯体的致密性好，砖体的抗压强度越高。

④ 困存和陈化　在制砖工艺过程中，困存的概念是指经粉碎的物料未经均匀化处理在料库中储存；陈化是指已经均匀化处理的物料在密封空间中有压力作用下储存。

制砖原料的陈化对成品砖的质量、生产工艺的稳定具有相当大的意义。原料的陈化除了能保证生产过程可靠地、顺利地进行，需要原料不间断地、不受干扰地供应，并使原料有所储备，进而均衡受气候影响而发生的采掘量的波动和均衡各供需生产制度不同的波动外，原料的陈化还是整个制备系统的组成部分。

原料经过陈化，可以达到以下目的。a. 原料均匀地被水润湿。陈化提供了加入原料中的拌和水进入紧密团聚在一起的粒团间隙，所需的足够的扩散时间。b. 原料疏解，就是使所有塑性组分都得以膨胀，使团聚紧密的原料团粒疏松。使原料充分疏解是减小成型、干燥和焙烧过程中的应力，消除各种缺陷的前提。c. 生物化学作用过程有助于原料的疏解和塑化。大多数煤矸石都含有有机物质（例如生物残余物等）。它们在陈化过程中形成有机胶体物质，能增加原料的塑性。陈化过程中产生的物质有机酸类等也可起到塑化料作用，缩短了要储存的时间。通常，陈化使泥料颗粒细化、可塑性提高，坯体和产品强度增加，尤其显著的是改善成型性能、提高坯体在干燥过程中的抗裂性能。d. 对原料可以实行批量混合。制品形状越复杂、空心砖壁厚越薄，质量要求越高，泥料必须越均匀，陈化使组成成分和含水率都得到均匀化。总之，陈化使物料被水均匀润湿、泥料疏解，进行化学、生物化学的作用；对原料实行批量混合，保证了生产的均衡性和连续性。通常，困存和陈化的结果，能使颗粒细化，促进组分和含水率均匀化，使塑性指数、湿坯抗压强度、干抗弯强度、抗剪强度等有明显提高。

陈化参数主要有陈化时间、陈化水分和陈化温度。

煤矸石原料经一定时间的陈化后，一般都能改善其成型性能和烧结性能，提高产品的质量，最明显的是原料塑性的提高，特别是在陈化的初期效果比较明显，一般陈化时间为 3d，原料塑性就可得到较大的提高，再延长陈化时间，其性能的改善渐趋不明显，且导致陈化库增大，投资增加，生产运行成本提高（主要是胶带输送机装机功率的提高），对于硬塑挤出，由于要求成型含水量小，陈化时间可以稍长些，在冬天，由于室温低，可以适当延长陈化时间。

煤矸石原料陈化的效果与原料加入的水量有很大的关系，加入过多，超过了成型的原料含水量，生产中将难以调整；加入过少则原料不能被水充分润湿，原料不能充分疏解，陈化效果就差。一般来讲，陈化水分应稍小于成型水分或与成型水分相同，生产中既容易调节，又能达到预期的陈化效果。

陈化温度的提高可以使原料均化程度提高，使离子的扩散速度加快，促使原料中的有机物质尽快形成有机胶体物质，而增加原料的塑性，缩短陈化时间。一般陈化温度在夏天可以达到 35～40℃（温度太高则不利于工人的操作，厂房必须采取适当的保温措施），在冬天，陈化温度也应在 20℃以上，以保证原料的陈化效果（除厂房采取保温措施外，北方地区，还必须增加采暖设施）[2]。

⑤ 搅拌混合　煤矸石制砖要严格控制水分。水分低，可塑性差，泥条易裂；水分过高，坯体强度低，易造成压印和变形。通常煤矸石含水率不高，需在搅拌过程中加水，以便获得较好的塑性成型含水率。含水率要求严格控制在 16%～20% 之间。为了使水分分布均匀，常采用二次搅拌，在用人工干燥和一次码烧工艺时，最好采用热水搅拌，热挤出成型。

搅拌机的种类很多，常用的是双轴搅拌机。图 4-9 是带过滤网的双轴搅拌机。

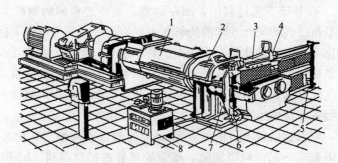

图 4-9　带过滤网的双轴搅拌机

1—搅拌机泥缸；2—机头；3—过滤网；4，6—移动过滤网的油缸；5，7—机架；8—液压装置

⑥ 蒸汽处理　在制备过程中，向给料机、陈化器或搅拌机中通入蒸汽处理泥料，称蒸汽处理。其主要功能有：减少拌和水量，提高泥料均匀化程度和泥条的稳定性，降低成型机动力消耗或提高螺旋挤泥机的生产能力，减少成型机的磨损，节省干燥时间和能量，促使物料充分疏解，改善坯体性能。

（2）成型工艺

煤矸石砖坯的成型方法可分为塑性成型、半干法成型和硬成型。通常采用塑性成型，它主要是利用螺旋挤泥机，使无定型的松散泥料，经挤压成为致密的具有一定断面形状的泥条，经切割成坯体来实现。目前我国挤出式制砖机型号有 150、450、601 型等，其中以 150 型成型机应用最多，矸石砖成型以加强型 150 挤泥机为佳。

螺旋挤泥机的构造如图 4-10 所示。其工作原理是将制备好的泥料加入受料斗，由于打泥板或压辊的作用，使泥料进入泥缸中，被旋转着的螺旋绞刀推动前进，并受绞刀的压力作用和稍许拌和，使泥料通过机头时被挤压实，由机口挤出成为符合规定尺寸和形状的连续矩形泥条。泥条由专门设备切割成一定长度，最后由切割机切成单块坯体。例如一台 ZH150 型砖机，动力为 75kW，产量为 54～74 块·min^{-1}。

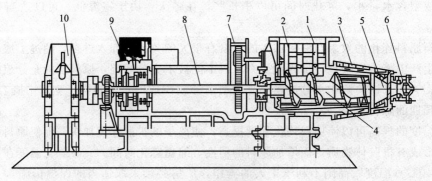

图 4-10　螺旋挤泥机

1—受料斗；2—打泥板；3—泥缸；4—绞刀；5—机头；6—机口；7—传动齿轮；8—主轴；9—轴承；10—减速箱

（3）砖坯干燥

砖坯的干燥有自然干燥及人工干燥两种方法。自然干燥所需的时间长，占地面积大，正规的矸石砖厂逐步推广人工干燥，即在干燥室内用热气体干燥砖坯。

煤矸石制砖因物料中粗粒多，尘粒少，成型含水量一般偏低，干燥性能良好，敏感性小，干燥收缩率在 2%～3% 之间，干燥周期短。因此对干燥条件的要求没有黏土砖严格，但干燥后，坯体残余含水率不得高于 7%。

人工干燥一般在隧道式干燥室中进行。如峰峰矿务局工程处的干燥室，长 75m，宽 1m，高 1.08m。铸铁干燥车 850mm×1500mm，每条干燥室容纳干燥车 48 台，每台码砖坯 255 块，日产 6 万块左右。送入热风温度 98～112℃，出口平均温度 40～50℃，干燥后残余水分为 7% 以内。干燥室热源来自窑炉烟气和预蒸空气。

许多矸砖厂采用一次码烧工艺，其特点是将湿坯码上窑车干燥和焙烧在一条隧道窑内进行，也就是隧道窑中有一段干燥带。根据北京豆店等砖厂经验，在干燥带和焙烧带之间设置中闸门，用风机抽取烟气，余热供干燥坯体，效果良好。

（4）焙烧工艺

焙烧是矸石制砖的最后工序，也是决定制品质量的关键环节。焙烧中，矸石物料各种组分在高温作用下发生物理的、化学的及矿物学的复杂变化，最后烧成坚硬高强度的制品。

由高岭石、伊利石、蒙脱石、云母类等矿物组成的矸石料，在高温下发生相反应，晶体变化，生成新相，转变成矸砖。研究发现，在低石灰石含量的黏土岩矸石烧成制品中通常含有石英、方解石、赤铁矿、白榴石、尖晶石等矿物和无定形物质，有时含有莫来石。

① 焙烧过程　坯体在焙烧过程中，随着温度升高，由坯烧成砖，大体可分为几个阶段。

1）干燥及预热阶段（20～400℃）。在这个阶段主要脱除结晶水以外的各种水分。工艺上要注意过分干燥的砖坯进入潮湿气氛的干燥带再度吸湿，导致制品发生面层网裂；还应避免坯体脱水过快，严重时会引起坯体爆裂。

2）加热阶段（400～900℃）。在 400～700℃ 温度范围内将脱去大部分结晶水。大量研究表明，在加热到 450～600℃ 时，黏土岩坯体发生强烈膨胀，易生成从内部边缘发展的裂纹。由于大约在 575℃ β-石英突然相变为 α-石英，要产生体积突然膨胀，在这个阶段，坯体内可燃质剧烈燃烧，黄铁矿急剧分解，都能使坯体产生裂纹。如果可燃组分燃烧产生的气态产物致密表面阻止不能排出时，易使砖表面起泡。当温度略低于 900℃ 时，石灰石分解，如果坯体中石灰石颗粒较粗，高温分解后留在砖体内的氧化钙颗粒也较大，当出窑砖受湿空气作用时，氧化钙消解，体积膨胀几倍。其压力足以使砖碎裂。因此，要尽量在原料制备中消除隐患，在焙烧时控制加热速率，减少制品缺陷产生。

在加热阶段产生的另一种现象是还原性黑心的形成。当加热内燃砖坯时，表面温度较内部高，表层吸热反应 $CO_2 + C \longrightarrow 2CO$ 向右进行。CO 从表面向内部扩散，在坯体内部放热反应 $2CO \longrightarrow CO_2 + C$ 向右进行，CO_2 向表面扩散，碳则在坯体内部沉淀；当加热速度较快时，坯体内部分剩余碳来不及燃烧，亦还原成碳；此外高价红色 Fe_2O_3 被还原成黑褐色 Fe_3O_4。由于上述原因形成了还原性黑心，可能降低砖的抗冻性能。

3）烧成阶段（900℃ 至最高温度段末端）。在烧成阶段中，除在低温下就已经开始的固相反应继续进行外，还发生颗粒的熔融、烧结以及新结晶相的生成等高温变化过程，同时，产品颜色生成，强度增长。

在烧成阶段中，生成的新结晶相主要是钙铝硅酸盐。除了高温液相发展，新结晶产生外，坯体中微孔体积减少，熔融液相流入颗粒缝隙中，使颗粒彼此靠近，坯体体积收缩，最终得到致密的砖。一般矸石砖的焙烧温度不能低于 900℃，不高于 1100℃，保温时间不少于 15～18h。

4）冷却阶段（由最高温度下降起始）。从烧成阶段的末端直到约 600℃，坯体冷却很快。在此阶段中，砖尚处于准塑性状态，冷却时坯体内部产生温差，表面收缩快，内部缓慢收缩，当表层拉应力超过弹性膨胀能力时就产生裂纹。因此要控制冷却速度 400℃以下，制砖原料很少表现出对快速降温的敏感性。

② 焙烧窑　焙烧窑分为间歇式和连续式两类。连续焙烧窑主要有轮窑和隧道窑两种。有条件的地方应采用比较先进的隧道窑烧砖。该窑的主要优点是装卸产品便于实现机械化；装窑和出窑在窑外进行，因而改善了工人的劳动条件，减轻了劳动强度；隧道窑的烧成带固定，因此单位产品的热量消耗较低，但投资较大，耗用钢材较多。

1) 隧道窑的焙烧原理。隧道窑是一个长的隧道，两侧有固定的窑墙，上面有窑顶，沿着窑内轨道移动的窑车构成窑底，窑车上装有被烧的制品。在隧道中部设有固定的焙烧带，被烧制品从一端进入，另一端卸出。热烟气与窑车相对移动，由窑车的出口端进入冷空气，冷却烧成制品，被加热了的空气用于焙烧带燃烧；燃料产生的烟气流经预热带预热砖坯，而后从窑头的两侧墙内所设的排烟孔流经烟道与烟囱或排烟机排入大气中。整个隧道窑按其长度方向的温度分布不同可区分为预热带、焙烧带、保温带和冷却带。

2) 隧道窑的结构。隧道窑又可分为一次码烧和二次码烧隧道窑。一次码烧隧道窑即砖坯的干燥和焙烧可同时在一条窑中完成。一般窑长不宜短于 110m，二次码烧窑则砖坯的干燥和焙烧分开进行，一般窑不宜短于 90m。例如焦作矿务局的小断面一次码烧全自然煤矸石砖隧道窑（图 4-11）。该窑长×宽×高为 108m×1.48m×1.40m，有效断面 1.98m²，轨道坡度 4‰，轨距 600mm；码高 11 层，每立方米 279 块。全长 108m 中，排潮带 26m，焙烧带 48m，保温带 10m，冷却带 10m。焙烧周期 36h 左右，隧道窑为全负压集中通风，窑头设总风机一台，抽取窑室及排潮带烟道的气体；另一台导热风机，从焙烧带两侧烟道抽出高温气体，跨越预热带；从拱顶送入排潮湿带加快坯体干燥。排潮方法采用顶送风，侧排潮。窑的出口为进风口，不设窑门；窑进口设窑门、烟道，总风道分别设有板式闸门调节风量。该窑在保温带设余热锅炉 1 台。

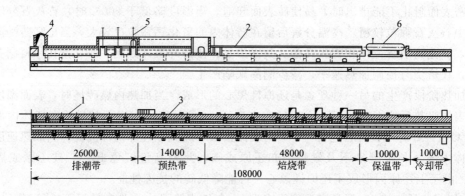

图 4-11　小断面一次码烧隧道窑

1—窑侧墙；2—窑顶；3—轨道；4—烟道；5—调节闸；6—余热锅炉

4.1.2.3　煤矸石砖的质量

对煤矸石砖质量通常用采用下述指标进行检查和评价。

（1）强度

要求矸石砖的标号不应低于 100，即五块平均抗压强度不低于 10.0MPa，最小值不小于 75MPa；五块平均抗折强度不小于 22MPa，最小值不小于 11MPa。多年来我国生产实践表明，煤矸石砖一般都能达到这个要求。

（2）抗冻性

矸石砖经过±15℃，冻融 15 次，每次冻融各 4h，质量损失在 2％以内，强度损失不大于 25％，为合格品。四川永荣矿务局测定表明，矸砖抗冻性符合规范要求，而且比黏土砖好，测定结果可见表 4-17。

表 4-17　抗冻性试验结果

试件名称	冻后质量损失/％	冻前冻后抗压强度及损失			冻前冻后抗折强度及损失		
矸石砖	0.113	259.0kgf·cm^{-2}	296.5kgf·cm^{-2}	+14.5％	41.0kgf·cm^{-2}	65.2kgf·cm^{-2}	+59.0％
黏土砖	3.100	234.6kgf·cm^{-2}	134.5kgf·cm^{-2}	−42.7％	39.9kgf·cm^{-2}	20.5kgf·cm^{-2}	−48.6％

注：1kgf·cm^{-2}=98.0665kPa。

（3）吸水率

黏土砖吸水率要求应不大于 16％，应不小于 8％，而煤矸石砖吸水性能偏低，如广东石鼓矿务局矸砖吸水率为 14％，永荣曾家山煤矿矸石砖吸水率为 7.6％。

（4）耐酸碱性能

规范要求，在试验中把试件用 15％的酸、碱溶液处理后分别置于 33％的酸和碱溶液中浸泡，30d 后进行强度检定。永荣矿务局试验结果表明，矸砖的耐酸耐碱性能极好，黏土砖在 15d 时就出现崩裂和溶解现象。

除以上四项性能指标外，砖的外观特征也是重要的。一般要检查砖的弯曲程度，有无缺棱、掉角、裂纹等。此外，对煤矸石的导热、保温及吸声性能也可以进行检定。一般矸砖的热导率较大，保温性和吸声性能不如黏土砖。

4.1.3　煤矸石陶粒

陶粒一般作轻混凝土的骨料，所以也称轻骨料（轻集料）。轻骨料可分为天然和人造两类。通常人造轻骨料是以黏土、页岩、煤矸石、粉煤灰、沸渣等作原料，经加工后焙烧，使其膨胀和多孔化后制成。作为一种新型轻质、保温、高强的人造混凝土轻骨料，陶粒是我国重点发展的一种新型墙体材料。轻骨料具有容量小、强度高、热导率低、耐高温、化学稳定性好等优点。采用轻骨料制成的混凝土，可用于建造大跨度桥梁和高层建筑。

目前，我国生产的陶粒大多是黏土陶粒，而适合生产市场需求量大、性能好的超轻陶粒的原料是有机质含量高、更适合耕种的肥沃黏土。虽然与红砖相比，生产黏土陶粒可以减少耕地的毁坏，但随着市场对陶粒需求的不断扩大，生产黏土陶粒而毁坏耕地的问题将日益突出[3]。有的煤矸石在高温焙烧时具有发气膨胀特性，是生产轻骨料的理想原料之一。以煤矸石代替黏土生产陶粒，既可以处理工业固体废物，同时也可减少黏土消耗、保护农田和宝贵的土地资源。

矸石陶粒的生产工艺类似黏土陶粒，可单独或与其他原料配合，经磨细、配料、搅拌、成球、干燥和焙烧（1100～1300℃）而形成表皮坚硬、内部呈微细膨胀气孔的人造轻骨料。

4.1.3.1　矸石陶粒形成的基本原理

（1）陶粒膨化的机理

陶粒（包括黏土陶粒、页岩陶粒和粉煤灰陶粒）的生产，其焙烧方法主要有烧胀型和烧结型两种。烧结型主要是粉煤灰陶粒，用此法烧出的陶粒容重偏大。要生产轻质和超轻陶粒，一般都用烧胀法。

陶粒经焙烧而引起膨胀，应同时具备以下两个条件：在高温下形成具有一定黏度的熔融物，即在一定应力下会产生变形；当物料达到一定黏稠状态时，产生足够的气体。陶粒在高温下的热膨胀，是固相、液相、气相三相动态平衡的结果，只有同时具备上述两个条件才可能获得膨胀良好的均质多孔性陶粒。

矸石陶粒的形成机理和黏土陶粒基本相同。在焙烧时主要产生两种物理化学变化过程：a. 矸石在高温作用下，类似矸石砖焙烧一样，矸石各种成分发生相互反应；矸石软化、熔融、具有一定的黏度，在外力作用下可以流动变形；b. 矸石在高温作用下，产生足够的气体，在气体压力作用下，使具有一定黏度的软化熔融矸石发生膨胀，形成多孔结构。

陶粒原料中 SiO_2、Al_2O_3 含量越高，要达到一定黏度，越需要较高的温度，而 CaO、MgO、FeO、Fe_2O_3、K_2O、Na_2O、B_2O_3 等是助熔剂，含量高，黏度下降，即要达到一定黏度，需要的温度也低。各种助熔剂的助熔效果各有不同，CaO、MgO、Fe_2O_3 低温助熔效果不佳，而在高温下，温度稍有提高，熔液量就急剧增加；K_2O、Na_2O、B_2O_3 属于强助熔剂。为改善陶粒膨化过程中工艺上的可操作性，要求陶粒在高温下黏度-温度变化梯度不能过大，即在允许的黏度范围内，温度区间要宽。适当增加 Al_2O_3、MgO 的含量，相应减少 CaO、K_2O、Na_2O、B_2O_3 含量，对减少黏度-温度变化梯度是有利的。

陶粒原料中，加热能产生气体的因素有很多，如有机物、碳酸盐、硫化物、铁化物和某些矿物的结晶水等。这几种物质在不同温度下产生气体的剧烈程度也各有不同，因此，在不同温度范围内，气体是由哪一种或几种物质产生的，也不是固定的。

产生气体的反应如下。

① 在 400～800℃，有机物析出其挥发物和干馏产物，而在快速升温或缺氧条件下，有机物要完全氧化，温度要接近其软化温度。

$$C + O_2 \longrightarrow CO_2 \uparrow$$
$$2C + O_2 \longrightarrow 2CO \uparrow （缺氧条件下）$$
$$CO_2 + C \longrightarrow 2CO \uparrow （缺氧条件下）$$

② 碳酸盐分解

$$CaCO_3 \xrightarrow{850\sim950℃} CaO + CO_2 \uparrow$$
$$MgCO_3 \xrightarrow{400\sim500℃} MgO + CO_2 \uparrow$$

③ 硫化物的分解和氧化

$$FeS_2（黄铁矿）\xrightarrow{近900℃} FeS + S$$
$$S + O_2 \longrightarrow SO_2 \uparrow$$
$$4FeS_2 + 11O_2 \xrightarrow{(1000\pm50)℃} 2Fe_2O_3 + 8SO_2 \uparrow （氧化气氛下）$$
$$2FeS + 3O_2 \longrightarrow 2FeO + 2SO_2 \uparrow$$

④ 氧化铁的分解与还原

$$2Fe_2O_3 + C \longrightarrow 4FeO + CO_2 \uparrow$$
$$2Fe_2O_3 + 3C \longrightarrow 4Fe + 3CO_2 \uparrow$$
$$Fe_2O_3 + C \longrightarrow 2FeO + CO \uparrow$$
$$Fe_2O_3 + 3C \longrightarrow 2Fe + 3CO \uparrow$$

上述反应在 1000～1300℃ 之间进行。在高温作用下，陶粒原料中有机质（包括碳粒）和铁的氧化-还原反应所产生的气体，是促使具有一定黏度的陶粒膨胀的主要原因。

⑤ 石膏的分解及硅酸二钙的生成

$$2CaSO_4 \xrightarrow{1100℃左右} 2CaO + 2SO_2 \uparrow + O_2 \uparrow$$

$$2CaCO_3 + SiO_2 \xrightarrow{1100℃左右} Ca_2SiO_4 + 2CO_2 \uparrow$$

⑥ 火成岩含水矿物高温下析出结晶水蒸气 综上所述，陶粒的高温膨胀，是多种反应、多种因素共同作用的结果，陶粒原料化学成分、矿物组成的不同，以及生产工艺条件和参数的差异，都会对陶粒的膨化效果产生很大影响。

（2）煤矸石陶粒的膨化特点

与黏土陶粒、页岩陶粒相比，煤矸石陶粒的膨化既有相同之处，又有很大差别。因此，如果完全照搬普通陶粒生产工艺，难以生产出轻质煤矸石陶粒，其根本原因就在于煤矸石中含有较多的煤（或碳）。普通陶粒从入窑到出窑，一般在 25～40min，在这样短的时间内，煤矸石陶粒内部的碳难以完全除尽，残留的碳非常难熔，致使陶粒内部黏度过大，表面因碳氧化而残碳少，黏度较小，只在熔化好的表面薄层中产生少量气孔，内部密实、黑心、无气孔。如提高温度，使内部黏度降低，则表面过度熔化，容易黏结成大块，甚至黏附于窑内壁，形成"结圈"。为解决上述问题，煤矸石陶粒在焙烧过程中，加入了独有的"除碳"工序。

碳的燃烧是从 600～950℃，温度越高，氧过剩系数越大，除碳越迅速。但在陶粒膨化过程中，碳又不能完全除尽，还需要碳在预定温度下，陶粒熔融达一定黏度时，产生足够的气体。此外，陶粒中都含有一定数量的铁，在还原气氛下，还原成 FeO，其助熔效果明显好于 Fe_2O_3 或 Fe_3O_4。在高温下，由于陶粒内部残碳作用，其表面是氧化气氛，内部形成一定的还原气氛。在气氛的作用下，陶粒表面 Fe_2O_3 多，内部 FeO 多，造成表面黏度稍大，内部黏度稍小，有利于陶粒的膨化，降低陶粒的焙烧温度，又可减少实际生产中结块、粘窑现象。

以下 3 个因素影响除碳效果：a. 除碳温度，温度越高，除碳越迅速；b. 氧过剩系数，氧过剩系数越大，除碳越快；c. 除碳时间，时间越长，除碳越彻底。除此以外，陶粒内外残碳差异不能过大，均匀除碳有利于膨化出容重更轻、微孔结构均匀的陶粒。

4.1.3.2 生产陶粒煤矸石原料的选择

在焙烧过程中，当物料为固相时，孔隙中的气体和化学反应生成的气体外逸概率高，在体内难以形成大量气泡；温度升高到一定值，液相不断增加，阻碍气体外逸，形成许多小气泡；温度继续升高，液相增多，流动性增大，黏度降低。小气泡内气压大于液相表面张力，气泡涨大，使整个体积膨胀；当气体压力再增大时，气泡可能产生破裂和合并。因此，要控制在膨胀温度范围内产生的气体压力小于气泡壁的破裂强度，最终形成多孔结构。所以，要获得合格的轻骨料，关键在于选择合适的原料，即在焙烧时能产生相当多的气体，能产生具有一定黏度的熔融体；同时要确定适宜的生产工艺和控制焙烧温度等。

（1）原料成分的要求

化学成分满足由 SiO_2、Al_2O_3 和助熔剂（CaO、MgO、FeO、Fe_2O_3、K_2O、Na_2O）

组成的三角相图核心区要求的原料（见图 4-12），就具有良好的膨胀性，经粉磨、成球、加热都可以膨胀。

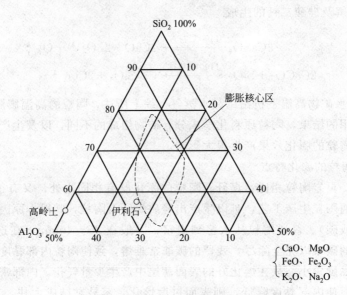

图 4-12　膨胀性良好原料的化学组成

具体地，用于制备陶粒的煤矸石在组成上一般需符合以下要求。

矸石中 SiO_2 和 Al_2O_3 是难熔成分，RO（CaO、MgO）、R_2O（K_2O、Na_2O）和 Fe_2O_3 为易熔成分，要求其含量比值：

$$\frac{[SiO_2]+[Al_2O_3]}{[Fe_2O_3]+[RO]+[R_2O]}=3.5\sim10$$

这个值＜3.5 的原料膨胀发泡性变坏，可能是因为熔融体黏度太小；此值＞10 的原料，不易熔融，烧成温度要高，不经济。

煤矸石中 SiO_2 含量以 55％～65％为宜。含量过高，膨胀性降低，＞75％时几乎不膨胀。煤矸石中 Al_2O_3 含量高，陶粒强度较高，但含量＞25％时，烧胀温度要高。CaO 和 MgO 起强烈助熔作用，对液相起稀释作用。但含量过高，缩小了软化温度范围，使发泡性能降低，一般含量不得超过 6％～8％。K_2O 和 Na_2O 是易熔成分，助熔作用超过 RO，在高温下，与矸石中其他成分生成熔点低得多的共晶混合体，促使大量液相产生，使黏土类矿物得到必要的黏度，因此要求 R_2O 含量＞1.5％～3.0％，以 2.5％～5％为最佳。

Fe_2O_3 和有机质（C）含量是陶粒生产的关键成分。主要作用有：Fe_2O_3 在还原时生 FeO，能降低熔融温度和黏度；在还原时生成 CO_2 是膨胀的主要因素；有机碳在高温下烧失，亦是发气剂，有利于膨胀，同时碳还是 Fe_2O_3 的还原剂。但碳含量过高，矸石的可焙性降低，降低产品质量。因此，要求 Fe_2O_3 与有机碳含量要有一定比例，Fe_2O_3 含量控制在 4％～10％，以 5％～10％为佳。有机质碳含量以 2％～5％为宜。Fe_2O_3 不足时，可添加矿渣等调整，有机质中含碳量过高时要进行脱碳。

（2）原料高温性能的要求

烧炸率要小。烧炸率指的是料球或料块从常温突然进入高温时，炸裂颗数占试样原始颗粒的百分数。

膨胀率。膨胀率指的是在适宜的焙烧制度下，烧胀后的体积和未烧前体积之比。用于陶粒生产的煤矸石，一般要求其膨胀率>2。

膨胀温度范围，即物料开始膨胀到膨胀结束之间的温度范围。在焙烧中，温度和时间是相互依赖的，在膨胀温度范围内，温度越高，则焙烧时间越短，但温度过高，因黏度太小，气体外逸，反而使膨胀率降低，同时可能产生结窑现象。因此，要求在膨胀温度范围内，快速烧用为宜。例如北京页岩陶粒的焙烧温度为 1100~1200℃，而焙烧时间仅 6min 左右。

软化温度范围。要求有较宽的温度范围为宜，越宽越易烧成，操作也方便。

4.1.3.3　矸石陶粒生产工艺

（1）煤矸石陶粒生产工艺的构成

煤矸石陶粒的生产工艺包括原材料加工、制粒和热加工等工序。煤矸石陶粒的制粒工艺分为干法和粉磨成球法两种。

干法工艺就是将采集的原料经二级或三级破碎，筛分成所需粒级（5~10mm 或 10~20mm）的原料块即可。这种工艺简单、投资少，但只适合质量非常均匀的硬质原料，不能用掺入外加剂的方法来调整原料性质。

粉磨成球法适于原材料质量不均匀、膨胀性较差的原料，其原料加工和制粒工序包括粗碎、烘干、粉磨和成球，该工艺复杂，一次投资大，但其最大优点是可以根据设计要求，掺入外加剂调节化学成分，从而制成粒型、级配优良的陶粒。

陶粒的热加工工艺一般包括烘干、预热和焙烧、冷却三个工序。在 200℃ 以下应缓慢加热，防止爆裂，保证料球的完整性；生料球的膨胀性主要取决于 200~600℃ 预热段的加热速度。加热速度越快，物料膨胀得越好；随着温度提高，物料的软化在膨胀带（温度 1100~1200℃）内完成，这时内部气体逸出，形成压力，促使料球膨胀。预热和焙烧是陶粒烧成最重要的工序，但冷却工艺对陶粒质量也有很大影响。公认的合理冷却制度是，焙烧的陶粒在温度最高的膨胀带迅速冷却至 1000~700℃，而在 700~400℃ 应缓慢冷却，避免结晶和固化产生大的应力，400℃ 又可快速冷却。

根据煤矸石陶粒生产的主要烧结设备，其生产工艺主要有回转窑工艺、烧结机工艺和喷射炉工艺。下面以煤矸石陶粒生产的实际工艺为例，介绍常用的回转窑工艺和烧结机工艺。

（2）回转窑生产工艺

选用化学成分和含碳量较合适的煤矸石，经均化、破碎、粉磨后，导入中间储仓，仓底配料时配加少量外加剂（粉状、膨胀性能好的煤矸石也可不配加外加剂），经预湿、搅拌后布入制粒机（圆盘成球机或挤出制粒机等）。生料球直接导入双筒回转窑干燥、预热、焙烧，窑头卸出圆球形状、表面玻陶体较好的陶粒。某些国家也曾采用三筒回转窑（比利时）、四筒回转窑（法国）。但各国都已相继改用丹麦 F.L.S（史密斯）公司开发的节能型窑内制粒双筒回转窑。回转窑法的主要优点是产品质量好，陶粒内气孔大小差别较小、分布均匀。通过调整配方和焙烧温度、时间，可生产超轻陶粒（堆积密度≤500kg·m^{-3}，吸水率≤12%），也可生产普通陶粒（500~700kg·m^{-3}，吸水率≤8%）和高强陶粒（700~900kg·m^{-3}，吸水率≤5%）。其主要缺点是生产热耗和电耗相对较高（分别比烧结机法高 50% 和 30% 左右）。生产成本比烧结机法高 20%~30%，但因性能优势和适应市场需求能力强，回转窑法已逐步成为生产煤矸石陶粒的主流生产方法。

比利时的洛时利斯轻骨料厂利用选煤厂排出的 18~20mm 碳页岩矸石作原料，其矿物和化学组成可见表 4-18。

表 4-18　碳质页岩选矸的矿物和化学组成

矿物成分/%		化学成分/%	
石英	20～25	SiO_2	55～60
伊利水云母、钠长石	60～65	Al_2O_3	22～26
		Fe_2O_3	5～12
菱铁矿	5～11	CaO	0.5～1
碳(可燃)	3～6.5	MgO	1.3～1.8
		K_2O	4～4.5
		Na_2O	0.8～0.9

　　比利时的洛时利斯轻骨料厂的生产工艺流程如图 4-13 所示。原料和添加料混合破碎到 40mm 以下；在轮碾机中进行干燥粉碎，控制大于 $200\mu m$ 颗粒含量不超过 $12\%\sim15\%$；热源来自冷却装置换出的热。粉碎料进入两个 300t 的仓中在螺旋给料机上增湿，使配料水分达 15%，入挤切机切成每段长 6mm 的颗粒，然后进入回转窑。窑分成干燥带、脱碳带、焙烧带和冷却带，每带均有自己的坡度和旋转速度。脱碳带的出口必要时送入空气，使剩余碳燃烧；在焙烧带头部设有粉料级给入装置，使粉状料将陶粒包围，以免在焙化时发生黏结；焙烧带平均温度为 1160℃。该窑的额定生产能力为 $500t \cdot d^{-1}$。生产出来的轻骨料容重为 $650kg \cdot m^{-3}$ 和 $450kg \cdot m^{-3}$，气孔率为 56% 和 68%。

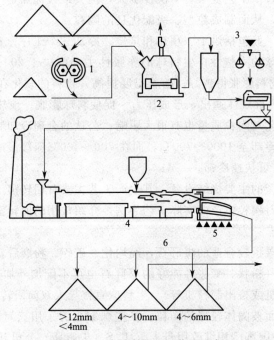

图 4-13　洛时利斯工厂装置示意

1—配料和破碎；2—干燥和细磨；3—加水和挤压；4—煅烧；5—冷却；6—筛分、储藏和发货

（3）烧结机生产工艺

　　选用合格的煤矸石，经均化处理、破碎、筛分后，直接布入烧结机点火、焙烧，烧出的产品是多孔型烧结块料，经破碎、筛分后，分为不同粒级的烧结多孔型陶粒。烧结机法的主要优点是对煤矸石的要求相对较低，热耗和生产成本也低于回转法。其主要缺点是多孔型烧结块内的气孔大小相差很大、分布不均，经破碎后陶粒的表面无玻陶体，开口气孔率高。导致吸水率高达 $30\%\sim40\%$，远高于多数国家标准。配制的混凝土流动性相对较差，配加的水泥相对较多。由于该法生产的陶粒及其混凝土的性能不足。难以适应市场需求，20 世纪

80 年代起，多数国家的烧结机法煤矸石陶粒生产线逐步停产、关闭。

波兰和匈牙利联合经营的哈尔德克斯米哈乌轻骨料厂生产工艺可见图 4-14。

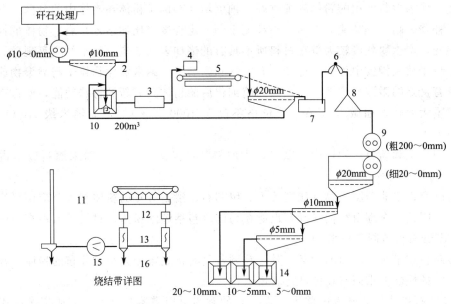

图 4-14　米哈乌骨料厂生产工艺流程

1—PRALL 型破碎机；2—筛子；3—滚筒团粒机；4—燃烧炉；5—烧结带；6—电抓斗；7—烧结物坑；8—堆放冷却；
9—破碎机；10—料仓；11—低压室；12—扩散室；13—静电除尘；14—骨料仓；15—抽风机；16—收集碳化合物

4.1.3.4　煤矸石轻骨料的质量标准

煤矸石制备陶粒等轻骨料不仅可以消除污染，还有很大的经济效益与社会效益。然而，由于各地排出矸石的含碳量、发热量及自燃程度不同，影响了自燃煤矸石轻集料的物理力学性能和有害物质含量，因此势必影响到自燃煤矸石轻集料混凝土的性能。所以有一个适合于配制混凝土、钢筋并保证其安全性，同时又能指导自燃煤矸石轻集料生产的标准是十分必要的。

GB/T 17431.1—2010《轻集料及其试验方法　第 1 部分：轻集料》代替了原有标准 GB/T 17431.1—1998，是生产煤矸石陶粒的国家标准。

4.1.4　其他

4.1.4.1　煤矸石生产粉体材料

用煤矸石生产功能性粉体填料是煤矸石高值利用的途径之一，它能充分发挥煤矸石组成元素的特性。煤矸石经过粉碎之后，在粉体表面引入增强、耐磨、阻燃和导电等功能性基因，这种粉体能作为高级功能性填料应用于橡胶、塑料等许多材料之中，赋予材料独特的物理化学性能。

利用煤矸石生产粉体材料具有技术含量高、附加值高的特点，弥补了目前普遍采用的几种煤矸石综合利用途径经济效益不显著的不足。这种工艺几乎能完全利用煤矸石成分，而且消耗煤矸石量较大，因此应用前景十分广阔[4]。

（1）粉体及超细粉体的性质

煤矸石粉体的应用与粉体的性质密不可分。粉体是重要的工业原料，它包括金属、非金属、高聚物等多种颗粒材料。很多材料都要通过粉体材料的使用才能得到性能优良的产品，比如橡胶制品中有了炭黑才能表现出较高的力学强度和耐磨性。

粉体物料最重要的质量指标之一，是它的粒度。它决定了粉体的比表面积、吸附性能以及在液相介质中的分散性等等。超细粉体泛指粒径在 $1\sim100nm$ 范围内的粉末（零维材料）。一般来说，作为填料使用的粉体越细越好，细度增加有助于粉体在本体中的分散，并充分发挥增量、补强、耐磨等功能。然而，当粒度小到一定程度（比如纳米）后，粉体的性质还会有一些突变，产生块状或较大颗粒材料所不具有的诸如表面效应、量子效应等现象。比如纳米 Al_2O_3 粒子放入橡胶中可提高橡胶的介电性和耐磨性，纳米氧化物粒子与高聚物或其他材料复合具有良好的微波吸收性等。正因为超细化后的粉体具有新的特殊功能，使得产品价格也发生了重大变化，如微米级 Al_2O_3 价格不高于 1000 元 $\cdot t^{-1}$，而纳米级 Al_2O_3 则高达 20 万元 $\cdot t^{-1}$。

在精细化工和新材料领域中，以粉末为原料的产品约占 50%，粉末原料成本占本产品总成本的 30%～60%。

目前已有许多非金属矿物（如高岭土、伊利石、滑石等）的粉体制备及应用研究取得了很大进展，因此，有理由相信煤矸石也能在粉体（包括超细粉体）材料领域占有一席之地。

（2）煤矸石粉体制备技术

粉体制备技术有两方面的含义：其一是制备具有指定粒径大小及分布的粉体，其二是为了满足一定的性能要求而对粉体进行表面改性。

① 煤矸石粉体研究开发的前景　煤矸石的利用可以借鉴其他非金属矿资源应用研究的成果。从组成上看，煤矸石含有大量的非金属矿成分，这些非金属矿物由于具有独特的化学、物相结构，存在特殊的应用潜力，比如铝含量高的煤矸石，作为阻燃剂填料的可能性就较大。另一方面，在未经灼烧的矸石粉中会含有一定量的有机成分。同煤的结构类似，这种有机成分可能含有多种不同的官能团。这些官能团可以使矸石粉在被填充介质中（比如高聚物）稳定、均匀地分散，或在进一步的表面改性中提供更多的作用点，而这无疑会增强粉体的填充功能。

对我国淮南矿区几种煤矸石粉经过表面处理之后添加到橡胶制品之中的试验结果表明，煤矸石粉对橡胶具有一定的补强作用，在替代了部分补强炭黑之后，试样仍能达到部颁优质品标准。不仅如此，矸石粉填料还增加了试样的耐磨性。

煤矸石粉作为化工填料使用是其高值利用的重要途径，在实践上是可行的。单是部分替代昂贵炭黑（橡胶制品中炭黑的用量是非常可观的）便会产生较好的经济效益，而且这种填料还可能应用到其他许多材料之中。

矸石粉中的有机成分对改善粉体与高聚物本体材料之间的相容性与分散性起着至关重要的作用，而这一点是其他非金属矿资源所不具备的。这也是煤矸石粉作为填料的一个优势所在。

粉体的表面处理为其使用性能的改进起着非常重要的作用。恰当的表面处理不仅会使最终产品具有特殊的理化性能，而且也会增加粉体的需求量。

② 粉体的制备　粉体的制备概括起来有两大类：一是通过机械力将材料粉碎（粉碎法）；二是通过化学或物理的方法，将原子或分子状态的物质凝聚成所需要的超细颗粒。

目前，粉碎法主要是机械粉碎，常用的粉碎设备有球磨机、胶体磨、机械冲击磨和气流粉碎机等。从实际粉碎效果（包括粉碎效率、选择性等指标）来看，气流粉碎效果较好。我国目前制备超细粉体主要采用气流粉碎机。

除了粉碎法以外，还可通过化学反应（或物理化学作用）的方法，使原料在发生化学反应或相转变（如氧化、分解、沉淀、蒸发等）的同时，生成粉体。然而，就煤矸石的粉体制备而言，可能粉碎法更加可行一些。

4.1.4.2 煤矸石生产其他材料

重庆煤矸石研究所利用嘉阳煤矿 K_1 层夹矸（一种含碳高岭土黏土岩）试制成高温性能较好的黏土耐火制品。徐州贾汪陶瓷厂用煤矸石为主要原料代替部分瓷土生产卫生陶瓷和釉面砖。日本用矸石粉和约10%的铁化合物烧结制成一种适合做陶器的致密物，成功地制成了陶瓷砖。我国徐州贾汪铸石厂、前苏联顿涅茨铸石厂用煤矸石生产铸石。平顶山矿务局用60%煤矸石和40%灰岩加焦炭在炉中煅烧，加温到 $1200\sim1400℃$ 时熔融，经喷嘴流出，用风机吹入密封室中，制得矸石棉。前苏联在半工业性试验中，用灰质岩矸石熔炼出批量硅铝合金。一个法国专利指出，煤矸石在高温下（$1900\sim2000℃$）热加工时，可生产出类似金刚石的耐磨材料。前苏联用莫斯科近郊和埃基巴斯图兹煤中的部分矿物质（高 SiO_2 矸石）在高温下（$2350℃$）与碳发生化学反应，制成产品中含95%的碳化硅。南票矿务局利用煤矸石制成造型粉和造型砂。

英国煤炭研究所用尾矿和重煤焦油混合浸煮，尾矿中含的煤变成塑性黏合剂，同时水分蒸发出去，矿物质起填充物作用，这种混合物称尾矿浸煮料，可用浇注、压制或挤出法制成各种有用的廉价材料，但性能较差。为了改善其物理学性能，研制了增强与复合尾矿浸煮料：一种方案是用尾矿浸煮料夹在低层作芯板，可代替木材制成用叉车搬运的集装箱；另一种方案是把浸煮料与聚乙烯、聚丙烯类材料混合，制成复合材。复合材的抗拉强度可达 $100kgf\cdot cm^{-2}$ 以上，能加工成管道和屋面板等。

江苏煤矸石综合利用研究所的研究表明，煤矸石可作为工业填料（SAC），应用于橡胶、塑料、涂料和建筑防水材料中，代替轻质碳酸钙炭黑、硫酸钡等常用填料，并起改良性能的作用。

4.2 煤矸石炉渣生产建材

煤矸石因含有少量可燃有机质，在燃烧时能释放一定的热量。我国的煤矸石的发热量变化较大，一般在 $800\sim1500kcal\cdot kg^{-1}$。因此，不少煤矸石直接或稍加处理都是有用的热能资源。然而，由于煤矸石的特殊性，在对其进行燃烧以利用其所含的热能时，难以采用普通锅炉作为燃烧设备。国内外研究与实践的结果表明，流态化燃烧锅炉（或称沸腾燃烧锅炉，简称沸腾炉）是理想的煤矸石燃烧设备。实践表明，发热量在 $1500kcal\cdot kg^{-1}$ 以上的矸石可作为沸腾炉的燃料。

煤矸石在沸腾炉中于 $900\sim1000℃$ 温度下充分燃烧所排出的残渣就是沸腾炉渣，简称沸渣。煤矸石作为燃料，因发热量低，灰分高，燃烧产生的残渣很多。我国每年产生的沸渣在2000万吨左右。大量的沸渣若不加以处理或利用，将会对环境造成极大的污染。近年来，国内外开发了多种沸渣的利用途径，主要是将沸渣在生产建材方面加以应用。

4.2.1 煤矸石炉渣的产生及性质

煤矸石主要采用流态化燃烧技术在流化床锅炉（沸腾炉）内进行燃烧。流化床技术首先于1922年在德国取得专利，1926年应用于 Winkler 煤气炉作为大规模的化学反应装置投入实际运行。1964年，英国制造、使用工业规模的流化床燃烧成套装置，此后世界各国特别是日本、美国和德国积极进行了流态化燃烧技术和设备的开发。我国从 20 世纪 70 年代开始进行流化床燃烧技术和装备的引进、研究，迄今在基础理论研究、设备开发和实际应用等方面均已取得了极大的进展。

4.2.1.1　流化床燃烧方式对煤矸石燃烧的适应性

沸腾炉的燃烧层较厚，燃料在炉内停留时间较长，固体燃料上下翻腾，相互碰撞，空气与固体颗粒间的相对运动速度也很大，并且炉料中正在燃烧的炽热料保持 95% 左右，而新加入的燃料仅占 5% 左右。因此，在流化床内空气与燃料的接触和混合良好，除了流化床（沸腾床）中接近底部的区域温度稍低外，其余部分温度很均匀，均具备燃烧条件。这样，新燃料进入沸腾层后就能立即与炽热的炉料均匀地混合、碰撞，很快着火，稳定燃烧。所有这些，对于灰分高、发热量低的煤矸石等劣质燃料提供了良好着火与稳定燃烧条件。此外，煤矸石在流化床内燃烧时，炉内热容量大、炉温容易控制，燃料的燃烧温度一般控制在 850~1050℃，恰好处于煤矸石的中温活性区。这样，煤矸石经流化床燃烧，既利用了其热量，灰渣又有很高的活性，便于进一步处理和利用。

20 多年来，在鼓泡床锅炉基础上发展起来的循环流化床锅炉，以其燃烧的清洁、高效、稳定等优点迅速发展，得到了广泛应用。循环流化床锅炉克服了鼓泡床锅炉燃烧效率低、脱硫效率低、大型化困难等缺点，同时又解决了煤粉需要单独安装烟气脱硫装置的不足，兼有鼓泡床锅炉和煤粉炉的优点，是当前比较公认的煤洁净燃烧方法的突破，成为最有前途的煤洁净燃烧技术。

循环流化床燃烧技术问世以来，也经历了一个不断发展和完善的过程。例如，早期的循环流化床锅炉为快速流化床锅炉，炉膛内流化速度高，飞灰携带率高，使得锅炉能耗高、磨损严重、飞灰可燃物含量高等。而目前的循环流化床锅炉，炉膛的下部多为湍流或鼓泡流化状态，上部多为夹带床或快速床，流化速度也降至 $5~6 m \cdot s^{-1}$，使飞灰携带率降到较为合理的水平。同时在受热面和耐火材料的防磨损、防腐蚀方面也积累了不少成功经验，各部分设计参数的选取也渐趋成熟，各关键部件的性能也不断提高。

目前国外从事循环流化床锅炉研制、开发和生产的厂商很多，主要有德国 LLB 公司，美国 FW 公司、BW 公司、ABB-CE 公司，法国的 Industrie Stein 公司等，国内很多的科研机构和锅炉厂家也积极开发和引进技术，生产了相当数量的循环流化床锅炉，以满足国内对成品的需要。从结构特点上看，目前循环流化床可分为三大类型（见图 4-15），

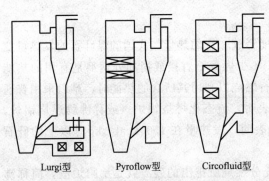

Lurgi型　　Pyroflow型　　Circofluid型

图 4-15　三种典型的循环流化床锅炉

即德国 LLB 公司的鲁奇（Lurgi）型、芬兰 FWEOY 公司（原奥斯龙 Ahlstrom）的 Pyroflow 型和德国 LLB 公司的 Circofluid 型。除此之外，很多其他厂家的循环流化床锅炉也各具特色，并在不断改进和完善。

4.2.1.2　煤矸石炉渣的性质

（1）煤矸石活性的产生

矸石中的主要矿物是结晶良好的石英、长石、黏土类矿物、水云母和高岭石等。煅烧

前，矸石的活性很低，表现为用其制成的蒸养和蒸压制品的强度均不高，因而不适于作为建筑材料。矸石经过煅烧后，其主要结晶矿物形成无定形的 Al_2O_3 和 SiO_2，就具有了活性。煅烧矸石的活性主要取决于煅烧的温度和时间，一般以 $900\sim1000℃$、$0.5\sim1h$ 所得产物的活性最佳。沸腾炉燃烧的条件大致与此相符。因此，沸渣具有良好的活性，属人工火山灰质材料，可用于生产建材。

煤矸石经过长期堆放要发生自燃，其自燃温度在 $1000\sim1100℃$。经过自燃后的煤矸石的烧失量很低，自燃状态下的矿相变化与人工煅烧时的情况基本相同。但是，值得指出的是，由于矸石自燃时一般不能人为控制，使得自燃矸石的活性较差，质量也不均匀。自燃矸石的处理、利用与沸渣的处理和利用基本上采用相同的方法。

（2）煤矸石活性的评价

通常所说的煤矸石的活性，实际上是指煤矸石的强度活性，即指煤矸石作为某种胶凝材料的一个组分时该胶凝材料所具有的强度。

我国制定的《用于水泥中的火山灰质混合材料》的国家标准（GB/T 2847—2005）采用了国际标准化组织推荐的 ISO 法，用火山灰活性试验及水泥胶砂 28d 抗压强度试验的结果来评定火山灰材料的活性。由于目前我国还没有评定煤矸石活性的国家及部门标准，在评定煤矸石的活性时通常参照 GB/T 2847—2005 标准，按照标准测定掺煤矸石试样的抗压强度，与纯水泥试样的抗压强度对比。

煤矸石试样配比为煤矸石：硅酸盐水泥：标准砂＝162g：378g：1350g。

纯水泥试样配比为硅酸盐水泥：标准砂＝540g：1350g。

试验时，煤矸石作为混合材使用，含水率＜1％，磨细至 0.08mm 方孔筛筛余 5％～7％；硅酸盐水泥熟料安定性合格，强度 41.7MPa 以上，比表面积 $2900\sim3100cm^2 \cdot g^{-1}$；石膏掺入量（外掺）以 SO_3 计为 1.5％；用水量 238mL，流动性控制在 125～135mm；试样在 $(40\pm2)℃$ 条件下养护。分别测定两试样的 28d 抗压强度 R_1、R_2，计算两试样的抗压强度比。

$$抗压强度比=\frac{R_1}{R_2}=\frac{掺 30％矸石粉的水泥胶砂 28d 抗压强度}{纯水泥胶砂 28d 抗压强度}$$

用该抗压强度比值表示煤矸石经自燃或煅烧后矸石渣的强度活性的高低。该强度比值不低于 62％时，煤矸石即可作为用于水泥中的火山灰质混合材使用。即使该比值低于62％，仍可作为砂浆、混凝土与砌块等的掺合料使用，并可不同程度地减少胶凝材料的用量。

（3）煤矸石活性的增强

在实际应用过程中，试件的养护条件对煤矸石沸渣活性的发展具有较大的影响。上述评定煤矸石的活性就是在标准养护条件下进行的。煤矸石沸渣活性的提高和增强可以通过对以煤矸石沸渣为原料制备的建筑材料的养护来达到。

通常，煤矸石沸渣建筑制品的养护条件有自然养护、蒸汽养护和蒸压养护三种。在自然养护条件下，石灰-煤矸石制品的水化产物主要为水化硅酸钙 CSH、水榴子石 C_3ASH_4 和 $Ca(OH)_2$，其中后者还占有一定的比例。在蒸养条件下，石灰-煤矸石制品的水化产物主要为水化硅酸钙和水榴子石，此外，尚有少量 $Ca(OH)_2$ 存在。如掺入少量的石膏，开始便能迅速形成 E 盐（三硫型水化硫铝酸钙，通常称钙矾石，化学式为 $3CaO \cdot Al_2O_3 \cdot 3CaSO_4 \cdot 3H_2O$），随着石膏的逐渐减少，E 盐逐渐转变为 M 盐（单硫型水化硫铝酸钙，化学式为

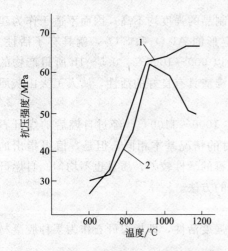

图 4-16　煅烧温度和养护条件对煤矸石活性
（以制品的抗压强度为指标）的影响
1—蒸压氧护；2—蒸汽养护

$3CaO \cdot Al_2O_3 \cdot CaSO_4 \cdot 12H_2O$）。而在蒸压条件下，石灰-煤矸石制品的水化产物主要为水化硅酸钙、水榴子石和托勃莫来石 $C_5S_6H_5$，而没有 $Ca(OH)_2$ 存在。掺入少量石膏也是为了提高煤矸石硅酸盐制品的强度，使其抗碳化、抗收缩性能得到改善。

一般而言，在制品配比一定的条件下，自然养护获得的强度最小，蒸压养护获得的强度最大。由图 4-16 可以看出，煤矸石的煅烧温度与制品的养护条件对煤矸石硅酸盐制品的强度有较大影响，二者处于最佳匹配时，制品强度达到最大。

煤矸石经过煅烧可以制备水泥混合材和生产无熟料及少熟料水泥，这在第 4.1.1 部分中已介绍了。4.2 节主要讨论沸渣生产煤矸石混凝土空心砌块和煤矸石沸渣加气混凝土。

4.2.2　煤矸石炉渣制混凝土砌块

混凝土小型空心砌块，简称混凝土砌块，是目前国内外常用的一种建筑材料。

普通混凝土是由水泥、砂、石、水按比例配合成型后在常温或常压蒸汽养护下形成的人造石材，砂子和石子是骨料，水和水泥组合的水泥浆是胶结料。

煤矸石沸腾炉渣混凝土空心砌块，简称"煤矸石空心砌块"，是以自燃或人工煅烧煤矸石（如沸渣）和少量生石灰、石膏混合磨细作胶结料，以经过破碎、分级的自燃或人工煅烧煤矸石、其他工业废料或天然砂石等作为粗、细骨料，胶结料和粗细骨料按比例计量配料、加水搅拌、振动成型、蒸压养护后制成的。

生产煤矸石空心砌块可以大量的利用沸渣，而且生产工艺简单、产品性能稳定、使用效果良好，既是一种有前途的新型墙体材料，也是一种大量利用、处理固体废物的有效途径。

4.2.2.1　混凝土砌块分类

按块体特征，混凝土砌块分为空心砌块和实心砌块。凡平行于砌块承重面的混凝土截面积小于毛面积 75% 的属于空心砌块。空心砌块的空心率一般在 30%～50%。实际应用中，空心砌块比实心砌块的用量多，用途广。实心砌块主要用于有特殊需要的结构和部位，如承受较大荷载的部位、有防火要求的部位、有抗渗要求的部位。铺地砌块也多用实心砌块。

按砌块的密度，混凝土砌块分为普通混凝土砌块和轻质混凝土砌块两大类。普通混凝土砌块的密度一般为 $1100 \sim 1500 kg \cdot m^{-3}$，以砂石为集料配制而成；轻混凝土砌块的密度一般为 $700 \sim 1000 kg \cdot m^{-3}$，用自燃煤矸石、煤渣、陶粒等为集料配制而成。

按用途，混凝土砌块分为墙用砌块、铺地砌块、花格砌块和筒仓砌块，其中墙用砌块又分为结构型砌块、构造型砌块、装饰型砌块和功能型砌块。

4.2.2.2　混凝土砌块的原料要求

（1）胶结料

生产混凝土砌块目前一般采用水泥为胶结料，其质量应符合相关国家标准。另外，也可使用煤矸石渣、石灰、石膏构成的无熟料水泥作为胶结料，一般要求生石灰的有效氧化钙含量不低于 60%、氧化镁含量不大于 5%、消化温度大于 60℃、消解时间小于 20min。由于无熟料水泥作为胶结料砌块早期强度低，常常要求蒸汽养护而使得工艺复杂、投资大。

（2）骨料

骨料又称为集料，是混凝土的主要组成之一，在混凝土中起骨架作用，使混凝土有较好的体积稳定性和耐久性。

粒径大于 5mm 的集料称为粗集料，粒径在 5mm 以下者称为细集料。按照其密度不同又可分为重集料和轻集料。轻粗集料的堆积密度小于 1000kg·m^{-3}，轻细集料堆积密度小于 1100kg·m^{-3}。配制轻混凝土时也可用普通砂作为细集料。

以煤矸石为原料的轻集料包括自燃煤矸石轻集料和煤矸石陶粒两种。原国家建材局 1994 年发布了《自燃煤矸石轻集料》（JC/T 541—94）行业标准，而煤矸石陶粒可参考《页岩陶粒和陶砂》（GB 2840—81）的标准，到目前为止我国尚没有针对煤矸石陶粒制定专门标准。

对轻集料的质量要求如下。

① 颗粒级配　轻粗集料分成五级：5～10mm、10～16mm、16～20mm、20～25mm、25～31.5mm。用于混凝土砌块的轻粗集料最大粒径不宜大于 10mm，轻砂的细度模数不宜大于 4.0，大于 5mm 的累计筛余量不得大于 10%（按质量计）。

② 轻粗集料的堆积密度和筒压强度　按等级划分，其指标应符合表 4-19 的要求。

表 4-19　轻粗集料的堆积密度和混合筒压强度

密度等级	堆积密度范围/kg·m^{-3}	筒压强度不低于/MPa		密度等级	堆积密度范围/kg·m^{-3}	筒压强度不低于/MPa	
		碎石型轻粗集料	圆球形和普通型轻粗集料			碎石型轻粗集料	圆球形和普通型轻粗集料
300	<300	0.7	1	700	610～700	2.5	3.0
400	310～400	1	1.5	800	710～800	3.0	3.5
500	410～500	1.5	2.0	900	810～900	3.5	4.0
600	510～600	2	2.5	1000	910～1000	4.0	4.5

③ 轻砂的堆积密度　分为四级，其指标应符合表 4-20 的要求。

表 4-20　轻砂的堆积密度

密　度　等　级	200	400	700	1100
堆积密度范围/kg·m^{-3}	150～200	210～400	410～700	710～1100

④ 轻集料的有害物质　用于素材煤矸石混凝土砌块轻骨料的材料，其有害成分含量应符合下列要求：天然及工业废渣轻集料的含泥量不大于 2%；硫酸盐的含量（折成 SO$_3$）不大于 1%；烧失量不大于 5%；煤渣应保证体积安定性，其烧失量不大于 20%。

4.2.2.3　沸渣制砌块的原料及生产工艺

（1）煤矸石混凝土砌块的原料及配比

① 胶结料原料选择

1）沸渣。对沸渣的要求和作水泥混合材时的要求基本相同，应选择经过自燃或人工煅烧的以泥质页岩为主的煤矸石所形成的灰渣。这类矸石经高温煅烧，其中黏土矿物被分解为无定形 SiO$_2$ 和 Al$_2$O$_3$，使之具备和石灰、石膏进行水热合成反应的条件。一般实际煅烧温度控制在 950～1100℃之间为宜。沸渣的化学成分中含 SiO$_2$ 50%～60%，Al$_2$O$_3$ 占 15%～

25％，Fe_2O_3 占 3％～8％，其他是少量钙、镁、钾、钠等氧化物。

2) 生石灰。生石灰是煤矸石胶结料中重要组分。生石灰的主要成分是 CaO 和少量 MgO，遇水消化，CaO 将变为 $Ca(OH)_2$，同时体积膨胀 1～3.5 倍，并放出大量热量。

生石灰在煤矸石空心砌块中的主要作用有：a. 消化生成的 $Ca(OH)_2$ 和自燃或煅烧矸石中的活性 SiO_2 和 Al_2O_3 进行水化反应，生成水化硅酸钙和水化硫铝酸钙（在石膏存在条件下），从而使砌块获得一定强度和其他力学性能；b. 生石灰消化放出大量热量，加速水化反应进行，提高了砌块的初始强度，从而提高了砌块抵抗蒸汽养护过程中的温度应力及水化产物形成时固相膨胀能力，避免砌块表面产生酥松或裂缝；c. 生石灰完全消化的理论需水量为其质量的 32.13％，加之消化热作用下水分蒸发的损失和消化时石灰的体积膨胀，相应降低了砌块的水胶比和提高了密实度，从而改善了砌块的内部结构，提高了砌块的强度和耐久性能。

用于煤矸石混凝土空心砌块的生石灰应具备下列条件。

a. 有效氧化钙含量要高。所谓有效氧化钙指的是能和矸石中的活性 SiO_2 和 Al_2O_3 进行水化反应的 CaO 和 $Ca(OH)_2$。有效氧化钙含量高可提高砌块的强度，减少生石灰用量，降低成本。一般生石灰中有效氧化钙含量不应低于 60％。

b. 氧化镁含量要低。生石灰中的 MgO 是煅烧石灰时 $MgCO_3$ 的分解产物。由于 $MgCO_3$ 的分解温度（700℃）低于 $CaCO_3$ 的分解温度（900℃），因此在正常温度（1000～1200℃）下煅烧生石灰，MgO 为过烧成分。它在正常温度下消化的速度极慢，在蒸汽养护过程中会继续消化并伴随体积膨胀，将破坏砌块内部已形成的结构，使制品强度下降，甚至开裂。因此生石灰中，一般氧化镁的含量不应大于 5％。

c. 生石灰的消化温度要高，一般＞60℃，消化时间控制在 30min 以内。

d. 过烧和欠烧石灰含量要少。

为了保证煤矸石空心砌块的质量，配制胶结料时应尽量采用有效氧化钙含量高、消化温度高，氧化镁含量低的新鲜石灰。

3) 石膏。石膏在胶结料中掺量不大，但作用明显。它对砌块强度有显著影响，其作用如下。

a. 加速石灰与煤矸石中活性 SiO_2 和 Al_2O_3 的水化反应，促进水化产物的形成和数量增加，并提高水化产物的结晶度。

b. 参与水化反应，生成水化硫铝酸钙。

c. 延缓生石灰的消化放热反应，有效抑制生石灰消化过程中的热膨胀，改善内部结构，提高砌块的密实度。配制煤矸石胶结料所用的石膏，一般采用二水石膏（$CaSO_4 \cdot 2H_2O$）。

② 骨料的选择　骨料是砌块的骨架，不仅对强度起重要作用，同时能有效地减少制品的收缩裂缝。骨料由粗细两部分组成。

砌块细、粗骨料的选择，一般要求采用较坚实的材料，保证强度；颗粒的级配要符合规定，以形成孔隙率最小的坚强骨架；根据砌块的断面尺寸，决定粗骨料的最大粒径，以保证制品质量。

一般有煤矸石资源的地方，自燃和人工煅烧煤矸石不仅是胶结料的主要原料，也可以制成粗、细骨料，一般选用 5～20mm（或 5～25mm）粒级作粗骨料，小于 5mm 的作细骨料。但用人工煅烧煤矸石作骨料时，在经济上不一定合理，可因地制宜选用其他工业废渣或天然砂石作粗细骨料。

应注意剔除夹杂在骨料中的石灰块等有害杂质，以免在蒸养过程中消化膨胀，使砌块干裂。

③ 配合比的确定　配合比分两部分，即胶结料的配合比和混凝土配合比。

1）胶结料的配合比。实践表明，胶结料的配合比一般情况是煅烧后煤矸石占70％左右，生石灰取25％，控制有效氧化钙在15％～25％之间；石膏的掺量为3％～6％，胶结料蒸养后强度将大于400kgf·cm^{-2}。不同石灰和石膏掺量对胶结料强度的影响可见图4-17和图4-18。

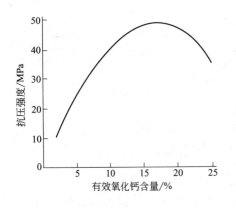

图4-17　有效氧化钙含量对胶结料强度的影响

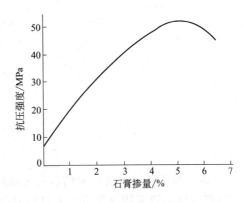

图4-18　石膏掺量对胶结料强度的影响

图中曲线表明，随着生石灰量增加，水化产物随之增加，强度增加。掺量超过一定值后，由于过剩生石灰消化时体积膨胀对结构的破坏作用，反使胶结料强度下降。石膏掺量对强度的影响比石灰还敏感，其规律和石灰类似。

2）混凝土配合比。一般混凝土配合比采用正交设计或试配等试验方法来确定。表4-21是几个生产单位煤矸石空心砌块的配合比实例。

表4-21　煤矸石空心砌块的配合比实例

生产单位	骨料品种	混凝土配合比 胶结料：细骨料：粗骨料	水胶比	蒸养抗压强度 /kgf·cm^{-2}
焦作硅酸盐制品厂	自燃煤矸石	1：1：3	0.5～0.55	150～200
株洲煤矸石制品厂	卵石河砂	1：2：4	0.5～0.55	200
淄博房建二公司	自燃煤矸石	1：1：2	0.5～0.55	200
徐州九里山采石厂	人工煅烧煤矸石及碎石膏	1：2：3	0.45～0.5	150～200

（2）煤矸石空心砌块的生产工艺

① 煤矸石无熟料砌块生产工艺　砌块的生产工艺主要由胶结料和骨料的制备、搅拌和成型、养护和堆放等环节组成。煤矸石空心砌块生产的典型工艺流程如图4-19所示。

1）胶结料的制备。配备好的煅烧煤矸石、生石灰和石膏在球磨机中混合磨细，磨得越细，在蒸养过程中相互间进行水化反应的表面积越大，生成的水化产物越多，制品强度高、性能好。然而，过细的粉磨会使电耗过高、磨机产量降低，所以胶结料的细度一般控制在4900孔·cm^{-2}筛筛余量在8％以下。粉磨好的胶结料对储存很敏感，储存1个月，强度要降低7％～14％，因此储存期不要超过1个月，最好边生产边使用。

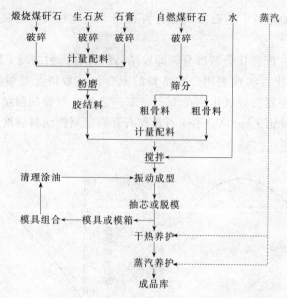

图 4-19 煤矸石空心砌块生产工艺流程

2) 混合料的制备。混合料的制备主要包括计量和搅拌两个环节。

计量方法一般采用简易自动配料秤和电子秤等。配料计量允许误差（以质量计）：胶结料和水各为±2%，骨料为±3%。

搅拌的目的在于获得均匀的混合料，进而保证砌块的质量和均质性。搅拌时间控制在 3min 以内为宜。

投料顺序分为一次投料方式和分组投料方式。一次投料是先加细骨料，再加胶结料，最后加粗骨料，加入全部用水量；分组投料是先加粗骨料和部分水，清除筒壁上的残渣，后加胶结料和细骨料及余下的水。一般采用间歇式搅拌机，以采用 J_1-375、J_1-1500 型强制式搅拌机为宜。

3) 砌块成型。煤矸石空心砌块采用振动成型法生产，分为平模振动型和立模振动成型两种。平模法一般采用振动台，立模法采用空心砌块成型机。

平模成型主要由振动台和模具组成。一般选用 1.5m×6m、载重 3t 的振动台，频率 3000 次·min^{-1}，振幅 0.3～0.5mm，振动 3～5min，模具要求规格尺寸正确，连接牢固，密合不漏浆，不变形，有足够的刚度，易装卸。

立模成型。用立模成型具有制品质量好、生产效率高、机械化程度高等优点。例如三工位液压传动砌块成型机（图 4-20）。它由组合模箱、给料系统、振动系统、制品顶推机构和机架组成。基本工作原理是，原料由给料箱送入模具，给料过程中下部振动，料被捣实，送到中间上压板进行上部振动；然后脱模，砌块顶到托板上，顶出制品，运到蒸养工序。

4) 砌块的养护。煤矸石胶结料属于石灰火山灰质胶凝物质体系。这类胶凝物质在常温下，水化反应进行很慢，难以形成水化产物，是一种凝胶硬化缓慢而强度不高的凝胶物质。砌块成型后必须经过蒸汽养护来加快水化反应速率，促进凝胶硬化，使制品在较短时间达到预期的强度和物理力学性能指标。

砌块一般采用常压蒸汽养护，分为干热养护和蒸汽养护两个阶段。干热养护是为了提高制品的初始强度，蒸汽养护是为了保证制品水热合成反应的进行。

a. 干热养护。所谓干热养护是指制品在较高的温度和较低的湿度条件下，使生石灰水化凝结，制品内部水分蒸发，从而获得初始强度。

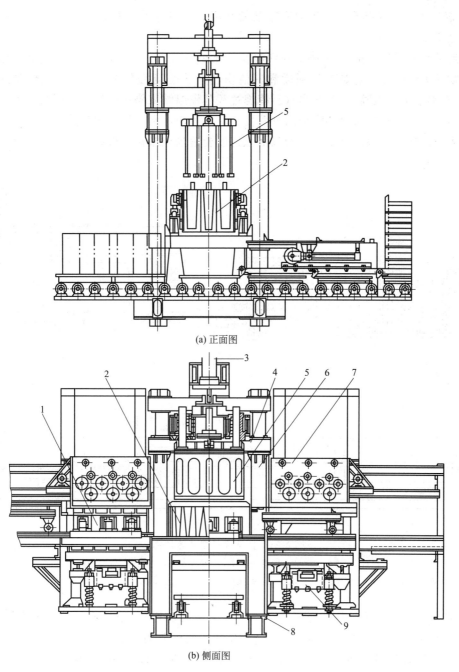

(a) 正面图

(b) 侧面图

图 4-20　三工位液压传动砌块成型机

1—模框；2—模芯；3—油缸；4—上振动部分；5—上模头；6—主机架；

7—给料筋；8—送托板部分；9—下振动部分

　　因为煤矸石胶结料在常温下水化速度很慢，成型后制品塑性强度很低，如果立即用饱和蒸汽养护，就无法抵御蒸汽的冲击，也无法抵御由于温差应力和生石灰消解产生体积膨胀造成的表面和内部结构的破坏，所以需先经过一段时间的干热养护，获得制品的初始强度。焦作硅酸盐制品厂大量试验表明，把干热温度提高到 60～70℃，相对湿度控制在 50%～60%，干热养护时间可缩短到 6～8h。

b. 蒸汽养护。煤矸石空心砌块有了初始强度后，即进入蒸汽养护阶段，蒸汽养护可分为升温-恒温-降温三过程。

升温过程从干热养护60～70℃升到饱和蒸养95～100℃。恒温过程加速制品水化反应和水化产物的大量形成，这是获得强度和其他物理力学性能的主要过程，实践经验证明，在90～100℃温度下，恒温8～10h为宜。降温过程是恒温结束停止供气后，制品温度逐渐下降到自然温度，降温时制品内部水分向外蒸发，降温过快，水分急剧向外蒸发，易使制品缺棱少角，表面出现发丝裂纹等现象，所以降温速度要适当控制，一般降温2～3h，制品即可从养护设备中卸出。

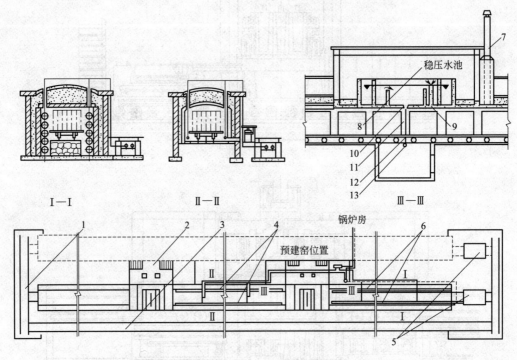

图 4-21 连续式干湿热养护窑
1—摆渡道；2—水幕间；3—回车道；4—喷蒸管；5—成型机；6—散热器；
7—排潮管；8—泄水管；9—溢水管；10—条形水嘴；11—上水幕；12—下水幕；13—下喷管

养护设备有养护池和养护室两种。养护池属于间歇操作，适宜和振动平模成型配套；养护室一般采用隧道养护室（图4-21），沿长度方向可分为升温段、恒温段及降温段。干热养护段（断面Ⅰ-Ⅰ）长68.9m，可容纳底板小车51辆，窑两壁各布五排圆翼型散热器。靠近"水幕"一侧的排潮烟囱排出水分。蒸养段（断面Ⅱ-Ⅱ）长71.04m，可容纳小车52辆，蒸汽喷管沿两壁下部敷设；降温段未特殊处理，长21.6m，可容纳小车15辆，该窑全长161.54m，容小车118辆，养护周期18h。在干养段和蒸养段、蒸养段与降温段之间，分别设两道"水幕"，每道水幕分别由"上水幕"和"下水幕"组成，循环水量为90t·h⁻¹。煤矸石无熟料水泥混凝土砌块养护制度见表4-22。

② 煤矸石水泥砌块生产工艺 煤矸石水泥砌块是以煤矸石轻集料（或与砂）为骨料，水泥为胶结料，加水搅拌均匀后经振动成型，自然养护而制成的空心混凝土块。

以下用一实例简单介绍利用煤矸石生产砌块和免烧彩色地砖的生产工艺。

表 4-22 煤矸石无熟料水泥混凝土砌块养护制度

生产单位	静停		升温时间/h	恒温		降温时间/h	养护周期/h
	时间/h	温度/℃		温度(℃)/湿度(%)	时间/h		
焦作市硅酸盐制品厂	12~14	40~45	3~4	100/100	10	2	27~30
株洲市石料厂	6	50	5~7	100/100	9	2	21
枣庄市煤矸石砖厂	16	50	4	100/100	10	2	32

1）原料配比。利用煤矸石生产建材制品所需的原料为：煤矸石、河砂、425 号普通水泥、颜料。根据生产不同产品的要求，原料配比如下。

砌块：水泥 10%，13~8mm 的煤矸石 60%，细渣末 10%，河砂 20%。

彩色地砖：水泥 10%，8~3mm 的煤矸石 60%，渣末 10%，河砂 20%。每平方米彩色地砖用细砂 8.2kg，颜料 0.12kg。

配好的原料由皮带及螺旋输送机运送至搅拌机搅拌均匀后待用。

2）生产系统。生产工艺流程见图 4-22。

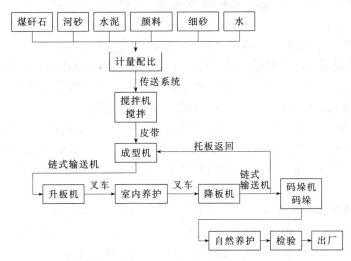

图 4-22 煤矸石水泥砌块生产工艺流程

经搅拌机搅拌混合均匀的原料送至成型主机振动成型，产品经链式输送机送至升板机，再由叉车送至指定地点进行室内养护；养护后的产品由叉车运至降板机，再由链式输送机送至码垛机进行码垛，码垛后由叉车送至室外进行自然养护，经检验合格后出厂。

③ 利用高钙页岩煤矸石生产承重砌块　利用高钙页岩煤矸石，掌握好工艺条件，采用合理的配料方案，还可以生产具有良好的物理力学性能和耐久性、符合国家标准技术要求的煤矸石承重砌块。

作为承重用砌块的单排孔砌块，在保证砌块强度的前提下，为取得最大的空心率，采用方孔形式。为防止孔洞转角处应力集中而产生裂缝，在转角处作 $R=30\text{mm}$ 的圆弧，并采用封底的形式，方便施工，有利于孔洞的封闭隔声、隔热。为满足竖灰缝砌筑要求，砌块两端采用凹槽形式。因此，承重砌块主规格为 390mm×190mm×190mm、190mm×190mm×190mm，采用两端凹槽，半封底、方孔圆角的形式，以及 U 形块、嵌块、门窗块和砌块两侧开口的特殊块。

为适应设计要求，施工协调，不致出现异型块的增多，解决层高与块高的模数配合，保留砖砌体的整数倍特点。选取砌块长度为 390mm、190mm、90mm，宽度取 190mm、

90mm，高度190mm、90mm、40mm，以此作为承重砌块的定型规格、适用于主体结构内、外墙均为砌块砌体的建筑要求。

1）煤矸石预处理。由于煤矸石中含有硫和过烧氧化钙，生产中会出现臭鸡蛋气味（H_2S）和爆裂现象，表面有铁锈色和黄色渗液斑点，在堆垛过程中出现底部1~2层砌块疏松溃裂，抗冻性不好。实践结果表明，对煤矸石进行水浸处理可以解决这个难题。

对于陈旧堆积的煤矸石，由表层至2m深度范围内不采取水浸处理措施也没有出现臭鸡蛋气味（H_2S）和爆裂现象，但2m以外深度的煤矸石却时有发生。这是因为矸石山表面矸石在堆放过程中受雨水侵蚀，已经过"自然的浸泡处理"。

实际生产中，应根据煤矸石山储量、结合产生规模，确定煤矸石预处理的方法。

2）煤矸石破碎及粒度级配。根据不同种类的煤矸石选择不同的破碎工艺方案。煤矸石主要由页岩、砂岩混合组成，其中页岩占80％左右，砂岩占20％左右。因此，可采用颚破-锤破（带筛板）工艺。其粒度级配为＜2mm占9％，2~5mm占27％，5~12mm占64％。

在煤矸石粒度这一因素中，以自然级配的煤矸石配制混凝土强度最高，用细煤矸石（＜5mm）配制的混凝土强度最低。结合砌块生产情况，使用破碎后自然级配的煤矸石在技术上是合理的，可省去筛分工序，避免二次处理废渣，有利于废渣的全部利用和降低成本。为此，选择破碎设备的粉碎粒度一定要控制级配在合理范围内。

3）配合比。煤矸石的活性较差，塑性较低，特别是早期水化活性很差。要使承重砌块具有良好的性能，仅依靠增加水泥量是不现实的，关键在于合理充分地发挥煤矸石的活性和外掺料及外加剂的作用，使其具有良好的和易性、密实度、促进反应程度、整体强度和耐久性的提高。

采用正交试验进行配比优选，同时根据生产实际和工艺进行调整，确定的最佳配合比：水泥17％、煤矸石56％、粉煤灰12％、高岭土5％、碎石10％、外加剂$A_1$2％、$A_2$4％。

4）煤矸石承重砌块的生产工艺。煤矸石承重砌块的生产工艺与空心砌块相似。有以下几个工艺环节需特别注意。

a. 搅拌。采用二次搅拌工艺。先倒入符合级配要求计量的1/2煤矸石和全部碎石，再倒入高岭土和水泥干拌1min后，再倒入剩余的煤矸石和粉煤灰干拌1min，然后加入含有外加剂的水溶液2min。

b. 成型和养护。砌块成型时，振动时间的长短主要取决于骨料级配和填料高度。如振动时间过短，则难以振动密实，影响砌块标号；如振动时间过长则增加电耗，影响生产效率。因此，振动时间对保证砌块生产质量，提高生产效率，合理的控制成型是非常重要的。使用优选的配合比对成型振动时间与砌块强度的关系试验表明，振动时间在10~25s区间内，随着振动时间的增加，砌块强度增加明显，当振动时间超过25s后，砌块的抗压强度趋于稳定。为此，在砌块成型中，成型时间以控制在20~25s为宜。

成型后的养护，通过多次试验对比，采用成型后用黑色塑料薄膜覆盖12h，浇水养护2周（至少1周），每天洒水3~4次的方法。采用塑料薄膜覆盖养护比不覆盖或稻草帘覆盖可提前1d堆垛，是提高砌块初期强度、加快场地周转、提高生产效率的一种简易便利的措施。同时，砌块的抗压强度将随浇水时间的增加而逐步上升。

浇水养护1周约为浇水养护28d强度的80％，浇水养护2周约为浇水养护28d强度的

85%，由于砌块壁薄空心，表面积大，水分易蒸发，为了保证强度，砌块在码堆后的浇水养护时间以不少于 7d，最好能控制在 2 周为宜。

5) 煤矸石承重砌块物理力学性能。煤矸石承重砌块的规格为 390mm × 190mm × 190mm，从成品堆中抽样，按 GB 4111—2013 进行检验，其物理力学性能见表 4-23[5]。

表 4-23　煤矸石承重砌块物理力学性能

表观密度 /kg·m⁻³	抗压强度 /MPa	相对含水率 /%	吸水率 /%	软化系数 /%	碳化系数 /%	抗冻性 (−15~20℃)
1280	8.9	37.2	12.5	88	90	合格

4.2.2.4　砌块性能表征

(1) 空心砌块的质量标准

国家技术监督局 2011 年发布了国家标准《轻集料混凝土小型空心砌块》(GB 15229—2011)。煤矸石小型空心砌块的生产，可按照该标准规定的技术要求进行。

① 产品规格　主规格尺寸为 390mm × 190mm × 190mm。其他规格尺寸可由供需双方商定。

② 密度等级　密度等级分为八级 (kg·m⁻³)：700、800、900、1000、1100、1200、1300、1400。

注：除自燃煤矸石掺量不小于砌块质量 35% 的砌块外，其他砌块的最大密度等级为 1200kg·m⁻³。

密度等级应符合表 4-24 的要求。

表 4-24　砌块密度等级要求

密度等级/kg·m⁻³	砌块干燥表观密度的范围/kg·m⁻³	密度等级/kg·m⁻³	砌块干燥表观密度的范围/kg·m⁻³
700	610~700	1100	1010~1100
800	710~800	1200	1110~1200
900	810~900	1300	1210~1300
1000	910~1000	1400	1310~1400

③ 强度等级　强度等级分为五级：MU2.5、MU3.5、MU5.0、MU7.5、MU10.0。

强度等级应符合表 4-25 的规定，同一强度等级的砌块的抗压强度和密度等级范围应同时满足表 4-25 的要求。

表 4-25　砌块的强度等级要求

强 度 等 级	砌块抗压强度/MPa		密度等级范围/kg·m⁻³
	平均值	最小值	
MU2.5	≥2.5	2.0	≤800
MU3.5	≥3.5	2.8	≤1000
MU5.0	≥5.0	4.0	≤1200
MU7.5	≥7.5	6.0	≤1200①、≤1300②
MU10.0	≥10.0	8.0	≤1200①、≤1400②

① 除自燃煤矸石掺量不小于砌块质量 35% 以外的其他砌块；② 自燃煤矸石掺量不小于砌块质量 35% 的砌块。

注：当砌块的抗压强度同时满足 2 个以上等级或 2 个以上强度等级要求时，应以满足要求的最高强度等级为准。

④ 吸水率和相对含水率 砌块的吸水率不大于 18%。干燥收缩率应不大于 0.065%，相对含水率应符合表 4-26 的要求。

表 4-26 对砌块的相对含水率要求

干燥收缩率/%	相对含水率/%		
	潮湿地区	中等湿度地区	干燥地区
<0.03	≤45	≤40	≤35
≥0.03，≤0.045	≤40	≤35	≤30
>0.045，≤0.065	≤35	≤30	≤25

注："潮湿地区"是指年平均相对湿度大于 75% 的地区；"中等湿度地区"是指年平均相对湿度为 50%～75% 的地区；"干燥地区"是指年平均相对湿度小于 50% 的地区。

⑤ 抗冻性 砌块的抗冻性，应符合表 4-27 的要求。

表 4-27 对砌块的抗冻性的要求

环境条件	抗冻标号	质量损失率/%	强度损失率/%
温和与夏热冬暖地区	D15		
夏热冬冷地区	D25	≤5	≤25
寒冷地区	D35		
严寒地区	D50		

注：环境条件应符合 GB 50176 的规定。

⑥ 碳化系数和软化系数 碳化系数应不小于 0.8，软化系数应不小于 0.8。

⑦ 放射性 砌块的放射性核素限量应符合 GB 6566 的规定。

此外，该标准还对抽样、试验方法、产品的分类、等级、标记、合格证，以及堆放和运输等作了详细规定。生产时，需严格执行该标准。

（2）煤矸石混凝土空心砌块产品性能

煤矸石混凝土空心砌块的生产实践表明，利用煤矸石可以制备出物理力学性能良好、耐久性可靠、能作为墙体材料使用的空心砌块，其性能参数见表 4-28。

表 4-28 煤矸石空心砌块物理力学性能和耐久性

项 目		单 位	指 标		
			焦作产品	株洲产品	博山产品
物理性质	干容量	kg·m⁻³	2150	2255	1890
	吸水率	%	6.5	5.81	13.6
	软化系数	%	0.9	0.96	0.74
	收缩率	mm·m⁻¹	0.4	0.46	0.36
	热导率	kcal·(m·h·℃)⁻¹	0.63	—	6.53
力学性能	抗压强度		150～200	200	200 以上
	抗拉强度		14.4	15.9	16
	抗折强度	kgf·cm⁻²	35.7	33.7	43.9
	长直强度		158	157	281
	弹性模量		1.98×10⁶	1.94×10⁶	1.70×10⁶
耐久性	硫化系数		0.84	0.72	0.93
	15 次冻融循环强度损失	%	4.5	—	—2
	25 次冻融循环强度损失	%	—	7.83	0.4

不同水泥和煤矸石沸渣配合比下制备的不同空心率的煤矸石砌块的抗压强度见表 4-29。煤矸石空心砌块的生产和使用要根据砌块的用途来选择[6]。

表 4-29　水泥掺量和空心率堆砌块的强度

配合比/%		砌块规格	块 重	空心率	抗压强度
水泥	沸渣	(长×宽×高)/mm	/kg	/%	/kgf·cm^{-2}
11.5	84.5	390×190×190	<12.5	44	>35
15.5	84.5	390×190×190	13.74	44	48.3
16.0	84	390×190×190	13.72	44	49.68
17.0	83	390×190×190	13.80	44	51.58
17.0	83	390×190×190	<17	30	>70
15.0	85	390×190×190	<8	27	>50
10.0	90	390×190×190	<11	0	>100

注：1kgf·cm^{-2}=98.0665kPa。

4.2.3　煤矸石炉渣生产加气混凝土

4.2.3.1　加气混凝土概述

（1）概述

通常，混凝土按其容重可分为两类：一类为重混凝土（即普通混凝土），容重大于 1800kg·m^{-3}；另一类为轻混凝土，容重小于 1800kg·m^{-3}。在轻混凝土中又可分为两类，即轻骨料混凝土和多孔混凝土。前者的制造工艺与普通混凝土基本相似，只是所用的骨料为人造和天然轻骨料，容重为 1000～1800kg·m^{-3}；后者没有粗骨料，主要原料都要经过磨细，并通过物理或化学方法使之形成气孔结构，容重一般小于 1000kg·m^{-3}。多孔混凝土按气孔形成的方式不同可分为泡沫混凝土和加气混凝土，主要特征是内部均匀分布着大量微细气泡，具有容重小、保温性好、可加工等优点，是一种新型轻质建材。

加气混凝土是在料浆中掺入发气剂，利用化学反应产生气体使料浆膨胀，硬化后形成具有较发达孔结构的混凝土。加气混凝土是用硅质材料（如砂、粉煤灰、尾砂粉、煤矸石沸腾炉炉渣等）和钙质材料（如水泥、石灰等）加水制成料浆，加入适量发气剂和其他附加剂，经过搅拌混合、浇注发泡成型、坯体静停与切割，再经蒸汽养护（蒸压或蒸养）而制成的。

加气混凝土是一种新兴的轻质墙体和屋面建筑材料，具有质量轻、强度高、保温、隔热、吸声等优点，而且对各种建筑体系的施工方法具有广泛的适应性，在国内外得到了广泛的发展和应用。

煤矸石沸渣加气混凝土就是利用煤矸石沸腾炉渣作硅质材料制成的加气混凝土。

（2）加气混凝土结构形成的基本原理

加气混凝土多孔结构的形成主要包括两个过程：一是铝粉与碱性水溶液之间反应产生气体使料浆膨胀，水泥和石灰水化凝结形成多孔结构；二是在加压蒸汽养护条件下，钙质和含硅质材料发生水热反应使强度增长，形成加气混凝土。

① 发气反应和气孔结构的形成

1）发气和膨胀。煤矸石的主要成分为高岭土（Al$_2$O$_3$·2SiO$_2$·2H$_2$O），经自燃或人工煅烧后，脱水成偏高岭石（Al$_2$O$_3$·2SiO$_2$），部分可分解为无定形 Al$_2$O$_3$ 和 SiO$_2$。把煤矸石沸渣、生石灰、铝粉和水以及其他添加剂按一定比例均匀混合，便形成具有塑、黏性的料浆，搅拌浇注过程中，在一定温度下（热水），水泥和石灰发生水化作用，生成 Ca(OH)$_2$，放出热量，使液相呈碱性（pH 值达 12 左右，否则需外加少量 NaOH）。新鲜表面的铝粉极易与碱溶液作用生成氢气，反应式如下：

$$2Al+3Ca(OH)_2+6H_2O \longrightarrow 3CaO·Al_2O_3·6H_2O+3H_2\uparrow$$

若加入了 NaOH，它也与铝粉作用生成氢气：

$$2Al+6NaOH+6H_2O \longrightarrow 3Na_2O \cdot Al_2O_3 \cdot 6H_2O+3H_2\uparrow$$

在石膏存在时，反应如下式：

$$2Al+3Ca(OH)_2+3CaSO_4 \cdot 2H_2O+H_2O \longrightarrow 3CaO \cdot Al_2O_3 \cdot 3CaSO_4 \cdot 3H_2O+3H_2\uparrow$$

当温度在 40℃时，1g 铝粉完全反应能放出 1.44L 氢气。产生的氢气在水中溶解度不大，使混合料浆膨胀。

在铝粉颗粒与碱性溶液接触的一瞬间，开始放出氢气，形成微小的气泡。当料浆温度为 400℃左右时，便产生大量气体，使铝粉颗粒周围形成一定的压力。当此压力引起的切应力大于料浆极限切应力时，气泡尺寸开始增大（见图 4-23），料浆发生膨胀。

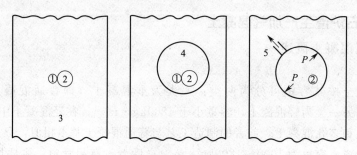

图 4-23　料浆膨胀时气孔形成原理
1—铝粉颗粒；2—氢氧化钙颗粒；3—原料；4—氢气泡；5—排气口

2）料浆的水化、稠化和凝结。在发气的同时，水泥、石灰与热水之间发生水化、稠化和凝结的反应。水泥、石灰和水发生水化反应的结果是生成氢氧化钙、含水硅酸二钙、含水硅酸三钙、含水铝酸钙和含水铁酸钙等产物，使自由水减少、水化产物增加，料浆开始稠化。在大量发气阶段，因水化产物减少，稠化速度比较缓慢，这样可以确保发气顺畅；发气膨胀临近结束时，水化反应仍继续进行，水化产物越来越多，液相越来越少，料浆逐渐失去流动性并产生能支承自重的结构强度。

因此，随着稠度增加，形成过饱和胶体，析出晶体并凝结成连生体，使初凝到终凝后具有一定的结构强度。在发气膨胀的同时，料浆中因水化反应生成一定量的水化产物（CaO·Al_2O_3·6H_2O，CaO·SiO_2·H_2O），发气膨胀一旦结束，料浆便迅速固化而形成稳定的多孔结构。终凝后，水化作用在常压下就不能大量进行，经过一段时间的静停，坯体继续增加强度后便可进行切割。

3）气孔结构的形成与条件。料浆浇注入模之后，一方面进行放气反应，一方面水泥和石灰进行水化、稠化、凝结反应。显然，只有当发气速度和稠化速度相适的条件下加气混凝土多孔结构才能形成，也就是在时间上来讲，在大量发气阶段，料浆稠化要缓慢，使料浆具有良好的流动性，发气顺畅、顺利膨胀，同时料浆要有良好的保气性能，使气泡不升逸出去而悬浮在中间，而且发气过程应在料浆丧失流动性前结束；一旦发气结束，料浆应迅速稠化丧失流动性，稳住形成的气泡结构。为了在大量气化阶段减缓料浆稠化速度，常加入少量石膏来抑制石灰的水解速度。

料浆稳定膨胀所必需的力学条件包括下面两个方面。一方面，料浆极限切应力小于气体压力产生的切应力。在发气初期，料浆极限切应力越小发气越顺畅。反之，若料浆极限切应力过大，则料浆流动性差，气泡不能膨胀，此时如果发气还在继续进行，会使气孔内压力不断增大，使料浆产生弹塑性变形。当气体压力引起的切应力大于料浆的强度极限时，气泡就炸裂。稠化快于发气时便出现这种现象。另一方面，气泡浮力小于介质阻力。如果料浆的塑性强度过低，就不能保住气体，气泡便会上浮，并可能与相临气泡合并成大气泡逸出，造成"沸腾"冒泡。欲使气泡不升浮逸出而是悬浮于料浆内，则气泡受到的浮力应小于或等于阻力。可见，料浆要有足够的塑性强度才能保住气体不外溢。加入表面活性剂，可以防止气泡长大，对阻止气泡升浮有一定的作用。

② 加气混凝土的蒸压硬化　料浆凝结后，整个体系基本上稳定，成为坯体。静停后具有一定强度，可进行切割。但由于时间短，温度低，水化产物少，结晶度差，尚属于半成品。

为了改变硅质材料的惰性，使灰质和硅质材料进行水热反应，增加水化产物，改善结晶度，从而使混凝土在较短时间内全面达到要求性能，就要进行蒸压养护。硅质材料用量大的加气混凝土，其硬化和相形成主要在蒸压养护阶段完成。在约 10atm(1atm＝101325Pa，下同)、180℃蒸汽养护条件下，硅质和钙质材料的反应和生成的产物如图 4-24 所示。

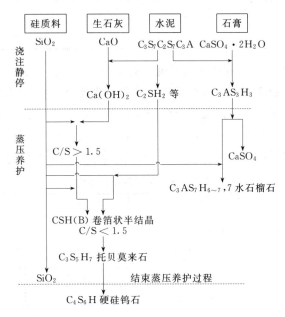

图 4-24　蒸压养护硅、钙质的反应产物

4.2.3.2　沸渣制加气混凝土的原料及生产工艺

（1）原料和配比

① 生产煤矸石加气混凝土的原料

1）沸渣。值得指出的是，应用玫瑰色沸渣生产加气混凝土生产建筑材料，首先要测定煤矸石沸渣的放射性比活度，只有满足国家标准《建筑材料产品及建材用工业废渣放射性物质控制要求》（GB 6763—2000）才能使用。

沸渣是煤矸石在沸腾锅炉中经 900～1050℃的温度充分燃烧后排出的残渣。一般 SiO_2 含量大于 40%，Al_2O_3 含量 15%～35%，其他成分较少为宜。一般要求磨细到 4900 孔·cm^{-2} 筛筛余量在 5%～8%。

2）生石灰。用于煤矸石加气混凝土生产的生石灰要求有效氧化钙含量大于 96%，氧化镁含量小于 5％，细度达到 4900 孔·cm^{-2} 筛筛余小于 15％，粉磨时如果发现有糊磨现象，可加入万分之几的三乙醇胺分散剂。

在一定范围内，随着生石灰用量的增加，浆料中 $Ca(OH)_2$ 的含量相应增加。这样一方面可以使铝粉充分反应，形成多孔结构，降低制品容重，另一方面可以使煤矸石中的活性成分充分地与 $Ca(OH)_2$ 反应，生成较多的水化产物，从而提高制品强度。然而，当生石灰用量过多时，料浆中将存在游离的氧化钙，加之过量生石灰水化反应时，体积膨胀对结构的破坏作用，使制品强度反而下降。可见，对加混凝土的生产来说，生石灰应有一个最佳掺量。表 4-30 显示出这个最佳掺量为 16％～17％（以有效氧化钙计）。

表 4-30　石灰掺量对加气混凝土制品性能的影响

样品	原料含量/%			α-CaO /%	密度 /kg·m^{-3}	强度 /MPa
	煤矸石	石灰	石膏			
1	40	8.5	1.5	14.5	350	2.86
2	40	9.0	1.5	15.2	361	3.08
3	40	9.5	1.5	15.9	376	3.21
4	40	10.0	1.5	16.6	532	3.85
5	40	10.5	1.5	17.3	563	3.69
6	40	11.0	1.5	17.9	587	3.52

3）石膏。一般使用二水石膏或半水石膏，磨细到 4900 孔·cm^{-2} 筛筛余小于 15％。

加入石膏不仅可抑制生石灰的水化反应，延缓料浆稠化，而且在蒸压养护过程中可直接参与水化反应，提高制品强度。但是当石膏用量过多时，会使料浆在发气膨胀完毕后还远未稠化凝结，不能支承自重而塌模，使已形成的多孔结构遭到破坏，导致制品强度降低，所以石膏也应有一个最佳掺量。表 4-31 显示出了这个最佳掺量为石灰用量的 20％～22％。

表 4-31　石膏用量对制品性能的影响

样品	原料/%			石膏占石灰用量 的比例/%	密度 /kg·m^{-3}	强度 /MPa
	煤矸石	石灰	石膏			
1	40	9.5	0	0	438	2.91
2	40	9.5	1.0	10.5	546	3.26
3	40	9.5	1.5	15.8	525	3.54
4	40	9.5	2.0	21.1	537	4.01
5	40	9.5	2.5	26.3	522	3.48
6	40	9.5	3.0	31.6	516	3.17

4）水泥。水泥中 CaO 的含量（结合态）约占 60％，水化后析出游离的 CaO 只有 20％左右，为了有较多的 CaO 和硅质料结合，水泥用量要大，所以从提供 CaO 使加气混凝土获得强度角度考虑，应该用石灰代替水泥，况且石灰价廉。但是，不能全部用石灰代替水泥。其原因是，水泥的成分和质量稳定，浇注成型容易控制；水泥浆稠化较石灰慢，而硬化较石灰快，有利于发气和坯体硬化。所以常用石灰、水泥混合钙质材料。

5）发气剂。常采用铝粉作发气剂，金属铝含量大于 98％，粒度小于 30μm 的占 50％，30～60μm 占 50％。

铝粉作为一种发气剂，其颗粒细度、粒度分布直接影响开始发气的时间和发气速度。铝粉颗粒越细，发气开始时间越早，发气速度越快、发气结束也越早。若铝粉粒度不均匀，则开始发气时间早，发气结束时间晚。实验所用铝粉粒度均匀，平均粒径为 30μm，比表面积

大约为 $5500cm^2 \cdot g^{-1}$。在其他原料组成一定的条件下，铝粉用量的多少，主要取决于制品容重的大小。图 4-25 表示出制品容重和铝粉用量的关系。由图 4-25 可知，铝粉用量越大，制品容重越小。生产容重为 $500kg \cdot cm^{-3}$ 的加气混凝土，铝粉的最佳掺量为 0.1% 左右。

6）脱脂剂。铝粉在制备过程中，为防止氧化和爆炸，粉磨时加入一定量的硬脂酸。使颗粒表面形成一层保护膜；当铝粉和碱溶液反应时，铝粉要求呈新鲜表面，这时要进行脱脂，一般采用洗衣粉、平平加等化学脱脂剂。

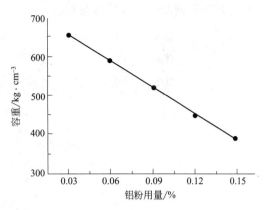

图 4-25 　制品容重和铝粉用量的关系

7）气泡稳定剂。目前较普遍使用的是可溶油，它是一种皂类表面活性物，由油酸∶三乙醇胺∶水＝1∶3∶36 混合而成。

8）减水剂。用沸渣作原料时，常加入减水剂，减少一部分用水量，改善料浆的流动性。减水剂一般利用亚甲基二萘磺酸钠（NNO）。

② 煤矸石加气混凝土生产的原料配合比　确定沸渣加气混凝土原料配比的原则是，应使制品具有良好的物理力学性能和耐久性，技术指标必须符合建筑要求；具有良好的料浆浇注稳定性，工艺必须有利于生产操作和控制；原料来源充足，质量要稳定。在满足上述要求的前提下，多用沸渣，尽可能减少调节剂的品种和用量，以降低生产成本并大量处理利用固体废物。

原料的配合比要经过试验确定。沸渣加气混凝土较适宜的配合比一般为，沸渣占67％～74％，生石灰占 $18\%～20\%$，水泥占 $5\%～10\%$，石膏占石灰用量的 $10\%～15\%$，铝粉占总干料量的万分之五，可溶油为每升料浆用1mL。水料比为 $0.6～0.7$。生产容重700g·cm^{-3} 的加气混凝土时，如采用 NNO 减水剂，用量为原料总重的 0.15%，水料比可从 0.65 以上降低到 $0.61～0.62$。

原料配比是生产加气混凝土的关键环节之一。表 4-32 给出了煤矸石沸渣加气混凝土的原料配比范围与配方实例。

表 4-32 　煤矸石沸渣加气混凝土的原料配比及实例

配　　方	煤矸石/%	水泥/%	石灰/%	石膏/%	铝粉/%	产品视密度
	60～75	7～15	10～20	2～5	<1	
实例 1	65～69	7～9	11～15	3	0.06～0.6	500kg·m^{-3}
实例 2	70	9～12	15	3	0.6	700kg·m^{-3}

（2）煤矸石加气混凝土生产工艺

① 工艺流程　煤矸石经粉碎、煅烧得煤矸石沸渣，再经球磨使细度达到 180 目筛余不超过 5%，然后加入 40℃的热水及减水剂搅拌 $5～7min$，再加入生石灰、石膏（细度均为 180 目筛余不超过 15%），搅拌 3min，最后加入铝粉搅拌 $30～35min$，便可浇注成型。3～4h 后再经切割，蒸压养护即可得到成品。

煤矸石加气混凝土生产的工艺流程如图 4-26 所示，主要工艺环节包括料浆制备、浇注成型、坯体切割和蒸压养护等过程。

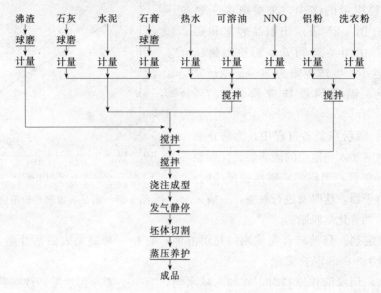

图 4-26 沸渣气混凝土生产原则流程

1) 料浆制备。料浆制备可分为原料加工和配料搅拌两个环节，前者包括原料的磨细、铝粉脱脂、可溶油制备等工序，后者包括定量配料和搅拌。

加气混凝土混合制备的主要设备是浇注车，其作用是把计量后的各组成分按规定的顺序和时间投入浇注车的搅拌罐内，搅拌均匀后再浇注入模具中，使之发气膨胀。例如移动式浇注车的结构（图 4-27），主要由料浆搅拌罐、铝粉悬浮液搅拌罐、碱液罐、浇注管、行走机构和电器自动控制等部分组成。

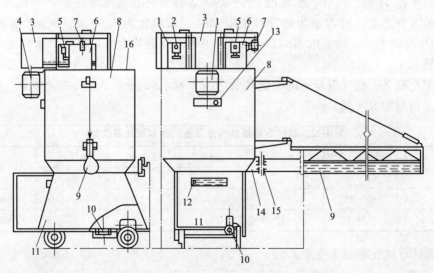

图 4-27 浇注车总体结构示意

1—碱液罐罐体；2—锥形阀门电磁铁；3—防护罩；4—料浆搅拌电动机；5—铝粉悬浮液罐锥形阀门电磁铁；
6—铝粉悬浮液罐体；7—铝粉悬浮液搅拌电动机；8—料浆搅拌罐；9—浇注筛；10—行走电动机；
11—浇注车底座；12—电器按钮开关；13—压力式湿度计；14—浇注放料口；
15—放料阀门；16—加料口

2）浇注成型。浇注工艺分定点浇注（模型移动）和流动浇注（模型固定）两种。模型是统一规格的钢模，尺寸为 6m×1.5m×0.6m。尺寸要求准确，具有足够的刚度。浇注前模型应预热和喷涂隔离剂。

3）坯体切割。为了便于用同一尺寸的模型生产不同规格的产品，广泛采用切割工艺。通常在浇注静停 2～4h 后，坯体强度达到 0.3～0.7kgf·cm^{-2} 时才能切割（1kgf·cm^{-2}＝98.0665Pa，下同）。

切割方法有直切法（钢丝不往复牵拉）和锯切法（钢丝往复牵拉）两种。

4）蒸压养护。一般在蒸压釜中进行。煤矸石沸渣加气混凝土一般采用高压高温养护，称为高压湿热养护，简称蒸压养护。温度在 100～200℃之间，饱和水蒸气的温度和压力有如下关系：

$$p = 0.984 \left(\frac{t}{100} \right)^4$$

式中　p——压力；

t——温度。

生产中只要控制饱和蒸汽压力，就可以保证所需的温度。在蒸压养护过程中，抽真空时要防止坯体沸腾；降压速度要放慢，以免制品爆裂；恒压时间可延长一些。

② 煤矸石加气混凝土生产主要工艺参数　水温 40～55℃；料浆浇注温度 50～60℃；料浆搅拌时间 6～7min；加入石灰后搅拌时间 3min；铝粉投入后搅拌时间 30～35min；静停切割时间 2～4h；蒸压养护制度为：抽真空（0～0.6kgf·cm^{-2}）30min；升压（－0.6～10kgf·cm^{-2}）2.5h；恒压（10kgf·cm^{-2}）8h；降压（10～0kgf·cm^{-2}）2.5h。

4.2.3.3　性能表征

加气混凝土制品主要有砌块和板材两大类，它们的规格、质量和技术要求在国家标准《蒸压加气混凝土砌块》（GB 11968—2006）和《蒸压加气混凝土板》（GB 15762—2008）中均作了详细规定。

蒸压加气混凝土基本性能，包括干密度、抗压强度、干燥收缩值、抗冻性、热导率，应符合表 4-33 的规定。

表 4-33　蒸压加气混凝土基本性能

强度级别		A2.5	A3.5	A5.0	A7.5
干密度级别		B04	B05	B06	B07
干密度/kg·m^{-3}		≤425	≤525	≤625	≤725
抗压强度/MPa	平均值	≥2.5	≥3.5	≥5.0	≥7.5
	单组最小值	≥2.0	≥2.8	≥4.0	≥6.0
干燥收缩值/mm·m^{-1}	标准法	≤0.5			
	快速法	≤0.8			
抗冻性	质量损失/%	≤5.0			
	冻后强度/MPa	≥2.0	≥2.8	≥4.0	≥6.0
热导率/W·(m·K)$^{-1}$		≤0.12	≤0.14	≤0.16	≤0.18

江西南昌生产的 60.0MPa 容重的煤矸石沸渣加气混凝土，其主要物理力学性能及耐久性指标可见表 4-34。

表 4-34　沸渣加气混凝土性能

项　目	单　位	指　标	备　注
绝干容重 $r_干$	$kg \cdot m^{-2}$	681	
基准含湿容重 $r_基$	$kg \cdot m^{-2}$	868	$W_Z = 35\% \pm 1\%$
绝干强度 $R_干$	$kgf \cdot cm^{-2}$	54.1	$W_Z = 0\%$
基准含湿强度 $R_基$	$kgf \cdot cm^{-2}$	43.0	$W_Z = 35\% \pm 10\%$
棱柱强度	$kgf \cdot cm^{-2}$	43.0	
劈拉强度	$kgf \cdot cm^{-2}$	3.17	
静力弹性模量 E	$10^4 kgf \cdot cm^{-2}$	1.79	
干燥收缩值	$mm \cdot m^{-1}$	0.672	
热导率 λ_0	$kcal \cdot (m \cdot h \cdot ℃)^{-1}$	0.1137	
抗冻性(重损)	%	4.4	
碳化系数		0.83	碳化前后强度比值

4.3　粉煤灰在建筑材料方面的应用

4.3.1　粉煤灰在建材工业中的应用

4.3.1.1　粉煤灰水泥

（1）粉煤灰水泥概述

水泥生产中用粉煤灰作为混合材料的历史较久，并早已纳入国家标准 GB 175—2007 和 GB 1344—1999 中。目前不少水泥厂由于缺乏混合材资源、矿渣供应不足，较广泛地使用粉煤灰作为混合材。国家标准 GB 1596—2005 于水泥和混凝土中的粉煤灰 6 规定，水泥生产中作水泥混合材料用粉煤灰的烧失量Ⅰ级≤5，Ⅱ级≤8，烧失量过大，会恶化水泥的使用性能（需水量增大）和耐久性。28d 抗压强度比Ⅰ级≤75，Ⅱ级≤62。抗压强度比（又称强度活性）则是粉煤灰火山活性的表现，直接影响粉煤灰作为水泥混合材的效果[7]。

按国家相关标准规定，在普通硅酸盐水泥中，粉煤灰的最大允许掺量为 15%，在粉煤灰硅酸盐水泥中，粉煤灰的掺量为 20%～40%，在矿渣硅酸盐水泥中，允许掺加 8% 的粉煤灰，在复合硅酸盐水泥中也允许掺加部分粉煤灰。在国标 GB 1596—2005 中，尚对作为混凝土掺合料用的粉煤灰，提出细度、需水量比等指标，粉煤灰则分为Ⅰ、Ⅱ、Ⅲ三个等级。这些指标虽属混凝土掺合料用粉煤灰的技术要求，但对水泥混合材用粉煤灰，也有一定关系。较细的粉煤灰，可减轻磨机负荷，或在磨尾匀化入库。低需水比粉煤灰有利于水泥的现场使用，提高混凝土质量。

用作水泥混合材的粉煤灰，尚有一种称为液态渣的特殊品种，它是煤粉在液态炉（炉温达 1600℃ 以上）中燃烧成液态，排出炉外时经水淬成粒，是一种理想的火山灰质混合材料。

粉煤灰在水泥工业中的利用技术成熟。各方面有关政策规定也比较完整、配套。从环境保护、产品开发和企业经济利益出发，大力开拓粉煤灰在水泥生产方面的应用，意义重大，前景光明。

粉煤灰是火电厂的废料，由于它的形成过程经历高温，使其产生部分熔融，在冷却后，结构中保留一定量的玻璃质物质。粉煤灰中的玻璃质主要是由硅氧四面体、铝氧八面体或铝氧四面体组成的不规则三维架状结构，它在常温水或酸性溶液中较稳定。但玻璃质结构毕竟能量较高，处于亚稳定状态，即具有一定的潜在活性。当与普通硅酸盐水泥混合，并且体系中存在水时，由于普通硅酸盐水泥水化产物 $Ca(OH)_2$ 的作用，玻璃质网络结构中部分 Si—O 或 Al—O 键断裂，网络空间的聚集度减小，网络缺陷增多，即 Ca^{2+} 有机会与带负电的硅氧或铝氧离子团反应，生成水化产物，具有水硬性。但由于粉煤灰的活性较低，因此当粉煤灰掺量较大时，常温下水泥的水化反应速率较慢，强度较低。但是，在一定化学外加剂作用下，可以使粉煤灰玻璃质中的架状结构较快解聚，尽快与体系中的 $Ca(OH)_2$ 和矿物掺合料产生水化反应，生成水化产物，提高水泥的早期和后期强度。

（2）粉煤灰水泥技术指标

国标 GB 1344—1999 中粉煤灰水泥定义为：凡由硅酸盐水泥熟料和粉煤灰、适量石膏磨细制成的水硬性胶凝材料称为粉煤灰硅酸盐水泥（简称粉煤灰水泥），代号 P·F。粉煤灰水泥分为 32.5、32.5R、42.5、42.5R、52.5、52.5R、62.5、62.5R 八个标号。国标中规定了水泥中粉煤灰掺加量按质量分数计为 20%～40%，同时规定了粉煤灰水泥的以下技术性能指标[8]。

① 氧化镁　水泥中氧化镁的含量不得超过 5.0%，如水泥经压蒸安定性试验合格，则熟料中氧化镁的含量允许放宽到 6.0%（熟料中氧化镁的含量达 5.0%～6.0% 时，粉煤灰掺量大于 30% 制成的水泥可不作压蒸试验）。

② 三氧化硫　粉煤灰水泥中三氧化硫含量不得超过 4.0%；火山灰水泥和粉煤灰水泥中三氧化硫的含量不得超过 3.5%。

③ 细度　$80\mu m$ 方孔筛筛余不得超过 10.0%。

④ 凝结时间　初凝不得早于 45min，终凝不得迟于 10h。

⑤ 安定性　用沸煮法检验必须合格。

⑥ 强度　水泥强度等级按规定龄期的抗压强度和抗折强度来划分，各龄期强度不得低于表 4-35 中的数值。

表 4-35　粉煤灰水泥各龄期强度要求　　　　　单位：MPa

强度等级	抗压强度		抗折强度	
	3d	28d	3d	28d
32.5	10	32.5	2.5	5.5
32.5R	15	32.5	3.5	5.5
42.5	15	42.5	3.5	6.5
42.5R	19	42.5	4.0	6.5
52.5	21	52.5	4.0	7.0
52.5R	23	52.5	4.5	7.0

（3）粉煤灰水泥的优缺点

粉煤灰水泥结构比较致密，内比表面积较小，而且对水的吸附能力小得多，同时水泥水化的需水量又小，所以粉煤灰水泥的干缩性就小，抗裂性也好。此外，与一般掺活性混合材的水泥相似，水化热低，抗腐蚀能力较强等。

① 早期强度低后期强度增进率大　粉煤灰水泥的早期强度低，随着粉煤灰掺加量的增多，早期强度出现较大幅度下降。因为粉煤灰中的玻璃体极其稳定，在粉煤灰水泥水化过程中其粉煤灰颗粒被 $Ca(OH)_2$ 侵蚀和破坏的速度很慢，所以粉煤灰水泥的强度发育主要反映在后期，其后期强度增进率大，甚至可以超过相应硅酸盐水泥的后期强度。

② 和易性好，干缩性小　由于粉煤灰颗粒大都呈封闭结实的球形，且内表面积和单分子吸附水小，使粉煤灰水泥的和易性好，干缩性小，具有抗拉强度高，抗裂性能好的特点。这是粉煤灰水泥的明显优点。

③ 耐腐蚀性好　粉煤灰水泥具有较高抗淡水和抗硫酸盐的腐蚀能力，由于粉煤灰中的

活性 SiO_2 与 $Ca(OH)_2$ 结合生成的水化硅酸钙平衡时所需的极限浓度（即液相碱度）比普通硅酸盐水泥中水化硅酸钙平衡时所需的极限浓度低得多，所以在淡水中浸析速度显著降低，从而提高了水泥耐淡水腐蚀能力和抗硫酸盐的破坏能力。

④　水化热低　粉煤灰水泥的水化速度缓慢，水化热低，尤其是粉煤灰掺加量较大时水化热降低十分明显。

粉煤灰水泥同其他品种的水泥一样，有自己的优点和缺点。其适用范围也因施工工程的要求不同而有所限制。粉煤灰水泥的优缺点及适用范围见表 4-36、表 4-37[9]。

表 4-36　粉煤灰水泥的优点及适用范围

粉煤灰水泥的优点	粉煤灰水泥的适用范围
对硫酸盐类侵蚀的抵抗能力及抗水性较好	一般民用和工业建筑工程
水化热低	水工大体积混凝土
干缩性较好	用蒸汽养护的构件
耐热性好	混凝土、钢筋混凝土的地下及水中结构
后期强度增进率较大	

表 4-37　粉煤灰水泥的缺点及不适用的工程

粉煤灰水泥的缺点	粉煤灰水泥不适用的工程
抗冻性较差	受冻工程和有水位升降的混凝土工程
抗碳化性能较差	气候干燥和气温较高地区的混凝土，要求抗碳化的工程

（4）粉煤灰水泥强度

粉煤灰水泥的强度（特别是早期强度）随粉煤灰的掺入量增加而下降。当粉煤灰加入量小于 25% 时，强度下降幅度较小；当加入量超过 30% 时，强度下降幅度增大。粉煤灰掺入量对水泥强度的影响见表 4-38。

表 4-38　粉煤灰掺入量对水泥强度的影响

粉煤灰掺入量/%	45μm 方孔筛筛余/%	抗折强度/MPa			抗压强度/MPa		
		3d	7d	28d	3d	7d	28d
0	6.0	6.3	7.0	7.2	32.0	41.5	55.5
25	5.6	4.7	6.5	6.5	23.1	29.1	44.0
35	5.6	4.2	6.4	6.5	18.5	24.9	42.2

粉煤灰水泥虽早期强度较低，但后期强度较高，而且可以超过硅酸盐水泥。粉煤灰水泥和硅酸盐水泥强度比较见表 4-39。

表 4-39　粉煤灰水泥和硅酸盐水泥强度比较

水泥品种	抗压强度/MPa					
	3d	7d	28d	3 个月	6 个月	1 年
硅酸盐水泥	29.8	38.1	46.5	53.8	57.0	55.2
粉煤灰水泥	16.4	23.5	37.3	52.3	65.7	66.5

为了弥补粉煤灰水泥早期强度低的缺点，上海、江苏等厂家生产以粉煤灰、矿渣为混合材的双掺水泥。这种水泥既具有粉煤灰水泥的优点，又具有矿渣水泥的优点，而且水泥早期强度的下降幅度减小（表 4-40）；此外，还有很多厂家利用粉煤灰代替黏土配料，同时引进石膏、萤石复合矿化剂，使水泥熟料中形成含硫铝酸钙（C_4A_3S）和氟铝酸钙（$C_{11}A_7 \cdot CaF_2$）的早强矿物，克服了粉煤灰水泥早期强度低等缺点[10]。

表 4-40　粉煤灰水泥中掺入部分矿渣后的强度

粉煤灰掺入量 /%	矿渣加入量 /%	45μm 方孔筛筛余 /%	抗压强度/MPa		
			3d	7d	28d
0	0	2.9	36.1	48.6	56.4
40	0	5.1	11.6	18.1	31.2
35	10	3.8	12.8	20.2	37.8
30	15	5.2	12.4	22.6	40.4

（5）原材料及技术要求

粉煤灰水泥生产所用原材料有主要原料和辅助材料两大类。主要原料是石灰质原料和粉煤灰，这两种原料占水泥总料的 92%～95%；辅助材料有铁粉、石膏、萤石等，占总料的 5%～8%。辅助材料虽数量少，但起的作用不小。现以机立窑生产工艺为主，对生产粉煤灰水泥所用原材料作一介绍。

① 主要原料

1）石灰质原料。粉煤灰水泥生产中，常用的石灰质原料是石灰石，它的主要成分是碳酸钙。对石灰质原料的技术要求见表 4-41（石灰石的二级品和泥灰岩在一般情况下均需与石灰石一级品搭配使用。搭配后的氧化钙含量要达到 48%；SiO_2、Al_2O_3、Fe_2O_3 的含量应满足熟料的配料要求）。

表 4-41　石灰质原料的技术指标　　　　　　　　　　　　　　　　单位：%

品位	CaO	MgO	R_2O	SO_3	燧石或石英
一级品石灰石	>48	<2.0	<1.0	<1.0	<4.0
二级品石灰石	45～48	<2.5	<1.0	<1.0	<4.0
泥灰石	35～45	<3.0	<1.0	<1.0	<4.0

2）粉煤灰。由于各电厂所用煤的品种不同，各地粉煤灰的化学成分有较大差别，特别是电厂、化工厂等排放的粉煤灰。一般对代黏土配料的粉煤灰的技术要求是：烧失量<15%，SiO_2>45%，Al_2O_3<35%，MgO<2%，SO_3<3%，R_2O<2.5%。

用作混合材的粉煤灰要求含碳量低、活性高，国标 GB 1596—2005 对用作水泥混合材的粉煤灰的品质标准的技术规定是：烧失量不得超过 8%；含水量不得超过 1%；三氧化硫含量不得超过 3%，冰泥胶砂 28d 抗压强度比不得低于 62%。

② 辅助材料

1）石膏。石膏在水泥生产中一是作矿化剂，二是作缓凝剂。用作矿化剂的石膏可使用工业废渣氟石膏和磷石膏，要求 SO_3 含量大于 35%。用作缓凝剂的石膏要求使用天然石膏 $CaSO_4 \cdot 2H_2O$，它除调节水泥的凝结时间外，还能提高水泥的强度。石膏加入量一般为 3%～5%，以水泥中总的 SO_3 含量不超过 3.5% 来控制最大掺量。

2）萤石。采用粉煤灰配料，生料中 Al_2O_3 含量高，萤石能与铅酸盐矿物形成氟铝酸钙 $C_{11}A_7 \cdot CaF_2$，降低烧成温度，改善烧成条件，有利于提高水泥的早期强度。用作矿化剂的萤石，除用 CaF_2 含量较高的矿石外，还可采用 CaF_2 含量略低，SiO_2 含量高的萤石尾矿。这样萤石既作矿化剂，又作硅质校正材料，有利于高铝粉煤灰的配料。

3）铁质校正材料。铁质校正材料用于补充生料中的 Fe_2O_3 含量的不足。一般含 Fe_2O_3 较高的矿石或废渣，都可作铁质原料，最常用的是硫铁矿渣（硫酸厂的废渣），铁矿石或炼铁厂的尾矿都可作为铁质原料。其他含 Fe_2O_3 的工业废渣，只要 Fe_2O_3 含量大于 40% 也可用作铁质原料。

③ 原料中有各成分的限制

1）对氧化镁含量的要求。水泥中的氧化镁含量过高将影响水泥的安定性。原料中的氧化镁经高温煅烧后，除部分存在于固体中外，大部分仍处于游离状态，以方镁石晶体存在。这种晶体水化速度缓慢，生成的氢氧化镁 $Mg(OH)_2$ 能在硬化后（甚至 $1\sim2$ 年后）的混凝土中发生体积膨胀，从而造成建筑物崩溃。因此，要求原料中氧化镁含量在 3% 以下。

2）对碱含量的要求。碱含量主要指氧化钾 K_2O 和氧化钠 Na_2O 的含量。当原料中含碱量高时，对水泥窑的正常生产和熟料质量会带来不利的影响，如易使料发黏，煅烧操作困难，熟料中游离氧化钙增加，水泥凝结时间不正常等。因此，要求原料中的碱含量少于 4%。

3）对燧石或石英的要求。燧石主要来源于石灰石中，燧石为微晶结构，其主要矿物成分为石英，石灰石中除石英含量一般应控制在 4% 以下，如超过此限，磨机和窑的产量会相应降低。

4）对五氧化二磷含量的要求。水泥生料中，如果有少量的五氧化二磷（P_2O_5）对水泥有益，可以提高水泥的强度；但如超过 1%，熟料的强度便显著下降。所以对原料，特别是使用工业废渣配料时，要对五氧化二磷的含量予以限制。

5）对氧化钛含量的要求。水泥熟料中含有适量的氧化钛（TiO_2）（$0.5\%\sim1.0\%$）时，对水泥硬化过程有利，但如超过 3%，水泥强度就会降低，如果含量继续增加，水泥就会溃裂。所以，原料中的 TiO_2 含量应控制在 2% 以下。

（6）熟料的矿物组成与率值选择

① 矿物组成　以粉煤灰代黏土配料并使用石膏、萤石复合矿化剂烧成的水泥熟料，矿物组成是很复杂的，是一种多矿物及玻璃体组成的集合体。在水化过程中，各种矿物彼此会互相影响，而某些含量少的矿物，有些在一定条件下影响却很大。粉煤灰硅酸盐水泥熟料有以下几种矿物。

1）硅酸三钙与 A 矿（阿利特）。纯的硅酸三钙分子式为 $3CaO\cdot SiO_2$（缩写为 C_3S），晶体无色，相对密度为 1.15，熔融温度为 2150℃。它是硅酸盐熟料中的主要矿物，含量通常在 $50\%\sim60\%$。水泥熟料中的硅酸三钙并不以纯的硅酸三钙存在，而是在硅酸三钙中含有少量其他氧化物，如 Al_2O_3、MgO、Fe_2O_3、K_2O、Na_2O 等。含有少量氧化物的硅酸三钙通常称为 A 矿。

2）硅酸二钙与 B 矿（贝利特）。纯的硅酸二钙分子式为 $2CaO\cdot SiO_2$（缩写为 C_2S），它是熟料中的另一种重要矿物。当采用粉煤灰代黏土配料并引进石膏、萤石复合矿化剂后，通常熟料中的硅酸二钙含量在 10% 左右。硅酸二钙也不以纯的形式存在，而是与 MgO、Al_2O_3、Fe_2O_3 等氧化物形成固溶矿物，通常称为 B 矿。纯的硅酸二钙有 α-C_2S、α'-C_2S、β-C_2S、γ-C_2S 四种晶形，但实际生产的熟料中，C_2S 一般以 β-C_2S 存在。

3）铁铝酸钙与 C 矿（才利特）。硅酸盐水泥熟料中，含铁矿物是铁铝酸四钙 $4CaO\cdot Al_2O_3\cdot Fe_2O_3$（缩写为 C_4AF），亦称 C 矿或才利特，含量在 $8\%\sim10\%$。C 矿硬化较慢，后期强度较高，水化热较低，具有弹性。抗冲击力强，抗硫酸盐腐蚀性能较好，但含 C_4AF 的慢冷熟料非常难磨。

4）铝酸钙。在普通硅酸盐水泥熟料中，铝酸钙 $3CaO\cdot Al_2O_3$（缩写为 C_3A）含量为 $7\%\sim15\%$，但采用粉煤灰代黏土配料并引进石膏、萤石复合矿化剂后，熟料中的 C_3A 含量大大减少，有时甚至不存在。

C_3A 水化硬化非常迅速，它的强度在 3d 之内就能充分发挥出来，所以早期强度较高，但强度绝对值较小，且后期强度不再增长，甚至反而降低，水化时能放出大量水化热，干缩变形较大，抗硫酸盐腐蚀能力较差。

5）硫铝酸钙与氟铝酸钙。在粉煤灰代黏土配料中，引进石膏、萤石复合矿化剂可形成硫铝酸钙 C_4A_3S 与氟铝酸钙 $C_{11}A_7 \cdot CaF_2$ 两种矿物。这两种矿物的生成使熟料中的 C_3A 大量降低。C_4A_3S 和 $C_{11}A_7 \cdot CaF_2$ 是早期强度高的矿物，它们在熟料中的总量占 10%～15%。同时石膏和萤石的主要作用是促进 C_3S 大量生成，并使游离氧化钙 f-CaO 迅速降低，大大地提高了熟料质量。

6）熟料中的有害元素。水泥熟料中的有害元素主要为方镁石和游离氧化钙。方镁石 MgO 由于与 SiO_2、Al_2O_3、Fe_2O_3 的化学亲和力很小，在熟料煅烧过程中一般不参加化学反应，它可能有三种形式存在于熟料中：溶解于 C_4AF、C_3S 中形成固溶体；溶于玻璃体中；以游离状态的方镁石（即结晶状态 MgO）存在于熟料中。

经研究证明，MgO 以前两种状态存在于熟料中，对水泥石没有破坏作用。以游离状态存在于水泥熟料中时，由于方镁石水化速度非常慢，要等到水泥硬化后它才开始水化，水化后体积增大从而引起水泥石破坏。

游离氧化钙通常是指未化合完全而成死烧状态的氧化钙。由于熟料慢冷，在还原气氛下分解出氧化钙；熟料中的碱取代 C_2S、C_3S 和 C_3A 中的氧化钙，而形成二次游离氧化钙等。由于游离氧化钙水化速度很慢，在水泥硬化后，游离氧化钙才开始水化而产生破坏作用，致使水泥制品强度下降、开裂，甚至整个水泥制件崩溃。

7）其他物质。粉煤灰水泥熟料中，除以上矿物外，还有很多中间物质及玻璃体，还可能存在少量的游离二氧化硅；在碱含量较高的熟料中，还可能含有 K_2SO_4、Na_2SO_4 等；在慢冷熟料中还可能出现 $\gamma\text{-}C_2S$；在储存较久的熟料中，由于空气的水汽和 CO_2 作用，还可能生成氢氧化钙、碳酸钙及水化铝酸钙。

② 粉煤灰水泥熟料的率值选择　硅酸盐水泥熟料中各种氧化物并不是以单独的状态存在，而是以两种或两种以上的氧化物结合成化合物（通常称为矿物）存在。因此在粉煤灰水泥生产过程中，控制各氧化物之间的比例比控制各氧化物的含量更为重要，更能表示出水泥的性质及对煅烧的影响。率值就是用来表示水泥熟料中各氧化物之间相对含量的系数。通常生产中控制熟料化学成分所采用的率值有石灰饱和系数、硅率及铁率。

1）石灰饱和系数。石灰饱和系数（KH）表示氧化硅被氧化钙饱和成硅酸三钙的程度。KH 高，则 A 矿含量多，熟料质量（主要表现为强度）好，故提高 KH 值有助于提高水泥质量。当熟料中的 SiO_2 全部被 CaO 饱和时，KH＝1，但 KH 值高，熟料煅烧过程困难，保温时间长，同时窑的产量低、热耗高，密封工作条件恶化。因此在生产中确定 KH 值时，应从全面考虑，如生料质量、燃料质量、煅烧温度、保温时间等，选择适当的数值，以使熟料质量好，游离氧化钙低，煅烧容易。

石灰饱和系数与熟料矿物组成之间的计算公式如下：

$$KH = \frac{C_3S + 0.8838C_2S}{C_3S + 1.3256C_2S}$$

粉煤灰代黏土配料并引进石膏、萤石复合矿化剂后，通常采用较高的石灰饱和系数，一般控制在 0.92～0.96，因为在煅烧含复合矿化剂的硅酸盐水泥熟料时，化合物的形成过程中放出一定量的氧化钙，这种新生的氧化钙具有很高的化学活性，易于参加化学反应，所以当 KH 接近 1 时，熟料中的氧化钙仍不太高，烧出的熟料质量良好；相反，当 KH<0.92 时，由于使用了复合矿化剂，熟料易烧性好，液相量增多，熟料易结大块，窑内流体阻力加大，影响通风，游离氧化钙反应偏高，熟料强度也偏低。

2）硅率（或称硅酸率）。硅率（n）表示熟料中氧化硅含量与氧化铝、氧化铁之和的质量比，也表示熟料中硅酸盐矿物（C_3S+C_2S）与熔剂矿物（C_3A+C_4AF）的相对含量。当 n 大时，硅酸盐矿物含量多，熔剂矿物含量少，熟料质量高，但煅烧困难；反之，则熔剂矿物含量相对增多，生成较多液相，使煅烧易进行。但液相太多，使熟料中硅酸盐矿物减少而影响水泥强度。硅率与熟料矿物组成之间的计算公式如下：

$$n=\frac{C_3S+1.325C_2S}{1.434C_3A+2.046C_4AF}$$

使用粉煤灰代黏土配料，硅率一般采用 1.4～1.6。

3）铁率（或称铝氧率）。铁率（p）表示熟料中氧化铝和氧化铁含量的质量比，也表示熟料熔剂矿物中铝酸三钙与铁铝酸四钙的比例。p 值大小，一方面关系到熟料水化速度的快慢，同时又关系到熟料液相的黏度。当 p 值增大时，液相黏度增大，不利于 C_3S 的形成，而适量降低 p 值会使熟料易烧些，但 Fe_2O_3 超过一定数量（如 $Fe_2O_3>5.5\%$）使 p 值过低时也会造成煅烧困难。铁率与熟料矿物组成之间的计算公式如下：

$$p=\frac{1.15C_3A}{C_4AF}+0.64$$

通常，粉煤灰硅酸盐水泥熟料铁率采用 1.2～1.8。

（7）粉煤灰水泥的配合比

根据各种原料的化学成分，按一定的比例配合，以达到烧制熟料所必需的生料成分称配料。生料配料是为了确定原料各组分——石灰质、硅质和辅助原料的数量比例，以保证得到成分和质量合乎要求的水泥熟料。因此生料配料是水泥生产必不可少的重要环节，在进行配料设计时，应考虑以下问题。

① 原料的可能性　选择生产原料必须根据原料的资源情况、物理性质、化学成分及有害成分的含量，决定是否可以使用或将不同品种进行搭配。

粉煤灰中一般硅低铝高，所以在选择石灰石、铁粉、矿化剂等原料时，应尽量选用高硅低铝的原料。一般用粉煤灰代黏土配料，并使用石膏、萤石复合矿化剂时应配制较高的石灰饱和系数。但当原料中含碱量较高时，石灰饱和系数亦不能配得太高。

② 燃料质量　当燃料较差、灰多、发热量低时，一般烧成温度都较低，则熟料的石灰饱和系数不宜选择过高；反之，则可配制高饱和比。

③ 生产设备的操作条件　在配料时，要考虑到磨机的能力、磨料的细度和窑的热工性能，以及人员的技术及经济操作水平等。

④ 配料要求　在考虑上述条件的基础上，配料方案应满足的要求是：保证获得特定要求的高质量熟料；要求熟料在烧制过程中化学反应完全，且易于控制，易于操作，如不炼窑、不结大块、不塌窑、燃料消耗低等。

配料的目的是为煅烧水泥熟料提供高强、易烧、易磨的生料，以达到优质、高产、低消耗和设备长期安全运转的目的。配料计算的依据是物料平衡。任何化学反应的物料平衡是：反应物的量应等于生成物的量。生料配料计算方法繁多，有代数法、图解法、尝试误差法、矿物组成法和最小二乘法等。受篇幅限制，本书不赘述，可参考《水泥工艺学》等著作[11]。

（8）粉煤灰水泥介绍

粉煤灰除作为水泥工业的原料代替黏土和作混合材生产粉煤灰硅酸盐水泥外，根据其物理化学特性和加入不同的外加剂，采用不同的工艺方法，还可生产出具有特殊性能的水泥（简称粉煤灰特种水泥）。用粉煤灰生产特种水泥，生产工艺简单，产品成本低，性能可靠，综合效益较好。下面就目前我国试制和生产的粉煤灰水泥进行简单介绍[12]。

① 粉煤灰早强型水泥　生产粉煤灰早强型水泥可使用石膏、萤石复合矿化剂，用粉煤灰代黏土烧制成熟料或用脱炭后的粉煤灰作混合材生产早强型髓灰硅酸盐水泥，产品的各项性能均达到或超过国家 425R 型水泥标准。这种水泥的主要矿物是 C_3S 和 C_4A_3S 及 $C_{11}A_7 \cdot CaF_2$，并有部分 C_2S，而 C_3A 则大量消失甚至一点没有。由于 C_3S 的含量高达 60%，并且晶体发育良好，所以产品的早期强度较高，后期强度稳定，是一种性能优良的水泥。

生产粉煤灰早强型水泥的工艺过程同生产普通水泥一样，只需改变配料和部分工艺参数。粉煤灰代黏土配料加入量在 20% 左右，作混合材生产 42.55R 水泥加入量在 20% 左右。由于使用粉煤灰作混合材和代黏土原料，粉煤灰起了助磨剂的作用，使生料磨和水泥磨的产量提高，电耗降低，综合能耗降低，生产成本比普通水泥低。粉煤灰水泥在正常烧成中底火稳定，易于操作和控制，有较好的适应性。

粉煤灰早强型水泥用于工程中可加快施工进度，提高工程质量，降低工程造价；用于构件制作中可加快模具周转；用蒸汽养护时可降低蒸汽消耗。

② 硅硫酸盐粉煤灰水泥　硅硫酸盐粉煤灰水泥的生产工艺特点是，将粉煤灰、石灰石、石膏及萤石等原料按一定比例配料，压制成砖，用烧制普通黏土砖的轮窑生产线进行烧制，出窑冷却后粉磨成水泥。这种水泥的粉煤灰掺量可达到 40%，主要矿物是 C_3S、C_2S、C_4A_3S 等，因而具有早强特点。生产硅硫酸盐粉煤灰水泥要掌握好烧成温度，避免还原气氛，并尽可能加快熟料的冷却速度，防止 γ-C_2S 的生成，避免物料粉化。

③ 粉煤灰砌筑水泥　目前我国水泥标准中虽规定了 275 号低标号水泥，但很少有厂家生产，一般水泥厂大都生产 325 号以上水泥。实际工程中的砌筑砂浆多为 25 号和 50 号，有时用 75 号和 100 号，因而建筑工程中普遍存在用高标号水泥配制低标号砂浆的现象。为了达到砂浆标号，就要加大砂率而少用水泥，因而经常出现砂浆和易性不良等问题，所以发展粉煤灰砌筑水泥非常必要。粉煤灰砌筑水泥又分粉煤灰无熟料水泥、粉煤灰少熟料水泥和纯粉煤灰水泥。近年来出现的磨细双灰粉，实际上也属于粉煤灰砌筑水泥的一种。

1）粉煤灰无熟料水泥。粉煤灰无熟料水泥是以粉煤灰为主要原料（65%～70%），配以适量的石灰（25%～30%）、石膏（3%～5%），有时加入部分化学外加剂或矿渣等，共同磨细制成的水硬性胶凝材料（粉磨细度一般要求控制在 80μm 方孔筛筛余在 5%～7% 之间）。生产这种水泥不需要煅烧用的窑炉，生产方法简单，投资少，成本低，生产规模可大可小。生产的水泥标号可达 225 号～275 号，可用来配制 25 号～50 号砂浆，也可用于生产蒸汽养护的非承重构件。

2）粉煤灰少熟料水泥。粉煤灰少熟料水泥与粉煤灰无熟料水泥生产工艺大致相同，也是以粉煤灰为主要原料（65%～70%），加少部分熟料（25%～30%）、石膏（3%～5%），有时也加入部分石灰或部分矿渣，磨制而成的水硬性凝胶材料（粉磨细度一般控制在 80μm 方孔筛筛余不大于 7%）。由于用熟料代替了无熟料水泥中的石灰，水化产物与无熟料水泥不同，凝结硬化规律也不一样。粉煤灰少熟料水泥标号一般可达 275 号～325 号，可用来配制 25 号、50 号、70 号、100 号砂浆及低标号（200 号以下）混凝土构件。

　　粉煤灰无熟料水泥和粉煤灰少熟料水泥都要求使用干排灰，含碳量低于8%的活性高的粉煤灰。石灰最好采用新烧制的，新烧制的石灰有效CaO含量高。石膏可用二水石膏，也可用半水石膏或煅烧石膏，不可使用含SO_3较高的工业下脚料代替。少熟料水泥所用熟料应尽量采用质量较好的熟料，且希望C_3S、C_3A含量高一些，以确保水泥性能，并获得较高的早期强度。

　　3）纯粉煤灰水泥。火力发电厂燃料煤中CaO含量较高，或采用炉内增钙的方法，即在磨煤粉的同时加入一定量的石灰石或石灰，混合磨细后进入锅炉内燃烧，在高温条件下，部分石灰与煤粉中的硅、铝、铁等氧化物发生化学反应，生成硅酸盐、铝酸盐等矿物。收集下来的粉煤灰具有较好的水硬性，再加入少量石膏作激发剂共同磨细后可制成的水硬性凝胶材料，称为纯粉煤灰水泥。

　　由于炉内增钙会影响锅炉的正常煅烧，所以除燃料煤中含CaO较高时可利用其粉煤灰生产纯粉煤灰水泥外，一般不提倡用炉内增钙的方法生产纯粉煤灰水泥。

　　4）磨细双灰粉。磨细双灰粉是将粉煤灰和石灰按一定比例磨细后而制成的水硬性胶凝材料，一般用于砌筑砂浆和装修用灰等。根据不同的要求，采用不同的配比。

　　④ 低温合成粉煤灰水泥　低温合成粉煤灰水泥所用的原料是粉煤灰和生石灰（要求生石灰有效氧化钙含量在70%以上）。这种水泥粉煤灰利用率可达70%，而且干灰、湿灰都能利用。石灰用量为25%～30%，并加入部分外加剂，如石膏、晶种等（晶种可采用蒸养粉煤灰硅酸盐碎砖或低温合成水泥生产中的蒸养料）。将石灰与少量外加剂混合粉磨后与一定比例的粉煤灰混合均匀压制成型，先经蒸汽养护再低温煅烧（烧成温度700～850℃），冷却后磨制成水泥。低温合成粉煤灰水泥标号可达325号，具有早期强度较好，水化热低等特点。水泥中的C_2S与高温合成的$\beta\text{-}C_2S$相比，其晶体细小，并且无一定形状，化学活性高，易于水化，机械强度高，因低温煅烧无死烧f-CaO，故安定性好。低温合成粉煤灰水泥强度发挥较快，常压蒸养或高压蒸养强度均增大，但6个月后很少增大。冬季在5℃以上也能正常施工，并且具有很好的抗硫酸盐性。

　　⑤ 粉煤灰彩色水泥　粉煤灰彩色水泥是以低温合成粉煤灰水泥为基料（由于采用了一定的制作工艺，低温合成粉煤灰水泥具有一定的白度），经掺入颜料而制成的。这种方法生产的水泥颜色美观，是一种物美价廉的中、低档墙面装饰材料。

　　⑥ 粉煤灰喷射水泥　喷射水泥主要用于各种坑道、隧道、地下防空工程、水利水电地下工程等锚喷支护方面。粉煤灰喷射水泥是以低温合成粉煤灰水泥为主要成分，外掺约30%的硅酸盐水泥熟料，或掺入40%的普通硅酸盐水泥和适量的煅烧石膏共同粉磨制成的。粉煤灰喷射水泥的净浆强度：4h 10MPa，3d 25.3MPa，7d 29.9MPa，28d 52.7MPa，3个月58.9MPa，6个月66.2MPa。

　　（9）存在的问题及解决方案

　　国家标准中粉煤灰水泥中粉煤灰的掺量为20%～40%，目前还没有大掺量粉煤灰水泥的国家标准，这给该产品的应用带来了一定的困难。在现阶段，一方面只有先制定企业的产品标准，在工程中逐步推广应用；另一方面，国内有关专家也在呼吁制定大掺量粉煤灰水泥和混凝土的国家标准，以适应社会发展和建筑工程的要求。

4.3.1.2　粉煤灰砖

　　粉煤灰砖以粉煤灰为主要原材料，以矿渣等硅质材料及石灰、水泥等胶质材料为辅助原材料，按所需配比经原料处理、混合、轮碾、压制成型、养护等工序而制成，其在我国已有近半个世纪的生产应用历史。根据生产工艺不同，目前利用粉煤灰生产的砖分为：粉煤灰烧结普通砖、粉煤灰烧结多孔砖、粉煤灰蒸压砖及蒸养砖。根据国家近年来关于取消实心黏土砖生产的方针，用粉煤灰砖取代黏土砖是较为合理有效的办法，也是切实可行的方法。作为一种新型的利废环保节能墙体材料，粉煤灰砖的优良特性显得尤为突出。粉煤灰砖具有很多优点，如质量较轻、热导率较小、生产工艺布置紧凑等，同时，粉煤灰的生产有助于节约土地资源，节省能源消耗，保护环境等。我国在加大粉煤灰综合利用和墙材革新政策力度的同时，为促进粉煤灰制砖的发展，对利用粉煤灰生产砖的原料性能、产品技术质量要求、结构设计及施工质量验收制定了新的技术标准。主要有：GB 5101—2003《烧结普通砖》，GB 13544—2011《烧结多孔砖和多孔砌块》，GB 13545—2014《烧结空心砖和空心砌块》，JC 239—2001《粉煤灰砖》，GB 6566—2010《建筑材料放射性核素限量》[13,14]。

行业标准 JC 239—2001《粉煤灰砖》为了满足蒸养粉煤灰砖生产的需要，其中某些性能的技术指标要求偏低，特别是耐久性指标。为此，立足工程质量和安全需要，CECS 256—2009《蒸压粉煤灰砖建筑技术规范》（以下简称《规范》）中不仅要求蒸养粉煤灰砖和蒸压粉煤灰砖的产品性能均符合 JC 239—2001 的技术指标，而且对蒸压粉煤灰砖提出了更高的要求。本文简要介绍《规范》对蒸压粉煤灰砖提出的技术要求，并就生产满足《规范》要求的高性能蒸压粉煤灰砖的生产工艺技术进行讨论。

在《规范》的 2.1.1 条中，赋予蒸压粉煤灰砖新的定义：以石灰、消石灰、电石渣或水泥等钙质材料与粉煤灰等硅质材料及集料（砂）为主要原料，掺加适量石膏，经搅拌、混合、多次排气压制成型、高压蒸汽养护而制成的砖。

在《规范》的第三章，对蒸压粉煤灰砖的性能提出了技术要求：用于承重结构的蒸压粉煤灰砖，除应满足现行行业标准 JC 239—2001《粉煤灰砖》外，还应满足《规范》的规定；蒸压粉煤灰砖的强度等级应为 MU25、MU20、MU15；承重砖的折压比不应低于 0.25；蒸压粉煤灰砖的质量吸水率不应大于 20%；蒸压粉煤灰砖出厂时的干燥收缩值不应大于 0.5mm·m^{-1}；蒸压粉煤灰砖的抗冻性能应符合表 4-42 的要求；蒸压粉煤灰砖的碳化系数和软化系数均应不小于 0.85。

表 4-42　蒸压粉煤灰砖的抗冻性能要求

使用条件	抗冻标号	单块砖质量损失/%	强度损失/%
非采暖地区	F25	≤2	≤20
采暖地区	F50		

另外，国家标准 GB 50574—2010《墙体材料应用统一技术规范》蒸压粉煤灰实心砖规定了最低强度等级为 MU15，碳化系数和软化系数均不应小于 0.85，以及抗冻性能非采暖地区为 F25、采暖地区为 F50，折压比（块体材料抗折强度与其抗压强度之比）见表 4-43。

表 4-43　蒸压粉煤灰砖的折压比

强度等级	MU30	MU25	MU20	MU15
折压比	0.16	0.18	0.20	0.25

蒸压粉煤灰砖在工程应用中出现不同程度的质量问题，其中最突出的是墙体裂缝及局部墙体耐久性问题。其原因是多方面的，但蒸压砖自身产品质量问题是主要影响因素，该问题若不解决，势必制约蒸压粉煤灰砖在工程中的推广和应用。为使蒸压粉煤灰砖的产品质量满

足《规范》的要求，下面就蒸压粉煤灰砖的原材料、配合比的合理选择及生产工艺的基本要求进行讨论[15]。

（1）原料及其性能

蒸压粉煤灰砖所用原材料，主要有硅质材料粉煤灰、钙质材料、石膏和细集料等，为保证产品质量，各种原材料均应满足相应的技术要求。

① 粉煤灰　行业标准 JC/T 409—2001《硅酸盐建筑制品用粉煤灰》规定，硅酸盐建筑制品用粉煤灰按细度、烧失量、二氧化硅和三氧化硫含量分为 Ⅰ、Ⅱ 两个级别，见表4-44。

表4-44　硅酸盐建筑制品用粉煤灰的技术要求　　　　单位：%

指标名称		0.045mm 方孔筛余量	0.080mm 方孔筛余量	烧失量	SiO$_2$	SO$_3$
级别	Ⅰ	≤30	≤15	≤5.0	≤45	≤1.0
	Ⅱ	≤45	≤25	≤10.0	≤40	≤2.0

科学实验和生产实践表明，用于生产高质量蒸压粉煤灰砖的粉煤灰的化学组成以符合表4-45要求为宜。

表4-45　用于粉煤灰砖的粉煤灰适宜的化学组成　　　　单位：%

化学组成	SiO$_2$	Al$_2$O$_3$	Fe$_2$O$_3$	MgO	CaO	Na$_2$O+K$_2$O	SO$_3$	烧失量
含量波动范围	40～60	15～35	3～10	0～2.5	1.5～2.5	0.5～2.5	—	3～20
技术要求	≥40	≥15	≤15	≤5	—	≤2.5	≤2	≤8

通常情况下，各种粉煤灰中的 SiO$_2$ 均能达到要求，SiO$_2$＋Al$_2$O$_3$ 含量多在 70% 以上，完全可以满足生产蒸压粉煤灰砖的需要。而烧失量和细度成为粉煤灰能否用于制备蒸压粉煤灰砖的关键。为了保证坯体的密实度，粉煤灰的细度以 0.08mm 方孔筛筛余量为 20%～40% 为宜，含碳量即烧失量应不大于 8%，另外堆积密度应不小于 600kg·m^{-3}。这里需要说明的是，关于粉煤灰的细度，武汉理工大学的实验研究表明，粉煤灰过细和层数越多，摩擦力就越大，传递中压力损失就越大，坯体也就越不密实。关于含碳量，有的认为粉煤灰中的碳能挥发，而引起砖的收缩，有的则认为易风化，实际并非如此。粉煤灰中的碳是以焦炭形式存在，具有较好的体积安定性，科学研究表明，碳在常温时很稳定，在高温时能与许多元素作用。因此，粉煤灰中的碳在砖使用过程中，既不会挥发，也不会风化。其对砖的危害作用在于其为多孔体，含碳量高时，一方面可使砖具有较大的饱水能力，湿热交换中破坏力大，压制成型过程中，也不易使坯体密实；其次，可使砖具有较高的吸水率，而使砖的抗冻性能劣化；另外，减少了粉煤灰中的活性组分，而且会吸收过多的水化产物，对水化反应不利，使砖的强度受到不良影响。关于密度，粉煤灰的干堆积密度越低，内部空气含量越高。成型施压时，大量空气难以排出形成反弹，坯体不易密实。

当使用湿排粉煤灰时，除上述技术要求外，还应控制其含水率在一定范围，要求含水率为 30%～33%。这是因为：含水率偏大，消化时易发生结仓，碾压和成型困难，压制的砖坯有粘模、表面出浆、弯曲等弊病，甚至无法成型；含水率过低，会造成混合料消化不完全和碾压时碾轮压不着料，碾压效果不佳。另外从生产控制角度考虑，应防止粉煤灰含水率波动过大，因为这不仅影响到混合料中的水分，而且由于粉煤灰含水率的波动造成整个配合比不准确，尤其采用体积计量时，应仔细控制。

② 钙质材料　钙质材料有石灰、电石渣和水泥等，在高温水化条件下与粉煤灰中的 SiO$_2$ 和 Al$_2$O$_3$ 反应生成水化硅酸盐和水化铝酸盐，从而使制品具有强度。生产蒸压粉煤灰

砖宜采用生石灰。生石灰质量技术要求见表 4-46，采用熟石灰或工业废渣，如电石渣时应通过专门的工业性试验确定。采用电石渣，其质量应符合表 4-47 的规定。

表 4-46　生石灰质量技术要求

混合料消化方式	化学成分/%		消化速度/mm	消化温度/℃	过火灰/%	欠火灰/%
	α-CaO	MgO				
料仓消化	≥60	≤5	≤15	≥60	≤5	≤7
地面消化	≥50	≥50	≤30	≥50	≤5	≤10

表 4-47　电石渣质量技术要求

化学成分/%		0.2μm 孔筛筛余量/%	0.8μm 孔筛筛余量/%	其　他
α-CaO	MgO			
≥50	≤5	≤5	≤30	不含乙炔残留

③ 石膏。石膏可采用天然石膏或工业副产石膏即化学石膏（脱硫石膏、磷石膏、氟石膏），可以是二水石膏、一水石膏或无水石膏，通常用二水石膏。

石膏的 $CaSO_4$ 含量应不小于 65%，在使用工业副产石膏时除要求 $CaSO_4$ 含量符合要求外。对其中其他杂质应加以限制。如采用磷石膏时，要求 P_2O_5 含量不超过 3%，采用氟石膏时，应先用石灰中和至微碱性，以保证其中 HF 含量极少。使用石膏干粉末时，细度要求为 0.080mm 孔筛筛余量≤15%。

④ 发集料　蒸压粉煤灰砖应采用细集料，其粒径大于 5～10mm 的颗粒应不大于 15%，可以采用天然细集料砂、人工细集料碎石屑，也可以采用尾矿、煤渣、液态渣、水渣等工业废渣。

在蒸压粉煤灰砖中，集料是作为调整颗粒级配的粗颗粒，要求颗粒级配合理、粉料少，颗粒强度应高于设计制品强度，应使用干堆积密度大于 $750 kg \cdot m^{-3}$ 的多种粒级组成的集料，按照颗粒紧密堆积原则进行粒级选择，避免使用层理大、颗粒比表面积小、物理化学性质不稳定的集料。

选用砂和碎石屑等细集料时，其质量要求与普通混凝土相同。对于工业废渣则还有一定的化学成分要求，见表 4-48。

表 4-48　工业废渣细集料的技术要求

化学成分/%				细度/%		体积安定性	垃圾及其他有机杂物
MgO	K_2O+Na_2O	SO_3	烧失量	>5～10mm	<1.2mm		
≤5	≤2.5	≤4	≤10	≤15	≤25	良好	不得含有

（2）配合比

蒸压粉煤灰砖的各项性能均取决于原材料中各种成分相互反应产生的水化产物及组成的结构，因此，在一定的工艺条件下，配合比是保证产品质量的关键。在确定配合比时，应考虑以下几个问题。第一，要保证产品质量符合《规范》的规定，特别是强度和耐久性；第二，与已确定的各项工序条件相适应；第三，在满足上述条件下，应尽量选择石灰、石膏用量的下限，以降低产品成本；第四，原材料的选择应符合因地制宜、就地取材的原则，优先利用各种工业废渣[16,17]。

应特别强调的是，配合比中集料的掺量应足够，其在砖内增加粗颗粒后，可增加透气性，减少砖坯的分层裂缝，提高砖的抗折强度。

当所用原料确定之后，首先要取样化验分析。各种原料的性能达到制砖的技术要求后即可配料生产。在生产中原料产地一般不会变动，故其化学成分基本不变，但生石灰煅烧因素变化较大，要经常分析，将分析结果带入公式求得合理配比。

① 粉煤灰掺量　原料中粉煤灰提供硅、铝组分。在原材料质量和其他工艺参数基本稳定，生石灰掺量相对不变的情况下，制品性能与粉煤灰或砂子的掺量有明显关系。制品强度随粉煤灰掺量增加而降低，随着砂子掺量增加而提高，且制品密实度提高，干缩率随之降低。中国建筑东北设计院和沈阳建筑大学的科研人员收集国内几十家生产企业试验资料并进行试验研究表明，当粉煤灰掺量大于约 42% 时，砖的抗折强度随粉煤灰掺量的增加有下降的趋势，而粉煤灰掺量小于约 42% 时，砖的抗折强度随粉煤灰掺量的减少亦有下降的趋势，这说明粉煤灰与骨料间存在合理匹配问题。曾对某企业掺灰量高达 90% 的砖（其抗压强度试验结果达到 MU10 级，而折压比仅为 0.16）进行了两砖的对撞试验，结果两块砖同时呈粒状脆坏。对不同折压比的蒸压粉煤灰砖墙片进行的伪静力（恢复力特性）试验可明显看出折压比低即抗折强度低的砖墙开裂过早，且脆裂突然。因此，为使蒸压粉煤灰砖具有较高的抗折强度，以满足建筑工程的质量和安全的需要，粉煤灰掺量不宜超过 55%。

② 石灰掺量　蒸压粉煤灰砖的性能是粉煤灰中的硅、铝质成分与石灰中 α-CaO 相互作用的结果，而石灰中的 α-CaO 的含量是变动的，因此确定石灰掺量应以 α-CaO 进行计算。石灰提供与硅、铝组分发生作用的 α-CaO，并在水化时发热，可促进石灰消化和有利于砖坯在养护前的强度增长。

既要使砖具有高强度，又要具有较好的耐久和干燥收缩性能，最佳 α-CaO 掺量不应低于 10%，其最佳掺量范围应为 10%～14%。对不同品质的粉煤灰，这个最佳掺量是不相同的，与 SiO_2 和 Al_2O_3 含量有关，具体掺量应通过试验确定，蒸压粉煤灰砖的配合比中，石灰掺量的计算方法是根据上述的最佳 α-CaO 含量范围选定混合料中所需 α-CaO 含量。以下式计算石灰掺量：

$$石灰掺量＝（混合料中所需 \alpha\text{-CaO} 含量/所用石灰中 \alpha\text{-CaO} 含量）\times 100\%$$

$$粉煤灰掺量(\%)＝100\%－石灰掺量$$

③ 石膏掺量　配料中是否掺石膏，应根据实验决定，在所确定的工艺条件下，如果可达到预期的强度要求（包括抗压强度和抗折强），则可不掺石膏，石膏的掺入会形成钙矾石，它具有良好的物理力学性能，但会使制品产生微膨胀，若数量过多则使制品崩裂而破坏，因此，其抗冻性一般会降低，所以在生产有抗冻性要求的粉煤灰砖时，应严格控制石膏的掺量。

蒸压粉煤灰砖的石膏（天然石膏或脱硫石膏）掺量以 1%～2% 为宜，掺量过多，并不能有效提高强度，反而对碳化稳定性和抗冻性不利，使用磷石膏时，采用 2%～3% 为宜，氟石膏以 1% 为宜，石膏常采用外掺计量，即以石灰、粉煤灰之和为 100%，外加石膏。

④ 集料掺量　炉渣等集料主要起调整级配的作用，其掺量应以组成最佳颗粒级配为目标，一般来说，粉煤灰∶集料＝(1.0～2.0)∶1.0。科学研究和生产实践表明，生产高强度蒸压粉煤灰砖，宜采用砂或细石屑作集料，砂既属硅质材料，又是制品的骨料，石英砂制品较长石砂制品的物理力学性能优越，砂的颗粒级配好，孔隙率小，填充于孔隙中的胶结料就少，为降低砖的表观密度，可适量掺入一些煤渣，但应保证砖的产品质量。

⑤ 水用量　水用量是影响蒸压粉煤灰砖产品质量和成型工艺的重要因素，水量应保证在工艺过程中消化和形成水化产物的需要，还需保证成型时和易性良好，成型水分过多或过少都会使成型时产生过压现象，易损坏压砖机，另外，水分过少还会使砖坯过厚，过多则易使砖坯层裂，这些都会影响砖的外观和质量，造成废品，水用量与原材料性质＋配合比＋原料颗粒级配＋消化方式＋压砖机型号等有关，当钙质材料采用生石灰，集料采用煤渣时，配合比中的成型含水量应控制在 19％～23％（绝对含水率）。它是原材料中所含水量与在搅拌＋轮碾等工艺过程中加入水量的总和，当采用消石灰（电石渣）和砂作为集料时，成型含水量最低可降至 8％，对于每一种具体的成型方法和一定配比的硅酸盐制品，都存在一个最佳的含水量，可用实验方法确定，并应尽量降低成型含水量，降低成型含水量是改善制品结构的有效途径，同时采用相应的成型方法使之充分密实，可使制品的密实度和强度增加，从而减少孔隙和毛细管，提高其耐久性[18]。

⑥ 配合比的确定　由于原材料的品质不同，各厂采用的工艺流程和选用的设备不同，因此，对于某一具体工厂的配合比，根据上述一些原则，在初定配合比的基础上，需通过半工业性试验加以调整，最后予以确定。

蒸压粉煤灰砖的生产工艺流程为：原料加工→搅拌→消解→轮碾→压制成型→静停养护→高压蒸养。原料加工过程的关键是粉煤灰的脱水。一般采用浓缩-真空过滤法进行脱水处理。而辅料的破碎和磨细也对砖的质量起重要作用，例如，生石灰的颗粒越细，于粉煤灰颗粒之间的反应越快，水化产物越多，产品质量越好。此工艺中，消解过程的好坏会影响到砖的质量。消解作用一是使生石灰充分消解，以便各原料之间进行反应；二是提高混合料的可塑性，便于成型。消解方式分为料仓消解（1.5～4h）和地面消解（8～16h）两种[19]。轮碾的主要作用是对拌和料进行压实、均化和增塑，并使砖坯成型时的强度得到提高，同时，轮碾又激发了粉煤灰在碱性介质中的活性。静停养护的目的是使砖坯在蒸压养护之前达到一定的强度，以便在高压蒸养时能够抵御因温度和水分迁移产生的应力，防止砖坯裂缝。静停养护分为自然静停、湿热静停和干热静停。高压蒸养既要提供激发活性所需的温度，又要提供反应所必需的湿度和压力，促进砖坯中硅铝组分和石灰中的水化和水热合成反应，生成具有强度的水化产物，增加产品的结晶度，提高产品的性能。在产品检测和工程实际应用中，经常发现粉煤灰砖强度不够，开缝脆断的情况，究其原因，蒸压粉煤灰砖在水化过程中真正用于水化反应的水量仅占胶结料的 5％ 左右，大量的拌和水被包裹在粉煤灰的颗粒中，多余的水便影响粉煤灰产品质量。因而在生产中加入早强减水剂，其作用机理是防止水分子渗入粉煤灰颗粒内部，使混合料拌和用水量降低，达到减水早强的效果，从而全面提升了粉煤灰砖的质量。

4.3.1.3　粉煤灰砌块

国家标准《墙体材料术语》（GB/T 18968—2003）及行业标准《粉煤灰小型空心砌块》（JC 862—2000）给出的粉煤灰小型空心砌块的定义："以粉煤灰、水泥、各种轻重集料、水为主要组分（也可以加入外加剂等）拌和制成的小型空心砌块，其中粉煤灰用量不应低于原材料质量的 20％，水泥用量不应低于原材料质量的 10％。"下面主要介绍粉煤灰加气混凝土砌块和粉煤灰小型空心砌块[20]。

（1）粉煤灰加气混凝土砌块的生产

粉煤灰加气混凝土砌块是以硅质材料（粉煤灰）和钙质材料（水泥、白灰）为主要原材料，掺加适量调节材料（石膏）及少量发气材料（铝浆），经原材料处理、配料搅拌、静停切割、蒸压养护而制成的一种新型墙体材料。它可以制成各种规格的砌块。其具有质量轻、强度高、保温隔热、防火抗震、隔声抗渗等优点。加气混凝土砌块是一种节能、节土、利废的新型墙体材料，具有质轻、隔热保温、吸声隔声、抗震、防火、可塑性强、施工进度快等优点。它的生产原料丰富，特别是使用粉煤灰为原料，既能综合利用工业废渣、治理环境污染，又能创造良好的社会效益和经济效益，是一种替代传统实心黏土砖理想的墙体材料。适用于框架及高层建筑的填充墙；非承重间隔墙；节能建筑外围护墙复合保温层；屋面保温层等。该产品因质量轻，可减少建筑物自重，从而降低建筑物基础建造时所用钢筋、水泥等材料数量及造价[21]。近年来受到了国家墙改政策、税收政策和环保政策的大力支持。粉煤灰加气混凝土设备其主要工艺为：将粉煤灰或硅砂加水磨成浆料，加入粉状石灰、适量水泥、石膏和发泡剂，经搅拌后注入模框内，静氧发泡固化后，切割成各种规格砌块或板材，由蒸养车送入蒸压釜中，在高温饱和蒸汽养护下即形成多孔轻质的加气混凝土制品。生产粉煤灰加气混凝土砌块所用主要原材料有石灰、水泥、粉煤灰、石膏和铝粉（或铝膏），辅助材料有稳泡剂、铝粉脱脂剂（采用铝膏时不用）、其他调节剂等。下面逐一予以介绍。

①　石灰　生产粉煤灰加气混凝土砌块应采用有效氧化钙含量大于60%，消化速度为10～30mm的钙质生石灰。它在制品生产中的作用主要有两种。一种作用是提供钙质成分。生石灰中的有效氧化钙与粉煤灰中的活性二氧化硅、三氧化二铝在水热条件下反应，生成结晶状或胶体状的水化硅酸钙、硅铝酸钙产物，使制品具有一定强度的其他性能。另一种作用是生产过程中对料浆发气、稠化，一方面提高料浆的碱度，使铝粉发气；另一方面消解放出的热量，加速料浆的发气、稠化和硬化。

②　水泥　生产粉煤灰加气混凝土砌块以采用硅酸盐水泥和普通硅酸盐水泥为宜。它在制品生产中的作用主要是调节加气混凝土料浆的稠化时间，保证料浆浇注稳定。同时，水泥的水化、凝结、硬化可提高坯体的强度，并可提供$Ca(OH)_2$与粉煤灰中的硅铝成分起反应，使产品具有一定的强度和较好的耐久性。

③　粉煤灰　生产粉煤灰加气混凝土砌块所用粉煤灰的质量应符合JC/T 409—2001《硅酸盐建筑制品用粉煤灰》的规定，其在制品生产中的作用是与石灰中的有效氧化钙在水热作用下，生成更多的水化产物，满足产品的强度和其他性能需要。需要指出的是，生产粉煤灰加气混凝土砌块，在要求具有高的强度的同时，还要求具有低干缩值等其他的性能。因此，对粉煤灰的细度要求，并非越细越好。

④　石膏　生产粉煤灰加气混凝土砌块时各种石膏均可使用。它在制品生产中的作用为抑制石灰消解，调节石灰消化速度，降低消化温度；增加坯体强度，使坯体在搬运、切割、蒸养过程中可以承受各种作用，减少坯体损伤；可以促进氧化钙和二氧化硅的水化作用，提高产品强度。

⑤　铝粉　生产粉煤灰加气混凝土砌块采用的铝粉有两种：带脂干铝粉和膏状铝粉。它们分别应符合GB 2084—80《发气铝粉》和JC/T 407—2008《加气混凝土用铝粉膏》的要求。一般由于铝粉膏使用比较方便，常被优先选用。适量铝粉在制品生产中的作用是，在碱性料浆中反应产生足够多的氢气均匀分布在料浆中，从而形成许多微小气孔，并使气孔具有良好的气孔结构。如果铝粉使用不当，会引起铝粉的发气速度与料浆的稠化速度不相适应，制品会出现气泡形状不良、裂缝、料浆沉陷、沸腾和塌模等现象，

导致产品无法使用。

⑥ 干铝粉脱脂剂　生产粉煤灰加气混凝土砌块用的干铝粉，在加工磨细过程中，为了避免着火爆炸，需加入油脂。但它在使用时，只有脱去这些油脂才利于反应。因此，一般常用平平加（高级脂肪酸环氧乙烷）、拉开粉（二丁萘磺酸钠）、植物皂素、合成洗涤剂等表面活性剂来脱脂。

⑦ 气泡稳定剂　为了确保粉煤灰加气混凝土砌块生产时，料浆与铝粉反应产生的足量气体在整个体系中保持均匀稳定，避免由于表面张力作用，引发体系不稳定，气泡合并、破裂现象的发生，需在料浆中加入降低液体表面张力的物质，即气泡稳定剂。常用的气泡稳定剂有皂粉、可溶油、氧化石蜡皂等。

⑧ 其他调节剂　为了改善粉煤灰加气混凝土砌块的生产性能和产品性能，需加入各种外加剂，统称调节剂。例如，为了提高发气速度，可使用烧碱、碳酸氢钠等调节剂；为了延缓开始发气时间，避免发气过快，可使用水玻璃调节剂等。

加气混凝土设备可以根据原材料类别、品质、主要设备的工艺特性等，采取不同的工艺进行生产。但一般情况下，将粉煤灰或硅砂加水磨成浆料，加入粉状石灰、适量水泥、石膏和发泡剂，经搅拌后注入模框内，静养发泡固化后，切割成各种规格砌块或板材，由蒸养车送入蒸压釜中，在高温饱和蒸汽养护下即形成多孔轻质的加气混凝土制品。

1）加气混凝土砌块原材料处理。粉煤灰经电磁振动给料机、胶带输送机送入球磨机，磨细后的粉煤灰用粉煤灰泵分别送至料浆罐储存。

石灰经电磁振动给料机、胶带输送机送入颚式破碎机进行破碎，破碎后的石灰经斗式提升机送入石灰储仓，然后经螺旋输送机送入球磨机，磨细后的物料经螺旋输送机、斗式提升机送入粉料配料仓中。化学品按一定比例经人工计量后，制成一定浓度的溶液，送入储罐内储存。

2）加气混凝土砌块原料储存和供料。原材料均由汽车运入厂内，粉煤灰在原材料场集中，使用时装运入料斗。袋装水泥或散装水泥在水泥库内储存。使用时装运入料斗。化学品、铝粉等分别放在化学品库、铝粉库，使用时分别装运至生产车间。

3）加气块配料、搅拌、浇注　石灰、水泥由粉料配料仓下的螺旋输送机依次送到自动计量秤累积计量，秤下有螺旋输送机可将物料均匀加入浇注搅拌机内。

粉煤灰和废浆放入计量缸计量，在各种物料计量后模具已就位的情况下，即可进行料浆搅拌，料浆在浇注前应达到工艺要求（约 40℃），如温度不够，可在料浆计量罐通蒸汽加热，在物料浇注前 0.5～1min 加入铝粉悬浮液。

4）加气块初养和切割。浇注后模具用输送链推入初养室进行发气初凝，室温为 50～70℃，初养时间为 1.5～2h（根据地理有利条件，可免去此工艺），初养后用负压吊具将模框及坯体一同吊到预先放好釜底板的切割台上，脱去模框，切割机即对坯体进行横切、纵切、铣面包头，模框吊回到运模车上人工清理和除油，然后再吊到模车上组模进行下一次浇注，切好后的坯体连同釜底板用天车吊到釜车上码放两层，层间有四个支撑，若干个釜车编为一组。

切割时产生的坯体边角废料，经螺旋输送机送到切割机旁的废浆搅拌机中，加水制成废料浆，待配料时使用。

5）加气块蒸压及成品。坯体在釜前停车线上编组完成后，打开要出釜的蒸压釜釜门，先用卷扬机拉出釜内的成品釜车，然后再将准备蒸压的釜车用卷扬机拉入蒸压釜进行养护。

釜车上的制成品用桥式起重机吊到成品库，然后用叉式装卸车运到成品堆场，空釜车及釜底板吊回至回车线上，清理后用卷扬机拉回码架处进行下一次循环。

粉煤灰小型空心砌块已制定国家标准，JC 862—2000《粉煤灰小型空心砌块》已于2000年10月1日正式实施，粉煤灰小型空心砌块正式成为我国混凝土小型空心砌块中除普通混凝土小型空心砌块、轻集料混凝土小型空心砌块、装饰混凝土砌块之外的一个新品种。这将对粉煤灰小型空心砌块的试验研究、生产、应用和发展起到极大的推动作用。由于我国粉煤灰中适合作水泥混合材与混凝土活性掺合料的优质灰较少（Ⅰ、Ⅱ级灰只占5%左右），大部分为Ⅲ级灰及等外灰，其活性较低，目前这部分灰利用率最低。因此，充分利用大量堆积的低等级粉煤灰发展粉煤灰小型空心砌块，对推进墙体材料革新与建筑节能以及治理环境污染具有十分重要的意义[22]。

（2）粉煤灰小型空心砌块的生产

① 原材料

1）粉煤灰 粉煤灰在砌块中既是胶凝材料的组分，也起细集料和微集料的作用，干排灰与湿排灰均可使用。为了节约优质灰及降低成本，一般采用低等级粉煤灰，如Ⅲ级灰以及灰渣混排灰。粉煤灰的技术要求应符合 GB/T 1596《用于水泥和混凝土中的粉煤灰》的规定，45μm 筛筛余量不大于60%，但对含水率不做规定。当采用灰渣混排灰或炉底渣生产粉煤灰小型空心砌块时，其 0.16mm 筛筛上部分的烧失量应不大于15%，以限制未燃尽碳的含量，以免碳含量过多使粉煤灰的活性组分减少并导致砌块强度降低。当生产高强度等级粉煤灰小型空心砌块时，为提高强度，可对湿排灰进行预激活处理，即将湿排灰与适量石灰、石膏及外加剂混合陈化一定时间，制成预激活处理粉煤灰，其活性将比原灰提高数倍。

2）水泥 可采用普通水泥或矿渣水泥，为了在砌块中多掺粉煤灰，一般不宜采用火山灰水泥及粉煤灰水泥。当生产强度等级较低的砌块时，也可采用粉煤灰水泥及复合水泥。

3）集料 根据粉煤灰小型空心砌块的用途，可采用不同品种的集料，如普通集料的建筑用砂、石，轻集料的炉渣、钢渣以及膨胀珍珠岩、高炉重矿渣等。由于空心砌块的最小肋厚允许 20mm，为保证成型，各种集料的最大粒径不应大于 10mm。另外，集料还应符合各自的质量标准。

4）外加剂 粉煤灰小型空心砌块一般采用活性较低的低等级粉煤灰，通常需加入化学激发剂激发其活性，这是制作粉煤灰小型空心砌块的一个关键技术。化学激发剂能促使粉煤灰玻璃体网络解聚、瓦解，释放出活性的 SiO_2、Al_2O_3，进而与水泥水化析出的 $Ca(OH)_2$ 发生火山灰反应，生成具有一定强度的胶凝物质。粉煤灰常用的化学激发剂有：Na_2SO_4、$CaSO_4$、$Ca(OH)_2$、$NaCl$、Na_2CO_3、$NaOH$、Na_2SiO_3 等，采用何种激发剂应经过试验确定。另外，一般用于普通混凝土的外加剂也均可采用。

② 配合比 粉煤灰小型空心砌块各原料的配合比应根据砌块的性能，特别是强度等级经过专门的设计计算和试配来确定。影响粉煤灰小型空心砌块强度的因素很多，包括粉煤灰的品质与用量、集料的种类与用量、孔洞率的大小、外加剂以及生产工艺等。用于承重墙体的砌块强度等级应不小于 MU7.5。确定原料配合比时，首先应根据砌块用途确定砌块的强度等级，再根据砌块强度（Rbk）与混凝土立方体强度（Rh）的关系式 Rbk＝0.9577×1.129K×Rh（式中，K 为砌块空心率）确定粉煤灰混凝土的设计强度，而粉煤灰混凝土的

配制强度应比设计强度提高 10%~15%。然后设计计算一系列配比在实验室进行试配，经检验达到配制强度后，提出供现场生产试验用的原料配合比。经现场生产试验与调整，确定最终配合比。

1）非承重粉煤灰小型空心砌块 强度等级 MU2.5~5.0，表观密度 800kg·m^{-3} 以下，原材料质量参考配比为：粉煤灰 50%~60%，炉渣 25%~35%，水泥 8%~10%，外加剂适量。

2）承重粉煤灰小型空心砌块 强度等级 MU7.5~10.0，表观密度 1200kg·m^{-3} 以下，原材料质量参考配比为：粉煤灰 50%~60%，石渣 20%~30%，水泥 10%~15%，外加剂适量。

③ 生产工艺 粉煤灰小型空心砌块的生产流程为：分别计量的外加剂与水混均匀后和经计量的粉煤灰、集料、水泥一起搅拌、成型，经养护、检验、成品堆放、出厂。由于粉煤灰的表观密度小，单位质量体积大，颗粒较细，试验表明，采用普通混凝土小型空心砌块的生产工艺制作粉煤灰小型空心砌块是不可取的，易造成物料搅拌时成球、料仓卸料困难、物料成型的压缩比大，以及排气不好，产生裂纹、掉角等。为此，针对上述问题研究了适合粉煤灰小型空心砌块特性的生产工艺，并对生产设备做了适当改进。

1）搅拌。生产实践中发现，采用强制式搅拌机搅拌，粉煤灰小型空心砌块的拌和物易成球，不易搅拌均匀，直接影响砌块的成型质量与强度；而采用轮碾式搅拌机拌和，可解决搅拌中物料成球的问题。轮碾机兼具疏解、碾压粉碎与搅拌混合三大功能，可大大提高原料混合的均匀性及成型质量，减少砌块强度的离散性。并且经过碾压后，粉煤灰表面致密的玻璃微珠结构有一定程度的破坏，有利于其活性的激发。

2）成型。由于粉煤灰小型空心砌块拌和物黏滞性较大、流动性差，成型过程中卸料、布料困难，脱模时易形成真空，砌块的壁肋有被拉裂、破损的可能，因此，要注意解决下料、排气问题。另外，物料的压缩比大，模箱高度要适当增加。目前，我国的砌块设备制造厂家已研究出解决这些问题的措施，对砌块成型机进行了改进，效果较好。为避免粉煤灰掺量大于 60% 时物料在料仓易结饼，不易下料的现象，可通过调整颗粒级配，加入炉渣、粗砂、碎石（瓜子片）等骨料来解决，加骨料后还可改善砌块的成型质量。由于采用加压振动成型，对拌和料加水量的控制要求较高：加水量不足，振捣不易密实，制品容易产生裂缝，粉煤灰也得不到充分水化；加水量过多，则会导致制品粘模、变形、泡浆、缝漏等，更严重的是制品强度降低，几何尺寸不合格。合适的物料含水率是确保制品外观质量良好和成品率高的必要条件。影响拌和料含水率的因素较多，应及时测定其中各组分的含水率，调整加水量。

3）养护。可采用自然养护与蒸汽养护两种方式。粉煤灰小型空心砌块的强度发展对温度比较敏感，气温高时强度发展较快，气温低时发展缓慢。南方炎热地区宜采用自然养护以节省能源，寒冷地区宜采用蒸汽养护。当采用自然养护时，成型后的砌块连同托板一起平稳放入场地，表面覆盖塑料膜，保温保湿养护，以提高早期强度。静养 1d 后，进行码垛覆盖喷水养护；也可利用太阳能养护（如放入塑料大棚养护）。每日浇水次数应视气候、季节而定，以保持潮湿状态为度，为水泥的水化反应及粉煤灰的火山灰反应的正常进行创造外部条件。养护 2 周左右后可去掉表面覆盖物，自然养护至 28d。冬季生产要采取保温措施或促进砌块硬化的技术手段（如掺早强剂等）。由于粉煤灰小型空心砌块的早期强度较低，搬运的环节过多，容易使砌块损伤、缺棱掉角，因此有条件的地方最好采用蒸气养护。

4）成品堆放与检验。砌块应按强度等级、质量等级分别堆放，并加以标明。堆放场地应平整，堆放高度不宜超过 1.6m，堆垛之间保持适当通道，应有防雨措施，防止砌块上墙时因含水率过大而导致墙体开裂。砌块经检验合格后方可出厂。

④ 产品性能　表 4-49 列出了部分单位研制与生产的粉煤灰小型空心砌块的原材料配合比及有关性能。由表可见，粉煤灰小型空心砌块的表观密度较小，抗压强度较高，吸水率小于 22%，软化系数不小于 0.75，抗冻性合格，符合 GB/T 15229—2011《轻集料混凝土小型空心砌块》的要求；干燥收缩率未超过 0.06%，与蒸压加气混凝土砌块、粉煤灰砖、粉煤灰砌块等建材产品相比，是较小的。另外，其热导率比普通黏土砖的热导率 $[0.78W \cdot (m \cdot K)^{-1}]$ 小，说明其保温隔热性较好。

目前，粉煤灰小型空心砌块已在全国许多城市的一些试点建筑中得到应用，使用效果较好。据有关部门测算，与实心黏土砖相比，采用粉煤灰小型空心砌块作墙体材料，可降低墙体自重约 1/3，提高建筑物的抗震性，建筑物基础工程造价可降低约 10%；施工工效提高 3～4 倍，砌筑砂浆的用量可节约 60% 以上；增加建筑使用面积，提高建筑物使用系数 4%～6%，建筑总造价可降低 3%～10%；墙体热绝缘系数可达到 $0.346m^2 \cdot K \cdot W^{-1}$，建筑物保温效果提高 30%～50%，可节约建筑能耗。另外，它还具有隔声、抗渗、节能、方便装修、利废、环保等优点，经济效益、环境效益和社会效益均十分明显[23]。

表 4-49　部分粉煤灰小型空心砌块的原材料配合比及有关性能

砌块类别	原料配比				空心率/%	表观密度/kg·m⁻³	抗压强度/MPa	吸水率/%	软化系数	碳化系数	热导率/W·(m·K)⁻¹	干缩率/%	抗冻性(D15)
	序号	粉煤灰	集料	水泥	外加剂									
非承重砌块	1	68	15	12	5	27.8	969	3.6	21.6	>0.75		0.50		达 D25
	2	70	20	10	0.2	50.0	800	>3.5	18.5	0.83	0.90		0.050	合格
	3	60	28	12		46.6	867	6.0	7.9	0.95	0.95			合格
	4	85		15		44.0	663	3.3	13.2	0.98			0.043	
承重砌块	1	35	45	15	5	30.3	1112	19.0	>0.75	0.80		0.545	0.035	达 D30
	2	56	20		适量		840	12.8		0.95	0.90	0.177	0.065	合格
	3	65	20	15	0.2	>38.0	1200	11.2	18.0	0.88	0.87	0.470	0.050	合格

4.3.1.4　粉煤灰陶粒

陶粒是在一定温度下处理，使原料发生化学反应释放气体，产生气孔和膨胀，冷却后形成轻质多孔，有一定强度的球形或类球形硅酸盐产品。其粒径一般是 1mm 到几十毫米。陶粒按原料分为：黏土陶粒、页岩陶粒、粉煤灰陶粒等；现在也开始用固体垃圾焚烧后的灰渣作原料制备陶粒。黏土陶粒原料可以是黏土，河流的底泥和各种各样的污水厂清理出来的污泥。页岩陶粒原料是煤矸石、石灰石等尾矿石。粉煤灰陶粒原料为火电厂粉状灰尘。

粉煤灰陶粒主要用于配制轻集料混凝土（亦称粉煤灰陶粒混凝土），其特点是质量轻、强度高、热导率低、耐火度高、化学稳定性好、耐久性和保温隔热性能好。我国粉煤灰陶粒的发展，已有 40 多年的历史，大致分为三个阶段。陶粒从无到有，再到现在的全国范围内的广泛应用，与墙材改革的需要及粉煤灰陶粒的生产技术的提高密不可分。总的来说，粉煤灰陶粒的生产技术有以下几种[24,25]。

（1）烧结粉煤灰陶粒

烧结粉煤灰陶粒是以粉煤灰为主要原材料，掺加少量黏结剂（黏土、页岩、煤矸石、固化剂等）和固体燃料（如粉煤），经混合、成球、高温焙烧而制得的一种性能较好的人造轻骨料。其用灰量大，还可以充分利用粉煤灰中的热值，当使用的黏土塑性指数在 $15\% \sim 20\%$ 时，粉煤灰为 $85\% \sim 90\%$。

生产工艺一般由原料的磨细处理、混合料加水成球、焙烧等工序制成。通常采用烧结机、回转窑或立波尔窑，以烧结机烧结技术较好，对原料的适用范围大，生产操作方便，产量高，质量较好，工艺技术成熟。用烧结机生产的粉煤灰陶粒容重一般为 $650 \text{kg} \cdot \text{m}^{-3}$，可以配制 300 号混凝土。含铁比较高的矿物及固体废物皆可以作为陶粒生产中的复合助熔剂，经焙烧好的陶粒经破碎筛分分级后，将粒径 0.2mm 的尘粒回收到原材料中重新进行成球烧结，对于提高陶粒的烧结质量和处理自身废弃物是一项必要的措施，也是晶坯技术在陶粒生产工艺中的具体应用[26,27]。

（2）蒸养粉煤灰陶粒

蒸养粉煤灰陶粒是以电厂干排粉煤灰为主要原料，掺入适量的激发剂（石灰、石膏、水泥等），经加工、制球、蒸汽养护而成的球形颗粒产品。与烧结陶粒相比，不用烧结，工艺简单，能耗少，成本低，而且可以解决烧结粉煤灰陶粒散粒的问题，因而具有较强的竞争能力和社会效益。

蒸养粉煤灰陶粒的工艺流程：粉煤灰＋固化剂→混磨→搅拌→成球→蒸汽养护＋自然养护→出厂。新制成的陶粒外面裹有一层松散的粉煤灰，避免其在运输和养护过程中发生凝聚，其养护比较简单。通过控制养护条件可以控制陶粒内发生的火山灰反应，以使陶粒硬化。养护条件一般控制在温度 $80 \sim 90℃$。相对湿度 100%，正常大气压。

为解决蒸养陶粒密度高的问题，有研究表明，分别掺加泡沫剂、铝粉或轻质掺和骨料到粉煤灰及胶结料中，经搅拌，制成多孔芯材，再成球而得陶粒坯体，养护后得陶粒，其自然状态下含水的堆积密度在 $780 \text{kg} \cdot \text{m}^{-3}$ 左右，绝干状态下堆积密度 $650 \sim 720 \text{kg} \cdot \text{m}^{-3}$，筒压强度及吸水率都能达标[28]。

（3）双免粉煤灰陶粒

以粉煤灰为主，掺入固化剂、成球剂和水，以强制搅拌、震压成型、自然养护而成。相对于前两种而言，明显具有能耗低、工艺简单、成本低等优点。其主要原理是利用激发剂来激发粉煤灰的活性，使粉煤灰受激发后，形成类似水泥水化产物的水化硅酸钙和钙矾石，即依靠水化产物来获得强度。其工艺流程与蒸养粉煤灰陶粒相似。

（4）粉煤灰陶粒的新品种

当前，我国的混凝土技术正向轻质、高强、高性能的方向发展，轻集料及其混凝土的发展也不例外。近来，上海、宜昌等地轻质高强陶粒的出现正是这种发展趋势最明显的标志。所谓轻集料混凝土是一种轻质、高强、节能的轻质混凝土，其中密度小、保温性能好的陶粒混凝土小型空心砌块得到迅速发展，成为取代普通黏土砖的最有发展前途的新型墙体材料。随着轻集料混凝土的发展，粉煤灰陶粒的生产技术也不断的向前发展，又出现了以下的新品种。

① 粉煤灰包壳免烧轻质陶粒　为克服传统工艺生产的陶粒或多或少存在能耗高，强度低等缺点，选择利用粒径 $1 \sim 2\text{mm}$ 膨胀珍珠岩粉作陶粒的核，以干排粉煤灰、水泥和外加剂为壳对核进行包裹，形成一种壳-核结构的粉煤灰免烧轻质陶粒。该产品具有能耗低、容重小、强度高、吸水率小、保温性能好、生产工艺简单等特点，可取代烧结或非烧结粉煤灰陶粒，广泛用于生产新型节能保温建材，以便大大降低墙体自重，大幅提高墙体的保温性能，减少建筑物的能耗。

② 全粉煤灰陶粒　首钢设计研究院于 1983 年开始对全粉煤灰陶粒进行研究试制，用羧甲基纤维为黏结剂，取代传统粉煤灰陶粒生产所用的黏土，进行了全粉煤灰陶粒的半工业试验研究，效果良好。采用高温快速烧结、快速冷却，使陶粒球外表烧结而内部又未充分燃烧致密或增加可燃物质碳，使陶粒气孔率增加且燃烧均匀。生产全粉煤灰陶粒要有良好的粉煤灰原料，最好有成分和细度均适宜的干粉煤灰固定来源，湿粉煤灰和粗灰应进行脱水和烘干处理，进行磨细或在使用中掺加细粉煤灰，应控制粉煤灰中的 Fe_2O_3 和 SO_3，前者含量应控制在 10% 以下，后者含量按标准要求越低越好。

以粉煤灰陶粒代替普通石子配制的轻骨料混凝土，已广泛用于高层建筑、桥梁工程、地下建筑工程等，不仅能降低混凝土的表观密度，而且可以改善混凝土的保温、耐火、抗冻、抗渗等性能。实验表明，粉煤灰陶粒混凝土的抗震性优于普通混凝土。其原因是减轻了建筑物自重，从而使地震力减小；另外，粉煤灰陶粒混凝土的弹性模量低，加长了建筑物自振周期，也使地震力减小。粉煤灰陶粒混凝土的收缩约为普通混凝土的 1.5 倍；与同强度等级的普通混凝土相比，其徐变应变为前者的 1.56 倍[29]。粉煤灰陶粒泡沫混凝土承重砌块不但轻质高强，保温性能好，而且收缩性和抗冻性满足国家规范要求，具有显著的技术、经济和社会效益。采用陶粒混凝土制品代替其他耐火材料，其性能好，节能效果好，被广泛用于冶金、建筑、炼油等部门的窑、炉等热工装置方面。过滤材料利用破碎型轻质陶砂的开口孔隙发育和高吸附比表面的特点，在滤水工程中使用效果颇佳，陶粒有吸水不吸油的特点，油田使用它可以除去重油中的水分。利用陶粒制作的微孔吸声砖，用于控制交响回流时间，效果甚好。另外，粉煤灰陶粒可作无土栽培的介质或作土壤的调节剂。

4.3.1.5　粉煤灰轻质板材

粉煤灰是火力发电厂排出的灰渣，量大面广，亟待处理。我国粉煤灰的利用率只有 30% 左右，大多用作水泥生产的混合材，混凝土掺合料等，但是掺量都不高，因此有必要研究一种处理量较大的利用途径，以节约我国的森林资源，有效地维持生态平衡[30]。基于这两方面，利用粉煤灰研制一种人造板材——人造木材，用于替代建筑中的木材和用来制作夹层板，也可经过表面处理后作装饰材料用。当前，随着建筑产业现代化的发展，现代建筑逐步向高层、高档、大开间方向发展，其功能要求不断提高，传统的墙体材料已不能满足建筑业发展的要求。建筑材料革新势不可挡，特别是各种轻型复合板，以其质量轻、隔声、抗震、保温、隔热、防火、防潮、防腐、环保性能好、施工安装方便、劳动强度低、建筑造价适中等特点，在现代建筑市场中显示出勃勃生机。

在世界范围内，传统的墙体材料都是以黏土烧结制品为主，这类制品存在着能源浪费、污染环境及毁坏耕地的缺陷。为此，早在 20 世纪 40～50 年代，发达国家就开始了墙体材料结构的改造，各种轻型复合板得到了广泛发展，并在现代建筑中应用。我国的轻质建筑墙体材料发展起步较晚，20 世纪 80 年代末期，新型轻质复合板有了一定程度的发展，其中粉煤灰氯氧镁水泥轻质建筑板材是以工业废料粉煤灰为主要原料，以改性的低碱度氯氧镁水泥为胶结料，采用中碱玻璃纤维增强，经过成型、养护而成的新型轻质复合建筑板材。粉煤灰轻质墙板特点及优势介绍如下[31,32]。

① 质轻　材料用特种水泥等多种无机材料及外加剂，配合成浆料，经向混合体中加入空气，引成无数单孔微孔，而成蜂窝状，使产品变得比木头还轻，能浮在水面上。

② 保温性　作内围结构时，不用辅助保温材料，就能满足我国节能住宅的保温节能要求。

③ 抗渗性　内部小孔均为独立的封闭孔，其直径为 $1\sim2mm$，能够有效地阻止水分的扩散。

④ 防火性能　原材料和产品本身均为无机物，绝不燃烧。实验表明，是理想的防火材料，9cm 厚墙体的防火能力达 3h 以上。因此产品被广泛用作防火墙。

⑤ 隔声性能　根据墙体厚度和表面处理方式不同，可隔声 $40\sim50dB$。同时该墙板也是一种良好的吸声材料。由于加入空气，大大提高了产品的隔声效果。

⑥ 强度高　产品两面内贴高强纤维网布，再加入防腐短纤维为骨架，浆料硬化后与网布及纤维凝为一体，大大增强了水泥的抗折、抗冲性能。经建科院检测均符合国家建材 JC/T 660—2011 行业标准。

⑦ 施工便捷　由于是多孔，再加上产品能钉、能刨、能钻等一般性机械加工，故对水、电的管道安装及埋线等施工比所有墙板都方便。墙板安装与黏土实心砖、空心砖块的小块湿法作业安装相比，施工进度相差 30 倍，可大大缩短建筑施工工期。强板表面可直接进行油漆或涂料。经过粉刷后可贴各种墙纸。

⑧ 经济性　从设计就采用加气墙板为框架结构的内隔声，比采用空心砖总造价可节省20％左右。

⑨ 绿色环保　由于这一产品不用土，不用能耗，并利用工业废料，是利国利民的好产品。经国家（防护）检测报告结论：根据《建筑材料放射性核素限量》要求进行检测，内照射指数 0.1，外照射指数 0.1，其产销和使用范围不受限制，因此是一种真正的绿色建材。是理想的内隔墙材料。

粉煤灰氯氧镁水泥轻质建筑板材的基材是氯氧镁水泥，它是一种气硬性质的胶凝材料，该水泥具有凝结硬快、黏结力强、强度高、质量轻、成型加工方便、不燃烧等优点。但是，100 多年来，人们对其抗水性能差、易翘曲变形、返卤返白等缺点，一直在进行探索和研究，改进其性能。针对氯氧镁水泥材料存在的一些弱点进行改性，具体措施如下。

① 控制返卤返白　严格限制氧化镁中活性氧化镁的含量及氯化镁中钾、钠等活泼离子的含量，把好原料关。将氯化镁、氧化镁的分子比严格控制在结晶相的范围内；使用改性外加剂，延缓氯氧镁水泥反应的速度，确保氧化镁充分完全反应；通过与氯离子形成络合物，将其固结在一定的范围内，从而限制了其活泼游离；采用上述改进措施，效果显著，在粉煤灰氯氧镁水泥轻质建筑板材生产中严格控制了制品的返卤返白现象。

② 防止翘曲变形性　将氧化镁中游离氧化钙的含量严格控制在 2％以下，加入适当的体积补偿剂，以保证制品的多孔结构，使局部范围内相对较大的一体积空间吸收了制品的一部分应力，缓解了制品的变形。

注意养护环境，确保停放制品的场地平整，温度、湿度均匀，透气性良好，最大限度地实现制品在养护期内完全充分反应，使性能稳定合格。上述措施的实施，确保了粉煤灰氯氧镁水泥轻质建筑板材的变形性控制在国家标准的范围内。

③ 提高抗水性　改性外加剂的使用，使得基体中的主晶相由结晶型变为凝胶型，减少了基体受水侵蚀，改变了基体的内孔结构，从而延缓了材料的分解。高掺量粉煤灰的加入，改变了基体的硬化机理。在粉煤灰氯氧镁水泥轻质建筑板材生产过程中，粉煤灰的用量达到50％以上，粉煤灰中含有大量活性二氧化硅，很容易参与反应，形成新的耐水性能很好凝胶

相，有效地延缓了镁水泥基体与水的接触，提高了材料的耐水性。

粉煤灰氯氧镁水泥轻质建筑板正是集多种优势于一体的高性能复合建筑材料，它的开发研制成功，顺应了社会发展和人们的要求，以其优越的性能，低廉的价格，简便的施工工艺而显示出强大的市场竞争实力。从发展方向来说，这种新型建材顺应世界新材料发展趋势，同时符合我国今后建材行业的产业发展方向。前建设部制定的民用建筑节能设计准则要求到 2000 年，华北地区建筑保温性能应达到 620mm（两砖半墙厚）的标准，东北地区应达到 740mm（三砖厚）的标准，并规定采取节能措施所增加的费用应控制在 5％以内。因此采用新型保温板是达到建筑节能准则要求的一种有效可行的措施。

使用粉煤灰氯氧镁水泥轻质建筑板，与 240mm（一砖墙）复合，其保温性能可以达到 slomm 砖墙的效果。据有关部门统计，仅北京地区每年开工的建筑面积约为 $18 \times 10^6 \, m^2$，竣工面积 $13 \times 10^6 \, m^2$，保温板的需求量是建筑面积的 0.3～0.4 倍，这就意味着每年最少需要量为 $4 \times 10^6 \, m^2$（这只是北京用作保温板的需求量）。而隔墙板的用量一般是建筑面积的 3～4 倍，市场更大。另外由于它各种优越的性能，其用途正被不断地拓展。

4.3.2 粉煤灰在建筑工程中的应用

4.3.2.1 粉煤灰砂浆

建筑砂浆标号低，一般为 25 号、50 号、75 号、100 号等，它在建筑工程中的应用量很大。在砂浆中掺用粉煤灰能取代部分水泥、石灰膏和砂，低标号砂浆性能明显改善，后期强度比普通砂浆有较大的提高。在普通砌筑砂浆中掺加 15％～20％的粉煤灰，可节约 10％～12％水泥、30％的砂，即可节省水泥 35～50kg·m^{-3}、砂 100～180kg·m^{-3}，此种砂浆和易性好、裂缝少，便于施工操作，进而提高工作效率，而且可大大节省人力和施工现场用地，不需设置淋灰池等。粉煤灰抹面砂浆可分为白灰抹面砂浆和水泥抹面砂浆。白灰抹面砂浆，即在石灰砂浆中掺加与白灰量相当的磨细粉煤灰，既可以达到节约白灰 50～100kg·m^{-3}、砂 200～450kg·m^{-3} 的经济效果，又可达到避免抹灰面干缩裂缝的技术要求，水泥抹面砂浆，即在水泥抹面砂浆中掺加与水泥量相当的磨细粉煤灰，既可以达到节省建筑主材水泥 35～50kg·m^{-3} 的目的，又可以降低抹面工程的造价，而且速度快，工效高[33]。

建筑砂浆的粉煤灰效应有 3 种。

① 形态效应，所谓形态效应，泛指各种应用于混凝土和砂浆中的矿物质粉料，由其颗粒的外观形貌、内部结构、表面性质、颗粒级配等物理性状所产生的效应。

② 活性效应，粉煤灰火山灰活性是指其所含的硅铝质玻璃体在常温和有水条件下与 $Ca(OH)_2$ 发生活性反应并生成具有胶凝性水化物的能力。其活性效应就是指的这种粉煤灰活性成分所产生的效应。在粉煤灰玻璃体微粒表层生成的火山灰反应产物，与水泥水化物类似，这种水化物交叉连接，对促进砂浆强度增长（尤其是抗拉强度的增长）起了主要的作用。

③ 微集料效应，是指粉煤灰颗粒均匀分布于水泥浆体的基相之中，就像微细的集料一样。对粉煤灰颗粒和水泥净浆间及水泥紧密处的显微研究证明，随着水化反应的进展，粉煤灰和水泥浆体和界面接触趋紧密。在界面上形成的粉煤灰水化凝胶的显微硬度大于水泥凝胶。粉煤灰微粒在水泥浆体中分散状态良好，有助于新拌砂浆的硬化和均匀性改善，也有助于砂浆中孔隙和毛细孔的充填和细化[34,35]。

粉煤灰砂浆的原料及其要求如下。

① 粉煤灰砂浆中掺用的粉煤灰主要有原状粉煤灰和磨细粉煤灰。使用前者配制砂浆，就地取材，花钱较少（只花运费），运输、储存、使用都很方便，经济效益、社会效益相当显著，是目前国内应用比较广泛的一种；使用后者配制砂浆，则可以代替较多的水泥和白灰膏，但磨细灰成本高，掺量不易太多，运输储存也不如使用原状粉煤灰方便。具体地讲，其品质参数应符合如下要求：烧失量＜15％，三氧化硫＜3％，含水率不规定，细度 80μm 方孔筛的筛余量不大于 25％，需水量＜115％。粉煤灰的细度与需水量比的关系密切。由于除参加水泥的水化反应及粉煤灰的火山灰反应外，多余的水分在砂浆硬块体中形成孔隙，导致砂浆结构及性能劣化，故该参数是用于砂浆掺合料的粉煤灰品质标准中的一个重要指标。粉煤灰的粗细直接影响粉煤灰的需水量和与碱性激发剂产生化学反应界面的大小，粉煤灰越细，其需水量比就越低，火山灰反应的界面也就增长，粉煤灰的微集料效应明显，有利于砂浆强度的提高。由于粉煤灰中炭粒是多孔的，具有强烈的吸附作用，它会使砂浆的需水量增加，密实性降低，因此对砂浆强度有明显的损害。炭粉往往又会在泌水过程中逐步与浆体分离上升到砂浆的表面，影响砂浆面层的质量。因此其含量越低越好，粉煤灰中未燃尽炭可按其烧失量指标来估量，国标规定Ⅰ级灰烧失量的最大限值为 5％。

② 配制粉煤灰砂浆的石灰膏可以是由生石灰加水消化制得的，也可以是消解电石后排出的电石渣（亦称电石膏、电石灰）。对它的质量要求为：无杂质，无灰渣，用于砌筑砂浆时熟化期不得少于 7d；用于抹灰砂浆时熟化期不得少于 14d，以免石灰膏中存有生石灰颗粒或残渣，影响砂浆强度和体积稳定性。石灰膏的稠度以控制在 12cm 为准。

③ 由于建筑砂浆标号低，因此配制砂浆的水泥应尽量采用低标号水泥，比如用 355 号以下的粉煤灰砌筑水泥。

④ 配制砂浆的砂的细度模数应在 2.3～3.0 之间，石屑粒径＜3mm，含粉量＜8％。

此外，根据具体施工要求及原料组成，常往砂浆中掺适量减水剂、早强剂等化学外加剂，以调节粉煤灰砂浆和易性，提高其早期强度。

由于各地粉煤灰的品质变化很大，使用粉煤灰砂浆的目的、经验很不一致，因此，目前国内尚无一个统一的粉煤灰砂浆配合比设计方法和计算公式，还处在深入的研究发展之中。下面就目前国内粉煤灰砂浆配合比设计的几种方法做一简要介绍[36,37]。

① 等量取代石灰膏法　顾名思义，等量取代石灰膏就是要求掺入粉煤灰的量和取代的石灰膏量相等。这种分法一般适用于石灰紧缺、价格较高，而粉煤灰细度又较小的地方，掺用粉煤灰只是为了取代和节约部分石灰膏。因此，一般不进行精确的体积变化计算。具体取代串通过试验确定，但最大不宜超过 50％。使用磨细双灰粉或粉煤灰砌筑水泥则不受此限。

② 等量取代水泥法　含义同上（等量取代石灰膏法），只是取代的对象发生了变化。该法要求水泥取代率为 10％～20％（以质量计），以免砂浆强度受到影响。

③ 超量取代法　此法考虑了粉煤灰取代水泥、石灰膏等后所带来的体积因素对砂浆质量的影响，因此它优于等量取代法，可以节约更多一些水泥及少量砂子。其设计程序如下（以超量取代水泥法为例）[38,39]。

按砂浆的设计标号（R_m）及水泥标号（R_c），计算每立方米砂浆的水泥用量（C_o），计算公式为：

$$C_o = \frac{R_m}{R_c} \times 1000a$$

式中　a——调整系数，可由 R_m（R_c）表查得。

按求出的水泥用量（C_o）计算出每立方米砂浆的灰膏量（C），计算公式为：

$$C = C_o(1-f_c)$$

式中　f_c——粉煤灰取代水泥率，由工程要求给定。

根据砂浆的设计标号（R_m）和粉煤灰取代水泥率（f_c），从 R_m-f_c-K 的关系表中选择超量系数（K），计算粉煤灰掺量（F），计算公式为：

$$F = K(C_o - C)$$

确定每立方米砂浆中砂的用量（S_o），求出粉煤灰超出水泥的体积，并扣除同体积的砂用量（S），计算公式为：

$$S = S_o - (C/r_c + F/r_f + C_o/r_c)r_s$$

式中　S_o——每立方米砂浆中砂的含量，kg，一般取 1450kg；

r_c，r_f，r_s——水泥、粉煤灰、砂浆的密度。

通过试拌，按稠度要求确定用水量。

通过试验，调整配合比。

④ 综合取代法　综合取代法是指用粉煤灰既取代部分水泥，又取代部分石灰膏和砂，以便实现更高的技术经济效益。其配比设计程序和公式同超量取代法，只是依照具体工程要求的水泥取代率和石灰膏取代率分别先计算出水泥、石灰膏的用量，最后计算出砂子的用量。计算公式为：

$$S = S_o - (C/r_c + F/r_f + D/r_D - C_o/r_c - D_o/r_D)r_s$$

式中　D_o，D，r_D——每立方米基准砂浆石灰膏用量、每立方米粉煤灰砂浆石灰膏用量及砂浆密度；

其余符号所代表的意义同超量取代法。

⑤ 粉/砂法　采用粉/砂法设计砂浆配合比，需要在一定的实验数据基础上进行操作，由于各地砂浆的常用原材料品质不尽相同，致使这些建立在实验基础上的参数不能通用，只能因地而宜，采用适合当地情况的实验参数。整体构思原则简介如下。

首先，建立基础实验参数，主要包括如下工作：测试每立方米砂浆各种材料用量；给出水泥用量与砂浆强度的关系图；测试石灰膏用量，以便确定每立方米砂浆中石灰膏与水泥用量之和的最佳值；通过对粉煤灰掺量变化对砂浆性能和经济效益影响的对比分析，优选出粉煤灰的最佳或较佳掺量范围，以粉煤灰/砂（F/S）表示；找出粉煤灰掺量变化与砂浆容重的关系。

获得以上这几方面的基础资料后，就可按下列步骤进行砂浆配合比设计：根据砂浆设计标号和水泥用量与砂浆强度关系，确定水泥用量；根据水泥、石灰膏总量计算石灰膏量；选定粉/砂；根据粉/砂计算每立方米砂浆的干容重；计算粉煤灰与砂用量；根据稠度要求，通过试配，确定用水量；根据试块抗压强度实验结果，调整配合比。

⑥ 试配优选法　粉煤灰抹灰砂浆多采用试配优选法。该法没有一定的设计程序和计算公式，而是通过不同配合比，经过试配或长期施工实践逐渐摸索总结出较佳配料比的一种配合比设计方法。试配优选的原则是，好用、不裂（或少裂）、不空鼓，有一定的抗压强度与耐蚀能力，与基层及粉刷层有良好的黏结，有尽可能好的经济效益。

粉煤灰抹灰水泥砂浆的配合比（体积比）一般为水泥∶粉煤灰∶砂为 1∶1∶（4～6）。在这个范围内，打底用的砂浆、砂的比值取高限，罩面用的砂浆、砂的比值取低限，砂浆抗压强度一般在 8.0～16.0MPa 的范围内。粉煤灰白灰砂浆的配合比，变化范围更大。石灰膏∶粉煤灰∶砂有 1∶1∶6、1∶2∶8、1∶2.5∶2.5、1∶6∶12 等多种不同配合比。试配时，达到最佳和易性为止。

粉煤灰砂浆施工注意事项如下[40]。

① 掺粉煤灰的砂浆，因粉煤灰的泌水性大，在使用过程中尚应随时拌和，其砂浆存储时间不超过 2h。

② 使用白灰粉煤灰抹灰砂浆抹墙面时，墙面应事先浇水、抹罩面灰（白灰麻刀浆），要注意防止砂浆早期脱水影响强度和罩面白灰失水龟裂。

③ 在砌筑砂浆中掺加粉煤灰应用质量比，如用湿灰必须扣除粉煤灰的含水量。在抹灰砂浆中用体积比时，因粉煤灰的松散体积与含水量的大小发生变化，在使用时应调整粉煤灰含水量与松散体积的变化关系。

④ 生石灰在化灰池中应不断加水搅拌并通过 60 目筛后才能流入储灰坑，石灰浆在储灰坑中应陈放 10d 以上方可使用，在陈放过程中，石灰浆表面应始终保持一层水分，以防干燥开裂、碳化失效。

⑤ 无论砌筑砂浆还是抹灰砂浆，进行人工拌和时一定要先干拌均匀后，再加水湿拌，确保搅拌均匀，稠度合适。

⑥ 掺粉煤灰的建筑砂浆，因早期强度低，在低温下强度增长慢，因此，冬季施工要有防冻措施。

⑦ 粉煤灰砂浆配合比要因地制宜，因材制宜，通过试验确定，以便于操作、满足一定强度等性能要求和经济效益高为原则。

4.3.2.2　粉煤灰混凝土

粉煤灰是一种火山灰质材料，本身并无胶凝性能，在常温下有水存在时，粉煤灰可以与混凝土进行二次反应，生成难溶的水化硅酸钙凝胶，不仅降低了溶出的可能，也填充了混凝土内部的孔隙，对混凝土强度和抗渗性都有提高作用。粉煤灰的这种作用称为火山灰效应[41]。

国外用粉煤灰生产混凝土已有多年历史。荷兰、比利时等国进行了大量开发工作，作为廉价的添加剂和补充剂，粉煤灰因其火山灰活性、球状颗粒形态及需水量少而具有很大优势。粉煤灰用作混凝土混合材料时，具有胶结活性大、材料的渗透率和水化热低、较高的表面光洁度和可加工性以及较大的化学惰性，尤其不易形成硫酸盐和氯化物等特点。粉煤灰可单独加入混凝土中，也可作为波特兰粉煤灰水泥的一种组分随水泥一同加入混凝土中。如果用粉煤灰替代水泥单独掺入，则必须对粉煤灰进行必要的检测，以满足混凝土的工艺要求。当使用波特兰粉煤灰水泥生产混凝土时，对粉煤灰本身无具体要求，但波特兰粉煤灰水泥要符合标准。国内外有关生产粉煤灰混凝土的文献很多，不同国家和地区，应用粉煤灰生产混凝土的标准也不同，目前，欧洲正在制订统一的粉煤灰混凝土标准。美国环保局及运输部联邦公路局都制定了粉煤灰混凝土应用技术规程，最大水泥取代量不得超过 15%～25%，最常用的取代量为 15%～20%，但大体积混凝土可高达 30%～50%。结构用粉煤灰混凝土掺量高达 70%，强度可达 24MPa。为使粉煤灰混凝土与普通混凝土等强，在配合比设计时亦采用超量取代法。粉煤灰混凝土的早期强度较低，一般不得用于高强、早强工程。在大量试验研究和工程实践基础上，不少国家相继制定了粉煤灰标准。如美国从 1965 年开始公布 ASTMC 618 粉煤灰暂行标准，从化学成分、细度、抗压强度比、需水量、均匀性等指标做了规定。英国在 1982 年颁布了《作为结构混凝土中胶凝物质组分的粉煤灰标准》[42,43]。

我国粉煤灰混凝土新技术已发展到相当成熟水平,从 1979 年开始,国家颁布了 GB 1596—79《用于水泥和混凝土中的粉煤灰》国家标准,对掺入混凝土中的粉煤灰规定了品质指标,在 1986 年建设部颁布了 JGJ 28—86《粉煤灰在混凝土和砂浆中应用技术规程》(以下简称《规程》)、在 1990 年颁布了 GBJ 146—90《粉煤灰混凝土应用技术规范》(以下简称《规范》),对粉煤灰品质指标的规定同国际上先进水平是相当的[44,45]。

现今混凝土中粉煤灰的作用主要包括以下几方面。

① 填充作用　由于粉煤灰的容重(表观密度)只有水泥的 2/3 左右,而且粒形好(优质粉煤灰含大量玻璃微珠),因此用粉煤灰等质量地替代水泥,能够显著增加粉体体积,并借助高效减水剂大幅度降低混凝土的水胶比,减少用水量,增大拌和物黏度,避免离析泌水,使微结构易于密实。这种作用只有在粉煤灰掺量大,粉体体积显著增大时才会明显体现出来。

② 物理分散与内养护作用　粉煤灰使水泥颗粒在浆体里分布得更均匀;当混凝土水胶比较低时,水泥水化消耗大量水分,粉煤灰表面吸附的水分在湿度梯度作用下向水泥迁移,使其水化得更充分。

③ 二次水化与消纳 $Ca(OH)_2$　粉煤灰和富集。在骨料颗粒周围的氢氧化钙结晶发生火山灰反应,生成胶凝性产物填充于过渡区使其密实,对改善混凝土各方面性能影响显著。

④ 降低温升与改善抗裂作用　大掺量粉煤灰可显著减小水泥用量,延缓水化硬化速率,降低混凝土温升并在早期具有较强的徐变松弛能力,对改善混凝土的开裂敏感性十分有利。

《粉煤灰在混凝土和砂浆中应用技术规程》中对用作掺合料的粉煤灰按其品质分为Ⅰ、Ⅱ、Ⅲ三个等级[46]。

Ⅰ级粉煤灰为干排粉,品质优良,品位最高。一般是经静电收尘器收集的。细度较细,并富集有大量表面光滑的球状玻璃体。因此,这类粉煤灰的需水量一般小于相同比表面积水泥的用水量。掺入到混凝土中可以取代较多的水泥,并能降低混凝土的用水量和提高密实度。

Ⅱ级粉煤灰是我国大多数火电厂的排出物。细度较粗,经加工磨细后方能达到要求的细度。对混凝土的强度贡献较Ⅰ级粉煤灰为小。但掺Ⅱ级粉煤灰的混凝土其他性能均高于或接近基准混凝土。主要用于普通钢筋混凝土或无筋混凝土。

Ⅲ级粉煤灰是指火电厂排出的原状干灰或湿灰。其颗粒较粗且未燃尽的炭粒较多。掺入混凝土中对混凝土的强度贡献较小。减水的效果较差,主要用于低强度等级的素混凝土或砂浆掺合料,经专门试验也可用于钢筋混凝土[47,48]。

现用的粉煤灰混凝土的配合设计方法主要有下面几种。

① 对比实验配合法胶凝效率系数法　这种方法的特点是除遵循国内有关设计和施工验收规程的规定外,尽可能借助于普通硅酸盐水泥或掺混合材料水泥的基准混凝土配合设计的成熟经验,此外,尚有调整系数法、JGJ 28—86 中规定的方法以及超量取代法等。

② 双掺技术　在掺入粉煤灰的同时,又掺外加剂。双掺技术,技术成熟、效益显著。如在混凝土中除掺入减水剂外又掺入 15% 粉煤灰时,节省水泥用量 30% 的双掺混凝土,其

强度及和易性与基准混凝土相近。

③ 粉煤灰高炉矿渣微粉大流动度泵送混凝土技术。这里大流动度泵送混凝土的配制是在混凝土传统组分：水泥、砂、石、水、外加剂和粉煤灰等六组分中，再引入第七组分高炉矿渣微粉配制而成。该高炉矿渣微粉为超细产品，可置换 12%～25% 的水泥。在粉煤灰高炉矿渣微粉大流动度泵送混凝土中水泥用量为 375kg·m⁻³，坍落度为 20cm。28d 抗压强度可达 65.4MPa。

④ 粉煤灰混凝土耐久性设计问题　耐久性的涵义[49]：材料在预期的使用期内，能够在安全使用的条件和可能预见的使用环境作用下，保持其原设计的良好行为和功能的能力。20世纪 80 年代在欧美国家中新建混凝土工程结构过早地出现了劣化现象，因此引起各国重视。众所周知，多用水泥只有对混凝土的耐久性不利，而在混凝土中掺加粉煤灰，既节约了水泥，又能使混凝土耐久性提高。有以下几种控制方法。

1）耐久性效率系数。所谓耐久性效率系数，系指粉煤灰混凝土的某项耐久性指标与基准混凝土耐久性指标的比值。例如，粉煤灰混凝土抗碳化效率系数 K_2 就是在一定条件下粉煤灰混凝土碳化深度与基准混凝土碳化深度的比值。这个比值（系数）用于《规程》、《规范》中，可作为一个控制值。

2）耐久性分级。为具体进行粉煤灰混凝土耐久性设计，建议可根据《粉煤灰混凝土耐久性分级》表进行设计。

3）采取措施。如果结构设计荷载时间允许，建议配合比设计按 2 个、3 个、6 个月甚至 1 年龄期的强度对比和耐久性效率系数来考核；实验表明，降低水灰比，可延缓混凝土碳化速度，其比值是：如混凝土水灰比，在室内条件下，从 0.7 降到 0.6、0.5、0.4 则碳化深度相对值可从 1 降到 0.75、0.65、0.35，在室外条件下，则从 1 降到 0.72、0.36、0.08；考虑保护层厚度以及尽量选用较小的坍落度。

4.3.2.3　粉煤灰拒水粉

拒水粉是一种建筑用防水、防泄漏材料。近年来，人们以粉煤灰为主要原料，向其中加入一定量的添加剂及化学助剂，在一定温度、压力下经化学物理变化制成一种粉状杂化型新材料。它耐水、耐酸、耐碱、耐盐，又耐高低温和老化。它的拒水能力来源于在制备过程中，粉煤灰颗粒上生成的一层与表面结合的有机硅高聚物多维超薄膜，这层薄膜使颗粒本身有很强的憎水性。由于粉煤灰拒水粉使用时以颗粒形式存在，因此不会发生其他防水材料随附着体变形引起自身开裂或破坏，而丧失抗渗防漏能力的现象。该产品可用在屋面及平顶楼房的防水、地面防潮、地下铁道工程、水库、隧道，酸、碱、盐水池，沿海堤防工程以及铁路路基翻浆冒泥治理等方面。

CN 1094431A 公开了一种使用效果良好的粉煤灰拒水粉生产工艺专利，其生产过程和工艺简单，成本低廉。

（1）原材料要求及配比

① 粉煤灰　$SiO_2 > 40\%$，Fe_2O_3 7%～15%，Al_2O_3 20%～40%，细度不小于 80～100 目。

② 有机硅聚合物乳液配方　有机硅聚合物（如甲基硅油、羟甲基硅油等）25～30，平平加-O（或明胶）0.5～3，软水 65～80。

③ 固化催化剂　聚乙烯醇类聚合物的一种，掺量为有机硅聚合物乳化液质量的 1%～10%。

④ 拒水粉配比　（有机硅聚合物乳化液＋固化催化剂）：水：粉煤灰＝1：（20～40）：（40～80）。

（2）生产流程及工艺

① 将粉煤灰干燥、过筛后得到80～100目的粉体，称量后备用。

② 将固化催化剂溶解于水中，然后与有机硅乳化液混合，加软水稀释，配成有机硅聚合物乳化液与固化催化剂的组合物。

③ 按配比将备用的粉煤灰先投入搅拌机中，边搅拌边加入组合物，混合均匀。

④ 将搅拌机中的混料移到烘盘中（料层厚度约5cm为宜），送入烘房中，在140～130℃烘3～6h，盘中料含水率即可达5％以下，然后出料、包装。

参考文献

[1] 陈全德. 新型干法水泥技术原理与应用. 北京：中国建材工业出版社，2004.

[2] 石新城，肖庆，刘淑珍. 煤矸石原料的净化、均化、陈化工艺. 砖瓦，2002 (6)：5-9.

[3] 张明华，张美琴，张子平. 煤矸石陶粒的膨化机理及其研制. 吉林建材，1999 (4)：8-14.

[4] 王德海. 煤矸石粉体研究开发进展. 中国煤炭，1997，23 (5)：31-32.

[5] 张雷. 高钙页岩煤矸石承重砌块. 房材与应用，1997 (4)：12-13.

[6] 吴正如. 利用沸腾炉渣生产砌块是综合利用煤矸石的有效途径. 煤炭工程，2003 (6)：53-55.

[7] 蒋蓉，等. 粉煤灰硅酸盐水泥的研制. 国外建材科技，2005，26 (4)：27-28.

[8] 胡明玉，等. 大掺量粉煤灰水泥研究及其在工程中的应用. 南昌大学学报，2004，26 (1)：34-36.

[9] 朱献，等. 粉煤灰水泥在生产过程中的应用. 中国建材报，2005 (7)：1-2.

[10] 徐斌，等. 大掺量粉煤灰水泥研究. 重庆环境科学，1998，20 (5)：53-54.

[11] 蒲心诚，等. 大掺量粉煤灰水泥研究. 材料与应用，1996 (3)：53-55.

[12] 朱献，等. 粉煤灰在水泥生产过程中的应用. 中国建材报，2005 (7)：1-2.

[13] 尹维新. 粉煤灰砖的发展趋势与研究方向. 电力学报，2004，19 (3)：185-186.

[14] 李庆繁. 高性能蒸压粉煤灰砖生产工艺技术综述. 墙材革新与建筑节能，2010：26-28.

[15] 于鹏展. 工艺参数对粉煤灰砖性能研究 [D]. 哈尔滨：哈尔滨工业大学，2010.

[16] 黄华大. 蒸压粉煤灰砖生产特性及使用性能. 砖瓦世界，2008 (3)：33-36.

[17] 季晓檬，李正昊. 粉煤灰砖生产工艺技术综述. 中国建材科技，2013：58-59.

[18] 李庆繁. 高性能蒸压粉煤灰砖生产工艺技术综述. 墙材革新与建筑节能，2010：26-27.

[19] 鄢朝勇. 粉煤灰小型空心砌块的生产与应用. 新型墙体材料与施工，2002 (8)：71-73.

[20] 姚哲. 高掺量粉煤灰砌块制备的实验研究. 砖瓦，2009 (1)：10-12.

[21] 毛伟，等. 我国粉煤灰砌块技术研究现状. 重庆建筑，2013，12 (120)：46-47.

[22] 李淑芝. 多孔粉煤灰砌块. 建材工业信息，1998 (4)：10-11.

[23] 雷瑞，等. 粉煤灰综合利用进展. 洁净煤技术，2013，19 (3)：106-108.

[24] 张瑞荣. 粉煤灰陶粒的生产技术及发展方向. 中国资源综合与利用，2002，8：33-36.

[25] 张云志，等. 粉煤灰陶粒的发展现状与展望. 砖瓦，2003 (8)：10-11.

[26] 陈烈芳，等. 简述粉煤灰陶粒的发展方向. 砖瓦，2004 (12)：15-18.

[27] 娜仁图雅，等. 粉煤灰陶粒处理含氟废水的研究. 内蒙古石油化工，2008，10 (15)：33-34.

[28] 王振山，等. 粉煤灰陶粒的开发与应用. 神华科技，2010，8 (5)：58-60.

[29] 徐玲玲. 粉煤灰人造轻质板材的研制. 粉煤灰综合利用，1995 (3)：29-31.

[30] 王程远. 粉煤灰纤维板的制备及防水性能研究 [D]. 上海：华东理工大学，2012：2-3.

[31] 李光，等. 粉煤灰人造轻骨料的试制与生产. 粉煤灰综合利用，1994 (1)：41-43.

[32] 徐红. 粉煤灰在建筑砂浆中的水化机理和粉煤灰效应. 电力环境保护，2000，16 (2)：15-16.

[33] 方萍. 大掺量粉煤灰砂浆掺料的生产与应用. 粉煤灰综合利用，2003 (4)：41-44.

[34]　鄢朝勇，等．粉煤灰作新型建筑砂浆胶凝材料的试验研究．混凝土，2007（6）：74-75.

[35]　沈旦申，等．粉煤灰效应的探讨．硅酸盐学报，1981，9（1）：57-59.

[36]　刘延宁，等．粉煤灰在建筑砂浆中的应用．陕西建筑，1999（3）：75-77.

[37]　张相红．高掺量粉煤灰生产建筑砂浆粉．粉煤灰，2004（2）：35-36.

[38]　高任清．水泥粉煤灰混合砂浆应用技术研究．混凝土，2008（6）：85-87.

[39]　徐红．粉煤灰在建筑砂浆中的水化机理和粉煤灰效应．电力环境保护，2000，16（2）：15-16.

[40]　支栓喜．高强耐磨粉煤灰砂浆（混凝土）的研制与应用．甘肃水利水电技术，1995（3）：19-22.

[41]　吴正严．论粉煤灰在混凝土中的应用．建筑科学，2010（30）：78-79.

[42]　覃维祖．粉煤灰在混凝土中的应用技术．商品混凝土，2006（2）：13-15.

[43]　艾红梅．大掺量粉煤灰混凝土配合比设计与性能研究［D］．大连：大连理工大学，2005：4-6.

[44]　王超，等．粉煤灰混凝土生命周期评价初步研究．工业安全与环保，2007，33（1）：39-42.

[45]　匡楚胜，等．混凝土掺粉煤灰若干技术讨论．高性能混凝土和矿物掺合料的研究与工程应用技术交流会，2006：339-341.

[46]　吴正严．论粉煤灰在混凝土中的应用．建筑科学，2010（30）：78-79.

[47]　覃维祖．粉煤灰在混凝土中的应用技术．商品混凝土，2006（2）：13-15.

[48]　刘洪波．论粉煤灰在混凝土中的应用．建筑科学，2010（30）：79-80.

[49]　吴正严．粉煤灰混凝土的发展方兴未艾．粉煤灰，2000（1）：36-37.

第5章 | 煤系固体废物回填及复垦利用

　　煤矸石、粉煤灰等煤系固体废物的资源化利用途径很多，本章主要介绍煤矸石、粉煤灰在回填、复垦等方面的利用。与其他利用技术相比，回填及复垦利用不仅可以大量消纳煤系固体废物，消除煤矸石山、粉煤灰储灰场等压占的土地，恢复其使用价值，同时对于治理矿区地面沉陷、改善矿区生态环境等也具有重要意义。

5.1　煤矸石回填利用

　　煤矸石回填是指以煤矸石作为填筑材料，充填沟谷、低洼地、废弃矿井和矿坑、井下采空区或填筑路基等。煤矸石回填时，通常对煤矸石的质量要求不高，特别适合处理成分混杂、难以利用的煤矸石，是大量消纳处理煤矸石的有效途径之一。根据回填对象不同，煤矸石回填可分为工程回填（地上回填）和矿井回填（地下回填）两类。

　　煤矸石工程回填，又称工程填筑，是指利用煤矸石填筑铁路、公路路基，充填沟谷、采矿沉陷区等，以获得充填密度高、承载能力大并有足够稳定性的煤矸石地基。国内外一直比较重视利用煤矸石进行工程填筑的工作，相关工程实践也较多，如英国利用煤矸石在拉姆斯盖特（Ramsgate）附近建造直升机起落场和海堤，美国利用煤矸石作为筑路材料等。利用煤矸石进行工程填筑，煤矸石利用量大，满足了填筑材料的来源需求，既节约填土用地，又增加了建筑用地，环境、社会及经济效益俱佳。

　　煤矸石矿井回填，也称矿井充填，是指将煤矸石、砂子、碎石、粉煤灰、炉渣等材料充填到矿井采空区或废弃矿井中，借以支撑围岩，防止围岩跨落或变形。地下采矿造成大量采空区，引起地面原有结构破坏，危及采空区地表工业及民用建筑物和人民生命财产安全。用煤矸石作为回填材料进行矿井回填，既可大量消纳煤矸石，减少排矸占地及对周边环境的影响，又可减轻开采沉陷灾害、提高矿井资源回收率，因此越来越受到重视。

5.1.1　煤矸石回填利用对环境的影响

5.1.1.1　煤矸石回填潜在环境影响分析

　　煤矸石含有碳、氢、氧、硫、铁、铝、硅、钙等常量元素，同时因成煤环境差异还可能含有铬、镉、砷、汞、铅、铜、锌、氟、氯等微量或痕量元素。煤矸石回填对环境的影响取决于煤矸石成分及环境作用的大小。煤矸石回填后，由于风吹、日晒、雨淋或矿井水淋漓等过程，矸石中的重金属元素、无机盐类和可溶性有机污染物可能会在物理、化学、生物等作用下释放出来，并进入地表水、土壤或地下水中，造成环境污染。

　　随着煤矸石在充填、修筑堤坝、路基等工程中的用量日益增加,其对土壤、水体等环境的影响范围越来越大。因此,煤矸石回填对周边环境的影响是值得重视的问题,对回填潜在环境影响的研究十分必要。

　　煤矸石中的微量元素在常温、不同 pH 值条件下的淋溶析出量见表 5-1。可以看出,在酸性条件下,淋溶析出的重金属量均超过《生活饮用水卫生标准》(GB 5749—2006)规定限值;在碱性条件下,淋溶析出的铅、铬、汞、氟化物等均超出《地面水环境质量标准》(GB 3838—2002)中 V 类水质标准限值。在我国很多地区,大气降水呈弱酸性,当回填溶出液排入地下水或地表水体时会造成一定程度的污染,特别是 Pb、Hg、Cr 等[1]。

表 5-1　常温条件下煤矸石中微量元素的淋溶析出量　　　　单位: mg·L^{-1}

淋溶液体条件	铜	铅	锌	六价铬	汞	砷	氟化物
pH=4	1.32	1.93	2.03	0.19	0.032	0.082	0.91
pH=6	1.01	196	1.54	0.28	0.034	0.061	1.23
pH=7	0.68	1.87	1.12	0.26	0.032	0.025	1.38
pH=8	0.53	1.87	0.89	0.41	0.030	0.010	1.86
《生活饮用水卫生标准》限值	1.0	0.01	1.0	0.05	0.001	0.01	1.0
《地面水环境质量标准》V 类限值	1.0	0.1	2.0	0.1	0.001	0.1	1.5

　　除 pH 值外,煤矸石重金属淋溶析出量还受到煤矸石中重金属含量及形态、淋溶液性质、淋溶温度、淋溶时间等因素的影响。淋溶时间是影响重金属析出量的重要因素之一。虽然某些有害微量元素在煤矸石中较为稳定,不易析出,但在水及其他介质的长期作用下,也会发生溶解或其他化学反应,并从煤矸石中析出。因此,对煤矸石进行合理的淋溶试验是评价煤矸石回填环境危害的重要依据,同时淋溶试验结果对于煤矸石回填时应注意采取的处理措施也具有重要指导作用。

5.1.1.2　煤矸石淋溶试验

　　煤矸石淋溶试验主要模拟自然条件下大气降水对煤矸石的浸润溶解作用,因此应选用不同 pH 值的浸取剂分别进行试验,以便观察在不同气候条件、空气质量及所能接触到的土壤环境下,煤矸石中有毒微量元素的溶出量及其溶解力表现。目前,关于煤矸石淋溶行为的研究主要有动态淋溶和静态浸泡两种方法[2]。

　　(1) 动态淋溶试验设计

　　动态淋溶试验装置如图 5-1 所示。将晾干的滤网平铺在淋滤柱中的淋滤孔板上,在其上铺约 2cm 厚、经预处理的纯净石英砂,砂层上铺滤纸;分别取四份煤矸石样品(记为 A、B、C、D)各 500g 装入淋滤柱中;在样品顶部铺上一层滤网,为使浸取剂能均匀流经矸石样品,再放一层 2cm 厚、预处理过的石英砂,铺上滤纸。为避免外界环境对试验的影响,试验过程中用保鲜膜将淋滤柱密封,并将其固定在铁架台上。利用医用

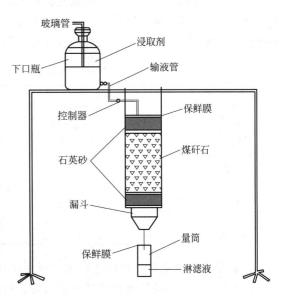

图 5-1　动态淋溶试验装置

输液管将储液瓶、淋滤柱和量筒连接成一体。通过调节输液器的调节阀，控制浸取剂的下渗速度，经过计算淋滤液与矸石样之比，定时收集淋滤液，检测淋滤液的成分并进行分析。

（2）静态浸泡试验设计

称取 500g 煤矸石 A、B、C、D 样品各九份，分别置于大容量塑料桶中，加入 5000mL 浸取剂，贴上标签 S-I，其中 S 代表不同矸石样品的粒径，I 代表取样时间。每间隔 6h 搅拌一次，记录时间，直至达到预定的浸泡时间后按时取样分析。取样前 1h 再搅拌 1 次，静置澄清后取上清液 200mL，将上清液用定量滤纸过滤，所得滤液即为待测溶液。考虑到浸溶初期元素溶出量较大，浸泡初期取样时间段可设计为 0.5d、1d、2d、3d，浸泡中期取样时间设计为 5d、7d、9d、14d，为验证浸溶液中溶出物的量在浸泡较长时间后趋于一个稳定值，最后增加 21d 这个时间点，即最终浸泡试验取样时间段分别为 0.5d、1d、2d、3d、5d、7d、9d、14d 和 21d。

（3）试验分析项目与分析方法

① 常规分析项目　主要测试分析 pH 值、电导率、总硬度、氟化物、硫酸盐、锌、锰、铜、铅、镉、铬、砷、汞等指标。各指标的常用分析方法见表 5-2。

表 5-2　常规分析项目及分析方法

分析项目	分析方法	测试仪器
pH 值	玻璃电极法	pH 计
电导率	电导率仪法	电导率仪
总硬度	EDTA 滴定法	酸式滴定管
氟化物（以 F^- 计）	离子选择电极法	氟离子选择电极
硫酸盐	离子色谱法	离子色谱仪
锌、锰、铜、铅、镉、铬	原子吸收光度法	原子吸收分光光度计
砷	新银盐分光光度法	分光光度计
汞	双硫腙光度法	分光光度计

② 营养盐及有机污染物　煤矸石回填时，所含的有机物及氮、磷等物质对周围环境的影响同样不容忽视。此类污染物的测定同样采用淋溶和浸泡两种试验。测试指标主要有溶解氧（DO）、生化需氧量（BOD_5）、化学需氧量（COD_{Cr}）、高锰酸盐指数、氨氮、总氮、硝酸盐氮、总磷和挥发酚等。各指标的常用分析方法见表 5-3。

表 5-3　营养盐及有机污染物分析方法

分析项目	分析方法	测试仪器
DO	便携式溶解氧仪法	便携式溶解氧仪
BOD_5	5d 培养法	微生物传感器
COD_{Cr}	重铬酸钾法	回流加热装置,酸式滴定管
高锰酸盐指数	酸性法	沸水浴,酸式滴定管
氨氮	纳氏试剂光度法	可见光分光光度计
总氮	过硫酸钾氧化-紫外分光光度法	紫外分光光度计
硝酸盐氮	酚二磺酸光度法	可见光分光光度计
总磷	钼锑抗分光光度法	可见光分光光度计
挥发酚	4-氨基安替比林分光光度法	可见光分光光度计

③ 特定有机污染物　在自然界成煤过程中有可能生成多环芳烃类物质，评价煤矸石回填后是否会产生多环芳烃类物质的环境污染，则需要对多环芳烃及多氯联苯等特定有机污染物进行检测。此时，可采用固相萃取-气相色谱/质谱（GC/MS）联用技术方法进行测试。

5.1.1.3　煤矸石回填的环境安全性评估

通过对煤矸石回填的潜在环境影响进行分析，并借助淋溶试验等，可以对煤矸石回填的环境安全性进行评估。相关研究表明，煤矸石不属于危险废物，回填是可行的，但利用煤矸石进行回填时有可能造成氮、氟、锰等的污染。因此，应根据具体试验结果，采取对应控制措施。通常，采用大粒径煤矸石回填、配比一定量黏土回填等可有效抑制相应污染物的溶出，达到安全回填的目的。

需要指出，长期淋溶行为对煤矸石结构及性质的改变有重要影响。例如，我国的煤矸石山大多长期露天堆放，煤矸石中的微量元素含量及存在形态在淋溶-风化-淋溶的长期行为下会发生变化。从微量元素的存在形态上看，淋溶可首先析出一部分可交换态、碳酸盐态的微量元素。如果淋溶的雨量较大，同时又有有利的地形条件，煤矸石还会发生浸泡行为。当煤矸石不受淋溶时，煤矸石又会暴露于空气中，处于风化、氧化状态，矸石中微量元素的存在形态及存在方式依然会发生重组和转化，残余态或铁-锰胶体态的微量元素会有一部分发生转移，成为可交换态，使一部分在浸泡条件下不可能析出的微量元素在下一次淋溶时随着雨水析出。所以，煤矸石淋溶-风化-淋溶的长期行为可能析出更多的微量元素。考虑到煤矸石充填塌陷区时浸泡行为起主要作用，而露天堆存的煤矸石淋溶行为起主要作用，因此长期露天堆存的矸石山因淋溶冲刷产生的污染，可能比煤矸石充填到塌陷区浸泡产生的污染更为严重。但是，由于矸石山堆放面积相对于整个矿区面积来说较小，矸石山的有害微量元素污染可能只局限在矸石山周围，而综合回填于各处的煤矸石由于范围很大，因此回填所带来的潜在环境影响值得进一步关注。

5.1.2　煤矸石工程回填方法及效果评价

煤矸石回填包括工程回填和矿井回填两类。其中，工程回填通常采用分层填筑的方法；矿井回填方法较多，如置换开采法、自溜填充法、水力填充法、风力填充法等。这里仅对工程回填时常用的分层填筑法进行简单介绍。其他回填方法将在后续相关内容中介绍。

5.1.2.1　煤矸石分层填筑施工方法

煤矸石工程回填施工通常采用分层填筑的方法，边回填边压实。

分层填筑法又称碾压法，是普遍采用并能保证填石路堤质量的一种方法。高速公路、一级公路和铺设高级路面的其他等级公路的填石路堤均采用此方法。填石路堤将填方路段分为四级施工台阶、四个作业区段和八道工艺流程进行分层施工。施工中填方和挖方作业面形成台阶状，台阶间距视具体情况和适应机械化作业而定，一般长为100m左右。四级施工台阶是指路基面以下0.5m为第1级台阶，0.5~1.5m为第2级台阶，1.5~3.0m为第3级台阶，3.0m以上为第4级台阶。四个作业区段是指填石区段、平整区段、碾压区段和检验区段。填石作业始于最低处，逐层水平填筑，每一层用机械摊铺主骨料；平整作业铺撒嵌缝料，将填石空隙以小石或石屑填满铺平；碾压作业采用重型振动压路机进行碾压，直至填筑顶面石块稳定。八道工艺流程具体包括施工准备、填料装运、分层填筑、摊铺平整、振动碾压、检测签认、路基成型和路基整修等。

根据具体施工工艺的不同，分层填筑法可分为水平分层填筑法、纵向分层填筑法、竖向填筑法和混合填筑法。

水平分层填筑法如图5-2所示，填筑时按照横断面全宽水平分层，逐层向上填筑。水平分层填筑法是路基填筑的常用方法。

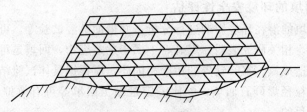

图 5-2　水平分层填筑法

纵向分层填筑法如图 5-3 所示，依路线纵坡方向分层，逐层向上填筑。纵向分层填筑法多用于推土机从路堑取土填筑距离较短的路堤。

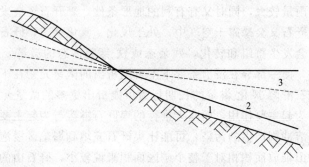

图 5-3　纵向分层填筑法

竖向填筑法如图 5-4 所示，该法多用于无法自下而上填筑的深谷、陡坡、断岩或泥沼等机械无法进行的路堤。

混合填筑法如图 5-5 所示，路堤下层采用竖向填筑法而上层采用水平分层填筑法。该法适用于因地形限制或填筑堤身较高，不宜单独采用水平分层法或竖向填筑法进行填筑的情况。单机或多机作业均可，一般沿线路分段实施。

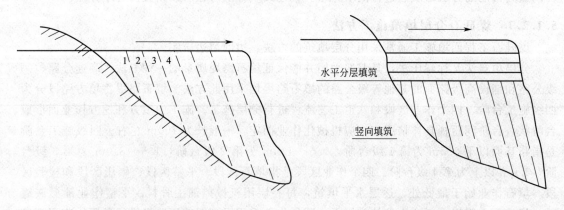

图 5-4　竖向填筑法　　　　　　　　　　　　图 5-5　混合填筑法

5.1.2.2　分层填筑压实效果评价指标

煤矸石作为分层充填材料的技术关键是压实特性。压实系数可作为煤矸石分层充填压实处理的评价指标。压实系数 λ_c，即压实后干容重 γ_d 与最大干容重 γ_{dmax} 之比：

$$\lambda_c = \frac{\gamma_d}{\gamma_{dmax}}$$

$$(5-1)$$

式中，最大干容重 γ_{dmax} 通过击实试验来确定，可利用标准普氏击实仪测得。相关规范中要求击实土的最大粒径应小于击实筒直径的 $1/3$，而我国充填用煤矸石通常不经破碎，块度较大，故采用标准普氏击实仪进行击实试验的较少，大部分采用特制的非标准击实仪。

煤矸石的干容重 γ_d 通常采用砂置换法取得，也可通过水准测量法求得，前者获得数据准确，后者易出现误差，但方法简单，还可避免破坏已压实的矸石层，其计算公式为：

$$\gamma_d = \gamma_{od}\frac{h_0}{h} \tag{5-2}$$

式中 γ_{od} ——未压实层用砂置换法求得的平均干容重，$kN \cdot m^{-3}$；

　　h_0 ——压实前充填层平均厚度，m；

　　h ——压实后充填层平均厚度，m。

h_0、h 值通过水准测量获得，故称为水准测量法。该法测得的干容重 γ_d 是充填层的平均密度。煤矸石可看作粗粒土，在我国《工业与民用建筑地基基础设计规范》中对土地基压实系数作了较为明确的规定，见表5-4。

表5-4 压实填土的质量控制

结构类型	填土部位	压实系数 λ_c	控制含水量/%
砌体承重结构和框架结构	在地基主要受力层范围内	≥0.97	$w_{cp} \pm 2$
	在地基主要受力层范围以下	≥0.95	
排架结构	在地基主要受力层范围内	≥0.96	
	在地基主要受力层范围以下	≥0.94	

5.1.2.3 影响煤矸石分层填筑压实效果的因素

工程实践及相关研究表明，影响煤矸石分层填筑压实效果的主要因素有颗粒级配、分层厚度、压实方式、压实能力、煤矸石含水量和压实次数等[3]。

（1）颗粒级配

颗粒级配的优劣通常用不均匀系数 C 来表示。不均匀系数 C 大，颗粒不均匀，则级配良好；不均匀系数 C 小，颗粒均匀，则级配较差。不均匀系数 C 的计算公式为：

$$C = \frac{d_{60}}{d_{10}} \tag{5-3}$$

式中 d_{60} ——界限粒径，即小于某粒径的煤矸石颗粒质量累计百分比为60%时的粒径；

　　d_{10} ——有效粒径，即小于某粒径的煤矸石颗粒质量累计百分比为10%时的粒径。

不均匀系数 C 是影响压实效果的基础性指标。C 值越大，煤矸石颗粒级配越良好，压实系数越大，压实效果越好；反之，颗粒级配越差，压实系数越小，压实效果越差。同时，当 C 值大、颗粒级配较好时，可用较少的压实次数或较低的压实能量获得较高的压实密度。另外，煤矸石颗粒级配良好时，对降低矸石层的透气性、防止矸石自燃、减小填筑工程的湿陷和不均衡沉降等，都十分有利。因此，根据不同的建筑工程对地基的不同要求，可采用相应的破碎措施破碎煤矸石，以获得较好的颗粒级配，保证煤矸石填筑的地基具有足够的稳定性。

（2）分层厚度

煤矸石的分层厚度对压实效果也有较大影响。随着分层厚度的增大，压实效果变差，当分层厚度增大到一定程度时，即使增加压实机的行走次数，压实系数也不可能达到0.96以上；在压实能力较大时，分层厚度也不易太小，否则经济上不合理。

（3）压实方式

常用的压实方式有振动压实与非振动压实两种。对同一厚度的煤矸石分层，采用振动压实比非振动压实效果要好 1～1.5 倍。如用 78.5kN 压路机压实 0.6m 厚的煤矸石分层，在行走 10 次后，振动压实系数可达 0.99，而非振动压实系数仅为 0.91。因此，煤矸石工程填筑应尽量采用振动压实方式。在工程实践中，我国相关单位已探索出一套行之有效的综合振压工艺，其主要方法如下。

通过试验确定压实趟次。振压机采用纵横振压，即纵向振压与横向振压交替进行。例如，上一振压趟次为南北方向，则下一振压趟次为东西方向，相互交替，直到达到设计要求的趟次为止。

综合振压工艺的辅助方法是采用压茬振压与越界振压。压茬振压是指在振压时，后一轮的振压与前一轮的振压要有适当的重叠，一般 10～20cm。越界振压是指由于施工是分层分区进行的，因此两个施工区交界处往往是振压的薄弱环节，容易形成漏压，给工程质量带来隐患。为此，在分区边界处，后施工的分区进行振压时，要越过分区边界两个轮的宽度。

根据煤矸石的含水量，可采用洒水振压或降水振压，以提高压实效果。煤矸石含水量对振压效果具有重要影响。若回填的煤矸石过于干燥，则往往难以满足压实要求，此时需适当洒水以提高煤矸石含水量，增加压实效果；若回填的煤矸石含水量过高，则在振压时出现振压轮压到处地面被压下去，当振压轮走过后马上又弹起来的"弹簧地"现象，为此必须采取措施降低矸石含水量，直至振压合格为止。

（4）压实能力

压实机的压实能力越大，能够压实的煤矸石分层厚度也越大。对一定压实能力的振压机，当分层厚度超过某一值时，即使增加振压机行走次数，压实效果也不明显增加，该分层厚度称为界限厚度，或称经济厚度。对不同压实能力的压实机，其界限厚度可用如下经验公式计算：

$$H = 0.5Q + 20 \tag{5-4}$$

式中　H——界限厚度，cm；

　　　Q——振压机的压实能力，kN。

（5）煤矸石含水量

使煤矸石分层获得最好压实效果的煤矸石含水量为最佳含水量。在相同压实条件下，煤矸石分层含水量较高或接近最佳含水量时，压实效果较好。最佳含水量与压实能量有关，压实能量小，欲获最佳压实效果，矸石颗粒间需较多水分使其更为润滑，最佳含水量就较大；压实能量大，最佳含水量较小。实际压实施工时，要通过试验确定最佳含水量。

（6）压实次数

在压实开始阶段，随着压实次数增加，压实效果增加非常明显，当压实次数增加到某一值时，即使再增加压实次数，压实效果也不会增加。这说明不能单靠增加压实次数来获得好的压实效果。实际压实施工时，若增加压实次数仍达不到设计的压实密度，则应加大压实能力或减小煤矸石分层厚度。

实际上，在煤矸石填筑工程施工过程中，影响压实效果的诸多因素相互影响、相互依存。通常工程设计中，对压实系数的取值要求可根据用作填筑材料的煤矸石的颗粒级配、压实机械的压实能力、采用的压实方式，通过试验及计算可获得煤矸石的最佳含水量、界限厚度及压实机的行走次数等，为保证工程质量提供施工技术参数。

5.1.3　煤矸石填筑路基

5.1.3.1　煤矸石用作路基材料的可行性

煤矸石能否作为路基材料进行利用,可通过考察煤矸石的理化特性、自燃性和淋溶性等进行分析论证[4]。

(1) 煤矸石理化特性分析

① 煤矸石的颗粒组成及级配　煤矸石是由不同粒径的颗粒组成的,粒度分布范围较广,大至厘米级块石,小至亚微米级的细小颗粒,并普遍含有胶体成分。煤矸石颗粒级配一般较差,大粒径矸石块占有相当高的比例。对徐州、淮北、淮南及兖州等矿区煤矸石颗粒级配的研究结果表明:煤矸石中粗大颗粒含量过高而细小颗粒含量过低,粒径大于5mm的颗粒含量在60%以上,粒径小于0.1mm的颗粒含量在5%以下,粒度分布极不均匀;不同程度地存在某些粒组的分布不连续问题,其中0.5~2mm范围的粒组分布不连续比较明显。

路基材料的级配是保证压实的重要指标。用于路基填筑的煤矸石要求具有较好的颗粒级配,因此使用前应取样进行筛分试验,考察是否满足相关标准要求。自然级配符合要求的煤矸石可直接用作路基填料;自然级配差、大颗粒所占比例较大的煤矸石不宜直接用作路基填料,可采取破碎措施或掺拌粉性土改良后使用。

② 煤矸石的膨胀性及崩解性　岩土体的膨胀通常分为两种情况:一是黏粒含量较高的岩土体,遇水后黏粒结合水膜增厚而引起的膨胀,称为粒间膨胀;二是水进入到岩土体矿物结晶格子层间而引起的膨胀,称为内部膨胀。煤矸石多为碎石状、角砾状,小于0.5mm的颗粒含量一般低于10%,其发生粒间膨胀的可能性较小,内部膨胀是煤矸石膨胀的关键。

研究表明,煤矸石的膨胀主要是由蒙脱石吸水膨胀发生崩解后引起的。煤矸石中含有黏土矿物蒙脱石,浸水后,水进入到蒙脱石矿物的结晶格子层间,致使矿物膨胀、开裂,发生崩解。煤矸石崩解后,必然使煤矸石孔隙率增大,体积随之增大,从而引起膨胀。大量试验结果表明,煤矸石的膨胀性较弱,但崩解性较强。煤矸石填筑路基时颗粒自由膨胀率应小于40%,且有膨胀性的煤矸石占混合填料的比例不得大于50%,必要时应使用黏土掺填。

③ 煤矸石的压密性　压密程度对煤矸石的工程稳定性有直接影响。煤矸石工程利用时,不但要求结构性的压实,而且对防渗、防风化等也有一定要求。煤矸石的颗粒级配直接影响着煤矸石的压密性,煤矸石可压密程度与不均匀系数之间在量值上表现出很强的关联性,不均匀系数越大,煤矸石可压密的程度就越高。

煤矸石与碎石土具有相近的颗粒级配,压实性主要是由骨料中的细料和细料对骨料空隙的充满程度决定的,因此煤矸石适用于以振压为主的工程,通过共振压实,可有效减少煤矸石空隙,提高压密性,压实后承载力可满足路基要求。

④ 煤矸石的水稳性　煤矸石属于碎石类土,但水稳性较一般的碎石类土差,可通过提高压密性改善煤矸石的水稳性。结构致密的煤矸石吸水性低,且具有较好的透水性,自身保水性较低,路基填方时能有效防止基床翻浆,可用作路基材料;风化程度高、结构较松散的泥质、砂质岩煤矸石吸水性较高,且吸水后体积膨胀并破碎成较小粉状矸石,不宜作为路基材料。含水量及其均匀性是影响压实度的主要因素之一,因此用作路基填料的煤矸石必须检测含水量。若含水量小于最佳含水量,在施工中适当加水;若含水量大于最佳含水量,则要

晾晒以降低水含量或适当掺拌生石灰粉或消解石灰再进行施工。

⑤ 煤矸石的渗透性　煤矸石的渗透性与压密程度有关，充分的压密能大幅度降低煤矸石的渗透性。表 5-5 为煤矸石干容重与渗透系数的关系。当干容重大于 $2.0 \mathrm{g} \cdot \mathrm{cm}^{-3}$ 时，煤矸石渗透系数接近黏土渗透系数。研究表明在煤矸石中添加一定比例的细颗粒含量，有助于煤矸石压密性的改善与渗透性的降低。

表 5-5　煤矸石干容重与渗透系数的关系

干容重/g·cm^{-3}	渗透系数/cm·s^{-1}
1.64	$2.03 \times 10^{-2} \sim 9.253 \times 10^{-2}$
1.95	$4.13 \times 10^{-4} \sim 3.63 \times 10^{-3}$
2.05	$1.43 \times 10^{-4} \sim 2.63 \times 10^{-4}$

⑥ 煤矸石的剪切强度　国内曾模拟现场的直剪试验条件和不同含水条件，对煤矸石进行了室内模拟直剪试验，在相同含水量条件下，煤矸石的内摩擦角随压实程度的增加而增大，而内聚力基本不变。研究发现，煤矸石的强度特性主要受粗细料特性和粗细料比例影响。粗料含量小于 30％时，煤矸石的强度特性主要由细料特性决定；粗料含量大于 60％时，煤矸石的强度特性主要由粗料特性所决定；粗料含量介于 30％～60％时，煤矸石强度特性由细料、粗料特性共同决定。

⑦ 煤矸石的化学组成　受产地来源、环境条件等因素影响，煤矸石的化学组成在一定范围内波动，这些波动可能对煤矸石在其他领域中的应用（如制取化工产品）造成困难，但对对成分要求并不苛刻的路基材料而言，影响不大。

（2）煤矸石自燃与淋溶液问题

① 煤矸石自燃　煤矸石自燃主要是由硫化物含量较多导致着火点温度降低所致，同时煤矸石中硫化物的氧化会导致酸性物产生。通常，燃烧过程必须伴有氧气，而酸性物的产生也必须伴有氧气，因此若能有效阻隔煤矸石与氧气的接触，就可以消除煤矸石自燃和酸性物产生的现象。煤矸石填筑路基时，只要将煤矸石碾压到紧密状态，即可有效防止自燃和酸性物的产生。同时，煤矸石经碾压密实后也可阻止其中某些物质的继续风化。

② 煤矸石淋溶液　含硫煤矸石中所含的重金属及硫化物在地下是稳定的，但到达地面后在氧和水的作用下，硫化物氧化形成酸性溶液，加速重金属等组分的溶出，从而污染附近水体和土壤。相关研究表明，煤矸石中掺加粉煤灰和石灰，在常温下可以形成一定量的钙矾石，从而达到稳定和固化含硫煤矸石的作用，既可以增加煤矸石力学性能指标，也可解决煤矸石淋溶液的污染问题。

总体而言，煤矸石虽然水稳性不好，有弱膨胀性及崩解性，还有自燃和淋溶液等问题，但只要掺入一定比例的细颗粒和合适的稳定材料，保证较好的排水及隔水条件，并采用充分压密等措施，煤矸石还是一种较好的道路基层材料，用作填筑路基是可行的。

5.1.3.2　煤矸石作公路路基材料

（1）煤矸石作公路路基材料的技术要求

除了煤矸石作为路基材料进行利用时所需考虑煤矸石颗粒级配、水稳性、压密性等外，煤矸石用作公路路基材料时还要考虑如下性能。

① 变形特性　路基的荷载-变形特性对路面结构的整体强度和刚度有很大影响。路面结

构的破坏，除路面自身原因外，还可能是由路基的过大变形而引起的。尽量采用抗变形能力强的材料作为路基填料是提高路面结构的整体强度与稳定性的重要措施。因此，容易风化破碎的煤矸石不宜直接作为路基填料，而抗压强度高、不易风化破碎的煤矸石则适宜作为路基填料。

② 烧失量　用作路基填料的煤矸石烧失量不宜大于12%。自燃过的煤矸石含碳成分低，适宜作为路基填料；含固定碳及挥发分较高的煤矸石易发生自燃，不宜直接作为路基填料。总体来说，燃矸性质稳定并且活性大，煤矸石颗粒级配较好，一般可直接应用，且使用效果良好；未燃矸由于级配不良，常需采取破碎措施，使用时要掺入细料，成本较高。但是，未燃矸风化较轻，本身强度稍高，从控制环境污染角度而言，在煤矸石自燃以前就加以利用更为合理。

③ 强度指标　根据我国路基规范中对填石路基压碎值的要求，煤矸石作高速公路路基填料时的压碎值宜≤30%，承载比 CBR 值宜≥8%，单轴抗压强度不应小于15MPa。路床填料应均匀、密实，并符合表5-6、表5-7相关规定。

表5-6　路床土最小强度和压实度要求

项目分类	路面地面以下深度/m	填料最小强度(CBR)/%			压实度/%		
		高速公路一级公路	二级公路	三、四级公路	高速公路一级公路	二级公路	三、四级公路
填方路基	0~0.3	8	6	5	≥96	≥95	≥94
	0.3~0.8	5	4	3	≥96	≥95	≥94

注：1. 表列压实度是按《公路土工试验规程》(JTG E40—2007)重型击实试验法求得的最大干密度的压实度。

2. 当三、四级公路铺筑沥青混凝土和水泥混凝土路面时，其压实度应采用二级公路指标值。

表5-7　路堤填料最小强度要求

项目分类	路面以下深度/m	填料最小强度(CBR)/%		
		高速公路一级公路	二级公路	三、四级公路
上路堤	0.8~1.5	4	3	3
下路堤	>1.5	3	2	2

注：1. 当路基填料 CBR 值达不到表列要求时，可掺石灰或其他稳定材料处理。

2. 当三、四级公路铺筑沥青混凝土和水泥混凝土路面时，应采用二级公路的规定值。

(2) 无机稳定性材料的选择及配比

煤矸石用作公路路基材料时，在施工中常使用混合料，如石灰稳定煤矸石、石灰粉煤灰稳定煤矸石、水泥稳定煤矸石等混合料。有学者对某地区煤矸石和自燃煤矸石采用不同无机非金属材料进行稳定处理，混合料配比及混合料性能见表5-8和表5-9。

表5-8　无机结合料稳定煤矸石配比

编　号	混合料名称	配合比	最大干密度/g·cm⁻³	最佳含水量/%
LSR1	石灰：土：煤矸石	8：22：70	1.966	10.8
LSR2	石灰：土：煤矸石	10：40：50	1.891	12.2
LFR1	石灰：粉煤灰：煤矸石	8：22：70	1.522	7.8
LFR2	石灰：粉煤灰：煤矸石	10：40：50	1.811	13.8
LR1	石灰：煤矸石	8：92	2.009	9.5
LR2	石灰：煤矸石	4：96	2.167	6.6
LFSRS1	石灰：粉煤灰：燃矸	10：40：50	1.814	15.2
LFSRS2	石灰：粉煤灰：燃矸：土	10：20：20：50	1.650	15.4

表 5-9　无机结合料稳定煤矸石的技术指标

编号	无侧限饱水抗压强度/MPa			90d 劈裂强度/MPa	90d 抗压回弹模量/MPa	冻融强度降低/%	温缩系数/×10⁻⁶℃⁻¹		
	7d	28d	90d				115~5℃	5~-5℃	-5~-15℃
LSR1	1.16	2.18	2.41	0.16		2.5	13.1	24.5	15.3
LSR2	1.55	2.22	2.18	0.21	385	2.8	21.6	32.4	16.9
LFR1	1.21	2.43	4.52	0.37	457	0.9	6.4	1.6	17.5
LFR2	1.92	2.98	6.13	0.41	560	0.8	14.5	8.01	14.9
LR1	0.74	1.23	1.34	0.13	325	2.2	8.7	10.5	18.5
LR2	1.92	2.89	3.67	0.43	628	1.9	19.4	75.2	35.8
LFSRS1	1.54	2.83	3.66	0.28	395	0.3	15.3	7.8	18.2
LFSRS2	1.59	3.01	4.90	0.26	415	0.4	25.8	34.2	62.4

　　根据《公路路基施工技术规范》和《公路路基设计规范》对路基填料的要求，对照表 5-8 和表 5-9 可知，煤矸石混合料除石灰稳定煤矸石外，其无侧限饱水抗压强度能满足多种等级的道路基层的抗压强度要求。石灰稳定煤矸石混合料的强度也达到了底基层强度要求。不同地点的煤矸石稳定处理后的强度有较大差异，但至少三级及以下公路采用稳定煤矸石做路面基层材料是可行的。

　　煤矸石混合料冻融后仍具有较高的抗压强度，说明煤矸石混合料具有足够的冻稳性，其中以燃矸混合料冻稳性最好，其次为石灰、粉煤灰和煤矸石的混合料。煤矸石混合料具有较低的收缩系数，尤其是石灰、粉煤灰和煤矸石合用时，具有强度高且收缩系数较低的优点，是改善道路基层性能的较好方案。

　　煤矸石混合料的配合比不同，其强度差异较大。可根据具体条件，选择适宜的配合比。用石灰、粉煤灰稳定煤矸石的效果，优于石灰、石灰和土稳定煤矸石，尤其经过养护后，差异更显著。这主要是因为粉煤灰中含有活性 SiO_2 和 Al_2O_3，混合过程中反应程度大大增加，从而增强了稳定煤矸石的效果。

　　（3）煤矸石公路路基的施工

　　① 施工工艺流程　煤矸石填筑路基包括施工准备、运输、摊铺、洒水、碾压和成型检测等基本工序[5]。煤矸石路基施工工艺流程如图 5-6 所示。

　　1）施工准备。当颗粒级配不符合要求时，需要适当掺砂性土，可在开采、运输两工序间增加机械混合工序；为保证矸石填筑质量，应重点抓好含水量和压实两个环节。另外，矸石山内部温度较高，且松散易坍塌，在开采时需注意安全。

　　2）运输。运输宜采用大吨位自卸车并机械装车，降低运价。运输前应洒水湿料，减少运输中的扬尘污染。

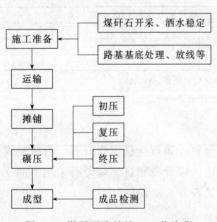

图 5-6　煤矸石路基施工工艺流程

　　3）摊铺。卸料后的煤矸石应使用履带推土机推开摊平，摊铺厚度宜控制在 20~30cm；摊铺时应将大于 15cm 的大块捡除；摊铺长度以当天压实完成为宜；松铺系数应通过试验确定，机械摊铺时松铺系数为 1.1~3。煤矸石摊铺平整后，应人工找平，控制好横坡，以保证路基横向排水的顺畅。

　　4）洒水。煤矸石填筑路基时，洒水非常重要。摊铺后应及时洒水，既可提供压实所必需的填料颗粒间起润滑作用的水膜，又可提供用于化学反应的水分。因此，洒水要达到透、流、饱和的程度，并要求层间间隔时间尽可能长，以保证煤矸石物化反应尽可能充分。待基本稳定后再进行压实。采用水冲法开采的煤矸石或运输时充分洒水的煤矸石可不必洒水。

5）碾压。煤矸石推平洒水后，待晾晒至含水量略大于最佳含水量2%～3%时开始碾压。碾压包括初压、复压和终压，即先用振动压路机静压2遍，再振压4～6遍，最后用压路机再静压2～3遍。碾压结束以表面光洁无轮迹为标准。

6）成型检测。压实成型后应及时进行检测，合格后方可继续上层施工。备上层料前，应在煤矸石上面适当洒水。

② 施工要求　煤矸石填筑公路路基时，必须按国家市政（公路）土工实验规程对煤矸石土样进行实验，得出实验数据，在工程施工时要严格按施工规范施工[6]。

在摊铺煤矸石前，应先按路基常规要求进行清表处理。具体做法是：在清表处理的原地面，先铺一层厚30cm、粒径10～15cm的大块煤矸石，初平后稳压，然后用18～25t振动碾碾压，按填石路堤检测方法检测其是否稳定，若不稳定，需采用同样方法铺筑第二层，直至达到稳定状态。若局部基底软湿层厚达40cm以上，则需将软湿土壤挖除，置换为粒径较大的煤矸石，一般采用2层约60cm的大块煤矸石能使基底达到稳定状态。基底处理完成后，经检验达到稳定状态就可以进行路基施工。

考虑到煤矸石的特性，路基两侧应填筑50～100cm的护肩土以保证煤矸石路基的稳定性，防止风化。两者同时填筑，由于煤矸石的松铺系数稍小于土的松铺系数，煤矸石摊铺后应比路肩土稍低，以保证护肩土充分压实，并防止路基积水。

对于采用水泥稳定煤矸石的混合料，由于水泥遇到水即开始水化作用，因此加水后应尽快完成拌和，将混合料尽快摊铺成型并立即碾压。否则，水泥会产生部分结硬作用，不仅碾压时需要花费额外的压实功能，而且影响水泥稳定土的压实度和强度。水泥稳定土施工中应选用终凝时间长的水泥，国外通常规定延迟时间为2h，在我国考虑到公路施工中采用路拌法的实际情况，规范规定延迟时间为3～4h。为能准确地确定延迟时间，可在施工前进行延迟时间对混合料强度影响的试验，通过试验确定延迟时间。

③ 施工实例　下面以2007年山东省枣庄市解放路新修道路工程为例，简单说明煤矸石用作公路路基材料时的工艺实施过程[7]。

位于枣庄市解放路西侧的两座煤矸石山，煤矸石大部分已自燃完全，解放北路的路床低洼需要大面积回填，据此提出煤矸石回填方案。在施用煤矸石前，取两种土样进行实验，土样1为燃后煤矸石，土样2为未燃煤矸石，两者均为含细粒土砾。土样1中细粒土的液限WL＝30.3，塑限WP＝29，塑性指数IP＝1.3，属于低液限粉土；土样2中细粒土的液限WL＝37.2，塑限WP＝27，塑性指数IP＝10.2，同样属于低液限粉土。两种细粒土充填在煤矸石中，使压实的煤矸石路基更加密实，而且由于两种土的塑性指数较小，受水影响不大，故有利于煤矸石路基的压实。

煤矸石路基回填具体方案如下：第一层采用直径在0.3～1m之间的大块铁矿废石料进行回填，并掺杂细石料进行嵌缝，回填土深度在0.5～1m之间，初次碾压采用三边形冲击式压路机碾压15遍；第二层回填深度在0.5m以下，用石料回填，掺杂细石料进行嵌缝。若第一层回填后的高程在距路床顶0.5m以下时，则煤矸石回填深度为0.3m，按高程用平地机进行找平，用压路机进行复压，然后进行密实度检测。达到要求后回填最后一层煤矸石，其厚度为20～30cm，按高程用平地机进行细平，留出松铺系数，再用50t振动式压路机进行碾压成型后，用 21t 三轮压路机进行终压。

此外，施工过程中发现，只要采用切实可行的压实工艺和检测方法，在满足路基压实度的情况下，路基将处于稳定高强状态。采用煤矸石作为路基填筑材料，其粒径应不大于250mm。路床顶面以下 0.8m 范围内，采用烧失量低于 8％的红色煤矸石，煤矸石粒料直径应不大于 100mm。

5.1.3.3　煤矸石作铁路路基材料

（1）铁路对路基材料的要求

根据《铁路路基设计规范》（TB 10001—2005）的相关规定，铁路路基填料按性质和适用性可归纳为 A、B、C、D、E 五个组，路基基床以下部分的填料，宜选用 A、B 或 C 组，若用 D 组，则坡料应采取不同措施。Ⅰ级铁路的表层应选用 A 组填料（可采用级配碎石或级配砂砾石），颗粒直径不得大于 150mm，底层可选用 B 组填料或改良土。Ⅱ级铁路的路基表层应优先选用 A 组填料，其次是 B 组填料，底层可选用 B 或 C 组填料。由于专用铁路的运行速度较低（小于 $50km \cdot h^{-1}$），只需达到国铁标准的Ⅲ级铁路技术要求即可，所以在填料选择上可以稍有放宽。

从物理性质来看，煤矸石应属于 B、C 组，可以直接作为铁路路基填料使用。当煤矸石粒度不规则、粒径较大时，不宜直接用于路基回填，可以进行适当的预处理，如破碎、筛选等。当煤矸石颗粒级配不良时，需进行填料改良，提高路基填筑质量。改良措施为掺和一定数量的土，土与煤矸石掺和比在 1∶5 左右，如果掺和水泥或石灰进行填料改良，则能进一步提高路基强度，路基填筑效果更好。此外，刚产出的煤矸石极易风化、黏结性较差，因此应尽量选择存放时间较长的煤矸石，此类煤矸石经过长时间的风化，达到了相对的稳定性，在回填路基后，其变化的可能性减少，有利于提高路基的强度和稳定性。

（2）煤矸石铁路路基施工

煤矸石填筑铁路路基工程中，路基填筑过程可分为三阶段、四区段、八流程。三阶段即准备、施工、竣工验收。四区段即填筑、平整、碾压、检验。八流程即施工准备、地基处理、分层填筑、摊铺整平、洒水或晾晒、机械碾压、质量检验和路基整形。

煤矸石填筑铁路路基施工时，应根据具体铁路种类，严格按照相关路基设计、施工、质量验收等国家规范、标准进行。为提高煤矸石填筑路基的施工质量，在施工前应进行相关实验，以取得填筑工艺数据。施工过程中，应严格按照路基施工规范要求进行压实，提高路基密实度，利用压实密度检测仪进行质量控制。路基填筑时，对粒径大于 150mm 的矸石块应加以剔除或破碎，然后用强振动压路机碾压。矸石路堤应采用分层充填碾压方法进行施工，以获得较高的地基承载能力和稳定性。

施工过程中，质量控制主要考虑以下两点：由于煤矸石颗粒不均匀，施工中应分层压实，注意其紧密程度的检查，确保密实状态；对于两侧水源丰富的线路，为防止河水冲刷，并考虑到部分煤矸石的风化作用，宜将这类线路的路肩适当加宽。

煤矸石填料试验和施工质量控制是保障煤矸石填筑铁路路基工程施工质量的关键环节。路基工程质量要符合《铁路路基工程施工质量验收标准》（TB 10414—2003）中的规定，保证路基整体强度和稳定性符合规定要求。施工过程中，应加强施工工序和施工质量检测控制，按规定进行取点取样检测，经检验合格后方可进行下一步工序施工。

5.1.3.4 煤矸石路基回填的经济性分析

若加工处理、利用 1t 煤矸石所获得的效益等于加工处理所花费的费用，则称这种煤矸石的利用状态为临界状态。当加工处理、利用 1t 煤矸石所获得的效益大于加工处理所花费的费用时，则该种煤矸石的利用从经济角度上讲是合理的。利用煤矸石作路基材料所获得的直接效益可用式(5-5)进行计算[8]：

$$B = B_2 - B_1 \tag{5-5}$$

式中　B——利用煤矸石作路基材料时所获效益；

　　　B_2——利用其他材料作路基材料的总费用；

　　　B_1——利用煤矸石作路基材料的总费用。

式(5-5)表明，当 $B > 0$ 时，利用煤矸石作路基材料在经济上是合理的；当 $B < 0$ 时，意味着利用煤矸石作路基材料经济上是不可取的；当 $B = 0$ 时，这项活动处于临界状态。

利用煤矸石作路基材料的总费用 B_1 可用式(5-6)进行计算：

$$B_1 = G_1 + G_2 + G_3 + G_4 \tag{5-6}$$

式中　G_1——购买煤矸石的费用；

　　　G_2——煤矸石的运输费用；

　　　G_3——煤矸石路基施工费用；

　　　G_4——煤矸石路基维护费用。

利用其他填料作路基材料的总费用 B_2 可用式(5-7)进行计算：

$$B_2 = C_1 + C_2 + C_3 + C_4 \tag{5-7}$$

式中　C_1——购买其他材料的费用；

　　　C_2——其他材料的运输费用；

　　　C_3——其他材料路基施工费用；

　　　C_4——其他材料路基维护费用。

工程实践表明，煤矸石用作路基材料，不仅解决了矸石山占地、污染等问题，而且可以有效降低路基成本，具有较好的经济性。例如，安徽淮北矿区用煤矸石填筑铁路路堤，路堤填筑高度一般在 $1.5 \sim 2.0$ m，每千米填煤矸石 1.8×10^4 m³，减少取土用地 1.47hm²，煤矸石运输半径平均 15km，比取土填筑路基每千米减少工程费用 72 万元，根据相关规划每年新建铁路 40km，则每年可利用矸石 72×10^4 m³，节约土地 58.8hm²，节省工程直接投资 2800 多万元。江苏徐矿集团利用煤矸石填筑铁路路基，2004 年回填铁路 5km，如果全部用道砟回填需 157.5 万元，而用煤矸石回填仅需 67.5 万元，节约资金 90 万元。

5.1.3.5 煤矸石路基回填应用实例

煤矸石是一种良好的路基填筑材料，可以降低工程造价、节约投资、缩短工期，提高路基工程质量，同时解决了煤矸石山污染环境、占地等问题。煤矸石用作路基材料是一举多得的好事，具有一定的经济效益、社会效益和环境效益。多年来，我国积极推进煤矸石的综合利用，在填筑路基方面已有诸多工程实践，部分工程及概况见表 5-10[9]。

表 5-10　煤矸石在路基回填中的应用

序号	工程名称	工程概况
1	平顶山至临汝高速公路	平顶山至临汝高速公路是交通部"国家重点公路建设规划"中所确定的 16 条东西向干线之一的上(海)洛(阳)国家重点公路的重要路落,也是河南省干线公路网规划确定的"五纵、四横、四通道"中的一横。按双向四车道高速公路标准设计,路基总宽度 28m,全长 10.2km,路基填方 2150274m³,全部用煤矸石填筑,黏土包边。该项目完工后使用状况一直良好
2	京福高速公路曲张段	京福高速公路曲张段曾在 K135+060~K136+600 做了煤矸石路基试验,取得了成功,在后来的十多公里路段中推广应用
3	104 国道枣庄段	山东省交通科研所、枣庄市交通局、枣庄市公路管理处联合成立课题小组曾对"104 国道枣庄段使用煤矸石路堤"进行了研究与论证,修筑的煤矸石试验路堤,经过多年使用状况良好
4	205 国道张博段	山东省 205 国道张博段全长 40km,采用煤矸石作为筑路材料。试验表明煤矸石底基层强度比 12% 石灰土底基层强度略高,完全满足公路整体强度要求,该段路至今运营情况良好。此外,在该路段附近兴隆庄洗煤矿厂进行了煤矸石作路基填料的试验路,试验表明煤矸石路基强度远高于土路基,煤矸石铺筑厚度在 2m 以上的路段,煤矸石的回弹模量可达 100MPa以上,力学性能良好
5	徐丰公路(S239)庞庄矿区段	徐丰公路(S239)庞庄矿区段 1.2km 塌陷区路段(行车道宽 21m,重交通量,徐州市公路管理处承建),路基全部采用煤矸石填筑,填筑高度 6~10m。原路面结构设计为 25cm 二灰煤矸石+6cm 沥青贯入,后改为 25cm 二灰煤矸石+15cm 二灰结石+6cm 沥青贯入+2cm 沥青表面处理,设为永久路面。该项目完工后使用性能良好
6	山西介休汾西矿务局洗煤厂专用线	山西介休汾西矿务局洗煤厂专用线 DK0+090~DK0+718 段采用分层法填筑煤矸石路堤,共填筑煤矸石 47000m³。工程竣工后,经过 4 年多的运营与观察,路堤质量稳定
7	鹤伊(鹤岗至伊春)高速公路	鹤伊(鹤岗至伊春)高速公路,其 K0+000~K13+650 路段为平原微丘区,地表层为中液限黏土,含水量较大,地下水位高,属季节性冻融区。通过研究,确定采用鹤岗煤矿丰富的煤矸石作为此路段路基填料。现已完工投入营运,各项路用性能指标均满足要求
8	徐州市"时代大道"	徐州市政府建设的"时代大道",全长 3.5km,路幅宽 100m。为了节省筑路土方、降低公路造价、保护环境,采用煤矸石作为路基填筑材料。项目完成后使用效果良好
9	湖北省荆南公路	湖北省荆南公路 K19+500~K59+500 段垫层(厚 15cm)直接采用煤矸石铺筑,材料同基层所用煤矸石,施工方法同碎石垫层,基层(厚 20cm)采用石灰土煤矸石。项目完成后使用状况良好

5.1.4　煤矸石矿井充填

5.1.4.1　矿井充填技术的发展

矿井充填技术是为了满足采矿工业的需要而发展起来的,迄今已有数百年的历史。早期矿井充填主要以处理矿区固体废物为目的,并不是矿山开采计划的一个组成部分。有计划地进行矿井充填是近百年之内的事情,而矿井充填技术真正取得较大的发展则是近 80 年内的事,充填与开采有机结合,形成了充填开采新技术。

充填开采无论是从减小地表移动变形、保护矿区环境质量方面,还是从提高矿物资源利用率方面来考虑都是一种较好的采矿方法。近几十年来,充填开采在金属矿山的推广应用获得了长足进步,但由于煤炭价值相对金属矿较低、煤矿开采工艺对常规充填方法适应性较差等原因,煤矿充填开采推广应用相对缓慢。

自 20 世纪 30 年代将充填作为煤矿减沉开采方法以来,国内外煤炭企业和科研单位通过不断探索、研究和实践,目前已发展并形成了多种煤矿充填开采方法。按照充填介质及其运送时的物相状态,煤矿充填开采方法可以分为水砂充填、膏体充填、矸石充填、高水材料充填;按照运送充填材料动力的不同,可以分为自重充填、风力充填、机械充填、水力充填;按照充填位置,可分为采空区充填、垮落区充填、离层区充填;按照充填量和充填范围占采出煤层的比例,可分为全部充填、部分充填。

5.1.4.2　煤矸石用作充填材料的可行性

煤矸石所含有的残留煤、有机质及软岩等成分对其工程性能具有较大影响，氧化环境下软岩的风化崩解、残留煤的自燃、有机质的"灰化"，或浸水后软岩的泥化，残留煤和有机质的化学分解等作用都会改变煤矸石的密度和结构状态，从而导致过量的压缩变形，并引起抗压强度和承载力的降低。但矿井下的潮湿及充填采场的相对封闭性，可以有效地防止煤矸石"灰化"现象。

煤矸石充填是将煤矸石充入采空区，占据煤炭资源因开采而形成的空间，利用矸石充填体对围岩的支撑作用，限制煤层顶底板的相对运动，达到控制岩层移动的目的。显然，在矸石充填开采的岩层移动控制过程中，矸石充填体的压缩特性对岩层移动控制效果有着显著影响。原生矸石的压缩试验结果表明，如不对矸石进行适当处理，在上覆岩层荷载作用下，矸石充填体往往具有较大的压缩变形，此时沉陷控制效果较差。煤矸石的压缩性能与颗粒大小、组成性状、颗粒级配、密实度、含水量等都具有一定的关系。对于某一具体矿区而言，矸石材料的物理、力学性质和水理性质相对固定，较易改变的是其颗粒粒径大小和颗粒级配。

总之，在矿井具体条件下，煤矸石固有的易"灰化"等现象可得到有效控制，而煤矸石的高 SiO_2 含量有助于提高充填体强度，其不良的级配可以通过破碎、添加碎石等材料加以改善。

需要指出，不同充填工艺应用的充填材料组分不同，比例也不同。常用的充填材料可分为三类：一是充填骨料，在充填过程中和充填体内材料的物理和化学性质基本上不发生变化；二是胶凝材料，在充填条件下材料本身的物化性质发生变化，使充填骨料凝结成具有一定强度的整体；三是改性材料，用以改变充填料的质量指标，如提高流动性和强度，加速或延缓凝固时间等。常用的充填材料见表 5-11。目前，我国大部分煤矿充填开采所用骨料均为煤矸石[10]。

表 5-11　常用充填材料

类别	充填骨料	胶凝材料	改性材料
名称	煤矸石、碎石、河砂、炉渣、黏土、卵石等	水泥、粉煤灰、生石灰、石膏、高炉矿渣等	水、絮凝剂、速凝剂、缓凝剂、减水剂、早强剂等

5.1.4.3　煤矸石矿井充填方法

根据充填时采用的动力方式的不同，煤矸石矿井充填可分为人工充填、水力充填、自重充填、风力充填和机械充填。充填材料通常由煤矸石、砂子、碎石及粉煤灰等组成，但成分以煤矸石为主，一般不需要加入胶凝材料或其他添加剂[11,12]。

（1）人工充填

人工充填主要包括人工砌筑矸石带充填和矸石袋充填两种，统称为矸石带状充填，它是沿工作面开切眼或推进方向，每隔一定距离垒砌一个矸石带来支撑顶板，以达到减少地表下沉的目的。减沉效果取决于垒砌的矸石带能否承受住上覆岩石的压力。在遇到夹矸较厚薄煤层、煤层厚度小于 0.8m 的缓倾斜煤层或不稳定煤层时均可采用该种充填方法，但应注意矸石带的长轴方向尽量避免与地面建筑物的长轴方向正交，以避免地表扭曲变形对建筑物的影响。人工充填生产能力小、效率低、劳动强度大、与回采工艺适应性较差，故很少采用。

（2）水力充填

水力充填是指采用水力输送方式，将预处理后的矸石料浆通过充填管路送入采空区进行充填的工艺。由于采用管道输送，故水力充填对矸石料浆的最大粒径有所限制，否则管道易被堵塞。同时，水力充填还要求料浆遇水后不发生崩解，能够迅速沉淀。

水力充填典型工艺流程见图 5-7。通常将破碎到约 12mm 的煤矸石同碎石、炉渣或其他固体废物混合，加入一定量的水搅拌成泥浆，然后用泵送到井下充填。填料干燥后，即可均匀紧密的留在充填区，以支撑围岩、防止或减少围岩垮落或变形。排出的水则由泵抽出，循环使用。当煤矸石的矿物相主要是砂岩和石灰岩时，需要向充填材料里加入适量黏土、粉煤灰等黏结材料，以增强充填体的黏结性和惰性；当煤矸石矿物相主要是泥岩和碳质岩类时，需要添加适量砂子，以增强充填体的骨架结构强度和惰性。

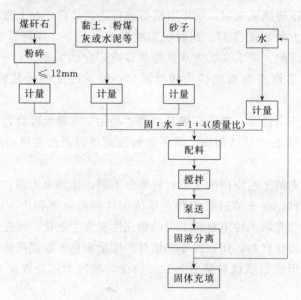

图 5-7　水力充填工艺流程

水力充填时通常能构成防止空气和水进入内部的充填层，所以发生煤矸石自燃的可能性很小。当充填材料以惰性物质为主时，发生潜在污染的可能性较小。水力充填所需的水，可以从废矿井中抽取，也可以利用采煤排出水，充填后固液分离渗出的水可以重复利用，这样既节约用水又可减小矿井排出的酸性水对周围环境的污染。

（3）自重充填

当煤层倾角较大时，可采用矸石自重充填法对采空区进行充填。我国很多煤田以倾斜或急倾斜煤层状态赋存，当矸石置于采场上部煤层底板时，均不同程度地产生向下的滑动和滚动效应，且其趋势随煤层倾角的增大而增加。从静力学角度看，矸石自重充填要求煤层的最小倾角为

$$\alpha = \arctan f \tag{5-8}$$

式中　α——煤层倾角；

　　　f——物体与斜面间摩擦系数。

对煤矸石而言，根据经验，当煤层倾角 $\alpha > 45°$ 时，即可满足自重充填的条件。考虑到充填过程中矸石滚动效应的增强，满足自重充填的倾角随之减少。为了取得较好的充填效果，一般倾角 α 要求不小于 $30°$。

（4）风力充填

风力充填是利用压缩空气的风压，将磨至一定粒度的矸石充填材料通过垂直管路输送到井下储料仓，然后由输送机运输到风力充填机，充填机利用风压，通过充填管道将矸石充填材料输送到采空区进行充填。

充填具体工作一般是从充填管出口端开始，后退进行。充填时，充填体被挡板隔离，充填机后退时，充填体塌落并堆积成自然安息角，由此形成的空间在下次充填时，再予以充满。因此，矸石充填材料可在采空区内均匀分布、紧密结合，随着注入量增多，形成密实的填料体，充填整个采空区。

风力充填时，通常要求矸石充填料的压缩率低、不自燃（挥发物含量不超过 2%，含硫量不超过 5%～8%）、腐蚀性小，且充填材料的粒径不宜大于充填管径的 1/3～1/2。风力充填需要长距离管道输送大颗粒物料，不仅输送量小、压风消耗量大，还存在管路磨损严重等问题。在实际操作过程中，充填材料入井和输送可以不用风力管道运输，仅在充填材料进入工作面后，采用风力将矸石充填材料送入采空区。

（5）机械充填

机械化矸石充填可根据工作面采煤工艺不同分为普通机械化矸石充填和综合机械化矸石充填两种类型。前者主要应用于炮采、普采工作面，后者主要应用于综采工作面。

① 普通机械化矸石充填　该充填技术多采用专门的机具（如抛矸机等）将矸石抛射向采空区进行充填。充填时可利用井下矸石直接充填采空区，充填系统简单，装备投资少，多用于薄、中厚煤层炮采或普采工作面，以回收井筒煤柱、工业场地煤柱。当煤层有一定倾角时有利于充填矸石密实。普通机械化矸石充填工作面布置见图 5-8。

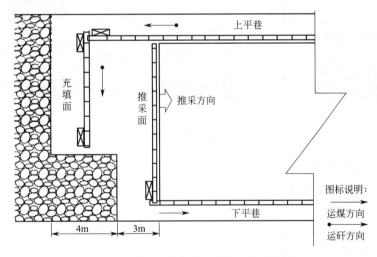

图 5-8　普通机械化矸石充填工作面布置

② 综合机械化矸石充填　综合机械化矸石充填是指在综合机械化采煤作业面上同时进行矸石充填作业。该技术可实现在同一液压支架掩护下采煤与充填并行作业，且采煤与运煤系统布置与传统综采完全相同。该充填技术难点是要解决实施充填的充填空间、充填通道和充填动力问题。

为实现矸石从地面运至充填工作面的高效连续充填，需布置一套充填输送系统。该系统包括充填装备、投料井、井下运输巷及若干转载单元等。充填装备由后端带悬梁的自移式液压支架和充填刮板输送机组成。充填输送机中部槽内设置有漏矸孔，漏矸孔开在中部槽的中板上，在溜矸帮上设置带插板的插槽，以控制矸石充填顺序和范围。刮板输送机上链运输矸石充填，下链推平矸石。充填时，每次打开两个溜矸孔，自下而上进行充填。充填完毕后，随工作面采煤机割煤及支架推移进入下一个循环。支架后部增设液压夯实装置，使充填矸石更为密实，以提高地表减沉效果。综合机械化矸石充填工作面布置见图 5-9。

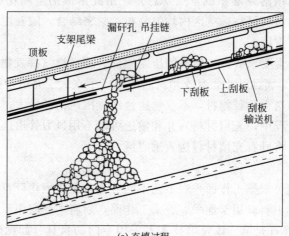

(a) 充填过程

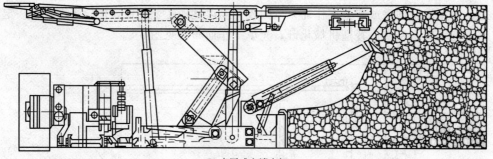

(b) 自压式充填支架

图 5-9　综合机械化矸石充填工作面布置

5.1.4.4　煤矸石矿井充填的效益

煤矸石是一种较为理想的矿井充填材料。矿区矸石来源丰富，可就地取材，大幅节约运输成本。将煤矸石回填矿井，即可有效防止地表沉陷、提高矿井资源回收率，同时又解决了矸石山污染环境、占地等问题，具有较好的经济效益及环境效益[13]。

（1）矸石充填可减少煤炭资源浪费

据统计，我国重点煤矿的"三下"压煤总量超过百亿吨，由于传统的垮落式采煤方法无法解决岩层移动与地表破坏等问题，只能将"三下"压煤作为呆滞煤炭储量，或采用条带开采方式，不仅采出率低、资源浪费严重，而且生产效率低，制约着煤矿高产高效发展。随着部分矿区资源逐渐枯竭，"三下"采煤问题更加突出。充填采煤技术是实现"三下"压煤安全开采的有效途径，矸石充填作为一种主要的充填采煤技术方法，其大规模推广应用，对提高矿井资源回收率、减少煤炭资源浪费、缓解矿区资源紧张局面等均具有重要意义。

（2）矸石充填的经济效益

煤矿井开采对土地资源的破坏，以地表塌陷和矸石山压占为主。据统计，我国平均采出每万吨煤开采沉陷土地面积在 $0.2hm^2$ 以上，全国已有开采沉陷地超过 4.5×10^5 hm^2；矸石排放量一般为原煤产量的 $8\% \sim 20\%$，全国大、中型煤矿有矸石山 1500 多座（不包括近80000 个乡镇及个体小煤矿堆积的矸石山），矸石堆放量超过 30 亿吨，占地面积约 2.6×10^4 hm^2，并还在逐年增加，加剧了我国可耕地资源短缺的局面，经济损失巨大。另一方面，从采矿始初作业直到矿井资源枯竭，整个过程中均有大量煤矸石产生，从岩巷掘进到矸石的生成提升运输，翻矸所需的人力、物力，以及购买矸石堆放占有土地，均耗费了煤矿企业很多的精力、财力和物力。而采用矸石矿井充填技术，将矸石回填至废弃矿井及井下采空区、置换"三下"压煤或井下矸石直接充填，则可使上述一系列问题均得到解决或缓解，这将给国家和企业带来巨大的经济效益。

（3）矸石充填的环境效益

我国数量众多的矸石山不仅占用大量土地，而且还会引发诸多环境问题。煤矸石中含有硫、磷等几十种有害元素成分，矸石山自燃会造成大气污染，矸石山受雨水冲刷会造成地表水源、地下水及周边土地污染，破坏矿区生态环境。大力推广煤矸石矿井充填技术，将煤矸石回填至矿井中，铲平矸石山，可有效防止煤矸石对环境的污染，环境效益显著。

5.1.4.5 煤矸石矿井充填应用实例

目前，煤矸石矿井充填已在我国多个矿区得到实践应用，如矸石水力充填采煤法在阜新、辽源、鹤岗、鸡西、淮南等矿区得到应用，并成功解决了"三下"（建筑物下、铁路下、水体下）采煤问题；矸石自重充填在淮南、北京、北票及中梁山等矿区得到应用；风力充填在鸡西、淮北等地的矿区得到应用；机械充填在新汶、淮北、皖北、平顶山等矿区得到推广应用等。煤矸石充填采煤部分工程应用实例见表 5-12。

表 5-12 煤矸石充填采煤部分工程应用实例

项 目 名 称	煤 矿 名 称
普采矸石充填开采	新汶华丰矿
村庄下普采矸石充填开采	枣庄大兴煤矿
含水层下矸石充填开采	皖北煤电五沟矿
建筑物下综合机械化固体充填采煤	冀中能源邢台矿
巨厚火成岩下综合机械化矸石充填开采	淮北海孜煤矿
县城下综合机械化矸石充填开采	淮北杨庄煤矿
煤矿井下原生矸石充填于开采一体化技术	新汶盛泉矿业有限公司
综采工作面高效机械化矸石充填技术	新汶翟镇煤矿

5.2 煤矸石复垦利用

5.2.1 煤矸石复垦的适宜性

5.2.1.1 土地复垦的概念及技术方法

（1）土地复垦的概念及作用

在 2011 年国务院颁布实施的《土地复垦条例》中明确提出："土地复垦，是指对生产建设活动和自然灾害损毁的土地，采取整治措施，使其达到可供利用状态的活动。"这里的生产建设活动损毁土地包括露天采矿、烧制砖瓦、挖沙取土等地表挖掘所损毁的土地，地下采矿等造成的地表塌陷的土地，堆放采矿剥离物、废石、矿渣、粉煤灰等固体废弃物压占的土地，能源、交通、水利等基础设施建设和其他生产建设活动临时占用所损毁的土地等。可以看出，土地复垦的对象范围极为广泛，既涵盖了各种生产建设活动损毁的土地，还包含各种自然灾害损毁的土地。由于采矿业是土地破坏最严重的行业，所以通常所说的土地复垦主要是指矿区复垦。

土地复垦是为了解决人类活动对土地的破坏及其引发的环境问题而产生的，其主要作用是恢复土地的使用价值和保护生态环境。根据我国具体国情，土地复垦在我国具有以下几个方面的作用[14]。

① 恢复土地资源、解决人地矛盾的有效措施　我国幅员辽阔，但人多地少，耕地尤其不足。社会主义建设事业的迅猛发展致使各行业对土地的需求不断增加，耕地持续减少，随着人口不断增加，人地矛盾变得日益尖锐。这就从客观上要求我们坚决实施"切实保护耕地"的基本国策，复垦被破坏的土地，努力增加耕地。实践证明，土地复垦可使被破坏的土地资源重新恢复利用，可使土地废墟变成良田沃土，可以营造郁郁葱葱的果林，可以开挖鱼虾满塘的水塘，可以生长青青禾苗，让被废弃的土地重新为民所用。

② 保护生态环境、提高人们生活质量的有效方法　土地被破坏后，原有景观环境发生改变，甚至引发严重的生态环境问题。以破坏土地最为严重的采矿业为例，它在大量破坏、压占土地的同时，还造成严重的矿区环境污染，如粉尘飞扬，废气、废水渗溢，土壤污染严重等，严重影响矿区居民的生活质量。由于土地破坏引发的环境问题非常严重，只有通过土地复垦，才能得以缓和、改善或有效解决。当前许多国家土地复垦的主要目的就是保护环境，改善人们的生存环境质量。

③ 缓解工农用地矛盾、维护社会安定团结的有效途径　土地破坏，使良田荒芜、耕地减少，严重影响工农业生产，加剧了工农用地矛盾和由此引发的工农纠纷。据不完全统计，许多城市和地区工农矛盾的80%是由土地纠纷引起的。大面积的土地破坏，还导致许多农民丧失土地，在主管部门安置就业不畅的情况下，无业游民的增多也给社会带来不安全的隐患。因此，只有通过土地复垦，还田于民，才能有效缓解工农矛盾，使农民安居乐业，促进区域健康、稳定、和谐发展。

④ 区域和矿业可持续发展的有力保障　随着社会经济发展和人民生活水平的提高，人们对环境问题越来越重视，环境法规和标准越来越严格。作为对环境影响最严重行业之一的采矿业，必将受到多方面的限制。因此，为了能够使采矿业得以存在和发展，就必须在开发矿藏资源的同时又保护土地和环境，而这只能通过土地复垦才能实现。土地复垦已成为采矿业不可缺少的一项工作。

综上所述，土地复垦对增加土地有效使用面积、恢复被破坏土地的生产力、改善生态环境、维护社会安定团结、促进矿业可持续发展等均起着极其重要的作用。特别是对于中国这样的化石能源大国来说，采矿业迅猛发展已带来矿山环境污染、土地破坏、地质灾害频繁等一系列问题，土地复垦的作用就更为明显。据不完全统计，全国累计复垦利用的各类废弃土地已超过10万公顷，经济效益、环境效益及社会效益十分显著。在我国积极开展土地复垦工作是十分必要的。

（2）土地复垦的技术体系与方法

① 土地复垦综合技术体系　土地复垦是一项复杂的、技术性要求高、系统性很强的综合性工作，涉采矿、地质、工程、土地、土壤、生态、生物、环境、水土保持、管理等多个方面。土地复垦技术分为土地复垦规划技术、土地复垦工程技术、土地复垦生物技术、复

垦土地利用技术、土地复垦效果评价技术和复垦土地经营与管理技术等。

土地复垦通过工程技术措施可以构造一个适宜的土壤介质和稳定的景观，生物措施则可以恢复植被、提高土地生产效能和建立稳定和谐的生态系统。由于采矿复垦土地是自然经济综合体，对其的重建不可避免地要涉及人地关系、土壤资源以及植被和景观恢复缓慢的特性，因此仅有工程和生物技术是不行的，必须有科学合理的管理、规划设计和工程治理后的改善改良。所以，上述各类技术是相互联系、不可分割的，在科学合理地做好土地复垦工作中是不可或缺的，它们共同构成了完整的土地复垦的综合技术体系。

② 矿区土地复垦分类　矿区土地复垦工作已有几十年的研究和实践的历史，它具有复杂性和多学科性的特征，是一个多工序的工程系统，受采矿方法、政策法规、复垦资金、自然地理条件等多种因素影响。借助系统概念及分析方法，胡振琪等在 1996 年提出了矿山土地复垦系统（见图 5-10）。根据图 5-10 并结合当前国内外矿区复垦的实践，可从不同角度对矿区土地复垦进行分类，具体见表 5-13。

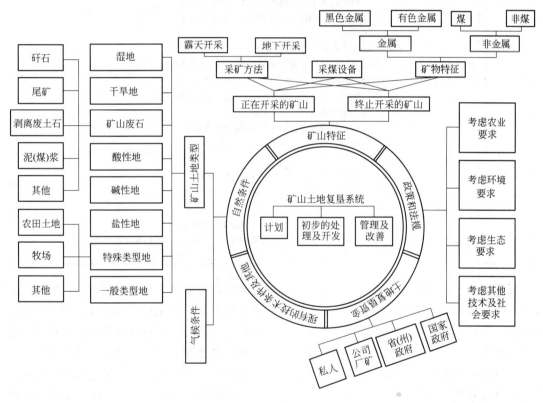

图 5-10　矿山土地复垦系统

表 5-13　矿区土地复垦的分类

分类角度	具体分类
采矿方式	露天开采土地复垦，井工开采土地复垦，露井联合开采土地复垦，水利开采土地复垦
矿山生产特征	正在开采矿山的复垦，终止开采矿山的复垦
矿物类型	能源矿山土地复垦，金属矿山土地复垦，非金属矿山土地复垦
矿区土地类型	湿地复垦，干旱地复垦，矿山废石复垦（如矸石山等），酸性地复垦，碱性地复垦，盐性地复垦，特别类型土地（如农田、牧场等）复垦
工程技术	充填复垦，非充填复垦

（3）土地复垦工程技术

根据复垦过程中是否需要充填，可将土地复垦工程技术分为充填复垦技术和非充填复垦技术两大类，并可进一步细分（见表 5-14）。

表 5-14　土地复垦工程技术分类

工程技术	具体技术名称	技术简介	备　注
非充填复垦	挖深垫浅复垦	将造地与挖塘相结合，即用挖掘机械将沉陷深的区域继续挖深，形成水塘，取出的土方充填至沉陷浅的区域形成陆地，达到水陆并举利用的目的	水塘可用于水产养殖或改造成水库、蓄水池及水上公园等；陆地可作为农业种植或建筑用地等
	疏排复垦	采用合理排水措施，将沉陷区积水引入附近水体或设泵强排，使沉陷地不再积水并得以恢复利用	开挖沟渠、疏浚水系是防止沉陷地易涝的有效途径；需要平整技术
	梯田式复垦	根据沉陷后地形、土质条件及耕作要求，合理设计出梯田断面，将沉陷地整理成梯田	采煤沉陷产生的附加坡度一般较小，可沿地形等高线修整成梯田
	平整利用	一项比较基本的土地复垦技术，主要是消除附加坡度、地表裂缝及波浪状下沉等对土地利用的影响	平整要与沟、渠、路、田、林等统一考虑，避免挖了又填、填了又挖现象
充填复垦	矸石充填复垦	包括新排矸复垦和预排矸复垦。新排矸复垦是将矿井新产生煤矸石直接排入充填区域造地；预排矸复垦是在沉陷区未形成前或未终止沉降前，将沉陷区域表土取出，根据预估结果预先充填矸石，待沉陷稳定后再利用	煤矸石的实际充填高度为设计高度的 1.3～1.4 倍为宜
	粉煤灰充填复垦	将粉煤灰直接充填到沉陷地，恢复到设计地面高程，再根据复垦目的进行土壤重构，整平造地	也可利用电厂输灰管道将灰水直接充填塌陷区；常与煤矸石联合充填
	污泥充填复垦	将污泥与粉煤灰（或石灰、膨润土、沸石等）混合后充填塌陷区，再经土地平整，种植农作物或种树	除污泥外，也可使用水库淤积物、湖泊底泥等
	无污染充填复垦	针对原有充填复垦潜在的环境风险，在复垦时增加隔离层、覆盖层或场地防渗层，实现了从复垦土地数量向质量的转变	沉陷地无害化充填复垦新技术模式

需要指出，我国土地复垦工作开始时面临的是大面积已稳沉土地，在近些年的实践中发现对未稳沉地采取上述工程技术措施进行复垦，会导致复垦后的土地再次破坏。为此，国家在审批土地复垦项目时都明确要求是稳沉的采矿沉陷地。但对于高潜水位矿区，地面很容易积水，若等稳沉后再复垦，往往导致土壤资源的损失、贫化和复垦成本升高，增加后期土壤改良与生态系统重建的投入，延长青苗补偿时间，所以开发未稳沉采矿沉陷地的复垦技术十分必要且具有重要的推广应用价值。为此，自 1999 年以来动态预复垦技术就开始成为我国新的研究热点，目前已取得了一些进展。动态预复垦强调从矿山建井开始，就将复垦工作贯穿到采矿活动中，全盘考虑，统筹安排。实施动态预复垦，可以更加灵活地选择施工机械和工艺；可以避免在长时间的抛荒过程中土壤资源的损失和生态系统的退化，缩短复垦周期，增加复垦效益；可以使矿区采取除"征地"外更加灵活的沉陷地复垦管理模式，如"以复代征"、"以地换地"等。因此，动态预复垦技术具有明显的技术优势，是一项利国、利企、利民的技术，值得深入研究和大规模推广应用。

（4）土地复垦保育技术和植被恢复技术

① 微生物技术　微生物复垦主要是利用菌肥或微生物活化剂来改良土壤或促使固体废

物充填的土层快速形成耕植土壤。它能迅速熟化土壤，固定空气中的氮，参与养分转化，促进作物根系发育及对营养的吸收，提高植物的抗逆性。微生物复垦是当前国内外研究的热点，但以试验研究为主，尚未大规模推广利用。

②　生物复垦技术　生物复垦是利用生物措施恢复土壤肥力与生物生产能力的活动，是工程复垦的延续，是实现被破坏土地农业复垦的关键环节。我国主要在排土场复垦、矸石山复垦及固体废物充填复垦方面进行了研究，成效显著。生物复垦的主要内容为土壤改良和植被品种筛选。植被品种一般是通过实验室模拟种植试验、现场种植试验、经验类比等方法筛选确定。筛选出的品种应耐贫瘠、适应性强、抗逆性好、生长快、产量高，并且应尽量选用优良的当地品种，条件适宜时可引进外来速生品种。

③　生态农业复垦技术　我国矿山具有显著的地域性特征，生态农业复垦模式相应地可分为山地生态型、低山生态型、平原农牧生态型、草原生态型、城郊生态型、水域生态型等。各生态类型因环境条件不同，存在着不同的生态模式，但核心都是如何合理设计物种生态位，建立食物链，实现能量与物质的良性循环。最典型的是塌陷区水陆交换互补的物质循环类型，该类型按照生态学的食物链原理进行合理组合，实现农-渔-禽-畜综合经营的生态农业类型。

④　生态工程复垦技术　生态工程复垦就是将土地复垦工程技术与生态工程技术结合起来，综合运用生态系统的物种共生和物质循环再生等原理，结合系统工程方法对破坏土地所设计的多层次利用的工艺技术。它常通过平面设计、垂直设计、时间设计、食物链设计和复垦工程设计来实现，通过对各生产要素的优化配置，实现物质、能量的多级分层利用，不断提高循环转化效率和土地生产力，获得较大的经济效益、生态效益和社会效益。

⑤　土壤改良技术　土地复垦中土壤改良技术方法主要包括绿肥法、施肥法、客土法和化学法等。绿肥法是在复垦区种植草本植物，植物的绿色部分复田后在土壤微生物作用下，释放大量养分并转化成腐殖质，根系腐烂后也有胶结和团聚作用，从而改善土壤理化性状；施肥法是在复垦区施用大量有机肥料来提高土壤营养成分，改良土壤结构，消除贫瘠、过黏、过砂土壤的不良理化特性；客土法是对过砂、过黏土壤采用"泥入砂、砂掺砂"的方法，调整耕作层的泥砂比例，达到改良土壤、提高肥力的目的；化学法主要用于酸性或碱性土壤的改良，通过酸碱平衡调节，改善土壤 pH 值环境。

（5）矿区重金属污染土地的修复技术

矿区重金属污染土地的修复也属于土地复垦范畴。由于土壤一旦遭到重金属污染，其治理工作将是长期的和困难的，因此土壤重金属污染预防比污染的治理更为重要。目前，国内外治理土壤重金属污染的途径主要有三种：一是改变重金属在土壤中的存在形态，使其固定和稳定，降低其在环境中的毒性、迁移性和生物可利用性；二是从受污染土壤中去除重金属；三是将污染地区与未污染地区隔离。围绕这三种治理途径，目前已提出了围堵技术、异位修复技术（如封闭法、玻璃化法、物理分离法、冲洗法等）、原位修复技术（如火法、反应屏蔽法、淋洗法、电动力学法等）、植物修复技术等修复技术方法。

5.2.1.2　煤矸石复垦的适宜性评价

煤矸石主要来自于巷道掘进、煤层开采和煤炭洗选加工等过程，它是我国产量最大的工业固体废物之一，在工业固体废物中所占比例超过 20%。利用煤矸石对塌陷区进行充填复垦，既能处理矸石废物，减少矸石占地，又能恢复开采沉陷区土地的利用价值，是综合治理和改善矿区生态环境的有效途径。

煤矸石是否适宜作为充填复垦材料，目前主要考察的因素是矸石充填对环境的潜在危害性，此外根据具体复垦利用规划，还应考虑基质配比、植物种类选择等问题。

（1）煤矸石复垦对环境的影响

煤矸石充填复垦时通常会采取堆填、压实、整形、覆土等措施，这就杜绝了因矸石自燃、挥发、扬尘等对空气的污染。但在充填塌陷区的整个过程中，煤矸石会因受水浸泡而淋溶出一些重金属元素，这些重金属元素的排放和迁移会直接或间接污染周边环境。

煤矸石充填塌陷区时，若矸石层位于潜水位以下，则矸石长期处于水力浸泡环境中，矸石中的重金属元素会逐渐淋溶出来；位于潜水区以上的矸石层，在大气降水作用下也会被淋溶析出有害金属物质。同时，煤矸石中硫铁矿的氧化分解会使淋溶水呈酸性，加速了矸石中重金属的析出作用。研究发现，煤矸石淋溶析出的金属元素主要是 Cd、Pb、Zn、Cu、Hg、Cr、As 等。这些重金属元素的大量析出，不仅污染塌陷区积水，而且通过各种迁移途径（如地层裂隙、导水砂层、贯通河道、农灌渠等）会造成周围土壤、地表水和地下水的污染。此外，这些重金属元素的存在与植物生长有很大关系。当这些金属元素微量存在时，可作为营养物质促进植物生长，但超量存在时则成为阻止植物生长的有毒物质，尤其是当这些过量的重金属元素共同存在时，由于毒性协同作用，对植物生长危害更大，进而会影响到复垦土地的利用。

为减小和避免煤矸石充填复垦对周边环境造成的不利影响，提高复垦土地的质量，可以考虑采用无污染充填复垦技术（见表 5-14），即通过增加隔离层、覆盖层、场地防渗材料等方法，来防止煤矸石中的毒物渗透到周边水体或土壤中。此外，胡振琪等还提出了新的充填复垦技术模式，其核心思想是对充填复垦材料进行严格筛选，从源头上保证了充填材料的低毒性或无毒性。整个技术程序分为三个阶段：材料筛选；技术设计与实施；复垦后土壤质量评价。具体技术步骤如下。

① 对充填材料进行筛选，包括样本采集、初级筛选和高级筛选，不符合要求的材料可以考虑其他方式的利用。

1）采集具有典型性、代表性的充填复垦材料（如煤矸石、粉煤灰等）样本。

2）初级筛选。按照最新的固体废物浸出毒性浸出方法标准对样本进行浸出毒性试验，依据《一般工业固体废物储存、处置场污染控制标准》（GB 18599—2001）选择Ⅰ类一般工业固体废物且浸出液污染物浓度未超过《污水综合排放标准》（GB 8978）最高允许排放浓度、pH 值在 6～9 之间的样本作为充填材料。若超标，则不能作为充填材料。

3）高级筛选。经过初级筛选，可以排除充填复垦对土壤的严重污染，如果复垦作为建设用地是可行的。但如果复垦作为农业用地，则要考虑充填材料对浅层地下水的污染，特别是对主要依靠地下水灌溉的区域。因此，可将《地下水质量标准》（GB/T 14848）中Ⅳ类水（适用于农业和部分工业用水，适当处理后可作生活饮用水）标准作为高级筛选标准。如果样本浸出液污染物浓度超过该标准，则不能作为农业复垦充填材料，否则需采取设置隔离层或掺加修复剂等措施，防止地下水污染。

② 根据选定的充填样本的性质，同时按照 GB 18599—2001 对充填复垦场地进行环境检测与评价来进行复垦工艺的设计与实施，确保复垦措施的合理性。一般情况下，需要充填复垦的区域符合处置场设计的环境保护要求。

③ 按照《土壤环境质量标准》（GB 15618），对复垦后土壤进行质量评价。对以农业种

植为目的的复垦，如果复垦后土壤中重金属类元素含量超过三级标准上限值的，应该先采取土壤修复措施，当土壤质量符合标准后，再种植一般农作物。

（2）煤矸石基质配比

矿区废弃地与一般土壤环境不同，由于土壤结构被扰动，缺少熟化土壤，其微生物活性微乎其微，微生物群减少的同时也破坏了土壤菌丝桥，致使土壤贫瘠。目前，我国大部分矿山土地复垦仅停留在工程复垦水平上，多数充填复垦以煤矸石、粉煤灰为主，充填材料自身持水性差、肥力低等特点使植物很难生长。如何提高复垦土地质量已成为亟待解决的问题。

针对这一问题，可考虑在煤矸石复垦时加入有机填充剂进行基质配比，以满足复垦区生物生长的需要。有机填充剂主要包括畜禽粪便、污泥、锯屑或木材残渣、石灰石泥浆副产物等。大量研究结果表明[15~24]（见表 5-15），有机填充剂能够显著改善煤矸石复垦区土壤的结构与性能。有机填充剂的添加能够降低土壤容重，提高持水量、团聚体稳定性和植物对营养的可得性，提高退化土壤生长植物的肥力，增加生物生产力。将有机物质施加到土壤中，能刺激微生物活性、促进 N 转换和营养物质的循环并加速生态系统的复原。此外，有机填充剂的使用还能够将 Ni、Pb、Cd 等重金属固定在充填材料和 FGD 副产物中，降低它们向周围环境的渗透，并降低植物对重金属的吸收。

表 5-15　有机填充剂对提高矿区复垦土壤和生物生产力的效应

性 能 指 标	有机肥料的来源和用量	土 壤 性 能	
		添加有机填充剂	未添加有机填充剂
容重/t·m⁻³	家禽粪肥 25t·hm⁻² 和锯末 40t·hm⁻²	1.4	1.5
	脱硫废渣 280t·hm⁻²	1.0	1.4
持水容量/kg·kg⁻¹	家禽粪肥 25t·hm⁻² 和锯末 40t·hm⁻²	0.21	0.20
总氮/mg·kg⁻¹	家禽粪肥 25t·hm⁻² 和锯末 40t·hm⁻²	250	210
	淤泥 22t·hm⁻²	1000	500
	生物污泥 67t·hm⁻²	700	200
	含石灰石泥土并覆盖 20cm 引入表土 112t·hm⁻²	1.9	1.4
稳定性团聚体/g·kg⁻¹	生物污泥 67t·hm⁻²	250	12
	淤泥 200t·hm⁻²	610	570
	含石灰石的泥土并覆盖 20cm 表土 112t·hm⁻²	575	200
pH 值	家禽粪肥 25t·hm⁻² 和锯末 40t·hm⁻²	7.2	6.8
	石灰泥浆（石灰渣）	6.0	3.5
	造纸淤泥 112t·hm⁻²	7.6	6.6
	脱硫渣 280t·hm⁻²	7.5	3.4
生物量/mg·hm⁻²	污水污泥 92t·hm⁻²	4.51	2.09
	造纸淤泥 112t·hm⁻²	2.27	1.73
	生物污泥 9.9t·hm⁻²	79.9	31.4
	干生物污泥 52t·hm⁻²	0.67	0.32
	干生物污泥 67kg·hm⁻²	2100	100
	绿色植物碎屑 220t·hm⁻²	800	100
	污水污泥 200~500t·hm⁻²	769	294

煤矸石基质配比时，土壤 pH 值是需要重视的一个问题。土壤养分的有效性一般以接近中性反应时为最大。例如，土壤中的氮素绝大部分以有机态存在，它在 pH＝6~8 范围内有效性最高；磷素在 pH＝6.5~7.5 范围时有效性最高。钾、钙、镁等植物营养元素在酸性土壤里，因盐溶解而呈有效态，但易随水流失，所以钙、镁的有效性以 pH＝6~8 时最好。总的来说，土壤酸性越强，微生物活性越低，土壤的有效养分（氮、磷、钾、钙、镁、硫）越

缺乏，微酸性至中性时，有效养分较多，而土壤强碱性条件会引起植物的养分不足和酶的不稳定性。

土壤营养物质是煤矸石基质配比时需要重视的另一问题。反映土质肥力情况的指标主要是营养元素 N、P、K 及有机质。土壤营养等级划分见表 5-16。研究表明，通常粉煤灰、煤矸石的总氮含量均较低，属于 V 级，即"缺"的水平，污泥中总氮的含量丰富（I 级水平）；速效磷、速效钾和有机质在粉煤灰、煤矸石中的含量处于 III～V 级水平（即中等～缺），而污泥中上述物质均处于 I 级水平（丰富）。

表 5-16 土壤营养等级划分

等级	有机质/g·kg^{-1}	总氮/g·kg^{-1}	速效磷/×10^{-6}	速效钾/×10^{-6}	肥力状况评价
I	>40	>2	>40	>200	丰富
II	30～40	1.5～2	20～40	150～200	较丰富
III	20～30	1.0～1.5	10～20	100～150	中等
IV	10～20	0.75～1.0	5～10	50～100	较缺
V	<10	<0.75	<5	<50	缺

鉴于此，考虑到粉煤灰中含有 MgO、CaO、Na$_2$O 等碱性可溶物质，而煤矸石中含有铝、硫等酸性物质，因此可将煤矸石、粉煤灰、污泥三者按一定比例混合，使基质 pH 值及营养物质含量水平均达到合适的范围，更好地满足植物生长需要。

(3) 植物种类的选择

植物种类的选择是煤矸石复垦区绿化的关键，通过选择适宜的植物种类可以充分发挥植被防护功能，对改善复垦区生态环境、提高复垦效果具有重要意义。因此，应根据煤矸石复垦区植被恢复与生态重建的目标要求，从实际的立地条件出发，借鉴以往的成功经验，因地适宜、科学地选择适宜的植物种类。

① 植物选择的原则 煤矸石复垦时，立地条件特殊，客观上要求选择具有一定特殊抗性的植物种类。通常，应遵循以下几个基本原则。

1) 适地适植物原则。使植物的生物学特性与煤矸石复垦区的立地条件相适应，以充分发挥植物的生产与生态潜力，达到该立地条件在当前技术经济条件下可能达到的生态效益、社会效益和经济效益。这是煤矸石复垦区植被恢复应遵循的最基本原则。具体包括两种方法，即选植物适地和改地适植物。

选植物适地是根据煤矸石复垦区的具体立地条件，选择或引进对复垦区各种限制因子具有适应性或抗性的先锋植物种类栽植。随着先锋植物的生长，生态环境逐渐得以改善，其他生物种类逐渐入侵，如果生长和繁殖不受限制，最终将演替成为"顶级群落"，最大化发挥植被的防护功能。

改地适植物主要是指通过人为活动改善煤矸石复垦区立地条件，如采取整地、施肥、灌溉、基质改良等措施，改变复垦区植物生长环境，使其基本适应植物的生物学特性。这是被国外广泛采用的方法，实践表明只要措施得当，可以速见成效。

上述两种方法相互补充、相辅相成。但就目前我国技术经济条件而言，改地程度有限，所以如何选择植物种类更具有现实意义。

2) 优先选择乡土植物的原则。优先选择乡土植物是土地复垦时应遵循的基本原则之一，但应注意，煤矸石复垦区又有与其他土壤完全不同的理化性质，立地环境与乡土植物正常生长发育的土壤条件往往有着较大的差异。因此，对乡土植物的选择也必须在煤矸石复垦区进行植物种类筛选试验才能获得成功。此外，也可以引进适于煤矸石复垦区生长的外来植物种类，通过科学的引种试验，做到选育和引种相结合。以乡土植物选择为主，可以保证煤矸石复垦区植被恢复的稳妥和成功，适当引进外来物种，可以丰富复垦区植被恢复的植物种类，提高生态恢复的进度和效益，促进生物多样性。

3）水土保持与土壤快速改良原则。煤矸石复垦时，限制植物生长的主要因子是土壤条件，而且水土流失及其对环境的污染和生态的破坏也主要是由煤矸石复垦区特殊的理化性质引起，因此在煤矸石复垦区筛选植物种类时，优先选择的植物种类必须具有良好的水土保持特性和快速改良基质理化性质的特点。

煤矸石复垦时，干旱和贫瘠是最为突出的两个立地特征，优选选择的植物种类首先应具有较高的忍耐和抵抗能力，其次是具有较强的改善功能。基于这种考虑，应优先选择抗旱且具有固氮能力的豆科植物，如北方地区常见的豆科乔灌木树种有刺槐、紫穗槐、胡枝子等，还有豆科牧草等。

此外，在植被的防护功能和改良土壤功能上，灌木树种具有比草本植物和乔木植物更优越的条件。与草本植物相比，灌木树种具有生长快速、生物量大、根系发达、固持土壤能力强、生态效益多样、防护功能强等优点；与乔木植物相比，灌木树种具有抗逆性、根系发达、枯枝落叶丰富、郁闭时间短、能迅速覆盖地表、土壤改良作用强等优点。因此，优先选择优良的灌木树种可以使煤矸石复垦区提早郁闭，加快绿化和生态恢复的速度。

4）乔、灌、草相结合的原则。困难立地条件下的植被恢复应遵循植被演替规律，宜林则林，宜灌则灌，宜草则草，模拟天然植被结构，施行乔、灌、草复层混交是快速建造稳定植被的科学途径。

5）植被效益最优原则。植被恢复的最终目的是获得对人类有利的生态效益、经济效益和社会效益，所选择的植物种类首先应具有满足植被恢复目标要求的优良性状（如水土保持、防护、美化等），即突出其生态功能弱化其经济价值。在煤矸石复垦区进行适宜植物种类筛选时，要善于比较，将其中最适合生长、最具有防护功能和经济功能的植物列为主要植物种，以保证植被恢复的效益。

② 煤矸石复垦区适宜的植物种类　根据煤矸石复垦时植物选择的原则，充分考虑植物的生物学特性、复垦区特殊立地条件和具体的复垦利用规划，煤矸石复垦区适宜的先锋植物种类应满足以下基本要求：a. 较高的逆境胁迫忍耐性与抵抗性，主要是抗旱、耐贫瘠、pH值的极度适应、耐盐碱、抗冻害等；b. 生长迅速，具有较强的基质改良功能；c. 具有较强的水土保持、抗污染、绿化美化和经济功能。

依据以往研究和实践经验，煤矸石复垦区适宜的植物种类主要有针叶树种（如油松、落叶松、红皮云杉、华山松、樟子松、侧柏、香柏、桧柏、刺柏、圆柏等）、阔叶乔灌木树种（如榆树、桑树、山楂树、杏树、榔榆、山桃树、合欢树、紫穗槐、刺槐、锦鸡儿、胡枝子、国槐、花椒、臭椿、黄杨、黄连木、火炬树、元宝枫、黄栌、栾树、木槿、沙枣、君迁子、白蜡、连翘、柿树、杜鹃等）、草本植物（如狗尾草、羊胡子草、野苜蓿、铁杆蒿、蒲公英、野牛草、野豌豆、野燕麦、蜀葵、野黄菊、鬼针草、苍耳、锦葵、石竹梅、曼陀罗、喇叭花、鸡冠花等）。

应当指出，不同地区因地质条件、气候条件和环境条件的具体差异，复垦时适宜的植物种类会有所不同。在煤矸石复垦时，应根据研究结果和本地实践，因地制宜地选择适宜的植物种类。

（4）煤矸石-菌根修复技术

为了提高煤矸石土地复垦的有效性，除了重视基质配比、适宜物种选择外，微生物复垦技术，特别是菌根技术近些年来逐渐成为众多学者研究的热点。丛枝菌根真菌（Arbuscular mycorrhizal fungi，简称AMF）是一种普遍存在于陆生植物根际的有益共生微生物，能够与陆上80％的植物形成共生体[25]。作为陆地生态系统中的"关键共生物"，AMF在贫瘠条件下可通过其庞大的菌丝网络来提高植物对矿质养分的吸收，在极端环境下通过营养改善又能增强植物抗重金属[26,27]、抗旱[28]、抗菌能力，因此AMF可使土壤微生态环境得到较大改善，进而提高复垦土地的质量。

① 基本概况　目前，菌根技术已在美国、澳大利亚等国家取得较多的应用成果，为矿区土地复垦提供了一项有效的技术手段。国内对菌根技术在煤矸石、粉煤灰的生态复垦领域的研究也取得了一定的进展。相关实验研究结果表明，土地复垦时接种AMF，可以大幅度提高植物生物学产量，有效改良复垦土壤基质并加速植物生长，比传统措施更经济、高效、持久且无污染[29]。

在土壤低磷环境中，AMF菌丝能帮助共生植物从土壤中吸收磷元素，促进其生长[30]。但若磷含量过高，植株体内磷含量相应提高，则会抑制孢子的萌发、芽管和菌丝的生长，影响菌根真菌的发育和功能[31]，因此菌根效应的发挥需要低磷条件。在生态系统中，植物对磷的需求能通过有机磷化合物中的磷循环得到满足，但有机磷必须被来源于植物根系、真菌和土壤微生物的磷酸酶水解后才能被植物利用。AMF侵染可增加根际土壤磷酸酶活性，特别是磷缺乏的土壤，从而促进根际土壤有机磷的矿化，促使植物对磷的吸收[32]。另有研究表明，添加污泥的土壤酶活性高于粉煤灰、煤矸石混合样50％以上，说明污泥与菌根技术结合使用对矿区基质的改良成效显著。污泥不仅作为一种有机肥料可提高土地肥力和增加植物产量，更重要的是它作为丰富的微生物库源，可使废弃地微生物区系更好地建立，促进其养分的转化，从而使废弃地的养分容量与供应强度提高，最终建成一个可自我维持生长植被，实现矿区废弃地的生态修复。

② 煤矸石-菌根修复技术现场试验　目前，关于丛枝菌根技术大多仍停留在试验室研究阶段，真正将菌根技术应用于矿区废弃地生态恢复中的很少，王丽萍等针对矿区较差的立地条件，在煤矸石、粉煤灰等固体废物上接种丛枝菌根真菌，研究了菌根对植被的恢复和矿区土壤的改良效应，并经过两阶段室内盆栽试验及野外现场试验，成功地将菌根技术用于矿区环境治理，具有非常重要的实践意义。

1）试验地选择。野外现场试验选址于江苏省徐州市庞庄矿区，开始于2009年7月。

2）试验材料。根据前期室内盆栽试验结果，选择菌根效应较好的摩西球囊霉菌Glomus mosseae（G.m）作为供试菌种，选择黑麦草作为供试植物，选择菌根效应较好的复合基质（粉煤灰、煤矸石及污泥配比为40:40:20）作为矿区覆土填充剂。

3）试验设计。菌根修复现场试验见图5-11。试验区包括接种、不接种两个区域（面积均为$15m^2$），区域之间设有隔离带。两分区再各自分成三个小区域，小区域面积为$5m^2$，左边三块（记为a1，a2，a3）接种丛枝菌根真菌，右边三块（记为b1，b2，b3）为不接种对照。整个试验做正常土壤对照（a1和b1为原有混有煤矸石的矿区土）。a2和b2是粉煤灰、煤矸石质量比为1:4混合均匀的填充基质，a3和b3是粉煤灰、煤矸石和污泥质量比为1:4:2混合均匀的填充基质。覆土厚度为15cm。接种处理菌根菌剂接种量为$1kg \cdot m^{-2}$。种植黑麦草。

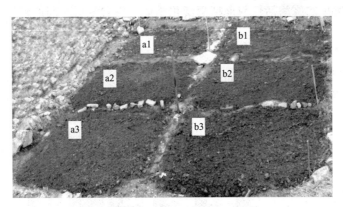

图 5-11 菌根修复现场试验

4）现场试验数据分析。

a. 接种菌根真菌对土壤理化性质的影响。图 5-12 和图 5-13 分别为种植前后基质中总氮和有效磷的变化。可以看出，种植后土壤中的总氮都有所降低，说明植物的生长消耗了土壤中的氮和磷。a3 和 b3 的基质中由于加入了污泥，其总氮含量远高于其他两组。

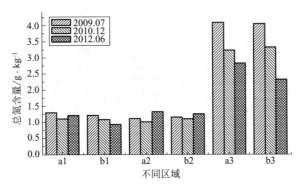

图 5-12 基质总氮含量随复垦时间的变化

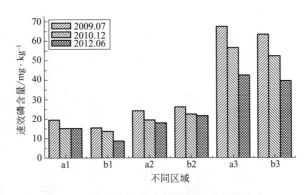

图 5-13 基质速效磷含量随复垦时间的变化

b. 接种菌根真菌对基质酶活性的影响。图 5-14、图 5-15、图 5-16 分别为种植 1 年、2 年、4 年间基质中蔗糖酶、脱氢酶和脲酶活性的变化。可以看出，种植以后，基质中的蔗糖酶活性随复垦时间有不同程度的升高（除 a3 和 b3 外）；a3、b3 基质中脱氢酶活性随复垦时间均增加，而其余四种基质中酶活性在复垦第 1 年有所增加，在第 3 年又降低；变化有不同程度的降低；土壤中的脲酶活性与蔗糖酶变化相似，随着复垦时间的延长，酶活性有不同程度的升高。

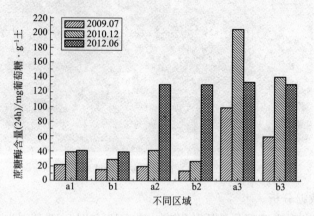

图 5-14　基质蔗糖酶活性随复垦时间的变化

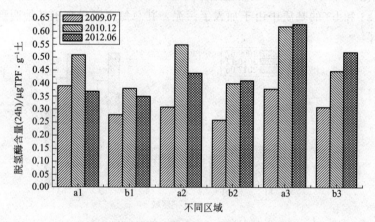

图 5-15　基质脱氢酶活性随复垦时间的变化

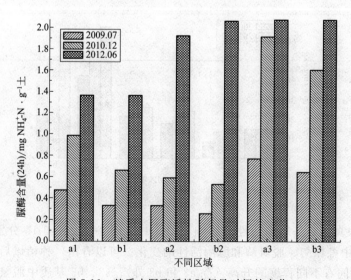

图 5-16　基质中脲酶活性随复垦时间的变化

c. 接种菌根真菌对基质有机质及磷酸酶活性的影响。图 5-17、图 5-18、图 5-19 分别为基质中有机碳、酸性磷酸酶活性、碱性磷酸酶活性随复垦时间的变化。可以看出，随复垦时间，基质中有机质逐年增加；基质中的酸性和碱性磷酸酶活性在第 1 年有所增加，在第 3 年则有不同程度的降低。

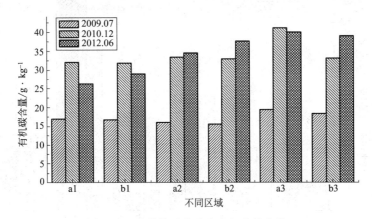

图 5-17　种植前后基质中有机碳的变化

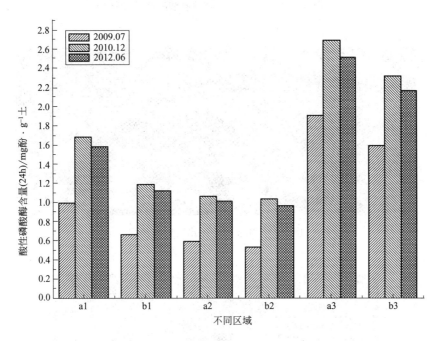

图 5-18　不同处理的酸性磷酸酶活性变化

d. 矿区基质复垦效果评价。现场试验结果表明，菌根在现场部分区域已经产生了一定的效果，复垦区植物生长状况良好，人工种植区的覆盖率达 70% 以上。图 5-20、图 5-21 和图 5-22 分别为黑麦草刚出苗、出苗 2 个月、出苗 3 个月的生长情况。可以看出，菌根对黑麦草具有较高的侵染率，说明该菌株能够适应本区域的环境条件，具有一定的与土传微生物竞争的优势，能够适应矿区的逆境而具有明显的竞争优势。从图 5-21、图 5-22 中可以看出，接种丛枝菌根真菌的土壤（a1，a2，a3）中黑麦草长势明显比不接种对照好。

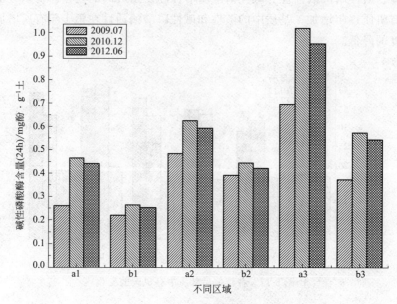

图 5-19　不同处理的碱性磷酸酶活性变化

图 5-20　黑麦草刚刚出苗时的情况

图 5-21　黑麦草生长 2 个月时的情况

图 5-22　黑麦草生长 3 个月时的情况

5.2.2　煤矸石塌陷地复垦

5.2.2.1　塌陷地破坏类型及环境影响

我国《土地复垦规定》中将待复垦的破坏土地主要分为挖损、塌陷和压占三类。挖损是由于露天采矿对上覆土层与岩层的直接挖掘、开采所造成的土地破坏；塌陷是由于井工开采造成的地表陷落、裂缝、错动等土地破坏；压占是由于露天开采和井工开采时排出固体废渣堆积、占用土地造成的破坏。

采煤塌陷地是指由于井工开采地下煤炭资源造成地表沉陷而形成的废弃土地。我国煤炭以井工开采为主，其产量约占原煤产量的 96%，因此我国煤矿破坏土地的类型以采煤塌陷地为主。依据塌陷地破坏的物理特征，可将井工开采塌陷地对地表的破坏形式分为三类，即地表下沉盆地、裂缝、塌陷坑。

（1）地表下沉盆地

受开采影响的地表从原有标高向下沉降，从而在采空区上方地表形成一个比采空区面积大得多的沉陷区域，这种地表沉陷区域即为地表下沉盆地。在地表下沉盆地形成过程中，地表原有形态、高低、坡度及水平位置等发生改变，从而对区域内道路、河渠、建筑物、管路、生态环境等造成不同程度的影响。在高潜水位地区，下沉盆地内积水，其余为坡地，严重影响土地的正常使用。地表下沉盆地是采煤塌陷地最明显的破坏形式，积水和坡地是其最主要的破坏特征。

（2）裂缝

在地表下沉盆地形成过程中，因拉伸变形可能在盆地外边缘区产生地表裂缝。地表裂缝一般以平行于采空区边界的形式发展，它容易造成水土流失和养分损失，影响土地正常利用。特别是当裂缝大到一定程度时还会出现堑沟或台阶，对地表破坏更大。

（3）塌陷坑

在开采急倾斜煤层或厚煤层时，地表通常会形成塌陷坑。开采浅部缓倾斜、倾斜煤层，若地表有非连续性破坏，也可能形成漏斗状塌陷坑。塌陷坑危害极大，往往会造成建筑物、道路破坏及农田绝产。

采煤塌陷地会造成原有地表形态发生改变。在山区及丘陵地区，由于开采沉陷引起的地表起伏与原有的地表自然起伏相比很小，一般对地形、地貌的影响不大。但在地势较为平坦的地区，开采沉陷通常对地形、地貌产生明显影响。特别是当开采煤层厚度较大时，采空区上方地表塌陷将使原有的平原地貌变为一种特殊的丘陵风貌，破坏了原有自然景观。此外，采煤塌陷地对环境的不利影响还体现在：影响矿区植被的生长发育，甚至造成绿色植物大幅度减少，并使一些野生动物由于不适应环境变化或由于缺少食物而死亡或迁移；在山区，容易诱发山体滑坡，在雨季随着表土层含水量增加，还可能发生泥石流等严重地质灾害；塌陷地容易发生水土流失，当表层土较薄时，容易使基岩裸露而遭受风化和剥蚀；形成区域性地下水位降落漏斗，地下水位下降，水质变差，严重影响矿区居民日常生活，破坏生态环境。

5.2.2.2　塌陷地复垦主要技术措施

（1）挖深垫浅复垦技术

挖深垫浅技术是将造地与挖塘相结合，即用挖掘机械（如挖掘机、推土机、水力挖塘机组等）将沉陷深的区域继续挖深（"挖深区"）形成水塘，取出的土方充填至沉陷浅的区域形成陆地（"垫浅区"），达到水陆并举的利用目标。水塘除可用来进行水产养殖外，也可根据当地实际情况改造成水库、蓄水池、湿地公园等，陆地则可用于农业种植或建筑用地等。

根据复垦设备的不同，可将挖深垫浅复垦技术分为泥浆泵复垦技术、拖式铲运机复垦技术、挖掘机复垦技术、推土机复垦技术等。挖深垫浅复垦技术主要适用于沉陷较深，有积水的高、中潜水位塌陷区，一般要求挖深区挖出的土方量满足垫浅区充填所需土方量，以使复垦后的土地达到期望的高程。该技术具有操作简单、适用面广、经济效益好、生态效益显著等优点，但它对土壤的扰动较大，处理不好会导致复垦土壤立地条件差。

（2）充填复垦技术

充填复垦技术一般是利用土壤和容易得到的矿区固体废物（如煤矸石、坑口和电厂的粉煤灰、露天矿排放的剥离物等）及垃圾、泥砂和江河污泥等来充填沉陷区，恢复到设计地面高程来复垦土地[14]（见图5-23）。煤矸石塌陷地复垦即属于此类技术。

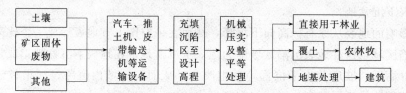

图 5-23　沉陷区充填复垦工艺流程

充填复垦技术的应用条件是有足够的充填材料且充填材料无污染或可采取经济有效的污染防治措施。该技术既可使采煤破坏的土地得到恢复，又处理了固体废物，综合效益显著，但复垦后土壤生产力一般不是很高，并可能造成二次污染，需要引起重视。

（3）其他复垦技术

除上述两种复垦技术外，塌陷地复垦技术还包括梯田式复垦技术、疏排复垦技术、生态农业复垦技术、井下充填预防塌陷技术、沉陷地土地平整技术等。

总之，塌陷地复垦技术较多，在实践中应根据因地制宜原则，从工程难易、经济性、社会效益及环境效益、当地可持续发展规划要求等角度进行综合考虑。在地下水位较高的地区，可考虑采用挖深垫浅技术，将塌陷地复垦为水库、湿地公园等，如徐州市2007年采用挖深垫浅技术对辖内九里区采煤塌陷地进行复垦，建成九里湖生态湿地公园，与区内九里山构成"湖光山色"复合景观，2010年获得"江苏省人居环境范例奖"；徐州市贾汪区辖内塌陷地通过复垦开发建设了南湖湿地公园，到2012年已完成1400亩（1亩=666.7m²，下同）的土方及绿化工程，取得了良好的社会效益及环境效益。

5.2.2.3 煤矸石在塌陷地复垦中的应用

利用煤矸石充填复垦采煤塌陷地，既解决了塌陷地的复垦问题，又减少了矸石占地，同时煤矸石数量充足，可就地取材，降低运费。根据充填方式，煤矸石充填复垦可分为分层充填和全厚充填。分层充填是将矸石充填一层，压实一层，直至达到设计标高；全厚充填是指一次充填至设计高度，再采取压实措施。此外，根据塌陷地所处状态，还可分为排矸复垦和预排矸复垦两种情况。排矸复垦是指将附近堆积矸石或矿井新产生的矸石直接排入充填区域造地；预排矸复垦是指建井过程中和生产初期，在沉陷区形成前或未终止沉降时，将采空区上方沉降区域的表土先剥离取出堆放在四周，然后根据地表下沉预计结果预先放置矸石，待沉陷稳定后再将堆放在四周的表土平推到矸石层上，覆土利用。下面通过具体应用实例来简单介绍煤矸石充填复垦技术。

（1）煤矸石充填复垦为建筑用地

皖北煤电集团公司所处的黄淮海平原，区内地势平坦，土地肥沃，村庄稠密，是我国粮棉重点产区之一。由于该地区潜水位较高，因而采煤塌陷易造成地表积水，对村庄建筑物破坏严重。刘桥二矿工厂西南有塌陷地 230 亩，复垦工艺与方法如下。

① 进行矸石碾压试验，根据结果选定机械，并确定矸石地基分层振动压实的最佳分层厚度、压实趟数及最佳含水量。矸石碾压机械选用 YZ14JG 型振动压路机。

② 将东区表土用铲运机械或推土机按照设计程序运到西区，回填西区至设计标高，同时将东区 0.3m 覆土 1.78 万立方米就近堆存于西区。东区取土深度在 1.4～2.2m，取土回填土方总量 5.1 万立方米。

③ 待东区取土工程完毕，东区整个区域统一实施矸石分层振动碾压充填复垦，以防矸石复垦时形成人为充填边界，造成将来复垦地基产生不均匀沉降。

④ 待东区矸石充填复垦至设计标高后，再将堆存于西区的土覆盖到东区，覆土厚度 0.3m。

⑤ 复垦场地实施统一整平，并用压路机进行碾压，整个复垦工作结束。

通过充填复垦，处理矸石 15.8 万立方米，重建抗变形民房 464 栋，解决了刘桥二矿四个自然村庄的近地搬迁。重建的村落道路宽敞整齐，院落成排成行，形成比较优美的自然村落环境。

（2）煤矸石充填复垦为农田

苏北某煤矿区随着煤炭大量开采，造成大面积地表沉陷，大量农田遭到破坏，人地关系紧张，工农矛盾日益激化。为此，决定利用煤矸石对采煤塌陷地进行复垦造田，具体作业流程见图 5-24。

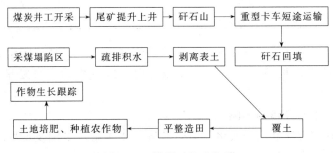

图 5-24 煤矸石复田流程

① 塌陷区疏降排水与最佳作业时间　确定复垦区汇水面积 $1.21km^2$，复垦最佳作业时间为当年 10 月至次年 5 月的枯水期。

② 土壤的剥离设计　根据当地耕作情况和水稻、小麦根系活动情况，确定剥离土壤层厚度为 1.2m，因面积较大，采用分块条带剥离法。设计条带宽度为 10～15m，挖掘机等机械轮番作业，实现快速剥离、快速充填、快速覆盖。

③ 煤矸石充填复垦高度确定　地下开采后地表及潜水位将相对下降，为了有利于农田保墒、保水、保肥及农作物的生长，农林复垦标高常低于原地标高，可根据复垦区的潜水位标高确定。复垦后地表高于潜水位的标高值，应根据本区农作物的耐渍深度确定。据此，确定了煤矸石的回填高度。

④ 表土层覆盖　根据江苏省制定的复土厚度标准要求，复垦耕地的覆土厚度为 1.2m，运用挖掘机配合推土机按此覆土厚度将表土覆盖上。

⑤ 土壤培肥技术　为提高复垦地作物产量，根据复垦区土地肥力现状，制定了有机培肥、生物培肥、残茬还田、配方施肥等交叉使用的综合土壤培肥方法，既补充了土壤的养分，同时又矫正了土壤缺素问题。

⑥ 复垦地作物生长情况跟踪　通过对该复垦地上作物生长情况进行长期跟踪、记录和对比，发现复垦地上的作物产量有了大幅提高，土壤肥力已达到正常耕地的标准。

5.2.3　煤矸石山复垦

5.2.3.1　煤矸石山类型及环境影响

（1）煤矸石山的类型

煤矸石山的风化程度和自然环境条件是影响煤矸石山植物生长发育的主要因素，因此可根据煤矸石山的立地条件对矸石山进行分类（见表 5-17）。

表 5-17　煤矸石山的分类

分 类 依 据	具 体 分 类	复垦绿化的可行性
矸石山自燃情况	已自燃煤矸石山	可以直接复垦绿化
	正在自燃煤矸石山	需先灭火，再复垦绿化
	有自燃潜能煤矸石山	需先防自燃，再复垦绿化
	不自燃煤矸石山	可以直接复垦绿化
矸石山风化程度	正在堆放煤矸石山	风化程度高时，可以无覆土绿化；风化程度低时，需要覆土或配土绿化
	新煤矸石山（停排 3 年以内）	
	老煤矸石山（可划分为 5 年、10 年、15 年、20 年等）	
矸石山所处地理位置	干旱地区煤矸石山	需要覆土复垦绿化
	半干旱地区煤矸石山	具有无覆土复垦绿化的潜能
	半湿润地区煤矸石山	
	湿润地区煤矸石山	

对不同自燃情况、不同风化程度和不同地区的煤矸石山，其复垦绿化的技术要求不同。在进行煤矸石山复垦绿化可行性分析和规划设计时，应首先确定待复垦绿化煤矸石山的类型。

（2）煤矸石山对生态环境的影响

煤矸石的综合利用方法和途径很多，但受经济、技术条件限制及市场变化等因素影响，我国煤矸石的资源化综合利用率不到 30%，大量废弃的矸石堆放于地面，形成煤矸石山。

煤矸石山压占大量土地，使土地生产力下降，造成景观破坏，污染大气环境和水环境。另外，裸露的煤矸石山矗立在矿区，严重破坏了矿区景观，直接影响煤炭企业的形象。

① 污染大气环境　煤矸石山自燃对矿区生态环境的污染最为严重。矸石山自燃时，内部温度可达 800℃ 以上，使煤矸石融结，并放出大量 CO、CO_2、SO_2、H_2S 和 NO_x 等有害气体。一座煤矸石山自燃可长达十余年至几十年，严重影响矿区的大气环境质量，危害矿区居民身心健康。另外，煤矸石山的风蚀扬尘也是矿区大气环境污染的重要原因之一。据测定，在风速达 $4.8m \cdot s^{-1}$ 时，扬尘颗粒就会飞起并悬浮于大气中。扬尘中含有很多有害元素（如汞、铬、砷等）进入眼、鼻会引起感染，吸入肺部会导致气管炎、肺气肿、尘肺（硅沉着病，下同）等疾病，甚至诱发癌症。

② 污染土壤和水环境　露天堆放的煤矸石，从原来的还原环境转变为氧化环境，加之长期经受风吹、日晒、雨淋等作用，会发生一系列物理、化学变化，促使矸石中的有害物质（如铅、镉、汞、砷等）释放出来并通过雨水淋溶等作用渗入土壤或进入下游水域，导致土壤、水体发生严重污染。煤矸石风化物细粒随径流流入周围土地并沉积在表面，导致严重的土壤污染并影响农业耕作。此外，煤矸石中的黄铁矿经过长期风化和雨水淋溶，可形成硫酸或酸性水，离解出各种有毒有害元素，进一步加剧周围土壤、水体的酸化和污染。

③ 放射性污染　煤矸石中天然放射性核元素主要有 ^{238}U、^{232}Th、^{226}Ra、^{40}K 等。煤矸石山裸露面积很大，其中的放射性元素向空气中大量析出，当空气中的放射性元素浓度增大到一定程度时，便会造成放射性污染。

④ 引发地质灾害　煤矸石山多属自然堆积而成，结构疏松，受煤矸石中碳分自燃、有机质灰化及硫分离解挥发等作用影响，煤矸石山的稳定性普遍较差，容易发生崩塌、滑坡等地质灾害。位于山沟中的矸石山，在较强的径流条件下很可能形成泥石流灾害。此外，煤矸石山内部氧化发热，可形成一个内部高温高压的环境，当煤矸石山内部的瓦斯气体聚集到一定程度时，极易产生爆炸，并引起崩塌、滑坡，形成连锁灾害。

⑤ 破坏矿区景观　矿区煤矸石的大量堆放是环境景观破坏的主要因素，煤矸石多呈灰黑色，高大、光秃、黑色的煤矸石山是很多矿区的标志物。自燃的煤矸石山冒着白色烟雾，严重影响矿区的自然风光。位于广场和居民区附近的煤矸石山，与周围的自然环境和人工环境很不协调，煤矸石的堆放破坏了原来的地形、地貌，使景观破坏程度特别突出。另外，煤矸石山溢流水和经雨水淋溶形成的浊流，常常使周边河流出现颜色杂乱的污染带，严重破坏自然景观。

5.2.3.2　煤矸石山的立地条件

煤矸石山立地条件是指在煤矸石山与植被生长及发育有关的所有环境因子的总称。煤矸石山由不同粒度的煤矸石组成，其立地条件十分特殊。

（1）煤矸石山地形及风化物

煤矸石山是人工堆垫而成的石质山，多数呈锥形，宽阔平坦面少，斜坡坡度（指煤矸石的自然安息角，）多为 36° 左右。单座煤矸石山占地几公顷至几十公顷，高度为几十米到百余米不等。

煤矸石山堆放半年至一年后会产生风化层（层厚约 10cm），风化层中煤矸石的许多性状在风化过程中会发生变化，如颗粒变小、分解出可溶性盐分、局部出现升华硫、表面风化物呈酸性等。风化层中含有少量的细菌、放线菌和真菌等微生物，极其缺乏养分，尤其缺乏植物生长所必需的氮、磷、钾等。此外，根据煤矸石形成过程及母岩岩系的不同，煤矸石山中可能存在多种污染物质，需要根据煤矸石山不同立地条件具体测定分析确定。

（2）煤矸石山的水分特点

煤矸石山表层风化物属粗碎屑土，田间持水量和有效含水量最大值都较低，但仍具有一定的蓄水孔隙，可为植物提供一定数量的有效水，能在一定程度上满足植物对水、气的需求，因此煤矸石风化物可作为植物生长的介质。

（3）影响植物生长的限制因子分析

煤矸石山的立地条件包括气候、地形、土壤、水文和植被条件等。与其他种类的造林地相比，煤矸石山植被恢复和生态重建面临的主要问题突出表现在以下方面：a. 地表组成物质由煤矸石及岩石组成，其中土壤严重缺乏，有机质含量少，物理结构极差，持水、保肥能力差；b. 存在限制植物生长的物质，如酸碱度、重金属等有毒有害物质；c. 缺乏营养元素，尤其缺乏植物生长必需的氮和磷；d. 缺乏土壤生物，尤其缺乏对植物生长有利的生物，如蚯蚓、线虫和微生物等。

上述因素是植物生长的限制因子，也是煤矸石山立地条件的主导因子，集中表现在煤矸石山地表组成物质的物理和化学性质方面。因此，煤矸石山在植被恢复工作之前，应首先分析煤矸石山地表组成物质的物理化学性质（如矿物组成、容重、孔隙度、粒径级配、渗透性能、有机质含量、常规及微量元素含量、酸碱度、重金属等有毒有害物质的含量等），寻找出植物生长的主导限制因子，同时对煤矸石山的植物生长供水能力进行预测。这是植物种类选择和确定植物栽培方式的最基础工作。

当前，我国对煤矸石山地表组成物质的物理和化学性质方面研究较多，通常认为煤矸石山孔隙性较差，以及由此导致的持水和供水能力极差是限制煤矸石山植被恢复的最主要因素。

5.2.3.3　煤矸石山复垦绿化技术

（1）煤矸石山复垦的原则

煤矸石山复垦是指对煤矸石山通过整治措施和绿化技术，建立植被达到改善环境和利用土地的目的。煤矸石山是矿山废弃地中对环境破坏最为典型的一种类型，生态环境条件极其恶劣，要改善煤矸石山的立地条件，减少煤矸石山对矿区环境的危害，在煤矸石山复垦时应坚持以下原则。

① 水土保持原则　煤矸石山表层风化物的物理结构松散，在大雨、大风条件下，极易发生风蚀和水土流失。煤矸石山复垦要通过绿色植被稳固煤矸石山表土层，减少水土流失和风蚀。

② 创建当地植被生态系统和景观特色原则　煤矸石山复垦要坚持因地制宜原则，从植物种类选择、景观创造、复垦技术方法等方面选择符合当地自然环境和文化特点的措施，创建当地的植被生态系统和景观特色，避免过多地引进外来物种，造成复垦失败和景观的再破坏。

③ 重建生态系统稳定性原则　煤矸石山复垦通过植物恢复能够再造新的煤矸石山生态系统，新建的生态系统要通过煤矸石山植物群落的合理配置、增加生物多样性、加强监测和管理等手段，形成煤矸石山的自维持稳定生态系统，避免煤矸石山植被的退化。

④ 控制矿区环境污染原则　煤矸石山由于自燃、雨水淋溶、风蚀扬尘等原因，造成矿区大气、水体、土壤等的污染非常严重。煤矸石山复垦要通过重建煤矸石山植被生态系统，杜绝煤矸石山自燃，防治煤矸石山淋溶等，减少矿区污染，改善矿区生态环境。

（2）煤矸石山复垦的目标与作用

初始堆放的煤矸石山由于无土、缺水、干热、有毒、强酸，缺少植物种子和残根，可称为原生裸地，植被自然恢复非常困难。人为营造植被，通过改造环境，创造植物生长、繁育的条件，缩短植被演化进程。因此，煤矸石山复垦的目标就是尽快建立稳定、高效的煤矸石山人工植被生态系统。

煤矸石山复垦的主要作用如下。

① 利用物理、化学的方法改善煤矸石山的立地条件，利于煤矸石山植被的生长，加快植被的演替过程，形成当地的顶级植物群落。

② 通过煤矸石山的植被恢复，可以减缓地表径流，拦截泥砂，调蓄土壤水分，减少风蚀和扬尘污染，改善矿区环境条件；可以降低煤矸石山温度、减弱山体内部氧气流动性，防止煤矸石山自燃，减少自燃对矿区环境造成的危害；可以调节区域气候、美化环境，取得显著的环境效益和社会效益。

③ 利用植物的有机残体、根系穿透力及分泌物的物化作用，改变扰动区下垫面的物质循环和能量流动方式，促进煤矸石山的成土过程，增进矿区生态环境的生物多样性。

④ 利用植物群落根系错落交叉的整体网络结构，增加下垫面的稳固性和抗蚀、抗冲能力，保障退化生态系统的恢复与重建及煤矸石山的工程建设顺利进行，形成矿区稳定良好的生态结构和功能。

⑤ 恢复煤矸石山压占土地的使用价值，并通过植被的建立实现一定的经济效益，支持矿区的可持续发展。

（3）复垦绿化技术模式

煤矸石山作为矿山废弃地的主要类型之一，其植被恢复和生态重建的研究与实践在我国已有十多年的历史，目前在一些矿区已取得较好的效果和经验。胡振琪等基于煤矸石山植被恢复的实践经验，以恢复生态学原理为基本理论基础，以森林培育学为基本理论技术框架，提出了煤矸石山植被恢复与生态重建技术模式[33]（见图 5-25），为煤矸石山复垦绿化工程实践提供了理论指导。

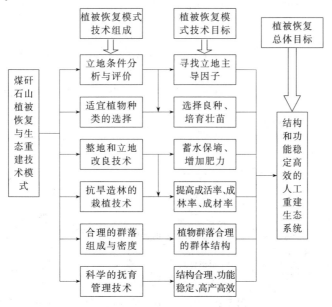

图 5-25　煤矸石山植被恢复与生态重建技术模式

煤矸石山植被恢复与生态重建技术模式包含六项具体的植被恢复工程技术,且各项技术措施相辅相成、缺一不可。

① 立地条件分析与评价技术　通过对各种立地因子的测定与分析,寻找植被恢复的限制因子,确定主导因子,为选择植物种类、改良立地条件提供依据。

② 适宜植物种类的选择　通过生物学特性分析,以乡土植物种类为主要对象,筛选适宜植物种类,达到"适地适植物"或"适地适树"的目标。

③ 整地与立地改良技术　通过合理整地、科学的基质改良,达到"蓄水保墒、增加肥力"的目标,为植被恢复创造良好的环境。

④ 综合抗旱栽植技术　通过合理造林方法和抗旱栽植技术,达到提高成活率,进而促进恢复植被的成林和生长稳定的目标。

⑤ 合理的群落组成与密度配置技术　通过合理确定栽植密度和植物组成类型,使恢复的植物群落具有合理、稳定的结构。

⑥ 植物群落经营管理技术　通过土壤、植被管理措施,达到植物生态系统"结构合理、功能稳定、高产高效"的目标。

(4)复垦绿化程序

煤矸石山的立地条件极为恶劣,植被恢复时遇到的生态学问题具有叠加性,如一些煤矸石山既有酸性,又缺乏有机质和氮磷等营养元素,同时还有重金属等毒害物质。因此,煤矸石山植被恢复与生态重建工程除常规技术措施外,还必须配以完善的工程技术措施及实施程序,以保证煤矸石山复垦绿化工程的成功。胡振琪等提出了煤矸石山复垦绿化"3 段 9 步"的工程程序(见图 5-26),程序中加强了各阶段的监测和评价,在工程中遇到问题时及时反馈到上一阶段工程中,改进技术工艺,以提高复垦绿化工程的质量,成功建立起一个稳定的自我维持的植物生态系统。

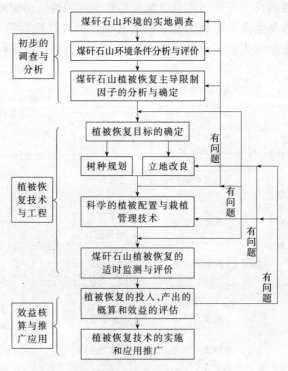

图 5-26　煤矸石山复垦绿化程序

（5）煤矸石山立地改良技术

煤矸石山复垦绿化工作面临的关键问题是煤矸石山立地条件极其恶劣，地表组成物质的物理结构和化学性质对绿化施工和植物生长的不良影响。因此，对煤矸石山的整形整地和基质改良技术直接关系到煤矸石山复垦绿化工作的成败。

煤矸石山整形整地工作的主要目的和作用包括：a. 减缓坡度，减小粒度，改善地表组成物质的粒径级配；b. 改善孔隙状况，增加颗粒层孔隙度，提高土壤持水、供水能力；c. 改善局部土壤的养分、水分状况，增加土壤含水量；d. 稳定地表结构，减少水土流失，控制土壤侵蚀；e. 便于植被恢复工程施工，提高造林质量；f. 增加栽植区土层厚度，提高栽植成活率，促进植被生长。

煤矸石山整形时，一般有如下要求：a. 建立一条环山道路直达山顶，便于运料、整地施工、游人登顶等；b. 对山顶进行平整，建立亭台和休闲活动场地；c. 结合景观设计和整地种植，采取平缓坡度、修建梯田等方法重塑地貌景观；d. 建立完善的排水系统，避免地表侵蚀，防止水土流失；e. 在煤矸石山一些适宜位置建立错落有致的石阶供游人登山。

煤矸石山整地有全面整地和局部整地两种方式。综合考虑经济性和实施效果，建议采用局部整地的方式，即翻垦局部土壤。局部整地包括带状整地、块状整地两种方法。其中，带状整地法可采用水平梯田和反坡梯田的方法；块状整地可采用鱼鳞坑和穴状的方法。

整地时要考虑整地深度、平台宽度、断面形式和覆土厚度等，以保证整地效果且有利于植被的成活和生长。整地深度因植被不同而异，通常草本植物整地深度应＞15cm，低矮灌木整地深度＞30cm，高大灌木整地深度＞45cm，低矮乔木整地深度＞60cm，高大乔木整地深度＞90cm；煤矸石山的坡度一般较大，为避免水土流失，平台宽度不宜过大，采用反坡梯田整地法时平台宽度以 1～2m 为宜；覆土厚度与煤矸石山所在地区的自然条件有关，干旱地区覆土厚度宜＞40～80cm，半干旱及半湿润地区且煤矸石山无自燃情况下可以无覆土种植或薄层覆盖（即覆盖 3～5cm 客土）即可。此外，整地时，时间上要按照至少提前一个雨季的原则进行，以利于植树带或植树穴的蓄水保墒和增加有机质等养分含量；在整地施工时，宜按照由上而下的顺序施工，不仅施工方便，而且下一个梯田的施工不会影响到上一个已施工好的梯田。

煤矸石山基质改良材料和改良措施很多。改良材料极其广泛，表土、有机废物、化学肥料、绿肥、固氮植物等都被用于基质改良。不同的改良材料有其独特的作用，如碳酸氢盐和石灰等常用于改善煤矸石山的酸性条件；氮、磷、钾等化肥的施用能迅速有效地弥补煤矸石山地表养分的不足；固氮植物、绿肥作物、固氮微生物、菌根真菌等可明显改善煤矸石山地表组成物质的理化性质等。对煤矸石山每一种不良的理化性质，都有短期和长期的改良措施，理想的改良措施既能服从生态恢复的既定目标，又是经济、长效的。煤矸石山的基质改良措施可分为生物改良法、客土法和灌溉施肥法，生产实践中应首先选用一些短期、快速的改良措施，保证重建一个良好的煤矸石山植被生态系统，达到煤矸石山的长期立地改良。

（6）煤矸石山复垦植物种类选择

树种选择是矿区废弃地生态恢复研究的一项重要内容。我国在煤矸石山复垦树种选择方面比较重视树种的适应性研究，以选择乡土树种和固氮树种为主，兼顾树种的生长特性、水土保持特性等。实践经验表明，树种选择是煤矸石山复垦的重要环节，直接关系到复垦工程的成败。

在煤矸石山复垦树种选择时，一般应遵循如下原则：a. 先绿化种类后经济种类原则；b. 所选择树种的生物学特性要与立地条件相适应，即达到"适地适植物"或"适地适树"

的要求；c. 优先选择乡土树种的原则；d. 利于水土保持和土壤快速改良的原则；e. 植被恢复效益最优原则；f. 乔、灌、草相结合的原则。此外，从景观生态学角度出发，还应遵循以下原则：a. 异质性和生物多样性原则；b. 乡土与地方自然文化特色原则；c. 整体性与连续性原则；d. 自然和谐原则。

当前，我国不同地区的煤矸石山植被恢复工作中都有较成功的适宜树种，如山东新汶矿区以火炬树、臭椿为主要绿化树种；山西阳泉矿区以侧柏、杜松、刺槐等为主要树种；黑龙江鹤岗矿区以樟子松、落叶松为主要树种等。不同地区的煤矸石山，由于地质条件、环境条件、气候条件等的不同，其植被恢复的适宜绿化树种也各有不同。因此，对具体煤矸石山进行复垦树种选择时，应通过煤矸石山立地条件分析与评价，依据煤矸石山植物种类选择的原则，特别是"适地适植物"的原则，在充分考虑植物的生物学特性的基础上，进行筛选。

（7）煤矸石山绿化栽植技术

① 适宜的造林方法　煤矸石山复垦的造林方法和栽植技术使用是否得当，关系到造林质量、造林成活率的高低、林分生长的好坏等。根据造林所用的植物材料，造林方法一般可分为播种造林、分殖造林和植苗造林三种。在选择造林方法时，应充分考虑造林树种的生物学特性、造林目的和造林立地条件。煤矸石山具有突出的干旱、缺水、贫瘠等生态环境特征，一般不适宜采用分殖造林方法，草本植物和部分灌木植物可采用播种造林方法，而木本植物宜采用植苗造林方法。

② 适宜的栽植季节　造林在春季、夏季、秋季都能进行。但对煤矸石山而言，应选择温度适宜、湿度较大、遭受自然灾害的可能性小、符合植物生物学特性、栽植省工、投资少的季节进行造林。

③ 抗旱栽植技术　在煤矸石山这种极端缺水的立地条件下进行复垦造林，不仅要重视植物种类的选择，还要掌握抗旱栽植技术的要点，以保证煤矸石山植被的成活率。具体抗旱栽植技术包括"五不离水"技术、保水剂技术、地膜覆盖技术、生根粉应用技术、裸根栽植根系打浆技术、带土坨栽植技术等。

（8）煤矸石山植被抚育管理技术

抚育管理是植物栽培工作中非常重要的技术环节，有"三分栽植、七分管理"之说。煤矸石山植被抚育管理的目的是通过对植被、林地的管理与保护，为植物的成活、生长、繁殖、更新创造良好的环境条件，促使迅速成林。

植被抚育管理主要包括林地土壤管理、植被管理与保护两个方面。土壤管理主要有灌溉、施肥等措施；植被管理主要有平茬、整形修剪等措施，植被保护主要有防治病虫害、火灾及人畜活动对植被的破坏等。根据煤矸石山立地条件、植被恢复与生态重建的主要目标，在造林过程中主要应做好修枝、施肥、灌溉及防止人畜破坏等方面的工作。

5.2.4　煤矸石改良土壤

煤矸石中含有一定量的有机质和多种植物生长所需的 B、Zn、Cu、Mn 等微量元素，可以提高土壤中微生物群落对有机物和氮、磷等化合物的活性。同时，研究表明煤矸石与过磷酸钙或氯化铵等混合作为肥料，可使作物收成提高 5%～15%，在施用于特殊土质（如腐殖土、砂土等）时特别有效[34]。

5.2.4.1　煤矸石用作农肥的物质基础

煤矸石具有的某些物理、化学特性符合一般农肥的要求，某些煤矸石中的 N、P、K 和微量元素的含量是普通土壤的数倍，经过加工可生产有机肥和微生物肥料。但同时应注意，煤矸石作为农肥使用时，其所含的所有成分均可能进入食物链中，因此对煤矸石中有害成分的含量、使用煤矸石农肥的后果也要加以研究。

（1）煤矸石中的主要养分及微量营养元素

研究发现，煤矸石中的 N、P、K 含量与土壤相差不多，基本满足国家对农肥养分的五级标准要求，但煤矸石中可溶的速效 N、P、K 含量比土壤要低，与国家五级标准要求相差较远。煤矸石有机质含量一般高于土壤的 3～10 倍，碳元素高出 30～40 倍。煤矸石所含的硫是一种肥源，能促使作物成熟、水稻增产。

煤矸石中含有的大量黏土矿物，具有较强的吸附性，在聚煤期及聚煤后期的漫长地质年代中，对微量元素的吸附性一直在发挥作用，因此许多矿区的煤矸石中含有丰富的微量营养元素（如 B、Zn、Cu、Mn、Mo 等），其含量甚至高于土壤数百倍，对作物生长及提高果实质量大有益处。

（2）煤矸石的粒度及酸碱度

粒度和酸碱度是土壤基本物化特性的两项重要指标。矿区煤矸石的粒度一般都偏大，但经过 1 年以上风化的煤矸石，筛除其中的砂岩、粉砂岩及石灰岩后，大部分为粉粒，少部分属砂粒和泥粒，符合农业部门的标准。该粒级范围的煤矸石可显著改良土壤的团粒结构，特别对于黏土田，是一种理想的掺和改土材料。

土壤的酸碱度直接影响土壤中矿质的溶解，对土壤中养分的有效性、农作物生长和代谢都有显著作用。我国煤矸石的 pH 值平均在 8.36～8.55，可以在 pH＜5.5 的酸性土壤中直接使用。

（3）煤矸石的阳离子交换量

煤矸石吸收阳离子的容量一般比土壤大 1～10 倍，当其与粪肥混合时可吸收其养分，使养分保持在分子吸附状态，从而可大大提高农作物吸收营养元素的有效值。研发发现，煤矸石与氨或过磷酸钙混合时，大量的铵盐或磷酸盐被煤矸石保持在分子吸附状态，形成一种新型实用肥料，其营养元素更易被农作物有效摄取。

（4）煤矸石中的有害元素

根据农业部门相关规定，一种新农肥在试制或投产之前都必须做有害元素测定。因此，在决定一个矿区的煤矸石是否可用作农肥时，应对煤矸石进行系统取样，测试各种有害元素的含量（主要包括 Pb、Cd、Hg、As、Cr、F 等）。经测定有害元素含量不超标的煤矸石原则上可用作农肥，但最好先在小范围内试用，对所种作物进行有害元素含量测试，并与未施用煤矸石肥料的作物进行对比，若有害元素无明显增加且未超过国家有关食物卫生标准，则可大面积推广使用。

5.2.4.2　煤矸石生产农肥

利用煤矸石生产农用肥料，在国内外已得到应用。按照生产原理和工艺的不同可分为两类，即煤矸石生产有机复混肥料和煤矸石生产微生物肥料。

（1）煤矸石生产有机复混肥料

长期施用化学肥料，会导致土壤中有机质、腐殖质逐渐枯竭，土壤孔隙度降低，土壤变得坚硬，影响植物正常生长。煤矸石中一般含有大量的碳质页岩，有机质含量在 15%～25%，比 B、Zn、Cu、Co、Mn、Mo 等植物生长所需的微量元素高出土壤 2～10 倍，具有较大的吸收容量，施于田间可增加土壤的疏松性、透气性，改善土壤结构，提高土壤肥力，从而达到增产的目的，弥补了化学肥料的不足。

与其他肥料相比，煤矸石有机复混肥料具体有以下特点：a. 生产工艺简单，原料易得易选，投资省，回收周期短；b. 含有丰富的有机质和微量元素，吸收容量较大，施用后不但增产效果明显，而且能改善农作物品质；c. 属于长效肥，养分随着颗粒风化而陆续析出，在施用后 2~3 年内均有肥效；d. 可增强土壤的生物活性和腐殖酸含量，并可使土壤的固氮能力大大增强；e. 产品可多样化，成本低廉，可根据气候、土壤、作物、煤矸石成分不同调整配方，以适应各种需要。

用于生产有机复混肥的煤矸石一般应符合以下要求：a. 有机质含量＞20％，粒径小于6mm；b. N、P、K 含量要高；c. 矸石中应富含植物生长所必需的 B、Zn、Cu、Mo、Mn 等微量元素；d. 矸石中有害元素 As、Cd、Hg、Pb 等要符合国家相关农用标准的要求。

煤矸石生产有机复混肥时需要注意，由于煤矸石中的营养成分变质程度深、固化度高、水溶性差，能为作物吸收的有效值不高，因而需要对煤矸石进行活化处理。生产煤矸石有机复混肥料的基本方法是化学活化法，其生产工艺流程见图 5-27。

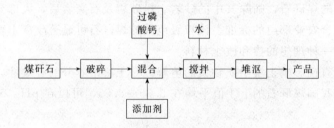

图 5-27　煤矸石有机复混肥料生产工艺流程

首先，选用有机质含量较高（＞20％）的煤矸石，就地粉碎磨细（粒度＜6mm）；将破碎的煤矸石与过磷酸钙按一定比例（如 10:1）混合，加入适量的活化添加剂，充分搅拌均匀后，再加适量水，使矸石充分反应活化；堆沤 7~10d 即成为一种新型实用肥料。在这种肥料中，大量的磷酸盐、铵盐被煤矸石保持在分子吸附状态，营养元素更易被作物吸收，从而提高了煤矸石中的有效营养成分。此外，还可在活化后掺入氮、磷、钾等元素，制成全营养矸石肥料。

（2）煤矸石生产微生物肥料

在自然界中，一些微生物的主要成分是氮、磷、钾，可供给植物营养，因而可以作为微生物肥料，也称为菌肥。煤矸石中含有一定的有机物，是携带固氮、解磷、解钾等微生物的理想基质和载体，加之取材广泛、成本低廉、可变废为宝，因此煤矸石已成为生产微生物肥料最主要的原料，可制成固氮菌肥、磷菌肥和钾菌肥等煤矸石微生物肥料。

与其他肥料相比，煤矸石微生物肥料具有以下特点：a. 生产工艺简单，能耗低（相当于同等规模化肥厂的 5％~10％），投资省（约为同等规模化肥厂的 10％），整个生产过程不排渣，是变废为宝的清洁工艺；b. 是一种广谱性的微生物肥料，各地区、各种植物和作物施用后都有较好的效用；c. 优质、高效、营养全面、肥效持久、对环境无污染，在保护环境、防治化肥对土壤、环境带来的危害方面具有重要意义。

生产微生物肥料时，煤矸石等原料一般应符合以下要求：a. 煤矸石中有机质含量越高、微生物肥料的碳素营养越充足，越有助于肥料的发挥，同时煤矸石中其他成分应满足表

5-18 的要求；b. 磷矿粉要求全磷含量＞25％，粒度＜0.1mm；c. 面粉要求淀粉含量在 80％～85％，以利于生物发酵；d. 骨胶黏度 3～4°E（恩氏黏度），pH 值 5.5～7.0。

表 5-18　生产微生物肥料的煤矸石的成分指标要求

项目	灰分/%	水分/%	全汞/mg·kg^{-1}	全砷/mg·kg^{-1}	全铅/mg·kg^{-1}	全铬/mg·kg^{-1}	全镉/mg·kg^{-1}
含量	≤85.0	≤2.0	≤3.0	≤30.0	≤100.0	≤150	≤3.0

煤矸石微生物肥料的生产原理：利用微交变电场生物技术（Micro-alternating-field biotechnology，简称 MAB 技术）对微生物进行分离、培养和基因重组后，获得性能优越、应用广泛、适应各种环境条件的固氮酶活性、解磷和解钾能力较强的菌种；将煤矸石和磷矿粉作为这些菌种的载体，为菌种提供储存环境，并在微生物的代谢过程中提供碳源，最终可制成固氮菌肥、磷菌肥和钾菌肥等煤矸石微生物肥料。

煤矸石微生物肥料的生产工艺流程见图 5-28。煤矸石破碎后，烘干至水分＜5％，然后进入球磨机细磨至粒度＞150 目，储存在混合罐中，按一定比例掺加面粉后待用；将磷矿粉、面粉按一定比例混合，在成球盘制成芯球，其间喷施 H4 系列菌液，成芯后由输送带送至大成球盘内；加入储存的矸石粉、面粉混合料，同时喷施 H7 系列菌液，使颗粒外观基本达到标准要求；过筛，小于 0.5mm 的返回成球盘继续成球，0.5～5mm 的进行烘干，去除大部分水后，到挂膜盘中滚动挂膜，进一步烘干达到标准要求；风冷后装袋。

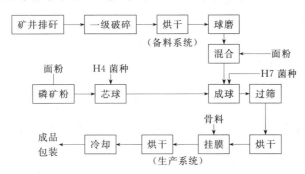

图 5-28　煤矸石微生物肥料生产工艺流程

5.2.4.3　煤矸石直接改良土壤

（1）煤矸石直接改良土壤的物质基础

地表土壤中的无机物最初来源于火成岩（组成见表 5-19）。构成地壳的火成岩在各种地质应力作用下最终转化为土壤，在此过程中发生各种物理化学的变化，许多成分遭到严重流失，如盐类矿物、石灰、氯化物、硝酸盐和硫酸盐等，硅酸盐分解后也有部分流失，磷酸盐的流失相对较少。

表 5-19　火成岩的平均组成

组成成分	SiO_2	Al_2O_3	Fe_2O_3	CaO	MgO	K_2O	Na_2O	TiO_2	P_2O_5	FeO
含量/%	60.18	15.61	3.14	5.17	3.56	3.91	3.91	1.06	0.3	3.88

将一些主要农作物进行灰化，可以分析出农作物生长所需的主要元素为 K、Ca、Mg、P、Na、S 等。从表 5-19 可以看出，成为土壤根源的火成岩成分在煤矸石中几乎都能找到，而且从植物的营养成分看，煤矸石比土壤所含的钾、磷酸、石灰和碳酸盐都高，因此煤矸石作为土壤的改良剂具有充分的物质基础。

（2）煤矸石直接改良土壤的作用机制

① 煤矸石的吸附水分作用　煤矸石中 Al_2O_3、Fe_2O_3 含量较高，当煤矸石开采到地面风化遇水时，部分 Al^{3+}、Fe^{3+} 以结合六个配位水分子 $[Al(H_2O)_6]^{3+}$ 的水合铝、铁离子形态从矸石粉末中释放出来，进一步水解最终生成中性氢氧化铝沉淀物。当 pH 值低于 4 时水解受到抑制，水中主要存在的是 $[Al(H_2O)_6]^{3+}$；当 pH 值高于 4 时，水中将出现 $[Al(OH)(H_2O)_5]^{2+}$、$[Al(OH)_2(H_2O)_4]^+$ 以及少量的 $[Al(OH)_3(H_2O)_3]$。煤矸石中含有硫，从而能够提高土壤酸性，即增加 H^+ 浓度，可以进一步抑制 $[Al(H_2O)_6]^{3+}$ 和 $[Fe(H_2O)_6]^{3+}$ 的水解，则土壤中的水分因 Al^{3+} 和 Fe^{3+} 的吸附作用，降低了蒸发速度，有利于植物的正常生长。

② 煤矸石对土壤结构的改变作用　煤矸石和土壤掺和在一起，能够起到疏松土壤的作用。土地因长期使用化学肥料，有机质变得贫瘠，土壤中的腐殖质逐渐枯竭，土壤孔隙度降低，变得坚硬，植物生长所需的空气、水分、微生物受到极大的影响。而煤矸石中含有较高量的有机成分和其他矿物成分，因此能够改良土壤结构，使土壤的孔隙度增加，连通性好，提高了土壤的含水性能，矿石肥料就能够充分溶解于水中，有利于植物根部的吸收，空气中的氧可以较充分地进入土壤和水中，促进好氧细菌和兼氧细菌的新陈代谢，分解有机物，丰富土壤腐殖质，从而使土地得到"肥化"，促进了植物的生长。

（3）煤矸石直接改良土壤的实践方法

将碳质含量较高的煤矸石粉碎成粉末状或细小的颗粒，然后配入适量的有机肥料（如粪便、草木灰等），施于中低产农田中进行翻耕，以此作为土壤的肥料和改良剂，可取得明显的效果。研究发现，应用于农业生产可使一些主要农作物和蔬菜增产，如小麦增产 20%～40%、地瓜增产 30%～50%、大豆增产 20%～30%、大葱增产 20%～35% 等。

需要指出的是，煤矸石对中低产田的改造具有显著的效果，但要真正做到有效应用，首先应查明中低产田土壤的化学成分和物理性质，找出其影响农作物生长的主要原因，然后分析煤矸石所含植物生长所需的有益元素含量，以确定其作为矿物肥料的可能性。在具体使用时，还可配一些有机肥料（如粪便、草木灰等），以此作为农田肥料和土壤的改良剂，来改造砂土地、酸性土地及碱性土地等，将会获得较好的效果。

5.3　粉煤灰回填及复垦利用

5.3.1　粉煤灰回填

粉煤灰作为填筑材料，可以回填低洼地、沟谷、塌陷区、矿井采空区、砖厂取土坑或围海造田、填筑路基等。粉煤灰回填时，通常对粉煤灰的质量要求不高，是一种大量利用消纳粉煤灰的有效途径。

5.3.1.1　粉煤灰在城建工程回填中的利用

粉煤灰具有良好的土工及经济性能，因此在近些年来的城建工程回填中得到越来越广泛的应用[35]。

（1）工程填筑的基本程序

粉煤灰工程填筑时，通常包含如下三个基本程序。

① 填筑前的试验工作　首先应调查了解待用粉煤灰的理化性质。在此基础上，根据工程要求的质量参数，进行实验室或施工现场的模拟实验，以掌握填筑的最佳含水率、允许的

含水波动范围、松装密度及压实密度等。有时还需要进行必要的静载实验，了解不同密度时的承载能力及沉降情况等。

② 填筑设计　根据工程性质和填筑实验所提供的技术数据，对填筑部位、填筑尺寸、填方的承载能力及沉降数值等填筑工艺参数提出具体要求，并制定出具体施工方案、现场质量控制方法及验评标准。此外，对施工机具选择、相关材料的运输及储存、现场准备与布置等，均要有具体安排。

③ 填筑设计后的施工　对填筑现场的杂物、垃圾、软土清理干净后，确保填方下部干燥、匀称，并做好防水排水工作。然后，按照施工方案进行分层填筑、压实、检测等，直至达到填筑设计要求。

此外，还应在实践中重视一些技术方面的问题，如灰体处于地下水位以下时灰体性能的稳定性、粉煤灰填筑层对地下水质的影响、粉煤灰填筑层对埋入钢铁的锈蚀问题等。大量粉煤灰回填工程实践表明，只要在回填时给予高度重视并积极采取应对方法，这些问题均可通过采取一定的预处理措施、优化填筑设计或采取相应工程措施进行较好的解决。

（2）粉煤灰替代工程用土回填

粉煤灰替代工程用土回填可大幅度提高抗压强度，不仅能作为垫层，还可以作为工程基础，并具有良好的封闭隔水作用。回填主要包括素灰回填、二灰土回填和三渣土回填三种类型。素灰回填即利用Ⅲ级粉煤灰，不需加工可直接用于工程，其夯实后能达到一定的强度，是一种变废为宝、大量利用原状粉煤灰的重要途径；二灰土回填是利用原状粉煤灰：生石灰＝8：2，经均匀拌和、分层夯实后形成垫层，其承载能力可达到100kPa以上；三渣土回填是指将粉煤灰、石灰、碎石按一定比例搅拌后压实，其板状结构的抗压强度等各项指标远高于普通施工方法[34]。

（3）粉煤灰地基

① 粉煤灰双层地基　这种地基以原状粉煤灰为主要原料，加入少量胶凝材料搅拌制成粉煤灰混合料，再将其浇注在软弱土层上，作为建筑基础。该地基由粉煤灰的硬壳层和软土层构成，故称为粉煤灰双层地基。粉煤灰双层地基的主要作用包括：在荷载作用下，由于双层地基上层坚硬、下层软弱，故发生应力扩散现象，加上粉煤灰自重较轻，因此可以提高浅基础下地基的承载能力，避免地基被剪切破坏；由于用压缩模量较大的粉煤灰混合料取代了软土层，因此可以减少这部分土层产生的较大沉降量，即减少了地基沉降量。

② 水泥粉煤灰碎石桩复合地基　这种地基是由水泥、粉煤灰、碎石、石屑等按照一定比例加水拌和，用振动沉管打桩机制成具有可变黏结强度的桩基。此种复合地基，通过调整组成材料的掺量，可使地基承载力具有较大的可调性，具有适应性强、沉降变形小、工程造价低、施工简单等特点，目前已在国内全面推广应用。

③ 挤密粉煤灰碎石桩复合地基　这种地基是用粉煤灰、碎石掺入适量水泥加水拌和后，灌入桩管内而形成的桩基。粉煤灰具有一定的活性和良好的和易性，易于灌注形成符合强度要求的胶凝体。实践表明，该种地基可提高地基承载力10～17倍，节约工程费用＞20％。

（4）粉煤灰屋面及房心回填

粉煤灰含有一定量的颗粒细腻、均匀多孔、性能稳定的空心微珠，具有良好的保温效应。根据多项工程实践经验，采用水泥：粉煤灰＝1：8（体积比）材料制成的屋面，抗压强度 R_{28}＝1.9～3.7MPa，高于蛭石保温层；烘干容重为1014～1075kg·m^{-3}，仅为炉渣混凝土保温层的80％；热导率为1.46～2.3kJ·（m·h·℃）$^{-1}$；成本比炉渣混凝土低14％，比蛭石保温层低 33%。

房心回填主要是指基础以内各个房间内的土方回填。通常，由于基础阻挡并形成小方格，机械不能展开，因此人工消耗量大、回填施工较复杂、成本高。邯郸市国税局直属一分局住宅，房心填筑面积约 800m²，填筑深度 1.72m，为节约成本，考虑用湿排灰回填。每房回填粉煤灰夯实后厚（20±2）cm，湿容重 1000～1100kg·m⁻³，干容重 700～750kg·m⁻³。随机抽样 20% 的房间进行简易荷载试验，加荷量为设计荷载的 3～4 倍，沉降值均为 0。个别房心累计加载 10t·m⁻³，未发现沉降。工程共用灰 2000 多立方米，节约造价 11900 元，减少地基土荷载约 1t·m⁻³，节约土资源 2000 多立方米，同时还为灰场腾地[36]。

5.3.1.2　粉煤灰在交通工程中的利用

（1）粉煤灰在交通工程中使用的可行性[37]

① 粒径适中　粉煤灰的粒径介于细砂（0.074～0.25mm）与粉砂（0.002～0.074mm）之间，具有细砂和粉砂的某些特性，如无塑性、渗透系数大、内摩擦角大、黏结力小等性质。

② 密度较小　粉煤灰是一种轻质材料，视密度小，约比黏土轻 45%，因此可减小基底应力，减少软土地基上的沉降并提高地基稳定性，特别适用于软土地区和土基承载力受限制的地区。

③ 渗透性好　粉煤灰的渗透性较好，在施工压力作用下能够快速排出颗粒间的空气和水，在较短的时间内完成固结沉降过程。同时，粉煤灰的吸水和持水能力又较强，压实时含水率-密度曲线比较平缓，允许施工时含水量控制区间较宽，因此粉煤灰施工受降雨量的影响较小。一般小到中雨可以照常进行，大雨后 1～2 天即可施工。这对加快施工进度、缩短路堤本身固结时间、延长施工季节等都具有十分重要的意义。

④ 稳定性好　粉煤灰修筑的路堤稳定性好、强度高（与石灰土相比，抗压强度提高 1.5～2 倍），且随着龄期增加，后期强度还有所提高。

⑤ 压缩系数小　粉煤灰压缩系数小，对稳定回填体，减少回填沉降量意义重大。

⑥ 价廉易得　我国粉煤灰年产量大、历史积存多、地区分布广，通常可直接从当地获取使用，成本很低。

综上，利用粉煤灰替代传统的砂、土或其他填筑材料，既可作为路基混合料，也适宜于路堤填方，是铺筑大交通量等级公路的良好材料。粉煤灰作为交通工程中的填筑材料使用，已经成为大量消耗我国存量丰富的粉煤灰资源的一个重要途径。在社会效益上可变废为宝，减少占地；在环境效益上可消除环境污染，保护生态平衡；在经济效益上可降低工程造价，减轻国家及地方政府财政负担。

（2）粉煤灰在交通工程中使用的质量要求

在交通工程中使用粉煤灰，对粉煤灰的质量要求不像在水泥、混凝土中那样严格，干灰、湿灰都可用。但通常也有如下几点要求。

① 粉煤灰的含碳量一般不宜超过 15%。含碳量较高时会抑制粉煤灰的硬化，加深颜色，增大压实时的最佳含水量，并且影响回填的结构强度。

② 用干粉煤灰或调湿灰填筑时，由于其浸出液 pH 值一般为 11～12，因此要考虑它对地下水可能造成的影响。

③ 粉煤灰中三氧化硫含量不宜过高，否则粉煤灰与混凝土及金属埋件接触时，会增加酸蚀的可能性，缩短道路寿命。

④ 对无自硬性的粉煤灰（如低钙灰），在填筑路堤时应控制好其与地下水位的隔离距离，以防毛细水浸入粉煤灰路堤坝，降低路堤承载力，发生冻胀现象等。

（3）粉煤灰在交通工程中使用的基本程序

受煤炭产地、生产过程等因素影响，粉煤灰成分波动性较大，因此在交通工程中使用粉煤灰时，首先应调查清楚粉煤灰的理化特性（包括主要化学成分、密度、颗粒级配等）；其次，要对粉煤灰的工程性能（如抗剪切强度参数、承载力与弹性模量、压缩系数、击实性能、渗透性、毛细现象、自硬性、水稳定性、冻敏性、抗液化性等）进行室内或施工现场的反复试验，为最终施工工艺的确定提供可靠的技术数据；在此基础上，再根据当地的水文地质条件和工程基本要求进行工程具体设计；最后，确定整体施工方案，包括施工前准备，粉煤灰的储运、拌和、摊铺、压实、养护等，同时要求在施工过程中及时检测，把好质量关。

（4）应用实践

① 在公路路堤工程中的应用　早在20世纪70年代，美、英、德、前苏联等国家就开始使用粉煤灰修筑路堤，并从低级公路到高速公路都成功修筑了粉煤灰路堤。我国粉煤灰修筑路堤始于20世纪80年代，虽然起步相对较晚，但在各级政府和公路施工、设计、研究等部门的通力协作下，发展极为迅速。在上海、河北、陕西、浙江等省市的高等级公路中已获得广泛使用或试用，取得了良好的社会效益、经济效益和环境效益[35]。

修筑粉煤灰路堤一般采用1～2m宽的土路肩包裹粉煤灰路堤断面的形式，或者采用先筑路堤，随后培10～20cm的土层来栽种植物稳定边坡的形式，这样可确保路堤边坡的稳定，并减少冲刷造成的污染。粉煤灰路堤底部不得直接接触地下水，至少比地下水位或地面长期积水水位高50cm，且最好在这一距离设置级配砂砾隔离层，或做其他加固处理，避免由于粉煤灰高渗透性、毛细现象等而引发对粉煤灰路堤的淋溶作用，并克服冻融现象等对路堤的破坏。此外，路面应设收水设施，使雨水排入管道，避免雨水冲刷边坡，降低淋溶和渗流作用，减少粉煤灰路堤对地下水和周边环境的污染。

② 在铁路路堤工程中的应用　粉煤灰修筑铁路路堤为大量利用粉煤灰开辟了一条新的途径。青岛市发电厂铁路专用线工地建了一个长35m、路堤高度1～2m的试验路段。这段路堤运行一年后，现场检测未发现异常，并且粉煤灰的强度很高，压实后沉降量较小。

③ 粉煤灰混合料在公路工程中的应用　粉煤灰、石灰和水泥、土、碎石、砂、外加剂等中的一种或多种材料的混合料，统称二灰混合料。它主要用于路面基层和底基层的施工中。多年来我国众多单位的大量研究和工程实践表明，粉煤灰作为二灰混合料在公路工程中应用，不仅在强度、水稳定性、抗冻性、压缩性、分散载荷能力、路体重量及板体性等各方面都优于石灰土基层，并且还具有很好的后期强度增长，同时对早期出现的温缩和下缩裂缝还有一定的自行愈合能力，因此是铺筑高级路面、次高级路面和城市路面的优良基层和底基层材料。

④ 粉煤灰混合料在机场场道基层中的应用[38]　机场场道技术要求比较严格，为了使场道的强度、耐久性、抗冻性、耐水性等指标均能满足日益增长的道面承载力的要求，沈阳桃仙机场场道基层的设计者们于1987年在国内率先使用了二灰碎石、二灰土及煤渣等混合材料（见表5-20），耗用沈阳热电厂干排增钙粉煤灰近4万吨，达到了较好的技术经济效果。

表 5-20　粉煤灰混合料路用性能检测结果

混合料配比（质量比）	设计强度/MPa	抗压强度（28d）/MPa	回弹模量（28d）/MPa
石灰∶粉煤灰∶土＝12∶18∶70	1.5	1.95	356
石灰∶土＝12∶88	1.0	1.56	385
煤渣∶石灰∶土＝12∶28∶60	1.5	1.82	310

5.3.1.3　其他回填利用

（1）粉煤灰用于填埋场防渗

据报道，美国已有 12 座垃圾填埋场的防渗系统应用了粉煤灰。填埋场防渗系统利用粉煤灰具有以下优势：粉煤灰属于固体废物，利用改性粉煤灰防渗，以废治废，降低了处置工程的造价；粉煤灰压实后具有较低的渗透系数，干燥时不易发生收缩开裂，防渗效果好；粉煤灰自身具有一定的水化反应活性，防渗层的强度会随时间的延长而增大。研究表明，将粉煤灰改性压实后，渗透系数可以达到 10^{-7} cm·s^{-1} 甚至更低。从表 5-21 可以看出，膨润土和石灰均是有效的防渗改性材料，向粉煤灰中的添加量达到 10％时，改性粉煤灰的渗透系数就可降到 10^{-7} cm·s^{-1} 以下，完全满足填埋场防渗材料要求。

表 5-21　改性粉煤灰渗透特性设计

改性材料	配　　比	压实指标		渗透系数/cm·s^{-1}
		最大干密度/g·cm^{-3}	最优含水率/％	
膨润土	10％膨润土＋90％F 类灰	1.39	22.0	7.16×10^{-7}
	20％膨润土＋80％F 类灰	1.42	17.0	7.61×10^{-8}
	30％膨润土＋70％F 类灰	1.44	18.0	3.99×10^{-9}
石灰	10％石灰＋90％F 类灰	2.07	8.6	9.27×10^{-8}
	20％石灰＋80％F 类灰	1.27	33.0	1.00×10^{-7}
砂土	50％砂土＋20％C 类灰	1.82	11.9	2.20×10^{-7}
	50％砂土＋28％C 类灰	1.66	18.0	3.10×10^{-8}
橡胶	1％膨润土＋9％橡胶＋90％F 类灰	1.17	27.2	1.50×10^{-8}
	3％膨润土＋7％橡胶＋90％F 类灰	1.17	27.1	1.20×10^{-8}

（2）粉煤灰矿井回填

平顶山矿务局十一矿为开采倾斜和急倾斜煤层，利用附近电厂粉煤灰作为井下注浆防火和充填材料试验获得成功。用粉煤灰注浆充填采空区可以达到防火效果，同时还能大幅减少地表移动值，粉煤灰充填采空区后对围岩和煤柱起到了加强作用，增强了煤柱强度，有利于巷道维护，也有利于厚煤层分层开采，提高煤炭回收率。

（3）粉煤灰港口工程回填

宁波港镇海港区后期工程泊位后方堆场是利用镇海电厂的粉煤灰吹填而成的。吹填面积 30 万平方米，厚泥面标高＋2.8m，灰面设计标高＋5.0m。为了检查吹填区的工程力学性质，选取了 1 万平方米的试验区，按不同地基加固方法，将其分为 300～800m^2 不等的五个区，其中 A 区为振动碾压法，B 区为简易排水法，C 区为重锤夯实法，D 区为堆载预压法，E 区为自然固结法。经过两年大规模现场试验发现，港区后方堆场吹填灰经加固后能满足工程要求，但不同加固方法的结实度不同：重锤夯实法适用于承载力要求高的堆场；振动碾压法仅适用于承载力要求低的堆场院；简易排水法和自然固结法由于灰土吹填时间短，并受甬江潮位影响，效果不明显，灰土强度增长慢，满足不了工程要求。

（4）粉煤灰用于矿山胶结充填

金川矿区埋藏深、地压大，采用地下胶结充填采矿方法进行采矿，每年充填所耗水泥量大、充填成本高。为了降低成本，提高充填质量，该矿区用粉煤灰替代30%的水泥量，并用取代水泥量2倍的粉煤灰配制成新的细砂胶结充填料浆，改善了料浆的流动性、可塑性，保证了填充体整体性，提高了充填体的后期强度。每立方米充填材料，可节约水泥58kg，在金川二期矿产建成投产后，每年可充填使用粉煤灰约6万吨，节约水泥3万吨，节约材料费、排污费等资金300多万元，同时还彻底解决了粉煤灰堆放占地、污染环境等问题。

5.3.2　粉煤灰改良土壤

5.3.2.1　粉煤灰改良土壤的物质基础

粉煤灰施用于土壤时，可以改善土壤结构，增加孔隙率，降低容重，提高地温，缩小膨胀率，特别是对改善黏质土壤的物理性质具有很好的效果。同时，粉煤灰还有利于保湿增墒、增强土壤中微生物活性、促进养分转化，使水、气、肥、热趋向协调，为作物生长创造良好的土壤环境。实践表明，粉煤灰用于土壤改良具有投资少、用量大、需求平稳、潜力大等特点，是适合我国国情的重要综合利用途径[39,40]。

（1）改良土壤结构

① 粉煤灰对土壤结构的影响　主要体现在以下四个方面。

a. 粉煤灰呈碱性，可以提高土壤的pH值。较高的pH值条件有利于吸附金属阳离子，同时粉煤灰中存在大量的Al、Si等活性物，能与吸附质通过化学键发生结合，因此有利于土壤团聚体的形成。

b. 粉煤灰中含有一定量的铁。膜状氧化铁的胶结作用和铁在腐殖质、黏土矿物晶格中的吸附桥梁作用是土壤团聚化的重要机制。另外，经磁化的粉煤灰中铁磁化颗粒能在周围形成一个附加磁场，使土壤颗粒发生"磁性活化"，并逐步团聚化。

c. 粉煤灰中细小颗粒多，比表面积大，吸附能力强，有利于形成土壤团聚体。同时，粉煤灰中细小的玻璃质颗粒具有化学活性，能捕捉其他离子并以此为核心，吸附土壤中的细小颗粒，增加土壤团聚体的数量，从而改善土壤结构。

d. 粉煤灰加入土壤后会增加土壤的砂性，大大降低土壤容重，提高土壤空隙率，有利于土壤保湿和透气，减小土壤膨胀率，提高地温，提高土壤饱和导水率，增加土壤抗侵蚀能力。

② 对黏质土壤的改良　粉煤灰的砂粉粒约占92%，黏粒约占8%，持水量为57%，导热性差，亲水性弱，视密度为0.628g·cm^{-3}，孔隙度为70%。而黏质土壤的物理性砂粒>0.01mm的约占12%，物理性黏粒<0.01mm的约占88%，持水量为30%~44%，导热性好，亲水性强，土质黏重，透气性不良，怕涝、易板结，好氧微生物难以生存，影响农作物苗期生长。将粉煤灰适量施入黏质土壤里，对疏松土壤，改善黏土质地，增加土壤通透性，改善土壤保水、供水性能等均具有显著作用，同时还能使土壤耕层中水、气、热、肥达到良性平衡，活跃土壤微生物，加速有机质分解和释放养分的进行，有利于植物扎根生长、吸收水分和养料，为植物生长发育创造良好的土壤环境条件。

有研究表明，黏土地每亩施灰量不超过3.5×10^{4}kg时，亩施灰量每增加5000kg，土壤容重下降0.11%，孔隙度增加3.53%，含水量增加1.14%；亩施灰量为3.0×10^{4}kg时，土壤颗粒占20%，砂粉粒占80%，土壤密度为1.08g·cm^{-3}，孔隙率为62.97%，持水量为 43.8%～45.8%，导热性好，亲水性适中，小麦增产＞60%。

③ 对其他土壤的改良　田间试验表明，在砂姜黑土上随着粉煤灰施用量增加，土壤容重逐渐下降，土壤孔隙度逐渐增大，相关系数分别为－0.97 和 0.98；粉煤灰对砂姜黑土有明显的增温作用，特别是对 5cm 和 10cm 深度的增温效应随粉煤灰用量的增加而增加；对播种后 15d 土壤 10cm 深度含水量进行检测，发现施用粉煤灰的砂姜黑土比对照田含水量增加23.7%～36.4%。

盐碱沼泽地土壤，亲水性好，渗透性差，在雨季常因水饱和致使地下水流动不畅，水质矿化度增高，盐分因水分蒸发而留在地表中不断积累，使土壤逐渐发生重度盐化，很少有植被生长。研究发现，将粉煤灰施入该类土壤，可大大增加土壤的渗透性，减小土壤的亲水性，使地下水流量通畅，最终起到抑盐压碱的作用。

此外，相关研究表明，粉煤灰可以改善砂质土壤的持水性，提高抗旱能力，起到防漏保肥作用；由于粉煤灰所含的三氧化硫水解时会形成不溶的氢氧化物和可离解的酸，因此粉煤灰可改善钠质土壤的物理和化学性质；高 pH 值碱性灰很适合在南方的酸性土壤中使用，调节土壤 pH 值，特别是在南方缺钾需硅的酸性水稻田施用，更有良好作用；高硫煤产生的酸性灰可用于改良盐碱土；粉煤灰对生土地可起到熟化作用等。

（2）增加土壤养分

粉煤灰富含硅、钙、铁、镁及一定量的氮、磷、钾和微量元素（如硼、硫、锌、铜等），因此可增加土壤中的养分元素，促进植物生长。据分析，粉煤灰平均含氮 0.06%、磷0.3%、钾 0.7%、硅 60%，亩施 5000kg 粉煤灰，相当于氮素 3kg、磷 15kg、钾 35kg、硅3000kg。此外，由于粉煤灰比表面积大、吸附性能好，可吸附某些养分离子和气体，调节养分释放速度，因此也起到增加土壤养分元素的作用。

研究表明，在温室条件下，每公顷施用 224t 粉煤灰，莲藕产量显著增加，元素分析发现植株中钙、镁、钠的浓度没有明显增加，钾的浓度在第一季有所下降，而在第二季增加1%～3%，硼、锌浓度随粉煤灰施用量增加而增加，锰浓度则随粉煤灰用量增加而减少。蔬菜试验表明，粉煤灰用量＜12% 时，随着施用量增加，植物组织中铁、锌浓度下降，钼、锰浓度增加，铜、镍浓度保持不变，没有产生植株毒害症状。在潮土上亩施灰 5～60t，分析其有效磷含量时发现，94 个施灰土壤测定的平均有效磷含量为 26.2mg·kg^{-1}，比无灰对照土壤增加 35.1%。用粉煤灰改良砂质土壤后，对土壤磷吸附与解吸试验表明：对磷的最大吸附量发生在高用量粉煤灰改良的土壤上，这对保持土壤磷的有效性具有重要意义。水稻试验表明，亩施粉煤灰 1.5～3t，土壤有效硅含量由 1.07mg·kg^{-1}、0.52mg·kg^{-1}、1.4mg·kg^{-1}，分别提高到 1.9mg·kg^{-1}、2.0mg·kg^{-1}、7.4mg·kg^{-1}。此外，粉煤灰中含硼，是油料作物的良好肥源，粉煤灰改良土壤后，花生、大豆的产量及品质均有明显提高。

（3）增强土壤微生物的活性

粉煤灰具有一定的磁性，而土壤中的大多数细菌具有趋磁性，磁场的作用可以改变某些细菌酶的结构和活性。有研究表明，粉煤灰提取液对磷酸酶有激活作用；在红壤上按质量2% 的比例施用粉煤灰，能够明显提高红壤的呼吸作用，促进酶转化，增强微生物的生物活性。白浆土试验表明：大豆自开花期土壤根系层的微生物活性明显增强，一直延续到籽实成熟期，细菌、放线菌和真菌都表现出一致的增长趋势，有利于促进草炭有机成分在土壤中的腐殖化过程，为农作物生长发育创造良好的土壤环境。

（4）改善土壤含水量

粉煤灰是一种质量轻、体积大、孔隙率大的固体，具有特殊的形态和微观结构。水分多时孔隙可以蓄水，水分少时由于连通性、毛细管作用，储存的水又可以释放出来，因此粉煤灰具有良好持水和蓄水能力。另外，粉煤灰表面有大量的 Si—O—Si 键，经与水作用后，颗粒表面将出现大量羟基，使其具有明显的亲水性，这种性质使得水分渗透较快，提高了自身的饱和含水率和持水性能。

（5）调节土壤温度

黏质土壤的特性之一是导热性好，昼夜温差大，冬季地温低，小麦越冬容易受冻，夏季地温偏高，不利于农作物生长。而粉煤灰的特性是导热性差，冬季可以提高地温，预防小麦越冬受冻，促进早稻、棉花等作物返青和出苗，夏季由于粉煤灰质地疏松、热容量大，因此可以降低地温，使土壤温度适于农作物生长。表 5-22 和表 5-23 是对施用粉煤灰的黏土地所做的地温记录。可以看出，在冬季，地温随施灰量的增加而逐渐提高，亩施灰量达 3.5×10^4 kg 时，平均增温 2.4℃，在气温较高的夏季，亩施灰量达 3.5×10^4 kg 时，地温下降 1.1℃。

表 5-22　粉煤灰不同施用量对地温的影响（冬季，5cm 地温）

项目＼时间	5 个月	6 个月	7 个月	8 个月	9 个月	15 个月	16 个月	小计	平均	与对照田相比	与气温相比
气温/℃	0	1.3	0.2	0.4	0.8	2.8	2.1	7.6	1.1	—	0
对照田地温/℃	1.0	2.0	0.8	0.7	1.8	3.3	2.0	11.6	1.7	0	0.79
亩施 1×10^4 kg,地温/℃	1.3	2.3	1.2	1.4	2.5	4.1	3.3	16.1	2.3	0.6	1.39
亩施 1.5×10^4 kg,地温/℃	1.7	2.6	1.8	1.6	2.8	4.3	3.8	18.6	2.7	1.0	1.79
亩施 2×10^4 kg,地温/℃	2.2	3.0	2.3	1.0	3.1	4.7	4.0	20.3	2.9	1.2	2.09
亩施 2.5×10^4 kg,地温/℃	2.7	3.3	3.7	2.3	3.5	5.0	4.4	24.9	3.9	1.9	2.69
亩施 3×10^4 kg,地温/℃	3.1	3.7	2.7	2.6	3.8	5.4	4.7	26.1	3.7	2.0	2.79
亩施 3.5×10^4 kg,地温/℃	3.5	4.0	3.1	3.1	4.2	5.7	5.1	28.7	4.1	2.4	3.19

表 5-23　粉煤灰不同施用量对地温的影响（夏季，5cm 地温）

项目＼时间	11d	12d	13d	14d	15d	16d	17d	18d	19d	20d	平均	与对照田相比	与气温相比
气温/℃	20.8	20.3	21.2	21.3	21.0	20.3	21.2	21.2	22.2	22.5	21.2	—	0
对照田地温/℃	20.0	19.3	20.0	20.5	20.6	20.6	18.3	18.3	18.0	18.0	19.4	0	−1.8
亩施 1×10^4 kg,地温/℃	20.0	20.0	20.2	20.3	20.8	20.2	18.5	18.8	18.8	19.2	19.7	−0.3	−1.5
亩施 1.5×10^4 kg,地温/℃	19.6	19.2	20.0	19.8	20.0	20.2	18.5	19.0	19.3	19.2	19.6	−0.2	−1.6
亩施 2×10^4 kg,地温/℃	20.0	20.5	20.3	20.0	20.0	18.2	18.4	19.0	19.1	19.4	19.6	−0.2	−1.6
亩施 2.5×10^4 kg,地温/℃	19.6	20.8	20.6	20.0	20.3	20.3	18.6	18.8	19.6	19.5	19.8	−0.4	−1.4
亩施 3×10^4 kg,地温/℃	20.8	20.6	21.3	21.6	21.2	21.2	18.5	19.2	19.3	20.4	20.4	−1.0	−0.8
亩施 3.5×10^4 kg,地温/℃	21.2	21.2	21.8	21.8	21.5	21.2	18.3	18.8	19.5	20.5	20.5	−1.1	−0.7

5.3.2.2　粉煤灰直接改良土壤

（1）粉煤灰施用时应注意的问题

① 粉煤灰的施用量　施用粉煤灰时，需在对当地土壤组成情况和粉煤灰成分进行充分了解和认识的基础上，确定最佳用灰量。通常，黏重地宜多施，亩施灰量在 1.5 万～2 万千克；壤土地宜少施，亩施灰量不宜超过 0.5 万千克。施用量过少，起不到改良土壤的作用；施用过量，则表土过虚，不利于扎根立苗。另外，若粉煤灰含氟、硼、砷、汞、铅、铬、镉等元素量较高，则在施用时要适当减少灰量，以降低不良影响。

② 粉煤灰的施用方法　粉煤灰粒细质轻，易扬散飘飞，因此在施用时应先加水泡湿，然后再撒施地面，并进行耕翻。通常要求翻深度不能小于15cm，以便使粉煤灰与耕层土壤充分接触。作为土壤改良剂，粉煤灰不能在作物生长期间施用。

③ 粉煤灰的施用年限和效用　粉煤灰改土效果长，能连续使作物增产，通常来年比当年的增产幅度还大，因此不必每年施用，大体上3～4年轮施一次即可。此外，粉煤灰中的营养元素含量一般较低，又缺乏有机质，所以它既不能替代有机肥料，也不能替代速效性化学肥料。

（2）粉煤灰施用效果

① 促进农作物增产增收　粉煤灰改良土壤后，可使农作物产量增加。日本施用粉煤灰改良土壤，水稻增产7.5%～17%，油菜增产130%～229%，橄榄增产21%～84%。加拿大试验结果表明，粉煤灰改良土壤可提高果树产量。归纳各国试验，粉煤灰施用量以75t·hm^{-2}增产效果较为显著，改良土壤类型以黏质土壤及各种生荒地效果最明显，作物类型以油料作物及各种蔬菜增产显著，可达80%～100%，其次是粮食作物，增产可达30%～40%。

对黏质土壤的多点试验表明，亩施粉煤灰2万千克，可使小麦增产11.2%，玉米增产15.5%，水稻增产14.0%，棉花增产12.2%，且在一定施灰量范围内，作物增产效果随施灰量的增加而提高。在褐土生土上亩施粉煤灰5000～15000kg，小麦比对照增产可达10.2%，玉米可达8.4%。用粉煤灰改良盐化潮湿始成土的田间试验表明，每公顷施灰2万千克，水稻、小麦均有极显著的增产增收。大豆盆栽试验表明，施用粉煤灰不仅可增产5%，而且可以提高大豆的粗蛋白及脂肪含量。花生盆栽试验表明，土壤中粉煤灰用量＜6.5%时，随着施灰量增加，花生产量由对照的每盆52.4g上升到每盆71.7g。亩施1万千克粉煤灰的土豆地比不施粉煤灰的土豆地，土豆增产10%～20%，且薯块大、味美、质量好。

② 抗农作物病虫害　北方某果园土壤黏性大、板结、通透性差，多年来苹果黄叶病非常严重，发病率达70%～80%，后来利用粉煤灰改良土壤，将粉煤灰与人粪尿按5：1的比例混合，按环状沟施，亩施1000kg，3年后果树发病率降至2.6%。此外田间试验表明，粉煤灰对小麦的锈病、水稻的稻瘟病、白菜的烂心病等，也具有明显的抗性作用。

③ 其他作用　粉煤灰施用于小麦地，可提高地温，保护麦苗安全越冬，促进作物早发苗壮，同时提高土壤保水能力，有利于保墒、抗旱。粉煤灰施用于水稻育秧，可使秧苗苗壮、根系发达、出苗率高、拔秧易、断根断秧少、缓秧快，同时可以解决马粪水床保温育苗时存在的烂秧、缺秧等问题。

（3）粉煤灰中有害物质对土壤环境及种植作物的影响

粉煤灰中的有害物质主要是指汞、砷、铅、镉、铬五种重金属元素和^{238}U、^{232}Th、^{226}Ra、^{40}K等天然放射性元素，以及致癌物质3,4-苯并芘。随着粉煤灰越来越广泛地被应用于农林牧业中，在取得直接的经济效益和防止粉煤灰粉尘污染的环境效益的同时，人们日益关心的是土壤施灰后粉煤灰中的有害物质对土壤环境和种植作物有何影响，是否会最终影响到人类健康。为此，许多科研工作者进行了大量试验研究，让我们认识到粉煤灰中有害物质的含量主要受煤种、锅炉燃烧方式和温度、煤粉细度、除尘方式等影响，土壤中有害物质的含量也因地区而异。因此，评价粉煤灰对土壤环境及种植作物的影响也就不能一概而论，需因地而异，因灰而异。这就意味着该项工作的广泛性和持久性。

① 重金属元素对土壤环境及种植作物的影响　在风化土、有机土、冲积土三种土壤上的小麦盆栽试验表明：土壤重金属元素的生物效应与土壤 pH 值密切相关，施灰量为 5％时，风化土 pH 值从 6.1 上升到 8.3，碱性环境对重金属有固化/稳定化作用，所以对麦苗中的重金属来说其总量积累规律是随着施灰量的增加而递减；对于有机土来说，土壤有机物含量高，离子交换能力强，土壤的缓冲能力较大，施灰量为 5％时土壤 pH 值仅增加 0.4，故麦苗中的一些重金属总量有所增加。

从表 5-24 可以看出，与无灰对照土壤中汞、砷、铅、镉、铬五种重金属的平均含量相比较，施灰土壤中汞比对照土壤增加 0.118mg·L^{-1}，增加 37.22％；铅比对照土壤增加 6.85mg·L^{-1}，增加 11.9％；镉含量相近；砷和铬比对照土壤低，均在污染起始值内，未达到污染程度。与对照土壤相比，七个纯粉煤灰样品灰中铅含量平均为 98.96mg·L^{-1}，比对照土壤高 41.6mg·L^{-1}，达到轻度污染程度，但大田施灰量达不到这种程度，其他四种重金属含量均未达到污染程度。

表 5-24　粉煤灰中五种重金属元素对土壤环境的影响

样品名称	元素	取样深度/cm	样品数	平均含量/mg·L^{-1}	范围/mg·L^{-1}	标准差	变异系数	污染评价
未施灰土壤	砷	0~20	25	7.528	4.8~10.60	1.510	0.200	—
		20~10	2	9.900	8~11.8	2.687	0.271	—
	汞	0~20	25	0.317	0.11~0.72	0.160	0.510	—
		20~40	2	0.160	0.1~0.22	0.085	0.530	—
	镉	0~20	25	5.170	4.13~6.40	0.700	0.140	—
		20~10	2	4.07	3.87~4.27	0.283	0.0695	—
	铬	0~20	25	76.426	58.33~100.00	11.92	0.156	—
		20~40	2	66.67	66.67	0.007	0.001	—
	铅	0~20	25	57.332	41.67~91.67	13.460	0.235	—
		20~40	2	45.83	45.83	0.0005	0.0001	—
施灰土壤	砷	0~20	37	7.175	4.2~10.60	1.560	0.217	—
		20~10	4	10.35	77.8~12.80	2.720	0.263	—
	汞	0~20	57	0.435	0.11~1.25	0.240	0.552	—
		20~40	4	0.553	0.12~0.75	0.294	0.532	—
	镉	0~20	57	5.124	3.87~6.93	0.734	0.143	—
		20~10	4	4.665	4.13~5.60	0.645	0.138	—
	铬	0~20	57	73.94	58.33~100.00	9.988	0.135	—
		20~40	4	80.21	62.5~116.67	24.856	0.310	—
	铅	0~20	57	64.181	41.67~125.00	12.320	0.192	—
		20~40	4	55.208	45.83~75.00	13.341	0.242	—
全灰土壤	砷	—	8	7.15	5.4~10.60	1.873	0.262	未
	汞	—	8	0.463	0.29~1.08	0.270	0.579	未
	镉	—	8	6.501	5.33~7.20	0.640	0.098	轻
	铬	—	8	71.873	50.00~83.33	12.750	0.172	未
	铅	—	8	98.957	83.33~112.50	11.520	0.116	轻

由表 5-25 可以看出，通过对不同施灰年限、不同施灰量土壤上的作物籽实中五种重金属含量进行检测，发现五种重金属含量都在污染起始值以内，即土壤施用粉煤灰并未造成污染。与无灰土壤种植作物的籽实相比较，砷、镉分别下降了 19.6％和 31.8％，而汞、铅和铬的含量增高了，这与土壤的分析结果相一致。由此说明，用粉煤灰改良土壤，未造成土壤和种植作物籽实中五种重金属元素的污染。

表 5-25　粉煤灰中五种重金属元素对种植作物的影响

取样土样	样品名称	元素	样品个数	平均含量/mg·L^{-1}	范围/mg·L^{-1}	标准差	变异系数	增减/%	污染评价
施灰土壤	作物籽实	砷	25	0.080	0~0.25	0.061	0.738	−19.6	未
		汞	25	0.0047	0~0.0183	0.0053	1.129	27.0	未
		镉	21	0.030	0.007~0.080	0.020	0.685	−31.8	未
		铬	21	0.362	0.18~1.023	0.207	0.570	10.4	未
		铅	21	0.0819	0~0.4	0.130	1.582	28.3	未
未施灰土壤	作物籽实	砷	14	0.102	0~0.25	0.075	0.732	—	—
		汞	15	0.0037	0~0.0159	0.0044	1.182	—	—
		镉	11	0.044	0~0.095	0.035	0.788	—	—
		铬	11	0.328	0.093~0.688	0.149	0.456	—	—
		铅	11	0.0636	0~0.34	0.111	1.749	—	—

②放射性元素对土壤环境及种植作物的影响　有单位曾对已还田种植作物的储灰场附近土壤、地下水及储灰场还田后在其上种植作物的籽实所受的放射性影响大小做了评估，其分析数值见表 5-26 和表 5-27。可以看出，虽然粉煤灰中放射性核素含量较高，但对储灰场附近的土壤、地下水均无明显影响，即粉煤灰中放射性核素未对周围土壤环境和种植作物造成污染。

表 5-26　粉煤灰、土壤及煤中放射性核素的含量

地　点	放射性核素/Bq·kg^{-1}			
	^{238}U	^{232}Th	^{226}Ra	^{40}K
150 电厂灰场院	188.4	155.7	184.2	245.0
邯郸电厂灰场	119.7	124.9	117.0	264.3
邯郸地区土壤	33.4±10.2	42.1±5.6	27.2±3.6	550.0±46.2
马头电厂灰场附近土壤	49.9	42.5	28	492.0
马头电厂灰场	163.7	139.4	160.1	258.6
邯郸地区煤	78.6	70	76.9	128

表 5-27　储灰场附近地下水中放射性核素的含量

地　点	放射性核素含量			
	^{238}U/10^{-2}μg·L^{-1}	^{232}Th/10^{-2}μg·L^{-1}	^{226}Ra/10^{-2}Bq·L^{-1}	^{40}K/10^{-2}Bq·L^{-1}
邯郸地区	1.77±1.02	9±7	0.48±0.14	4.76±1.48
马头厂灰场	2.92	4.70	0.53	3.52

③苯并芘 B[a]P 对土壤环境及种植作物的影响　经分析，我国粉煤灰中 B[a]P 含量为 0.8~10μg·kg^{-1}，平均 0.86μg·kg^{-1}，而田间土壤 B[a]P 含量为 0~4.5μg·kg^{-1}，平均 3.4μg·kg^{-1}，粉煤灰中的 B[a]P 平均含量是土壤的 1/5~1/4。因此，施用粉煤灰改良土壤时，粉煤灰中的 B[a]P 通常不会造成土壤环境的污染。

粉煤灰中 B[a]P 对改良土壤上的种植作物的影响见表 5-28。可以看出，与对照土壤田相比较，用不同量粉煤灰改良的土壤上种植作物（小麦、玉米、水稻）B[a]P 的含量差异并不显著，即粉煤灰改良土壤时灰中 B[a]P 不会对种植作物造成污染。

表 5-28　粉煤灰改良土壤作物 B[a]P 含量　　　　　　　单位：$\mu g \cdot kg^{-1}$

项　目	小　麦			玉　米			水　稻		
	样品	范围	均值	样品	范围	均值	样品	范围	均值
每亩 10000kg	18	0.31～0.76	0.46	12	0.30～0.47	0.37	9	0.52～1.02	0.71
每亩 20000kg	18	0.34～0.94	0.52	12	0.35～0.47	0.40	9	0.48～1.35	0.71
对照土壤田	18	0.32～0.74	0.47	12	0.24～0.50	0.37	9	0.41～0.95	0.67

5.3.2.3　粉煤灰生产肥料

粉煤灰中含有人们迄今所知植物生长所需的主要的 16 种元素和其他营养物质，被称为长效复混肥。但由于其含量少，直接施用粉煤灰用量过大，运输费用高，作物增产不明显，因而难以推广使用。随着农业生产需求不断扩大、粉煤灰排量逐年增加，利用粉煤灰生产肥料日渐兴起，将粉煤灰制成复混肥和将粉煤灰磁化或磁化后制作复混肥受到越来越多生产厂家的重视。

根据不同土壤、不同作物和不同的气候条件，以粉煤灰为主要原料，经过加工处理，可为农业生产提供多品种、多规格的粉煤灰肥料，以满足不同作物在不同条件下的生长需要。生产实践表明，利用粉煤灰生产的肥料，不仅能提高农作物对多种养分的吸收率，增强对病虫害的抗性，还能起到保墒透气、改善土壤环境、促进微生物繁殖等优良作用，并能使小麦、玉米、棉花、水稻等作物增产增收。

（1）粉煤灰磁化肥

粉煤灰中含有一定量的易磁化的矿物质，利用电磁场使粉煤灰磁化后，可使粉煤灰肥效增强，用量降低，达到作物增产的目的。20 世纪 70 年代，前苏联在粉煤灰磁化肥的机理和应用方面开展了大量研究工作。我国从 1978 年开始进行这方面的研究工作，并开展了农作物试验，取得了良好的效果，受到越来越多的重视。

① 磁化肥的增产机理　磁化肥的基础理论为土壤磁学、磁生物学和环境磁学。粉煤灰中含有植物生长不可缺少的多种微量元素，将它经磁场处理，再施入土壤，则对土壤起到如下几个方面的改良作用，使作物增产。

1）物理效应。粉煤灰磁化后具有一定的剩磁，施入土壤后能使土壤颗粒发生"磁性活化"而逐步团聚化，加之粉煤灰本身具有的物理性质，有利于土壤微团粒结构的形成，增加土壤通气透水性，有利于营养成分的输送及植物根系的吸收，减少农机具动力消耗，提高土壤耕作质量。

2）化学效应。粉煤灰磁化后其中的铁比较活跃，Fe^{2+} 和 Fe^{3+} 的转换可以加快土壤中其他成分的氧化还原过程，促进农作物生长繁殖和新陈代谢。据计算，磁铁矿（Fe_3O_4）转变为磁赤铁矿（$\gamma\text{-}Fe_2O_3$）可释放热量 $169.35J \cdot mol^{-1}$，再转变为纤铁矿（反铁磁质）可释放热量 $44.75J \cdot mol^{-1}$。磁性矿物的加速水解，造成强烈的能量释放，促进有机物质矿化和营养元素形态转化，使土壤中的有效氮和有效钾增加，提高肥料利用率，减少施肥用量。此外，磁化粉煤灰属碱性，可降低土壤水解性酸度并提高土壤 pH 值，促进磷和微量元素有效性的增加。

3）生物效应。根据磁生物学，磁场在一个很宽的磁强范围内均可对植物、微生物和酶的生命活动产生作用。弱磁能使根系固定，促进细胞分裂。定向磁场有利于种子快速发芽，刺激酶系统，促进作物生长。

② 磁化肥的发展历程　最早的粉煤灰磁化肥又称磁化粉煤灰肥，它是将粉煤灰通过强

磁场进行磁化处理后制成的，具有较好的土壤改良及作物增产效果，且便于施用和推广。

在充分认识到磁化粉煤灰肥效用的基础上，人们研发出以粉煤灰为主要原料的单一粉煤灰磁化肥，即粉煤灰在配料中占 70%～80%，另加入某一种化学肥料，经强磁场磁化处理而成。齐鲁石化公司将粉煤灰与尿素复混，制成粉煤灰磁化肥，对比试验发现：在施加等量氮素条件下，施用粉煤灰磁化肥的玉米在亩出穗数、穗粒数和亩产量等方面均明显优于施用尿素的对照样。

近些年来，许多科技工作者综合粉煤灰磁化肥和普通复肥的特点，又研发出粉煤灰磁化复混肥。它是以粉煤灰作为载体，利用其本身含有多种农作物所需要的微量元素，再按比例添入适量的氮、磷、钾等营养元素和适量的添加剂，经混合、造粒、磁化而成的一种新型复混肥料。实际生产中，可根据各地土壤情况及各种作物具体生长要求，调整配方，生产出诸如小麦、水稻、玉米、果树等所需的系列产品，从而具备了更广的实用性。粉煤灰磁化复混肥兼具粉煤灰磁化肥和普通复肥的优点：养分全，肥效高，后劲大，释放养分均衡，肥效不易挥发；促进作物生长，果实饱满；增加土壤的透气性、持水性，调节土壤酸碱度；使植物具有抗病虫害、抗倒伏、增加产量等特点。粉煤灰磁化复混肥营养稳定，肥效长，因此主要用于基肥，也可作追肥。

③ 磁化肥生产技术　粉煤灰磁化肥有两种生产工艺：一是"先混后磁"工艺，即先将粉煤灰与其他肥料混合，再经造粒、磁化而制成；二是"先磁后混"工艺，即先将粉煤灰单独磁化，再与其他肥料混合、造粒。不论哪种工艺，都是由三个主要工序组成，即配料、造粒和磁化。

配料应综合考虑当地土壤条件、粉煤灰物化性质、化肥成分及气候、水质和作物生长要求等因素，同时还要兼顾降低成本。

肥料造粒后既便于运输和施用，又可避免肥料结团和挥发，延长肥效。通常，要求颗粒粒度在 2～3mm，也可制成 5～10mm 的大颗粒；颗粒机械强度一般要求达到 $8N \cdot cm^{-2}$。造粒设备主要有圆盘式造粒机、滚筒式造粒机、对辊式造粒机、挤压造粒机等。

磁化是粉煤灰磁化肥生产的关键工序，磁处理参数（如磁场强度、磁化时间、磁化方向等）的合理选择至关重要。对于同一配比的磁化肥，其磁性主要取决于磁场强度，磁化时的磁场强度应达到使磁载体被磁化至饱和或接近饱和。磁化器有永磁式和电磁式两大类。永磁式磁化器不需要激磁电源，能耗低，并适于连续批量生产，但体积较大，磁场易衰退，不便于输送和管理；电磁式磁化器具有场强易调节、体积相对较小等优点，但能耗高，线圈易发热，难于长时间连续工作。

④ 磁化肥的施用效果　磁化肥的施用效果受粉煤灰的化学成分、磁场强度、磁化处理时间、原料配比、施用量和土壤类型等诸多因素影响。实际应用中以含铁量 10% 左右经磁场处理 3～5s 的磁化粉煤灰，每亩施用 150～250kg（即 2.25～3.75t·hm^{-2}）为宜。施用在砂姜黑土、黏质红壤和水稻土中效果较好；在新开垦的瘦瘠红壤中效果最佳，可增产50%～200%；在板结土壤和酸性土壤中施用效果也极为明显，但施用在高肥力土壤和砂质土壤中时增产不明显。从作物类型看，增产效果：豆科＞禾本科，小麦、油菜＞早稻＞晚稻。粉煤灰磁化复混肥的施用量低于一般化肥，亩施 40～50kg 即可，配合农家肥施用效果更为明显。与等养分的非磁化肥相比，粉煤灰磁化肥可使水稻增产 7%～16%、小麦增产10%～15%、玉米增产 5%～13%、蔬菜增产 10%～35%、苹果增产 6%～17%，且氮素利用率可提高 5%，磷素利用率提高 2.7%。河南省电力企业管理协会在全省范围内进行的田

间试验表明，施用粉煤灰磁化肥可使小麦增产 16.8%、玉米增产 6.7%～17%。

（2）粉煤灰复混肥

粉煤灰中含有作物生长所必需的大部分营养元素，只有氮、磷等少量元素在燃烧过程中因挥发而损失掉，因此若向粉煤灰中补充部分氮、磷、钾等肥料，便可制成一种营养全面、均衡的复合肥料，即粉煤灰复混肥。

① 复混肥生产工艺　受高温等因素影响，粉煤灰中的中、微量营养元素一般与二氧化硅和三氧化二铝结合成盐，大部分以玻璃体这种化学介稳状态存在，在水中溶解度小，溶解速度也很缓慢。直接施于土壤中时，粉煤灰中的中、微量元素难以发挥应有的营养元素作用。因此，在生产粉煤灰复混肥时，常先用化学激发剂来破坏粉煤灰中的玻璃体结构，使粉煤灰得到活化，使粉煤灰中的中、微量元素被释放出来而溶解于水中成为土壤中的

图 5-29　粉煤灰复混肥生产工艺流程

营养元素；活化后的粉煤灰再与氮、磷、钾肥混合便能得到粉煤灰复混肥。其生产工艺流程见图 5-29。粉煤灰复混肥的具体生产工艺和普通复混肥生产工艺基本相同，只是添加剂和配方不同，生产普通复混肥的所有设备和生产线均可用来生产粉煤灰复混肥。

② 复混肥的特点　粉煤灰的化学组成及特殊颗粒形貌使它具有较强的吸附作用，使得粉煤灰复混肥料中的营养元素能够缓释，提高并延长肥效。粉煤灰还可以改善某些单一肥的使用性能。例如，使用过磷酸钙作磷肥时，其中含有的游离酸致使磷肥呈酸性，具有腐蚀作用，但与粉煤灰复混则 pH 大为升高，而且复混肥变得松散，易于施匀；碳酸氢铵与粉煤灰复混后，可有效克服碳酸氢铵分解率高、挥发损失大、易结块等不足，且使碳酸氢铵的臭味几乎消失。

研究表明，相同条件下，尿素中氮的利用率为 44%，而粉煤灰复混肥中氮的利用率为 48%；磷肥中 P_2O_5 的利用率为 10%，粉煤灰复混肥为 22%；氯化钾中 K_2O 利用率为 40%，粉煤灰复混肥为 52%。可见，粉煤灰复混肥可使氮、磷、钾肥利用率提高，流失率减小，为这些肥料的使用、运输、保存都带来了方便。再加上粉煤灰本身含有植物必需的多种微量元素及其改土作用，所以粉煤灰复混肥是一种优良的肥料品种，粉煤灰与普肥的结合效果绝不是简单地叠加。在 N、P、K 养分相同的情况下，粉煤灰复混肥综合质量优于普肥。

③ 复混肥的种类　粉煤灰复混肥主要有高效粉煤灰复混肥和长效粉煤灰复混肥两类。

a. 高效粉煤灰复混肥。此类复混肥是由活化粉煤灰与尿素、普通过磷酸钙、氯化钾复混而成，具体复配比例为粉煤灰 22%、尿素 22%、普通过磷酸钙 45%、氯化钾 10%、激发剂 1%。复混肥中各种养分比例为 N：P_2O_5：K_2O：微量元素 = 1：0.7：0.6：0.2，总养分 25%。

锌可提高作物生长优势及抗灾害、抗病虫害的能力，当土壤中有效锌的含量较低时，会影响作物的正常生长。针对该情况，可在高效粉煤灰复混肥中添加硫酸锌制成含锌高效粉煤灰复混肥，施用后可弥补土壤缺锌的不足。该复混肥具体复配比例为粉煤灰 18.5%、尿素 22%、普通过磷酸钙 45%、氯化钾 10%、激发剂 1%、七水硫酸锌 3.5%。复混肥中各种养分比例为 N：P_2O_5：K_2O：微量元素：Zn = 1：0.7：0.6：0.2：0.1，总养分 26%。

b. 长效粉煤灰复混肥。此类复混肥是由活化粉煤灰与碳酸氢铵、磷酸氢二铵、氯化钾复混而成，具体复配比例为粉煤灰 21%、碳酸氢铵 50%、磷酸氢二铵 18%、氯化钾 10%、

激发剂 1%。复混肥中各种养分比例为 N：P_2O_5：K_2O：微量元素＝1：0.8：0.6：0.2，总养分 26%。由于磷酸氢二铵与活化粉煤灰中的氧化镁、氧化钙等发生反应生成具有枸溶性的盐类，它们包裹在碳酸氢铵的表面形成一层保护层，有效延缓了碳酸氢铵的吸潮与分解，因而被称为长效粉煤灰复混肥。

④ 复混肥的施用效果　河南农业科学院土壤肥料研究所制作的粉煤灰复混肥，与对照相比，可使小麦增产 17.7%～88%、玉米增产 26.5%～67.2%、水稻增产 2.8%～25.6%、花生增产 12%～24.2%；与普通复肥比较，各种作物增产幅度在 2.0%～13.5%之间，而且有毒元素的籽实积累量低于食品卫生标准。合肥工业大学研制的粉煤灰多元素复混肥经大田试验，优于等养分的普通复肥，也优于 25%低浓度三元素复混肥，分别增产 19.1% 和 8.9%。此外，试验表明：与常规普肥相比，施粉煤灰复混肥的稻田，水稻新根早发、粗壮、苗高、色深、分蘖早，同时表现出抗逆性强、抗灾抗病虫害能力明显高于对照组，且水稻有效穗多、成穗率高、籽实饱满，平均每亩可增产 52kg，增产幅度为 12.4%。

（3）粉煤灰硅肥

硅是水稻、甘蔗等作物必需的营养元素，在缺硅的土壤中施用硅肥是重要的农业措施。粉煤灰中 SiO_2 的含量高达 50%～60%，但能被植物直接吸收的有效硅仅为 1%～2%，要成为硅肥必须将其可溶性硅含量提高 20 多倍[41]。

① 硅肥的生产原理　粉煤灰硅肥的生产是将粉煤灰与助熔剂和添加剂按一定比例混合，在高温和特定条件下焙烧而制得。其原理是粉煤灰中的二氧化硅与混合物料中的碱性氧化物如氧化钙、氧化钾等发生固相化学反应，生成枸溶性的硅酸盐。植物生长根系分泌的有机酸能溶解这种肥料。

② 硅肥的种类　目前，粉煤灰硅肥主要有硅钙肥、钙镁磷肥、硅钾肥和硅酸盐微肥等。粉煤灰硅钙肥可在火电厂燃煤发电的同时进行生产，在粉状燃煤中加石灰石燃烧后，灰渣经水淬、磨细即可制得粉煤灰硅钙肥。燃煤发电副产粉煤灰硅钙肥，可提高锅炉热效率、降低 SO_2 排放量，这对增加企业经济效益、保护生态环境意义重大，值得推广。向粉煤灰中加入适量的磷矿粉，并利用白云石作助熔剂，就可调节整个体系的钙镁含量，然后通过适当的生产工艺进行加工，便可获得枸溶率＞95%，符合质量要求的粉煤灰钙镁磷肥。

③ 硅肥的施用效果　粉煤灰硅肥能有效促进作物生长，主要是含有有效的二氧化硅和调节土壤 pH 值、改善作物生长环境的氧化钙。对需要硅的作物（如水稻、甘蔗、竹子等），粉煤灰硅肥可供给硅素养料。对土壤酸度较为敏感的作物（如大麦、大豆等），施用粉煤灰硅肥可提高土壤的 pH 值，为作物生长提供适宜的土壤 pH 环境。此外，粉煤灰本身含有植物生长必需的多种中、微量元素，加之粉煤灰硅肥生产过程中加入的特定氮、磷、钾原料，可为作物生长提供全面、均衡的营养元素，促进作物增产增收。在江苏、浙江、江西、湖南、安徽及广东等省进行的水稻试验表明，亩施粉煤灰硅钙肥150kg 作为基肥（氮磷钾用量同对照区），对于有效硅低于 $10mg \cdot (100g)^{-1}$ 土壤种植的水稻，平均每亩增产 30kg，增产率为 11%；在有效硅含量高于 $10mg \cdot (100g)^{-1}$ 土壤种植的水稻，平均每亩仅增产1.9%；施用粉煤灰硅钙肥后，土壤有效硅平均比对照区高 $16mg\ SiO_2 \cdot (100g)^{-1}$ 土壤，水稻茎叶 SiO_2 含量比对照区增加 2.33%，且植株健壮，水稻硅化层增加，病害减少。

5.3.3　覆土造田与纯灰种植

据不完全统计，20 世纪末我国粉煤灰储灰场占地约 50 万亩，尤其是已堆满粉煤灰的储灰场，风起灰扬，给周围环境造成严重的二次污染。为降低电厂负担、减轻环境污染，经过多年的积极探索和实践，人们因地制宜开展淤地造田、填坑造地等活动，利用粉煤灰进行覆土造田种植蔬菜、粮食、树木，或采用纯灰种植技术，自"八五"期间列入重点推广项目以来，在储灰场兴起了生机勃勃的绿色工程，取得了良好的社会效益、经济效益和环境效益[34]。

5.3.3.1　覆土造田

用粉煤灰填充的涝洼地、塌陷地、山谷及烧砖毁田造成的坑洼地，或堆满粉煤灰的储灰场，都可以进行覆土造田，发展农牧林业。

唐山市区的大城山占地 $6 \times 10^6 m^2$，多年来由于各厂矿、企业和个人在山上采石，使大城山的植被、地面遭到严重破坏。唐山电厂从 1966 年开始用粉煤灰充填这些大大小小的石头坑，累计覆土造地 400 余亩。这些再造地经大城山园林处播种育苗，已绿化成林，树木成活率达 90%。如今大城山有近 250 余种树木生存，覆盖面积达 $3 \times 10^6 m^2$，使昔日百孔千疮的大城山，重新披上了绿装，并建成大城山公园供游人观赏。

淮北矿务局相城煤矿第三采区和朱庄煤矿第十采区，采煤后导致地表塌陷，并逐渐趋于稳定，平均塌陷厚度约 4m。淮北发电厂于 1980 年将此塌陷区设计为粉煤灰储灰场，利用挖泥船和挖塘机组将煤矿塌陷坑整理成池塘状，周围用土筑高呈堤坝形，然后将电厂粉煤灰用大型输灰管道按水灰比 15：1 的比例，将粉煤灰充填到塌陷区，待粉煤灰充满后（充填厚度约 4m），再将周围土堤坝及附近的土壤覆盖在粉煤灰层之上（覆土厚度 30~50cm），构成煤矿塌陷区粉煤灰复田。在复田上，引种刺槐、杨树、柳树、榆树、灌木柳等 8 个树种，130 多个无性系品种，分别营造上层乔木速成丰产林、中层灌木条类低矮林、观赏花卉及下层草坪等绿色植被，形成上、中、下结合的复层生态结构，建立复层营林环境生态体系。经测定，该体系的林风较空旷地风速降低 17.4%~41.6%，滞尘量降低 28.05%，地温降低 2.5%~9.3%。此外，该体系还可提供木材原料和林副产品，取得了直接的经济效益和明显的社会效益、环境效益。

实践证明，粉煤灰充填后再覆土造田，树木成活率高、长势良好，主要原因如下：粉煤灰中含有钴、钼、铜、氮、磷、钾、镁等树木生长所需的元素，足以供给树木生长对无机营养的需要；粉煤灰多孔粒子之间相互联结，形成无数条羊肠小道和星罗棋布的交通网，为树木根部呼吸及输送各种营养物质创造了良好条件，而粉煤灰内部的孔隙则可作为树木根部呼吸的气体及树木所需的营养液或水的仓库。这样既可使微量营养元素的作用得以发挥，也有利于表层覆盖土壤中微生物的繁殖，加速有机质的分解，同时还能提高地温，有防冻保墒的作用，使根系发达，枝繁叶茂。此外，粉煤灰还含有杀虫作用的钛、锗等元素的化合物。

粉煤灰的物理性质（包括导热性、导电性、膨胀性、渗透性、热辐性等）与土壤有显著的差别，因此利用粉煤灰淤地造田、植树造林时需注意几个问题。

（1）严格掌握覆土厚度

在灰场植树前要覆盖 30~60cm 厚的黏土，最低不得少于 30cm，以免土壤脱水、漏风和移栽树苗时根部形成土台，降低树苗成活率。

（2）选择适宜树种

粉煤灰中含有大量氧化钙，使土壤呈碱性，因此要挑选适宜在中性或弱碱性土壤中生长的杨槐、榆树、侧柏等树种进行栽种。

（3）补充有机肥

粉煤灰中含有大量的无机肥，但不含有机质，因此在植树前宜施加适量的有机肥作底肥。树木成活后，地面的落叶等有机物不用清除，待其腐烂后渗入土层，可以提高土壤有机成分含量，补充树木生长所需的营养成分。

（4）浇水保墒

由于粉煤灰颗粒间的孔隙较大，渗透性好，因而植树前后要浇足水，待树木成活后的2～3年内还要坚持浇好封冻水和浇青水，以保证树木成活，利于树木生长。

5.3.3.2　纯灰种植

我国燃煤电厂粉煤灰纯灰种植技术已占电厂储灰场可种植面积的1/3。对9个电厂在2500亩纯灰上种植的粮食、水果、蔬菜、油料、牧草、中草药等20多种植物，500多个样品的试验、测试结果表明，在纯灰场上种植的作物均有较好的收成，且灰田结出的可食部分有害物质含量均未超出国家食品卫生标准。

纯灰种植与覆土造田相比，不需要动用土方或土方量很少，成本较低。在旧灰场上进行种草植树压尘是治理粉煤灰污染的一条有效途径。种植草坪时选用牧草沙打旺、苜蓿草等品种，可起到防尘、固灰、保持水土的效果，但要解决灰场扬尘问题还应以植树为主。灰场植树宜选用扎根较深、易于成活的树种，如杨树、柳树等。秦岭电厂在灰场上试种一种从国外引进的小冠花优良饲草，经过几年的试种和大规模种植最终获得了成功，真正起到了覆盖粉煤灰防止二次污染、净化环境的效果。江苏徐州电厂在1700亩储灰场上种植柳树15万株，占地1000余亩，采用株距160cm、行距200cm的间距，每个植株坑40cm×40cm。具体种植过程如下：首先，在挖好的植株坑内填土，厚约10cm，实践证明挖坑和填土配合好有利于根部扩展及防止根部区的凝结，从而提高种植成活率；然后，插上柳树，施加掺和有化肥的土，厚10cm，并覆灰踩实；最后，进行大面积浇水，也可浇放冲灰水。种植最终取得了良好的效果，当年树苗成活率达95%，如今的灰场已是一片茂密葱郁的树林。由于树木遮盖了灰面，使灰场扬尘得到了治理；在柳树成活较好的地方，野生草类自然地在树周围生长，且长势良好，能完全盖住灰面，起到了压尘、保持水土的作用。

参考文献

[1] 王淑霞，鲁孟胜，邱法林，等．固体废弃物的生态环境效应分析——以兖济滕矿区煤矸石为例 [J]．中国煤炭地质，2009，21（9）：48-51，54．

[2] 王晖，郝启勇，尹儿琴．煤矸石的淋溶、浸泡对水环境的污染研究——以兖济滕矿区塌陷区充填的煤矸石为例 [J]．中国煤田地质，2006，4（2）：43-45．

[3] 李树志．沉陷区矸石分层充填压实效果影响因素分析 [J]．矿山测量，1992，8（3）：13-16．

[4] 张长森，等编．煤矸石资源化综合利用新技术 [M]．北京：化学工业出版社，2008．

[5] 邓寅生，邢学玲，徐奉章，等编．煤炭固体废物利用与处置 [M]．北京：中国环境科学出版社，2008．

[6] 李永生，郭金敏，王凯编．煤矸石及其综合利用 [M]．徐州：中国矿业大学出版社，2006．

[7] 李海波．浅谈煤矸石在路基回填中的应用 [J]．科技信息，2010（5）：323．

[8] 王喜富，张禄秀，王玉顺，王国柱，季培萍．煤矸石及其在矿区铁路建设中的应用 [M]．北京：煤炭工业出版社，2003．

[9] 狄升贯．高速公路煤矸石路基路用性能研究 [D]．西安：长安大学，2008．

[10] 袁伟昊，袁树来，暴庆保，焦学锋．充填采煤方法与技术 [M]．北京：煤炭工业出版社，2012．

[11] 许家林主编．煤矿绿色开采 [M]．徐州：中国矿业大学出版社，2011．

[12] 张国桥，周朋朋，张立欣. 煤矸石回填采空区的工艺方法及建议 [J]. 煤炭加工与综合利用，2009 (4)：45-47.

[13] 张怀选. 浅论矸石回填置换煤炭发展循环经济社会效应. http：//www. mkaq. org/anquanwj/anquanlw/200911/anquanwj_16367. html.

[14] 胡振琪，等编. 土地复垦与生态重建 [M]. 徐州：中国矿业大学出版社，2008.

[15] Coyne M S, Zhai Q, Mackown C T, Barnhisel R I. Gross nitrogen transformation rates in soil at a surface coal mine site reclaimed for prime farmland use [J]. Soil Biol Biochem, 1998, 30：1099-1106.

[16] Thompson T L, Wald Hopkins M, White S A. Reclamation of copper mine tailings using biosolids and green waste// Vincent R. Proceedings of 2001：Land reclamation：a different approach. 18th annual meeting of the American society for surface mining and reclamation. Albuquerque, New Mexico, June 3-7, 2001. Amer soc surf mining rec, 3134 Montavesta Rd, Lexington, KY, 2001：448-456.

[17] Rogers M T, Bengson S A, Thompson T L. Reclamation of acidic copper mine tailings using municipal biosolids// Throgmorton D, Nawrot J, Mead J, Galetovic J, Joseph W. Proceedings 1998：Mining：Gateway to the future. 15th annual meeting of the American society for surface mining and reclamation. St. Louis, Missouri, May 17-21, 1998. The American Society for Surface Mining and Reclamation, 1998：85-91.

[18] Yang J E, Kim H J, Choi J Y, Kim J P, Shim Y S, An J M, et al. Reclamation of abandoned coal mine wastes using lime cake byproducts in Korea// Barnhisel R I. Proceedings of a joint conference of American society of mining and reclamation. 21st annual national conference, 25th West Virginia surface mine drainage task force symposium April 18-22, 2004, Morgantown, WV, 2004：2067-2078.

[19] Moreno-Penaranda R, Lloret F, Alcaniz J M. Effects of sewage sludge on plant community composition in restored limestone quarries [J]. Restor Ecol, 2004, 12：290-295.

[20] Vinson J, Jones B, Milczarek M, Hammermeister D, Word J. Vegetation success, seepage and erosion on tailing sites reclaimed with cattle and biosolids// Bengson S A, Bland D M. Mining and reclamation for the next millennium：Proceedings of the 16th annual national meetings of the American society for surface mining and reclamation. The American society for surface mining and reclamation. Conference held on Aug 13-19, 1999 in Scottsdale, Arizona. 1999：175-183.

[21] Bendfeldt E S, Burger J A, Daniels W L. Quality of amended mine soils after sixteen years [J]. Soil Sci Soc Am J, 2001, 65：1736-1744.

[22] Daniels W L, Haering K C. Use of sewage sludge for land reclamation in the central Appalachians// Clapp C E, Larcen W E, Dowdy R H. Sewage sludge：land utilization and the environment. SSSA. Misc. Publ. ASA, CSSA, and SSSA, Madison, WI, 1994：105-121.

[23] Li R S, Daniels W L. Reclamation of coal refuse with a papermill sludge amendment// Brandt J E, et al. Proc. 1977 National Meeting of the American Society for Surfke Mining and Reclamation, Austin, Texas, May 10-15, 1977：277-290.

[24] Cook T E, Ammons J T, Branson J L, Walker D, Stevens V C, Inman D J. Copper mine tailings reclamation near Ducktown, Tennessee// Daniels W L, Richardson S G. Proceedings of 2000 annual meeting of the American Society for surface mining and reclamation. Tampa, FL, June 11-15, 2000. Amer. soc. surf. mining rec. , 3134 Montavesta Rd. , Lexington, KY, 2000：529-536.

[25] 刘润进，李晓林. 丛枝菌根及其应用 [M]. 北京：科学出版社，2000：109-110.

[26] Soares C R F S, Siqueira J O. Mycorrhiza and phosphate protection of tropical grass species against heavy metal toxicity in multi-contaminated soil [J]. Biology and Fertility of Soils, 2008, 44 (6)：833-841.

[27] Ultra Jr V U, Tanaka S, Sakurai K, et al. Effects of arbuscular mycorrhiza and phosphorus application on arsenic toxicity in sunflower (*Helianthus annuus* L.) and on the transformation of arsenic in the rhizosphere [J]. Plant and Soil, 2007, 290 (1-2)：29-41.

[28] Zhu Y G, Michael Miller R. Carbon cycling by arbuscular mycorrhizal fungi in soil-plant systems [J]. Trends in plant science, 2003, 8 (9)：407-409.

[29] Giri B, Kapoor R, Mukerji K G. Effect of the arbuscular mycorrhizae *Glomus fasciculatum* and *G. macrocarpum* on the growth and nutrient content of *Cassia siamea* in a semi-arid Indian wasteland soil [J]. New Forests, 2005, 29

(1)：63-73.

[30] Solaiman Z M, Abbott L K. Influence of arbuscular mycorrhizal fungi, inoculum level and phosphorus placement on growth and phosphorus uptake of *Phyllanthus calycinus* under jarrah forest soil [J] . Biology and Fertility of Soils, 2008, 44 (6)：815-821.

[31] Asghari H R, Chittleborough D J, Smith F A, et al. Influence of arbuscular mycorrhizal (AM) symbiosis on phosphorus leaching through soil cores [J] . Plant and soil, 2005, 275 (1-2)：181-193.

[32] Yun S J, Kaeppler S M. Induction of maize acid phosphatase activities under phosphorus starvation [J] . Plant and Soil, 2001, 237 (1)：109-115.

[33] 胡振琪，李鹏波，张光灿 . 煤矸石山复垦 [M] . 北京：煤炭工业出版社，2006.

[34] 边炳鑫，解强，赵由才，等编 . 煤系固体废物资源化技术 [M] . 北京：化学工业出版社，2005.

[35] 韩怀强，蒋挺大 . 粉煤灰利用技术 [M] . 北京：化学工业出版社，2001.

[36] 孙望超，张照欣，颜承越 . 粉煤灰填筑地基（房心）实例 [J] . 粉煤灰综合利用，1997 (4)，52-53.

[37] 王福元，吴正严主编 . 粉煤灰利用手册 [M] . 北京：中国电力出版社，1997.

[38] 王滨，张立文 . 粉煤灰在桃仙机场场道基层中的应用 [J] . 建筑节能，1990，6：005.

[39] 边炳鑫，李哲著 . 粉煤灰分选与利用技术 [M] . 徐州：中国矿业大学出版社，2005.

[40] 吕梁，侯浩波 . 粉煤灰性能与利用 [M] . 北京：中国电力出版社，1998.

[41] 武艳菊 . 粉煤灰硅肥料的制备与效用研究 [D] . 青岛：山东科技大学，2005.

第三篇

煤矿生产废水处理与利用

　　我国是一个干旱、缺水严重的国家，在许多矿区由于水资源缺乏，已制约了煤矿企业的可持续发展。矿井水是在煤矿矿井建设和煤炭开采过程中，由产生的地下涌水、防尘用水、设备冷却用水、注浆用水及地表渗透水等汇集而成，主要含有以煤屑、岩粉为主的悬浮物。煤炭分选加工主要采用水作为分选介质，由这一过程中排出的水即为煤泥水。煤泥是煤泥水的主要成分，此外还包括因分选工艺需要而添加的药剂、油类等物质。煤泥水处理主要是从中分离、回收不同品质的细粒产品和适合选煤厂循环用水，做到洗水闭路循环。在必须排放时符合环境保护的基本要求。不论是矿井水还是煤泥水，大量直接排放，不仅浪费水资源，而且污染矿区环境。做好这两种水的处理和利用，变废水为资源，是矿山企业建设资源节约型、环境友好型社会的重要途径，对矿区清洁生产，发展循环经济具有重要意义。

　　在矿井水方面，本篇将以其处理和利用现状为切入点，分析矿井水处理的发展方向；根据目前国内常见的矿井水分类，分别对几种矿井水的形成机理、水质特征、水处理原理进行了分析；并以此为依据，阐述了含悬浮物矿井水、含铁锰矿井水及特殊矿井水的处理技术、工艺流程、工艺特征及工程案例；根据目前矿井水处理的最新实用技术热点，介绍了矿井水井下处理的相关工艺和矿井水处理的工艺控制技术，为实现矿井水的达标处理或资源化利用提供理论和技术支撑。在煤泥水方面，本篇就煤泥水澄清处理相关技术问题，在系统分析煤泥水组成及沉降性能基础上，系统介绍了常见的澄清处理方法、工艺和设备等，同时兼顾最新的实用技术热点。对煤泥水循环利用，阐述了常见的控制方法，介绍了目前的一些探索方向。

第6章 煤矿生产废水处理与利用

6.1 矿井水利用现状及发展方向

6.1.1 矿井水分类及排放

6.1.1.1 矿井水的分类

我国煤矿矿井水水质按所含污染物成分不同大致可分为以下五种类型[1,2]。

(1) 洁净矿井水

洁净矿井水是指未被污染的干净地下水。基本符合生活饮用水标准,有的含有有益的多种微量元素。这类矿井水在排放过程中要实行"清污分流"或"分质分流",用专用管道排到地面上即可利用,必要时可作消毒处理。

(2) 含悬浮物矿井水

水质呈中性,无毒,不含有害元素,矿化度小于 $1000mg \cdot L^{-1}$,金属离子很少,含有大量的悬浮物、少量的可溶性有机物和菌群等。经絮凝沉淀,过滤消毒处理后即可达到生活饮用水标准。

(3) 高矿化度矿井水

水中含有 SO_4^{2-}、Cl^-、Ca^{2+}、K^+、Na^+、HCO_3^- 等离子,这些离子总量大于 $1000mg \cdot L^{-1}$,个别达到 $4000mg \cdot L^{-1}$ 左右,水质多数呈中性或偏碱性,带苦涩味,俗称苦咸水。未经处理不能直接作工农业用水和生活用水。高矿化度矿井水主要分布在我国北方矿区、西部高原、黄淮海平原及华东沿海地区。煤矿矿井水矿化度高是多种因素形成的,主要是:被采煤层中含有大量碳酸盐矿物及硫酸盐类矿物,使矿井水中 SO_4^{2-}、Cl^-、Ca^{2+}、Mg^{2+} 等盐类离子增加;地区干旱,降水量小,蒸发量大,地下水补给不足,促使矿井水中盐分浓缩;矿区处于沿海地带,受海水侵入的影响。处理高矿化度矿井水主要采用蒸馏法、电渗析法和反渗透法。

(4) 酸性矿井水

水质 pH 值小于 5.5,当开采含硫高的煤层时,硫化物受到氧化与生化作用产生硫酸,而使水呈酸性,酸性水易溶解煤及围岩中的金属元素,故 Fe、Mn 等重金属元素以及无机盐类增加,使矿化度、硬度升高。酸性矿井水在井下易腐蚀矿井设备与排水管道,排入地面水系,使地表水酸化,鱼类死亡;用于灌溉,则易使土壤板结,植物枯萎。酸性矿井水通常采用中和化学法处理,即投加碱性药剂或以石灰石、白云石为滤料进行过滤中和。近年来推广应用反渗透技术、连续膜技术,效果更好。

（5）含特殊污染物矿井水

这类矿井水主要指含氟矿井水、含微量有毒有害元素矿井水、含放射性元素矿井水或含油类矿井水。含氟矿井水来自含氟量较高的地下水区域或附近有含氟火成岩矿层，我国北方一些煤矿矿井水含氟超过 $1mg \cdot L^{-1}$；含铁锰矿井水一般是在地下水还原条件下形成的，多呈 Fe^{2+}、Mn^{2+} 的低价状况，Cu^{2+}、Zn^{2+}、Pb^{2+} 浓度基本符合排放标准，但超过生活饮用水标准；含放射性和含油矿井水在极少数煤矿存在。

含特殊污染物的矿井水的煤矿很少，但必须认真对待，经化验分析，确实超标，必须净化处理，确保用水安全。对这类矿井水的处理，首先去除悬浮物，然后按水质要求选择相应的方法处理。含氟矿井水可用活性氧化铝吸附去除，也可用电渗析法除盐、除氟；含铁、锰矿井水通常采用曝气充氧、锰砂过滤法去除；含重金属和含放射性元素的矿井水，可采用沉淀、吸附、离子交换和膜技术等方法处理；含油矿井水可采用重力分离、上浮、混凝过滤等方法处理。

6.1.1.2 矿井水的排放情况

根据统计调查[3]，2005 年全国煤矿矿井水排放量约为 42 亿立方米，2010 年煤矿矿井水排放量约 61 亿立方米。根据国家规划，到 2015 年全国煤矿矿井水排放量达 71 亿立方米。"十一五"期间煤炭行业矿井水排放情况如表 6-1 所列。

表 6-1 "十一五"期间煤炭行业矿井水排放情况

地　　区	2005 年		2010 年	
	原煤产量/万吨	矿井水排放量/万立方米	原煤产量/万吨	矿井水排放量/万立方米
华北	89938	55400	148700	133835
东北	18783	53504	19600	45490
华东	28721	43290	35000	55196
中南	21815	150385	27700	143421
西南	28539	136773	36500	189367
西北	25940	23486	56500	42917
总计	213736	462838	324000	610226

煤炭矿井水的排放量与矿山所处的地理位置、气候、地质构造、开采深度和开采方法等因素有关[2]。就地区而言，一般规律是东、南部地区涌水量大，如开滦矿区平均吨煤涌水 $4.8m^3$、峰峰矿区 $7.6m^3$、双鸭山矿区 $4.7m^3$ 等。西、北部地区涌水量小，如大同矿区平均吨煤涌水 $0.45m^3$，晋城矿区 $0.46m^3$ 和宁夏矿区 $0.8m^3$ 等。就地质条件而言，煤层位于奥陶纪石灰岩及第四纪含水层矿井水特别丰富，如湖南牛司马矿吨煤涌水超过 $80m^3$。

6.1.2　矿井水处理与利用现状

我国煤炭以地下开采为主，为了确保井下安全生产，必须排出大量的矿井水，直接排放不仅浪费宝贵的水资源，而且也污染了环境。水资源的严重不足，已影响到我国煤炭工业的进一步发展。因此对矿井水进行处理并加以利用，既可防止水资源流失，避免对水环境造成污染，又可以缓解矿区供水不足的局面，是矿山企业建设资源节约型、环境友好型社会的重要途径，对矿区清洁生产，发展循环经济具有重要意义。

6.1.2.1 矿井水处理现状

煤矿矿井水以悬浮物为主，多呈中性，根据不同水质要求采取不同的处理技术工艺和措施，达到不同的用水标准。目前矿井水处理技术基本成熟，现将主要工艺方法简述如下。

（1）混凝沉淀法

混凝沉淀法是处理含悬浮物矿井水最常用、最有效的方法。它利用化学絮凝剂的特性，按需要投加到被处理的矿井水中，使难以沉淀的胶体或乳化状污染物质互相聚合，形成较大颗粒而除去。常用的絮凝剂有聚合氯化铝、聚铁和聚丙烯酰胺等，使用时应结合水质特性进行选择。

（2）中和法

中和法是处理酸矿井水最常用的传统方法。它利用酸碱中和反应的原理处理酸性矿井水。一般采用石灰石、石灰、纯碱（Na_2CO_3）、烧碱（$NaOH$）作中和剂。石灰石、石灰作为中和剂主要有石灰石中和法、石灰中和法、石灰石-石灰联合处理法。

（3）反渗透法

反渗透法是目前实现高矿化度矿井水回用处理的主要方法。该方法的优点是不仅能去除无机盐，而且能有效地除去有机物、微粒、胶体、二氧化硅和细菌。该方法具有处理流程简单、操作方便、占地小、易于管理等优点。

（4）过滤法

矿井水处理常用的过滤设施有普通快滤池、V形滤池和重力式无阀滤池。快滤池管路、阀门系统复杂，反冲洗操作烦琐。V形滤池系统复杂，但是过滤效果好，反冲洗彻底。重力式无阀滤池能自动反冲洗，操作简单，由于滤池反冲洗效果差，经常造成石英砂滤料流失和板结的问题。

6.1.2.2　矿井水利用现状

根据统计调查[3]，2005年全国煤矿矿井水排放量约为42亿立方米，利用量约为11亿立方米，全国矿井水利用量约为26.2%。2010年全国煤矿矿井水排放量约为61亿立方米，利用量约为36亿立方米，利用率提高到59%。到2015年，逐步建立较完善的矿井水利用法律法规体系、宏观管理和技术支撑体系，实现矿井水利用产业化；全国煤矿矿井水排放量达71亿立方米，利用量54亿立方米，利用率提高到75%，新增矿井水利用量18亿立方米。

近年来，随着我国经济的快速发展，水资源的需求越来越高，环境保护的力度也越来越大，矿井水的利用进入了一个较快的发展期，利用规模在迅速扩大，某些矿区矿井水的利用率已达70%以上[4]；同时矿井水利用技术水平也有较大提高，处理成本逐渐降低，促进了企业利用矿井水的积极性。

目前，矿井水利用的主要方向[3]：一是矿区生产用水，包括煤炭生产、洗选加工、焦化厂、电厂、煤化工等用水，约占矿井水利用总量的70%；二是矿区生态建设用水，矿区绿化、降尘，矿区生态园区用水，约占矿井水利用量的15%；三是生活用水，在缺水矿区，矿井水经深度净化处理后，达到生活用水标准，供矿区居民生活用水，约占矿井水利用量的10%；四是其他用水。

6.1.3　矿井水处理发展方向

从前述可以看出，矿井水处理与利用的规模不断扩大，处理技术不断提高，取得了较好的成果。矿井水的处理与利用正逐步向产业化和规模化发展。但是还存在一定的问题，如矿井水利用发展不平衡、水处理成本较高、自动化程度不高等问题。根据矿井水处理现状，提出下一步矿井水处理的发展方向，仅供读者参考。

6.1.3.1 矿井水梯级利用与零排放

当前矿井水利用发展不平衡，不同矿区之间的矿井水利用率不同，同一矿区内的不同煤矿之间矿井水利用率不同。这种不平衡的主要原因，除了与企业自身重视程度和缺水情况等有关外，还与矿井水的利用模式配制不合理有关。随着水资源缺乏越来越严重，将矿井水作为一种水资源，实现矿井水的最大化利用，最终实现零排放。

矿井水梯级利用是根据水质不同逐级对矿井水资源进行合理利用，实现矿井水最大化利用[5]。首先需要从水量、水质、水价三个方面分析主要用水主体的需水与供水之间的可行性。再从煤矿内部、煤矿之间、产业区域三个层次，形成矿井水梯级利用。矿井水梯级利用根据水质不同，按照工业用水优先、量大优先、由近及远、先易后难、分质供水、充分利用的原则，确定用水优先顺序[6]。

矿井水梯级利用与零排放将是矿井水处理与利用的发展方向之一。

6.1.3.2 膜分离处理技术

矿井水是具有煤炭行业特点的工业废水，要实现矿井水的更深层次的利用（如饮用水、洗浴用水、乳化液配制用水等），离不开膜分离处理技术。矿井水常用的膜分离技术主要有超滤、纳滤和反渗透。随着人的生活水平提高，对水质品质要求越来越高。矿井水源采用去除悬浮物净化处理后，出水水质虽然达到饮用水标准，按照以后的发展方向，该矿井水出水仍需要进行超滤膜分离处理，方可作为饮用水或洗浴用水。

膜分离是在20世纪初出现，20世纪60年代后迅速崛起的一门分离新技术。膜分离技术由于兼有分离、浓缩、纯化和精制的功能，又有高效、节能、环保、分子级过滤及过滤过程简单、易于控制等特征，已成为当今分离科学中最重要的手段之一。随着科技水平的提高，膜分离技术日趋成熟，一次性投资费用和运行费用将越来越低，膜分离处理技术将是矿井水处理与利用的发展方向之一。

6.1.3.3 重辅絮凝处理技术

目前，对含有悬浮物为主的矿井水传统处理方法是加药混凝沉淀法，即通过混合设备加入相应的药剂，使矿井水与投入药剂充分混合并发生化学反应，并在后续的凝聚反应过程中，使得矿井水中的悬浮物和胶体物质相互凝聚成大颗粒絮状物，能够在沉淀过程中及时有效地分离出来。该方法的不足之处在于絮体轻、沉降速度慢、药剂使用成本高、污泥量大和低浓度悬浮物去除效果有限等。重辅絮凝处理技术是指在矿井水混凝沉淀过程投加一定量的重介质，参与絮凝反应与沉淀，可大大提高处理效率。目前，煤炭行业已进行了加磁粉和加砂两种形式的重辅絮凝处理矿井水，取得了一定的进展，但还存在一定的问题，如出水水质差于传统工艺、重介质流失严重等。随着该技术的不断进步与完善，重辅絮凝处理技术将具有其独特的优势和市场需求，将是矿井水处理与利用的发展方向之一。

6.2 含悬浮物矿井水处理利用

6.2.1 水质特征与去除原理

含悬浮物矿井水是所有煤矿矿井排水中最具普遍性和代表性的一种，据统计，我国至少有80%的煤矿矿井排水都为含悬浮物矿井水。因此，提高含悬浮物矿井水净化处理技术是解决矿井水资源化利用非常重要的组成部分，具有十分重要的现实意义[7]。

含悬浮物矿井水处理的主要去除对象为水中的悬浮颗粒物，其主要处理方法是以常规给水处理中的混凝、沉淀或澄清、过滤技术为理论基础，并针对含悬浮物矿井水的水质特征而增加一些预处理技术。

6.2.1.1　含悬浮物矿井水水质特征

煤矿在开采及建设过程中，地下水与煤层、岩层不可避免地产生接触，并发生一系列物理、化学反应，使矿井排水中含有一定量的以煤粉和岩粉为主的悬浮固体，这种矿井水称为含悬浮物矿井水。

含悬浮物矿井水的水质特征因受到煤矿开采条件、开采方式、水文地质条件、水动力学、地质化学及矿床地质构造条件等因素的影响，具有典型的行业水质特征[7]。

（1）悬浮物含量差异大

受水文地质条件和煤炭开采方式等影响，不同矿区矿井水中的悬浮物浓度差异较大。如在我国的煤炭主产区内蒙古，矿井水中的悬浮物含量较高，悬浮物含量普遍在 $500\sim1500\mathrm{mg\cdot L^{-1}}$；而同为煤炭主产区的两淮矿区，矿井水中的悬浮物含量一般只有 $100\sim600\mathrm{mg\cdot L^{-1}}$。

表 6-2 是 128 个煤矿矿井水中悬浮物含量的实测统计资料。从表中可以看出，悬浮物含量低于 $300\mathrm{mg\cdot L^{-1}}$ 的矿井占 79.69%，而悬浮物含量高于 $500\mathrm{mg\cdot L^{-1}}$ 的矿井仅占 11.72%。

表 6-2　128 个煤矿矿井水中悬浮物浓度统计

浓度范围/mg·L⁻¹	≤100	101~200	201~300	301~400	401~500	≥500
矿井数/个	44	39	19	7	4	15
所占比例/%	34.38	30.47	14.84	5.46	3.13	11.72

此外，同一矿区各个矿井水中的悬浮物含量也不尽相同。如在淮南矿区的新庄孜煤矿，矿井水中的悬浮物含量平均为 $200\mathrm{mg\cdot L^{-1}}$ 左右，而同为淮南矿区的潘北煤矿，矿井水中的悬浮物含量平均不到 $50\mathrm{mg\cdot L^{-1}}$。

（2）悬浮物含量不稳定

受矿井排水周期和煤、岩层等影响，煤矿在不同时段所排出的矿井水中的悬浮物含量经常发生波动，悬浮物浓度差异较大。如河南义马跃进煤矿矿井水中的悬浮物浓度平均在 $100\mathrm{mg\cdot L^{-1}}$ 以下，但最大时能够达到 $4182\mathrm{mg\cdot L^{-1}}$，为平均浓度的 40 倍以上。此外，煤矿在井下清水仓时的悬浮物含量更高，有时甚至超过 $10000\mathrm{mg\cdot L^{-1}}$。

（3）悬浮物形态存在差异

受煤炭开采进度的影响，煤矿在不同时期所排出的含悬浮物矿井水会呈现出两种不同的形态。在煤矿正常开采过程中，地下水主要与煤层接触，水中的悬浮固体以煤粉为主，此时的矿井水水体外观一般呈黑色，悬浮物含量高，景观性和感官性差；而在煤矿井下新巷道掘进及工作面延伸时，地下水受岩粉的影响变大，同时受一些巷道掘进及支护过程中所排出的废液污染，水中的悬浮固体就变得以岩粉为主，此时矿井水水体外观呈灰乳色，有时会伴有泡沫存在。

（4）自然沉降性能差

由于矿井水在提升至地面处理之前已经在井下水仓中自然沉淀了一段时间，水中一些较粗的煤粉和岩粉颗粒都已去除，因而矿井水中的悬浮固体主要成分为一些颗粒较为细小的煤粉和岩粉。表 6-3 列举了部分煤矿矿井水中悬浮物的颗粒分布状况，从表中可以看出，提升至地面处理的矿井水悬浮物中约 85% 的颗粒在 $50\mu\mathrm{m}$ 以下，而最小的仅为 $2\sim8\mu\mathrm{m}$，如此细小的颗粒物是很难在短时间内自然沉降下去的。另外，从"常见混凝法主要去除颗粒的密度分布"（表 6-4）中可以看出，煤粉的颗粒密度只有 $1.3\sim1.5g\cdot cm^{-3}$，仅为泥砂类悬浮物密度的 1/2 左右，远远小于泥砂的密度。而且煤粉属于有机物质，具有一定的疏水性，不容易被水包裹，均为其难以自然沉淀的原因。

表 6-3　部分煤矿矿井水悬浮物颗粒分布　　　　　　　　　单位：%

矿井名称	悬浮物颗粒直径/μm					
	≤75	≤50	≤25	≤15	≤10	≤5
巩县上庄煤矿(1)	96.5	86.4	71.3	66.6	55.8	44.4
巩县上庄煤矿(2)	93.7	84.7	76.5	72.2	65.0	59.6
巩县大峪沟煤矿	90.1	86.6	76.0	72.6	70.5	69.3
刘桥一矿(1)	97.0	90.6	76.6	68.4	51.4	38.1
刘桥一矿(2)	97.4	95.5	84.3	80.7	66.4	54.7
水城葛店煤矿(1)	97.2	95.3	83.5	77.2	67.0	59.4
水城葛店煤矿(2)	97.6	94.2	81.8	75.2	62.9	55.0

表 6-4　常见混凝法主要去除颗粒的密度分布

颗粒名称	密度/$g\cdot cm^{-3}$	堆积密度/$g\cdot cm^{-3}$	颗粒名称	密度/$g\cdot cm^{-3}$	堆积密度/$g\cdot cm^{-3}$
黏土	1.911	1.38	无烟煤	1.600	0.84~0.89
砂石	2.200	—	烟煤	—	0.40~0.70
石英砂	2.650	1.50	焦煤	1.300	0.50
湿细砂	1.900~2.100	—	褐煤	—	0.60~0.80
三合土	2.408	—	泥煤(湿)	—	0.55~0.65

（5）有机成分复杂

含悬浮物矿井水中除了煤粉本身是有机物外，水体中还含有少量废机油、乳化油、腐烂废坑木、井下粪便等有机污染物。

（6）混凝性能差

矿井水中悬浮固体多为有机物（煤粉）和无机物（岩粉）的复合体，且不同煤化阶段煤分子结构不大相同，煤粒表面所带电荷数量也不相同，因而其亲水程度各异，低阶段煤的大分子芳香缩合环周边有较多极性基团（—COOH，—OH 等），随着煤化程度增高而逐渐减少，最后完全失去这些极性基团而成憎水物质，因此矿井水中煤粉表面与水和无机混凝剂的亲和能力要比与地表水系中泥砂颗粒物的亲和力差很多，其混凝效果也不及地表水。表 6-5 是对取自皖北、介休、牛马司、大同、平顶山等矿区具有代表性的八个水样进行表面电动势测定的结果。从表中可以看出，矿井水中悬浮物的 ξ 电位介于 $-30.15\sim-19.14mV$ 之间，均表现出不同程度的负电性。

表 6-5　矿井水中悬浮物的 ξ 电位

水样编号	1	2	3	4	5	6	7	8
电位/mV	−24.87	−20.7	−22.01	−19.14	−30.15	−27.63	−26.12	−29.3

表 6-6 是对几种典型煤化阶段煤种煤粉润湿接触角的统计结果。从表中可以看出，在褐煤阶段，由于表面极性官能团（—COOH，—OH）较多，因而对水的润湿性较好，接触角较小。随着煤阶的提高，表面极性官能团的数量逐渐减少，芳香度增加，润湿性下降，接触角逐渐变大，最后完全失去这些极性基团而成憎水性物质，即无烟煤的润湿性最差。

表 6-6　不同煤种的润湿接触角

煤种	褐煤	长焰煤	气煤	肥煤	焦煤	无烟煤
接触角/(°)	40~61	60~63	65~72	71~75	86~90	84~93

（7）不需要生化处理

矿井水中的煤粉仅为悬浮物，并不是耗氧有机污染物。不同的含悬浮物矿井水 COD_{Cr} 差异较大，但 COD_{Cr} 是由煤屑中有机碳分子的还原性所致，故一般不需要进行生化处理，只需常规的混凝工艺就能够去除。

6.2.1.2　含悬浮物矿井水处理基本原理

含悬浮物矿井水净化处理的目的是去除原水中的悬浮固体及少部分胶体物质，使处理后的矿井水达到资源化利用的水质标准。混凝、沉淀、澄清、气浮和过滤是去除水中悬浮固体的最基本处理工艺[8]，也是含悬浮物矿井水净化处理利用的核心技术。自 20 世纪 70 年代开始，我国的含悬浮物矿井水处理工艺和技术研究都是围绕其进行。

在早些时候，含悬浮物矿井水的主要处理目的以排放不污染环境为主，常采用简单的自然沉淀方法，这种方法虽能将矿井水中一些大的悬浮固体去除，基本满足排放的要求，但同样存在占地面积大，悬浮固体去除率低等问题。随着我国水资源的日益枯竭，矿井水资源化利用已成为解决煤矿区缺水问题的一项重要手段，因此，采用新的矿井水处理工艺来降低水中悬浮物含量，提高出水水质具有十分重要的意义。

根据水处理中悬浮物去除各单元的去除机理及功能差异，含悬浮物矿井水的处理技术可分为预处理技术和核心处理技术，目前含悬浮物矿井水常见的核心处理工艺主要有"混凝＋沉淀＋过滤"、"澄清＋过滤"和"混凝＋气浮＋沉淀"。由于含悬浮物矿井水中的微小悬浮固体（煤粉和岩粉）自然沉降的速度慢，胶体物质则根本不能沉淀，因此需要在原水进入沉淀（澄清）单元前投加混凝剂，以破坏水中杂质的稳定性，使其迅速凝聚形成大颗粒的矾花，以矾花本身的重力作用进行沉淀，然后再通过过滤单元来去除更细小的悬浮物[9]，从而达到去除矿井水中绝大多数杂质的目的。

根据矿井水原水的水质特征和场地利用情况，在选择含悬浮物矿井水核心处理工艺时要充分考虑各工艺的适用条件。常见的含悬浮物矿井水核心处理工艺的比较见表 6-7。

表 6-7　常见的含悬浮物矿井水核心处理工艺的比较

水处理工艺流程	主要特点	适用条件
混凝＋沉淀＋过滤	(1)功能划分明确,管理简单; (2)构筑物设施少,施工简单; (3)所需机械设备多	(1)原水水质稳定; (2)处理水量波动小; (3)油类物质少
一体化净水器(集混凝、沉淀、过滤于一体)	(1)单套处理能力小; (2)占地面积小; (3)施工周期短; (4)设备维护周期及使用寿命短	(1)单系统处理能力小于 $2000m^3 \cdot d^{-1}$; (2)场地受限制; (3)油类物质少; (4)小规模扩建
澄清＋过滤	(1)对水量、水质变化适应能力强; (2)处理效果好; (3)对油类物质有一定去除效果; (4)施工难度大; (5)管理和维护水平要求高	(1)进水悬浮物不超过 $5000mg \cdot L^{-1}$; (2)有一定管理和维护能力
一体化净水器(集澄清、过滤于一体)	(1)单套处理能力小; (2)占地面积小; (3)施工周期短; (4)设备维护周期及使用寿命短	(1)单系统处理能力小于 $2000m^3 \cdot d^{-1}$; (2)场地受限制; (3)小规模扩建

续表

水处理工艺流程	主 要 特 点	适 用 条 件
混凝＋气浮＋沉淀	(1)絮凝时间短； (2)排泥方便,耗水量小； (3)设备多且复杂	(1)进水浊度小于$100mg \cdot L^{-1}$； (2)有机杂质和油类物质多； (3)低温度水

在表6-7中,"混凝＋气浮＋沉淀"工艺由于应用设备复杂,适用条件有限,目前在实际应用中已很少出现。

6.2.2 预处理

含悬浮物矿井水的净化处理利用技术主要包括预处理、常规处理（混凝＋沉淀或澄清＋过滤）两个部分。与高浊度地表水处理工艺一样,预处理技术是其必不可少的一个重要环节,所不同的是,矿井水由于其特殊的行业特点,故对预处理有它特定的要求,因此,必须给予充分重视。

6.2.2.1 预处理的必要性

在含悬浮物矿井水净化处理中,预处理技术是矿井水净化处理工艺中较为重要的一个环节,预处理单元是否合理直接影响到后续核心处理单元（混凝、沉淀或澄清、过滤）的稳定运行和系统出水指标。具体来说,含悬浮物矿井水的预处理主要是为了达到以下要求:a.使矿井水来水中粒径和密度较大的悬浮颗粒得以去除,进一步降低水中的悬浮物含量,减轻后续核心处理单元的处理负荷;b.减轻后续混凝和沉淀单元排泥系统的负荷,并能使煤泥水的浓度提高,改善后续煤泥脱水系统的处理效率;c.减少矿井水净化处理净水剂的总使用量,节约处理成本,并进一步为后续净水剂投加系统减轻运行负荷;d.降低含悬浮物矿井水的处理难度,减轻操作人员的劳动强度;e.缓冲井下矿井水提升泵瞬时流量大的水量冲击,使矿井水处理系统能够平稳运行;f.与煤矿"峰谷用电"相匹配,实现煤矿井下排水系统的安全运行,避免矿井水溢流外排的环境危害;g.提高井下水仓中矿井水的停留时间,进一步降低矿井水中悬浮固体的含量。

6.2.2.2 预处理工艺流程

根据含悬浮物矿井水中悬浮固体的含量和成分,预处理工艺的选择有以下三种方案。

（1）一级预沉

矿井水原水 → 平流式预沉调节池 → 后续处理单元

这种预处理工艺在含悬浮物矿井水中应用最为广泛,通常在进水悬浮物小于$500mg \cdot L^{-1}$时能够取得比较好的预处理效果,矿井水原水经平流式预沉调节池自然沉淀后,悬浮颗粒一般能够达到50%的去除率,尤其当矿井水中的悬浮颗粒以煤粉为主时,悬浮物的去除率更高。

（2）一级加药预沉

PAM
矿井水原水 → 平流式预沉调节池 → 后续处理单元

当矿井水原水中的悬浮物浓度超过$500mg \cdot L^{-1}$时,或矿井水原水中的悬浮颗粒以岩粉为主时,上述预处理工艺（1）对悬浮物的去除效果就不尽如人意,此时可在矿井水原水进入平流式预沉调节池之前投加高分子助凝剂 PAM，让水中的悬浮颗粒进行絮凝沉淀，加快原水中悬浮颗粒的沉降速度。

（3）二级加药预沉

当矿井水原水中的悬浮物浓度超过 $800mg \cdot L^{-1}$ 时，预处理工艺（1）、（2）都不能达到应有的处理效果，此时在预处理工艺（2）平流式预沉调节池前端增设辐流式预沉调节池能够很好地增加悬浮物的去除率，同时也增加了煤泥水的工序。

6.2.2.3　预沉调节池形式

用于实现矿井水预沉和调蓄水量作用的预处理构筑物称为预沉调节池。由于预沉调节池具有调蓄水量的功能，因此，其停留时间通常很长。目前，国内使用的预沉调节池主要分为平流式和辐流式两种类型[10]。

（1）平流式预沉调节池

平流式预沉调节池在矿井水预处理领域应用广泛，是目前预沉调节池使用的主要形式。平流式预沉调节池一般为矩形水池，可用砖石或钢筋混凝土建造，也可用土堤围成。具有构造简单，造价低，处理效果稳定的优点，缺点是占地面积大，大部分需要通过机械方式（水泵）排泥。

① 构造　根据池内自然沉淀后的煤泥的收集及排除方式，平流式预沉调节池可分为平底和坡底两种类型。

图 6-1 为平流式预沉调节池（坡底）构造。矿井水原水首先进入配水渠，然后通过配水渠底设置的配水孔沿着整个断面均匀进入池内，使矿井水中的悬浮颗粒进行自由沉淀。沉淀后的煤泥通过刮泥机将其刮至煤泥收集斗，然后通过排泥管排出池外。池末端设置的挡泥墙是为了阻止沉淀后的煤泥随水流进入后续处理单元。平流式预沉调节池（坡底）适用于任何浓度的含悬浮物矿井水。

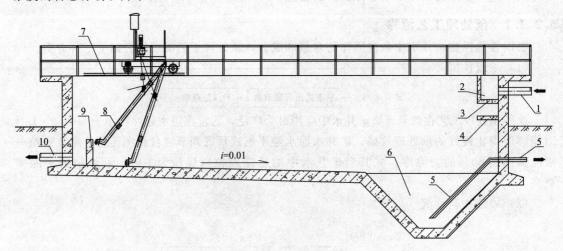

图 6-1　平流式预沉调节池（坡底）构造

1—进水管；2—配水渠；3—配水孔；4—挡水板；5—排泥管；
6—煤泥收集斗；7—刮泥机轨道；8—刮泥机；9—挡泥墙；10—出水管

图 6-2 为平流式预沉调节池（平底）构造。与坡底平流式预沉调节池有着相同的进水、配水和出水方式，不同的是排泥设备由刮泥机变为吸泥机，池底为平底，而且取消了煤泥收集斗，施工更为简单。由于吸泥机排出的煤泥水含水率较高，平流式预沉调节池（平底）一般适用于矿井水进水悬浮物浓度大于 $500mg \cdot L^{-1}$ 的情况。

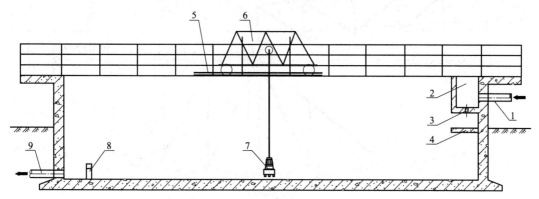

图 6-2　平流式预沉调节池（平底）构造

1—进水管；2—配水渠；3—配水孔；4—挡水板；
5—吸泥机轨道；6—吸泥机；7—排泥泵；8—挡泥墙；9—出水管

② 主要设计要点及注意事项

a. 平流式预沉调节池容积的确定必须要结合井下排水系统的能力和规律，原则上的水力停留时间不宜少于 6h，当进水浓度大于 $500mg \cdot L^{-1}$ 时，不得少于 6h。

b. 平流式预沉调节池的数量宜为 2 座，当没有任何排泥设备而采用人工清理时，池数不得少于 2 座，通常 2 座并联布置，并采用合建的方式。

c. 平流式预沉调节池的有效水深一般采用 3～5m，长度和宽度应根据实际情况确定，原则上长宽比不得少于 2。

d. 当排泥设备采用吸泥机时，池底一般为平坡；采用刮泥机时，池底应放坡，坡度宜控制在 0.01～0.02。

e. 平流式预沉调节池采用重力方式排泥时，静水压不得少于 2m，管径不得小于 200mm，且后续煤泥水的处理单元不能相隔太远，应控制在 20m 内。当达不到上述要求时，平流式预沉调节池的排泥方式应采用水泵加压的方式，管径不得小于 150mm。此外，排泥管上最好设置压力冲洗水管（≥0.3MPa）。

（2）辐流式预沉调节池

当含悬浮物矿井水进水悬浮物浓度较高（大于 $800mg \cdot L^{-1}$）时，一般需在平流式预沉调节池前段设置辐流式预沉调节池，以增强预处理效果。辐流式预沉调节池一般为钢筋混凝土结构。由于采用辐流式的进出水方式，其对矿井水中悬浮物的去除效果要明显优于平流式预沉调节池。但同时，由于它不具备调蓄水量的功能，水力停留时间短，施工相对复杂，一般只能用于平流式预沉调节池之前，用于矿井水中悬浮物的水质预处理。

① 构造　辐流式预沉调节池的形状一般为圆形，由于矿井水中悬浮物含量高，目前所使用的辐流式预沉调节池都是采用中间进、周边出的周边传动方式。刮泥机的传动型式有辐轮式、齿条式和胶轮式三种。

图 6-3 为辐流式预沉调节池的构造。矿井水原水从池顶设置的管桥进入进水导流筒内进

行均匀配水，并向周边均匀铺散出水，水中的悬浮颗粒在铺散过程中沉淀于池底，然后通过刮泥机将其收集至池底中心处设置的泥斗内，最后通过排泥管排出池外。

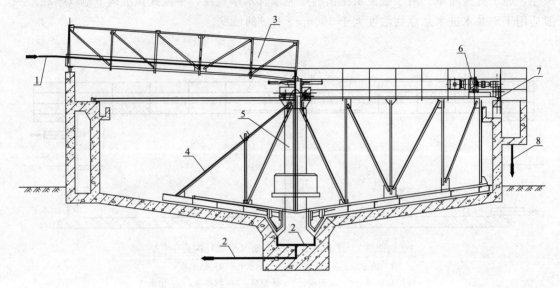

图 6-3　辐流式预沉调节池构造
1—进水管；2—排泥管；3—管桥；4—刮泥机；
5—进水导流筒；6—刮泥机驱动电机；7—刮泥机轨道；8—出水管

② 主要设计要点及参数　包括：a. 由于矿井水中进水悬浮物含量高，在矿井水预处理上设置辐流式预沉调节池时，需配有高分子助凝剂 PAM 的投加装置，使矿井水中的悬浮颗粒进行絮凝沉淀，加快其沉降速度；b. 辐流式预沉调节池的表面负荷的选取一般应根据原水中悬浮物的浓度和期望获得的出水指标来决定，一般宜取 $0.4 \sim 0.5 \mathrm{m}^3 \cdot (\mathrm{h} \cdot \mathrm{m}^2)^{-1}$；c. 辐流式预沉调节池的总停留时间宜为 $2 \sim 6 \mathrm{h}$；d. 辐流式预沉调节池的池周边水深一般采用 $2 \sim 5 \mathrm{m}$，池径深比宜取 $6 \sim 12$，池底坡向中心，坡度不得小于 5%；e. 刮泥机的转速为 $0.02 \sim 0.067 \mathrm{r} \cdot \mathrm{min}^{-1}$，外缘线速度为 $3.5 \sim 6 \mathrm{m} \cdot \mathrm{min}^{-1}$；f. 辐流式预沉调节池的超高一般取 $0.3 \sim 0.8 \mathrm{m}$；g. 辐流式预沉调节池一般采用水泵提升的方式排泥，排泥管的设计直径不得小于 $150 \mathrm{mm}$，且应留有检修的空间和措施。

6.2.2.4　应用实例

（1）概况

黑龙江龙煤集团鹤岗矿区下属兴安煤矿于 2007 年建成 1 座处理能力为 $24000 \mathrm{m}^3 \cdot \mathrm{d}^{-1}$ 的矿井水处理厂，经处理后的矿井水达到《生活饮用水卫生标准》（GB 5749—2006），主要用作电厂循环冷却水。矿井水处理厂的预处理系统设计采用平流式预沉调节池（平底）。

（2）预处理流程

兴安煤矿井下矿井水涌水由三水平水仓排到二水平水仓，再由二水平水仓排放到一水平水仓，最后提升至地面矿井水处理厂。由于矿井水在井下水仓经过三次沉淀，矿井水中一些大的悬浮颗粒得以去除，矿井水处理厂进水悬浮物含量为 $300 \mathrm{mg} \cdot \mathrm{L}^{-1}$ 左右。系统预处理采用平流式预沉调节池（平底），预处理主要处理流程如下：

矿井水原水 → 平流式预沉调节池 → 反应池 → 后续处理单元

（3）主要设计参数

① 单池净尺寸　44.00m（长）×17.00m（宽）×3.80m（深）。

② 数量　2座，合建式并联布置。

③ 结构形式　钢筋混凝土。

④ 水力停留时间　6.2h（含反应池）。

⑤ 主要设备及参数　泵吸式吸泥机；运行周期，24h；行走速度，1m·min^{-1}；排泥量，100m^3·h^{-1}。

（4）运行效果

通过长时间检测，平流式预沉调节池出水悬浮物含量平均在 100mg·L^{-1} 左右，悬浮物的去除率达到 75%，为后续混凝、沉淀和过滤处理单元提供了稳定的水质保证和技术支持。

6.2.3　混凝、沉淀、过滤处理

自 20 世纪 70 年代以来，混凝＋沉淀＋过滤技术一直是含悬浮物矿井水的主流处理工艺[8]，即便是现在，国内很多矿井水处理工程仍采用此工艺。按照各处理单元的形式及功能划分，混凝＋沉淀＋过滤技术可分为构筑物式组合工艺和混凝沉淀型一体化净水器工艺两种类型[11]。

6.2.3.1　构筑物式组合工艺

构筑物式组合工艺是将各去除水中悬浮颗粒、胶体微粒的处理构筑物按照其处理功能和程度进行依次排列，并最终组合完成的一种处理方式。构筑物式组合工艺的处理流程如下：

与净水剂混合后原水 → 絮凝构筑物 → 沉淀构筑物 → 过滤构筑物 → 出水

构筑物式组合工艺的处理功能划分明确，系统简单，运行和管理难度较低，适用于任何处理规模的含悬浮物矿井水的处理。

（1）絮凝构筑物

絮凝构筑物较多，概括起来可分为水力搅拌和机械搅拌两种形式。水力搅拌絮凝构筑物主要有隔板絮凝池（往复式、回转式）、穿孔旋流絮凝池、涡流絮凝池、折板絮凝池、网格（栅条）絮凝池；机械搅拌絮凝构筑物主要为机械絮凝池。

针对含悬浮物矿井水混凝性能差和处理规模有限等特点，目前在含悬浮物矿井水处理中使用的絮凝构筑物主要有穿孔旋流絮凝池、折板絮凝池和网格絮凝池，其中以前两种絮凝池使用最多。

① 穿孔旋流絮凝池

1）构造和特点。穿孔旋流絮凝池由多个串联的絮凝室组成，分格数一般不少 6 格，具体由处理水量确定。进水孔上下交错布置如图 6-4 所示。矿井水原水以较高流速沿池壁切线方向进入，在池内产生旋流运动，促使水中的悬浮颗粒相互碰撞，利用多级串联的旋流方向，更促进了絮凝作用。第一格进口流速较大，孔口尺寸较小，而后流速逐渐减小，孔口尺寸逐渐增大，因此，搅拌强度逐渐减小。穿孔旋流絮凝池实际上是由旋流絮凝池（不分格，仅一个圆筒形池体）和孔室絮凝池（分格但不产生旋流）综合改进而来。

穿孔旋流絮凝池结构简单，水头损失小，一般适用于矿井水处理水量在 10000m^3·d^{-1} 的场合，并常与斜管沉淀池合建而组成穿孔旋流斜管沉淀池。

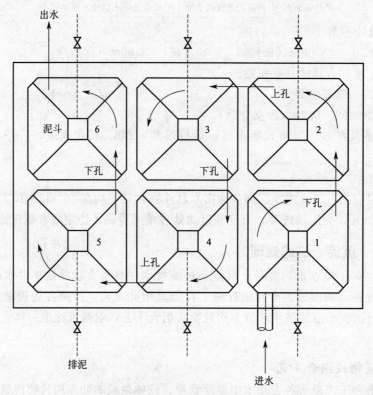

图 6-4　穿孔旋流絮凝池

由于穿孔旋流絮凝池在矿井水中的絮凝效果不是特别的好，并且易于积泥，目前在矿井水絮凝构筑物中使用得不是很多。

2）主要设计参数和要点。

a. 絮凝时间一般宜为 15～25min，当矿井水中岩粉含量居多时，絮凝时间宜取高值。

b. 絮凝池孔口流速应按由大到小的渐变流速进行设计，第一个进水孔的流速宜为 0.6～1.0m·s^{-1}，最后一个进孔流速宜为 0.2～0.3m·s^{-1}，絮凝池相邻两格室墙壁上的孔口流速可按下式计算：

$$v = v_1 + v_2 - v_2 \sqrt{1 + \left(\frac{v_1^2}{v_2^2} - 1\right)\frac{t'}{t}} \quad (\text{m·s}^{-1})$$

式中　v_1——絮凝池的进口流速，m·s^{-1}，约为 1.2m·s^{-1}；

　　　v_2——絮凝池的出口流速，m·s^{-1}，约为 0.1m·s^{-1}；

　　　t——絮凝池的总絮凝时间，min；

　　　t'——絮凝池各格室絮凝的时间，min。

当矿井水中岩粉含量居多时，上述絮凝室进口流速取值宜取高值。

c. 在絮凝室各格之间的墙壁上沿池壁开孔，孔口位置应采用上下左右变换布置，以避免水路短流，提高容积利用率。

d. 每组絮凝池分格数不宜少于 6 格。

② 折板絮凝池

1）构造和特点。折板絮凝池是在池中设置扰流装置，使其达到絮凝所要求的紊流状态的一种絮凝构筑物。折板絮凝池通常采用竖流式，当折板转弯次数增多后，转弯角度减少。这样，既增加折板间水流紊动性，又使絮凝过程中的 G 值由大到小逐渐变化，适应了絮凝过程中絮体由大到小的变化规律，提高了絮凝效果。常见的折板可分为平板折板和波纹折板两类[8]。

按照水流通过折板间隔数，折板絮凝池可分为"单通道"和"多通道"。多通道系指将絮凝池分成若干格，每一格内安装若干折板，水流沿着格子依次上下流动，在每一格内，水流通过若干个由折板组成的并联通道，如图 6-5 所示。多通道折板絮凝池常用于水量大的矿井水处理厂。水流不分格，直接在相邻两道折板间上下流动就成为单通道折板絮凝池，如图 6-6 所示。单通道折板絮凝池多用于小水量的矿井水处理厂。

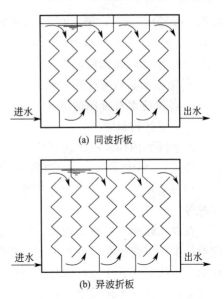

(a) 同波折板

(b) 异波折板

图 6-5 单通道折板絮凝池剖面示意

折板絮凝池具有能耗和药耗低、停留时间短等特点，目前已在含悬浮物矿井水中得到应用，尤其是在一些小型处理规模的净化工艺（一体化净水器）中，折板絮凝池是其主流处理工艺。

2）主要设计参数和要点。

a. 絮凝时间一般为 12～20min，当矿井水中岩粉含量居多时，絮凝时间宜取高值。

b. 絮凝过程中的速度应逐段降低，分段数不宜少于三段，其中：第一段的流速宜为

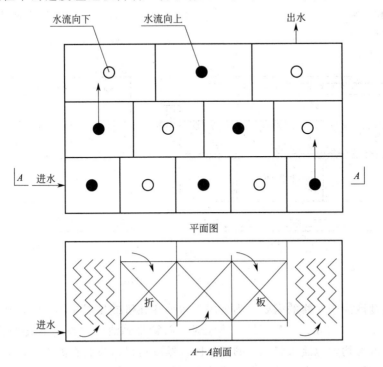

平面图

A—A剖面

图 6-6 多通道折板絮凝池示意

$0.25\sim0.35\mathrm{m\cdot s^{-1}}$；第二段的流速宜为 $0.15\sim0.25\mathrm{m\cdot s^{-1}}$；第三段的流速宜为 $0.10\sim$ $0.15\mathrm{m\cdot s^{-1}}$。当矿井水中岩粉含量居多时，第一、第二段絮凝速度宜取高值。

c. 折板之间的夹角采用 $90°\sim120°$，第一、第二段折板夹角宜采用 $90°$。

d. 第三段折板宜采用直板。

e. 各段应都有排泥措施。

（2）沉淀构筑物

用于沉淀的构筑物称为沉淀池。按照水在池中的流动方向划分，沉淀池分为平流式沉淀池（卧式）、竖流式沉淀池（立式）、辐流式沉淀池（辐流式或径流式）、斜流式沉淀池（斜管、斜板类）等类型。此外，还有多层多格平流式沉淀池、中途取水或逆坡度斜底平流式沉淀池等[9]。

在含悬浮物矿井水处理中，使用最多的沉淀构筑物为斜管（板）沉淀池。斜管（板）沉淀池是指在沉淀池有效容积一定的条件下，通过增设一层或多层斜管（板）的方式，增加沉淀面积，从而达到比较高的悬浮颗粒去除效果的一种沉淀构筑物。斜管（板）沉淀池增加了沉淀面积，优化了矿井水中悬浮颗粒的沉降条件，缩短了沉淀距离，沉淀效率高，容积小，占地面积小，适用于各种含悬浮物矿井水处理中的沉淀单元使用。

在斜板沉淀池中，按水流与沉泥相对运动方向可分为上向流、同向流、侧向流三种形式。而斜管沉淀池只有上向流、同向流两种形式。目前，上向流斜管沉淀池和侧向流斜板沉淀池是最常用的两种基本形式。

① 上向流斜管沉淀池　上向流斜管沉淀池又称逆向流斜管沉淀池，是我国目前使用最多的一种沉淀构筑物。在上向流斜管沉淀池中，经过絮凝后的原水从斜管底部沿管壁向上流动，水从上部汇入集水槽，泥渣则由底部滑落至积泥区。

1）构造和特点。图 6-7 为上向流斜管沉淀池的构造示意，一般分为配水区、斜管区、清水区和积泥区。

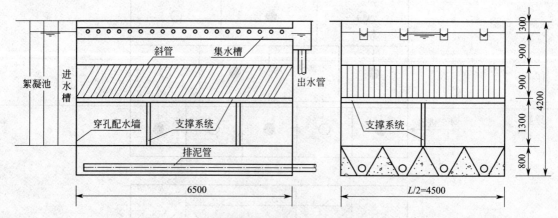

图 6-7　上向流斜管沉淀池示意

配水区高度取决于检修的需要，当采用三角槽穿孔管或排泥斗排泥时，从斜管底到槽顶的高度应大于 $1.0\sim1.2\mathrm{m}$；当采用机械排泥时，斜管底到池底的高度不宜小于 $1.5\mathrm{m}$。为使絮凝池的进水能够均匀地流入斜管下的配水区，絮凝池出口应有整流措施。如采用缝隙栅条配水，缝隙应前窄后宽。上向流斜管沉淀池也可采用穿孔墙配水。

斜管区主要安装斜管及支撑支架。通常情况下，斜管的安装角度为 $60°$，长度采用 $1\mathrm{m}$，管径宜为 35mm。

清水区位于斜管区上部，为使斜管出水均匀，减少因日照影响而引起的藻类过度繁殖，清水区的高度一般不宜小于 1m。清水区集水系统包括穿孔集水管和溢流集水槽，穿孔管上的孔径一般为 25mm，孔距为 100～250mm，管中距在 1.1～1.5m 之间；溢流槽有堰口集水槽和淹没孔集水槽两种。孔口淹没水深一般为 5～10mm。

积泥区位于整个沉淀池的最下端。斜管沉淀池的排泥设施主要有三种：a. 中小规模的池子可用于 V 形排泥槽内的穿孔管排泥，排泥槽高度最好在 1.2～1.5m 之间；b. 沉淀池也可采用小斗虹吸管排泥，斗底倾角一般在 45°左右，每斗设一排泥管，排泥管管径不宜小于 150mm；c. 较大的池子可用机械排泥。装在池底的刮泥机靠牵引设备来回走动，将污泥刮到池两端的排泥槽，然后由排泥阀快速排出。

2）主要设计参数和要点。

a. 沉淀池液面负荷应按相似条件下的运行经验确定，一般可采用 7.0～9.0m³·(m²·h)$^{-1}$。

b. 沉淀池的水力停留时间一般为 4～7min。

c. 斜管的孔径宜为 35mm，安装角度宜为 60°，管长宜为 1m。

d. 斜管的有效系数可取 0.92～0.95。

e. 沉淀池进水必须有整流措施。整流的目的在于使水流能够均匀地从絮凝池进入沉淀池的配水区。整流的形式有以下几种：缝隙隔条整流，缝隙前窄后宽，穿隙流速可为 0.13m·s^{-1}；穿孔墙整流，穿孔流速可为 0.05～0.1m·s^{-1}；下向流配水斜管，管内流速可用 0.05m·s^{-1}。

f. 当采用 V 形槽穿孔管或排泥斗时，斜管底到 V 形槽的高度不宜小于 1.2～1.5m；当采用机械刮泥时，斜管底到池底的高度以不小于 1.6m 为宜，以便检修。另外，为便于检修，应在斜管区或池壁边设置人孔或检修廊。

g. 清水区深度一般为 0.8～1.0m，集水系统的设计与一般澄清池相同，有穿孔集水管（上面开孔）和溢流槽。穿孔集水管的进水孔径一般为 25mm，孔距为 100～250mm，管中距在 1.1～1.5m 之间。溢流槽有堰口集水槽和淹没孔集水槽，孔口上淹没水深为 5～10cm。在设计总集水槽时，应考虑出水量超负荷的可能性，一般至少按设计流量的 1.5 倍计算。

h. 排泥管的管径不得小于 150mm，且排泥阀门宜为快开阀门。

i. 斜管的支撑系统应稳定可靠，并且沉淀池应有冲洗斜管内积泥的装置。

② 侧向流斜板沉淀池　侧向流即横向流，在平流式沉淀池的沉淀部分设置斜板，其他与平流式沉淀池相同。水流从水平方向通过斜板，污泥则向下沉淀，水流方向与沉淀的下沉方向垂直。侧向流斜板沉淀池特别适用于旧平流式沉淀池的改造，当池深较大时，为使斜板的制作和安装方便，在垂直方向可分成几段，在水平方向也可分为若干个单体组合使用。

1）构造和特点。侧向流斜板沉淀池的构造如图 6-8 所示。

2）主要设计参数和要点。

a. 沉淀池液面负荷应按相似条件下的运行经验确定，一般可采用 8.0～10.0m³·(m²·h)$^{-1}$。

b. 斜板间间距宜采用 80～100mm，斜板安装倾斜角度宜为 60°，斜板板长不宜超过 1m。

c. 板内流速可按 10～20mm·s^{-1}设计。

d. 水力停留时间是根据板间距和液面负荷计算得出的，而不是一个控制指标，一般可采用 10～15min。

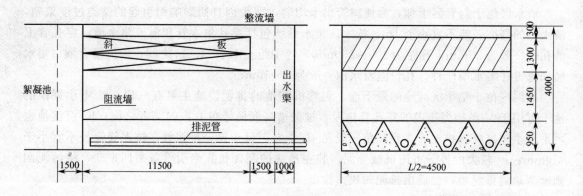

图 6-8　侧向流斜板沉淀池示意

e. 为了均匀配水和集水，在侧向流斜板沉淀池的进口与出口处应设置整流墙。进口处整流墙的开孔率应使过孔流速不大于絮凝池出口流速，以防止絮体破碎。其孔口可为圆形、方形、槽形等，一般孔口面积占整流墙面积的 3%～7%，要求进口整流墙的穿孔流速不大于反应池的末挡流速。整流墙与斜板进口的间距一般为 1.5～2.0m，距出口1.2～1.4m。

f. 一般在平流式沉淀池中加设斜板时，其位置设在靠近出水端区域为宜。

g. 侧向流斜板沉淀池的有效系数设计时取值宜小于 75%。

h. 为了防止水流在斜板底下短流，必须在池底上及斜板底下，垂直于水流设置多道阻流壁（木板或砖墙），斜板顶部应高出水面；在两道阻流壁之间，设横向刮泥设施，另外，在斜板两侧与池壁的空隙处也应堵塞紧密以防止阻流，同时斜板顶部应高出水面。

（3）过滤构筑物

用于水质过滤的构筑物称为滤池。滤池的形式很多，可以分别按照滤料组成和级配、控制阀门多少、反冲洗方法、水的流向等形式划分，各具有一定的适用条件。从过滤周期长短、过滤水质考虑，滤料粒径、级配与组成是滤池设计的关键因素，也由此决定反冲洗方法。在过滤过程中，一组滤池的过滤流量基本不变，进入到各格滤池的流量是否相等，是等速过滤或是变速过滤操作运行的主要依据。原水中悬浮物的性质、含量及水源受到污染的状况，是滤池选型主要考虑的问题，也是整个水处理工艺选择和构筑物形式组合的出发点。

常见的滤池构筑物有普通快滤池、无阀滤池、虹吸滤池、移动罩滤池、均质滤料滤池等。针对含悬浮物矿井水混凝性能差、处理规模有限和煤矿管理水平等特点，目前在含悬浮物矿井水处理中使用最多的过滤构筑物为普通快滤池和无阀滤池。

① 普通快滤池　普通快滤池出水稳定，使用历史悠久，适用于各种含悬浮物矿井水处理中的沉淀单元，目前使用得较多。

1）构造和特点。普通快滤池通常指的是安装四个阀门的快滤型滤池。一组滤池分为多格。每格内的滤层、承托层、配水系统、冲洗排水槽尺寸完全相同。每一格滤池上都设置了四个阀门，故又称四阀滤池。滤池滤层一般采用单层石英砂滤料或无烟煤-石英砂双层滤料，放置在承托层上。

普通快滤池的构造示意如图 6-9 所示。普通快滤池的工作过程为过滤和冲洗相互交错进行的过程，过滤和冲洗的工作过程如下[9]。

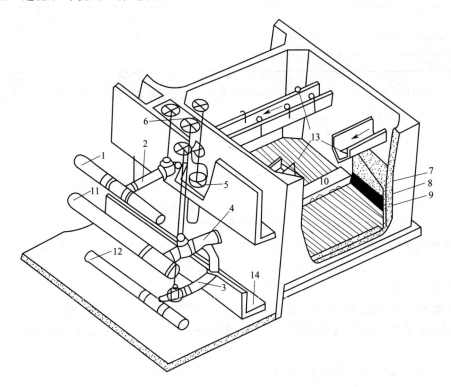

图 6-9　普通快滤池构造剖视图（箭头表示冲洗水流方向）

1—进水总管；2—进水支管；3—清水支管；4—冲洗水支管；5—排水阀；

6—浑水渠；7—滤料层；8—承托层；9—配水支管；10—配水干管；

11—冲洗水总管；12—清水总管；13—冲洗排水槽；14—废水渠

过滤时开启进水支管 2 与清水支管 3 的阀门，关闭冲洗水支管 4 的阀门与排水阀 5，浑水就经进水总管 1、进水支管 2 从浑水渠 6 进入滤池。经过滤料层 7、承托层 8 后，配水系统的配水支管 9 汇集过滤后的清水，然后再经过配水干管 10、清水支管 3、清水总管 12 流往清水池。浑水流经滤料层 7 时，水中杂质即被截留。随着滤层中杂质截留量的逐渐增加，滤料层 7 中水头损失也相应增加。一般当水头损失增至一定程度后，滤池产水量减少（或滤后水水质变差），滤池便停止工作，进入冲洗过程。

冲洗时，关闭进水支管 2 与清水支管 3 的阀门，开启排水阀 5 与冲洗水支管 4 的阀门，冲洗水即由冲洗水总管 11、冲洗水支管 4 经配水系统的干管、支管及支管上的许多孔眼流出，由下而上穿过承托层 8 及滤料层 7，均匀地分布于整个滤池平面上。滤料层 7 在由下而上均匀分布的水流中处于悬浮状态，滤料得以清洗。冲洗废水流入冲洗排水槽 13，再经浑水渠 6、排水管和废水渠 14 进入滤后水收集系统。在滤池冲洗时需一直将滤料冲洗至干净为止。冲洗结束后，过滤重新开始。从过滤开始到冲洗结束的一段时间称为快滤池的工作周期，从过滤开始到过滤结束称为过滤周期。

2）主要设计参数和要点。

a. 普通快滤池的正常设计滤速为 $7\sim9m \cdot h^{-1}$，强制冲洗滤速为 $9\sim12m \cdot h^{-1}$。

b. 滤池设计个数应通过技术经济比较确定，但在任何情况下都不得少于 2 座。滤池个数的确定可参考表 6-8。

表 6-8　滤池个数

滤池总面积/m²	滤池个数/个	滤池总面积/m²	滤池个数/个
小于 30	2	150	4～6
30～50	3	200	5～6
100	3 或 4	300	6～8

当滤池设计个数少于 5 时，宜采用单行布置，反之可采用双行布置。当单个滤池面积大于 50m² 时，可考虑设置中央集水渠。

滤池的长宽比确定可参考表 6-9。

表 6-9　滤池长宽比

单个滤池总面积/m²	长宽比	单个滤池总面积/m²	长宽比
小于 30	1∶1	采用旋转式表面冲洗	(1∶1)～(3∶1)
大于 30	(1.25∶1)～(1.5∶1)		

c. 滤池底部应设置排空管，其入口处设栅罩，池底坡度约为 0.005，坡向放空管。

d. 每个滤池上宜装设水头损失计或水位尺及取水样设备。

e. 各种密封渠道上应设 1～2 个检修人孔，以便检修。

f. 滤池壁与砂层接触处应拉毛成锯齿状，以免过滤水在该处形成短路而影响水质。

g. 滤池清水管应设短管或堵板，管径一般采用 75～200mm，以便滤池翻修后排放初滤水。

h. 滤池数目较少且直径小于 300mm 的阀门，可采用手动阀门，但冲洗阀门一般采用电动、液压或气动阀门。

i. 滤池管廊内应有良好的防水、排水措施和适当的通风、照明等措施。管廊门及通道应允许最大配件通过，并考虑检修方便。

j. 当对出水水质有较高要求时，应根据要求程度选用适宜的滤速。一般来说，当要求滤后水浊度不超过 1NTU 时，单层砂滤层设计滤速宜为 4～6m·h^{-1}；煤砂双层滤料的设计滤速宜为 6～8m·h^{-1}。

② 无阀滤池　无阀滤池是一种不设阀门、水力控制运行的等速过滤滤池。按照滤后水压力大小分为重力式和压力式两类。通常，滤后水出水水位较低，直接流入地面式清水池的无阀滤池为重力式，而滤后水直接进入高位水箱、水塔或用水设备，滤池及进水管中都有较高压力的无阀滤池为压力式。

1) 重力式无阀滤池。

a. 构造和特点：重力式无阀滤池主要由进水分配槽、U 形进水管、过滤单元、冲洗水箱、虹吸上升管、虹吸下降管、虹吸破坏斗和冲洗水封等系统组成。其构造如图 6-10 所示。

过滤时，沉淀池的来水经进水分配槽 1，由进水管 2 进入虹吸上升管 3，再经伞形顶盖 4 下面的挡板 5 后，均匀地分布在滤料层 6 上，通过承托层 7、小阻力配水系统 8 进入底部配水区 9。滤后水从底部配水区 9 经连通渠 10 上升到冲洗水箱 11。当水箱水位达到出水渠 12 的溢流堰顶后，溢入渠内，滤池开始出水，最后进入清水池。

冲洗时，水箱内水位逐渐下降。当水位下降到虹吸破坏斗 16 以下时，虹吸破坏管 17 把小斗中的水吸完。管口与大气相通，虹吸破坏，冲洗结束，过滤重新开始。

b. 主要设计参数和要点[9]：滤池设计滤速一般采用 6～10m·h^{-1}；平均冲洗强度一般

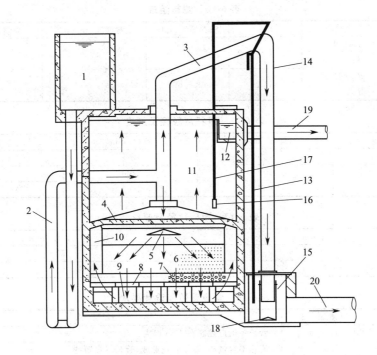

图 6-10 重力式无阀滤池构造示意

1—进水分配槽；2—进水管；3—虹吸上升管；4—伞形顶盖；5—挡板；6—滤料层；

7—承托层；8—小阻力配水系统；9—底部配水区；10—连通渠；11—冲洗水箱；12—出水渠；

13—虹吸辅助管；14—虹吸下降管；15—水封井；16—虹吸破坏斗；17—虹吸破坏管；

18—冲洗强度调节管；19—出水管；20—反冲洗排水管

采用 15L·(s·m²)⁻¹；冲洗时间一般为 5min（当为接触过滤时不小于 6min）；冲洗前的期终水头损失值一般为 1.5~2.0m，当条件受限制时可采用小值；进水管流速一般为 0.5~0.7m·s⁻¹；在有地形可利用的情况下，应尽量降低排水水封井堰口标高以增加可利用的冲洗水头，从而减小虹吸管管径；滤池的分格数宜采用 2~3 格；每格滤池应设置单独的进水系统，进水系统应有防止空气进入滤池的措施；过滤室滤料表面以上的直壁高度应等于冲洗时滤料的最大膨胀高度再加保护高度。

2）压力式无阀滤池。

a. 构造和特点：压力式无阀滤池工艺流程简单，管理维护方便，并能实现自动化控制，特别适合于小水量的矿井水处理系统。

压力式无阀滤池一般为圆筒形钢结构，上下为圆锥形，内部压力在 0.2MPa 左右。为便于检修，在筒体上半部设有直径为 800mm 的人孔，顶部设排气阀，底部设放水阀。

b. 主要设计参数和要点：滤池设计滤速一般采用 6~10m·h⁻¹；平均冲洗强度一般采用 15~18L·(s·m²)⁻¹；冲洗时间一般不少于 6min；冲洗前的期终水头损失值一般为 2.0~2.5m；滤料层采用无烟煤和石英砂组成的双层滤料，其级配和厚度见表 6-10；承托层如采用格栅式配水系统，卵石厚度为 40cm，其规格及厚度见表 6-11。若不用卵石而采用滤头作为配水系统时，需用的粗砂粒径及厚度见表 6-12；管道参数和设计要求见表 6-13。

表 6-10　滤料组成

滤料名称	滤料粒径/mm	K_{80}	滤料厚度/mm	正常滤速/m·h⁻¹	强制滤速/m·h⁻¹
石英砂	$d_小=0.5$ $d_大=1.0$	1.5	400～600	6～10	8～12
无烟煤	$d_小=1.2$ $d_大=1.8$	1.3	400～600		

表 6-11　承托层粒径及厚度

粒径/mm	厚度/mm	粒径/mm	厚度/mm
32～64	100	4～8	50
16～32	100	2～4	50
8～16	50	1～2	50

表 6-12　粗砂粒径及厚度

粒　　径/mm	厚　　度/mm
2～4	50
1～2	50

表 6-13　管道参数和设计要求

管道名称	滤速/m·h⁻¹	设 计 要 求
水泵吸水管	1.0～1.2	管长一般应控制在 40m 以内
水泵压水管	1.5～2.0	流速不宜过小,防止矾花形成,管长尽量短些
主虹吸管		其形式、直径及标高计算同重力式无阀滤池
冲、清水管(滤池出水管)		管径与虹吸上升管相同。考虑人工强制冲洗及检修,管上应装一阀门
虹吸破坏管		管径与重力式无阀滤池相同。其末端应高出冲、清水管管口 15cm 以上,以免冲、清水管吸入空气

6.2.3.2　混凝沉淀型一体化净水器工艺

混凝沉淀型一体化净水器是集混凝反应、沉淀、过滤于一体的水处理设备,其净化原理也是通过投加混凝剂和助凝剂,使药剂与水充分混合反应,形成絮体,通过沉淀或澄清的技术将絮体去除,然后再经过过滤单元过滤。混凝沉淀型一体化净水器的典型处理流程如下:

与净水剂混合后原水 → 一体化净水器 → 出水

目前,国内市场混凝沉淀型一体化设备产品形式较多,主要包括 BZ 型、CW 型、JS型、YJ 型、BJI 型、KG-L 型等。

BZ 型:波形板絮凝、同向流斜板沉淀、单阀压力过滤、煤砂双层滤料,净水时间 20min。

CW 型:折板絮凝、异向流斜管沉淀、煤砂双层滤料;也有采用大颗粒卵石层絮凝、异向流斜管沉淀、单层石英砂过滤,净水时间 21min。

JS 型:折板絮凝、异向流斜管沉淀、重力式无阀过滤,净水时间 32～48min。

YJ 型:隔板涡流絮凝、异向流斜板沉淀,重力式石英砂过滤或轻质滤料升流过滤、固定式多喷嘴搅拌冲洗,净水时间 16min。

BJI 型:波形板絮凝、异向流斜板沉淀、煤砂双层过滤,净水时间 23min。

KG-L 型:吸附絮凝、斜管沉淀、煤砂双层过滤、大阻力配水系统,净水时间 40min。

6.2.3.3　应用实例

(1)概况

　　淮南矿业（集团）有限责任公司潘三煤矿位于淮南市西北部的潘集区，是一座设计年产 300 万吨煤炭的特大型现代化矿井。潘三煤矿现有的矿井水净化厂是随矿井"三同时"设计并建造的，由于存在设施工艺落后、设施旧损、设备老化等问题，地面的矿井水处理只经过简单预沉、加药混凝沉淀处理，致使出水水质差。为解决矿井水处理效果差和矿井水利用率低的现状，潘三煤矿对原矿井水处理系统进行技术改造，并于 2012 年将原系统升级成一座处理能力为 12000m³·d⁻¹ 的新矿井水处理系统。目前，新系统运转正常，处理后的矿井水出水浊度小于 3NTU，能够满足煤矿大部分生产复用水的水质要求，充分发挥了环境效益、经济效益和社会效益。

　　（2）处理工艺流程

　　潘三煤矿矿井水处理工艺分为矿井水净化处理和煤泥水处理两部分，具体处理工艺流程如图 6-11 所示。

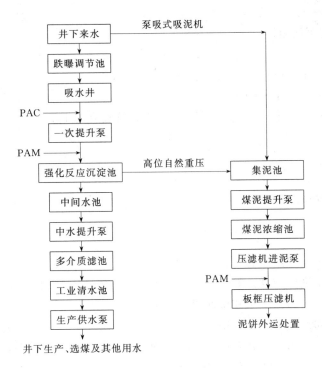

图 6-11　潘三煤矿矿井水净化处理工艺流程

　　矿井水净化处理采用"预处理＋混凝＋沉淀＋过滤"技术，其处理工艺流程为：井下矿井水原水提升至地面跌曝调节池进行水质预处理和水量调蓄，然后自流进入吸水井，通过一次提升泵泵前将絮凝剂 PAC 混合后，泵后紧接着投入助凝剂 PAM 并提升至强化反应沉淀池（穿孔旋流反应池和上向流斜管沉淀池合建），在强化反应沉淀池里矿井水与净水剂进行絮凝沉淀，然后部分达标排放，部分流至中间水池并经中水提升泵提升至多介质滤池（无阀滤池）进行过滤，最后自流至工业清水池，并由生产供水泵将处理后的矿井水供给矿内各用户。

　　煤泥水处理工艺采用"浓缩＋板框压滤"技术，其处理工艺流程为：煤泥水主要由跌曝调节池、强化反应沉淀池等构筑物产生。在跌曝调节池内，泵吸式吸泥机将池内沉降在底部的煤泥排至泥斗内，然后自流进入集泥池；在强化反应沉淀池内，通过电动排泥阀定期将池内底部的高浓度煤泥水压至集泥池。集泥池收集上述煤泥水后经煤泥提升泵将煤泥水提升至煤泥浓缩池进行浓缩，最后由压滤机进泥泵将浓缩后投加 PAM 的煤泥水提升至板框式压滤机进行污泥脱水处理，脱水后的泥饼作外运处置。

（3）主要构筑物设计参数

① 跌曝调节池

数量：2 座，呈并联布置。

单座尺寸：38.10m（长）×12.05m（宽）×5.80m（深）。

有效水力停留时间：10.1h。

② 强化反应沉淀池

1）穿孔旋流反应池。

数量：4 座。

单座尺寸及格数：6.80m（长）×3.40m（宽）×3.50m（深），8 格。

反应时间：33min。

2）上向流斜管沉淀池。

数量：4 座。

单座尺寸：7.50m（长）×6.50m（宽）×7.50m（深）。

液面负荷：$2.6m^3 \cdot (m^2 \cdot h)^{-1}$。

斜管参数：孔径为 35mm，安装角度宜为 60°，管长宜为 1m。

3）无阀滤池。

数量：1 座。

尺寸：7.95m（长）×4.10m（宽）×4.65m（深）。

处理能力：$5000m^3 \cdot d^{-1}$。

滤速：$8m \cdot h^{-1}$。

（4）经济分析

潘三煤矿矿井水处理站工程总投资为 346.71 万元，矿井水处理成本为 0.38 元 $\cdot t^{-1}$，处理后的矿井水优于设计标准。矿井水经处理后有 $5000m^3 \cdot d^{-1}$ 作为井下防尘用水，代替地面的水源井水，原水源井取水和供水成本按 1.1 元 $\cdot t^{-1}$ 计，则：

水回用效益：5000×365×（1.1−0.38）=1314000 元 $\cdot$ 年$^{-1}$，即 131.4 万元 $\cdot$ 年$^{-1}$。

外排矿井水处理费用：0.38×7000×365=970900 元 $\cdot$ 年$^{-1}$，即 97.09 万元 $\cdot$ 年$^{-1}$。

产生效益：131.4−97.09=34.3 万元 $\cdot$ 年$^{-1}$。

此外，项目的实施同时还改善了矿区周边居民的居住环境，促进了矿区的可持续发展，对促进社会稳定和谐发展起到积极作用。

6.2.4　澄清、过滤处理

澄清＋过滤技术于 20 世纪 90 年代在我国含悬浮物矿井水处理领域得到应用，由于澄清工艺处理效果好，抗水质冲击能力强，目前已成为我国含悬浮物矿井水处理中的主流工艺。按照各处理单元的形式及功能划分，澄清＋过滤技术可分为构筑物式组合工艺和一体化净水器工艺两种类型。

6.2.4.1　构筑物式组合工艺

构筑物式组合工艺是将各去除水中悬浮颗粒、胶体微粒的处理构筑物按照其处理功能和程度进行依次排列，并最终组合完成的一种处理方式。构筑物式组合工艺的处理流程如下：

与净水器混合后原水 → 澄清构筑物 → 过滤构筑物 → 出水

构筑物式组合工艺的处理功能划分明确，系统简单，运行和管理难度较低，适用于任何处理规模的含悬浮物矿井水的处理。

（1）澄清构筑物

用于澄清的构筑物叫澄清池。澄清池形式多种多样，根据搅拌方式和进水方式不同区分，常用的澄清池有数十种之多，其澄清原理大同小异，基本上可归纳为泥渣悬浮型澄清池和泥渣循环型澄清池两种类型。泥渣悬浮型澄清池主要有悬浮澄清池和脉冲澄清池两种，由于泥渣悬浮型澄清池主要靠水力作用，对流量变化适应性小，目前已很少使用。泥渣循环型澄清池主要有水力循环澄清池和机械搅拌澄清池两种。

① 水力循环澄清池

1）构造和特点。在水力循环澄清池中，水的混合及泥渣的循环回流是利用水射器的作用，即利用进水管中水流的动力来完成的。水力循环澄清池中采用的泥渣回流循环技术，能有效地去除矿井水中的乳化油、机油等油类物质，并能充分发挥混凝剂和絮凝剂的药效，节省药剂的投加量，降低矿井水净化处理成本，从而提高了矿井水净化处理经济效益。

水力循环澄清池主要由进水水射器（喷嘴、喉管等）、絮凝室、分离室、排泥系统、出水系统等组成[10,11]。其加药点视与泵房的距离可设在水泵吸水管或压水管上，也可设在靠近喷嘴的进水管上。图 6-12 为水力循环澄清池的构造示意。加过混凝剂的原水从进水管 1 和喷嘴 2 高速喷入喉管 3，在喉管的喇叭口四周形成真空，吸入大量泥渣，回流的泥渣量控制在进水量的 3 倍左右，所以通过喉管的流量是 4 倍的进水量。泥渣和原水迅速混合，然后在面积逐渐增大的第一反应室 4 和第二反应室 5 中完成混凝反应。水流离开第二反应室 5 后进入分离室 6，因面积逐渐扩大，上升流速降低，泥渣开始下沉。一部分泥渣进入泥渣浓缩室 11 定期清除。大部分泥渣又被吸入喉管 3 重新进行循环。清水向上从辐射式集水槽 7 流出。

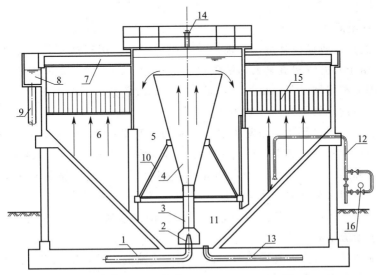

图 6-12　水力循环澄清池的构造

1—进水管；2—喷嘴；3—喉管；4—第一反应室；5—第二反应室；6—分离室；
7—辐射式集水槽；8—出水槽；9—出水管；10—锥形罩；11—泥渣浓缩室；
12—排泥管；13—放空管；14—喷嘴与喉管距离调节装置；15—斜管；16—电动阀

2）主要设计参数及要点。

a. 水力循环澄清池使用的单池处理规模一般在 $50\sim400\mathrm{m}^3\cdot\mathrm{h}^{-1}$ 之间，进水悬浮物含量一般应小于 $2000\mathrm{mg}\cdot\mathrm{L}^{-1}$，高程上适宜与无阀滤池配套使用。

b. 总停留时间 $1\sim1.5\mathrm{h}$。第一絮凝室和第二絮凝室的水力停留时间分别为 $15\sim30\mathrm{s}$ 和 $80\sim100\mathrm{s}$。

c. 喷嘴流速采用 $6\sim9\mathrm{m}\cdot\mathrm{s}^{-1}$，喉管流速 $2\sim3\mathrm{m}\cdot\mathrm{s}^{-1}$，当进水悬浮物中岩粉含量居多时，上述流速应取上限值。喷嘴和喉管直径之比为 $(1:3)\sim(1:4)$，两者截面积之比为 $1/12\sim1/13$。喷嘴水头损失一般为 $3\sim4\mathrm{m}$。

d. 泥渣回流量一般为进水量的 $2\sim4$ 倍。当矿井水原水悬浮物浓度高时取下限值，反之取上限值。

e. 第一絮凝室出口流速一般采用 $50\sim80\mathrm{mm}\cdot\mathrm{s}^{-1}$；第二絮凝室进口流速一般采用 $40\sim50\mathrm{mm}\cdot\mathrm{s}^{-1}$。

f. 清水区上升流速采用 $0.7\sim1.0\mathrm{mm}\cdot\mathrm{s}^{-1}$，处理低温低浊水时，上升流速取下限值。清水区高度一般为 $2\sim3\mathrm{m}$，超高 $0.3\mathrm{m}$。喷嘴距池底不小于 $0.6\mathrm{m}$，以免积泥。

g. 池中心应设有可以调节喷嘴和喉管进口处间距的设施，一般为喷嘴直径的 $1\sim2$ 倍，以此控制回流量，适应原水水质变化。池底倾斜角度一般为 $45°$，池底直径以不小于 $1.5\mathrm{m}$ 为宜，池底设放空管。

h. 为减小澄清池排泥耗水量，当单池处理水量小于 $100\mathrm{m}^3\cdot\mathrm{h}^{-1}$ 时，可由池底放空管直接排泥；当单池处理水量小于 $150\mathrm{m}^3\cdot\mathrm{h}^{-1}$ 时，可设一个排泥斗；当单池处理水量大于 $150\mathrm{m}^3\cdot\mathrm{h}^{-1}$ 时，设两个排泥斗。澄清池的排泥管直径不得小于 $150\mathrm{mm}$。

i. 当澄清池直径较大时，第一絮凝室的下部应设倾角为 $45°$ 的伞形罩，罩底距池底 $0.2\sim0.3\mathrm{m}$，以防止短流并有利于泥渣回流。

j. 斜管的孔径一般宜为 $35\mathrm{mm}$，安装角度为 $60°$，长度为 $1\mathrm{m}$。澄清池池顶宜设有冲洗水。斜管支架应牢固可靠。

② 机械搅拌澄清池

1）构造和特点。机械搅拌澄清池池内装有搅拌设备，用于提升回流泥渣水，并使其与原水混合[11]。由于其泥渣回流量大，浓度高，故对原水的水量、水质的变化适应性强，混合效果好，但因需要机械设备，维修工作量大，结构较复杂。一般用于大型矿井水净化处理系统。机械搅拌澄清池的结构形式如图6-13所示。

原水由进水管1通过环状三角配水槽2下面的缝隙流入第一反应室Ⅰ。搅拌叶片3和提升叶轮4安装在同一竖向转轴上，前者位于第一反应室，后者位于第一和第二反应室的分隔处。搅拌叶片3和第一反应室内的水与进水迅速混合反应，泥渣随水流处于悬浮和环流状态。提升叶轮4类似水泵叶轮，将第一反应室的泥渣回流水提升到第二反应室，继续进行混凝反应，结成更大的颗粒。提升回流流量约为澄清池进水流量的 $3\sim5$ 倍，图中 $4Q$ 表示提升回流流量为进水流量的 4 倍。

第二反应室和导流室内设有导流板，用以消除水流的旋转，使水流平稳地经导流室Ⅲ流入分离室Ⅳ。分离室中下部为泥渣层，上部为清水层，由于断面逐渐扩大，水流流速降低，泥渣在此下沉，清水向上经集水槽5流至出水斗6，最后由出水管7排出池体。

下沉的泥渣沿锥底的回流缝隙再进入第一反应室，重新参加混凝，一部分泥渣则排入泥渣浓缩室8进行浓缩，至适当浓度后经排泥管排出。澄清池底部设放空管，以备放空检修之

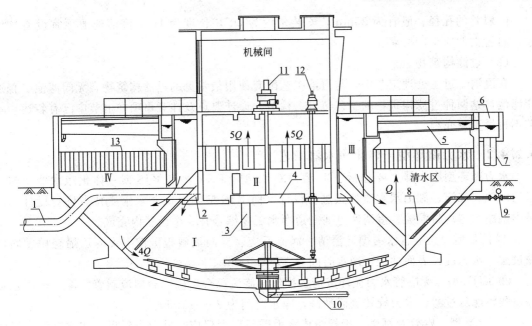

图 6-13　机械搅拌澄清池构造

1—进水管；2—三角配水槽；3—搅拌叶片；4—提升叶轮；5—集水槽；6—出水斗；

7—出水管；8—泥渣浓缩室；9—电动阀；10—放空管；11—搅拌机；12—刮泥机；

13—斜管；Ⅰ—第一反应室；Ⅱ—第二反应室；Ⅲ—导流室；Ⅳ—分离室；Q—澄清池进水流量

用。当泥渣浓缩室排泥还不能消除泥渣上浮时，也可用放空管排泥。

2）主要设计参数及要点。

a. 机械搅拌澄清池使用的单池处理规模一般在 $20\sim430\mathrm{m}^3\cdot\mathrm{h}^{-1}$ 之间，进水悬浮物含量一般应小于 $5000\mathrm{mg}\cdot\mathrm{L}^{-1}$，短期内允许达到 $5000\sim10000\mathrm{mg}\cdot\mathrm{L}^{-1}$。

b. 清水区上升流速一般采用 $0.8\sim1.0\mathrm{mm}\cdot\mathrm{s}^{-1}$，清水区深度为 $1.5\sim2.0\mathrm{m}$。

c. 机械搅拌澄清池内总水力停留时间一般为 $1.2\sim1.5\mathrm{h}$。

d. 三角配水槽断面按照设计流量的 1/2 确定。配水槽和缝隙的流速均采用 $0.4\mathrm{m}\cdot\mathrm{s}^{-1}$。

e. 第二絮凝室的停留时间按提升流量的 3～5 倍计算时为 $0.5\sim1.0\mathrm{min}$。第二絮凝室和导流室流速为 $40\sim60\mathrm{mm}\cdot\mathrm{s}^{-1}$。第一絮凝室、第二絮凝室和分离室的容积比一般控制在 2∶1∶7 左右。

f. 集水槽用于汇集清水，布置应力求避免产生某一局部上升流流速过高或过低现象。在直径较小的澄清池中，可以沿池壁建造环形槽；当直径较大时，可在分离室内加设辐射形集水槽。辐射槽条数大致如下：直径小于 6m 时可用 4～6 条，直径大于 6m 时可用 6～8 条。环形槽和辐射槽的槽壁开孔，直径可为 $20\sim30\mathrm{mm}$，孔口流速一般为 $0.5\sim0.6\mathrm{m}\cdot\mathrm{s}^{-1}$。集水槽的设计流量应考虑 1.2～1.5 的超载系数，以适应以后流量的增加。

g. 泥渣浓缩室的容积一般为澄清池容积的 1%～4%，根据池的大小设 1～4 个泥渣浓缩室。当原水浊度较高时，应选用较大容积。

h. 机械搅拌澄清池中的搅拌设备采用变速驱动，可随进水水质和水量的变化来调整回流量。叶轮直径一般为第二絮凝室的 7/10～8/10 倍。叶轮外援的线速度为 $0.5\sim1.5\mathrm{m}\cdot\mathrm{s}^{-1}$，搅拌桨的外缘线速度为 $0.3\sim1.0\mathrm{m}\cdot\mathrm{s}^{-1}$。

i. 机械搅拌澄清池的排泥管管径不宜小于 150mm。

j. 斜管的孔径一般宜为 35mm，安装角度为 60°，长度为 1m。澄清池池顶宜设有冲洗水。斜管支架应牢固可靠。

（2）过滤构筑物

在澄清、过滤处理工艺中，与澄清工艺配套使用最常见的过滤构筑物有无阀滤池、普通快滤池，这两种过滤构筑物的工艺特点、构造、设计要点及注意事项在上节中已有叙述，本节不再做重复介绍。

6.2.4.2　水力循环型一体化净水器工艺

水力循环型净水器主要包括 JCL 型、XHL 型、FXY 型和 KJS 型一体化净水器。前三者均以地表江河、湖泊水水质特点进行设计，而 KJS 型则以矿井水水质特点进行设计。四种类型净水器均将混凝、澄清和过滤三道净水工序综合在一个设备内完成。

① JCL 型　无喉管水力循环澄清、涡流反应、异向流斜板沉淀、聚丙乙烯轻质塑料滤珠过滤、水力旋转表面冲洗，净水时间为 23～26min。

② XHL 型　无喉管水力循环澄清、推流与旋流综合反应、异向流斜管沉淀、聚丙乙烯轻质塑料滤珠过滤、水力旋转表面冲洗，净水时间为 20～25min。

③ FXY 型　喉管及网络、折板组成水力循环絮凝反应、异向流斜板沉淀、聚丙乙烯塑料滤珠过滤、固定式多喷嘴反冲洗。FXZ 型与 FXY 型相似，只是在澄清区安装有斜蜂窝，净水时间为 23～26min。

④ KJS 型　无喉管水力循环澄清、涡流反应、异向流斜管沉淀、聚丙乙烯轻质塑料滤珠过滤、固定式多喷嘴反冲洗，净水时间为 40～45min。

6.2.4.3　应用实例

（1）概况

黑龙江龙煤矿业集团股份有限公司鹤岗分公司下属兴安煤矿是一座核定生产能力为 $310 \times 10^4 t \cdot a^{-1}$ 的大型矿井。兴安煤矿目前井下每天矿井水排量约为 24000m³，矿井水中悬浮物含量较高，平均在 200～600mg·L⁻¹ 之间，除去少部分经过简单处理直接供给选煤用水外，其余大部分矿井水未经处理便直接外排，给周边环境带来了水源污染。为了保护环境，提高矿井水处理后的水质，拓展矿井水利用途径，该矿于 2007 年建成了一座处理能力为 24000m³·d⁻¹ 的矿井水净化处理站，处理后的矿井水除满足矿内生产用水外，其余都作为电厂循环冷却水补充水源。

（2）处理工艺流程

兴安煤矿矿井水净化处理采用"预处理＋澄清＋过滤"技术，其处理工艺流程为：井下矿井水原水提升至地面平流式预沉调节池进行水质预处理和水量调蓄，然后自流入吸水井，通过一次提升泵泵前将絮凝剂 PAC 混合后，泵后紧接着投入助凝剂 PAM 并提升至水力循环澄清池。在水力循环澄清池里完成澄清处理后，矿井水流入无阀滤池进行过滤，进一步去除水中细小的悬浮颗粒。经澄清、过滤处理后的矿井水最终进入清水池，由供水泵加压供给煤矿生产用水和电厂循环冷却补充用水。兴安煤矿矿井水净化处理的工艺流程见图 6-14。

（3）主要构筑物设计参数

① 平流式预沉调节池

数量：2座，并联布置。

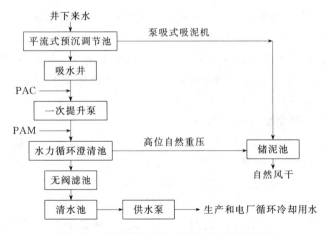

图 6-14　兴安煤矿矿井水净化处理工艺流程

单座尺寸：45.05m(长)×17.70m(宽)×3.80m(深)。

有效水力停留时间：5.7h。

排泥方式：泵吸式吸泥机。

② 水力循环澄清池

数量：4 座。

单座尺寸及格数：12.50m（直径）×8.20m（深）。

单池平均处理水量：250m³·h⁻¹。

斜管参数：孔径为 35mm，安装角度宜为 60°，管长宜为 1m。

③ 无阀滤池

数量：4 座。

单池尺寸：7.95m（长）×4.10m（宽）×4.65m（深）。

单池平均处理能力：250m³·h⁻¹。

滤速：9.5m·h⁻¹。

（4）经济分析

兴安煤矿矿井水处理站工程总投资为 1353.78 万元，矿井水处理成本为 0.49 元·t⁻¹，经澄清、过滤处理后的矿井水出水水质达到了《生活饮用水卫生标准》（GB 5749—2006）。处理后的矿井水除去一部分用作煤矿生产用水外，每天约有 20000m³ 供给电厂循环冷却用水，按照原电厂循环冷却水取水费用 1.0 元·t⁻¹ 计，则每天盈利为：20000×1.0－20000×0.49＝10200 元。每年获利：1.02×365＝372.3 万元。

此外，项目实施的同时还改善了矿区周边居民的居住环境，促进了矿区的可持续发展，对促进社会稳定和谐发展起到积极作用。

6.3　含铁锰矿井水处理与利用

6.3.1　水质特征与基本原理

6.3.1.1　含铁锰矿井水的形成

我国每年产生的大量矿井水中含铁锰矿井水占有较大的比例，以河南鹤壁矿区为例，约 30% 的矿井水为含铁锰矿井水[12]。含铁锰矿井水是指矿井水中的铁含量超过 0.3mg·L⁻¹，

或锰含量超过 $0.1mg \cdot L^{-1}$ 的矿井水。含铁锰矿井水的形成分两种情况。

（1）由含铁锰地下水的渗透所形成

矿井水是在煤矿矿井建井和煤炭开采过程中，由地下涌水、防尘洒水、设备冷却水等汇集而成[13]。在地下涌水中有些本身就是含铁锰地下水，此地下水渗透进入矿井水中，形成了含铁锰矿井水。

（2）由老空区的物理化学反应所形成

以井工开采方式的煤矿，煤层开采后形成采空区，不同粒径的煤层上履岩（砂质泥岩、粉砂岩、细砂岩、中砂岩）、煤矸石、残煤、黏土和其他一些矿物颗粒构成采空区充填物。采空区空间巨大，空隙、裂隙极为发育，具有较大的纳污能力。有些煤矿将矿井水引导流经采空区，利用采空区储存水或沉淀、过滤处理矿井水[13]。由于采空区中缺少溶解氧，矿井水在流经采空区的过程中，与采空区内的岩石、煤矸、残煤等矿物质之间在物理化学作用下，使矿物质中的铁和锰溶入矿井水中，形成了含铁锰矿井水。

6.3.1.2　含铁锰矿井水的水质特征

由于煤矿开采过程的影响，造成含铁锰矿井水又具有不同于常规含铁锰地下水的水质特征。煤矿含铁锰矿井水的主要特征如下。

① 煤矿含铁锰矿井水有时铁、锰共存，两个指标都超标，有时只铁超标，锰不超标。矿井水中铁含量与矿井水的 pH 值有关，pH 值越高，Fe^{2+} 的溶解度越小，其含量越低，一般含铁矿井水的 pH 值在 6～7.5，当 pH 值＞7.0 时，矿井水中铁浓度不高，一般＜$5mg \cdot L^{-1}$，只有当 pH 值＜7.0 时，矿井水中铁浓度较高，可在 5～$30mg \cdot L^{-1}$，而对 pH 值＜6 的酸性矿井水，其铁浓度可高达数百毫克每升。

② 由于在井下巷道流动，因空气的氧化，出现铁、锰以二价和三价形式共存的状态。

③ 由于煤系地层在含铁锰矿物质的同时，还有大量碳酸盐类岩层及硫酸盐薄层，矿井水随煤层开采与地下水广泛接触，加剧了可溶性矿物质的溶解，使得含铁锰矿井水的溶解性固体和总硬度较高，同时属于高矿化度矿井水[12]。

④ 受采煤等作业的影响，含铁锰矿井水中含有较高的煤粉和岩尘等悬浮物，浊度较高，并有一定的有机物含量。

6.3.1.3　含铁锰矿井水的危害

含铁锰矿井水若不经处理，将会产生危害。含铁锰矿井水的危害主要表现在以下几方面：a. 含铁锰矿井水作为生活用水，造成水质发黄，感官性能差、洗涤时白色织物变黄等危害；b. 含铁锰矿井水作为一般工业用水，造成锅炉结垢、离子交换树脂中毒失效、酿造的饮品变色变味等危害；c. 含铁锰矿井水作为煤矿生产用水，造成液压支柱乳化液性能的不稳定、喷雾设备的严重阻塞、冷却设备的结垢腐蚀、输水管道堵塞等危害。

6.3.1.4　矿井水除铁锰的机理

由于矿区缺水，很多煤矿都将矿井水净化处理后回用作为生产和生活用水，由于铁锰超标，限制矿井水的回用。我国对矿井水回用作为生活用水和生产用水时，对铁、锰的含量进行了严格的限制，《国家生活饮用水卫生标准》（GB 5749—2006）中规定铁不超过 $0.3mg \cdot L^{-1}$，锰不超过 $0.1mg \cdot L^{-1}$。矿井水回用时铁、锰含量参照此标准执行。超过此标准的必须进行矿井水除铁锰。

矿井水除铁锰机理主要从地下水除铁锰技术中演变而来，主要是氧化法去除铁和锰。矿井水的氧化除铁锰主要有空气氧化法、化学氧化法和接触氧化法三种。

（1）空气氧化法

含铁矿井水提升到地面后经曝气充氧，利用溶解氧将 Fe^{2+} 氧化为 $Fe(OH)_3$ 颗粒，因其溶解度小而沉淀析出，使原本清澈透明的矿井水变为黄褐色的浑水，$Fe(OH)_3$ 颗粒在以后的沉淀、过滤等固液分离净化工序中被去除，从而达到除铁的目的，这种不依靠催化物质而利用空气直接将 Fe^{2+} 氧化为 $Fe(OH)_3$，然后将其颗粒从水中分离出来的除铁方法称为空气氧化法。该工艺对矿井水中的铁具有去除效果，但是当矿井水中的硅酸浓度为 $40\sim50$ mg $\cdot$ L^{-1} 时，自然氧化法除铁无效[14]。当矿井水原水浊度、色度较高时，需要先去除浊度和色度，再采用自然氧化法除铁，效果较好。自然氧化法对矿井水中的锰基本没有去除效果，除非将矿井水的 pH 值提高到 9.5 以上才有除锰效果[15]。

（2）化学氧化法

对于铁、锰共存的矿井水，可先采用化学药剂（Cl_2 或 $KMnO_4$）将其氧化。Cl_2 是比氧更强的氧化剂，将它投入水中，能迅速地将 Fe^{2+} 氧化为 Fe^{3+}。

$$2Fe^{2+}+Cl_2 \longrightarrow 2Fe^{3+}+2Cl^-$$

作为氧化剂的氯，一般加入的是液氯或漂白粉。理论上每氧化 1mg $\cdot$ L^{-1} Fe^{2+} 约需 0.64mg $\cdot$ L^{-1} 的氯，而实际上特别是当水中含有有机物时，氯的消耗量比此值要大。

往含有 Mn^{2+} 的水中投加氯，然后流入锰砂滤池。在催化剂的作用下，氯将 Mn^{2+} 氧化为 $MnO_2 \cdot mH_2O$ 并与原有的锰砂表面相结合。新生成的 $MnO_2 \cdot mH_2O$ 也具有催化作用，也是自催化反应。但是，此反应只有在 pH 值高于 8.5 时，才可以进行，所以，在实际水处理工艺中仅仅投加氯，并不能有效去除水中的锰。

高锰酸钾是比氧和氯都更强的氧化剂，对铁和锰的氧化都很有效。

$$3Fe^{2+}+MnO_4^-+2H_2O \longrightarrow 3Fe^{3+}+MnO_2+4OH^-$$
$$3Mn^{2+}+2MnO_4^-+2H_2O \longrightarrow 5MnO_2+4H^+$$

理论上每氧化 1mg $\cdot$ L^{-1} Fe^{2+} 需 0.94mg $\cdot$ L^{-1} 的 $KMnO_4$，但有人发现实际上比理论量小时就有较好的除铁效果，这可能是 MnO_2 具有接触催化作用的缘故。

（3）接触氧化法

接触氧化法是指以溶解氧（空气）为氧化剂，以固体催化剂为滤料，以加速 Fe^{2+} 或 Mn^{2+} 的除铁、除锰方法。接触氧化法虽然用的是空气中的氧，但是与前述的"空气氧化法"不同，空气氧化法的曝气充氧有一个氧化反应的过程和停留时间，然后再经过沉淀或过滤去除氧化后的固体物，又称容积氧化法。而接触氧化法是快速充氧后，铁、锰的氧化过程直接在滤池中进行。

接触氧化除铁的机理是催化氧化反应，起催化作用的是滤料表面的铁质活性滤膜 $Fe(OH)_3 \cdot 2H_2O$，铁质活性滤膜首先吸附水中的 Fe^{2+}，被吸附的 Fe^{2+} 在活性滤膜的催化作用下迅速氧化为 Fe^{3+}，铁质活性滤膜接触氧化铁的过程是一个自催化反应过程[16]，其反应式如下。

Fe^{2+} 的吸附：$Fe(OH)_3 \cdot 2H_2O+Fe^{2+} \longrightarrow Fe(OH)_3(OFe) \cdot 2H_2O+H^+$

Fe^{2+} 的氧化：$Fe(OH)_3(OFe) \cdot 2H_2O+Fe^{2+}+1/4O_2+5/2H_2O \longrightarrow 2Fe(OH)_3 \cdot 2H_2O+H^+$

接触氧化除锰的机理也是自催化反应，含锰矿井水在滤料表面的锰质活性滤膜 $MnO_2 \cdot xH_2O$ 的作用下，Mn^{2+} 被水中的溶解氧氧化为 MnO_2，并吸附在滤料表面，使滤膜得到更新，其反应式如下。

Mn^{2+} 的吸附：$Mn^{2+} + MnO_2 \cdot xH_2O \Longrightarrow MnO_2 \cdot MnO \cdot (x-1)H_2O + 2H^+$

Mn^{2+} 的氧化：$MnO_2 \cdot MnO \cdot (x-1)H_2O + 1/2O_2 + H_2O \Longrightarrow 2MnO_2 \cdot xH_2O$

多年工程实践表明，接触氧化法中铁质活性滤膜对容易氧化的铁的去除非常有效，但在除锰方面则发现一些新问题。一方面由于矿井水中一般为铁锰共存，为排除铁快速氧化对锰氧化的干扰，接触氧化法采用一级曝气过滤除铁，二级曝气过滤除锰的分级方法。工艺流程仍然比较复杂，运行费用也偏高。另一方面，锰难以在滤层中快速氧化为 MnO_2，而附着于滤料上形成锰质活性滤膜，除锰能力形成周期比较长，而且由于经常性反冲洗等外界因素的干扰，锰质滤膜有时根本不能形成，除锰效果更是呈现很不稳定的状态。

6.3.1.5　矿井水除铁锰工艺流程

为了扩大矿井水的利用范围，有必要对含铁锰矿井水进行有效处理。由于煤矿含铁锰矿井水的水质特征，地下水一般悬浮物、色度比较低，而含铁锰矿井水往往悬浮物、浊度、色度都比较高，所以含铁锰矿井水的处理工艺与地下水含铁锰的处理工艺不同。

（1）含铁矿井水处理工艺流程

① 空气氧化法

矿井水→调节池→混凝沉淀处理单元→曝气池→除铁滤池→出水

② 化学氧化法

加 Cl_2 或 $KMnO_4$

矿井水→调节池──→氧化池→混凝沉淀处理单元→除铁滤池→出水

③ 接触氧化法

矿井水→调节池→混凝沉淀处理单元→水射充氧→除铁滤池→出水

（2）含锰矿井水处理工艺流程

加 $KMnO_4$

矿井水→调节池──→氧化池→混凝沉淀处理单元→除锰滤池→出水

（3）含铁锰矿井水处理工艺流程

① 接触氧化法

矿井水→调节池→混凝沉淀处理单元→水射充氧→除铁除锰滤池→出水

② 化学氧化法

加 Cl_2 或 $KMnO_4$

矿井水→调节池──→氧化池→混凝沉淀处理单元→除铁除锰滤池→出水

当含铁锰矿井水从井下排至处理的来水流量比较均匀时，可将氧化池与调节池对调。

当原水铁、锰含量较高时（如铁超过 $10mg \cdot L^{-1}$ 或锰超过 $1mg \cdot L^{-1}$），氧化投加方式可采用两次投加，即在除锰滤池前再投加氧化剂。

总之，含铁锰矿井水的处理工艺流程需要根据原水的铁、锰含量，并结合其他指标（如浊度、悬浮物）的去除方式，灵活调整处理工艺。

6.3.2　接触氧化法处理含铁矿井水

1996 年沈阳矿务局（现沈煤集团）前屯煤矿生产和生活缺水现象非常严重，而矿井水资源比较丰富，主要为玄武岩裂隙水。前屯煤矿当时矿井水日排放量为 3000 余吨，既造成水资源的浪费，对周围环境也带来污染。为解决前屯煤矿生产和生活用水紧张的问题，决定对矿井水进行处理利用。

6.3.2.1 水量、水质和处理要求

前屯煤矿矿井水据多年监测数据表明，涌水量较为稳定，正常涌水量为 $170m^3 \cdot h^{-1}$，最大涌水量为 $336m^3 \cdot h^{-1}$[17]。

该矿矿井水经多次化验分析，水质基本稳定，对照《生活饮用水卫生标准》（GB 5749—2006），主要超标项目为浊度、铁、肉眼可见物、大肠菌群等，详见表 6-14。

表 6-14 前屯煤矿矿井水原水水质超标项目

超 标 项 目	原 水 水 质	国 家 标 准
浊度/NTU	80～92	<3
铁/mg·L^{-1}	1.5～3.4	<0.3
肉眼可见物	有	无
大肠菌群/MPN·(100mL)$^{-1}$	7230	不得检出

前屯煤矿的矿井水为含铁、含悬浮物矿井水。要求处理后的水质各项指标达到《生活饮用水卫生标准》（GB 5749—2006）。

6.3.2.2 工艺技术选择

以去除矿井水中悬浮物、色度为目的混凝、沉淀（澄清）的工艺，称为矿井水净化处理。井下矿井水排至地面矿井水处理站的特点是时间短、流量大。净化处理工艺选择需要根据含悬浮物矿井水的特点和排水规律来确定。根据前屯煤矿矿井水水质特点和国内矿井水净化处理技术水平，前屯煤矿矿井水净化处理采用"混凝、澄清"工艺。该工艺具有处理效果好、投资省、水处理成本低、运行管理方便等优点。由于当时前屯煤矿缺水非常严重，已经出现用水车拉水的情况，并且冬季即将来临急需采暖用水，所以要求工程上马快。根据当时的实际条件，采用了钢制净水器工艺。钢制净水器的处理原理采用混凝和水力澄清的原理。

根据 6.3.1 节的分析，前屯煤矿的矿井水中的铁的去除，主要有三种方法，即空气氧化法、化学氧化池和接触氧化法。化学氧化法由于需要投加氧化药剂，当时经济效益不好，没有采用此方法。所以考虑采用空气氧化法和接触氧化法两种矿井水除铁方法[18]。

① 空气氧化法 即先用空气将 Fe^{2+} 氧化成 Fe^{3+}，形成 $Fe(OH)_3$ 胶体凝聚絮状沉淀物，而后用滤池过滤除去。本法的最大优点是对原水中铁浓度适应范围大，除铁效果好。不足之处是空气氧化反应和过滤除铁需在不同阶段、不同设备（或构筑物）中进行，占地大，投资高，运行费用也较高，建设周期长，操作管理要求高。

② 接触氧化法 即将矿井水的氧化、除铁通过锰砂本身和表面"成熟"的活性滤膜在同一容器中同时进行，对原水铁浓度小于 $10mg \cdot L^{-1}$ 的水处理后，水质完全能达到饮用水要求铁浓度小于 $0.3mg \cdot L^{-1}$ 标准要求，它克服了氧化过滤法的许多不足。

因此，前屯煤矿矿井水除铁采用接触氧化法处理。为了保证工程上马快，本工程采用钢制形式的锰砂除铁滤器作为接触氧化法的主体设备。在锰砂除铁滤器的进水管中设置水射器对矿井水进行充氧后，进入锰砂除铁滤器完成接触氧化铁。

本工程将矿井水除铁与矿井水的去除悬浮物单元充分结合，充分利用钢制净水器出水水位较高的优势，在进入中间水池前进行二级跌水曝气充氧，相当于增加了空气氧化法除铁工艺，可确保矿井水的出水含铁量更低。

由于矿井水原水中大肠菌群严重超标，处理后必须经消毒处理，才能作饮用水，采用了

常规的次氯酸钠消毒工艺。

6.3.2.3 工艺流程

前屯煤矿矿井水工艺流程如图 6-15 所示。

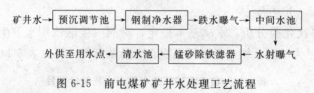

图 6-15 前屯煤矿矿井水处理工艺流程

6.3.2.4 主要构筑物（设备）及技术参数

（1）预沉调节池

尺寸为 $\phi 11.4m \times 3.8m$，2 座，总有效容积为 $600m^3$，钢混凝土结构。

（2）钢制净水器

钢制净水器是集混合、絮凝、沉淀于一体的水处理设备，且在反应过程中有部分污泥回流，使水中颗粒物质的浓度提高，可有效提高混凝、沉淀处理效果，清水区设斜管，提高沉淀效果。设计流量为 $70m^3 \cdot h^{-1}$（单座）；2 座；污泥循环回流比 1：2；喷嘴流速 $7\sim7.5m \cdot s^{-1}$；喉管流速 $1.7\sim2.5m \cdot s^{-1}$；总停留时间 $45\sim50min$，总反应时间 $100\sim110min$。

（3）中间水池

尺寸为 $5.6m \times 5.6m \times 3.8m$，1 座，有效容积为 $100m^3$，钢混凝土结构。中间水池的进水端设置跌水曝气。据净水器出水高度与中间水池有效水面间的高差及场地布置等实际情况，以跌水不飞溅、跌水距离长、气水接触面积大为原则，设二级跌水，每级跌水高度为 $0.75m$。跌水槽单宽流量为 $8m^3 \cdot (m \cdot h)^{-1}$。

（4）锰砂除铁滤器

与前述钢制净水器配套，锰砂除铁滤器设 2 台，单台处理水量 $70m^3 \cdot h^{-1}$（单座），其设计参数为：流速 $5\sim10m \cdot h^{-1}$；工作压力 $0.3MPa$；滤料为天然锰砂，粒径 $0.6\sim2.0mm$，厚 $0.8m$，孔隙度 50%，堆积密度 $1.6kg \cdot cm^{-3}$；反冲强度 $15L \cdot (m \cdot s)^{-1}$，反冲时间 $6\sim8min$。

（5）清水池

尺寸为 $16.4m \times 16.4m \times 4.45m$，1 座，有效容积为 $1000m^3$，钢混凝土结构。

6.3.2.5 处理效果和经济分析

（1）处理效果

前屯煤矿矿井水处理工程于 1996 年 9 月 1 日竣工后，先后经一个月的联合调试，运转非常顺利，处理后出水水质稳定。经沈阳市卫生防疫站取样监测，出水水质符合国家生活饮用水卫生标准。

（2）经济分析

① 矿井水处理量：$2800m^3 \cdot d^{-1}$。

② 工程总投资：367.72 万元（其中土建工程 142.68 万元，安装工程 84.41 万元，设备 75.55 万元，其他工程 65.08 万元）。吨水投资：1313 元。

③ 占地面积：$0.84hm^2$。

④ 总装机功率：113.1kW（常用功率 44.3kW）。吨水电费：0.19 元。

⑤ 药剂费：0.094 元 $\cdot$ t^{-1} 水。

⑥ 人工费：0.05 元 $\cdot$ t^{-1} 水（水厂定员 11 人，工资每月按 400 元计）。

⑦ 土建折旧费：0.035 元 $\cdot$ t^{-1} 水（包括设备折旧费 0.05 元 $\cdot$ t^{-1} 水）。

⑧ 水处理成本：电费＋药剂费＋人工费＋折旧费＝0.42 元 $\cdot$ t^{-1} 水。

6.3.3 化学氧化法处理含铁锰矿井水

铁北煤矿隶属华能扎莱诺尔煤业公司，在矿井水处理工程上马之前，矿井水未经处理直接外排，不仅浪费了矿井水资源，而且也使矿区的周边湿地受到一定影响。在国家"节能减排"大形势下，随着铁北煤矿周边的华能电厂及煤化工产业的规划及投产，矿井水处理并回用势在必行。2009 年 8 月铁北煤矿矿井水处理厂建成投产，处理后的矿井水处理作为电厂用水，具有显著的环境效益和经济效益。

6.3.3.1 水量、水质和处理要求

（1）设计处理水量

铁北煤矿矿井水处理规模为 1600m^3 $\cdot$ h^{-1}，即 38400m^3 $\cdot$ d^{-1}。

（2）设计处理水质

设计处理水质以原水水质为依据，具体指标为：pH 值 6.0～9.0，悬浮物含量（SS）107.0mg $\cdot$ L^{-1}，总硬度 272.92mg $\cdot$ L^{-1}，总碱度 463.57mg $\cdot$ L^{-1}，COD$_{Cr}$ 51.2mg $\cdot$ L^{-1}，溶解性总固体 925.26mg $\cdot$ L^{-1}，NH$_4^+$-N＜0.04mg $\cdot$ L^{-1}，Fe^{2+}＋Fe^{3+} 1.79mg $\cdot$ L^{-1}，Mn 0.2mg $\cdot$ L^{-1}，色度 10 度，浊度 400NTU。

（3）处理后水质

矿井水处理出水作为煤化工工业用水，pH 值为 6.0～9.0，悬浮物（SS）≤5mg $\cdot$ L^{-1}，生化需氧量（COD$_{Cr}$）≤40mg $\cdot$ L^{-1}，BOD$_5$≤5mg $\cdot$ L^{-1}，浊度≤5NTU，Mn≤0.1mg $\cdot$ L^{-1}，总铁≤0.2mg $\cdot$ L^{-1}。

6.3.3.2 工艺技术选择

根据铁北煤矿矿井水原水水质指标，矿井水的特点主要表现为悬浮物、铁、锰超标，属于含铁、含锰、含悬浮物矿井水。矿井水的除铁、除锰工艺技术选择必须与矿井水的悬浮物去除工艺相结合。

含悬浮物矿井水的净化处理工艺选择已在 6.2 节介绍过，本节不再详述。铁北煤矿含悬浮物矿井水的净化处理工艺采用"预沉＋澄清＋过滤"工艺。

铁北煤矿矿井水的原水中铁、锰超标，原水的铁为 1.79mg $\cdot$ L^{-1}，锰为 0.2mg $\cdot$ L^{-1}，原水指标超标不多。含铁锰矿井水的主要处理方法有空气氧化法、化学氧化法和接触氧化法。空气氧化法和接触氧化法采用空气作为氧化剂，不需要投加药剂，虽然较经济，但不适合色度和悬浮物含量较高的矿井水除铁锰。若将矿井水先去除悬浮物和色度后再进行除铁锰，则需要增加许多构筑物，如曝气池、接触氧化池等。由于铁北煤矿矿井水原水中的铁锰超标不多（需要的化学药剂量小），为了与去悬浮物工艺相配合，尽量利用净化处理工艺中的设施，本工程除铁锰工艺技术采用化学氧化法。

由于进入铁北煤矿矿井水处理厂的矿井水来水较为均匀，所以在进水端设置一个预氧化池，投加二氧化氯氧化剂，将水中的 Fe^{2+} 氧化成 Fe^{3+}，在停留时间较长的预沉调节池充分氧化。由于仅仅投加氯，并不能有效去除水中的锰，所以在混凝剂投加前再投加高锰酸钾氧

化剂，对铁和锰都有很好的氧化去除效果。常规的化学氧化法除铁锰工艺，在投加氧化剂后，需要增加滤池。矿井水中的铁锰在被化学氧化后，生成了铁氧化物和锰氧化物，在沉淀单元（澄清池）与混凝剂和悬浮物吸附、絮凝沉降下来，所以不再新增滤池，直接利用去悬浮物净化工艺中的过滤单元一并去除沉淀单元不能去除的微小悬浮物和铁锰氧化物。

6.3.3.3 工艺流程

铁北煤矿矿井水处理工艺流程见图6-16。

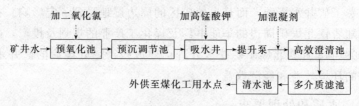

图6-16 铁北煤矿矿井水处理工艺流程

6.3.3.4 主要构筑物（设备）及技术参数

（1）预氧化池

用于矿井水预氧化及配水，1座，总有效容积260m³，尺寸12.90m×6.60m×3.95m，地下式钢筋混凝土结构。

（2）预沉调节池

用于矿井水储存、均质，以保证水质水量的稳定，半地下式钢筋混凝土结构，2座，单座有效容积6300m³，单座尺寸51.2m×38.20m×3.8m。

（3）吸水井

用于给提升泵吸水及作为矿井水氧化反应池，1座，有效容积1200m³，尺寸23.64m×10.60m×4.8m，半地下式钢筋混凝土结构。

（4）高效澄清池

用于矿井水的混合、絮凝、沉淀，设计流量38400m³·d⁻¹，钢筋混凝土结构。

（5）多介质滤池

用于去除水中悬浮物和铁锰氧化物，采用石英砂和无烟煤作双层滤料，具有自动反冲洗能力，设计流量38400m³·d⁻¹，钢筋混凝土结构。

（6）清水池

用于储存过滤后矿井水的清水池，有效容积为3000m³，3座，单座尺寸22.8m×15.4m×4.0m，半地下式加盖钢筋混凝土结构。

6.3.3.5 处理效果和经济分析

（1）处理效果

铁北煤矿矿井水处理厂于2009年8月投入运行，经过半年的运行，出水各项指标达到了煤化用水要求，出水指标如表6-15所列。

表6-15 铁北煤矿矿井水处理出水水质指标

项　　目	pH值	浊度	色度	悬浮物	COD$_{Cr}$	铁	锰
单位	无	NTU	度	mg·L⁻¹	mg·L⁻¹	mg·L⁻¹	mg·L⁻¹
出水指标	7.1~7.5	1.1~1.9	8~10	2.5~3.0	11~15	0.05~0.1	0.02~0.04

该项目荣获 2010 年煤炭行业工程质量"太阳杯"奖。铁北煤矿位于满洲里中俄边境附近，该工程项目的实施，实现了矿井水资源再生利用，节能减排，保护了矿区自然环境，提升了我国煤炭企业在国际上的形象，经济效益、环境效益和社会效益显著。

（2）经济分析

① 矿井水处理成本为 0.38 元·m^{-3}，详细如表 6-16 所列。

表 6-16　铁北煤矿矿井水处理成本一览表　　　　单位：元·m^{-3}

电　费	药剂费	维修费	折旧费	人工费	合　计
0.065	0.122	0.0143	0.133	0.0428	0.38

② 净化处理水量：$38400m^3 \cdot d^{-1}$。

③ 劳动定员 20 人。

6.4　酸性矿井水处理与利用

6.4.1　水质特征与基本原理

6.4.1.1　形成机理

煤矿酸性矿井水是煤矿生产过程中产生的 pH 值较低、危害较大的一种废水，一般 pH 值低于 6 则认为具有酸性，可称为酸性矿井水[19]。它作为煤矿开采过程中的产物，因为 pH 值低，酸度大，是导致矿区水资源污染的重要因素之一。酸性矿井水的存在和发展对矿区水资源、矿山金属设备、安全生产、人身健康乃至生态环境都构成很大的威胁[20]。因此，对酸性矿井水必须进行及时有效的治理，出水水质达到《煤炭工业污染物排放标准》（GB 20426—2006）后外排。对于有些缺水矿区，还必须将酸性矿井水进行有效处理后回用作为一般生产用水，如煤矿防尘、消防等用水[21]。

酸性矿井水的形成原因比较复杂。一般认为是两种原因形成了酸性矿井水。一种原因是，在煤层及其围岩中含有硫铁矿（FeS_2），由于煤炭的开采破坏了煤层原有的还原环境，提供了氧化这些还原态硫化物所需的氧，地下水的渗出并与残留煤柱及煤层顶、底板的接触，促使煤层或者顶、底板中的还原态的硫化物氧化成硫酸，进而使矿井水呈酸性[22]。人们对这一观点已达成共识，但对具体的氧化过程存在一些不同的认识。另外一种原因是，煤层中的有机硫的在细菌作用下氧化形成了硫酸[23]。

因此，目前的主流观点认为，酸性矿井水主要是由 FeS_2 的氧化作用、细菌的催化作用及煤中有机硫的细菌氧化分解作用所形成的，形成机理如下[19,21,23]。

在煤矿开采过程中，中性条件下，煤中 FeS_2 与氧和水接触发生如下反应：

$$2FeS_2 + 7O_2 + 2H_2O \Longrightarrow 2FeSO_4 + 2H_2SO_4 \tag{6-1}$$

反应式(6-1)是最终形成酸性矿井水的前提。在酸性条件下反应式(6-1)生成的 Fe^{2+} 可进一步被氧化生成 Fe^{3+}，生成硫酸铁。在此过程中大量硫化细菌（如氧化亚铁硫杆菌）起催化作用，大大加速了这个过程，反应过程如下：

$$4FeSO_4 + O_2 + 2H_2SO_4 \Longrightarrow 2Fe_2(SO_4)_3 + 2H_2O \tag{6-2}$$

反应式(6-2)生成的硫酸铁盐可以水解生成氢氧化铁，使矿井水酸性增强，并形成"红水"：

$$Fe_2(SO_4)_3 + 6H_2O \Longrightarrow 2Fe(OH)_3 \downarrow + 3H_2SO_4 \tag{6-3}$$

当 pH 值降到 3 以下时，由于逆向的中和反应速率大，$Fe(OH)_3$ 减少，硫酸铁浓度增大，此时硫酸铁在氧气的参与下反应生成硫酸，使矿井水酸性增强：

$$Fe_2(SO_4)_3 + FeS_2 + 2H_2O + 3O_2 = 3FeSO_4 + 2H_2SO_4 \tag{6-4}$$

煤中含硫有机化合物在氧气和好氧菌的作用下，经过复杂的化学过程最终也氧化成硫酸[23]：

$$含硫有机化合物 \xrightarrow[O_2]{好氧菌} CO_2 \uparrow + H_2O + H_2SO_4 \tag{6-5}$$

从以上机理分析可以得出，煤层中各种有机与无机的硫分都是在与氧气接触后，发生各种化学反应或通过微生物的作用而被氧化，进而被水解形成酸。酸的产生与氧化过程是分不开的，这个氧化过程中的氧化剂就是氧气。酸性矿井水的形成是物理、化学和微生物综合作用的结果。

6.4.1.2　水质特征

通常提到的酸性矿井水水质是指汇集到井下主水仓或抽到地面调节池（或收集池）的矿井水水质，其主要水质特征如下。

（1）水质呈酸性，pH 值小于 6.0

酸性矿井水的最明显的水质特征是水质呈酸性，pH 值小于 6.0。根据 pH 值，可将酸性矿井水分为强酸型（pH 值＜3.0）和弱酸型（3.0≤pH＜6.0）。

（2）水的颜色呈浅黄绿色或黄褐色

酸性矿井水因原水中悬浮物（煤粉、岩粉等）和铁（Fe^{2+} 或 Fe^{3+}）含量的不同呈现不同的颜色，当悬浮物含量低时一般颜色为浅黄绿色，当悬浮物含量高时一般为黄褐色（或黑色）。

（3）含有较高的铁和硫酸盐

根据酸性矿井水的形成机理，由于硫铁矿和煤中有机硫的氧化形成了酸性矿井水，所以矿井水含有较高的铁和硫酸盐。铁含量一般为 300～800mg·L^{-1}，有些超过 1000mg·L^{-1}。硫酸盐（以 SO_4^{2-} 计）一般在 500～10000mg·L^{-1}，有些高达 15000mg·L^{-1}[24]。酸性矿井水中 Fe^{2+} 和 Fe^{3+} 含量不尽相同，可分为二价型（Fe^{2+} 浓度高）酸性矿井水和三价型（Fe^{3+} 浓度高）酸性矿井水。

（4）有较高的硬度和溶解性总固体

煤矿酸性矿井水在井下从水源点流向井下水仓的过程中，所含的 H_2SO_4 将与周围的岩石如石灰岩等发生反应而带入一定量的 Ca^{2+}、Mg^{2+}，所以硬度一般较高。酸性矿井水形成过程中，由于铁和硫酸盐的含量较高，相应造成了溶解性总固体也较高。硬度一般在 500mg·L^{-1} 以上，溶解性总固体一般在 3000mg·L^{-1} 以上。

（5）含有一定量的悬浮物

由于煤矿井下生产的影响，矿井水含有一定量的以煤粉、岩粉为主的悬浮物。

（6）含有其他金属离子

酸性矿井水中氧化形成的硫酸和硫酸高铁溶液是一种有效的浸溶剂，可将铜、铅、锰、锌等金属转化为硫酸盐，从矿物中析出，所以酸性矿井水中含有少量的 Cu^{2+}、Pb^{2+}、Mn^{2+}、Zn^{2+} 等。

由于各地区采煤、地质条件、自然条件等因素的不同，酸性矿井水的水质有一定的差异，表 6-17 为我国部分煤矿酸性矿井水的水质[25]。

表 6-17　我国部分煤矿酸性矿井水的水质

项　目	矿　号							
	1	2	3	4	5	6	7	8
pH 值	3.7	4.9	4.4	3.2	2.7	4	2.5	2.4
浊度	30.5	65	45.3	80	55	100	300	480
酸度	75.1	3.71	44.7	14.8	41.2	—	—	78
COD_{Cr}	35	43	38.7	54	60.8	91	87	92.7
SS	153	168.9	118.3	127.9	124.5	131.9	142.5	139.5
DO	2.1	1.8	1.7	3.1	2.3	1.9	2	3.1
Cl^-	98.3	73	26.7	27.2	88	19	60	0
SO_4^{2-}	8800	3700	780	3706	3467	2000	570	2600
Mn^{2+}	16.9	12.4	18.4	9.9	18.8	—	—	2.9
Fe	>10	>10	508	416	>100	174	2.9	2199
Ca^{2+}	158	150	37	123	46	20.5	380	582
Mg^{2+}	>200	13	77	78	103	60.8	158	64
Pb^{2+}	0.5	0.8	1.1	0.05	0.1	0.3	0.1	1.1
Al^{3+}	5.3	1.8	3.1	4.5	1	—	1.8	1.5
K^+	4.6	7.8	9.2	3.7	10.5	13.4	10.2	13.2

注：表中 pH 值无单位，浊度单位为 NTU，其他单位均为 mg·L^{-1}。

6.4.1.3　达标排放处理技术原理

根据酸性矿井水形成机理和水质特征，酸性矿井水的主要污染因子是酸污染、铁离子污染、黄水颜色污染、硫酸盐污染等。参考《煤炭工业污染物排放标准》（GB 20426—2006）中采煤废水污染物排放限值，对新建项目的酸性矿井水主要控制 pH 值、总悬浮物、化学需氧量、石油类、总铁、总锰等指标限制分别为 6～9、50mg·L^{-1}、50mg·L^{-1}、5mg·L^{-1}、6mg·L^{-1}、4mg·L^{-1}。对于酸性矿井水首先需要考虑达标排放。其主要处理技术可分三步：首先需要采用中和法调节 pH 至中性；然后是去除铁和悬浮物，使矿井水的化学需氧量达到要求；若锰超标则需要去除锰的工艺。根据国内外技术发展水平，酸性矿井水达标排放处理技术主要有中和法和人工湿地法等。

（1）中和法

中和法的原理是向酸性矿井水中投加中和剂。中和剂可以是各种碱性物质，一般采用石灰石、石灰、纯碱（Na_2CO_3）、烧碱（NaOH）作中和剂。石灰石、石灰作为中和剂主要有石灰石中和法、石灰中和法、石灰石-石灰联合处理法。

① 石灰石中和法　石灰石中和法的原理是采用石灰石作为中和剂与酸性矿井水中的硫酸发生中和反应，反应式为：

$$CaCO_3 + H_2SO_4 \Longrightarrow CaSO_4 + H_2CO_3 \atop \qquad\qquad\qquad\qquad\downarrow \atop \qquad\qquad\qquad\qquad CO_2 + H_2O \tag{6-6}$$

石灰石中和法一般有三种形式：a. 石灰石、白云石普通滤池；b. 石灰石升流式膨胀滤池；c. 石灰石卧式中和滚筒。前两种方法由于对酸性水中硫酸浓度有一定的限制（含硫酸浓度必须小于 2g·L^{-1}），而有些酸性矿井水中硫酸的浓度较大，且含有悬浮物、金属硫酸盐及铁离子，不宜采用此方法。石灰石中和滚筒可以处理含硫酸浓度较高的酸性矿井水，对滤料粒径无严格要求，操作管理较为方便，但该方法噪声较大，适合在含铁离子浓度较小的情况下使用。当含 Fe^{3+} 较多，用石灰石处理时，铁离子水解会产生硫酸，所以不仅要延长中和时间，而且还要增加石灰石的耗量。石灰石中和法在 20 世纪 80 年代和 90 年代有一定的应用，目前已经很少应用。

② 石灰中和法　石灰的主要化学成分为 CaO，当用水调配成石灰乳时，则形成熟石灰 [Ca(OH)$_2$]：

$$CaO + H_2O \Longrightarrow Ca(OH)_2$$

熟石灰与酸性矿井水中的 H$_2$SO$_4$ 反应：

$$Ca(OH)_2 + H_2SO_4 \Longrightarrow CaSO_4 + 2H_2O$$

同时还存在下列一些副反应：

$$Ca(OH)_2 + FeSO_4 \Longrightarrow CaSO_4 + Fe(OH)_2$$
$$4Fe(OH)_2 + 2H_2O + O_2 \Longrightarrow 4Fe(OH)_3 \downarrow$$
$$Fe_2(SO_4)_3 + 3Ca(OH)_2 \Longrightarrow 2Fe(OH)_3 \downarrow + 3CaSO_4$$

石灰中和法能使出水 pH 值达到排放标准，也可基本去除铁离子及其他金属离子，收到良好的效果。而且石灰来源方便，价格便宜，所以石灰中和法是目前煤矿酸性矿井水达标排放处理普遍采用的技术。

③ 石灰石-石灰联合中和法　石灰石中和法处理法虽然操作简单，处理费用低，但是处理后的出水 pH 值经常不达标，对铁的去除效率低；石灰中和法虽然中和效果好，除铁效果好于中和法，但是当原水 Fe^{2+} 较高时，需要将矿井水的 pH 值调至 8.5～9.0，才可使 Fe^{2+} 短时间内氧化沉淀，造成石灰投加量大。所以，石灰石-石灰联合中和法是综合了以上两种方法的优点，是中和法的优化，比较适用于 Fe^{2+} 含量较多时使用。石灰石-石灰联合中和法的石灰石需要破碎、磨细，并另外需增加投药系统，因此存在工程投资高于以上两种方法的缺点。

④ 烧碱或纯碱中和法　根据以上分析，酸性矿井水常用的中和剂是石灰。石灰来源方便，价格便宜，并且中和效果好，但是石灰作为中和剂也存在一定的缺点：a. 石灰配制过程中粉尘污染而造成工作环境差；b. 石灰配制、石灰乳输送、投药过程复杂，劳动强度大；c. 中和过程产生的化学污泥量大；d. 设施和管道结垢严重。烧碱和纯碱作为中和剂曾被认为价格太高而被弃使用。随着经济的发展，由于石灰具有以上所述的缺点，烧碱和纯碱作为酸性矿井水的中和剂又被提起。烧碱或纯碱中和法即是采用烧碱和纯碱作中和剂，优点是配制溶解方便、用量少、污泥生成量少、不结垢等。国内的一些中小型煤矿如贵州和江西的煤矿，由于酸性矿井水排放量较少，一般在 100～1500m^3·d^{-1} 之间，采用石灰作为中和剂的缺点更为明显，所以很多煤矿采用烧碱或纯碱中和法处理酸性矿井水。国内有些产生酸性矿井水的煤矿为了减少酸性矿井水对井下轨道、设备、管道的腐蚀，需要在井下对酸性矿井水进行中和处理。石灰中和法就不太适合井下工作条件，一般采用烧碱或纯碱中和法较为合适。

（2）人工湿地法

人工湿地法处理污水可追溯到 1903 年，建在英国约克郡 Earby，被认为是世界上第一个用于处理污水的人工湿地。利用人工湿地处理酸性矿井水只有二十多年的历史，国外研究较多，目前已用于实际煤矿酸性水处理，如美国已在煤矿系统建设了 400 多座人工湿地处理系统，能使酸性水 pH 值提高到 6～9，达到排放标准，出水平均总铁不大于 3mg·L^{-1}。

人工湿地法处理酸性矿井水的净化机理一般被认为是物理、化学和生物共同作用的结果。人工湿地集沉淀、过滤、吸附、氧化、微生物合成与分解代谢、植物的代谢与呼吸作用于一体，可以保证良好的出水水质。观测表明，氢离子、铁离子和悬浮物的去除率可达 90%

以上。

按照人工湿地中污染物处理机理的不同，可将人工湿地分为好氧湿地和厌氧湿地。在好氧湿地中，酸性矿井水中的金属离子经氧化作用和水解作用以氢氧化物的形式沉淀下来。在厌氧湿地中，酸性矿井中的 SO_4^{2-} 在厌氧细菌的作用下被还原成 H_2S，H_2S 与金属作用生成不溶的金属硫化物。

按照水的流动方式，人工湿地分两种基本类型：一种是表面水流型，废水以浅水和漫流的形式缓慢流过介质表面和介质上种植的水生植物等；另一种是地下水流型，废水是以渗滤流的形式，在介质表层之下缓慢流动，穿过介质和植物的根系。

虽然湿地生态工程处理系统处理煤矿酸性矿井水在客观上和技术上均是可行的，但在工程上实现这种工艺还存在很大的差距。因为，湿地生态工程要求进水理想的 pH 值高于 4.0。当低于 4.0 时，意味着要改善基质和腐殖土层并有必要添加石灰石，煤矿酸性水 pH 值一般为 3.0～4.0，为了保持湿地系统中基质和腐殖土层特性，以满足植物生长要求，必须添加石灰石，结果导致成本的提高和工艺的复杂化。而且，湿地生态系统处理酸性水速度非常慢，停留时间长，一般要 5～10d，需占用大量的面积。大片的塌陷区改造为具有处理能力的湿地工程，势必耗费巨大的投资；同时由于存在占地面积大、寒冷地区冬季处理效果差的缺点，人工湿地处理矿井水在我国目前处于实验研究阶段。

在我国一些煤矿矿区，随着地下煤炭资源大量采出，岩体原有平衡遭到破坏，在采空区上方地表造成大面积的塌陷，这些塌陷区可培养生长、繁殖大量的植物、藻类和细菌，是进行人工湿地处理的基础。湿地法具有投资少、运行费用低、易于管理、抗冲击力强等优点。人工湿地作为一种有效的酸性矿井水处理方法，在有些地区具有很强的可行性。

6.4.1.4 回用处理技术原理

酸性矿井水经过达标排放处理，出水的 pH 值、总悬浮物、化学需氧量、石油类、总铁、总锰等指标达到《煤炭工业污染物排放标准》（GB 20426—2006）要求，出水可以达标外排。但是我国有些煤矿由于水资源缺乏，需要将酸性矿井水回用作为生产用水。酸性矿井水中和处理后，再进行深度处理作为工业和生活水，也是解决缺水矿区用水紧张的措施之一。根据酸性矿井水的水质特征可知，对于酸性矿井水中的含量较高的硫酸盐、硬度和溶解性总固体，中和法和人工湿地法的达标排放技术不能将这几项指标处理达到生产用水的要求。目前常用的酸性矿井水回用处理技术有生物法和中和法-膜处理法。

（1）生物法

生物法处理酸性矿井水是目前国外研究较为活跃的处理方法，在美国、日本等国已进行了实际应用，国内也有这方面的研究和应用。

生物法的原理是利用一些微生物的特性将废水的一些离子转化为易处理的物质除去。目前已知的主要有硫酸盐还原菌（Sufate-Reducing Bacteria，简称 SRB）和氧化亚铁硫杆菌（Thiobacillus ferrooxidans，简称 T.f），一些生化反应过程中还有细菌或无色硫细菌参与作用。

采用硫酸盐还原菌（SRB），异化 SO_4^{2-} 还原为 H_2S，释放碱度从而提高废水的 pH 值，并进一步利用光合硫细菌或无色硫细菌通过生物氧化作用将 H_2S 氧化为单质硫。在 SO_4^{2-} 的还原过程中，废水中的重金属可与 H_2S 形成金属沉淀而得到去除。

采用氧化亚铁硫杆菌（T.f），在酸性条件下将水中的 Fe^{2+} 氧化成 Fe^{3+}，然后再利用石灰石进行中和处理生成 $Fe(OH)_3$ 沉淀，以实现酸性矿井水的中和及除铁。

硫酸盐还原菌法处理酸性矿井水具有处理费用低、适用性强、吸收或吸附重金属、无二次污染的优点。该方法是目前国内外研究比较多的处理方法，在美国、日本等国家已进行了实际应用。氧化亚铁硫杆菌能从 Fe^{2+} 的氧化反应中获取自身生存和繁殖所需的能量，无需加任何营养液。并且处理后的沉淀物可综合利用，用于制取铁红、聚合硫酸铁（PTS），解决了常规石灰乳中和处理法由于反应不完全而产生大量污泥造成的二次污染，而且为煤矿企业的多种经营开辟了一条新路子。

（2）中和法-膜处理法

目前较为成熟的酸性矿井水回用处理技术为"中和法-膜处理法"工艺技术。通常中和法处理后的酸性矿井水能达到排放标准，中和技术已在前一节中阐述。要获得工业和生活用水标准，需要再经过除盐，目前膜处理法主要采用反渗透处理工艺。

6.4.2　石灰中和法和曝气除铁法

根据 6.4.1 节所述的酸性矿井水处理技术原理及优缺点，本节结合国内煤矿酸性矿井水处理实际应用情况，介绍石灰中和法和曝气除铁法处理酸性矿井水技术。

6.4.2.1　项目背景

浙江长广集团公司六矿区（以下简称"长广六矿"）属浙江长广集团公司管辖。长广六矿排出的矿井水为酸性矿井水。在 2001 年之前，井下只设有简单中和装置，人工加石灰，工人劳动强度大，出水 pH 值不稳，井下打上排污口后，排污口下游水体发黄，周围的居民对酸性矿井水发黄问题反响强烈。浙江长广集团公司为了解决酸性矿井水的污染问题，决定对该含铁酸性矿井水进行治理，使治理后出水达标排放，并且使矿井水出水不泛黄。

6.4.2.2　工艺选择

酸性矿井水的排放处理技术目前最常用的是石灰中和法。长广六矿的酸性矿井水，主要是酸污染、铁离子污染、黄水颜色污染，为含铁酸性矿井水水质。根据现场小试试验，采用中和法处理长广六矿酸性矿井水，出水水质参照当时执行的《污水综合排放标准》（GB 8978—1996）中的一级标准要求，中和法出水由于铁离子存在，造成色度指标不能满足排放要求。所以，对于长广六矿的酸性矿井水仅采用中和法是不能满足排放标准的，必须采用中和法与曝气除铁相结合的二级处理工艺。

石灰、石灰乳投药中和法是一种比较成熟的常用方法，它能够中和各种浓度的酸性矿井水，效果显著，铁离子及其他金属离子也可基本去除，能收到良好的效果，而且石灰价廉，来源也较广泛。本工程中设计采用石灰中和法。

由于该含铁酸性矿井水含有较高浓度的铁离子，为了使出水不返色，需增加除铁处理工艺。矿井水除铁工艺有空气氧化法、化学氧化法和接触氧化法。三种除铁工艺的优缺点详见 6.3 节。本工程中设计采用空气氧化法。

6.4.2.3　工艺流程

长广六矿酸性矿井水处理的工艺流程如图 6-17 所示。

流程说明如下。

（1）一级处理——石灰中和

含铁酸性矿井水由井下水仓输送到调节池，在提升入中和反应沉淀池前，通过 pH 值在

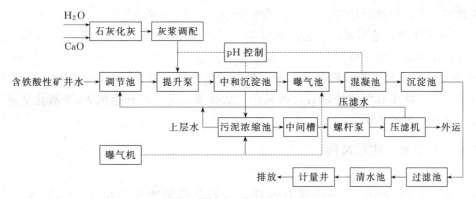

图 6-17　长广六矿酸性矿井水处理工艺流程

线监测及自动控制系统动态投加石灰乳，在中和反应沉淀池内完成中和、沉淀等过程。在中和沉淀池中段处设置 pH 值自控点，控制 pH 值在 9.0～9.5。中和反应产生大量的 $Fe(OH)_2$、$Fe(OH)_3$ 及微溶的 $CaSO_4$ 沉淀物，经中和反应沉淀池内的斜管，使绝大部分重金属离子被沉淀下来，浊度也得到较大程度的降低，出水水质变清。经一级处理后出水的 pH 值约为 8.5。

（2）二级处理——曝气除铁

经过一级处理后的水质仍然含有少量 Fe^{2+}，浊度还未完全达标。若一级处理出现异常，如一级处理出水 pH 值偏低或池底积泥过多又未及时排泥（污泥滞留）时，出水将带入大量的 Fe^{3+}、Fe^{2+}，出水浊度、色度将陡然升高，结果导致出水水质不能稳定达标，极容易返色，这就是含铁酸性矿井水治理中的难点。为确保处理后水质完全达标排放，工程中增设二级处理，即曝气氧化—混合反应—斜管沉淀—砂滤。一级处理后的出水通过曝气氧化，将残余的 Fe^{2+} 全部转化为 Fe^{3+}，碱性条件下 $Fe(OH)_3$ 可作絮凝剂，然后加入适量的 PAC 和 PAM 经混合、絮凝，反应后产生大量矾花（黄色），经斜管沉淀后，出水即能达标排放或作工业水回用。为适应各种情况（如斜管沉淀池无法承受超负荷），保证出水水质，斜管沉淀后的出水经石英砂过滤进入清水池；当滤池截泥过多、出水颜色稍黄时，应及时进行反冲洗。

（3）污泥处置

中和反应沉淀池、斜管沉淀池底泥必须及时排入污泥浓缩池，经板框压滤机脱水后外运至矸石山，压滤水和滤池反冲洗水回调节池作循环处理，防止产生二次污染。

6.4.2.4　工艺特点

① 处理工艺简单，使用中和沉淀技术，并充分利用废水中物质的同离子效应、共沉淀、絮凝沉淀作用有效地提高废水的 pH 值和有效地去除重金属、SO_4^{2-}、Cl^-，实现达标排放。中和沉淀池采用一体化设计，投资省。

② 因地制宜，充分利用当地丰富价廉的 CaO 资源作中和剂，成本低，利用空气中的氧气氧化 Fe^{2+} 成 Fe^{3+}，有效地去除 Fe^{2+}，使出水不返色。在中性和弱碱性条件下，Fe^{3+} 还有较好的絮凝沉淀作用。

③ 石灰化灰采用半机械化灰系统，使用电动葫芦运输，电动抓斗抓取石灰，机械搅拌配浆，两步法配制石灰乳。降低工人劳动强度，使石灰乳配制能正常进行。

④ 采用 pH 值自动控制系统，工艺先进，pH 控制仪等关键设备采用美国太湖公司的产

品，虽价格较高，但性能稳定。

⑤ 过滤采用快滤池形式，工艺简单可靠。反冲洗使用清水池中处理后的清水，反冲水回调节池，不形成二次污染。

⑥ 采用二次处理工艺，确保出水不返色，考虑到本工程必须解决的问题，即处理后出水不返色，在一次中和沉淀处理后，再采用二次处理工艺，将残余的 Fe^{2+} 氧化生成 Fe^{3+}，能絮凝、沉淀，过滤去除。

6.4.2.5　主要构（建）筑物

（1）调节池（改造）

调节池总容积 $200m^3$，利用原有池体、底板及四周池壁采用 $\phi 4@150$ 双向网，厚 100mm，C30 混凝土，环氧树脂二布三涂进行处理。

（2）中和反应沉淀池

中和反应沉淀池采用澄清池形式，它是集反应、絮凝、沉淀于一体的水处理构筑物，且在反应过程中有部分的污泥回流，使水中颗粒物质的浓度提高，有利于悬浮物和絮体间的相互碰撞，增大絮体的粒度，加快絮凝体的沉降速率，有效地提高了混凝、澄清处理的效果。

（3）曝气氧化池

曝气氧化池 $2.5m×2.3m×4.0m$，钢筋混凝土结构，采用穿孔管曝气，曝气管采用 $DN50$ 钢管，通向扩散装置的支管采用 $DN40$ 钢管。

（4）混合反应池

规格 $1.8m×2.3m×4.0m$，中间加隔板，形成隔板反应池，钢筋混凝土结构，混合池内以曝气管形式混合反应。

（5）斜管沉淀池

规格 $3.5m×2.3m×4.0m$，钢筋混凝土结构，池底设计泥斗，闸阀排泥。

（6）过滤池

规格 $2.3m×2.3m×4.0m$，钢筋混凝土结构，滤料石英砂。

（7）清水池（原有）

清水池有效容积 $50m^3$，快滤池出水入清水池，规格 $3.95m×3.0m×4.2m$。

（8）石灰堆场

石灰堆场有效容积 $48m^3$，以每天需石灰 3.5t 计，可以供 17d 的石灰用量，规格 $6.0m×4.0m×2.0m$，毛石砌筑。

（9）石灰乳配槽

有效容积 $14m^3$，规格 $2.7m×4.0m×1.3m$，可供 24h 石灰乳用量。钢筋混凝土结构，内设间距 10mm 和间距 3mm 格栅，防止块状石灰进入石灰乳配槽。

（10）石灰渣池

有效容积 $4m^3$，规格 $2.0m×2.0m×1.0m$，砖砌。设石灰渣量为 20%，可停放 6 天石灰渣。

（11）压滤机房

原定压滤机两台，根据矿方意见，先设置一台，面积 $47m^2$，彩钢瓦房，内设压滤机，尺寸 $5.9m×8.1m$。

（12）石灰乳配制间

面积 $100m^2$，尺寸 $20.0m \times 5.0m$，钢房结构。内设石灰堆场，30％灰乳调配池，5％石灰乳调配池两格，石灰渣池。

6.4.2.6　处理效果和经济分析

（1）处理效果

该工程由中国煤炭科工集团杭州研究院负责设计，于 2000 年 12 月建成投产，运行效果良好。经过多年的运行，出水各项指标达到了排放要求，出水指标如表 6-18 所列，达到了《污水综合排放标准》（GB 8978—1996）中的一级标准要求，并且保证出水 24h 内不返色。

表 6-18　长广六矿矿井水处理进水和出水水质指标

项　目	pH 值	悬浮物	色度	COD_{Cr}	铁
单位	无	$mg \cdot L^{-1}$	度	$mg \cdot L^{-1}$	$mg \cdot L^{-1}$
进水水质	2.66	300	250	340	270
出水指标	8.3	37	2	48	0.28

该工程项目的实施，解决了酸性矿井水污染环境的要求，解决了因外排矿井水泛黄周边农民的投诉问题，保护了矿区自然环境，具有明显的环境效益和社会效益。

（2）经济指标

① 设计含铁酸性矿井水处理水量 $1000m^3 \cdot d^{-1}$。

② 工程投资 110.6 万元。

③ 占地面积 $1400m^2$。

④ 劳动定员 12 人。

⑤ 总电功率 62.15kW，常用功率 30kW。

⑥ 电耗 $360kW \cdot h \cdot t^{-1}$ 废水。

⑦ 水处理成本：0.68 元 $\cdot t^{-1}$ 废水。

6.4.3　纯碱中和法和化学氧化法

根据 6.4.1 节所述的酸性矿井水处理技术原理及优缺点，本节结合国内煤矿酸性矿井水处理实际应用情况，介绍纯碱中和法和化学氧化法处理酸性矿井水。

6.4.3.1　项目背景

山西某煤矿井下两个综采工作面有两种性质的矿井水，一种为中性矿井水，另一种为酸性矿井水。两种矿井水在井下中央水仓混合后，仍为酸性矿井水。该煤矿的酸性矿井水仅对井下设备、管道腐蚀严重，并且外排时，水质显黄绿色，污染当地环境。同时，该煤矿地处缺水地区，所以，该煤矿决定对酸性矿井水进行有效处理，并回用作为煤矿生产用水。

6.4.3.2　工艺选择

该煤矿矿井水总排放量约为 $3000m^3 \cdot d^{-1}$，其中一个工作面排出的酸性矿井水水量约为 $1200m^3 \cdot d^{-1}$，另一工作面排出的中性矿井水水量约为 $1800m^3 \cdot d^{-1}$。两种矿井水进入井下中央水仓后水质仍为酸性矿井水，对设备和管道腐蚀非常严重。为了减少酸性矿井水对井下设备和管道的腐蚀，决定在井下，在酸性矿井水进入中央水仓之前进行中和处理。

经过矿井水水质分析，井下酸性矿井水的 pH 值在 $2.2 \sim 2.6$ 之间，除了 pH 值超标外，其铁和锰超标严重，分别达到 $36.0mg \cdot L^{-1}$ 和 $3.6mg \cdot L^{-1}$。根据 6.4.1 节分析可知，石灰中和法不太适合井下工作条件，采用烧碱或纯碱中和法较为合适。该煤矿酸性矿井水井下中和处理所采用的碱剂为烧碱。中和法处理后，水质 pH 值控制在 7.0～9.0 之间，为了去除矿井水中的铁和锰，中和反应后，再进入曝气池，然后再自流进入井下中央水仓。酸性矿井水经过中和、曝气处理后，进入中央水仓与另一个工作面的中性矿井水混合后，提升到地面。此时矿井水为中性，铁和锰含量下降至 $1.6mg \cdot L^{-1}$ 和 $0.75mg \cdot L^{-1}$，当煤粉等悬浮物含量较高时，水质呈黑色，当煤粉等悬浮物含量较低时，水质呈黄绿色。此时的矿井水属于含铁锰矿井水。根据含铁锰矿井水的处理方法（详见 6.3 节）和该煤矿的实际条件，矿井水除铁和除锰与矿井水去除悬浮物相结合。去除悬浮物工艺采用"预沉调节＋水力循环澄清池＋无阀滤池"工艺。除铁和除锰工艺采用化学氧化法，投加高锰酸钾，在预沉调节池与水力循环澄清池之间设置氧化池，再经过后续澄清和过滤去除悬浮物和氧化后的铁和锰沉淀物。

6.4.3.3　工艺流程

山西省某煤矿酸性矿井水处理工艺流程如图 6-18 所示。

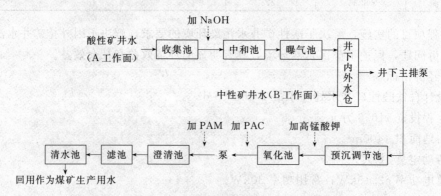

图 16-18　山西省某煤矿酸性矿井水处理工艺流程

流程说明如下。

① 井下纯碱中和法　井下 A 工作面的酸性矿井水自流进入收集池，再进入中和池，在中和池投加烧碱溶液，将酸性矿井水调至中性后进入曝气池，采用空气氧化法去除矿井水中的铁和锰，再流入井下内外水仓，再由井下主排泵提升至地面。

② 地面化学氧化法　提升至地面的矿井水已呈酸性，但是铁、锰和悬浮物等超标。提升至地面的矿井水先进入预沉调节池，调节水质和水量，再自流进入氧化池，氧化池中投加高锰酸钾，将铁和锰进行氧化，再由提升泵提升至澄清池，泵前投加聚合氯化铝（PAC），泵后投加聚丙烯酰胺（PAM），澄清池出水自流进入滤池，滤池出水自流进入清水池，清水池出水作为煤矿生产用水。

6.4.3.4　主要构（建）筑物

（1）收集池

有效容积：$100m^3$。

池数：1 座。

平面尺寸：$10m \times 4.0m \times 2.5m$。

地下式结构。

（2）中和池

有效容积：$50m^3$（1 座 2 格）。

池数：1座。

平面尺寸：6.0m×3.0m×3.0m。

地上式钢筋混凝土结构。

（3）曝气池

有效容积：50m³（1座2格）。

池数：1座。

平面尺寸：6.0m×3.0m×3.0m。

地上式钢筋混凝土结构。

（4）井下内外水仓

井下共设2个水仓。

内水仓有效容积2500m³。

外水仓有效容积3600m³。

（5）预沉调节池

有效容积：1000m³（1座2格）。

池数：1座。

平面尺寸：22.60m×12.90m×4.0m。

半地下式钢筋混凝土结构。

（6）水力循环澄清池

设2座澄清池并列布置，每座处理水量为1500m³·d⁻¹。

构筑物参数：

尺寸 ϕ7.20m×8.2m。

池数 2座。

结构 钢筋混凝土结构。

（7）重力式无阀滤池

设2座滤池并列布置，每座处理水量为1500m³·d⁻¹。

主要设计参数：

尺寸 5.65m×2.90m×4.5m。

池数 2座。

结构 钢筋混凝土结构。

（8）清水池

用于储存处理后的矿井水。

有效容积500m³。

构筑物参数：

尺寸 14.30m×10.70m×4.0m。

结构 钢筋混凝土结构。

（9）污泥浓缩池

有效容积80m³。

构筑物参数：

尺寸 ϕ6.0m×4.0m。

结构 半地下式钢筋混凝土结构。

（10）压滤车间

压滤车间设压滤机 1 套，皮带输送机 1 套，渣浆泵 2 台。

构筑物参数：

尺寸　　　　　　　　　11.00m×7.50m。

建筑面积　　　　　　　82.5m^2。

层高　　　　　　　　　3.6m。

结构　　　　　　　　　砖混结构。

（11）储泥间

储泥间平面尺寸：3.60m×7.87m。

建筑面积：28.3m^2。

层高：5.2m。

砖混结构。

6.4.3.5　处理效果和经济分析

（1）处理效果

该工程于 2008 年 6 月建成投产，运行效果良好。经过多年的运行，出水各项指标达到了回用要求，满足煤矿生产用水要求，出水水质的 pH 值、COD_{Cr}、铁、锰指标达到《地表水环境质量标准》（GB 3838—2002）要求，即 pH 值为 6～9，$COD_{Cr} \leqslant 20$mg·L^{-1}，Fe$\leqslant 0.3$mg·L^{-1}，Mn$\leqslant 0.1$mg·L^{-1}。该工程项目的实施，解决了酸性矿井水污染环境的要求，保护了矿区自然环境，具有明显的环境效益和社会效益。

（2）经济分析

① 设计矿井水处理水量 3000m^3·d^{-1}。

② 工程投资 583.6 万元。

③ 占地面积 4500m^2。

④ 劳动定员 12 人。

⑤ 水处理成本：0.53 元·t^{-1}水。

6.5　高矿化度矿井水处理与利用

6.5.1　水质特征与基本原理

6.5.1.1　形成机理

高矿化度矿井水一般是指含盐量（也称矿化度）大于 1000mg·L^{-1} 的矿井水[26]。高矿化度矿井水的形成机理如下[14]。

（1）地下水含盐量高

地下涌水是矿井水的主要来源，如果地下涌水本身含盐量较高，造成矿井水的矿化度高。

（2）易溶岩溶解

煤系地层中含易溶岩层，采掘活动使岩层中裂隙增加或原岩不同程度地破碎，增加水岩接触面积，使溶岩大量溶出，地下水矿化度增高。当煤系地层中含有大量碳酸盐类岩层及硫酸盐薄层时，矿井水随煤层开采与地下水广泛接触，加剧可溶性矿物溶解，使矿井水中 Ca^{2+}、

Mg^{2+}、HCO_3^-、CO_3^{2-}、SO_4^{2-} 等离子增加，导致矿井水的矿化度增高。

（3）硫化物氧化

当开采高硫煤层时，因硫化物氧化产生游离酸，游离酸再同碳酸盐矿物、碱性物质发生中和反应，使矿井水中 Ca^{2+}、Mg^{2+}、HCO_3^-、CO_3^{2-}、SO_4^{2-} 等离子增加，导致矿井水的矿化度增高。

（4）海水或咸水浸入

有的地区地处海水和咸水湖周边（如山东龙口一些矿井），造成海水或咸水浸入煤田，导致矿井水的矿化度增高。

6.5.1.2　水质特征

高矿化度矿井水中一般含有大量的 Ca^{2+}、Mg^{2+}、K^+、Na^+、SO_4^{2-}、Cl^-、HCO_3^- 等离子，水质多数呈中性或偏碱性，含盐量一般在 $1000 \sim 10000 mg \cdot L^{-1}$ 之间，少数达 $10000 mg \cdot L^{-1}$ 以上，根据矿井水中含盐量不同，高矿化度矿井水可以分为以下几种水质特征[1,26]：微咸水，含盐量在 $1000 \sim 3000 mg \cdot L^{-1}$ 之间；咸水，含盐量在 $3000 \sim 10000 mg \cdot L^{-1}$ 之间；盐水，含盐量在 $10000 mg \cdot L^{-1}$ 及以上。

根据矿井水中的离子超标类型不同（如硬度、硫酸盐或氯化物），高矿化度矿井水可以分为高硬度型、高硫酸盐型、高氯化物型或这几种类型的混合型。

6.5.1.3　处理技术

高矿化度矿井水一般不仅含盐量、硬度、硫酸盐或氯化物等含量超标，而且以煤粉为主的悬浮物含量超标，属于水质较差的矿井水。由于煤矿缺水，往往需要将此类矿井水处理后作为煤矿生产和生活用水。对高矿化矿井水中的悬浮物的去除参照 6.2 节，本节不再阐述。本节介绍的高矿化度矿井水处理技术主要指去除悬浮物之后的矿井水脱盐处理技术。

高矿化度矿井水常用处理技术有离子交换、蒸馏、电吸附、电渗析和反渗透等技术。离子交换是以离子交换剂上的可交换离子与液相中离子间发生交换为基础的分离方法，一般适合于含盐量小于 $500 mg \cdot L^{-1}$ 的水质。目前离子交换主要用在锅炉软化水末端处理等方面，基本没有用在高矿化度矿井水处理的脱盐方面。蒸馏法是海水淡化工业中成熟的技术。从热源价格方面考虑，用蒸馏法处理含盐量在 $4000 mg \cdot L^{-1}$ 以下矿井水是不经济的。由于热源来源限制，蒸馏法很少应用于矿井水深度处理。电吸附除盐技术是利用通电电极表面带电的特性对水中离子进行静电吸附，从而实现水质的净化目的的新技术。由于电吸附技术的脱盐率在 50% 左右，设备庞杂，一般只适合原水含盐量小于 $1500 mg \cdot L^{-1}$ 的矿井水脱盐[26]。

电渗析和反渗透工艺是国内矿井水深度处理最常用的处理工艺。由于电渗析不能去除水中的有机物和细菌，设备运行能耗大，使其在苦咸水淡化工程中的应用受到局限，因而原有电渗析装置在苦咸水淡化方面逐渐被反渗透装置所取代。反渗透除盐淡化技术具有适用范围广、工艺简单、脱盐率高（>95%）、水回收率高、操作管理方便、工艺技术先进可靠、运行稳定、出水水质好等特点。近几年来，随着膜科学技术的发展，反渗透处理装置的一次性投资大幅下降，特别是低压膜的广泛应用，使反渗透处理运行成本大大降低。所以反渗透技术是目前矿井水深度处理先进处理技术。

本节重点介绍高矿化度矿井水的电吸附处理技术、反渗透处理技术。

（1）电吸附处理技术

① 电吸附除盐处理原理　电吸附除盐技术（Electrosorb Technology），又称电容性除盐

技术（Capacitive Deionization/Desalination Technology），是 20 世纪 90 年代末开始兴起的一项新型水处理技术。其基本原理是基于电化学中的双电层理论，利用带电电极表面的电化学特性来实现水中离子的去除、有机物的分解等目的。

由电化学基础理论可知，将固体电极浸在水溶液中，施加电压时，在固体电极/溶液的两相界面处，电荷会在极短距离内分布、排列。作为补偿，带正电荷的正极会吸引溶液中的负离子（相反，负极就会吸引正离子），从而形成双电层。双电层结构相当于一个电容器，可以充放电，即双电层所带的电荷量的大小与双电层的电容值和双电层上的电位差成正比。所以，在一个完整的电化学体系中，在不发生法拉第反应的情况下，当给两个对应电极的双电层充电时，由于离子富集到电极周围，溶液本体中的浓度降低；相反，给双电层去掉电压，双电层放电，被富集的离子将扩散到本体溶液中，使本体溶液的离子浓度增大。

电吸附（EST）除盐的基本思想就是通过施加外加电压形成静电场，强制离子向带有相反电荷的电极处移动，对双电层的充放电进行控制，改变双电层处的离子浓度，并使之不同于本体浓度，从而实现对水溶液的除盐。由于电吸附技术采用的材料不仅导电性能良好，而且具有很大的比表面积，置于静电场中时会在其与电解质溶液界面处产生很强的双电层。双电层的厚度只有 1～10nm，却能吸引大量的电解质离子，并储存一定的能量。一旦除去电场，吸引的离子被释放到本体溶液中，溶液中的浓度升高，通过这一过程去除离子，如图 6-19 所示。

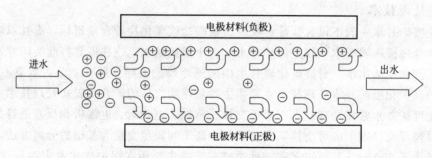

图 6-19　电吸附除盐原理

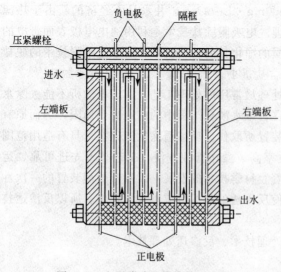

图 6-20　电吸附除盐模块结构示意

电吸附装置的核心是电吸附模块。电吸附模块由左右端板、正负电极接头、高效功能性材料阳极板和阴极板、隔离密封垫、压紧螺栓螺母、支撑架等组成，阴阳电极板和隔离密封垫之间形成水流通道，同时设置了进出水管路。模块结构示意如图 6-20 所示。

② 电吸附除盐处理工艺　电吸附工艺流程又分为三个流程：工作流程、再生流程、排污流程，如图 6-21 所示。

工作流程：在曝气池中，酸溶液通过计量泵同步连续地加入曝气池，经过曝气后原水通过提升泵被打入精密过滤器，大于 5μm 的残留固体悬浮物或沉淀物在此道

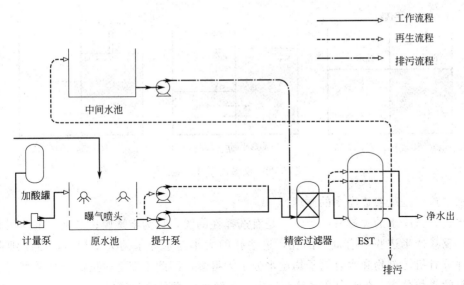

图 6-21 电吸附工艺流程

工序被截流，水再被送入电吸附（EST）模块。水中溶解性的盐类被吸附，水质被净化。

再生流程：就是模块的反冲洗过程，用原水冲洗经过短接静置的模块，使电极再生。反冲洗后的水被送入中间水池，进入中水池的水等待下一个周期排污用。

排污流程：其本质和再生一样，是模块的一个反冲洗程序，但水源有区别，排污过程用的是中间水池的水，即再生之后的浓水，这是一个有效的节水过程，因为经过再生之后的浓水尚未达到饱和，所以用再生后产生的浓水再次冲洗模块，就节省了冲洗过程中的用水量，提高了产水率。

电吸附技术应用于高矿化度矿井水的深度处理工程，对原水颗粒状污染物要求较低，可降低进水预处理的运行成本，但是对溶解性总固体去除率在 50% 左右，还有待进一步提高，对高浓度的含盐废水处理有一定的局限性。

（2）反渗透处理技术

反渗透法又称逆向渗透法，是以大于溶质渗透压的压力为推动力，用半透膜过滤，使溶液中的溶剂和溶质分离的方法。反渗透的核心元件是反渗透膜（RO 膜），纳滤（NF）与反渗透没有本质的区别，只是 NF 膜的孔径比 RO 膜稍大而已。以下除特别注明外，所提到的反渗透均包含纳滤。

① 反渗透处理原理　渗透现象在自然界是常见的，比如将一根黄瓜放入盐水中，黄瓜就会因失水而变小。黄瓜中的水分子进入盐水溶液的过程就是渗透过程。如图 6-22 所示，如果用一个只有水分子才能透过的薄膜将一个水池隔断成两部分，在隔膜两边分别注入纯水和盐水到同一高度。过一段时间就可以发现纯水液面降低了，而盐水的液面升高了。我们把水分子透过这个隔膜迁移到盐水中的现象叫作渗透现象。盐水液面升高不是无止境的，到了一定高度就会达到一个平衡点。这时隔膜两端液面差所代表的压力被称为渗透压。渗透压的大小与盐水的浓度直接相关。

在以上装置达到平衡后，如果在盐水端液面上施加一定压力，此时，水分子就会由盐水端向纯水端迁移。溶剂分子在压力作用下由稀溶液向浓溶液迁移的过程被称为反渗透现象。如果将盐水加入以上设施的一端，并在该端施加超过该盐水渗透压的压力，就可以在另一端

图 6-22　反渗透原理示意

得到纯水。这就是反渗透净水的原理。

反渗透设施净水的关键有两个：一是有选择性的膜，称为半透膜；二是一定的压力。简单地说，反渗透半透膜上有众多的孔，这些孔的大小与水分子的大小相当，由于细菌、病毒、大部分有机污染物和水合离子均比水分子大得多，因此不能透过反渗透半透膜而与透过反渗透膜的水相分离。在水中众多种杂质中，溶解性盐类是最难清除的。因此，经常根据除盐率的高低来确定反渗透的净水效果。反渗透除盐率的高低主要决定于反渗透半透膜的选择性。目前，较高选择性的反渗透膜元件除盐率可以高达 99.7%，纳滤膜元件对于一价离子的脱除率在 60% 以上，对二价离子的脱除率在 95% 以上。

② 衡量反渗透膜性能的主要指标　脱盐率和透盐率：脱盐率是通过反渗透膜从系统进水中去除可溶性杂质浓度的百分比；透盐率是进水中可溶性杂质透过膜的百分比。

$$脱盐率＝(1－产水含盐量/进水含盐量)×100\%$$

$$透盐率＝100\%－脱盐率$$

膜元件的脱盐率在其制造成型时就已确定，脱盐率的高低取决于膜元件表面超薄脱盐层的致密度，脱盐层越致密，脱盐率越高，同时产水量越低。反渗透对不同物质的脱盐率主要由物质的结构和相对分子质量决定，对高价离子及复杂单价离子的脱盐率较高，对单价离子如钠离子、钾离子、氯离子的脱盐率稍低。

1）产水量（水通量）。产水量（水通量）是指反渗透系统的产能，即单位时间内透过膜水量，通常用 $t \cdot h^{-1}$ 或 $gal \cdot d^{-1}$（$1gal＝3.78541dm^3$，下同）来表示。

渗透流率是表示反渗透膜元件产水量的重要指标，指单位膜面积上透过液的流率。过高的渗透流率将导致垂直于膜表面的水流速加快，加剧膜污染。反渗透系统中膜元件的渗透流率见表 6-19。

表 6-19　反渗透系统中膜元件的渗透流率

进水类型	反渗透产水	地下水	地表水	苦咸水	海水
典型含盐量/×10^{-6}	<500	300~1500	200~1500	1500~5000	32500
最大渗透流率/gal·d^{-1}	30	15	12	12	8

2）回收率。回收率是指膜系统中给水转化成为产水或透过液的百分比。膜系统的回收率在设计时就已经确定，是基于预设的进水水质而定的。回收率通常希望最大化以便提高经济效益，但是应该以膜系统内不会因盐类等杂质的过饱和发生沉淀为它的极限值。反渗透系统的典型回收率见表 6-20。

$$回收率＝(产水流量/进水流量)×100\%$$

表 6-20　反渗透系统的典型回收率

进水类型	反渗透产水	地下水及地表水	苦咸水	海水	回收浓缩
典型含盐量/×10⁻⁶	<500	200～1500	1500～5000	32500	—
最大回收率/%	90	75	75	50	≥90

③ 影响反渗透膜性能的因素　进水压力对反渗透膜的影响：进水压力本身并不会影响盐透过量，但是进水压力升高使得驱动反渗透的净压力升高，使得产水量加大，同时盐透过量几乎不变，增加的产水量稀释了透过膜的盐分，降低了透盐率，提高脱盐率。当进水压力超过一定值时，由于过高的回收率，加大了浓差极化，又会导致盐透过量增加，抵消了增加的产水量，使得脱盐率不再增加。

进水温度对反渗透膜的影响：反渗透膜产水电导对进水水温的变化十分敏感，随着水温的增加，水通量也线性的增加，进水水温每升高 1℃，产水通量就增加 2.5%～3.0%；其原因在于透过膜的水分子黏度下降、扩散性能增强。进水水温的升高同样会导致透盐率的增加和脱盐率的下降，这主要是因为盐分透过膜的扩散速度会因温度的提高而加快。

进水 pH 值对反渗透膜的影响：进水 pH 值对产水量几乎没有影响；而对脱盐率有较大影响。由于水中溶解的 CO_2 受 pH 值影响较大，pH 值低时以气态 CO_2 形式存在，容易透过反渗透膜，所以 pH 值低时脱盐率也较低，随 pH 值升高，气态 CO_2 转化为 HCO_3^- 和 CO_3^{2-}，脱盐率也逐渐上升，pH 值在 7.5～8.5 间，脱盐率达到最高。

进水盐浓度对反渗透膜的影响：渗透压是水中所含盐分或有机物浓度的函数，含盐量越高，渗透压也增加，进水压力不变的情况下，净压力将减小，产水量降低。透盐率正比于膜正反两侧盐浓度差，进水含盐量越高，浓度差也越大，透盐率上升，从而导致脱盐率下降。

回收率对反渗透的影响：通过对进水施加压力，当浓溶液和稀溶液间的自然渗透流动方向被逆转时，实现反渗透过程，如果回收率增加（进水压力恒定），残留在原水中含盐量更高，自然渗透压将不断增加直至与施加的压力相同，这将抵消进水压力的推动作用，减慢或停止反渗透过程，使渗透通量降低或甚至停止。RO 系统最大可能回收率并不一定取决于渗透压的限制，往往取决于原水中的含盐量和它们在膜面上要发生沉淀的倾向，最常见的微溶盐类是碳酸钙、硫酸钙和硅，应该采用原水化学处理方法阻止盐类因膜的浓缩过程引发的结垢。

④ 煤矿矿井水反渗透处理的优势　反渗透水处理技术基本上属于物理方法，它借助物理化学过程，在煤矿矿井水深度处理方面具有传统的水处理方法所没有的优势。a. 反渗透是在室温条件下，采用无相变的物理方法使水得以淡化、纯化；b. 水的处理仅依靠水的压力作为推动力，其能耗在许多处理方法中最低；c. 设计手段相对完善，适应原水水质范围广，产水水质全过程可控；d. 不用大量的化学药剂和酸、碱再生处理；无化学废液及废酸、废碱排放，无废酸、废碱的中和处理过程，无环境污染；e. 系统简单，操作方便，设备占地面积小，需要的空间也小；运行维护和设备维修的工作量极少。

6.5.2　前处理

高矿化度矿井水的反渗透处理的核心部件为反渗透膜，较为精密，对进水要求较高，矿井水经过去悬浮处理的净化处理后出水水质仍然很难达到其进水要求，作为反渗透处理的前处理技术就显得尤为重要[27]。

前处理主要有三方面作用：第一是去除净化处理出水中的残留悬浮物，进一步降低水中有机物、磷、重金属、细菌和病菌的浓度；第二是为后续的深度处理创造有利条件，保证深度处理系统稳定运行以及提高处理效率；第三是降低过滤液悬浮物和其他干扰物质浓度，提高杀菌效率，节省消毒剂用量。

煤矿矿井水反渗透处理对进水的要求最高，主要指标要求 SDI_{15}（污染指数）$\leqslant 5$、浊度 $\leqslant 1NTU$、余氯 $\leqslant 0.1mg \cdot L^{-1}$（醋酸纤维素膜要求余氯 $\leqslant 0.5mg \cdot L^{-1}$）等。一般矿井水净化后要求悬浮物 $\leqslant 50mg \cdot L^{-1}$，通常工程实践可以做到 $20mg \cdot L^{-1}$ 以下，浊度大约在 30NTU 以下，有时可以达到 5NTU 以下。这与反渗透进水要求仍有较大差距，需要预处理系统进一步处理，以满足浊度 $\leqslant 1NTU$、余氯 $\leqslant 0.1mg \cdot L^{-1}$ 的要求（通常浊度 $\leqslant 1NTU$，可以保证 $SDI_{15} \leqslant 5$）。

目前常用的深度处理预处理技术主要有以介质过滤、活性炭过滤为主的预处理技术和以叠片过滤、超滤（微滤）为主体的膜法预处理技术。

6.5.2.1　介质过滤和活性炭过滤预处理

介质过滤和活性炭过滤主要是通过在滤料表面或滤料内部截留水体中的细微颗粒物、有机物、胶体、余氯等。

（1）介质过滤原理

过滤主要通过在粒状滤料表面悬浮颗粒从水中向滤料表面迁移、附着在滤料上和从滤料表面脱附三个过程来实现。

① 迁移　被水携带的颗粒随水流运动的过程中，由于受到直接拦截、布朗运动、颗粒的惯性、重力沉淀、流体效应以及范德华力等诸因素共同作用悬浮颗粒不断向滤料表面迁移。对某一颗粒来说，可能同时受几种作用，但起主要作用的只是一两种，取决于悬浮颗粒的尺寸、速度、密度、性质和形状等。

② 附着　当悬浮颗粒因上述作用迁移到滤料表面时，如果滤料表面和悬浮颗粒的表面性质能满足附着条件，悬浮颗粒就被滤料捕获。研究发现，加药混凝后的悬浮颗粒在滤料表面的附着好于未经混凝的颗粒。混凝促使滤料与悬浮颗粒之间产生黏附是范德华力、化学键和混凝吸附架桥等共同作用的结果。

③ 脱附　在整个过滤过程中，附着与脱附共存。附着力与水流冲刷力的综合作用决定了颗粒物是被附着还是脱附。

（2）活性炭过滤原理

活性炭过滤是预处理过程中的习惯性称呼，准确地讲应该称为：活性炭吸附（以下仍然采用习惯性称呼）。溶液中的物质由一相向某种适宜的另一相界面上积累（富集）的过程称为吸附。

在矿井水深度处理的预处理过程中，活性炭过滤主要是应用吸附作用来去除废水中的有机污染物质、细菌、氧化性物质等，一般都是通过固液界面的吸附来实现的。具有吸附能力的多孔性固体物质被称为吸附剂，而被吸附的物质则称为吸附质。

吸附力可分为分子间引力（范德华力）、化学键力和静电力，因此吸附可分为物理吸附、化学吸附以及离子交换吸附三种类型。

① 物理吸附　由分子间作用力引起的吸附称为物理吸附。物理吸附过程会放热，此过程低温时由分子间作用力引起的吸附被称为物理吸附。物理吸附过程会放热，此过程低温时就能进行；物理吸附是可逆的，并基本无选择性，能够形成单分子吸附层或多分子吸附层。

这是由一种吸附剂可吸附多种吸附质所致，但由于吸附剂和吸附质的极性强弱不同，某一种吸附剂对各种吸附质的吸附量是不同的。

② 化学吸附 由于化学键力发生化学作用而产生的吸附称为化学吸附。化学吸附的吸附热较大（一般为 $83.7 \sim 418.7 kJ \cdot mol^{-1}$），因此一般在较高温度下进行。一种吸附剂只能对某种或几种吸附质发生化学吸附，因此化学吸附具有选择性。由于化学吸附是靠吸附剂和吸附质之间的化学键进行的，所以化学吸附只能形成单分子吸附层；当化学键力大时，化学吸附是不可逆的。

③ 离子交换吸附 吸附剂表面的反离子被液相中同电性的吸附质离子取代而发生的吸附称为离子交换吸附。

在水处理中，大部分的吸附往往是上述三种吸附综合作用的结果。由于吸附质、吸附剂及其他因素的影响，可能某种吸附是主要的。

（3）主要工艺设备

深度处理的传统预处理技术大多采用压力式过滤器，极少采用重力式过滤设施。压力式过滤器主要包括介质过滤器和活性炭过滤器两类。

① 介质过滤器 介质过滤器也称机械过滤器，只装一种石英砂滤料，则称为砂滤器；内部装有两种或以上（石英砂和无烟煤等）过滤介质，也称多介质过滤器。其主要作用是去除粒度大于 $20 \mu m$ 的机械杂质、经过混凝的小分子有机物和部分胶体，使出水浊度＜1NTU，SDI≤5。

介质过滤器的构造见图 6-23。它由筒体、挡板、人孔、压力表、滤头、滤料、排水管、进水管、排气管、冲洗水管、冲洗气管以及控制阀组等组成。控制阀组根据设备规模可以采用手动阀门、电动阀门或气动阀门等，在小型设备上也有一体式的控制阀组。滤料多采用级配石英砂滤料。

在介质过滤器运行过程中，存在"过滤"和"冲洗"两种状态，两者相互交替，周期循环。过滤时，由水泵送来的水通过阀组由过滤器上部进入，依次通过各层滤料，由滤头汇集起来通过阀组由出水管排出。反冲洗时，冲洗水经滤头上的孔眼自下而上穿过承托层及滤料层，均匀地分布于整个滤池平面上。滤料层在由下而上的水流中处于悬浮状态，滤料得到清洗。

工程应用中，设计和运行都是以水头损失来控制过滤周期的，即当滤料的水头损失达到最大允许值时，就停止过滤，对过滤器进行冲洗。当然，所定的最大水头损失数值是保证在过滤状态达到该水头损失时，滤料层尚余一定的截污能力，不会发生滤层的穿透。

冲洗是恢复过滤功能的关键，一次冲洗不彻底，就会对其后的过滤和冲洗造成连环性的危害，严重时会需要提前更换滤

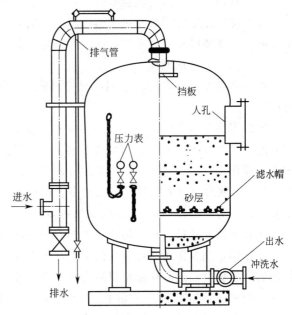

图 6-23　介质过滤器结构示意

料。由于矿井水深度处理流程中过滤器进水中含有悬浮物、有机物、胶体物质以及易于结垢的各种盐类，被滤层截留后会导致滤料板结，故对过滤器的冲洗要求高于给水处理中滤池的冲洗。

多介质过滤器冲洗有三种方式：单独用水反冲洗、气水联合反冲洗、带表面辅助冲洗的水反冲洗。

② 活性炭过滤器　活性炭过滤器在深度处理的预处理过程中，主要用于去除进水中夹杂的有机物、残留的浊度以及加氯杀菌过程中剩余的余氯等。

活性炭过滤器的构造与介质过滤器结构相同，滤料多采用颗粒活性炭。

在活性炭过滤器运行过程中，也存在"过滤"和"冲洗"两种状态，两者相互交替，周期循环。流程与介质过滤器相同。

活性炭过滤器的反冲洗一般采用高速水冲洗，冲洗强度较介质过滤小，在冲洗过程中滤料膨胀率一般需达到 30% 左右，颗粒在悬浮流化状态下相互碰撞，一般冲洗 3～5min 就可获得预期的冲洗效果。

6.5.2.2　膜法前处理

（1）叠片过滤原理

叠片过滤是通过在塑料叠片两边刻有大量一定微米尺寸的沟槽，一串同种模式的叠片叠压在特别设计的内撑上，通过弹簧和液体压力压紧时，叠片之间的沟槽交叉，从而制造出拥有一系列独特过滤通道的深层过滤单元，这个过滤单元装在一个耐压耐腐蚀的滤筒中形成一个过滤器。在过滤时，过滤叠片通过弹簧和流体压紧，压差越大，压紧力越强。液体由外缘通过沟槽流向叠片内缘，经过多个过滤点，从而形成独特的深层过滤。过滤结束后通过液压使叠片之间松开进行手工清洗或自动反冲洗。

叠片过滤器工作分过滤和反冲洗两种工作状态。

过滤工作状态：过滤器内部的过滤盘片在弹簧力和水力作用下被紧密地压在一起。当含有杂质的水通过时，杂质颗粒被截留在滤盘的外边。

反冲洗工作状态：改变过滤器的水流方向，在反向水压力作用下，盘片被松开，位于盘中央的反冲洗喷嘴沿切线喷射，使盘片旋转，盘上截留的杂物被冲洗掉排出。

（2）微滤、超滤原理

微滤和超滤没有本质的不同，只是过滤膜的孔径有差别，以下不特别区分，均以超滤称呼。

超滤膜多数为非对称膜，由一层极薄（通常仅 $0.1～1\mu m$）具有一定孔径的表皮层和一层较厚（通常为 $125\mu m$）具有海绵状或指状结构的多孔层组成，前者起筛分作用，后者主要起支撑作用。超滤过程的原理如图 6-24 所示。在一定压力作用下，当含有溶质 A 和溶质 B 的混合溶液通过超滤膜时，溶剂和小于膜孔的低分子溶质 B 通过超滤膜成为超滤液，而大于膜孔的高分子溶质 A 则被截留成浓缩液。溶质由于分子太大，不能进入膜孔而被截留。当溶质分子比膜孔径小时，超滤膜仍然有明显的截流效果，这主要是被截流的物质与膜材料的相互作用，相互作用力包括范德华力、静电引力、氢键作用力等，所以对溶质截流效果起作用的因素更全面的解释应是膜的孔径大小和膜表面的化学特性。

一般来说，超滤膜的截留相对分子质量在 $500～300000$ 之间，即可以截留 $0.002～0.1\mu m$ 之间的颗粒物；微滤膜可以截留 $0.1～1\mu m$ 之间的颗粒物。操作压力都较小，一般为 $0.1～0.5MPa$。

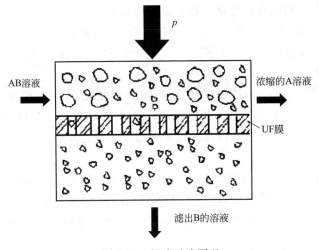

图 6-24　超滤过滤原理

深度处理的预处理过程中常用中空纤维式的微滤、超滤膜。中空纤维膜丝的直径在 $0.05\sim2mm$。膜组件中大多数中空纤维呈 U 形，或一端封闭于加压容器中，也有两端开口的直纤维。膜不需要支撑材料，中空纤维本身可以受压而不破裂。中空纤维极细，膜组件的容器内可以装填几百万根，单位体积中膜的比表面积较大，因此组件可以小型化。主要部件包括中空纤维膜、压力容器、封头和管接头及密封件。中空纤维超滤膜组件的形式很多，可分为外压式和内压式，如图 6-25 所示。内压式组件的分离层在纤维的内表面，使用时，料液从组件的一端进入，在中空纤维的内腔流动，在压力的作用下，一部分溶剂和小分子物质透过膜成为产水，另一部分溶剂和大分子物质沿内腔流向组件的另一端，成为浓水。外压式与内压式相似，但纤维的分离层在外表面，料液从组件的进水端进入中心布水管，并把料液均匀地分配开来，浓缩液从组件的侧口排出，透过液在纤维内腔流向另一端。内压式的操作易控制水流状态，有利于减少膜污染和浓差极化现象。外压式的操作可以获得更大的膜面积。最大膜组件的直径可以做到 $0.254m$，膜组件使用时的操作压力一般不大于 $0.3MPa$。

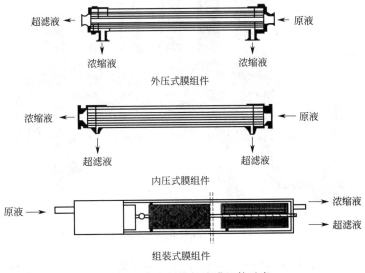

图 6-25　中空纤维超滤膜组件示意

相比较传统工艺，超滤在预处理中有它独特的优点。

① 浊度的去除　无论进水浊度如何，超滤膜的出水浊度均可稳定在 0.02NTU 以下；研究人员对世界二十多家应用 UF 工艺的水厂调查也证实了 UF 法水处理工艺的膜出水浊度能稳定控制在 0.1NTU 以下。

② 颗粒物的去除　由于浊度是水中反映颗粒物浓度的综合指标，当水质浊度低于 0.1NTU 时，现有的浊度检测装置的检测精度已经不够，此时用颗粒计数作为水质指标是比较合适的，它是专门为膜法水处理技术设计的指标。研究发现 UF 膜对颗粒物质的去除率可达 99％以上。

③ 微生物的去除　超滤工艺能有效去除水中细菌、贾第虫、隐孢子虫等病原微生物。研究发现当每毫升原水细菌总数为数十 CFU（colony forming unit）时，渗透液细菌总数为 0；当原水细菌总数为 550~1500CFU·mL^{-1} 时，渗透液细菌总数为 1CFU·mL^{-1}，去除率均在 99％以上。

④ 有机物的去除　超滤对水中的有机污染物也有一定的去除效果，但是去除效果不是很理想。研究发现，截留相对分子质量为 10 万 UF 膜对 TOC 的去除率可达 17％左右，COD_{Mn} 的去除率在 30％左右，对 UV254 的去除率在 40％左右。

超滤对有机物的去除主要依靠膜孔筛分作用，它对小于其孔径的有机物去除效果不佳。水中有机物中的很大一部分是小分子溶解性有机物，小于超滤膜孔的孔径，因而导致超滤膜对其去除率很低。因此有必要研究提高超滤对有机物特别是小分子有机物去除率的方法和工艺。

（3）主要工艺设备

深度处理的膜法预处理技术采用的设备主要包括叠片过滤器、微滤/超滤机组等。

① 叠片过滤器　叠片过滤器主要用来去除水中几微米至几十微米以上的颗粒物，作为后续微滤/超滤的预处理。一般包括数个并联的过滤单元、控制阀组和控制箱。图 6-26 所示为六联装叠片过滤器组。

图 6-26　六联装叠片过滤器组

中小型系统多采用单个反冲模式，即每个控制阀控制一个叠片过滤器单元反冲洗，系统内某一时刻一般只有一个单元处于反冲洗状态；大型系统可以采用集体反冲模式，即每个控制阀控制几个叠片过滤器进行反冲洗。叠片过滤器的工作原理如图 6-27 所示。控制箱根据压力差或时间信号，控制反冲洗阀的状态，过滤状态或者反冲洗状态。当处于过滤状态时，由进水母管来的压力水通过反冲洗阀分配到叠片过滤器单元的进水口，进入过滤器由出水母管排出；当处于反冲洗状态时，反冲洗阀切断了进水母管与叠片过滤器之间的通路，接通排污管与叠片过滤器的通路，由于出水存在 0.1～0.2MPa 的压力，则出水母管中的水倒流进叠片过滤器单元进行反冲洗，由排污管排出。

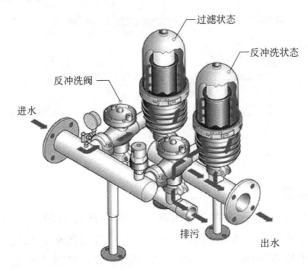

图 6-27　叠片过滤器组工作原理示意

② 微滤/超滤机组　煤矿矿井水深度处理的预处理多采用中空纤维微滤/超滤膜组件，其中大多数采用超滤。操作形式多采用错流过滤，根据过滤压力差控制反冲洗。微滤/超滤机组主要包括机架、膜组件、控制阀组及控制箱等，如图 6-28 所示。

图 6-28　某型超滤机组

微滤/超滤一般采用错流过滤模式，其控制过程与叠片过滤器类似。错流过滤示意如图 6-29 所示。经过叠片过滤后的矿井水进入膜元件，其中 90% 以上的水透过膜孔进入净化水母管，其余不到 10% 的废水和绝大部分杂质通过排污管排出即完成了水的过滤过程。反洗时与上述过程相反，进水口封闭，净化水透过膜孔进入膜元件，将杂质冲离膜面通过排污口排出。微滤、超滤系统一般都是自动控制反洗，控制阀组采用气动或电动阀门，反洗间隔一般为数十分钟。

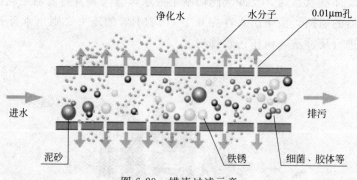

图 6-29　错流过滤示意

6.5.3　反渗透法处理

平朔井工一矿太西区（以下简称"太西区"）在生产过程中，一方面有大量矿井水产生，另一方面需要大量的生产和生活用水。井工一矿将太西区矿井水处理后作为生产和生活用水，既解决了矿井水外排污染环境的问题，又解决了煤矿的缺水问题[28]。

6.5.3.1　水量、水质和处理要求

太西区矿井水处理站设计矿井水净化处理水量 $1000m^3 \cdot h^{-1}$，矿井水深度处理水量 $300m^3 \cdot h^{-1}$。

太西区矿井水为高悬浮物、高矿化度矿井，水质情况为：pH 值为 7.82，悬浮物（SS）为 $500 \sim 1200mg \cdot L^{-1}$，其他离子指标如表 6-21 所列。

表 6-21　平朔井工一矿矿井水水质离子指标

$K^+ + Na^+$	Ca^{2+}	Mg^{2+}	Cl^-	SO_4^{2-}	总硬度	碳酸盐硬度	非碳酸盐硬度	总碱度	矿化度	可溶 SiO_2
6	443	300	1837	451	2344	370	1974	370	2840	10

注：表中单位均为 $mg \cdot L^{-1}$，硬度和碱度均以 $CaCO_3$ 计。

矿井水净化处理后达到《城市污水再生利用　城市杂用水水质》（GB/T 18920—2002），深度处理后达到《生活饮用水卫生标准》（GB 5749—2006）。

6.5.3.2　工艺选择

（1）净化处理工艺选择

太西区的高悬浮物矿井水水质特点：a. 悬浮物粒径差异大、密度小、沉降速度慢；b. 悬浮物含量很不稳定；c. 矿井水中的 COD_{Cr} 是煤屑中碳分子的有机还原性所致，它将随着悬浮物的去除而消失，故不需要进行生化处理。

以去除矿井水中悬浮物、色度为目的混凝、沉淀（澄清）的工艺，称为矿井水净化处理。井下矿井水排至地面矿井水处理站的特点是时间短、流量大。净化处理工艺选择需要根据含悬浮物矿井水的特点和排水规律来确定。根据太西区矿井水水质特点和国内矿井水净化

处理技术水平,太西区矿井水净化处理采用"混凝、高效澄清和多介质过滤"工艺。该工艺具有处理效果好、投资省、水处理成本低、运行管理方便等优点。

(2) 深度处理工艺选择

由于太西区矿井水具有氯离子含量高、硫酸根含量高和含盐量高等特点,在净化处理后,必须再进行深度处理(即脱盐处理),出水方可达到生活饮用水卫生标准。国内脱盐技术主要有离子交换、蒸馏、电渗析和反渗透等工艺。离子交换法、蒸馏法基本上在国内矿井水深度处理中没有应用。电渗析和反渗透工艺是国内矿井水深度处理最常用的处理工艺。电渗析工艺不能去除水中的有机物和细菌,运行能耗大,在苦咸水淡化方面逐渐被反渗透装置所取代。反渗透除盐淡化技术具有适用范围广、脱盐率高(>95%)、水回收率高、操作管理方便、运行稳定、出水水质好等特点。随着膜科学技术的发展,反渗透工艺的一次性投资大幅下降,低压反渗透膜的应用使反渗透处理运行成本大大降低。因此,采用反渗透工艺作为太西井矿井水深度处理工艺。

(3) 煤泥水处理工艺选择

矿井水净化处理过程中预沉调节池和沉淀池(澄清池)有污泥排出。该污泥的固相成分主要是煤粉,也称煤泥水。为了防止二次污染,煤泥水需要进行处理,处理方法有如下四种:a. 送至选煤厂处理;b. 井下灌浆或采空区回灌处理;c. 干化场处理;d. 机械脱水处理。其中 a、d 两种在实际应用较多。结合太西区实际情况,本工程采用机械脱水处理煤泥水。

6.5.3.3　工艺流程

太西区矿井水采用以去除悬浮物为目的的净化处理和以脱盐为目的的深度处理,处理工艺流程如图 6-30 所示。图 6-30 中从开始至清水池为矿井水净处理流程,从叠片过滤器至成品水池为矿井水深度处理流程。

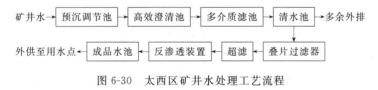

图 6-30　太西区矿井水处理工艺流程

预沉调节池和高效澄清池排出的煤泥水,采用机械脱水处理,工艺流程如图 6-31 所示。

图 6-31　太西区矿井水处理产生的煤泥水处理工艺流程

6.5.3.4　工艺特点

① 净化处理工艺中的预沉调节池具有调节水量、调节水质的特点,提高了净化处理耐冲击负荷能力;高效澄清池在清水区增设斜管并利用水力循环的原理提高第一反应室污泥浓度,提高了水处理效果,降低了药品消耗量。

② 矿井水深度处理工艺中,采用"叠片过滤和超滤"预处理工艺,可进一步去除水中的悬浮物和胶体物质,可确保反渗透进水 SDI 小于 4;投加一定量的阻垢剂,可有效防止膜结垢,保证了反渗透系统的稳定运行。

③ 处理工艺中采用了模拟屏、上位机和 PLC 自动控制，实现自动加药、自动排泥和全过程控制功能。

6.5.3.5　主要构（建）筑物

（1）预沉调节池

尺寸为 44.60m×31.00m×3.8m，1 座 2 格，总有效容积为 4750m³，钢筋混凝土结构。

（2）高效澄清池

高效澄清池是集混合、絮凝、沉淀于一体的水处理构筑物，且在反应过程中有部分污泥回流，使水中颗粒物质的浓度提高，可有效提高混凝、沉淀处理效果，清水区设斜管，提高沉淀效果。设计流量为 250m³·h⁻¹（单座），4 座，钢筋混凝土结构。

（3）多介质滤池

多介质滤池利用石英砂和无烟煤作双层滤料，能较完全地去除水中悬浮物和胶体，且具有自动反冲洗能力，设计流量为 250m³·h⁻¹（单座），4 座，钢筋混凝土结构。

（4）清水池

尺寸为 16.4m×16.4m×4.45m，1 座，有效容积为 1000m³，钢筋混凝土结构。

（5）煤泥水浓缩池

尺寸为 ϕ12.0m×5.0m，1 座，用于储存并浓缩煤泥水，池顶部加盖，有效容积为 350m³，钢筋混凝土结构。

（6）淡水池

尺寸为 16.4m×16.4m×4.45m，1 座，有效容积为 1000m³，钢筋混凝土结构。

（7）超滤水池

尺寸为 8.4m×15.2m×4.15m，1 座，有效容积为 430m³，钢筋混凝土结构。

（8）桁架刮泥机

预沉调节池每格各设 1 台，型号 MK-GNJ15，桁架提板式，行走速度为 1.0m·min⁻¹，升降功率 N=0.80kW，行走功率 N=1.10kW，材质碳钢。

（9）脱水系统

厢式自动拉板压滤机：2 台，型号，XZ/1250，过滤面积为 160m²，材质为增强聚丙烯。

（10）矿井水自动加药成套设备

主要由水质自动采样器、在线浊度分析仪、在线电磁流量计量泵、超声波液位计、变频器、PLC 等组成。设备型号 MK-ADS-24000，尺寸为 3.6m×1.5m×1.5m，2 套。

（11）矿井水自动排泥成套设备

主要由计量泵、排泥电动阀、变频器、PLC 等组成。设备型号 MK-ASD-12000，2 套。

（12）超滤装置

单套设计产水量 220m³·h⁻¹，水回收率 90%，水温 20℃，2 套；膜元件为外压式中空纤维，型号 LH3-1060-V，尺寸 ϕ277×1715，PVC 合金材质，超滤膜过滤通量≤70L·(m²·h)⁻¹。

（13）反渗透装置

单套设计产水量 75m³·h⁻¹，水回收率 70%，反渗透脱盐率≥95%，排列（级、段）方式为一级二段，4 套；膜元件为卷式反渗透复合膜，型号 BW30-400，聚酰胺复合膜材质；压力容器型号 8040，6m，压力容器材质 FRP，单根外壳安装膜元件数每根 6 支。

（14）全过程监控成套设备

主要由水处理模拟屏、工控机、液晶显示器、打印机、操作控制台、电源柜、仪表柜、PLC 自控系统、在线传感器等组成。实时采集矿井水进水流量、进水浊度、预沉调节池液位、集水池液位、煤泥水池液位、清水池液位、储药设备液位、出水流量、出水浊度等参数。设备型号 MK-MCS -24000，1 套。

6.5.3.6　处理效果和水处理成本

（1）处理效果

平朔井工一矿太西区矿井水处理厂于 2009 年投入运行，净化处理出水浊度≤2NTU，色度≤10 度，深度处理出水各项指标达到《生活饮用水卫生标准》（GB 5749—2006）。太西区排出的矿井水属于"高悬浮物、高矿化度矿井水"。将矿井水净化处理和深度处理，出水回用，既解决了矿井水外排污染问题，又解决了太西区生产和生活缺水问题。运行实践表明：太西区矿井水处理厂工艺合理、稳定可靠、出水水质好、操作管理简单，具有一定的推广应用前景。

（2）水处理成本

矿井水处理成本为 2.73 元·t^{-1} 水，详细如表 6-22 所列。

表 6-22　太西区矿井水处理成本一览表　　　　　　单位：元·t^{-1}

电　费	药剂费	维修费	折旧费	人工费	合　计
1.65	0.28	0.22	0.33	0.25	2.73

6.5.4　电吸附法处理

6.5.4.1　项目背景

济三煤矿工业园区包括济三煤矿和济三电厂两部分，在组织生产活动中需要抽取大量的地下水，同时在煤矿开采过程中井下又涌出大量的矿井水，虽然经过净化处理后部得到了回用，但仍有约 8000m^3·d^{-1} 的矿井水由于碱度、溶解性总固体等指标超标，为高矿化度矿井水，水质无法达到济三电厂循环冷却补充水要求处理的要求。为提高矿井水利用率，必须对富余的高矿化度矿井水进行深度除盐处理，使处理后的水复用到济三电厂循环冷却水的补水环节，这样既节水又减排，既具有可观的经济效益，同时也具有深远的社会效益。

6.5.4.2　工艺选择

济三矿矿井水经过沉淀、混凝、澄清工艺二级处理后，50％的中水被复用到井下、地面等矿井生产的各个单元，但仍有 50％的矿井水达不到《工业循环冷却水处理设计规范》（GB 50050—2007）及《再生水水质标准》（SL 368—2006）的要求，据监测，该水质的主要指标：溶解性总固体在 1700mg·L^{-1} 左右、总碱度大约为 550mg·L^{-1}，无法作为电厂循环水补水的水源，这不但造成很大的水源浪费，也给周边环境带来压力。根据济三电厂补水水质标准要求，即主要指标溶解性总固体≤1000mg·L^{-1}、总碱度（按 $CaCO_3$ 计）≤200mg·L^{-1}，含盐量去除率大于 45％就可以满足供水要求。综合考虑工程的建设规模、进水特性、处理要求、工程投资、运行费用和维护管理等情况，经过技术经济比较、分析，电吸附工艺技术经济优势比较明显。

6.5.4.3　水质和水量情况

矿井水深度处理工程设计处理水量为 8000m^3·d^{-1}。

设计产水率为 75%，则电吸附除盐产水量为 $6000m^3 \cdot d^{-1}$。

设计进、出水水质指标见表 6-23。

表 6-23　电吸附除盐进、出水水质指标

项 目 名 称	单　位	矿井水净化出水	设 计 出 水	去 除 率
pH 值		8.2	7.0~8	—
溶解性总固体	$mg \cdot L^{-1}$	1690	≤1000	≥40%
总硬度	$mg \cdot L^{-1}$	216	≤100	≥50%
总碱度	$mg \cdot L^{-1}$	533	≤200	≥63%
浊度	NTU	1.1	≤3	—
SO_4^{2-}	$mg \cdot L^{-1}$	765	≤250	≥67%
Cl^-	$mg \cdot L^{-1}$	79.4	≤250	—
电导率	$\mu S \cdot cm^{-1}$	2800	≤1500	≥46%

6.5.4.4　工艺流程

矿井水通过加酸、曝气，降低原水中碱度，再经过纤维球过滤器进入原水池，通过提升泵提升至保安过滤器后进入电吸附模块，从模块出来的最终产品水 100% 复用到电厂，具体工艺流程见图 6-32。

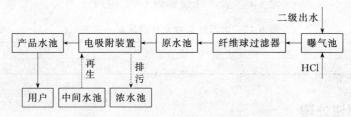

图 6-32　某矿矿井水电吸附处理工艺流程

电吸附阶段有两组模块，交替运行，每组模块一个运行周期由三个流程组成，即工作流程、再生流程和排污流程。

6.5.4.5　主要构（建）筑物和设备

矿井水电吸附处理主要构（建）筑物见表 6-24，主要设备见表 6-25。

表 6-24　矿井水电吸附处理主要构（建）筑物

编号	名　称	规格/型号及备注说明	数量
1	原水池	$400m^3$，地下式钢筋混凝土结构	1 个
2	曝气池	$400m^3$，地下式钢筋混凝土结构	1 个
3	中水池	$250m^3$，地下式钢筋混凝土结构	1 个
4	产水池	$550m^3$，地下式钢筋混凝土结构	1 个
5	车间	$30m \times 22m$，地上式轻钢结构	1 个

表 6-25　矿井水电吸附处理主要设备

编号	名　称	规格/型号及备注说明	数量
1	模块提升泵	$Q=322m^3 \cdot h^{-1}$；$H=24m$；37kW；	4 台
2	过滤器提升泵	$Q=200m^3 \cdot h^{-1}$；$H=23m$；18.5kW	3 台
3	过滤器反洗泵	$Q=250m^3 \cdot h^{-1}$；$H=32m$；37kW	1 台
4	电吸附模块		56 套
5	模块清洗水泵	$Q=25m^3 \cdot h^{-1}$；$H=20m$；	1 台
6	提升水泵	$Q=340m^3 \cdot h^{-1}$；$H=32m$；37kW	2 台
7	整流变压器	$500kV \cdot A/6kV$	1 台

编号	名称	规格/型号及备注说明	数量
8	整流器	供 0～2000A 直流电	1台
9	分组柜	2000mm×800mm×600mm	14台
10	控制柜		1套

6.5.4.6　处理效果和经济分析

（1）处理效果

该工程 2011 年 4 月建成并投入运行，运行期间电吸附模块运行稳定，出水水质达到了设计标准，具体水质情况详见表 6-26。

表 6-26　出水水质

时间	进水					出水					产水率/%
	水量/m³	电导率/μS·cm⁻¹	总硬度/mg·L⁻¹	总碱度/mg·L⁻¹	浊度/NTU	水量/m³	电导率/μS·cm⁻¹	总硬度/mg·L⁻¹	总碱度/mg·L⁻¹	浊度/NTU	
2011.4.1	6835	3245	223	564	6.5	4953	1286	105	265	1.2	78
2011.4.2	6629	3198	218	526	5.8	5237	1265	95	254	1.5	79
2011.4.3	6816	3265	236	542	9.6	5316	1266	128	262	1.1	78
2011.4.5	7256	3290	209	538	4.9	5224	1333	103	271	1.2	72
2011.4.6	7848	3176	221	533	5.2	5572	1426	121	276	1.1	71
2011.4.7	7982	3198	216	552	4.8	5635	1497	114	286	1.3	70.6
2011.4.8	7964	3234	220	546	5.1	5614	1435	116	281	1.2	70.5

从监测数据来看，原水的电导率、总硬度和总碱度等指标变化不大，在保证产水水质的情况下产水率随着处理量的增加逐渐变小，在满负荷运转的情况下产水率在 70% 左右，产水水质指标稍微偏大，但没有超出设计的出水水质标准。在刚开始调试的一周内，由于矿井水的絮凝沉淀处理阶段加药量偏大，导致进水电导率不稳，在 3500～4800μS·cm⁻¹ 之间，高于设计值，模块电压加到最大 360V，产水率只有 50% 左右，出水电导率才能达到设计要求。通过对矿井涌水的一、二级处理的强化管理，更换了 PAC 的药品厂家，进水电导率基本稳定在 3200μS·cm⁻¹ 左右。

（2）经济分析

项目总投资为 1496.21 万元。矿井水电吸附处理项目投资构成见表 6-27。

图 6-27　矿井水电吸附处理项目投资构成

序号	项目名称	合计/万元	投资比重/%
一	建筑安装工程费用	392.62	26.24
1	土建工程	226.66	15.15
2	安装工程	165.96	11.09
二	设备及工器具购置	985.73	65.88
三	工程建设其他费用	60.32	4.03
	小计	1438.66	96.15
四	工程预备费	57.55	3.85
	合计	1496.21	100.00

该工程投入运行后，经实际核算，吨水电耗为 1.03kW·h、材料费为 0.13 元·m⁻³、建筑和设备折旧费 0.61 元·m⁻³、人工费和修理费 0.15 元·m⁻³，经计算，总成本为 1.48 元·m⁻³。按照设计产水量 6000m³·d⁻¹ 计算，年节约了地下水资源约 219 万立方米，

为矿井每年节约排污费约 204 万元，水资源费 142.35 万元。

6.6 特殊矿井水处理与利用

6.6.1 水质特征与基本原理

我国每年产生的大量矿井水中，除了前述的含悬浮物矿井水、含铁锰矿井水、酸性矿井水和高矿化度矿井水之外，还有特殊污染矿井水。特殊污染矿井水全国排入的矿井水中所占比例较小，但是污染严重，处理难度较大，影响了矿井水资源化利用。特殊污染矿井水是指存在氟化物、砷、总 α（β）放射性、硫化物和高温度等污染的矿井水。

（1）含氟矿井水[29]

参照生活和工业用水相关标准，当氟化物含量超过 $1.0 mg \cdot L^{-1}$ 时，认为超标，称该特殊污染矿井水为含氟矿井水。由于地理环境、地质构造等因素的影响，我国部分煤矿矿井水氟化物含量超标，浓度一般为 $1.0 \sim 15.0 mg \cdot L^{-1}$，其中以不超过 $10.0 mg \cdot L^{-1}$ 较多。含氟矿井水作为一般工业用水没有不利影响，作为饮用水时，影响较为严重。氟是人体既不可缺少又不可摄取过多的临界元素，饮用水中氟含量过高时，会损伤牙齿和骨骼，引起氟斑牙、氟骨病。关于含氟矿井水的处理方法主要借鉴于饮用水除氟和地下水除氟技术。矿井水的常用除氟方法有活性氧化铝法、絮凝沉淀法、电凝聚法、电渗析法、反渗透法。

（2）含放射性矿井水[30]

大多数土壤和岩石都具有一定的放射性水平，由于煤炭开采破坏了原有的岩石结构，使岩石裂隙增多，而地下水会经过岩石裂隙到达煤系地层，所以导致部分矿井水具有一定的放射性。按照《生活饮用水卫生标准》（GB 5749）中关于放射性指标限值，当矿井水中的总 α 放射性超过 $0.5 Bq \cdot L^{-1}$，或总 β 放射性超过 $1.0 Bq \cdot L^{-1}$ 时，称为含放射性矿井水。

矿井水中的放射性主要是由 ^{238}U、^{226}Ra、^{222}Rn 引起，这三种核素同属天然的 ^{238}U 衰变系列，均为 α 放射，放射性超标较多，总 β 放射性则很少发现有超标的。我国部分矿区缺水严重（如平煤集团的有些煤矿），需要将矿井水处理后作为饮用水，矿井水中的放射性元素会严重危及人体健康。国内矿井水处理后作为生产用水较多，作为饮用水的较少。当含放射性矿井水处理后作为饮用水时，必须对放射性进行处理。对矿井水中总 α、β 放射性的处理方法主要有混凝沉淀法、膜处理法、离子交换法和吸附法。

（3）含硫化物矿井水[31]

在煤矿开采和建井时期，有少数煤矿出现排出的矿井水中含有硫化物的现象。硫化物指金属离子与硫离子或硫氢根离子形成的化合物，包括硫化氢、硫化铵等非金属硫化物和有机硫化物。矿井水中的硫化物的含量一般在 $0.5 \sim 3.0 mg \cdot L^{-1}$ 之间，少数达到 $5 mg \cdot L^{-1}$ 以上。《煤炭工业污染物排放标准》（GB 20426）中对硫化物指标没有限制。《生活饮用水卫生标准》（GB 5749）中硫化物的限值为 $0.02 mg \cdot L^{-1}$。《城镇污水处理厂污染物排放标准》（GB 18918）中硫化物的限值为 $1.0 mg \cdot L^{-1}$。《地表水环境质量标准》（GB 3838）中Ⅲ类和Ⅳ类水对硫化物的限值为 $0.2 mg \cdot L^{-1}$ 和 $0.5 mg \cdot L^{-1}$。根据以上所列标准中对硫化物的限值要求，当矿井水中的硫化物含量 $\geqslant 0.5 mg \cdot L^{-1}$ 时，称之为含硫化物矿井水。

含硫化物矿井水对金属设备和管道具有较强的腐蚀性。含硫化物矿井水挥发出的硫化氢气体具有较强的毒性，空气中含量为 $0.05 mg \cdot L^{-1}$ 时人就会中毒，而当大于 $1 mg \cdot L^{-1}$ 时将导致人死亡。含硫化物矿井水的外排还能危害到水生动植物生化，影响农作物生长。所以含硫化物矿井水必须进行有效处理。

含硫化物矿井水处理方法主要有空气氧化法、化学氧化法、化学沉淀法、生物处理法。空气氧化法由于存在将硫化氢吹脱至空气中造成大气污染的风险，所以实际应用很少。化学沉淀产生的污泥也必须再处理。生物处理法目前还不成熟，使用较少。化学氧化法没有二次污染，操作简单、出水水质容易保证，是目前较为常用的方法。

（4）高温矿井水

随着我国浅部煤炭资源的日益减少，许多矿山将相继进入深部开采状态，且深部煤炭储量占煤炭总量的 70% 以上，进入深部开采是我国煤炭生产的必然趋势。目前世界各主要采煤国家相继进入深部开采，随着开采深度的逐步增加，地温也随之升高。我国煤矿 1980 年平均开采深度为 288m，到 1995 年已达 428m，并且目前的开采深度平均每年以 8～12m 的速度增加，采深超过 1000m 的矿井已有数十对。据世界各地的测量资料，全球平均地温梯度约为 3℃·100m^{-1}，据统计，到 2010 年，约有 200 多对高温矿井的采掘工作面气温超过 30℃，其采掘工作面气温大部分超过 30℃，有些工作面气温高达 33～35℃，个别高达 36℃。大大超过《煤矿安全规程》规定的 26℃ 指标要求。据我国煤田地温观测资料统计，百米地温梯度为（2～4）℃·100m^{-1}，例如平顶山八矿平均地温梯度为 3.4℃·100m^{-1}，－430m 水平的原始岩温为 33.2～33.6℃，采掘工作面的气温在 29～32℃，最高已达 34℃。

由于矿井开采深度的增加，产生了高温矿井，高温矿井排至地面的矿井水水温超过 30℃，称为"高温矿井水"。高温矿井水来源于井下矿井附近的裂隙水、涌水和渗水。

高温矿井水会造成井下"高温热害"，加速输送管道的结垢或腐蚀。高温矿井水外排至地表，会促使局部空气和水体温度升高，改变生态平衡，影响环境和生物生长，造成地面的热污染。高温矿井水同时也是一种很好的热源。

6.6.2　化学氧化法处理含硫化物矿井水

水中硫化物包括溶解性的 H_2S、HS^-、S^{2-}，存在于悬浮物中的可溶性硫化物、酸可溶性金属硫化物以及未电离的有机类、无机类硫化物等。水中的硫化物容易水解，以 H_2S 形式释放到空气中，产生臭味，且毒性很大。矿井水系指在采煤过程中，从各种来源流入矿井的水的总称，一般通过排水泵从井下中央水仓排向地面。当矿井水中硫化物的含量较高时，如果直接排放可以闻到较浓的臭鸡蛋气味，令人产生厌恶感，而且矿井水中的 S^{2-} 对钢管具有较强的腐蚀性，可在管壁表面形成局部腐蚀和蚀坑，一方面腐蚀管道使管道穿孔，破坏生产，另一方面腐蚀的悬浮状产物 FeS 还可堵塞管道。因此矿井水不论是直接排放还是处理后回用都必须将矿井水中的硫化物去除。

6.6.2.1　水量、水质和处理要求

陕西省北部某煤矿在建井初期，矿井水中的硫化物含量较高，如果直接排放必将影响当地自然环境乃至产生严重后果，所以必须将矿井水中的硫化物去除才能外排，设计水量 70m^3·h^{-1} 水量，水质指标见表 6-28。

表 6-28　某煤矿含硫化物矿井水水质指标

项　目	气　味	悬浮物/mg·L^{-1}	pH 值	硫化物/mg·L^{-1}
指标	臭鸡蛋味	8.5	7.3	6

要求出水水质：硫化物达到污水综合排放一级标准（GB 8978—1996），即硫化物

$< 1 \text{mg} \cdot \text{L}^{-1}$。

6.6.2.2　工艺技术选择

　　矿井水中去除硫化物的工艺方法还少有文献报道，可以借鉴去除深井水中硫化物的工艺方法。深井水中去除硫化物的主要工艺有曝气吹脱法、化学沉淀法、生物处理法、氧化法等。其中曝气吹脱产生大量含 H_2S 的空气，这些被污染的空气还需要再处理；化学沉淀产生的污泥也必须再处理；生物处理法目前还不成熟，使用较少；只有氧化工艺没有二次污染，操作简单、出水水质容易保证。

　　用于去除硫化物的氧化剂包括液氯、臭氧、高锰酸钾或二氧化氯等。对氧化剂的选择，需选用来源广泛、运输简单、氧化性强、氧化产物残留少的。二氧化氯作为一种强氧化剂在原水 pH 值在 5～9 范围内可将硫化物迅速氧化成硫酸盐，而且二氧化氯的制备技术也比较成熟，其作为消毒剂已经在水处理工程中使用多年。某煤矿矿井水去除硫化物的工艺选择投加二氧化氯的方法。

　　二氧化氯是一种黄绿色到橙黄色的气体，具有类似 N_2O_4 的气味，11℃以下凝结为深红色的液体，常温、常压下溶解度约为氯气的 5 倍，ClO_2 氧化能力是 Cl_2 的 2.5 倍左右，具有很高的化学活性，是一种强氧化剂。二氧化氯氧化矿井水中硫化物的化学反应式为：

$$8ClO_2 + 5S^{2-} + 4H_2O \Longrightarrow 5SO_4^{2-} + 8Cl^- + 8H^+$$

　　二氧化氯最终被转化成氯化物，硫离子被氧化成硫酸盐。由以上反应式可以看出还原 5mol 的硫离子需消耗 8mol 的二氧化氯，即硫化物与二氧化氯反应的理论质量比为 160：540 = 1：3.375。但从实际工程的处理效果来看，二氧化氯实际投加量要大于理论值。

6.6.2.3　工艺流程

　　某煤矿含硫化物矿井水处理工艺流程图 6-33 所示。

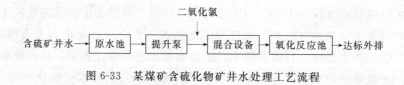

图 6-33　某煤矿含硫化物矿井水处理工艺流程

6.6.2.4　主要构筑物（设备）及技术参数

　　(1) 原水池

　　尺寸为 $10.0\text{m} \times 20.0\text{m} \times 2.8\text{m}$，1 座，总有效容积为 500m³，砖砌结构。

　　(2) 氧化反应池

　　尺寸为 $10.0\text{m} \times 12.0\text{m} \times 2.8\text{m}$，1 座，有效容积为 300m³，砖砌结构。总反应时间 4.3h。

　　(3) 泵房加药间

　　尺寸为 $4.0\text{m} \times 20.0\text{m}$，1 座，建筑面积为 80m²，砖混结构。

　　(4) 提升水泵

　　卧式离心泵，型号 KQW70-8-7.5，流量 70m³·h⁻¹，扬程 8m，功率 7.5kW。

　　(5) 二氧化氯发生器

　　化学法二氧化氯发生器，型号 H2000-5000，二氧化氯产量 5000g·h⁻¹。

6.6.2.5　处理效果和经济分析

（1）处理效果

陕西省北部某煤矿通过向矿井水中投加 $40mg \cdot L^{-1}$ 的二氧化氯，矿井水中硫化物的含量可由 $6mg \cdot L^{-1}$ 下降到 $0.1mg \cdot L^{-1}$，完全满足排放和回用要求。由于本工程只对硫化物进行处理，而矿井水中的其他杂质未去除，故二氧化氯的投加量较理论计算要高。

二氧化氯氧化法去除矿井水中硫化物具有去除效果好、反应速率快的特点，易于管理。在实际操作过程中可通过调整原料的投加量来快速地控制二氧化氯的投加浓度，以满足进水水量、水质的变化，使出水水质能够满足要求。

（2）经济分析

① 矿井水处理量 $1680m^3 \cdot d^{-1}$。

② 工程总投资 99 万元（其中土建工程 37 万元，安装工程 10 万元，设备 44 万元，其他工程 8 万元）。

③ 水处理成本：0.47 元 $\cdot t^{-1}$ 水。

6.6.3　高温矿井水的热源利用

6.6.3.1　矿井水水源热泵利用工艺选择

热泵的概念源于 1912 年瑞士佐伊利（H. Zoelly）的一份专利文献，欧洲第一台热泵系统是 1938 年建成的，以河水为热源为瑞士苏黎世市政大厅提供集中供热服务，20 世纪 40～50 年代瑞士、英国早期使用的热泵系统多数是地表水源热泵。热泵这一术语是借鉴"水泵"一词得来的。在自然环境中，水由高处往低处流动，热由高温段向低温段传递。水泵将水从低处"泵送"到高处利用。而热泵可将低温段热能"泵送"（相变换热）到高温段提供利用。

水源热泵这种空调形式在国外（美国、加拿大、丹麦等）20 世纪 30 年代就得到应用，多采用小型别墅地板采暖形式，由于运行稳定、可靠，逐渐替代了煤气炉的采暖方式。

在中国，水源热泵这种新的供暖、制冷形式，最早于 20 世纪 90 年代初由清华大学热能系开始研究热泵的应用；1996 年，清华大学研发完成第一台水源热泵实验机；1999 年，正式向社会推出水源热泵中央空调系统，至今已经经过十几年的运行，效果稳定，达到了节能的效果。水源热泵产品的提出符合中国国情，采用"大温差、小流量"的设计思路，在节约机组用水量的同时消耗较低的电能完成地下热量—机组—用户之间的转移；经过特殊工艺处理的换热器使进水温度范围更宽，适应地域更广；对壳管式换热器实现了均流变温差，对水源水质要求更低。

矿井水带走水源热泵的冷凝热量，降低井下循环水的温度，实现井下降温除湿。矿井水经过过滤系统除砂后流经水源热泵冷凝器，吸收热泵热量，温度由 48℃ 升至 55℃，随矿井水排水系统排至地面。

矿区的高温矿井水的水源热泵利用主要用于以下几个方面：a. 用于井下水源热泵降温热源；b. 用于冬季井口防冻；c. 用于办公、宿舍楼及辅助办公区的采暖热源；d. 用于职工洗浴用水热源。

山东龙固矿外排的高温矿井水的水温在 40～50℃，该矿采用水源热泵形式，对矿井水的热能进行有效的利用。

6.6.3.2　矿井水水源热泵作为工业广场使用

（1）办公楼及公寓楼采暖工程

龙固矿办公楼及辅助办公区采用一台 GSG1960AFA 和一台 GSG520ASA 水源热泵机组实现夏季制冷和冬季采暖；公寓楼采用两台 GSG1170ADA 型螺杆水源热泵机组。

夏季机组运行实现公寓空调制冷，机组蒸发器和冷凝器均采用壳管式换热器，软化冷却水和冷冻水直接进入机组换热。冷冻水经机组冷却到7℃送到室内，在室内的风机盘管换热后升至12℃，之后送回机组继续冷却形成一个循环回路。机组采用冷却塔的冷却水冷却。经冷却塔冷却至32℃的冷却水进入机组；冷却高温制冷剂，机组冷却水出口温度为37℃。

冬季采暖时，利用水源热泵机组提取矿井水中的热量制取采暖用的热水，将热水送至末端盘管实现供暖。经过处理后的矿井水有腐蚀性，所以选用中间板式换热器进行初次换热，换热后的软化水再进入机组，被提取热量。机组热水出水温度为45℃。45℃热水经公寓楼中的壁挂式风机盘管散热后温度降至40℃，之后输回机组形成一个循环回路。

（2）职工洗浴

冬季采用锅炉蒸汽加热洗浴用水，浪费了大量蒸汽高位势能，为充分利用矿井排水的低品位热能，采用水源热泵提取矿井水的热量加热洗浴水，达到矿井水综合利用和节能的目的。

龙固矿采用水源热泵技术，将高温矿井水的热源用于办公楼及公寓楼冬季供暖、井下降温、井口防冻和职工洗浴等方面。矿井水热能通过水源热泵系统、换热装置和管道系统实现办公楼及公寓楼供暖；通过矿井水带走井下水源热泵的冷凝热，实现循环水降温，从而实现井下降温；水源热泵的高温冷凝水用于井口防冻，节省井口防冻用蒸汽；岩层深部矿井水洁净度很高，排出井外后直接用于洗浴。该项目积极采取节能先进技术，对矿井主要生产系统进行优化，并实施余热利用，降低了企业成本和原煤生产能耗，彻底取消传统锅炉供暖方式，每年可节约标准煤15000余吨，减少 CO_2 排放量37500t，减少 SO_2 排放量270t，经济效益、社会效益和环境效益良好。

6.6.3.3 矿井水水源热泵作为井下使用

（1）井口防冻系统

龙固矿井口防冻系统由污水源换热器、污水源热泵、循环系统和井口新风机组等部分组成。在负荷不大的情况下，软化水经过污水源换热器与高温矿井水换热后直接进入末端新风机组加热进入井口的新风。当负荷增大到这种加热方式不足以满足井口防冻需求时，开启水源热泵机组，利用水源热泵提取矿井水中的热量提供60℃高温热水，高温热水再进入末端新风机组加热新风，以满足井口防冻需要，实现最大限度节能。根据现有的水源条件，在井口周围布置强制换热的高效换热器，利用低温矿井水在换热器内部循环提高进风的温度，使进风温度提高到5℃以上。

（2）井下降温系统

龙固矿井下降温系统采用水源热泵方式降温，即利用矿井水热能制冷实现井下局部降温。在井下排水温度42~48℃工况下，利用矿井排水作为介质，利用热泵的"泵升"原理通过压缩机做功，带走掘进迎头的热量，从而达到降温的作用。实现井下掘进迎头及巷道的局部降温系统的安全高效运行，优化井下降温系统，并为井下提供低温防尘水。

6.7 矿井水井下处理与利用

矿井水是由伴随煤炭开采产生的地表渗透水、岩石裂隙水、矿坑水、地下含水层的疏放水以及煤矿生产、防尘用水等组成。由于受到煤炭开采、运输、矿工生产活动及煤炭中伴生矿物的分解、氧化等因素影响，矿井水水中含有大量煤粉、岩粉、细菌及其他成分。去除这些污染物的常规处理工艺为混凝、沉淀（或澄清）、过滤及消毒。由于煤矿井下地形条件复杂，环境条件恶劣，尽管早在 20 世纪 90 年代就有人提出将矿井水在井下处理复用，至今仍未形成规模，大多数矿区仍然沿用传统的地面处理方式[32]。近几年，随着矿井水水处理工艺技术的不断发展革新、煤矿企业节能环保意识的不断增强及国家政策的大力支持，矿井水在井下处理复用已经成为未来矿井水利用的一种发展趋势，将慢慢取代将矿井水提升至地面，处理后又返回至井下复用的重复提升模式，节省了矿井水的提升能耗及管路投资维护费用[33,34]。由于井下环境条件的特殊性，地面矿井水处理工艺技术参数不能直接在井下利用，需对其进行改进。

6.7.1 井下基本条件及要求

6.7.1.1 井下基本条件

煤矿井下环境复杂，硐室及巷道空间狭窄，巷道错综复杂，空气潮湿，条件恶劣。井下巷道宽度一般为 5m 左右，高度一般在 4m 左右，有的宽度甚至只有 2m 左右，高度只有 1.5m 左右，由于空间的局限性，地面常规矿井水水处理构筑物无法在井下直接利用[35]。井下空气潮湿，电气设备和电缆易受砸压而使绝缘损坏，极易发生触电、漏电及短路等一系列故障。矿井水处理电气设备及控制系统的选型及加工制造需符合《煤矿安全规程》（以下简称《煤安》）规定。因此矿井水在井下直接处理利用，需要在地面矿井水处理利用技术的基础上，深化工艺参数，设计适合巷道及硐室空间特征的构筑物，研究开发符合《煤安》规定的设备。

6.7.1.2 井下基本要求

煤矿井下生产用水主要包括井下消防、防尘洒水用水，采煤机冷却用水，配乳化液用水等，井下不同用水点对水质要求不同，且差别较大，如井下消防、防尘洒水对细菌学指标要求较高，滚筒采煤机、掘进机等喷雾用水对水的碳酸盐硬度要求较高，配制乳化液用水对水的悬浮物要求较高[36]。在我国大部分缺水矿区，矿井水处理后作为煤矿生产用水已经普及，主要利用途径之一就是作为煤矿井下消防洒水，通常采用预沉、混凝沉淀（或澄清）及过滤等常规工艺技术即可满足消防洒水水质要求，可用于巷道冲洗、低压喷雾防尘、泥浆注水等。而滚筒采煤机、掘进机等高压喷雾用水的水质对水中碳酸盐硬度要求较高，我国多数矿区矿井水含盐量较高，经常规处理无法降低水中含盐量，需要通过深度软化除盐处理。《液压支架（柱）用乳化油、浓缩物及其高含水液压液》标准中要求，在配制高含水液压液时所使用水质应符合以下要求：水质外观无色、无异味、无悬浮物和机械杂质，pH 值范围为 $6\sim9$，水中氯离子含量不大于 $200mg \cdot L^{-1}$，硫酸根离子含量不大于 $400mg \cdot L^{-1}$[37]。井下消防洒水水质标准见表 6-29。

表 6-29 井下消防洒水水质标准

序　号	项　目	标　准
1	悬浮物含量	不超过 $30mg \cdot L^{-1}$
2	悬浮物粒度	不大于 0.3mm
3	pH 值	$6\sim9$
4	大肠菌群	不超过 3 个 $\cdot L^{-1}$

注：滚筒采煤机、掘进机等喷雾用水的水质除符合表中的规定外，其碳酸盐硬度应不超过 $3mmol \cdot L^{-1}$[38]。

井下巷道一般处于数百米以下，需要通过强制通风来实现空气流通，井下巷道交错复杂，井下水处理构筑物设计尺寸应不影响巷道通风，以保证井下生产安全。由于井下空间有限，井口口径大小有限，运输设备的绞车或罐笼的大小固定，因此矿井水处理所选设备尺寸不能过大，设备的长、宽、高要符合井下运输及安装空间要求。煤矿井下设备必须有煤矿矿用产品安全标志，包括防爆、防水、防潮、防尘和防静电技术，符合《煤矿安全规程》（简称《煤安》）规定[39]。

矿井水井下复用技术要求处理设施占用空间小，流程简单，自动化程度高，出水水质稳定，能够有效去除水中悬浮物，对于含盐量及硬度较高的水，能降低其含盐量及硬度，使其达到使用标准。

6.7.2　井下压力式气水相互冲洗过滤

矿井水井下处理中的过滤是保证水质净化的不可缺少的重要环节，通过过滤不仅可以降低水中悬浮物含量，还可以将水中的有机物、病毒及细菌随悬浮物一同去除。与此同时，对于高铁、锰矿井水，过滤还可降低水中铁、锰含量。

6.7.2.1　压力式气水相互冲洗滤池

（1）滤池结构

压力式气水相互冲洗滤池结构如图 6-34 所示，滤池由 4～5 个大小相同的密闭滤格组

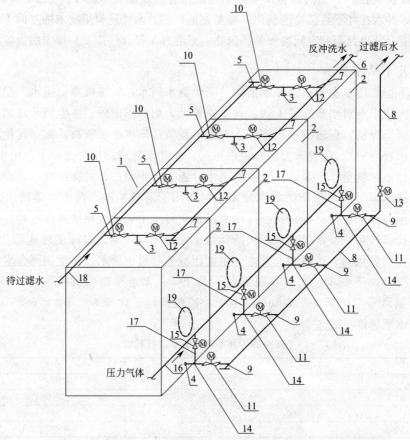

图 6-34　压力式气水相互冲洗滤池结构

1—池体；2—滤格；3—进水口；4—第二流水口；5—进水支管；6—反冲洗出水总管；7—反冲洗出水支管；8—出水总管；9—出水支管；10—进水阀；11—出水阀；12—反冲洗排水阀；13—出水总阀；14—进气口；15—进气阀；16—进气总管；17—进气支管；18—进水总管；19—检修口

成，滤格剖面如图 6-35 所示。每个滤格内部自上而下由配水板、滤料层、承托层、滤头、滤板和气水室组成。滤池顶部布置进水总管、进水支管、反冲洗出水支管、反冲洗出水总管和通断控制装置（电动阀、液压阀或气动阀），滤池侧面布置出水支管、出水总管、进气支管和通断控制装置。

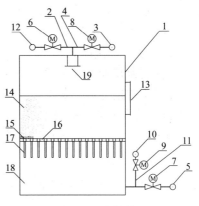

图 6-35　滤格剖面

1—滤格；2—进水支管；3—反冲洗出水总管；
4—反冲洗出水支管；5—出水总管；6—进水阀；
7—出水阀；8—反冲洗排水阀；9—进气阀；
10—进气总阀；11—进气支管；12—进水总管；
13—检修口；14—滤料层；15—承托层；
16—滤板；17—滤头；18—气水室；
19—配水板

（2）滤池工作过程

压力式气水相互冲洗滤池工作过程包括过滤和反冲洗两个阶段。过滤时，依次或同时导通各滤格的进水支管、出水支管和出水总管，断开各反冲洗出水支管和反冲洗出水总管，此时待过滤水通过各进水支管自上而下进入各滤格，流过滤料层，待过滤水中的悬浮物、胶体等物质被截留于滤料层中，经滤料层进行过滤形成过滤后水，通过各出水支管流出各滤格并进入出水总管，经出水总管导入外界作为生产用水。

各滤格中的滤料层经过一定时段的运行，随着滤料层所截留的悬浮物和胶体物质的增多，滤料层内水流阻力不断增加，从而降低滤料层的过滤效果，影响过滤功能。因此，为恢复滤料层的过滤功能，需定期对滤格进行反冲洗，通过反冲洗恢复滤格中滤料层的过滤功能。反冲洗时首先通过压力空气进行气反冲洗，然后通过水进行水反冲洗。

通常首先对多个滤格中的一个滤格进行气反冲洗后再进行水反冲洗，而其他滤格仍然正常过滤，将一个滤格反冲洗完成后，依次对其他滤格进行反冲洗。

当对某一滤格进行气反冲洗时，依次或同时断开待反冲洗滤格的进水支管和出水支管，导通该滤格的反冲洗出水支管和进气支管，通过进气支管通入压力空气，压力空气通过待反冲洗滤格的进气支管自下而上流入滤格，对滤格进行气反冲洗。

气反冲洗结束后，进行水反冲洗，依次或同时断开待反冲洗滤格的进水支管和出水总管，导通该滤格的出水支管，此时，其余滤格仍进行正常过滤，但是流出其余滤格的过滤后水将作为反冲洗水通过出水总管，经待反冲洗滤格的出水支管流入该滤格内，并自下而上流过待反冲洗的滤格，进而通过该滤格的反冲洗出水支管流出该滤格，并经反冲洗出水总管流出至外界，从而实现对该滤格的反冲洗，以恢复滤料层的过滤功能。

完成对一个滤格的反冲洗后，可重复上述的反冲洗过程依次对其他滤格进行反冲洗，完成对所有滤格的反冲洗后，各滤格恢复正常的过滤。

（3）滤池特点

① 压力式气水相互冲洗滤池由多个密闭的滤格组成，采用压力式进出水，可保证过滤和反冲洗时所需要的水压。因此，该滤池可以在保证过滤和反冲洗效果的基础上降低滤池的高度，减小滤池的占用空间，从而节省工程造价。

② 在对某一滤格进行反冲洗时，先通过压力空气进行气反冲洗，然后进行水反冲洗。由于首先通过压力空气对滤格中的滤料层进行气反冲洗，压力空气产生的冲击气流在上升过程中对滤层的扰动作用使截留在滤料层中的杂质从滤料颗粒上脱落，进而再通过水反冲洗，

水反冲洗将被空气反冲洗后分离出来的物质带走，可以降低单独水反冲洗的冲洗强度和冲洗时间，提高反冲洗时的效率，避免滤料层中滤料板结，同时节省反冲洗所需的水量。

③ 进行水反冲洗时，反冲洗水来自其他滤格的过滤后水。该滤池和快滤池相比，省去了快滤池进行水反冲洗时所需的冲洗水泵或高位冲洗水塔和管路系统；和重力式无阀滤池相比，不需要上部巨大的冲洗水箱。

④ 该滤池内外部结构简单，因此检修维护工作量小，特别适合于中、小处理规模且空间狭小的场所，尤其适合煤矿井下巷道断面尺寸和工作环境，用于对煤矿矿井水进行过滤处理。

6.7.2.2 兖矿集团某煤矿井下水处理利用工程实例

（1）工程必要性和意义

① 工程的必要性 兖矿集团某煤矿开采 3 煤层，直接充水含水层为 3 煤顶板中砂岩，间接充水含水层为侏罗系红层砂砾岩。3 煤顶板砂岩以静含水为主，个别区域富水相对较好，工作面历史最大涌水量为 527m³·h⁻¹。东南部采区开采充水含水层为侏罗系红层砂砾岩，该含水层含孔隙裂隙型水，富水性较均一，连通性较好，含水丰富，涌水峰值持续时间长，且稳定水量较大，工作面历史最大涌水量为 625.4m³·h⁻¹。井下涌水量一直稳定在 350～550m³·h⁻¹。预计矿井五年内正常涌水量不会低于目前水平。2010 年的矿井涌水量如表 6-30、表 6-31 所列。

表 6-30 兖矿某煤矿 2010 年矿井涌水量观测成果汇总表 1 单位：m³·h⁻¹

时间\地点	月份						
	1	2	3	4	5	6	7
全矿井	599.7	575.8	576.2	568	578	593.3	489.7
井筒	6.0	6.0	6.0	6.0	6.0	6.0	6.0
一采区	108.0	106.7	97.3	101.3	101.3	90.3	92.7
四采区	10.0	10.0	7.0	7.0	7.0	7.0	7.0
五采区	182.7	170.3	181.7	182.7	205.3	266.4	179.0
六采区	31.0	30.7	25.0	26.0	24.7	25.3	28.7
十二采区	210.0	197.4	184.5	164.3	160.7	157.0	133.3
十六、十八采区	52.0	54.7	74.7	80.7	74.0	42.3	43.0

表 6-31 兖矿某煤矿 2010 年矿井涌水量观测成果汇总表 2 单位：m³·h⁻¹

时间\地点	月份					年平均	最大
	8	9	10	11	12		
全矿井	485.2	466	537.1	625.4	576.6	555.9	625.4
井筒	6.0	6.0	6.0	6.0	6.0	6.0	6.0
一采区	92.0	91.7	91.3	90.7	89.3	96.1	108
四采区	7.0	7.0	7.0	7.0	7.0	7.0	10
五采区	171.5	181.0	176.0	183.0	213.0	191.0	266.4
六采区	27.7	27	25.7	20.0	21.0	26.1	31.0
十二采区	144.0	111	102.0	66.7	116.3	145.6	210.0
十六、十八采区	47.3	43	128.5	252.1	124.0	84.7	252.1

2003 年，兖矿某煤矿利用采空区对矿井水的净化作用实现了矿井水在井下直接利用，井下用水量 100～150m³·h⁻¹，系统投入运行后，每立方米水可节约费用 2.33 元，经济效益、环境效益显著。但近年来由于水质变化，矿井水中铁离子超标，在井下使用过程中形成砖红色絮状悬浮物，沉淀于集水池底和集结在输水的管道上，而且随着输水时间的延长此水

透明度变差，有淡黄色悬浮物，用于循环水时出现胶体沉淀堵塞循环管道现象，影响了煤矿井下的正常生产。所以，解决该矿井下矿井水的铁离子超标问题已迫在眉睫。

② 工程意义

a. 解决井下矿井水的铁离子超标问题，矿井涌水作井下复用，保障了煤矿井下生产的正常进行。

b. 实现矿井涌水井下复用后，减少了混入含有大量矿粉等杂质的矿井涌水排至地面，节省了提升成本，节省了矿井水地面外排的水资源费，节省了矿井水地面水处理成本，减轻了煤矿地面矿井水处理站的运行压力，达到了降本、节能、减排、清洁生产的目的，解决了矿井水对环境的污染，促进了绿色生态型矿井的建设，具有明显的经济效益和环境效益。

（2）工艺技术

① 水量和水质　处理水量要满足井下生产需求，井下生产用水量最大为 $200m^3 \cdot h^{-1}$。

处理后的水质达到《煤矿井下消防、洒水设计规范》（GB 50383—2006）和《煤炭工业矿井设计规范》（GB 50215—2005）中规定的水质标准以及有机组冷却用水时对水质的要求，最终水质以清澈透明、不产生悬浮物为客观要求。

原水水质：pH 值为 6.5～8.5，SS≤20mg·L^{-1}，Fe≤2mg·L^{-1}。

出水水质：pH 值、浊度、Fe 指标执行《生活饮用水卫生标准》（GB 5749—2006），即 pH 值为 6.5～8.5，浊度≤3NTU，Fe≤0.3mg·L^{-1}。

② 工艺流程　矿井水井下直接处理利用工艺流程如图 6-36 所示。矿井水通过引导进入采空区，在采空区沉淀、截留和吸附等作用下，大部分的悬浮物和胶体物质得以去除。采空区出水自流进入曝气氧化池，氧化池出水经提升泵加压后进入压力式气水相互冲洗滤池，滤池出水进入清水池，最后由变频供水系统通过管网供给井下各生产用水点。在氧化池内通入空气将铁、锰氧化，氧化后的絮状物在氧化池和滤池中去除。

矿井水→ 采空区 → 曝气氧化池 →提升泵→ 压力式气水相互冲洗滤池 → 清水池 →变频供水系统→管网→生产用水

图 6-36　矿井水井下直接处理利用工艺流程

（3）工艺参数

矿井水井下直接处理利用采用 2 组压力式气水相互冲洗滤池并联运行，单组滤池为 5 个滤格，正常滤速 6m·h^{-1}时，强制滤速 7.5m·h^{-1}，符合室外给水设计规范。先进行气反冲洗再进行水反冲洗时，采用外部气源作为压力空气，气反冲洗强度 15～20L·(m^2·s)$^{-1}$，冲洗时间 1～3min；水反冲洗强度为 8.3L·(m^2·s)$^{-1}$，水反冲洗时间 5～6min；滤池反冲洗周期为 24～48h。

（4）主要构筑物与设备

该矿井水处理工程主要处理构筑物包括曝气氧化池、压力式气水相互冲洗滤池、清水池等，详见主要构筑物一览表（表 6-32）。主要处理设备包括提升泵、变频供水系统、电气与自控系统等。

表 6-32　主要构筑物一览表

编号	名　称	构筑物型式	尺寸/mm	单位	数量	备　注
①	曝气氧化池	巷道	10000×4500×3500	座	1	
②	水处理硐室	巷道	40590×4500×3500	座	1	
③	互冲接触过滤池	钢筋混凝土	10500×2300×2250	座	2	

编号	名　　称	构筑物型式	尺寸/mm	单位	数量	备　　注
④	配电间	巷道	10000×4200×3500	座	1	
⑤	值班室	巷道	10000×4200×3500	座	1	
⑥	清水池	巷道	120000×4200×3500	座	1	1500m³
⑦	供水泵房	巷道	10000×4200×3500	座	1	

① 主要构筑物

a. 曝气氧化池。利用井下巷道，在巷道的一端设挡墙，作为曝气氧化池，气源来自井下压缩空气管道。矿井水通过采空区沉淀过滤后，进入曝气氧化池通过曝气使水中 Fe^{2+} 转换为 Fe^{3+}，曝气氧化池设计尺寸为宽 4.5m、长 10.0m、深 3.5m。

b. 压力式气水相互冲洗滤池。利用井下巷道修建水处理硐室，硐室内建压力式气水相互冲洗滤池，滤池两侧留有供操作与检修用的走道，水处理硐室尺寸为宽 4.5m、长 40.59m、高 3.5m。矿井水通过滤池过滤，去除水中 $Fe(OH)_3$ 沉淀物，同时水中悬浮物也得到进一步去除，压力式气水相互冲洗滤池尺寸为宽 2.3m、长 10.5m、深 2.25m。

c. 清水池。利用井下巷道，在巷道两端建挡墙，围筑作为清水池储存处理后的清水，清水池尺寸为宽 4.2m、长 120.0m、深 3.50m，有效容积为 1500m³。

② 主要设备

a. 提升泵。用于将曝气氧化池内的水提升至压力式气水相互冲洗滤池，安装在水处理硐室内，设计 3 台，2 用 1 备，型号为 IS125-100-200D，$Q=100t \cdot h^{-1}$，$H=12.5m$，$N=7.5kW$，《煤安》认证。

b. 变频供水系统。供水系统利用原有变频供水设备。

c. 电气与自控系统。电气与自控系统主要包括矿用流量计、矿用液位计、矿用隔爆液压泵站、矿用液动阀、矿用液压控制箱及 PLC 控制系统等。

（5）运行处理效果

该矿井水井下直接处理利用工程自 2011 年年底投产运行以来，取得良好效果，运行稳定可靠。进出水水质如表 6-33 所列，从表 6-33 可以看出，处理前原水浊度为 15～20NTU，铁含量为 1.46～1.97mg·L^{-1}，锰含量为 0.14～0.32mg·L^{-1}；处理后出水浊度为 0.3～0.8NTU，铁含量为 0.02～0.13mg·L^{-1}，锰含量为 0.02～0.04mg·L^{-1}。均达到目标值，且远远小于目标值。

表 6-33　实际运行中进出水水质

指　　标	进　　水	出　　水	目　标　值
浊度/NTU	15～20	0.3～0.8	<3
铁含量/mg·L^{-1}	1.46～1.97	0.02～0.13	<0.3
锰含量/mg·L^{-1}	0.14～0.32	0.02～0.04	<0.1

（6）结论

根据煤矿井下工作环境和巷道断面尺寸开发的压力式相互冲洗滤池，解决了常规快滤池和无阀滤池等不适合在井下使用的难题。工程运行实践表明，该滤池结构简单、出水水质好、运行稳定可靠，易于实现自动控制，可以在矿井水井下直接处理中推广应用。

6.7.3　井下局部用水深度处理

井下综采工作面用水主要是设备冷却、配制乳化液等用水，用水量较小，但其对水质要求较高，尤其是对水的硬度、硫酸盐与氯化物含量要求较高。根据目前国内相关标准要求，水质要达到《液压支架（柱）用乳化油、浓缩物及其高含水液压液》MT 76—2002中的有关要求，SO_4^{2-}≤400mg·L^{-1}，Cl^-≤200mg·L^{-1}。而我国煤矿多处于北方地区，大部分煤矿的矿井水都属于高矿化度、高硬度矿井水，即使经净化处理也无法满足井下综采工作面用水水质要求。需要进行深度处理，降低水中溶解性盐类的含量，才能利用。

由于液压控制、关键设备冷却等用水量只占井下用水的很小一部分，如果在地面对矿井水全部进行深度处理，不但主体设备投资十分巨大，而且需要更换现有管路，给煤矿企业带来巨大的经济负担，往往难于进行。例如淮南某煤矿，按照这个思路在地面建设了矿井水深度处理工程，却迫于成本压力无法运行。如果仅对部分矿井水在地面进行深度处理，那么需要铺设专用管道到井下工作面，这势必占用本来就非常拥挤的巷道空间，实施起来存在很大难度。因此，在井下对高矿化度、高硬度矿井水进行深度处理，达到上述设备的用水要求，成为经济合理、技术可行的必然选择。

针对上述问题，中国煤炭科工集团杭州研究院开发出综采工作面乳化液用水处理装置[40,41]，并获得中国专利授权。在乳化液配制用水前端对原水进行深度处理，降低其中的悬浮物、胶体、硬度和溶解性总固体等，使出水满足乳化液配制用水水质要求，解决了煤矿矿井水应用于井下生产过程中出现的设备腐蚀、结垢和堵塞等问题。

6.7.3.1　井下综采工作面用水深度处理

（1）工艺选择

目前常用的降低水中溶解性盐类的工艺方法主要有基于溶度积原理的药剂法，采用多级闪蒸的蒸馏法，基于离子交换原理的离子交换法，以反渗透、纳滤、电渗析为主的膜处理方法等。结合煤矿井下的工作条件，综采工作面乳化液用水处理装置采用以叠片过滤、介质过滤、软化除硬和反渗透脱盐相结合的工艺方法。

反渗透技术作为本装置的核心工艺，对进水有较高的要求，其中胶体污染和难溶盐结垢是影响反渗透系统稳定运行的关键性因素[1]。为此，本装置设计采用叠片过滤与介质过滤相结合的工艺降低原水中的悬浮物和胶体物质，预防胶体污染。在常规反渗透处理过程中通常采用阻垢剂来防止原水中Ca^{2+}、Mg^{2+}等所致的难溶性盐类结垢，但在煤矿井下特殊环境中，投加阻垢剂面临计量、控制等较多困难，若能在反渗透之前去除原水中的Ca^{2+}、Mg^{2+}等，就可以省去阻垢剂投加系统。本装置采用全自动离子交换器，充填钠型强酸性阳离子交换树脂，无需动力消耗即可去掉原水中Ca^{2+}、Mg^{2+}等离子，从而降低原水在反渗透处理过程中结垢的可能性，离子交换树脂采用饱和工业食盐水再生，不对井下环境造成酸碱污染。

（2）工艺过程

煤矿井下工作面供水压力根据深度不同一般为2.0～6.0MPa之间，有些较深的矿井一般设置中间水仓[42]。大部分煤矿的工作面供水是经过净化处理的矿井水或深井水，在地面供水点悬浮物一般少于50mg·L^{-1}，考虑回用要求时一般少于30mg·L^{-1}，甚至更低。但是经过长距离输送到工作面后，往往会混入少量油类、有机物及铁锈、煤渣、煤粉等。

综采工作面乳化液用水处理装置工艺流程如图6-37所示。首先经过管道过滤器去除铁锈、煤渣等较大的颗粒物，之后通过压力调节单元设置的减压阀将原水压力降低到1.0～2.5MPa范围内进入叠片过滤单元。减压压力根据水质情况计算反渗透所需压力，并叠加各个处理单元损失压力及富余压力确定。叠片过滤单元通常包括3台并联运行的20μm精度叠片过滤器及相应的液压三通阀。工作时，待过滤矿井水分别经过液压三通阀的进出水口进入3台叠片过滤器，随着滤出杂质的增多，叠片过滤器前后压差不断升高，当达到0.05MPa时，通过控制阀，切断某台液压三通阀进水与出水通道，打开出水与排放通道。由于系统内维持1.0MPa以上的压力，当排放通道打开时，另外2台叠片过滤器的滤过水便在压力作用下反向流过叠片过滤器，并携带滤出杂质通过液压三通阀的排放通道排出，实现反冲洗。

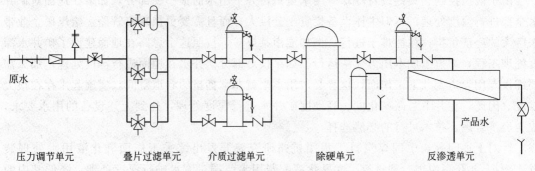

图 6-37　乳化液用水处理装置工艺流程

介质过滤单元采用2台$10\mu m$滤袋过滤器并联运行，每台前后设有切断阀门，当过滤压差达到0.05MPa时，可以关断某台过滤器前后的阀门，实现不停机更换滤袋。经过叠片过滤和介质过滤的工作面给水可以达到浊度小于1NTU，满足离子交换除硬和反渗透的进水要求。除硬单元采用全自动离子交换器，填充C100E强酸阳离子交换树脂，用饱和工业食盐水再生。全自动离子交换器采用水力自动控制软化、再生、冲洗流程，无需电力设备及人工干预。经过离子交换去除绝大部分Ca^{2+}、Mg^{2+}后，进入反渗透系统进一步降低SO_4^{2-}、Cl^-等盐类的含量，使出水满足乳化液配制用水的有关要求。各处理单元进出水水质控制指标见表6-34。

表 6-34　各处理单元进出水水质控制指标

项目	单位	系统进水	叠片过滤出水	介质过滤出水	除硬出水	反渗透出水
pH 值	—	—	—	—	6～9	6～9
SS	mg·L^{-1}	<50	<10	—	—	—
浊度	NTU	—	—	<1	<1	—
Ca^{2+}	mg·L^{-1}	<500	—	—	<5	—
Mg^{2+}	mg·L^{-1}	<500	—	—	<5	—
SO_4^{2-}	mg·L^{-1}	—	—	—	—	≤400
Cl^-	mg·L^{-1}	—	—	—	—	≤200
LSI	—	—	—	—	<0	—

注：LSI 为朗格里尔饱和指数。

（3）工艺特点

本装置的工艺处理过程根据我国煤矿工作面供水、用水的特点设计、研制。

① 根据工作面供水水质特点，设计叠片过滤与介质过滤结合的预处理工艺，去除水中的悬浮颗粒物及胶体物质，保证除硬单元及反渗透单元的长期稳定运行。

② 通过全自动离子交换器降低水中的Ca^{2+}、Mg^{2+}，有效防止了反渗透过程中的结垢，并且避免了投加阻垢剂对井下环境的影响，具有"MA"认证的计量、控制系统的设计、选用，降低了整套设备的安全风险及运行操作难度。

③ 整套处理装置利用井下供水压力作为动力，没有任何用电设备，整体安全可靠，操作简便，运行稳定。

6.7.3.2　井下综采工作面用水深度处理装置结构及应用

（1）装置结构

综采工作面乳化液用水处理装置整体结构紧凑，经过优化集成，全部设备置于不锈钢壳体内。出水量为 $6t \cdot h^{-1}$ 的设备，外形尺寸不大于 $3800mm \times 1300mm \times 1630mm$，可以满足大部分井下巷道运输、用水要求；结构强度满足相关煤矿安全规程要求。全部的结构部件及绝大部分工艺部件采用不锈钢材质，满足防腐及井下安全要求；极少数工艺部件采用满足煤矿安全生产要求的非金属材料。综采工作面乳化液用水处理装置的外观如图 6-38 所示。

图 6-38　装置外观

（2）装置应用

综采工作面乳化液用水处理装置已经在多座矿井进行了推广应用，以下以山东某煤矿为例。

该矿工作面乳化液配制用水平均为 $6t \cdot d^{-1}$，最大瞬时用水量为 $400L \cdot min^{-1}$，持续时间小于 $20min$，综采工作面乳化液用水处理装置设计处理能力为 $5t \cdot h^{-1}$，另外配备容积为 $3m^3$ 的缓冲水箱。

原水及处理后的水质分析结果见表 6-35。进水属于高硫酸盐硬度的高矿化度矿井水，SO_4^{2-}、Cl^- 等指标均超过乳化液配制用水水质要求，经综采工作面乳化液用水处理装置处理后，出水水质各项指标均优于上述标准要求，满足井下工作面配制乳化液及液压支架、电液阀等工作要求。

表 6-35　原水及处理后的水质分析结果

检测项目	单位	进水水质	出水水质	标准要求
外观	—	浑浊	清澈透明	无色,无异味,无悬浮物和机械杂质
pH 值		8.2	7.4	6～9
K^+	$mg \cdot L^{-1}$	10.1	0.9	—

续表

检 测 项 目	单　位	进水水质	出 水 水 质	标 准 要 求
Na^+	$mg \cdot L^{-1}$	202	21.3	—
Ca^{2+}	$mg \cdot L^{-1}$	123	5.5	—
Mg^{2+}	$mg \cdot L^{-1}$	51.0	2.3	—
HCO_3^-	$mg \cdot L^{-1}$	307	15.5	—
SO_4^{2-}	$mg \cdot L^{-1}$	595	35.8	≤400
Cl^-	$mg \cdot L^{-1}$	310	23.9	≤200
TDS	$mg \cdot L^{-1}$	1842	135.2	—
浊度	NTU	25	0.12	—

（3）应用效果

该装置投入运行一年多以来，运行稳定可靠，出水水质优良。工作面液压泵站、支架、电液阀等设备结垢、堵塞情况明显减少，维护工作量显著下降。

6.7.4　复合沉淀与二级过滤

6.7.4.1　复合沉淀工艺

沉淀是依靠重力作用将悬浮物从水中分离出来的工艺技术。随着矿井水处理水量的累积，采空区会逐渐达到饱和，当采空区过滤达到饱和时沉淀池发挥主要作用。

（1）沉淀基本原理

① 沉淀分类　依据悬浮颗粒的浓度和颗粒特性，沉淀可分为自由沉淀和拥挤沉淀。自由沉淀又分为分散颗粒的自由沉淀和絮凝颗粒的自由沉淀，分散颗粒的自由沉淀就是悬浮物颗粒浓度不高，原水中不投加混凝剂，悬浮颗粒下沉时彼此没有干扰，颗粒相互碰撞后不产生聚结，颗粒在水中只受到自身重力和水流的绕流阻力作用。絮凝颗粒的自由沉淀是在原水中投加混凝剂，通过混凝后的悬浮颗粒具有一定的絮凝性能，颗粒相互碰撞后聚结，其粒径和质量逐渐增大，沉速随水深增加而加快。自由沉淀是单个颗粒在无边际的水体中的沉淀。此时颗粒排开同体积的水，被排挤的水将以无限小的速度上升。当大量颗粒在有限的水体中下沉时，被排挤的水便有一定的速度，使颗粒所受到的水阻力有所增加，颗粒处于相互干扰状态，此过程称为拥挤沉淀。拥挤沉淀在清水和浑水之间形成明显界面层整体下沉。

② 悬浮颗粒的自由沉淀　自由沉淀就是原水中不投加混凝剂，固体颗粒在沉降分离过程中，其大小、形状和密度都不发生变化，彼此没有干扰，只受到颗粒本身在水中的重力和水流阻力的作用。在矿井水处理中，悬浮颗粒的自由沉淀一般只能去除颗粒较大、密度较大的煤泥颗粒及岩粒。

悬浮颗粒的去除率不仅与设计沉淀池表面负荷有关[14]，还与颗粒自身的沉速有关，颗粒在水中的沉速取决于颗粒在水中的重力（F_1）和颗粒下沉时所受到的绕流阻力（F_2），直径为 d 的球形颗粒在水中所受的重力 F_1 为

$$F_1 = \frac{1}{6}\pi d^3 (\rho_s - \rho) g \tag{6-7}$$

式中　ρ_s——悬浮颗粒的密度，$kg \cdot m^{-3}$；

　　　ρ——水的密度，$kg \cdot m^{-3}$；

　　　g——重力加速度，$m \cdot s^{-2}$。

颗粒下沉时所受水的阻力 F_2 与颗粒的粗糙度、大小、形状和沉淀速度 u 有关，也与水的密度和黏度有关，其关系式为

$$F_2 = \frac{1}{2} C_D \rho \left(\frac{\pi}{4} d^2 \right) u^2 \tag{6-8}$$

式中　C_D——绕流阻力系数；

　　　u——球形颗粒沉速，$\text{m} \cdot \text{s}^{-1}$。

在沉淀过程中，随着颗粒的下沉，阻力不断增加，当颗粒所受到的阻力与重力达到平衡时，颗粒等速下沉。则 $F_1 = F_2$，即

$$\frac{1}{6} \pi d^3 (\rho_s - \rho) g = \frac{1}{2} C_D \rho \left(\frac{\pi}{4} d^2 \right) u^2 \tag{6-9}$$

由上式得，

$$u^2 = \frac{4}{3 C_D} \left(\frac{\rho_s - \rho}{\rho} \right) g d \tag{6-10}$$

式中绕流阻力系数与雷诺数 Re 有关，雷诺数 Re 的计算式如下：

$$Re = \frac{ud}{\nu} = \frac{\rho ud}{\mu} \tag{6-11}$$

式中　ν——水的运动黏度。

当 $Re < 1$ 时，水流呈层流状态，C_D 和 Re 的关系式为

$$C_D = \frac{24}{Re} \tag{6-12}$$

代入式(6-10) 得到斯托克斯（Stokes）公式

$$u = \frac{1}{18} \left(\frac{\rho_s - \rho}{\mu} \right) g d^2 \tag{6-13}$$

当 $1 < Re < 1000$ 时，水流属于层流至紊流的过渡区，绕流阻力系数 $C_D \approx \dfrac{10}{\sqrt{Re}}$，代入式 (6-10) 得到阿兰（Allen）公式

$$u = \sqrt[3]{\left(\frac{4}{225} \right) \frac{(\rho_s - \rho)^2 g^2}{\mu \rho}} d \tag{6-14}$$

当 $1000 < Re < 25000$ 时，水流呈紊流状态，$C_D \approx 0.4$，代入式(6-10) 得到牛顿（Newton）公式

$$u = 1.83 \sqrt{\frac{\rho_s - \rho}{\rho} g d} \tag{6-15}$$

由上述公式可知，在不同的 Re 范围内，计算某一特定颗粒沉速的公式不同，上述公式是在一系列的假定条件下推导出来的，与实际水中悬浮颗粒沉淀情况有较大的出入。因此，在实际工程应用中，不能用上述公式来计算颗粒的沉速。讨论自由颗粒的沉淀速度，其目的在于明确各项因素对颗粒沉速的影响，有助于对沉淀规律的理解，便于在实际工程设计中不断探索、改进、完善沉淀工艺参数，以达最佳处理效果。在实际工作中，经常采用沉淀试验来确定水中悬浮颗粒的沉淀性能。

③ 浅池理论　在平流式沉淀池中，悬浮颗粒的去除率与沉速有关，而沉速的大小仅与沉淀池的沉淀面积有关，而与池深无关，在沉淀池容积一定的条件下，池深越浅，沉淀面积越大，悬浮物的去除率越高，这种即称为浅池理论。如果平流式沉淀池的池长为 L、深为 H、宽为 B，沉淀池水平流速为 v，截留速度为 u_0，沉淀时间为 T，在理想的沉淀条件下，则有如下关系：

$$u_0 = \frac{H}{T} = \frac{H}{L/v} = \frac{Hv}{L} = \frac{HBv}{LB} = \frac{Q}{A}$$

在沉淀池中加设两层底板后，截留沉速变比原来减少 2/3，去除率相应提高。如果去除率不变，沉淀池长度不变，而水平流速增大，则处理水量比原来增加 2 倍。如果去除率和处理水量不变，而改变沉淀池长度，则沉淀池长度减小原来的 2/3，按此推算，沉淀池分为 n 层，其处理能力是原来沉淀池的 n 倍。于是产生了斜管或斜板沉淀池。实际工程中，由于受到短流、水流状态、絮凝作用等的影响，沉淀池分为 n 层，其处理能力不可能是原来沉淀池的 n 倍，从目前国内工程实例来看，斜管板沉淀池的处理能力是普通平流式沉淀池的 5～8 倍。

(2) 复合沉淀池

复合沉淀池是平流式沉淀池和斜管沉淀池相结合的沉淀池，始端是平流沉淀区，末端是斜管沉淀区，结构详见图 6-39，水从平流沉淀区池始端通过布水花墙进入，从末端通过布水花墙流出进入斜管沉淀区，最终水从斜管沉淀池上端流出。

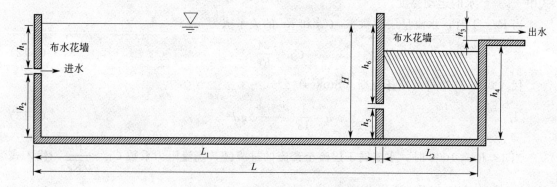

图 6-39　复合沉淀池结构简图

何绪文等通过对平流式沉淀池、斜管沉淀池和复合沉淀池的流场和处理效果进行研究，得出如下结论：平流式沉淀池布水孔上下各有一个回流区域，同时在沉淀池的右下部也会存在一个较小的死水区；复合沉淀池中的平流沉淀区的四个边角有较小的死水区，但与平流式沉淀池的回流区和死水区的面积相比，减小了数倍，水力条件明显改善。

复合沉淀池的特点如下。

① 保留了平流式沉淀池对水质变化的缓冲作用，沉淀系统具有良好的稳定生产能力。根据运行经验，悬浮颗粒物的自然沉降主要发生在矩形平流池的前 1/4～1/3 部分。即使待处理水的悬浮颗粒物含量增加，由于平流沉淀区的除浊作用，斜管沉降系统所受冲击小，有利于系统功能的正常发挥，因而能保持出水水质的相对稳定。

② 允许一定程度的超负荷生产。在矩形平流池内，尽管部分轻小颗粒可与大而重的颗粒发生共沉降，但总是有少量既未自由沉淀也未被共同沉淀的颗粒物流入沉淀池的末端，经过斜管沉降系统后，颗粒间可能再次发生碰撞而沉降。考虑到斜管或斜板的高沉淀效率，可以适当降低对进水浊度的要求，因此允许一定程度的超负荷运行。有资料表明，理想状态下，在平流沉淀出水区加装斜管沉降系统后，出水量可提高到原来的 2～3 倍。

③ 对水质、水量的变化反应及时，耐受一定的冲击负荷，安全性能好。

④ 经过斜管或斜板沉降系统后，沉淀池的水力、水流条件发生有利于控制短流、紊流、密度流等对沉淀效率的影响。

6.7.4.2 二级过滤工艺

二级过滤选择盘式过滤器。

(1) 盘式过滤器的处理机理

过滤盘片表面刻有细微沟纹，相邻盘片沟纹走向的角度不同，形成许多沟纹交叉点，不同规格的盘片其沟纹交叉点的个数也不相同，在 12~32 个范围内不等，这取决于盘片的过滤精度。这些交叉点构成大量的空腔和不规则的通路，从而导致紊流与颗粒间的碰撞凝聚，使其更容易在下一个交叉点被拦截，因此即使一些颗粒从最初的交叉点漏过，最终仍会被后面的交叉点拦截。当盘片之间的沟纹累积了大量杂质后，过滤器装置通过改变进出水流方向，自动打

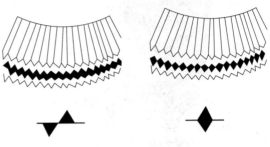

图 6-40 盘片结构

开压紧的盘片，并喷射压力水驱动盘片高速旋转，通过压力水的冲刷和旋转的离心力使盘片得到清洗。然后再改变进出水流向，恢复初始的过滤状态。其核心技术就是盘片，它由一组双面带不同方向沟槽的聚丙烯盘片构成（见图 6-40），相邻两盘片叠加，其相邻面上的沟槽棱边便形成许许多多的交叉点，这些交叉点构成了大量的空腔和不规则的通路，这些通路由外向里是不断缩小的。过滤时，这些通路导致水的紊流，最终促使水中的杂质被拦截在各个交叉点上。如把一叠盘片叠加安装在过滤芯骨架上，在弹簧和来水的压力下就形成了外松内紧的过滤单元。盘片上沟槽的不同深浅和数量确定了过滤单元的过滤精度。

(2) 盘式过滤器的工作过程

① 盘式过滤器工作原理 盘式过滤器工作原理见图 6-41。

过滤过程中，过滤盘片在弹簧力和水力作用下被紧密地压在一起，当含有杂质的水通过时，大的颗粒和粗纤维直接被拦截，即称为表面过滤。而比较小的颗粒与纤维窜进沟纹孔后进入到盘片内部，由于沿程孔隙逐渐减小，从而使细小的颗粒与纤维被分别拦截在各通道的途中，即称为深层过滤。

② 过滤过程 主要过程有：a. 待处理的矿井水自进水口进入过滤单元；b. 弹簧和水将压力加在带有凹槽的滤盘上（压力高达 0.6MPa 以上）；c. 水流在经过环状棱构成的通道时，粒径大于棱高度的颗粒被拦截下来，储存在曲线棱构成的空间、滤盘组与外壳的间隙内；d. 干净的水通过被压缩的滤盘；e. 出口接至用水工段或下一级水处理工段。

③ 盘式过滤器反冲洗原理 盘式过滤器反冲洗原理见图 6-42。

由可调节设定的时间或压差信号自动启动反洗，反洗阀门改变过滤单元中水流方向，过滤芯上弹簧被水压顶开，所有盘片及盘片之间的小孔隙被松开。位于过滤芯中央的喷嘴沿切线喷水，使盘片旋转，在水流的冲刷与盘片高速旋转离心作用下，截留在盘片上的固体物被冲洗出去，因此很少的自用水量即可达到很好的清洗效果。然后反洗阀门恢复过滤位置，过滤芯上弹簧力再次压紧盘片，回复到过滤状态。

④ 反冲洗过程 主要过程：a. 控制器发出脉冲信号，进口关闭，排污口打开，释压活塞筒开始工作；b. 活塞筒将弹簧压紧，加在滤盘上的压力被释放掉，滤盘可以自由旋转；c. 冲洗水沿滤盘切线方向从喷嘴喷出；d. 喷射出的水带动滤盘快速旋转；e. 留在滤盘上的悬浮颗粒被冲洗干净；f. 反冲洗污水经排水口排掉。

过滤后清水　　含杂质浊水

图 6-41　盘式过滤器工作原理

反冲洗水　　冲洗污水

图 6-42　盘式过滤器反冲洗

（3）盘式过滤器的特点

① 高效，精确过滤　盘式过滤器特殊结构的滤盘过滤技术，性能精确灵敏，确保只有粒径小于要求的颗粒才能进入系统，过滤器的规格有 $5\mu m$、$10\mu m$、$20\mu m$、$55\mu m$、$100\mu m$、$130\mu m$、$200\mu m$ 等多种，可根据用水要求选择不同精度的过滤盘，系统流量可根据需要灵活调节。

② 标准模块化，节省占地　系统基于标准盘式过滤单元，按模块化设计，可按需取舍，灵活可变，互换性强。系统紧凑，占地极小，可灵活利用边角空间进行安装，如处理水量 $300m^3 \cdot h^{-1}$ 左右的设备，占地仅约 $6m^2$（一般水质，过滤等级 $100\mu m$）。

③ 全自动运行，连续出水　在过滤器组合中的各单元之间，反洗过程轮流交替进行，工作、反洗状态之间自动切换，可确保连续出水。反洗耗水量极少，只占出水量的 0.5%。如配合空气辅助反洗，自耗水更可降到 0.2% 以下。高速而彻底的反洗，只需数十秒即可完成。

④ 寿命长，维护量少　采用的新型塑料过滤元件材质坚固、无磨损、无腐蚀、极少结垢。零部件很少，维护时不需专用工具，使用时仅需定期检查，几乎不需日常维护。

6.7.4.3　神华集团某矿矿井水井下处理利用工程实例

（1）工程目的和意义

该矿生产用水需求量大，将一部分矿井水回用于井下生产仍不能满足需水量，每年需从附近乡镇大量购进水资源与矿井水混合后，用于生产。但该混合水中的悬浮物、铁和锰均有一定程度的超标。同时，由于该矿采用最先进的综采设备，设备的冷却水和液压支架配乳化液用水均采用该混合水。长期运行，水中的悬浮物、铁和锰会造成冷却喷雾设备严重阻塞、液压支架腐蚀和结垢等，长期运行，会影响甚至破坏整个生产系统的正常运行。

将该矿矿井水处理后，能够满足冷却设备用水、配制乳化液用水，将减少设备的修理次数，降低设备运行的安全隐患，从而大幅降低整套设备的维护费用。

（2）总体设计

本工程处理的矿井水为原矿井水经井下土壤渗滤后的出水。水质：悬浮物 $30mg \cdot L^{-1}$，浊度 10NTU，铁 $6.5mg \cdot L^{-1}$，锰 $0.16mg \cdot L^{-1}$。处理水量为 $100m^3 \cdot h^{-1}$。矿井水井下

处理工艺流程如图 6-43 所示。

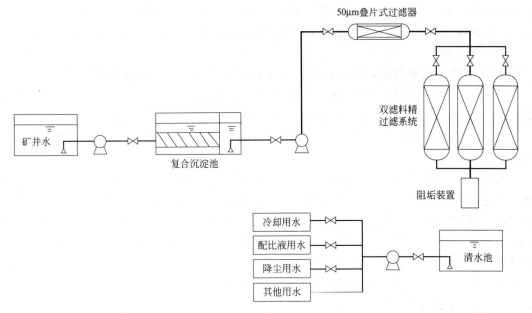

图 6-43 矿井水井下处理工艺流程

（3）工艺流程

1）沉淀系统。根据原水水质和实现完全意义上的无人值守，处理工艺中不投加絮凝剂，这样沉淀池前就不需设反应池，为了保证沉淀效果，沉淀池采用高效复合沉淀池。原水首先进入该沉淀池的平流区，在平流区，较大的颗粒在平流区沉降，不易沉淀的颗粒将在斜板区沉降。高效复合沉淀池沉淀下来的污泥沉入池底下方的污泥区，然后进入集泥管采用静水压力排泥，将污泥排入淤泥池。

2）过滤系统。过滤系统由 $50\mu m$ 过滤器和双滤料精过滤器组成。

a. $50\mu m$ 过滤器。本工艺采用先进的全自动过滤器，有一个电动马达自动清洗装置。水从进口进入粗滤网，然后由内而外通过细滤网流出，粗滤网设计用于保护清洗装置，免于受到大块颗粒的破坏。

b. 双滤料精过滤器。为适应井下狭小空间，对过滤器进行了改良，改为高度 2.8m，直径 2.4m 的滤器。也可以是其他的尺寸，高度最好小于 3m，该过滤器解决了以往在地面应用的过滤器滤层高度高，不适于在井下巷道使用的难题。只需要较低的滤层高度，就可以达到良好的处理效果。

本设计采用双层滤料，其中上部采用密度较小、粒径介于 $1.0\sim2.0mm$ 的果壳滤料，该滤料具有坚韧性大、耐磨抗压、吸附能力强、抗油浸、不结块、不腐烂等特点。滤层下部采用全新技术生产的水处理专用滤料陶粒，粒径介于 $1.0\sim2.0mm$，它通过电化学氧化-还原（电子转移）（REDOX）进行水处理工作，能去除水中铁锰离子、硫化物，减少矿物质结垢（如碳酸盐、硝酸盐和硫酸盐等）。由于井下主要是工业生产用水，过滤后，没有设专门消毒环节。

c. 阻垢系统。阻垢仪为全自动电子阻垢仪。射频发生器（图 6-43 中未示出）产生的高效电能通过射频转换器、换能器，转换为被处理介质——水分子的内能，使水的活性大大提高，渗透力、携带力增强，达到了附垢防垢的目的。

d. 控制系统。控制系统为自动控制系统，包括 PLC 可控制编程元件、多个液位控制器、各种接触器、断路器、指示灯等，控制设备设有手动和自动单独控制开关、转化开关等部件。系统中所有电器具有井下防尘、防湿和防爆的功能，完全符合煤矿井下安全规范。

（4）工艺特点

1）利用井下废弃巷道，减少了地面土地的占用，具有良好的环境效益。

2）矿井水处理实现自动化控制。采用全自动控制系统，可实现以下功能：矿井水处理设备启停控制；设备运行工况监控和设备之间运行联锁逻辑控制；声光报警等；无人值守。

3）高效的沉淀系统。高效复合沉淀池与普通斜板沉淀池相比，具有较高的沉淀分离效果。

4）双保障的过滤系统。本系统采用双级过滤系统，一级采用先进的 $50\mu m$ 全自动过滤器，该过滤器过滤面积较大，结构简单，操作机构可靠，清洗时所需水量极少。二级过滤采用改进的双滤料过滤器，滤料分别为果壳滤料和陶粒滤料，过滤器充分考虑了反冲洗分级的问题，因此选用轻质的大粒径果壳滤料放置于上部，密度较大的、粒径相对较小的陶粒滤料放置于下部，使过滤器具有良好的水力条件。

5）良好的阻垢能力。该装置的安装可实现使水中的镁离子和钙离子提前结晶，达到 95% 以上防垢除垢的目的。

6）系统设备安全可靠。本套水处理系统（包括设备及连接管道）内涂无毒饮用水涂料，不产生设备对水体的二次污染，防腐性能高；此外，系统配备防爆型专用电机和设备等。

（5）运行结果

矿井水经该系统处理后，出水的水质结果如表 6-36 所列。

表 6-36　矿井水井下处理后出水水质

监 测 项 目	出 水 水 质
浊度/NTU	<3
SS/mg·L^{-1}	<3
铁/mg·L^{-1}	<0.1
锰/mg·L^{-1}	<0.1
粒度/μm	<5

从表 6-36 中可知，通过整个系统的处理后，悬浮物、浊度、铁、锰和粒度完全满足回用的水质要求。实践证明，该工艺技术可靠，运行稳定，适合在井下推广使用。

6.8　矿井水处理的工艺控制

近年来，随着自动化监控技术的快速发展，已经在各个领域深入应用，在煤炭行业中，自动化监控技术也深入应用到矿井的生产建设中，但由于煤炭行业对矿井水处理的不够重视，使得其矿井水处理的控制系统明显落后于矿井其他生产单位的控制系统。因此，为了使我国煤炭企业中的矿井水处理系统得到长远发展，为其配备稳定可靠的自动化监控系统，保证矿井水处理系统能够更好的稳定的运行，具有十分重大的意义。

矿井水处理的控制系统除具有一般控制系统所具有的共同特征外，如有模拟量和数字量，有顺序控制和实时控制，有开环控制和闭环控制；还有不同于一般控制系统的个性特征，如最终控制对象是 SS、COD、pH 值和浊度，为使这些参数达标，必须对众多设备的运行状态、加药量、排泥量以及各段工艺的运行逻辑等进行综合调整和控制。

6.8.1 基本原理与要求

自动控制已成为现代污水处理过程中一种非常重要的技术手段。在污水处理自动控制系统中，根据控制对象和控制要求的不同，控制系统有各种不同的组成结构，虽然各种控制装置的具体任务不同，但其控制的实质是一样的，控制系统一般均由以下环节组成。自动控制系统的组成如图 6-44 所示。

图 6-44 自动控制系统的组成

（1）给定装置

其功能是设定与被控制量相对应的给定量，并要求给定量与测量反馈装置输出的信号在种类和量纲上一致。

（2）比较装置

其功能是首先将给定量与测量值进行计算，得到偏差值，然后将其放入以推动下一级的动作。

（3）执行装置

其功能是根据前面环节的输出信号，直接对被控对象作用，以改变被控量的值，从而减小或消除偏差。

（4）测量反馈装置

其功能是检测被控量，并将检测值转换为便于处理的信号（如电压、电流等），然后将该信号输入到比较装置。

（5）校正装置

当自控系统由于自身结构及参数问题而导致控制结果不符合工艺要求时，必须在系统中添加一些装置以改善系统的控制性能。

（6）被控对象

指控制系统中所要控制的对象，一般指工作机构或生产设备。

自动控制系统一般根据给定量的特征来进行划分，可分为恒值控制系统、随动控制系统和程序控制系统。

① 恒值控制系统 其控制输入量为一恒值。控制系统的任务是排除各种内外干扰因素的影响，维持被控量恒定不变。污水处理厂中温度、压力、流量、液位等参数的控制及各种调速系统都属此类。

② 随动控制系统（也称伺服系统） 其控制输入量是随机变化的，控制任务是使被控量快速、准确地跟随给定量的变化而变化。

③ 程序控制系统 其输入按事先设定的规律变化，其控制过程由预先编制的程序载体按一定的时间顺序发出指令，使被控量随给定的变化规律而变化[43]。

对污水处理自控系统的设计不仅要使系统性能稳定、运行可靠、操作简单、维护方便，而且要求易于扩展、运行经济、维护方便、性价比高。而且自控系统应满足污水处理管理和安全处理的要求，即生产过程自动控制、自动报警、自动保护、自动操作、自动调节，提高运行效率、降低运行成本、减轻劳动强度，对污水处理厂内各系统工艺流程中的重要参数、重要设备进行计算机在线集中实时监控，从而确保污水处理厂的出水水质达到设计排放标准。污水处理工程自动控制系统设计的基本要求如下。

① 采用分布式结构，具有良好的通信能力。系统负责污水处理自动化运作的监控和管理，控制系统稳定、可靠、周全，能实现 24h 全天候连续运转，按照工艺要求达到自动操作。

② 利用工艺参数的反馈，实现反应过程的闭环控制，提高反应效率，节约能源并且提高系统的抗冲击性，有良好的适应性。

③ 对主要工艺参数（pH 值、液位、流量）和各种设备（如水泵、风机等）的工作状态进行监控，并设置工艺参数临界状态的报警，生成及打印指定时间内的数据报表和变化曲线。采用自动检测设备对水质等参数进行在线测量。

④ 系统应具有"自动控制"、"手动控制"两种工作模式。正常情况下为自动控制模式；手动控制模式又分"现场控制"与"中控室控制"两种。手动控制主要用于异常情况，中控室或现场直接干预设备运行，手动模式下自控系统仅监视设备工作状态。

⑤ 主控制室计算机监控界面友好，操作方便。各级管理操作权限设置具有良好的安全性。主要工艺参数的设置和更改方便，有利于流程的变化[44]。

6.8.2　自动加药和自动排泥

6.8.2.1　自动加药

煤矿矿井水净化处理过程中，混凝剂投加量直接影响到矿井水的处理成本及出水水质。在水处理工艺过程中，常见药剂投加系统采用的技术有：转子流量计投加控制技术、计量泵投加控制技术、单因子流动电流投加控制技术等[45]。在矿井水净化处理工艺过程中，采用转子流量计或计量泵控制药剂的投加量，当处理水量和水质变化时，药剂的投加量不能及时改变，从而影响矿井水净化处理的效果；采用单因子流动电流药剂投加控制系统，由于矿井水中含有一定数量的油类，使单因子流动电流传感器产生较大的误差，从而阻碍了该技术在矿井水净化处理中的应用。矿井水净化处理自动加药装置（专利号：200920307061.7）是一套非常适合矿井水净化处理的药剂自动投加装置 ADSMD（Automatic dosing system for mine drainage）。

（1）技术原理

首先通过模拟试验得出矿井水中的悬浮物和浊度之间、矿井水中的悬浮物和加药量之间存在相关性，在试验的基础上得出相关的工艺技术参数，并建立数学模型（矿井水的浊度和加药量之间的相关性），最终将数学模型转化为控制程序，将控制程序写入 PLC 系统的存储单元中，通过采样、在线传感器、变送器、PLC 系统、变频器、计量泵等获取来自工艺过程中的工艺参数，同时控制加药计量泵来实现自动加药的控制。ADSMD 矿井水净化处理自动加药系统技术原理如图 6-45 所示。

ADSMD 混凝剂自动投加控制技术是在进行矿井水净化处理模拟试验和建立数学模型的基础上，通过在线传感器、变送器、PLC、上位机和计量泵实现的。具体步骤和方法如下。

① 煤矿矿井水中主要含有以煤屑、岩粉为主的悬浮物，色黑，不同的煤矿、不同的煤种、不同的开采方式、不同的地质条件，矿井水中悬浮物的种类、粒径各不相同。对某一特定煤矿的矿井水水质，不同的悬浮物含量，混凝沉淀所需的混凝剂投加量不同，由于测定悬浮物比较麻烦，可采用测定矿井水浊度的方法来代替，矿井水中的浊度通常和悬浮物含量存在正相关关系。对某一特定的矿井水水质，矿井水模拟试验主要确定不同浊度条件下，混凝

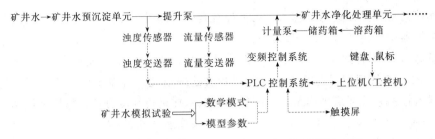

图 6-45　ADSMD 矿井水净化处理自动加药系统技术原理

剂的最佳投加量。

② 对某一特定矿井水水质根据试验结果建立数学模型，此数学模型为不同浊度对应的最佳混凝剂投加量表格模型。

③ 对表格模型进行编程，并输入 PLC（可编程序控制器）和上位机，在表格模型中浊度中间值对应的最佳混凝剂投加量采用插值法实现。

④ 在提升泵前（混凝剂投加点前）取矿井水水质，通过浊度传感器在线检测矿井水中的浊度；在提升泵后通过流量传感器在线检测矿井水处理水量，再通过浊度和流量变送器将信号传输至 PLC。

⑤ PLC 根据浊度值、流量值、表格模型中对应的数值经计算后得出的频率输送给变频器，由变频器控制计量泵实现矿井水净化处理混凝剂量的自动投加[46]。上位机可以实时修改 PLC 中表格模型中各参数值。

（2）系统结构

根据矿井水净化处理自动加药系统的技术原理，可以看出，自动加药系统由以下单元组成：溶药箱（带搅拌机）、储药箱、计量泵、转药泵、液位计、浊度传感器、浊度变送器、流量传感器、流量变送器、电控柜、PLC 系统、触摸屏、工控机、鼠标、键盘等。ADSMD 矿井水净化处理自动加药系统结构如图 6-46 所示。

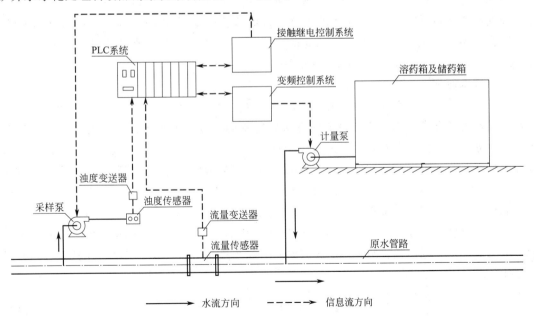

图 6-46　ADSMD 矿井水净化处理自动加药系统结构

自动加药系统的具体运行过程为：将采样泵及其管路设置于原水管道上，用于将原水采样到浊度传感器中，再通过浊度变送器对水样进行分析并将浊度信息发送到 PLC 系统；流量传感器设置在原水管道上，采集原水的流量信息，传送到流量变送器并经变送后传至 PLC 系统；PLC 系统根据得到的流量信息判断水处理系统是否在运行，若运行，则发送指令到接触继电控制系统开启采样泵，浊度仪同时对水样进行浊度分析，得出浊度信息，并传送到 PLC 系统，PLC 系统根据流量和浊度信息以及实验所得的数学模型，计算出系统的实时加药量，并发出控制指令到变频控制系统，开启加药计量泵，通过安装于原水管路上的加药管路对水处理系统进行加药，并实时地根据采样信息自动调节加药量。

（3）系统功能

① 实现矿井水净化处理的水质和水量参数自动采集。

② 实现矿井水净化处理过程中混凝剂的自动投加，投加量根据水质和水量自动调节。

③ 实现准确投加混凝剂，稳定性好，适应性强。

④ 实现工人劳动强度降低，运行成本降低。

⑤ 实现出水水质有保证，水处理系统运行在最佳状态。

6.8.2.2　自动排泥技术

矿井水净化处理过程中污泥主要在反应沉淀池（或澄清池）中产生，由于矿井水中悬浮物含量变化比较大，使得加药后的混凝反应、沉淀（或澄清）后形成的污泥量变化也比较大，如果不及时排泥，会造成在反应沉淀池（或澄清池）已沉淀的絮体（矾花）重新被出水水流带走的现象，从而影响出水水质；如果排泥过于频繁，则会造成排泥的污泥浓度较低，排泥量较大，从而增加矿井水净化处理系统的自用水率，增大污泥压滤处理单元负荷。在现有矿井水净化处理过程中，反应沉淀池（或澄清池）的排泥采用的方法有人工手动排泥和定时自动排泥等，人工手动排泥存在排泥次数和时间随意性比较大、易造成出水水质变差、影响处理效果等问题；定时排泥不能根据矿井水中悬浮物含量的变化及时增加或减少排泥量来保证处理后的水质[47]。矿井水净化处理自动排泥装置（专利号：200920306937.6）是一套非常适合矿井水净化处理系统反应沉淀池（澄清池）的自动排泥装置 ASDT（Automatic sludge discharge technology for mine drainage treatment）。

（1）技术原理

针对悬浮物与浊度存在正相关关系，且矿井水的浊度比悬浮物容易实现在线检测，对某一特定煤矿的矿井水，通过模拟试验的方法确定不同浊度数值和悬浮物数值之间的对应关系，两个浊度之间的悬浮物可采用插入法计算求得，再根据水处理的流量，建立数学模型，模型的各个参数通过试验、调试和计算得出，最终将数学模型转化为控制程序，将控制程序写入 PLC 系统的存储单元中，再通过在线浊度和流量传感器、变送器、PLC、上位机、排泥控制柜和电动控制阀等来实现。

其中数学模型的建立和模型参数的确定是该技术的关键，矿井水净化处理沉淀（或澄清）单元产生的污泥体积、两次排泥之间间隔时间和排泥历时的数学模型可用式(6-16)、式(6-17)、式(6-18) 表示。

$$V_{泥} = \frac{1}{C} \int_0^t Q_t (S_{t_1} - S_{t_2}) \mathrm{d}t \tag{6-16}$$

式中　$V_{泥}$——$0 \sim t$ 时段内沉淀（或澄清）过程中产生的污泥体积，m^3；

$\overline{C}$——沉淀（或澄清）污泥区平均污泥浓度，$mg \cdot L^{-1}$；

Q_t——t 时刻矿井水处理水量，$m^3 \cdot min^{-1}$；

S_{t_1}——t_1 时刻矿井水进水中（提升泵前）悬浮物含量，$mg \cdot L^{-1}$；

S_{t_2}——t_2 时刻矿井水沉淀（或澄清）出水中悬浮物含量，$mg \cdot L^{-1}$；

dt——t 时刻，min。

计算 $V_{泥}$ 时，由于数学模型中是一个积分式，PLC 和上位机编程时可根据原水中悬浮物的变化情况，dt 可用 Δt 取一个时间段如 3min、5min、10min 或更长时间段代替，原水浊度波动大时，时间段取小值，波动小时取大值。因此，式(6-16) 可以简化为：

$$V_{泥} = \frac{1}{\overline{C}} \sum_{i=1}^{n} Q_i (S_{i_1} - S_{i_2}) \Delta t_i \qquad (6-17)$$

式中　n——把 $[0, t]$ 时段分成 n 个小区间。

$$T_{间隔} = \sum_{i=1}^{n} \Delta t_i = \frac{V_{泥} \overline{C}}{\sum_{i=1}^{n} Q_i (S_{i_1} - S_{i_2})} = \frac{\alpha V_{污泥区} \overline{C}}{\sum_{i=1}^{n} Q_i (S_{i_1} - S_{i_2})} \qquad (6-18)$$

式中　$T_{间隔}$——两次排泥之间间隔时间，min；

$V_{污泥区}$——沉淀（或澄清）池内污泥区的总容积，m^3；

α——污泥区容积富余系数，取 0.8。

$$t_{历时} = \frac{V_{泥}}{\sum_{i=1}^{m} Q_{泥管i}} \qquad (6-19)$$

式中　$t_{历时}$——排泥历时时间，min；

$\sum_{i=1}^{m} Q_{泥管i}$——m 条排泥管单位时间总排泥量，$m^3 \cdot min^{-1}$。

数学模型中的模型参数进水悬浮物含量可用前面所述的浊度值来替代，即利用在线浊度检测仪表来实现数据采集。由于沉淀（或澄清）池出水中的悬浮物含量较低，可根据调试阶段沉淀（或澄清）池实际出水水质情况用某一定值代替，从而只需在线检测进水浊度，即可确定 S_{t_1} 和 S_{t_2}。Q_t 通过在线流量传感器确定，$V_{污泥区}$ 通过施工图计算得出，$\overline{C}$ 在调试阶段取样确定，$\sum_{i=1}^{n} Q_{泥管i}$ 在调试阶段实测或计算确定[48]。ASDT 矿井水净化处理自动排泥系统技术原理如图 6-47 所示。

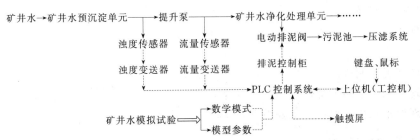

图 6-47　ASDT 矿井水净化处理自动排泥系统技术原理

（2）系统结构

根据矿井水净化处理自动排泥系统的技术原理，可以看出，自动排泥系统由以下单元组成：主要有浊度传感器、浊度变送器、流量传感器、流量变送器、电动排泥阀、排泥控制柜、PLC系统、触摸屏、工控机、鼠标键盘等。ASDT矿井水净化处理自动排泥系统结构如图6-48所示。

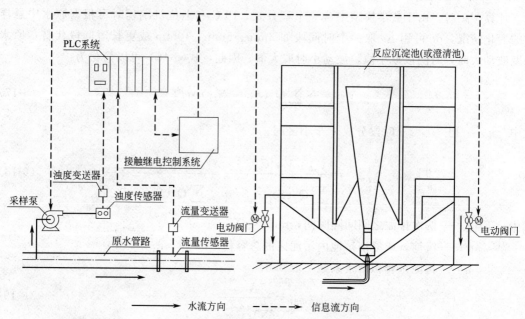

图6-48　ASDT矿井水净化处理自动排泥系统结构

具体的运行过程为：采样泵及其管路设置于原水管道上，用于将原水采样到浊度传感器中，对水样进行分析并通过浊度变送器将浊度信息发送到PLC系统；流量传感器设置在原水管道上，采集原水的流量信息，传送到流量变送器并经变送后传至PLC系统；PLC系统根据得到的流量信息判断水处理系统是否在运行，若运行，则发送指令到接触器和继电器控制系统开启采样泵进行采样，同时浊度仪对水样进行分析，得出系统的原水浊度信息，并传送到PLC系统，PLC系统根据流量和浊度信息以及实验数学模型，计算出系统的污泥含量，根据反应沉淀池（或澄清池）的污泥区的体积和排泥管路管径及数量计算出系统的排泥时间，由PLC控制系统发出控制指令到接触器和继电器控制系统，控制设置于反应沉淀池（或澄清池）的电动阀门进行排泥。

（3）系统功能

① 实现矿井水净化处理的水质和水量参数自动采集。

② 实现矿井水净化处理过程中反应沉淀池（或澄清池）的自动排泥，排泥量根据水质和水量自动调节。

③ 实现准确控制排泥量，稳定性好，适应性强。

④ 实现工人劳动强度降低，运行成本降低。

⑤ 实现出水水质有保证，水处理系统运行在最佳状态。

6.8.3　工艺过程监控

矿井水净化处理的工艺过程中有许多机电设备和工艺参数检测仪表，例如水泵、阀门、风机、吸泥机和刮泥机等机电设备，流量、浊度、液位、pH 值、温度和压力等工艺参数检测仪表。这些机电设备和检测仪表基本都是分散布置在各个水处理单元，相对距离较远，同时，各种机电设备常常需要根据一定的程序、时间和逻辑关系来进行开停，以及根据相关的工艺参数调整水处理系统的运行参数。而目前国内煤矿矿井水处理的控制系统普遍采用分散手动或半自动控制的方式，各个工艺环节的控制衔接不够，系统工艺运行参数调整的实时性差、滞后性明显，各工艺单元的机电设备控制方式多为手动或半自动，系统的工艺运行参数没有记录等，严重影响水处理系统运行的稳定性和处理后的水质。因此，利用先进的自动化监控手段来保证矿井水处理的各个重要工艺环节，同时实现全工艺过程的集中监控和集中管理，是保证矿井水处理后回收利用的重要技术支撑。

（1）技术要求

工艺过程监控系统不仅要性能稳定、运行可靠、操作简单、维护方便，而且要易于扩展、运行经济、维护性价比高。同时，监控系统应满足矿井水处理厂运行管理和安全处理的要求，即生产过程自动控制、自动报警、自动保护、自动操作、自动调节，提高运行效率、降低运行成本、减轻劳动强度，对水处理厂内各工艺流程中的重要参数、重要设备进行计算机在线集中实时监控，确保水处理厂的出水水质合格、达到设计标准。监控系统的具体技术要求如下。

① 监控系统首先要求完成对生产设备的启动/停止控制和运行状态检测，例如水泵、搅拌机、阀门等，控制上可以单独启动/停止，或由计算机实现自动启动/停止，要求不同的控制方式可以无故障切换。

② 监测主要模拟量参数的值，如浊度、液位、流量、pH 值等信号，并全部通过计算机屏幕显示给操作员。

③ 生产过程报警、故障处理，要求对现场以下情况做报警处理：现场故障停车，模拟量超限。报警信号同时驱动现场和控制室的声、光报警，并由计算机自动记录。

④ 显示器上系统趋势调用显示，通过趋势按钮或切入趋势页面，用鼠标选中要显示的标签，即可显示趋势。

⑤ 显示器上报警显示，通过报警按钮或切入报警页，可以调用报警显示功能。

⑥ 显示器上报表显示，可以通过菜单或按钮查询当前报表、日报表、月报表和年报表[2]。

（2）集散监控系统

监控系统是用现代电子监测、控制装置代替人工，对分布的多种设备和环境的各种参数进行遥测、遥信和遥控，实时监测其运行参数，诊断和处理故障，记录和分析相关数据，从而实现水处理过程的少人或无人值守，并对设备进行集中监控和集中维护的计算机控制系统。由于系统的不同联结方式与功能分配，形成了不同形式的监控系统。矿井水处理厂广泛采用的是集散监控系统，集散监控系统具有操作、管理集中，测量、控制分散的特点，通过多台控制设备分散在生产现场，进行过程的测量和控制，实现了功能和地理上的分散，避免了测量、控制高度集中带来的危险性和常规仪表控制功能单一的局限性；数据通信技术和CRT 显示技术以及其他外部设备的应用，能够方便的集中操作、显示和报警，克服了常规仪表控制过于分散和人机联系困难的缺点[49]。

矿井水处理集散监控系统一般采用的模式为：人—计算机—PLC—现场设备。PLC 为这一模式中的关键设备，PLC 中事先输入工艺运行程序，PLC 可以根据工艺参数按运行模式自动监控、运行设备。计算机在这一模式中起三个作用：实时显示运行工况；实时向PLC 传送调整设备运行状态的指令；建立数据库，储存记录运行中的各个参数、指标等资料。人可以通过计算机随时改变工艺运行的模式。PLC 根据工艺运行的模式自动调整设备的运行，并对工况运行的数据库加以整理保存[44]。

为保证矿井水处理系统的可靠运行，监控系统采用三种控制模式，即现场手动控制、PLC 自动控制及上位机监控软件改变参数控制。控制模式通过现场电气控制柜上的转换开关"手动-自动-上位机控制"实现。

现场手动控制是指在选择手动控制方式下，通过电气控制柜由现场开关直接控制设备开启或关闭，手动控制主要在调试阶段或维修设备时使用。这是最高优先级的控制，在这一模式下，工作站 PLC 控制及中央控制室控制被屏蔽，只能监视而不能控制。

PLC 自动控制是指在选择该控制方式下，无需人工干预，由 PLC 根据测量参数自动执行内部控制程序，完成对各类水泵、电机、电动阀等设备的开关及加药泵的转速控制，实现控制功能。

上位机监控软件改变参数控制是指用户通过上位机的人机界面，可对部分运行参数赋值，PLC 接收上位机发出的指令，对 PLC 的控制量进行调节；也可直接对设备进行启动、停止操作。

（3）监控系统的基本结构

自动化监控系统包括硬件和软件两部分，硬件与软件的选择影响到系统的稳定性和可扩展性，因此要使硬件和软件合理搭配，使整个自动化监控系统具有较好的稳定性、可扩展性、维护性和较高的性价比。

控制系统的硬件组成如下。

① 上位机　上位机主要完成人机界面的交互功能。

② 通信链路　主要负责上位机和下位机之间以怎样的方式进行通信。

③ 可编程逻辑控制器 PLC　PLC 是控制系统的关键环节，执行用户的控制程序。

④ 控制总线　控制总线以一定的方式来传输现场的信号。

⑤ 分布式 IO　PLC 与信号模块的接口模块。

⑥ 信号模块　用于 PLC 与现场执行机构之间的信号传递。

控制系统的软件组成如下。

控制系统软件分为上位机监控软件和下位机 PLC 软件。监控软件对整个系统实施监控，并与下位机进行通信，传送数据；PLC 软件从现场采集数据，对工艺过程进行控制[50]。自动化监控系统的软件设计是整个系统正常运行的核心，一套理想的软件不只限于满足工艺要求，而且要考虑现场出现的各种特殊情况，因此必须可靠、实用、易修改。

矿井水处理自动化监控系统结构如图 6-49 所示。

主 PLC 控制单元和从 PLC 控制单元均包括电源模块、CPU 模块、模拟量输入输出模块、开关量输入输出模块、开关量隔离继电器和模拟量信号隔离器。这些模块用于接收外部传输来的模拟量和开关量信号，经过 CPU 预先存储的程序，对信号进行处理，然后通过模拟量和开关量输出模块发出控制指令来对设备进行控制；开关量隔离继电器用于隔离外部输入的开关量信号与模块之间的隔离，防止干扰产生误动作；模拟量信号隔离器用于隔离外部输入的模拟量信号与模块之间的隔离，防止干扰对信号的影响。

传感检测仪表单元包括液位传感器和变送器、流量传感器和变送器、浊度传感器和变送

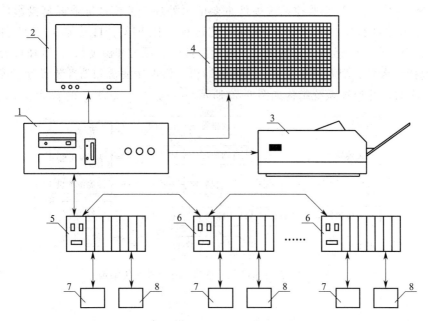

图 6-49　矿井水处理自动化监控系统结构

1—上位机；2—显示器；3—打印机；4—工艺模拟屏；5—主 PLC 控制单元；

6—从 PLC 控制单元；7—传感检测仪表单元；8—电气控制单元

器、压力传感器和变送器、温度传感器和变送器、pH 传感器和变送器，用于针对水处理工艺过程中的液位、流量、浊度、压力、温度和 pH 值进行监控。

电气控制单元包括断路器、接触器、继电器、变频器、软启动器、按钮、指示灯。电气控制单元为系统的基础控制层，用于对水处理过程中的水泵、阀门、搅拌机和刮泥机等机电设备进行直接手动控制，同时电气控制单元与 PLC 控制单元连接有控制线，用于接受来自 PLC 控制单元的远程自动控制信号对设备进行控制，最后再将设备的运行状态反馈到 PLC 控制单元，从而实现远程控制的功能。

上位机、工艺模拟屏和主 PLC 控制单元均包括 RS232 模块。工艺模拟屏与上位机之间通过各自的 COM 口相连，采用 RS232 协议进行通信，实时模拟整个水处理工艺流程的运行状态，包括设备状态和工艺参数[51]。

由上位机（工业控制计算机）和显示器组成系统的上位人机界面监控平台，利用组态软件设计出与现场相对应的工艺流程画面和数据库，并组态系统的操作画面、参数画面、报表画面、趋势图等，使得在中央控制室可以总览现场机电设备的运行状况和工艺运行参数，并对现场的机电设备进行控制。

（4）工程实例　矿井水净化处理工艺过程监控系统

① 技术原理　矿井水净化处理过程中液位、流量、压力、浊度等工艺参数，通过相应传感器采集模拟量信号，部分模拟量信号传送至自动加药 PLC，其余模拟量信号传送至工艺过程监控 PLC，经工艺过程监控 PLC、自动加药 PLC 和自动排泥 PLC 中的程序模块计算分析，以及工控机给出的控制方式和设定参数，由 PLC 发出指令至电气控制单元，电气控制单元执行指令启动或停止相应的动力设备，达到自动控制的目的[52]。同时，电气控制单元将设备的运行状态反馈给 PLC，再到工控机监控平台和工艺模拟屏或屏幕投影仪。

② 系统结构　工艺过程监控系统硬件主要由水处理工艺模拟屏或屏幕投影仪、工控机（包括液晶显示器和打印机）、PLC（包括工艺过程监控 PLC、自动加药 PLC 和自动排泥 PLC）、控制柜、在线传感器（包括浊度、流量、液位、压力和温度）、显示和报警仪表、动力设备（包括污水泵、刮泥或吸泥机、污泥浓缩机、污泥压滤机和消毒装置等）等组成。矿井水净化处理自动化监控系统结构如图 6-50 所示。

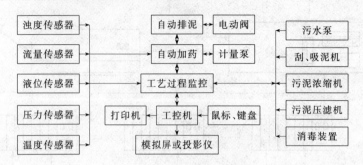

图 6-50　矿井水净化处理自动化监控系统结构

③ 系统功能

a. 实现水质和水量参数自动采集。

b. 实现水处理过程中混凝剂投加量的自动调节，投加量根据浊度、水量和试验数学模型自动调节。

c. 实现水处理过程中反应沉淀池（或澄清池）的自动排泥，排泥量根据浊度、水量和试验数学模型自动调节。

d. 实现水处理整个工艺的全过程监控，包括工艺流程、工艺参数、设备状态的显示，故障信息的报警，实时报表和历史报表，各种工艺参数的修改，设备控制方式的切换等。

e. 实现工人劳动强度降低，运行成本降低，出水水质有保证，水处理系统在最佳状态运行[53~55]。

6.8.4　远程网络监控

随着国家对节能减排和环境保护的重视，煤炭企业纷纷开始建设矿井水处理系统，新建矿井一般将新矿井水处理系统随矿井一起设计和建设，但是大多数老煤矿在设计时没有考虑矿井水处理系统，而且由于在老煤矿的工业广场内没有足够的空间建设矿井水处理系统，往往需要将矿井水处理系统建设到工业广场以外，而在工业广场内设中转水池，将矿井水提升到场外的处理系统进行处理，然后将处理后的清水输送到工业广场回收利用。矿井水处理系统与工业广场内的中转系统往往有一定的距离，单独分开管理和运行，同时，有些煤矿在建设矿井水净化处理系统后，又建设了矿井水深度处理系统，两个系统之间也具有一定的距离，且独立运行和管理，这样就造成了整个矿井水处理各系统之间的运行协调管理比较复杂，因此，必须借助网络通信监控技术，实现各个矿井水处理系统的远程通信，使其相互协调运行，保证整个系统的正常运转。同样，随着煤矿综合自动化的快速应用，将矿井水处理系统也集成到煤矿综合自动化系统中，以实现全矿井的综合自动化，使得管理层可以直接了解矿井水处理系统的运行状况，不必再进行人工汇报，解决各个矿井水处理系统成为信息"孤岛"的问题，大幅度提升煤矿矿井水处理的自动化和信息化水平。

（1）远程网络监控系统的技术原理与结构

矿井水处理网络监控系统主要是完成信息采集、传输、处理和应用，解决矿井水处理控制系统的信息"孤岛"问题，建立矿井水处理综合监控信息平台，提供开放式的数据接口，供上层管理者使用数据信息，保证满足各个管理层对信息的不同需求。

① 技术原理　矿井水处理网络监控系统采用工业光纤以太网作为主要传输网络，利用开放式的 OPC 通信技术，以及上位机组态软件技术，构建由监控子单元（各矿井水处理监控系统）、综合监控单元（综合监控信息中心）和远程终端（客户端）组成的矿井水处理网络监控系统。

监控子单元由 PLC、监控机、下级通信模块组成，PLC 负责采集来自各种检测仪表的工艺过程参数和来自电控系统设备的运行状态，同时 PLC 接受来自监控机的指令，对设备进行控制和工艺运行参数的调整，PLC 作为直接参与设备控制的单元，为最底层的控制单元，同时，PLC 与监控机通过屏蔽电缆连接，采用 RS232 或 RS485 协议进行通信，监控机利用通用组态软件组态相应的数据变量和画面信息，形成系统的各种运行画面和数据报表等，通过这些画面和报表直观的反映整个矿井水处理系统的运行情况，同时对矿井水处理系统的机电设备进行控制，从而形成单独的控制系统，实现对矿井水处理系统的就地化自动控制。

综合监控单元包括上级通信模块、数据交换机、中心服务单元、监控主机和打印机，综合监控单元的上级通信模块与各监控子单元的下级通信模块之间形成数据通道，上级通信模块与数据交换机之间通过屏蔽双绞线连接，数据交换机作为系统数据的转发器；综合监控单元的中心服务单元与数据交换机进行通信，实时采集来自各监控子单元的数据，对数据进行整理和分析，并利用 SQL2000 数据库软件形成系统的原始数据库，存储记录各监控子单元的数据；综合监控单元的监控主机也通过数据交换机与各监控子单元采用 OPC 协议进行通信，利用组态软件组建系统的监控信息平台，完成对各监控子单元的数据采集、数据分析、数据存储、设备状态监测、设备运行控制等功能，实现对各矿井水处理监控子单元的综合监控和信息化管理，同时监控主机通过 WEB 发布，将系统的实时运行画面和数据画面等在网络上发布；综合监控单元的打印机采用网络打印机完成系统各种报表的打印。

远程终端为用户系统的计算机，远程终端可以通过 IE 浏览器浏览监控主机 WEB 发布的各种画面和数据，从而为管理人员提供可靠的运行数据和信息，实现对矿井水处理系统的信息化管理。

② 系统结构　根据矿井水处理网络监控系统的技术原理可以看出，其组成包括多个监控子单元、综合监控单元和远程终端等。其中监控子单元包括 PLC、监控机、下级通信模块等，综合监控单元包括数据交换机、中心服务单元、监控主机、打印机和上级通信模块等。监控子单元和远程终端的数量根据系统的实际情况决定[56]。

矿井水处理网络监控系统结构如图 6-51 所示。

（2）远程网络监控系统的功能

矿井水处理网络监控系统实现了各矿井水处理系统的集中远程调度管理和信息共享。具有以下功能。

① 数据采集　采集各污水处理站的工艺参数和设备运行工况。

② 数据处理　对采集到的数据进行分析和整理，形成各种归档，并永久存储。

③ 报警　对采集到的数据进行判断和分析，确定数据达到的报警级别，系统发出相应级别的报警，同时对报警发生的时间、内容、处理方式等进行记录。

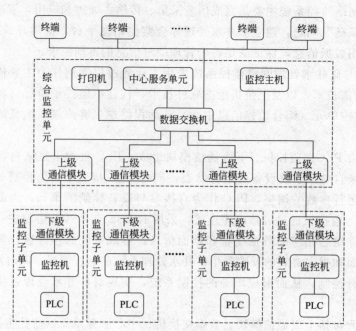

图 6-51 矿井水处理网络监控系统结构

④ 数据报表 对采集到的数据形成各种报表，以方便管理人员查询。

⑤ 数据显示 对采集到的数据进行实时显示，并应用动态流程图模拟现场时间情况。

⑥ WEB功能 支持 IE 远程浏览，实现信息共享。

⑦ 控制功能 可以对各分站的设备进行实时的控制。

⑧ 设定参数修改 可以对人工设定的参数在线修改。

6.8.5 自动化监控系统案例

某煤矿矿井水中主要含有以煤粉为主的悬浮物，年排放量约为 330 万吨，矿井水处理后主要作为煤矿生产用水和工业园区工业用水。矿井水从井下排至地面的排水出口（在工业广场内的副井附近），由于工业广场内无闲置的场地，矿井水净化处理厂只能建在 2km 以外的风井附近，因此矿井水排出地面后，必须在排水出口附近建造调节水池和转输泵房。工程要求在净化处理厂内实现自动加药、自动排泥、工艺过程监控，在排水出口附近的转输泵房实现"无人值守"，且矿主管领导能够通过终端实现远程网络监控。

（1）水处理系统工艺流程

矿井水由井下排水泵提升后，进入工业广场内副井附近的调节池，由转输泵提升进入风井附近的净化处理厂预沉池，经预沉淀后，由提升泵将矿井水提升进入高效澄清池，在提升泵前投加药剂聚合氯化铝，在高效澄清池内经混凝反应、沉淀、澄清后，出水自流进入多介质滤池，过滤后再经消毒处理后自流进入清水池，最后清水池内的清水通过供水泵供给用户作为煤矿生产用水和工业园区工业用水。高效澄清池泥水分离后的污泥排至污泥池，通过渣浆泵提升后进入压滤机，压滤后的煤泥外运。其矿井水净化处理工艺流程如图6-52 所示。

（2）监控系统结构及组成

矿井水净化处理自动化监控系统结构如图 6-53 所示。

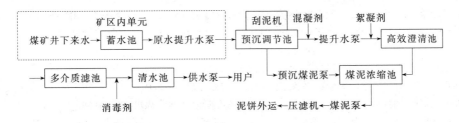

图 6-52 矿井水净化处理工艺流程

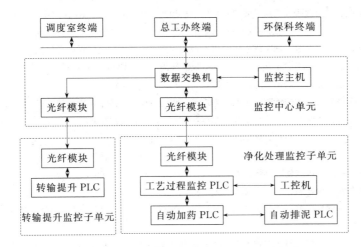

图 6-53 矿井水净化处理自动化监控系统结构

矿井水净化处理监控系统包括监控终端、监控中心单元和监控子单元。其中终端包括调度室终端、总工办终端、环保科终端等。监控中心单元包括监控主机、数据交换机和光纤模块等。监控子单元包括转输提升监控子单元和净化处理监控子单元，转输提升监控子单元由转输提升 PLC 和光纤模块组成，净化处理监控子单元由工控机、工艺过程监控 PLC、自动加药 PLC、自动排泥 PLC 和光纤模块等组成。

（3）监控系统功能

① 实时采集矿井水净化处理浊度、流量、液位、压力、pH 值、水温等工艺参数。

② 实现矿井水净化处理自动加药、自动排泥、动力设备运行工况检测和控制、液位和相关动力设备之间联锁控制和各类故障报警等功能。

③ 动态显示矿井水处理工艺过程的全貌图和分貌图、各类动力设备状态和各种参数值。

④ 实现远程网络监控，日常运行数据处理、存储，具有数据查询统计、历史曲线显示、报表打印、故障报警记录等功能。

参考文献

[1] 郭中权，王守龙，朱留生.煤矿矿井水处理利用实用技术.煤炭科学技术，2008，36（7）.
[2] 何绪文，贾建丽.矿井水处理及资源化的理论与实践.北京：煤炭工业出版社，2009.
[3] 国家发展和改革委员会.矿井水利用发展规划.发改环资〔2013〕118 号，北京：2013.
[4] 何绪文，杨静，邵立南，等.我国矿井水资源化利用存在的问题与解决对策.煤炭学报，2008，1.
[5] 范华，韩少华，周如禄.东滩煤矿水资源梯级利用处理工艺与模式研究.能源环境保护，2011，04.
[6] 谭金生，黄昌凤，郭中权.邢台矿区矿井水处理技术及利用模式.河北煤炭，2013，01.

[7] 曹祖民，高亮，崔岗，等．矿井水净化及资源化成套技术与装备［M］．北京：煤炭工业出版社，2003.

[8] 严煦世，范瑾初．给水工程．第 4 版．北京：中国建筑工业出版社，1999.

[9] 许保玖．给水处理理论．北京：中国建筑工业出版社，2000.

[10] 北京市政工程设计研究院．城镇排水．北京：中国建筑工业出版社，2004.

[11] 上海市政工程设计研究院．城镇给水．北京：中国建筑工业出版社，2004.

[12] 李福勤，杨静，何绪文，等．高铁高锰矿井水水质特征及其净化机制．煤炭学报，2006，12：727-730.

[13] 周如禄，高亮，郭中权，等．煤矿矿井水井下直接处理及循环利用．中国给水排水，2013，02：71-79.

[14] 何绪文，贾建丽．矿井水处理及资源化的理论与实践．北京：煤炭工业出版社，2009.

[15] 孟君．含锰废水控制与治理研究进展．安徽农业科学，2008，36（32）：14273-14274.

[16] 李丹，何绪文，王春荣，等．高浊高铁锰矿井水回用处理实验研究．中国矿业大学学报，2008，37（1）：125-128.

[17] 周旭红，周如禄，郭中权，等．前屯煤矿矿井水处理作饮用水的技术实践．煤矿环境保护，1998，1：43-46.

[18] 周旭红，周如禄，裘鑫林．煤矿矿井水除铁技术．煤矿环境保护，1998，4：26-29.

[19] 孙立勤．酸性矿井水的危害及防治．煤炭科学技术，2007，12：53-54.

[20] 吴涛，司庆超，王济洲．煤矿酸性矿井水的危害及其主要防治技术．山东煤炭科技，2010，5：178-180.

[21] 何绪文．矿井水处理及资源化的理论与实践．北京：煤炭工业出版社，2009.

[22] 沈士德．酸性矿井水的形成与组成．江苏环境科技，1999，1：7-8.

[23] 王立艳，王璐，张云剑，等．微生物在酸性矿井水形成过程中的作用．洁净煤技术，2010，3：104-107.

[24] 胡文容编．煤矿矿井水及废水处理利用技术．北京：煤炭工业出版社，1997.

[25] 胡文容，煤矿矿井水处理技术，上海：同济大学出版社，1996.

[26] 曹祖民，周如禄，刘雨忠，等．矿井水净化及资源化成套技术与装备的开发［J］．能源环境保护，2004，18（1）：37-40.

[27] 郭中权，冯曦，李金合，等．反渗透技术在高硫酸盐硬度矿井水处理中的应用研究［J］．煤矿环境保护，2006，20（3）：25-26

[28] 郭中权．平朔井工一矿太西区矿井水处理技术及应用［J］．煤炭工程，2012，405（6）：59-61.

[29] 焦志彬．含氟矿井水处理研究．山西焦煤科技，2012，5.

[30] 陈维维，姚立新，陆人春．矿井水中天然总 α 放射性的混凝处理技术研究．煤矿环境保护，1999（5）.

[31] 杨建超，郭中权，周如禄．二氧化氯去除矿井水中硫化物的应用研究．能源环境保护，2009（5）.

[32] 胡永江，华国平，梁晓宏．矿井水井下净化尝试和展望．煤矿环境保护，1997（5）.

[33] 付万军，于宏伟．舒兰煤矿井下污水处理与利用．煤炭科学技术，2009（5）.

[34] 刘立民，连传杰，卫建清，杨奉忠，陈健．矿井水井下处理、利用的工艺系统．煤炭工程，2003（9）.

[35] 李福勤，李建红，何绪文．煤矿矿井水井下处理就地复用工艺及关键技术．河北工程大学学报，2010（2）.

[36] 陈昱．井下供水系统设计方案浅析．煤炭工程，2011（9）.

[37] MT 76—2002.

[38] GB 50383—2006.

[39] 何绪文，李福勤．煤矿矿井水处理新技术及发展趋势．煤炭科学技术，2010（11）.

[40] 高亮，周如禄，毛维东，等．一种煤矿井下用矿井水深度处理装置：中国，200920273428.8.

[41] 高亮，周如禄，毛维东，等．一种煤矿井下用矿井水深度处理装置及方法［P］：中国，200910252607.8.

[42] 胡社荣，戚春前，赵胜利，等．我国深部矿井分类及其临界深度探讨．煤炭科学技术，2010，38（7）.

[43] 李亚峰，晋文学．城市污水处理厂运行管理［M］．北京：化学工业出版社，2010.

[44] 陈兆波，任月明．污水处理厂测量、自动控制与故障诊断［M］．北京：化学工业出版社，2008.

[45] 周如禄，朱留生，崔东锋．矿井水净化自动加药装置［P］：中国专利，200920307061.7. 2010-05-17.

[46] 朱留生，周如禄．矿井水净化处理混凝剂投加控制技术［J］．煤炭科学技术，2010（1）.

[47] 朱留生，周如禄，崔东锋．矿井水净化自动排泥装置［P］：中国专利，200920306973.6. 2010-05-19.

[48] 朱留生．矿井水净化处理排泥控制技术［J］．煤炭科学技术，2009（8）.

[49] 周如禄，崔东锋，郭中权，朱留生．矿井水净化处理全过程监控系统［P］：中国专利，201020168650.4. 2010-11-17.

[50] 曹宇，王恩让．污水处理厂运行管理培训教程［M］．北京：化学工业出版社，2004.

[51] 周如禄，朱留生.煤矿矿井水处理厂自动控制技术探讨.煤炭科学技术，2003 (1).

[52] 崔东锋，周如禄，朱留生.PLC自控系统在高矿化度矿井水处理工程中的应用 [J].煤炭技术，2008 (5).

[53] 崔东锋，周如禄，朱留生.基于PLC和工控机的高矿化度矿井水深度处理自控系统 [J].工矿自动化，2008 (6).

[54] 朱留生.酸性矿井水处理自控系统设计 [J].能源环境保护，2009 (4).

[55] 崔东锋，周如禄，朱留生，等.矿井水处理监控系统的设计与应用.煤矿机电，2007 (5).

[56] 周如禄，崔东锋，朱留生，郭中权.煤矿污废水处理综合监控信息系统 [P]：中国专利，201020504367.4.2011-03-16.

第7章 煤泥水澄清及循环利用

7.1 煤泥水基本性质

7.1.1 煤泥水中悬浮颗粒性质

7.1.1.1 煤泥水中颗粒矿物组成

煤泥水中的颗粒矿物组成由原煤组成决定，但由于经过各种作业以及某些矿物可随水体在系统中循环积聚，因此在含量上与原煤组成不同。

选取我国18个典型矿区的煤样，通过采用薄片鉴定、XRD、EPMA、SEM等微相测试分析手段，测定煤中矿物质组成，结果见表7-1[1]。分析如下。

表7-1 不同煤中矿物含量

No.	煤样	矿物含量/%								
		高岭石	伊利石	蒙脱石	迪开石	伊蒙混层	黏土矿物小计	石英	金红石/赤铁矿	氧化矿物小计
1	内蒙古扎诺尔	26.13					26.13	59.75		59.75
2	辽宁阜新	27.10		13.71			40.81	20.91		20.91
3	陕西铜川	11.20					11.20	8.27		8.27
4	内蒙古东胜	26.72	13.15				39.87	24.91		24.91
5	北京门头沟		21.94	6.78	39.38		68.1	9.47	8.28	17.75
6	山西大同	41.02					41.02	25.72		25.72
7	江西萍乡	31.21	29.27				60.48	21.79		21.79
8	湖南郴州		8.54	7.56	51.05		67.06	18.55		18.55
9	江西乐平	45.24	16.66				61.90	17.78		17.78
10	淮北石台	58.15				11.17	69.32	30.68		30.68
11	兖州南屯	92.65					92.65		3.27	3.27
12	徐州三河尖	51.05	0.73				63.78	9.19		9.19
13	徐州庞庄	75.68					75.68	9.12		9.12
14	河南新密	51.11				10.32	61.43	18.98		18.98
15	山西阳泉	69.48	16.16				85.64	9.89		9.89
16	枣庄14层	31.11					31.11	11.55		11.55
17	枣庄16层	10.50					10.50	6.54		6.54
18	山西朔州	69.68					69.68			

No.	煤样	矿物含量/%							其他
		方解石	白方石/铁白方石	菱铁矿/针铁矿	碳酸盐小计	黄铁矿	石膏	硫化矿及硫酸盐小计	
1	内蒙古扎诺尔	4.30			4.03		3.62	3.26	石盐 6.49
2	辽宁阜新			31.49/	31.49	6.77		6.27	
3	陕西铜川	43.69	16.13/		59.82	10.59	10.10	20.69	
4	内蒙古东胜	22.53		3.56/	26.09	7.28		7.28	钾盐 1.85
5	北京门头沟	11.49			11.49	2.67		2.67	
6	山西大同	16.59	/7.39		23.98	4.59	4.69	9.28	
7	江西萍乡		6.86/		6.86	10.87		10.87	
8	湖南郴州			/10.23	10.23	4.16		4.16	
9	江西乐平					20.32		20.32	
10	淮北石台								
11	兖州南屯	2.70			2.70	1.39		1.39	
12	徐州三河尖	19.32			19.32	6.58		6.58	
13	徐州庞庄	10.00	/5.02		15.20				
14	河南新密	11.63			11.63				化铁 7.97
15	山西阳泉					4.49		4.49	
16	枣庄 14 层		8.06/		8.06	49.27		49.27	
17	枣庄 16 层	35.07	/35.04		70.11	7.28	5.57	12.85	
18	山西朔州	20.13		10.19/	30.32				

　　① 黏土矿物　煤中最重要的矿物组成是黏土矿物，在一些煤中其平均含量可达到煤共生矿物质总量的 60%～80%，主要为高岭石、伊利石、蒙脱石等。高岭石属于远离海相沉积的陆源矿物，在表中属于陆相沉积的有 No.10、No.11、No.12、No.13、No.14、No.15，伊利石在海相和陆相沉积煤中都有存在，如陆相沉积煤 No.8、No.10、No.12、No.14、No.15，海相沉积煤 No.7、No.9。蒙脱石在煤样中含量较低，如 No.2、No.5、No.8。由于黏土具有特殊的晶体结构，所以对煤泥水澄清有着显著的负面影响，详细内容将在后续章节中分析。

　　② 氧化物和氢氧化物　氧化物中最常见的是石英，其含量一般不超过 30%（No.1 除外）。煤中大部分石英被认为是陆源矿物，被风或水带入沼泽。在陆相沉积煤（No.8、No.10、No.12、No.13、No.14、No.15）中含量较高。其他的氧化物和氢氧化物，诸如赤铁矿、褐铁矿和针状铁矿的含量很少。石英矿物密度大、不易机械粉碎和泥化、界面化学性质稳定，在水中易于自然沉降，因此对煤泥水澄清过程影响应该不会很大。

　　③ 碳酸盐矿物　最常见的碳酸盐矿物是方解石。在海相沉积煤（No.17、No.18）和湖沼沉积煤（No.1、No.3、No.4、No.5、No.6）中含量较多，有时甚至是煤中矿物的主要组成部分（No.17、No.18）。白云石、铁白云石和菱铁矿也是煤中常见的碳酸盐矿物。碳酸盐矿物在密度、机械粉碎和泥化方面对煤泥水的影响接近于石英，此外还可以在水中溶解产生金属阳离子，形成有利于煤泥水中负电荷颗粒沉降的水质环境。

　　④ 硫化物　煤中常见的硫化物是黄铁矿、白铁矿和焦黄铁矿，存在于海相和海陆交互的煤中（No.7、No.9、No.16、No.17）。硫化矿物在水中形成酸性溶液环境，促进了盐类矿物在水中的溶解，有助于微细颗粒沉降，因此有利于煤泥水澄清。

⑤ 其他类矿物　包括重矿物（锆石、金红石、电气石、石榴石和黑云母）和盐类矿物，含量很少，因此对煤泥水澄清几乎没有影响。

由以上分析可知，煤泥水中固相组成除有机质煤之外，主要包含以上几类矿物，其中除黏土矿物以外，煤中其他矿物本身沉降性能较好，而且硫化物、碳酸盐矿物还可以形成有利于悬浮颗粒沉降的水质环境，因此都不是造成煤泥水难澄清的原因，也不是主要的悬浮矿物。E. Sabah 在研究 Tuncbiled coal preparation plant 等众多难沉降煤泥水时证实，约 1/2 的悬浮颗粒是黏土矿物[2]。我国众多选煤厂生产实践也证明，对于难沉降煤泥水，肉眼看起来泛黄、泛白，压滤煤泥粒度细、卸饼困难，这些特征都是由黏土含量高决定的。黏土矿物在原煤中具有含量优势，加之易泥化成微细颗粒而随水在系统中循环积聚，因此成为难沉降煤泥水中主要的杂质矿物组成。Pashley 等曾报道过美国选煤厂煤泥水中悬浮颗粒组成状况，指出，在一定的地区范围内，不同选煤厂煤泥水中无机矿物的种类和各种矿物的相对含量颇为相似[3]。美国"东部"煤泥水中的无机矿物一般包含 50％（质量分数）的伊利石黏土、10％～15％（质量分数）的高岭石、石英、方解石，以及少量的其他矿物如绿泥石、黄铁矿等；"西部"的煤泥水中无机矿物主要是蒙脱石类黏土。没有确切资料说明我国选煤厂煤泥水中黏土的种类和地域分布的关系。

按煤中含黏土和盐类矿物数量的相对多少，对煤炭进行如下分类，并贯以"矿物——"以区别于其他分类标准，见表 7-2。

表 7-2　矿物——煤炭分类

分类	煤中矿物种类	成因条件
易沉降煤炭	碳酸盐、硫化矿及硫酸盐为主	海相沉积煤炭为主
中等沉降煤炭	黏土矿物较少，有一定量碳酸盐、硫化矿及硫酸盐矿物	各种沉积作用形成的煤炭
难沉降煤炭	黏土矿物为主	陆相沉积煤炭为主

从以上分类方法我们可以看出：通过入选原煤的成因条件可以判断所产生煤泥水的沉降性能，并且为浓缩机的设计提供有用信息，甚至可以减少新投产的选煤厂因煤泥水难沉降而导致整个选煤作业无法正常运行的风险。

7.1.1.2　煤泥水中颗粒密度组成

煤泥是由各种不同密度的颗粒组成的混合体。对这样的混合体，可通过适当方法将其按不同密度范围分成若干密度级别，再经过称重和化验，便可得出各密度级物料的数量和质量（如灰分、硫分等），这就是煤泥的密度组成。煤泥的密度测定也称小浮沉。

煤泥的密度组成可用作评价煤泥的可选性，这对于按密度分选的作业有着指导意义。同时，煤泥密度组成结果也可作为煤泥可浮性的辅助参考。

关于密度对煤泥水沉降性能的评价依据，一般来说，煤中有机质部分疏水性较强，而矿物质亲水性较强。疏水颗粒在水中相互吸引，容易凝聚成较大颗粒，而亲水颗粒在水中相互排斥，容易分散悬浮。所以煤泥的密度组成与煤泥水的自然沉降性能还是有一定关系的。一般来说，随密度的增加，组成煤中有机质的碳、氢、氮三种元素含量下降，而相应的劣质煤岩和无机矿物质含量增高，煤泥水中微细颗粒含量增加，如果黏土矿物含量多，则煤泥水的沉降性能较差，若盐类矿物含量多，则煤泥水的沉降性能较好。

7.1.1.3　煤泥水中颗粒粒度组成

煤泥水中煤泥的粒度组成在一定程度上决定了煤泥水处理的难易程度。粒度组成对澄清、脱水、过滤等作业效果都有显著影响。因此，了解和掌握煤泥的粒度分布，特别是微细颗粒的分布是极其重要的。

煤泥的粒度是指煤颗粒的大小量度，一般用 mm 或 μm 作单位，实践中常用颗粒的直径来表示其粒度的大小，对规则的球形颗粒，实际直径就表示其粒度，但对于不规则形状的颗粒，实际上没有直径，只能通过测量其长度、宽度、厚度并通过特定的计算公式计算出其"平均直径"或"等效直径"来表示其粒度。实际的煤泥颗粒往往是不规则的，测定这些颗粒的长、宽、厚十分困难并且结果不一，实际中常采用"名义直径"。通常采用的名义直径有 3 种：当量球直径、当量圆直径和统计直径[4]。

当量球直径是指与不规则颗粒某些性质（如体积、表面积、沉降速度、筛分直径）相同的球的直径，根据各种性质所得出的当量球直径是各不相同的，它们分别被定义为体积直径、表面积直径、自由沉降直径、斯托克斯直径、筛分直径等。当量圆直径是指与不规则颗粒投影轮廓性质相同的圆的直径。如投影面积、轮廓周长相同的圆的直径被称为投影面积直径、周长直径。统计直径是指与某个固定方向平行测得的颗粒的长度尺寸，表示方法有费雷得直径、马丁直径等。

煤泥水处理的颗粒研究采用哪种直径即哪种方法适宜，必须仔细考虑哪种量度的粒度与所控制的性质或过程关系最密切。对于煤泥水澄清处理过程，一般是测定自由沉降直径，采用测定斯托克斯直径的方法（沉降或流体分级法），当然是最合适的。

煤泥水中煤和无机矿物成分在颗粒粒度分布上有很大区别。Bradley 对某种难沉降煤泥水中的颗粒粒度分析结果表明，煤颗粒比矿物颗粒要粗的多，煤颗粒中约 40%（质量分数）的颗粒小于 44μm，而其中仅有 3%（质量分数）的颗粒小于 1μm；而无机矿物颗粒中平均约有 80%（质量分数）的颗粒小于 44μm，其中又有 25%（质量分数）的颗粒小于 1μm[5]。不同种类的无机矿物在粒度分布上的规律是：石英和方解石的颗粒粒度相对于黏土颗粒要粗得多，黏土颗粒往往相当细。天然水体中矿物杂质的粒度组成也能说明这一点，见表 7-3。

表 7-3　水中常见矿物杂质的分散相

杂质	颗粒粒度/μm	比表面积/m$^2 \cdot$ g^{-1}
石英砂	100～1000	—
淤泥	5～50	—
黏土(无矿物成因)	0.1～5	100～1000
高岭石	0.3～4	10～150
蒙脱石	0.05～0.3	100～750
水云母	0.1～2	100～150
蛭石	1.5～2	470～670

煤泥水中矿物分散性的特征应与此类似。在水处理中，常把水中的悬浮物分为泥质（<10μmESD）、粉质（10～100μmESD）、砂质（>100μmESD）[6]。泥质颗粒决定了煤泥水澄清处理的难易程度。

综上所述，可以得出这样的结论：煤泥水中的泥质颗粒（<10μmESD）主要是黏土矿物颗粒，这些颗粒的聚沉稳定性决定煤泥水分散体系的聚沉稳定性，因此煤泥水中黏土物质决定了其处理的难易程度。

7.1.2　煤泥水溶液化学性质

7.1.2.1　选煤厂补加水溶液化学特征

我国一些选煤厂补加水取自河流、湖泊等地表水体，一些选煤厂采用深井水或煤炭开采过程产生的矿井水作为补加水[6]。

天然水物质组成如表 7-4 所列。

表 7-4　天然水的物质组成

主要离子		微量元素	溶解气体		生物生成物	胶体		悬浮物质
阴离子	阳离子		主要气体	微量气体		无机	有机	
Cl^-	Na^+	Br、F	O_2	N_2	NH_3、NO_3^-	$SiO_2 \cdot nH_2O$	腐殖质	硅铝酸
SO_4^{2-}	K^+	I、Fe	CO_2	H_2S	NO_2^-、PO_3^{3-}	$Fe(OH)_3 \cdot nH_2O$		盐颗粒
HCO_3^-	Ca^{2+}	Cu、Ni		CH_4	HPO_4^{2-}	$Al_2O \cdot nH_2O$		砂粒
CO_3^{2-}	Mg^{2+}	Co、Ra			$H_2PO_4^-$			黏土

可以看出，天然水组成较为复杂，但其中对煤泥水沉降性能产生影响的因素，主要是阳离子组成和其中的胶体和悬浮物质含量。对于一般的河流、湖泊，或深井水等水体，其胶体和悬浮物含量相对较少，因此对选煤过程影响不大，不需要预处理即可直接作为选煤厂补加水使用。一般来说，地下水比地表水矿化度高、阳离子含量大，因此更有利于煤泥水澄清。

矿井水是我国许多选煤厂选煤补加水的主要来源，常见的矿井水主要包括以下几类[7]。

（1）洁净矿井水

水质中性，低浊度，低矿化度，有毒有害元素含量很低，主要来源于奥陶纪石灰岩水、矿岩裂隙水等。这类水可直接用作选煤厂补加水。

（2）含悬浮物矿井水

地下水受开采的影响带入煤粉颗粒，水中含有较多的悬浮物，要用作选煤厂补加水，需要预先澄清处理，降低其中悬浮物含量。

（3）高矿化度矿井水（矿井苦咸水）

矿化度（无机盐总含量）大于 $1000\mathrm{mg} \cdot L^{-1}$ 的矿井水。这种水硬度相应较高，水质多数呈中性或偏碱，带苦涩味。其中高硬度有利于煤泥水沉降性能的改善。

（4）酸性矿井水

pH 值小于 5.5 的矿井水。pH 值一般在 3～5.5 之间，个别小于 3，总酸度高。当开采含硫煤层时，硫受到氧化与生化作用产生硫酸，酸性水易溶解煤及岩石中的金属元素，故铁、锰等重金属以及无机盐类增加，使矿化度、硬度升高。

（5）含有毒有害元素矿井水

主要含有氟、铁、锰、铜、锌、铅及铀、镭等元素的水，含氟矿井水来源于含氟较高的地下水区域或煤与岩石中含氟矿物如萤石（CaF_2）、氯磷灰石等；含铁、锰矿井水一般是在地下水还原条件下形成，多呈低价状态，有铁腥味，易变浑浊；含重金属矿井水主要有铜、锌、铅等；放射性元素主要含有铀、镭等天然放射性核素及其衰变产物。

在众多类型矿井水中，酸性矿井水较为普遍、常见。有人曾用普通的生活用水和酸性矿井水分别配置 1‰聚丙烯酰胺，然后做煤泥水絮凝沉降试验，结果如图 7-1、图 7-2 所示[8]。可以看出，酸性矿井水对絮凝剂的絮凝性能影响显著。因此，如果利用酸性矿井水配制絮凝剂，往往需要利用生石灰、氢氧化钠等调节水体 pH 值，从而改善絮凝剂的絮凝性能。

分别用酸性矿井水和生石灰调节 pH 值至 7.5 的酸性矿井水配置 1‰聚丙烯酰胺，图 7-3 和图 7-4 分别是两种絮凝剂在酸性煤泥水和利用生石灰调节 pH 值至 7.5 的煤泥水中的沉降

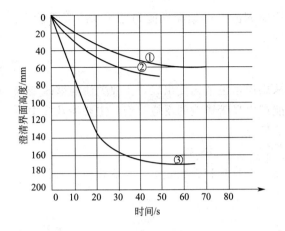

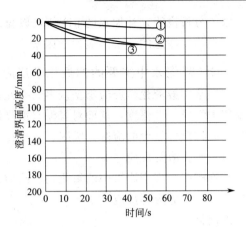

图 7-1　添加生活用水配置絮凝剂的
煤泥水沉降性能曲线

絮凝剂添加量：①—8g·cm⁻³；

②—10g·cm⁻³；③—20g·cm⁻³

图 7-2　添加酸性矿井水配置絮凝剂的
煤泥水沉降性能曲线

絮凝剂添加量：①—8g·cm⁻³；

②—10g·cm⁻³；③—20g·cm⁻³

特性曲线和上清液浓度变化曲线。图中数据说明，酸性矿井水 pH 值调节后配制絮凝剂比直接用酸性矿井水配制絮凝剂的絮凝性能要好得多。直接把酸性矿井水作为补加水所形成的酸性煤泥水的絮凝沉降性能又显著不及 pH 值调节后煤泥水的沉降性能。

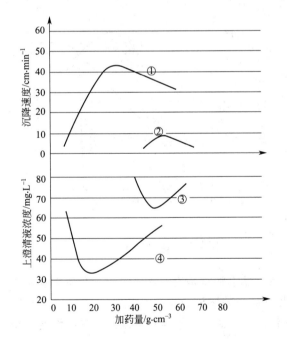

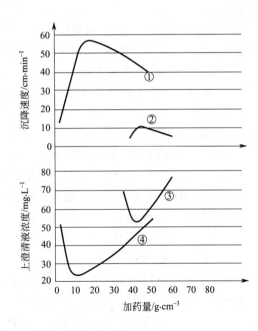

图 7-3　两种絮凝剂在酸性煤泥水中的沉降特性曲线
和对应的上清液浓度变化曲线

①—酸性矿井水配制絮凝剂煤泥水沉降特性曲线；

②—pH 值调节后配制絮凝剂煤泥水沉降特性曲线；

③—酸性矿井水配制絮凝剂煤泥水上清液浓度曲线；

④—pH 值调节后配制絮凝剂上清液浓度曲线

图 7-4　两种絮凝剂在 pH 值调节后煤泥水中的
沉降特性曲线和对应的上清液浓度变化曲线

①—酸性矿井水配置絮凝剂煤泥水沉降特性曲线；

②—pH 值调节后配制絮凝剂煤泥水沉降特性曲线；

③—酸性矿井水配制絮凝剂煤泥水上清液浓度曲线；

④—pH 值调节后配制絮凝剂上清液浓度曲线

以上分析说明，补加水的 pH 值可以显著影响絮凝剂的絮凝性能和煤泥水的沉降性能，这是非常值得注意的一个溶液化学因素。

7.1.2.2　煤泥水中主要的溶液化学反应

煤泥水中溶液化学反应类型众多。在此，从煤泥水澄清角度出发，主要关注能够改变煤泥水离子组成、矿化度，从而对煤泥水沉降性能产生显著影响的反应类型。主要涉及煤中所含各种矿物颗粒发生的溶解、吸附、氧化还原等反应。

（1）矿物溶解反应

矿物溶解反应指原煤中的氯化物、硫酸盐类（石膏）和碳酸盐类（方解石和白云石）等矿物质在水中的溶解反应[9]。

氯化物：

$$NaCl \longrightarrow Na^+ + Cl^-$$

硫酸盐类（石膏）：

$$CaSO_4 \rightleftharpoons Ca^{2+} + SO_4^{2-}$$

碳酸盐类（方解石和白云石）：

$$CaCO_3 + CO_2 + H_2O \rightleftharpoons Ca^{2+} + 2HCO_3^-$$

$$CaMg(CO_3)_2 + 2CO_2 + 2H_2O \rightleftharpoons Ca^{2+} + Mg^{2+} + 4HCO_3^-$$

从上述矿物溶液反应可知，循环煤泥水体系中的离子种类和含量与原煤中的矿物质种类和含量有关。

二价金属阳离子在溶液中发生水解反应，生成羟基络合物，以不同形式存在于溶液中，各组分的浓度可通过溶液平衡关系求得[10]。以 Ca^{2+} 为例，在循环煤泥水体系中，经计算 Ca^{2+} 浓度为 $1mmol \cdot L^{-1}$ 时各组分浓度与 pH 值关系如图 7-5 所示。

由图可以看出 Ca^{2+} 在水溶液中有三种存在形式。在 pH<12.89 时，溶液中主要存在 Ca^{2+} 和 $Ca(OH)^+$ 并且随着 pH 值升高溶液中的 $Ca(OH)^+$ 浓度逐渐增大。当 pH>12.89 时，Ca^{2+} 主要以 $Ca(OH)_2$ 沉淀的形式存在。

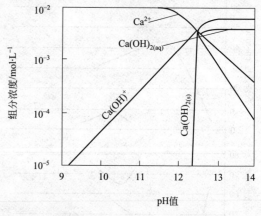

图 7-5　Ca^{2+} 的 lgC-pH 关系

（2）离子交换吸附

离子交换吸附反应主要发生在黏土颗粒表面。黏土颗粒是煤泥水中主要的杂质矿物，也是煤泥水沉降性能的决定性因素。其在煤泥水中参与的溶液化学反应主要是离子交换和吸附，可见，离子交换吸附反应的规律、动力学特征及其影响因素对煤泥水的沉降特性变化至关重要。

黏土矿物通常带有不饱和电荷，根据电中性原理，必然会有等量的异号离子吸附在黏土矿物表面以达到电性平衡。一般来说，吸附在黏土矿物表面的离子可以和溶液中的同号离子发生交换作用，这种作用即为离子交换性吸附。最常见的与黏土矿物结合的交换性离子有 Ca^{2+}、Mg^{2+}、H^+、K^+、NH_4^+、Na^+ 和 Al^{3+} 等阳离子及 SO_4^{2-}、Cl^-、PO_4^{3-} 和 NO_3^- 等阴离子，因此，根据交换离子的电性不同，可以把离子交换性吸附分为两类，即阳离子交换性吸附和阴离子交换性吸附。

① 阳离子交换性吸附[11~13]

$$\boxed{黏土胶体}\begin{matrix}Na^+\\Na^+\end{matrix}+Ca^{2+}\Longleftrightarrow\boxed{黏土胶体}\,Ca^{2+}+2Na^+$$

黏土结构中由于类质同晶取代、边缘和外表面的破键以及伴生羟基组分分解等原因，带有一定负电荷，因此结构中存在一定量阳离子用以中和这些负电荷。当黏土颗粒处于水溶液中时，这些阳离子容易和水中阳离子发生交换，即阳离子交换性吸附。

1）阳离子交换性吸附特点

a. 等电量交换吸附。由黏土矿物表面交换出来的阳离子与被黏土矿物吸附的阳离子的电量是相等的，例如，一个 Ca^{2+} 与两个 Na^+ 互相交换。

b. 阳离子交换性吸附的过程是可逆的，吸附和解吸的速度受离子浓度的影响。

例如，若煤泥水中的黏土吸附了 Na^+，当人为加入钙盐以改善煤泥水沉降性能时，Ca^{2+} 便与黏土表面吸附的 Na^+ 发生交换。

2）阳离子交换性吸附规律

a. 离子价数对吸附强弱的影响。一般情况下，在溶液中的离子浓度相差不大时，离子价越高，与黏土表面的吸附力越强，即交换到黏土表面上去的能力越强；反之，如果已经吸附到黏土表面上，则价数越高的离子，越难以从黏土表面上被交换下来。

b. 离子半径对吸附强弱的影响。当相同价数的不同离子在溶液中的浓度相近时，离子半径小的，水化半径大，离子中心离黏土表面远，吸附弱；反之，离子半径大的，水化半径小，离子中心离黏土表面近，吸附强。

c. 离子浓度对吸附强弱的影响。离子浓度对吸附强弱的影响符合质量作用定律，即离子交换受每一相中不同离子相对浓度的制约。例如，两种一价离子，其离子交换吸附平衡方程可以写为：

$$\frac{[A]_s}{[B]_s}=K\,\frac{[A]_c}{[B]_c}$$

式中　　$[A]_c$ 和 $[B]_c$——溶液中两种离子的摩尔浓度；

$\quad\quad\quad[A]_s$ 和 $[B]_s$——黏土上吸附的离子浓度；

$\quad\quad\quad\quad K$——离子交换平衡常数，例如，当 $K>1$ 时说明 A 被优先吸附。

3）阳离子交换容量（CEC）。黏土矿物的阳离子交换容量（CEC）是指在 pH 值为 7 的条件下，黏土矿物所能交换下来的阳离子总量，包括交换性碱和交换性氢。阳离子交换容量（CEC）的单位是 $mmol\cdot(100g)^{-1}$，即每 100g 干样品所交换下来的阳离子的毫物质的量。

测定黏土矿物的阳离子交换容量的方法主要有醋酸铵淋洗法（NH_4^+ 交换法）、氯化镁浸提法（Mg^{2+} 交换法）、醋酸钠淋洗法（Na^+ 交换法）和氯化钡浸提法（Ba^{2+} 交换法）等。虽然测定的方法各异，但其方法原理都是一样的，即用中性盐淋洗黏土矿物时，可使其全部交换性阳离子被淋洗剂的阳离子交换出来，如淋洗剂为醋酸铵（NH_4Ac）时，则 NH_4^+ 可交换出黏土矿物中的 Ca^{2+} 和 Mg^{2+} 等阳离子。将醋酸铵淋洗以后的黏土矿物用乙醇洗去过剩的醋酸铵后，再加 NaOH（或 NaCl）直接蒸馏，将所得的 NH_4^+ 数量换算成每 100g 样品的毫物质的量，即为该黏土矿物的阳离子交换容量。具体测定方法和原理如图 7-6 所示。

黏土矿物的类型不同，其阳离子交换容量也有很大差别，煤中常见黏土矿物的阳离子交换容量见表 7-5。

表 7-5　主要黏土矿物的阳离子交换容量

矿物名称	高岭石	蒙脱石	伊利石
阳离子交换容量/mmol · (100g)$^{-1}$	3～15	80～150	10～40

黏土矿物的阳离子交换容量及吸附的阳离子种类对其胶体活性影响很大，例如，蒙脱石的阳离子交换容量很大，膨胀性也大，在低浓度下就可以形成稠的悬浮体。尤其是钠蒙脱石，水化膨胀性更强；而高岭石，阳离子交换容量低，惰性较强。这一点对煤泥水澄清处理性能至关重要。

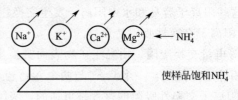
使样品饱和 NH_4^+

② 阴离子交换性吸附　阴离子交换容量，即阴离子吸附容量，可以定义为黏土矿物所能吸附的交换性阴离子的数量，同阳离子交换容量一样，阴离子交换容量的单位也是 mmol · (100g)$^{-1}$。阴离子交换容量可以看作黏土矿物的正电荷数量的量度。

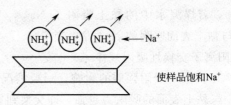
使样品饱和 Na^+

同阳离子交换性吸附一样，阴离子交换性吸附的特点也是等电量交换。一般说来，黏土矿物的阴离子交换具有以下几条规律。

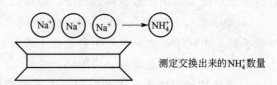
测定交换出来的 NH_4^+ 数量

a. 与表面羟基结合的 Al^{3+}、Fe^{3+}，将吸附阴离子。

图 7-6　黏土矿物阳离子交换容量测定的方法和原理（Eric Eslinger David Pevear，1988）

b. 阴离子吸附受溶液的 pH 值影响，低 pH 值时有最大的吸附性。

c. 阴离子的吸附性大小顺序为：$PO_4^{3-} > AsO_4^{3-} > SeO_3^{2-} > MO_4^{2-} > SO_4^{2-} = F^- > Cl^- > NO_3^-$

d. 其他类型的阴离子的存在，将引起吸附位置的竞争；有时，像 Ca^{2+}、Al^{3+} 这样一些交换性阳离子的存在可以导致不溶产物形成。

阴离子交换容量的测定方法主要有磷酸盐法和氯化物法等。黏土矿物的阴离子交换容量与其表面积成正比，并随着结晶度的变化而变化。由于在表面羟基置换过程中，可能会导致部分的晶格破坏，从而使测量结果不精确。常见黏土矿物如蛭石、伊利石、绿泥石、高岭石和蒙脱石的阴离子交换容量范围分别是 4mmol · (100g)$^{-1}$、4～17mmol · (100g)$^{-1}$、5～20mmol · (100g)$^{-1}$、7～20mmol · (100g)$^{-1}$ 和 20～30mmol · (100g)$^{-1}$。

（3）矿物氧化反应

煤中无机硫（硫酸盐除外）往往以自然单体硫和黄铁矿硫的形式存在。它们在水中易于发生氧化反应。

单体硫的反应如下：

$$2S + 3O_2 + 2H_2O = 2H_2SO_4$$

在 H_2SO_4 环境下，可以反应生成溶解度较大的 $CaSO_4$：

$$CaCO_3 + H_2SO_4 = CaSO_4 + H_2O + CO_2$$

黄铁矿硫的反应如下：

$$2FeS_2 + 7O_2 + 2H_2O = 2FeSO_4 + 2H_2SO_4$$

由于 $FeSO_4$ 不稳定，可进一步氧化：

$$4FeSO_4 + 2H_2SO_4 + O_2 = 2Fe_2(SO_4)_3 + 2H_2O$$

难溶的 $Fe_2(SO_4)_3$ 在弱酸性水中极易水解，生成游离 H_2SO_4，结果使水的酸性增加。氧化作用生成的酸性水，可能与含钙的岩石发生化学作用，生成中性硫酸盐：

$$H_2SO_4 + CaCO_3 = CaSO_4 + CO_2 + H_2O$$

溶于水的 CO_2 继续和石灰岩起作用，生成重碳酸盐：

$$CO_2 + H_2O + CaCO_3 = Ca(HCO_3)_2$$

上述反应清楚表明，矿物的氧化反应可使溶液中的 Fe^{2+}、Fe^{3+}、Ca^{2+}、SO_4^{2-}、HCO_3^- 增加，从而使水中总离子含量增加，总硬度增加。由此也可以解释一般高硫煤选煤厂煤泥水易于处理的现象。

7.1.2.3 金属离子的存在形态及反应

选煤厂煤泥水中阳离子主要是 Ca^{2+}、Mg^{2+}、K^+ 和 Na^+。虽然 Al^{3+}、Fe^{3+} 含量较低，但考虑到各种铝盐、铁盐凝聚剂的加入，因此也将这两种离子纳入到讨论范围。这些离子在水中主要发生水解反应和聚合反应并以不同的形态存在[14]。

(1) 金属离子的水解反应

金属离子通常在水中会发生一系列水解反应，以 Al^{3+} 为例，其水解反应包括：

$$Al^{3+} + H_2O \rightleftharpoons Al(OH)^{2+} + H^+$$
$$Al^{3+} + 2H_2O \rightleftharpoons Al(OH)_2^+ + 2H^+$$
$$Al^{3+} + 3H_2O \rightleftharpoons Al(OH)_3 + 3H^+$$
$$Al^{3+} + 4H_2O \rightleftharpoons Al(OH)_4^- + 4H^+$$
$$Al^{3+} + 5H_2O \rightleftharpoons Al(OH)_5^{2-} + 5H^+$$
$$Al^{3+} + 6H_2O \rightleftharpoons Al(OH)_6^{3-} + 6H^+$$

Al^{3+} 的水解反应生成一系列 Al^{3+} 的羟基络合物。在煤泥水中这种水解反应及羟基络合物的形态受到煤泥水 pH 值的决定性影响。也就是说，对于确定的 pH 值，Al^{3+} 存在一个水解平衡反应体系并形成一系列的羟基络合物。Al^{3+} 水解产物平衡图表明了不同 pH 值条件下的 Al^{3+} 存在形态。

同理，溶液中的 Fe^{3+}、Ca^{2+}、Mg^{2+} 在水中发生系列的水解反应，水解过程与水解产物均与 pH 值有直接关系，Ca^{2+}、Mg^{2+}、Fe^{3+}、Al^{3+} 水解产物平衡图分别如图 7-7、图 7-8 所示，Al^{3+}、Fe^{3+} 在煤泥水正常 pH（pH＝6～8）范围内，基本上以 $Al(OH)_3$、$Fe(OH)_3$ 沉淀物形式存在。因此，在选煤厂煤泥水系统中投放硫酸铝、氯化铁等高价金属无机盐时，须在加入的同时强烈搅拌混合以强化 Al^{3+}、Fe^{3+} 的作用并适当控制其用量。二价碱土金属离子 Ca^{2+}、Mg^{2+} 在煤泥水正常 pH 值范围和离子含量条件下以 M^{2+} 形式存在。这种存在形态有利于它进入矿物表面的双电层内压缩双电层。

(2) 高价金属离子的聚合反应

Al^{3+}、Fe^{3+} 除水解反应外，在水中还发生聚合反应，以 Al^{3+} 为例：

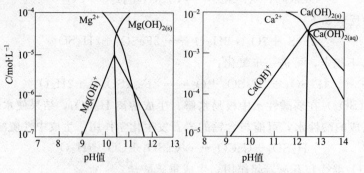

图 7-7　钙、镁离子水解组分的浓度对数

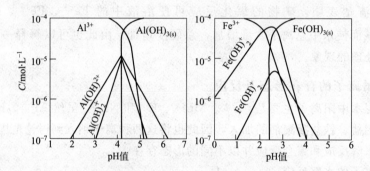

图 7-8　铝、铁离子水解组分的浓度对数

上式中，$Al^{3+}(H_2O)_4$ 代表水合离子。在聚合反应中，占据中心位置的 H_2O 分子也参加了反应。聚合反应形成了高聚合度低电荷的无机高分子及凝胶状化合物。这种化合物在微细颗粒间起黏结架桥作用，使之絮凝。高价金属离子本身的中和作用（凝聚作用）和上述聚合化合物所形成的架桥作用（絮凝作用）共同构成混凝效应，使得它们在性能方面明显优于低价金属离子沉降作用，并在过滤过程中产生明显的助滤作用。

7.1.3　煤泥水硬度和自然沉降性能

煤泥水沉降特性是对煤泥水自然澄清难易程度的描述。根据沉降特性，煤泥水可分为三类：易沉降、中等可沉降和难沉降。易沉降煤泥水特征为过程中不需要添加任何药剂，可实现清水循环；中等可沉降煤泥水特征为循环水中含有一定量微细颗粒，如果不添加絮凝剂，其浓度随循环增加而不断提高，添加少量絮凝剂可以实现持续清水循环；难沉降煤泥水在生产过程有限的沉降时间内不能实现自然澄清，要实现澄清必须消耗大量的凝聚剂和絮凝剂[15]。

煤泥水中难沉降的微细颗粒在水中带负电荷，因此水体矿化度、离子组成，特别是阳离

表7-6 补加水和循环水水质状况调查表

厂名	水体	Na++K+ /mg·L⁻¹	Ca²+ /mg·L⁻¹	Mg²+ /mg·L⁻¹	Al³+ /mg·L⁻¹	Fe³+ /mg·L⁻¹	Cl⁻ /mg·L⁻¹	SO₄²⁻ /mg·L⁻¹	CO₃²⁻ /mg·L⁻¹	总离子含量 /mg·L⁻¹	pH值	总硬度 /DH°	电导率 /10³μS·cm⁻¹	沉降性能
大屯	循环水	406.05	454.91	128.94	0.67	2.72	347.11	1912.08	94.90	3347.39	7.2	93.4	3.38	易沉降
	补加水	249.69	520.20	147.04	0.73	2.85	337.40	1758.69	95.04	3211.64	7.0	107.29	3.22	
寒庄	循环水	268.41	594.83	320.63	—	—	1007.57	675.54	259.35	3126.33	7.2	78.48	2.85	易沉降
	补加水	76.38	567.61	223.97	—	—	760.82	307.49	124.29	2004.24	7.4	59.25	2.60	
孔庄	循环水	562.25	143.01	70.75	1.00	2.66	154.11	913.24	506.24	2353.26	9.3	36.33	2.20	中等可沉降
	补加水	324.92	178.76	82.64	0.36	2.66	206.08	1012.46	191.39	1999.27	7.3	44.10	2.05	
柴里	循环水	337.31	594.83	201.38	—	—	705.51	493.51	123.50	2594.29	7.5	50.57	3.15	易沉降
	补加水	355.81	73.87	17.78	—	—	453.80	270.22	147.97	1245.47	7.2	7.20	1.30	
大西	循环水	124.95	245.74	85.55	—	—	122.92	806.10	163.56	1557.94	—	46.95	2.20	中等可沉降
	补加水	90.70	24.83	7.18	—	—	46.97	2.76	256.14	434.66	—	5.16	0.45	
临涣	循环水	424.22	13.62	9.90	0.61	2.88	101.13	446.69	481.77	1479.92	7.4	4.19	1.45	难沉降
	补加水	216.75	69.57	53.67	1.34	1.35	58.55	300.68	582.83	1283.38	7.2	22.10	0.90	
淮北	循环水	522.56	29.16	7.01	—	—	577.88	93.18	373.5	1439.33	7.6	2.85	1.50	难沉降
	补加水	344.77	69.98	29.37	0.76	2.10	326.17	121.13	419.89	1137.81	7.2	8.28	1.05	
中梁山	循环水	387.64	22.39	4.05	0.39	1.35	92.75	460.17	382.77	1351.98	8.5	4.07	2.00	难沉降
	补加水	240.74	42.34	17.63	—	—	45.77	206.78	521.68	1076.68	7.3	9.99	1.24	
蒋庄	循环水	336.49	118.59	17.65	—	—	372.16	498.20	148.20	1429.73	7.5	10.32	1.38	中等可沉降
	补加水	137.31	229.26	33.05	0.14	0.55	241.08	284.19	185.25	1032.70	7.5	19.83	0.80	
夏桥	循环水	21.79	246.42	76.95	0.14	2.21	141.30	586.53	193.96	1280.93	6.9	52.53	1.62	易沉降
	补加水	17.81	187.63	50.99	—	—	61.96	346.00	333.29	1003.63	7.0	38.22	1.03	

续表

厂名	水体	Na⁺+K⁺ /mg·L⁻¹	Ca²⁺ /mg·L⁻¹	Mg²⁺ /mg·L⁻¹	Al³⁺ /mg·L⁻¹	Fe³⁺ /mg·L⁻¹	Cl⁻ /mg·L⁻¹	SO₄²⁻ /mg·L⁻¹	CO₃²⁻ /mg·L⁻¹	总离子含量 /mg·L⁻¹	pH值	总硬度 /DH°	电导率 /10³μS·cm⁻¹	沉降性能
夹河	循环水	328.77	36.96	4.24	1.35	2.50	270.42	49.41	495.15	1188.80	7.2	6.15	1.68	难沉降
夹河	补加水	233.22	21.40	31.12	1.80	2.31	215.05	54.08	412.07	980.05	7.2	10.17	1.15	难沉降
石台	循环水	311.52	21.02	9.39	0.11	3.57	64.01	180.87	604.84	1166.94	9.1	5.11	0.94	难沉降
石台	补加水	50.02	107.64	31.31	0.04	—	75.19	133.66	301.19	699.05	8.3	22.29	0.74	难沉降
权台	循环水	272.30	24.97	7.00	—	—	8.23	138.86	481.76	1031.24	8.4	5.13	0.83	难沉降
权台	补加水	19.15	38.32	71.61	—	—	47.98	53.93	468.35	603.70	7.6	22.10	0.50	难沉降
兴隆庄	循环水	273.10	21.40	4.95	1.27	2.95	63.16	278.29	370.44	1025.56	5.3	4.14	0.95	难沉降
兴隆庄	补加水	26.26	97.84	16.69	0.81	3.45	61.96	14.45	358.09	582.55	7.2	18.23	0.65	难沉降
大武口	循环水	99.40	39.14	16.16	—	—	21.64	16.87	61.89	914.89	—	27.47	1.45	中等可沉降
大武口	补加水	64.29	48.94	12.13	—	—	47.97	50.65	234.53	458.51	—	9.68	0.58	中等可沉降
平八	循环水	186.28	47.85	22.15	1.35	2.31	104.06	231.68	295.99	891.67	—	11.83	0.90	中等可沉降
平八	补加水	118.04	58.36	17.44	1.15	2.47	82.34	136.59	279.06	694.55	—	12.19	0.75	中等可沉降
八一	循环水	161.69	75.80	8.32	—	—	145.36	38.89	290.22	575.17	7.3	6.26	1.50	难沉降
八一	补加水	96.60	73.87	11.87	—	—	166.36	37.27	182.16	426.16	7.4	6.52	1.45	难沉降
田庄	循环水	63.15	93.31	23.49	1.40	2.21	152.45	102.50	111.15	502.16	5.5	11.96	0.59	中等可沉降
田庄	补加水	49.05	56.37	15.41	1.08	0.33	35.00	111.84	80.27	365.50	7.6	5.02	0.20	中等可沉降

注："—"表示含量很少，无法检测出。

子对沉降性能具有显著影响。煤泥水离子组成由补加水水质状况和煤中矿物组成共同决定。补加水离子组成中主要阳离子包括 K^+、Na^+、Ca^{2+}、Mg^{2+}、Al^{3+}、Fe^{3+}，阴离子有 Cl^-、SO_4^{2-}、HCO_3^- 等。煤中矿物组成也主要涉及以上几类离子，因此选择 K^+、Na^+、Ca^{2+}、Mg^{2+}、Al^{3+}、Fe^{3+}、Cl^-、SO_4^{2-}、HCO_3^-/CO_3^{2-}、水质硬度、pH 值、总离子含量和电导率作为煤泥水主要的水质指标。根据煤泥水沉降的难易程度，选取我国 18 个典型选煤厂系统补加水和浓缩设备溢流循环水，分析以上水质指标及其与煤泥水沉降特性的关系。

水质分析结果如表 7-6 所列。从表中可以看出如下几点。

① 煤泥水的 pH 值变化幅度在 $6.5\sim9.5$ 范围内。

② 相对于 Ca^{2+}、Mg^{2+}、K^+、Na^+，煤泥水中 Al^{3+}、Fe^{3+} 含量非常少，对煤泥水沉降基本不会产生影响。

③ K^+、Na^+ 含量与沉降性能关系不明显。

④ 总离子含量在选煤厂间的差别较大，从 $500mg \cdot L^{-1}$ 变化到 $3400mg \cdot L^{-1}$。几乎所有选煤厂循环水总离子含量都比补加水高。这可能是由煤中盐类矿物的溶解作用所致。总离子含量同煤泥水沉降性能之间无明显对应关系。

⑤ 各选煤厂之间总硬度相差悬殊，约从 $2 DH°$ 变化至 $100 DH°$。水质硬度与煤泥水沉降性能之间关系明确，硬度高的煤泥水，无需加任何药剂都可实现循环水的澄清，如大屯选煤厂等，煤泥水基本可以自然沉降，属于易沉降煤泥水。而硬度低的煤泥水则是全国"闻名"的难处理煤泥水，即使加入大量药剂，也不易沉降，如临涣选煤厂。

前苏联学者认为，能够实现煤泥水沉降，水中总离子含量必须大于 $3000mg \cdot L^{-1}$[16]。这种说法有 2 点不足：①上述结果是就前苏联众多矿化度高的煤泥水提出，不适用于我国煤泥水状况（我国煤泥水总离子含量超过 $3000mg \cdot L^{-1}$ 的很少）；②煤泥水沉降性能并不仅仅取决于总离子含量，更多的是受到水质硬度的影响。总离子含量中很大一部分是 Na^+，在一定范围内，Na^+ 对蒙脱石具有分散作用，因此由 Na^+ 浓度增大导致的总离子含量升高并不能改善某些煤泥水的沉降性能，反而可能降低沉降性能。所以决定煤泥水沉降性能的关键因素实质应为水质硬度。水质硬度高，煤泥水沉降性能好，为易沉降煤泥水；水质硬度低，煤泥水沉降性能差，为难沉降煤泥水。

以上讨论说明水质硬度是煤泥水澄清难易程度的决定性因素。难沉降煤泥水与易沉降煤泥水之间的根本差别在于水质硬度的差距。只要水质硬度达到一定水平，绝大多数微细颗粒易于沉降，就能保证煤泥水实现清水循环。

7.2 煤泥水澄清处理典型方法与工艺

7.2.1 混凝法

7.2.1.1 基本原理

水的混凝原理一直是水处理与化学工作者们关心的课题，迄今也还没有一个统一的认识。在化学和工程的词汇中，对凝聚、絮凝和混凝这三个词意常有不同解释，有时又含混相同。一般认为，凝聚是指胶体被压缩双电层而脱稳的过程；絮凝则指胶体脱稳后（或由于高分子物质的吸附架桥作用）聚结成大颗粒絮体的过程；混凝则包括凝聚与絮凝两种过程。凝聚是瞬时的，只需将化学药剂扩散到全部水中的时间即可。絮凝则与凝聚作用不同，它需要一定的时间去完成，但一般情况下两者很难区分[17]。

絮凝原理与絮凝剂的结构相关联。絮凝剂通常为有机高分子化合物，由高分子骨架和活性基团构成。絮凝作用由它们共同完成。如图 7-9 所示，活性基团与颗粒表面通过不同的键合作用形成解稳颗粒。高分子骨架的架桥作用把解稳颗粒联结在一起形成絮团，于是完成了絮凝过程。此外，过量高分子又将包裹颗粒而形成稳定颗粒，不利于与其他颗粒作用，削弱絮凝作用[18,19]。

键合作用如下。

① 静电键合　静电键合主要由双电层的静电作用引起。离子型絮凝剂一般密度较高，带有大量荷电基团，即使使用量很小，也能中和颗粒表面电荷，降低其电动电位，甚至变号。

② 氢键键合　当絮凝剂分子中有—NH₂和—OH 基团时，可与颗粒表面电负性较强的氧进行作用，形成氢键。虽然氢键键能较弱，但由于絮凝剂聚合度很大，氢键键合的总数也大，所以该项能量不可忽视。

③ 共价键合　高分子絮凝剂的活性基团在矿物表面的活性区吸附，并与表面粒子产生共价键合作用。此种键合，常可在颗粒表面生成难溶的表面化合物或稳定的络合物，并能导致絮凝剂的选择性吸附。

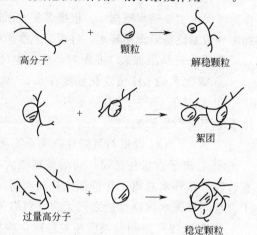

图 7-9　桥键作用示意

三种键合可以同时起作用，也可仅一种或两种起作用，具体视颗粒-聚合物体系的特性和水溶液的性质而定。

7.2.1.2　絮凝剂和凝聚剂

絮凝剂分为天然高分子絮凝剂和人工合成有机高分子絮凝剂。

天然高分子絮凝剂有淀粉类、纤维素的衍生物、腐殖酸钠、藻类及盐、蛋白质等。它们为水溶性聚合物，其化学结构、相对分子质量、活性基团各不相同。目前我国应用和生产这类絮凝剂很少。

人工合成有机高分子絮凝剂分为以下 3 种类型：a. 阴离子型，如聚丙烯酸盐，水解聚丙烯酰胺、酯、腈，聚苯乙烯磺酸，纤维素/淀粉黄药，聚丙烯酰胺二硫代氨基甲酸，聚磷酸乙烯酯；b. 阳离子型，如聚乙烯亚胺、聚（N-甲基-4-乙烯氯化吡啶）、聚（2-甲基丙烯酰氧乙基三甲基氯化铵）；c. 非离子型。如聚乙烯醇、聚氧化烯、聚丙烯酰胺。

选煤厂多采用水解聚丙烯酰胺类絮凝剂。考虑到键合作用与架桥作用的总体平衡，水解聚丙烯酰胺的水解度以 30％为宜。由于矿物和煤粒表面荷负电，阳离子型絮凝剂尤为合适，但该类型絮凝剂合成工艺复杂，价格高，目前在我国较少生产和使用。

由于凝聚剂是靠改变颗粒表面的电性质来实现凝聚作用，当用它处理粒度大、荷电量大的颗粒时，耗量较大，导致生产成本增加。但凝聚剂对荷电量小的微细颗粒作用较好，而且得到的澄清水和沉淀物的质量都很高。絮凝剂用于处理煤泥水时，由于它不改变颗粒表面的电性质，颗粒间的斥力仍然存在，产生的絮团蓬松，其间含有大量的水，澄清水中还有细小的粒子，但絮凝剂的用量却较低。

由此可见，凝聚剂和絮凝剂在处理煤泥水时都各有优缺点。实践表明，把两者配合起来使用将获得较理想的效果。作用原理是：凝聚剂先把细小颗粒凝聚成较大一点的颗粒，这些颗粒荷的电性较小，容易参与絮凝剂的架桥作用，且颗粒与颗粒间的斥力变小，产生的絮团比较密实。由于细小的颗粒都被凝聚成团，产生的澄清水质量也较高。

我国一些选煤厂的生产实践也表明：对于单独使用高分子絮凝剂效果不佳的煤泥水，如果首先加入一定量的无机电解质凝聚剂进行凝聚，以压缩颗粒表面双电层，然后加入高分子絮凝剂进行絮凝，这些颗粒才能很好地絮凝沉降。所以目前越来越多的选煤厂采用先加无机电解质凝聚剂，后加高分子絮凝剂的联合加药方式。由于细泥颗粒表面通常呈负电荷，所以通常选择的无机电解质凝聚剂有明矾、三氯化铁、石灰、电石粉等。

某选煤厂尾矿水中含有较多泥质物，单独使用凝聚剂（明矾）和絮凝剂（聚丙烯酰胺）时，药剂用量大，澄清效果不理想，而且残余浓度大。为获得澄清水层的最低用量为：聚丙烯酰胺 $20g \cdot m^{-3}$ 或明矾 $600g \cdot m^{-3}$。在配合使用时，明矾用量为 $50 \sim 75g \cdot m^{-3}$，聚丙烯酰胺为 $2g \cdot m^{-3}$，尾矿澄清水浓度小于 $0.5g \cdot L^{-1}$，溢流澄清水的残余浓度很低。

7.2.2 气浮法

7.2.2.1 基本原理

气浮法净水是设法在水中通入或产生大量微小气泡，利用这些高度分散的微小气泡作为载体去黏附水中的污染物，使气泡黏附于杂质絮粒上，造成整体密度低于水的密度，靠浮力上浮至水面，并加以除去，从而造成固液分离。气浮法分离的对象是疏水性微细固体悬浮物以及乳化油[4]。

气浮法作为净水的一种手段已在许多行业应用，实践证明气浮法是沉降法难以取代的一种新颖独特的水处理技术，它对分离密度近似于水的微细悬浮颗粒、油类、纤维等非常有效。因为当水中欲分离的悬浮物密度接近于水时，上浮和下沉都很难。如果用沉降法处理，分离时间会很长，而其还有相当数量微细粒残留水中。采用气浮法时，高度分散的微小气泡黏附于欲分离的悬浮物上，形成气絮团，大大降低了悬浮物的视密度，造成整体密度小于水（空气密度仅为水密度的 1/775），使悬浮物的上浮速度远远超过原来的沉降速度，大大缩短了分离时间，达到净化水的目的。

气浮法净水过程如下。

（1）气泡的形成

水中通入空气或减压释放水中溶解的空气都会产生气泡，所形成气泡的大小和强度取决于释放空气时的各种条件和水表面张力的大小。

研究结果表明：欲获得稳定的气泡，应有足够牢固的气泡膜（因为气泡半径越小，泡内所受压强越大，空气分子对气泡膜碰撞也越强烈）；如能降低表面张力系数，气泡半径可进一步缩小。气泡小，浮速低，对水体搅动小，同体积空气所形成的气泡数也越多，与颗粒碰撞机会也就越多。

（2）絮团的形成

由于粒子之间架桥与吸附双重作用，粒子与气泡桥接成疏松、含水率高的絮团状结构。

（3）絮团（颗粒与气泡的结合物）的上浮

黏附了气泡的絮团在重力、浮力和阻力等作用下可能上浮或下沉。为了絮体能够以较快的速度上浮，要求絮团尽可能多地黏附微气泡，使密度差足够大。

7.2.2.2 气浮法分类

按照气泡产生方法不同，将气浮法分为充气气浮、电解气浮、生物及化学气浮、溶气气浮四类。

① 充气气浮　采用多孔材料制成的布气装置直接向气浮池中通入压缩空气，或借水泵吸入管吸入空气，也可采用水-气喷射器等向水中充气，形成的气泡直径约为1mm。

② 电解气浮　当水电解或有机物电解氧化时，在电极上会有气体析出，借助于电极析出的微小气泡黏附疏水性杂质微粒，达到固液分离的目的。电解产生气泡很小，氢气泡直径为 0.01～0.03mm，氧气泡直径为 0.02～0.06mm。

③ 生物及化学气浮　生物气浮是依靠微生物的新陈代谢过程中所放出的气体与水黏附后上浮的。化学气浮是在水中加入化学药剂，利用化学反应产生气体。这两种方法易受各种条件限制，可靠性差。

④ 溶气气浮　溶气气浮是使空气在一定压力下溶于水中并呈过饱和状态，然后突然降低压力，这时空气便以微小气泡形式从水中析出而进行气浮。这种方法产生的气泡直径约为0.08mm，并且可以人为控制气泡与水的接触时间，净水效果更好。

根据气泡从水中析出时所处的压力不同，溶气气浮又可分为两种：一是溶气真空气浮，即空气在常压或加压下溶于水，而在负压下析出，缺点是气浮池构造复杂，运行维护较困难，实际应用不广；二是加压溶气气浮，即在加压下溶于水而在常压下析出，这种方式易于实现，效果较好。

7.2.2.3　加压溶气气浮流程及特点

加压溶气气浮法简称气浮法（DAF），是目前应用比较广泛的一种，它的特点如下：a. 在加压情况下，空气溶解度大，供气浮的气泡数量可以满足要求，确保了气浮效果；b. 溶入水中的气体骤然减压释放，产生的气泡尺寸小，粒度均匀，密集度大，而且上浮稳定，对液体搅动小，较适于微细颗粒的固液分离；c. 工艺过程及设备简单，维修管理方便。特别是部分回流式，效果稳定，耗能少。

加压溶气气浮分三种基本流程，即全部入料水加压、部分入料水加压和部分净水回流加压。

（1）全部入料水加压流程

全部入料水加压流程如图 7-10 所示，全部入料水由泵加压至 3～4atm，并在压力管上通入一定量的压缩空气后，水气混合物进入溶气罐子，并继续在压力条件下停留一段时间进行气水混合和溶解，然后通过减压阀进入常压气浮池进行气浮。以上是常规流程，由于受动力消耗的限制，溶气压力不能太高，故该流程有气体饱和度偏低和气泡大小不均的缺点。

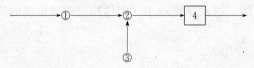

图 7-10　全部入料水加压流程

1—进水泵；2—溶气罐；3—空压机；4—气浮池

（2）部分入料水加压和部分净水回流加压流程

在部分入料水加压和部分净水回流加压流程中，由于用于加压溶气的水量只占总水量的30％～50％和 10％～20％，这样在电耗相同的情况下，溶气压可大大提高，因而形成的气泡分散度更高、更均匀。

部分入料水加压流程见图 7-11。

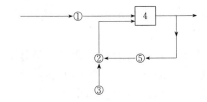

图 7-11　部分入料水加压流程

1—进水泵；2—溶气罐；3—空压机；4—气浮池；5—溶气水加压泵

气浮法影响因素较多，主要有以下几方面：a. 微气泡的大小、数量、质量和稳定性是气浮法的关键，必须有合适的释放阀；b. 入料浓度直接影响净化水浓度，入料浓度增加，净化水浓度也增加，单位处理能力也有所降低；c. 入料粒度影响。气浮法比较适合处理细粒煤泥水；d. 合适的药剂用量。

7.2.2.4　气浮法处理煤泥水

煤泥水中含有大量胶粒和接近于胶粒的高灰细泥，它们大多亲水，不易和气泡黏附上浮，所以，气浮法适合于含有微细颗粒的煤泥水的深度净化。

除影响气浮的一般因素外，另外的还有以下几点应该注意。

① 入料黏度　试验结果表明，粒度越粗形成的絮团密度越高，上浮速度越慢，单位处理量下降。因此处理极细粒效果更好。如果来料中含有粗粒，可在前面加入沉降装置予以除去。

② 入料浓度　入料浓度低，出水水质好，用药少，但固体去除率低；入料浓度高，出水水质差，用药多，固体去除率高。一般根据最终外排产品要求，由试验确定临界入料浓度。

③ 煤泥水成分　煤泥水成分复杂，不同的厂原料都不相同，所以其他影响因素如 pH 值、各类药剂的选择和用量均需试验确定。

有人曾在实验室分别用 $5g \cdot L^{-1}$、$10g \cdot L^{-1}$、$20g \cdot L^{-1}$、$50g \cdot L^{-1}$、$100g \cdot L^{-1}$ 等不同浓度的煤泥水，在添加或不加 PAM 时，采用气浮法和沉淀法分别测定在不同时间内的煤泥回收率和煤泥水浓度，目的是对气浮法和沉淀法处理煤泥水作循环用水的效果进行比较。

从试验所得结果看，用气浮法处理煤泥水作循环用水的方法是可行的，气浮法在回收煤泥方面要明显优于沉淀法，特别是当煤泥水浓度较高或较低时。虽然经沉淀法处理后煤泥水的浓度比气浮法处理后煤泥水的浓度低，但应该指出的是，沉淀法处理后的煤泥水浓度是在静止的条件下得到的，而在实际生产中，流体的湍流运动对煤泥微粒沉降的干扰很大，处理的煤泥水浓度往往达不到理想状态，而气浮法对流体流态的变化具有较好的适用性，对煤泥水的处理效果影响不大。

7.2.3　矿物-硬度法

7.2.3.1　基本原理

矿物-硬度法的基本原理是通过准确调节控制煤泥水水质硬度至某一水平，在这一硬度水平条件下煤泥水中主要的难沉降物质——黏土颗粒和煤颗粒可发生凝聚沉降，同时煤泥浮选能够达到选煤厂的要求。这种方法的基本理论为传统的胶体脱稳理论。

（1）矿物-硬度法中的 DLVO 理论

DLVO（Derjaguin-Landau-Verwey-Overbeek）理论是由 Derjaguin 和 Landau 于 1941

年，Verwey 与 Overbeek 于 1948 年分别提出的，并以这四个人名字的首字母命名的[19]。DLVO 理论是一种关于胶体稳定性的理论，该理论认为胶体颗粒在一定条件下能否稳定存在取决于胶粒之间相互作用的势能。胶粒间的总势能等于范德华作用势能和双电层引起的静电作用势能之和，这两种作用势能下的受力为范德华力和静电力（见图 7-12）。

$$V_T = V_A + V_R$$

式中　V_T——总势能，J；

　　　V_A——范德华作用势能，J；

　　　V_R——静电作用势能，J。

① 范德华作用力　范德华力是宏观物体间一种最重要的相互作用力，不同形状和大小的物体间有不同的范德华作用力[20]。

a. 两个无限厚（$\delta \to \infty$）的平板间的范德华作用势能和范德华力：

$$V_A = \frac{A}{12\pi h^2}$$

$$F_A = -\frac{dV_A}{dh} = -\frac{A}{6\pi h^3}$$

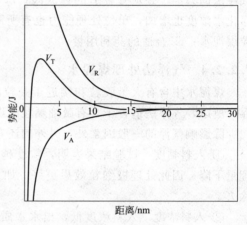

图 7-12　相互作用

式中　V_A——单位面积相互作用的范德华势能，$J \cdot m^{-2}$；

　　　F_A——单位面积相互作用的范德华力，$N \cdot m^{-2}$；

　　　h——两板间距离，m；

　　　δ——平板的厚度，m；

　　　A——Hamaker 常数，J。

b. 半径分别为 R_1 和 R_2 的两球间的范德华作用势能和范德华力：

$$V_A = -\frac{A}{6h} \times \frac{R_1 R_2}{R_1 + R_2}$$

$$F_A = -\frac{A}{6h^2} \times \frac{R_1 R_2}{R_1 + R_2}$$

c. 等径（$R_1 = R_2 = R$）的两球间的范德华作用势能和范德华力：

$$V_A = -\frac{AR}{12h}$$

$$F_A = -\frac{AR}{12h^2}$$

d. 半径为 R 的球与无限厚的板间的范德华作用势能和范德华力：

$$V_A = -\frac{A}{6}\left[\frac{2R}{h} + \frac{2R}{h+4R} + \ln\left(\frac{h}{h+4R}\right)\right] \approx -\frac{AR}{6h}$$

$$F_A \approx -\frac{AR}{6h^2}$$

Hamaker 常数是影响范德华力的重要参数，煤泥水中主要颗粒在真空中的 Hamaker 常数如表 7-7 所列[21,22]。

表 7-7　一些物质在真空中的 Hamaker 常数　　　　　单位：10^{-20} J

空气	水	煤	高岭石	蒙脱石	伊利石	石英
0	3.7	6.1	31	22	25	6.3

计算物质 1、2 在介质 3 中的 Hamaker 常数 A_{132}：

$$A_{132} = \left(\sqrt{A_{11}} - \sqrt{A_{33}}\right)\left(\sqrt{A_{22}} - \sqrt{A_{33}}\right)$$

式中，A_{11}、A_{22}、A_{33} 分别是物质 1、2 和介质 3 在真空中的 Hamaker 常数。

对于同类颗粒：

$$A_{131} = \left(\sqrt{A_{11}} - \sqrt{A_{33}}\right)^2 > 0$$

当两种物质的 Hamaker 常数同时大于或同时小于介质的 Hamaker 常数（$A_{11} > A_{33}$，$A_{22} > A_{33}$，或 $A_{11} < A_{33}$，$A_{22} < A_{33}$）时，则 $A_{132} > 0$，物质 1 和物质 2 在介质 3 中范德华相互作用力为引力。当 $A_{11} > A_{33} > A_{22}$ 或 $A_{11} < A_{33} < A_{22}$ 时，则 $A_{132} < 0$，表示物质 1 和物质 2 在介质 3 中范德华相互作用力为斥力。

如煤泥水中，煤粒与高岭石颗粒在水中的 Hamaker 常数：

$$\begin{aligned}
A_{132} &= \left(\sqrt{A_{11}} - \sqrt{A_{33}}\right)\left(\sqrt{A_{22}} - \sqrt{A_{33}}\right)\\
&= \left(\sqrt{6.1} - \sqrt{3.7}\right)\left(\sqrt{31} - \sqrt{3.7}\right) \times 10^{-20}\\
&= 1.99 \times 10^{-20} > 0
\end{aligned}$$

因此，煤粒与高岭石颗粒在水中的范德华作用力是引力。

如煤泥水气浮法处理中，煤粒与气泡在水中的 Hamaker 常数：

$$\begin{aligned}
A_{132} &= \left(\sqrt{A_{11}} - \sqrt{A_{33}}\right)\left(\sqrt{A_{22}} - \sqrt{A_{33}}\right)\\
&= \left(\sqrt{6.1} - \sqrt{3.7}\right)\left(\sqrt{0} - \sqrt{3.7}\right) \times 10^{-20}\\
&= -1.05 \times 10^{-20} < 0
\end{aligned}$$

因此，煤粒与气泡在水中的范德华作用力是斥力。

表 7-8　煤和矿物颗粒在水介质中的 Hamaker 常数

物质 1	介质	物质 2	Hamaker 常数/10^{-20} J
煤	水	空气	−1.05
煤	水	高岭石	1.99
煤	水	蒙脱石	1.51
煤	水	伊利石	1.68
煤	水	石英	0.32
煤	水	煤	0.30
高岭石	水	空气	−7.01
高岭石	水	蒙脱石	10.08
高岭石	水	伊利石	11.21
高岭石	水	石英	2.14
高岭石	水	高岭石	13.28
蒙脱石	水	空气	−5.32
蒙脱石	水	伊利石	8.51
蒙脱石	水	石英	1.62
蒙脱石	水	蒙脱石	7.66
伊利石	水	空气	−5.92

续表

物质 1	介质	物质 2	Hamaker 常数/10^{-20}J
伊利石	水	石英	1.80
伊利石	水	伊利石	9.46
石英	水	空气	−1.13
石英	水	石英	0.34

　　煤泥水中煤颗粒和常见矿物颗粒在水介质中的 Hamaker 常数如表 7-8 所列。Hamaker 常数值正越大，则该两种物质在水中的引力越大，高岭石与高岭石在水中 Hamaker 常数达到 13.28×10^{-20}J；Hamaker 常数值负越大，则该两种物质在水中的斥力越大，高岭石与气泡在水中 Hamaker 常数达到 -7.01×10^{-20}J。

　　② 静电作用力　如同物体间范德华作用势能有很多种形式，颗粒间的静电相互作用势能也有不同的计算公式。以下是颗粒在对称电解质中的静电势能和静电力的数学模型。

　　a. 恒表面电势的平板状同类矿物颗粒间的静电势能和静电力

$$V_R = \frac{64 n_0 kT}{\kappa} \gamma_0^2 \exp(-\kappa h)$$

式中　V_R——单位面积相互作用的静电势能，J·m^{-2}；

　　　　h——两平板间距离，m；

　　　　T——热力学温度，K；

　　　　k——玻尔兹曼常数，1.38×10^{-23} J·K^{-1}；

　　　　n_0——离子数密度，m^{-3}；

　　　　γ_0——$\gamma_0 = \dfrac{\exp(Ze\psi_0/2kT) - 1}{\exp(Ze\psi_0/2kT) + 1}$；

　　　　κ^{-1}——德拜长度，m。

用摩尔浓度来表示离子浓度：

$$n_0 = 1000 C N_A$$

式中　C——离子体积摩尔浓度，mol·L^{-1}；

　　　　N_A——阿伏伽德罗常数，6.023×10^{23} mol^{-1}。

$$V_R = \frac{64000 N_A CkT}{\kappa} \gamma_0^2 \exp(-\kappa h)$$

$$F_R = -\frac{\mathrm{d}V_R}{\mathrm{d}h} = 64000 N_A CkT \gamma_0^2 \exp(-\kappa h)$$

　　b. 恒表面电荷密度的平板状同类矿物颗粒间的静电势能和静电力：

$$V_R = \frac{64 n_0 kT}{\kappa} \gamma_0^2 \exp(-\kappa h) + \frac{\varepsilon k}{2\pi} \psi_0^2 [\coth(\kappa h) - 1]$$

$$= \frac{64000 N_A CkT}{\kappa} \gamma_0^2 \exp(-\kappa h) + \frac{\varepsilon k}{2\pi} \psi_0^2 [\coth(\kappa h) - 1]$$

$$F_R = 64000 N_A CkT \gamma_0^2 \mathrm{epx}(-\kappa h) + \kappa \frac{\varepsilon h}{2\pi} \psi_0^2 \operatorname{csch}^2(\kappa h)$$

　　蒙脱石、伊利石等片状黏土颗粒，应该用此模型。当两块平板相互接近时，起始的表面电势要降低，但斥力势能要比恒电势的大。

　　c. 半径分别为 R_1、R_2 的同类矿物颗粒间的静电势能和静电力：

$$V_R = \frac{128\pi n_0 k T \gamma_0^2}{\kappa^2} \left(\frac{R_1 R_2}{R_1 + R_2} \right) \text{epx}(-\kappa h)$$

式中　h——两颗粒表面的距离，m。

若 $R_1 = R_2 = R$，则：

$$V_R = \frac{64\pi n_0 R k T \gamma_0^2}{\kappa^2} \exp(-\kappa h)$$

对于低电位表面，$\psi_0 < 25\text{mV}$，当 ψ_0 较小时，$\gamma_0 = \frac{Ze\psi_0}{4kT}$。等半径的同种颗粒间的静电势能可简化为：

$$V_R = 2\pi\varepsilon R\psi_0^2 \ln[1 + \exp(-\kappa h)]$$

$$F_R = 2\pi\varepsilon R\psi_0^2 \frac{\kappa \exp(-\kappa h)}{1 + \exp(-\kappa h)}$$

d. 半径为 R 的球形颗粒与同类矿物平板颗粒间的静电势能和静电力：

$$V_R = 4\pi\varepsilon R\psi_0^2 \ln[1 + \exp(-\kappa h)]$$

$$F_R = 4\pi\varepsilon R\psi_0^2 \frac{\kappa \exp(-\kappa h)}{1 + \exp(-\kappa h)}$$

e. 半径分别为 R_1、R_2 的异类矿物颗粒间的静电势能和静电力：

$$V_R = \frac{\pi\varepsilon R_1 R_2}{R_1 + R_2} (\psi_{01}^2 \psi_{02}^2) \left[\frac{2\psi_{01}\psi_{02}}{\psi_{01}^2 \psi_{02}^2} p + q \right]$$

$$p = \ln \left[\frac{1 + \exp(-\kappa h)}{1 - \exp(-\kappa h)} \right]$$

$$q = \ln[1 - \exp(-2\kappa h)]$$

其中，ψ_{01}、ψ_{02} 分别为颗粒 1 和颗粒 2 的表面电位，可用 Zeta 电位近似代替。

$$F_R = -\frac{\pi\varepsilon R_1 R_2}{R_1 + R_2} (\psi_{01}^2 + \psi_{02}^2) \left[\frac{2\psi_{01}\psi_{02}}{\psi_{01}^2 + \psi_{02}^2} p' + q' \right]$$

$$p' = -\frac{2\kappa \exp(-\kappa h)}{[1 + \exp(-\kappa h)][1 - \exp(-\kappa h)]}$$

$$q' = \frac{2\kappa \exp(-2\kappa h)}{1 - \exp(-2\kappa h)}$$

f. 半径为 R 的球形颗粒与异类矿物平板颗粒间的静电势能和静电力：

$$V_R = \pi\varepsilon R(\psi_{01}^2 + \psi_{02}^2) \left[\frac{2\psi_{01}\psi_{02}}{\psi_{01}^2 + \psi_{01}^2} p + q \right]$$

$$F_R = -\pi\varepsilon R(\psi_{01}^2 + \psi_{02}^2) \left[\frac{2\psi_{01}\psi_{02}}{\psi_{01}^2 + \psi_{01}^2} p' + q' \right]$$

g. HHF-FP 方程和 Derjaguin 近似计算：

$$V_R = \frac{\varepsilon\kappa}{2} \{ (\psi_{01}^2 + \psi_{02}^2)[1 - \coth(\kappa h)] + 2\psi_{01}\psi_{02} \text{csch}(\kappa h) \}$$

上式就是著名的 HHF-FP 方程，方程基于恒表面电势的两个无限大的平板颗粒。

由于两个平板颗粒间相互作用势能的计算比较简便。实际上，颗粒的形状各式各样，Derjaguin 提出一种近似的计算方法，建立不同形状颗粒间的作用力与两平板间势能 $V_{\text{p-p}}$ 的关系模型[23]。

球形颗粒与球形颗粒之间：

$$R_{s\text{-}s} = 2\pi \frac{R_1 R_2}{R_1 + R_2} V_{p\text{-}p}$$

球形颗粒与平板颗粒之间：

$$F_{s\text{-}p} = 2\pi R V_{p\text{-}p}$$

柱形颗粒与柱形颗粒之间：

$$F_{c\text{-}c} = 2\pi \sqrt{R_1 R_2} V_{p\text{-}p}$$

在计算过程中，颗粒的表面电位一般用 Zeta 电位近似代替。煤、高岭石、蒙脱石、伊利石和石英在不同浓度的钙离子溶液中的 Zeta 电位如图 7-13 所示[24]。

由图上可知，当钙离子浓度为零时，煤、高岭石、蒙脱石、伊利石和石英的 Zeta 电位分别为 -38mV、-32mV、-39mV、-36mV 和 -49mV，当钙离子浓度为 0.5mmol·L^{-1} 时，其 Zeta 电位骤然上升到 -17mV、-9mV、-10mV、-10mV 和 -24mV，当继续增加钙离子浓度，Zeta 电位略有上升。说明对应颗粒凝聚行为煤泥水硬度存在临界值。

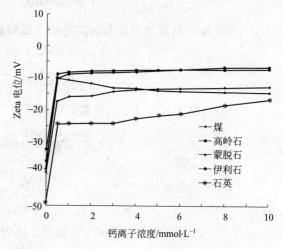

图 7-13　钙离子浓度对五种矿物 Zeta 电位的影响

（2）矿物-硬度法中的 EDLVO 理论

① EDLVO 理论要点及相关参数测定

DLVO 理论是研究胶体分散体系稳定性的经典理论。长期以来，被用于解释矿粒间的凝聚和分散行为，然而该理论仅仅考虑了同类胶体颗粒之间的静电作用能和范德华作用能，未考虑颗粒之间的极性相互作用。近十几年来，化学工作者发现，不管在同类颗粒还是异类颗粒之间都存在与表面性质有关的某种特殊相互作用力，对胶体分散体系的稳定性起决定性作用。经典的 DLVO 理论难以解释这种体系的凝聚与分散行为，从而提出了扩展的 DLVO（EDLVO）理论[25]。

胶体分散体系中颗粒受到多种力的综合作用，互相碰撞、接触，形成聚团。扩展的 DLVO 理论认为，颗粒间的界面能包括：DLVO 相互作用（非极性部分）和 AB-非 DLVO 相互作用（极性部分）。其中 DLVO 相互作用包括胶体颗粒间的静电作用能和范德华作用能，这两种力仅能作用于短程距离（<5nm）；AB-非 DLVO 相互作用对胶体稳定性起主导作用，且作用于长程距离（>10nm）上，无论是排斥和吸引，均比静电作用能和范德华作用能大 2 个数量级以上[26]。所以颗粒之间的总相互作用势能 V_T 为：

$$V_T = V_A + V_R + [V_{HR}] + [V_{HA}] + [V_{MA}] + [V_{SR}] + [V_{HD}]$$

式中　$[V_{HR}]$——颗粒间亲水排斥势能，J；

　　　$[V_{HA}]$——颗粒间疏水排斥势能，J；

　　　$[V_{MA}]$——颗粒间磁吸引能，J；

　　　$[V_{SR}]$——颗粒间空间稳定化排斥势能，J；

$[V_{HD}]$——颗粒间流体动力学势能，J。

在煤泥水体系中，既无外加磁场，又无磁性矿物，所以 $[V_{MA}]=0$；$[V_{SR}]$ 是长链表面活性剂或高分子在矿粒表面吸附形成的吸附层之间的作用势能，$[V_{SR}]=0$；本凝聚试验结果是在颗粒充分分散后静态条件下得出的，因此 $[V_{HD}]=0$；对于亲水颗粒之间，$[V_{HA}]=0$，疏水颗粒之间 $[V_{HR}]=0$。所以疏水颗粒之间总的相互作用势能 V_T 为：

$$V_T = V_A + V_R + [V_{HA}]$$

亲水颗粒之间的相互作用为：

$$V_T = V_A + V_R + [V_{HR}]$$

亲水颗粒和疏水颗粒之间的相互作用能为：

$$V_T = V_A + V_R + [V_H]$$

$[V_H]$ 为排斥能还是吸引能由体系的性质决定。

颗粒间的凝聚与分散行为，由 V_T 决定，若 $V_T > 0$，颗粒间相互排斥，体系处于分散状态；若 $V_T < 0$，颗粒间相互吸引，体系处于凝聚状态。

水中颗粒形态多种多样，为了简化计算，假设矿物颗粒均为球形粒子。

半径为 R_1、R_2 的两球形颗粒，界面极性相互作用能与作用距离的关系为：

$$V_H = \frac{2\pi R_1 R_2}{R_1 + R_2} h_0 V_H^0 \exp\left(\frac{H_0 - H}{h_0}\right)$$

$$V_H^0 = 2\left[\sqrt{r_3^+}(\sqrt{r_1^-}+\sqrt{r_2^-}+\sqrt{r_3^-})+\sqrt{r_3^-}(\sqrt{r_1^+}+\sqrt{r_2^+}-\sqrt{r_3^+})-\sqrt{r_1^+ r_2^-}-\sqrt{r_1^- r_2^+}\right]$$

式中　　H_0——两颗粒接触间距，

　　　　h_0——衰减长度，一般为 $1\sim10$nm；

　　　　V_H^0——界面极性相互作用能量常数；

r_1^+，r_2^+，r_3^+——颗粒1、2和介质3表面能的电子接受体分量；

r_1^-，r_2^-，r_3^-——颗粒1、2和介质3表面能的电子给予体分量。

r_1^+、r_1^-、r_2^+、r_2^- 可利用下式求出：

$$(1+\cos\theta)r_1 = 2\left(\sqrt{r_s^d r_1^d}+\sqrt{r_s^+ r_1^-}+\sqrt{r_s^- r_1^+}\right)$$

式中　r_1，r_1^d，r_1^+，r_1^-——液体的表面能、表面能的色散分量、电子接受体和给予体分量；

　　　　r_s^d，r_s^+，r_s^-——固体表面能的色散分量、电子接受体及给予体分量；

　　　　θ——液体与固体表面接触角。

对于一些单极性表面，$r_s^+ \approx 0$，只体现 r_s^-，则上式变为：

$$(1+\cos\theta)r_1 = 2\left(\sqrt{r_s^d r_1^d}+\sqrt{r_s^- r_1^+}\right)$$

一般选择三种液体，通过测定三种液体在固体表面的接触角，求解三元一次方程，就可以求出 r^d、r^+、r^-。

② 煤泥水中颗粒之间相互作用[27,28]

a. 煤颗粒之间相互作用。分别计算同种煤颗粒之间在水质硬度分别为 $1\text{mmol}\cdot\text{L}^{-1}$ 和 $10\text{mmol}\cdot\text{L}^{-1}$ 下的相互作用势能，得出图 7-14、图 7-15 和图 7-16。

图中，曲线1、曲线2（"V_R-H"）为静电作用能。三种煤样之间的 V_R 在整个颗粒间距上都大于零，且随 H 的增大趋于零，随着 H 的减小趋于无穷（由于坐标轴起点，趋势不明显）。$V_R > 0$，表示同种煤颗粒之间静电作用为排斥势能。提高水质硬度可以有效降低颗粒之间的静电排斥力，这一点从曲线 1、曲线 2 之间的差距可以看出。在同一条件下，三种样品静电作用大小顺序为：长焰煤＞气煤＞贫瘦煤，这和煤样变质程度越高，表面电性越弱的结果是一致的。

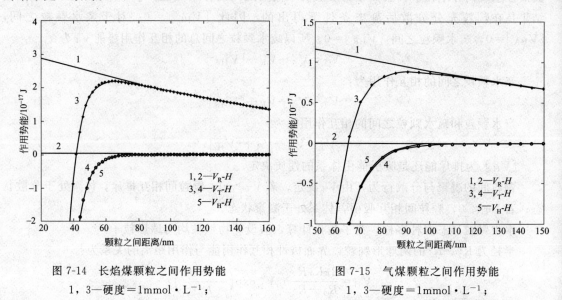

图 7-14 长焰煤颗粒之间作用势能
1，3—硬度＝1mmol·L⁻¹；
2，4—硬度＝10mmol·L⁻¹

图 7-15 气煤颗粒之间作用势能
1，3—硬度＝1mmol·L⁻¹；
2，4—硬度＝10mmol·L⁻¹

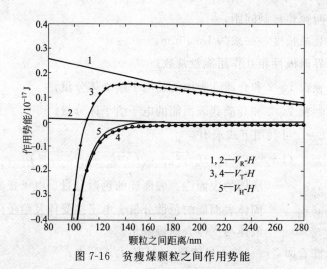

图 7-16 贫瘦煤颗粒之间作用势能
1，3—硬度＝1mmol·L⁻¹；2，4—硬度＝10mmol·L⁻¹

曲线 5（"V_H-H"）为极化作用能随颗粒间距的变化。疏水颗粒之间极化作用表现为吸引势能，因此 V_H 在整个颗粒间距上都为负值。三种极化力的大小顺序为：贫瘦煤＞气煤＞长焰煤，进一步印证了煤的变质程度越高，疏水能力越强的结果。

曲线 3、曲线 4（"V_T-H"）为总作用势能随颗粒间距的变化，三种煤样的变化趋势相同。当水质硬度为 1mmol·L⁻¹时，当煤颗粒开始靠近，静电力占主导作用，V_T 表现为排斥势能，并随着颗粒间距离减小，排斥势能 V_T 逐渐上升，到达某一特定值后 V_T 达到一个峰值；当两颗粒进一步靠近时，该"能垒"被穿越，排斥势能 V_T 急剧减小；当颗粒间距离减小至某一特定值（简称为临界距离）时，疏水引力势能 V_H 和范德华力的和远远超过静电排斥力而占优势，总作用力 V_T 由正转负，急剧下降，颗粒发生凝聚。极化作用的值超过范德华作用3个数量级，因此凝聚作用最主要是极化作用的贡献。当水质硬度为 $10mmol \cdot L^{-1}$ 时，静电作用大大减小，极化作用始终占优势，总作用力在整个颗粒间距范围内都为负值，因此颗粒之间可以凝聚。

当水质硬度为 $1mmol \cdot L^{-1}$ 时，三种煤样的能垒大小顺序和总作用能发生正负转换的颗粒间距离规律一样，为：长焰煤＞气煤＞贫瘦煤。也就是说：要使颗粒凝聚，长焰煤需要输入克服"势垒"的能量最大，气煤次之，贫瘦煤最少，也即贫瘦煤最易凝聚，气煤次之，长焰煤最不易凝聚。

b. 黏土颗粒之间的相互作用。计算煤泥水中常见黏土类型，高岭石和蒙脱石颗粒之间在硬度分别为 $1mmol \cdot L^{-1}$ 和 $10mmol \cdot L^{-1}$ 下的相互作用势能，得出图7-17和图7-18。

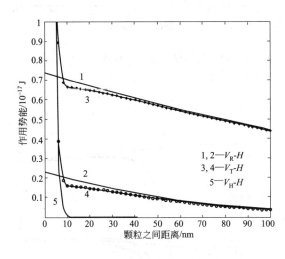

图7-17　高岭石颗粒之间作用势能
1，3—硬度＝$1mmol \cdot L^{-1}$；
2，4—硬度＝$10mmol \cdot L^{-1}$

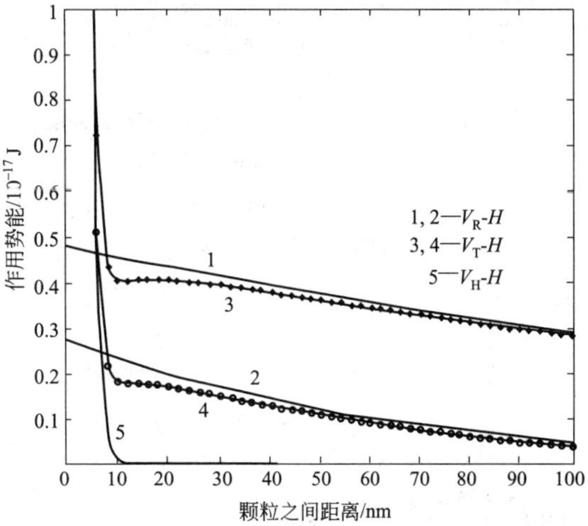

图7-18　蒙脱石颗粒之间作用势能
1，3—硬度＝$1mmol \cdot L^{-1}$；
2，4—硬度＝$10mmol \cdot L^{-1}$

各种曲线意义同上。黏土颗粒之间的极化作用为亲水排斥能。三种作用中只有范德华力为负值，但其值在远距离时小于静电作用，近距离时小于极化作用，所以总作用势能始终为正值，表示在 $1\sim10mmol \cdot L^{-1}$ 范围内黏土颗粒之间始终处于分散状态，不易凝聚。

相同条件下，蒙脱石比高岭石具有更大的排斥势能，因此更不易凝聚。在 $1\sim10mmol \cdot L^{-1}$ 条件下，硬度的增加，可以明显地降低总排斥势能，但不能改变势能符号。

c. 煤和黏土颗粒之间的相互作用。分别计算不同黏土颗粒与不同煤样之间在水质硬度分别为 $1mmol \cdot L^{-1}$ 和 $10mmol \cdot L^{-1}$ 下的相互作用势能，得出图7-19～图7-24。

不同的黏土颗粒和不同煤颗粒之间的静电作用表现出相同的变化趋势。硬度为 $1mmol \cdot L^{-1}$ 时，静电作用存在"能垒"和临界距离。随着颗粒间距的增大，静电排斥作用趋近于零；随着颗粒间距的减小，透过"能垒"，超越临界距离，静电作用由正变负，表现为吸引力。吸引力随间距的逐渐减小而急剧增加。硬度为 $10mmol \cdot L^{-1}$ 时，静电作用始终小于零，表现为吸引力。颗粒间距减小到一定值后，静电吸引力急剧增加。同一种煤样与高岭石的静电排斥作用比和蒙脱石的排斥作用强，吸引作用则反之。同一种黏土和长焰煤的排斥作用最强，吸引作用最弱，气煤次之，贫瘦煤排斥作用最弱，吸引作用最强。

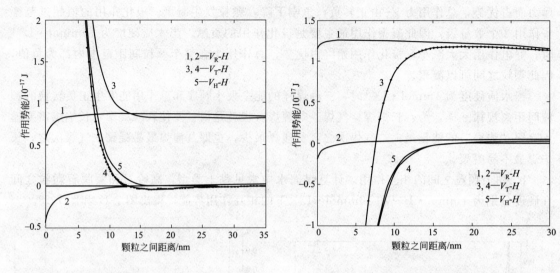

图 7-19 长焰煤和蒙脱石颗粒之间作用势能
1，3—硬度＝1mmol·L⁻¹；
2，4—硬度＝10mmol·L⁻¹

图 7-20 长焰煤和高岭石颗粒之间作用势能
1，3—硬度＝1mmol·L⁻¹；
2，4—硬度＝10mmol·L⁻¹

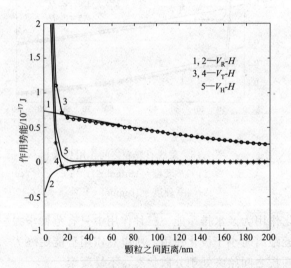

图 7-21 气煤和蒙脱石颗粒之间作用势能
1，3—硬度＝1mmol·L⁻¹；
2，4—硬度＝10mmol·L⁻¹

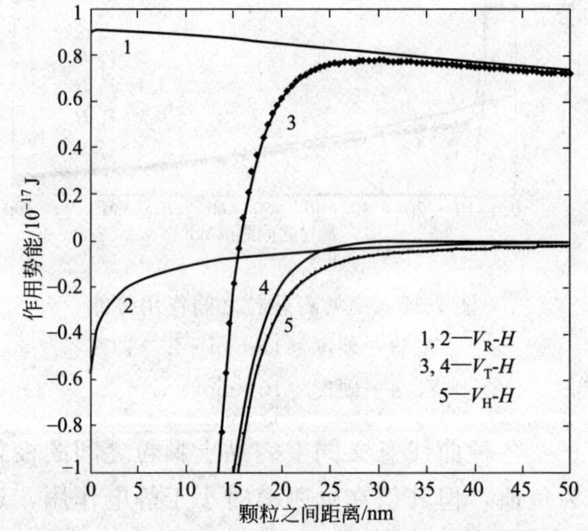

图 7-22 气煤和高岭石颗粒之间作用势能
1，3—硬度＝1mmol·L⁻¹；
2，4—硬度＝10mmol·L⁻¹

　　三种煤样和高岭石之间的极化作用始终为负值，因此为吸引力。随着颗粒间距的增大，极化作用趋近于零。颗粒间距减小到一定距离后极化作用急剧增加。长焰煤的极化作用最弱，气煤次之，贫瘦煤最强。煤样和蒙脱石之间的极化作用变化较为复杂。长焰煤、气煤同蒙脱石的极化作用始终为正，表现为排斥力。随着颗粒间距的增加，极化作用趋近于零。当颗粒间距减小到某一距离后，极化作用急剧增加。长焰煤的极化作用比气煤强。蒙脱石和贫瘦煤的极化作用始终小于零，表现为吸引力。

　　煤和黏土异种颗粒之间的范德华作用都为负值，表现为吸引力。但在近距离时，其值远远小于极化力，在远距离时，远远小于静电力，因此不起主导作用。

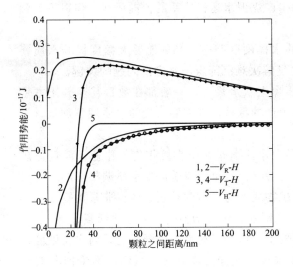
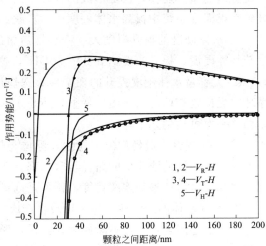

图 7-23　气煤和蒙脱石颗粒之间作用势能
1，3—硬度＝1mmol·L⁻¹；
2，4—硬度＝10mmol·L⁻¹

图 7-24　气煤和高岭石颗粒之间作用势能
1，3—硬度＝1mmol·L⁻¹；
2，4—硬度＝10mmol·L⁻¹

　　三种煤样和高岭石的总作用势能变化趋势相同。水质硬度为 1mmol·L⁻¹ 时，总作用势能变化存在能垒和临界距离。在临界距离之前，总作用势能为正，表现为排斥力。随着颗粒间距的增加，总作用势能趋于零。随着颗粒间距的减小，作用势能透过"能垒"，超越临界距离，总作用势能变为负值，且急剧下降，颗粒之间表现为吸引力。颗粒之间要实现凝聚，必须输入一定能量来克服"能垒"，穿越临界距离。根据"能垒"大小判断，三种煤样和高岭石凝聚的由易到难的顺序为：贫瘦煤＞气煤＞长焰煤。水质硬度为 10mmol·L⁻¹ 时，总作用势能在整个粒间距范围内都为负值，当粒间距小于某一特定值后，总作用力急剧降低，吸引力增大。所以三种煤样和高岭石发生凝聚或分散的临界硬度值在 1～10mmol·L⁻¹ 之间。

　　蒙脱石分别和长焰煤、气煤凝聚的总作用力趋势相同。即使硬度提高至 10mmol·L⁻¹，颗粒之间的总作用势能始终为正值，即颗粒之间始终为排斥作用，呈现分散态。在同一条件下，蒙脱石和长焰煤的排斥作用比气煤的排斥作用强，颗粒之间更难凝聚。所以临界硬度大于 10mmol·L⁻¹。蒙脱石和贫瘦煤的作用和以上两种不同，它的变化趋势与高岭石和煤的相互作用相似。在水质硬度为 1mmol·L⁻¹ 时，颗粒发生凝聚需要克服"能垒"，穿越临界距离。硬度为 10mmol·L⁻¹ 时，在整个颗粒间距上都表现为引力，因此临界硬度在 1～10mmol·L⁻¹ 之间。

　　综上所述，总作用势能决定颗粒的凝聚还是分散，总作用势能为正，颗粒分散，总作用势能为负，颗粒凝聚。水质硬度在 1～10mmol·L⁻¹ 范围内，增大硬度到临界值，可以使煤颗粒之间或煤和黏土之间（除长焰煤和蒙脱石、气煤和蒙脱石）"能垒"消失，颗粒之间凝聚。对于黏土颗粒之间、长焰煤和蒙脱石、气煤和蒙脱石之间，增大水质硬度可以显著降低颗粒之间的排斥能，但总作用势能始终为正值，颗粒始终处于分散状态，所以颗粒凝聚的临界浓度大于 10mmol·L⁻¹。不管是同种粒子，还是异种粒子，煤颗粒的凝聚性能由易到难的顺序为：贫瘦煤＞气煤＞长焰煤，黏土颗粒的凝聚性能为高岭石强于蒙脱石。

7.2.3.2　硬度调整剂

　　上述研究表明，通过加入外来水质硬度调整剂，提高水质硬度并达到临界硬度是煤泥水实现澄清的重要途径，也是形成两种硬度两种生产煤泥水运行体系的关键所在。但以下问题导致在煤泥水系统中提高水体硬度成为难题。

① 水体硬度的提升幅度大　特别是初始的水体硬度调整，必须能够大幅度提升水质硬度至临界硬度，提升幅度达到 $30\sim50DH°$，这是解决难沉降煤泥水澄清问题的关键。

② 大容量水体硬度提升的现实性　选煤厂煤泥水水量大，一般都在数百甚至数千方水循环，无论是初始的水体硬度调整，还是正常生产的维持，都需要大量的水质调整剂量（初始调整一次可达到几十吨）。

③ 快速提升水质硬度的可能性　浮选与煤泥水浓缩是两个直接相连的作业，浮选尾矿进入煤泥水澄清的浓缩机的路径与时间都会非常短，而这个过程是添加水质调整剂的最佳时期，因此，水质调整剂溶解速度，特别是选择矿物质作为水质调整剂就变得非常关键。

④ 调整水体的经济性　鉴于煤炭生产成本的限制，水质调整剂价格必须低廉。

针对上述问题，经过不断探索和尝试，形成了适用于煤泥水硬度调控的系列水质硬度调整剂，主要包括矿物型凝聚剂、高硬度工业废水、工业盐类废渣等。当然，不论何种调整剂，总体必须满足以下要求：a. 矿物型凝聚剂或工业盐类废渣等含钙或镁的盐类矿物，必须有一定的溶解能力；b. 工业废水水质硬度必须足够高；c. 不引起二次污染，随水质硬度调整剂进入系统的杂质不会对洗选过程增加负担；d. 来源广泛，价格低廉。

当然，不同类型的水质硬度调整剂具体还有不同的要求。

(1) 矿物型凝聚剂

矿物型凝聚剂是指能够通过压缩双电子层等作用促使煤泥水中悬浮颗粒发生凝聚沉降的天然盐类矿物，在该技术体系中主要指天然钙镁盐类矿物。最具代表性的是石膏。

石膏是一种非金属矿物。它的主要成分是硫酸钙。天然石膏按其中含结晶水的多少分为石膏（$CaSO_4 \cdot 2H_2O$）和无水石膏（$CaSO_4$）两种[29]。

石膏也称为二水石膏、软石膏、水石膏等，是最常见的一种石膏。纯石膏的理论化学成分为：氧化钙（CaO）32.5%、三氧化硫（SO_3）46.6%、水（H_2O）20.9%。由于石膏形成条件的不同，不同矿床的石膏成分也颇有出入。我国主要石膏矿床的石膏化学成分见表7-9。

表7-9　我国主要石膏矿床的石膏化学成分　　　　　　　　　　单位：%

矿床	化学成分							$CaSO_4 \cdot 2H_2O$		
	CaO	SO_3	SiO_2	Al_2O_3	Fe_2O_3	MgO	H_2O	最大	最小	平均
云应矿床	32.40	45.17					20.76	99.9	65	85.5
太原西山矿床	31.75	44.17	1.34	0.14	0.18	0.98	19.69	94.36		82.56
平江矿床	32.27	46.12					20.65	98.93		
辛宁矿床	32.86	46.66					16.56	95.90		
武威矿床	32.00	44.00					19.80	91.20	70.65	80.93
南京矿床			0.32	0.50	0.50		20.21	96.62	66.42	82.32
灵石矿床								92.45	68.26	82.15
大汶口矿床								85以上		70.59
定远矿床								98	66	84
三水矿床	32.54	46.50					20.91	99.9	63.52	81.73
荆州矿床	33.31	45.11	1.44			0.12	20.30	93.1	69.64	81.37

石膏颜色普通为白色，成晶体者常为无色透明，有时因含有各种杂质而呈灰、褐、肉

红、灰黄、黑色。相对密度 2.31~2.33，性脆，粉末具有粗糙感。溶于盐酸（不起泡），在水中的溶解度比较小，在 20℃时，换算为 CaO 的二水石膏的溶解度每升水中为 2.05g。当温度为 32~41℃时，能产生最大的溶解度。

石膏按照产出形状划分可分为 5 种：a. 透石膏，也称透明石膏，通常无色透明，有时略带淡红色，呈玻璃光泽；b. 纤维石膏，是纤维状集合体，呈乳白色，有时略带蜡黄色和淡红色，绢丝状光泽；c. 雪花石膏，又称结晶石膏，细粒状集合块体，呈白色、半透明；d. 普通石膏，致密块状集合体，常不纯净；e. 土状石膏，又称黏土质石膏或泥质石膏，呈土状、柔软。

无水石膏又称为硬石膏，是在自然界中经常与二水石膏及岩盐共生的石膏，是一种常含有各种杂质的硫酸盐，化学式为 $CaSO_4$，理论上的成分为 CaO41.2%，$SO_3$58.8%。我国部分矿场的硬石膏成分见表 7-10。

表 7-10 我国部分硬石膏矿床的化学成分　　　　　　　　　　　%

矿床	化学成分/%							$CaSO_4 \cdot 2H_2O$		
	CaO	SO_3	SiO_2	Al_2O_3	Fe_2O_3	MgO	H_2O	最大	最小	平均
南京矿床	10.04	53.04	1.2	1.52	1.34	3.64	0.27	97.04	55.00	82.32
太原西山矿床	39.63	55.04	1.02	0.15	0.19	1.08	1.89	93.57		
兴宁矿床	37.68	48.84					0.29	83.30		
三水矿床								93.86	82.40	85.59
邵东矿床	32~26	42~53	6~13	2~4	1~2	2~4.5	0.5~5	71.4	65	68.2

无水石膏色白，成晶体者无色透明，混有杂质时则呈浅蓝、浅灰或浅绿色，条痕白色，呈珍珠光泽或玻璃光泽，硬度 3~3.5，相对密度 2.9~3.1。比石膏不易溶于水，但暴露在空气中易吸收水分而变成石膏，同时体积增大约 33%。石膏和无水石膏的溶解度除受温度影响之外，还受盐水浓度的影响，当溶剂盐水浓度达到约 7%时，二者溶解度均可增加约 1 倍。

此外，还有一种与石膏或硬石膏共生的半水石膏，或者三者共生的存在。它是由石膏失水或硬石膏吸收一部分水而成的。半水石膏十分受水和温度的影响，性能极不稳定，因而很少见到天然半水石膏。

将天然石膏在一定温度下经过人工煅烧可得半水石膏（$CaSO_4 \cdot 0.5H_2O$），又称为烧石膏、熟石膏，即通常所说的建筑石膏。烧石膏具有以下的性能：在以一定的配合比与水拌和时，即形成一种塑性体，这种塑性体经过一些时间又变成具有各种机械强度的固体。

选择和加工原则如下。

选择二水石膏。

纯度要求，所选石膏（$CaSO_4 \cdot 2H_2O$）含量原则上不低于 70%，一般的二水石膏原矿都可以达此水平，因此不需采取选矿等富集手段；粒度要求，粒度影响石膏的溶解度，原则上要求用作水质硬度调整剂的二水石膏 80%粒度应小于 200 目，否则大量不溶石膏会增加系统分选负荷。

（2）其他水质硬度调整剂

① 电厂废水　从 20 世纪 90 年代开始，煤炭行业为了改变产业结构，相继发展了许多煤矿自备电厂，这些自备电厂产生的废水就成为矿区环境问题之一。火力发电厂产生废水主要来源及其特征见表 7-11。可以看出，火电厂产生废水主要来源为冷却系统排污水和除灰废水。冷却系统排污水是水体在发挥冷却作用过程中大量水汽蒸发而形成的以高含盐量、高

矿化度为特征，系统在运行过程中为了控制冷却水中盐类杂质的含量而必须排出的一部分。在电厂湿式除灰系统中，灰渣和冲灰原水在输灰过程中充分接触灰渣中可溶盐类，因此造成冲灰、冲渣废水中高 pH 低碱度、高 Ca^{2+} 浓度，$CaCO_3$ 过饱和的特点。这两部分构成了电厂废水的主体。此外，包括锅炉化学清洗、炉管和空气预热器等设备不定期清洗等非经常性排水中也含有大量 Ca^{2+}。

表 7-11　火电厂各水系统水质特征

废水名称	废水来源	排放特征	主要污染物	占总废水百分比/%
生活污水	生活区生活污水 生产区生活污水	连续水量 变化系数 2.5	BOD、SS	0.5～3
冷却系统排污水	湿式冷却塔排污水	连续，定值	Ca^{2+}、Cl^-、SS	30～70
含油废水	油库油处理间有洗涤排水 大小修或事故排放含油废水 工业冷却及杂用排水	经常，不连续 非经常性排水 连续，基本定量	油污	0.1～1
经常性化学排水	化学除盐再生水 化学预处理污泥水 锅炉高温排污水 取样废水	经常，不连续 经常，不连续 连续，定期 不连续，量少	pH 值、COD、Cl^-、SS	2～7
非经常性化学排水	锅炉化学清洗 炉管、空气预热器、除尘器及烟囱的不定期冲洗水 冷凝器管泄露检查水 湿冷塔清洗水	非经常 非经常 非经常 非经常	pH 值、COD、SS、Ca^{2+}、SO_4^{2-}、重金属	2～5
除灰废水	冲灰水 冲渣水及水封	连续，定量	COD、SS、Ca^{2+}、SO_4^{2-}、重金属	20～50
煤厂排水	输煤系统冲洗水 煤厂雨水	经常，不连续 不定期	SS	0.5～2 （随降雨量而定）

表 7-12 是某煤矿自备电厂混合废水水质分析结果，可以看出这类水具备了高硬度、高矿化度的基本特征。

表 7-12　某电厂"浓水"水质分析结果

分析项目		分析项目		分析项目	
$K^+ + Na^+$/mg·L^{-1}	406.05	NO_3^-/mg·L^{-1}	20.08	pH 值	7.1
$Al^{3+} + Fe^{3+}$/mg·L^{-1}	3.39	CO_3^{2-}/mg·L^{-1}	94.90	硬度/DH°	93.4
Ca^{2+}/mg·L^{-1}	454.91	Cl^-/mg·L^{-1}	347.11	总离子含量/mg·L^{-1}	3347.38
Mg^{2+}/mg·L^{-1}	128.94	SO_4^{2-}/mg·L^{-1}	1912.08	电导率/$10^3\mu S\cdot cm^{-1}$	3.38

与该电厂毗邻的选煤厂煤泥水属于难沉降煤泥水，水质硬度小、矿化度低。因此将电厂浓水引入选煤厂作为一部分洗煤补加水，在效能上起着凝聚剂的作用，同时减少了电厂浓水的排放对环境的污染。

以电厂废水作为部分或全部补加水替作凝聚剂有如下特点：同其他凝聚剂相比较，电厂废水中钙镁以离子态直接加入水体中，固体杂质很少，因此不会增加由药剂杂质而产生的系统处理负荷；电厂废水同时起补加水和凝聚剂的作用，有效利用了电厂废水，节约了水处理成本，而选煤厂也节约了凝聚剂费用。

② 卤片或卤粉　海水中镁的含量仅低于氯和钠而居第三位，主要以氯化镁和硫酸镁的形式存在，经过晒盐，绝大部分留存在析盐后的苦卤内。在利用苦卤生产氯化钾后的浓厚卤中，大部分硫酸镁和氯化钠已经析出。因此，用浓厚卤提制溴素后的废液可提取得卤粉或卤片，其主要成分为含有几个结晶水的氯化镁。

a. 六水氯化镁。纯品为无色单斜晶体。工业品往往呈黄褐色，含氯化镁 40%～50%，还含有硫酸镁、氯化物等杂质，有苦涩味。易溶于水和乙醇，在湿度较大时，容易潮解。116～118℃热熔分解。

b. 二水氯化镁。白色固体颗粒，味苦，含氯化镁 70% 左右，还有氯化钠等少量杂质。易溶于水，极不稳定，在常温下吸收空气中的水分，转成六水氯化镁，极易潮解。其化学性质基本类似六水氯化镁。

氯化镁在国民经济中有广泛的用途，如在冶金工业中，用来制耐火材料和砌炉壁的黏合剂，并用来制造二号熔剂和冶炼金属镁。在化学工业中，氯化镁是制各种镁盐的原料，如氢氧化镁、碳酸镁、轻质氧化镁、氯酸镁等。

近年来逐渐被人们用于水处理中作凝聚剂使用。如临涣选煤厂、金牛集团章村矿选煤厂、阳煤集团新景矿选煤厂等都将卤片或卤粉用在煤泥水澄清处理过程中。

③ 电石渣[30]　电石渣是电石水解获取乙炔气后的以氢氧化钙为主要成分的废渣。

乙炔（C_2H_2）是基本有机合成工业的重要原料之一，以电石（CaC_2）为原料，加水（湿法）生产乙炔的工艺简单成熟，至今已有 60 余年工业史，目前在我国仍占较大比重。1t 电石加水可生成 300 多千克乙炔气，同时生成 10t 含固量约 12% 的工业废液，俗称电石渣浆。电石渣浆为灰褐色浑浊液体。在静置后分成三部分，澄清液、固体沉积层及中间胶体过渡层。三者比例随静置时间及环境条件变化呈可逆变换。固体沉积物即我们常说的电石废渣。

干电石废渣中主要含 $Ca(OH)_2$，可以作消石灰的代用品，广泛用在建筑、化工、冶金、农业等行业。目前我国电石废渣的处置有填海、填沟、有规则堆放，或代替石灰石制水泥、生产生石灰用作电石原料、生产化工产品、生产建筑材料及用于环境治理等。

虽然电石废渣的利用方法很多，但各有优缺点，每种方法的处理效果均不尽人意，但其作为一种资源，如果能有效利用，不但能带来良好的经济效益、环境效益和社会效益，而且能实现变废为宝。

电石渣主要成分为 $Ca(OH)_2$，同钙、镁盐类矿物相比，其释放出钙离子较少，因此凝聚效果不及氯化钙、氯化镁等盐类。但在经济上具有明显优势，目前在煤泥水澄清方面也有应用，如李雅庄选煤厂、晓青选煤厂、晓明选煤厂等。

7.2.3.3　应用案例

(1) 极易泥化原煤产生煤泥水处理

① 某选煤厂煤泥水系统基本状况　该选煤厂原设计采用跳汰-浮选联合工艺流程，主要产品为 12 级炼焦精煤，原煤处理能力为 $1.6Mt \cdot a^{-1}$ 的矿井型炼焦煤选煤厂。通过技术改造，将洗选工艺改为跳汰粗选-重介旋流器精选、煤泥浮选联合工艺流程。该矿 8 号煤层富含泥质页岩，遇水极易泥化成细泥，形成黏度很高的稳定悬浮液。由于环保压力，高浓度煤泥水无法外排，因此洗水浓度可高达 $100g \cdot L^{-1}$ 以上，显著影响精煤灰分，最终导致 8 号煤层无法开采。某选煤厂煤泥水处理流程见图 7-25。

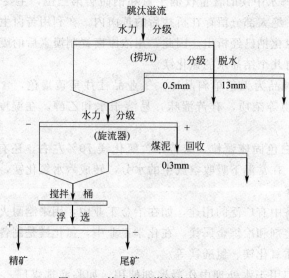

图 7-25　某选煤厂煤泥水处理流程

② 矿物-硬度法煤泥水绿色澄清技术实施及效果

采用矿物型凝聚剂配合絮凝剂的药剂制度，使得循环水浓度降至 $5g \cdot L^{-1}$，在入洗 8 号煤时，基本可以保证系统稳定生产。因此保证了 8 号煤层的顺利开采。

（2）控制药剂成本造成煤泥水难处理

①选煤厂系统概况及存在问题　该选煤厂为 $150Mt \cdot a^{-1}$ 的重介排矸洗煤系统，煤泥水处理流程见图 7-26。煤泥水处理采用碱式氯化铝和聚丙烯酰胺配合使用，虽然可以实现煤泥水澄清，但药剂成本每年高达 50 万元，显著增加了洗煤成本。为了降低成本，该厂只能降低药剂用量，保持煤泥水高浓度循环，当显著影响分选效率时，外排煤泥水，不仅浪费了大量煤炭和水资源，而且企业环保不达标。

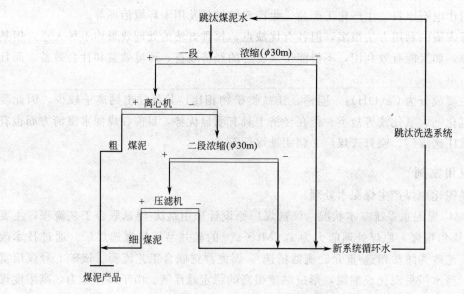

图 7-26　某选煤厂煤泥水处理流程

② 矿物-硬度法煤泥水绿色澄清技术实施及效果　采用矿物型凝聚剂 MC 配合聚丙烯酰胺的药剂方案。首先利用 MC 将煤泥水硬度调节至临界硬度，这时煤泥水基本可以实现澄清循环，但如果原煤入洗量和原煤煤质波动大，循环煤泥水浓度也出现波动，因此原煤出现波动时，可适当添加少量聚丙烯酰胺便可预防循环水浓度波动。该技术实施多年来系统一直保持连续稳定生产，并达到洗水一级闭路循环，煤泥厂内回收的目标。

该技术实施前，该厂煤泥水实现澄清循环所需药剂成本为 0.33 元・m^{-3}，由于 MC 是地产矿物，价格低廉，该技术实施澄清药剂成本将为 0.065 元・m^{-3}，药剂成本降低 80%，经济效益显著。

7.2.4　一段浓缩、一段回收

如图 7-27 所示，煤泥水经浓缩机一段浓缩后，溢流作循环水返回生产系统循环使用，底流全部用压滤机回收煤泥。

对于难沉降煤泥水，该工艺循环水浓度往往较高，有的甚至可达到 $200\sim300g・L^{-1}$ 以上。如果高浓度煤泥水强制循环，会显著影响分选效果，因此选煤厂被迫外排煤泥水，或停产来处理煤泥水。压滤机作为煤泥脱水回收的最终把关设备，在该工艺中也表现出很大的局限性，主要表现在以下几方面。

① 滤饼水分高，黏结成团，间断卸料。若将其掺入中煤（或混煤），入仓装车时易堵仓口，并会给燃煤用户使用带来极大困难；若单独销售，对交通运输不便的选煤厂，滤饼长期堆放，会造成资源浪费。

② 当煤泥中的微细黏土类矿物杂质含量多时，压滤机的单位处理量极低，无法及时回收全部煤泥，致使大量细泥在洗水系统中积聚，洗水浓度猛增，造成连锁反应、恶性循环，严重影响重力分选和浮选工艺效果。有时只能将煤泥水外排，从而污染环境，浪费了水资源。

③ 某些选煤厂由于某些方面原因，煤泥中的粗颗粒控制不好，大量 $>0.5mm$ 的煤粒进入压滤机，影响其正常工作。

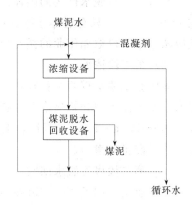

图 7-27　单段浓缩、单段回收

④ 由于压滤机处理能力低，大型选煤厂需要台数多，厂房建筑体积大，增加了基建和生产费用。对于我国近年来大量采用先进重介质旋流器选煤技术的选煤厂来说，其中煤、矸石磁选机的尾矿也进入煤泥水处理系统。这种煤泥水处理流程的弊端就表现得更为突出。

7.2.5　两段浓缩、两段回收

如图 7-28 所示，这是目前大中型选煤厂普遍采用的流程。该流程适合于粒度组成有一定粗粒级的情况，用一段浓缩和一段回收来回收这部分粗粒级，用二段浓缩和二段回收对一段未能回收的细粒级进一步回收把关[31]。

第一段浓缩作业应该起到以下两个作用：一是水力分级——尽量减少溢流中 $>$ $0.045mm$ 粒级的含量（$<3\%$），大幅度减轻第二段浓缩和煤泥回收设备的负荷；并且控制底流中 $<0.045mm$ 细泥的含量（$\leqslant40\%$），使其满足粗煤泥脱水设备对其入料中细泥数量的要求，以免脱水产物水分剧增而影响全厂正常生产；二是浓缩作用——将底流浓度调整到合

适范围（300～500g·L^{-1}），为粗煤泥脱水回收设备创造良好的工艺条件。

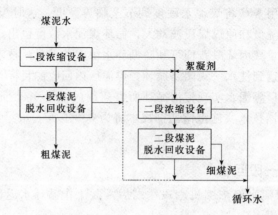

图 7-28　二段浓缩、二段回收

（1）第一段煤泥脱水回收

该作业主要脱水回收以＞0.045mm 粒级为主的粗煤泥，要求达到两个目的：一是脱水产物水分低（外在水分 18%左右）且松散，容易掺混到中煤（或混煤）中，以符合燃煤用户的要求；二是脱水产物的固体回收率要达到 58%～70%，其中＞0.045mm 粒级的回收率在 75%～80%。只有这样才能真正减少第二段浓缩和煤泥脱水回收作业的煤泥量，并且也相应减轻第一段浓缩作业的循环负荷。

（2）第二段浓缩

该作业主要实现两个目标：一是要求煤泥水深度澄清，获得尽可能清洁的、不含高灰细泥的溢流水作为脱介筛喷水和浮选稀释水，以实现清水选煤；二是使煤泥沉降浓缩至合适范围（300～500g·L^{-1}），以符合细煤泥脱水回收设备对其入料浓度的要求，进而最大限度地发挥该类设备的潜力。

（3）第二段煤泥脱水回收

该作业主要用于＜0.045mm 细煤泥的脱水回收，要求达到固液分离彻底。具体要求：一是低热值煤泥脱水后的水分能够保证其正常储存堆放、运输销售；二是滤液清净，杜绝高灰分细泥随其循环。实际生产中，滤液中一般都程度不等地含有细泥，为了不使其参与洗水循环，影响分选作业，有些选煤厂将其返回第二段浓缩作业，这样可以将清洁的循环水作为厂房清扫水，以利于洗水平衡。

7.3　煤泥水澄清处理常用设备

7.3.1　耙式浓缩机

耙式浓缩机是由圆筒带倾斜的池子（倾斜角 12°）和一个绕中心轴回转的耙子（将沉淀物移送至池底中心）联合组成的浓缩、澄清设备。该设备中心给料，周边溢流，底流经池底中心用泵抽出或靠自重排放。该设备直径大，高度小，底流集中排放，控制管理方便，在煤泥水处理中应用极广[32]。

7.3.1.1　基本原理

耙式浓缩机是利用煤泥水中固体颗粒自然沉淀来完成对煤泥水连续浓缩的设备。它实质上是由一个供煤泥水沉淀的池体和一个将沉淀物收集到排出口的运输耙联合组成的。它的生产过程是连续的，煤泥水从池体上方中部给入，澄清后的溢流水从池体周边流入溢流水槽，沉淀后的产物（底流）从池体锥底中央的排料口用泵来抽出。同时，在运输耙将沉淀物沿池底向中心富集的过程中，还产生挤压作用，从而使沉淀物的水分得到进一步的排除[33]。

图 7-29 为煤泥水在浓缩池中沉淀的静态过程，需要浓缩的煤泥水首先进入自由沉降区（B 区），水中的颗粒靠自重 W 迅速下沉，沉到压缩区（D 区）时，煤浆已聚集成紧密接触的絮团而继续下降到浓缩物区（E 区），由于耙子的运转，使 E 区形成一个锥形表面，浓缩物受到耙子的压力，进一步被压缩，挤出其中部分水分，最后由卸料口排出，即浓缩机的底流产品。

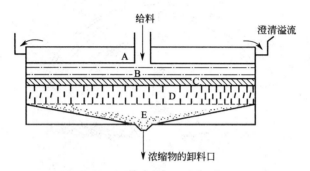

图 7-29　浓缩池中煤泥水沉淀过程

煤浆由 B 区沉至 D 区时，中间要经过 C 区，在这里一部分煤粒能靠自重下沉，而另一部分煤粒却又受到密集煤粒的阻碍而不能自由下沉，形成了介于 B、D 两区之间的过渡区。A 区得到的澄清水从溢流堰流出，称为溢流产品。

由此可见，在五个区域中，A 区和 E 区是浓缩的结果，B、C、D 各区是浓缩的过程，浓缩池应有足够的深度（应能包括上述五所需的高度）。

在煤泥水浓缩过程中，颗粒的运动是相当复杂的。由于浓缩机给料一般浓度不高，所以可视 B 区的颗粒运动为自由沉降；在 C 区以后，煤浆浓度逐渐增加，颗粒实际上是在干扰沉降的条件下运动的，所以煤泥颗粒在浓缩过程中的下沉速度是变化的，它与煤泥水中煤泥的粒度和密度、煤泥水的浓度、环境温度及水的 pH 值等多种因素有关，一般只能通过试验来确定。

对于一定的物料，浓缩机的溢流澄清度和底流的浓度与给料浓度以及它在浓缩机内停留时间有关。显然，浓缩物在机内停留时间越长，溢流越清，底流越浓。

7.3.1.2　主要分类

耙式浓缩机从传动特点来分，可分为中心传动式和周边传动式两种；从结构特点来分可分为普通浓缩机和高效浓缩机两种。

顺便提一下，一般浓缩机都是从中心给料，有一种浓缩机（国内外应用较少）采用周边给料，其矿浆分配器沉在矿浆中，装在浓缩机的周边，距溢流堰有一定高度。该种浓缩机与中心入料相比，处理量较大。

（1）中心传动的耙式浓缩机

多为较小型，池体有钢板焊成和钢筋混凝土制成两种。图 7-30 为小型中心传动耙式浓缩机示意。浓缩过程为：煤泥水由给料管给入浓缩池中央稳流筒，筒的下边缘沉在澄清水面以下，煤泥水经稳流筒向四周流散，并开始沉淀。澄清水从周边的溢流槽排出。沉淀物由刮板刮至池中心卸料筒，用泵抽出。

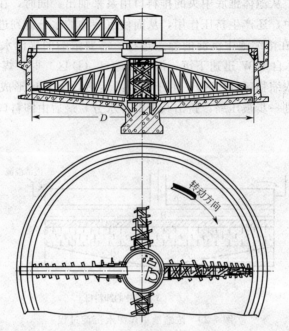

图 7-30　中心传动耙式浓缩机

（2）周边传动的耙式浓缩机

周边传动耙式浓缩机结构见图 7-31。

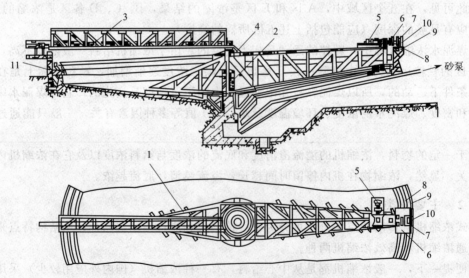

图 7-31　周边传动耙式浓缩机结构

1—耙架；2—混凝土支柱；3—料槽；4—支架；5—电动机；
6—传动架；7—辊轮；8—轨道；9—齿条；10—传动齿轮；11—溢流槽

耙架一端借助于特殊止推轴承放置在浓缩机的中央支柱上，另一端与传动小车相连，由小车驱动绕池子的中心线回转。按传动方式不同又分周边辊轮传动和周边齿条传动的形式，均为大型机所采用。在北部严寒地区应采用周边齿条传动的形式，可以避免冬季冰雪造成的辊轮打滑现象。

（3）高效浓缩机

高效浓缩机和普通浓缩机的主要区别在于入料的方式不同。其工作原理大都是采用入料和絮凝剂混合后直接给入浓缩机的下部或底部，经过一定机构的稳流装置或折流板强制以辐射状向水平方向扩散，流速变缓，进入预先形成的高浓度絮团层（有的资料中称为"泥床"），入料经絮团层过滤，增大了絮团层厚度，清水通过絮团层从上部溢流堰排出。该机只有澄清区和浓缩区，而无沉降区，因此高度影响较小，缩短了煤泥沉降的距离，有助于煤泥颗粒的沉降，增加了煤泥进入溢流的阻力，使得大部分煤泥进入池底，提高了沉降效果，故称其为高效浓缩机。此机单位处理量大，分离迅速。一般高效浓缩机的单位面积处理能力是普通浓缩机的3～20倍。图7-32为两者分区情况比较。

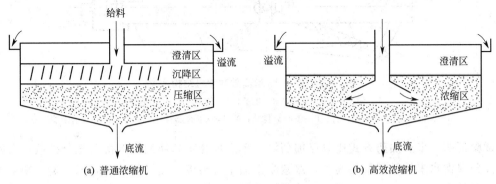

图 7-32　普通浓缩机和高效浓缩机内料浆沉降过程分区情况比较

① GXN-18 型高效浓缩机

1）结构及工作原理。如图7-33所示，煤泥水经消泡器除气后进入静态混合器，与絮凝剂充分混合均匀成絮凝状态，由中心给料筒减速给入浓缩池的下部，经折射板沿水平流缓缓向四周扩散，絮凝后的煤泥水中形成大而密实的絮团，快速、短距离沉降并形成连续而又稳定致密的絮团过滤层，未絮凝的颗粒在随水流上升过程中受到絮团过滤层的阻滞作用，最终随絮团层的沉降进入浓缩机下部的压缩区，因而形成高效浓缩机的澄清区和压缩区，达到煤泥水絮凝浓缩与澄清的目的。

2）主要技术特点。采用了消泡器除气。在煤浆进入静态混合器与絮凝剂混合之前设置了消泡器进行除气。利用进入消泡器的煤浆从消泡器底部向上翻的过程，空气上升溢出达到除气的目的。因为高效浓缩机入料对空气的混入比普通浓缩机更加敏感，尤其是入料为浮选尾煤水时，含有大量的气泡，这些气泡会影响絮团的结构，从而影响絮团的沉降速度，使底流浓度降低。如果气泡进入浓缩机后再逸出，会冲破已形成的絮团过滤层上升至水面，破坏了絮团的致密稳定结构导致部分细粒物料进入溢流，使溢流中固体含量增加。所以高效浓缩机的入料除气是十分必要的预处理工艺。

采用静态混合器及多点加药方式。絮凝剂与煤泥水的均匀混合直接影响着絮凝剂的耗量和煤泥水的絮凝状态及煤泥水浓缩、澄清效果。装有左、右螺旋叶片的静态混合器对煤泥水通过时进行搅拌、剪切作用，使添加的絮凝剂在煤泥水中快速分散达到相互均匀混合形成絮团状态的目的。为了保证煤泥水与药剂的充分接触时间，采用了3个静态混合器串联使用。

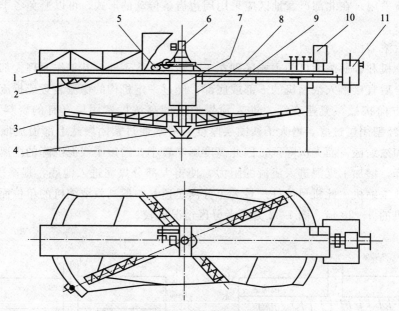

图 7-33　GXN-18 型高效浓缩机结构示意
1—桥架；2—溢流堰；3—耙子；4—漏斗；5—传动装置；
6—提耙机构；7—主轴组件；8—中心给料筒；9—静态混合器；10—给药箱；11—消泡器

试验证明，多点加药方式比单点加药好。单点加药不易使絮凝剂得到充分扩散，入料管中的部分煤泥水未接触到絮凝剂而导致絮凝絮团小、易破，而局部的絮凝剂过量又削弱了絮凝剂使用的有效性，不经济。因此，单点加药絮凝剂使用量大，絮凝却不充分，导致絮团层稀疏，不能有效地过滤上升水流，造成溢流水质差。同时，絮凝效果差也影响煤泥沉降速度的提高和浓缩机的处理能力。本机采用了 3 点加药方式，在每个静态混合器的入料端均设有加药漏斗。

采用下部深层入料并沿水平方向辐射扩散的入料方式。煤泥水从表面入料，固体颗粒需要较长的距离和时间才能沉入压缩区。根据深层过滤的沉降理论，深层入料缩短了固体颗粒的沉降距离，使粗粒很快沉入压缩区，相对降低了池体中、上部煤泥水的浓度，有利于细粒物料的沉降。由于采用下部深层入料，迫使细粒物料进入压缩区的上部，此时，稠密颗粒的相互碰撞大大消减了它们的能量，使细颗粒停留下来而不能上浮，从而提高了底流的浓度，降低溢流的固体含量。

将絮凝状的煤泥水给入下部，会形成一定厚度且较为致密的絮团过滤层，它可对上升水流携带的细粒物料进行有效的过滤。此絮团过滤层必须处于入料的上面才能起到过滤作用，从而获得洁净的溢流水，因此采用了下部深层入料方式。

根据沉降原理，固体颗粒的沉淀主要是在水平流中进行，在入料口的下面设有阻流折射板，使垂直流沿水平方向辐射扩散，防止了高速煤泥水流对压缩区的冲击搅动，有利于压缩区的稳定，有利于提高底流浓度，大大提高了压缩效率、底流固体回收率及处理能力。

采用较高的耙速及池深。由于高效浓缩机比普通浓缩机处理能力大，煤泥水絮凝后，细粒物料呈絮团状快速沉降，池内形成的絮团过滤层只是随耙子转动，而不被破坏，仍能保持稳定的絮团过滤层。采用较高的耙速可及时将沉降于底部的煤泥刮向中心排料口排出，不易发生压耙事故。在驱动功率一定时，耙子转速高，则驱动力矩减小，耙架不易扭坏。

采用较大池深主要有两个原因，可使高效浓缩机的压缩区有较高的静压，还可增加在池中沉降浓缩时间，有利于释放絮团内包裹着的水和提高底流的浓度。

采用中心驱动，自动提耙及机械过载保护。采用中心驱动，其传动装置由行星摆线针轮减速器，蜗轮、蜗杆减速箱及链传动等组成。蜗轮与主轴用导向键连接，耙架用十字头固定在主轴上，结构简单，传动扭矩大，力学性能好。适用于长时间连续地在较高浓度条件下工作。

采用液压自动提耙，主轴上端与油缸活塞杆相连。在正常运转时，油缸同耙子同步转动。当耙子阻力增加到一定数值时，由电气控制给出提耙信号，中心驱动电机停止转动，油泵电机开启，油缸活塞杆带动主轴提耙，同时有声、光信号显示，加快排放底流。当耙子提高到上部位置以后，油泵电机停止转动，声、光信号消除，耙子自动在上部位置转动。待底流排除部分后，耙子阻力减小，按动按钮用手动降耙，在降耙过程中耙子仍继续转动。当耙子提升到上部运转时，如果负荷运转阻力仍继续增大，由电气控制系统发出信号自动停机，同时发出警报声响作为事故处理。如果电气控制系统电流继电器失灵，负荷仍继续增大到了限定值时，过流继电器跳闸全部停机，并发出警报声再次进行过载保护，以避免发生压耙事故，保证设备安全进行。

② NZG-18 型高效浓缩机　NZG-18 型高效浓缩机经工业性试验表明设备运转正常，力学性能良好，在浓缩效率相同的条件下，单位面积处理能力比普通浓缩机提高了 1 倍以上，基建投资省，浓缩效果好。该机结构与普通耙式浓缩机相比，区别在于入料方式不同。普通浓缩机是从池中心给入煤泥水，由于入料流速很大，煤泥不能充分沉淀，部分已沉淀的煤泥层受到液流的冲刷而破坏。高效浓缩机改变了入料方式，把煤泥水直接给到浓缩机的布料筒液面下一定深度处。煤泥水进入环形布料筒的中间，由于布料筒设缓冲环的作用，使煤泥水流速降低。当煤泥水由布料筒底部排出时又成为辐射水平流，流速变缓，有助于煤泥颗粒的沉降，提高了沉降效果。煤泥水由布料筒底部排出又缩短了煤泥颗粒的沉降距离，增加了煤泥细颗粒向上浮起进入溢流的阻力，使大部分煤泥在其重力作用下沉入池底。NZG-18 高效浓缩机结构示意见图 7-34。

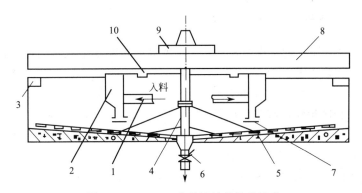

图 7-34　NZG-18 高效浓缩机结构示意
1—入料管；2—布料筒；3—溢流槽；4—传动轴；5—耙子；
6—排料管；7—缓冲环；8—横梁支架；9—传动装置；10—导流槽

③ XGN-20 型高效浓缩机　XGN 型高效浓缩机采用中心传动或周边传动并装有倾斜板，直径有 9m、12m、15m、18m、20m、24m、30m 共 7 种规格，技术特征见表 7-13。表中 XGN-15Z 型和 XGN-18Z 型高效浓缩机是由 $\phi15m$、$\phi18m$ 两种周边传动的普通浓缩机改造而成的。

表 7-13　XGN 型高效浓缩机技术特征

名称		单位	XGN-6	XGN-9	XGN-12	XGN-15	XGN-18	XGN-21	XGN-24
浓缩池直径		m	6	9	12	15	18	21	24
池底倾角		(°)	10						
沉淀面积		m²	28.3	63.6	113	176	255	346	452
耙子转速		r·min⁻¹	0.3	0.25	0.2	0.152	0.152	0.1	0.1
处理能力		t·h⁻¹	4~7.5	8~16	15~25	20~30	25~40	40~60	50~80
提耙高度		mm	400					500	
提耙方式			中心自动提耙						
传动部	电动机	型号	Y100L₁-4		Y100L₂-4		Y132S-4		Y132M-4
		功率	kW	2.2		3		5.5		7.5
		转速	r·min⁻¹	1500						
	减速器		摆线针轮减速器和链传动						
提耙部	电动机	型号	Y802-4		Y90L-4		Y100L₁-4		Y100L₂-4
		功率	kW	0.75		1.5		2.2		3
		转速	r·min⁻¹	1500						

a. 结构及工作原理。XGN-20 型高效浓缩机结构见图 7-35。

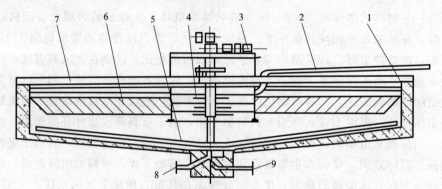

图 7-35　XGN-20 型高效浓缩机结构示意

1—浓缩池；2—入料管；3—主传动；4—搅拌絮凝给料井；
5—耙架；6—倾斜板；7—钢梁；8—底流排放管；9—密封高压水胶管

XGN-20 型高效浓缩机的工作原理为：经预处理的煤泥水给入特制搅拌絮凝给料井，形成最佳絮凝条件，使煤泥水到达给料井下部排料口时呈最佳絮凝状态，初步呈现出固液分离，絮团从给料井下部排料口排入距溢流液面 2.5m 深处，同时借助于水平折流板平稳向四周分散，使大部分絮团很快沉降于池底保持稳定的压缩区。当部分絮团随上升水流浮起时，由于所处位置是在絮团过滤层之下，上浮的絮团会受到絮团过滤层的过滤作用而将上浮的絮团截留在絮团过滤层。

处于干扰沉降区上层的极细颗粒，随倾斜板间的层流落在倾斜板面上，形成新的絮团层并沿倾斜板向下滑落，进行第二次干扰沉降。

b. 主要技术特点。采用了较完善的煤泥水预处理工艺及设备。由喷雾泵计量加药，管道搅拌器混合，缓冲桶进行脱除气泡；采用了特殊的搅拌絮凝给料井，使煤泥水在给料井中形成最佳絮凝状态并达到深层给料沿水平流沉降的目的。由于给料井的上部也有溢流，给料井就与浓缩池构成浓缩机的两个串联的工艺条件，具有双溢流堰效应；在澄清区与干扰沉降区之间设置了倾斜板，大幅度地增加了有效沉淀面积，进一步提高处理能力和澄清水的质量；实现了工况过程的调节及自动控制。在入料、溢流及底流管路上设置浓度计，以扭矩传感器电信号与浓度的改变量作为负反馈的控制变量，实现浓缩机工况过程的自动调节。耙架的过载提升采用扭矩传感器自动控制提耙。

7.3.2　深锥浓缩机

深锥浓缩机是一种高度大于直径，上部圆筒，下部倒圆锥（锥角较小）的澄清、浓缩设备，它的特点是在锥体带有搅拌装置，并且圆锥部分较长。它利用在入料中加入絮凝剂和高度所产生的自然压力，获得较澄清的溢流和高浓度底流。

深锥浓缩机不但有澄清带和浓缩带，而且还有一个压缩带。它的圆锥部分充满不断被压紧和浓缩的沉淀物，由于圆筒部分高度大，可依靠沉淀物本身的压力压紧凝聚下来的物料，同时在沉淀过程中，凝聚物受慢速转动的搅拌器的辅助作用，将水从凝聚体内挤出，进一步提高了沉淀物的浓度。

深锥浓缩机简图如图 7-36 所示。深锥浓缩机工作过程是煤泥水经入料调节阀给入给料槽，并在这里加入凝聚剂，借助于挡板使凝聚剂与煤浆均匀混合，然后煤浆经稳流圈流入机内。在深锥浓缩机里，由于搅拌器的轻轻搅拌，凝聚剂与煤浆充分接触，在重力作用下，固体颗粒沉淀到底部，经排料控制阀排出。为了保持深锥浓缩机稳定的工作状态，一般均设自动测量和调节装置，对入料量和排料量及凝聚剂用量进行控制。

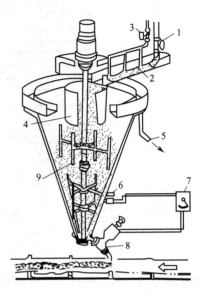

图 7-36　深锥浓缩机简图

1—入料调节阀；2—给料槽；

3—凝聚剂调节阀；4—稳流圈；

5—溢流管；6—测压元件；

7—排料调节器；8—排料阀；9—搅拌器

7.3.3　倾斜板沉降设备

倾斜板沉淀技术是 20 世纪 60 年代初期根据"浅层沉淀"理论发展的一种较先进的沉淀技术，并在选煤厂得到了应用，并取得了明显的沉淀效果。在浓缩机、沉淀池等煤泥水浓缩、澄清设备内设置斜管（板）不仅大幅度地增加了有效沉淀面积，更重要的是改善了煤泥水中细颗粒在沉淀过程中的水力条件。

（1）结构及工作原理

ZQN 型倾斜板浓缩机主要用于中小型选煤厂煤泥水处理，其结构见图 7-37，主要技术特征见表 7-14。ZQN 型倾斜板浓缩机与普通浓缩机不同之处是煤泥水从上部设置的倾斜板处进行固液分离，澄清水则向上流动；经上部溢流槽排放口流出进入溢流管道，分离出来的固体物料沿倾斜板滑下，进入机体下部排料漏斗。

煤泥水直接从进料箱的侧边流向倾斜板，并均匀地分布于每组倾斜板上。上面的清液进入溢流槽，在溢流槽内设有控制板，确保每个溢流槽的溢流量相同。由于倾斜板之间间距小，固体颗粒只需沉降很小距离就可落到倾斜板上，从而摆脱了水流的干扰向下滑，进入下部槽体，煤泥在下部槽体继续沉淀、浓缩，利用耙子刮入带有刮刀搅拌器的排料漏斗排出。

（2）主要技术特点

ZQN 型倾斜板浓缩机体积小，沉淀面积大，处理能力大，占地面积仅为普通浓缩机的1/10；采用侧边入料方式和封闭的进料道，使煤泥水均匀分布于倾斜板上，又避免了入料对

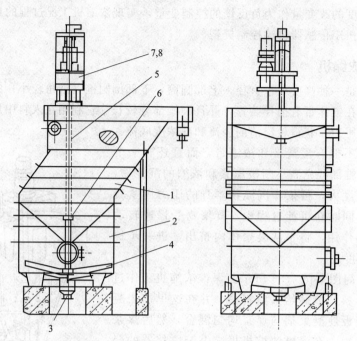

图 7-37　ZQN 型倾斜板浓缩机结构

1—上部槽体；2—下部槽体；3—排料漏斗；4—耙子；
5—上部轴；6—支撑轴承；7—传动装置；8—提耙机构

澄清过程的干扰；溢流槽控制板的高度可调，使每个溢流槽的溢流量均匀；倾斜板长度大，间距小，既增大了沉淀面积，又提高了细粒物料沉淀效果；传动系统简单可靠，实现了慢速转动和自动或手动提耙，安装也方便，仅有 6 个支撑基础墩，可以安放在室内。

表 7-14　ZQN 型倾斜板浓缩机主要技术特征

名称	单位	ZQN150	ZQN200	ZQN300	ZQN500
沉淀面积	m^2	150	200	300	500
倾斜角度	(°)	55	55	55	55
容积	m^3	37	60	84	149
耙子转速	$r \cdot min^{-1}$	0.29	0.29	0.29	0.29
提耙速度	$mm \cdot s^{-1}$	26.6	26.6	26.6	26.6

7.3.4　其他澄清设备

气浮法净水的主要设备分为三个主要系统：压力溶气系统（加压泵、溶气罐、空压机等）、溶气释放系统（减压阀等）、气浮分离系统（气浮池等）[4]。下面分别加以介绍。

（1）压力溶气系统

溶气过程是指水气体系中发生的气体传递过程。气体与液体接触时，气体溶解在液体中，两相经过长时间的接触后，溶解度趋于一极限值，达到平衡。溶于液体的气体作为溶质必然产生一定分压，分压大小表示该溶质返回气相的能力大小。当溶质产生的分压与气相中该组分的分压相等时，溶解过程中止。所以，决定气体溶于液体中程度的关键在于和液相接触的气相中该气体分压的大小，只要其分压大于它在溶液中产生的分压，气体传递过程就会继续。

该系统常用设备有如下。

空压机——用于供气，可以使泵的压力损失减少，供气稳定，效率高。也有采用高压泵而取消空压机的。

加压泵——用于输送入料水和对水气混合加压，让加压空气按亨利定律溶于水中。

溶气罐——一密封钢罐，为防止短路使水气充分接触，罐内设隔板若干；罐顶设排气阀，起自动稳压作用；罐底设放空阀，用于放空。

（2）溶气释放系统

溶气释放系统用来控制出罐后微泡的直径、数量及稳定时间。对释放器（实际为一减压装置）的要求是无论压力高低都能释气完全；溶气释放在瞬间完成；释放气泡微小、均匀、稳定；供气及时。

（3）气浮分离系统

气浮分离系统主要是气浮池，下面介绍它的多种布置形式和排渣方法。

气浮池的布置形式及特点如下。

① 平流式气浮池　采用较多的一种，优点是池浅，造价低，构造简单，管理方便。但占地多，配套困难，容积利用率不高。见图 7-38。

② 竖流式气浮池　占地小，固、液上浮分离在水流上分配合理。但池身高，造价高，容积利用率低，水流衔接较困难。见图 7-39。

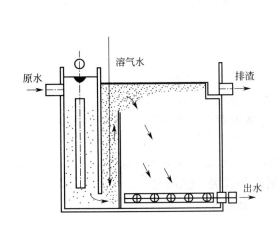

图 7-38　平流式气浮池

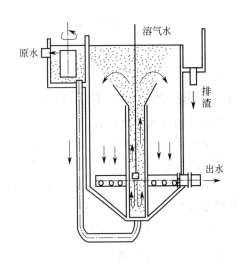

图 7-39　竖流式气浮池

③ 气浮-反应一体式气浮池　能满足后续处理构筑物高程要求，节约占地面积。有涡流反应和孔室旋流反应几种不同形式。见图 7-40。

④ 气浮-沉淀一体式气浮池　采用气浮高效同向斜流管，先除去易沉物，再用气浮法。结构紧凑，占地小，去除率高。见图 7-41。

（4）排渣方式及设备选择

排渣方式分溢渣和刮渣两种，前者靠池水位升高或浮渣积聚后渣面升高而将渣溢出，可连续或间断。优点是对浮渣层干扰小，出水水质受排渣影响小。但缺点是溢渣浓度低，水量流失大，对黏性大浮渣不适用。后者利用机械手段进行定期刮渣，优缺点与前者相反。由于刮渣失水少，可灵活改变刮渣次数，操作简便，所以现多采用之。

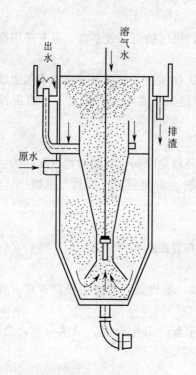

图 7-40 气浮-反应一体式气浮池   图 7-41 气浮-沉淀一体式气浮池

7.4 煤泥水澄清控制

7.4.1 常见的煤泥水澄清控制方法

目前，国内大多数选煤厂煤泥水澄清药剂的添加方式主要是人工配制、人工投加，投加量的控制主要是靠目测循环水浊度，依经验投加，因此存在一系列问题，如配制药剂溶液或干粉直接投加时，工人劳动强度大，粉尘对工人健康有害；人工加药的主观性无法实现药剂准确、定量添加，加药量过大不仅造成药剂浪费，甚至还会使煤泥水重新稳定悬浮，加药量不足则无法实现煤泥水澄清。鉴于以上问题，国内外开展众多研究，已形成较为成熟的装备。以 ZCK-1A（B）为例介绍常见的煤泥水澄清控制系统。

7.4.1.1 结构及组成

浊度自动测控系统由凝聚剂溶液制备、溢流水浊度测量、凝聚剂溶液自动添加三部分组成。各部分可单独使用，也可组合使用。

ZCK-1A（B）中，1A 型与 1B 型结构基本相同，只是 1A 型中，凝聚剂溶液自动添加系统的执行元件采用调量泵调节流量，1B 型中，执行元件采用电动调节阀调节流量。

（1）凝聚剂溶液制备装置

由除尘器、螺旋送料机、风力提升器、混合器、搅拌桶、水泵、储备池、液位电极、空气压缩机、电磁阀、控制柜等组成。

凝聚剂溶液制备系统流程见图 7-42。

该装置可自动将粉状凝聚剂配制成所需浓度的凝聚剂溶液，它的工作是在搅拌桶与储备池内液位电极信号的控制下，按预先设计的程序自动进行。

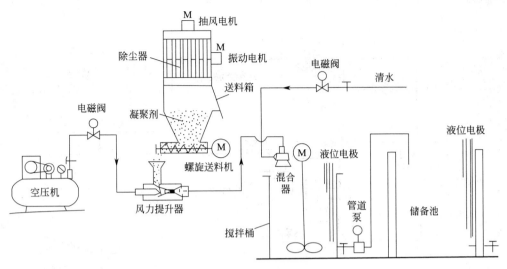

图 7-42　凝聚剂溶液制备系统流程

（2）溢流水浊度测量装置

由光电浊度传感器、采样管路、清洗装置、电磁阀等组成。溢流水浊度测量系统流程见图 7-43。浊度传感器可对浓缩机溢流水在线采样测量，输出 $0\sim10\,mA$、DC 作为浊度指示，同时输出"清"、"浊"变化的开关量信号，作为凝聚剂溶液自动添加的控制信号。

（3）凝聚剂溶液自动添加装置

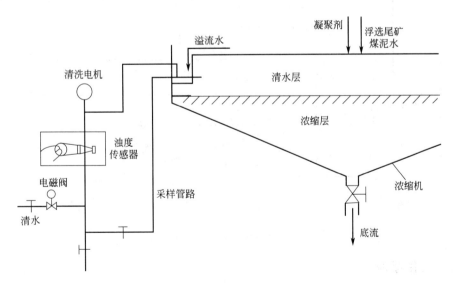

图 7-43　溢流水浊度测量系统流程

由光电浊度传感器、开关量-模拟量转换调节器、可控整流电源、直流电机、执行元件（1A 型为调量泵、1B 型为电动调节阀）组成。

1A 型和 1B 型流程分别见图 7-44、图 7-45。

由光电浊度传感器输出的"清"、"浊"开关量信号，经开关量-模拟量转换调节作用后，输出信号控制执行元件，实现按浊度程度自动加药的目的。

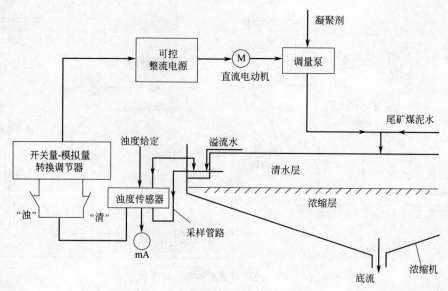

图 7-44　ZCK-1A 浊度自动调节系统原理

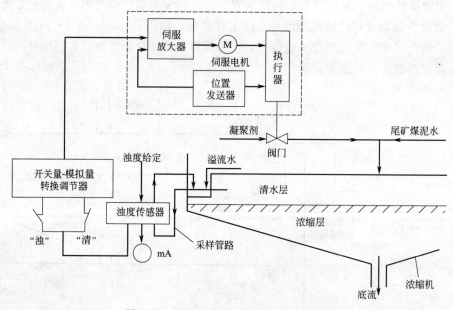

图 7-45　ZCK-1B 浊度自动调节系统原理

7.4.1.2　工作原理

（1）凝聚剂溶液制备装置

由螺旋送料机送出的粉状凝聚剂，经风力提升器输送至混合中心管吹散后，与由混合器供水腔下法兰开孔中喷出的清水均匀混合，一起注入搅拌桶，搅拌约 1h 后便制成一定浓度的凝聚剂溶液，然后再经水泵至储备池，即可供需要添加凝聚剂的设备使用。

溶液制备装置有手动、自动两种工作状态，一般在设备调试、处理故障时使用手动，正常工作投入自动运行。在自动运行状态，它的工作是在搅拌桶与储备池内液位电极信号的控制下，按预先设计的程序进行。

该装置还设有故障及液位报警。

（2）溢流水浊度测量装置

浓缩机溢流水属低浓度的悬浮液，随固体含量的增多而变浊，故浊度检测采用可见光透射法进行测量，用光敏三极管做光电转换元件。测量光透过测定管和浊度液后的光强关系式如下：

$$I_2 = I_1 e^{-kdl}$$

式中　I_1——照射到测定管的光束强度；

　　　I_2——透过测定管后照到光敏三极管的光强；

　　　k——比例系数；

　　　d——浊度；

　　　l——测量光透过试样深度，此处近似为测定管内径；

　　　e——自然对数底数。

由于光源采用恒流电源供电，所以照射出的光束强度 I_1 为一定值，测定管的材料与管径确定后，k、l 也为常数，因此 I_2 随 d 的变化而改变。即由于浊度 d 的变化使透过测定管后的光强发生变化，光敏三极管受到变化的光强照射而产生相应的电压信号，即浊度信号。此信号经处理后，转换成模拟信号作为浊度指示，同时输出一组"清"、"浊"变化的开关量信号，原理框图见图 7-46。

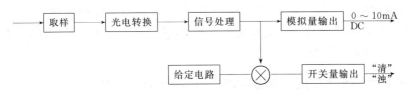

图 7-46　光电浊度传感器原理

另外，由于被测溢流水在测量管内流动缓慢，有部分煤泥沉积在测量管内壁，影响测量精度，故隔一段时间，需进行清洗。采用的办法是，控制电磁阀通入清水冲洗，微型电机带动刷子刷洗。

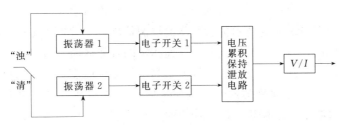

图 7-47　开关量-模拟量转换调节电路原理

（3）凝聚剂溶液自动添加装置

根据浓缩机的工作原理及浓缩机本身惯性大、滞后时间长的特点，采用了前馈测量-偏差调节的方法，这样可使系统简化、成本降低。

所谓前馈测量的含义是，该调节系统的被调量是浓缩机的溢流水，但为了克服因浓缩机惯性大、滞后时间长造成调节不及时的缺点，浊度传感器的采样管不是直接从池边伸到溢流水面下采集溢流水，而是从溢流水面下 0.5～1m 处的深度伸入池内采样，这样从采样管处到溢流水面之间的清水层便成为一个大容量的缓冲区，足以克服调节不及时的缺点，而这种比调节量提前采样测量的方法称为前馈测量。

调节系统中采用了开关量-模拟量转换调节电路，如图 7-47 所示，它的作用是，使调节系统按照浊度的模拟调节量调节，转换成该浊度的开关量调节，即根据浓缩机清水层的"清"、"浊"变化进行调节，调节量的大小与"清"或"浊"的时间成比例，与溢流水的实际浊度值无关，调节作用的快慢可根据被调对象的实际情况进行调整，这就使调节系统的执行器部分不至于频繁地、大幅度调整，而全系统也能稳定可靠地工作。

经转换与调节作用后，输出一模拟量信号，作为执行元件的控制信号，实现按浊度自动加药的目的。

（4）系统特点

① 在凝聚剂溶液制备装置中，送料箱与风力提升箱内设有加热器，保温去潮，可防止凝聚剂黏结，便于风力输送，且减轻了工人体力劳动强度。

设有的除尘器，可防止粉尘污染环境；采用混合器，可使药剂与水均匀混合，充分溶解，提高药剂使用效率。

② 在溢流水浊度测量管中设有清水冲洗及电动刷洗机构，可保证传感器能可靠工作。传感器还设有浊度检测片插座，可方便地使用浊度片进行调试或检查浊度传感器的工作。

③ 凝聚剂溶液自动添加装置采用前馈测量-偏差调节方案，使系统简单，成本降低；采用开关量-模拟量转换调节器，增加了积分时间常数，以适应浓缩机惯性大、滞后时间长的特点，使系统有较好的调节精度并能稳定工作；1B 型中采用电动调节阀调节流量取代 1A 型中自动调量泵，使成本降低。

7.4.2　基于硬度-浓度双控的煤泥水澄清控制方法

7.4.2.1　硬度-浓度双控机制

目前，国内外的煤泥水澄清控制系统采用的检测指标有：循环水浓度、流量、溢流水浊度、溢流水浓度、浓缩设备的煤泥层厚度、清水层厚度、过渡区的跨度、澄清界面的沉降速度值等。由于浓缩设备本身大体量的特点决定了这些参数都具有一定的滞后性，因此很容易造成药剂不足或过量，从而影响煤泥水沉降效果或造成药剂浪费。

基于硬度调节的煤泥水澄清技术提出了新的控制策略——硬度和浓度双控原理，即以水质硬度为主要控制指标，煤泥水浊度、泥水界面测定的过渡区跨度等作为加药量的辅助参照指标。具体做法为，首先检测浓缩设备入料流量和水体原生硬度，根据易沉降煤泥水的硬度指标计算出所添加水质硬度调整剂的量，添加水质硬度调整剂，提高硬度至临界硬度；之后，根据溢流循环水浓度，浓缩机中固液分界面的位置和介于压缩区和澄清区之间的过渡区的跨度，确定絮凝剂添加量，自动添加药剂。

7.4.2.2　系统结构

该系统由药剂溶液制备和自动添加、水质在线监测系统两部分组成。各部分可单独使用，也可组合使用[34]。

药剂溶液制备和添加系统与 ZCK-1A（B）中药剂溶液制备以及添加系统相似，在此不再赘述。以下主要介绍水质在线监测系统。

（1）水质在线监测系统

所有的在线监测仪表系统包括泥水界面分析仪、浓度计、硬度计、传感器和 PLC 转换装置、流量计等。界面分析仪监测浓缩机中泥水界面位置，浊度仪、硬度计分别监测煤泥水和补加水的浊度、硬度值，同时自动或手动测试所添加药剂品位、溶解度或药剂溶液硬度，流量计检测浓缩设备入料流量和补加水流量等，同时将这些信息存入上位机，并在上位机上实现实时信息收集与存储。如图 7-48 所示，某选煤厂检测仪表选择如下：①煤泥水流量检测仪表；②煤泥水浓度检测仪表；③煤泥水硬度检测仪表。

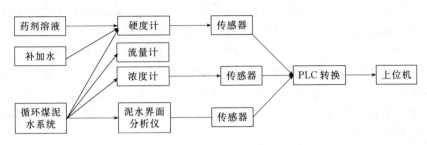

图 7-48　煤泥水水质在线监测系统示意流程

（2）药剂溶液制备和自动添加系统

该药剂溶液制备和自动添加硬件设备与 ZCK-1A（B）相似，在此不再赘述。

（3）工作原理

① 煤泥原始数据采集及临界硬度值确定　人工输入或利用选煤厂原有网络系统收集浓缩设备入料煤泥相关数据，包括煤泥粒度组成、煤泥量、主要矿物组成等，根据以上数据确定临界硬度值。

② 水质数据采集　利用在线流量计、硬度计、浓度计和泥水界面分析仪检测浓缩澄清环节煤泥水流量、原生硬度、浊度和泥水界面位置，人工或在线检测药剂溶液和补加水硬度值。

③ 水质硬度调整剂添加量的确定和添加　根据临界硬度和原生硬度及煤泥水流量，确定水质硬度调整剂添加量，自动添加。

④ 絮凝剂添加量的确定和添加　根据溢流循环水浓度、泥水界面跨度等，确定絮凝剂添加量，自动添加。

7.4.3　基于分形维数调节的煤泥水澄清控制方法探索

7.4.3.1　分形理论

几个世纪以来，欧几里德几何奠定了整个数学科学的基础，为人类认识和探索大自然提供了强有力的工具。欧氏几何一般用于解释满足维数为整数的几何体，对于一些常见的自然现象，如蜿蜒曲折的海岸线，起伏不定的山脉，粗糙不堪的断面，令人迷乱的布朗运动曲线以及毫无规律的股票变化曲线等，欧氏几何却显得无能为力。这类现象的共同特点就是其图像既不规则也不光滑，结构相对复杂。1982 年，曼德布罗特历史性著作《大自然的分形几何学》的出版，标志着分形理论的初步形成。分形理论经过 30 多年的发展，正逐渐发展成为一门完整的理论体系，成为非线性科学研究的理论前沿[35～37]。

分形理论自诞生发展至今，经历了三个发展阶段。第一阶段是分形的产生阶段（1967～1981 年），分形诞生的标志是曼德布罗特的两本著作：《分形：形状、机遇与维数》（1977）和《大自然的分形几何学》（1982）的问世。在著作中总结了一系列在 19 世纪后期与 20 世纪初曾困惑大量数学家的病态曲线或几何体，他将这一类病态几何体命名为"分形"。第一次创造了 fractal 这个英文词，并提出了分形的三要素，即构型、机遇和维数。第二阶段是分形发展的辉煌时代（1981～1987 年），T. A. Witten 和 L. M. Sander 的扩散置限凝聚模型实验引起了各领域研究者们对分形的兴趣。他们的进入使"分形"在 20 世纪 80 年代中期空前活跃，促使"分形"学科逐步地向深度与广度方向发展。促进了整个学科领域的发展，同时也促进了"分形"自身的发展。第三个发展阶段（1988 年至今）是攻坚与开拓阶段，此时的人们认识了分形理论的不成熟性，开始用理性的眼光看待分形理论。这段时间里，人们开始理性地审视分形理论，认识到分形理论作为非线形学科的一个分支学科还是不成熟的。一些应用科学家们在其自身的领域内将分形用来描述自然界与社会科学中许多不规则物体的自相似性，定义其"分形维数"，寻找各种参量之间的标度关系等，从而使分形在许多不同的领域得到了广阔的应用。如将分形应用于生理学、城市规划及管理、地震的预测及地下油藏的勘探与开发等领域，分形进一步得到了迅速的发展和应用。

长期以来，科学工作者受欧几里德几何学的影响都认为空间图形维数是整数。他们把世界上存在的一切物体抽象成由点、线和面组成的几何体，其拓扑维数是 0、1、2、3 等离散的整数。分形几何则认为世界上广泛存在着不规则体，其不规则度可以用分形维数来表示，分形维数是一个连续变化的分数，在不同的研究领域有不同的物理意义。分形的一个较为通俗的定义是：组成部分以某种方式与整体相似的形体叫分形[38]。同时分形也可看成是具有下列一些性质的集合。一般地，称集合 F 是分形，即认为它具有下述典型的性质：a. F 具有精细的结构，即有任意小的比例细节；b. F 不规则，它的整体与局部都不能用传统的几何语言来描述；c. F 通常有某种自相似的形式，可能是近似的或是统计的；d. F 的"分形维数"一般大于它的拓扑维数；e. 大多数情况下，F 可以非常简单的方法来定义，如迭代。

以上所提到的"分形维数"是定量描述分形的基本参量，它是标度变换下的不变量[39]。

7.4.3.2　分形维数的计算方法

分形维数的计算方法有许多种，通常有豪氏（Hausdorff）维数、计盒（Box-counting）维数、修正计盒维数、填充维数等等。豪氏维数是分形几何理论的基础，可以说分形几何的理论体系是建立在这一基础之上的，但是豪氏维数只适合分形几何的理论推导，只能通过分析的方法获得一小类规则的纯数学分形的豪氏维数，它对实际应用中提出的分形维数的计算问题无能为力。鉴于此，人们提出了计盒维数的概念，虽然它存在着某些缺陷，但是由于它易于进行程序化计算，得到了理论与应用工作者的广泛关注。事实上，分形理论应用研究中提出的许多维数的概念都是基于计盒维数的变形[40]。在不同的领域，计算分形维数的方法以及赋予分形维数的物理意义也有不同。

目前，絮凝体的分形维数的计算方法一般有两种途径：计算机模拟絮凝体聚集成长过程法和实验法直接测定。在 20 世纪 70～80 年代，主要采用计算机模拟，这种方法基于分形结构的形成机制。而最近，越来越多的研究者采用实验技术直接测定絮凝体的分形维数，采用较多的有图像法、粒径分布法、沉降法、小角度光散射法等，此外还有根据相关函数求分形维数，根据频谱求分形维数等方法。简单介绍如下[41～44]。

① 图像法是一种常用的计算分形维数的方法。首先用电子显微镜获取絮凝体的照片，再测得絮凝体的投影面积 A、周长 P 或某特征长度 R（特征长度也就是与投影面积相当的

圆面积的半径），它们之间满足下面关系：

$$P \propto R^{D_{f1}}$$
$$A \propto P^{D_{f2}}$$
$$或 \qquad A \propto R^{D_f}$$

这种分析方法对于分形维数小于 2 的絮凝体分析结果与实际的分形维数较接近；但是对分形维数大于 2 的分形，则有一定的分析误差。后来，也有人运用在线的摄像技术进行在线观察，使计算结果比较精确。

② 粒径分布法有稳定分布和非稳定分布两种计算方法，后者更为通用。该方法用不同的粒度分析仪器获得颗粒的体积分布和粒度分布曲线，然后通过相应的计算模式推求分形维数。

③ 沉降法认为颗粒沉速 V 与特征粒径 R 具有下式的关系

$$V \propto R^C$$

其中，C 是常数。由 Stokes 定律求得球形固体 C 值为 2，对于多孔性聚集体来说，C 较为经典的值介于 0.55～1.0 之间，相应聚集物密度方程为 $P \propto V/R^2 = R^{C-2}$，悬浮聚集体的质量可以表示为 $M \propto R^{C+1}$，所以分形维数为 $d_F = C+1$。

这种分析方法适用于絮凝体不容易破碎的体系，而且对分形维数大于 2 的分形计算结果较为准确，否则计算偏差就较大。

④ 光散射法是用激光照射絮体，测其小角度散射光强度 $I(Q)$。该方法认为散射光强度与参数 Q 在一定条件下存在指数关系，如下式所示：

$$I(Q) \propto Q^{-D_f}$$

其中，$Q = (4\pi n\lambda)\sin(\theta/2)$。

式中，θ 为散射角；Q 为入射激光波长 λ 的函数；n 为介质的相对折射率。分形维数可通过 $I(Q)$ 与 Q 的双对数直线关系求得。

测定分形维数的方法有很多，目前比较常用的计算分形维数的计算方法是图像法，图像法比较直观，而且计算机技术比较成熟，处理简单。需要指出的是：各种方法计算出来的分形维数不具有可比性，同一种方法计算出来的分形维数才能反映出絮凝体的密实程度。

7.4.3.3　煤泥水混凝处理中分形维数的应用

有研究利用微污染源水，通过改变絮凝剂用量研究絮体分形维数与上清液浊度之间的关系，结果表明二者之间有较强的相关性，在一水厂利用絮体的分形维数来调控絮凝剂添加量，取得了较好的处理效果，解决了系统滞后问题[45]。

在煤泥水混凝处理过程中，混凝效果主要取决于絮凝剂的投加量和投加方式。此外，还受温度、pH 值、碱度、水中杂质颗粒的性质、絮凝剂自身的类型及其絮凝效能和水力条件等诸多因素的影响。以絮体的分形维数来评价絮凝效果可综合各种因素对絮凝过程的影响，且响应时间短，克服了系统滞后等问题[46]。

对于煤泥水，通常用上清液浊度和浑液面平均沉速两个指标同时来反映絮凝效果。有研究证实煤泥水混凝试验中改变絮凝剂用量时絮体分形维数与上清液浊度和浑液面沉速有较好的相关关系，见图 7-49、图 7-50。

分形理论及分形维数是煤泥水处理，乃至所有水混凝处理研究中的一种新思路。目前，众多研究仍处于实验室阶段，要实现工业应用，还需要做许多工作。

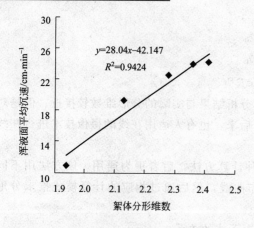

图 7-49　絮体分形维数与浑液面平均沉速关系

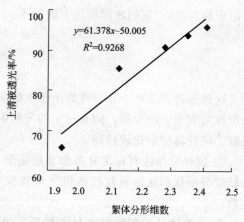

图 7-50　絮体分形维数与上清液透光率关系

7.5　煤泥水循环利用

7.5.1　煤泥水闭路循环要求标准

　　洗水闭路循环、煤泥厂内回收是对选煤厂提出的一项要求，是为了消除煤泥水排放厂外，造成环境污染，杜绝煤和水资源浪费的一项有力措施。选煤厂洗水闭路循环的三级标准是为了防止环境污染、节约用水、提高分选效果、增加经济效益和社会效益而制订的。其中，一级标准的要求最高。

　　一级标准：一级标准要求煤泥全部在室内机械回收。洗水动态平衡，不向厂区外排放水，水重复利用率在 90% 以上，单位补充水量小于 0.1 m³·(t 入洗原料煤)⁻¹。设有缓冲水池或浓缩机（也可用煤泥沉淀池代替，储存缓冲水或事故排放水），并有完备的回水系统，设备的冷却水自成闭路，少量可进入补水系统，洗水浓度小于 50g·L⁻¹，入洗原料煤量达到核定能力的 70% 以上。

　　二级标准：二级标准要求煤泥全部在厂内机械回收、室内回收的煤泥量不少于总量的 50%，沉淀池应有完备的回水系统。洗水实现动态平衡，不向厂区外排放，水重复利用率在 90% 以上，单位补充水量小于 0.2m³·(t 入洗原料煤)⁻¹。洗水浓度小于 80g·L⁻¹，年入洗原料煤量达到核定能力的 50% 以上。

　　三级标准：三级标准要求煤泥全部在厂区内回收。沉淀池、尾矿坝等沉淀澄清设施有完备的回水系统。水重复利用率在 90% 以上，单位补充水量小于 0.25m³·(t 入洗原料煤)⁻¹。排放水有固定排放口，并设有明显的排放口标志、污水水量计量装置和污水采样装置。洗水浓度小于 100g·L⁻¹。

7.5.2　煤泥水闭路循环影响因素

　　选煤厂的煤泥水系统是问题最多、最难管理的环节。不少选煤厂生产不正常，其问题都出在煤泥水处理环节上。其原因有两点：一是管理不善；二是设备不配套。因此，煤泥水回用过程，即实现洗水闭路循环也应该从这两点入手，具体措施如下。

　　① 提高管理水平，建立洗水管理规章制度，加强洗水管理，减少清水用量，使水量平衡。

　　a. 专人管理，清水计量。为了加强洗水管理，选煤厂应派专人管理洗水，并应对清水进行计量，做到用水心中有数，及时掌握洗水变化规律，作出适当调整，适应原煤可选性变化、原煤中含泥量变化等的要求。

b. 减少各作业用水量。尽量减少各作业用水量，包括循环水和清水的用量，以便降低系统中各设备按矿浆体积计算的单位负荷，减少各作业的流动水量，方便洗水管理。

c. 补充清水的地点应慎重考虑，清水应补加在最需要的地方，如脱泥筛和脱水筛上。尤其是脱泥筛，在回收的粗煤泥中，通常均带有相当数量的高灰细泥。为了保证精煤灰分，降低高灰细泥对精煤的污染，应加部分清水对其进行喷洗。只有在产品带走水量多、清水有余量时，才可用到其他作业。严格禁止用清水冲刷地板。

d. 加强洗水管理。各处滴水、冲刷地板的废水，或检修、事故放水均应管理好，集中设立杂水池作缓冲。经充分澄清处理后，其底流和溢流分别送至相关作业进行处理。

e. 据循环水的水质决定用途。通常，再选环节含泥量较少，因此可以使用浓度较高的循环水，而将浓度低的循环水留给主选用，可提高主选的分选效果。分级入选时，块煤可应用高浓度的循环水，末煤则应用低浓度的循环水。

f. 各作业之间的配合应互相衔接，要有全局观点。

② 设备能力满足选煤厂浓缩、澄清和煤泥回收的需要，包括脱泥筛、过滤、压滤等设备的处理能力，满足现有生产的需要。很多选煤厂洗水不能闭路，煤泥未能实现厂内回收，其原因在于某些设备处理能力不足。例如，如果过滤设备处理能力不足，大量煤泥在浮选、过滤作业中进行循环，使浮选机的实际处理能力降低。对于使用浓缩浮选的选煤厂，其结果导致浓缩机溢流水浓度急剧增高。浓缩机的溢流水是水洗作业最主要的水源，由于浓度过高，严重恶化了分选效果。为了保证生产过程正常进行，补救的办法是大量补加清水，造成向厂外排放煤泥，污染环境，并使洗水不能达到平衡。

因此，首先在设计上对这些环节应予以高度重视，充分考虑原煤性质，如原生煤泥量、次生煤泥量和煤泥的粒度等，保证这些环节的设备有足够的处理能力，又不造成浪费，使各环节能够正常工作，为下续作业提供有利的生产条件。

其次，在上述设备能力不足的情况下，应努力提高操作管理水平，并在条件允许的情况下，对设备能力进行配套。

最后，为实现洗水闭路、煤泥厂内回收，应解决煤泥的销路问题。除外销外，可以考虑在厂内或矿内进行综合利用。消除煤泥堆积，促使煤泥采用机械回收，保证浮选尾煤中的洗水全部返回复用。

参考文献

［1］张明青. 煤泥水凝聚沉降性能及体系耗散结构特征研究［D］. 徐州：中国矿业大学，2006：8-10.

［2］Sabah E，Yu H，Celik M S. Characterization and dewatering of fine coal tailings by dual-flocculant systems. Mineral processing，2004，74：303-315.

［3］Pashley R M. Mol ecular layering of water in thin films between mica surfaces and its relation to hydration forces［J］. Journal of Colloid and Interface Science，1984，101（2）：511-523.

［4］张明旭. 选煤厂煤泥水处理. 徐州：中国矿业大学出版社，2005：64-66

［5］Arnold B J，Aplan F. The effect of clay slimes on coal flotation：PartⅠ. The nature of the clay［J］. International Journal of Mineral processing，1986，17（3）：225-242.

［6］申献辰，刘玲花，赵炳成，等. 天然水化学. 北京：中国环境科学出版社，1994：2-5.

［7］胡文容. 煤矿矿井水及废水处理利用技术. 北京：煤炭工业出版社，1998：12-15.

［8］张永飞. 聚丙烯酰胺在燕子山选煤厂酸性矿井水中的应用. javascript：Journal Home（'90368X'）；煤炭加工与综合

利用，2008（5）：11-14

[9]　何选明．煤化学．北京：冶金工业出版社，2010：39-41.

[10]　王淀佐，胡岳华．浮选溶液化学．长沙：湖南科技出版社，1988：132-138.

[11]　奥尔芬．H范．黏土胶体化学导论．北京：农业出版社：1982：48-49.

[12]　任磊夫．黏土矿物与黏土岩．北京：地质出版社，1992：25-50.

[13]　何宏平．粘土矿物与金属离子作用研究．北京：石油工业出版社，2001：1-8.

[14]　张明青，刘炯天，周晓华，等．煤泥水中主要金属离子的溶液化学研究．煤炭科学技术，2004，32（2）：14-16.

[15]　选煤厂煤泥水沉降性能分类．中华人民共和国煤炭行业标准，国家安全生产监督管理总局，2011：11.

[16]　《煤泥水处理》编译组．煤泥水处理．北京：煤炭工业出版社，1979：2-10.

[17]　胡万里．混凝 混凝剂 混凝设备．北京：化学工业出版社，2001：15-19.

[18]　常青．水处理絮凝学．北京：化学工业出版社，2003：50-60.

[19]　Verwey E J, Overbeek J Th G. Theory of the stability of lyophobic colloids: The interaction of sol particles having an electric double layer [M]. Amsterdam: Elsevier, 1948: 1-205.

[20]　Israelachvili J N. Intermolecular and surface forces [M]. London: Elsevier, 2011: 254-258.

[21]　邱冠周．颗粒间相互作用与细粒浮选 [M]，长沙：中南工业大学出版社，1993：32.

[22]　Novich B E, Ring T A. Colloid stability of clays using photon correlation spectroscopy [J]. Clays and Clay Minerals, 1984, 32 (5): 400-406.

[23]　Rand B, Melton I C. Particle interactions in aqueous kaolinite suspensions. Journal of Colloid and Interface Science, 1977, 60 (2): 308-320.

[24]　张志军．水质调控的煤泥水澄清和煤泥浮选研究 [D]．沈阳：东北大学，2012：40-50.

[25]　Wu W, Giese R F, Van Oss C J. Stability versus flocculation of particle suspensions in water—correlation with the extended DLVO approach for aqueous systems, compared with classical DLVO. Colloids and Surface B: Biointerfaces, 1999, 14: 47-55.

[26]　胡岳华，徐竞，邱冠周，等．异凝聚理论及应用研究——异类颗粒间相互作用及异类矿粒的凝聚．矿冶工程，1994（9）：23-27.

[27]　刘炯天，张明青，曾艳．不同类型黏土对煤泥水中颗粒分散行为的影响．中国矿业大学学报，2010，39（1）：59-63.

[28]　张明青，刘炯天，刘汉湖，等．水质硬度对煤和蒙脱石颗粒分散行为的影响．中国矿业大学学报，2009，38（1）：114-118.

[29]　应城石膏矿．石膏．北京：中国建筑工业出版社，1978，01：20-50.

[30]　李亚峰，胡筱敏，陈键，等．电石渣处理洗煤废水的效果及作用机理研究．安全与环境学报，2004，14（6）：2004.

[31]　张春林，姚伟民，徐学武．两段浓缩、两段回收模式的煤泥水流程 [J]．煤炭加工与综合利用，2006（3）：4-7.

[32]　王敦曾．选煤新技术的研究与应用．北京：煤炭工业出版社，1999：244-260.

[33]　谢广元．选矿学．徐州：中国矿业大学出版社，2001：547-582.

[34]　张志军，刘炯天，王永田，等．煤泥水水质监测与软测量技术的应用．东北大学学报，2012，33（3）：435-438.

[35]　刘秉涛，李瑞涛，刘海员．黄河原水絮体分形及分形维数研究 [J]．人民黄河，2008，30（1）：15-17.

[36]　梁华杰．分形理论在混凝中的应用研究 [D]．武汉：武汉科技大学，2006.

[37]　尹天亮，李培珍．康与云．分形理论的发展概况及研究现状 [J]．科技信息，2007（15）：170-172.

[38]　李传茂，李梅，许先国．分形理论及其在絮凝中的应用 [J]．化工之友，2007（7）：53-54.

[39]　张济忠．分形 [M]．北京：清华大学出版社，1995：118-166.

[40]　李冬梅．黄河泥沙架桥絮凝体的分形特性研究 [D]．西安：西安建筑科技大学，2004.

[41]　Li D H, Ganszarczyk J. Fractal geometry of particle aggregates generated in water and waste water treatment processes [J]. Environmental Science and Technology, 1989, 23 (11): 1385-1389.

[42]　Logan B E, kilps J R. Fractal dimensions of aggregates of formed in different fluid mechanical environments [J]. Water Research, 1995, 29 (2): 443-453.

[43]　Gregory J. The density of particle aggregates [J]. Water Science and Technology, 1997, 36 (4): 1-13.

[44]　Jarvis P, Jefferson B, Gregory J, Parson S. A. A review of floc strength and breakage [J]. Water Research, 2005, 39: 3121-3137.

[45]　王强，刘遂庆，周建萍，等．净水厂混凝投药模糊控制方法 [J]．水处理技术，2005，31（10）：29-32.

[46]　张明青，刘炯天，何伟，等．煤泥水絮凝处理中絮凝体的分形特征 [J]．环境科学研究，2009，22（8）：956-960.

第四篇

煤化工废水处理与利用

导读

　　煤化工是以煤为原料，经过化学加工，使煤转化为气体、液体、固体燃料以及其他化学品的工业，根据生产工艺与产品的不同主要分为煤焦化、煤气化、煤直接液化、煤间接液化等主要生产链，在上述煤转化工艺过程中将有大量生产废水产生，我们把其称为煤化工废水。煤化工废水有机污染物浓度高、种类多，包括酚类、多环芳香族化合物及含氮、氧、硫的杂环化合物等，是一种典型的高浓度、难降解、有机工业废水。近年来，随着煤气化、液化等现代煤化工项目的上马，煤化工废水造成的环境问题已成为制约其发展的瓶颈，实现废水的"分质利用"或废水"零排放"已经成为煤化工企业发展的自身需求和外在要求。本篇将以煤化工企业典型生产工艺为切入点，描述其生产过程，分析其废水产生节点及水质水量变化特征；并以此为依据，本着分类收集、分质利用的原则，阐述煤焦化废水、煤气化废水及煤液化废水典型处理技术的工作原理、工艺流程、工艺特征及工程案例，为实现废水的达标处理或分质利用提供理论和技术支撑。

第8章 | 煤化工废水处理与利用

8.1 煤化工废水分类与处理利用现状

8.1.1 分类

煤化工是以煤为原料，经过化学加工，使煤转化为气体、液体、固体燃料以及化学品，并生产出各种化工产品的工业[1,2]。

煤化工包括煤的一次化学加工、二次化学加工和深度化学加工，煤的焦化、气化、液化，煤的合成气化工、焦油化工和电石乙炔化工等[1]。

根据生产工艺与产品的不同主要分为煤焦化、煤电石、煤气化和煤液化等4条主要生产链。在煤化工工艺过程中会有大量水参与，废水产生量较大，主要有煤焦化废水、煤气化废水和煤液化废水。

8.1.2 废水的共性及危害

（1）煤化工废水的共性[3~5]

① 煤化工企业排放废水以高浓度煤气洗涤废水为主，含有大量酚、氰、油、氨氮等有毒、有害物质。

② 综合废水中COD一般在5000mg·L^{-1}左右、氨氮在200~500mg·L^{-1}，废水所含有机污染物包括酚类、多环芳香族化合物及含氮、氧、硫的杂环化合物等，是一种典型的含有难降解的有机化合物的工业废水。

③ 废水中的易降解有机物主要是酚类化合物和苯类化合物；吡咯、萘、呋喃、咪唑类属于可降解类有机物；难降解的有机物主要有砒啶、咔唑、联苯、三联苯等。

④ 目前国内处理煤化工废水的技术主要采用生化法，生化法对废水中的苯酚类及苯类物质有较好的去除作用，但对喹啉类、吲哚类、吡啶类、咔唑类等一些难降解有机物处理效果较差，使得煤化工行业外排水COD难以达到一级标准。

⑤ 煤化工废水经生化处理后又存在色度和浊度很高的特点（因含各种生色团和助色团的有机物，如3-甲基-1,3,6-庚三烯、5-降冰片烯-2-羧酸、2-氯-2-降冰片烯、2-羟基苯并呋喃、苯酚、1-甲磺酰基-4-甲基苯、3-甲基苯并噻吩、萘-1,8-二胺等）。

（2）煤化工废水的危害

① 对人体的危害[6]　煤化工废水中含有的酚类化合物是原型质毒物，可通过皮肤、黏膜的接触和经口而侵入人体内。高浓度的酚可以引起剧烈腹痛、呕吐和腹泻。

② 对水体和水生生物的危害

③ 降低水体的观赏价值

④ 对农业的危害　采用未经处理的煤化工废水直接灌溉农田，将使农作物减产和枯死，特别是在播种期和幼苗发育期，幼苗因抵抗力弱，含酚的废水使其毒烂。而用未达到排放标准的污水灌溉，收获的粮食和果菜有异味。

8.1.3　处理利用现状

近年来，煤化工产业发展很快，在当前鼓励节水型处理工艺的时代，该产业的可持续发展道路引起了人们的重视。因而，煤化工产业的废水有效处理以及回收利用对当前该产业的发展以及生态环境来说，都有着重要的意义。

目前，在煤化工企业中，所排放的废水主要是高浓度的煤气洗涤废水，如前面所述，其中含有许多酚、氨氮以及氰化物等有毒有害的物质，废水中的 COD 平均在 $5000\text{mg}\cdot\text{L}^{-1}$ 左右、氨氮也保持在 $200\sim500\text{mg}\cdot\text{L}^{-1}$ 之间。同时，废水中含有的多数有机污染物，是很难生物降解的。而现阶段煤化工废水处理工艺也不够完善，其现状具体如下。

（1）预处理工艺的现状[7~9]

传统的预处理方法为隔油法，由于油类过多会影响到后续的生化处理效果，而隔油法可以很好地解决这一问题，但效果有限，同时不利于回收利用。

因此，近年来，预处理工艺由过去的隔油法发展为气浮法，在煤化工废水的处理中，这种方法不但能除去废水中的油类，同时加以回收再利用，此外，该方法对后续生化处理也有着预曝气的作用。

（2）生化处理工艺的现状[10~13]

一般情况下，经过预处理之后的煤化工废水，往往通过缺氧-好氧生物法来进行处理，然而煤化工废水中由于含有一定的多环以及杂环类化合物，经过好氧生物工艺处理之后，出水中的氨氮和 COD 指标很难稳定达标。因此，目前，下列生物处理工艺有了新的进展。

① 生物炭处理工艺　这种方法的原理是，在生化进水中加入粉末活性炭，粉末活性炭表面附着了活性污泥，而粉末活性炭具有很大的比表面积，以及较强的吸附能力，这样一来，就使得污泥吸附能力也提高了，尤其是在活性污泥和粉末活性炭的界面之间，其溶解氧以及降解基质浓度大大地提高了，进而促进了 COD 去除率的提高。

通常情况下，在生物炭法处理系统内部，活性炭吸附而处理的 COD 动态吸附容量为 $100\%\sim350\%$，即 1kg 的粉末活性炭能够吸附去除 $1.0\sim3.5$kg 的 COD。另外，生物炭法也可处理煤化工废水中很难降解的有毒有害有机污染物。同时，在煤化工废水中，对高浓度的大分子有机物，生物炭法也有着很好的吸附效果。

② 固定化生物处理工艺　固定化生物技术作为一项新发展起来的技术，其能够选择性地去固定优势的菌种，并有针对性地去处理废水中的难降解有机毒物。同时，优势菌种比普通污泥具有更高的降解效率，一般要高出 $2\sim5$ 倍之多。

③ 序批式活性污泥处理工艺　通过间歇曝气方式运行的活性污泥处理技术，即为序批式活性污泥处理工艺。不同于传统的污水处理工艺，序批式活性污泥处理工艺通过时间分割操作手段代替了空间分割的操作手段，也就是用非稳定的生化反应来代替稳态的生化反应，用静置理想沉淀来代替传统动态沉淀。其主要特点在于运行方面有序与间歇

操作，序批式活性污泥处理池集中了均化、初沉、生物降解、二沉等许多功能，无需污泥回流系统。这种方法增大了生化反应的推动力，提高了煤化工废水的处理效率，使得池内的厌氧和好氧处在交替状态，取得了很好的净化效果，耐冲击负荷能力强。另外，如果出水水质还不能达标，也可在序批式活性污泥生化池中加少量的粉末活性炭，从而提高处理效率。

（3）深度处理工艺的现状[14~18]

经过生化处理之后，煤化工废水中出水的氨氮和 COD 等浓度在一定程度上下降了，然而，受难降解有机物的影响，导致出水的色度和 COD 等指标还是不能达到有关排放标准。由此可见，深度处理工艺有着必要性。目前，下列深度处理方法具有一定的处理效果。

① 吸附法处理工艺　因为固体表面具有吸附水内溶质和胶质的能力，因而废水在通过比表面积很大的固体颗粒时，水中的污染物就会被吸附到吸附剂上，以除去污染物质。这种方法能够获得很好的效果，然而也带来了吸附剂的用量大和费用高的问题，也容易产生二次污染，因而常常用在出水处。

② 高级氧化处理工艺　煤化工废水含有很多难降解的有机物，而难降解的有机物会对后续的生化处理效果产生严重影响。高级氧化法会在废水中产生自由基，从而对大量的有机污染物进行降解。而实际应用中，高级氧化技术有着运行费用比较高的问题。

由此可见，目前，还没有任何一种处理工艺可以独自完全地处理好煤化工废水，因此，在实际应用中，应将多种方法联合起来，这也是煤化工废水处理工艺未来的发展方向。

8.1.4　分质利用模式

我国的石油、天然气资源短缺，煤炭资源相对丰富。从长期来看，国内的石油资源难以满足未来经济发展和人民生活水平提高对石油、天然气资源的需求。发展现代煤化工产业，即以煤气化为龙头的化工产业，主要合成、制取替代石油化工产品和燃料油的产品，可促进后石油时代化学工业的可持续发展[19]。

煤化工项目耗水量巨大，煤转化新鲜水耗一般 $2.5t \cdot t^{-1}$ 以上；煤化工项目废水产生量也很高，煤转化废水产生量 $1t \cdot t^{-1}$ 以上。煤化工项目大多分布在煤炭资源丰富的西北地区，而这些地区恰恰水资源匮乏，水环境容量不足，甚至缺乏纳污水体。目前我国地表水环境不容乐观，《2011 年中国环境状况公报》显示，2011 年我国地表水水质总体为轻度污染。为缓解水污染形势，《节能减排"十二五"规划》和《国家环境保护"十二五"规划》均提出了COD、氨氮等主要水体污染物减排 8% 的目标。2012 年国务院发布了《关于实行最严格水资源管理制度的意见》，划出了至 2030 年前全国用水总量红线、用水效率红线和区域纳污红线 3 条不可逾越的红线，从国家层面实行最严格的水资源管理。一些地方也相继颁布了严格的废水排放标准，黄河、淮河等水污染严重的敏感流域、区域和省份甚至不允许工业企业废水排放到地表水体。国家对新建煤化工项目的用水和水污染物的排放也提出了严格的指标要求。在上述背景下，水资源和水环境问题已成为制约煤化工产业发展的瓶颈，实现煤化工废水的分质利用已经成为煤化工发展的自身需求和外在要求[20]。

煤化工企业排放的废水主要来源于煤炼焦、煤气净化及化工产品回收精制等生产过程。该类废水如前面所述，水量大、水质复杂、含大量有机污染物、酚、硫和氨等，并且含有大量的联苯、吡啶、吲哚和喹啉等有毒污染物，毒性大。因此，对废水分类收集、分质处理利用是前提。

煤化工生产中所产生的废水包括：生产废水、生活污水、清净下水、初期雨水等。生产废水主要来源于焦化、气化、液化废水；生活污水主要来源于厂区职工产生的生活污水；清净下水主要来自循环冷却水系统的排污水和脱盐水站的浓盐水；初期雨水主要是受污染区域的前 10min 收集雨水。煤化工废水的主体水量是清净下水和生产废水。一般考虑将生产废水、生活污水、初期雨水等（统称为有机废水）进行收集后处理回用，清净下水（主要包括循环排污水、化学水站排水等，统称为含盐废水）单独处理后回用[20,21]。典型煤化工废水分质利用方案，如图 8-1 所示。

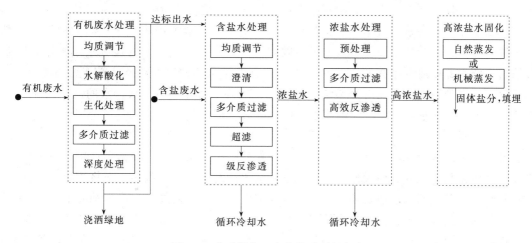

图 8-1　典型煤化工废水分质利用方案

（1）有机废水处理工段

目前，煤化工行业有机废水处理工艺路线基本遵行：预处理＋生化处理＋深度处理的三段式处理工艺。

预处理工段包括隔油、气浮、沉淀等，主要目的是去除乳化油和 SS 及胶态 COD。生化处理工段，可根据水质及场地情况选择 A/O、A^2/O、SBR、氧化沟、膜生物反应器等工艺。有机废水采用上述处理工艺处理后，经混凝沉淀，基本上可以达到国家或地方排放标准，但要回用于市政杂用还有一定差距，需进行深度处理。深度处理工段在设计时应注意两点：①深度处理工艺一般采用适合处理微污染废水的曝气生物滤池工艺（BAF）。但有机废水经过生化处理后，可生化性变差，BOD/COD 值一般小于 0.3。若直接采用 BAF 工艺，对废水中有机污染物基本没有去除效果，因此需要在 BAF 前端设高级氧化处理。可采用臭氧氧化工艺，提高废水可生化性。②为保证出水稳定性和可靠性，防止出水水质波动对后续处理的冲击，应在深度处理末端增加活性炭吸附工艺。为降低运行成本，活性炭吸附池设旁路系统，当出水水质良好时可不经吸附直接进入后续工段。

有机废水经（预处理＋生化处理＋深度处理）的三段式处理工艺处理后，可进行回用（如浇洒绿地等），也可进入含盐废水处理系统进一步除盐。

（2）含盐废水处理工段

随着膜分离技术和膜生产工艺的提高，膜的使用寿命在不断提高，而且使用价格也在不断降低，膜的使用越来越普及。目前，煤化工行业含盐废水处理工艺路线多采用（预处理＋双膜法）两段式（即超滤-反渗透）处理工艺。

预处理一般为絮凝沉淀和过滤工艺。主要去除废水中的 SS，为后续双膜处理创造条件。

双膜法作为循环排污水和化学水站排水的脱盐主体工艺已在石化、电厂、化工等领域得到广泛应用，技术比较成熟。但需要注意的是，反渗透膜作为一种高分子膜，应严格控制进水COD含量。经验数据表明：如COD浓度超过60mg·L^{-1}长期运行，会积累某些难以冲洗的污垢，造成膜性能下降，影响正常运行。此外，也应严格控制BOD和氨氮浓度。BOD和氨氮浓度偏高容易造成微生物在膜上的滋生。根据运行经验，当含盐废水COD和氨的进水质量浓度超过80mg·L^{-1}和15mg·L^{-1}时，建议在预处理之前增加生化处理段，进一步去除氨氮和COD，为后续膜处理创造良好的条件。考虑BAF工艺适合处理微污染废水并能有效去除氨氮、铁、锰等污染物，生化处理可采用BAF工艺。

反渗透膜在水通量、脱盐率、脱除有机物和抗生物降解方面表现出极高的性能。一般，反渗透装置的系统脱盐率≥98%，水的回收率≥75%。由于煤化工含盐废水水质相对较差，反渗透系统水的回收率多在60%～65%之间，回收率取值过高将会大大降低反渗透膜的使用寿命，提高处理成本。反渗透系统还将产生35%左右的浓盐水。浓盐水的TDS浓度一般在10000mg·L^{-1}左右，需进入浓盐水处理系统进一步处理。

（3）浓盐水处理工段

反渗透浓盐水的成分复杂，含无机盐、有机物，也有预处理、脱盐等过程使用的少量化学品，如阻垢剂、酸和其他反应产物。对于浓盐水的处理，国内很多企业将浓盐水作为煤堆场及灰渣场的除尘洒水。但目前渣场或煤场大多要求封闭式，通过调湿消纳的水量有限。另外，浓盐水中氯离子浓度高，进入原料煤容易腐蚀气化设备。浓盐水进入灰渣场容易造成二次污染，亦会影响灰渣综合利用产品的质量。因此，将浓盐水作为煤堆场及灰渣场的除尘洒水已不被行业所接受。

若直接将浓盐水进行蒸发，由于其处理规模大，需要消耗大量的能源，非常不经济。目前一般采用（预处理＋膜浓缩）处理工艺，将浓盐水进行进一步浓缩，使TDS质量浓度达到50000～80000mg·L^{-1}，尽可能将废水中盐分提高，减小后续蒸发器的规模，减少投资以及节约能源。

影响膜系统正常运行和提高回收率的主要因素是胶体、悬浮物和结垢离子。胶体和悬浮物通过砂滤、超滤等方式较容易去除。浓盐水再生为可利用的水，必须去除浓盐水中的结垢离子（主要是Ca^{2+}、Mg^{2+}、Ba^{2+}）。去除浓盐水中的结垢离子，可采用石灰-纯碱软化法。在浓盐水中加熟石灰可去除碳酸盐硬度，加入纯碱可去除非碳酸盐硬度。石灰-纯碱软化处理除了能够去除水中大多数结垢离子外，还可降低SiO$_2$和有机物含量。

浓盐水的膜浓缩工艺，目前常用的有HERO膜浓缩工艺、纳滤膜浓缩工艺、OPUS工艺以及震动膜浓缩工艺。上述工艺在国外的盐浓缩中均有业绩，技术本身都是成熟的。浓盐水处理系统废水高回收率对于减少高浓盐水固化处理的能源消耗和成本是必要的，因此要尽可能提高回收率。水回收率也不宜过高，因为设备和膜性能等因素，提高水回收率则需要增加驱动力以提供渗透压。这意味着更高的浓度梯度和浓差极化，也意味着膜和泵装置磨损增加，相应的建设、运行和维护的材料和成本也会增加。根据实际运行经验，浓盐水膜浓缩产生的高浓盐水质量浓度以50000～80000mg·L^{-1}为宜，水量约占总排水量的5%。浓度过低，会造成高浓盐水量增大，增加后续高浓盐水固化处理投资和运行成本；反之，则会造成浓盐水膜浓缩工段本身投资和运行成本升高。

（4）高浓盐水固化处理工段

目前，国内外对高浓盐水的处理一般采用自然蒸发固化和机械蒸发固化两种处理方式。

① 自然蒸发　自然蒸发就是通过建设蒸发塘（也称蒸发晾晒池），在合适的气候条件下，有效利用充足的太阳能，将高浓盐水逐渐蒸发，结晶后填埋。现阶段，国内蒸发塘的前期研究较少，尚无设计规范可循，但从已有的几个蒸发塘运行效果来看，运行情况并不理想，高浓盐水蒸发不掉，蒸发塘面积和容积偏小，蒸发塘不断扩建，最终蒸发塘变成污水库。

② 机械蒸发　浓盐水蒸发工艺总体上分为 3 种，即蒸汽压缩蒸发工艺（MVR）、多效蒸发工艺（MED）、多效闪蒸工艺（MSF）。MVR 的综合能耗最低（约 400MJ·t^{-1}），仅为 MED（约 1200MJ·t^{-1}）、MSF（约 1700MJ·t^{-1}）的 20%～30%。MVR 代表了今后蒸发工艺的发展方向，尤其是对无蒸汽来源的厂家更宜采用。国外现有的项目大多采用 MVR 技术。我国第一套煤化工废水高浓盐水蒸发装置也采用 MVR 技术，但动力采用蒸汽，MVR 技术能耗低的优势没有体现。对于副产大量低压蒸汽的煤化工项目，虽然 MED 工艺本身能耗较高，但从全厂能量平衡考虑，使用 MED 工艺可有效利用厂区目前富余的低压蒸汽，使全厂能量利用更为合理，更有利于提高全厂能效。

8.2　煤焦化废水处理

8.2.1　煤焦化生产工艺

（1）常规生产工艺

焦化生产的主要任务是生产优质的冶金焦供高炉冶炼使用，同时，回收焦炉煤气及焦炉煤气中的化工产品[22]。焦化生产工艺流程有很多种，一般由备煤车间、炼焦车间、回收车间、焦油加工车间、苯加工车间、脱硫车间和废水处理车间组成。其主要生产工艺流程见图 8-2[23]。

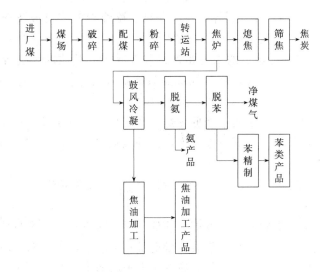

图 8-2　焦化生产工艺流程

根据焦炉本体和鼓冷系统流程图，从焦炉出来的荒煤气进入鼓冷系统之前已被大量冷凝成液体；同时，煤气中夹带的煤尘、焦粉也被捕集下来，煤气中的水溶液成分也溶于氨水中。焦油、氨水以及粉尘和焦油渣一起流入机械化焦油氨水分离池，分离后氨水循环使用，焦油送去集中加工，焦油渣可回配到煤料中，炼焦煤气进入初冷器被直接冷却或者间接冷却至常温，此时，残留在煤气中的水分和焦油被进一步去除。出初冷器后的煤气经机械捕焦油时，悬浮在煤气中的焦油雾通过机械的方法除去，然后进入鼓风机被升压至 19600Pa（2000mmH$_2$O）左右。为了不影响以后的煤气精制操作，使煤气通过电捕焦油器除去残余的焦油雾；为了防止萘在低温时从煤气中结晶析出，煤气进入脱硫塔前设洗萘塔用洗油吸收萘；在脱硫塔内用脱硫剂吸收煤气中的硫化氢，与此同时，煤气中的氰化氢也被吸收；煤气中的氨则在吸氨塔内被水或水溶液吸收产生液氨或硫铵。煤气经过吸氨塔时，由于硫酸吸收氨的反应是放热反应，煤气的温度升高，为了不影响粗苯回收的操作，煤气经终冷塔降温后进入吸苯塔内，用洗油吸收煤气中的苯、甲苯、二甲苯以及环戊二烯等低沸点的烃类化合物和苯乙烯、萘、古马隆等高沸点的物质，与此同时有机硫化物也被除去。

（2）炼焦新技术

目前焦化工业的主要任务是提高焦炭质量，增加焦炭产量。为了合理利用资源，提高生产及经济效益，扩大炼焦煤源，利用弱黏结性煤和不黏结性煤是焦化工业发展的途径之一。为了研究利用弱黏性煤获得合格焦炭，需要研究开发炼焦新技术[24]。

现行的焦炉生产主要缺点在于利用焦化室炼焦，由于煤料加热速度不均，煤料堆密度在炭化室的上下方向上有差别，故所得焦炭的块度、强度、气孔率和反应性都不均匀。炭化室间歇式生产是另一大缺点，使得生产难以自动化，劳动生产率低，劳动条件差。

为此国内外正在进行大量完善炼焦工艺和连续炼焦技术的研究开发工作。

① 改进炼焦备煤　完善现有的和开发新的炼焦备煤工艺，如合理配煤、煤破碎优化、增加装炉煤堆密度、煤的干燥和预热等。

合理配煤，选择破碎煤可以扩大炼焦煤源，提高焦炭的物理性质和化学性质。

提高装炉煤的堆密度是改善焦炭质量的主要途径，可用不同方法增加弱黏结性煤用量[25]。其中包括捣固装煤、部分配煤成型和团球、配煤中配有机液及选择破碎等，这些方法不仅改善了焦炭质量，而且提高了焦炉的生产能力[26]。

② 捣固煤炼焦　捣固煤炼焦的工业生产已经在我国和其他国家进行，可以多用弱黏结性煤生产出高炉用焦炭。一般地，散装煤炼焦只能配入气煤 35% 左右，捣固法可配入气煤 55% 左右。

捣固煤可以提高煤粉细碎度而不降低焦炉生产能力，也不使操作条件变坏。

捣固煤炼焦工艺，是将煤由煤塔装入推焦机的捣煤槽内，再用捣煤锤于 3min 内将煤捣实成饼，然后推入炭化室，关闭炉门[27]。

③ 成型煤　全部煤料用黏结剂或无黏结剂压成型，或者部分配煤压成型，此配煤中配有弱黏性和不黏结性组分。

成型煤炼焦利用了廉价的弱黏结性煤，降低了煤原料成本。我国弱黏结性煤量多数含灰分低，有利于降低焦炭灰分。同时，焦炭质量也得到了改善，块焦产率提高，高炉焦比率降低，生铁产量将得到提高，节约了焦炭。该方法由于增加了较多的设备，基建投资较高[28]。

④ 选择破碎　现代焦炉都是用数种煤配合炼焦，几种煤的结焦性各不相同。如果能很好地处理和混合结焦性不同的各种煤，使所得配合煤料具有可能达到的最好结焦性，找出煤处理的最佳条件，就可以提高配合煤料的结焦性，或扩大炼焦煤源。各种煤的变质程度不同，其挥发分含量、黏结性和岩相组分也不一样。各种煤的抗碎性也有区别，一般中等变质程度煤易碎，年轻和年老的煤难碎，在一般生产破碎情况下难碎的气煤多集中在大颗粒级

中，能使结焦性下降。

煤的不同岩相的组分其性质也不相同，镜煤、亮煤和暗煤的黏结性有很大差别，镜煤的黏结性最好，暗煤的差，亮煤的居中。镜煤容易破碎，暗煤和矿物质很难破碎，丝炭是惰性成分，容易粉碎。

根据煤的岩相性质进行选择破碎，使得有黏性的煤不被细碎，黏结性差的暗煤和惰性矿物进行细粉碎，使其均匀分散开。这样可以保证黏结性成分不被瘦化，提高堆密度，消除含有惰性成分的大颗粒，从而提高黏结性弱的煤料的黏结性。

⑤ 煤干燥预热　煤中水分对炼焦有害，为了脱出水分，需对煤进行干燥[29]。将煤加热到 50～70℃，可将水分含量降至 2%～4%。干燥煤装炉能提高堆积密度，缩短结焦时间，提高焦炉生产力 15% 左右。干燥煤装炉在工业生产上已获得成功应用，在国外采用干燥和冲击破碎备煤，扩大了炼焦煤源。煤干燥方法有立式流化加热法、沸腾床加热法和转筒加热法[30]。

煤预热炼焦技术在世界上已引起重视，美国、英国、法国、南非和德国等国家已用此技术进行了工业生产，日本和加拿大也开始采用此项技术。煤预热技术始发于法国和德国，可广泛利用结焦性差或高挥发分煤生产焦炭。

⑥ 干法熄焦　由焦炉推出的赤热焦炭的温度约为 1050℃，其显热占炼焦耗热量的 40% 以上，如采用洒水湿法熄焦，虽然方法简便，但是损失了这部分高温级的热量，而且耗用了大量熄焦用水，造成大气环境的污染。采用干法熄焦，即利用惰性气体将赤热焦炭冷却，得到的高温惰性气体用于加热锅炉生产蒸汽，再将降温后的惰性气体送去熄焦，循环使用，从而回收了赤热焦炭的显热，提高了炼焦生产的热效率。但干法熄焦装置复杂，技术要求高，基建投资大，操作耗电多，推广尚有困难[31]。

⑦ 干法熄焦与煤预热联合　为了利用干熄焦的热量进行预热煤，兼收煤预热和干熄焦之利，1982 年联邦德国进行了该方法的工业试验。

1984 年，日本室兰厂花费一年时间进行了干熄焦与煤预热并用的实际生产试验。煤预热采用普雷卡邦工艺，预热温度为 210℃，煤料堆密度为 0.78～0.79t·m^{-3}，生产的焦炭用于干法熄焦。所得焦炭平均块度减少，而焦炭的强度得到了提高。从高炉使用强度情况来看，可认为煤预热与干法熄焦二者都有明显的效益，而且两者具有相加性，没有抵消的作用。

8.2.2　水质水量特征

（1）焦化废水的来源及产生量

焦化废水主要来自炼焦、煤气净化及化工产品的精制等过程，排放量大，水质成分复杂。从焦化废水产生的源头分，有炼焦带入的水分（表面水的化合水）、化学产品回收及精制时所排出的水，其水质随原煤和炼焦工艺的不同而变化。剩余氨水及煤气净化和化学产品精制过程中的工艺介质分离水属于高浓度焦化废水；对焦油蒸馏和酚精制蒸馏中分离出来的某些高浓度有机污水，因其中含有大量不可再生和生物难降解的物质，一般要送焦油车间管式焚烧炉焚烧；煤气净化和产品净值过程中，从工艺介质中分离出来的其他高浓度污水要与剩余氨水混合，经蒸氨后以蒸氨废水的形式排出，送焦化厂污水处理站处理。

综合上述流程可知，目前我国焦化生产工艺中污水排放节点见图 8-3。

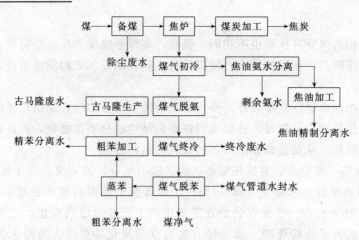

图 8-3 焦化生产工艺流程及废水来源

《环境工程手册》[32]理论计算每吨焦炭产生废水 0.25~0.30t；欧盟 4 国 11 个焦化厂吨焦炭产生废水量为 0.3~0.4t。

一个化工产品精制比较全的焦化厂，剩余氨水约占总污水量的 50%，化工产品回收以及精制过程中工艺介质的分离水的量约占总污水量的 25%，其他污水量占 25%。

不同规模的焦化厂（以年产焦量计）蒸氨污水量及其污水组成见表 8-1。

表 8-1 蒸氨污水量及其污水组成

成分		水量/m³·h⁻¹							
		20	40	60	90	90	180	180	180
其中	蒸氨废水	14	14	22.5	56.3	36.6	75	72	90
	剩余氨水	4.4	8.8	13.2	20.2	20.2	39.6	39.6	39.6
	化工产品分离水			2.5	2.5			20.0	4.2
	精苯分离水	0.6	1.2	2.6	2.8	2.8	5.5	5.5	5.5
	终冷排污水			2.6			19.8		30.1
	洗氨水及蒸氨冷凝水	9.0	2.3	7.5	30.8	11.1	15.1	6.9	14.7

（2）焦化废水的水质特征

未经处理的焦化废水主要污染物含量一般如下：$COD=1500~3000mg·L^{-1}$，酚类 $=400~1000mg·L^{-1}$，氰化物 $=10~20mg·L^{-1}$，氨氮 $=200~400mg·L^{-1}$（生化前），具体水质情况及主要污染物见表 8-2。

表 8-2 焦化废水的水质特征 单位：$mg·L^{-1}$

项 目	pH 值	挥发酚	氰化物	油类	COD	挥发氨
蒸氨塔后（未脱酚）	8~9	500~1500	5~10	50~100	3000~5000	100~250
蒸氨塔后（已脱酚）	8	300~500	5~15	2500~3500	15000~45000	100~250
粗苯分离水	7~8	300~500	100~350	150~300	1500~2500	50~300
终冷排污水	6~8	100~300	200~400	200~300	1000~1500	50~100
精苯分离水	5~6	50~200	50~100	100	2000~3000	50~250
焦油加工分离水	7~11	5000~8000	100~500	200~500	15000~20000	1500~2500
硫酸钠污水	4~7	7000~20000	5~15	1000~2000	30000~50000	50

续表

项　目	pH 值	挥发酚	氰化物	油类	COD	挥发氨
煤气水封废水		50～100	10～20	10	1000～2000	60
酚盐蒸吹分离水		2000～3000	微量	4000～8000	3000～8000	3500
化验室排水		100～300	10	400	1000～2000	
古马隆洗涤水	3～10	100～600		1000～5000	2000～13000	
古马隆蒸馏分离水	6～8	1000～1500		1000～5000	3000～10000	

①成分复杂　焦化废水组成复杂，其中所含的污染物可分为无机污染物和有机污染物两大类。

无机污染物一般以铵盐的形式存在，包括 $(NH_4)_2CO_3$，NH_4HCO_3，NH_4HS，NH_4CN，$NH_4(COO)NH_4$，$(NH_4)_2S$，$(NH_4)_2SO_4$，NH_4SCN，$(NH_4)_2S_2O_3$，$NH_4Fe(CN)_3$，NH_4Cl 等。

有机物除酚类化合物以外，还包括脂肪族化合物、杂环类化合物和多环芳烃等。其中以酚类化合物为主，占总有机物的 85% 左右，主要成分有苯酚、邻甲酚、对甲酚、邻对甲酚、二甲酚、邻苯二甲酚及其同系物等；杂环类化合物包括二氮杂苯、氮杂联苯、氮杂苊、氮杂蒽、吡啶、喹啉、咔唑、吲哚等；多环类化合物包括萘、蒽、菲、a-苯并芘等[33]。

② 水质变化幅度大　焦化废水中氨氮变化系数有些可高达 2.7，COD 变化系数可达 2.3，酚、氰化物浓度变化系数达 3.3 和 3.4。

③ 含有大量的难降解物，可生化性较差　焦化废水中有机物（以 COD 计）含量高，且由于废水中所含有机物多为芳香族化合物和稠环化合物及吲哚、吡啶、喹啉等杂环化合物，其 BOD_5/COD 值低，一般为 0.3～0.4，有机物稳定，微生物难以利用，废水的可生化性差。

④ 废水毒性大　其中氰化物、芳环、稠环、杂环化合物都对微生物有毒害作用，有些甚至在废水中的浓度已超过微生物可耐受的极限[34]。

8.2.3　典型处理技术

8.2.3.1　预处理技术

要想得到符合排放标准要求的工业废水，对废水的前期预处理以及副产物分离是至关重要的两个关键环节，其处理结果将直接影响后期的生化处理法和物理法装置系统的稳定运行。

焦化废水预处理单元主要包括脱酚、脱氰、除硫化物、除氨氮、除油、水质均和、水量调节及大颗粒物去除等工艺段[35]。主要方法是物理处理法、物理化学处理法，其基本目标是保证废水满足生化处理单元的基本工艺技术要求并降解部分有毒有害物质，关键点是氨氮、氰化物、硫化物和焦油类等能抑制生化系统微生物作用功能的有毒有害难降解污染物，普遍存在的难点是氨氮的有效去除[36]。

（1）废水的蒸氨技术

蒸氨工艺是焦化、化肥等行业的常用技术，在焦化厂化产车间，通常是将鼓冷工段送来的剩余氨水首先通入换热器与蒸氨废水换热，然后进入蒸氨塔与碱液混合进入塔内；蒸氨塔底进行加热蒸馏，氨气经塔顶氨分缩器浓缩后送往其他工段应用或作为产品出售。蒸氨塔底蒸氨废水泵送至换热器与剩余氨水换热，在经冷却后，送往生化废水处理系统等进一步处理。

该工艺是个高耗能的过程，设备更新或及时清污虽然在一定程度上能够解决问题，但是不能从根本上解决问题。目前根据加热热源不同主要可分为：水蒸气加热、煤气管式炉加热和导热油加热三种。虽然加热介质不同，但工作原理相同[37]。

① 蒸氨工艺原理　蒸氨工艺属于吹脱法的一种，即将气体通入水中，使水中溶解的游离氨穿过气液相界面向气相转移，从而达到脱除氨氮的目的，蒸氨工艺所采用的载体一般为蒸汽，又可以称作汽提[38]。

该方法主要利用氨氮的气相浓度和液相浓度之间的气液平衡关系进行分离。以浓度为 x 的氨水为例，当温度一定时，其平衡分压为 p'（或平衡气相 NH_3 浓度为 Y'），设氨-空气混合气体中 NH_3 的分压为 p（氨在气相中的浓度为 Y），则：$p > p'$（或 $Y > Y'$），气相中的氨溶入液相，常称此过程为氨的吸收过程；$p < p'$（或 $Y < Y'$），液相中的氨从溶液中释出进入气相，此过程为氨的解吸过程；$p = p'$（或 $Y = Y'$），此时，气、液两相的氨处于平衡状态。

不同温度和压力下，氨在水中的溶解度见表 8-3（以 1kg 水中 NH_3 溶解质量计）。

表 8-3　不同温度、压力下氨在水中的溶解度

压力/kPa	氨的溶解度（质量比）			
	0℃	20℃	30℃	50℃
10.13	0.22	0.085	0.043	—
50.66	0.57	0.0337	0.247	0.146
101.33	0.88	0.515	0.400	0.244
202.65	1.62	0.812	0.632	0.389

由表 8-3 可知，氨在水中的溶解度主要取决于液体的温度和氨在液面上的分压。因此，要脱除水中的溶解氨有两个途径：一种是降低氨在液面上的分压，例如采用空气吹脱；另一种是提高水的温度，例如用水蒸气进行汽提。

使空气与含 NH_3-N 的废水相接触，溶解于废水中的 NH_3-N 从废水中传递到空气的解吸过程又称为吹脱过程，利用吹脱原理来处理废水的方法称为吹脱法。在吹脱过程中，由于不断地排出气体，改变了气相中的氨气浓度，从而使其实际浓度始终小于该条件下的平衡浓度，从而使废水中溶解的氨不断地转入气相，使废水中的 NH_3-N 得以脱除[39]。

把水蒸气通入废水中，当废水的蒸汽压超过外界压力时，废水就开始沸腾。这样就加速了废水中 NH_3-N 等挥发性物质从液相转入气相的过程。另外，当水蒸气以气泡形式穿过废水水层时，水与气泡之间形成自由表面，这时，含 NH_3-N 等挥发性物质的液体就不断地向气泡内蒸发扩散，当气泡上升到液面时气泡将会破裂而释放出其中的挥发性物质如 NH_3 等，这种用蒸汽进行废水中挥发性物质蒸馏的方法称为汽提法。在汽提法中，NH_3 等挥发性物质在蒸汽和废水中的浓度是不相同的。当蒸汽与废水接触时，氨等挥发性物质将在两相之间进行传递，即由液相传递到气相。当达到平衡时，氨等挥发性物质在废水中和蒸汽中的浓度之间存在着下列关系：

$$K = C_1 / C_2 \tag{8-1}$$

式中　K——分配系数，它由挥发性物质和浓度而定；

　　　C_1——平衡时挥发性物质在蒸汽冷凝液中的浓度，$g \cdot L^{-1}$；

　　　C_2——平衡时挥发性物质在废水中的浓度，$g \cdot L^{-1}$。

当 $K > 1$ 时，说明挥发性物质比废水易于挥发；K 值越大，挥发性越强，越适宜用汽提法去处理。对于 $0.01 \sim 0.1 mol \cdot L^{-1}$ 的低浓度废水，K 可视为定值。某些易挥发性物质的 K 值见表 8-4。

表 8-4　某些物质的 K 值

物质名称	苯胺	游离氨	氨基甲胺	甲基苯胺	氨基乙烷	二乙基胺	苯甲基胺
K 值	5.5	13	11	11	20	45	3.3

通常氨吹脱率同水温、气温有关，温度越低，氨的脱除率越低，20℃时氨的去除率为 90％～95％，而在 10℃时氨的去除率只有 75％以下。

当气液两相中氨达到平衡时，两相中氨的浓度间存在着一定的比例关系。因此，仅靠一次简单的汽提往往不容易将 NH₃-N 完全从废水中分离出来，所以，工业上通常采用连续多次汽提来进行脱氨处理。废水中其他挥发性物质例如挥发酚、甲醛、苯胺、硫化氢等皆可用汽提法进行分离。

吹脱法主要基于气体传质机理，实际上就通过调节 pH 值后曝气吹脱的手段，促使水中 NH₃ 解吸向其他相转移，以达到去除氨氮的目的。

双膜理论常用来解释气体传质的机理，据该理论，NH₃ 要实现由液相向气相转移，需经 5 个步骤：a. 由液相主体向边界扩散；b. 穿过液膜滞留层；c. 穿过相界面；d. 穿过气膜滞留层；e. 向气相主体扩散。

在上述传质过程中，NH₃ 的传质速率可以用下式表示：

$$dm/dt = K_1 A(C - C_s) \tag{8-2}$$

式中　dm/dt——NH₃ 的传质速率；

　　　　C_s——液体的 NH₃ 溶解度；

　　　　C——液相主体内 NH₃ 的实际浓度；

　　　　K_1——液膜的气体传质系数；

　　　　A——气液界面面积。

由式（8-2）可知，增大 NH₃ 传质速率的途径有：（a）增大气液接触面积 A；（b）增大浓度差（$C-C_s$）；（c）增大气体转移系数 K_1。

在吹脱过程中，废水中存在如下平衡状态：

$$NH_3 + H_2O \Longleftrightarrow NH_4^+ + OH^-$$

这一平衡过程受 pH 值的影响，pH 值范围应控制在 10.5～11.5 之间，这样，废水中的氨呈饱和状态而逸出，所以蒸氨过程常需要加石灰。

② 蒸氨工艺流程　现有的蒸氨工艺按热源是否与氨水接触分为直接蒸氨工艺与间接蒸氨工艺；按蒸馏塔内的操作压力不同，可分为负压蒸氨工艺与常压蒸氨工艺；还有应用新技术及新设备的一种直接蒸氨工艺，即加装喷射热泵的直接蒸氨工艺[40]。以下就直接蒸氨、间接蒸氨、负压蒸氨及添加喷射热泵的蒸氨工艺分别做以下分析。

a. 直接蒸氨工艺。常规的直接蒸氨工艺是在蒸氨塔的塔底直接通入水蒸气作为蒸馏热源。进料氨水与塔釜废液经进料预热器进行换热，被加热至 90～98℃后进入蒸氨塔中，利用直接蒸汽进行汽提蒸馏，塔顶氨分缩器后的氨气（约 70℃）送到其他工段或进一步冷凝成浓氨水，氨分缩器冷凝所得液相直接进入塔内做回流。蒸氨塔底部排出的蒸氨废水，在与进料氨水换热冷却后送往生化处理装置处理或送去洗氨，其工艺流程如图 8-4 所示。直接蒸汽加热的特点是工艺简单，设备相对较少，流程短，不过废水产生量大[41]。

b. 间接蒸氨工艺。间接蒸氨工艺与直接蒸氨工艺的不同之处就是利用再沸器或管式炉等加热蒸氨塔塔底废水，根据加热塔底废水的热源不同又可分为：水蒸气加热、煤气管式炉加热和导热油加热三种。虽然加热介质不同，但是工作原理是相同的，各焦化厂多根据自己的具体情况选定不同加热介质，其工艺流程（以再沸器为例）如图 8-5 所示。

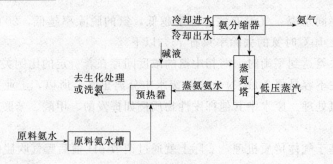

图 8-4　直接蒸氨工艺流程

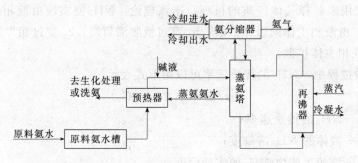

图 8-5　间接蒸氨工艺流程

间接蒸氨工艺特点：相对直接蒸氨工艺而言，工艺流程较长，设备投入多，与直接蒸氨工艺能耗相当。但是间接蒸氨的优点是蒸汽冷凝水可回收再利用，冷却水使用量小，设备维修少。

c. 喷射热泵蒸氨工艺。喷射热泵蒸氨工艺是一种直接蒸氨工艺的改进，其与常规的直接蒸氨工艺的区别：蒸氨废水储罐中的废水，因一次蒸汽在喷射热泵中的高速流动，产生的吸力而蒸发一部分，将蒸氨废水中的能量进行了充分的利用。一次蒸汽与蒸氨废水产生的蒸汽混合通入塔底中与进料氨水接触，将其中的氨蒸发出来，其工艺流程如图 8-6 所示。

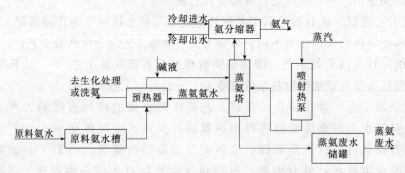

图 8-6　喷射热泵蒸氨工艺流程

这种工艺中一次蒸汽不是直接进入塔底中将进料氨水进行加热，而是先进入喷射热泵内，将蒸氨废水中的热量进行充分的利用。

d. 负压蒸氨工艺。该工艺是在氨分缩器上安装一套负压抽真空装置，将蒸氨塔中的压力保持在 0.02～0.04MPa 之间。该技术可充分利用氨水自身余热，蒸氨塔温度由常规蒸馏温度 105℃降至负压蒸馏温度的 80℃，进料氨水进料温度由原来的 80℃左右降低到目前的 65℃左右，其工艺流程如图 8-7 所示。

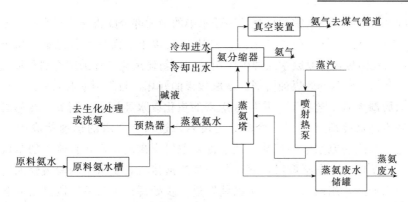

图 8-7　负压蒸氨工艺流程

该工艺与常规蒸氨相比的特点是蒸汽消耗量显著降低，蒸氨废水处理量明显下降。且负压蒸氨对蒸氨塔的设备材质要求低，投资少。虽然负压蒸馏增加一定电耗，但现场的氨气污染显著下降，经济效益明显提高，环保效益显著。

③ 蒸氨塔　蒸氨塔是蒸氨工序中的中心设备，多为板式塔结构，氨水由氨水泵抽送至焦炭过滤器，过滤吸附重油及固体浮物后，进入废水换热器，氨水在废水换热器中与蒸馏后的高温废水进行热交换，温度达到设计值入蒸氨塔。碱液由计量泵从碱液槽定量加到蒸氨塔的氨水入口管道中，经管道混合器混合后，入蒸馏塔，控制去蒸氨塔的废水 pH 值，或蒸馏后的废水 pH 值。氨水在塔内逐板顺流而下与上升的直接蒸汽进行热量和质量交换，氨气浓度逐步降低，至塔底达到处理要求，废水排出塔外，蒸馏所用的蒸汽直接由塔底最后一块板下进入塔内，与液体逆流接触而上直至塔顶，蒸汽中的氨气浓度逐步提高，蒸氨塔顶部直接与分缩器相连，氨水蒸气在分凝器中被部分冷凝，冷凝液回到塔顶第一块塔板上作为回流液。分凝器使用循环水作冷却介质，通过冷却水流量控制未冷凝的氨水蒸气温度（或冷凝量），把氨水蒸气温度控制在一定的温度范围内，浓度即可达到要求。蒸馏后的废水从塔下部进入废水换热器和废水槽，水温度降低后，经废水槽再次分离重油后，由废水泵送至废水冷却器，进一步冷却后送往生化工序[42]。

（2）废水的脱酚技术

随着对环境保护问题的加大重视，含酚废水这一有机污染源的处理受到普遍关注。由于酚类物质对微生物有较强的抑制和毒害作用，又有回用价值，因此，在废水进行生化处理前，必须首先降低其浓度，同时采用物理化学方法将其加以回收。

国内外普遍首先着眼于有价物质的回收，然后考虑杂质的处理和废水的无害化处理。脱酚技术通常可以分为物理化学处理和生物处理。

① 物理化学处理法

a. 蒸汽脱酚。蒸汽法的实质在于废水中的挥发酚与水蒸气形成共沸混合物，利用酚在两相中的平衡浓度差异，即酚在气相中的平衡浓度大于酚在水中的平衡浓度，因此含酚废水与蒸汽在强烈对流时，酚即转入水蒸气中，从而使废水得到净化，再用氢氧化钠洗涤含酚的蒸汽以回收酚。此法不仅不会在废水处理过程中带入新的污染物，而且回收酚的纯度高，但脱酚效率仅约为 80%，效率偏低，而且耗用蒸汽量较大。在实际应用中可以合理调整影响汽脱效果的各主要因素之间的关系，进一步提高脱酚装置的脱酚效果。缺点是未挥发酚不能再使用，且设备庞大，目前基本不为厂家所采用。

b. 溶剂萃取脱酚。溶剂萃取脱酚是指选用一种与水互不相溶但对酚具有比水大得多的溶解能力的有机溶剂，使其与水密切接触，则酚水中的绝大部分酚将转移到有机溶剂中去，从而将酚水中的酚脱除出去。该法脱酚效率高，可达95％以上，而且运行稳定，易于操作，运行费用也较低，在我国焦化行业废水处理中应用最广。新建焦化厂都采用溶剂萃取法。萃取剂多为苯溶剂油（重苯）和N-503煤油溶剂。萃取效果的好坏，与所用萃取剂和设备密切相关[43]。

其中萃取脱酚大致工艺如下：从厂区送来的焦化废水经氨水池调节，在焦炭过滤器中过滤焦油后，经冷却器冷却至55℃。冷却后的废氨水进入萃取塔的焦油萃取段，与部分轻油逆流接触，进一步除去氨水中的焦油。从焦油萃取段出来的氨水，自流入酚萃取段，而含焦油轻油自流入废苯槽。在酚萃取段，氨水与轻油逆流接触，氨水中的酚被轻油所萃取，萃取后的氨水经分离油后，用泵送往氨水蒸馏装置进一步处理。由酚萃取段排出的含酚轻油进入脱硫塔上段的油水分离段，分离水后的轻油流入中段，经与碱或酚盐作用除去油中的硫化氢。脱硫后的轻油流入富油槽，再用泵经管道混合器送入分离槽，在此轻油中的酚被碱中和成酚钠盐，并与轻油分离后，一部分送到脱硫塔，另一部分送到产品酚精制装置进一步加工。离开分离槽的轻油再送入萃取塔循环使用。为保证循环油质量，连续抽出循环油量的2％~3％与废苯槽废苯一起送到溶剂回收塔处理，所得到轻油送回循环溶剂油中[44]。

为防止放散气对大气的污染，将各油类设备的排放气集中送入放散气冷却器，使之冷凝成轻油，加以回收利用[45]。

c. 吸附脱酚。吸附脱酚是采用一种液固吸附与解吸相结合的脱酚方法，将废水与吸附剂接触，发生吸附作用达到脱酚的目的[46]。吸附饱和的吸附剂再与碱液或有机溶剂作用达到解吸的目的。随着廉价、高效、来源广的吸附剂的开发，吸附脱酚法发展很快，是一种很有前途的脱酚方法[47]。但焦化废水处理中采用吸附法回收酚存在一定困难，因有色物质的吸附是不可逆的，活性炭吸附有色物质后，极难再将有色物质洗脱下来，从而影响活性炭的使用寿命[48]。

d. 焚烧法。焚烧法主要用于高浓度有机废水的处理，其实质是对废水进行高温空气氧化，使有机物转化为无害的 H_2O、CO_2 等小分子[49]。焚烧法一般用于高浓度有机废水的处理，一般要求浓度大于 $100g \cdot L^{-1}$，且需要蒸发浓缩设施以及焚烧炉，污染物经焚烧处理后可转化为无害的二氧化碳和水，实际是利用高温进行有机物的深度氧化。当含酚废水中除酚外，还含有多种其他高浓度有机污染物、组成复杂，使酚的回收困难或不经济时，可考虑采用焚烧法进行高温燃烧氧化，实现无害化。但是由于实际废水组成复杂，焚烧后可能产生有毒气体，导致二次污染。配备废热回收和二次污染控制装置的先进焚烧系统，可降低能耗和消除二次污染，有利于该技术的推广应用。其工艺流程如图 8-8 所示。

图 8-8 焚烧法脱酚技术流程

污水焚烧过程是物理变化、化学变化、反应动力学、催化作用、燃烧空气动力学和传热学的综合过程。焦化污水经预处理后进入焚烧炉内，用焦炉煤气作燃料进行焚烧，污水中有机物在高温下变成 CO_2 和 H_2O；CN^-、NH_3（NH_4^+）等变成 N_2 和 H_2O，使焦化污水中的COD、酚类、NH_3-N、CN^- 等从根本上得到治理，产生的热废气经余热锅炉换热，产生蒸汽，供生产和生活使用[50]。

从燃烧化学反应原理中可以看出，焦化污水中的主要污染物焚烧后生成 CO_2、N_2 和水蒸气，不产生二次污染物。同时，还具有如下优点：a. 占地面积小；b. 投资少，一次性投资是生化法的 $1/3\sim1/2$；c. 该工艺已在生产上得到应用，无风险；d. 污水处理费用低，可为企业产生一定的间接效益，这在焦化污水处理工艺中不多见；e. 采用该技术，焦化厂可以做到工业污水零排放，从根本上治理焦化污水，同时使能源得到合理利用[51]。

② 生物脱酚法　活性污泥法是最为常见的处理含酚废水的方法，因为其操作简单而且处理成本较低，然而，由于酚类物质对微生物生长的抑制作用，即使活性污泥经过很好的驯化，也只能处理浓度很低的含酚废水。为了解决活性污泥法处理含酚废水的缺点，近来人们研究了许多新的方法[52]。尽管酚对很多生物化学反应来说是有毒性的，但是一些特定的微生物却可以将酚转化为无毒物质。

目前也有将少量吸附性物质投加到处理单元中，可以提高不能被生物降解的有机污染物的脱除效率，使水的总体处理效果大大提高。常用的吸附性物质有：粉煤、焦粉、活性炭、粉煤灰。其中焦粉是焦化厂的副产品，也是一种价格低廉的吸附剂，从综合考虑是一种比较合适的吸附剂[53]。

（3）废水除油技术

废水中的油类物质常以不稳定的颗粒存在，形成水包油的状态，其中直径 $>100\mu m$ 的浮油约占 33%，易于从废水中分离出来。直径在 $10\sim100\mu m$ 的油类物质约占 63%，可用重力进行分离，但分离速度较慢。直径在 $0.1\sim10\mu m$ 的乳化油约占 4%，因分散度很高，难以靠重力进行油水分离。直径小于 $0.1\mu m$ 的溶解油含量很小。

焦化废水中的油按存在形式可分为浮油、分散油、乳化油、溶解油和重油。浮油漂浮于水面，形成油膜或油层，粒径一般大于 $100\mu m$；分散油悬浮于水中，静置后往往变成浮油，粒径为 $10\sim100\mu m$；乳化油粒径极小，一般小于 $10\mu m$；溶解油是以化学方式溶解的微粒分散油，粒径比乳化油还小；重油是密度比水大的大分子稠油，静置一段时间可以沉降，重油可用沉降法测得。其他形态可通过粒径的分布分析计算出其形态分布。由于油珠粒径很小，可假设油珠近似为球形，计算步骤如下。

$$单个油珠体积:V_1=1/6\times3.14D^3$$
$$浮油体积:V_浮=\sum V_i\,(D_i>100\mu m)$$
$$分散油体积:V_分散=\sum V_i\,(100\mu m>D_i>10\mu m)$$
$$乳化油体积:V_乳化=\sum V_i\,(D_i<10\mu m)$$
$$重油体积:V_重=V_7/100$$
$$溶解油体积:V_溶解=c/\rho-V_浮-V_分散-V_乳化-V_重$$

式中　D——油珠粒径，mm；

c——1mL 水样中油分的量，mg；

ρ——煤焦油密度，取 $970mg\cdot mL^{-1}$。

对 $V_浮$、$V_分散$、$V_乳化$、$V_重$、$V_溶解$ 作归一化处理，废水中油的形态分布见表 8-5。从表 8-5 可知，焦化废水中油的形态主要是分散油和乳化油，体积分数约为 85%。原始废水的温度一般为 $45\sim55℃$。温度高是分散油和乳化油所占比重大的重要原因。

表 8-5　焦化废水中油的形态分布

项目	分布形态				
形态类型	重油	浮油	分散油	乳化油	溶解油
分布比例/%	1.9	3.3	41.6	45.7	7.5

焦化废水中的油分主要为煤焦油类物质，按馏分可分为轻油、酚油、萘油、洗油、一蒽油、二蒽油等，包含苯、酚、萘、吡啶、喹啉、吲哚、联苯、芴、蒽、菲、咔唑、芘等杂环及多环芳香族化合物，成分极其复杂，其浓度占总污染物浓度的 10% 左右（按 COD 计算）。煤焦油类化合物生物毒性大且降解性差，严重影响微生物的增殖，抑制了微生物的酶活性。另外，煤焦油的粘连效应不利于空气中氧分子的传递，也会抑制微生物的活性。采用有效的油污分离预处理，实现有毒污染物的脱毒或毒性削减是非常必要的。

① 气浮法除油　气浮法起源于矿物浮选法，早期的气浮技术由于微气泡产生技术不过关，净水效果差，一直没有得到较好的发展。20 世纪 60 年代出现了部分回流式加压溶气气浮（DAF），该方式不仅净水效果好，而且经济性也有很大提高，从而扩大了其应用范围。

气浮法是目前国际上应用较多的高效水处理方法之一[54]。该法是在水中通入或产生大量的微细气泡，使其黏附于杂质絮粒上，造成杂质絮粒整体密度小于水的密度，并依靠浮力使其上浮至水面，从而实现固液分离的一种净水方法；或是在压力状况下，通过释放器骤然减压快速释放，产生大量微细气泡，将大量空气溶于水中，形成溶气水。作为工作介质，微细气泡与混凝反应废水中的凝聚物黏附在一起，使絮体相对密度小于 1 而浮于水面，从而使污染物从水中分离出去，达到净水的目的。

气浮法除油原理就是在含油污水中通过通入空气并使水中产生微气泡（有时还需加入浮选剂或混凝剂），使污水中粒径为 0.25~25μm 的浮化油、分散油或水中悬浮颗粒附着在气泡上，随气泡一起上浮到水面并加以回收的技术。

根据产生气泡的方式不同，气浮处理技术分为溶气气浮、叶轮式气浮和喷射式气浮 3 种[55]。

1）溶气气浮[56~58]。传统溶气气浮设施包括压力溶气罐、溶气释放器、空压机等。其中，溶气释放器在使用过程中很容易堵塞，不但增加维修工作量，而且影响气浮效果。其工艺流程如图 8-9 所示。

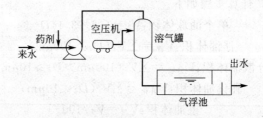

图 8-9　溶气气浮工艺流程

工作原理：用水泵将污水提升到溶气罐，加压至 0.3~0.55MPa（表压），同时采用鼓风机向溶气罐中注入压缩空气，使之过饱和。然后瞬间减压，通过溶气释放器骤然释放出大量密集的微细气泡，从而使气泡和被去除物质的结合体迅速分离，上浮至水面[56]。

由于传统气浮处理效果较差，后又出现许多改进工艺，并据废水中所含悬浮物的种类、性质、处理水净化程度和加压方式的不同，主要分为以下 3 种。

a. 全流程溶气气浮法。全流程溶气气浮法是将全部废水用水泵加压，在泵前或泵后注入空气。在溶气罐内，空气溶解于废水中，然后通过减压阀将废水送入气浮池。废水中形成许多小气泡黏附在废水中的乳化油或悬浮物上而逸出水面，在水面上形成浮渣。用刮板将浮渣排入浮渣槽，经浮渣管排出池外，处理后的废水通过溢流堰和出水管排出。其特点为：溶气量大，增加了油粒或悬浮颗粒与气泡的接触机会；在处理水量相同的条件下，比部分回流溶气气浮法所需的气浮池小，减少了基建投资；由于全部废水经过压力泵，所以增加了含油废水的乳化程度，而且所需的压力泵和溶气罐均较其他两种流程大，因此投资和运转动力消耗较大。

b. 部分溶气气浮法。部分溶气气浮法是取部分废水加压和溶气，其余废水直接进入气浮池并在气浮池中与溶气废水混合。其特点为：较全流程溶气气浮法所需的压力泵小，故动力消耗低；压力泵所造成的乳化油量较全流程溶气气浮法低；气浮池的大小与全流程溶气气浮法相同，但较部分回流溶气气浮法小。

c. 部分回流溶气气浮法。部分回流溶气气浮法是取一部分除油后出水回流进行加压和溶气，减压后直接进入气浮池，与来自絮凝池的含油废水混合和气浮。回流量一般为含油废水的 25%～50%。目前该溶气气浮法应用比较广泛，具有以下特点：空气溶解度大，供气浮用的气泡数量多，能够确保气浮效果；溶入的气体经骤然减压释放，产生的气泡不仅微细、粒度均匀、密集度大，而且上浮稳定，对液体扰动小；工艺过程及设备比较简单，便于管理、维护；处理效果显著、稳定；气浮过程中不促进乳化；矾花形成好，后絮凝也少。

为了提高气浮的处理效果，往往向废水中加入混凝剂或气浮剂，投加量因水质不同而异，一般由试验确定[57]。

2) 轮式气浮。叶轮在电机的驱动下高速旋转，在盖板下形成负压吸入空气，废水由盖板上的小孔进入，在叶轮的搅动下，空气被粉碎成细小的气泡，并与水充分混合成水气混合体经整流板稳流后，在池体内平稳地垂直上升，进行气浮。形成的泡沫不断地被缓慢转动的刮板刮出槽外。叶轮直径一般多为 200～400mm，最大不超过 600～700mm。叶轮的转速多采用 900～1500r·min^{-1}，圆周线速度则为 10～15m·s^{-1}。气浮池充水深度与吸气量有关，一般为 1.5～2.0m，最大不超过 3m。叶轮与导向叶片间的间距也能够影响吸气量的大小，实践证明，此间距超过 8mm 将使进气量大大降低。

目前国外在含油污水处理中广泛应用了叶轮浮选技术，前苏联给水排水设计院的油田含油污水处理定型设计中采用了叶轮浮选技术，美国油田含油污水处理中大部分都采用叶轮浮选法，我国中原油田、河南油田、胜利油田等含油污水处理站引进的全套处理设施，也都采用了叶轮浮选机，且这几年其在炼油厂污水处理装置中的应用也有不断推广的趋势。该技术关键设备为高效涡凹气浮机，主要用于去除废水中的悬浮物、油类物质、COD、BOD 等。该设备具有如下特点：操作简单，维护费用较低；自动回流管的独特设计，使污泥不易沉淀在气浮池的底部；系统简单，投资省，效率高，性能稳定；避免了溶气气浮中释放器频繁堵塞的现象；设备整体性好，安装方便，节省占地面积 40%～60%；能耗较低，运行费用低廉，与溶气气浮相比可节省运行费用 40%～90%；臭气较轻。

其工艺流程见图 8-10。

3) 射流气浮。射流气浮除油技术是在微气泡吸附除油技术的基础上发展而来的。在焦化废水处理中，它是利用高压射流的方式增强剩余氨水的溶气能力，促使微气泡均匀分布，从而提高除油效率。由于形成的微气泡比表面积大，吸附作用强，不仅能去除焦油，还可以去除其他悬浮物等杂质，有效地降低了焦化废水中 COD 和 BOD 的含量，为后续生化处理创造条件。其工作原理见图 8-11。

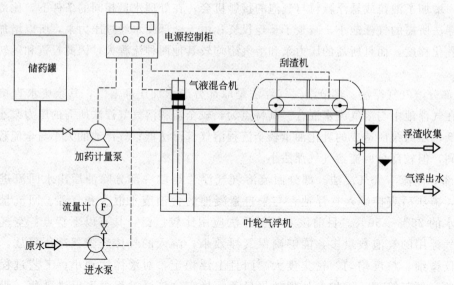

图 8-10　叶轮式气浮

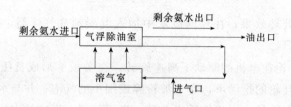

图 8-11　射流气浮

② 气浮除油工艺的影响因素

1) 废水中油类的性状。由于气浮除油是利用微气泡的吸附力及气泡的浮力,因此,水中油质越轻,气浮效果越好,油与水的互溶性越差,气浮除油的效果就越好。

2) 废水温度和空气压力。空气在废水中的溶解度随温度升高而降低,随压力升高而增加。当压力在 0.3～0.4MPa 时,压力对空气溶解度的影响占主导地位。另外,随着温度的提高,废水中油类物质的黏度随之变小,氢键等化学键力的作用变小,有利于除去废水中的分散油及乳化油。经过对除油效果、节能及环保等方面的综合考虑,废水温度宜保持在40～60℃。

3) 气水比。气水比越大,单位流量内气泡数量越多,气泡与油珠接触的机会也就越大,附着气泡的油珠上浮的机会随之增加,油类物质的去除效果就会提高。但进气量不宜过大,因为过大的进气量会引起射水器混合段内无法形成均匀的溶气混合物,导致气浮效果下降。气水比可通过溶气罐内压力来间接控制,经调试研究发现,当气浮除油机溶气罐内压力为0.38MPa 左右时除油效果最佳。

4) 气泡直径。直径小的气泡上升速度慢,易捕捉到小粒径油团。直径大的气泡上升速度快,对大粒径油团有较好的去除效果。气泡直径可通过调节曝气头的伸缩杆下两压片的间隙来控制。

5) 气浮剂。采用气浮助剂、混凝剂和发泡剂可大幅度提高气浮除油效果,各污水处理厂可针对其水质含油的具体情况来选择使用。

8.2.3.2　二级生化处理技术

目前，焦化废水二级生物处理技术主要以活性污泥法为主，接下来介绍几种典型的处理工艺。

（1）A²/O 处理技术

① 工艺流程　A-A-O 同步脱氮除磷工艺，亦称 A²/O（Anaerobic-Anoxic-Oxic）工艺，即厌氧-缺氧-好氧法（参见图 8-12）。

本法是在 20 世纪 70 年代，由美国的一些专家在厌氧-好氧（An-O）法脱氮工艺的基础上开发的，其宗旨是开发一项能够同步脱氮除磷的污水处理工艺。

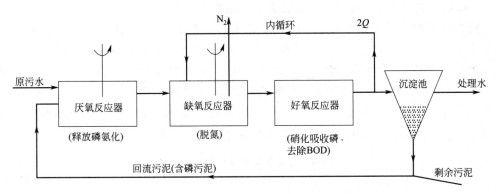

图 8-12　A-A-O 法同步脱氮除磷工艺流程

各反应器单元功能与工艺特征如下。

a. 厌氧反应器，原污水进入时，同步进入的还有从沉淀池排出的含磷回流污泥，本反应器的主要功能是释放磷，同时部分有机物进行氨化。

b. 污水经过第一厌氧反应器进入缺氧反应器，本反应器的首要功能是脱氮，硝态氮是通过内循环由好氧反应器送来的，循环的混合液量较大，一般为 2Q（Q——源污水流量）。

c. 混合液从缺氧反应器进入好氧反应器——曝气池，这一反应器单元是多功能的，去除 BOD、硝化和吸收磷等项反应都在本反应器内进行。这三项反应都是重要的，混合液中含有 $NO_3^- $-N，污泥中含有过剩的磷，而污水中的 BOD（或 COD）则得到去除。流量为 2Q 的混合液从这里回流到缺氧反应器。

d. 沉淀池的功能是泥水分离，污泥的一部分回流厌氧反应器，上清液作为处理水排放[59]。

② 工艺特点与缺陷　本工艺具有以下各项特点。

a. 本工艺在系统上可以称为最简单的同步脱氮除磷工艺，总的水力停留时间少于其他同类工艺。

b. 在厌氧（缺氧）、好氧交替运行的条件下，丝状菌不能大量繁殖，无污泥膨胀之虞，SVI 值一般均小于 100。

c. 污泥中含磷浓度高，具有很高的肥效。

d. 运行中无需投药，两个 A 段只用轻缓搅拌，以不增加溶解氧为度，运行费用低。

本法也存在如下各项待解决问题。

a. 除磷效果难于再行提高，污泥增长有一定的限度，不易提高，特别是当 P/BOD 值高时更是如此。

b. 脱氮效果也难于进一步提高，内循环量一般以 $2Q$ 为限，不宜太高。

c. 进入沉淀池的处理水要保持一定浓度的溶解氧，减少停留时间，防止厌氧状态和污泥释放磷的现象出现，但溶解氧浓度也不宜过高，以防循环混合液对缺氧反应器的干扰[60]。

③ 案例　上海焦化有限公司是以煤为主要原料的综合性的大型化工企业，位于上海西南黄浦江畔的吴泾化学工业区，是上海市最大的煤气生产企业。公司主要产品有城市煤气、焦炭和化工原料等，在煤的炼焦、制气、煤气净化过程和化工产品的生产过程中，产生大量含有有毒有害物质的废水。煤中碳、氢、氧、氮、硫等元素，在干馏过程中转变成各种氧、氮、硫的有机和无机物。废水中含有很高的氮和酚类化合物以及大量的有机氮、CN^-、SCN^-、硫化物及多环芳烃等多种有毒有害的污染物。

上海焦化有限公司现有焦炉 6 座和"三联供"一期工程 U-GAS 炉、德士古炉、甲醇、空分 4 大装置，设计年产冶金焦 190 万吨，日产城市煤气 320 万立方米，年产甲醇 20 万吨及数十种化工产品。在生产过程中每天产生约 130t 剩余氨水和 3600t 的终冷废水等废水。其中 1~4 焦炉产生的剩余氨水经溶剂脱酚后与 5~6 焦炉产生的剩余氨水混合，然后一起经固定按加碱蒸氨处理进入废水处理系统；煤气终冷废水经蒸汽汽提法除氰生成黄血盐后，产生的废水与生产中的其他各股废水一起进入废水处理系统。表 8-6 是焦化废水污染物情况。

表 8-6　上海焦化有限公司污水水质　　　　单位：$mg \cdot L^{-1}$

污染指标	COD	NH_3-N	酚	氰化物	油类
范围	700~1370	150~174.7	50~98.17	1~2.88	5~13.3
峰值	1370	174.7	98.17	2.88	13.3

随着生产发展和环保要求的提高，公司原有一套 A/O 工艺废水处理装置已不能满足废水处理的要求。2000 年上海焦化有限公司投资 3000 余万元实施焦化污废水处理改扩建工程，采用 A^2/O 工艺新建一套能力为 210t·h^{-1} 的处理系统，新系统采用钢结构一体化装置。在老系统 A/O 工艺废水处理装置前增加一套厌氧酸化装置，改造为处理能力为 210t·h^{-1} 的 A^2/O 工艺系统。新老系统从工艺流程状态监测到每一步具体操作，采用电脑在线监测和 PLC 控制，自动化程度高。自 2001 年 1 月试运行以来，处理效果显著提高。

根据同济大学对上海焦化有限公司废水处理的研究结果，结合上海焦化有限公司原有的废水处理工艺（A/O 生物膜法），新扩改工程采用 A_1-A_2-O 生物膜工艺。

新建一套 A_1-A_2-O 生化系统，对老系统进行改造，在原有的 A/O 系统基础上增加一个厌氧酸化池，即改为 A_1-A_2-O 生化系统。两套系统各承担一半处理水量。

整个废水处理改扩建工程工艺流程如图 8-13 所示。全公司的煤气冷凝废水经过隔油、气浮处理后进入 2 调节池与 1 调节池出水混合。焦炉剩余氨水经固定铁加碱分解装置处理，再经淋洒式冷却器冷却，煤气终冷废水经黄血盐蒸汽汽提法脱氰处理，再经喷雾冷却后与全厂生活污水一起在 1 调节池中混合，然后进入 2 调节池。混合废水由废水提升泵分两路送往两套 A_1-A_2-O 装置进行处理，然后分别经过聚铁絮凝法降低 COD 的处理，处理后的清液排放，产生的污泥重力浓缩后用带式压滤机机械脱水，干污泥进一步焚烧处理。

（2）A/O^2 处理技术

① A/O^2 工艺[61]简介　目前国内用于处理焦化废水的工艺以生化处理为主。其中 A^2/O 和 A/O^2 工艺是目前焦化废水广泛采用的生化处理工艺，A^2/O 是由厌氧段、缺氧段、好氧段组成，A/O^2 由缺氧段、好氧段、好氧段组成，对两种工艺对比分析见表 8-7。

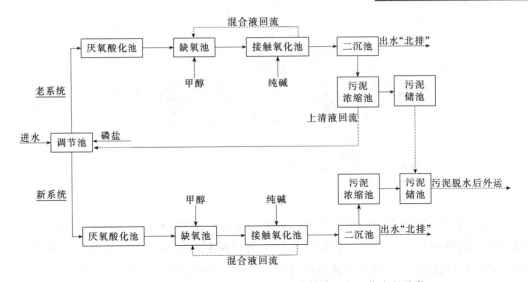

图 8-13 上海焦化有限公司废水处理改扩建工程工艺流程示意

表 8-7 A/O^2 与 A^2/O 污水处理工艺对比

项目类别	SDN 技术工艺(A/O^2)	传统的 A^2/O 工艺
主工艺流程	缺氧-好氧-好氧	厌氧-缺氧-好氧
复杂程度	简单,是标准的生物脱氮工艺	工艺复杂,其中厌氧段属于水解功能,对脱氮没有任何效果(可能还有负面影响)
缺氧或厌氧段的设备配套提升	简单,配套潜水搅拌机 主工艺流程仅有一级提升	复杂,有生物填料和布水器 由于有布水器,主工艺流程有二级提升
混合液回流	曝气池出水直接回流	从二沉池出水间接回流,导致二沉池池容大幅度减小
达标运行稳定性	运行稳定,耐负荷冲击强,达标排放稳定	增加耐负荷冲击弱,达标排放不稳定
运行费用	$3.5\sim4.1$ 元·t^{-1}	$8.6\sim10.9$ 元·t^{-1}
日常操作	操作简单,自动化程度高	操作复杂
管理维护	系统调试好后,维护量小,维护方便	维护量大,维修不方便

最近若干年开始大量采用的 A/O^2 工艺是标准的生物脱氮工艺,其主要功能是去除COD 和氨氮,去除率高。实践证明,同样的总反应时间,A/O^2 比 A^2/O 的去除效率高,出水 COD 和氨氮均能保证达标,A/O^2 也不需要大数量的生物填料和布水器。随着后处理的完善,经过 A/O^2 工艺处理的废水可以达到回用水标准,替代工业水、自来水,真正实现焦化废水零排放的目标,发展前景十分广阔[39]。

② A/O^2 污水处理工艺特点

a. A/O^2 工艺即 SDN(前置反硝化)工艺,主要由两部分组成:缺氧池和好氧池。SDN工艺以废水中有机物作为反硝化碳源和能源,不需补充外加碳源;废水中的部分有机物通过反硝化去除,减轻了后续好氧段负荷,减少了动力消耗;反硝化产生的碱度可部分满足硝化过程对碱度的需求,因而降低了化学药剂的消耗。

b. SDN 工艺主要由预处理段、生物处理段、深度处理段和污泥处理段组成。预处理段由调节池组成,生物处理段由 A/O^2 池及二沉池组成(见图 8-14)。在 O 池采用微孔曝气器作为充氧手段。深度处理段由混凝反应池及混凝沉淀池组成。污泥处理段由污泥浓缩池、污泥泵房、污泥脱水设备及储存设备组成。

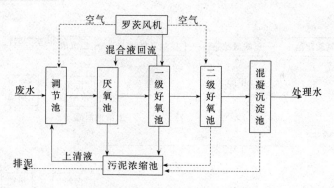

图 8-14　A/O² 处理工艺流程

c. 缺氧池中，以废水的有机物作为反硝化的碳源和能源，用中间池回流水中的硝态氮作为反硝化的氮源，在池中反硝化菌的作用下进行反硝化脱氮反应，使废水中的 NO_3^- 和 NO_2^- 还原为氮气逸出，从而达到脱氮的目的。反硝化反应用以下反应式表示：

$$NO_2^- + 3H^+ + e \longrightarrow 1/2N_2 + H_2O + OH^-, \quad NO_3^- + 5H^+ + 5e \longrightarrow 1/2N_2 + 2H_2O + OH^-$$

缺氧池出水流入好氧池，废水中的 NH_4^+ 通过细菌的作用，在有氧条件下，被氧化为硝态氮；NO_2^- 也被进一步氧化为 NO_3^-，并降解废水中的有害物质。硝化反应式如下：

$$NH_4^+ + 3/2O_2 + 2HCO_3^- \longrightarrow NO_2^- + 2H_2CO_3 + H_2O, \quad 2NO_2^- + O_2 \longrightarrow 2NO_3^-$$

在运行过程中，需连续向缺氧池、好氧池中加碱，以保持 pH 稳定在 7.8～8.2 范围内。

③ 案例　盘县天能焦化有限公司（简称天能公司）污水处理工段于 2006 年 5 月建成投产，其污水处理工艺采用 A/O² 法。主要针对化产各工段产生的废水和厂区生活污水进行生化处理，经过近两年的调整，目前各项出水指标达到或优于国家三级综合排放标准（GB 8978—1996），且完成了采用生化出水作稀释水用的试验，并达到了焦化废水零排放[62]。

天能公司是年产 70 万吨冶金焦的焦化厂，污水主要由生产废水和生活污水等组成。其中：来自蒸氨工段的蒸氨废水约 18m³·h⁻¹，生活废水约 2m³·h⁻¹，其他场地冲洗水、溢流水等约 2.3m³·h⁻¹。综合水质情况：酚≤250mg·L⁻¹、COD≤1000mg·L⁻¹、NH₃-N≤200mg·L⁻¹、氰化物≤8mg·L⁻¹、油≤10mg·L⁻¹。

公司对原工艺稍做了改进，让气浮池出来的污水进事故池，在事故池用复用水稀释，将氨氮含量调节在要求范围内，然后通过事故泵定量送入调节池，这样改进后，蒸氨工段或气浮设备即使停工两天，也不会影响生化，同时，在事故池首先用复用水调节水质，再用污水提升泵房送来的水调节，调节池补新鲜水只作为第 3 种调节方法，这样即保证了水质要求，又节省了大量新鲜水。改进后的工艺流程见图 8-15。

公司焦化污水经 A/O² 工艺处理后，完全达到或优于国内三级综合排放标准（GB 8978—1996），经处理后的废水：酚≤0.5mg·L⁻¹、氰≤0.5mg·L⁻¹、氨氮≤40mg·L⁻¹、COD≤150mg·L⁻¹、油≤0.5mg·L⁻¹，COD 的去除率在 85% 以上，氨氮、酚、氰、油等的去除率达到 95% 以上。实现了所有污水集中处理，杜绝了污水无序排放。处理后的污水全部用于熄焦，不仅节省新水补充量，而且真正实现了焦化废水零排放的目标。

（3）A²/O² 处理技术

① 工艺流程　A²/O² 主体工艺由厌氧池（A₁）、缺氧池（A₂）、好氧池（O₁）、好氧池（O₂）组成，见图 8-16。下面对组成 A²/O² 工艺的各个工段的作用分别说明。

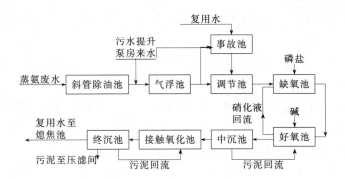

图 8-15　改进后工艺流程

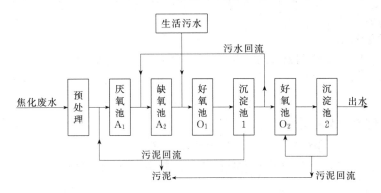

图 8-16　A^2/O^2 焦化废水处理流程

a. 厌氧池 A_1 的作用。厌氧反应通过三个阶段来完成：水解酸化阶段、产氢产乙酸阶段和产甲烷阶段。通过厌氧反应能够将大分子有机物转化为小分子有机物，将结构复杂的有机物转化为结构简单的有机物，为参加下一阶段降解过程的微生物提供适宜的基质。

通常在 A/O 工艺中，不设置厌氧段，缺氧段可以对大部分有机物进行水解酸化作用。但焦化废水中含有杂环化合物和稠环芳烃，这些物质结构复杂，难于好氧降解，在水解酸化阶段不能充分改善焦化废水的可生化性，必须设置一个严格的厌氧段才能较彻底的改善焦化废水的 COD 组成与结构。A^2/O^2 工艺中厌氧池 A_1 的主要作用是通过严格的厌氧过程破坏这些难降解有机物的结构，生成能降解和易降解产物，以利于被后续处理中的细菌所利用，即提高了废水的可生化性。

b. 缺氧池 A_2 的作用。缺氧池 A_2 的作用在于培养并富集能够在缺氧状态下将由好氧池 O_1 回流的 NO_2^- 直接还原为 N_2 的亚硝酸盐反硝化细菌。亚硝化细菌和硝化细菌均为好氧自养微生物，因此硝化过程中不会消耗有机碳源，但反硝化细菌是兼性异养菌，反硝化过程中需要有机碳源（也可以说是 COD 或者 BOD）。缺氧池 A_2 置于好氧池 O_1 之前，可以有效利用经过厌氧池 A_1 改善了可生化性的进水中的有机物作为碳源。根据生物化学和微生物学的研究，亚硝酸氮反硝化过程中对有机碳源的需要量低于硝酸氮，二者的比值约为 0.60。可以减少或者无需外加碳源。

焦化废水的 COD/NH$_3$-N 值相对较低，如果脱氮过程经历亚硝酸盐反硝化、硝酸盐反硝化的过程，很可能出现碳源不足而需要外加碳源的现象，从而额外增加运行费用。因此，A^2/O^2 工艺中将好氧池 O_1 控制在亚硝化阶段不仅可以减少供氧量，而且可以保证缺氧池 A_2 的反硝化过程仅利用进水碳源而不需要外加有机碳源[63]。

c. 好氧池 O_1 的作用。好氧池 O_1 的作用是将进水中的 NH_3-N 在有氧状态下亚硝化为 NO_2^-，同时降解有机物。生成的 NO_2^- 回流到缺氧池 A_2，进行反硝化脱氮。

整个好氧池都控制在亚硝化阶段可以减少对氧的需求量，降低能耗及运行成本，宜于富集微生物，提高负荷。

d. 好氧池 O_2 的作用。焦化废水经过厌氧池 A_1、缺氧池 A_2、好氧池 O_1 处理后进入好氧池 O_2，进入好氧池 O_2 的废水中还含有未硝化的 NH_3-N、未完全反硝化的 NO_2^--N 及未降解的 COD，好氧池 O_2 的作用就是：将未硝化的 NH_3-N 进一步硝化，保证出水 NH_3-N 达标；将反硝化不完全的亚硝酸氮氧化为硝酸氮，以防止其进入周围环境造成危害；进一步降解 COD，保证其达标排放。好氧池 O_2 使得 A^2/O^2 工艺的运行稳定性大大提高。

② 工艺流程特点

a. A^2/O^2 工艺能够获得较高的 COD 和 NH_3-N 去除率，适于处理含高浓度 COD 和 NH_3-N 的废水。

b. A^2/O^2 工艺中的厌氧段不仅能够去除部分 COD，而且能够有效地改善废水中难降解有机物的可生化性，为后续处理过程提供有效的基质。

c. A^2/O^2 工艺系统操作稳定，抗冲击负荷能力强。

d. 相比于传统工艺，A^2/O^2 工艺能够节省能耗和可能的外加碳源，运行费用得以大大降低。

（4）O/A-O 处理技术

① 工艺流程　工艺流程见图 8-17。

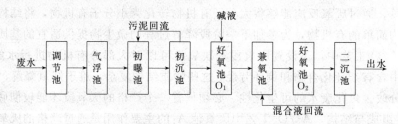

图 8-17　O/A-O 工艺废水处理流程

废水经调节池匀质匀量后，用泵提升至气浮设备进行物理出油及 SS，后自流入 O_1 池。O_1 段即为曝气段，在好氧微生物的作用下，废水中的易降解有机物降解为二氧化碳和水，去除废水中的大部分 COD 及可在好氧条件下降解的有毒物质，如硫化物、硫氰酸根等。减轻了 O_2 段的 COD 负荷，减少对兼氧池（A 段）反硝化菌及 O_2 段硝化菌的冲击，保障 O_2 段硝化反应的顺利进行。O_1 段设有单独的污泥回流系统，设计中采用初沉池实现回流。O_1 段停留时间为 16h。

O_2 段好氧回流混合液中的 NO_2^--N 和 NO_3^--N 在 A 段进行反硝化，将硝态氮转化为氮气而实现彻底脱氮，同时降解一些难降解的有机物作为反硝化反应的碳源，A 段停留时间为 20h。吡啶类、喹啉等物质在好氧条件下难降解的物质，却可以在兼氧条件下得以降解，降解为小分子有机物。另外，投加粉末活性炭作载体可使微生物吸附于其表面并形成较大的颗粒，颗粒内部存在的厌氧微环境使厌氧微生物得以存活。即使污泥在 O_2 段和 A 段循环，也不影响其污泥颗粒内部的厌氧菌。因此，设计 A 段停留时间较普通 A-O 工艺长。

O_2 段的主要作用是进行硝化反应，将 NH_3-N 转化为 NO_2^--N、NO_3^--N，O_2 段停留时间为 32h。因硝化细菌生长缓慢，若想使其在系统中占有优势，就必须保持足够长的泥龄，即系统的生物固体停留时间 SRT 必须大于自养型硝化菌的最小世代时间 SRT，以防硝化菌随排泥而消失。

② 工艺特点　O/A-O 工艺除了具有较强的 COD 降解能力和脱氨彻底等特点外，还具有灵活的可调节性，当原水 COD 有较大波动时，可以灵活调节 O_1 段的溶解氧来控制 A 段的碳源，从而有效地减小由于原水波动对系统的冲击，保证系统运行的稳定性。

③ 案例　新钢焦化厂污水处理站和 2×63 孔 6m 焦炉同期建设，和焦化厂新老系统年产 255 万吨焦炭的能力相配套，采用浙江汉蓝环保公司的环保技术并由该公司负责设计、施工及调试，设计处理能力为 150t·h^{-1}，于 2008 年 8 月建成并开始调试运行。

污水处理站采用 O/A-O 污水处理工艺。新钢焦化厂污水主要由蒸氨废水、焦油精加工工序酚水、粗苯精加工工序酚水等组成。其中焦油精加工工序酚水、粗苯精加工工序酚水的 COD、pH 值波动较大。

焦化厂采用工艺流程如图 8-18 所示。

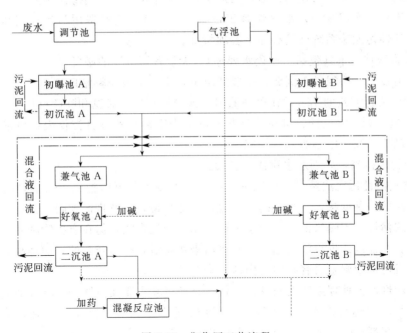

图 8-18　焦化厂工艺流程

由生产车间排出的废水，首先进入隔油池进行物理隔油。废水隔油后自流入调节池，同时兑入部分循环系统的排污水，进行水量调节、水质混合。均和后废水由泵提升进入气浮池进行化学除油。

气浮处理后废水自流入初曝池的目的主要是去除废水中大量抑制脱氮菌属生长的 CN^-、SCN^- 等有毒有害物质。初曝池出水自流至初沉池进行泥水分离，污泥回流至初曝池，污泥回流比约为 75%。

初沉池出水自流至 O/A-O 段，即脱碳、脱氮处理单元，该单元由兼氧池、好氧池、二沉池组成。该单元的生化处理工艺是针对废水有机物浓度高、NH_3-N 含量高，依据同类废水处理运行结果而设置的[63]。生化处理单元中，兼氧池、好氧池、二沉池之间的水流实现自流。根据以前的成功经验，兼氧段采用无氧搅拌，好氧采用鼓风曝气，保持各构筑物内混合液处于完全混合或悬浮状态。好氧池、兼氧池之间设置内循环系统，硝化液回流比为300%，二沉池沉淀污泥通过回流至兼氧池，污泥回流比为75%。二沉池对后段好氧池的混合液进行固液分离，出水自流进入混凝反应池，污泥用泵提升回流至兼氧池入口处，剩余污泥排至污泥浓缩池。

（5）SBR处理技术

①工艺流程　SBR工艺即间歇式活性污泥处理系统，又称序批示活性污泥处理系统。图8-19所示是SBR系统的工艺流程[64]。

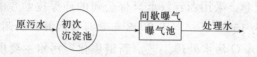

图 8-19　SBR 系统工艺流程

从图可见，本工艺系统最主要特征是采用集有机污染物降解与混合液沉淀于一体的反应器——间歇曝气曝气池。与连续式活性污泥法系统相较，本工艺系统组成简单，无需设污泥回流设备，不设二次沉淀池，曝气池容积也小于连续式，建设费用与运行费用都较低。此外，间歇式活性污泥法系统还具有如下各项特征。

a. 在大多数情况下（包括工业废水处理），无设置调节池的必要。

b. SVI 值较低，污泥易于沉淀，一般情况下，不产生生污泥膨胀现象。

c. 通过对运行方式的调节，在单一的曝气池内能够进行脱氮和除磷反应。

d. 应用电动阀、液位计、自动计时器及可编程序控制器等自控仪表，可能使本工艺过程实现全自动化，而由中心控制室控制。

e. 运行管理得当，处理水水质优于连续式。

② 间歇式活性污泥法系统工作原理与操作　原则上，可以把间歇式活性污泥法系统作为活性污泥法的一种变法，一种新的运行方式。如果说，连续推流式曝气池，是空间上的推流，则间歇式活性污泥曝气池，在流态上虽然属完全混合式，但在有机物降解方面，则是时间上的推流。在连续式推流曝气池内，有机污染物是沿着空间降解的，而间歇式活性污泥处理系统，有机污染物则是沿着时间的推移而降解的[65]。

间歇式活性污泥处理系统的间歇式运行，是通过其主要反应器——曝气池的运行操作而实现的。曝气池的运行操作，是由流入、反应、沉淀、排放、待机（闲置）5个工序所组成。这5个工序都在曝气池这一个反应器内进行、实施（参见图8-20）。

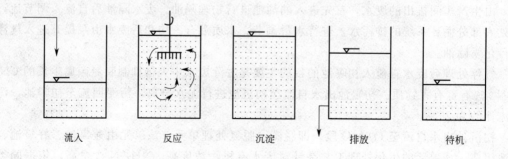

图 8-20　SBR 曝气池运行操作 5 个工序示意

现将各工序运行操作要点与功能阐述于下。

a. 流入工序。在污水注入之前，反应器处于 5 道工序中最后的闲置段，处理后的废水已经排放，器内残存着高浓度的活性污泥混合液。

污水注入，注满后再进行反应，从这个意义来说，反应器起到调节池的作用，因此，反应器对水质、水量的变动有一定的适应性。

污水注入、水位上升，可以根据其他工艺上的要求，配合进行其他的操作过程，如曝气，既可取得预曝气的效果，又可取得使污泥再生恢复其活性的作用；也可以根据要求，如脱氮、释放磷等，进行缓速搅拌；又如根据限制曝气的要求，不进行其他技术措施，而单纯注水等。

本工序所用时间，则根据实际排水情况和设备条件确定，从工艺效果上要求，注入时间以短促为宜，瞬间最好，但这在实际上有时是难以做到的。

b. 反应工序。这是本工艺最主要的一道工序。污水注入达到预定高度后，即开始反应操作，根据污水处理的目的，如 BOD 去除、硝化、磷的吸收以及反硝化等，采取相应的技术措施，如前三项，则为曝气，后一项则为缓速搅拌，并根据需要达到的程度以决定反应的延续时间。

如根据需要，使反应器连续的进行 BOD 去除-硝化-反硝化反应，BOD 去除-硝化反应，曝气的时间较长，而在进行反硝化时，应停止曝气，使反应器进入缺氧或厌氧状态，进行缓速搅拌，此时为了向反应器内补充电子受体，应投加甲醛或注入少量有机污水。

在本工序的后期，进入下一步沉淀过程之前，还要进行短暂的微量曝气，以吹脱污泥近旁的气泡或氮，以保证沉淀过程的正常进行，如需要排泥，也在本工序后期进行。

c. 沉淀工序。本工序相当于活性污泥法连续系统的二次沉淀池。停止曝气和搅拌，使混合液处于静止状态，活性污泥与水分离，由于本工序是静止沉淀，沉淀效果一般良好。

沉淀工序采取的时间基本同二次沉淀池，一般为 1.5～2.0h。

d. 排放工序。经过沉淀后产生的上清液，作为处理水排放。一直到最低水位，在反应器内残留一部分活性污泥，作为泥种。

e. 待机工序。也称闲置工序，即在处理水排放后，反应器处于停滞状态，等待下一个操作周期开始的阶段。此工序时间，应根据现场具体情况而定。

③ SBR 工艺功能的改善与强化　SBR 处理工艺是一种系统简单，但处理效果好的污水生物处理技术，同时，它又是一种新型的污水处理工艺，在理论上和工程设计以及运行操作方面，还存在着需要研究、探讨的问题，现将其列举出供参考。

a. 关于待机与进水工序与多项功能相结合的问题。

（a）SBR 工艺具有一定的调节功能，能够在一定程度上起到均衡污水水质、水量作用，而这一作用主要通过待机与进水工序实施。

（b）与水解酸化反应相结合，通过水解酸化反应能够改善污水的可生化性，有利于提高下一工序"曝气反应"的效果。水解酸化的延续时间应通过综合考虑进水工况与水解酸化反应所需时间确定。

（c）如待机工序时间较长，为了防止作为种污泥而留在反应器内的混合液被钝化，应对其进行间断地曝气。还可以在新的工作周期开始之前，对保留的种污泥进行一定时间的曝气，使其得到再生，提高与强化。

b. 关于 SBR 反应池的 BOD-污泥负荷与混合液。与常规的活性污泥法相同，SBR 反应池内的混合液污泥浓度与 BOD-污泥负荷是两项重要的设计与运行参数。它们直接影响本工艺的其他各项工艺参数，如反应时间、反应器容积、供氧和耗氧速度等，从而对处理效果也产生直接影响。

迄今，对 SBR 工艺，这两项基本参数，还是根据经验取值。对处理城市污水的 SBR 工艺，其反应池内的浓度，可考虑取值 $3000\sim5000\text{mg}\cdot\text{L}^{-1}$，略高于传统处理系统，BOD-污泥负荷，则宜选用 $0.2\sim0.3\text{kgBOD}\cdot(\text{kgMLSS}\cdot\text{d})^{-1}$。

c. 关于耗氧与供氧问题。SBR 工艺是时间意义上的推流，反应器内的有机污染物浓度、微生物增殖速度与好氧速度等项参数的工况，都是随时间而逐渐降低的，对此，对 SBR 工艺的反应器，采用随时间的渐减曝气方式是适宜的。

④案例　唐钢炼焦制气厂原配套污水处理工艺采用活性污泥法[66]，设计处理能力 $100\text{t}\cdot\text{h}^{-1}$，生化处理后排水指标除 COD、氨氮外，均达到企业排放标准。2003 年厂扩建 5、6 炉，生产能力扩大 1 倍，同时配套投产了一套生化脱酚污水处理新系统，其设计处理能力为 $120\text{t}\cdot\text{h}^{-1}$。由于场地有限，采用了序批式间歇活性污泥（简称 SBR）工艺处理，该设施投产至今，虽经国内外专家多次亲临现场指导，均未能达到设计目标值。除挥发酚合格、氰化物基本合格排放外，COD 在 $400\sim500\text{mg}\cdot\text{L}^{-1}$、氨氮在 $200\sim400\text{mg}\cdot\text{L}^{-1}$，均未达到国家排放标准。为此，进行技术改造，确保外排水达标。

为给后续工序创造良好条件，2005 年 7 月对旧系统设施进行了改造，增加了分解固定铵盐和酸化水解两道预处理设施，降低进入反应器的氨氮指标，并且使一些难降解的大分子物质开环断链，分解成易生化、易降解的小分子物质，以降低生物反应器内的 COD 负荷。改造后的工艺流程见图 8-21。

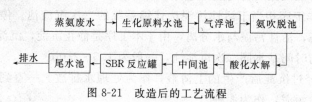

图 8-21　改造后的工艺流程

a. 滗水器改造。为改善反应器内可生化性的恶性循环现象，对滗水器进行了改造，主要是延长了滗水器行程，增大每个循环周期的排水量。

b. 加稀释水。为降低生物反应器内 COD 负荷，在中间池内加入生活污水稀释，使 SBR 罐进水浓度降低 1 倍左右。

c. 改造效果。通过上述改造，基本满足了酚和氰化物达标排放要求，但 COD 和氨氮距目标值还有一定距离。主要是因为随着运行时间的推移，反应器内污泥活性逐渐降低，繁殖能力下降，处理效果一般。工艺改造完成后，2006 年 3 月全月主要进出水指标如表 8-8 所示。

表 8-8　主要进出水指标（平均值）　　　　　　　　　　单位：$\text{mg}\cdot\text{L}^{-1}$

项目	挥发酚	氰化物	COD	氨氮
原水	637.50	19.2	4138.0	329.0
SBR 罐进水	357.54	8.07	1995.3	146.2
排水	0.38	0.25	476.0	116.2

（6）PACT 处理技术

①工艺流程　PACT 工艺又称为 AS-PAC 工艺，是向活性污泥系统中投加粉末活性炭，

将活性炭吸附和生物氧化结合起来的一种活性污泥工艺。粉末活性炭投加曝气池后能强化活性污泥法的净化功能，提高有机物的去除效率，改善出水水质。该法一经产生就因其在经济和处理效率方面的优势广泛地应用于工业废水如：炼油、石油化工、印染废水、焦化废水、有机化工废水的处理，该法用于城市污水处理可明显改善硝化效果[67]。

图 8-22 所示为一般 PACT 的工艺流程，PAC 可以连续或间歇地按比例加入曝气池，亦可以与初沉池出水混合后再一同进入生化处理系统，在曝气池中吸附与生物降解同时进行。所以可以达到较高的处理效率，PAC 污泥在二沉池固液分离后再回流入生化系统。从工艺流程中可以看出，该法取活性炭吸附与生化作用两者结合之长，去两者各自之短，实质上是活性污泥形式的活性炭吸附生物氧化法，单独用活性炭价格昂贵而单独用生物法虽经济但只适用于去除有机污染物[68]。

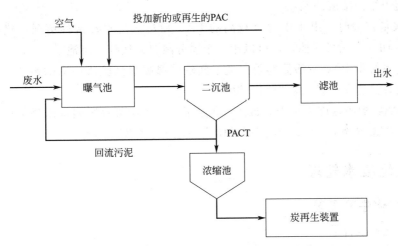

图 8-22　PACT 工艺流程

PACT 法优于单独的活性污泥法，这可以从以下几方面来解释。

a. 微生物氧化依赖于有机物的浓度，吸附增大了固定在炭粒表面的有机物浓度，并使反应进行得比较彻底。

b. PAC 和活性污泥一起停留在曝气池中，相当于污泥龄的时间，难降解有机物有更多的机会被降解。

c. 由于炭吸附难降解有机物的同时吸附了微生物，从而延长了生物与有机物的接触时间而且 PAC 对细胞外酶的吸附也有利于微生物对有机物的降解。

② 工艺特点　投入 PAC 的 AS 系统有如下特点。

a. 改善了污泥沉淀性能，降低了 SVI，提高了二沉池固液分离能力。

b. 提高了不可降解 COD 或 TOC 的去除率，特别是能有效地去除纺织、造纸制浆和染料废水的色度和臭味，减少曝气池的发泡现象，这主要得益于粉末活性炭的吸附作用。

c. 改善污泥絮体的形成，这是由于活性炭与絮体结合后，絮体密度增大再加上活性炭的多孔性，絮体与之结合更充分。

d. 增加了无机物的去除率，增加了对重金属冲击负荷的适应性，炭吸附与金属相络合的有机物，在含硫量较高时在炭表面形成硫化沉淀析出，重金属随生物絮体共沉析。

e. 降低了生物处理出水的毒性，减轻了出水对鱼类的毒害。

f. 减少了对异养微生物或硝化微生物的抑制，有脱氮作用。

g. 降低了 VOCs 向气相的转移，在活性污泥系统中考虑 VOC 控制，PACT 工艺会有一定的效果。

h. 提高系统总的去除效率，大大改善出水水质，许多报道表明 PACT 法优于活性污泥法。

i. 便于污水厂的统一管理，以较低的投资提高污水厂的处理能力。

③ 应用 PACT 工艺应注意的问题

a. PACT 将粉末活性炭投加于活性污泥曝气池，其排出的剩余污泥为 PAC-生物污泥，具有磨损性，对泵体、池体、二沉池刮泥机械以及污泥处置设备都有较高的耐磨要求，选择材料时要加以考虑。

b. 由于该工艺产生的污泥密度较高，所以二沉池刮泥机械以及污泥处置设备设计时要采用较高的扭力矩极限值。

c. 当投炭量较大时，出水中含有较高的 PAC 颗粒，为改善这种情况，建议最好采用 SBR 系统或者加一个三级滤池，也可以用一个膜分离单元代替二沉池。

d. PACT 系统中 PAC 的吸附容量与通过间歇等温吸附试验所预测的数值有所不同，应进行连续流处理试验获得相关数据用于设计。

e. 因为 PAC 的吸附能力很强，如直接暴露于空气中则极易吸附周围环境中的物质，使吸附位被占，PAC 失效，所以在生产或试验中一定要注意密闭保存。

8.3　煤气化废水处理

8.3.1　煤气化生产工艺

（1）煤气化技术背景

中国是目前世界上最大的煤炭生产和消费国。2012 年原煤产量为 36.6 亿吨，其中大部分是直接燃烧用于电力工业和运输业，通过气化形式生产合成气的比重较低，随着石油和天然气的相对短缺，发展我国的煤化工产业愈显重要[69~71]。

煤化工是指某产品采用以煤为原料的工艺路线，经过化学反应，从 CO 加 H_2 合成各种化工产品，从而可以节约石油、天然气资源，优化能源结构。特别是进入 20 世纪 80 年代后，随着洁净煤气化工艺的开发研究，采用先进的气流床反应器，以水煤浆或干粉煤为原料，进行大规模、单系列、加压气化生成合成气的方式提高了合成气工业化生产的程度，且气化指标好，成为了煤气化技术的主流，也是现代煤化工中研究最为活跃的领域[70,72]。

现代煤化工分为三个工业化层次。第一层次为煤制合成气，水煤浆或干煤粉经过部分氧化法生成合成气（CO+H_2），水煤浆气化在国内已经工业化。第二层次为合成气加工，合成气加工工艺主要有三条路线：醇类、烃类和其他碳氧化合物的合成。其中醇类合成包括合成气制甲醇、二甲醚、乙醇和进一步制乙二醇等。第三层次是深加工，深度加工甲醇和烯烃的下游产品最多，是化工行业的支柱[73]。

（2）典型煤气化工艺

煤气化技术总的分为地面气化技术和地下气化技术。地面气化技术是将煤从地下挖掘出来后再经过各种气化技术获得煤气的方法；地下气化就是将埋藏在地下的煤炭进行有控制地燃烧，通过对煤的热作用及化学反应而产生可燃气体的过程，其过程集建井、采煤、气化工艺合为一体，将传统的物理采煤方法转变为无人无设备的化学采煤方法，省去了传统的采煤机械设备和地面气化炉等笨重复杂设备[74,75]。煤气化技术流程见图 8-23。

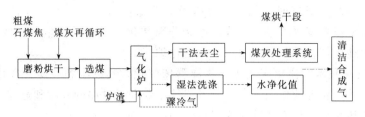

图 8-23 煤气化技术流程

当前世界范围内大约有十几种相对成熟且应用较多的煤气化技术，其中国外技术主要包括鲁奇固定床气化、德士古水煤浆气化、壳牌和 GSP 粉煤气化等技术，国内技术主要包括非熔渣-熔渣氧气分级煤气化、多喷嘴对置式水煤浆气化、灰融聚流化床气化以及两段干粉加压气化等技术[72,76]。

根据气化炉所使用的煤颗粒大小和颗粒在气化炉内的流动状态，气化炉总体上分为三类，即以鲁奇为代表的固定床气化炉、以 U-Gas（灰团聚/灰融聚）、温克勒（Winkler）等为代表的流化床气化炉和以德士古、壳牌为代表的气流床气化炉[77~79]。

①固定床气化技术 固定床气化技术又分为常压固定床间歇煤气化技术和加压固定床煤气化技术。

鲁奇固定床气化技术：鲁奇加压气化炉是由联邦德国鲁奇公司于 1930 年开发的，属第一代煤气化工艺，技术成熟可靠，是目前世界上建厂应用最多的煤气化技术。鲁奇气化炉是制取城市坑口煤气装置中的心脏设备。它适应的煤种广、气化强度大、气化效率高、粗煤气无需再加压即可远距离输送。

鲁奇气化技术的特点为：鲁奇炉以 8~50mm 粒度、活性好、不黏结的无烟煤、烟煤或褐煤为原料，采用碎煤加压式填料方式，即连接在炉体上部的煤锁将原料制成常温碎煤块，然后从进煤口经过气化炉的预热层，将温度提高至 300℃左右。煤从气化炉的顶部加入，而气化剂从炉子的下部供入，因而气固间为逆向流动。随着反应的进行，煤在气化炉内缓慢移动。从气化剂入口吹进的助燃气体将煤点燃，形成燃烧层。燃烧层上方是反应层，产生的粗煤气从出口排出。炉算上方的灰渣从底部出口排到下方连接的灰锁设备中，所以气化炉与煤锁、灰锁构成了一体的气化装置。鲁奇固定床气化压力可达 3.0MPa，气化温度为 900~1050℃，单炉投煤量一般为 1000t·d^{-1}（最大可达 1920t·d^{-1}），采用固态排渣方式。鲁奇炉的代表炉型即第三代 MARK-IV/4 型 ϕ3800mm 加压气化炉，炉体由内外壳组成，其间形成 50mm 的环形水冷夹套，是一种技术先进、结构更为合理的炉型。

该技术的主要特点是：工艺成熟可靠，投资省，建设工期短；原料要求较高，气化压力低，生产能力小，能耗高；同 1 台 UGI（ϕ2740mm）富氧连续气化的生产能力是间歇气化能力的 2 倍以上，但 CO$_2$ 含量略高，同时因需富氧，增加了建设投资；富氧连续制气无吹风气排放。但间歇制气吹风气排放量大，污染物含量多（CO 6％以上，H$_2$S 0.8~1.0g·m^{-3}以上），排放污水中有害物质浓度高，环境污染严重。

典型的鲁奇固定床气化炉对燃料的要求比较高，尤其不宜使用焦结性煤。由于气化温度较低，产生的煤气中不可避免地含有大量的沥青、焦油，因此需要对粗煤气进行分离净化。为简化复杂的粗煤气净化流程，提高气化效率，英国煤气公司在固态排渣鲁奇炉的基础上，进一步提高了气化温度，以强化气化过程，发展成液态排渣鲁奇炉。

鲁奇气化炉起初主要用于生产城市煤气，后发展到生产合成油、氨、甲醇，以及燃气。由于鲁奇气化炉生产合成气时，气体成分中甲烷含量高（8%～10%），且含焦油、酚等物质，气化炉后需要设置废水处理及回收、甲烷分离转化装置，用于生产合成气生产流程长、投资大，因此单纯生产合成气较少采用鲁奇气化炉。

② 流化床气化技术　流化床气化又称沸腾床气化。其以小颗粒煤为气化原料，这些细颗粒在自下而上的气化剂的作用下，保持着连续不断和无秩序的沸腾和悬浮状态运动，迅速地进行着混合和热交换，从而使整个床层温度和组成均一。

常见的流化床有温克勒（Winkler）、灰团聚（U-Gas）、循环流化床（CFB）、加压流化床（PFB 是 PFBC 的气化部分）等。

U-Gas 气化技术。U-Gas 煤气化技术是 20 世纪 70 年代由美国煤气公司开发的。该技术是在常压循环流化床技术工艺的基础上发展起来的，它的技术突破在于采用了灰聚熔技术，气化剂分两路进入炉内，在炉底中心有一个氧气或空气入口，该处由于氧气或空气的进入，形成一个局部的高温区，在这里灰渣中未反应的碳进一步反应，煤灰则在高温下开始软化并且相互黏结在一起，当熔渣的密度和重量达到一定的程度时，灰球的重力大于气流对其的曳力而下落排出。灰熔聚技术极大地降低了常规流化床气化排灰的碳含量，明显提高了碳的转化率，是循环流化床气化技术发展史上的重要里程碑，使循环流化床气化炉的碳转化率提高到 96%～98%，气化温度 954～1038℃。

U-Gas 气化炉操作压力为 0.69～2.41MPa，煤气中无焦油，无废气排放。目前存在的问题是出口气带灰较多，长周期运行有一定的困难。

③ 气流床气化技术[73]　气流床气化是一种并流式气化。从原料形态分有水煤浆、干煤粉两类；从专利上分，Texaco、Shell 最具代表性。前者是先将煤粉制成煤浆，用泵送入气化炉，气化温度 1350～1500℃；后者是气化剂将煤粉夹带入气化炉，在 1500～1900℃高温下气化，残渣以熔渣形式排出。在气化炉内，煤炭细粉粒经特殊喷嘴进入反应室，会在瞬间着火，直接发生火焰反应，同时处于不充分的氧化条件下，因此，其热解、燃烧以及吸热的气化反应，几乎同时发生。随气流的运动，未反应的气化剂、热解挥发物及燃烧产物裹夹着煤焦离子高速运动，运动过程中进行着煤焦颗粒的气化反应。这种运动状态，相当于流化技术领域里对固体颗粒的"气流输送"，习惯上称为气流床气化。

a. 德士古水煤浆气化技术。20 世纪 50 年代初期，德士古公司在重油部分氧化气化基础上，成功开发了德士古（Texaco）水煤浆加压气化技术。德士古水煤浆气化工艺见图 8-24。

该技术中，将原料煤、水及添加剂等送入磨机磨成水煤浆，由高压煤浆泵送入气化炉喷嘴，与来自空气的氧气一起送入炉内，在高温高压条件下发生部分氧化反应。离开气化炉的粗合成气和炉渣进入激冷室，粗合成气经第一次洗涤并被水淬冷后，温度降低被水蒸气饱和后出气化炉；气体经文丘里洗涤器、碳洗塔洗涤除尘冷却后送至变换工段。由于高温高压条件下发生气化反应，产生的粗煤气中没有焦油；水急冷工艺使得产生的煤气中含有饱和蒸汽，对于后续的化工合成而言无需再加入水蒸气。

德士古水煤浆气化炉的温度为 1350～1400℃，操作压力已达到 8.7MPa，单炉耗煤量已达到 2000t·d^{-1}，是目前商业运行经验最丰富的气流床气化技术。该技术的特点是对煤种适应性比较宽，对煤的活性没有严格的限制，但对煤的灰熔点有一定的要求（一般要求低于 1400℃），单炉生产能力大；碳转化率高，达 96%～98%，煤气质量好，甲烷含量低。

目前影响德士古气化装置长周期稳定运行的关键因素是烧嘴运行周期。烧嘴运行周期一

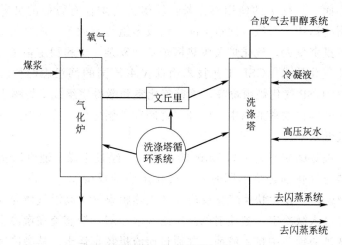

图 8-24 德士古水煤浆气化工艺

般在 2 个月左右, 烧嘴即因为喷头磨损、裂纹等问题而需要更换。此外, 该气化炉因采用耐火砖而存在成本高、寿命短的问题。为此, 通常设置备用炉。由于采用水煤浆, 相对于干粉气化, 冷煤气效率和有效气体成分 (CO+H₂) 偏低, 而氧耗、煤耗偏高。此外, 德士古喷嘴的水煤浆射流属于受限空间内的射流, 在气化炉的拱顶部分有一个大的回流区, 这个回流区的存在不仅使气化炉的有效气化空间减少, 而且在拱顶部分容易产生结渣现象。

b. 壳牌粉煤气化技术。壳牌粉煤气化技术 (见图 8-25) 由壳牌公司在渣油气化的基础上于 1972 年开始研究。

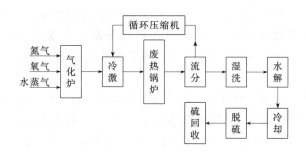

图 8-25 壳牌粉煤气化技术

气化工艺采用干粉进料、氧吹、液态排渣工艺流程。煤粉由高压氮气送入气化炉喷嘴。来自空气的氧气经氧气预热器加热到一定温度后, 与中压过热蒸汽混合并导入喷嘴。送入炉内的煤粉、氧气及蒸汽在高温加压条件下发生部分氧化反应, 气化炉顶部约 1500℃的高温煤气与经冷却后的煤气激冷至 900℃左右进入废热锅炉, 经回收热量后的煤气温度降至 350℃进入除尘和湿式洗涤系统。气化工艺采用的造气压力为 2.0~2.4MPa, 操作温度 1400~1600℃, 设计中渣的含碳量小于 1%, 碳转化率达 99%, 煤气中有效气含量约 90%, 比氧耗约 340m³·(1000m³ CO+H₂)⁻¹, 比煤耗约 590kg·(1000m³ CO+H₂)⁻¹。

该技术的特点是: 壳牌粉煤气化技术由于采用膜式壁气化炉而非耐火砖, 为提高气化温度提供条件, 因此煤种适应性强, 适合包括褐煤、烟煤、无烟煤到石油焦炭等气化原料; 熔渣附着在水冷壁表面，气化炉的使用寿命长，较耐火砖炉衬有较好的可靠性；变负荷能力强，由于多组烧嘴的运用，系统可通过关闭一组或多组烧嘴调节合成气输出量。但是该技术的主要问题是设备投资偏大，气化炉及废热锅炉结构复杂，干粉稳定输送的控制难度大。

c. GSP 气流床气化技术。GSP 工艺技术由前民主德国的德意志燃料研究所开发，始于 20 世纪 70 年代末。GSP 气化炉由烧嘴、冷壁气化室和激冷室组成。烧嘴为内冷多通道的多用途烧嘴，冷却水分别在物料的内中、中外层之间和外层之外，冷却方式比较均匀，可以使烧嘴温度保持在较低水平。

固体气化原料被碾磨成不大于 0.5mm 的粒度后，经过干燥，通过浓相气流输入系统送至烧嘴。气化原料与气化剂经烧嘴同时喷入气化炉内的反应室，在高温（1400~1600℃）、高压（2.5~4.0MPa）下发生快速气化反应，产生热粗煤气。高温气体与液态渣一起离开气化室向下流动直接进入激冷室，被喷射的高压激冷水冷却，液态渣在激冷室底部水浴中成为颗粒状，定期地从排渣锁斗中排入渣池，并通过捞渣机装车运出。从激冷室出来的达到饱和的粗合成气经两级文氏管洗涤后，使含尘量达到要求后送出界区。

该技术的特点是：煤种适应性广，从褐煤、烟煤、无烟煤到石油焦均可；对高水分、高灰分、高硫含量、高灰熔点的煤种也能适应；气化压力高，气化温度可高达 1850℃，特别适应高灰熔点的煤种；碳转化率高，煤气有效气 $[w(CO+H_2)>84\%]$ 含量高，煤气中不含甲烷及其他烃类；进炉煤中 $w(H_2O)<2\%$，属于干粉煤进料，氧耗低，能耗低；炉内采用水冷格栅结构，无耐火材料，维修量小，设备运转周期长；属洁净煤气化技术，气化过程无废气排放，灰水循环使用，基本无排放；原料煤的干燥、磨制粉煤（粒径<0.2mm，占 80%），加压输送，是一套复杂、庞大的系统，投资及动力消耗高；在正常运行中，为了便于调节炉温，需向炉内送入 4.2MPa 的过热蒸汽；以日投煤量 1000t 计，每小时投入的蒸汽量为 8.5~10.5t；同时，为防止熄火，保证安全生产，炉内设燃气烧嘴，每小时耗煤气 3500~4000m³，相当于损失合成氨 1t 以上；仅上述两项费用，每天约 5.0 万元，全年 1500 万元以上，可见操作运转费用偏高，在一定程度上影响其经济性。

d. 多喷嘴对置式水煤浆气化技术。多喷嘴对置式水煤浆气化炉操作压强 3.0~6.5MPa，有效气体（CO+H₂）达到 83%，碳转化率大于 98%，比氧耗约 3840m³·(1000m³CO+H₂)⁻¹，比煤耗约 550kg·(1000m³CO+H₂)⁻¹。在多喷嘴对置水煤浆气化技术中，水煤浆经隔膜泵加压，通过 4 个对称布置在气化炉气化室中上部同一水平面的工艺喷嘴，与氧气一起对喷进入气化炉。四股射流相互撞击形成包含射流区、撞击区、回流区、折返流区以及管流区的特殊结构的撞击流场。水煤浆颗粒在气化炉中的气化过程可以分为几个阶段：颗粒的湍流弥散、颗粒的震荡运动、颗粒的对流加热、颗粒的辐射加热、煤浆蒸发和颗粒中挥发分的析出、挥发产物的气相反应、煤焦的多相反应、灰渣的形成等。

多喷嘴对置式水煤浆气化炉通过喷嘴配置、气化炉结构以及尺寸优化，形成撞击流以强化混合，这不仅使炉内气流场及温度分布合理，而且优化了气化效果。

8.3.2 水质水量特征

（1）气化废水的来源及产生量[6]

在煤的气化过程中，煤中含有的一些氮、硫、氯和金属元素，在气化时部分转化为氨、氰化物和金属化合物；一氧化碳和水蒸气反应生成少量的甲酸，甲酸和氨又反应生成甲酸铵。这些有害物质大部分溶解在气化过程的洗涤水、洗气水、蒸气分流后的分离水和储罐排水中，一部分在设备管道清扫过程中放空。与炼焦相比，气化对环境的污染要小得多。气化废水主要包括煤气发生站废水、气化工艺废水。

① 煤气发生站废水　煤气发生站废水主要来自发生炉中煤气的洗涤和冷却过程，这一废水的量和组成随原料煤、操作条件和废水系统的不同而变化。

② 气化工艺废水　目前工业化运行的煤气化生产工艺只有固定床、流化床和气流床三种气化工艺，不同的煤气化工艺产生的废水水量不同。

相对于煤的焦化，煤气化产生的废水比较少，大约每气化 1t 煤产生 $0.5\sim1.1m^3$ 废水，实际中因为工艺设备和方法的不同而产生的污水量不同。

（2）气化废水的水质特征[21,80]

煤气化废水是气化炉在制造煤气或代天然气的过程中所产生的废水，主要来源于洗涤、冷凝和分馏工段。其特点是污染物浓度高，酚类、油及氨氮浓度高，生化有毒及抑制性物质多，在生化处理过程中难以实现有机污染物的完全降解。由此可见，煤气化废水是一种典型的高浓度、高污染、有毒、难降解的工业有机废水[15]。其中几种典型气化工艺产生的废水水质情况如表 8-9 所列。

表 8-9　不同煤气化工艺废水水质

污染种类	污染物浓度/mg·L^{-1}		
	固定床(鲁奇床)	流化床(温克勒炉)	气流床(德士古炉)
焦油	<500	10~20	无
苯酚	1500~5500	20	<10
甲酸化合物	无	无	100~1200
氨	3500~9000	9000	1300~2700
氰化物	1~40	5	10~30
COD	3500~23000	200~300	200~760

从上表可见，3 种气化工艺产生的废水中氨含量均很高；固定床工艺产生的酚含量高，其他 2 种气化工艺酚含量较低；固定床工艺产生的焦油含量高，其他 2 种气化工艺较低；气流床工艺中产生的甲酸化合物较高，其他 2 种工艺基本不产生；氰化物在 3 种工艺中均产生；固定床工艺产生的有机污染物 COD 最多，污染最严重，其他 2 种工艺污染较轻。

总体上来讲，气化废水的水质特征如下所述。

① 色度大，污染程度高　废水一般呈深褐色，有一定黏度，多泡沫，pH 值在 6.5~8.5 范围内波动，呈中性偏碱[82]，有浓烈的酚、氨臭味。COD 值一般在 6000mg·L^{-1} 以上，氨氮浓度 3000~10000mg·L^{-1}。

② 成分复杂　废水中不但存在着大量悬浮固体和水溶性无机化合物，而且还有大量的酚类化合物、苯及其衍生物、吡啶等，有机物种类多达 173 种。

③ 毒性高　废水中不但氰化物和酚类具有毒性，且焦油中含有致癌物质，在干馏制气废水中检测出较高的 3,4-苯并芘。

④ 水质波动大　废水水质因各企业使用的原煤成分及气化工艺的不同而差异较大。德士古气化工艺产生的废水量少，污染程度较低，但是对煤种的适应性不如鲁奇气化工艺；而鲁奇气化工艺、传统的常压固定床间歇式气化工艺等产生的废水污染程度较大，特别是鲁奇气化工艺产生的含酚废水很难处理，运行成本高；以褐煤、烟煤为原料进行气化产生的污染程度远高于以无烟煤和焦炭为原料的工艺。因此针对不同的煤气化工艺和所采用的煤种，应

采用有针对性的工艺对其废水进行处理。

8.3.3　典型处理技术

8.3.3.1　处理工艺选择原则

根据煤气化废水的水质特征，应依据以下原则选择废水生化处理工艺。

① 废水中有机物浓度高，BOD/COD 值约为 0.33，可采用生化处理工艺。

② 废水中含有难降解有机物，如单元酚、多元酚等含苯环和杂环类物质，有一定的生物毒性，这些物质在好氧环境下分解较困难，需要在厌氧或兼氧环境下开环和降解[13]。

③ 废水中氨氮浓度高，需要选用硝化和反硝化能力均很强的处理工艺。

④ 废水中含有浮油、分散油、乳化油和溶解油，溶解油的主要组分为苯酚类的芳香族化合物。乳化油需要采用气浮方式加以去除，溶解性的苯酚类物质需要通过生化、吸附的方法去除。

⑤ 含有毒性抑制物质。废水中含有酚、多元酚、氨氮等毒性抑制物质，需要通过驯化提高微生物的抗毒能力，并选择合适的工艺提高系统的抗冲击能力。

⑥ 非正常废水排放的影响。当工艺生产过程出现问题时，会导致污染物浓度高的非正常废水排放，该废水不能直接进入生化处理系统，需要采取设置事故调节池等措施。

⑦ 废水色度较高，含有一部分带有显色基团的物质。

由此，为确保工艺出水水质，废水处理工艺应选用以除油、脱色为主要目的的预处理工艺，选用以去除 COD、BOD_5、氨氮等为主体的生化处理工艺（主要考虑硝化和反硝化），选用以物化为主的后处理强化工艺。

8.3.3.2　预处理技术[81,83,84]

煤气化废水尤其是固定床工艺废水中酚、氨的浓度远远超过了生化处理的可承受范围，因此煤气化产生的废水不经过预处理直接进行生化处理是不可行的。预处理的主要目的是脱酚除氨，以减轻后续生化处理单元的负荷，并保证生化处理的效果[80,82]。固定床工艺废水需要进行酚、氨回收预处理，流化床和气流床工艺废水需要进行氨回收预处理。

（1）萃取脱酚

脱酚的方法主要有 2 种：蒸汽循环法和溶剂萃取法。蒸汽循环法脱酚效率可达到 80%以上，但由于煤气化废水中含尘量较高，会给酚水的深度净化带来难度，同时酚水中的焦油类物质易造成换热器堵塞，金属填料受腐蚀，所以它的应用受到一定的限制。而有机溶剂萃取法脱酚则没有上述缺点，而且脱酚效果很好，脱酚率可达到 90%～95%，但是选择溶剂较为关键。酚水的萃取溶剂应具有萃取效率高，不易乳化，油水易分离，不易挥发，不能对水质造成二次污染，且价格便宜，易于再生等特点。因此，当前大部分萃取脱酚工艺的研究都集中在针对各类水质应选取何种萃取剂上[85~87]。

萃取法处理煤气化废水的优点在于过程简单，萃取剂经过再生可重复使用，可以产生一定的经济效益；它的缺点在于能耗高，可能发生萃取剂残留在废水中的情况，从而影响后续的处理过程。

（2）氨的脱除与回收[88~90]

当前国内各大煤化工企业对煤气化废水的预处理都是采用传统工艺，煤气化废水经闪蒸、沉降除去焦油和部分轻油，精馏脱除酸性气体，然后萃取脱酚。废水经脱氨和脱酚后，进入生化处理工段进行处理。由于废水中二氧化碳浓度高，且脱氨在最后进行，所以运行过程中一直有较多的二氧化碳与氨共存的情况，两者反应产生铵盐结晶，从而使设备结垢、堵塞严重，影响设备效率。

现有固定床工艺废水预处理中，分离氨、酸性气体主要采用汽提手段，根据汽提设备，又有双塔和单塔工艺之分。双塔工艺典型流程是废水首先通过脱酸塔除去大部分 CO_2 和 H_2S 等酸性气体，然后在萃取塔脱除大部分酚，最后通过溶剂汽提塔顶回收水中残余溶剂，同时脱除氨。流程操作压力主要为常压。单塔工艺流程是废水在 1 个加压汽提塔内将 CO_2、H_2S 等酸性气体和氨同时脱除，汽提塔出水进入后续的萃取装置脱酚。

（3）预处理后的废水水质

气化废水经预处理后，出水水质如表 8-10 所列。

表 8-10　预处理后的出水水质

污染种类	污染物浓度/mg·L^{-1}		
	固定床（鲁奇床）	流化床（温克勒炉）	气流床（德士古炉）
焦油	100~200	10~20	无
苯酚	300~500	20	<10
甲酸化合物	无	无	200~300
总氨	150~250	150~250	150~250
氰化物	5	5	10
COD	3500~4000	200~300	200~500

8.3.3.3　二级生化处理技术

（1）缺氧-好氧处理技术

预处理后的煤气化废水，一般采用缺氧-好氧生物法处理（A/O 工艺或多级 A/O 工艺），其工艺流程及特征如下。

① 工艺流程与特征　缺氧-好氧活性污泥法又称 A/O 法工艺，是在 20 世纪 80 年代开创的工艺流程，其主要特点是将反硝化反应器放置在系统之首，故又称为前置反硝化生物脱氮系统，这是目前采用比较广泛的一种脱氮工艺[91~95]，见图 8-26。

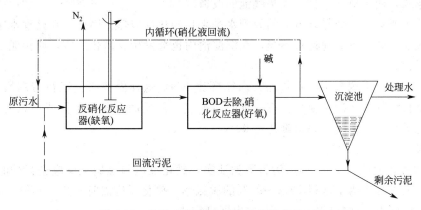

图 8-26　分建式缺氧-好氧活性污泥脱氮系统

图 8-26 所示为分建式缺氧-好氧活性污泥脱氮系统，即反硝化、硝化与 BOD 去除分别在两座不同的反应器内进行。

硝化反应器内的已进行充分反应的硝化液的一部分回流反硝化反应器，而反硝化反应器内的脱氮菌以原污水中的有机物作为碳源，以回流液中硝酸盐的氧作为受电体，进行呼吸和生命活动，将硝态氮还原为气态氮（N₂），不需外加碳源（如甲醇）。

设内循环系统，向前置的反硝化池回流硝化液是本工艺系统的一项特征。

此外，如前所述，在反硝化过程中，还原 1mg 硝态氮能产生 3.75mg 的碱度，而在硝化反应过程中，将 1mg 的 NH_4^+-N 氧化成 NO_3^--N，要消耗 7.14mg 的碱度。因此，在缺氧-好氧系统中，反硝化反应所产生的碱度可补偿硝化反应所消耗的碱度的 1/2 左右。因此，对含氮浓度不高的废水（如生活污水、城市污水）可不必另行投碱以调节 pH 值。

此外，本系统硝化曝气池在后，使反硝化残留的有机污染物得以进一步去除，提高了处理水水质，而且无需增建后曝气池。

由于流程比较简单，装置少，无需外加碳源。因此，本工艺建设费用和运行费用均较低。

本工艺还可以建成合建式装置，即反硝化反应及硝化反应、BOD 去除都在一座反应池内实施，但中间需隔以挡板，如图 8-27 所示。

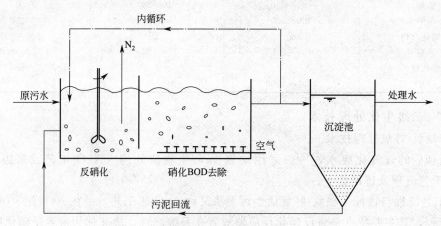

图 8-27　合建式缺氧-好氧活性污泥法脱氮系统

按合建式，便于对现有推流式曝气池的改造。

本工艺主要不足之处是该流程的处理水是来自硝化反应器，因此，在处理水中含有一定浓度的硝酸盐，如果沉淀池运行不当，在沉淀池内也会发生反硝化反应，使污泥上浮，使处理水水质恶化。

此外，如欲提高脱氮率，必须加大内循环比 RN，这样做势必使运行费用增高。此外，内循环液来自曝气池（硝化池）含有一定的溶解氧，使反硝化段难于保持理想的缺氧状态，影响反硝化进程，一般脱氮率很难达到 90%。

② 影响因素与主要参数

a. 水力停留时间[96]。试验与运行数据证实，硝化反应与反硝化反应进行的时间对脱氮效果有一定的影响，为了取得 70%～80% 的脱氮率，硝化反应需时较长，一般不应低于 6h，而反硝化反应所需时间则较短，在 2h 之内即可完成。

硝化反应与反硝化的水力停留时间之比以 3∶1 为宜。

b. 循环比（R）。在本工艺系统中，内循环回流的作用是向反硝化反应器提供硝态氮，使其作为反硝化反应的电子受体，从而达到脱氮的目的。内循环回流比不仅影响脱氮效果，而且也影响本工艺系统的动力消耗，是一项非常重要的参数。

循环比的取值与要求达到的处理效果及反应器类型有关，适宜的循环比宜通过试验或对运行数据的分析确定。

已有的运行数据确证，循环比在 50% 以下，脱氮率很低；循环比在 200% 以下，脱氮率随循环比增高而显著上升；循环比高于 200% 以后，脱氮率提高较缓慢。因此，一般循环比取值不宜低于 200%。对活性污泥系统最高取值可达 600%，而对于流化床，为了使载体流化，要求更高的循环比。

c. MLSS 值。反应器内的 MLSS 值，一般应在 $3000mg \cdot L^{-1}$ 以上，低于此值，脱氮效果将显著降低。

d. 污泥龄（生物固体平均停留时间）。应保证在硝化反应器内保持足够数量的硝化菌，因此采取较长的污泥龄，一般取值在 30d 以上。

e. N/MLSS 负荷率。N/MLSS 负荷率应低于 $0.03gN \cdot (gMLSS \cdot d)^{-1}$，高于此值脱氮效果将急剧下降。

f. 进水总氮浓度。应在 $30mg \cdot L^{-1}$ 以下，否则脱氮率将下降到 50% 以下。

③ 案例　山西天泽煤化工集团股份公司于 2008 年新建 1 套年产 240kt 合成氨、200kt 甲醇、400kt 尿素生产装置。为满足环保要求，配套建有 1 套综合污水处理装置，处理能力为 150t/h。设计进水指标：氨氮 $150mg \cdot L^{-1}$（质量浓度，下同）、COD $500mg \cdot L^{-1}$。

污水处理装置分两期建设，一期为达标排放部分，采用 A/O 活性污泥法处理工艺；二期为回用部分，采用生物接触氧化法＋反渗透处理工艺。一期处理装置于 2008 年 11 月初建成，11 月中旬系统试水，11 月下旬开始接种，12 月上旬接种结束。经过 3 个月的驯化培养，2009 年 4 月出水中氨氮、COD 浓度完全合格，符合《合成氨工业水污染排放标准》（GB 13458—2013）的合成氨工业水污染最高允许排放限值（氨氮为 $40mg \cdot L^{-1}$，COD $100mg \cdot L^{-1}$）。

由于煤气化废水中难降解物质较多，常规方法虽能在一定程度上去除污染物，但处理后出水中的 COD 和氨氮指标仍难以稳定达标。

（2）厌氧-好氧联合生化处理技术[97~101]

煤气化废水中含有以喹啉、吲哚、吡啶、联苯等为代表的难降解有机物。该类污染物相对分子质量大，结构复杂，在好氧的条件下难以被完全降解去除。然而该类污染物具有较好的厌氧降解性能，在好氧处理前，如果先经过一步厌氧处理，则这些难降解物质会被厌氧微生物分解为较易降解的小分子有机物，再通过好氧处理即可实现难降解有机物的生物去除。

① 工艺流程　厌氧-好氧组合工艺流程见图 8-28。

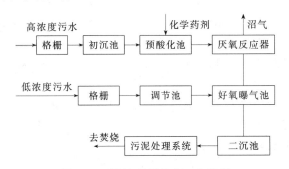

图 8-28　厌氧-好氧组合工艺流程

② 工艺优点　气化废水经过厌氧处理后，再进行好氧处理，可以进一步去除厌氧处理后剩余的有机物和 H_2S，并进一步降解沉淀物，澄清出水。

与传统的活性污泥好氧处理系统相比较，厌氧-好氧生物处理技术的优点如下。

a. 运行操作稳定。作为后处理的好氧系统中活性污泥的沉降性能比只进行好氧处理的活性污泥好，在废水中的活性污泥膨胀问题也将在厌氧处理中得到抑制。

b. 能耗低。厌氧技术不需耗电就去除了大量的有机物，减小了其后的好氧处理系统规模，可节约大量因为曝气而所需消耗的电能和用水量，其运行电费可降低 50%。

c. 厌氧技术作为前处理，使好氧系统的 COD 负荷只有 20%～30%，比传统好氧处理产生的剩余污泥量减少 60% 以上，因此污泥处理的装置规模及费用大大降低。

d. 厌氧环节约 85% 的 COD 有机物转化为甲烷气体，可作为锅炉燃气生产蒸汽或用作家庭燃气，在以上实例中每天可产生 11000m³ 的甲烷气，其经济价值约每天 13200 元人民币以上（沼气按 1.20 元·m⁻³ 计），可完全平衡运行费用，并且还可获得收益。

e. 2% 的 COD 有机物转化为有经济价值的厌氧颗粒污泥，可出售给其他厌氧反应装置作为启动材料。

值得注意的是，废水进入厌氧反应前，不但要调节好 pH 值，而且要严格控制污水中的含氨量。

采用两级两相厌氧工艺处理高浓度甲醇废水和气化废水取得了良好的效果。另外，上流式厌氧污泥床（UASB）工艺及活性炭厌氧膨胀床工艺也被应用于煤气化废水的处理，均取得了良好的效果。

（3）MBBR 处理技术

MBBR（流动床生物膜）工艺通过向反应器中投加一定数量的悬浮载体（密度接近于水），提高反应器中的生物量及生物种类，从而提高反应器处理效率。该工艺中，每个载体内部都附着生物膜，生物膜外部为好氧菌，内部为厌氧或兼氧菌，通过同步硝化反硝化能够高效地去除氨氮和总氮。另外，MBBR 反应器内污泥质量浓度较高，可达 $15\sim25g\cdot L^{-1}$，菌种富集度较高，使得该工艺能够有效地降解煤气化废水中的特征污染物，在提高有机物处理效率的同时，耐冲击负荷能力也得到增强[102~104]。

MBBR 工艺的最大缺点是使用的填料主材质为聚丙烯，原料成本较高，今后的研究重点应放在开发低成本的悬浮填料上。

（4）HCF 工艺

HCF（深层曝气法）工艺采用射流曝气加鼓风曝气方式供氧，是一种高负荷的好氧处理系统。其空气氧的转化利用率可高达 50%，溶解氧的质量浓度易保持在 $5mg\cdot L^{-1}$ 以上，可承受较高负荷的运行条件，且能保证较高的 COD 去除率。HCF 为完全混合型运行方式，原水先与回流废水合流，然后再进入反应器，并立即被快速循环混合，抗冲击负荷的能力强。工程实践和中试试验表明，HCF 工艺对发酵、制药、食品、煤气化等行业的废水都能进行有效处理[105,106]。

HCF 工艺的缺点是其池体深度较大，运行所需功率大，能耗多。

8.4　煤液化废水处理

8.4.1　煤液化生产工艺

煤液化技术分为煤直接液化技术和煤间接液化技术。

煤直接液化是指将煤炭制成油煤浆，在高温高压下，借助于供氢溶剂和催化剂，使氢元素进入煤及其衍生物的分子结构，从而将煤转化为液体燃料或化工原料的先进洁净煤技术。通过煤直接液化，不仅可以生产汽油、柴油、液化石油气、喷气燃料油，还可以提取 BTX（苯、甲苯、二甲苯）及生产乙烯、丙烯等重要烯烃的原料。

煤间接液化是以煤为原料，先气化制成合成气，然后，通过催化剂作用将合成气转化成烃类燃料、醇类燃料和化学品的过程。

（1）煤直接液化工艺

目前世界上具有代表性的最先进的几种煤直接液化工艺是：德国的 IGOR（Integrated Gross Oil Refine）工艺；美国碳氢化合物研究公司（HTI）两段催化液化工艺；日本的 NEDOL 工艺[107,108]。以下为此 3 种典型煤直接液化生产工艺情况。

① 德国的 IGOR 工艺 IGOR 工艺是由 IG 工艺发展来的。IG 工艺是由德国染料公司开发的两段工艺，第一段为煤浆加氢，将煤转化为粗汽油和中油；第二段为气相加氢，将第一段的产品转化为商品油。IGOR 工艺将 IG 的两段结合到一起，在高温分离器和低温分离之间设置了两个催化加氢反应器（固定床），其结果缩短了流程，不仅减少了设备的投资，也减少了 IG 工艺由于流程长带来的热损失。

IGOR 工艺以制铝赤泥（拜尔赤泥）为催化剂，拜尔赤泥的主要成分为 Al_2O_3、Fe_2O_3、SiO_2。拜尔赤泥是铝生产过程中的副产品，由于催化剂价格便宜，对催化剂不进行回收。液化反应压力为 30MPa，反应温度为 465℃，空速为 $0.5t \cdot (m^3 \cdot h)^{-1}$。反应产物进入高温分离器，由高温分离器底部出来的粗油被送入减压闪蒸塔，减压闪蒸塔底部产物为液化残渣，顶部的闪蒸油与高温分离器的顶部产物一起进入第一个固定床加氢反应器，其产物进入中温分离器。中温分离器底部的重油作为循环溶剂，用于煤浆制备，顶部产物进入第二个固定床加氢反应器。两个加氢反应器的操作参数和使用的催化剂均相同，操作温度为 350～420℃，操作压力为 30MPa，空速为 $0.5t \cdot (m^3 \cdot h)^{-1}$（液体空速），催化剂为 Mo-Ni 型载体催化剂。第二个加氢反应器的产物进入低温分离器，其顶部出来的富氢气经水洗和油洗后循环使用，其底部产物进入常压蒸馏塔，在常压蒸馏塔中分馏出汽油和柴油馏分。

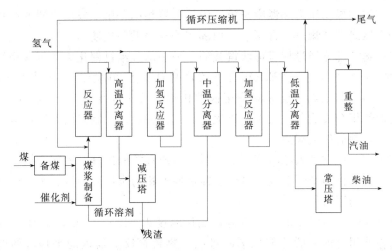

图 8-29 典型煤直接液化生产工艺流程

本流程（图 8-29）的特点是采用减压蒸馏（闪蒸）进行固-液分离，生产能力大，效率高。半成品油可以不经过降温，即可直接进行提质加工，将难以加氢的沥青类物质留在残渣中。上诉设计使循环溶剂中不但不含固体，且基本不含沥青类物质，循环溶剂大约是由

55％的中油和45％的重油构成，使煤浆的黏度大大降低。减压塔出来的残渣具有一定的流动性，可以用泵送至德士古气化炉制氢或用作锅炉染料。

②　美国碳氢化合物研究公司（HTI）两段催化液化工艺　本工艺（图8-30）采用胶态铁催化剂，它比一般的铁系催化剂活性高。操作温度为440～450℃，操作压力为17MPa。

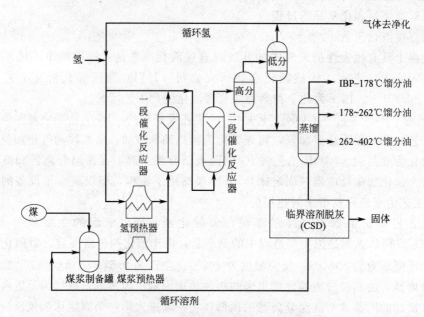

图8-30　两段催化液化工艺流程

将煤、催化剂和循环溶剂制成煤浆，煤浆经过预热并与氢混合后进入一段反应器。操作压力为17MPa，操作温度为440～450℃。反应产物进入高温分离器，高温分离器顶部产物进入第二段反应器。高温分离器分离出来的液体一部分作为循环溶剂返回制浆系统，另一部分经过减压和催化裂化可以取得成品汽油。

第二段反应器的操作压力和温度与第一段反应器相同。第二段反应器的产物进入低温分离器，低温分离器底部产物进入常压塔，顶部产物作为循环氢使用。常压塔顶部产物可获得石脑油，底部产物一部分经过加氢可获得柴油，另一部分经过催化裂化可获得汽油。

③　日本的NEDOL工艺　NEDOL工艺方法是日本于20世纪80年代在EDS工艺的基础上开发的。原料采用烟煤，反应器采用铁催化剂，反应温度为450℃，反应压力为17～19MPa，催化剂使用合成硫化铁或天然硫化铁。工艺特点是：制浆用的循环溶剂采用单独加氢，因而提高了溶剂的供氢能力。

常压蒸馏塔底部产物进入减压蒸馏塔，脱除中质和重质组分。大部分的中质油和全部重质油经过加氢处理后作为循环溶剂，减压蒸馏塔底产物为未反应的煤、矿物质和催化剂，这些物料可作为制氢的原料。

溶剂加氢反应器是固定床催化反应器，操作温度为320～400℃，压力为10MPa，催化剂是由炼油过程使用的加氢脱硫催化剂改进的。物料在反应器内的平均停留时间约为1h，反应产物在一定温度下经过闪蒸获得石脑油产品，闪蒸得到的液态产物作为循环溶剂送往煤浆制备单元。

NEDOL工艺流程见图8-31。

（2）煤间接液化工艺

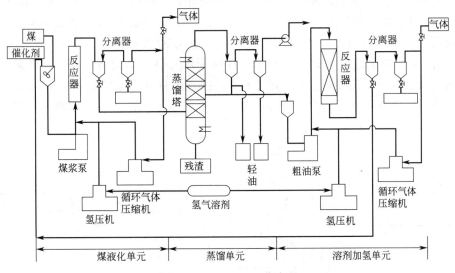

图 8-31 NEDOL 工艺流程

煤间接液化制油工艺主要有 3 种。

① 南非 Sasol 间接液化工艺

a. HTFT 高温费托合成工艺（图 8-32）。高温煤间接液化工艺的产品以汽油和烃、烯烃为主，经提质加工后可得到高质量的汽油。

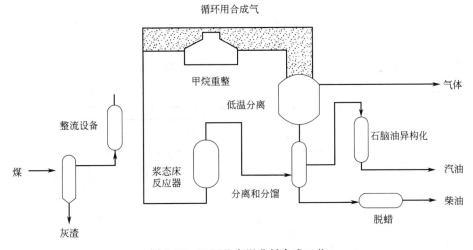

图 8-32 HTFT 高温费托合成工艺

高温煤间接液化工艺的产品以汽油和烃、烯烃为主，经提质加工后可得到高质量的汽油。低温煤间接液化工艺的产品以链状烃为主，主要为煤油、柴油并含有一定量的石脑油和石蜡。其石脑油馏分富含支链 α-烯烃，并含有 $7\%\sim10\%$ 的氧化物，不适合作汽油，但可转化为含氧化化合物作汽油调合组分，或直接作裂解原料生产乙烯。将煤油、柴油以上馏分进行加氢异构降凝后，得到的柴油馏分芳烃质量含量小于 3%，十六烷值在 70 以上，硫含量小于 $1\mu g \cdot g^{-1}$，符合《世界燃料规范》Ⅱ 类柴油的要求，而其十六烷值远高于该规范要求，是非常好的提高柴油十六烷的调合组分。

b. SSPD 浆相蒸馏合成工艺（图 8-33）。SSPD 工艺的开发是为了提高天然气的商品价值，该工艺包括天然气重整、浆态床 FT 工艺和温和加氢阶段，可生产石脑油和优质柴油。
SSPD 工艺使用了专为浆态床系统研制的钴催化剂。由于石脑油具有石蜡的性质，因此它的
辛烷值较低，作为汽油质量较差，但它是一种非常好的裂化原料。Sasol 公司研究表明，
Haldor Topsoe 自热重整本来是用于利用氧气对天然气进行结构重整，也非常适合于本工
艺。产品的加氢过程比较缓和，浆态床 FT 工艺被证明具有商业价值，Sasol 的液化设备日
产量为 2500 桶。Sasol 公司认为，这种简单的三步骤液化工艺在各个方面的性能都是最好
的，可以投入商业化生产。

工艺流程图如下：

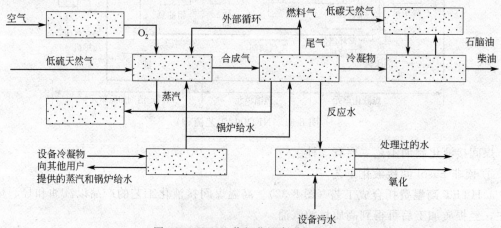

图 8-33　SSPD 浆相蒸馏合成工艺流程

②　荷兰 Shell 的中间馏分油 SMDS 合成工艺　Shell 中质馏分合成（SMDS）间接液化工艺
可利用天然气来生产优质柴油。该工艺被作为石油工业中的许多气体制液体工艺（GTL）之
一。由于该工艺是利用合成气来生产液体燃料，尽管该技术主要以天然气作为原料，但利用煤
气化生产的合成气来生产液体燃料应当也是可行的。SMDS 工艺的原理见图8-34。

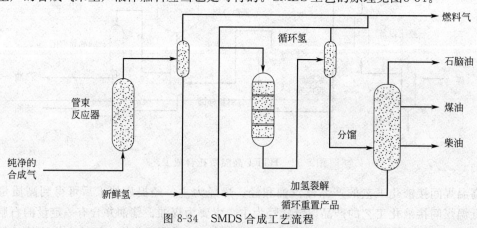

图 8-34　SMDS 合成工艺流程

首先，天然气在一个 Shell 吹氧气化炉中被部分氧化，生产合成气。这种气化方法比蒸
馏的投资大，热效率较低。蒸汽重整法产生的 H_2 过量，过量的 H_2 在单机运转中只能作为
燃料。洁净的合成气进入固定床管束反应器中，在 Shell 公司特有的催化剂作用下发生反
应。反应器靠沸水进行冷却。生产的产品几乎全部属于石蜡族。在该阶段中选择的催化剂的
成分和反应条件能生产比平常沸点更高的产品，可减少烃类气体的生成。

在最后阶段，蜡状重质石蜡在一个滴流床反应器中，在特殊的催化剂作用下被加氢、异构化和氢裂化，生产出以中质馏分为主的产品。该反应器中的反应温度为 300～350℃，工作压力为 $30\times10^5\sim50\times10^5$ Pa。产品循环量大，以尽量减少轻质产品的产量，并保证几乎没有沸点较高的产物。通过改变加氢裂化的程度和循环量，最终产品的构成可以被调整到：柴油 60%，煤油 25%，石脑油 15%。另外，煤油所占的比例也可以提高到 50%，石脑油和柴油各占 25%。

③ 美国 Mobil 的甲醇合成油 MTG 技术 本工艺主要是以合成气为原料合成甲醇，再由甲醇经催化作用可以转化成汽油。

甲醇的合成原理如下：

$$CO+2H_2 \Longrightarrow CH_3OH,CO_2+3H_2 \Longrightarrow CH_3OH+H_2O$$

以合成气为原料，采用 Cu-Zn-Cr 或 Cu 系催化剂。

用煤制成的合成气经过压缩，压力达到 5MPa 或 10MPa，与循环气按 1∶5 的比例混合，然后进入反应器，在反应器内，经过铜催化剂进行合成。合成后的气体含有 4%～7% 的甲醇，经过换热后进入冷凝器，是甲醇冷凝，然后进入气液分离器将甲醇分离出来，得到液态的粗甲醇。粗甲醇进入轻馏分闪蒸塔，压力降至约 0.3510MPa。塔顶分离出来的气体还有未反应的 CO 和 H_2，部分被排出系统作为燃料，以保持系统中惰性气体的份额，其余的与新鲜合成气混合，经压缩后进入反应器。塔底出来的甲醇进入甲醇塔进行精制。

MTG 技术工艺流程如图 8-35 所示。

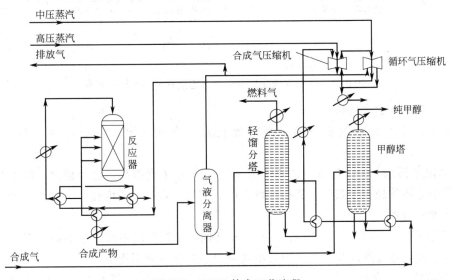

图 8-35　MTG 技术工艺流程

除此之外的 Syntroleum 技术、Exxon 的 AGC-21 技术、Rentech 技术基本与以上工艺类似，只是使用了不同的专有催化剂，在此就不做详细的介绍。

8.4.2　水质水量特征

（1）液化废水的来源及产生量

煤液化工艺中的废水包括高浓度含酚废水和低浓度含油废水。高浓度含酚废水主要来自汽提、脱粉装置处理后的出水，主要包括煤液化、加氢精制、加氢裂化及硫黄回收等装置排出的含酚、含硫废水。此废水水质的特点是油含量低，盐离子浓度低，COD 浓度很高，已经超出一般生物处理的范畴，其中多环芳烃和苯系物及其衍生物、酚、硫等有毒物质浓度高，可生化性差，是一种比较难处理的废水。低浓度含油废水包括来自煤液化厂内的各种装置塔、容器等放空、冲洗排水，机泵填料排水，围堰内收集的污染雨水、煤制氢装置低温甲醇洗废水等。

参照神华煤液化产生废水的数据，煤液化生产每吨液化油要产生污水 4.79t。具体工艺流程及废水产生节点见图 8-36。

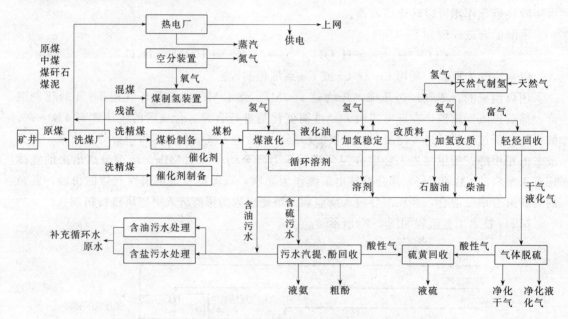

图 8-36　神华煤液化厂的生产工艺流程和污水排放节点

（2）液化废水的水质特征

煤液化产生的废水主要分为：高浓度污水、含油污水、含盐污水及催化剂污水四种。

① 高浓度污水　油含量低，盐离子浓度低；COD 浓度很高，已经超出一般生物处理的范畴，其中多环芳烃和苯系物及其衍生物、酚、硫等有毒物质浓度高，可生化性差，是一种比较难处理的污水。

② 含油污水　污水含油量较高，COD 及其他污染物浓度不高，水中阴、阳离子的组成与新鲜水相似，经过除油及生化处理后出水可以达到污水回用指标。

③ 含盐污水　含盐污水中 COD 含量不高，盐含量已达到新鲜水的 5 倍以上。要想回用，首先要将水中的 COD 处理到回用水要求指标，同时脱盐也是必须要进行的一步。

④ 催化剂污水　含有大量的硫酸铵，其总溶解固体含量为 4.8%，已超过一般海水中的盐含量，而有机物的含量很少。

8.4.3　典型处理技术

根据煤液化废水的水质水量特点及目前国内外煤液化行业的处理技术综合分析，目前煤液化废水治理工艺路线基本遵行物化预处理＋生化处理＋物化深度处理，以下做简单介绍。

8.4.3.1　预处理技术

生化处理工艺因其对各种污染物质的去除率高、工艺成熟、运行费用低等优点常常作为污水处理的主体部分。对于化学成分复杂、可生化性差的高浓度有机物废水，如煤制油废水、焦化废水、制药废水等必须在生化池前增加预处理。预处理通常采用处理效果稳定的物化法，如酸化法、芬顿法、化学混凝法、气浮法、吸附法和盐析法等。

（1）酸化法

酸化法即将废水调节至酸性，利用酸性条件下产生的质子中和废水中胶体的双电层，从而使废水达到破乳除油降低 COD 的目的。煤制油废水中一般含有大量的表面活性剂，这些活性剂能与废水中的油类等污染物形成一种稳定的乳化液。酸性条件下，废水中的阴离子表面活性剂，如皂类、高级脂肪酸盐类很容易被电性中和而失去稳定性，乳化液中原有的平衡状态被打破，从而破乳。另外，酸性条件可以使废液中的乳化剂转变成乳化性能差且不溶于水的脂肪酸类，从废水沉降出来，从而达到破乳、降低 COD 的目的。兰建义等[109]人采用酸化法对某炼油厂的含油废水进行破乳研究，效果显著。酸化法一般不单独使用，而是作为预处理和其他工艺联合应用，如：酸化-混凝法、酸化-Fenton 法、酸化-SBR 法等。酸化法的特点如下：①处理工艺简单，占地面积小，基建费用低；②操作简单，有机物去除稳定且反应迅速；③酸性条件下对构筑物腐蚀严重，增加构筑物防腐成本；④酸化过程所用强酸容易对操作人员造成伤害。

（2）酸化-Fenton 法

酸化-Fenton 法是利用 Fe^{2+} 和 H_2O_2 快速反应生成的氧化性很强的 ·OH 来氧化分解废水中难生物降解有机物的一种水处理方法。酸化-Fenton 法[110]的机理是：过氧化氢与亚铁离子反应自身分解生成高氧化性的羟基自由基（·OH）和氢氧根离子（OH^-）。其基本反应作用原理如下：

$$Fe^{2+} + H_2O_2 \longrightarrow Fe^{3+} + \cdot OH + OH^-$$
$$Fe^{3+} + H_2O_2 \longrightarrow Fe^{2+} + HO_2 \cdot + H^+$$
$$Fe^{2+} + \cdot OH \longrightarrow Fe^{3+} + OH^-$$
$$Fe^{2+} + HO_2 \cdot \longrightarrow Fe^{2+} + O_2 + H^+$$
$$HO_2 \cdot + H_2O_2 \longrightarrow O_2 + H_2O + \cdot OH$$
$$RH + \cdot OH \longrightarrow R \cdot + H_2O$$
$$R \cdot + Fe^{3+} \longrightarrow R^+ + Fe^{2+}$$
$$R^+ + O_2 \longrightarrow ROO^+ \longrightarrow CO_2 + H_2O$$

利用上述系列反应，废水中的有机物 RH 被最终氧化生成 CO_2 和 H_2O，从而使废水中的有机物得以氧化分解，COD 值大大降低。酸化-Fenton 法在废水处理过程中有如下几个特点。

① Fenton 试剂可以降解废水中的各种有机物，可有效地氧化降解各种有机废水，例如醇、醚、氯酚、除草剂、多聚芳香化合物废水等，适用范围广泛。

② Fenton 试剂为环境友好材料，在处理过程中生成 H_2O、CO_2、O_2 和 $Fe(OH)_3$，无二次污染。

③ Fenton 试剂对有机污染物降解彻底、快速，多用于废水的深度处理。

④ 酸化-Fenton 法通过自由基反应可提高有机污染物的可生化性，可为后续的生物降解提供有利的条件。

⑤ 酸化-Fenton 法也存在处理费用较高的问题。

(3) 盐析法

盐析法的原理是压缩油粒与水面界面处双电子层，使油粒脱稳。但该法由于操作简单，费用较低，所以使用较多，作为初级处理应用广泛。田禹和范丽娜[111]通过投加 $CaCl_2$ 预处理广州某污水处理中心的乳化液废水，在短时间内达到了破乳的目的。但是单纯盐析法投药量大（1%～5%），聚析的速度慢（一般要 24h 左右），设备占地面积大，而且对由表面活性剂稳定的含油乳化液的处理效果不好。目前，通常把盐析和反渗透相结合处理乳化油废水，取得很好的效果，其要点是在含油废水中加入 1%～4.5% 的聚铝或水溶性盐，pH 值在 2～5 范围内混合均匀，静止 0.5～1h，油分上浮，除去漂浮油，过滤，此时油分去除率高达 99%。而后用反渗透处理含铝盐或铁盐的水溶液，盐几乎 100% 去除。透过水可以循环使用，浓缩水在油水分离中循环。该方法不产生污泥、不排放浓盐水且处理费用比较低。

(4) 气浮法

气浮法就是在含油废水中通入空气或想办法使水中产生气体，有时还需要加入混凝剂或浮选剂，使废水中粒径为 0.25～25μm 的乳化油或水中悬浮颗粒黏附在气泡上，随气泡一起上浮到水面，从而达到从含油废水中去除油和悬浮物的目的。这是因为油是疏水性的，而空气微泡是非极性的，所以油与空气微泡结合在一起，油滴会带着空气一起上升，上升的速度可提高近千倍，所以分离油和水的效率很高。按气泡产生方式的不同可以将气浮法分为三种：加压气浮、电解气浮和鼓气气浮。加压气浮首先是在加压的条件下，使空气溶于水中，然后再恢复到常压，这样大量的气泡就被释放，从而污染物可以得到分离。电解气浮是用电解槽将水电解，可以将污染物电解成氢气和氧气泡带出水面。电解气浮法具有占地面积小、操作简单以及处理效果好等优点，但是它存在阳极金属消耗量大、需要大量的辅助药剂如一些盐类，而且运行费用较高等缺点。鼓气气浮是利用水泵吸水管将空气注入水中，也可利用空压机将空气带入水中。

目前气浮法中主要采用的是加压气浮法。这种方法是设备简单、耗电量少、效果良好，工艺较为成熟。在食品油生产废水、石油化工废水的处理等方面已被广泛的应用。肖坤林等[112]在试验研究的基础上，结合单级气浮技术和多级板式塔理论，设计出两级气浮塔处理含油废水的新工艺，最终实现了塔釜一次曝气、多级气浮分离的目的。试验结果表明二级气浮塔处理效果很好，是一种具有良好应用前景的含油废水处理装置。王殊[113]将气浮、曝气法用在改造二沉池的设计过程中，此方法应用于大水量含油废水的处理，处理后的废水达到辽宁省废水排放标准。韩洪军[114,115]采用的是电解气浮工艺处理含油废水，并且改进了传统的电解方法，得到电解气浮的产气效率在 85%～95%、油去除率 87%～90%，COD_{Cr} 去除率在 75%～80% 的良好处理效果。

(5) 混凝法

在乳化液废水中，由于水合作用、布朗运动及微粒之间的静排斥力的存在，胶体粒子和微小悬浮物能够在水中长期保持悬浮分散的状态而不发生分层，即胶体的稳定性。因此，分离胶体用重力沉降的方法是不能实现的，所以首先要破坏其稳定性，是通过投加混凝剂来完成的，这样的话，它们可以相互聚集，再通过过滤、沉降或气浮等固液分离方法使其去除。所需设备比较简单，操作也比较容易掌握，并且处理效果好，连续或间歇运行都可以。

赵雅芝等[116]对含油废水处理是采用聚合硫酸铝作为混凝剂，聚丙烯酰胺作为助凝剂，含油废水经处理后，COD、油去除率分别达到 85%、95% 以上，出水澄清、透明且工艺简单。

关卫省等[117]处理含油废水采用的是复合型絮凝剂 XG977，试验结果表明：经过该絮凝剂处理的含油废水有很好的效果。XG977 混凝剂是一种无毒无害的物质，是以聚合硫酸铝铁、钙盐为主的多聚物，外观呈淡黄色，化学性质稳定。XG977 和聚合氯化铝在投加量相同条件下，前者的处理效果明显优于后者，而且污泥体积小，沉降性能良好，综合处理费用比聚合氯化铝低 20％。

王慎敏等[118]选用了聚合氯化铝与 CW-01 阳离子破乳剂进行复配。经过一系列试验表明：油的去除率达 50％～66％，而且浮渣量少，是简便、经济的处理方法。

张耀斌等[119]利用适当混凝剂对废乳化液进行破乳絮凝，首先，出水通过生物接触氧化装置，然后用煤渣灰吸附，可使 pH 为 11、油含量为 13600mg·L^{-1}、COD 为 15660mg·L^{-1} 左右的废乳化液处理为 pH ＝7.1、含油为 3.1mg·L^{-1}、COD 为 88mg·L^{-1}，而且清澈透明、无色无臭的出水，这样，由混凝絮渣引起的二次污染就可以得到改善。

（6）吸附法

活性炭是一种优良的吸附剂，它不仅对油有很好的吸附性能，而且能同时有效地吸附废水中的其他有机物，但吸附容量有限，且成本高，再生困难，因此一般在含油废水的深度处理中才会用到。寻求新的吸油剂的研究[120]已有不少报道。其中一种吸油剂是由质量分数为 20％～95％的交联聚合物与 5％～80％的具有吸油性能的无机填充剂组成。据称，这种吸油剂对油的吸附容量可达 0.3～0.6mg·g^{-1}，但一般需要接触时间很长。为改善吸油材料对油的吸附性能，有人在处理有机聚合物混合与无机吸油填充剂而成的吸油材料时用 C_6～C_{60} 的脂肪族胺。经过加工的吸油材料，处理油含量为 100mg·L^{-1} 的废水，吸附容量增加至 3.1mg·L^{-1}，出水油含量一般大于 5mg·L^{-1}。另外，陈淑云等[121]制得的吸附剂对油的吸附容量达到 5mg·L^{-1}，是通过采用亲油憎水性物质处理泥炭，废水中虽然油的净化率为 95％，但接触时间仍需较长。

（7）电化学法

目前，以金属铁铝作阳极电解处理的方法[122]主要应用于工业中冷却润滑液含油废水在化学絮凝后的二级处理，该方法已得到广泛应用。小间隙高流速旋转电极装置在国内外使用的比较多，虽然在研究阳极钝化方面存在的问题较多，但是没有得到根本解决。有人设计了其他形状的电解装置，该电解装置不仅可以减小阳极的钝化，而且可以提高絮凝的效果。进一步的研究工作还有，在电絮凝过程中加入阳离子型高分子凝聚剂和自动控制装置的设计等。电絮凝法[123,124]具有占地面积小、操作简单和处理效果好等优点，其缺点是耗电量高、阳极金属消耗量大、运行费用较高等。最重要的是，为节省优质金属材料，许多研究工作做筐形电极用不锈钢，在筐内填充铁屑等废料作为溶解性阳极。其普遍存在的问题是水解产物堵塞金属屑孔和金属屑之间的电接触，进而电阻会很快增加。针对此问题，虽然有不少研究，但是效果并不理想，较难用于实际。

煤液化废水的各种处理方法比较见表 8-11。

表 8-11　煤液化废水的各种处理方法

方法名称	适用范围	去除粒径/μm	主要优点	主要缺点
气浮	分散油	＞10	效果好,工艺成熟	占地面积大,浮油难处理
化学凝聚	乳化油	＞10	效果好,工艺成熟	占地面积大,污泥难处理
吸附	溶解油	＜10	设备占地面积小	吸附剂再生困难,投资较高

续表

方法名称	适用范围	去除粒径/μm	主要优点	主要缺点
活性污泥	溶解油	<10	基建费用较低	进水要求高,操作费用高
膜过滤	乳化油	<60	设备简单	膜清洗困难,操作费用高
电磁吸附	乳化油	<60	除油率高,装置小	耗电量大
生物滤池	溶解油	<10	适应性强,运行费用低	基建费用高

综上所述可以看出,含油废水的处理如果只用单一的处理方法都有其局限性,很难达到满意的效果。在实际应用中通常是采用几种方法结合在一起,形成多级处理的工艺,实现良好的除油效果,从而使出水水质达到废水排放标准。

8.4.3.2　二级生化处理技术

生物处理法是微生物在酶的催化作用下,利用微生物的新陈代谢功能对污水中的污染物质进行分解和转化的处理方法,常作为废水处理系统中的二级处理。生化处理法由于其低廉的运行成本而备受青睐。目前,国内已有近万座污水生物处理厂(站)采用不同形式的生物处理方法。液化废水常用的生物处理工艺主要有 A/O[125]、A²/O、SBR[126] 及改良工艺[127,128]、厌氧-好氧联合处理工艺等。具体技术内容见焦化及气化部分。

8.4.3.3　煤液化废水处理案例

我国经过20多年的实验和研究,选出了15种适合液化的煤,并与外国合作,采用其先进的工艺技术建成多个液化厂,最典型的是神华烟煤液化厂,以下为以神华煤液化厂为例来说明。

根据煤液化废水的来源与水质特性,分为高浓度有机污水、低浓度含油污水、含硫污水、含酚污水、含盐污水、催化剂污水。

(1)高浓度有机废水处理工艺

高浓度废水[129]指经汽提、脱酚装置处理后的出水,主要包括煤液化、加氢精制、加氢裂化及硫黄回收等装置排出的含酚、含硫废水。脱酚后废水自脱酚装置经管架压力送至废水处理场,在废水处理场流程中称为高浓度废水,处理流程一般为涡凹气浮＋匀质罐＋3T-AF₁生化池＋3T-AF₂生化池＋3T-BAF 生化池＋粉末活性炭吸附＋混凝沉淀＋过滤工艺[130,131]。由于石油类物质大部分在汽提装置中去除,进入废水处理场的高浓度废水中含油量不大于 $100mg \cdot L^{-1}$,因此采用涡凹气浮处理后可以将含油量降到 $10mg \cdot L^{-1}$ 以下,同时可以去除部分 SS、挥发酚及部分 COD。其出水含油量要求小于 $10mg \cdot L^{-1}$,COD 的总去除率在 60% 左右。

高浓度废水流程见图 8-37。

高浓度废水压力进入涡凹气浮,在进水端投加聚合铝(PAC)及聚丙烯酰胺(PAM),在混合反应设备内与进水充分反应后,进入气浮分离段。微气泡吸附油珠,将油珠托起,达到油水分离的目的。气浮池中设有链条式刮沫机,刮除表面浮渣,出水中含油量控制小于 $10mg \cdot L^{-1}$。

气浮出水自流进入高浓度废水生化吸水池,用泵提升进入 5000m³ 匀质罐,停留时间约20h,以保证后续生物处理水量、水质的稳定,防止产生大的冲击。高浓度废水匀质罐出口增加调节阀,以保证生化系统进水的稳定。

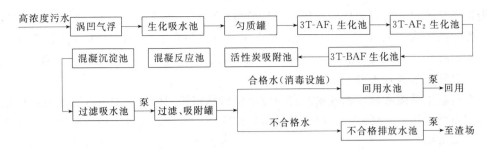

图 8-37 高浓度废水流程

匀质罐出水自流进入高浓度废水生化处理系统。生化处理系统设置为厌氧（AF$_1$），兼氧（AF$_2$）和好氧（BAF）三段，生化池总有效容积为 14700m^3，水力停留时间为 98h。进水考虑消能设施，每组生化池进水管两侧增加两道宽顶溢流堰。

3T-AF$_1$厌氧生物滤池的主要作用是通过厌氧处理，对废水中的难降解有机物进行酸化水解和甲烷化，提高可生化性，降低废水处理的运行成本。共分八组五级并联运行，水力停留时间为 33.33h。每级采用下进水上出水逐级溢流方式布水，池内安装载体支架 3 层，装填高效悬浮专用载体 2 层，载体装填量为 2400m^3，投加高效专用兼氧微生物 1920kg，载体有效接触时间为 21.33h。底部设置曝气管供开工期间使用，在正常运行时，甲烷气体产生量为 172m$^3 \cdot$ h^{-1}。池顶设置密闭混凝土盖，将甲烷气体收集之后进行焚烧处理。因为甲烷与空气混合后会形成爆炸性气体，所以操作时禁止曝气。为防止厌氧池的底部污泥沉积，厌氧池出水经回流泵回流，回流比按 2：1 设计，表面水力负荷为 10.8m$^3 \cdot$ (m$^2 \cdot$ d)$^{-1}$。

3T-AF$_1$作为兼氧生物滤池，是厌氧和好氧的过渡段，在运行过程中，可以根据实际情况，调节兼氧池每级的曝气量，以适应不同水质变化的要求，保证系统的最佳处理效果，降低废水处理的成本。共分八组五级并联运行，每级采用下进水上出水的逐级溢流方式布置。池内安装载体支架 3 层，专用高效悬浮专用载体 2 层，载体装填量为 2480m^3，投加高效专用兼氧微生物 1984kg，载体有效接触时间为 20.67h。底部设置曝气管用于搅拌和反冲洗，平时运行气水比为 20：1，底部设置排泥管。3T-BAF 的出水流到 3T-AF$_2$，利用进水中的碳源进行反硝化，同时为后段氨氮的硝化提供碱度，减少了加碱量，降低成本，又可以防止产生硫化氢气体。池内设 4 组溶解氧在线仪表，控制 DO<1mg $\cdot$ L^{-1}，以保证处理效果。

3T-AF$_2$池出水进入到 3T-BAF 池，通过好氧处理降解废水中的有机物。在进水端需要投加硝化液，投加量按 3～5L $\cdot$ m^{-3} 水设计。池内安装载体支架 3 层，专用载体 2 层，载体装填量为 2550m^3，投加高效专用好氧微生物 2040kg，载体有效接触时间为 20.0h。底部安装 3T-ADS 曝气系统用于曝气，气水比为 40：1。3T-BAF 出水在回流到 3T-AF$_2$之前，作为进水水质较高时的稀释水源，回流比例 1：1。池内设 4 组溶解氧在线仪表，控制 DO 在 2～4mg $\cdot$ L^{-1}，以保证好氧生物处理的效果。

经过生物处理后的出水，经泵打入到粉末活性炭吸附池。粉末活性炭先配成悬浮液，再打入混合池与生物处理后出水充分混合，然后进入吸附池。在吸附池中，粉末活性炭与废水充分接触，废水中的 COD 及其他污染物被活性炭吸附。粉末活性炭吸附池出水进入混凝反应池，在混凝反应池中投加聚合铝（PAC）及阳离子聚丙烯酰胺（PAM）充分混合、反应，出水进入混凝沉淀池，进行泥水分离，去除大部分悬浮物及少量生物处理没有去除的 COD，从而提高出水效果。

混凝沉淀池出水进入到高浓度废水过滤吸水池，由提升泵加压进入多介质过滤器＋生物活性炭设备。通过设定时间周期或进出口压差可以实现自动反冲洗。将二氧化氯投加到经过滤器处理后的出水，消毒灭菌之后，作为循环水场的补充水。用在线检测仪表检测出水水质，发现超标水质时会自动进入不合格放水池，用泵提升送至渣场进行蒸发处理。

（2）含油废水处理工艺

废水包括生活废水和含油废水。含油废水经机械格栅后流入含油废水吸水池，后进入含油废水调节罐是用潜水泵提升，以保证后续处理水质、水量的稳定，防止产生大的冲击。含油废水的调节罐在出口增加调节阀，这样生化系统进水就比较稳定。旋流分离收油器设在调节罐内，对含油废水来进行初步旋流除油。考虑到现场冬季温度很低，为达到比较好的除油效果，在油水分离器中设蒸汽（$p=1$MPa，$t=250$℃）盘管，将含油废水加热至 30℃ 左右，平行波纹板设在油水分离器内。当液体流过时，波纹板会迅速捕获油滴，将其聚集在波纹板上，并与水分离开来。由聚集器的原理可知，小颗粒的油滴会逐步聚集成为大油滴，油滴会沿着波峰移动到其隆起部分的顶部。波形板顶部开着半径为 6mm 的小孔，通过这些小孔，较大颗粒的油滴根据 Stokes 原理，迅速浮到油水分离器的表面，使油水彻底分离，出水中含油量控制小于 100mg·L^{-1}。油水分离器配置有一台自吸式油料抽吸泵和一台油料位探测仪，根据自吸式油料抽吸泵的启停是由油位计监测油层厚度控制的，油料抽吸泵启动时，油水分离器中的油将被提升，然后送入污油脱水罐。油水分离器采用涡凹气浮工艺，出水自流进入一级气浮。在进水端投加聚合氯化铝（PAC）及聚丙烯酰胺（PAM），在混合反应设备内与进水充分反应后，进入气浮分离段。微气泡吸附油珠，将油珠托起，达到油水分离的目的。内设有链条式刮沫机，刮除表面浮渣。一级气浮出水自流进入二级气浮，采用部分回流多级溶气释放工艺。进水前投加混凝剂聚合氯化铝（PAC）进行破稳凝聚，去除废水中的细分散油和乳化油。低浓度废水分散油、乳化油及部分 COD 值是经过隔油、两级气浮去除的，其出水含油量要求小于 10mg·L^{-1}，COD 的总去除率在 30% 左右。二级气浮出水采用 A/O 生化池工艺自流进入一级生化处理[132]。来自全厂系统的生活废水经过机械格栅后自流至废水处理场内生活废水吸水池，低浓度废水经泵提升混合进入 A/O 生化池，先进入缺氧区，然后再进入好氧区，在好氧区出口，含有硝酸盐的混合液部分循环被送至缺氧区入口。原水中同化的碳可以在缺氧池中对循环的混合液进行反硝化，其回流比为 300%。出水自流进二次沉淀池进行泥水分离，污泥由回流泵提升，回流量为 100%，并设置气动阀根据进水量自动调整。二次沉淀池出水自流进入二沉池吸水池，在高浓度废水有处理余量的情况下，用泵提升至二级生化池。两组五级并联运行，底部设置排泥管。池内装填高效生物载体，载体高度 2.5m，上下各设滤网，气水比 40:1。一、二级生化池内共均设 9 组溶解氧在线仪表，控制 DO<$2\sim3$mg·L^{-1}，以保证好氧生物处理的效果。生化池出水进入低浓度混凝反应、沉淀池，视水质情况调整投加药剂种类，通过混凝沉淀对废水进一步净化。混凝沉淀池出水自流进含油废水过滤吸水池，由提升泵加压进入低浓度废水生物炭过滤器＋多介质过滤器。该设备管路控制采用气动蝶阀，现场 PLC 控制。可通过设定进出口压差或时间周期实现自动反冲洗。

低浓度含油废水流程简图见图 8-38。

投加二氧化氯到经过滤器处理后的出水，消毒灭菌后作为循环水场的补充水。通过在线检测仪表检测出水水质，发现水质超标时自动切换进入不合格水排放水池，用泵提升送至渣场蒸发处理。考虑到两级加药，为避免 pH 值变化幅度过大，在溶气气浮出水口设 pH 值在线监测点，发现 pH 值过低后报警，手动开启加药装置通过投加碱液对废水 pH 值进行调控。

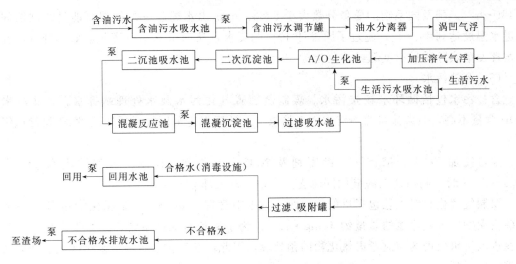

图 8-38　含油废水典型的污水处理流程

（3）含硫污水

神华煤液化项目产生的含硫污水约 $100t \cdot h^{-1}$，主要来自煤炭直接液化、液化油品加氢稳定、液化油品加氢改质等单元，少量来自硫黄回收、轻烃回收和气体脱硫单元。含硫污水含有较高含量的 NH_3、H_2S 和以酚为主的多种有机物，其 COD 的质量浓度为 $6 \times 10^4 \sim 14 \times 10^4 mg \cdot L^{-1}$。

本工程采用双塔加压汽提工艺脱除含硫污水中的 H_2S 和 NH_3[133]，并采用"氨精制-氨吸收-氨蒸馏"的氨回收工艺生产液氨，回收液氨供催化剂制备装置使用。采用汽提处理可脱除含硫污水中 99.7％的 H_2S 和 97.7％的 NH_3，处理后的净化水送往含酚污水处理装置。汽提装置自投入运行以来，运行稳定，处理效果良好，达到了设计要求。2010 年 2 月 2 日至 5 日，对该装置在 100％的负荷下进行了性能考核。性能考核测试净化水水质数据达到了预期的设计目标。平均出水水质：COD 的质量浓度为 $12.925mg \cdot L^{-1}$，酚的质量浓度为 $985mg \cdot L^{-1}$，硫化物的质量浓度为 $29.94mg \cdot L^{-1}$，油的质量浓度为 $45.1mg \cdot L^{-1}$，NH_3 的质量浓度为 $48.68mg \cdot L^{-1}$。

（4）含酚污水

酸性水经汽提后，净化水中酚的质量浓度高达 $5.4g \cdot L^{-1}$，因此在进入生化处理前需要进行脱酚处理。脱酚工艺采用溶剂萃取法，萃取剂为二异丙基醚。根据萃取物中组分的沸点不同，经过蒸馏将二异丙基醚和酚分开，分离后得到粗酚作为产品回收，同时也回收了二异丙基醚作为循环溶剂继续使用。萃取后的稀酚水夹带了一部分二异丙基醚，同时还含有一定量的固定氨，再通过加碱、蒸汽汽提，将二异丙基醚和氨从水中分离出来。回收的二异丙基醚送往溶剂循环槽循环使用。汽提出的氨冷凝后制成 5％～10％氨水返回含硫污水汽提装置。脱酚后的污水送高浓度有机污水生化处理装置进一步处理。

酚回收装置的设计进水温度是 40℃，出水控制酚的质量浓度为 50mg/L。2010 年 2 月，在 100％的负荷下对酚回收装置进行了性能考核。考核期间实际处理量计算得平均值为 $94.55t \cdot h^{-1}$。测试出水水质数据平均值：COD 的质量浓度为 $1789mg \cdot L^{-1}$，酚的质量浓度为 $71.35mg \cdot L^{-1}$，硫化物的质量浓度为 $19.18mg \cdot L^{-1}$，油的质量浓度为 $5.05mg \cdot L^{-1}$，NH_3 的质量浓度为 $56.15mg \cdot L^{-1}$。经酚回收装置处理回收产品粗酚

$0.48t \cdot h^{-1}$，酚及同系物的质量分数大于 83%。分析出水酚超标的原因可能是测试期间实际进水温度达到 $44.4℃$，超过了原设计 $40℃$ 的要求，从而引起萃取塔萃取效率降低，导致出水挥发酚实际质量浓度超过控制指标 $50mg \cdot L^{-1}$。

（5）含盐污水

含盐污水包括循环水场排污水、煤制氢装置气化污水及水处理站排水。含盐污水的 COD 含量不高，但含盐量为新鲜水的 5 倍以上。处理工艺采用气浮预处理-微滤-反渗透组合工艺。

通过投加 $FeCl_2$、$MgSO_4$、助凝剂及 $NaOH$ 等药剂，控制溶气气浮出水 pH 值在 $10.1 \sim 10.3$ 时，利用镁剂脱硅的同时去除水中油及大部分悬浮物。

煤制氢气化装置工艺包提供的气化污水数据中含有 $10mg \cdot L^{-1}$ 的氰化物和 $25mg \cdot L^{-1}$ 的硫氰化物，可氧化氰的总量约 $35mg \cdot L^{-1}$。为了避免对除盐系统产生严重影响，这部分水在进入污水处理场前应考虑氰化物的预处理，因此，在气化装置界区采用次氯酸钠氧化处理设施进行预处理。

该处理系统总体上是比较成功的，自 2008 年 12 月投入运行以来，实现了长期稳定运行。对循环水排污水成功地进行了回收。从运行情况来看，尽管实际水质部分指标超过了设计水质，但反渗透出水能够稳定达到回用水水质要求，满足再生水用作工业用水水源的水质标准。对含盐污水膜处理装置进行性能考核测试的结果如表 8-12 所列。

表 8-12　含盐污水膜处理装置进出水水质

项目	DAF 进水	MF 进水	MF 滤液水	RO 产品水
pH 值	9.32	9.15	9	7.2
$\rho(COD)/mg \cdot L^{-1}$	312	292.9	170	6.4
$\rho(SiO_2)/mg \cdot L^{-1}$	28.9	22.8	606	4.2
$\rho(Ca^{2+})/mg \cdot L^{-1}$	646	612	288	3.1
$\rho(Mg^{2+})/mg \cdot L^{-1}$	381	382		0.18
$\rho(TSS)/mg \cdot L^{-1}$	450	282		27
$\rho(TDS)/mg \cdot L^{-1}$	6113			30
$\rho(Cl^-)/mg \cdot L^{-1}$	390			23

从表中数据分析可以看出，溶气气浮（DAF）[134]对硅、钙、镁等离子的去除效率并不高，其主要是溶气气浮的停留时间过短，沉淀物不能及时沉淀所致。针对这一问题，2009 年进行了改造，通过增建沉淀池有效地解决了这一问题。此外，原设计煤制氢气化装置气化污水，由于专利商工艺包提供的水质、水量数据不准确，实际废水量增加了一倍，而且水质与工艺包数据也有很大差异，因此原设计的次氯酸钠氧化工艺没有效果，致使该股污水无法进入本装置进行处理。

在神华煤液化催化剂制备过程中，所产生的污水具有水量大，含盐量高、高氨氮、难降解、高悬浮物，污染物成分比例不确定的特点。污水中的 NH_3-N 主要以无机铵盐和游离氨的形式存在。基于上述水质特点，确定采用斜板沉降-流砂过滤器-蒸发-结晶组合处理工艺[135]。

经过斜板沉降-流砂过滤器预处理，控制出水 $\rho(SS) < 15mg \cdot L^{-1}$，然后进入后续 E2 蒸发器。E2 蒸发器与 E1 蒸发器的工作原理相同。E1、E2 蒸发器串联在一起，组成一个二效的蒸发器系统，从而降低能耗。E1 蒸发器的二次蒸汽作为 E2 蒸发器的热源，完成对催化剂污水的蒸发。E2 蒸发器排出的蒸汽送至空冷器冷凝，冷凝液与催化剂污水换热后送入 E2

蒸馏液罐作为产品水回收。由 E2 蒸发器下部排出的二次蒸汽凝液与 E1 进料水换热后送入 E1 蒸馏液罐作为产品水回收。为了尽可能减少氨挥发，通过加酸，控制 E2 蒸发器操作运行的 pH 值约为 3～4，对催化剂污水进行浓缩。经 E2 蒸发器排出的浓缩液送至后续结晶工序。来自蒸发工序的浓缩液（约 90℃）进入浓缩结晶罐的上部闪发。蒸发罐内料液温度控制在 60～65℃，经加热室加热、蒸发、结晶，无机盐全部以固形物的形式析出。浆料通过离心机脱水，脱水后的固形物含水率约为 5％。固体结晶盐主要为硫酸铵，含氮量高达 16％，经进一步干燥包装后可作为农用硫酸铵回收利用，销售后可以补偿一部分处理成本。由于原设计基础给出的水质 Cl^- 含量较低，因此，蒸发器选材时，出于成本的考虑选用了耐氯腐蚀等级较差的材质。而实际运行 Cl^- 含量却较高，由此导致蒸发器的操作条件不能在原设计的酸性条件下进行，而改为碱性条件下运行。这样，不但蒸馏液中含有较高的氨，而且由于大量的加碱，使得运行成本较高，而且显著增加了系统中的含盐量。通过将催化剂制备的新鲜水置换为反渗透产品水后，从而降低催化剂污水中的 Cl^- 含量，使得蒸发器基本能够在设计酸性条件下运行。通过性能考核测试，E2 蒸发器处理水量达到合同中的性能保证值。但产品水中还是含有比较高浓度的氨和有机物，氨氮检测值为 24.15～96.15mg·L^{-1}，COD 检测值为 20～39mg·L^{-1}。因此，蒸发产品水仍然无法直接回用于除盐水站。后来通过将蒸发产品水再汽提之后才得以将此问题解决。经汽提之后的净化水，其水质基本可以达到 GB/T 1576—2008《工业锅炉水质》（2.5MPa$<p<$3.8MPa）的水质标准。

（6）深度处理工艺

煤气化废水经过生化处理后，大部分有机污染物以及氨氮、氰化物等都被去除，但仍存在少量难降解的污染物，而这些污染物的存在会导致生化处理出水的色度和 COD 不能达到国家排放标准的要求，也达不到废水回用的要求，需要进一步对其进行深度处理。

目前，对煤气化废水深度处理工艺的研究多集中在混凝沉淀、固定化微生物技术、吸附法、高级氧化法及超滤反渗透等处理技术方面。

① 混凝沉淀法　传统的去除悬浮物（SS）的方法是采用反应沉淀工艺，普通的反应沉淀或澄清技术对滤池的压力大，反冲洗周期短，需要较高的生产成本。

近年来，有人提出了高效混凝沉淀技术，其实质就是在混凝沉淀池中布置多孔网格、折板、斜管等，通过产生高强度的微涡旋来使混合均匀，提高反应速率；利用多层网格来控制絮凝过程中水流的剪切力和湍流度，形成易于沉淀的密实矾花，利用高效小间距复合斜板专利沉淀设备使沉淀池上升流速高达 2.5～3.5mm·s^{-1}，不堵塞，在任何时期排泥均无障碍，出水水质好，出水浊度可以达到 3 度以下。

② 固定化微生物技术　固定化微生物技术是近年来发展起来的新技术，其创新性在于可以选择性地固定优势菌种。固定后的细胞的抗毒性作用有明显增强。固定化微生物技术有利于提高生物反应器内原微生物细胞浓度和纯度，并保持高效有针对性菌种的数量，污泥量少，有利于反应器的固液分离，对于去除氨氮和某些难降解有机物有很好的效果[136]。有研究表明，采用利用了固定化微生物技术的好氧生物流化床法（ABFB）处理煤气化废水[137,138]，各污染物的去除率分别为 COD 98.3％，挥发酚 99.7％，氨氮 99.9％，SS 54.2％，且效果稳定。但由于不同种类的菌种对不同物质氧化分解的效率有很大差别，而实际煤气化废水的成分又十分复杂，因此在处理实际废水时，采用单一菌种的效果是不理想的。目前，针对煤气化废水中污染物成分复杂的这个特点，如何筛选优质、便宜的菌种以及如何制备多功能的工程菌株是十分重要的研究内容。

③ 吸附法　吸附属于一种传质过程，物质表面的分子相对物质外部的作用力没有充分发挥，所以液体或固体物质的表面可以吸附其他的液体或气体，尤其在表面积很大的情况下，这种吸附力能产生很大的作用，因此工业上经常利用大表面积的物质进行吸附，如活性炭、水膜等。吸附法用多孔性固体吸附剂处理工业废水，使其中的污染物质被吸着于固体表面而分离。吸附法处理煤气化废水优点在于操作方便、能耗低，可取得较好的污染物去除效果，但存在吸附剂用量大，再生设备少，再生费用高等问题。不断研究开发新的廉价易再生吸附剂是当务之急。

④ 高级氧化法　高级氧化法对难生物降解且引起色度的物质有较好的去除效果[139,140]。因此，利用高级氧化法进行脱色成为国内外研究的热点。高级氧化技术可以分为均相催化氧化法、光催化氧化法、多相湿式催化氧化法以及其他催化氧化法。

高级氧化法有很多种，目前大家在研究其处理煤气化废水时存在广而不精的问题，今后应在研究深度上多下功夫，多考虑实际工程应用方面的可行性，主要解决其消耗量大，运行不经济的问题。

⑤ 超滤、反渗透等膜处理技术[141]　随着水资源的日益短缺和水费的不断上涨，越来越多的煤化工企业都在寻求高效的废水处理及回用技术。双膜技术是目前国际上研发和工程化应用的热点之一。作为一种有效的工程预处理手段，超滤[142]可去除废水中大部分浊度和有机物，从而能减轻反渗透膜的污染，延长膜的使用寿命，减少膜工程的运行成本。反渗透膜不仅能有效去除有机物、降低 COD，而且具有较好的脱盐效果[143]。双膜法能够将 COD 脱除、脱色、脱盐等要求一步完成，其出水品质高，能直接作为生产用水，同时浓水可回流至常规工序处理，实现废水"零排放"和清洁生产[144]。但由于双膜的成本过高，许多企业不到迫不得已是不会使用双膜系统的，因此今后的研究应集中于：一是考虑在生化处理时多采用先进的技术，尽可能降低污染物浓度，减轻后续处理压力；二是在膜材料的研发及膜污染处理上投入精力，降低双膜系统的成本。

8.5　煤化工企业废水深度处理与回用

8.5.1　煤化工企业废水回用途径及要求

煤化工企业废水产生量巨大，不同的加工工艺以及不同的原料煤煤质都会影响废水的组成成分。产生量最大的就是煤气洗涤过程，有毒有害污染物的浓度特别高。据有关资料报道，煤化工综合废水的 COD 在 $2000\sim4000\,mg\cdot L^{-1}$ 之间，BOD_5/COD 在 $0.25\sim0.35$ 之间，可生物降解性较差。氨氮浓度在 $100\sim250\,mg\cdot L^{-1}$ 之间，总酚的浓度在 $300\sim1000\,mg\cdot L^{-1}$ 之间，其中挥发酚的浓度在 $50\sim300\,mg\cdot L^{-1}$ 之间，废水中还含有一些多环芳烃、杂环化合物、氰化物、石油烃和硫氰化物等。一般煤化工领域的含盐废水的总含盐量（TDS）通常在 $500\sim5000\,mg\cdot L^{-1}$，甚至更高。同时，由于煤化工废水中的一些有机物具有生色团和助色团，使得煤化工废水的色度和浊度都很高。据报道，焦化废水中的有机物大多具有诱变和致癌的作用，如酚醛、杂环化合物和多环芳烃。由此可见，煤化工废水最主要的特点就是含有毒有害物质、污染物浓度很高并且具有难生物降解性，是很难有效处理的工业废水[145]。在二级处理后很难达标，如不经过合理处置排入水体会对水域周边的人畜及农作物造成严重危害。因此如何实现煤化工企业达标、减量排放是关乎国计民生的大事。通过一定的深度处理工艺对煤化工企业污水处理工艺的出水做进一步的处理，对其排放的污水再生利用，不仅可以缓解用水压力，而且可以实现煤化工企业废水的零排放。

工业中水回用需要满足以下几个要求：a. 对生产的产品质量不产生不良影响，对人体健康、环境质量和生态不产生不良影响；b. 水源水供应的质量和水量可以得到保障；c. 处理工艺是可行的、适宜的；d. 可以接受的初投资和运行费用，经济上是廉价的，在水价上有竞争力；e. 处理后的水供应稳定足量，水质符合使用的水质标准；f. 有大规模处理的可能[146]。归结起来主要决定于三个方面：水源、使用的用途和处理工艺。水源的水质水量和回用的用途决定着处理系统的形式和规模。处理系统的形式和规模决定着处理成本和水价。

8.5.2 煤化工废水回用处理技术

煤化厂废水中所含物质主要取决于原煤性质、产品回收工序与方法、碳化温度等因素。废水回用系统在设计之初，认真分析废水成分，因地制宜，选择合适的方案，取得最好的效果。

目前，对煤化厂废水深度处理主要有以下几种方法。

8.5.2.1 物理化学处理技术

（1）混凝沉淀深度处理技术

混凝是水处理的一个重要方法，用以去除水中细小的悬浮物以及胶体污染物质[147]。混凝法可用于各种工业废水（如造纸、纺织、煤炭、选矿、化工、食品等工业废水）的预处理、中间处理或最终处理及城市污水的三级处理和污泥处理。它除用于去除废水中的悬浮物和胶体物质外，还用于除油和脱色。混凝法与废水的其他处理法方法相比，其优点是设备简单，操作易于掌握，处理效果好，间歇或连续运行都可以。缺点是运行费用高，沉渣量大，且脱水较困难。

① 混凝机理 混凝的主要对象是废水中的细小悬浮颗粒物和胶体微粒，这些颗粒很难用自然沉降法从水中分离出去。混凝过程是通过向废水中投加混凝剂，使细小悬浮颗粒和胶体颗粒凝聚成较粗大的颗粒而沉降，得以与水分离，使废水得到净化。

水处理中的混凝现象比较复杂。不同种类混凝剂以及不同的水质条件，混凝剂作用机理都有所不同。许多年来，水处理专家们从铝盐和铁盐混凝现象开始，对混凝剂作用机理进行不断研究，理论也获得不断发展。DLVO 理论的提出，使胶体稳定性及在一定条件下的胶体凝聚的研究取得了巨大进展。但 DLVO 理论并不能全面解释水处理中的一切混凝现象。当前，看法比较一致的是，混凝剂对水中胶体粒子的混凝作用有 3 种：电性中和、吸附架桥和卷扫作用。这 3 种作用究竟以何者为主，取决于混凝剂种类和投加量、水中胶体粒子性质、含量以及水的 pH 值等。这 3 种作用有时会同时发生，有时仅其中 1～2 种机理起作用。

a. 电性中和。这一原理主要考虑低分子电解质对胶体微粒产生电中和，以引起胶体微粒凝聚；以废水中胶体微粒带负电荷，投加低分子电解质硫酸铝[$Al_2(SO_4)_3$]作混凝剂进行混凝为例说明。

将硫酸铝[$Al_2(SO_4)_3$]投入废水中，首先在废水中离解，产生正离子 Al^{3+} 和负离子 SO_4^{2-}：

$$Al_2(SO_4)_3 \longrightarrow 2Al^{3+} + 3SO_4^{2-}$$

Al^{3+} 是高价阳离子，它大大增加废水中的阳离子浓度，在带负电荷的胶体微粒吸引下，Al^{3+} 由扩散层进入吸附层，使 ξ 电位降低。于是带电的胶体微粒趋向电中和，消除了静电斥力，降低了它们的悬浮稳定性，当再次相互碰撞时，即凝聚结合为较大的颗粒而沉淀。

Al^{3+} 在水中水解后最终生成 $Al(OH)_3$ 胶体：

$$Al^{3+} + 3H_2O \Longleftrightarrow Al(OH)_3 (胶体) + 3H^+$$

$Al(OH)_3$ 胶体是带电胶体，当 pH＜8.2 时，带正电。它与废水中带负电的胶体微粒互相吸引，中和其电荷，凝结成较大的颗粒而沉淀。

$Al(OH)_3$ 胶体有长的条形结构，表面积很大，活性较高，可以吸附废水中的悬浮颗粒，使呈分散状态的颗粒形成网状结构，成为更粗大的絮凝体（矾花）而沉淀。

b. 吸附架桥。不仅带异性电荷的高分子物质与胶粒具有强烈吸附作用，不带电甚至带有与胶粒同性电荷的高分子物质与胶粒也有吸附作用。拉曼（Lamer）[148]等通过对高分子物质吸附架桥作用的研究认为：当高分子链的一端吸附了某一胶粒后，另一端又吸附另一胶粒，形成"胶粒-高分子-胶粒"的絮凝体，如图 8-39 所示。高分子物质在这里起了胶粒与胶粒之间相互结合的桥梁作用，故称吸附架桥作用。当高分子物质投量过多时，将产生"胶体保护"作用，如图 8-40 所示。胶体保护可理解为：当全部胶粒的吸附面均被高分子覆盖以后，两胶粒接近时，就受到高分子的阻碍而不能聚集，这种阻碍来源于高分子之间的相互排斥。排斥力可能来源于"胶粒-胶粒"之间高分子受到压缩变形（像弹簧被压缩一样）而具有排斥势能，也可能由于高分子之间的电性斥力（对带电高分子而言）或水化膜。因此，高分子物质投量过少不足以将胶粒架桥连接起来，投量过多又会产生胶体保护作用。最佳投加量应是既能把胶粒快速絮凝起来，又可使絮凝起来的最大胶粒不易脱落。根据吸附原理，胶粒表面高分子覆盖率为 1/2 时絮凝效果最好。但在实际水处理中，胶粒表面覆盖率无法测定，故高分子混凝剂投量通常由试验决定。

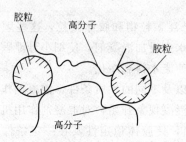

图 8-39　架桥模型示意

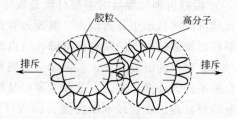

图 8-40　胶体保护示意

起架桥作用的高分子都是线型分子且需要一定长度。长度不够不能起粒间架桥作用，只能被单个分子吸附。所需起码长度，取决于水中胶粒尺寸、高分子基团数目、分子的分枝程度等。显然，铝盐的多核水解产物，分子尺寸都不足以起粒间架桥作用，它们只能被单个分子吸附从而起电性中和作用。而中性氢氧化铝聚合物 $[Al_2(SO_4)_3]$。则可起架桥作用，不过对此目前尚有争议。

不言而喻，若高分子物质为阳离子型聚合电解质，它具有电性中和和吸附架桥重作用；若为非离子型（不带电荷）或阴离子型（带负电荷）聚合电解质，只能起粒间架桥作用。

c. 网捕或卷扫。当铝盐或铁盐混凝剂投量很大而形成大量氢氧化物沉淀时，可以网捕、卷扫水中胶粒以致产生沉淀分离，称卷扫或网捕作用。这种作用，基本上是一种机械作用，所需混凝剂量与原水杂质含量成反比，即原水胶体杂质含量少时，所需混凝剂多，反之亦然。

概括以上几种混凝机理，可做如下分析判断。

对铝盐混凝剂（铁盐类似）而言，当 pH<3 时，简单水合铝离子 $[Al(H_2O)_6]^{3+}$ 可起压缩胶体双电层作用；在 pH=4.5~6.0 范围内（视混凝剂投量不同而异），主要是多核羟基配合物对负电荷胶体起电性中和作用，凝聚体比较密实；在 pH=7~7.5 范围内，电中性氢氧化铝聚合物 $[Al(OH)_3]_n$ 可起吸附架桥作用，同时也存在某些羟基配合物的电性中和作用。

阳离子型高分子混凝剂可对负电荷胶粒起电性中和与吸附架桥双重作用，絮凝体一般比较密实，非离子型和阴离子型高分子混凝剂只能起吸附架桥作用。当高分子物质投量过多时，也产生"胶体保护"作用使颗粒重新悬浮。

② 混凝效果的影响因素

a. 废水性质的影响。废水的胶体杂质浓度、pH 值、水温及共存杂质等都会不同程度地影响混凝效果。

b. 胶体杂质浓度。过高或过低都不利于混凝。用无机金属盐作混凝剂时，胶体浓度不同，所需脱稳的 Al^{3+} 和 Fe^{3+} 的用量亦不同。

c. pH 值。pH 值也是影响混凝的重要因素。采用某种混凝剂对任一种废水的混凝都有一个相对最佳 pH 值存在，使混凝反应速率最快，絮体溶解度最小，混凝作用最大。例如硫酸铝作为混凝剂时，合适的 pH 值范围是 5.7~7.8，不能高于 8.2。如果 pH 值过高，硫酸铝水解后生成的 $Al(OH)_3$ 胶体就要溶解，即

$$Al(OH)_3 + OH^- \Longrightarrow AlO_2^- + 2H_2O$$

生成的 AlO_2^- 对含有负电荷胶体微粒的废水就没有作用。再如铁盐只有当 pH 值大于 4 时才有混凝作用，而亚铁盐则要求 pH 值大于 9.5。一般通过试验得到最佳的 pH 值，往往需要加酸或碱来调整 pH 值，通常加碱的较多。

(c) 温度。水温对混凝效果影响很大，水温高时效果好，水温低效果差[149]。因无机盐类混凝剂水解时呈吸热反应，水温低时水解困难，如硫酸铝，当水温低于 5℃时，水解速度变慢，不易生成 $Al(OH)_3$ 胶体，要求最佳温度是 35~40℃。其次，低温时，水黏度大，水中杂质的热运动减慢，彼此接触碰撞的机会减少，不利相互凝聚。水的黏度大，水流的剪力增大，絮凝体的成长受到阻碍，因此，水温低时混凝效果差。但温度过高，超过 90℃时，易使高分子絮凝剂老化生成不溶性物质，反而降低絮凝效果。

(d) 共存杂质的种类和浓度。共存杂质的种类对混凝的效果是不同的。有利于絮凝的物质。除硫、磷化合物以外的其他各种无机金属盐，它们均能压缩胶体粒子的扩散层厚度，促进胶体粒子凝聚。离子浓度越高，促进能力越强，并可使混凝范围扩大。二价金属离子 Ca^{2+}、Mg^{2+} 等对阴离子型高分子絮凝剂凝聚带负电的胶体粒子有很大促进作用，表现在能压缩胶体粒子的扩散层，降低微粒间的排斥力，并能降低絮凝剂和微粒间的斥力，使它们表面彼此接触。不利于混凝的物质。磷酸离子、亚硫酸离子、高级有机酸离子等阻碍高分子絮凝作用。另外，氯、螯合物、水溶性高分子物质和表面活性物质都不利于混凝。

b. 混凝剂的影响

(a) 无机金属盐混凝剂。无机金属盐水解产物的分子形态、荷电性质和荷电量等对混凝效果均有影响。

(b) 高分子絮凝剂。其分子结构形式和相对分子质量均直接影响混凝效果。一般线状

结构较支链结构的絮凝剂为优，相对分子质量较大的单个链状分子的吸附架桥作用比小分子的好，但水溶性较差，不易稀释搅拌[150]。相对分子质量较小时，链状分子短，吸附架桥作用差，但水溶性好，易于稀释搅拌。因此，相对分子质量应适当，不能过高或过低，一般以 $300 \times 10^4 \sim 500 \times 10^4$ 为宜。此外还要求沿链状分子分布有发挥吸附架桥作用的足够官能基团。高分子絮凝剂链状分子上所带电荷量越大，电荷密度越高，链状分子越能充分伸展，吸附架桥的空间作用范围也就越大，絮凝作用就越好[151]。另外，混凝剂的投加量对混凝效果也有很大影响，应根据实验确定最佳的投药量。

c. 搅拌的影响。搅拌的目的是帮助混合反应、凝聚和絮凝，搅拌的速度和时间对混凝效果都有较大的影响。过于激烈地搅拌会打碎已经凝聚和絮凝的絮状沉淀物，反而不利于混凝沉淀，因此搅拌一定要适当。

③ 混凝装置与工艺过程　混凝沉淀处理流程包括投药、混合、反应及沉淀分离几个部分。其示意流程如图 8-41 所示。

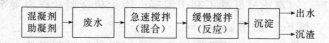

图 8-41　混凝沉淀示意流程

混凝沉淀分为混合、反应、沉淀三个阶段。混合阶段的作用主要是将药剂迅速、均匀地分配到废水中的各个部分，以压缩废水中的胶体颗粒的双电层，降低或消除胶粒的稳定性，使这些微粒能互相聚集成较大的微粒——绒粒。混合阶段需要剧烈短促地搅拌，作用时间要短，以获得瞬时混合时效果为最好。

反应阶段的作用是促使失去稳定的胶体粒子碰撞结大，成为可见的矾花绒粒，所以反应阶段需要较长的时间，而且只需缓慢地搅拌。在反应阶段，由聚集作用所生成的微粒与废水中原有的悬浮微粒之间或各自之间，由于碰撞、吸附、黏着、架桥作用生成较大的绒体，然后送入沉淀池进行沉淀分离。

④ 沉淀　进行混凝沉淀处理的废水经过投药混合反应生成絮凝体后，要进入沉淀池使生成的絮凝体沉淀与水分离，最终达到净化的目的。

澄清池是用于混凝处理的一种设备。在澄清池内，可以同时完成混合、反应、沉淀分离等过程。其优点是占地面积小，处理效果好，生产效率高，节省药剂用量，缺点是对进水水质要求严格，设备结构复杂。

澄清池的构造形式很多，从基本原理上可分为两大类：一类是悬浮泥渣型，有悬浮澄清池，脉冲澄清池；另一类是泥渣循环型，有机械加速澄清池和水力循环澄清池。

a. 机械加速澄清池：目前常用的是机械加速澄清池，其构造如图 8-42 所示。

工作原理：废水从进水管通过环形配水三角槽，从底边的调节缝流入第一反应室，混凝剂可以加在配水三角槽中，也可以加到反应室中。第一反应室周围被伞形板包围着，其上部设有提升搅拌设备，叶轮的转动在第一反应室形成涡流，使废水、混凝剂以及回流过来的泥渣充分接触混合，由于叶轮的提升作用，水由第一反应室提升到第二反应室，继续进行混凝反应。第二反应室为圆筒形，水从筒口四周流出到导流室。导流室内有导流板，使废水平稳地流入分离室，分离室的面积较大，使水流速度突然减小，泥渣便靠重力下沉与水分离。分离室上层清水经集水槽与出水管流出池外。下沉的泥渣一部分进入泥渣浓缩室，经浓缩后排放，而大部分泥渣在提升设备作用下通过回流缝又回到第一反应室，再以上述流程循环进行。

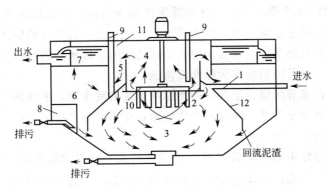

图 8-42　加速澄清池示意

1—进水管；2—进水槽；3—第一反应室（混合室）；4—第二反应室；

5—导流室；6—分离室；7—集水槽；8—泥渣浓缩室；9—加药管；

10—机械搅拌器；11—导流板；12—伞形板

b. 水力循环澄清池：水力循环澄清池是利用原水的动能，在水射器的作用下，将池中的活性泥渣吸入和原水充分混合，从而加强了水中固体颗粒间的接触和吸附作用，形成良好的絮凝体，加快沉淀速度，使水得到澄清。

水力循环澄清池的构造如图 8-43 所示。

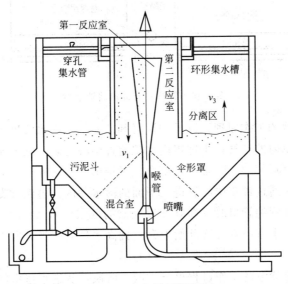

图 8-43　水力循环澄清池

水力循环澄清池的工作原理：已投加混凝剂的废水经水泵加压后，由池子底部中心进入池内，经喷嘴喷出来。喷嘴的上面为混合室、喉管和第一反应室。喷嘴和混合室组成一个水射器，喷嘴高速水流把池子锥形底部含有大量矾花的水吸进混合室内与进水掺和后，经第一反应室喇叭口溢流出来进入第二反应室。吸进去的流量称为回流量，一般为废水进口流量的 2~4 倍。第一反应室和第二反应室构成一个悬浮层区，其中矾花发挥了接触凝聚的作用，去除了进水中的细小悬浮物。第二反应室出水进入分离室，由于分离室过水断面的突然扩大，流速降低，泥渣便沉淀下来，其中一部分泥渣进入泥渣浓缩斗定期予以排出，而大部分泥渣被吸入喉管进行回流，清水上升由集水槽流出。

c.脉冲澄清池：脉冲澄清池是一种悬浮泥渣层澄清池，它是间歇性进水的。当进水时上升流速增大，悬浮泥渣层就上升，在不进水或少进水时，悬浮泥渣层就下降，因此，使悬浮泥渣处于脉冲式的升降状态，废水流经悬浮泥渣层时，废水中的悬浮物便被截留在泥渣层中，使水得到澄清。这种澄清池称为脉冲澄清池。

脉冲澄清池由两部分组成，上部是产生脉冲水流的发生器，下部是一个澄清池，脉冲澄清池的关键部分是脉冲发生器，脉冲发生器的形式很多，有虹吸式、真空式、钟罩式、皮膜切门式及浮筒切门式等。

其中钟罩式脉冲发生器结构最简单，应用较普遍。钟罩式脉冲澄清池的结构如图 8-44 所示。主要由两部分组成：上部为进水室和脉冲发生器，下部为澄清池池体，包括配水区、澄清区、集水系统和排泥系统等。

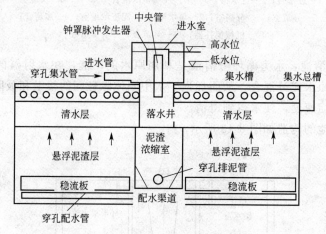

图 8-44　钟罩式脉冲澄清池示意

钟罩式脉冲澄清池的工作原理：已投加混凝剂的原水由进水管进入进水室，使室内水位逐步上升，并压缩钟罩内的空气，当钟罩内水位超过中心管后，则溢流入落水井内，由于溢流作用，将压缩在钟罩顶部的空气带走，由排气管排出。于是钟罩内形成真空，产生虹吸作用，进水室内的水迅速通过钟罩中心管进入下面的落水井内，再流进支管配水系统。当进水室水位下降到虹吸破坏管的管口时（即脉冲发生器的低水位），由于空气进入了钟罩，使虹吸破坏，水流停止，进水室内水位又开始上升，到高水位后虹吸又发生，如此循环不已，产生脉冲。

由此可知，脉冲澄清池的工作过程可分为两个阶段，从进水室水位开始上升到虹吸作用开始称为充水阶段，由虹吸作用开始到虹吸作用破坏称为放水阶段。

在充水阶段，原水进入钟罩内的进水室。在放水阶段，进水室内的水通过钟罩，从中央管、落水井进入配水渠道，然后进入带有穿孔的配水渠道，再进入带有穿孔的配水管（配水管的斜下方钻有成排小孔），水从小孔高速喷出（一般流速为 $2 \sim 4\,m \cdot s^{-1}$），在每个穿孔配水管的上面装有稳流板，它的作用是让水流均匀平稳地上升，在上升水流的作用下将已沉下来的泥渣悬浮起来，水流从悬浮泥渣层通过。随着进水室水位下降，悬浮泥渣层的上升流速逐渐减小，当进水室水位降到一定高度时，虹吸破坏进水室又出现真空，充水阶段又重新开始，充水时悬浮泥渣层往下降，就这样周期性地循环工作。通过悬浮泥渣层后的清水经穿孔集水管到集水槽，最后汇集起来送出池外。在悬浮泥渣层上升和下降的过程中，到达泥渣浓缩室边缘高度的部分泥渣就进入浓缩室，经浓缩后由排泥管定期排出。

从上面的工作过程可以看出，当进水室充水时，澄清池内没有进水，池内水上升流速接近于零，悬浮泥渣层下降。而在放水阶段，池内水上升流速很大，泥渣又被冲起，在这脉冲水流作用下，具有一定吸附作用的悬浮泥渣层有规律地上下运动，时而膨胀时而静止，沉淀有利于矾花颗粒碰撞、接触和进一步凝聚。

脉冲澄清池两次充水相隔时间称为脉冲周期，为 30～40s，其中充水时间为 25～30s，放水时间 5～10s。

脉冲澄清池底部的穿孔配水管及其上面的稳流板组成了配水系统，其作用是将进水均匀分布到池底部，并使水与混凝剂以极短的时间进行充分混合反应。作用过程如下：当虹吸开始时，水流从配水管的孔口以很高的速度喷向池底，然后折射到稳流板，在池底和稳流板间发生激烈的紊动，混凝剂和原水得到充分快速搅拌，水流经稳流板阻挡和消能以后起到稳流作用，以缓慢速度上升，水流的紊动状态已经消失，不会搅动悬浮层。混凝剂和原水经过澄清池底部混合后，在稳流板缝隙出口附近，就可形成细微的矾花，原水从稳流板缝隙出来分布到澄清池的整个断面上，把静止的悬浮层慢慢地冲起，水流和悬浮层共同上升，这种刚刚形成的矾花，立即进入悬浮层，具有很高的凝聚性能，很容易被截留下来。

(2) 过滤深度处理技术

过滤是利用过滤材料分离废水中杂质的一种技术。根据过滤材料不同，过滤可分为颗粒材料过滤和多孔材料过滤两大类[152]。本节主要介绍颗粒材料过滤及滤池的主要内容。

① 滤池的作用及原理　废水处理中采用滤池，目的是去除废水中的微细悬浮物质，一般作为保护设备，用于活性炭吸附或离子交换设备之前。

a. 对滤料的要求。由于废水的水质复杂，悬浮物浓度高、黏度大、易堵塞，选择滤料时应注意以下几点。

(a) 滤料粒径应大些。采用石英砂为滤料时，砂粒直径可取为 0.5～2.0mm，相应的滤池冲洗强度亦大，可达 18～20L·(m²·s)⁻¹。

(b) 滤料耐腐蚀性应强些。滤料耐腐蚀的尺度，可用浓度为 1% 的 Na_2SO_4 水溶液，将恒重后滤料浸泡 28d，质量减少值以不大于 1% 为宜。

(c) 滤料的机械强度好，成本低。

滤料可采用石英砂、无烟煤、陶粒、大理石、白云石、石榴石、磁铁矿石等颗粒材料及近年来开发的纤维球、聚氯乙烯或聚丙烯球等。

b. 工作原理。滤池的过滤作用是通过下面两个过程完成的。

(a) 机械隔滤作用。滤料层是由大小不同的滤料颗粒组成，其间有很多孔隙，好像一个"筛子"，当废水通过滤料时，比孔隙大的悬浮颗粒首先被截留在孔隙中，于是滤料颗粒间孔隙越来越小，以后进入的较小悬浮颗粒也相继被截留下来，使废水得到净化。

(b) 吸附、接触凝聚作用[153]。废水通过滤料层的过程中，要经过弯弯曲曲的水流孔道，悬浮颗粒与滤料的接触机会很多，在接触的时候，由于相互分子间作用力的结果，出现吸附和接触凝聚作用，尤其是过滤前投加了絮凝剂时，接触凝聚作用更为突出。滤料颗粒越小，吸附和接触凝聚的效果也越好。

过滤过程是这样的：当废水进入滤料层时，较大的悬浮物颗粒自然被截留下来，而较微细的悬浮颗粒则通过与滤料颗粒或已附着的悬浮颗粒接触，出现吸附和凝聚而被截留下来。一些附着不牢的被截留物质在水流作用下，随水流到下一层滤料中去。或者由于滤料颗粒表面吸附量过大，孔隙变得更小，于是水流速增大，在水流的冲刷下，被截留物也能被带到下一层，因此，随着过滤时间的增长，滤层深处被截留的物质也多起来，甚至随水带出滤层，使出水水质变坏。

由于滤层经反冲洗水水力分选后上层滤料颗粒小，接触凝聚和吸附效率也高，加上一部分机械截留作用，使得大部分悬浮物质的截留是在滤料表面一个厚度不大的滤层内进行的，下层所截留的悬浮物量较少，形成滤层中所截留悬浮物的分布不均匀。

② 滤池的类型、构造及工艺过程　滤池的型式很多，按滤速大小，可分为慢滤池、快滤池和高速滤池；按水流过滤层的方向，可分为上向流、下向流、双向流等；按滤料种类，可分为砂滤池、煤滤池、煤-砂滤池等；按滤料层数，可分为单层滤池、双层滤池和多层滤池；按水流性质，可分为压力滤池和重力滤池；按进出水及反冲洗水的供给和排出方式。可分为普通快滤池、虹吸滤池、无阀滤池等。

滤池的种类虽然很多，但其基本构造是相似的，在废水深度处理中使用的各种滤池都是在普通快滤池的基础上加以改进而来的[154]。普通快速滤池的构造如图 8-45 所示。滤池外部由滤池池体、进水管、出水管、冲洗水管、冲洗水排出管等管道及其附件组成；滤池内部由冲洗水排出槽、进水渠、滤料层、垫料层（承托层）、排水系统（配水系统）组成。

a. 滤料层。滤料层是滤池的核心部分。单层滤料滤池多以石英砂、无烟煤、陶粒和高炉渣为滤料。滤料粒径、滤层高度和滤速是滤池的主要参数，表 8-13 列举了用于物理处理（沉淀）和生物处理后的单层滤料滤池的运行与设计参数。滤池的反冲洗可以用滤后水，也可以用原废水。冲洗强度为 $16 \sim 18 L \cdot (m^2 \cdot s)^{-1}$，延时 $6 \sim 8 min$。

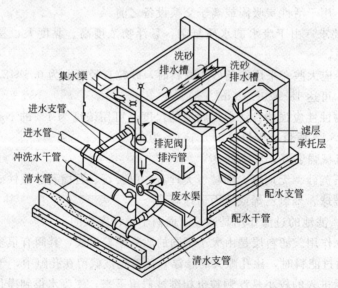

图 8-45　普通快速滤池

表 8-13　单层滤料滤池运行、设计参数

滤池类型		滤料粒径/mm	滤料层高度/m	滤速/m·h^{-1}
物理处理后	粗滤料滤池	2～3	2	10
	大滤料滤池	1～2	1.5～2.0	7～10
	中滤料滤池	0.8～1.6	1.0～1.2	5～7
	细滤料滤池	0.4～1.2	1.0	5
生物处理后大滤料滤池		1～2	1.0～1.5	5～7

多层滤料多用无烟煤、石英砂、石榴石，国外还有用钛矿砂的，它们的密度分别是 $1.5g \cdot cm^{-3}$、$2.6g \cdot cm^{-3}$、$4.2g \cdot cm^{-3}$ 和 $4.8g \cdot cm^{-3}$。

双层滤料滤池的工作效果较好，一般底层用粒径为 $0.5 \sim 1.2mm$ 的石英砂，层高 500mm，上层则用陶粒或无烟煤，粒径为 $0.8 \sim 1.8mm$，层高 $300 \sim 500mm$。滤速 $8 \sim 10m \cdot h^{-1}$；反冲洗强度为 $15 \sim 16L \cdot (m^2 \cdot s)^{-1}$，延时 $8 \sim 10mim$。

滤池中滤料的粒径、级配和质量直接影响滤池的正常运行。表 8-13 中，滤料粒径位于上限时，适用于废水中悬浮固体浓度较高情况；位于下限时；适用于悬浮固体浓度较低情况；如果滤料粒径过大，会降低滤池出水水质；如果粒径过小，则滤料层容易堵塞，同时也增大滤池的水头损失，缩短滤池的工作周期。

滤料的级配是指滤料中粒径不同的颗粒所占的比例，常用 K_{80} 表示。

$$K_{80} = \frac{d_{80}}{d_{10}}$$

式中　K_{80}——不均匀系数；

d_{80}——筛分曲线中通过 80% 质量的滤料的筛孔孔径，mm；

d_{10}——筛分曲线中通过 10% 质量的滤料的筛孔孔径，mm。

K_{80} 表示滤料颗粒大小的不均匀程度。K_{80} 越大，则表示滤料粗细之间差别越大，滤层孔隙率越小，不利于过滤。目前，对于低悬浮物的废水使用的石英砂滤料，一般 $d_{10} = 0.1 \sim 0.6mm$，$K_{80} = 2.0 \sim 2.2$。

b. 垫料层。垫料层的作用主要是承托滤料（故亦称承托层），防止滤料经配水系统上的孔眼随水流走，同时保证反冲洗水更均匀地分布于整个滤池面积上。

垫料层要求不被反冲洗水冲动，形成的孔隙均匀，布水均匀，化学稳定性好，不溶于水。一般采用卵石或砾石，按颗粒大小分层铺设。垫料层的粒径一般不小于 2mm，以同滤料的粒径相配合。在穿孔管式排水系统中，垫料层的颗粒粒径与厚度见表 8-14。

表 8-14　垫料层的颗粒粒径与厚度

层次（自上而下）	粒径/mm	厚度/mm	层次（自上而下）	粒径/mm	厚度/mm
1	2~4	100	3	8~16	100
2	4~8	100	4	16~32	150

c. 排水系统。排水系统的作用是均匀收集滤后水，更重要的是均匀分配反冲洗水，故亦称配水系统。

排水系统分为两类，即大阻力排水系统和小阻力排水系统[155]。普通快滤池大多采用穿孔管式大阻力排水系统，如图 8-46 所示。穿孔管式大阻力排水系统是由一条干管和若干支管所组成。支管上开有向下成 45°角的配水孔，相邻的两孔方位相错。

快滤池的运行是"过滤-反冲洗"两个过程交替进行的。滤池工作时，废水自进水管经进水渠、排水槽分配入滤池，废水在池内自上而下穿过滤料层、垫料层，由排水系统收集，并经出水管排出。工作期间，滤池处于全浸没状态。经过一段时间过滤后，滤料层被悬浮物质阻塞，水头损失增大到一个极限值，或者是由于水流冲刷，悬浮物质从滤池中大量带出，出水水质不符合要求时，滤池应停止运行，进行反冲洗。反冲洗时，关闭进水管及出水管，开启排水阀及反冲洗进水管，反冲洗水自下而上通过排水系统、垫料层、滤料层，并由排水槽收集，经进水渠内的排水管排走。反冲洗时，由于反冲洗水的作用，使滤料出现流化，滤料颗粒之间相互摩擦、碰撞，滤料表面附着的悬浮物质被冲刷下来，由反冲洗水带走。滤池经反冲洗后，恢复过滤及截污能力，滤池即可重新投入工作。

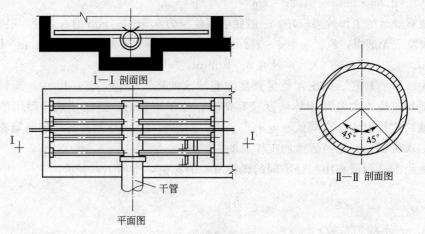

图 8-46　穿孔管式大阻力排水系统示意

两次反冲洗的时间间隔称为过滤周期，从反冲洗开始到反冲洗结束的时间间隔称为反洗历时。

③ 压力过滤器　在工业废水处理中，除了采用普通快滤池外，还采用其他类型的滤池，其中应用较多的是压力过滤器。如图 8-47 所示。

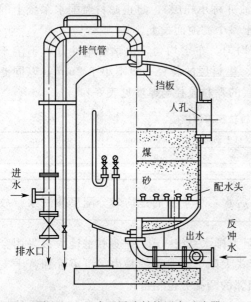

图 8-47　立式两层滤料的压力过滤器

压力过滤器是一个承压的密闭的过滤装置，内部构造与普通过滤池相似，其主要特点是承受压力，可利用过滤后的余压将出水送到用水地点或远距离输送。压力过滤器过滤能力强、容积小、设备定型、使用的机动性大。但是，单个过滤器的过滤面积较小，只适用于废水量小的车间（或企业），或对某些废水进行局部处理。

通常采用的压力过滤器是立式的，直径不大于 3m。滤层以下为厚度 100mm 的卵石垫层（$d=1.0\sim2.0mm$），排水系统为过滤头。在一些废水处理系统中，排水系统处还安装有压缩空气管，用以辅助反冲洗。

反冲洗废水通过顶部的漏斗或设有挡板的进水管收集并排除。

压力过滤器外部还安装有压力表、取样管、及时监督过滤器的压力损失和水质变化。

过滤器顶部设有排气阀，排除过滤器内和水中析出的气体。

④ 新型滤料滤池　近年来，国内外都在研究采用塑料或纤维球等轻质材料作为滤料的滤池，这种滤池具有滤速高、水头损失小、过滤周期长、冲洗水耗量低等优点。

a. 塑料、石英砂双层滤料滤池[156]。普通的无烟煤-石英砂双层滤池，由于上层无烟煤粒径较小，滤料间的空隙率也较小，因此截污能力不大，过滤周期短。塑料-石英砂双层滤料滤池上层采用圆柱形塑料滤料,下层为石英砂滤料。因塑料比无烟煤粒径大,而且均匀、空隙率大,所以,悬浮物截留量大。又因塑料的密度小,反冲时采用同样的反冲强度时,塑料的膨胀率大、清洗效果好,可缩短反冲洗时间,节省冲洗水量。另外塑料的磨损率也小。圆柱形塑料滤料直径为 3mm,滤层高 1000mm,石英砂滤料粒径为 0.6mm,层高 500mm,支撑层高 350mm,滤速为 30m·h^{-1}。

b. 纤维球滤料滤池[157]。采用耐酸、耐碱、耐磨的合成纤维球作滤料,滤速为 30～70m·h^{-1},生物处理后出水经过滤处理后,悬浮物浓度由 14～28mg·L^{-1} 降到 2mg·L^{-1}。采用空气搅动,冲洗水量只占 1%～2%。纤维球用直径为 20～50m 的纤维丝制成,直径为 10～30mm。纤维可用聚酯等合成纤维。

⑤ 聚结过滤池　聚结过滤法又称为粗粒化法,用于含油废水处理。含油废水通过装有粗粒化滤料的滤池,使废水中的微小油珠聚结成大颗粒,然后进行油水分离。本法用于处理含油废水中的分散油和乳化油。粗粒化滤料,具有亲油疏水性质。当含油废水通过时,微小油珠便附聚在其表面形成油膜,达到一定的厚度后,在浮力和水流剪力的作用下,脱离滤料表面,形成颗粒大的油珠浮升到水面。粗粒化滤料有无机和有机两类,无烟煤、石英砂、陶粒、蛇纹石及聚丙烯塑料等。外形有粒状、纤维状、管状等。

目前国产的 SCF、CYF、YSF 系列油水分离器,可用于处理船舶舱底含油废水及工业企业少量含有各种油类(石油、轻柴油、重油、润滑油)的废水,或用于废油浓缩。但不适用于含乳化油或动物油的废水。含杂质较多的含油废水,应先经预处理除去杂质后,再进行处理。

(3) 吸附深度处理技术

吸附是指利用多孔性固体吸附废水中某种或几种污染物,以回收或去除某些污物,从而使废水得到净化的方法[158]。

① 吸附的基本理论　吸附是一种界面现象,其作用发生在两个相的界面上[159]。例如活性炭与废水相接触,废水中的污染物会从水中转移到活性炭的表面上,这就是吸附作用。具有吸附能力的多孔性固体物质称为吸附剂。而废水中被吸附的物质称为吸附质[160]。

根据吸附剂表面吸附力的不同,吸附可分为物理吸附和化学吸附两种类型。物理吸附指吸附剂与吸附质之间通过范德华力而产生的吸附;而化学吸附则是由原子或分间的电子转移或共有,即剩余化学键力所引起的吸附[161]。在水处理中,物理吸附和化学吸附并不是孤立的,往往相伴发生,是两类吸附综合的结果,例如有的吸附在低温时以物理吸附为主,而在高温时以化学吸附为主。表 8-15 是两类吸附特征的比较。

表 8-15　两类吸附特征的比较

吸附性能	吸附类型	
	物理吸附	化学吸附
作用力	分子引力(范德华力)	剩余化学价键力
选择性	一般没有选择性	有选择性
形层吸附层	单分子或多分子吸附层均可	只能形成单分子吸附层
吸附热	较小,一般在 41.9kJ·mol^{-1} 以内	较大,相当于化学反应热,一般在 83.7～418.7kJ·mol^{-1}
吸附速度	快,几乎不要活化能	较慢,需要一定的活化能
温度	放热过程,低温有利于吸附	温度升高,吸附速度增加
可逆性	较易解吸	化学价键力大时,吸附不可逆

② 影响吸附的主要因素　了解影响吸附因素的目的是为了选择合适的吸附剂和控制合适的操作条件。影响吸附的因素很多，其中主要有吸附剂特性、吸附质特性和吸附过程的操作条件等。

1）吸附剂特性。如前所述，吸附剂的比表面积越大，吸附能力就越强。吸附剂种类不同，吸附效果也不同，一般是极性分子（或离子）型的吸附剂吸附极性分子（或离子）型的吸附质；非极性分子型的吸附剂易于吸附非极性的吸附质。此外，吸附剂的颗粒大小、细孔构造和分布情况以及表面化学性质等对吸附也有很大影响。

2）吸附质特性。

a. 溶解度。吸附质的溶解度对吸附有较大影响。吸附质的溶解度越低，一般越容易被吸附。

b. 表面自由能。能降低液体表面自由能的吸附质，容易被吸附。例如活性炭吸附水中的脂肪酸，由于含碳较多的脂肪酸，可使炭液界面自由能降低得较多，所以吸附量也较大。

c. 极性。因为极性的吸附剂易吸附极性的吸附质，非极性的吸附剂易于吸附非极性的吸附质，所以吸附质的极性是吸附的重要影响因素之一。例如活性炭是一种非极性吸附剂（或称疏水性吸附剂），可从溶液中有选择地吸附非极性或极性很低的物质。硅胶和活性氧化铝为极性吸附剂（或称亲水性吸附剂），它可以从溶液中有选择地吸附极性分子包括水分子。

d. 吸附质分子大小和不饱和度。吸附质分子大小和不饱和度对吸附也有影响。例如活性炭与沸石相比，前者易吸附分子直径较大的饱和化合物，后者易吸附直径较小的不饱和化合物。应该指出的是，活性炭对同族有机物的吸附能力，虽然随有机物相对分子质量的增大而增强，但相对分子质量过大会影响扩散速度。所以当有机物相对分子质量超过 1000 时，需进行预处理，将其分解为小相对分子质量后再进行活性炭吸附。

e. 吸附质浓度。吸附质浓度对吸附的影响是当吸附质温度较低时，由于吸附剂表面大部分是空着的，因此适当提高吸附质浓度将会提高吸附量，但浓度提高到一定程度后，再提高浓度时，吸附量虽有增加，但速度减慢。说明吸附剂表面已大部分被吸附质占据。当全部吸附表面被吸附质占据后，吸附量便达到极限状态，吸附量就不再因吸附质浓度的提高而增加。

3）废水 pH 值。废水的 pH 值对吸附剂和吸附质的性质都有影响。活性炭一般在酸性溶液中比在碱性溶液中的吸附能力强。同时，pH 值对吸附质在水中的存在状态（分子、离子、络合物等）及溶解度有时也有影响，从而影响吸附效果。

4）共存物质。吸附剂可吸附多种吸附质，因此如共存多种吸附质时，吸附剂对某种吸附质的吸附能力比只有该种吸附质时的吸附能力低。

5）温度。因为物理吸附过程是放热过程，温度高时，吸附量减少，反之吸附量增加。温度对气相吸附影响较大，对液相吸附影响较小。

6）接触时间。在进行吸附时，应保证吸附剂与吸附质有一定的接触时间，使吸附接近平衡，以充分利用吸附能力。达到吸附平衡所需的时间取决于吸附速度，吸附速度越快，达到吸附平衡的时间越短，相应的吸附容器体积就越小。

③ 吸附操作方式　在废水处理中，吸附操作分为静态吸附和动态吸附两种。

1）静态吸附操作。废水在不流动的条件下进行的吸附操作称为静态吸附操作，所以静态吸附操作是间歇式操作。静态吸附操作的工艺过程是把一定量的吸附剂投入欲处理的废水中，不断地进行搅拌，达到吸附平衡后，再用沉淀或过滤的方法使废水与吸附剂分开。如一次吸附后出水水质达不到要求时，往往采用多次静态吸附操作多次吸附。由于麻烦，在废水处理中应用较少。静态吸附常用装置有水池和桶等。

2）动态吸附操作。动态吸附操作是废水在流动条件下进行的吸附操作。动态吸附操作常用的装置有固定床、移动床和流化床 3 种。

a. 固定床。固定床是废水处理中常用的吸附装置（图 8-48），当废水连续地通过填充吸附剂的设备时，废水中的吸附质便被吸附剂吸附。若吸附剂数量足够时，从吸附设备流出的废水中吸附质的浓度可以降低到零。吸附剂使用一段时间后，出水中的吸附质的浓度逐渐增加，当增加到一定数值时，应停止通水，将吸附剂进行再生。吸附和再生可在同一设备内交替进行，也可以将失效的吸附剂排出，送到再生设备进行再生。因这种动态吸附设备中，吸附剂在操作过程中是固定的，所以叫固定床。

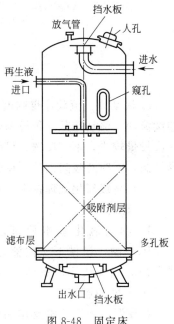

图 8-48 固定床

固定床根据水流方向又分为升流式和降流式两种。降流式固定床中，水流自上而下流动，出水水质较好，但经过吸附后的水头损失较大，特别是处理含悬浮物较高的废水时，为了防止悬浮物堵塞吸附层需定期进行反冲洗。有时在吸附层上部，设有反冲洗设备。在升流式固定床中，水流自下而上流动，当发现水头损失增大，可适当提高水流流速，使填充层稍有膨胀（上下层不要互相混合）就可以达到自清的目的。升流式固定床的优点是层内水头损失增加较慢，运行时间较长。其缺点是对废水入口处吸附层的冲洗难于降流式，并且由于流量或操作一时失误就会使吸附剂流失。

固定床根据处理水量、原水的水质和处理要求可分为单床式、多床串联式和多床并联式 3 种（图 8-49）。

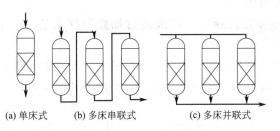

(a) 单床式   (b) 多床串联式   (c) 多床并联式

图 8-49 固定床吸附操作示意

规模较大的废水处理（每天数万立方米）多采用平流式或降流式吸附滤池。平流式吸附滤池把整个池身分为若干个小的吸附滤池区间，这样的构造，可以使设备保持连续不断地工作，某一段再生时，废水仍可进入其余区段处理，不致影响全池工作。

b. 移动床。移动床的运行操作方式如下（图 8-50）。原水从吸附塔底部流入和吸附剂进行逆流接触，处理后的水从塔顶流出，再生后的吸附剂从塔顶加入，接近吸附饱和的吸附剂从塔底间歇地排出。

移动床较固定床能够充分利用吸附剂的吸附容量，水头损失小。由于采用升流式，废水从塔底流入，从塔顶流出，被截留的悬浮物随饱和的吸附剂间歇地从塔底排出，所以不需要反冲洗设备。但这种操作方式要求塔内吸附剂上下层不能互相混合，操作管理要求高。移动床适宜于处理有机物浓度高和低的废水，也可以用于处理含悬浮物固体的废水。

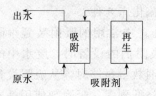

图 8-50　移动床吸附操作

c. 流动床。流动床也叫流化床。吸附剂在塔中处于膨胀状态，塔中吸附剂与废水逆向连续流动。流动床是一种较为先进的床型。与固定床相比，可使用小颗粒的吸附剂，吸附剂一次投量较少，不需反洗，设备小，生产能力大，预处理要求低。但运转中操作要求高，不易控制，同时对吸附剂的机械强度要求高。目前应用较少。

（4）高级氧化处理技术

① 湿式氧化

1）湿式氧化基本原理。湿式氧化法一般在高温（150～350℃）高压（0.5～20MPa）操作条件下，在液相中，用氧气或空气作为氧化剂，氧化水中呈溶解态或悬浮态的有机物或还原态的无机物的一种处理方法，最终产物是 CO_2 和 H_2O。可以看作不发生火焰的燃烧。

在高温高压下，水及作为氧化剂的氧的物理性质都发生了变化。在室温到 100℃ 范围内，氧的溶解度随温度升高而降低，但在高温状态下，氧的这一性质发生了改变。当温度大于 150℃ 时，氧的溶解度随温度升高反而增大，且其溶解度大于室温状态下的溶解度。同时，氧在水中的传质系数也随温度升高而增大。因此，氧的这一性质有助于高温下进行的氧化反应。

湿式氧化过程比较复杂，一般认为有两个主要步骤：空气中的氧从气相向液相的传质过程；溶解氧与基质之间的化学反应。

若传质过程影响整体反应速率，可以通过加强搅拌来消除。下面着重介绍化学反应机理。

目前普遍认为，湿式氧化去除有机物所发生的氧化反应主要属于自由基反应，共经历诱导期、增殖期、退化期以及结束期四个阶段。在诱导期和增殖期，分子态氧参与了各种自由基的形成。但也有学者认为分子态氧只是在增殖期才参与自由基的形成。生成的 HO·、RO·、ROO· 等自由基攻击有机物 RH，引发一系列的链反应，生成其他低分子酸和二氧化碳。

湿式氧化法的氧化程度取决于操作压力、温度、空气量等因素。

a. 温度。温度是湿式氧化过程中的主要影响因素。温度越高，反应速率越快，反应进行得越彻底。同时温度升高还有助于增加溶氧量及氧气的传质速度，减少液体的黏度，产生低表面张力，有利于氧化反应的进行。但过高的温度又是不经济的。因此，操作温度通常控制在 150～280℃。

b. 压力。总压不是氧化反应的直接影响因素，它与温度耦合。压力在反应中的作用主要是保证呈液相反应，所以总压应不低于该温度下的饱和蒸气压。同时，氧分压也应保持在一定范围内，以保证液相中的高溶解氧浓度。若氧分压不足，供氧过程就会成为反应的控制步骤。

c. 反应时间。有机底物的浓度是时间的函数。为了加快反应速率，缩短反应时间，可以采用提高反应温度或投加催化剂等措施。

d. 废水性质。由于有机物氧化与其电荷特性和空间结构有关，故废水性质也是湿式氧化反应的影响因素之一。研究表明：氰化物、脂肪族和卤代脂肪族化合物、芳烃（如甲苯）芳香族和含非卤代基团的卤代芳香族化合物等易氧化；而不含非卤代基团的卤代芳香族化合物（如氯苯和多氯联苯）则难氧化。村一郎等认为：氧在有机物中所占比例越少，其氧化性越强；碳在有机物中所占比例越大，其氧化越容易。

2）湿式氧化工艺。湿式氧化法常规流程如图 8-51 所示。废水由储槽 1 经高压泵加压后，与来自空压机的空气混合，经换热器加热升温后进入反应塔 6 进行氧化燃烧，反应后气液混合液进入气液分离器 7，分离出来的蒸汽和其他废气在洗涤器 9 内洗涤后，可用于涡轮机发电或其他动力，而分离出来的废水则进入固液分离器 11，进行固液分离后排放或做进一步处理。

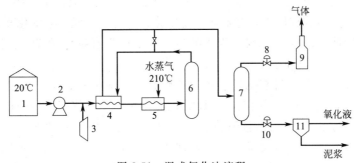

图 8-51　湿式氧化法流程

1—储槽；2—高压泵；3—空气压缩机；4—热交换器；5—启动热
交换器；6—反应塔；7—气液分离器；8—压力控制阀；9—洗涤器；
10—液位控制阀；11—固液分离器

3）湿式氧化法的应用。湿式氧化法已广泛应用于炼焦、化工、石油、轻工等废水处理上，如有机农药、染料、合成纤维、还原性无机物（如 CN^-、SCN^-、S^{2-} 等）以及难于生物降解的高浓度废水的处理。

T. L. Randall[162] 及 P. V. Knopp[163] 等采用湿式氧化技术对多种农药废水进行了试验，当温度在 204～316℃ 范围内，废水中烃类有机物及其卤化物的分解率达到或超过 99%，甚至连一般化学氧化难以处理的氯代物如多氯联苯（PCD）、DDT 等通过湿式氧化毒性也降低了 99%，大大提高了处理出水的可生化性，使得后续的生化处理能得以顺利进行。侯纪蓉等人应用湿式氧化对乐果废水作预处理，在温度为 225～240℃，压力为 6.5～7.5MPa，停留时间为 1～1.2h 的条件下，有机磷去除率为 93%～95%，有机硫去除率为 80%～88%，未经回收甲醇，COD 去除率为 40%～45%。

采用湿式氧化法处理含酚废水具有较好的应用前景：出水处理效果稳定，可生化性好，不太高的进水浓度可以处理后直接排放；若进水浓度极高可以辅以生化法。

湿式氧化和焚烧是两种不同形式的氧化方法。废水中有机物的热值大于 4360kJ·kg^{-1} 时，可用喷雾燃烧法焚烧。而 COD 在 10～100g·L^{-1} 的有机废水，其热值相当于 138～

$1380kJ \cdot kg^{-1}$，在空气中燃烧就要补充大量燃料，这类废水最适于用湿式氧化法处理。湿式氧化法的运行费用低，约为焚烧法的 1/3。

② Fenton 试剂[164]及类 Fenton 试剂氧化法　Fenton 试剂由亚铁盐和过氧化氢组成，当 pH 值足够低时，在 Fe^{2+} 的催化作用下，过氧化氢就会分解出 ·OH，从而引发一系列的链反应。其中 ·OH 的产生为链的开始：

$$Fe^{2+} + H_2O_2 \longrightarrow Fe^{3+} + OH + OH^-$$

以下反应则构成了链的传递节点：

$$\cdot OH + Fe^{2+} \longrightarrow Fe^{3+} + OH^-$$
$$\cdot OH + H_2O_2 \longrightarrow HO_2 \cdot + H_2O$$
$$Fe^{3+} + H_2O_2 \longrightarrow Fe^{2+} + HO_2 \cdot + H^+$$
$$HO_2 \cdot + Fe^{3+} \longrightarrow Fe^{2+} + O_2 + H^+$$

各种自由基之间或自由基与其他物质的相互作用使自由基被消耗，反应链终止。

Fenton 试剂之所以具有非常强的氧化能力，是因为过氧化氢在催化剂铁离子存在下生成氧化能力很强的羟基自由基（其氧化电位高达 +2.8V），另外羟基自由基具有很高的电负性或亲电子性，其电子亲和能为 569.3kJ，具有很强的加成反应特征。因而 Fenton 试剂可无选择地氧化水中大多数有机物，特别适用于生物难降解或一般化学氧化难以奏效的有机废水的氧化处理。因此，Fenton 试剂在废水处理中的应用具有特殊意义，在国内外受到普遍重视。

Fenton 试剂氧化法具有过氧化氢分解速率快、氧化速率高、操作简单、容易实现等优点。但由于体系内有大量 Fe^{2+} 的存在，H_2O_2 的利用率不高，使有机污染物降解不完全，且反应必须在酸性条件下进行，否则因析出 $Fe(OH)_3$ 沉淀而使加入的 Fe^{2+} 或 Fe^{3+} 失效，并且溶液的中和还需消耗大量的酸碱。另外处理成本高也制约这一方法的广泛应用。有鉴于此，随着近年来环境科学技术的发展，Fenton 试剂派生出许多分支，如 UV/Fenton 法、UV/H_2O_2 和电/Fenton 法等。另外，人们还尝试以三价铁离子代替传统的 Fenton 体系中的二价铁离子（Fe^{3+} + H_2O_2 体系），发现 Fe^{3+} 也可以催化分解过氧化氢。因此，从广义上讲可以把除 Fenton 法外其余的通过 H_2O_2 产生羟基自由基处理有机物的技术称为类 Fenton 试剂法。具体有以下几种。

1）H_2O_2 + UV 系统。过氧化氢作为一种强的氧化剂，可以将水中有机的或无机的毒性污染物氧化成无毒或较易为微生物分解的化合物。但一般来说，无机物与过氧化氢的反应较快，且因传质的限制，水中极微量的有机物难以被过氧化氢氧化，对于高浓度难降解的有机污染物，仅使用过氧化氢氧化效果也不十分理想，而紫外线的引入大大提高了过氧化氢的处理效果，紫外线分解过氧化氢的机理如下：

$$H_2O_2 + h\nu \longrightarrow 2HO \cdot$$
$$\cdot OH + H_2O_2 \longrightarrow \cdot OOH + H_2O$$
$$\cdot OOH + H_2O_2 \longrightarrow \cdot OH + H_2O + O_2$$

该系统相对于 Fenton 试剂，其特点为：由于无 Fe^{2+} 对过氧化氢的消耗，因此氧化剂的利用率高，并且该系统的氧化效果基本不受 pH 值的影响。但是该系统反应速率较慢，由于需要紫外线源，反应装置可能复杂一些。

2）H_2O_2 + Fe^{2+} + UV（UV/Fenton）系统。UV/Fenton 法实际上是 Fe^{2+}/H_2O_2 与 UV/H_2O_2 两种系统的结合，该系统具有明显的优点是：可降低 Fe^{2+} 的用量，保持 H_2O_2

较高的利用率；紫外线和亚铁离子对 H_2O_2 催化分解存在协同效应，即 H_2O_2 的分解速率远大于 Fe^{2+} 或紫外线催化 H_2O_2 分解速率的简单加和；此系统可使有机物矿化程度更充分，因为 Fe^{3+} 与有机物降解过程中产生的中间产物形成的络合物是光活性物质，可在紫外线照射下继续降解；有机物在紫外线作用下可部分降解。与非均相 UV/TiO_2 光催化体系相比，均相 UV/Fenton 体系反应效率更高，有数据表明，UV/Fenton 对有机物的降解速率可达到 UV/TiO_2 光催化的 3～5 倍，因而在处理难降解有毒有害废水方面表现出比其他方法如 $UV/\ H_2O_2$ 等更多的优势，因而受到研究者的广泛重视。

UV/Fenton 法具有很强的氧化能力，能有效地分解有机物，且矿化程度较好，但其利用太阳能的能力不强，处理设备费用也较高，能耗大。另外，UV/Fenton 法只适宜于处理中低浓度的有机废水。这是由于有机物浓度高时，被 Fe(Ⅲ) 络合物所吸收的光量子数很少，并需较长的辐射时间，而且 H_2O_2 的投入量也会增加，同时·OH 易被高浓度 H_2O_2 所清除。因此有必要在 UV/Fenton 体系中引入光化学活性较高的物质。水中含 Fe(Ⅲ) 的草酸盐和柠檬酸盐络合物具有很高的光化学活性，把草酸盐和柠檬酸盐引入 UV/Fenton 体系可有效提高对紫外线和可见光的利用效果。一般说来，pH 值在 3～4.9 时，草酸铁络合物效果好；pH 值在 4.0～8.0 时，Fe(Ⅲ)柠檬酸盐络合物的效果好。但 UV-vis/草酸铁络合物/ H_2O_2 法更具发展前途，因为草酸铁络合物具有 Fe(Ⅲ) 的其他络合物所不具备的光谱特性，有极强的吸收紫外线的能力，不仅对波长大于 200nm 的紫外线有较大的吸收系数，甚至在可见光照射的情况下就可产生 Fe(Ⅱ)、$C_2O_4^{2-}$ 和 CO_2，在 250～450nm 范围内实测 Fe(Ⅱ) 的量子产率为 1.0～1.2，$C_2O_4^{2-}$ 和 CO_2 在溶解氧作用下进一步转化成 H_2O_2，这就为 Fenton 试剂提供了来源。

3）$H_2O_2+ Fe^{2+} +O_2$、$H_2O_2+UV+ O_2$ 及 $H_2O_2+ Fe^{2+} + UV+ O_2$ 系统。研究结果表明，氧气的引入对于有机物的氧化是有效的，可以节约过氧化氢的用量，降低处理成本。因为在这三种体系中，氧气都参与到了氧化有机物的反应链中，从而起到了促进 Fenton 反应的作用。而对有紫外线参与的后两种体系而言，除了上述作用之外，氧气吸收紫外线后可生成臭氧等次生氧化剂氧化有机物，提高反应速率。

4）电 Fenton 法[165]。电 Fenton 法的实质就是把用电化学法产生的 Fe^{2+} 和 H_2O_2 作为 Fenton 试剂的持续来源。电 Fenton 法较光 Fenton 法具有自动产生 H_2O_2 的机制较完善、H_2O_2 利用率高、有机物降解因素较多（除羟基自由基·OH 的氧化作用外，还有阳极氧化、电吸附）等优点。

自 20 世纪 80 年代中期后，国内外广泛开展了用电 Fenton 技术处理难降解有机废水的研究，电 Fenton 法研究成果可基本分为以下 4 类[166]。

a. EF- H_2O_2 法，又称阴极电 Fenton 法。即把氧气喷到电解池的阴极上，使还原为 H_2O_2，H_2O_2 与加入的 Fe^{2+} 发生 Fenton 反应。该法不用加 H_2O_2，有机物降解很彻底，不易产生中间毒害物。但由于目前所用的阴极材料多是石墨、玻璃炭棒和活性炭纤维，这些材料电流效率低，H_2O_2 产量不高。

b. EF-Feox 法，又称牺牲阳极法。电解情况下与阳极并联的铁将被氧化成 Fe^{2+}，Fe^{2+} 与加入的 H_2O_2 发生 Fenton 反应。在 EF-Feox 体系中导致有机物降解的因素除·OH 外，还有 $Fe(OH)_2$、$Fe(OH)_3$ 的絮凝作用，即阳极溶解出的活性 Fe^{2+}、Fe^{3+}，可水解成对有机物有强络合吸附作用的 $Fe(OH)_2$、$Fe(OH)_3$。该法对有机物的去除效果高于 EF-H_2O_2 法，但需加 H_2O_2，且耗电能，故成本比普通 Fenton 法高。

　　c. FSR 法，又称 Fe^{3+} 循环法。FSR 系统包括一个 Fenton 反应器和一个将 $Fe(OH)_3$ 还原为 Fe^{2+} 的电解装置。Fenton 反应进行过程中必然有 Fe^{3+} 生成，Fe^{3+} 与 H_2O_2 反应生成活性不强的 $HO_2 \cdot$，从而降低 H_2O_2 的有效利用率和 $\cdot OH$ 产率。FSR 系统可加速 Fe^{3+} 向 Fe^{2+} 的转化，提高了 $\cdot OH$ 产率。该法的缺点是 pH 操作范围窄，必须小于 1。

　　d. EF-Fere 法[167]。该法与 FSR 法的原理基本相同，不同之处在于 EF-Fere 系统不包括 Fenton 反应器，Fenton 反应直接在电解装置中进行。该法 pH 操作范围大于 FSR 法，要求 pH 必须小于 2.5；电流效率高于 FSR 法。

　　③ 超临界水氧化技术[168]

　　1) 基本原理。任何物质，随着温度、压力的变化，都会相应地呈现为固态、液态和气态这三种物相状态，即所谓的物质三态。三态之间互相转化的温度和压力值叫作三相点[169]。除了三相点外，每种相对分子质量不太大的稳定的物质都具有一个固定的临界点。严格意义上，临界点由临界温度、临界压力、临界密度构成。当把处于气液平衡的物质升温升压时，热膨胀引起液体密度减少，而压力的升高又使气液两相的相界面消失，成为一均相体系，这一点即为临界点。当物质的温度、压力分别高于临界温度和临界压力时就处于超临界状态。在超临界状态下，流体的物理性质处于气体和液体之间，既具有与气体相当的扩散系数和较低的黏度，又具有与液体相近的密度和对物质良好的溶解能力。因此可以说，超临界流体是存在于气、液这两种流体状态以外的第三流体[170]。

　　超临界水氧化的主要原理是利用超临界水作为介质来氧化分解有机物。在超临界水氧化过程中，由于超临界水对有机物和氧气都是极好的溶剂，因此有机物的氧化可以在富氧的均一相中进行，反应不会因相间转移而受限制。同时，高的反应温度（建议采用的温度范围为 $400 \sim 600 ℃$）也使反应速率加快，可以在几秒钟内对有机物达到很高的破坏效率。有机废物在超临界水中进行的氧化反应，概略地可以用以下化学方程表示：

$$有机化合物 + O_2 \longrightarrow CO_2 + H_2O$$

$$有机化合物中的杂原子 \longrightarrow 酸、盐、氧化物$$

$$酸 + NaOH \longrightarrow 无机盐$$

　　超临界水氧化反应完全彻底。有机碳转化成 CO_2，氢转化成水，卤素原子转化为卤化物的离子，硫和磷分别转化为硫酸盐和磷酸盐。氮转化为硝酸根和亚硝酸根离子或氮气。同时，超临界水氧化在某种程度上与简单的燃烧过程相似，在氧化过程中释放出大量的热，一旦开始，反应可以自己维持，无需外界能量。

　　目前，已对许多化合物，包括硝基苯、尿素、氰化物、酚类、乙酸和氨等进行了超临界水氧化的试验，证明全都有效。此外，对火箭推进剂、神经毒气及芥子气等也有研究，证明用超临界水氧化后，可将上述物质处理成无毒的最简单小分子。

　　2) 超临界水氧化技术的工艺及装置。由于超临界水具有溶解非极性有机化合物（包括多氯联苯等）的能力，在足够高的压力下，它与有机物和氧或空气完全互溶，因此这些化合物可以在超临界水中均相氧化，并通过降低压力或冷却选择性地从溶液中分离产物。

　　超临界水氧化处理污水的工艺流程见图 8-52，过程简述如下。首先用污水泵将污水压入反应器，在此与一般循环反应物直接混合而加热，提高温度。然后，用压缩机将空气增压，通过循环用喷射器把上述的循环反应物一并带入反应器。有害有机物与氧在超临界水相中迅速反应，使有机物完全氧化，氧化释放出的热量足以将反应器内的所有物料加热至超临界状态，在均相条件下，使有机物和氧进行反应。离开反应器的物料进入旋风分离器，在此将反应中生成的无机盐等固体物料从流体相中沉淀析出。离开旋风分离器的物料一分为二，一部分循环进入反应器，另一部分作为高温高压流体先通过蒸汽发生器，产生高压蒸汽，再通过高压气液分离器，在此 N_2 及大部分 CO_2 以气体物料离开分离器，进入透平机，为空气压缩机提供动力。液体物料（主要是水和溶在水中的 CO_2）经排出阀减压，进入低压气液分离器，分离出的气体（主要是 CO_2）进行排放，液体则为洁净水，而作补充水进入水槽。

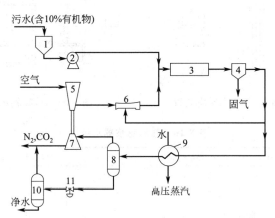

图 8-52　超临界水氧化处理污水流程

1—污水槽；2—污水泵；3—氧化反应器；4—固体分离器；

5—空气压缩机；6—循环用喷雾泵；7—膨胀机透平；

8—高压气液分离器；9—蒸汽发生器；10—低压气液分离器；11—减压阀

图 8-53 所示为一种连续流动反应装置，该反应装置的核心是一个由两个同心不锈钢管组成的高温高压反应器。被处理的废水或污泥先被匀浆，然后用一个小的高压泵将其从反应器外管的上部输送到高压反应器。进入反应器的废液先被预热，在移动到反应器中部时与加入的氧化剂混合，通过氧化反应，废液得到处理。生成的产物从反应器下端的内管入口进入热交换器。反应器内的压力由减压器控制，其值通过压力计和一个数值式压力传感器测定。在反应器的管外安装有电加热器，并在不同位置设有温度监测装置。整个系统的温度、流速、压力的控制和监测都设置在一个很容易操作的面板上，同时有一个用聚碳酸酯制备的安全防护板来保护操作者。在反应器的中部、底部和顶部都设有取样口。

图 8-54 是分批微反应器。它由线圈型的管式反应器、压力传感器、温差热电偶和一个反应器支架组成。反应器用外部的沙浴加热。

　　3）超临界水氧化技术的应用

　　a. 酚的氧化。有关酚的超临界水氧化的研究报道得较多。表 8-16 总结了酚在不同条件的超临界水氧化过程中的处理效果。由表 8-16 可以看出，在不同温度和压力下，酚的处理效果是不一样的，但在长至十几分钟的反应中，对酚均有较高的去除率。

　　b. 处理含硫废水。超临界水氧化法由于其具有反应快速，处理效率高和过程封闭性好，处理复杂体系更具优势等优点，在含硫废水的处理中得到了应用，且取得了较好的效果。向波涛等人利用超临界水氧化法处理含硫废水，在温度为 723.2K，压力为 26MPa，氧硫比为 3.47，反应时间 17s 的条件下，S^{2-} 可被完全氧化为 SO_4^{2-} 而除去。

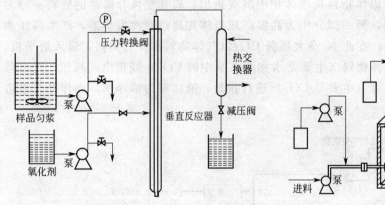
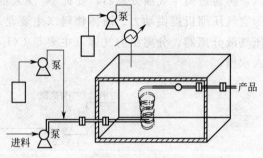

图 8-53　连续流动超临界水氧化反应装置　　　　图 8-54　超临界水氧化分批微反应器

表 8-16　酚的超临界水氧化

温度/℃	压力/MPa	浓度/mg·L^{-1}	氧化剂	反应时间/min	去除率/%
340	28.3	6.99×10^{-6}	$O_2 + H_2O_2$	1.7	95.7
380	28.2	5.39×10^{-6}	$O_2 + H_2O_2$	1.6	97.3
380	22.1	590	O_2	15	100
381	28.2	225	O_2	1.2	99.4
420	22.1	750	O_2	30	100
420	28.2	750	O_2	10	100
490	39.3	1650	O_2	1	92
490	42.1	1100	$O_2 + H_2O_2$	1.5	95
530	42.1	450	O_2	10	99

　　c. 多氯联苯等有机物。研究结果表明，超临界水氧化能够氧化 1,1,1-三氯乙烷、六氯环己烷、甲基乙基酮、苯、邻二甲苯、2,2′-二硝基甲苯、DDT 等有毒有害污染物。在温度高于 550℃时，有机碳的破坏率超过 99.97%，并且所有有机物都转化成二氧化碳和无机物。

　　(5) 膜分离深度处理技术

　　① 膜分离法概述　利用隔膜使溶剂（通常是水）同溶质或微粒分离的方法称为膜分离法。用隔膜分离溶液时，使溶质通过膜的方法称为渗析，使溶剂通过膜的方法称为渗透[171]。

　　根据溶质或溶剂透过膜的推动力不同，膜分离法可分为 3 类[172]：a. 以浓度差为推动力的方法有渗析和自然渗透；b. 以电动势为推动力的方法有电渗析和电渗透；c. 以压力差为推动力的方法有压渗析和反渗透、超滤、微孔过滤。其中常用的是电渗析、反渗透和超滤，其次是渗析和微孔过滤。

　　膜分离法具有以下特点：在膜分离过程中，不发生相变化，能量的转化效率高；一般不需要投加其他物质，这可节省原材料和化学药品；膜分离过程中，分离和浓缩同时进行，这样能回收有价值的物质；根据膜的选择透过性和膜孔径的大小，可将不同粒径的物质分开，这使物质得到纯化而又不改变其原有的属性；膜分离过程，不会破坏对热敏感和对热不稳定的物质，可在常温下得到分离；膜分离法适应性强，操作及维护方便，易于实现自动化控制。

② 渗析 有一种半渗透膜,它能允许水中或溶液中的溶质通过。用这种膜将浓度不同的溶液隔开,溶质即从浓度高的一侧透过膜而扩散到浓度低的一侧,这种现象称为渗析作用,也称扩散渗析、浓差渗析或扩散渗透。

渗析作用的推动力是浓度差,即依靠膜两侧溶液浓度差而引起溶质进行扩散分离的。这个扩散过程进行很慢,需时较长,当膜两侧的浓度达到平衡时,渗析过程即行停止。

废水处理中的渗析多采用离子交换膜,主要用于酸、碱的回收,回收率可达 70%~90%,但不能将它们浓缩。

现以酸洗钢铁废水回收硫酸为例介绍扩散渗析的原理。扩散渗析器中的薄膜全部为阴离子交换膜,如图 8-55 所示。含硫酸废水自下而上地进入第 1、3、5、7 原液室,水自上而下地进 2、4、6 回收室。原液室中含酸废水的 Fe^{2+}、H^+、SO_4^{2-} 浓度比回收室浓度高,虽然三种离子都有向两侧回收室的水中扩散的趋势,但由于阴离子交换膜的选择透过性,硫酸根离子易通过阴膜,而氢离子和亚铁离子难于通过。又由于回收室中 OH^- 浓度比原液室中的高,回收室中的 OH^- 通过阴膜而进入原液室,与原液室中的 H^+ 结合成水,结果从回收室下端流出的为硫酸,从原液室上端排出的主要是 $FeSO_4$ 残液。

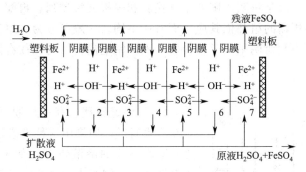

图 8-55 渗析原理示意

③ 电渗析

1) 电渗析原理。电渗析的原理是在直流电场的作用下,依靠对水中离子有选择透过性的离子交换膜,使离子从一种溶液透过离子交换膜进入另一种溶液,以达到分离、提纯、浓缩、回收的目的。电渗析工作原理如图 8-56 所示。C 为阳离子交换膜,A 为阴离子交换膜(分别简称阳膜和阴膜),阳膜只允许阳离子通过,阴膜只允许阴离子通过。纯水不导电,而废水中溶解的盐类所形成的离子却是带电的,这些带电离子在直流电场作用下能做定向移动。以废水中的盐 NaCl 为例,当电流按图示方向流经电渗析器时,在直流电场的作用下,Na^+ 和 Cl^- 分别透过阳膜(C)和阴膜(A)离开中间隔室,而两端电极

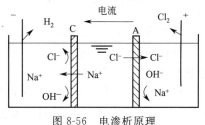

图 8-56 电渗析原理

室中的离子却不能进入中间隔室,结果使中间隔室中 Na^+ 和 Cl^- 含量随着电流的通过而逐渐降低,最后达到要求的含量。在两旁隔室中,由于离子的迁入,溶液浓度逐渐升高而成为浓溶液。

2) 电渗析器的组成。

a. 离子交换膜。离子交换膜是电渗析器的关键部分,离子交换膜具有与离子交换树脂相

同的组成，含有活性基团和使离子透过的细孔，常用的离子交换膜按其选择透过性可分为阳膜、阴膜、复合膜等数种。阳膜含有阳离子交换基团，在水中交换基团发生离解，使膜上带有负电，能排斥水中的阴离子，吸引水中的阳离子并使其通过。阴膜含有阴离子交换基团，在水中离解出阴离子并使其通过。复合膜由一面阳膜和一面阴膜间夹一层极细的网布做成，是具有方向性的电阻。当阳膜面朝向负极，阴膜面朝向正极时，正、负离子都不能透过膜，显示出很高的电阻。这时两膜之间的水分子离解成 H^+ 和 OH^-，分别进入膜两侧的溶液中。当膜的朝向与上述相反时，膜电阻降低，膜两侧相应的离子进入膜中。离子交换膜是由离子交换树脂做成的，具有选择透过性强、电阻低、抗氧化耐腐蚀性好，机械强度高，使用中不发生变形等性能。

b. 隔板。隔板是用塑料板做成的很薄的框，其中开有进出水孔，在框的两侧紧压着膜，使框中形成小室，可以通过水流。生产上使用的电渗析器由许多隔板和膜组成。

c. 电极。电极的作用是提供直流电，形成电场。常用的电极有：石墨电极，可作阴极或阳极；铅板电极，也可作阴极或阳极；不锈钢电极，只能作阴极；铅银合金电极，作阴、阳极均可。

电渗析器的组装一般是将阴、阳离子交换膜和隔板交替排列，再配上阴、阳电极就能构成电渗析器。但电渗析器的组装依其应用而有所不同。一般可分为少室器和多室器两类。少室电渗析器只有一对或数对阴阳离子交换膜，而多室电渗析器则往往有几十对到几百对阴阳离子交换膜。

④ 反渗透

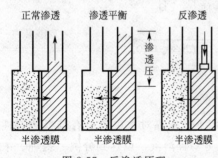

图 8-57　反渗透原理

1）反渗透原理。有一种膜只允许溶剂通过而不允许溶质通过，如果用这种半渗透膜将盐水和淡水或两种浓度不同的溶液隔开，如图 8-57 所示，则可发现水将从淡水侧或浓度较低的一侧通过膜自动地渗透到盐水或浓度较高的溶液一侧，盐水体积逐渐增加，在达到某一高度后便自行停止，此时即达到了平衡状态，这种现象称为渗透作用。当渗透平衡时，溶液两侧液面的静水压差称为渗透压。如果在盐水面上施加大于渗透压的压力，则此时盐水中的水就会流向淡水侧，这种现象称为反渗透。

任何溶液都具有相应的渗透压，但要有半透膜才能表现出来。渗透压与溶液的性质、浓度和温度有关，而与膜无关。

反渗透不是自动进行的，为了进行反渗透作用，就必须加压。只有当工作压力大于溶液的渗透压时，反渗透才能进行。在反渗透过程中，溶液的浓度逐渐增高，因此，反渗透设备的工作压力必须超过与浓水出口处浓度相应的渗透压。温度升高，渗透压增高。所以溶液温度的任何增高必须通过增加工作压力予以补偿。

2）反渗透膜的透过机理。反渗透膜的透过机理，一般认为是选择性吸附-毛细管流机理，即认为反渗透膜是一种多孔性膜，具有良好的化学性质，当溶液与这种膜接触时，由于界面现象和吸附的作用，对水优先吸附或对溶质优先排斥，在膜面上形成一纯水层。被优先吸附在界面上的水以水流的形式通过膜的毛细管并被连续地排出。所以反渗透过程是界面现象和在压力下流体通过毛细管的综合结果。

反渗透膜的种类很多，目前在水处理中应用较多的是醋酸纤维素膜和芳香族聚酰胺膜。

3）反渗透装置。反渗透装置有板框式、管式、螺卷式和中空纤维式四种。

a. 板框式反渗透装置。板框式反渗透装置的构造与压滤机相类似（图 8-58）。整个装置由若干圆板一块一块地重叠起来组成。圆板外环有密封圈支撑，使内部组成压力容器，高压水串流通过每块板。圆板中间部分是多孔性材料，用以支撑膜并引出被分离的水。每块板两面都装上反渗透膜，膜周边用胶黏剂和圆板外环密封。板式装置上下安装有进水和出水管，使处理水进入和排出，板周边用螺栓把整个装置压紧。

板式反渗透装置结构简单，体积比管式的小，其缺点是装卸复杂，单位体积膜表面积小。

b. 管式反渗透装置。管式反渗透装置与多管热交换器相仿，如图 8-59 所示。它是将若干根直径 10～20mm，长 1～3m 的反渗透管状膜装入多孔高压管中，管膜与高压管之间衬以尼龙布以便透水。高压管常用铜管或玻璃钢管，管端部用橡胶密封圈密封，管两头有管箍和管接头以螺栓连接。

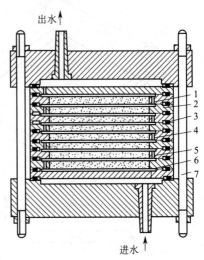

图 8-58　板框式反渗透装置
1—膜；2—水引出孔；3—橡胶密封圈；
4—多孔性板；5—处理水通道；6—膜
间流水道；7—双头螺栓

管式反渗透装置的特点是水力条件好，安装、清洗、维修比较方便，能耐高压，可以处理高黏度的原液；缺点是膜的有效面积小，装置体积大，而且两头需要较多的联结装置。

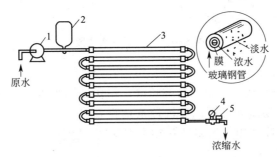

图 8-59　管式反渗透装置
1—高压水泵；2—缓冲器；3—管式组件；4—压力表；5—阀门

c. 螺卷式反渗透装置。它由平膜做成。在多孔的导水垫层两侧各贴一张平膜，膜的三个边与垫层用胶黏剂密封呈信封状，称为膜叶。将一个或多个膜叶的信封口胶接在接受淡水的穿孔管上，在膜与膜之间放置隔网，然后将膜叶绕淡水穿孔管卷起来便制成了圆筒状膜组件（图 8-60）。将一个或多个组件放入耐压管内便可制成螺卷式反渗透装置。工作时，原水沿隔网轴向流动，而通过膜的淡水则沿垫层流入多孔管，并从那里排出器外。

螺卷式反渗透装置的优点是结构紧凑，单位容积的膜面积大，所以处理效率高，占地面积小，操作方便。缺点是不能处理含有悬浮物的液体，原水流程短，压力损失大，浓水难以循环以及密封长度大，清洗、维修不方便。

d. 中空纤维式反渗透装置。这是用中空纤维膜制成的一种反渗透装置。图 8-61 所示即

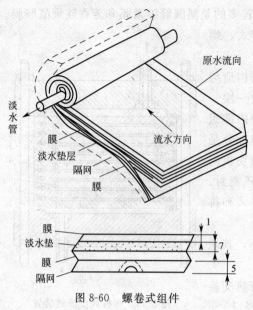

图 8-60　螺卷式组件

为其中的一种构造形式。中空纤维外径 $50\sim200\mu m$，内径 $25\sim42\mu m$，将其捆成膜束，膜束外侧覆以保护性格网，内部中间放置供分配原水用的多孔管，膜束两端用环氧树脂加固。将其一端切断，使纤维膜呈开口状，并在这一侧放置多孔支撑板。将整个膜束装在耐压圆筒内，在圆筒的两端加上盖板，其中一端为穿孔管进口，而放置多孔支撑板的另一端则为淡水排放口。高压原水从穿孔管的一端进入，由穿孔管侧壁的孔洞流出，在纤维膜际间空隙流动，淡水渗入纤维膜内，汇流到多孔支撑板的一侧，通过排放口流出器外，而浓水则汇集于另一端，通过浓水排放口排出。

中空纤维式反渗透装置的优点是单位体积膜表面积大，制造和安装简单，不需要支撑物等。缺点是不能用于处理含有悬浮物的废水，预先必须经过过滤处理，另外难以发现损坏的膜。

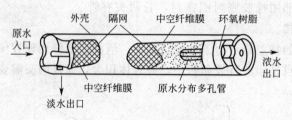

图 8-61　中空纤维膜装置

⑤ 超过滤

1）超过滤工作原理概述。超过滤简称超滤，用于去除废水中大分子物质和微粒。超滤之所以能够截留大分子物质和微粒，其机理是：膜表面孔径机械筛分作用，膜孔阻塞、阻滞作用和膜表面及膜孔对杂质的吸附作用。而一般认为主要是筛分作用。

超滤工作原理如图 8-62 所示。在外力的作用下，被分离的溶液以一定的流速沿着超滤膜表面流动，溶液中的溶剂和低相对分子质量物质、无机离子，从高压侧透过超滤膜进入低压侧，并作为滤液而排出；而溶液中高分子物质、胶体微粒及微生物等被超滤膜截留，溶液被浓缩并以浓缩液形式排出。由于它的分离机理主要是借机械筛分作用，膜的化学性质对膜的分离特性影响不大，因此可用微孔模型表示超滤的传质过程。

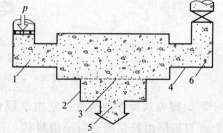

图 8-62　超过滤的原理
1—超过滤进口溶液；2—超过滤透过膜的溶液；3—超过滤膜；4—超过滤出口溶液；5—透过超过滤膜的物质；6—被超过滤膜截留下的物质

超滤与反渗透的共同点在于，两种过程的动力同是溶液的压力，在溶液的压力下，溶剂的分子通过薄膜，而溶解的物质阻滞在隔膜表面上。两者区别在于，超过滤所用的薄膜（超滤膜）较疏松，透水量大，除盐率低，用以分离高分子和低分子有机物以及无机离子等，能够分离的溶质分子至少要比溶剂的分子大 10 倍，在这种系统中渗透压已经不起作用了。超过滤的去除机理主要是筛滤作用。超过滤的工作压力低（0.07～0.7MPa）。反渗透所用的薄膜（反渗透膜）致密，透水量低，除盐率高，具有选择透过能力，用以分离分子大小大致相同的溶剂和溶质，所需的工作压力高（大于 2.8MPa），在反渗透膜上分离过程伴随有半透膜、溶解物质和溶剂之间复杂的物理化学作用。

2）超滤的影响因素。

a. 料液流速。提高料液流速虽然对减缓浓差极化，提高透过通量有利，但需提高料液压力，增加能耗。一般紊流体系中流速控制在 $1\sim3\text{m}\cdot\text{s}^{-1}$。

b. 操作压力。超滤膜透过通量与操作压力的关系取决于膜和凝胶层的性质。一般操作压力为 0.5～0.6MPa。

c. 温度。操作温度主要取决于所处理的物料的化学、物理性质。由于高温可降低料液的黏度，增加传质效率，提高透过通量，因此应在允许的最高温度下进行操作。

d. 运行周期。随着超滤过程的进行，在膜表面逐渐形成凝胶层，使透过通量逐步下降，当通量达到某一最低数值时，就需要进行清洗，这段时间称为一个运行周期。运行周期的变化与清洗情况有关。

e. 进料浓度。随着超滤过程的进行，主体液流的浓度逐渐增高，此时黏度变大，使凝胶层厚度增大，从而影响透过通量。因此对主体液流应定出最高允许浓度。

8.5.2.2　生物处理技术

（1）曝气生物滤池深度处理技术

① 曝气生物滤池的构造与工作原理　曝气生物滤池是近 10 年内开发的一种新型的生物膜法处理技术。由于这种技术具有一定的特长，因此，较快地得到推广应用，并取得了良好的处理效果。

图 8-63 所示为曝气生物滤池的构造示意。池内底部设承托层，其上部则是作为滤料的填料。在承托层设置曝气用的空气管及空气扩散装置，处理水集水管兼作反冲洗水管也设置在承托层内。

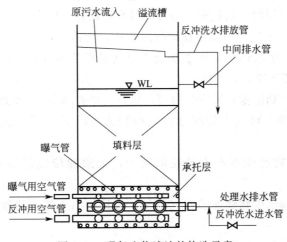

图 8-63　曝气生物滤池的构造示意

被处理的原污水，从池上部进入池体，并通过由填料组成的滤层，在填料表面有由微生物栖息形成的生物膜。在污水滤过滤层的同时，由池下部通过空气管向滤层进行曝气，空气由填料的间隙上升，与下流的污水相向接触，空气中的氧转移到污水中，向生物膜上的微生物提供充足的溶解氧和丰富的有机物。在微生物的新陈代谢作用下，有机污染物被降解，污水得到处理。

原污水中的悬浮物及由于生物膜脱落形成的生物污泥，被填料所截留。滤层具有二次沉淀池的功能。

当滤层内的截污量达到某种程度时，对滤层进行反冲洗，反冲水通过反冲水排放管排出。

图 8-64 所示是以曝气生物滤池为核心的废水处理工艺流程。在本工艺前应设以固液分离为主体，去除悬浮物质效果良好的前处理工艺。由曝气生物滤池排出的含有大量生物污泥的反冲洗水进入反冲洗水池，然后从那里流入前处理工艺，并从那里和固液分离产生的污泥一道处理。

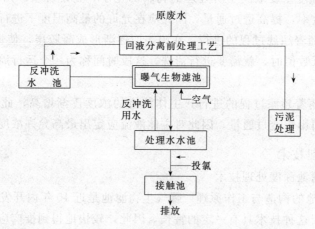

图 8-64　以曝气生物滤池为核心的废水处理工艺流程

从曝气生物滤池流出的处理水，进入处理水池，在那里经投氯消毒，在接触池后不设二次沉淀池，滤池的滤料层具有截留悬浮物和脱落生物膜的作用，用以代替二沉池。

② 曝气生物滤池的特征　作为二级处理工艺的曝气生物滤池，具有下列各项特征。

a. 反应时间短。经短时间的接触，即可取得水质良好、稳定的处理水。

b. 便于维护管理。曝气生物滤池在运行过程中，无需污泥回流，同时也没有污泥膨胀现象发生。曝气生物滤池的运行操作主要调整空气量和反冲洗，而后者能够实现自控，因此，曝气生物滤池是便于维护管理的。

c. 占地少。曝气生物滤池，反应时间短，具有同步去除 BOD 及悬浮物的功能，可以不设二沉池，因此占地少。曝气生物滤池占地面积为传统活性污泥法系统的 2/3，是氧化沟的 1/3。

d. 节能。曝气生物滤池在电力消耗问题上，大致和传统活性污泥法相当，为氧化沟的 2/3。

e. 空气量较少。曝气生物滤池的空气用量，大致相当于传统活性污泥法系统，为氧化沟空气用量的 2/3。

f. 对季节变动的适应性较强。

g. 对水量变动有较大的适应性。

h. 能够处理低浓度的废水。曝气生物滤池能够适应低浓度废水的处理，并取得良好的处理水质。

i. 具有很强的硝化功能。曝气生物滤池的滤层内能够成活高浓度的硝化菌，在去除有机污染物的同时，产生硝化反应。

j. 适应的水温范围广泛。在高水温及10℃以下的低水温条件下，曝气生物滤池都能够取得良好的处理水质。这是因为在滤层内保持着高浓度的生物量，可能产生稳定的生物反应和过滤作用。

但曝气生物滤池反冲洗水量大，占处理水量的15%～25%。

(2) MBR深度处理技术

① 膜生物反应器的分类与特征　根据膜组件和生物反应器的组合位置不同可笼统地将膜生物反应器分为一体式、分置式和复合式三大类。

1) 一体式MBR反应器。一体式MBR反应器是将膜组件直接安置在生物反应器内部，有时又称为淹没式MBR（SMBR），它依靠重力或水泵抽吸产生的负压作为出水动力，一体式MBR工艺流程如图8-65所示。

一体式膜生物反应器利用曝气产生的气液向上剪切力实现膜面的错流效应，也有在膜组件附近进行叶轮搅拌或通过膜组件自身旋转来实现错流效应。一体式膜生物反应器的主要特点如下。

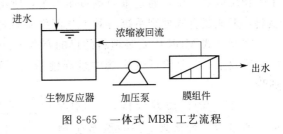

图8-65　一体式MBR工艺流程

a. 膜组件置于生物反应器之中，减少了处理系统的占地面积。

b. 用抽吸泵或真空泵抽吸出水，动力消耗费用远远低于分置式MBR，资料表明，一体式MBR每吨出水的动力消耗为$0.2～0.4kW \cdot h$，约是分置式MBR的1/10。如果采用重力出水，则可完全节省这部分费用。

c. 一体式MBR不使用加压泵，因此，可避免微生物菌体受到剪切而失活。

d. 膜组件浸没在生物反应器的混合液中，污染较快，而且清洗起来较为麻烦，需要将膜组件从反应器中取出。

e. 一体式MBR的膜通量低于分置式。

为了有效防止一体式MBR的膜污染问题，人们研究了许多方法：在膜组件下方进行高强度的曝气，靠空气和水流的搅动来延缓膜污染；有时在反应器内设置中空轴，通过它的旋转带动轴上的膜也随之转动，在膜表面形成错流，防止其污染。

2) 分置式MBR反应器。分置式MBR反应器的膜组件和生物反应器分开设置，通过泵与管路将两者连接在一起，如图8-66所示。反应器中的混合液由泵加压后进入膜组件，在压力的作用下过滤液成为系统的处理水，活性污泥、大分子等物质被膜截留，回流至生物反应器。分置式MBR，有时也称为错流式MBR，还有的资料称为横向流MBR。分置式膜生物反应器具有如下特点。

a. 膜组件和生物反应器各自分开，独立运行，因而相互干扰较小，易于调节控制。

b. 膜组件置于生物反应器之外，更易于清洗更换。

c. 膜组件在有压条件下工作，膜通量较大，且加压泵产生的工作压力在膜组件承受压

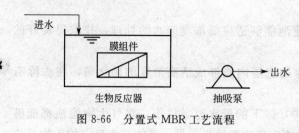

图 8-66　分置式 MBR 工艺流程

力范围内可以进行调节，从而可根据需要增加膜的透水率。

d. 分置式膜生物反应器的动力消耗较大，加压泵提供较高的压力，造成膜表面高速错流，延缓膜污染，这是其动力费用大的原因。

e. 生物反应器中的活性污泥始终都在加压泵的作用下进行循环，由于叶轮的高速旋转而产生的剪切力会使某些微生物菌体产生失活现象。

f. 分置式膜生物反应器和另外两种膜生物反应器相比，结构稍复杂，占地面积也稍大。

目前，已经规模应用的膜生物反应器大多采用分置式，但其动力费用过高，每吨出水的能耗为 2.1kW·h，是传统活性污泥法能耗的 10~20 倍，因此，能耗较低的一体式膜生物反应器的研究逐渐得到了人们的重视。

3) 复合式 MBR 反应器。复合式 MBR 在形式上仍属于一体式 MBR，也是将膜组件置于生物反应器之中，通过重力或负压出水，所不同的是复合式 MBR 是在生物反应器中安装填料，形成复合式处理系统，其工艺流程如图 8-67 所示。

在复合式 MBR 中安装填料的目的有两个：一是提高处理系统的抗冲击负荷，保证系统的处理效果；二是降低反应器中悬浮性活性污泥浓度，减小膜污染的程度，保证较高的膜通量。

② 膜生物反应器的特点　MBR 反应器作为一种新兴的高效废水生物处理技术，特别是它在废水资源化及回用方面有着诱人的潜力，受到了世界各国环保工程师和材料科学家们的普遍关注。MBR 工艺与其他生物处理工艺相比具有无法比拟的明显优势，主要有以下几点。

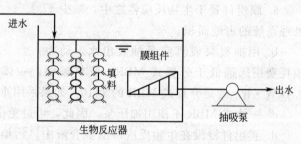

图 8-67　复合式 MBR 工艺流程

a. 能够高效地进行固液分离，分离效果远好于各种沉淀池；出水水质好，出水中的悬浮物和浊度几乎为零，可以直接回用；将二级处理与深度处理合并为一个工艺；实现了污水的资源化。

b. 由于膜的高效截留作用，可以将微生物完全截留在反应器内；将反应器的水力停留时间（HRT）和污泥龄（STR）完全分开，使运行控制更加灵活。

c. 反应器内微生物浓度高，耐冲击负荷。

d. 反应器在高容积负荷、低污泥负荷、长污泥龄的条件下运行，可以实现基本无剩余污泥排放。

e. 由于采用膜法进行固液分离，使污水中的大分子难降解成分在体积有限的生物反应器中有足够的停留时间，极大地提高了难降解有机物的降解效率。同时不必担心产生污泥膨胀的问题。

f. 由于污泥龄长，有利于增殖缓慢的硝化菌的截留、生长和繁殖，系统硝化作用得以加强。通过运行方式的适当调整亦可具有脱氮和除磷的功能。

g. 系统采用 PLC 控制，可实现全程自动化控制。

h. MBR 工艺设备集中，占地面积小。

MBR 工艺具有许多其他污水处理方法所没有的优点，但也存在着膜污染、膜清洗、膜更换和能耗高的问题，有待进一步研究解决。

（3）固定化生物处理技术

固定化生物技术是从 20 世纪 60 年代开始迅速发展起来的一项新技术，它是通过化学或物理的手段将游离细胞或酶定位于限定的空间区域内，使其保持活性并可反复利用[173]。固定化生物技术具有微生物密度高、反应迅速、微生物流失少、产物易分离、反应过程易控制的优点，是一种高效低耗、运转管理容易和十分有前途的废水处理技术。20 世纪 80 年代初，国内外开始应用固定化生物技术来处理工业废水和分解难生物降解的有机污染物，并取得了阶段性进展。近年来，固定化生物技术一直是水处理领域的研究热点。

活性污泥法可以看成是包埋固定化生物技术的雏形。在活性污泥中，所有微生物几乎是全部被包裹（或包埋）在微生物絮体内，自然形成的微生物絮体（活性污泥）可认为是一种最原始的包埋固定化微生物。这种方法形成的微生物絮体的特点是靠自然形成，解体容易，即固定化强度不高，常发生污泥膨胀。

20 世纪 50～60 年代出现了高效生物膜法，该方法是依靠微生物的自然附着力在某些固形物的表面形成固着型生物膜，如生物固定床、生物流化床、生物接触氧化法等工艺。这种生物膜固定化强度虽比上述的生物絮体高，但仍没有摆脱自然的力量。

20 世纪 70 年代末 80 年代初，人工强化的固定化微生物引起了人们的注意，它是人为地将特定的微生物封闭在高分子网络载体内，菌体脱落少，又能利用那些具有高活性的、但不易形成沉降性能良好的絮体或生物膜的微生物，载体中微生物密度高。固定化生物技术由于能将微生物或酶的理论停留时间提高到趋近无穷大，很高的稀释率也不会引起微生物的冲出现象，即容积负荷可以通过进水量任意调节和控制，这样可以大大提高生产效率。

① 固定化方法　国内外不同的研究工作者采用不同的分类方法，目前较合理的固定方法大致有吸附法、共价结合法、交联法和包埋法四大类，如图 8-68 所示。

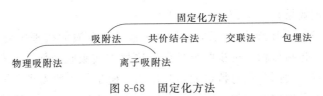

图 8-68　固定化方法

1）吸附法。吸附法是依据带电的微生物细胞和载体之间的静电作用，使微生物细胞固定的方法，可分为物理吸附法和离子吸附法两种[174]。前者使用具有高度吸附能力的硅胶、活性炭、多孔玻璃、石英砂和纤维素等吸附剂将细胞吸附到表面上使之固定化。这是一种最古老的方法，操作简单，反应条件温和，载体可以反复利用，但结合不牢固，细胞易脱落。后者根据细胞在解离状态下可因静电引力（即离子键合作用）而固着于带有相异电荷的离子交换剂上，如 DEAE2 纤维素、DEAE2sephadex、CM2 纤维素等。

2）共价结合法。共价结合法是细胞或酶表面上功能团（如 α-氨基、ε-氨基、α-羟基、β-羟基或 γ-羧基、巯基或羟基、咪唑基、酚基等）和固相支持物表面的反应基团之间形成化学共价键连接，从而成为固定化细胞或酶。该法细胞或酶与载体之间的连接键很牢固，使用过程中不会发生脱落，稳定性良好，但反应剧烈、操作复杂、控制条件苛刻。

3) 交联固定法。它是利用双功能或多功能试剂，直接与细胞或酶表面的反应基团（如氨基酸、羟基、巯基、咪唑基）发生反应，使其彼此交联形成网状结构的固定化细胞或酶。常用的交联剂有戊二醛、甲苯二异氰酸酯等。由于交联固定法化学反应比较激烈，固定化微生物的活力在多数情况下较脆弱。另外，这种方法所用的交联剂价格较贵，这就限制了该方法的广泛应用。

4) 包埋固定法。包埋固定法是将微生物细胞用物理的方法包埋在各种载体之中。这种方法既操作简单，又不会明显影响生物活性，是比较理想的方法，目前应用最多。但这种方法其包埋材料（即载体）往往会一定程度地阻碍底物和氧的扩散，影响水处理效果。对于包埋法，理想的固定化载体应是：对微生物无毒性；传质性能好，性质稳定，不易被生物分解；强度高、寿命长；价格低廉等。通常选用海藻酸钙、角叉藻聚糖、聚丙烯酰胺凝胶（ACAM）、光硬化性树脂、聚乙烯醇（PVA）等。目前聚乙烯醇固定法在日本应用得较广泛，也是固定化微生物处理废水或分解有毒物研究最多的方法。

② 固定化生物技术在废水处理中的优势　近20年来，固定化生物技术发展迅速，已取得阶段性成果，尤其是在美国和日本已有不少具有一定规模成功应用的工业实例，具有推广应用的优势。

a. 固定化生物技术去除COD和色度固定化生物技术对有机物的可降解性有其他技术不可比拟的优越性，在降低废水的COD、色度及污泥减量化方面有显著的效果，国外在这方面的研究和应用比较多。

b. 固定化生物技术用于硝化-脱氮。固定化细胞用于硝化-脱氮研究的报道近来较多。因为硝化菌、脱氮菌的增殖速度慢，要想提高去除率，较长的SRT和较高的细菌浓度是必要的。采用固定化细胞技术可做到这点，因而可加速硝化-脱氮的速度，提高处理效率，减少处理设备。

国内外学者采用不同的固定化方法及不同的载体进行了大量的研究，发现利用固定化细胞可在较低pH值、较低温度和较高溶解氧的条件下获得较好的处理效果，可增加脱氮处理对寒冷气候、入水条件的适应性，脱氮微生物在固定化载体中能增殖，因此可获得较高的微生物浓度，提高处理效果。

c. 固定化用于含重金属废水的处理。生物细胞吸收金属的机理主要有两种：一种是活体细胞的主动吸收，包括传输和沉积两个过程，这种方式吸收金属需要代谢活动提供能量，并且在这些过程中有一大部分只对特定元素起作用，但是化学性质或离子结构相似的其他元素可以替代；另一种是细胞通过细胞壁上或是细胞内的化学基团与金属螯合而进行的被动吸收，这种金属与细胞表面或细胞产物之间的非特异性结合可以在死亡的细胞或是其分解部分上发生。

8.5.3　典型煤化工企业废水深度处理案例

（1）项目概况

宁东煤化工基地的污水深度处理回用工程主要处理污水处理场的达标排放污水，污水处理场设计规模为 $1500m^3 \cdot h^{-1}$，出水作为循环冷却系统补水。

（2）设计进出水水质

① 设计进水水质　$COD \leqslant 50mg \cdot L^{-1}$，$BOD_5 \leqslant 10mg \cdot L^{-1}$，$SS \leqslant 10mg \cdot L^{-1}$，$NH_3$-

$N \leqslant 5mg \cdot L^{-1}$，$TP \leqslant 0.5mg \cdot L^{-1}$，油 $\leqslant 1mg \cdot L^{-1}$，pH6~9，$Cl^- 338mg \cdot L^{-1}$，细菌总数 1000 个 $\cdot mL^{-1}$。

② 设计出水水质 $COD \leqslant 30mg \cdot L^{-1}$，$BOD_5 \leqslant 5mg \cdot L^{-1}$，$SS \leqslant 10mg \cdot L^{-1}$，$NH_3$-$N \leqslant 3mg \cdot L^{-1}$，$TP \leqslant 0.5mg \cdot L^{-1}$，油 $\leqslant 1mg \cdot L^{-1}$，pH7.0~8.5，总硬度（以 $CaCO_3$ 计）$\leqslant 150mg \cdot L^{-1}$，铁 $\leqslant 0.5mg \cdot L^{-1}$，$Cl^- \leqslant 250mg \cdot L^{-1}$，细菌总数 1000 个 $\cdot mL^{-1}$。

（3）工艺流程

① 工艺流程 煤化工项目外排污水自流入格栅处理，在去除较大悬浮物后自流入调节池进行水质水量的调节。调节池内的污水经过泵提升送入曝气生物滤池；在曝气生物滤池中利用微生物的新陈代谢作用去除污水中的大部分污染物，如 COD、BOD_5、NH_3-N 等，曝气生物滤池出水自流进入均质滤料滤池，去除水中剩余悬浮物后自流进入中间水池，中间水池水经提升泵提升后进入超滤系统进行过滤，超滤系统用于去除水中胶体、部分有机物、微生物等。超滤出水进入超滤产水池，一部分（$1000m^3 \cdot h^{-1}$）经提升泵提升后进入反渗透系统，经反渗透系统脱盐后进入回用水池，另一部分（$350m^3 \cdot h^{-1}$）直接进入回用水池与反渗透产水（$750m^3 \cdot h^{-1}$）勾兑后，出水经提升泵提升后回用。$150m^3 \cdot h^{-1}$ 超滤反洗水及浓水和 $250m^3 \cdot h^{-1}$ 反渗透浓水共计 $400m^3 \cdot h^{-1}$ 外排。主体工艺流程见图 8-69。

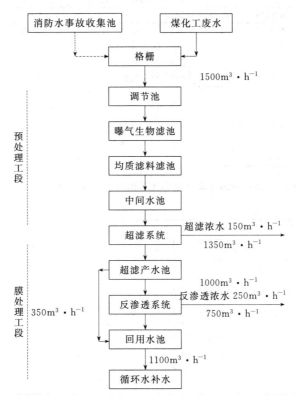

图 8-69 污水会用装置工艺流程

② 主要构筑物参数 污水深度处理回用工艺主要分为两个工段：预处理工段和膜处理工段。

a. 预处理工段。预处理工段的主要构筑物为曝气生物滤池和均质滤料滤池。曝气生物滤池规格为设 1 座 38.45m×6.7m×9.7m 半地下式钢筋混凝土池，分为 6 格，每格为 6m× 6m×9.7m，设计滤池面积 218.57m²，滤料体积 864m³，BOD 容积负荷 1.06kg·(m³·d)⁻¹，硝化容积负荷 0.44kg·(m³·d)⁻¹，总供气量 103.2m³·min⁻¹；均质滤料滤池规格为设 1 座 43.5m×7.6m×4.35m 半地下式钢筋混凝土池，分为 4 格每格为 7m×7m×4.35m，滤速 8m·h⁻¹，反冲洗周期 12h。

b. 膜处理工段。膜处理工段的主要装置为超滤和反渗透。超滤系统主要是保证反渗透系统的安全运行，降低反渗透系统化学清洗频率，延长反渗透膜使用寿命，装置共 8 套，每套净出能力 169m³·h⁻¹，采用中空纤维膜，滤膜公称孔径 0.02μm，设计膜通量 44.7L·(m²·h)⁻¹，跨膜压力 0.1~2.4bar（1bar=10⁵Pa，下同），pH 2~13；反渗透系统主要功能是脱除水中的盐分，装置共 8 套，每套净出能力 93m³·h⁻¹，芳香族聚酰胺膜，设计膜通量 20.0L·(m²·h)⁻¹，pH2~11，温度 10~45℃。

（4）运行情况

运行情况如表 8-17 和表 8-18 所列，水质达到工业循环冷却水处理设计规范 GB 50050—2007 再生水水质指标。2011 年污水处理总量 12465610m³，每小时处理量 1484m³。

表 8-17 2010~2011 年东煤化工基地污水深度处理装置进水水质

单位：mg·L⁻¹

季度		COD	BOD₅	SS	NH₃-N	TP	油	pH 值	Cl	细菌/个·mL⁻¹
						各项指标				
2010 年	1 季度	45.8	9.8	8.7	4.3	0.42	0.69	8.18	355	<1000
	2 季度	46.9	7.7	5.2	4.1	0.40	0.71	8.08	302	<1000
	3 季度	49.4	8.6	7.6	3.8	0.37	0.43	8.15	328	<1000
	4 季度	46.3	7.9	7.3	4.7	0.45	0.84	8.83	339	<1000
2011 年	1 季度	48.7	9.2	8.3	4.2	0.38	0.79	8.29	312	<1000
	2 季度	47.7	8.7	7.9	4.6	0.43	0.81	8.64	343	<1000
	3 季度	48.9	8.4	6.7	4.7	0.41	0.74	8.82	319	<1000
	4 季度	47.3	7.5	8.1	3.9	0.46	0.82	8.83	340	<1000
平均值		47.6	8.5	7.5	4.3	0.41	0.72	8.47	327	

表 8-18 2010~2011 年东煤化工基地污水深度处理装置出水水质

单位：mg·L⁻¹

季度		COD	BOD₅	SS	NH₃-N	TP	油	pH 值	Cl	总硬度	铁	细菌/个·mL⁻¹
							各项指标					
2010 年	1 季度	10.8	2.1	—	1.3	0.04	—	8.18	53.7	73	0.12	<1000
	2 季度	11.9	1.7	—	1.1	0.14	—	8.08	47.6	68	0.08	<1000
	3 季度	12.4	1.6	—	0.8	0.13	—	8.15	42.8	76	0.15	<1000
	4 季度	13.3	1.9	—	1.0	0.09	—	8.83	33.9	63	0.09	<1000
2011 年	1 季度	14.7	2.2	—	1.2	0.09	—	8.29	41.2	69	0.09	<1000
	2 季度	10.7	1.7	—	0.6	0.13	—	8.64	44.3	71	0.14	<1000
	3 季度	14.9	2.4	—	0.7	0.14	—	8.82	41.9	74	0.14	<1000
	4 季度	13.3	1.5	—	0.9	0.08	—	8.83	44.0	62	0.13	<1000
平均值		12.7	1.8	—	0.9	0.1	—	8.47	43.6	69	0.11	<1000

注："—"未检出。

参考文献

[1] 张进伟，张飞，顾海涛. 一种应用于煤化工行业过程监测的质谱定量分析方法 [J]. 质谱学报，2012，33（5）：

315-320.

[2]　李希宏，高敏惠．煤油化一体化发展趋势探讨 [J]．当代石油石化，2012，20（5）：1-7.

[3]　吴文颖，盖恒军，王朝文，等．气相色谱法测定煤化工废水中酚类和脂肪酸的实验研究 [J]．煤化工，2012（4）：24-26.

[4]　李志远，韩洪军．芬顿氧化-混凝处理煤化工废水生化出水试验研究 [J]．给水排水，2013（81）：316-319.

[5]　孟得娟．煤化工废水处理的方法分析 [J]．煤炭技术，2012，31（4）：250-251.

[6]　尚宝月，谷力彬．煤气化废水处理研究进展 [J]．化工进展，2012，31：182-185.

[7]　谷力彬，刘永建，李遵龙．论煤化工废水处理的常用工艺与运行 [J]．化工进展，2012，31：211-213.

[8]　陈海斌．煤化工污水处理的工艺选择 [J]．中国产业，2011（6）：40-41.

[9]　孟冬冬．论当代煤化工废水处理工艺的现状及发展方向 [J]．中国石油和化工标准与质量，2011（4）：44.

[10]　韩洪军，李慧强，杜茂安，等．厌氧/好氧/生物脱氨工艺处理煤化工废水 [J]．中国给水排水，2010，26（6）：75-77.

[11]　Wang W, Han H, Li H, et al. Treatment of Coal Chemical Wastewater by Two-Stage Anaerobic Process [C]．Power and Energy Engineering Conference (APPEEC), 2010 Asia-Pacific. IEEE, 2010：1-4.

[12]　Li H, Han H, Du M, et al. Removal of phenols, thiocyanate and ammonium from coal gasification wastewater using moving bed biofilm reactor [J]．Bioresource technology, 2011, 102 (7)：4667-4673.

[13]　王艳青．煤化工废水处理的方法分析 [J]．中国石油和化工标准与质量，2012（16）：38.

[14]　叶文旗，赵翠，潘一，等．高级氧化技术处理煤化工废水研究进展 [J]．当代化工，2013，42（2）：172-174.

[15]　Wang W, Han H J, Yuan M, Li H Q. Enhanced anaerobic biodegradability of real coal gasification wastewater with methanol addition [J]．J Environ Sci, 2010, 22 (12)：1868-1874.

[16]　Yan L, Wang Y, Ma H, et al. Feasibility of fly ash-based composite coagulant for coal washing wastewater treatment [J]．Journal of hazardous materials, 2012, 203：221-228.

[17]　Feng D, Yu Z, Chen Y, et al. Novel single stripper with side-draw to remove ammonia and sour gas simultaneously for coal-gasification wastewater treatment and the industrial implementation [J]．Industrial & Engineering Chemistry Research, 2009, 48 (12)：5816-5823.

[18]　Wei Z. Present Status and Development of Coal Gasification Wastewater Treatment Technology [J]．Pollution Control Technology, 2012, 3.

[19]　刘立麟．我国现代煤化工发展的影响因素分析 [J]．煤炭经济研究，2012，32（3）：34-38.

[20]　黄开东，李强，汪炎．煤化工废水"零排放"技术与工程应用现状 [J]．工业用水与废水，2012，43（5）：1-6.

[21]　曲风臣．煤化工废水"零排放"技术要点及存在问题 [J]．化学工业，2013，31（2-3）：18-24.

[22]　金亚飚，肖丙雁．宝钢焦化废水处理技术发展与现状 [J]．2013 中国水处理技术研讨会暨第 33 届年会论文集，2013.

[23]　单明军．焦化废水处理技术 [M]．北京：化学工业出版社，2009：3-4.

[24]　Kenji K, Yoshiaki N, Yuuichi Y. Development of dry-cleaned and agglomerated precompaction system (DAPS) for metallurgical cokemaking [J]．Nippon steel technical report, 2006 (9)：42-46.

[25]　吴鹏飞，崔文权，等．提高装炉煤堆密度对改善焦炭质量的分析 [J]．河北冶金，2011（10）：8-10.

[26]　Jin Xuewen, Li Enchao, Lu Shuguang. Coking waster treatment for industrial reuse pourpose：Combining biological processes with ultrafiltration, nanofiltration and reverse osmosis. Tournal of Environmental Sciences, 2013, 28 (8)：1565-1567.

[27]　代占良．捣固炼焦技术的应用与新认识 [J]．原料行业，2012（C02）.

[28]　张振国，包向军，等．配型煤炼焦研究进展 [Z]．2008 年全国炼铁生产技术会议暨炼铁年会文集，2008.

[29]　Muhammad Aziz, Yasuki Kansha, Akira Kishimoto. Advanced energy saving in rank coal drying based on selfheat recuperation technology. Tokyo：the university of Tokyo, 2012.

[30]　黄爱民．煤炭干燥技术的新进展 [J]．选煤技术，2006（9）：43-45.

[31]　Vogel C A, Ponder W H. Environmental tests comparing Kress indirect dry cooling with conventional coke oven pushing and quenching [J]．Studies in Environmental Science, 1994, 61：397.

[32]　朱道藩．干法熄焦技术 [J]．煤化工，1992（3）：56-60.

［33］　张自杰.环境工程手册——水污染防治卷［M］.北京：高等教育出版社,1996.

［34］　任源,韦朝海.焦化废水水质组成及其环境学与生物学特性分析［J］.环境科学学报,2006,27（7）:1095-1099.

［35］　Chu Libing,Wang Jiang long.Treament of coking wastewater by an advanced,Fenton oxidation process using iron powder and hydrogen peroxide.chemosphere,2012,86（4）.

［36］　Liu Wenwu,Tu Xueyan,Wang Xiuping.Retreament of coking wastewater by acid out,micro-electrolysis process with in situ electrochemical peroxidation reaction.Chemical Engineering Journal,2012,200:720-728.

［37］　冯书辉.焦化废水预处理的改进［J］.燃料与化工,2010,41（1）:140-141.

［38］　余菊华.焦化废水处理工艺研究［D］.湘潭：湘潭大学,2008.

［39］　裘晔.直接蒸汽加热法蒸氨工艺的节能研究［D］.上海：同济大学,2007.

［40］　Went Gregory Thomas.Study of supported vanadium oxide catalysts for the selective catalytic reduction of nitrogen oxides［D］Berkeley：University of California：2011.

［41］　霍增辉,韩利华,等.焦化蒸氨工艺扩能改造技术［J］.煤炭与化工,2013,36（5）:118-120.

［42］　海全胜,李万众.剩余氨水蒸氨工艺及设备探讨［J］.煤化工,2009（6）:48-51.

［43］　沈连峰,张宏,等.蒸氨塔在苏氨酸废水处理中的应用［J］.中国给排水,2006,22（22）:62-64.

［44］　Gai H J,J iang YB,Qian Y,et al.Modeling and flowsheeting of the coalgasification wastewater treatment process［J］.Chemical Engineering,2007,35（6）:49252.

［45］　Fang Bijun,Shan Yuejin,Tezuka K,et al.Reduction of dielectric losses in Pb（Fe$_{1/2}$Nb$_{1/2}$）O$_{32}$ based ferroelectric ce ramics［J］.Japanese Journal of Applied Physics,2005,44（7A）:503525039.

［46］　赵天亮,宁平.含酚废水治理技术研究进展［J］.环境与健康杂质,2007,24（8）:648-650.

［47］　Girods P,Dufour A,Fierro V,et al.Activated carbons prepared from wood particleboard wastes：characterisation and phenol adsorption capacities［J］.Journal of Hazardous Materials,2009,166:491-501.

［48］　An Fuqiang,Gao Baojiao,Feng Xiaoqin.Adsorption mechanism and property of novel composite material PMAA/ SiO$_2$ towards phenol［J］.Chemical Engineering Journal,2009,153:108-113.

［49］　高超,王启山.吸附法处理含酚废水的研究进展［J］.水处理技术,2011,37（1）:1-2.

［50］　Hasan Basri Senturk,Duygu Ozdes,Ali Gundogdua,et al.Removal of phenol from aqueous solutions by adsorption onto organomodified tirebolu bentonite：equilibrium,kinetic and thermodynamic study［J］.Journal of Hazardous Materials,2009,172:353-362.

［51］　Donald J Lisk.Environmental implications of incineration of municipal solid waste and ash disposal.The Science of the Total Environ ment,1988,74:39-42.

［52］　胡文伟,高亚桥.焚烧法处理含酚废水［J］.工业用水与废水,2000:28-29.

［53］　Fang Fang,Han Hongjun.Bioaugmentation of Biological contact oxidation reactor（BCOR）with phenoldegrading bacteria for coal gasification wastewater（CGW）treatment.Bioresource Technology,2013,150:314-320.

［54］　刘琼玉,李玉友.含酚废水的无害化处理技术进展［J］.环境污染治理技术与设备,2002,3（2）:62-63.

［55］　魏在山,许晓军.气浮法处理废水的研究及其进展［J］.安全与环境学报,2001,1（4）:14-16.

［56］　Berrin Tansel,Beth Pascual.Removal of emulsified fuel oils from brackish and pond water by dissolved air flotation with and without polyelectrolyte use：Pilot-scale investigation for estuarine and near shore applications.chemosphere,2011,85（7）:1182-1186.

［57］　张声,刘洋.溶气气浮工艺在给水处理中的应用［J］.中国给排水,2003:26-29.

［58］　胡锋平,邓荣森,等.溶气气浮技术的发展及其在城市污水处理厂中的应用［J］.给水排水,2004,30（6）:27-30.

［59］　赵岩.A^2/O脱氮除磷工艺特点及研究现状［J］.山西建筑,2013,39（30）:133-134.

［60］　Qi Rong,Yu Tao.Comparison of conventional and inverted A^2/O processes：Phosphorus release and uptake behavior.Journal of Environment,2012,24（4）:571-578.

［61］　李广彬.A/O^{2}工艺处理丙烯腈生产废水的实验研究［D］.哈尔滨：哈尔滨工业大学,2012.

［62］　陈平,高加荣.工艺在天能公司焦化废水处理中的应用［J］.煤化工,2009（4）:53-55.

［63］　潘磊.生物膜法工艺去除焦化废水中的COD、NH$_3$-N试验研究［Z］.太原：太原理工大学,2010.

［64］　Alessandra Carucci,Stefano Milia.A direct comparison amongst different technologies（aerobic granular sludge,SBR and MBR) for the treatment of wastewater contaminated by 4-chlorophenol: Journal of Hazardous Materials, 2010, 177 (1-3): 1119-1125.

[65] Morling S. Nitrogen removal and heavy metals in leachate treatment using SBR technology. Journal of Hazardous Materials, 2010, 174: 679-686.

[66] 李诚, 李荣. SBR 工艺处理低负荷城市污水经验探讨 [J]. 供水技术, 2013, 7 (6): 28-30.

[67] 周晓霞, 孙亚兵, 等. PACT 工艺处理 PAM 生产废水的实验研究 [J]. 环境工程学报, 2010, 4 (4): 817-821.

[68] Marc Aguilar, Beat Hirsbrunner. PACT-97 Fourth International Conference on Parallel Computing Technologies. 1997: 13.

[69] 谢克昌. 21 世纪中国煤化工技术的发展和创新 [J]. 东莞理工学院学报, 2006, 13 (4): 1-4.

[70] 刘晓丽. 中国煤化工发展的现状与趋势. 第六届中国煤化工产业发展论坛——"十二五"煤化工升级与技术发展研讨会论文集, 2011: 214-218.

[71] 王秀江. "十二五"煤化工产业政策与发展前景 [J]. 化工管理, 2012 (12): 52-53.

[72] 汪寿建. 国内外新型煤化工技术发展动向及我国煤气化技术运用案例分析. "十二五"我国煤化工行业发展及节能减排技术论坛论文集, 2010: 51-58.

[73] 于光元, 李亚东. 煤气化工艺技术分析 [J]. 洁净煤技术, 2005, 11 (4): 39-43.

[74] 余力. 我国废弃煤炭资源的利用——推动煤炭地下气化技术发展 [J]. 煤炭科学技术, 2013, 41 (5): 1-3.

[75] 朱铭, 徐道, 等. 国外煤炭地下气化技术发展历史与现状 [J]. 煤炭科学技术, 2013, 41 (5): 4-15.

[76] Grabner M., Meyer B. Performance and energy analysis of the current developments in coal gasification technology [J]. Journal of Fuel, 2014 (116): 910-920.

[77] 陈仲波. 煤气化的工艺技术对比与选择 [J]. 化学工程与装备, 2011 (4): 07-109.

[78] 张东亮. 煤气化工艺 (技术) 的现状与发展 [J]. 煤化工, 2004, 4 (2).

[79] 苏万银. 煤气化方法的比较及分析 [J]. 煤化工, 2010, 6 (3): 10-14.

[80] 黄开东, 李强, 汪炎. 煤化工废水零排放技术及工程应用现状分析 [J]. 工业用水与废水, 2012, 43 (5).

[81] 赵嫱, 孙体昌, 李雪梅, 孙家毅, 等. 煤气化废水处理工艺的现状及发展方向 [J]. 工业用水与废水, 2012, 43 (4).

[82] 章莉娟, 冯建中. 煤气化废水萃取脱酚工艺研究 [J]. 环境化学, 2006, 25 (4): 488-490.

[83] 钱宇, 周志远, 陈赟, 等. 煤气化废水酚氨分离回收系统的流程改造和工业实施 [J]. 化工学报, 2010, 61 (7): 1821-1828.

[84] 陈赟, 王卓. 煤气化污水酚氨回收技术进展, 流程优化及应用 [J]. 煤化工, 2013 (4): 44-48.

[85] 冯利波. 煤气化废水萃取脱酚及其深度处理 [D]. 大连: 大连理工大学, 2006.

[86] 任小花, 崔兆杰. 煤气化高浓度含酚废水萃取/反萃取脱酚技术研究 [J]. 山东大学学报: 工学版, 2010, 40 (1): 93-98.

[87] Yang C F. Qian Y, Zhang L J, et al. Solvent extraction process development and on-site trial-plant for phenol removal from industrial coal-gasification wastewater [J]. Chemical Engineering Journal, (2006), 117 (2): 179-185.

[88] 陈赟, 周伟, 等. 煤气化废水处理中双侧线汽提塔的加碱脱氨 [J]. 现代化工, 2012, 32 (11): 88-90.

[89] 冯大春, 鲁红, 余振江. 煤气化污水单塔加压处理脱酸脱氨的研究 [J]. 化学工程, 2010, 38 (9): 86-90.

[90] 冯大春. 带侧线单塔加压汽提同时脱酸脱氨工艺应用现状 [J]. 广州化工, 2010, 38 (42): 227-230.

[91] 韩超. 煤气废水深度处理工艺的研究 [D]. 北京: 北京林业大学, 2011.

[92] 张文启, 张辉, 饶品华, 等. 焦化废水好氧-缺氧-好氧生物处理技术研究 [J]. 上海工程技术大学学报, 2008, 22 (3): 198-201.

[93] Zhang M. Tai J H. Qian Y, et al. Comparison between anaerobic-anoxic-oxic and anoxic-oxic for coke plant wastewater treatment [J]. Journal of Environmental Engineering, 1997(123): 876-883.

[94] Shen J Y, He R, Han W Q, et al. Biological denitrification of high-nitrate wastewater in a modified anoxic/oxic-membrane bioreactor (A/O-MBR) [J]. Journal of Hazardous Materials, 2009, 172 (213): 595-600.

[95] Wang Z X, Xu X C, Chen J, Yang F L. Treatment of Lurgi coal gasification wastewater in pre-denitrification anaerobic and aerobic biofilm process [J]. Journal of Environmental Chemical Engineering, 2003 (1): 899-905.

[96] 赵维电. A/O-生物膜工艺处理煤化工高氨氮废水的研究 [D]. 济南: 山东大学, 2012.

[97]　李军，温艳芳．厌氧-好氧-臭氧组合流化床组合工艺处理煤气废水实验研究 [J]．水处理技术，2012，38（12）：99-107.

[98]　Wang W，Han H J，Yuan M，Li H Q. Enhanced anaerobic biodegradability of real coal gasification wastewater with methanol addition [J]．Journal of Environmental Sciences，2010，22（12）：1868-1974.

[99]　Wang W，Han H J，Yuan M. Treatment of coal gasification wastewater by a two-continuous UASB system with step-feed for COD and phenols removal [J]．Bioresource Technology，2011（102）：5454-5460.

[100]　Wang W，Ma W C，Han H J，et al. Thermophilic anaerobic digestion of Lurgi coal gasification wastewater in a UASB reactor [J]．Bioresource Technology，2011（102）：2441-2447.

[101]　Wang X Z，Xu X C，Gong Z，Yang F L. Removal of COD, phenols and ammonium from Lurgi coal gasification wastewater using A²O-MBR system [J]．Journal of Hazardous Materials，2012：78-84.

[102]　韩洪军，李慧强，杜茂安，王伟．移动生物床在煤气化废水深度处理中的应用 [J]．现代化工，2010，30（增刊2）：322-324.

[103]　Sahariaha B P，Chakrabortyb S. Kinetic analysis of phenol, thiocyanate and ammonia-nitrogen removals in an anaerobic-anoxic-aerobic moving bed bioreactor system [J]．Journal of Hazardous Materials，2011（190）：260-267.

[104]　Li H Q，Han H J，Du M A，Wang W. Removal of phenols, thiocyanate and ammonium from coal gasification wastewater using moving bed biofilm reactor [J]．Bioresource Technology，2011（102）：4667-4673.

[105]　谢鹏，何杰，周伟．深井曝气活性污泥法处理污水应用研究 [J]．科协论坛，2012（7）：127-128.

[106]　温新品．深井曝气技术发展及探讨 [J]．化学工程与装备，2011（8）：160-162.

[107]　张伟，王再义，张立国，等．日本褐煤液化技术的进展 [J]．中国煤炭，2010，36（12）：112-115.

[108]　吴春来．煤炭直接液化 [M]．北京：化学工业出版社，2010：85-109.

[109]　兰建义，杨敬一，徐心茹．含硫含酸原油加工中含油污水的形成与破乳研究 [J]．环境科学与技术，2010（12）：31.

[110]　郦和生，陈新芳，刘伟，等．Fenton 试剂处理含油废水的实验研究 [J]．北京化工大学学报，2007，34（3）：238-240.

[111]　田禹，范丽娜．高浓度乳化液废水处理工艺及机制 [J]．哈尔滨工业大学学报，2004，36（6）：756-758.

[112]　肖坤林，徐世民，李鑫钢，等．气浮塔处理含油废水的研究 [J]．工业水处理，2002，22（1）：37-42.

[113]　王殊．气浮曝气法在鞍钢轧钢废水处理中的应用 [J]．鞍钢技术，2003（3）44-46.

[114]　韩洪军．微电池滤床法处理含油废水 [J]．治理技术，2000，20（5）：19-21.

[115]　韩洪军．含油废水电解气浮的理论和试验 [J]．环境工程，1993，11（6）：7-10.

[116]　赵雅芝，薛大明，全燮，等．混凝法处理含油废水的研究 [J]．环境保护科学，1996，22（1）：58-60.

[117]　关卫省，朱唯，朱浚黄．复合絮凝剂 XG977 用于含油废水处理研究 [J]．工业水处理，2000，20（1）：17-19.

[118]　王慎敏，李建立，张宝杰．聚合氯化铝与 CW-01 阳离子破乳剂用于含油污水处理 [J]．哈尔滨理工大学学报，1999，4（6）：45-48.

[119]　张耀斌，王鸿道．混凝-生物接触氧化-煤渣灰吸附工艺治理废乳化液的研究 [J]．环境保护，1996，1：16-17.

[120]　杨再福，曾钰．加拿大一枝黄花纤维素合成吸油材料的工艺条件与吸附性能 [J]．化学反应工程与工艺，2012，28（2）：138-142.

[121]　陈淑云，金树仁．中国草本泥炭的性质及其利用途径 [J]．东北师大学报：自然科学版，1984（2）93-102.

[122]　胡烨，张翼．油田污水中油和 COD 的电化学降解脱除实验 [J]．大庆石油学院学报，2009，33（4）：76-79.

[123]　刘海军，王龙，尹倩倩，等．电絮凝处理含油废水试验研究 [J]．水科学与工程技术，2008，1：30-32.

[124]　Tomei M C，Rita S，Mininni G. Performance of sequential anaerobic/aerobic digestion applied to municipal sewage sludge [J]．Journal of environmental management，2011，92（7）：1867-1873.

[125]　Yabroudi S C，Morita D M，Alem P. Landfill Leachate Treatment Over Nitritation/Denitritation in an Activated Sludge Sequencing Batch Reactor [J]．APCBEE Procedia，2013（5）163-168.

[126]　Nourouzi M，Chuah T，Choong T. Optimisation of reactive dye removal by sequential electrocoagulation-flocculation method：comparing ANN and RSM prediction [J]．Water Science & Technology，2011，63（5）：985-995.

[127]　Kaewsuk J，Thorasampan W，Thanuttamavong M，et al. Kinetic development and evaluation of membrane sequencing batch reactor (MSBR) with mixed cultures photosynthetic bacteria for dairy wastewater treatme nt [J]．Jour

nal of environmental management, 2010, 91 (5): 1161-1168.

[128] 刘玉敏, 许雷, 逯博特, 等. 焦化废水处理新工艺 [J]. 环境工程, 2009, 27 (6): 43-46.

[129] 敬璇, 李正山. 高浓度有机废水处理技术研究进展 [J]. 成都大学学报, 2012, 31 (1): 85-89.

[130] 王清涛, 丁心悦, 张洪涛, 等. 3T-AF/BAF-MBR-RO 组合工艺处理焦化废水中试研究 [J]. 煤化工, 2011
(2): 13-16

[131] Zeng W, Li L, Yang Y, et al. Denitrifying phosphorus removal and impact of nitrite accumulation on phosphorus re-
moval in a continuous anaerobic-anoxic-aerobic (A^2/O) process treating domestic wastewater [J]. Enzyme and mi-
crobial technology, 2011, 48 (2): 134-142.

[132] 郝超磊, 宣美菊, 宋有文, 等. 厌氧-好氧工艺在含油废水生化处理中的应用 [J]. 油气田环境保护, 2005, 15
(1): 21-23.

[133] 魏东强, 吴升元, 张冰剑, 等. 污水汽提双塔工艺流程模拟分析与用能改进 [J]. 石油炼制与化工, 2012, 43
(4): 80-86.

[134] 张东锋, 何利民, 王鑫, 等. 多相流泵溶气气浮处理含油污水的实验研究 [J]. 油气田地面工程, 2010, 29
(4): 28-30.

[135] 张蔚. 煤液化催化剂生产废水处理工艺设计和运行 [J]. 能源环境保护, 2012, 26 (3): 42-44.

[136] Xiao J, Zhu C, Sun D, et al. Removal of ammonium-N from ammonium-rich sewage using an immobilized *Bacillus
subtilis* AYC bioreactor system [J]. Journal of Environmental Sciences, 2011, 23 (8): 1279-1285.

[137] Ye Z F, Li Y F, Li X Z, et al. Study on coal gasification wastewater treatment with aerated biological fluidized bed
(ABFB) [J]. China Environmental Science, 2002, 22 (1): 32-35.

[138] 陈泰, 何秉宇, 陈向云, 等. 好氧生物流化床技术研究进展 [J]. 新疆环境保护, 2009, 31 (1): 06-08.

[139] Raut-Jadhav S, Saharan V K, Pinjari D V, et al. Intensification of degradation of imidacloprid in aqueous solutions
by combination of hydrodynamic cavitation with various advanced oxidation processes (AOPs) [J]. Journal of En-
vironmental Chemical Engineering, 2013, 1 (4): 850-857.

[140] Karci A. Degradation of chlorophenols and alkylphenol ethoxylates, two representative textile chemicals, in water by
advanced oxidation processes: The state of the art on transformation products and toxicity [J]
. Chemosphere, 2013.

[141] Pendashteh A R, Abdullah L C, Fakhru' l-Razi A, et al. Evaluation of membrane bioreactor for hypersaline oily
wastewater treatment [J]. Process Safety and Environmental Protection, 2012, 90 (1): 45-55.

[142] Yan L, Hong S, Li M L, et al. Application of the Al_2O_3-PVDF nanocomposite tubular ultrafiltration (UF) mem-
brane for oily wastewater treatment and its antifouling research [J]. Separation and Purification Technology,
2009, 66 (2): 347-352.

[143] Al-Jeshi S, Neville A. An experimental evaluation of reverse osmosis membrane performance in oily water [J]
. Desalination, 2008, 228 (1): 287-294

[144] Echavarría A P, Falguera V, Torras C, et al. Ultrafiltration and reverse osmosis for clarification and concentration
of fruit juices at pilot plant scale [J]. LWT-Food Science and Technology, 2012, 46 (1): 189-195.

[145] 肖林波, 曲鹏飞, 张建孝. 焦化废水深度处理研究进展 [J]. 山东冶金, 2012, 34 (5): 5-7.

[146] 文屹, 张啸楚. 关于工业中水回用的几个问题 [J]. 西南给排水, 2006, 28 (2): 77-79.

[147] 郭鸿博, 张雨山, 王静, 等. 超细材料强化混凝去除海水中腐殖酸的研究 [J]. 化学工业与工程, 2010, 27 (02):
157-162.

[148] Reiss H, Lamer V K. Diffusional boundary value problems involving moving boundaries, connected with the growth
of colloidal particles [J]. The Journal of Chemical Physics, 1950, 18 (1): 1.

[149] 尚贞晓. 强化混凝处理微污染水源水的试验研究 [D]. 济南: 山东大学, 2006.

[150] 成文, 黄晓武, 胡勇有, 等. 微生物絮凝剂的研究与应用 [J]. 华南师范大学学报: 自然科学版, 2003, 28 (4):
127-134.

[151] 张媛媛, 杨朝晖, 曾光明, 等. 微生物絮凝剂 MBFGA1 的结构鉴定及絮凝机理研究 [J]. Environmental Science,
2013, 33 (2): 278-285.

[152] 李双, 田贵山. 几种陶瓷过滤材料的过滤机理研究 [J]. 材料导报, 2009, 23 (14): 513-516.

[153] 王华，宋存义，张强．粉煤灰改性吸附材料及其吸附机理 [J]．粉煤灰综合利用，2000 (4)：37-41.

[154] Area U，Xinfang W，Gai Y，et al. Protection Industry [J]．中国环保产业，2007 (9)．

[155] 陈涛郁．按两相流动对污水管道输送阻力的理论研究 [J]．昆明理工大学学报：理工版，2007，32 (3)：68-71.

[156] 史笑非，贾宝秋，马志明．均粒石英砂滤料快滤池的生产性试验与应用 [J]．辽宁化工，2001，30 (12)：520-523.

[157] 张杰，曹相生，孟雪征．曝气生物滤池的研究进展 [J]．中国给水排水，2002，18 (8)：26-29.

[158] 唐讯．催化剂生产工业废水中重金属的危害及治理 [J]．石油化工，2004，33 (1)：1395-1397.

[159] El El-Shafey，Cox M，Pichugin A，et al [J]．J ChemTechnol Biotechnol，2002，77 (4)：429-436.

[160] 黄维安，蓝强，张妍．胶体颗粒在液-液界面上的吸附行为及界面组装 [J]．化学进展，2007，19 (2)：212-219.

[161] 王萍，牛晓君，赵保卫．海绵铁吸附除磷机理研究 [J]．中国给水排水，2003，19 (3)：11-13.

[162] Dietrich M J，Randall T L，Canney P J. Wet air oxidation of hazardous organics in wastewater [J]．Environmental Progress，1985，4 (3)：171-177.

[163] Knopp P V. Detoxification of specific organic substances by wet oxidation [J]．Water Pollution Control Federation，1980：2117-2130.

[164] 陈胜兵，何少华，娄金生，等．Fenton 试剂的氧化作用机理及其应用 [J]．环境科学与技术，2004，27 (3)：105-107.

[165] 张芳，李光明，赵修华，等．电 Fenton 法废水处理技术的研究现状与进展 [J]．工业水处理，2004，24 (12)：9-13.

[166] Casado J，Fornaguera J，Galán M I. Pilot scale mineralization of organic acids by electro-Fenton process plus sunlight exposure [J]．Water research，2006，40 (13)：2511-2516.

[167] 尹玉玲，肖羽堂，朱莹佳．电 Fenton 法处理难降解废水的研究进展 [J]．水处理技术，2009，35 (3)：5-9.

[168] 苏东辉，郑正，王勇，等．超临界水氧化技术 [J]．工业水处理，2003，23 (2)：10-14.

[169] Friedrich C. Das Korrosionsverhalten von Titan und Titanlegierungen während der Oxidation in überkritischem Wasser [D]．Forschungszentrum Karlsruhe，1999.

[170] Fill C. Investigations on material and corrosion problems for the oxidation of contaminations in supercritical water (German) [J]．Werkstoffe und Korrosion，1997，48 (3)：146-15.

[171] 张鸿郭，周少奇，林云琴，等．膜分离技术在水处理中的应用研究 [J]．环境技术，2003，3 (6)：22-25.

[172] 刘忠洲，续曙光．超滤过程中的膜污染与清洗 [J]．水处理技术，1997，23 (4)：187.

[173] 王娜，闵小波，王云燕，等．内聚营养源 SRB 固定化交联剂的选择及对含锌废水的处理 [J]．中南大学学报：自然科学版，2008，39 (2)：276-277.

[174] 王绍良，郑立，崔志松，等．固定化微生物技术在海洋溢油生物修复中的应用 [J]．Marine Sciences，2011，35 (12)：127.

第五篇

煤矿瓦斯的开发与利用

导读

煤矿瓦斯（煤层气）是优质宝贵的清洁能源，发热量与常规天然气相当。我国埋深2000m以浅煤层气地质资源量约 36.81 万亿立方米。我国高度重视煤矿瓦斯的治理与开发利用工作，逐步加快转变经济发展方式，推动清洁能源生产和利用方式的变革，着力构建安全、稳定、经济、清洁的现代能源产业体系。大力推进煤矿瓦斯开发利用，有利于优化能源结构，提高能源利用效率。

本篇主要介绍了煤矿瓦斯开发与利用的关键技术，共分为四章：煤矿瓦斯赋存与抽采、瓦斯安全输送及预处理技术、低浓度煤矿瓦斯富集与综合利用以及高浓度煤矿瓦斯的资源化利用。第 9 章通过对煤矿瓦斯来源与赋存特征的介绍，对比分析了煤矿瓦斯与常规天然气的特征差异，介绍了地面抽采、井下抽采及低透气性煤层与煤层群强化抽采技术及方法。第10 章主要介绍了煤矿瓦斯抽采浓度特征、安全输送技术及除尘脱水杂质气体的脱除技术，阐述了我国煤矿瓦斯抽采利用现状及发展前景。第 11 章介绍了煤矿低浓度瓦斯提纯技术、综合利用技术及乏风瓦斯的减排与综合利用。第 12 章介绍了高浓度煤矿瓦斯的能源利用与化工利用技术，其中能源利用包括高浓度瓦斯直接用作燃料、发电技术、燃料电池发电技术和热电冷三联产技术工艺，化工利用包括间接转化及直接转化技术。

第 9 章 煤矿瓦斯赋存与抽采

9.1 煤矿瓦斯的来源与赋存

9.1.1 煤矿瓦斯的成分与来源

9.1.1.1 煤矿瓦斯的成分

煤矿瓦斯的主要成分是烷烃，其中甲烷占绝大多数，另有少量的乙烷、丙烷和丁烷，此外一般还含有硫化氢、二氧化碳、氮和水汽，以及微量的惰性气体，如氦和氩等。在标准状况下，甲烷至丁烷以气体状态存在，戊烷以上为液体。瓦斯是无色、无味、无臭的气体，但有时可以闻到类似苹果的香味，这是芳香族的碳氢气体同瓦斯同时涌出的缘故。瓦斯对空气的相对密度是 0.554，在标准状态下瓦斯的密度为 $0.716 \mathrm{kg \cdot m^{-3}}$，瓦斯的渗透能力是空气的 1.6 倍，难溶于水，不助燃也不能维持呼吸，达到一定浓度时，能使人因缺氧而窒息，并能发生燃烧或爆炸。瓦斯在煤体或围岩中是以游离状态和吸着状态存在的。

瓦斯爆炸，直接威胁着矿工的生命安全。瓦斯爆炸即为甲烷燃烧的放热反应，化学方程式为

$$CH_4 + 2O_2 = CO_2 + 2H_2O$$

当空气中氧气浓度达到 10% 时，若瓦斯浓度在 5%～16% 之间，就会发生爆炸，浓度在 30% 左右时，就能安静地燃烧。

9.1.1.2 煤矿瓦斯的来源

煤矿井下的瓦斯主要来自煤层和煤系地层，它是成煤的煤化过程中伴生的。煤的原始母质沉积以后，一般经历 2 个成气时期：从植物遗体到泥炭的生物化学成气时期和在地层的高温高压作用下从褐煤直到无烟煤的煤化变质作用成气时期。瓦斯的生成是和煤的形成同时进行且贯穿于整个成煤过程中的[1]。

理论与实践表明，瓦斯的生成与煤的成因息息相关，除了与成煤物质、成煤环境、煤岩组成、围岩性质、成煤阶段等因素有关外，还和 2 个"不同成气时期"有很大的关系。一般情况下，瓦斯的成气母质可分为高等植物在成煤过程中形成的腐殖质和低等植物在成煤过程中形成的腐泥质两大类，它们在成煤和成气过程中的差异，构成了各自特有的地球化学标志和各自不同的特点（见表 9-1）。

表 9-1 腐殖质和腐泥质对比

成气母岩		腐殖质	腐泥质
主要成分		以芳香族化合物为主,类脂化物较少	含丰富的类脂化物
元素组成	氢和氧	贫氢(一般小于 6%)	高氢(一般大于 6%)
		富氧(可达 27%)	低氧(<4%)
	H/C 值	低(<1)	较高(>1)
	O/C 值	高(<0.5)	较低(<0.3)
主要形成环境		河流、三角洲、湖泊	海洋及湖泊
产物及气产量	煤	腐殖煤	腐泥煤
	气	高甲烷(90%~95%)	甲烷较低(47%~75%)
		低湿气(一般<0.5%)	湿气较高(20%左右)

（1）生物化学成煤时期瓦斯的生成

生物化学成煤时期是从成煤原始有机物堆积在"沼泽相"和"三角洲相"环境中开始的。在温度不超过 65℃ 的条件下，成煤原始物质经厌氧微生物分解形成瓦斯。该过程用纤维素的化学反应式概括为：

$$4C_6H_{10}O_5 \longrightarrow 7CH_4 \uparrow + 8CO_2 \uparrow + 3H_2O + C_9H_6O$$

或

$$2C_6H_{10}O_5 \longrightarrow CH_4 \uparrow + 2CO_2 \uparrow + 5H_2O + C_9H_6O$$

在本阶段，成煤物质生成的泥炭层埋深较浅，上覆盖层的胶结固化不好，生成的瓦斯容易通过渗透和扩散排放到大气中去，因此生化作用生成的瓦斯一般不会保留在现有煤层内。此后，随着泥炭层的下沉，上覆盖层越来越厚，成煤物质中的温度和所受压力也随之升高，生物化学作用逐渐减弱直至结束，在较高的压力与温度作用下泥炭转化成褐煤，并逐渐进入煤化变质作用阶段。

（2）煤化变质时期瓦斯的生成

在地质作用下，褐煤层进一步沉降，便进入煤化变质作用所导致的造气阶段。在 100℃ 高温及其相应的地层压力作用下，煤体会发生强烈的热力变质成气过程。在煤化变质作用的初期，煤中有机质的基本结构单元主要是带有羟基（—OH）、甲基（—CH$_3$）、羧基（—COOH）、醚基（—O—）等侧链和官能团的缩合稠环芳烃体系，煤中的碳素则主要集中在稠环中。由于一般情况下，稠环的键结合力较强、稳定性较好，而侧链和官能团之间及其与稠环之间的结合力较弱、稳定性较差。因此，随着地层下降，压力及温度的增大与升高，侧链和官能团即不断发生断裂与脱落，生成 CO_2、CH_4、H_2O 等气体，如图 9-1 所示。

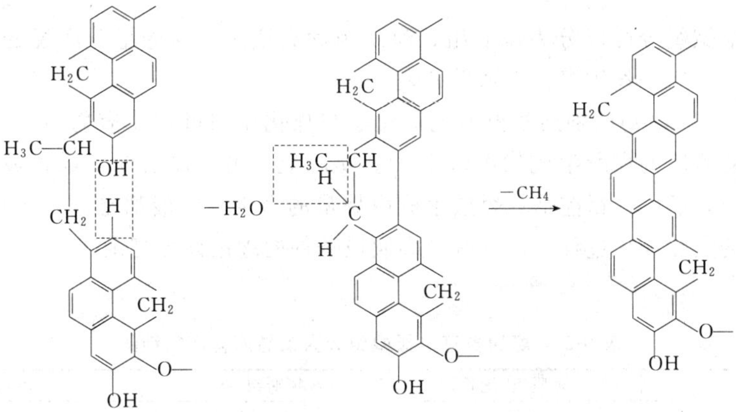

图 9-1 煤化作用（含碳量 83%~92%）成气反应示意

在煤化过程中，有机质分解脱除甲基侧链和含氧官能团而生成 CO_2、CH_4、H_2O 是煤化过程中形成瓦斯的基本反应。从图 9-1 中可以看出，煤化过程中生成的瓦斯气体以甲烷为主要组分。在瓦斯产生的同时，成煤有机质的芳核进一步缩合，碳元素进一步集中在"碳网"中。随着煤化变质程度的加深，基本结构单元缩聚芳核的数目不断增加，对于无烟煤，则主要由缩聚芳核所组成。

从褐煤到无烟煤，煤的变质程度越高，瓦斯的生成量就越多，但各个煤化阶段生成的气体组分有所不同，而且在数量上也差异很大。图 9-2 所示是原苏联学者 B. A. Cоколов[2,3] 等人给出的腐殖煤在煤化变质阶段成气的一般模型，而图 9-3 为各煤化阶段甲烷生成量的变化情况，从中可以看出，CH_4 生成是个连续相，即在整个煤化阶段的各个时期都不断地有 CH_4 生成，只是各阶段生成的数量有较大的波动而已；但是，重烃的生成则是个不连续相。实验表明，这个以人工热演化产生瓦斯为基础的模型与实测的结果在趋势上是一致的。

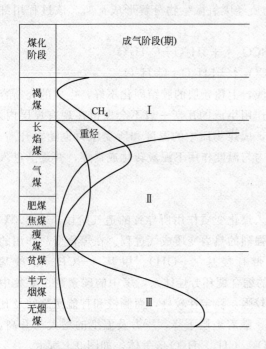

图 9-2　腐殖煤在煤化变质阶段成气演化的一般模型

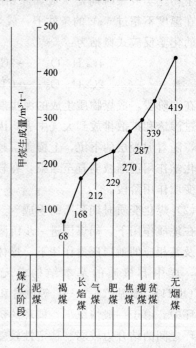

图 9-3　各煤化阶段甲烷生成量曲线

煤的有机显微组分可以分为镜质组、丝质组和壳质组，这些组分产烃的能力大小次序是：壳质组＞镜质组＞丝质组，其结果见表 9-2。

原苏联学者 D. h. 乌斯别斯基根据地球化学与煤化作用过程反应物与生成物平衡原理，计算出了各煤化阶段的煤所生成的甲烷量[4]。实际上，由于泥炭向褐煤过渡时期生成的甲烷很容易流失掉，所以，目前估算煤层生成甲烷量的多少，一般都是以褐煤作为计算起点，考虑到自然界的实际煤化过程远比带有许多假设条件的理论计算复杂，因此上述数据一般只做近似参考。

表 9-2　煤的各有机显微组分人工热演化产气结果

显微组分	壳质组(抚顺)	镜质组(抚顺)	丝质组(阜新)
产气率/mL·g^{-1}	483	183	43.9

注：实验条件为 500℃、119h、无压、真空封闭体系（中科院地球化学研究所）。

在煤和石油共生矿区，有时煤层瓦斯同油气田的瓦斯侵入有关。例如，四川中梁山煤矿 10 号煤层的瓦斯，与底板石灰岩溶洞中的瓦斯有关，而陕西铜川矿务局焦坪矿井下的瓦斯又与顶底板砂岩含油层的瓦斯有关。

一般来说，世界各国煤田中所含瓦斯以 CH_4 为主，但在某些煤层中还含有 C_2H_6、C_3H_8 等重烃气体及 CO_2 其他气体。

9.1.2　煤矿瓦斯的赋存特征

9.1.2.1　煤层瓦斯赋存的地质特征

地质条件对煤层瓦斯赋存及含量具有重要作用。地质条件主要包括煤层的埋藏深度、煤层和围岩的透气性、煤层倾角、煤层露头以及煤的变质程度等[1]。

(1) 煤层的埋藏深度

煤层埋藏深度的增加不仅会因地应力增高而使煤层和围岩的透气性降低，而且瓦斯向地表运移的距离也增大，这两者的变化均朝着有利于封存瓦斯、不利于瓦斯放散的方向发展。研究表明，当深度不大时，煤层瓦斯含量随埋深的增大基本上成线性规律增加；当埋深达到一定值后，煤层瓦斯含量将会趋于常量，并有可能下降。

例如焦作煤田，煤层瓦斯含量在不受断层与地质构造影响的地段，可用式 $X=a+bH$ 表示 [相关系数 $r=0.96$，埋深 $H>150$m（瓦斯风化带深）]，其中 a 为常数，取值为 6.58m$^3 \cdot$t^{-1}；b 为常数，取值为 0.038m$^3 \cdot$(t$\cdot$m)$^{-1}$。原苏联一些矿区实测的瓦斯含量与深度之间的关系也证实了上述分析，如图 9-4 所示。

(2) 煤层和围岩的透气性

煤系地层岩性组合及其透气性对煤层瓦斯含量有较大的影响。煤层及其围岩的透气性越大，瓦斯越易流失，煤层瓦斯含量就越小；反之，瓦斯则易于储存，煤层的瓦斯含量也就高。煤层与岩层的透气性可在非常宽的范围内变化，表 9-3 列出了甲烷对煤层及岩石的透气系数；从中可以看出，孔隙与裂缝发育的砂岩、砾岩和灰岩的透气系数非常大，它比致密而裂隙不发育的岩石（如砂页岩、页岩、泥质页岩等）的透气系数高成千上万倍。现场实践表明：煤层顶底板透气性低的岩层（如泥岩、充填致密的细碎屑岩、裂隙不发育的灰岩等）越厚，它们在煤系地层中所占的比例也越大，往往煤层的瓦斯含量也越高。例如重庆、贵州六枝、湖南涟邵等地区，由于其煤系主要岩层均是泥岩、页岩、砂页岩、粉砂岩和致密的灰岩，而且厚度大、横向岩性变化小，围岩的透气性差，封闭瓦斯的条件好，所以煤层瓦斯压力高、瓦斯含量大，这些地区的矿井往往是高瓦斯或有煤与瓦斯突出危险的矿井；反之，当围岩是由厚层中粗砂岩、砾岩或是裂隙溶洞发育的灰岩组成时，煤层瓦斯含量往往较小。例如山西大同煤田、北京西部煤田，由于煤层顶底板主要是厚层砂岩，透气性好，故而煤层瓦斯含量较低。

目前，根据岩性及透气性的不同，将煤层围岩划分为屏障层、透气层及半屏障层 3 种基本类型[5]。

① 屏障层　即瓦斯难以通过的岩层。在煤系地层中，常见的屏障层有：以黏土矿物为主，岩性致密的泥岩和砂质泥岩；胶结物含量不低于 15%，成分以黏土矿物、泥质物为主，属孔隙式或基底式胶结类型的粉砂岩；薄层砂岩与砂质泥岩互层或薄层砂岩夹砂质泥岩。这些岩层在矿井巷道揭露后岩壁干燥，无明显潮湿和滴水现象，厚度一般在 5m 以上，它的邻近层虽有透气层，但仍应以屏障层为主；组成的岩层剖面结构，如其上覆或下覆为岩溶发育

的灰岩,则厚度一般不少于15m(包括部分砂岩夹泥岩,或砂岩、泥岩耳层组成的岩层)。

② 透气层　即瓦斯易于流动通过的岩层。在煤系地层中属于这一类的岩层常见的有:碎屑成分以石英为主,分选和磨圆中等,胶结物含量一般在15%以下,以接触式到孔隙式胶结为主,多呈厚层状、岩性硬脆、裂隙发育的细粒级以上的砂岩和砾岩;泥质成分含量低、岩溶发育的石灰岩。厚度一般在5m以上,矿井巷道揭露后常有滴水现象。

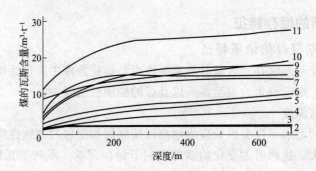

图 9-4　原苏联一些矿区实测的瓦斯含量与埋深的关系曲线

1—"深"$N^0 6\sim7$矿;2—"托施柯夫卡"$N^0 5\sim13$矿;3—"切尔卡斯卡娅"
-北"$N^0 1$与$N^0 2$矿;4—"克列明娜亚"$N^0 1$矿;5—"青年近卫军"
副$N^0 2$矿;6—"西顿巴斯"$N^0 6/42$矿;7—"雅西诺夫斯卡亚-深"矿;
8—"尼卡诺尔"矿;"政委"$N^0 2\sim3$矿;9—$N^0 4$矿、"切尔努欣斯卡
亚"$N^0 3\sim3$矿和 C·B·柯西奥尔矿;10—"贝斯特梁斯卡亚"$N^0 1$和
$N^0 2$矿;11—"红色顿涅茨"$N^0 1$和$N^0 2$矿

表 9-3　甲烷对煤层及岩石的透气系数

矿井	煤层	透气系数 $/m^2 \cdot (MPa^2 \cdot d)^{-1}$	岩石种类	透气系数$/m^2 \cdot (MPa^2 \cdot d)^{-1}$
抚顺龙凤矿	本层	150	砂岩[美]	$20\sim92000$
包头河滩沟矿		$11.2\sim17.2$	砂岩[苏]	$0.02\sim56000$
鹤壁六矿		$1.2\sim1.8$	灰岩、白云岩[苏]	$0.028\sim92000$
焦作朱村矿	大煤	$0.4\sim3.6$	泥岩[苏]	$4\sim3600$
红卫坦家冲矿	6	$0.24\sim0.72$	砾岩[日]	1206.8
涟邵蛇形山矿	4	$0.2\sim1.08$	砂岩[日]	$4\sim320$
六枝地宗矿	7	0.5	砂页岩[日]	0
中梁山矿	K_1	$0.32\sim1.16$	页岩[日]	0
北票冠山矿		$0.008\sim0.228$		
天府磨心坡矿	9	$0.004\sim0.04$		
淮南谢一矿	B_{114}	0.228		
淮北芦岭矿	8	0.028		
阳泉北头嘴矿	3	0.016		

③ 半屏障层　即瓦斯从岩层中流动通过的难易程度介于屏障层与透气层之间的岩层。在煤系地层中居于这一类的岩层常见的有:胶结物含量在10%~15%、胶结物成分中的黏土矿物含量较低、多属接触式胶结的粉砂岩;碎屑成分以石英为主,含长石,胶结物含量大于20%,成分以黏土矿物为主,碎屑颗粒分选、磨圆程度中等,属孔隙式到基底式胶结的薄至中厚层状的细砂岩;细-中粒砂岩夹薄层(毫米级以下)砂质促岩。厚度一般在2.5m以上。

9.1.2.2　煤层的孔隙结构及其吸附性

煤是一种孔隙极为发育的储集体，煤的表面和本体遍布由有机质、矿物质形成的各类孔，是有不同孔径分布的多孔固态物质。煤中孔存在不同的形态。有些孔构成孔的通道，有些孔属于盲孔，有些属于封闭孔，还有敞开式的孔，在电镜或光学显微镜下可以看到上述孔结构。煤的极其发育的微孔隙，使其具有很大的比表面积，进而表现出不同于其他吸附剂的吸附特征。

① 煤孔隙分类现状　煤的孔隙类型目前存在的 3 类主要划分系统如下[6]。

a. 煤孔隙的成因分类。张慧[6]的划分在国内具有代表性，提出原生孔、变质孔、外生孔和矿物质孔 4 种基本类型。分类的基础是煤的成岩作用、变质作用和光学、扫描显微镜下的特征观察；观察到的原生孔、外生孔、矿物质孔及变质孔中的气孔一般孔径在 1000nm 以上，这些孔的发育特征对煤中游离气的储集和运移很重要；但对于变质孔中孔径多小于 100nm 的键间孔（相当于 Gan 的分子间孔，难于直接观察，而键间孔特征是认识煤中吸附气储集和运移的关键所在。

b. 煤孔隙的孔径结构分类。具体划分方案很多[7,8]，张新民、秦勇等对代表性方案做过归纳，目前 B. B. 霍多特[9] 的十进制划分方案在国内应用最为广泛，划分出大孔（大于 1000nm）、中孔（介于 100～1000nm）、过渡孔（介于 10～100nm）和微孔（小于10nm）。分类的基础主要是固体孔径（孔的平均宽度）范围与固气分子作用效应以及压汞法和液氮吸附法的测试结果。一般认为，大孔发生气体强烈层流和紊流渗透，中孔发生气体缓慢层流渗透，过渡孔可发生气体毛细管凝聚、物理吸附及扩散，微孔是发生气体吸附的主要场所。煤的孔径结构分类为研究煤中气体吸附和运移特征提供了重要信息。限于实验方法、认识水平等因素，不同方案间的孔径分级、同一级别孔的孔径大小多不一致，孔类型术语比较混乱，给研究工作带来了不便。

c. 煤孔隙的形态分类。郝琦、吴俊在国内率先开展了对煤孔隙形态类型的研究[10~12]分类的依据是压汞实验的退汞曲线或液氮吸附曲线的形态特征。据陈萍等的研究结果，煤孔隙划分为 I 类孔（两端开口圆筒形孔及四边开放的平行板状孔）、II 类孔（一端封闭的圆筒形孔、平行板状孔、楔形孔和锥形孔）、III 类孔（细颈瓶形孔）。煤孔隙形态特征对低压吸附影响较为明显，对高压吸附影响可能较小。

② 煤孔隙吸附作用分类系统　随着对煤孔隙成因、孔径结构、形态间关系的认识不断深化，以煤孔隙的孔径结构分类为基础，进一步强调孔隙在煤层气储集、运移中的作用，煤孔隙的固气作用分类已初露端倪。张红日等[13]将煤孔隙分为渗透孔（大于 50nm）和吸附孔（小于等于 50nm）；傅雪海等[14]通过孔隙的分形特征研究，认为渗流孔和吸附孔的孔径界线为 75nm。对吸附孔中气体的赋存方式前人也取得了一些有意义的成果：据 B. 维索茨基研究，在孔径小于 15Å（$1Å=10^{-10}$ m，下同），即在与气体分子具有同一大小级别的孔隙中，气体不形成吸附层，仅充满孔隙；吸附最有效的孔径为 15～1000Å [15]。艾鲁尼认为，甲烷分子赋存于煤的 4 种部位，即以游离状态（5%～12%）和吸附状态（8%～12%）赋存于孔、裂隙空间；以固溶吸收方式充满分子间空间（75%～80%）；以置换固溶方式存在于"晶体"的芳香层缺陷内（1%～5%）；以渗入固溶方式存在于芳香碳晶体内（5%～12%）[16]。曾凡桂的研究表明，煤吸附气体的过程由吸附次过程和吸收次过程组成。广义的吸附（sorption）应该包括狭义的吸附（adsorption）、凝聚和吸收，这里的吸收是指气体分子充填于气体分子大小级别的煤分子间或内部的缺陷内[17]。桑树勋等归纳并提出如表 9-4 所示的煤孔隙固气作用分类系统[18]。

表 9-4　煤孔隙固气作用分类系统

孔隙类型	特征	气储集	气运移
渗流孔隙	孔径大于 100nm,原生孔和变质气孔	游离气	渗流
凝聚-吸附孔隙	孔径 10~100nm,分子间孔和部分经受变形改造的原生孔和变质气孔	吸附气、凝聚气	扩散
吸附孔隙	孔径 2~10nm,分子间孔	吸附气	扩散
吸收孔隙	孔径小于 2nm,有机大分子结构单元缺陷,部分为分子间孔	充填气	扩散

9.1.2.3　煤层瓦斯赋存的基础参数

　　煤中瓦斯的赋存状态一般有吸附状态和游离状态两种。固体表面的吸附作用可以分为物理吸附和化学吸附两种类型,煤对瓦斯的吸附作用是物理吸附,是瓦斯分子和碳分子间相互吸引的结果,如图 9-5 所示[19]。在被吸附瓦斯中,通常又将进入煤体内部的瓦斯称为吸收瓦斯,把附着在煤体表面瓦斯称为吸着瓦斯,吸收瓦斯和吸着瓦斯统称为吸附瓦斯。在煤层赋存的瓦斯量中,通常吸附瓦斯量占 80%~90%,游离瓦斯量占 10%~20%;在吸附瓦斯量中又以煤体表面吸着的瓦斯量占多数。

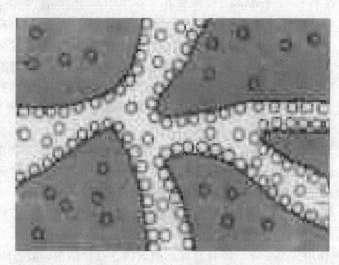

图 9-5　瓦斯在煤中的赋存状态

　　在煤体中,吸附瓦斯与游离瓦斯在外界条件不变的情况下处于动平衡状态,吸附状态的瓦斯分子和游离状态的瓦斯分子处于不断的交换之中;当外界的瓦斯压力和温度发生变化或给予冲击和振荡,影响了分子的能量时,则会破坏其动平衡,而产生新的平衡状态。因此,我们认为,由于瓦斯吸附分子与游离分子是在不断的交换之中,在瓦斯缓慢的流动过程中,不存在游离瓦斯易放散、吸附瓦斯不易放散的问题;但是,在突出过程的短暂时间内,游离瓦斯会首先放散,然后吸附瓦斯迅速加以补充。

　　近年来,随着分析测试技术的不断发展,有关学者采用 X 射线、衍射分析等技术对煤体进行观察分析认为,煤体内瓦斯的赋存状态不仅有吸附(固态)和游离(气态)状态,而且还包含有瓦斯的液态和固溶体状态。但是,由于总的来说,吸附(固态)和游离(气态)瓦斯所占比例在 85% 以上,在正常情况下,整体所表现出来的特征仍是吸附和游离状态的瓦斯特征;所以,它和传统的观点并没有矛盾,只是分析测试更加深入。

　　煤体在从植物遗体到无烟煤的变质过程中,每生成 1t 煤至少可以伴生 $100m^3$ 以上的瓦斯；但是，在目前的天然煤层中，最大的瓦斯含量不超过 $50m^3 \cdot t^{-1}$。研究认为，一方面是由于煤层本身含瓦斯的能力所限；另一方面是因为瓦斯是以压力气体存在于煤层中的，经过漫长的地质年代，放散了大部分，目前储藏在煤体中的瓦斯仅是剩余的瓦斯量。已有的研究成果认为，煤层瓦斯含量与煤层储气条件有着密切的关系[20]。

煤的瓦斯含量是指单位质量或体积的煤中所含的瓦斯量，以 $m^3 \cdot t^{-1}$ 或 $m^3 \cdot m^{-3}$ 表示。其测定计算法如下。

① 煤的游离瓦斯含量　按气体状态方程（马略特定律）求得

$$x_\gamma = VpT_0/(Tp_0\xi)$$

式中　V——单位质量煤的孔隙容积，$m^3 \cdot t^{-1}$；

p——瓦斯压力，MPa；

T_0, p_0——标准状况下的热力学温度（273K）与压力（0.101325MPa）；

T——瓦斯的热力学温度，K；

ξ——瓦斯压缩系数，甲烷的压缩系数见表 9-5；

x_γ——煤的游离瓦斯含量，m^3（标准状况下）$\cdot t^{-1}$（煤）。

② 煤的吸附瓦斯含量　按朗缪尔方程计算并应考虑煤中水分、可燃物百分比、温度的影响系数，由此煤的吸附瓦斯量为

$$x_x = \frac{abp}{1+bp}e^{n(t_0-t)}\frac{1}{1+0.31W}\times\frac{100-A-W}{100}$$

$$n = 0.02/(0.993+0.07p)$$

式中　e——自然对数的底，e＝2.718；

t_0——实验室测定煤的吸附常数时的实验温度，℃；

t——煤层温度，℃；

n——系数；

p——煤层瓦斯压力，MPa；

a, b——煤的吸附常数；

A, W——煤中灰分与水分，%；

x_x——煤的吸附瓦斯含量，m^3（标准状况下）$\cdot t^{-1}$（煤）。

表 9-5　甲烷气体压缩系数 ξ

甲烷压力 /MPa	温度/℃					
	0	10	20	30	40	50
0.1	1.00	1.04	1.08	1.12	1.16	1.20
1.0	0.97	1.02	1.06	1.10	1.14	1.18
2.0	0.95	1.00	1.04	1.08	1.12	1.18
3.0	0.92	0.97	1.02	1.06	1.10	1.14
4.0	0.90	0.95	1.00	1.04	1.08	1.12
5.0	0.87	0.93	0.98	1.02	1.06	1.11
6.0	0.85	0.90	0.95	1.00	1.05	1.10
7.0	0.83	0.88	0.93	0.98	1.04	1.09

我国一些煤层煤样的吸附试验结果见表 9-6。

表 9-6　我国一些矿井煤层煤样的吸附试验结果

矿井	煤层	水分/%	灰分/%	挥发分/%	密度/t·m⁻³	吸附试验结果				
						温度/℃	瓦斯压力/MPa	瓦斯含量/m³·t⁻¹	a/m³·t⁻¹	b/MPa⁻¹
焦作李封天官	大同	1.88	12.16	4.37	1.72	30	1.27	25.33	30.72	4.80
白沙红卫	2	1.72	5.95	6.37	1.49	30	1.49	24.16	58.47	0.60
阳泉矿区	Sb	1.02	9.34	7.64	1.39	30	1.31	23.68	42.32	1.10
白沙红卫	4	2.19	30.18	10.13	1.73	30	1.22	19.27	25.66	2.40
萍乡煤矿		1.10	8.07	10.33	1.45	30	1.10	14.39	21.33	1.70
鹤壁梁峪		1.70	11.53	12.20	1.43	30	1.21	18.97	35.63	1.00
北票台含一坑	4	0.63	14.90	17.98	1.46	30	1.82	10.86	14.85	1.20
天府磨心坡	K9	0.99	5.44	18.29	1.36	30	1.76	11.29	17.18	1.10
丰城平湖	B4	1.70	9.50	18.77	1.37	30	1.18	12.61	27.30	0.70
南桐煤矿	K2	0.83	22.87	20.26	1.55	30	1.16	6.6	14.16	1.80
包头河滩沟		1.32	32.49	27.16	1.37	30	1.57	12.27	20.77	1.00
开滦赵各庄		1.66	14.40	29.93	1.46	30	1.01	6.42	10.89	1.30
淮北芦岭	8	1.25	7.54	32.17	1.37	30	1.69	12.75	21.88	0.90
抚顺龙凤	4分层	1.52	9.11	33.72	1.41	30	1.21	13.57	22.93	1.20
抚顺平安二坑		8.53	13.37	38.46	1.21	30	1.34	12.30	21.11	1.10
淮南谢一矿	B22b	1.58	31.80	31.20	1.32	30	1.84	20.10	39.06	0.59
辽潭西安	上煤	5.54	6.63	41.66	1.34	30	1.68	17.80	23.97	0.90

③ 煤的瓦斯含量　它等于游离瓦斯含量与吸附瓦斯含量之和。

$$x = x_\gamma + x_x = \frac{VpT_0}{Tp_0\xi} + \frac{abp}{1+bp} e^{n(t_0-t)} \times \frac{1}{1+0.31W} \times \frac{100-A-W}{100}$$

式中　x——煤的天然瓦斯含量，m³（标准状况下）·t⁻¹（煤）。

其他符号意义同前。

9.1.3　煤矿瓦斯与常规天然气的比较

9.1.3.1　成藏机理

从天然气成藏方式来看，浮力是运移的主要动力，盖层毛细管压力是阻力，通过置换水的方式不断向上运移，气水界面从顶部开始向下整体推进；从天然气成藏条件来看，需要有与输导体系相关的构造高部位，烃岩与储层有一定的距离，构造顶部要有盖层；从天然气成藏特征来看，圈闭富气，气水界面明显，成藏有利区主要在区域性高势能部位[21]。天然气成藏机理示意见图 9-6。

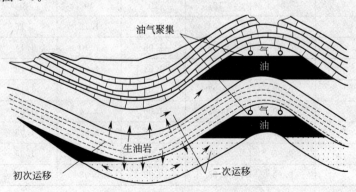

图 9-6　天然气成藏机理示意

瓦斯聚集主要要有较好的盖层条件，能够维持相当的地层压力，无论在储层的构造高部位还是低部位，都可以形成气藏。瓦斯主要以吸附作用为主，游离气和溶解气比例很小，因此可以不需要通常的圈闭存在。因此，瓦斯主要通过吸附作用将天然气聚集起来，为典型的吸附成藏机理。

9.1.3.2　地质成因与特征上的差异

（1）地质成因

瓦斯属于流体圈闭气藏，可分为水压圈闭和气压圈闭气藏。水压圈闭分布在单斜和向斜部位，位于水动力保存的区带。气体吸附于煤基质中，水充填于孔隙和微裂缝中，造成水体压力封闭。与常规气藏不同的是，气压圈闭气藏比较少见。它一般分布于承压区和近泻水区，储层压力一般大于临界解吸压力[22]，裂缝中有游离气相。

（2）岩石成分及组成

瓦斯与常规天然气具有不同的岩石成分。常规天然气的岩石成分是矿物质，而煤是由有机残渣经过化学蚀变和热蚀变所形成的富碳物质，瓦斯作为煤的一种副产物，主要是通过生物降解作用和热解作用形成的。瓦斯的主要成分是甲烷，还含有少量重烃、CO_2、N_2和He等，其热值比常规天然气的要低[23]。

（3）储层特征

对于常规储层，仅仅是天然气的储集层。而煤层不仅是瓦斯的源岩，也是瓦斯的储集层[24]。这一特性主要表现在4个方面。

① 孔隙系统　煤的孔隙结构分为基质孔隙和裂隙孔隙，是一种双重孔隙系统。其特征为：煤基质被天然裂隙网分成许多方块（基质块体）。基质是主要的储气空间，裂隙是主要的渗流通道。裂隙孔隙主要包括独特的割理系统和其他天然裂隙，后者与割理系统相比，受局部构造等因素控制，重要性小得多。煤层割理主要是由煤化作用过程中的煤物质结构、构造等的变化而产生的裂隙。根据在层面上的形态和特征，可以将割理分为面割理与端割理。面割理一般呈板状延伸，连续性好，形成煤层中的主要割理。端割理只发育于两条面割理之间，一般连续性差，缝壁不规则，形成煤层中的次要割理。两组割理与层理面正交或陡角相交，从而把煤体分割成一个个长斜方形的基质块体。常规储层与煤层的孔隙结构差异详见图9-7。

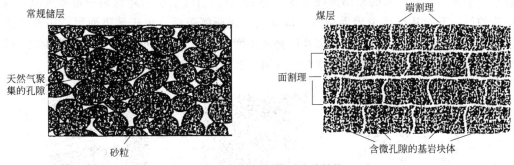

图 9-7　常规储层与煤层孔隙结构

② 孔隙度　与一般岩石孔隙结构不同的是，煤层的孔隙大都是煤层本身整体结构的一部分，在煤层的微孔中常填充不同的物质，这些物质的组成和体积常随着煤阶的改变而变化。同时与常规储层相比，煤层裂隙的孔隙度很低，除低煤阶的煤外，一般仅为1%～5%；基质孔隙度也仅为2%。同时煤岩孔隙体积压缩率一般比砂岩大1～2个数量级，使得煤岩

孔隙度随压力的变化比砂岩更明显。随上覆地层压力增加，煤层的孔隙度急剧减小。

③ 渗透率　煤层的基质孔隙渗透率极低，因此煤层渗透率主要指煤层割理渗透率。其原始渗透率一般小于 $10 \times 10^{-3} \mu m^2$，煤层渗透率伴随埋藏深度的增加而降低。煤储层的渗透性具有强烈的非均质性，因为煤层中渗透率在很大程度上受裂隙控制，在裂隙发育且延伸较长的方向，煤往往具有较高的渗透率，这一方向的渗透率要比垂直方向高出几倍甚至一个数量级。由于面割理的连通性、密度等大于端割理，因而其渗透率也大于端割理。通常面割理方向渗透率是其他方向的 3～10 倍，与端割理渗透率之比可以高达 17/1。

④ 相对渗透率　煤层流体的相对渗透率一般由历史拟合的方法求取。由于煤层大部分孔隙空间是半径小于 $0.02 \mu m$ 的孔隙，比常规砂岩具有更高的毛细管压力。煤层的毛细管压力使煤层具有高束缚水饱和度，同时也使水的相对渗透率急剧下降。由于水的饱和度总是保持在较高的水平，所以其相对渗透率也处于较低的水平。即使煤层的绝对渗透率较高，其性质也只是和致密储层相当。

9.1.3.3 储集与开采机理上的差异

(1) 赋存特征

瓦斯与常规气藏最大的差异就是煤层中甲烷不是以简单的游离状态储集于煤岩的孔隙中。瓦斯以三种状态赋存于煤层中：游离状态、吸附状态和溶解状态。在一定压力与温度下，这三种状态的气体处于同一动态平衡体系之中。其中 90% 以上均是以吸附状态保存在基质的孔隙表面上，少量的瓦斯是以游离状态存于煤岩的割理、裂缝和孔隙中，还有部分瓦斯是以溶解状态储存于煤层水中[25]。

天然气在煤层中的储集依赖于吸附作用，而不依赖于是否有油气储集的圈闭存在，这与常规砂岩中天然气的储集有着本质区别。煤层的吸附可用等温吸附曲线来表示。

煤层甲烷由于分子力的作用而吸附于煤体的孔隙表面，形成煤层甲烷薄膜。由于煤的内表面积非常大，一般为 $100 \sim 400 m^2 \cdot g^{-1}$，而且甲烷分子可以以大分子层紧密地排列，因此煤层可以容纳大量的甲烷，比同一体积的常规气藏储层的储气量高 2～3 倍。

(2) 流动机理

煤化作用在煤层裂缝系统中所产生的水提供了煤层初始储层压力，因此在开采初期一般要进行"脱水"处理。水的采出使煤层压力降低[26]。当煤层压力降低到一定程度时，煤中被吸附的气体开始从微孔隙表面分离，即解吸。瓦斯解吸后，由于解吸面附近甲烷浓度较高，而割理系统中的浓度较低，所以瓦斯会在浓度梯度的驱动下向割理系统扩散，在裂缝系统中与水形成两相流，再经裂缝网络流向井筒。瓦斯的运移示意见图 9-8。

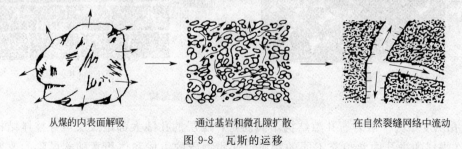

从煤的内表面解吸　　　　通过基岩和微孔隙扩散　　　　在自然裂缝网络中流动

图 9-8　瓦斯的运移

煤层瓦斯与常规天然气的产出不同，煤层瓦斯的产出受渗透率和扩散（或解吸作用）的控制，而在某一特定时间内渗透率和扩散都是限制性因素。开始产气量受渗透率制约，当到一定时间之后，即当浓度梯度降低到使解吸速率小于裂缝流动能力时，扩散便成为制约因素，需提高扩散的作用。研究资料表明，煤层甲烷向割理系统的扩散主要是遵循 Fick 扩散定律：

$$\frac{\partial}{r\partial r}\left[rD\left(\frac{\partial C}{\partial r}\right)\right]=\frac{\partial C}{\partial t}$$

式中　D——扩散系数，指单位面积、单位浓度梯度下气体的扩散速率；

　　　r——割理间距；

　　　C——基质中的气体浓度。

气和水在裂缝系统中的流动可用达西定律描述。

一旦煤层甲烷流入井筒，井中煤层甲烷产出情况可分为 3 个阶段。随着井筒附近压力下降，首先只有水产出，因为这时压力下降比较少，井附近只有单相流；当储层压力进一步下降，井筒附近开始进入第 2 阶段，这时，有一定数量的甲烷从煤表面解吸，开始形成气泡，阻碍水的流动，水的相对渗透率下降，但气不能流动，无论在基岩孔隙中还是在割理中，气泡都是孤立的没有相互连接。这一阶段叫作非饱和单相流阶段。虽然出现气、水两相，但只有水相是可动的；储层压力进一步下降，有更多的气解吸出来，在井筒附近进入第 3 阶段。水中含气已达到饱和，气泡相互连接形成连续的流线，气的相对渗透率大于零。随着压力下降饱和度降低，在水的相对渗透率不断下降的条件下，气的相对渗透率逐渐上升，气产量逐渐增加，如图 9-9 所示。

（3）开采过程

大多数瓦斯初始含水量很高，储层压力为水压力，气体吸附在煤的内表面上。因此，瓦斯的开采首先需要经过排水，使地层压力下降。当地层压力下降到临界解吸压力以下时，气体开始解吸并在裂缝中流动，这时，气产量上升，一般经过 3~5 年的时间达到最高值，在达到最高产量稳产一段时间后，产量平稳下降，这时的产量曲线与常规气藏的产量曲线相似[27]。瓦斯井的生产时间可以持续 10 年到 20 年，最多可达 30 年。但对于常规砂岩气井而言，瓦斯井的产气量一般比较低。

瓦斯在排水阶段主要取决于煤层的地解比（地层压力与临界解吸压力之比）和地层的渗透率。地解比较大，所需的压降就较大，所要排的水量较多；地解比较小时，地层压力与临界压力值接近，排水量比较少。渗透率影响排水速度，渗透率较大时，排水速度较快，压降漏斗在储层内传播较远，煤井的控制面积也较大。

由于瓦斯的生产动态受煤层的吸附特性和扩散作用控制，其动态规律比常规砂岩气井的要复杂得多[28]。在气产量上升和稳定阶段，其产量随时间的变化规律也与常规气井的不同，很难用一个简单的动态模型说明其生产动态过程，一般需要使用在常规黑油裂缝模型上改进的瓦斯模型。当气井进入递减阶段时，地层中的水接近束缚水饱和度，产水量很少，可

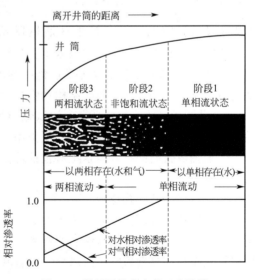

图 9-9　煤层甲烷产出的三个阶段

以看成是一口产少量水的干气井，从而一些常规气井的分析方法可以用于计算瓦斯井的产气量。

9.2　煤矿瓦斯抽采技术

9.2.1　煤层瓦斯的地面抽采技术及方法

煤层瓦斯的地面抽采技术及方法主要为地面钻井抽采本煤层瓦斯、钻井抽采临近层瓦斯、钻井抽采回采工作面瓦斯和地面钻井抽采采空区瓦斯等[29]。

9.2.1.1　地面钻井瓦斯抽采国内外研究现状

地面钻井工程是煤矿瓦斯抽采工程领域中的有效方法之一，为了充分利用钻井的抽采功能，更多地抽采瓦斯，有效地减轻井下工作面的瓦斯超限的压力，很多时候地面钻井要一井三用，即采前预抽采、动抽采和采空区抽采，这样地面钻井就要经过工作面推过地面钻井阶段的岩层剧烈移动、采场应力剧烈变化的阶段，这也造成了许多地面钻井因为岩层的移动和下沉被切断或拉断，使得钻井报废。目前我国许多矿区正在开展保护层开采结合地面钻井抽采瓦斯的试验研究。例如，丁集矿地面钻孔 W126-2 试验井，现累计抽采瓦斯 406 万立方米，顾桥地面 W117-1 钻孔试验井，累计抽采瓦斯 402 万立方米。

在国外，俄罗斯、美国、澳大利亚、德国、英国、波兰等国在开采高瓦斯煤层群的矿井，在开采下保护层时，也都采用了抽采被保护层卸压瓦斯。地面钻孔抽采瓦斯是目前世界上主要产煤国对煤层甲烷资源开发利用的主要方法[30]。美国自 20 世纪 80 年代初首先利用地面钻孔的方法开发煤层气资源获得成功；澳大利亚广泛应用地面采空区垂直钻孔抽采技术；德国 1992 年开始应用地面钻孔技术开发鲁尔煤田的煤层气；英国煤层渗透率低，目前正在研究低渗透率瓦斯的开发技术。其中美国和前苏联等对地面钻孔抽采被保护层煤层卸压瓦斯的抽采系统进行比较深入的研究，在抽采方面和参数方面都取得了有参考价值的成果。20 世纪 90 年代开始在中国不同矿区开展试验，除在山西沁水盆地取得了与美国 San Juan 盆地相当的抽采效果外，在其他矿区的试验结果均不理想。主要原因是，我国大部分高瓦斯矿区地质构造复杂，煤层低透气性低，多数煤层透气性系数仅为 $10^{-3} \sim 10 \mathrm{m}^2 \cdot (\mathrm{MPa}^2 \cdot \mathrm{d})^{-1}$[31]。

9.2.1.2　影响地面钻井抽采瓦斯量以及抽采时间的因素

影响抽放瓦斯的自然客观因素主要包括矿井瓦斯储量和煤层的透气性系数[32]。

① 矿井瓦斯储量是矿井开采过程中能够向矿井排放的瓦斯量。主要取决于煤层保存瓦斯的自然条件，如煤、岩层的结构和物理化学性质，成煤后的地质运动和地质构造等。

② 煤层透气性系数是决定未卸压煤层抽放效果的关键性因素。我国多数煤层属低透气性煤层，进行瓦斯预抽比较困难，须采用专门措施增加其透气性，提高瓦斯抽放率。

影响抽放瓦斯的技术因素主要包括地面钻井终孔位置、地面钻井工艺技术关键问题和瓦斯抽放管理等。

（1）地面钻井终孔位置

地面钻孔的合理位置应能满足大面积、长时间地进行地面抽采，达到较高的瓦斯抽采效率；还应考虑钻孔施工及其维护的难易，因为采空区瓦斯浓度在回风巷侧浓度分布较高，因而将钻孔布置在靠近采空区回风巷一侧有利于瓦斯抽采。同时还应考虑断层和地质构造的影响，使钻孔远离这些区域。

（2）地面钻井工艺技术关键问题

地面钻井理论上需要有大的突破，研究符合矿井实际地质开采条件的煤与瓦斯共采理论指导实践；地面钻井抽采半径需要深入研究考察，以便合理地确定钻井的有效半径，最大化地提高煤与瓦斯共采；地面钻井的稳定性有待进一步提高，进行相关材料和采场覆岩移动规律分析，优化钻孔布置，改进钻孔结构。

（3）瓦斯抽放管理

管理水平的高低直接影响抽放效果的好坏，瓦斯抽放管理工作主要有：要健全"一通三防"管理体系，完善规章制度，建立健全"一通三防"管理机构，成立专门机构和瓦斯抽放预测专业队，负责瓦斯抽放防突监测及安全装备的管理。从瓦斯的研究治理抽放检查监测到利用，形成一个健全的管理体系，建立各级领导与工人的瓦斯抽放安全责任制，编制瓦斯抽放日常管理制度和瓦斯抽放参数的管理制度。

9.2.1.3　地面钻井井深结构

地面压裂钻井结构如图 9-10 所示。地面钻井采前抽采瓦斯主要分为 3 个阶段。完井阶段包括表土段钻井及固井、基岩段钻井、电测井、基岩段套管安装及固井、固井质量检测；煤层透气性改造阶段包括射孔和压裂；排水采气阶段包括更换井口设备、排水降低液面高度、采气。晋城煤业集团蓝焰煤层气公司、中联煤层气公司等单位在沁水煤田施工地面钻井 1000 余口，取得了较好的瓦斯抽采效果，抽采的瓦斯用于发电、汽车燃料和民用等[33]。

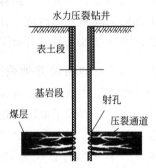

图 9-10　地面压裂钻井结构示意

目前，中国地面钻井技术已经成熟。决定瓦斯抽采效果的关键是压裂和排采技术，除传统的前置液、携砂液和顶替液压裂技术外，在一些矿区还试验了 CO_2 压裂驱替技术；此外，还进行了排采工艺方面的改革试验。上述试验效果如何，还有待于今后抽采效果的检验。

9.2.1.4　地面钻井抽采本煤层瓦斯

地面钻井抽采本煤层瓦斯主要是通过水力压裂的方法，增加煤层的透气性，形成较多瓦斯流动通道，在煤层开采前预抽煤层瓦斯。

9.2.1.5　地面钻井抽采临近层瓦斯

地面钻井抽采卸压瓦斯方法适用于下保护层开采条件[34]，其优点为：a. 地面钻井将穿过下保护层顶板上覆卸压煤岩层，抽采范围大、抽采效果好；b. 从地面钻井处在保护层开采的卸压区开始，到地面钻井报废止（钻井损坏或抽不出瓦斯），全部为抽采期，抽采期长；c. 地面钻井施工不受井下巷道工程条件的限制，只要保证保护层工作面推进到钻井设计位置之前，地面钻井施工完成，即可满足瓦斯抽采的需要。

地面钻井结构一般分为 3 段：第 1 段为表土段，钻井穿过表土进入坚硬基岩，下套管，进行表土段固井；第 2 段为基岩段，钻井钻进至目标层（卸压瓦斯抽采煤层或煤层群）顶板 20～40m，下套管，进行基岩段固井（套管长度为第 1 段与第 2 段之和、固井至地面）；第 3 段为目标段，钻井钻进至保护层顶板 5～10m（取决于保护层开采厚度），下筛管，不固井。

根据淮南矿区地面钻井卸压瓦斯抽采试验证明[35]，有效抽采半径可达 200m，设计时抽采半径取 150m。沿走向方向第一个钻井距开切眼 50～70m，之后钻井间距为 300m，在倾斜方向上钻井距风巷的距离为工作面长度的 1/3～1/2。地面钻井能够取得较好的瓦斯抽采效果，在卸压瓦斯抽采的活跃期内，单井瓦斯抽采量可达到 10～20m^3·min^{-1}，抽采瓦斯的体积分数达 70%～90%，瓦斯抽采率可达 60% 以上。

9.2.1.6　地面钻井抽采回采工作面瓦斯

地面钻孔抽采采空区瓦斯机理是：由于受煤层采动影响，采空区上覆岩层中的断裂带内产生大量离层裂隙，进一步增大了煤层的透气性，成为煤层释放瓦斯的流动通道，通过地面钻井将采空区瓦斯抽采至地面。

采空区瓦斯的运动表现为向纵深上部浓度逐渐递增的发展趋势。采空区瓦斯可以通过煤岩体的孔及其裂隙不断向采煤工作面上隅角运移，使得工作面上隅角瓦斯急剧积累与超限，工作面回风流中的瓦斯浓度会不断上升，从而造成瓦斯事故发生[36]。

通过煤层瓦斯预抽和采动卸压抽放，但由于工作面的推进速度快，采空区涌向工作面的瓦斯量还是相当大，仍然难以利用通风方法解决，利用地面钻孔抽采采空区瓦斯主要解决了工作面上隅角及回风流中瓦斯超限问题；而且也减少了采空区瓦斯的总量，增加了瓦斯抽放速度与瓦斯抽放量，分解了井下瓦斯抽采困难的负担。

9.2.1.7　地面钻井抽采采空区瓦斯

地面钻孔抽采采空区瓦斯是近年来煤矿界新兴的瓦斯抽采技术之一，在美国及澳大利亚的许多矿井得到了成功应用，从1994年淮北桃园矿成功地进行地面钻孔开采煤层气试验至今，我国已经有不少矿区开始进行地面钻孔抽放技术应用试验[37]。该技术通常是从地面向地下开采煤层打直径为$300\sim450\mathrm{mm}$的垂直钻孔，钻孔终孔点一般控制在目标煤层上方$5\sim10\mathrm{m}$，当顶板垮落后，即可利用钻孔从具有大量裂隙的直接顶垮落带抽放瓦斯。

地面钻孔抽采采空区瓦斯的机理：由于受煤层采动影响，采空区上覆岩层中的断裂带内产生大量离层、裂隙，增大了煤层透气性，成为煤层释放瓦斯的流动通道。通过把地面钻孔井筒打到覆岩断裂带内，将采空区瓦斯抽采至地面。卸压煤层气地面开采要求可采煤层上赋存有一个或多个煤层，其基本原理是利用下部煤层采动卸压增加上部煤层的透气性，使相邻煤层中的瓦斯解吸和涌出，并沿采动裂隙运移。即利用采煤活动导致的应力释放和在煤系地层中产生的卸压增透增流效应，将井孔的终孔位置确定在开采导气裂隙带内，有利于瓦斯的抽出。

面钻井卸压采动抽采瓦斯的特点是井径大，抽放量大，抽放浓度高，抽放半径大，但是在这一阶段，由于回采工作面的推进，受采动的影响，地面钻井受到破坏，随时可能阻断地面钻井的抽采。地面钻井结构示意和钻孔布置如图9-11、图9-12所示。

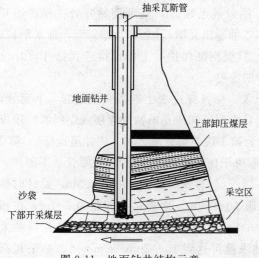

图 9-11　地面钻井结构示意

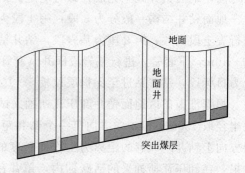

图 9-12　地面钻井钻孔布置示意

9.2.1.8 地面大直径钻孔技术研究

当回采工作面推过地面钻井位置时，地面钻孔容易受到严重破坏，甚至完全阻断钻孔，使地面钻孔抽采瓦斯失效，因此，大直径地面钻孔的开发研究就显得非常重要。大直径地面钻孔可以有效地缓解钻孔的完全破坏，可以有效保留钻孔的一部分口径，同样可以达到抽采瓦斯的效果[38]。

大直径地面钻孔主要考虑的参数如下。

（1）钻孔直径

大直径孔的瓦斯抽出量远远大于小直径孔，而且有较长的稳定时间，但是大直径孔在施工上有难度。

（2）钻孔长度

瓦斯抽放钻孔的长度越大，露出煤面越多，瓦斯涌出量越大，抽放效果越好；全煤层钻孔瓦斯抽放效果更好，但它受钻机设备和打钻技术的影响。

（3）抽放负压

地面钻井抽采瓦斯的本质是利用地面与地下的压力差把瓦斯抽采出地面的，因此，压力差的大小将会影响抽采流速的大小，从而影响抽采率，目前的封孔技术条件不适应高负压抽放，负压过高会导致漏气，降低抽出瓦斯浓度和抽放效果。

（4）钻孔数量与抽放区域

一是要合理增加钻孔数目来扩大抽放面积，二是要增加抽放煤层及抽放区域。

9.2.2 煤层瓦斯井下抽采技术及方法

目前，区域瓦斯治理措施主要包括两种，一种是在有开采保护层的条件下，尽量开采保护层，然后预抽卸压瓦斯；另一种是在没有开采保护层的情况下，直接预抽煤层瓦斯[39]。其中，由于开采保护层的位置有分别，保护层开采又分为上保护层和下保护层两种不同方式；在没有条件进行开采保护层的条件下，应采用预抽煤层内瓦斯进行消突[40]。预抽煤层瓦斯的分类如图9-13所示。

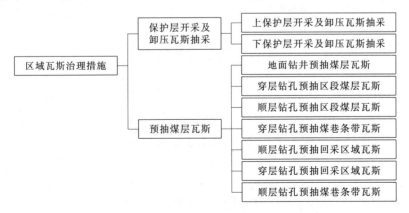

图 9-13　区域瓦斯治理措施分类

由图9-13知：煤层瓦斯井下抽采技术及方法包括开采上下保护层、井下穿层钻孔预抽区段煤层瓦斯、井下顺层钻孔预抽区段煤层瓦斯、井下穿层钻孔预抽煤巷条带瓦斯、井下顺层钻孔预抽煤巷条带瓦斯、井下穿层钻孔预抽回采区域煤层瓦斯、井下顺层钻孔预抽回采区域煤层瓦斯、穿层钻孔预抽石门揭煤区域煤层瓦斯和埋管抽采采空区瓦斯等。

9. 2. 2. 1　开采上、下保护层

（1）上、下保护层概念

为消除邻近煤层的突出危险而先开采的煤层或岩层称为保护层；位于突出危险煤层上方的保护层称为上保护层，位于下方的称为下保护层。由于保护层开采的采动作用并同时抽采卸压瓦斯，可使邻近的突出危险煤层的突出危险区域转变为无突出危险区，该突出危险煤层称为被保护层[41]。如图 9-14 所示。

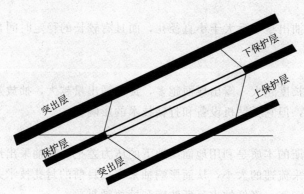

图 9-14　上、下保护层开采示意

（2）保护层开采机理

保护层先开采后，在其上下煤层发生变形和位移，地应力减小，透气性增加，突出煤层地应力下降[42]。再通过被保护层的卸压瓦斯强化抽采，煤层瓦斯压力和含量下降。上部被保护层相对变形量可达 20‰，透气性系数增加 2000～3000 倍，下部被保护层相对位移膨胀可达 4‰，透气性系数增加几百至一千倍。保护范围内煤层抽采率可达 50% 以上，压力降至 0.6MPa 以下，含量下降 60%，坚固性系数提高 48%～100%，从而使保护范围内的煤层丧失突出危险性，采掘时瓦斯涌出量大大减少。上下保护层开采机理如图 9-15 所示。

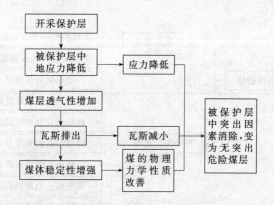

图 9-15　上、下保护层开采机理

（3）保护层开采技术内容

在中国，保护层开采技术一般包括保护层开采及瓦斯抽采规划、保护层开采及瓦斯抽采、被保护层卸压瓦斯的强化抽采、被保护层保护效果及保护范围考察、被保护层区域性消除突出危险性认证、被保护层开采及瓦斯抽采[43]。

保护层开采及瓦斯抽采规划要求具备保护层开采条件的突出矿井必须提前 3～5 年制订

保护层开采及瓦斯抽采规划，调整矿井开采部署，制订矿井开拓、掘进和回采接替计划，以及配套的瓦斯抽采和治理技术方案，保护层工作面应正常衔接，做到"抽、掘、采"平衡。保护层开采过程中的瓦斯抽采是保护层安全开采的重要保障，被保护层卸压瓦斯强化抽采是区域性消除被保护层突出危险性，有效地降低煤层瓦斯含量，由高瓦斯煤层转变为低瓦斯煤层的必要条件。保护层开采、被保护层卸压瓦斯强化抽采，经被保护层区域性消除突出危险性认证后，才能在被保护层中进行采掘作业，为了实现被保护层的安全高效开采，一般需要采取相应的瓦斯抽采方法相配合。

下保护层开采之后，其上覆岩体将形成垮落带、断裂带和弯曲带。阳泉矿区缓倾斜煤层条件下，相对层间距 6～8 为垮落带的上限高度，相对层间距 10～30 为断裂带的上限高度。淮南矿区 B11 煤层平均采高 2.0m，该煤层开采之后相对层间距 4～6 为垮落带的上限高度，相对层间距 15～20 为断裂带的上限高度。如阳泉矿区开采 15 号煤层，平均采高 6.0m，其上部 50～70m 的 10 号煤层，相对层间距 8～12，处在断裂带内；而淮南矿区开采 B11 煤层，平均采高 2.0m，其上部约 70m 的 C13 煤层，相对层间距 35，处在弯曲带内。上保护层开采之后，其下覆一定范围内的岩体将形成底鼓和膨胀变形，该区域称为底鼓变形带。

开采下保护层时不得破坏被保护层的开采条件，这样就要求被保护层应在断裂带和弯曲带。而开采上保护层时，要求被保护层应在底鼓变形带内。被保护层所处的区域不同，煤（岩）体裂隙发育差异较大，瓦斯抽采方法也不尽相同。处于断裂带内的煤（岩）体既产生平行层理的裂隙，也产生垂直和斜交层理的裂隙；卸压瓦斯在抽采负压的作用下既可以沿平行层理方向流动，也可以沿垂直和斜交层理方向流动。比较有效的瓦斯抽采方法有：顶板或底板穿层钻孔（多用于急倾斜煤层）法、走向高位钻孔法、倾向高位钻孔法、走向高抽巷法、倾向高抽巷法、地面钻井法等。处于弯曲带内的煤（岩）体由于整体下沉，多产生平行层理的裂隙，卸压瓦斯沿平行层理方向流动相对容易，比较有效的瓦斯抽采方法有：顶板或底板巷道网格式上向穿层钻孔法和地面钻井法。处于底鼓变形带内的煤（岩）体，由于膨胀变形，多产生平行层理的裂隙，卸压瓦斯沿平行层理方向流动相对容易，比较有效的瓦斯抽采方法有：顶板或底板巷道网格式上向穿层钻孔法。上述瓦斯抽采方法及钻孔（或巷道）参数随煤层赋存情况、顶底板岩性、开采工艺方法等条件的变化而相应调整。

（4）保护范围

保护范围是指保护层开采后，在空间上使危险层丧失突出危险的有效范围。在这个范围内进行采掘工作，按无突出危险对待，不需要再采取其他预防措施；在未受到保护的区域，必须采取防治突出的措施[44]。但是厚度等于或小于 1.5m 的保护层开采时，它的效果必须实际考察，如果效果不好，被保护层开采后，还必须采取其他的防治措施。

划定保护范围，也就是在空间和时间上确定卸压区的有效范围。突出危险矿井应根据实际观测资料，确定合适的保护范围，标明在矿井开采平面图上，如无实测资料，可参考下列数据。

① 垂直保护距离　保护层与被保护层之间的有效垂距应符合表 9-7 所列数值。

表 9-7　保护层与被保护层间的有效垂距

名称	下保护层/m	上保护层/m
急倾斜煤层	＜60	＜80
缓倾斜与倾斜煤层	＜50	＜100

② 沿倾向的保护范围　确定沿倾向的保护范围就是沿倾向划定被保护层的上、下边界。

一般矿井的开采顺序都是由浅到深，上水平（上阶段）回采后，对被保护层的下水平（下阶段）能起到卸压作用，所以沿倾向的上部边界可不划定。如果煤层倾角平缓，沿倾斜的保护范围可能错开 $1\sim2$ 小阶段，这对应将上下边界部划出。水平或阶段间留有煤柱时，必须划定该煤柱沿倾向的影响范围。

倾斜和缓倾斜煤层按岩石冒落角（φ_1，φ_2）划定，急倾斜煤层按煤层的法线向内减少 $7°$ 划定，如图 9-16 所示，图中 A 为保护范围。

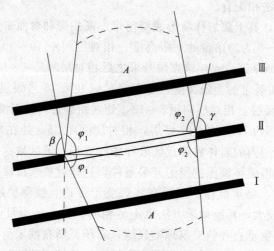

图 9-16　沿煤层倾斜的保护范围

岩石冒落角应该实际测定，无测定资料时，可参考下列经验公式，

$$\varphi_1=180°-\beta-\Delta-\alpha$$
$$\varphi_2=180°-\gamma-\Delta+\alpha$$

式中　φ_1，φ_2——岩石冒落角，（°）；

　　　β——倾斜方向采空区下边界岩石移动角；

　　　γ——倾斜方向采空区上边界岩石移动角，$\gamma=90°+\alpha/2$；

　　　Δ——冒落角与移动角之间的夹角，参见表 9-8；

　　　α——煤层倾角。

表 9-8　冒落角与移动角之间的夹角

煤层倾角	$\beta/(°)$	$\Delta/(°)$
缓倾角	$90-\alpha$	11
倾斜	$90-\alpha$	10
急倾角	$100-\alpha$	7

③ 沿走向的保护范围　保护层回采工作面与被保护层采掘工作面之间的超前距。《煤矿安全规程》规定，保护层的回采工作面，必须超前于被保护层的掘进工作面，其超前距一般不得小于两个煤层之间垂直距离的 2 倍，至少不小于 30m，以便被保护层能充分卸压和排出瓦斯。随着层间距的增大，由于岩层移动减小，透气系数增加不多。或由于采深的增加，地压和瓦斯压力都增大，保护层采动后，排瓦斯时间也将增长，这个超前距就应该大些。当上保护层与危险层的层间距为 80m 时，超前距定为层间距的 3 倍；当上保护层与危险层的间距为 24m 时，在采深 400m 时，超前距为 2 倍，采深 500m 时，增至 $2.5\sim3$ 倍。

保护层回采工作面始采线两侧的保护范围，必须按实际考察结果确定。我国现场多用冒落角 φ_2 来确定，如图 9-17 所示。南桐取 φ_2 为 $62°\sim65°$，北票取 φ_2 为 $80°$。

保护层开采后，在采空区上、下形成了卸压区，在其附近的煤柱（未采区）则产生了集中应力区。在集中应力区内，增加了突出危险性，统计资料表明，开采保护层后，被保护层内的突出，大多数发生于保护层煤柱的应力集中影响区内。对此要有充分的认识。煤柱附近集中应力区的宽度，随层间距的增加而加大，集中应力系数则随之减小。在这个范围内进行采掘工作时，必须采取预防突出的措施。

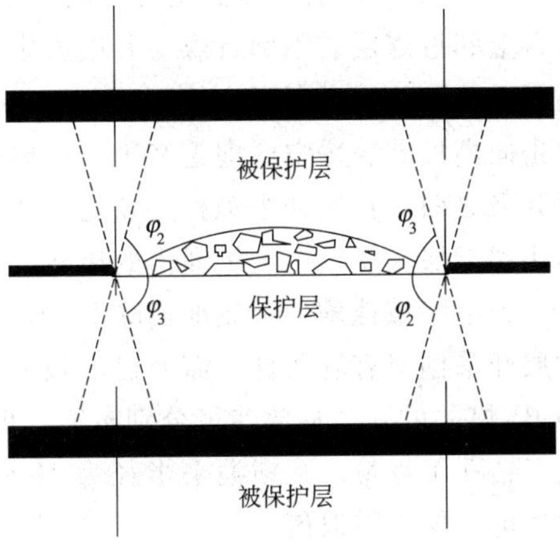

图 9-17　沿走向的保护范围

（5）成功实施案例

下面通过两个实例对淮南矿区瓦斯治理技术进行简要说明。

① 潘一矿远距离下保护层开采及卸压瓦斯抽采技术　潘一矿是年产 400 万吨的煤与瓦斯突出矿井。C13 煤层是矿井主采煤层，平均厚度 6.0m，平均倾角 9°。－620m 水平实测煤层瓦斯压力为 5.0MPa，煤层瓦斯含量 13.0～18.0m³ · t⁻¹，煤层原始透气性系数为 0.011m² · (MPa² · d)⁻¹，是该矿煤与瓦斯突出危险最严重的煤层。B11 煤层位于 C13 煤层下部，平均层间距 70m，煤层平均厚度 2.0m，－700m 水平实测该煤层瓦斯压力为 3.1MPa，煤层瓦斯含量 8.0～10.0m³ · t⁻¹。B11 煤层赋存稳定，地质构造简单，现属弱突出危险煤层。该矿开采 B11 煤层作为 C13 煤层的保护层。

B11 煤层掘进采用"四位一体"综合防突措施，回采工作面采用顺层钻孔预抽煤层瓦斯和工作面短孔注水防突措施。采用综合机械化采煤，工作面设计平均日产 2000t。工作面采用顶板走向钻孔和采空区埋管相结合的瓦斯抽采方法。在 C13 煤层工作面倾斜中部，距煤层底板 15～20m 的岩层中布置一底板瓦斯抽采巷，在底板瓦斯抽采巷内，在保护范围内每隔 30～40m 布置一长度 5m 的水平抽采钻场。在每个钻场内打一组扇形穿层钻孔，钻孔直径 91mm，钻孔有效抽采半径 15～20m，钻孔间距以 C13 煤层中厚面为准，孔底进入 C13 煤层顶板 0.5m。在被保护层工作面倾向卸压边界附近需适当加密钻孔。这样在 C13 煤层的卸压区域内形成网格式上向穿层钻孔，卸压解吸的瓦斯在煤层残余瓦斯压力和抽采负压的作用下，沿顺层裂隙向抽采钻孔汇集，经瓦斯抽采管路抽到地面。

为了区域性消除被保护层工作面倾向上的突出危险性，B11 煤层工作面风巷采用沿空送巷，无煤柱开采，且要求保护层开采两个工作面后，才能开采一个被保护层工作面。被保护层工作面卸压瓦斯抽采率达 60% 以上，由高瓦斯突出危险煤层转变为低瓦斯无突出危险煤层，可采用综合机械化放顶煤采煤方法，工作面具备日产万吨的生产能力。被保护层工作面采用顶板走向高抽巷和采空区埋管相结合的瓦斯抽采方法[45]。

② 新庄孜矿多重上保护层开采及卸压瓦斯抽采技术　新庄孜矿位于淮南矿区老区，是年产 300 万吨的煤与瓦斯突出矿井。其中中煤组 B8、B7、B6 和 B4 煤层，平均厚度依次为 1.93m、2.0m、2.91m 和 2.54m，B8 与 B7 煤层平均层间距为 8.2m，B7 与 B6 煤层平均层间距为 12.4m，B6 与 B4 煤层平均层间距为 37.3m。B8 和 B7 煤层为无突出危险煤层，B6 和 B4 为突出危险煤层。实测 B6 煤层瓦斯压力为 2.78MPa，瓦斯含量 14.33m³ · t⁻¹，B4

煤层瓦斯压力 2.78MPa，瓦斯含量 12.07m³·t⁻¹。采用由上向下的开采程序，即依次开采 B8、B7 煤层，能够对 B6 和 B4 煤层形成多重卸压保护。

B8 煤层保护层工作面是近距离煤组首先开采的工作面，其瓦斯涌出来源包括开采层本身、上邻近煤层、下邻近煤层和围岩中的瓦斯，一般情况下工作面瓦斯涌出量较大，随工作面开采速度绝对瓦斯涌出量可达到 $30\sim50\text{m}^3\cdot\text{min}^{-1}$，必须采用综合瓦斯抽采方法。如顶板走向高抽巷、采空区埋管和工作面尾抽等多种方法相结合的瓦斯抽采方法，在保护层工作面开采之前，瓦斯抽采工程必须达到瓦斯抽采的条件。特别是在工作面初采期间，一定要有防止邻近层瓦斯突出大量涌出的措施。

为了区域性均匀有效地消除 B6 和 B4 煤层的突出危险性，降低煤层瓦斯含量，为被保护层开采创造有利条件，需通过底板岩巷网格式上向穿层钻孔抽采被保护层卸压瓦斯。B6 和 B4 煤层的瓦斯抽放巷可分别布置，也可联合布置，联合布置时可节省巷道工程量，但增加了钻孔工程量。瓦斯抽采半径为 10～15m，考虑到多重保护和多次卸压抽采，瓦斯抽采半径可以偏上限取值[46]。

被保护层工作面卸压瓦斯抽采率达 50% 以上，由高瓦斯突出危险煤层转变为低瓦斯无突出危险煤层。

9.2.2.2　井下预抽煤层瓦斯

对于无保护层或单一突出危险煤层的矿井，可以采用大面积预抽煤层瓦斯作为区域性防突措施[47]。这种措施的实质是，通过一定时间的预先抽放瓦斯，降低突出危险煤层的瓦斯压力和瓦斯含量，并由此引起煤层收缩变形、地应力下降、煤层透气系数增加和煤的强度提高等效应，使被抽放瓦斯的煤体丧失或减弱突出危险性。由于突出煤层绝大多数属于低透气性难抽煤层，因此要求加大预抽瓦斯钻孔的密度，延长抽放时间，这样才能达到预期的防突效果。

井下预抽煤层瓦斯的方法与技术包括：井下穿层钻孔预抽区段煤层瓦斯、井下顺层钻孔预抽区段煤层瓦斯、井下穿层钻孔预抽煤巷条带煤层瓦斯、井下顺层钻孔预抽煤巷条带煤层瓦斯、井下穿层钻孔预抽回采区域煤层瓦斯、井下顺层钻孔预抽回采区域煤层瓦斯和穿层钻孔预抽石门揭煤区域煤层瓦斯。

突出煤层预抽瓦斯措施在我国中梁山、北票、六枝、焦作等矿区采用穿层钻孔和顺层钻孔方法，抽放时间大都在 1 年以上，钻孔间距基本上不超过 10m，瓦斯预抽率在 25% 以上，均达到了消除突出危险的目的。1980 年以来我国试验成功的大面积网格式穿层钻孔预抽突出危险煤层瓦斯的方法，使得区域防突效果更为理想。

预抽煤层瓦斯可以有效针对煤与瓦斯突出的瓦斯压力和地应力做出改善，并且通过抽采瓦斯煤体发生收缩变形，增大煤体的透气性，增强煤体的硬度，从根本上遏制瓦斯灾害的发生[48]。钻孔预抽瓦斯对突出煤层有关性质的影响有以下几个方面。

① 瓦斯压力与瓦斯含量的变化　由图 9-18 可以看出，进行预抽的区域的煤体瓦斯含量与瓦斯压力之间的关系：预抽初期，瓦斯压力迅速下降，而煤体瓦斯含量的下降速度则比较缓慢，这主要是因为钻孔首先抽出了煤层内的游离态瓦斯；当瓦斯压力下降至 1.0MPa 以下时，随着瓦斯压力的下降，瓦斯含量迅速减少，曲线变陡，即在小于 1.0MPa 瓦斯压力阶段，煤体吸附瓦斯开始大量解吸。该曲线与煤层的瓦斯吸附量曲线的变化规律是基本一致的，也与大多数矿井的吸附量曲线的变化规律大体相同；瓦斯含量的下降是释放煤体中瓦斯潜能和提高煤体自身强度，改善煤的物理力学性质的关键。因此，在采用钻孔抽放煤层瓦

斯、防止煤与瓦斯突出的措施时，只有充分地排放煤体中的瓦斯，使瓦斯压力和煤体瓦斯含量大大降低，才能有效地释放煤体中的瓦斯潜能，增强煤体自身的物理化学性质，达到防止煤与瓦斯突出的目的[49]。

② 煤层透气性的变化　根据上述分析可知，随着煤层钻孔抽放瓦斯的进行，煤层的透气性由于在瓦斯的排放使煤体发生收缩变形，瓦斯压力的下降作用下而发生变化。在煤层内，瓦斯在裂隙裂缝内运移，由于原始煤层的透气性较低，瓦斯在煤体流速很小，一般同层流运动，符合达西定律，可以用下面公式表示：

$$Q = \lambda \frac{\pi m (p_1^2 - p_0^2)}{\ln \dfrac{R_1}{R_2}}$$

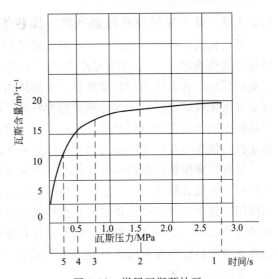

图 9-18　煤层瓦斯预抽瓦斯含量与瓦斯压力变化曲线

式中　Q——钻孔瓦斯流量，$m^3 \cdot d^{-1}$；

　　　λ——煤层透气系数，$m^2 \cdot (MPa^2 \cdot d)^{-1}$；

　　　m——煤厚度，m；

$p_1^2 - p_0^2$——压力平方差，MPa^2；

　　　R_1——有效抽采半径，m；

　　　R_2——抽采钻孔的半径，m。

从中可以看出：随着煤层透气系数的增加和钻孔瓦斯流量的提高，瓦斯压力平方差降低。当煤体透气性增大后，提高抽放负压，可以扩大瓦斯排放的范围，从而使钻孔瓦斯流量显著增加。现场的实际测定结果也表明，煤体经过充分预抽后，低透气性煤层可变为透气性较高的煤体。

根据有关学者的实验，在富含高瓦斯的煤体内，煤体分子的间距是 1.14nm，在抽放后的煤体内分子的间距是 1.03nm。由此可知，当煤体排放瓦斯后，密度降低，发生收缩变形。在收缩过程当中，煤体内的孔隙裂隙将发育，孔隙裂隙内的孔径将增大，从而直接导致了煤体内的透气性增加。

在现实的矿井下，有突出危险性的煤层通常透气性都较低，在进行采掘工作时，往往更容易造成较大的瓦斯压力梯度。通过钻孔抽放煤层内的瓦斯，可以使煤层瓦斯含量降低，增大煤体透气性，降低局部瓦斯应力，从而使煤壁内瓦斯压力降低，从而降低煤与瓦斯突出的可能性。

通过对钻孔抽放煤层瓦斯的长期观察与对大量原始资料的整理，我们先后发现：通过一定程度的瓦斯抽放，可以使煤体发生收缩变形，使透气性增高，从而加大预抽。这一自然规律的发现对解决透气性小的本煤层瓦斯抽放问题、完善抽放理论具有重要作用。目前，国内外对无保护层可采的突出煤层均进行了大量的研究工作，想寻找开采保护层以外的区域性防止突出措施；采用钻孔抽放煤层瓦斯、增大煤体透气性，无疑为解决突出问题提供了一种有效的途径。

9.2.2.3　井下穿层钻孔预抽区段、煤巷条带煤层瓦斯、回采区域和石门区域瓦斯

穿层钻孔条带式预抽区段、煤巷条带煤层瓦斯、回采区域和石门区域瓦斯作为有效的区域性防突措施之一[50]，其主要作用机理在于：首先，通过抽放煤层瓦斯，有效降低具有突出危险煤层的瓦斯压力和瓦斯含量，使煤体内的瓦斯潜能得到释放；其次，由于瓦斯的排出可引起煤体收缩变形，使煤体所受应力降低，煤体透气性增大；再次，煤体应力的降低，可使煤体中的弹性潜能得到释放；此外，煤体内瓦斯的排放还会增大煤体的机械强度和煤体的稳定性，使煤与瓦斯突出阻力增大，可进一步减弱或消除突出危险性。

目前，穿层钻孔预抽区段、煤巷条带煤层瓦斯、回采区域和石门区域瓦斯结合顺层钻孔预抽回采区域瓦斯是适用于单一突出煤层区域瓦斯治理的主要措施，在国内矿区得到了广泛的应用。其中，穿层钻孔条带式预抽煤巷瓦斯可分为准备阶段、实施阶段和效果检验验证阶段等三个阶段。在准备阶段中，我们需要对煤层瓦斯基础参数进行考察，然后通过基础参数的考察确定钻孔实施阶段的钻场及其钻孔的方案设计，最后在效果检验阶段验证其消突效果。如图 9-19～图 9-23 所示。

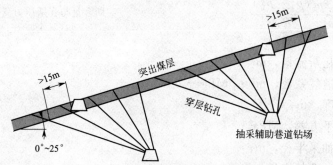

图 9-19　井下穿层钻孔预抽区段煤层瓦斯

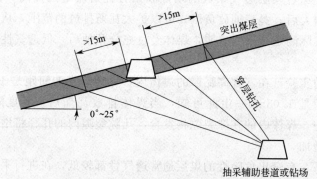

图 9-20　井下穿层钻孔预抽煤巷条带示意

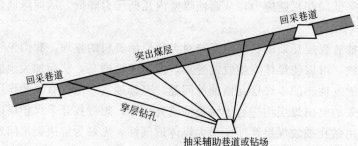

图 9-21　穿层钻孔预抽回采区域煤层瓦斯示意

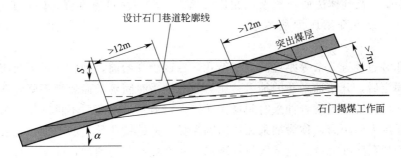

图 9-22　穿层钻孔预抽石门区域煤层瓦斯示意

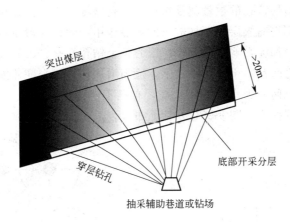

图 9-23　厚煤层分层开采穿层钻孔预抽煤层瓦斯示意

（1）布置穿层钻孔原则

布置穿层钻孔时，一般将钻场设在底板岩石巷道，也有板岩层中，由钻场向所要消突的煤层打钻，贯穿煤层[51]。钻场的选择要选在支护安全的地方，为保证钻孔封孔带，实现安全高效抽放瓦斯；钻场断面、长度要能满足布孔要求，同时应满足避免钻场瓦斯积聚的要求；在满足布孔要求的前提下，最先考虑钻场断面和长度应力。抽放钻孔终孔排间距应根据不同煤层情况来确定，每个钻孔应该满足下式：

$$N \geqslant \frac{S_1 + S_2 + H}{L}$$

式中　S_1——预消突煤巷上帮控制距离，m（倾斜、急倾斜煤层为 20m，其他缓倾斜煤层为 15m）；

　　　S_2——预消突煤巷下帮控制距离，m（倾斜、急倾斜煤层为 10m，其他缓倾斜煤层为 15m）；

　　　H——巷道宽度，m；

　　　L——钻孔的终孔间距，m。

（2）穿层钻孔影响抽放的相关因素

① 抽采半径　在穿层钻孔条带式预抽瓦斯技术中，合理布置钻孔是增加抽采效率的重点，而钻孔的合理布置与抽采半径是密不可分的。钻孔的有效抽放半径是指在规定的抽放时间内钻空抽放瓦斯的有效影响范围，其范围之大小与煤质、瓦斯等因素有关，应从实际抽放中测定。在现场中，现在有流量法、压力法和 SF_6 示踪气体法[52]。流量法由于不稳定，可

靠性较低。SF_6 示踪气体法操作复杂。相比较而言，压力法可靠性强，操作简单易于实现，得到广泛应用。以下介绍压力法测抽采半径，后面的试验部分也是用此法得出实际抽采半径。

在抽采孔旁边设置 5 个等距离的测压钻孔，在试验开始前，把钻孔全部封闭，装上压力表，等压力稳定后，开始抽采孔的抽采；压力随着抽采时间延长而逐渐下降，在钻孔周围形成卸压区。卸压区的范围随着抽采时间增大而扩大，但一定距离后不再卸压。由钻孔中心到压力仍保持原压力的距离，称为抽采瓦斯影响半径。抽放钻孔数量的增加，无疑会增大煤的暴露面积而增加瓦斯抽放量。但是数量的增加与瓦斯抽放量的增加，并非是直线关系，如图 9-24 所示。

在一定空间内，增加钻孔的数量就是增加了钻孔密度，或者说缩小了钻孔的间距。合理的钻孔间距，可以起到提高煤层瓦斯抽放量的明显作用，而钻孔数量过少、间距过大，或者孔数过多、间距过小，都会影响抽放效果。因为每个钻孔都有自己的瓦斯流动范围，只有在各个钻孔的流动范围之间互不干扰的条件下，适当增加钻孔的密度才能有效地提高煤层瓦斯抽放效果。图 9-25(a) 间距太小，费用太高，布孔不合适；图 9-25(b) 间距太大，钻孔影响范围外的瓦斯得不到抽放；图 9-25(c) 钻孔布置合适。

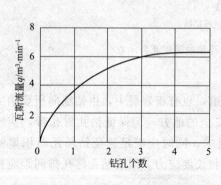

图 9-24　钻孔个数与瓦斯抽放量的关系

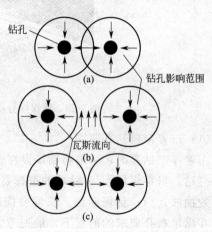

图 9-25　不同钻孔间距的抽放效果

但是在实际工程中，我们发现以抽采半径作为钻孔间的距离来布置钻孔容易在抽采影响范围间留有空白地带，所以为了在一定时间内有效降低该半径范围内煤层瓦斯压力和含量，彻底消除该区域煤层的突出危险性，我们对钻孔布置进行优化，以钻孔间距小于等于 $\sqrt{2}$ 倍钻孔有效抽采半径，即 $H \leqslant \sqrt{2}R$ 时，来进行均匀抽采煤层瓦斯，实现区域性消除煤层突出危险性目的，如图 9-26 所示。穿层钻孔有效抽采半径与层间距、煤层透气性变化、煤层瓦斯压力、瓦斯含量等有很大关系，应根据煤层实际情况，通过现场考察得出钻孔的有效抽采半径。

② 抽放负压　一般在保证钻孔封孔质量的基础上，提高钻孔抽采负压也对抽采效果有积极的影响[53]。有关试验研究表明，当煤体受到抽采负压的影响，瓦斯释放后，煤体发生收缩变形，如果煤的物理机械性质具有各向异性，则在收缩过程中，会导致煤体裂隙网络的变化，这样可以改变煤的透气性，从而可以提高煤层瓦斯的抽采效果。在钻孔稳定径向流动方程中，瓦斯抽采量 Q 与 $(p_1^2 - p_0^2)$ 成正比。如果是原始煤体时，由于煤层原始瓦斯压力

在几个到几十个大气压，而孔内抽放压力只能在 $0 \sim 1atm$ 之间变化，即使压力 $p_1 \to 0$ 也不能产生显著的作用。值得注意的是，钻孔瓦斯抽采过程中，由于受管路和钻孔密封性的影响，负压提高得过大会增加漏气；而且瓦斯抽采泵提高抽采负压也有一定的限度。因此，过大的提高抽采负压也是不合理的，确定合理的抽采负压将可以取得经济有效的效果。试验结果表明，在瓦斯抽采的增长期和稳定期，瓦斯抽放负压稳定在 $40 \sim 60kPa$ 之间，进入衰减期后，瓦斯负压降低到 $30kPa$ 以下，能够达到抽采的效果。为了使抽采负压能够达到较高的值，必须加强抽采管路及钻孔的密封性。

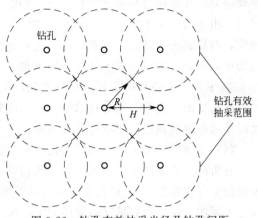

图 9-26 钻孔有效抽采半径及钻孔间距
（R：钻孔有效抽采半径；H：钻孔间距）

③ 抽采时间　瓦斯抽采的实践表明，对于透气性较低的煤层，由于瓦斯涌出衰减系数较大，在这样的情况下，增加抽采时间对抽采量增加影响不大；而且由于矿井的生产情况和接替关系，也不允许有太长的预抽时间[54]。因此，为了使瓦斯抽采量达到一定的要求，必须保证有必要的抽采时间，但抽采时间过长，对提高瓦斯抽采量的作用不明显。因此，合理地确定抽采时间才能取得经济有效的抽采效果。

④ 钻孔的孔径与长度　随着钻孔直径的不断加大，瓦斯抽采量也随之增加。当钻孔直径较小时，随着钻孔直径的增加，瓦斯抽采量增加较快；当钻孔直径增大到一定程度后，再继续增大钻孔直径，瓦斯抽采量的变化就很缓慢[55]。也就是说，当钻孔直径增大到一定程度后，再用增大钻孔直径的办法来提高瓦斯抽采量就不科学了。而且当煤层钻孔直径很大时，钻孔施工非常困难，一方面钻机钻进的负荷成几何倍数增大，另一方面施工大直径钻孔容易发生喷孔、垮孔、排渣困难等。然而钻孔直径在一定范围内增大时，钻孔瓦斯抽采量会相应增加。因此，在防止塌孔堵塞钻孔通道的前提下，可以在一定程度上增大钻孔直径以提高瓦斯抽采量。

9.2.2.4　井下顺层钻孔预抽区段、煤巷条带煤层瓦斯、回采区域瓦斯

我国的煤与瓦斯突出矿井的煤层绝大多数属于低透气性松软煤层。在松软煤层、突出煤层打钻的过程中，经常遇到钻渣过量排出的情况，即在单位钻进长度内钻孔排出的煤渣量远远大于理论排渣量。理论上讲，采用直径 $94mm$ 的钻头，钻孔直径取 $100mm$，煤密度取 $1.4t \cdot m^{-3}$，每米钻孔出渣量应该在 $11kg$ 左右，而实际打钻时往往实际的排渣量要大于理论排渣量，个别情况能排出数百千克，甚至数吨煤屑，同时伴有大量瓦斯涌出。在打钻的过程中，由于地应力、瓦斯应力的作用，在钻孔的周围会形成塑性变形区，即钻孔周围的卸压区，而大量喷出瓦斯和煤粉，则是一种孔内动力现象。主要表现在如下几种形式。

① 塌孔　在地应力、瓦斯应力的作用下，加上煤质松软，钻孔孔壁会出现垮塌现象。当轻微塌孔时，只要钻孔排渣畅通，在钻孔壁稳定后，一般不会造成太大的危害；而在严重垮塌发生时，由于钻屑无法及时排空，钻孔垮塌不止，极易造成钻孔报废。采用水力排渣的钻进方式时，水流对钻孔壁的冲刷作用较大，更容易诱使孔壁垮塌。

② 喷孔　钻孔喷孔属于钻孔中发生的一种动力现象，它属于钻孔内的小型突出，是集

中地应力、瓦斯应力和煤体结构等因素的综合作用。伴随着钻孔的钻进，喷出大量的瓦斯和煤粉。由于喷孔主要发生在孔底或孔底附近，喷孔极易形成"孔穴"，使钻头失去钻孔壁的约束，形成钻头"扫孔"现象，孔穴越来越大，直至钻孔报废；喷孔还会造成后部钻孔壁应力增加，变形加剧，形成卡住钻杆等现象。

③ 卡钻　卡钻与喷孔有很大的关系，是伴随喷孔发生的一种现象。发生喷孔时喷孔点附近钻孔变形，孔壁和煤渣将钻杆、钻头镶紧；也有可能是排渣不力，孔内煤渣增多，没有及时排除而继续钻进，使堵孔范围不断扩大，钻杆钻头箍紧，无法进退。

(1) 本煤层顺层钻孔施钻期间孔内瓦斯流动状态分析

分析研究本煤层顺层预抽钻孔施钻期间孔内瓦斯流动状态，对本煤层预抽钻孔深孔钻进来说是十分重要的[56]。钻孔中，不同的深度、不同的揭煤暴露时间，瓦斯流动和涌出的形式是不同的。由于我们研究的煤层为中厚煤层，本煤层钻孔处于煤层中部，满足钻孔瓦斯流动影响的边界条件。我们可以把钻孔施钻过程中，根据瓦斯流动的剧烈程度和状态，从孔底到孔口分为三类，即球向不稳定流动、径向不稳定流动、径向稳定流动。如图 9-27 所示。

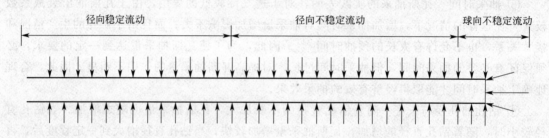

图 9-27　钻孔瓦斯流动状态

① 球向不稳定流动　由于煤层深部煤层处于原岩应力状态，即地应力和瓦斯压力都处于原始状态，在本煤层预抽钻孔钻进时，钻头不断切割剥落煤体，使钻孔孔底、钻头处附近瓦斯流动处于典型的球向不稳定流动状态。理论界现阶段对球向流动的研究仍仅限于瓦斯在均质煤体中的球向流动，认为在球向流动中，瓦斯涌出量和钻孔直径大致成正比，单位面积的瓦斯涌出量则与钻孔直径成反比；在球向不稳定流动中，瓦斯涌出量初期随时间变化急剧减小，后期则趋于稳定[57]。由于本煤层预抽钻孔不断地钻进，球向不稳定流动形态不断向煤体深部转移，因此，本煤层预抽钻孔施钻时钻孔底部的瓦斯球向流动，仅处于瓦斯急剧涌出阶段，随着钻孔的继续钻进，变为径向流动。

在实际煤体中，由于煤块或煤粒是非均质的，瓦斯在实际煤体中的球向流动属于非均质的球向流动，尽管这样的涌出也是遵守质量守恒定律、达西定律的，由于非均质煤体中煤体透气性系数因空间位置和时间的不同而不同，煤体瓦斯流动十分复杂，无法用数学解析式表达。在实际打钻过程中，由于钻孔孔底在不断向煤体深部延伸，钻头持续切割煤体，在钻孔孔底孔壁很难在短时间内形成稳定的塑性区，塑性区很薄，甚至近似为 0。对非突出煤层来说，由于瓦斯含量小、瓦斯压力低，煤层透气性好，瓦斯解吸速度较低等原因，不会形成喷孔。而对严重的突出煤层来说，瓦斯含量高、压力大，煤层透气性差、瓦斯解吸快，高压瓦斯和地应力联手，共同作用在钻孔孔底薄壁上，也可以比喻为钻孔底的球壳上。孔底的瓦斯球向流动致使孔壁煤体的层状剥落，然后不断向煤体深部扩展，形成瓦斯喷孔、塌孔，有的还会发展成为钻孔内煤与瓦斯突出。见图 9-28。

径向稳定流动　径向不稳定流动　球向不稳定流动

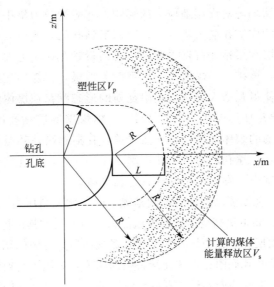

图 9-28　钻孔施钻发生喷孔后原弹性区变成塑性区

② 径向不稳定流动　径向不稳定流动段是球向不稳定流动段向径向稳定流动段的过渡阶段[58]。随着钻孔的不断钻进，球向不稳定流动段剧烈的瓦斯流动和涌出基本结束，本煤层钻孔的卸压圈、塑性圈开始形成，瓦斯压力梯度开始变缓，瓦斯从钻孔孔壁涌出，涌出速度仍不稳定，但瓦斯对钻孔壁已不构成破坏，钻孔孔壁已开始逐步趋于稳定。

③ 径向稳定流动　在本煤层预抽钻孔外段，钻孔周围的瓦斯压力梯度进一步变缓，并趋于相对稳定，钻孔影响圈内煤体的吸附瓦斯大部分得到了解吸，钻孔周围已变成深部瓦斯的流动通道，单位钻孔长度的瓦斯涌出量基本稳定；钻孔孔壁基本稳定，塑性降低，脆性增加。尽管绝对的瓦斯稳定流动是不存在的，为了研究方便，我们把这一相对稳定流动的区段称为径向稳定流动。通过对本煤层预抽钻孔施钻过程中钻孔内瓦斯流动的特性研究，我们可以看出，球向不稳定流动段是影响钻孔施钻的重要因素，喷孔塌孔是造成钻孔无法继续施钻的重要原因。如果在施钻时能使球向不稳定段动力现象不太剧烈，即钻头切割煤体时，煤壁的层状剥落减少，就能提高钻孔的成孔率。也就是说，减缓球向不稳定流动段动力强度，遏制孔底的剧烈涌出和孔壁剥落，使径向不稳定流动段延长，就能遏制塌孔喷孔发生，从而提高钻进深度。

（2）井下煤层顺层钻孔成孔机理

通过对影响本煤层顺层钻孔打钻深度的因素进行分析，我们可以看出，提高本煤层顺层钻孔打钻深度应当从上述几种影响因素着手，消除顺层钻孔施钻的不利影响，就能提高顺层钻孔施钻深度[59]。

从中泰矿业公司、焦煤集团古汉山矿、九里山矿来看，埋藏深度均在 600m 左右，瓦斯地质条件比较复杂，井田内赋存断层都是正断层，且主要处于压扭紧闭状态，倾角从 50°到 75°不等，断层附近，煤岩垂直节理发育，断层附近煤层均经过强烈揉皱。而在断层影响区域之外，煤层赋存简单、良好，巷道掘进时侧压力也较小。豫北地区煤矿二 1 煤硬度较大，除了在断层影响区域，二 1 煤的硬度系数 f 在 0.5～1.0，煤层平均密度 1.4t·m^{-3}。由矿山压力的经典公式可知，钻孔对煤体矿压的影响半径为钻孔半径的 $\sqrt{20}$ 倍（以超过原岩应力值的 5% 作为影响半径的边界），本煤层顺层钻孔间距一般为 1.5～2m，理论上，地应力对本煤层顺层钻孔的稳定成孔影响不大，而且地应力对钻孔的影响主要表现为钻孔成孔后的缓慢变形。由于巷道、钻场等对煤层地应力的影响，巷旁的应力集中带在 8～15m 之间，地应力对钻孔的影响最大的应该在应力集中带，对深部钻孔的影响应当较应力集中带小。

影响突出煤层本煤层顺层钻孔打钻深度的主要因素是瓦斯压力大、瓦斯含量高。以焦煤集团公司九里山矿为例，该矿二 1 煤属高变质程度无烟煤，在煤层变质过程中生成的瓦斯受到上覆盖岩层的封闭，使得瓦斯大部分以吸附瓦斯的形态赋存在煤体内，煤层瓦斯含量最高达 $24.46m^3 \cdot t^{-1}$，煤层瓦斯压力最高达 2.1MPa。本煤层顺层钻孔施钻时，钻头在煤体深部旋转切割，使钻头周围的煤体瓦斯应力突然释放，瓦斯解吸，甚至表现为孔壁煤体的层状剥落，诱导出现瓦斯喷孔、塌孔，造成钻孔垮塌，无法成孔，或者出现喷孔塌孔后，孔内的钻屑不能得到有效的排出，发生卡钻，导致施钻失败。

根据达西定律可知：瓦斯流动的动力源就是煤层的原始瓦斯压力（p_0），和钻孔内气体压力（p_1）之间的压力差。如果提高空压机的供风能力，对钻孔钻具进行优化，使钻孔孔底的空气压力升高，就降低了煤层原始瓦斯压力和钻孔孔底气体压力之间的压力差，孔底孔壁附近的压力梯度降低，减缓了钻孔孔底附近煤体瓦斯解吸的速度，遏制了瓦斯的急剧涌出，遏制钻孔孔底的层状崩落式剥落。钻孔不断钻进，孔底继续延伸，使该处瓦斯的涌出形式进入径向不稳定涌出阶段，径向不稳定涌出段的长度延长了，不稳定涌出的时间增长了，不稳定涌出的剧烈程度就减缓了。因此，也就遏制了喷孔塌孔频率和规模，提高了钻孔的孔深和成孔质量。提高预抽钻孔内气体压力，就需要增加空压机工作压力，以及压缩空气的流量，同时要降低压风管路的压力损失，一是提高压风管路的直径，二是缩短管路的长度；同时还要优化钻孔孔径与钻杆外径的比例，增加钻杆内径，降低钻杆内压风流动的阻力；适当缩小钻孔内排钻屑的通道的截面，使排屑通道内风压增加、风速加快，满足"孔内高压"施钻工艺要求。

目前，顺层钻孔预抽区段、煤巷条带煤层瓦斯、回采区域瓦斯的方法及技术，如图 9-29～图 9-32 所示。

图 9-29　井下顺层钻孔预抽区段煤层瓦斯示意

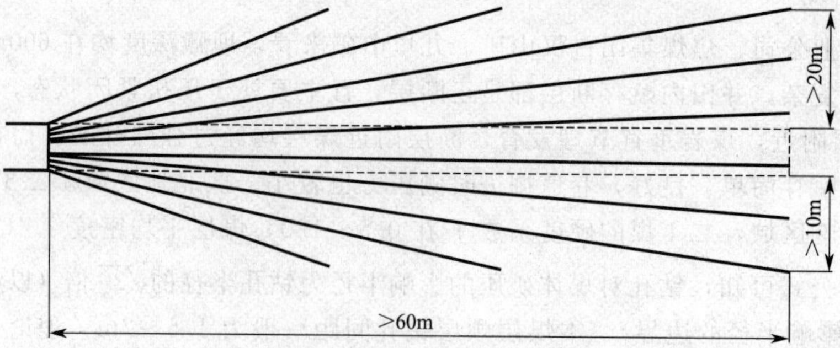

图 9-30　顺层钻孔预抽煤巷条带

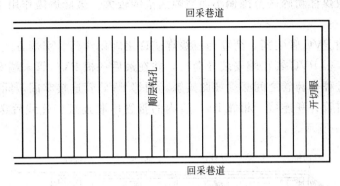

图 9-31　顺层钻孔预抽回采区域煤层瓦斯示意（一）

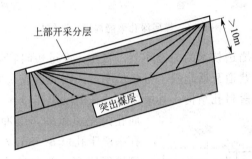

图 9-32　顺层钻孔预抽回采区域煤层瓦斯示意（二）

9.2.3　低透气性煤层及煤层群强化抽采技术及方法

随着煤矿开采深度延伸，煤层透气性降低，抽采难度加大，矿井瓦斯问题严重。而瓦斯作为一种新型洁净能源，科学地开发利用有利于改善能源结构，避免直接排放造成的大气污染。瓦斯抽采是防治瓦斯灾害、实施环境保护的重要举措，为有效提高低透气性煤层瓦斯抽采率需采取强化抽采措施。目前常用的低透气性煤层及煤层群强化抽采技术及方法有煤层深孔聚能爆破增透技术、水力压裂、水力割缝、水力冲孔、深孔预裂爆破、松动爆破等。

9.2.3.1　煤层深孔聚能爆破增透技术

在聚能爆破作用下煤体致裂机理可概括为：药卷起爆后，高温高压爆生气体作用于聚能槽形成聚能射流，而后切割煤体形成初始导向裂隙，爆生气体与煤体作用形成爆炸应力波，在爆破近区，应力峰值远大于煤体动态抗压强度，导致煤体破坏形成粉碎区[60]。在爆破中区，煤体径向受压而环向受拉，当环向拉应力大于煤体动态抗压强度时形成径向裂隙，同时压缩煤体释放弹性能，产生径向拉应力，超过动态抗压强度时形成环向裂隙。在爆破远区，由于爆生气体和煤层瓦斯气楔作用，导致径向裂隙进一步扩展，可见在聚能爆破作用下，爆破孔周围煤体形成较大范围的连通裂隙网络。其中在爆破近区形成粉碎区，在爆破中区形成径向和环向裂隙交错的裂隙发育区，在爆破远区形成径向裂隙存在的裂隙扩展区，在聚能方向上由于采用聚能装药结构，与非聚能方向相

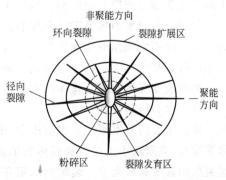

图 9-33　聚能爆破作用下的煤体裂隙分区

比，聚能效应导致煤体粉碎区范围偏小而裂隙区范围较大。聚能爆破作用下的煤体裂隙分区如图 9-33 所示。

聚能爆破采用 PVC 管装药，药卷为三级煤矿许用乳化炸药。引爆方式为孔口正向起爆，为便于装药，在首根 PVC 管顶端安装导向梭，并在最后一根 PVC 管末端安装尾塞。为确保安全起爆，装药过程中药卷之间必须彼此接触，相邻 PVC 管连接牢固，同时每根 PVC 管内的药卷采用 2 个雷管并联连接，相邻 PVC 管内的雷管串联连接，连线后送入炮孔并及时进行导通，如图 9-34 所示。

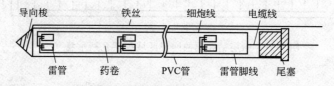

图 9-34　煤层深孔聚能爆破装药结构

封孔是深孔聚能爆破增透技术的关键环节，封孔长度过短时容易发生冲孔、巷帮煤壁破坏或者产生漏气通道造成巷道瓦斯超限。封孔长度过长则会造成人力和物力的浪费，为保证封孔质量和效果，采用三段封孔结构，其中在爆破孔里段距孔口 8～12m 处，利用压风管路向孔内充填黄砂，缓冲爆炸冲击作用。在爆破孔中段距孔口 3～8m 处，利用装满黄砂的 PVC 管进行填塞，并在砂管外侧指定位置处用胶带缠 2 段的聚氨酯，以固定黄砂和砂管，在爆破孔外段距孔口 0～3m 处，利用特制炮棍向爆破孔内送黄泥卷并捣实，确保封孔具有足够的抵抗力，聚能爆破封孔结构如图 9-35 所示。

图 9-35　煤层深孔聚能爆破封孔结构

9.2.3.2　水力压裂

水力压裂是石油工业用于提高低渗透率油、气井产量的重要措施[61]。它的基本原理是：通过钻孔将大量高压液体压入油层，迫使油层破裂形成垂直和平行层面的裂缝，并在压裂液中混入石英砂或其他支撑剂，使支撑剂充满裂缝，以便在停止压裂后，支撑住裂缝，防止裂缝重新闭合。国内外学者都在研究把它应用于本煤层的瓦斯抽采，但由于煤层构造复杂、煤质松软，常导致压裂的方向不易控制和支撑剂易于嵌入煤体，且压裂液进入煤体后不易排除，难以较大范围提高煤层的透气性。湖南白沙里王庙矿、阳泉一矿以及抚顺龙凤矿等进行了水力压裂抽采煤层瓦斯试验，取得了一定成效。

尽管人们对水力压裂工艺和压裂过程比较了解，但是对合理压裂参数的分析不够系统准确，以致达不到预期的压裂效果，或导致煤体在地应力和高压水综合作用下产生迅速变形、发生位移，甚至可能导致瓦斯突出。因此，合理的压裂参数应该能够快速有效地破裂松动煤体，进而改变煤体孔隙及煤体结构，最终通过钻孔抽出瓦斯，达到消突的目的。

（1）水力压裂机理

水力压裂的基本原理是将高压水（压裂液）注入煤体中的裂缝内（原有裂隙和压裂后出现的裂隙），克服最小主应力和煤体的抗裂压力，扩宽伸展并沟通这些裂缝，增加煤层相互贯通裂隙的数量和增大单一裂隙面的张开程度，进而在煤体中产生更多的人造裂缝与裂隙，从而增加煤层的透气性；同时高压水进入煤体裂隙后可以挤排煤体中的瓦斯，以致促使游离瓦斯和吸附瓦斯被挤排到抽放孔附近，增加钻孔的瓦斯抽放量[62]。煤层水力压裂可使煤体的力学性质发生明显变化，煤体的弹性和强度减小、塑性增大，从而使工作面前方的应力分布发生变化，而且能使工作面的应力集中带向煤体深部推移，因而能缓解由地应力参与作用的煤与瓦斯突出，可以消除或降低煤层和工作面的突出危险。当压裂停止后，由于大量瓦斯被高压水挤排出去，煤体瓦斯含量降低，瓦斯涌出量减少，以至减少了工作面和上隅角瓦斯超限次数。同时水力压裂使煤体润湿，减少了采煤过程和煤炭运输过程中产生的煤尘。

煤层水力压裂是一个逐渐湿润煤体、压裂破碎煤体和挤排煤体中瓦斯的注水过程。在注水的前期，注水压力和注水流量随注水时间呈线性升高；随后，注水压力与流量反向变化，并呈波浪状。这直观反映出了在注水初期，具有一定压力和流速的压力水通过钻孔进入煤体裂隙，克服裂隙阻力运动。当注入的水充满现有裂隙后，水流动受到阻碍，由于煤体渗透性较低，导致水流量降低，压力增高而积蓄势能；当积蓄的势能足以破裂煤体形成新的裂隙时，压力水进入煤体新的裂隙，势能转化为动能，导致压力降低，水流速增加；当注入的水（压裂液）携带煤泥堵塞裂隙时，煤体渗透性降低，水难以流动使流量下降，压力上升[63]。

(2) 水力压裂合理注水参数

煤层水力压裂包括煤体裂缝起裂和煤体裂缝延伸两个方面，煤体的裂缝起裂受许多因素的控制，一般通过试验加以确定。研究表明：煤体的裂缝起裂和延伸取决于注水速度（时间效应）、注水压力、煤体的非均质性（规模效应）和煤层的应力状态等，影响煤层水力压裂效果的压裂参数很多，主要可分为外部工艺因素和煤体内在因素两类。

① 外部工艺因素　外部工艺因素主要包括注水压力、注水孔间距、注水量、注水速度、钻孔长度、封孔方法与封孔长度、注水时间等参数，它们互有联系和影响；同时还与地质和采矿技术因素以及压裂设备的性能有关。

在一般开采条件下，煤体难以形成孔隙裂隙网，以致煤层难以得到充分的卸压增透，故在压裂时应施加一定的压力，才能将水有效地压裂到煤体中并使煤体产生裂隙起裂和延伸，形成孔隙裂隙网。试验结果表明，在围压不变的条件下，随着注水压力的增加，导水系数呈非线性增大，当注水压力达到某一极限值时，导水系数骤然增大，此时煤体完全被压裂，内部形成大的贯通裂缝网，通常煤体裂隙起裂和延伸随注水压力的增加而增大。因此，注水压力是衡量压裂效果的一个重要参数，如果注水压力过大且封孔深度与注水压力不匹配时，容易造成封孔段泄漏，影响压裂效果，甚至煤体在高压水的作用下发生位移并诱发突出；如果注水压力过小，将起不到压裂效果，这就相当于中高压煤层注水润湿。

回采工作面注水孔间距根据压裂钻孔的压裂半径而定。如果孔间距过小，则增加了钻孔和注水工作的施工量，同时在瓦斯抽放时容易抽出大量的水；如果孔间距过大，则可能存在注水空白带，即压裂孔的高压水不能有效地把瓦斯挤排到抽放孔，影响压裂效果和瓦斯抽放效果。

煤体润湿需要一定的水，如果单孔注水量过大，虽然容易把游离瓦斯挤排出去，但增加了压裂工作的施工量和成本；如果注水量过小，可能影响压裂效果。如果单位时间单孔注水量增大，则要求注水压力迅速增大，容易带来突出危险；如果单位时间单孔注水量减小，则要求注水压力降低，影响压裂效果。

注水速度是压裂工艺的一个重要参数，如果注水速度太快，新裂隙还没有生成，原有裂隙还没有扩宽并伸展，新老裂隙还没有沟通形成一个有效排泄瓦斯的孔隙裂隙网，则影响挤排瓦斯效果；同时，注水速度过快，要求注水压力等相应地增大。如果注水速度过低，要达到一定的注水量，则注水时间增长，这将影响注水作业的进度，同时要求注水压力等相应地降低，可能起不到预期压裂效果。

钻孔长度取决于工作面长度、煤层透水性、钻孔方向以及钻孔施工技术与设备等。钻孔长度应使工作面沿倾斜全长均得到压裂，没有注水空白带。

封孔是实现孔口密封、保证压力水不从孔口及附近煤壁泄漏的重要环节，是决定煤层水力压裂效果好坏的关键。封孔深度也是水力压裂工艺的一个重要参数，决定封孔深度的因素是注水压力、煤层裂隙、沿巷道边缘煤体的破碎带深度、煤的透水性及钻孔方向等，一般封孔深度与注水压力成正比。封孔深度应保证煤层在未达到要求的注水压力和注水量前，水不能由煤壁或钻孔向巷道渗漏。如果封孔深度过小，封孔段的煤壁可能承受不了高压水的压力，造成壁面外移，可能造成冒顶、片帮等，增加了支护孔和机械封孔。水泥封孔是一种应用普遍、适用范围广且比较原始的封孔方法。

注水时间是影响压裂施工量和施工进度的一个参数，煤体的润湿效果和裂缝的扩宽伸展沟通特性是影响注水时间的重要因素。如果在相同注水压力情况下，需要很长的注水时间才能达到效果，则说明煤体的润湿效果和裂缝的扩宽伸展沟通能力较差，需要增加润湿剂和压裂剂等。如果在相同注水压力情况下，需要很短的注水时间就能达到效果，则说明煤体的润湿效果和裂缝的扩宽伸展沟通能力较好，压裂半径可以增大，钻孔间距也可以相应地增大。

② 煤体内在因素　煤体内在因素主要包括煤体内部的孔隙裂隙特征（煤层孔隙裂隙的发育程度）、煤层的埋藏深度（地压的集中程度）、煤的化学组分（水与煤的湿润边角和水的表面张力系数）、瓦斯压力、煤层的顶底板状况。

煤体内部的孔隙裂隙特征（煤层孔隙裂隙的发育程度）：煤体是一种孔隙和裂隙都十分发育的双重介质，二者共同构成了煤层水力压裂时的渗透通道和瓦斯挤排通道。在煤层注水压裂的过程中，煤层孔隙裂隙发育程度对煤体的均匀湿润、物理力学特性的改变有重要影响。压裂时，水在压力作用下以相当大的流速运动，包围被裂切割的煤块，同时缓慢地通过微小孔隙，向煤块内部渗透。因此，煤体压裂效果不仅与煤的孔隙有关，还直接受裂隙的影响，裂隙不发育的煤体很难注水，此时就需要较高的压力迫使煤体产生新的裂隙和孔隙。

煤层内的瓦斯压力是水力压裂时的附加阻力。压裂时，水压克服煤体瓦斯压力后所剩余的压力才是压裂时的有效压力，因此，煤层内的瓦斯压力越大，需要的注水压力也越高，所以瓦斯压力的大小也影响煤体的渗透性能和注水压力。

煤的化学组分对煤层压裂效果的影响主要表现在：不同化学组分的煤体被水湿润的性质不同，以致瓦斯被挤排的程度不同。煤体的湿润能力取决于水与煤的湿润边角和水的表面张力系数。水与煤体的湿润边角大小反映了水分子与煤分子的吸引力大小，吸引力越大湿润边角越小，越易于注水，相反则难于注水。因此，降低水的表面张力可以提高煤体的湿润能力，提高注水速度。如果在注水流程中添加活性湿润剂（压裂剂），降低水的表面张力，能增强水在煤层中的渗透能力，能解决水不能渗入煤体微裂隙等问题。

随着埋藏深度的增加，煤层承受地层压力也随之增加。受压力影响，裂隙被压紧，裂隙容积降低，渗透系数也会随之降低。通常地应力大，注水压力必须克服地应力，才能有效地使煤体扩宽伸展裂隙，形成有效的孔隙裂隙网。所以，煤层压裂时注水压力必须大于地应力。

顶底板性质与水力压裂关系密切，因此在水力压裂时，还要考虑煤层顶底板是否允许注水及煤层能否注入水。通常，顶底板岩石遇水若严重膨胀、软化或脱层，危及工作面支架稳定及安全，就不能进行水力压裂，甚至不能采取水力化措施。

9.2.3.3　水力割缝

（1）水力割缝机理

水力割缝是对透气性系数低、原始瓦斯含量大的煤层进行预前割缝[64]。这种方法是在掘进工作面中先打钻孔，然后在钻孔内利用高压水射流对钻孔两侧的煤体进行切割，在钻孔两侧形成一条具有一定深度的扁平缝槽，利用水流将切割下来的煤体带到孔外，其目的是为了改变掘进工作面前方煤层的透气性，为瓦斯的解析和流动提供通道。高压水射流割缝形成较深的卸压、排瓦斯钻孔槽，能使煤层的原始应力重新分布，煤体物理性质发生改变，进而增强煤层的透气性。一般情况下，低透气性煤层内部孔隙和裂隙都很小。为了增大煤体的透气性系数，可以人为地采取措施在煤层中制造空隙，沟通及扩展煤层内部的裂隙网。对单一煤层而言，则只有在煤层内部采取措施，张开原有裂隙、产生新裂隙以及局部卸压，进而改善煤层的透气性。采用高压水割缝措施后，首先增加了煤体的暴露面积，且扁平缝槽相当于在局部范围内开采了一层极薄的保护层，达到层内的自我解放，给煤层内部卸压、瓦斯释放和流动创造了良好的条件，其结果是缝槽上下的煤体在一定范围内得到较充分的卸压，增大了煤层的透气性能，使缝槽周围的煤体向缝槽产生一定的移动，因而更加扩大了缝槽卸压、排放瓦斯的范围。由于高压水割缝的切割、冲击作用，钻孔周围一部分煤体被高压水击落冲走，形成扁平缝槽空间，这一缝槽可以使周围煤体发生激烈的位移和膨胀，增加了煤体中的裂隙，改变了煤体的原始应力和裂隙状况，大大改善了煤层中的瓦斯流动状态，为瓦斯的抽排提供了有利条件[65]。

（2）水力割缝工艺

目前使用的高压水切割设备由下面几个部分组成：高压切缝喷嘴、高压喷头总成、高压钻杆、高压输水器、液压管、高压水泵（额定压力为 45MPa，流量为 200L·min^{-1}）等。高压水通过高压喷头，从喷射直径为 1.0～2.0mm 的喷嘴径向喷出，在钻孔壁上沿指定方向进行切缝，以达到提高煤层透气性的目的。

为了提高钻孔的平直度和钻进深度，采用高压水辅助钻进。高压水辅助钻进就是采用现有钻机，采用高压水泵向高压钻杆和高压钻头供液。高压水辅助钻进，通过高压钻头前端的喷嘴将孔底煤体切钻成比钻头直径小得多的定向钻孔，钻头上的钻齿随后将该小直径孔进行扩孔。高压水开挖的小直径钻孔的形成可以使钻孔保持平直，使钻进过程所需的转矩和推力大幅度降低。达到所需钻进深度后，将高压水辅助钻进起拔后安装上高压水切头进行割缝。主要技术指标包括钻孔（$D75～94mm$）深度不小于 150m，切缝扩展范围 700～1000mm。高压水切割时，水压力应保持 25～40MPa 之间。水力割缝示意见图 9-36。

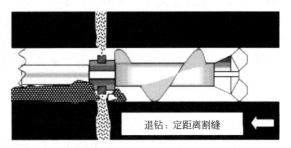

图 9-36　高压水切割示意

9.2.3.4　水力冲孔

煤岩体的破坏形式主要是在拉应力作用下的脆性破坏，具体表现为径向裂纹、锥状裂纹和横向裂纹的扩展。煤岩在射流的冲击下同样在打击区正下方某一深处将产生最大剪应力，打击接触区边界周围产生拉应力。当拉应力和剪应力分别超过了煤岩的抗拉和抗剪的极限强度时，在煤岩中形成裂隙。裂隙形成和汇交后，水射流将进入裂隙空间，在水楔作用下，裂隙尖端产生拉应力集中，使裂隙迅速发展和扩大，致使煤岩破碎[66]。在射流连续不断地打击作用下，煤岩体内部以及延伸到表面的裂纹数量会逐渐增加，这些裂纹的生成与扩展，最终导致煤岩体局部的破坏，实现对煤岩体的切割。现场试验时，煤体在高压水射流的作用下发生了破坏，并在水流的带动下冲出孔外，但是水射流需要多大的压力才能破煤并不确定，通过计算分析可以更好地从理论上指导水力冲孔技术参数的选取和工艺过程的优化。

水射流破煤的理论有动压超限假说、密实核假说、水滴破煤和冲击压力作用假说、水楔作用假说、气蚀或气泡聚能假说和综合作用假说[67]。

动压超限假说：作用于均质煤（岩）面上的射流动压，使射流冲击区中的岩石内部形成内应力。当这种内应力的最大剪应力超过煤（岩）的极限抗剪强度时，煤（岩）就受剪破坏。依据这一假说的煤（岩）破碎边界条件和射流动压均布于冲击面的假定，推导出了计算射流所应具有的最低速度的公式，进而再由射流变化的规律推算得射流应具有的初始压力。这个能保证破碎煤（岩）的射流最低初始压力，常简称为临界水压（或初始水压），这一假说的基本观点就是剪应力使煤（岩）破坏，并且在掏槽阶段，射流的破碎作用主要取决于射流的轴心动压。

密实核假说：该假说认为在射流冲击区内煤（岩）被压缩并形成一密实的楔形核，随着射流作用时间增长，密实核的前移变形增大（相当于在煤岩中楔入刚性楔块），在煤（岩）中形成自冲击点向四周扩散的裂隙，最终使煤（岩）试样破碎。由假说可知该密实核的楔入是造成煤（岩）破碎的主要原因。在射流刚刚开始冲击到煤（岩）面的瞬间，煤（岩）面产生后移而不出现裂隙（后移量小于 2～3mm），数微秒后，在煤（岩）面上开始出现裂隙，并有少量的水流进入裂隙，最后，裂隙逐渐扩展至穿透试块，并使煤（岩）试样破碎（在射流的冲击区附近，多保留一未遭到破碎的楔形小岩块）。目前赞同这一假说的人很少，不少学者根据这种破碎现象提出新的解释，在射流冲击的最初瞬间，固体中出现由冲击点向四周深处扩散的压应力波，随后出现剪应力波，这种剪应力波是使脆性固体破坏的主要原因。

水滴破煤和冲击压力作用假说：该假说认为位于起始段中的试样呈现"星形"破坏（射流密实核冲击部分未遭破坏，而边界层接触部分则被射流破碎），位于基本段的试样则不会出现"星形"破坏，固体在冲击压力作用下受到的压应力使固体产生弹性压缩，当液（水）柱中的压缩波超过液珠（或水柱）边界并形成径向流时，液珠中部将形成近似于真空的负压状态。此时固体中弹性能的释放将使固体中产生张应力波（稀疏波），该张应力波是使固体破碎的主要原因，从而提出了煤（岩）是由于水滴的冲击作用而破碎的。进而根据水滴冲击煤（岩）所产生的动压和最大剪应力，计算了水滴破煤作用的条件、作用范围并估算出射流的破煤能力。总之，这类假说目前受到较普遍的重视。

水楔作用假说：当固体中原生大量裂隙时，作用于固体面上的水射流压力将把水压入到裂隙中。按照巴斯噶原理，裂隙中的水压将近似等于射流的作用压力，这种作用于裂隙两帮煤体上的压力所产生的弯矩，在裂隙尖端部分形成了很大的集中应力（拉应力），可使裂隙迅速发展扩大和使固体分崩离析。在射流冲击压力的作用下，水连续不断地被压入裂隙空间，此时煤壁中的受力情况与在煤壁中楔入一个刚体楔子相似，故称为水楔作用假说。在实际生产中，许多现象也充分说明水楔作用对煤体破碎起着巨大作用，如在裂隙发达的煤层中，不论其煤质软硬如何，所需的破煤水压近似相同。但是，它未能说明当煤体无裂隙时煤体能被射流破坏的原因。所以，一般仅将其作为固体形成裂隙后的一种破碎假说。

气蚀或气泡聚能假说：该假说在解释"星形"破坏时假定，由射流带到高压区中的气泡破坏时能产生很高的局部应力，从而使固体破坏（相当于气蚀作用）。虽然产生气蚀作用的气泡半径不超过 1mm，耗用的能量也很小，但由于该能量集中作用于一个小的面积上，故能形成很高的局部应力，并使固体产生许多裂隙，这有可能是固体产生裂隙的主要原因之一。另外，固体面一般均系由微粒组成的不平整面，水流经过固体面时，颗粒正面所受的迎面压力大于其背面所受的附着在颗粒后方气泡的蒸汽压力，这种压力差产生的剪应力能使颗粒脱落并逐渐形成截槽。总之，这类假说均认为射流中的气泡是造成固体破坏的原因之一。

综合作用假说：综合作用假说认为射流的破碎作用是若干种作用的综合结果，不能只用一种原因来解释。例如，水滴作用可以是形成裂隙的主要原因，而水楔作用则可能是裂隙体破碎的缘由。许多学者实际上也都是认为同时存在着几种破坏作用，如唐山分院李海洲认为同时存在有动压破煤作用和水楔作用，日本 T. Kinoshite 等认为，在前进的射流和回行的水流之间所形成的涡流是掏槽时固体破碎的主要原因，同时当水速和水中纵波速度的乘积超过一定值时，冲击压力又将对固体破碎起主导作用。洪允和认为除密实核假说外，前述各种假说均有较充分的理论和实际依据，不应加以否定。同时它们并不是互相排斥的，可以彼此统一和互为补充。

因此，综合作用假说较为合理。对于破碎煤体来说，其射流的破煤作用过程为：在射流的水滴（或水柱）冲击压力和气蚀作用所形成的局部集中应力作用下，煤体中形成压缩波、剪应力波和环状张应力波，随后，因冲击压力或局部集中应力的消失，以及弹性能的释放而产生张应力波。当这种压、张、剪应力波的强度超过煤的强度极限时，煤体中就会形成大量的裂隙。在动压或其他压力作用下，水进入裂隙并产生水楔作用，使裂隙发展、煤体破碎。同时，射流在冲击煤面后衍生的径向流的侵蚀作用也会使破碎煤随水带走，而形成截槽或孔洞。

9.2.3.5　深孔预裂爆破

煤巷掘进过程中，工作面前方煤体内存在卸压带、集中应力带和原始应力带三个应力带，其中集中应力带包含部分破裂带和弹性带。在卸压带内，地应力和瓦斯压力均低于原始值，它是阻止突出的防护带；在集中应力带内，径向应力比原始地应力小，但切向应力比原始地应力大，煤层透气性急剧降低，对具有煤与瓦斯突出危险的高瓦斯煤层，造成煤体瓦斯难以泄漏，可能保持着较高的瓦斯压力，一旦突然暴露，很可能发生突出。因此，在采掘工作面推进过程中，要防止突出的发生，必须改变工作面前方煤体应力分布，保持足够长的卸压带，同时尽可能增加煤体透气性，使煤层瓦斯得以充分预排。理论分析和现场试验表明，对于低透气性突出危险煤层，采用深孔预裂控制松动爆破能有效降低或消除煤层突出危险性[68]。深孔控制预裂爆破的实质是在回采工作面的进、回风巷每隔一定距离，平行于采煤工作面打一定深孔和控制孔，二者交替布置。爆破孔装药段利用压风装药器进行连续耦合装药。利用炸药爆炸的能力、瓦斯压力及控制孔的导向和补偿作用使煤体产生新的裂隙，并使原生裂隙得以扩展，提高煤层的透气性。

9.2.3.6　松动爆破

松动爆破就是在工作面前方的煤体中，打 3～5 个深 8m 以上的炮眼，装药爆破，使炮眼周围的煤体在炸药产生的爆压作用下，产生破裂和松动，以形成破碎圈、松动圈和裂隙圈[69]。深孔松动爆破技术不仅适用于煤巷掘进，也可用在回采工作面。20 世纪 60 年代中期我国在涟邵、北票等矿开始试用，以后不断推广，迄今为止已有 28 对矿井应用了这一措施，并且随着突出矿井的增加还有继续增加的趋势。

参考文献

[1]　俞启香. 矿井瓦斯防治 [M]. 徐州：中国矿业大学出版社，1992.

[2]　Соколов В А. Геохимиянрироднычгазов. 1971.

[3]　Соколов В А. Геохимиягазовземнойкорыиатмосферы. 1996.

[4]　林柏泉，崔恒信. 矿井瓦斯防治理论与技术 [M]. 徐州：中国矿业大学出版社，1998.

[5]　曾勇. 煤层顶板泥岩封存瓦斯能力的影响因素 [C]. 成都：2002 年全国瓦斯地质学术年会纪要，2002.

[6]　张慧. 煤孔隙的成因类型及其研究 [J]. 煤炭学报，2001，26（1）：40-44.

[7]　秦勇，徐志伟，张井. 高煤级煤孔径结构的自然分类及其应用 [J]. 煤炭学报，1995，20（3）：266-271.

[8]　张新民，庄军，张遂安. 中国煤层气地质与资源评价 [M]. 北京：科学出版社，2002.

[9]　霍多特 В В. 煤与瓦斯突出机理 [M]. 宋世钊，王佑安译. 北京：中国工业出版社，1996.

[10]　郝琦. 煤的显微孔隙形态特征及其成因探讨 [J]. 煤炭学报，1987，12（4）：51-57.

[11]　吴俊，金奎励，童有德，等. 煤孔隙理论及在瓦斯突出和抽放评价中的应用 [J]. 煤炭学报，1991，16（3）：86-95.

[12]　吴俊. 煤微孔隙特征及其与油气运移储集关系的研究 [J]. 中国科学：B 辑，1993，23（1）：77-84.

[13]　张红日，张文泉. 构造煤特征及其与瓦斯突出的关系 [J]. 山东矿业学院学报，1995，14（4）：343-348.

[14]　傅雪海，秦勇，韦重韬. 煤层气地质学 [M]. 徐州：中国矿业大学出版社，2007.

[15]　杨方之，王金渝，潘庆斌. 苏北黄桥地区上第三系富氦天然气成因探讨 [J]. 石油与天然气地质，1991，3：340-345.

[16]　艾鲁尼，唐修义. 煤矿瓦斯动力现象的预测和预防 [M]. 北京：煤炭工业出版社，1992.

[17]　曾凡桂. 煤的分形表面结构 [J]. 煤炭转化，1995，18（2）：7-13.

[18]　桑树勋，朱炎铭，张时音，等. 煤吸附气体的固气作用机理（Ⅰ）——煤孔隙结构与固气作用 [J]. 天然气工业，2005，25（1）：13-15.

[19]　王德明. 矿井通风与安全 [M]. 徐州：中国矿业大学出版社，2007.

[20]　林柏泉，张建国. 矿井瓦斯抽放理论与技术 [M]. 徐州：中国矿业大学出版社，1996.

[21]　任冬梅，张烈辉，陈军，等. 煤层气藏与常规天然气藏地质及开采特征比较 [J]. 西南石油学院学报，2001，23（5）：29-32.

[22]　宋岩，秦胜飞，赵孟军. 中国煤层气成藏的两大关键地质因素 [J]. 天然气地球科学，2007，18（4）：545-553.

[23]　孙万禄. 我国煤层气资源开发前景及对策 [J]. 天然气工业，1999，19（5）：1-5.

[24]　赵孟军，宋岩，苏现波，等. 煤层气与常规天然气地球化学控制因素比较 [J]. 石油勘探与开发，2005，32（6）：21-24.

[25]　孙万禄，应文敏，王树华，等. 煤层气地质学基本问题的探讨 [J]. 石油与天然气地质，1997，18（3）：189-194.

[26]　商永涛. 煤层气渗流机理及产能评价研究 [D]. 东营：中国石油大学，2008.

[27]　秦勇，宋全友，傅雪海. 煤层气与常规油气共采可行性探讨——深部煤储层平衡水条件下的吸附效应 [J]. 天然气地球科学，2005，16（4）：492-498.

[28]　王红岩，李景明，刘洪林，等. 煤层气基础理论、聚集规律及开采技术方法进展 [J]. 石油勘探与开发，2004，31（6）：14-16.

[29]　程远平，付建华，俞启香. 中国煤矿瓦斯抽采技术的发展 [J]. 采矿与安全工程学报，2009，26（2）.

[30]　胡千庭，梁运培，林府进. 采空区瓦斯地面钻孔抽采技术试验研究 [J]. 中国煤层气，2006，3（2）：3-6.

[31]　秦伟，许家林，彭小亚，等. 老采空区瓦斯抽采地面钻井的井网布置方法 [J]. Journal of Mining & Safety Engineering，2013.

[32]　李日富，梁运培，张军. 地面钻孔抽采采空区瓦斯效率影响因素 [J]. 煤炭学报，2009，34（7）：942-946.

[33]　王保玉. 晋城煤业集团煤层气开发现状及规划 [C]. 北京：2004 第四届国际煤层气论坛论文集，2004.

[34]　袁亮，郭华，李平，等. 大直径地面钻井采空区采动区瓦斯抽采理论与技术 [J]. 煤炭学报，2013，38（1）.

[35]　葛春贵，王海锋，程远平，等. 地面钻井抽采卸压瓦斯的试验研究 [J]. 矿业安全与环保，2010，37（002）：4-6.

[36]　袁亮. 高瓦斯矿区复杂地质条件安全高效开采关键技术 [J]. 煤炭学报，2006，31（2）：174-178.

[37] 许家林，钱鸣高．地面钻井抽放上覆远距离卸压煤层气试验研究 [J]．中国矿业大学学报，2000，29（1）：78-81.

[38] 杨健，孙家应，余大有，等．煤矿地面大口径瓦斯抽排钻孔施工关键技术 [J]．煤炭科学技术，2010，38（11）：60-62.

[39] 申宝宏，刘见中，张泓．我国煤矿瓦斯治理的技术对策 [J]．煤炭学报，2007，32（7）：673-679.

[40] 程远平，周德永，俞启香，等．保护层卸压瓦斯抽采及涌出规律研究 [J]．采矿与安全工程学报，2006，2.

[41] 刘洪永，程远平，赵长春，等．保护层的分类及判定方法研究 [J]．采矿与安全工程学报，2010.

[42] 程远平，周德永，俞启香，等．保护层卸压瓦斯抽采及涌出规律研究 [J]．采矿与安全工程学报，2006，2.

[43] 王亮．巨厚火成岩下远程卸压煤岩体裂隙演化与渗流特征及在瓦斯抽采中的应用 [D]．徐州：中国矿业大学，2009.

[44] 涂敏，缪协兴，黄乃斌．远程下保护层开采被保护煤层变形规律研究 [J]．采矿与安全工程学报，2006，3.

[45] 袁亮．低透气煤层群首采关键层卸压开采采空侧瓦斯分布特征与抽采技术 [J]．煤炭学报，2008，33（12）：1362-1367.

[46] 袁志刚，王宏图，胡国忠，等．急倾斜多煤层上保护层保护范围的数值模拟 [J]．煤炭学报，2009，34（5）：594-598.

[47] 程远平，俞启香，周红星，等．煤矿瓦斯治理"先抽后采"的实践与作用 [J]．采矿与安全工程学报，2006，23（4）.

[48] 袁亮．淮南矿区瓦斯治理技术与实践 [J]．矿业安全与环保，2000，27（3）：16.

[49] 王子佳．煤层瓦斯压力和瓦斯含量关系的研究 [J]．广西煤炭，1996，2：012.

[50] 李宪国．综采工作面防治煤与瓦斯突出技术 [J]．中国科技博览，2012（20）：331.

[51] 黄旭超，孟贤正，傅昆岚，等．开采上保护层被保护煤层穿层钻孔抽采瓦斯技术 [J]．煤炭科学技术，2009（9）：38-40.

[52] 曹新奇，辛海会，徐立华，等．瓦斯抽放钻孔有效抽放半径的测定 [J]．煤炭工程，2009（9）：88-90.

[53] 李海涛．采空区瓦斯抽放参数的优化 [D]．阜新：辽宁工程技术大学，2005.

[54] 章立清，秦玉金，姜文忠等．我国矿井瓦斯涌出量预测方法研究现状及展望 [J]．煤矿安全，2007，8（393）：8.

[55] 徐龙仓．提高单一低透气性厚煤层瓦斯抽采效果技术对策 [J]．北京：中国煤层气，2009，6（1）：28-30.

[56] 秦长江．顺层钻孔预抽煤层瓦斯区域防突关键技术研究 [D]．北京：中国地质大学，2012.

[57] 徐建平，陈钦雷，贺子伦，等．非牛顿幂律流体球形流动不稳定压力动态 [J]．石油学报，2000，21（3）：70-72.

[58] 杨宁波，王兆丰．钻孔周围煤体中透气性的变化规律研究 [J]．煤炭技术，2008，27（12）：67-69.

[59] 郭鹏．突出煤层变径破煤机理及成孔工艺研究 [D]．焦作：河南理工大学，2011.

[60] 郭德勇，裴海波，宋建成，等．煤层深孔聚能爆破致裂增透机理研究 [J]．煤炭学报，2008，33（12）：1381-1385.

[61] 张士诚，王鸿勋，等．水力压裂设计数值计算方法 [M]．北京：石油工业出版社，1998.

[62] 张国华．本煤层水力压裂致裂机理及裂隙发展过程研究 [D]．阜新：辽宁工程技术大学，2004.

[63] 吕有厂．水力压裂技术在高瓦斯低透气性矿井中的应用 [J]．重庆大学学报，2010.

[64] 张建国，林柏泉，翟成．穿层钻孔高压旋转水射流割缝增透防突技术研究与应用 [J]．Journal of Mining & Safety Engineering，2012.

[65] 林柏泉，张其智，沈春明，等．钻孔割缝网络化增透机制及其在底板穿层钻孔瓦斯抽采中的应用 [J]．煤炭学报，2012，37（9）.

[66] 刘明举，孔留安，郝富昌，等．水力冲孔技术在严重突出煤层中的应用 [J]．煤炭学报，2005，30（4）：451-454.

[67] 常宗旭，郤保平，赵阳升．煤岩体水射流破碎机理 [J]．煤炭学报，2008，33（9）：983-987.

[68] 蔡峰，刘泽功，张朝举，等．高瓦斯低透气性煤层深孔预裂爆破增透数值模拟 [J]．煤炭学报，2007，32（5）：499-503.

[69] 石必明，俞启香．低透气性煤层深孔预裂控制松动爆破防突作用分析 [J]．建井技术，2002，23（5）：27-30.

第 10 章 │ 瓦斯安全输送与预处理技术

10.1 煤矿抽采瓦斯及其浓度特征

10.1.1 抽采瓦斯浓度变化特征

抽采瓦斯浓度会随着抽采过程而降低,主要有以下几个方面的原因:a. 煤层中瓦斯含量减少,瓦斯压力降低,在抽采负压的作用下抽采出的瓦斯浓度逐渐下降;b. 在抽采过程中受采动影响,裂隙发育,将抽采孔与巷道导通,产生漏风降低瓦斯浓度;c. 随着时间推移,钻孔旁原有的裂隙被压实,降低了煤层透气性,导致瓦斯浓度下降。

钻孔瓦斯流量也可以反映瓦斯抽采效果,它随着时间延续呈衰减变化,通常用钻孔流量衰减系数表征。钻孔流量衰减系数是指钻孔瓦斯流量随时间延续呈衰减变化关系的系数。测量方法是选择具有代表性的地区打钻孔,先测其初始瓦斯流量 q_0,经过时间 t 后,再测其瓦斯流量 q_t,然后以下式计算

$$q_t = q_0 e^{-at}$$

式中　a——钻孔瓦斯流量衰减系数,d^{-1};

　　　q_0——初始钻孔瓦斯流量,$m^3 \cdot min^{-1}$;

　　　t——时间,d。

钻孔瓦斯衰减系数可作为评估煤层预抽瓦斯难易程度的指标之一。煤层抽放瓦斯难易程度分类见表 10-1。

表 10-1　煤层抽放瓦斯难易程度分类

类别	钻孔流量衰减系数/d^{-1}	煤层透气性系数/$m^2 \cdot (MPa^2 \cdot d)^{-1}$
容易抽放	0.003	10
可以抽放	0.003~0.05	10~0.1
较难抽放	>0.05	<0.1

10.1.2 瓦斯浓度的常规分类

煤矿瓦斯分高浓度瓦斯和低浓度瓦斯,高浓度瓦斯是指瓦斯浓度大于 25% 的瓦斯,低浓度瓦斯是指瓦斯浓度低于 25% 的瓦斯。我国 60% 以上的瓦斯是含甲烷 25% 以下的低浓度瓦斯,按煤矿安全规程要求,瓦斯浓度在 25% 以下的就不能储存和输送,更谈不上使用了。

低浓度瓦斯发电必须解决两个难题:一是各个煤矿的本身不一样,而且随时都在转变,传统的发电机组很难"以不变应万变";二是低浓度瓦斯的安全输送问题。

10.2　煤矿瓦斯安全输送技术

10.2.1　安全输送的技术要求及方法

瓦斯输运过程中要充分考虑各种安全隐患，避免瓦斯浓度达到爆炸范围。抽采过程中，瓦斯浓度一般会在以下条件下进入爆炸范围，要格外注意：a. 深度较浅的矿井中，地面空气可通过短程扩散进入到采空区中，并与瓦斯混合；b. 抽气过程中，在负压作用下，会有空气混入到矿井瓦斯管道中；c. 对火炬控制阀门的操作失误，也会使空气混入到设备中；d. 输气管道，尤其是与其他管道的连接处密封效果不佳，也会导致空气混入到瓦斯气中，达到燃烧范围；e. 地下水积聚的矿井，如果排水设施发生故障，使水进入瓦斯抽采设备中，会引起事故。瓦斯的抽采和输送过程中，除了避免甲烷浓度达到爆炸范围外，还要考虑调压设备机房的安全管理。

避免工作区瓦斯浓度进入爆炸线，通常采取以下安全防范措施[1]：a. 瓦斯输送应遵循"阻火防爆、抑爆阻爆、多级防护、确保安全"的原则；b. 实时对瓦斯浓度进行检测，在一个时间段内，一旦瓦斯浓度低于爆炸上限，设备立刻报警停车；c. 通过严格的安全和技术管理，要杜绝所有的点火源；压缩机等转动设备工作中由于摩擦会产生火星，故应作为潜在点火源，设置安全防爆装置进行检测、维护、管理，确保设备安全、稳定运行；d. 所有运行设备和部件应有良好的导电性并接地，杜绝工作区域内静电的产生；e. 安装时，所有的设备必须科学合理布局，并进行防爆测试；瓦斯管道应安装防逆流装置，防止抽采时突然回流；f. 阻火器是极其有效防爆扩散装置，阻火器应接近管道末端设置。阻火器出口温度要用传感器实时监测，一旦阻火器出现故障，而且温度超标时，阀门可以快速关闭，熄灭火焰。

瓦斯由抽采泵站用管道输送到电厂储气柜，泵出口管道应设切断阀、阻火器及旁通放空管，进柜前的管路设有过滤、计量装置；瓦斯进、出瓦斯柜管道上设有旁路阀门，在瓦斯罐故障停运时，通过旁路供气。湿式瓦斯柜的出口管道上需设水雾分离器，以免瓦斯中带水，影响输送和后续设备的运行。瓦斯通过管路输送到瓦斯加压机站。全厂加压机数量不应少于两台，并设备用。为保证安全，瓦斯加压机进口设有隔断阀，出口设有阻火器、安全阀、止回阀、隔断阀等。经压缩机后瓦斯的压力应满足发动机进气的要求，对内燃发电机组而言，一般在 $20\sim35$ kPa（表压）。

经加压的瓦斯通过管道，送至生产厂房，接入每台瓦斯发动机组。每台瓦斯发动机入口管道设有进气阀组，进气阀组可实现隔断、阻火、过滤、调节、快速关断等功能。瓦斯输送系统各管段均设有放散阀，吹扫接口。为了保证机组的运行，输配系统可采用双回路，互为备用，以保证任意部件故障不影响全厂停机。

为保证系统安全，瓦斯罐设有高低位报警，高高位和进口阀门及放散阀门联锁，低低位和出口阀门联锁。瓦斯压缩机进出口和发电机组进口均设有阻火器，各处需要检修时均设有放散管，放散管高于周围建筑物。

根据现行的《煤矿安全规程》，常规可供输送的瓦斯浓度不应低于 25％。对常规瓦斯输配系统，应在抽采泵出口设置瓦斯浓度检测装置，当井下抽采的瓦斯浓度小于 25％时，应关闭输配阀门，打开排空阀门，将低浓度瓦斯直接排空，防止低浓度瓦斯气体进入系统。

瓦斯输配系统必须设置相应的压力、温度、浓度检测装置，由计算机监控，以确保输送系统正常运行，实现安全放散。当可燃气体泄漏监测超标时与阀门和设备联锁，必要时关断阀门，停止设备运行。设备停运时需采用氮气置换[2]。

10.2.2　安全输送系统及装备

瓦斯发电站的气源一般为瓦斯抽采泵站所抽采的井下瓦斯，由于瓦斯发电机组对进气的甲烷浓度、含水量、含尘量、粉尘粒度、进气压力等都有一定要求，所以必须对抽采的瓦斯进行净化、加压处理，选择合理的输配系统，以满足发电机组需求，保障机组安全运行。根据《煤矿安全规程》的要求，抽采的瓦斯甲烷含量在 25％ 以上的，属于安全输送浓度范围内的，可按常规输气系统进行配置。

瓦斯输配系统一般包括井下抽采瓦斯的储存、均质、加压、脱水、过滤等几个环节，如图 10-1 所示。因瓦斯具有易燃易爆的特性，还要在系统上设置相应的安全装置。

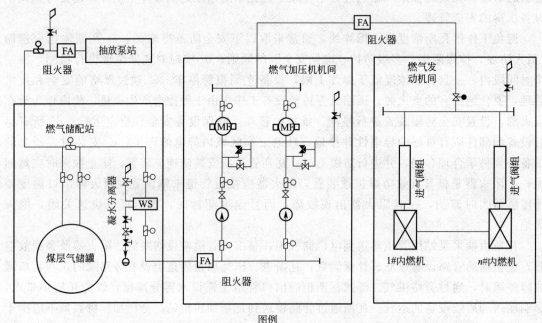

图 10-1　高浓度瓦斯输配系统

10.3　煤矿抽采瓦斯的净化技术

10.3.1　抽采瓦斯的杂质特征

瓦斯是一种混合气体，主要成分为 CH_4，其中含有的 CO_2、N_2、水汽以及微量的惰性气体和粉尘为瓦斯中的杂质，它们不能被利用而且还会降低瓦斯质量，给瓦斯的储运、加工及利用带来很大困难，因此需将瓦斯中的杂质成分去除。

10.3.2　净化除尘

瓦斯引入除湿过滤器，通过其除湿脱水功能，降低气体中的水分含量；通过过滤功能，降低气体粉尘杂质含量。然后将瓦斯气体引入罗茨风机，对瓦斯气体进行加压。再经过冷却器，通过其冷冻功能，使气体中的有害气体冷凝析出，起到气体脱硫的作用。最后经过精密过滤器，对气体进行精过滤处理，最后送至内燃发电机组发电。同时，瓦斯预处理系统还具有自动稳压功能，保证内燃发电机组供气压力的稳定；该系统还配有风机超压保护装置，气体温度调节装置，使气体的压力和温度适应内燃机的需要。

（1）旋风除尘器

① 旋风除尘器介绍　除尘器是利用旋转气流所产生的离心力将尘粒从含尘气流中分离出来的除尘装置(图 10-2)。它具有结构简单，体积较小，不需特殊的附属设备，造价较低，阻力中等，除尘器内无运动部件，操作维修方便等优点[3]。旋风除尘器一般用于捕集 $5\sim15\mu m$ 以上的颗粒，除尘效率可达 80% 以上，近年来经改进后的特制旋风除尘器，其除尘效率大于 95%。

② 旋风除尘器内气流与尘粒的运动概况　旋转气流的绝大部分沿器壁自圆筒体，呈螺旋状由上向下向圆锥体底部运动，形成下降的外旋含尘气流，在强烈旋转过程中所产生的离心力将密度远远大于气体的尘粒甩向器壁，尘粒一旦与器壁接触，便失去惯性力而靠进口速度的动量和自身的重力沿壁面着落进集灰斗。旋转下降的气流在到达圆锥体底部后，沿除尘器的轴心部位转而向上，形成上升的内旋气流，并由除尘器的排气管排出。

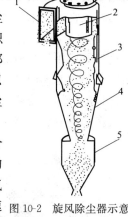

图 10-2　旋风除尘器示意
1—进气口；2—排气管；
3—圆筒体；4—圆锥体；
5—集灰斗

自进气口流入的另一小部分气流则向旋风除尘器顶盖处活动，然后沿排气管外侧向下活动，当达到排气管下端时，即反转向上随上升的中心气流一同从废气管排出，分散在其中的尘粒也随同被带走。

气流在做旋转运动时，气流中的粉尘颗粒会因受离心力的作用从气流中分离出来。利用离心力进行除尘的技术称离心除尘技术。利用离心力进行除尘的设备称为旋风除尘器。旋风除尘器使含尘气体沿切线方向进入装置后，离心力的作用将尘粒从气体中分离出来，从而达到烟气净化的目的。旋风除尘器中的气流要反复旋转许多圈，且气流旋转的线速度也很快，因此旋转气流中粒子受到的离心力密度力大得多[4]。对于小直径高阻力的旋风除尘器，离心力密度力可大至 2500 倍。对于大直径、低阻力的旋风除尘器，离心力密度力也大 5 倍以上。

③ 旋风除尘器的特点　旋风除尘器有以下特点：a. 旋风除尘器结构简单，器身无运动部件，不需要特殊的附属设备，占地的面积小，制造、安装投资较少；b. 旋风除尘器操作、维护方便，压力损失中等，动力消耗不大，运转、维护费用较低，对大于 $10\mu m$ 的粉尘有较高的分离效率；c. 旋风除尘器操作弹性较大，性能稳定，不受含尘气体的浓度、温度限制。对粉尘的物理性质无特殊要求，同时可根据生产工艺的不同要求，选用不同材料制作，或内衬各种不同的耐磨、耐热材料，以提高使用寿命；d. 旋风除尘器集灰斗卸灰口禁止漏风。旋风除尘器见图 10-3。

（2）组合式高效气体过滤器

① 高效气体过滤器除尘效率高（可达 99.999%），能够捕集微米级和亚微米级的粉尘颗粒，能满足生产中的超净化要求。采用本实用新型的高效气体过滤器结构，可将不同粒径的粉尘颗粒自大至小、自上而下分别截留在不同箱体的滤料上，可提高除尘效率，过滤器的容尘量也大大提高。经试验，使用半年后，只发现气体过滤器的上层针刺滤料积有较多粉尘，

而下层针刺滤料仍很清洁。

② 高效气体过滤器性能稳定，操作管理方便，滤料不会因阻力增加而被破坏。

③ 高效气体过滤器操作弹性大，日处理气量可在 40 万～80 万立方米变化，即处理风量在 100％ 的范围内波动时，其除尘效率不受影响。如本实用新型的高效气体过滤器应用于瓦斯输送过程，瓦斯输送气量变化很大，有时可达 50％ 以上，但本实用新型的高效气体过滤器运转正常，效果良好。

④ 由于高效气体过滤器采用了不同于国外进口气体过滤器的结构，避免了国外进口气体过滤器应用于瓦斯输送过程中容尘量小、使用寿命短、不能正常连续生产的缺陷，且过滤箱体内起过滤作用的针刺滤料价格低廉，仅是进口滤芯的 1/5，并且连续使用的周期远远高于进口的气体过滤器，可节省大量的设备投资。

多层高效过滤器见图 10-4。

　　图 10-3　旋风除尘器实物　　　　　　　　　　图 10-4　多层高效过滤器实物

（3）应用情况

① 上海石洞口煤气厂生产的瓦斯经高压输送至大场、庙行等门站，在各门站，瓦斯先通过除尘器除尘，再由调压器降压后输往用户使用。除尘器和调压器等设备，都是从意大利引进的。在两年的调试过程中发现输送管道内含有氧化铁（占 50％ 多）等粉尘，造成除尘器在较短时间内堵塞，有时运转不到一天就将除尘器滤筒压瘪，阻力直线上升，甚至将调压器打坏，被迫停车，滤筒需从意大利进口，价格昂贵，在调试过程中已调换了十余只滤筒，由于没有从根本上解决问题，瓦斯输送一直未能正常连续运行。自采用本技术后已运行两年多，取得了良好效果，除尘净化效率高，运转稳定，操作弹性大，保护了进口除尘器不再受损，使调压器能正常运转，完全可满足高压瓦斯输送净化要求。

② 上海浦东高压天然气输送除尘装置，自 1999 年 4 月起使用，半年后打开顶盖检查，把内置的滤料取出后观察，上箱体滤料的上部已积满粉尘，上箱体的下半部及中下箱体内的滤料还非常清洁。除尘装置运转期间，过滤器压差十分稳定，使用效果很好，运行稳定，管理方便，达到了超净化要求。

组合式高效气体过滤器在瓦斯和天然气高压输送配系统中的应用，较好地解决了瓦斯和天然气高压输送配系统中的除尘问题，保护了瓦斯和天然气输送配后系统中进口的精密调压设备，从而延长了其使用寿命，同时提高了天然气及瓦斯的质量。这种高效气体过滤器具有容尘量较大、阻力较低、运转稳定、操作方便等优点，解决了国内高压瓦斯和天然气的输送配过程中超净化问题。相对进口除尘设备，有很高的性能价格比[5]。

10.3.3　煤矿瓦斯混合气体脱水

10.3.3.1　煤矿瓦斯混合气体中水的危害

水是瓦斯从采出至消费的各个处理或加工步骤中常见的杂质组分，而且其含量经常达到饱和。一般认为瓦斯中的水分只有当它以液态存在才是有害的，因而工程上常以露点温度来表示瓦斯中的水含量。露点温度是指在一定压力下，瓦斯中水蒸气开始冷凝而出现液相的温度。水在瓦斯中的溶解度随压力升高或温度降低而减小，因而对瓦斯进行压缩或冷却处理时要特别注意估计其中的水含量，因为液相水的出现至少在以下三方面对处理装置及输气管线是十分有害的[6]。

① 冷凝水的局部积累将限制管线中瓦斯的流串，降低输气量，而且水的存在（不论气相或液相）使输气过程增加了不必要的动力消耗，也给有关处理装置（如轻烃回收装置）上的机泵和换热设备带来一系列麻烦问题。

② 液相水与 CO_2 和 H_2S 相混合即生成具有腐蚀性的酸，瓦斯中酸气含量越高，腐蚀性也越强。H_2S 不仅会引起常见的电化学腐蚀，它溶于水生成的 HS^- 能促使阴极放氢加快，而且 HS^- 又能阻止原子氢结合为分子氢，这样就造成大量氢原子聚集在钢材表面，导致钢材氢鼓泡、氢脆及硫化物应力腐蚀、破裂。此时，必须采用价格昂贵的特殊合金钢，但如瓦斯中不含游离水则可以用普通碳钢。

③ 含水瓦斯经常遇到的另一个麻烦问题是：其中所含水和小分子气体及其混合物可能在较高压力和较低温度的条件下，生成一种外观类似冰的固体水合物。后者可能导致输气管线或其他处理设备堵塞，给瓦斯储运和加工造成很大困难。

10.3.3.2　瓦斯脱水方法

上文说明了瓦斯中所含水分对管输过程的危害。因此，瓦斯一般都应先进行脱水处理，达到规定的指标后才进入输气干线。各国对管输瓦斯中水分含量的规定有很大不同（参见表 10-2），这主要由地理环境而定[7]。含水量指标有"绝对含水量"和"露点温度"两种表示法，前者指单位体积瓦斯中水的含量；后者指一定压力下，瓦斯中水蒸气开始冷凝结露的温度，用℃表示。通常管输瓦斯的露点温度应比输气管线沿途的最低环境温度低 $5\sim15℃$。

表 10-2　管输瓦斯的水分含量

项目	德国	荷兰	伊朗	前苏联	美国	法国
水分含量/mg 水·m^{-3}瓦斯	80	47	64		95～125	58
露点/℃	<0	−8		南部和中部−5～15 北部−30～−35		−5
备注		压力 7MPa		压力 5MPa		

有一系列方法可用于瓦斯脱水。并使之达到管输要求。按其原理可分为冷冻分离、固体干燥剂吸附和溶剂吸收三大类。近年来国外正在大力发展用膜分离技术进行瓦斯脱水，但目前在工业上还应用不多。

（1）冷冻分离法

这类方法可采用节流膨胀冷却或加压冷却，它们一般和轻烃回收过程相结合[8]。节流膨胀的方法适用于高压气田，它是使高压瓦斯经过所谓的焦耳-汤姆逊效应制冷而使气体中的部分水蒸气冷凝下来。为了防止在冷冻过程中生成水合物，可在过程气流中注入乙二醇作为水合物抑制剂（在－18～40℃的范围内有效），如需进一步冷却，可再使用膨胀机制冷。加压冷却是先用增压的方法使瓦斯中的部分水蒸气分离出来，然后再进一步冷却，此法适用于低压气田。

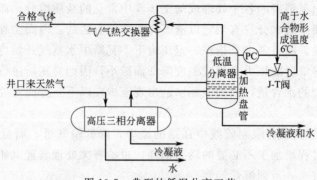

图 10-5　典型的低温分离工艺

　　用冷却分离法进行瓦斯脱水时，当瓦斯田的压力不能满足制冷要求，增压或由外部供给冷源又不经济时，就应采用其他类型的脱水方法。典型的低温分离工艺见图 10-5。

　　（2）固体干燥剂吸附法

　　利用固体（吸附剂）的表面力使气体中某些组分的分子被固体内孔表面吸着的过程称为吸附。按表面力的不同本质，吸附过程又可分为物理吸附和化学吸附两种。应用于瓦斯脱水的吸附过程都属于物理吸附[9]，下文将介绍。瓦斯脱水过程要求吸附剂应具有以下特性：a. 必须是多孔性的、具有较大吸附比表面积的物质，用于瓦斯脱水的吸附剂比表面积一般都在 $500～800 m^2 \cdot g^{-1}$，比表面积越大，其吸附容量（或湿容量）越大；b. 对流体中的不同组分具有选择性吸附作用，亦即对要脱除的组分具有较高的吸附容量；c. 具有较高的吸附传质速度，在瞬间即可达到相间平衡；d. 能简便而经济地再生，且在使用过程中能保持较高的吸附容量，使用寿命长；e. 工业用的吸附剂通常是颗粒状的，为了适应工业应用的要求，吸附剂颗粒在大小、几何形状等方面应具有一定的特性，例如，颗粒大小适度而且均匀，同时具有很高的机械强度以防止破碎和产生粉尘（粉化）等；f. 具有较大的堆积密度；g. 有良好的化学稳定性、热稳定性以及价格便宜、原料充足等。

　　目前，在瓦斯脱水中主要使用的吸附剂有活性铝土和活性氧化铝、硅胶及分子筛三大类（参数见表 10-3）。通常，应根据工艺要求进行经济比较后，选择合适的吸附剂。

表 10-3　干燥剂的参数对比

物理性质	硅胶	活性氧化铝	分子筛
	R 型	F-1 型	4～5A
比表面积/$m^2 \cdot g^{-1}$	550～650	210	700～900
孔体积/$cm^3 \cdot g^{-1}$	0.31～0.34	—	0.27
孔直径/Å	21～23	—	4.2
平均孔隙度/%	—	51	55～60
堆积密度/$g \cdot L^{-1}$	780	800～880	660～690
比热容/$J \cdot (g \cdot ℃)^{-1}$	1.047	1.005	0.837～1.047
再生温度/℃	150～230	180～310	150～310
静态吸附容量(相对湿度60%)(质量分数)/%	33.3	14～16	22
颗粒形状	球状	颗粒	圆柱状

注：$1 Å = 10^{-10} m$，下同。

① 活性氧化铝　活性氧化铝是一种多孔、吸附能力较强的吸附剂。对气体、蒸汽和某些液体中的水分有良好的吸附能力，再生温度175～315℃。国外瓦斯脱水常用的活性Al_2O_3有 F-1 型粒状、H-151 型球状和 KA-201 型球状三种，其化学组成如表 10-4 所列。

表 10-4　典型活性氧化铝组成　　　　　　　　　　　　　　　单位：%

型号	Al_2O_3	Na_2O	SiO_2	Fe_2O_3	灼烧损失
F-1 型	92	0.90	<0.10	0.08	6.5
H-151 型	90	1.40	1.1	0.1	6.0
KA-201 型	93.60	0.30	0.02	0.02	6.00

活性氧化铝吸附剂有如下特点：经活性氧化铝吸附脱水后，油田气的露点最高点可达$-73℃$；但再生时消耗热量多，选择性差，易吸附重烃，呈碱性，不宜处理含酸性气体较多的瓦斯。

② 硅胶　硅胶是粉状或颗粒状物质，粒子外观呈透明或乳白色固体。分子式为$mSiO_2 \cdot nH_2O$，它是用硅酸钠与硫酸反应生成水凝胶，然后洗去硫酸钠，将水凝胶干燥制成。其典型组成如表 10-5 所列。

表 10-5　典型硅胶的组成

组成	SiO_2	Fe_2O_3	Al_2O_3	TiO_2	Na_2O	CaO	ZrO_2	其他
含量/%	99.71	0.03	0.10	0.09	0.02	0.01	0.01	0.03

硅胶吸湿量可达到40%左右。按孔隙大小，分成细孔和粗孔两种。粗孔硅胶的比表面积$(3～5)\times10^2 m^2 \cdot g^{-1}$，细孔硅胶为$(6～7)\times10^2 m^2 \cdot g^{-1}$。瓦斯脱水用的是细孔硅胶，平均孔径20～30Å。硅胶吸附水蒸气的性能特别好，且具有较高的化学和热力稳定性。但硅胶与液态水接触很易炸裂，产生粉尘，增加压降，降低有效湿容量。

③ 分子筛　分子筛是具有骨架结构的碱金属的硅铝酸盐晶体，是一种高效、高选择性的固体吸附剂。其分子式如下：

$$M_{2/n}O \cdot Al_2O_3 \cdot xSiO_2 \cdot yH_2O$$

M 为某些碱金属或碱土金属离子，如 Li、Na、Mg、Ca 等；n 为 M 的价数；x 为 SiO_2 的分子数；y 为水的分子数。

常用分子筛性能见表 10-6。

表 10-6　常用分子筛性能

型号	孔直径/Å	吸附质分子	排除的分子	应用范围
4A	4	直径<4Å的分子，包括以上各分子及乙醇、H_2S、CO_2、SO_2、C_2H_4、C_2H_6 及 C_3H_6	直径>4Å的分子，如丙烷等	饱和烃脱水
5A	5	直径<5Å的分子，包括以上各分子及 n-C_4H_9OH、n-C_4H_{10}、C_3H_8 至 $C_{22}H_{46}$	直径>5Å的分子，如异构化合物及 4 碳环化合物	从支链烃及环烷烃中分离正构烃、脱水
10X	8	直径<8Å的分子包括以上各分子及异构烷烃、烯烃及苯	二正丁基胺及更大分子	芳烃分离
13X	10	直径<10Å的分子包括以上各分子及二正丙基胺	$(C_4H_9)_3N$ 及更大分子	同时脱水、CO_2、H_2S 等

④ 吸附剂的选用　吸附法脱水时，应根据工艺要求做技术经济比较，选择合适的吸附

剂；分子筛脱水宜用于要求深度脱水的场合（1×10^{-6}以下），分子筛宜采用 4A 型或 5A 型。当瓦斯露点要求不很低时，可采用氧化铝或硅胶脱水。氧化铝不宜处理酸性瓦斯。低压气脱水，宜用硅胶（或氧化铝）与分子筛双层联合脱水。

⑤ 吸附脱水流程　目前用于瓦斯的吸附脱水装置多为固定床吸附塔[10]。为保证装置连续操作，至少需要两个吸附塔。工业上经常采用双塔流程（图 10-6）和三塔流程（图 10-7），吸附脱水的原理流程如图 10-8 所示。

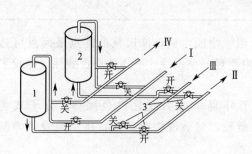

图 10-6　两台吸附器时的运行

1—在吸附的干燥器；2—在再生（包括热
吹和冷吹）的干燥器；3—程序切换阀；Ⅰ—含水瓦斯；
Ⅱ—脱水后瓦斯；Ⅲ—热（冷）
吹气入口；Ⅳ—热（冷）吹气出口

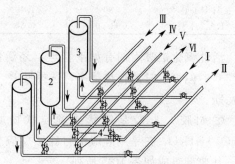

图 10-7　三台吸附器时的运行

1—在吸附的吸附器；2—在热吹的吸附器；
3—在冷吹的吸附器；4—程序切换阀；
Ⅰ—含水瓦斯入口；Ⅱ—脱水后瓦斯出口；
Ⅲ—热吹气入口；Ⅳ—热吹气出口；
Ⅴ—冷吹气入口；Ⅵ—冷吹气出口

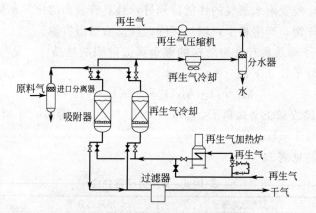

图 10-8　吸附脱水的原理流程

—开着的阀门；—关着的阀门

（3）溶剂吸收法

这是目前瓦斯工业中应用最普遍的方法。虽然有多种溶剂（或溶液）可以选用（参见表 10-7），但绝大多数装置用甘醇类溶剂[11]。

表 10-7　脱水溶剂的比较

脱水溶剂	优点	缺点	备注
氯化钙水溶液	操作成本低,设备简单	设备腐蚀严重,露点降较小(约11℃),与天然气中的H_2S会生成沉淀	目前已很少应用,主要用于边远气井和严寒地区

续表

脱水溶剂	优点	缺点	备注
氯化锂水溶液	露点降可达 22～36℃,对设备的腐蚀比氯化钙水溶液小	价格贵	主要用于空气脱水
二甘醇溶液	浓溶液不会固化,操作温度下溶剂稳定,吸湿性高	露点降 28℃ 较三甘醇水溶液低,携带损失量比三甘醇大,装置投资高	在天然气工业中应用不多
三甘醇溶液	浓溶液不会固化,操作湿度下溶剂稳定,吸湿性很高。蒸汽压低,携带损失量小,露点降可达 40℃ 左右	装置投资高,溶液有一定发泡倾向	是天然气工业中应用最广泛的脱水方法

10.3.4　杂质气体的脱除

瓦斯中一般含有微量硫化氢杂质。硫化氢腐蚀性强,对铁和钢等金属会产生深孔腐蚀和脆化作用,催化毒性强,有剧毒性,对人体神经系统的危害特别大,大量吸入会导致死亡,因此,在利用瓦斯前需要先将其中的硫化氢气体脱除。

脱硫方法主要可分为干法和湿法[12]。干法脱硫(见图 10-9)是以固定氧化剂、吸收剂或吸附剂来氧化、吸收或吸附硫化氢,适于气体的精脱硫。干法脱硫中最常用的氧化铁法脱硫条件苛刻,脱硫剂再生困难,用后一般废弃,造成对环境的二次污染,并且需更换脱硫剂而不能连续操作;氧化锌法脱硫成本高,脱硫剂也难于再生;吸附法吸附剂需要加热再生,能耗大;各新方法如膜分离、生物分解、电子束照射分解法以及光催化反应等,在实验室研究较多,近期内难以广泛应用到生产中。

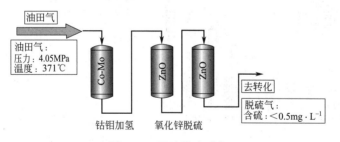

图 10-9　干法脱硫示意

瓦斯进入界区后分为两路:一路作原料气,另一路作燃料气。原料瓦斯进入原料气压缩机吸入罐 116-F,除去携带的液体,经过原料气压缩机 102-J 被压缩到 4.05MPa (G),经过原料气预热盘管预热到 399℃,接着原料气与来自合成气压缩机 103-J 一段的富氢气混合。经过 Co-Mo 加氢器 101D 把有机硫转化成 H_2S,将 $3mL \cdot m^{-3}$ 的有机硫转化为无机硫,原料气中总硫为 $30～90mL \cdot m^{-3}$,经氧化锌脱硫槽脱硫至总硫小于 $0.5mg \cdot m^{-3}$。随后进入氧化锌脱硫槽,瓦斯中的硫化物被 ZnO 所吸附。

10.4　我国煤矿瓦斯抽采利用现状及发展前景

10.4.1　我国煤矿瓦斯抽采利用现状概述

10.4.1.1　我国煤矿瓦斯抽采现状

据瓦斯资源评价结果,我国埋深 2000m 以内浅瓦斯资源量为 $36.8×10^{12} m^3$,储量十分丰富。以华北、西北、东北、滇藏及华南为主要的聚煤大区，其中又以华北和西北聚煤大区为主，资源量分别占全国总资源量的 62.67% 和 27.98%，其次为华南聚煤大区，东北聚煤大区瓦斯资源量相对较低，我国瓦斯资源分布见表 10-8。在瓦斯成藏的地质因素中，构造因素是最为重要而直接的控气因素；沉积环境主要影响煤储层的生气潜力、储集性能及渗透性；地下水对瓦斯的生成、运移和富集具有一定的控制作用；三者有利匹配，则有利于瓦斯的成藏和勘探开发[13]。

表 10-8　我国瓦斯资源分布数据

含煤大区	含煤区/个	资源量/10^{12} m^3	资源比例/%
华北	20	17.13	62.67
西北	13	7.65	27.98
东北	9	0.4	1.46
滇藏	3	0.01	0.04
华南	23	2.15	7.85

我国的瓦斯普遍存在"三低一高"（压力较低、饱和度低、渗透率低和吸附性高）的储层特征，并且瓦斯储层地质构造相对复杂，对瓦斯勘探与开发的难度较大，与之相适应的钻井、完井技术必然思路不同，优化选择的技术方法也不尽相同[14]。近年来，展开了大量的瓦斯勘探和开发技术研究，例如，有关瓦斯的地球物理勘探技术、钻井技术、完井技术、增产工艺技术等。尤其是我国通过多年的攻关，在高变质无烟煤瓦斯的开采技术方面取得了实质性进展。

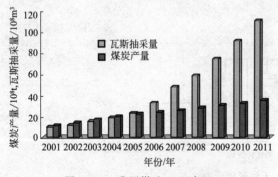

图 10-10　我国煤矿 2001 年以来煤炭产量与瓦斯抽采量统计

从 20 世纪 50 年代初开始，我国就开始进行井下瓦斯抽采的试验，首先在抚顺、阳泉、天府和北票矿务局试验，年抽采量约 $6.0×10^7$ m^3。我国 2001 年以来煤炭产量与瓦斯抽采量统计如图 10-10 所示。2011 年，全国煤矿累计抽采瓦斯 $110×10^8$ m^3。

抽采瓦斯为煤矿瓦斯治理的重要措施。即通过钻孔方式，利用负压抽取煤层中的瓦斯，通过管道输送到地面并集中储存、利用。

从图 10-10 可以看出，2001 年抽采瓦斯量为 $9.8×10^8$ m^3，2011 年抽采量达到 $110×10^8$ m^3，接近 2001 年的 11 倍。之所以取得这样快的发展，主要是政府重视煤矿安全工作，政府和煤炭企业投入大量资金用于瓦斯抽采系统、煤矿通风系统等安全改造项目，极大地促进了瓦斯抽采量的增加。

我国瓦斯抽采的历史可追溯到 1637 年以前，《天工开物》一书记载了利用竹管引排煤中瓦斯的方法。20 世纪 50 年代在抚顺、阳泉、天府和北票局开展矿井抽采瓦斯。20 世纪 60 年代又相继在中梁山、焦作、淮南、包头、松藻、峰峰等局的矿井开展了抽采瓦斯工作。20 世纪 70～90 年代中期，抽采矿井数和抽采量都稳步增加。近 10 年来，随着煤炭工业的发展，矿井数量及煤炭产量迅速增加，矿井向深部延伸过程中，一些低瓦斯矿井变为高瓦斯矿井和突出矿井，因此需要抽采瓦斯的矿井越来越多，由此带动了我国煤矿瓦斯抽采技术的迅速发展[15]。2007 年，山西、辽宁、安徽、河南、贵州、重庆六个省（市）抽采量分别

超过 $2 \times 10^8 m^3$，其中，山西省抽采量超过 $20 \times 10^8 m^3$，占全国抽采量的 43.97%。

瓦斯抽采技术主要包括本煤层、邻近层、采空区多种抽采方法，如穿层钻孔、平行钻孔、交叉布孔等本煤层瓦斯抽采方法；顶（底）板穿层钻孔、顶板水平长钻孔等邻近层瓦斯抽采。目前我国已经进入综合抽采瓦斯阶段，即把开采煤层瓦斯采前预抽、卸压邻近层瓦斯边采边抽及采空区瓦斯采后抽等多种方法在一个采区内综合使用，使瓦斯抽采量及抽采率达到最高。特别是淮南矿业集团公司 Y 型通风和抽采技术取得重大突破[16]。

由于煤层的透气性是影响瓦斯抽采的主要因素，按美国地面瓦斯开发标准，煤层渗透率在 $(3 \sim 4) \times 10^{-3} mD$（$1mD = 0.9869 \times 10^{-9} m^2$，下同）最佳，但不能低于 $1 \times 10^{-3} mD$，且要求煤层内生裂隙发育良好。而我国 70% 以上的高瓦斯和突出矿井所开采的煤层大多属于低透气性煤层，透气性系数大都在 $(0.001 \sim 0.1) \times 10^{-3} mD$，瓦斯预抽难度非常大。针对这种困难情况，采取了多种瓦斯地面开发技术，其中包括地面垂直井、采动区井、多分支水平井等。近几年，地面抽采得到迅猛的发展。

山西沁水盆地南部、陕西鄂尔多斯盆地东缘地区为瓦斯开发重点地区。晋城煤业集团 1995 年开始施工第一口钻井，2005 年 11 月 1 日，山西沁南瓦斯开发利用高技术产业化示范工程——"潘河瓦斯项目一期工程阶段性竣工暨商业售气剪彩仪式"在潘河瓦斯加气站举行，标志着我国瓦斯地面开发开始进入商业化运营阶段。该项目一期工程计划钻井 100 口，预计年产气 $1 \times 10^8 m^3$，总投资 3.6 亿元。截至 2008 年 9 月，地面瓦斯开发总井数已达 1200 口，其中投入运行的 480 口，日产气 $120 \times 10^4 m^3$ 以上。

陕西省境内瓦斯资源相当丰富，截至 2007 年稳定日产气 $800 \sim 1000 m^3$。陕西省计划在"十一五"期间，投资 10 亿元，新增瓦斯探明地质储量 $560 \times 10^8 m^3$，瓦斯产量 $5.6 \times 10^8 m^3$，利用量 $3.5 \times 10^8 m^3$，实现瓦斯抽采率 60%、利用率 35% 的目标。该省最大的煤炭生产和瓦斯开发企业——陕西煤业化工集团继 2005 年 7 月在铜川矿务局下石节煤矿建成全省第 1 个瓦斯发电厂，年利用瓦斯 $140 \times 10^4 m^3$ 后，到 2010 年，每年瓦斯抽采量达到 $5.12 \times 10^8 m^3$，瓦斯发电装机容量 $3.2 \times 10^4 kW$[17]。

10.4.1.2　我国煤矿瓦斯利用现状

随着瓦斯开发和煤矿瓦斯抽采事业的发展，瓦斯开发和煤炭开采的关系越来越被煤炭工业界和瓦斯产业界关注。从近年来我国瓦斯的利用量（图 10-11）可以看出，2001 年利用 $5 \times 10^8 m^3$，2011 年已利用 $50 \times 10^8 m^3$。

目前国内的瓦斯利用主要集中在甲烷浓度大于或等于 30% 的这部分，瓦斯已广泛用作居民、工业和汽车燃料，发电、生产炭黑等。其中比较有代表性的项目有淮南矿区的瓦斯民用项目、晋城矿区 120 MW 瓦斯发电项目、阳泉矿区瓦斯作为工业燃料焙烧氧化铝项目、晋城瓦斯燃料汽车项目，以及全长 51km、年输气 $8 \times 10^8 m^3$ 的沁水-晋城瓦斯管线项目[18]。

我国最近几年对瓦斯的利用力度加大，瓦斯的利用率（利用量与抽采量比值）却出现升高（图 10-12）。说明近年来越来越重视对瓦斯的利用，将其视为

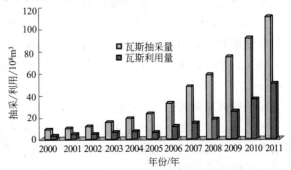

图 10-11　2000～2011 年我国瓦斯利用量

图 10-12　2001～2011 年我国瓦斯利用率

能源加以利用，而不是之前认为的有害气体。通过两种技术措施提高瓦斯利用率：一是改进瓦斯抽采技术，提高抽采瓦斯的浓度；二是开发低浓度瓦斯利用技术。同时与国家对瓦斯抽采利用的补贴政策也有很大关系。

（1）瓦斯发电

近年来，随着煤矿瓦斯抽采利用政策的出台和完善，国内企业利用煤矿瓦斯发电的积极性高涨，瓦斯发电装机规模逐年上升，技术研发和装备制造水平不断提高。截至 2008 年 4 月底，全国瓦斯发电机组已有 1104 台，总装机容量约 $71 \times 10^4 kW$，与 2005 年年底相比，分别增加 513 台、$41 \times 10^4 kW$，增长 87%、137%[19]。其中，山东胜利油田动力机械集团（以下简称胜动集团）生产的发电机组 896 台，总装机容量 $45.2 \times 10^4 kW$，占全国瓦斯发电总装机容量的 64%；济南柴油机厂、启东宝驹和淄博柴油机厂等国内其他厂家生产的瓦斯发电机组 92 台，总装机容量 $5.1 \times 10^4 kW$；进口瓦斯发电机组 116 台，总装机容量 $21.1 \times 10^4 kW$。世界最大规模、总装机容量 $12 \times 10^4 kW$ 的山西晋城煤业集团公司寺河瓦斯发电厂，年发电量达 $8.4 \times 10^8 kW \cdot h$，年利用煤矿瓦斯 $1.8 \times 10^8 m^3$（纯量），总投资 8.75 亿元，该电厂装机容量为 60 台单机 1.8 MW 的卡特彼勒内燃发电机组，共分 4 个单元，每个单元 15 台机组，每个单元配 3 台 $6t \cdot h^{-1}$ 的余热锅炉和 1 台 3 MW 的汽轮发电机组，同时机组的缸套冷却水经热交换给寺河煤矿集中供热，目前已经投入试运行。截至 2007 年年底，淮南矿业集团公司瓦斯发电建成总规模 24032kW，2007 年完成发电量 $4765 \times 10^4 kW \cdot h$。其我国产机组规模 10800kW，国外进口机组 13232kW，包括德国道依茨、奥地利颜巴赫、美国卡特彼勒机组，占总规模的 50.9%[20]。

（2）低浓度瓦斯利用

抽采瓦斯中含有大量的低浓度瓦斯，而在目前情况下还不能直接利用，只能排空，大大降低了抽采瓦斯的利用率。我国每年直接排空的低浓度瓦斯中约含 $15 \times 10^8 m^3$ 的纯甲烷，相当于 $180 \times 10^4 t$ 标准煤，如将其用来发电，每年可发电 $40 \times 10^8 kW \cdot h$、节约电费 20 亿元[21]。而我国煤矿瓦斯对空排放量占全部工业生产排放甲烷量的 1/3，如果全部实现清洁排放，减排量将是我国年总温室气体排放量的近 5%，环境效益十分明显。另外，5%～25% 的低浓度瓦斯极容易爆炸，如果及时抽采用于发电，将很大程度地消除这一煤矿安全生产隐患。胜动集团与淮南矿业集团联合开发的"低浓度瓦斯细水雾输送系统及瓦斯发电技术"于 2005 年 12 月 25 日通过了国家鉴定。目前，全国共有 13 个产煤省 70 多座瓦斯发电站使用该项技术，日发电量达到 $350 \times 10^4 kW \cdot h$，年利用瓦斯 $4 \times 10^8 m^3$，可节约标准煤 $50 \times 10^4 t$。贵州水城大湾煤矿低浓度瓦斯发电装机容量 8000kW，瓦斯浓度达 8% 以上即可发电[22]。

（3）通风瓦斯利用

煤矿开采中，瓦斯排出量的 70% 以上是通过矿井通风排出的，造成了巨大的污染和能源浪费。矿井通风瓦斯的利用之一就是作为抽采瓦斯的辅助燃料，也就是直接将通风瓦斯混入高浓度的抽采瓦斯中。

为数不多的几家国外研制单位进行了煤矿瓦斯氧化技术的研究和装置开发，对低浓度通风瓦斯进行甲烷的氧化进而获取能量。

我国煤矿开采中,每年通过通风瓦斯排出的纯甲烷在 $100 \times 10^8 \sim 150 \times 10^8 \, m^3$,与西气东输的 $120 \times 10^8 \, m^3$ 天然气量相当。这就相当于每年有 $1000 \times 10^4 \sim 1500 \times 10^4 \, t$ 原油或 $2000 \times 10^4 \sim 3000 \times 10^4 \, t$ 煤炭被白白浪费掉,其数量差不多是 1 个 $350 \times 10^4 \sim 500 \times 10^4 \, kW$ 的超大型火力发电厂 1 年的用煤量。

（4）瓦斯液化

瓦斯液化是指将其中的甲烷等可燃性气体从瓦斯中分离出来,并生产出液化瓦斯。提纯的瓦斯液化后,体积将缩小 600 倍,甲烷浓度将从 $35\% \sim 50\%$ 提高到 99.8%[23]。体积的减小大大降低了运输成本,使用 LNG（液化天然气）运输车运送,可以随气源和用户的改变而改变运输路线,甚至可以作为现有天然气管道调峰资源来使用。经初步经济估算,年产量为 $2 \times 10^4 \, t$ 液化瓦斯时,年消耗约 $2650 \times 10^4 \, m^3$ 纯瓦斯,投资约 9000 万元。按专家测算,实现产业化后,液化天然气产品的出厂成本约为 1.5 元·m^{-3},而目前我国各大城市民用天然气价格大多在

图 10-13　阳泉瓦斯液化工厂

2 元·m^{-3} 以上,效益比较可观。目前阳泉煤业集团正在石港矿进行液化示范项目的建设,规模为 $2 \times 10^4 \, t \cdot a^{-1}$,每年将实现 $0.27 \times 10^8 \, m^3$ 纯甲烷气的减排。待示范项目成功后,按照规划将会陆续开展液化项目的建设[24],见图 10-13。

10.4.2　煤矿瓦斯资源化利用的发展前景

10.4.2.1　能源结构的改善与补充

（1）我国能源消费结构

我国煤炭、石油和天然气的储量丰富,但人均占有量只有世界平均数的 $1/2$,是一个能源资源相对贫乏的国家。在我国一次能源消费结构中,石油、天然气消费比例明显低于世界平均水平,煤炭消费比例明显高于世界平均水平。目前天然气的世界消费平均比例已达到 24% 以上,而我国天然气自 1973 年以来在一次能源生产和消费结构中所占的比例一直徘徊在 $2\% \sim 3\%$。据预测,到 2020 年我国能源结构仍然以煤炭为主,在我国一次能源消费结构中煤炭占 61.4%,石油和天然气仅占 21.1% 和 6.6%,比世界平均油气消费水平分别低 16.9% 和 18.4%[25]。随着我国经济的发展,石油和天然气的供需缺口将越来越大。尽管随着勘探技术的进步和资金的投入,我国的油气资源会有新的发现,但对我国矿物能源结构的改变难以产生根本影响。预计 2030 年以前,煤炭在我国能源消费结构中仍占主要地位。2030 年之后,煤炭和石油在能源消费结构中所占比例将呈小幅下降趋势,天然气需求将快速增长,在能源消费结构中所占比例将呈小幅上升态势。我国以煤为主的能源消费结构所带来的最大的问题是环境污染。煤炭开采过程中排放的甲烷是一种具有强烈的温室效应的气体。瓦斯的主要成分是甲烷,其温室效应约为二氧化碳的 21 倍,对地球臭氧层的破坏力是二氧化碳的 7 倍[26]。据联合国一项调查报告显示,我国采煤过程中自然释放的甲烷量每年约 $194 \times 10^8 \, m^3$,占全世界采煤排放甲烷总量的 $1/3$。目前,国际社会对环境保护的要求日

益提高，开发利用瓦斯，不仅能给企业带来经济效益，而且对保护全球环境具有积极意义。

我国《瓦斯开发利用"十二五"规划》提出，到 2015 年我国瓦斯产量将达到$300×10^8 m^3$的目标。瓦斯作为优质清洁能源，我国政府加大瓦斯的开发对于优化我国能源结构有着积极作用，今后 5 年我国有能力完成$300×10^8 m^3$的开发目标。如果国家重视而且把它作为我国替代能源的重要组成部分，特别是用它来替代柴油等，将减少我国对外部石油的依赖，现在大力发展瓦斯、页岩气和其他天然气是实行能源独立的一个重要步骤。开发利用瓦斯可以有效地遏制甲烷排放量，降低煤炭消费比例，不仅对改善地方空气质量、缓解全球气候变化具有重要意义，而且可以保障能源和资源安全，是实现可持续发展的重要战略举措[27]。

我国能源结构极不合理，一方面大量依靠燃煤造成了严重的空气污染和温室效应，给我们的生存环境造成了极大的压力；另一方面又花费大量资金在采煤时将优质能源（瓦斯）集中排放到大气中，使本来就日趋严重的温室现象雪上加霜，不仅白白浪费了大量洁净能源，对后备资源安全形成威胁，而且对环境安全构成了严重的挑战。因此尽快合理开发瓦斯是我国现阶段保证环境安全和资源安全的现实需要。能源是国民经济发展的主要支柱，能源的可持续发展也是国民经济可持续发展的必要条件。众所周知，我国的能源结构不理想，对环境污染较大的煤炭占一次能源构成的 75% 左右，石油和天然气约占 20% 和 2%。发展洁净煤技术，改善能源结构，成为我国能源政策的主要内容之一。

从可持续发展的能源战略考虑，开发利用瓦斯既是资源综合利用、节约能源的重要措施之一（否则瓦斯随煤炭开采而白白浪费），瓦斯本身又是我国 21 世纪可靠重要的接替洁净能源之一。瓦斯与煤共伴生并储存于煤系地层，甲烷（CH_4）含量 95% 以上，热值高于$8000kcal·m^{-3}$，是一种比常规天然气更洁净的高效气体能源。我国瓦斯资源量十分丰富，埋深 2000m 以内浅瓦斯资源量为$(30\sim35)×10^{12} m^3$，相当于$450×10^8 t$标准煤，超过我国陆上常规天然气资源量（$29×10^{12} m^3$），约占世界瓦斯资源量的 20%。在经济较为发达的华北地区，瓦斯资源量约占总资源量的 62%，使我国开发利用瓦斯具有良好的资源和市场基础[28]。

从地质条件上来说，瓦斯和煤是共生在一起的，因此具有地质和地理位置上的一致性；从经济关系上来说，煤和瓦斯同属于能源经济体系的不同层次，因而具备产业改造的技术基础和经济基础；而大气污染严重地区一般都是煤炭高消费地区，如我国的太原、沈阳、西安、重庆等地，如果在这些地区首先发展瓦斯，以瓦斯作为替代能源对煤炭经济结构和产业结构进行适当调整，污染治理将首先在污染最严重的地区得到最有效的体现。因此瓦斯与煤炭的共生关系决定了瓦斯替代煤炭的直接性和合理性，更决定了用发展瓦斯改善空气质量的可靠性和有效性。

（2）瓦斯是我国天然气现实的补充资源

据我国第二次油气资源的评价结果，我国拥有常规天然气资源总量为$38×10^{12} m^3$，其中陆上为$30×10^{12} m^3$，海域为$8×10^{12} m^3$，虽然天然气资源较为丰富，但勘探程度较低[29]。随着我国国民经济的发展，对天然气资源的需求将大幅度提高。目前我国天然气消费每年 400 多亿立方米，占能源需求的比例仅为 3%。随着需求的增长，"十一五"期间天然气消费量每年达到$1000×10^8 m^3$。我国沿海经济发达地区是天然气需求的主力。根据英国石油公司世界能源统计的数据，我国的天然气需求每年增长高达 12.9%，按照目前市场供需关系，到 2020 年，我国的天然气需求将达到 $2000 \times 10^8 \, m^3$，供需缺口将达到 $1000 \times 10^8 \, m^3$。尽管天然气缺口可通过进口天然气和液化石油气解决，但天然气储运比石油困难，运输成本较高。如果通过管道运输，不仅要建输气干线，还要建配气管网和调控的储气库。如果使用液化天然气，则需建设码头。而且天然气用气量受季节影响较

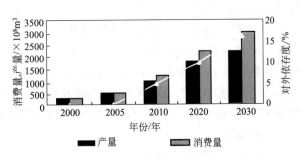

图 10-14 我国天然气供需预测结果

大，用气高峰和低谷的用气量相差好几倍，稳定供气运作和后勤服务系统较为复杂。从图 10-14 中可看出，2010 年后，我国对天然气的需求加大，国内常规天然气的生产将不能满足需求，需要从国外进口，2010 年后，我国天然气对外依存度增加趋势加快。因此，我国应大力发展瓦斯产业，补充常规天然气的不足，降低我国天然气的对外依存度[30]。

我国油、气资源丰度过低，石油资源人口平均值为世界的 17.6%，国土平均值为世界的 57.7%；天然气资源人口平均值为世界的 9.3%，国土平均值为世界的 30.6%。据专家预测，21 世纪我国石油产量呈下降趋势，2000 年、2010 年和 2050 年我国油气缺口分别为 $0.26 \times 10^8 \, t$、$0.7 \times 10^8 \, t$、$1.4 \times 10^8 \, t$。我国基于改善煤矿安全生产的角度，从 20 世纪 50 年代开始井下抽放瓦斯，近几年抽放量约为 $6 \times 10^8 \, m^3 \cdot a^{-1}$，利用量为 $(4 \sim 5) \times 10^8 \, m^3 \cdot a^{-1}$。将瓦斯作为一种新能源进行勘探开发则始于 20 世纪 80 年代中期。

10.4.2.2 瓦斯利用与温室气体减排

（1）瓦斯的温室效应

瓦斯是一种仅次于 CO_2 占第二位的产生温室效应的气体。在 100 年期限内，1kg 甲烷的温室效应约为 $1kg \, CO_2$ 的 21 倍。瓦斯大量排放到大气中，使地球表面余热通过大气层向宇宙间散发的"热阻"增大，从而增加地球表面温室效应（图 10-15），导致地球变暖，破坏地球生态环境。

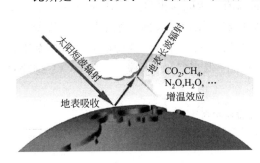

图 10-15 温室效应原理

瓦斯的主要成分甲烷对进入大气的太阳辐射能、红外线具有很强的吸收能力，而且以其温度向外发射红外辐射，因而具有"加热"效应。在大气中甲烷是最为丰富的烃类成分，它通常还要参与一系列的化学反应，这一系列反应涉及臭氧（O_3）、H_2O、氢氧化物、甲醛、卤烃、氯氟烃、氯气及 SO_2 等多种大气成分[31]，其中最重要的反应如下。

① $CH_4 + OH \longrightarrow CH_3 + H_2O$，在对流层 CH_4 通过与 OH 反应而被清除，但反应生成的水汽不仅是另外一种温室气体，而且该反应作为平流层水汽的重要源还影响着许多重要的大气物理和化学过程。

② $CH_4 + Cl_2 \longrightarrow CH_3Cl + HCl$，$CH_4$ 与 Cl_2 反应生成 HCl 和 CH_3Cl，HCl 不像游离 Cl_2 那样对 O_3 有吸收能力，因此某种程度上缓解了 Cl_2 对 O_3 的破坏作用，实际上直接影响了大气的氧化动力学特征；但这个反应的另外一种产物 CH_3Cl 却是一种重要的温室

气体。

③ 卤烃、氯氟烃、氯气及 SO_2 等都直接或间接地受到 CH_4 和 OH 浓度的影响，因此也直接或间接地影响到大气温室效应，增强了甲烷温室效应的影响。如果以原子为基准，甲烷的加热效应是 CO_2 的 $25 \sim 30$ 倍，以质量为基准则达 70 倍。1990 年甲烷对全球变暖的作用占 18%，仅次于 CO_2（66%）；但甲烷在大气中的停留时间只有 10 年左右，CO_2 的驻留周期为 120 年（$50 \sim 200$ 年），因此减少甲烷扩散可以比控制 CO_2 排放更快，并且更为有效地缓解气候变化。

（2）有效缓解温室效应

① 直接减少甲烷排放量　据估算，全球每年散入大气的甲烷估计有 $5.25 \times 10^8 t$（约 $733 \times 10^9 m^3$），扣除土壤吸收和 OH 反应对甲烷的清除作用，净增量仍有 $4400 \times 10^4 t$。有报道认为，瓦斯所占比例可达 $10\% \sim 20\%$。根据联合国调查统计，我国仅采煤集中排放的甲烷量就达 $194 \times 10^8 m^3$，占世界总煤层甲烷排放量的 $1/3$，并且仍以每年 $1.7 \times 10^8 m^3$ 的速度增加[32]。如此惊人并且仍在快速增长的甲烷扩散量和扩散速度要得到有效遏制，最有效的办法就是利用地面垂直钻井技术，在煤炭采出地面之前抽放瓦斯，使之变害为利。美国的经验表明，地面开发瓦斯不仅技术上可行，而且由于瓦斯是优质、高效洁净能源，开发活动本身就具有较好的经济效益，美国 1997 年瓦斯年产量已超过 $300 \times 10^8 m^3$，相当于我国当年常规天然气总产量的 1.5 倍。

② 间接降低 CO_2 排放量，缓解温室效应　大气中的 CO_2 每年约增长 10%。根据国际原子能机构公布的数据，1995 年 CO_2 排放量美国（23.7%）和我国（13.6%）分居世界前两位，约占世界排放总量的 40%。研究表明，大气中的 CO_2 主要来自燃煤，每吨煤燃烧可以产生 $18m^3$ 的 CO_2，仅我国 20 世纪 80 年代平均年燃煤 $4.3 \times 10^8 t$，到 2000 年燃煤约 $7.6 \times 10^8 t$。减少 CO_2 的唯一有效途径就是降低能源结构中的煤炭比例，发展洁净煤技术。这个问题在我国尤为突出，表 10-9 为 20 世纪末我国的能源消费构成与世界平均水平的对比。数据表明，我国长期以来过分依赖煤炭资源，与世界平均水平比较，我国能源结构严重失衡。因此，必须尽快寻找洁净能源，降低煤炭消费比例。瓦斯是现实可行的替代能源。我国瓦斯资源丰富，开采技术基本成熟，大规模开发利用瓦斯是降低煤炭消费、减少大气 CO_2 排放量的重要途径。

表 10-9　我国和世界能源结构对比

能源构成	煤/%	石油/%	天然气/%	水电与核能/%
中国	74.6	17.6	2.0	5.8
美国	24.2	39.1	26.8	9.9
世界平均	26.9	39.5	23.6	10.0

③ 作为替代能源，减少燃煤造成的空气污染　进一步的研究分析表明，我国燃煤释放的 SO_2 占总排放量的 87%，CO_2 占 71%，NO_x 占 67%，粉尘占 60%。大量燃煤排放的 SO_2 和 NO_x 已经在我国形成了极大的危害。酸雨区域扩大，已超过国土面积的 40%，并且正在蔓延。2002 年全国煤炭消耗量为 $13.8 \times 10^8 t$，SO_2 排放总量为 $1926.6 \times 10^4 t$、烟尘排放总量 $1953.7 \times 10^4 t$。根据热值计算，以瓦斯代替生活用煤，$1m^3$ 瓦斯可减少 SO_2 排放 $100 \sim 300g$，减少烟尘 $5 \sim 10g$；将瓦斯用于工业锅炉，$1m^3$ 可减少烟尘 $100 \sim 400g$。因此，利用瓦斯来降低燃煤比例，改善空气质量是非常有效的。瓦斯综合利用价值很高，除民用外，还可用于发电、供热、汽车燃料，还能生产炭黑、甲醛和合成氨等化工产品。

参考文献

[1] 祝钊，贾振元，王魁军．煤矿阻爆快速蝶阀系统静力学设计及其动态特性仿真分析 [J]．煤炭学报，2013，38 (1)．

[2] 白红彬，谭超，杨俊辉．煤层气发电的燃气输配系统 [J]．中国煤层气，2007，4 (4)：35-38.

[3] 王伟文，王立新，李建隆．环流式旋风除尘器的性能 [J]．天津大学学报，2004，37 (3)：207-211.

[4] 郭亚琦．旋风除尘器三维流场及结构改进的数值研究 [D]．上海：上海师范大学，2010.

[5] 劳家仁，夏兴祥，金伟．组合式高效气体过滤器在天然气及煤气高压输送配系统中的应用 [J]．天然气工业，2001，21 (2)．

[6] 谢滔，宋保建，闫蕾，等．国内外天然气脱水工艺技术现状调研 [J]．科技创新与应用，2012，21：046.

[7] 杨思明．天然气脱水方法 [J]．中国海上油气（工程），1999，11 (6)：7-12.

[8] 蔡栋，代勇，王丽贤，等．天然气浅冷-油吸收复合轻烃回收工艺 [J]．天然气工业，2003，23 (4)：106-108.

[9] 张宏伟，焦文玲，王奎昌．天然气的净化与液化工艺 [J]．煤气与热力，2004，24 (3)．

[10] 张方炜．烟气活性焦干法脱硫工艺及其在电厂中的应用 [J]．电力勘测设计，2009 (3)．

[11] 牛刚，黄玉华，王经．低温甲醇洗技术在天然气净化过程中的应用 [J]．天然气化工，2003，28 (2)：26-29.

[12] 钟立梅．煤层气脱硫新方法研究 [J]．天然气工业，2010 (006)：98-100.

[13] 彭成．我国煤矿瓦斯抽采与利用的现状及问题 [J]．中国煤炭，2007，33 (2)：60-63.

[14] 袁亮，薛俊华．低透气性煤层群无煤柱煤与瓦斯共采关键技术 [J]．煤炭科学技术，2013，41 (001)：5-11.

[15] 王魁军，张兴华．中国煤矿瓦斯抽采技术发展现状与前景 [J]．中国煤层气，2006，3 (1)：14-16.

[16] 袁亮．低透气性高瓦斯煤层群无煤柱快速留巷 Y 型通风煤与瓦斯共采关键技术 [J]．中国煤炭，2008，34 (6)：9-13.

[17] 黄盛初，刘文革，赵国泉．中国煤层气开发利用现状及发展趋势 [J]．中国煤炭，2009，35 (1)：5-10.

[18] 姜光杰．加快煤层气产业发展的多层面思考 [J]．中国煤层气，2008，5 (2)：3-5.

[19] 李宏军．中国煤矿瓦斯开发利用综合效益评估模型研究 [J]．中国煤层气，2008，5 (4)：39-42.

[20] 黄格省，于天学，李雪静．国内外煤层气利用现状及技术途径分析 [J]．石化技术与应用，2010，28 (4)：341-344.

[21] 钱伯章，朱建芳．煤层气开发与利用新进展 [J]．天然气与石油，2010，28 (4)：29-34.

[22] 于敢超，王欣．煤层气利用及发电技术现状概述 [J]．电站系统工程，2011，3：029.

[23] 周理．氢与甲烷作为代油燃料之比较 [J]．科技导报，2005，23 (2)：39-43.

[24] 任福耀．阳煤集团煤层气开发利用现状及发展前景 [J]．山西能源与节能，2009，1：024.

[25] 张瑞，丁日佳．我国能源效率与能源消费结构的协整分析 [J]．煤炭经济研究，2006，12：8-10.

[26] 张宇燕，管清友．世界能源格局与中国的能源安全 [J]．世界经济，2007，9：17-30.

[27] 吕晓岚．我国煤层气资源产业影响因素及发展对策 [J]．资源与产业，2012，14 (4)：25-28.

[28] 黄志斌，郭艺，李长清，等．中国煤层气潜力及发展展望 [J]．中国煤层气，2012，9 (2)：3-5.

[29] 马士勋，宋武成．关于我国天然气开发利用若干问题探讨 [J]．科技导报，1999，7：012.

[30] 夏丽洪．对我国天然气供应的思考——"2007 年中国大然气供应高峰论坛"观点集萃 [J]．国际石油经济，2007，15 (10)：48-50.

[31] 陈世超．煤层气开采对环境的影响 [J]．城市建设理论研究，2012 (8)．

[32] 张宝生，罗东坤，平洋．中国煤层气开发社会效益的评价 [J]．统计与决策，2008，18：53-56.

第 11 章 ｜ 低浓度煤矿瓦斯富集及综合利用

11.1 低浓度煤矿瓦斯浓缩提纯技术

11.1.1 变压吸附技术

11.1.1.1 变压吸附（PSA）分离技术简介

变压吸附分离技术是吸附分离技术的一种实现方式，即利用吸附剂对气体混合物各组元吸附强度、在吸附剂颗粒内外扩散的动力学效应或吸附剂颗粒内微孔对各组元分子的位阻效应的不同，以压力的循环变化为分离推动力，使一种或多种组分得以浓缩或纯化的技术[1]。利用碳分子筛（或天然沸石）吸附 CH_4，分离 N_2、O_2，可将 CH_4 的体积分数从 20％ 提高到 50％～95％。变压吸附分离技术与低温分离技术相比，其投资少、操作简便、能耗低、成本低；与膜分离技术相比，其气体纯度高、能耗低。原料瓦斯中 CH_4 体积分数可降低到 30％，整个浓缩流程结束后瓦斯中的 CH_4 体积分数得到大幅度提高，可以达到 90％ 以上，而 O_2 体积分数却大幅度降低，这样就可以解决将低浓度瓦斯直接作为民用燃料不能进行长距离运输的问题，扩大低浓度瓦斯的利用范围，产生规模效益。

利用变压吸附技术浓缩 CH_4，20 世纪 80 年代中期，西南化工研究院成功开发出 $500m^3 \cdot h^{-1}$ 浓缩甲烷装置。德国和美国也先后开发并建立了大型浓缩甲烷装置，为城市供气。变压吸附具有能耗低、吸附剂成本较低、初期投资少、运转周期短、气体处理量大等优点。随着变压吸附技术的不断完善和提高，目前在设计上更为完善，配套上更为先进，自动化程度更高，监测监控技术更可靠，装置运行更为安全，因此，采用变压吸附技术浓缩瓦斯中的 CH_4 在技术上是可行的[2]。

11.1.1.2 PSA 低浓度瓦斯浓缩工艺及设备

PSA 设备对瓦斯浓缩是利用吸附剂在常温下和一定压力下对瓦斯中 CH_4 及其他组分（如 N_2、O_2 等）的吸附容量不同，将其中 CH_4 进行分离的[3]。由于吸附剂对 CH_4 的吸附能力比 N_2、O_2 大，被吸留在床层的进口端，而脱除了 CH_4 的其余组分作为废气从塔的出口排出。然后在较低压力下对床层进行解吸，吸附剂上所吸附的 CH_4 和残余的其他组分大部分被解吸。由于解吸气中 CH_4 被富集，将其收集起来作为产品。通过减压解吸后吸附剂也得到再生，接着又进行下一次的吸附-解吸循环。在瓦斯的抽放过程中，由于抽放工艺和方法不同，瓦斯中的 CH_4 浓度也不同，CH_4 浓度符合使用要求的就直接民用，不符合要求的就排空[4]。对此，必须首先对煤矿抽出的瓦斯进行气体组分分析，然后对浓缩甲烷装置进行研究设计。

（1）PSA 低浓度瓦斯浓缩工艺

浓缩甲烷装置主要由无油压缩机（罗茨鼓风机）、气体干燥系统、变压吸附系统、产品集送系统四部分组成。工艺过程：以煤矿瓦斯抽放得到的瓦斯为原料，由压缩机（罗茨鼓风机）将压力升高到 0.4MPa，经气体干燥系统除水、脱硫、除 H_2S 等，进入三塔或四塔中的一只吸附塔内，CH_4 被优先吸附，未被吸附的 N_2、O_2、CO 气体则通过吸附塔的顶端排入大气。当吸附塔内吸附剂达到吸附饱和时，则由真空泵将吸附在吸附剂内的 CH_4 抽出后富集，再经压缩机升压到 0.4MPa 储存于储罐内。若将浓缩后的 CH_4 气体变为液体装瓶，还需增加膨胀机和装瓶系统[5]。

① 升压系统　升压系统主要由罗茨真空泵组成，其主要功能是将瓦斯储罐内（压力小于 0.1MPa）瓦斯的压力升到 0.3~0.4MPa，以满足浓缩甲烷装置流程所需要的压力。

② 预处理系统　由于井下抽出的瓦斯中含有多个组分气体以及含有大量的水分，有的还含有 H_2S 气体，在进入分离装置前，必须对气体进行净化，经脱硫、除氧，再加压脱去除氧过程中生成的 CO_2，进入干燥装置脱水。一般要求 $\rho(H_2S) < 5mg \cdot m^{-3}$，$\varphi(CO_2) < 50 \times 10^{-6}$，$\varphi(H_2O) < 1 \times 10^{-6}$。

③ 气体分离系统　由于煤矿抽出的瓦斯浓度一般在爆炸极限之内，采取高压流程，则将使爆炸下限降低，存在不安全因素，同时浓缩装置的规模也比较大，因此浓缩流程采用三塔或四塔制真空解吸流程。气体分离系统主要由 3 只或 4 只吸附塔、管道式气动阀、排气消声器、真空泵等组成，主要功能是实现吸附器内分子筛的解吸，通过真空泵把吸附于分子筛孔穴内的 CH_4 分子抽出来，而经分离后的 CH_4 作为产品。

④ 产品集送系统　产品集送系统主要由无油螺杆压缩机、甲烷储存罐、流量传感器、压力传感器、甲烷浓度传感器等组成。其作用：一是向吸附器提供产品气，以清洗分子筛之间空隙中的不纯气，为吸附器的吸附提供条件；二是向储罐内输送浓缩后的 CH_4；三是检测产品气（CH_4）的流量、纯度和压力。

⑤ 自动控制系统　由于变压吸附真空流程中控制阀门数量多，流程控制点也多，因此，为了减轻烦琐的操作，提高自动化水平，应将所有控制集中到控制室，操作过程实现实时显示、自动报警和远程控制。

⑥ 安全监测监控系统　将整套设备安置在厂房内或露天，有泄漏就有可能产生瓦斯积聚，造成人员中毒，一旦有火源存在就有可能引起瓦斯爆炸。为此，必须在各控制点特别是吸附塔和产品气储罐上安装压力传感器和安全阀，以及厂房内安装氧气浓度传感器和甲烷浓度传感器，一旦工作环境或设备环境瓦斯体积分数超过 3%，则实行自动断电停机。

此外，在浓缩甲烷装置的配套设备中，凡机电设备、仪器仪表必须选用具有防爆检验合格证和煤矿安全标志准用证的产品。在进入压缩机前到浓缩装置的各个单元应设置阻火器，防止火焰的扩散。由于瓦斯中的 CH_4 浓度不稳定，为简化操作，提高自动化程度，应在流程上设置稳流、稳压，模拟量调节及计量、分析，实现自动调节与控制。设备安装场地应符合相关安全规定，并安装细水雾灭火装置等消防系统。

（2）PSA 低浓度瓦斯浓缩设备研发

煤炭科学研究总院重庆研究院和温州瑞气空分设备有限公司从事生产气体纯化成套设备已有 10 多年的经验积累，经多年的气体纯化技术研究开发和生产应用，已拥有国内最先进的气体纯化专利技术，最优良的催化剂产品和雄厚的成套设备生产能力。

① 低浓度瓦斯燃烧除氧技术及反应器研发　由于瓦斯中含有 O_2，构成可燃可爆气体，

不宜直接采用压缩和加热方式进行浓缩处理。完成除氧后，就可以用变压吸附（PSA）技术提取出合格的 CH_4 气体。因此，PSA 低浓度瓦斯浓缩工艺的最关键技术难题就是如何将瓦斯中的 O_2 安全去除。一般 CH_4 的回收率可以达到 85％左右。因此，要获得 20000$m^3 \cdot h^{-1}$（标准状态）的合格 CH_4 气体，需要 50000～55000$m^3 \cdot h^{-1}$ 瓦斯。气体纯化技术的关键是催化剂和吸附剂。在催化剂的作用下，进行催化反应脱除气体中含有的 O_2、H_2 等杂质，获得纯净气体。可在常温下，应用特效 JHDO 型催化剂进行加氢除氧处理，达到除氧的目的，既安全可靠又简便易行。

按通常的加氢除氧反应处理，每脱除 1％O_2，相应 O_2 和 H_2 在常温下发生反应时，由于放出大量热量至少引起温升 160～200℃。针对瓦斯这一可燃可爆气体组成，可采用加氢除氧工艺过程和应用多种不同除氧活性的 JHDO 型加氢除氧催化剂，以达到安全可靠的除氧目的。

② 变压吸附浓缩甲烷工艺及试验方法　由于是对可燃可爆的瓦斯进行除氧处理，为了做到绝对安全可靠，并为大型工业生产工艺流程提供可靠的设计数据和投资依据，设备研发工作分三个阶段进行：第一阶段，小型除氧试验工作，建立防爆试验室及相应除氧试验装置。经过试验，研究出 2～3 种不同除氧活性的专用催化剂，确定具体除氧反应工艺条件和流程，完成除氧塔合理结构的设计。第二阶段，中型放大试验工作；在小型试验工作基础上，设计制造 1 套中型除氧反应装置；在现场条件下进行中型放大装置试验工作。第三阶段，大型工业生产除氧装置设计，在中型现场试验成功的基础上，确立大型工业生产除氧装置工艺流程方案，进行大型工业生产除氧装置的具体设计和制造[6]。

11.1.1.3　吸附剂及其表征

甲烷与氮气的分离，首先需要找到气体分子在不同吸附剂上的吸附性能差异。由于氮气和甲烷的沸点接近，分子直径和动力学尺寸都相差不大，极化率、偶极矩、电离能等性质也相近（见表 11-1），从现有吸附装置的运行经验和研究的角度看，选择或研究出新的吸附剂，是实现煤层气中甲烷提浓，并最终工业应用的关键。

表 11-1　氮气和甲烷的性质比较

项目	沸点/℃	临界温度/℃	偶极矩/$10^{-10}C \cdot m$	电离能/eV	分子直径/$10^{-10}m$
N_2	−195.8	−147.1	0	15.3	3.64
CH_4	−161.5	−82.59	0	12.6	3.8

优质吸附剂要求吸附容量大、分离系数高、操作能耗低、机械强度好、生产成本低。从常规吸附剂的性能看，甲烷的吸附能力比氮气强，且甲烷和氮气的分离系数较低（见表 11-2），很难筛选出能有效吸附分离甲烷和氮气的吸附剂。所以，采用常规吸附剂从煤层气中获得高浓度甲烷较为困难，多年来研究的热点和难点是新吸附机理的应用和新型高效吸附剂的制作。

表 11-2　甲烷和氮气在几种常见吸附剂上的分离系数

吸附剂	吸附量/mL·g^{-1}	$\alpha(CH_4/N_2)$
活性炭	16.9	3.3
5A 分子筛	13.1	1.5
钠丝光沸石	13.4	1.4
13X 分子筛	11.0	1.7
硅胶	2.6	2.1

根据表 11-2 中不同煤层气中甲烷和氮气的含量不同，考虑到分离效果、设备投资和操

作能耗等因素，对不同煤层气采用不同的吸附分离过程，即对低甲烷含量的煤层气应选择较低吸附压力且甲烷在吸附相出产品，而对高甲烷含量的煤层气应提高吸附压力且甲烷在气相出产品，显然实现这一方案的关键在于获得不同性质的吸附剂。下面将分别综述讨论这两种情况下所用吸附剂和吸附工艺特点。

(1) 吸附相浓缩甲烷

典型气体在吸附剂上的吸附强度排序为 $H_2 < O_2 < N_2 < CH_4 < CO < CO_2 < H_2O$[7]。甲烷浓度低的煤层气所含氮气多，为了减少吸附剂的用量和吸附塔体积，一般采取平衡分离型机理，将甲烷作为吸附相，这就需要对甲烷的吸附能力比氮气强且分离系数高的吸附剂。由表 11-2 可见，硅胶对甲烷的吸附量小，甲烷和氮气在沸石分子筛上的分离系数低，相比较而言，活性炭上甲烷的吸附容量可达到 $16mg \cdot L^{-1}$，分离系数可达 3 以上，所以浓缩低浓度甲烷的吸附剂优选活性炭。吸附相浓缩甲烷工艺流程见图 11-1。

图 11-1　吸附相的甲烷的工艺流程简图

同时吸附操作压力宜低，这样可以减少压缩氮气所消耗的能量，针对矿井的特殊环境，考虑环境的压力和气流特点以及甲烷气体的爆炸性，可采用常压吸附、真空解吸的 VPSA (Vacuum Pressure Swing Adsorption) 流程。

刘应书等用活性炭吸附剂的变压吸附法将甲烷从低浓度瓦斯气体中分离，甲烷是强吸附组分，为了增大甲烷在吸附相中的浓度，采用回流流程，实现了 0.5% 的低浓度甲烷的分离。对甲烷浓度为 1% 的低浓度瓦斯气，采用 JX-204 Ⅱ 型活性炭的变压吸附法可将解吸气中甲烷浓度提高到 2% 以上，可以用于制热，提供洗澡用热水、局部供热或热电联供。为了安全还需要将解吸气中的甲烷含量控制在爆炸下限以下[8]。

由于煤炭对甲烷的吸附能力较强，张福凯等利用有机烃等改性中梁山、松藻等地煤样，采用 BET 吸附等温方程建立等温非线性柱动力学穿透模型[9]，进行 PSA 煤层气提纯对比实验，结过证明甲烷回收率最高 51%，浓缩倍数为 2.45 倍，表明通过对煤样直接改性后得到的改性煤样在浓缩煤层甲烷的变压吸附实验中是一种较好的吸附剂。

国内相关研究主要来自鲜学福研究小组[10]，他们以活性炭（CH_4/N_2 的分离系数为 2.90）为吸附剂采用平衡效应浓缩 CH_4，能够将 CH_4/N_2 中甲烷的浓度提高 18%～27%。但要在循环次数不多的情况下实现将煤矿抽采的瓦斯 CH_4 浓度从 30% 左右提高到 90% 还很难，其主要原因还是 CH_4 和 N_2 在活性炭上的分离系数太小。

UOP 公司在 1992 年利用 5 床变压吸附装置把含氮 30% 的天然气提纯到含 CH_4 96.4%，同时 CH_4 回收率为 85%，Nitrotec 公司的专利也利用三塔变压吸附流程，在工业装置上把含氮 30% 的天然气提纯到 CH_4 含量为 98%，烃类回收率保持在 70% 左右。

1983 年，西南化工研究院在河南焦作矿务局安装了瓦斯的变压吸附分离浓缩 CH_4 的装置，以活性炭为吸附剂，采用通常的 Skarstrom 循环步骤，能够将瓦斯中甲烷的浓度从 30.4% 提高到 63.9%；增加置换步骤，还可以使瓦斯中甲烷的浓度从 20% 提高到 95%，但是国内仅有这一个应用实例，至今没有推广，说明其中有很多问题还有待解决。

Simone Cavenati 研究了复合床变压吸附技术分离 $CH_4/CO_2/N_2$ 体系，让含 CH_4 60%、

CO_2 20％、N_2 20％的混合气先后通过分层装填 13X 沸石分子筛和炭分子筛的吸附柱，分别除去 CO_2 和 N_2，最终得到含 CH_4 88.8％的气体，整个系统 CH_4 回收率 66.2％。该吸附剂的缺点是气体循环量大、效率低，随着性能优良的分子筛吸附剂的出现，活性炭已不再单独使用，仅作为一种辅助手段提高 CH_4 回收率[11]。

还有研究发现，树脂改性的硅胶、钼化合物、改性膨润土、改性沸石分子筛等对甲烷的选择性好，可作为甲烷浓缩吸附剂，但仅仅停留在研究初始阶段，未见有变压吸附试验数据。吸附相获得的甲烷产品属解吸气体，压力低，需要加压后供管道输送或下游使用，这样甲烷将需要两次加压，操作能耗高。一般低浓度甲烷的氮气甲烷混合气都含有氧气，变压吸附过程产生的浓度波可能在爆炸范围内，产生危险，这是一个难以解决的安全隐患。

（2）气相浓缩甲烷

对甲烷含量较高的煤层气，将甲烷纯度提高到 CH_4 含量在 80％以上，就能作为高能燃料和化工原料；如果 CH_4 含量达到 95％，就能并入天然气管道输送，广泛应用于各种化工领域。

变压吸附分离甲烷浓度高的煤层气，为了降低吸附剂的使用量，又避免甲烷的二次压缩，希望甲烷进入气相，其他组分进入吸附相，可降低投资费用和操作能耗（见图 11-2）。这样常规的分子筛、活性炭等吸附剂就不能满足要求，必须在吸附机理上突破，需要采取位阻型或动力学型吸附分离机理。为此，国内外研究的该类吸附剂主要包括碳分子筛、钛分子筛、斜发沸石等。

图 11-2　气相得甲烷的工艺流程简图

① 碳分子筛　为了从空气中提取氮气，人们研究出碳分子吸附剂，利用氧气在碳分子筛中的扩散速率大于氮气，可实现变压吸附制氮。采用动力学分离原理，通过调节碳分子筛的孔径，制作出孔径比制氮略大的碳分子筛，使氮气进入碳分子筛孔道。M. W. Ackley[12]提出用碳分子筛变压吸附分离氮气和甲烷，但是发现可获得 90％以上甲烷的碳分子筛还需要进一步研究。S. Cavenati 等[13]制作出该碳分子筛并测试了甲烷和氮气的平衡吸附量和吸附速率，发现可以利用氮气和甲烷的扩散速率差异，使氮气的吸附速率远大于甲烷的吸附速率，从而使氮气进入碳分子筛的孔道成为吸附相，甲烷从气相获得，降压阶段使氮气、二氧化碳、氧气等解吸出来。

② 斜发沸石（clinoptilolite）　clinoptilolite 沸石族中含水的钠、钾、钙的铝硅酸盐矿物，是沸石矿物中最丰富的一种，它脱水后可具有分子筛的功能。利用经过纯化或者离子交换后的天然斜发沸石，可在气相获得浓缩的甲烷（表 11-3），甲烷产量在 0.04～0.11 $kgCH_4 \cdot (h \cdot kg)^{-1}$。

表 11-3　斜发沸石浓缩甲烷的结果

纯化斜发沸石				Na/Mg 斜发沸石				Ce 斜发沸石			
原料气含量/％		CH_4 纯度/％	CH_4 收率/％	原料气含量/％		CH_4 纯度/％	CH_4 收率/％	原料气含量/％		CH_4 纯度/％	CH_4 收率/％
CH_4	N_2			CH_4	N_2			CH_4	N_2		
80	20	96	72	80	20	96	68	80	20	96	66
60	40	91	80	60	40	80	81	60	40	80	78
55	45	85	80	55	45	80	79	55	45	80	75

③ 钛分子筛：合成/交换/活化　Kuznicki 等[14]用 Sr 离子交换的硅酸钛分子筛经过严格的活化过程，其孔隙大小可准确至±0.01nm，可用于精确的尺寸选择分离。氮和甲烷的分子直径分别是 0.36nm 和 0.38nm，采用孔隙直径为 0.37nm 的分子筛可以分离氮和甲烷。利用位阻分离原理，氮气进入孔结构并被吸附，甲烷不能进入钛分子筛孔隙，在基本相同的压力下通过固定床层。

Jayaraman 等[15]发现，利用 ETS-4 分子筛，可以从含 20% 氮气和 80% 甲烷的混合气中获得 96% 以上的甲烷，回收率可达 72%，从含 40% 氮气和 60% 甲烷的混合气中获得 90% 以上的甲烷（表 11-4），回收率可达 84%，从含 45% 氮气和 55% 甲烷的混合气中获得 83% 以上的甲烷，回收率可达 82.5%，甲烷产量在 $0.05 \sim 0.09 kgCH_4 \cdot (h \cdot kg)^{-1}$。

表 11-4　钛分子筛浓缩甲烷的结果

原料气组分含量/%		产品 CH_4 纯度/%	CH_4 回收率/%
CH_4	N_2		
85	15	96	74
80	20	96	72
60	40	90	76
55	45	79	83

三种吸附剂比较看，钛分子筛合成周期长、活化温度范围窄；碳分子筛生产工艺成熟，还需要调节孔隙尺寸；斜发沸石属天然产品，品质和来源难以把握。

总体趋势是，煤层气甲烷回收的吸附机理趋向多样化，吸附容量和分离系数越来越高，对不同的煤层气需要采用不同吸附剂和吸附过程，以达到煤层气利用安全合理，分离效果好，过程消耗低的目标。

11.1.2　膜分离技术

气体膜分离技术是一种新兴的先进化工分离技术，已经在许多领域发挥了重大的作用。膜分离技术是以膜两侧气体的分压差为推动力，通过溶解、扩散、脱附等步骤产生组分间传递速率的差异来实现分离的一种技术。膜分离法虽然存在膜分离效果对制膜技术依赖性强、成本高、膜易发生淤塞、易损等缺陷，但与传统分离方法如低温蒸馏法和深冷吸附法相比，该方法具有分离效率高、设备紧凑、占地面积小、能耗较低、操作简便、维修保养容易、投资较少等优点，因此显示出优良的应用前景[16]。采用膜技术开发 N_2 和 CH_4 的膜分离技术，具有十分诱人的发展前景，但需进一步深入研究。

11.1.2.1　膜分离的机理

膜法气体分离的基本原理是根据混合气体中各组分在压力的推动下透过膜的传递速率不同而进行的膜分离过程，主要用来从气相中制取高浓度组分（如从空气中制取富氧、富氮）、去除有害组分（如从瓦斯中脱除 CO_2、H_2S 等气体）、回收有益成分（合成氨弛放气中氢气的回收）等，从而达到浓缩、回收、净化等目的。气体通过膜的渗透情况非常复杂，对不同的膜其渗透情况不同，气体通过膜的传递扩散方式不同，因而分离机理也各异。目前常见的气体通过膜的分离机理有两种：努森扩散，表面扩散。多孔介质中气体传递机理包括分子扩散、黏性流动、努森扩散及表面扩散等。多孔介质孔径及内孔表面性质的差异使得气体分子与多孔介质之间的相互作用程度有所不同，从而表现出不同的传递特征[17]。

　　首先是膜与气体接触，接着是气体向膜的表面溶解（溶解过程），其次是因气体溶解产生的浓度梯度使气体在膜中向前扩散（扩散过程），然后气体就到达膜的另一面，此时，过程始终处于非稳定状态，一直到膜中气体的浓度梯度沿膜厚方向变成直线时才达到稳定状态。从这个阶段开始，气体由另一膜面脱附出去的速率也就变为恒定[18]，如图 11-3 所示。

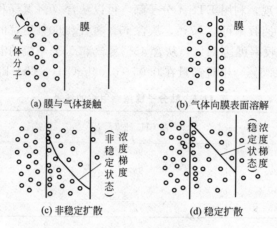

图 11-3　气体对均质膜的渗透机理

　　气体通过均质高分子膜的渗透，在很大程度上取决于高分子是"橡胶态"还是"玻璃态"。橡胶态聚合物具有较高的链迁移性和对透过物溶解的快速响应性。可以看到，气体与橡胶之间形成溶解平衡的过程，在时间上要比扩散过程快得多。

　　膜材料的性能对气体渗透的影响是十分明显的，例如：氧在硅橡胶中的渗透性要比在玻璃态的聚丙烯腈中大几百倍。气体分离用聚合物膜的选定通常是在其选择性和渗透性之间取"折中"的方法，即两性兼顾进行的。因为选择性和渗透性是成反比的关系，选择性增大，则渗透性减小，反之亦然。

11.1.2.2　膜的分类及其特征

　　膜按材料可分为有机膜和无机膜；按结构可分为对称膜和不对称膜；按推动力分类可分为压力差推动膜、浓差推动膜、电推动膜、热推动膜等。按分离机理可分为有孔膜、无孔膜及有反应性官能团作用的膜[19]。

　　（1）压力差推动膜

　　各种压力推动膜过程可以用于稀（水或非水）溶液的浓缩或净化。这类过程的特征是溶剂为连续相而溶质浓度相对较低。根据溶质粒子的大小及膜结构（即孔径大小和孔径分布）可对压力推动膜过程进行分类，即微滤、超滤、纳滤和反渗透。在压力作用下，溶剂和许多溶质通过膜，而另一些分子或颗粒截留，截留程度取决于膜结构。从微滤、超滤、纳滤到反渗透，被分离的分子或颗粒的尺寸越来越小，膜的孔径越来越小，所以操作压力渐大以获得相同的通量。但各种过程间并没有明显的分别和界限。

　　（2）浓差推动膜

　　利用浓差为推动力的膜过程包括气体分离、蒸汽渗透、全蒸发、透析、扩散透析、载体介导过程和膜接触器。在全蒸发、气体分离和蒸汽渗透过程中，推动力通常表示为分压差或活度差，而不是浓度差。根据膜的结构和功能的不同可分为固体膜过程和液膜过程。在以上各过程中，与压力推动膜过程不同的是均采用无孔膜，而且它们之间彼此也有相当大的差别。

（3）电推动膜

以电位差为推动力的膜过程就是利用带电离子或分子的传导电流的能力。向电解质与非电解质的混合液加电压，使阳离子向阴极迁移，阴离子向阳极迁移，而不带电的分子不受这种推动力的影响。因此带电组分可与不带电组分分离。这里使用的膜起选择性屏障作用，可分为两类：充分带正电荷的离子通过的阳离子交换膜和允许带负电荷的离子通过的阴离子交换膜。使用这类膜的过程主要包括电渗析、膜电解、双电性膜和燃料电池；前三个过程需要有电位差作为推动力，而燃料电池能将化学能转化为电能，其转化方式较常规的燃烧法更为有效。

（4）热推动膜

大多数膜传递过程均为等温过程，推动力可以是浓度差、压力差或电位差等。当被膜分离的两相处于不同的温度时，热量将从高温侧传向低温侧。热量传递与相应的推动力，即温差有关。通过均质膜的热传导过程，热量通常与膜材料的热导率成正比，与温差成正比。在热量传递的同时，也发生质量传递，这一过程称为热渗透或热扩散，在这类过程中不发生相变。另一类热推动膜过程为膜蒸馏，此过程用多孔膜将两个不能润湿膜的液体分开。如液体温度不同，两侧蒸汽压不同，从而导致蒸汽分子从高温（高蒸汽压）侧传向低温（低蒸汽压）侧。膜蒸馏是一种膜不直接参与分离作用的膜过程，膜只作为两相间的屏障，选择性完成由气-液平衡决定。这意味着蒸汽分压最高的组分渗透率也最快。

有机膜即为高分子膜材料，目前广泛应用于各种分离膜领域中的有纤维素酯类膜、聚酰亚胺（6FDA）、聚砜等材料。20 世纪 80 年代美国 Permea 公司成功地开发了 N_2/H_2 有机分离膜，在 2000 年该公司就对国际市场上的气体膜分离技术的需求进行了相当可观的预测分析。而在 CH_4/N_2 的分离方面，Baker 等做了较多的研究，通过变换使用 N_2 选择膜和 CH_4 选择膜，研究了含有 20％的 N_2、70％的 CH_4 和 10％其他气体的混合物分离效果，产物中 N_2 含量降低到 4％，而 CH_4 含量升到 80％。

由于有机膜研究的历史较长，所以数据比较全面[20]，从表 11-5 中列出的部分有机膜对 N_2 和 CH_4 的选择性和渗透率可以看出：渗透率越低，N_2 的选择性越强；而渗透率越高，则 CH_4 的选择性强。总的来说目前研究的有机膜中选择性系数均不高，CH_4/N_2 的最大系数为 4，而 N_2/CH_4 也只有 2.3。所以有机膜在低浓度瓦斯中 CH_4/N_2 分离上还存在一定的制约。

近些年，无机分离膜材料的研究引起了人们越来越普遍的关注，原因在于价格上虽然高于有机膜，但在耐高温、耐磨和稳定的孔结构等方面却具有明显的优势。分子筛膜作为一种新型的无机膜，研究的关注度也在逐渐升温，其中具有八元环孔道的小孔分子筛的气体渗透选择性较明显（表 11-6）。Li 等通过实验和计算机模拟两种手段研究了 CO_2/CH_4、CO_2/N_2 和 N_2/CH_4 混合气体通过 SAPO-34 分子筛膜的渗透率，结果表明：CO_2/CH_4 的渗透选择系数近 70，CO_2/N_2 选择系数为 18.6，N_2/CH_4 可以达到 4.98（气流量之比为 1∶1）。

多项数据表明目前所研制的各种膜材料对 CH_4/N_2 的分离性能还未达到理想的效果，选择性至少要达到 5，甚至 7，才具备工业应用的价值，因此膜分离技术要想解决瓦斯回收问题需继续研制稳定性好，对 CH_4、N_2 选择性高的膜材料。

表 11-5　部分有机膜对 N_2 和 CH_4 的选择性和渗透性

有机膜	渗透率/Barrer[①]		选择性	
	N_2	CH_4	N_2/CH_4	CH_4/N_2
聚酰亚胺(6FDA-BAHF)	3.1	1.34	2.3	0.4
聚酰亚胺(BPDA-MDT)	0.048	0.028	1.7	0.6
聚碳酸酯	0.37	0.45	0.8	1.2
聚砜	0.14	0.23	0.6	1.7
二甲基硅氧烷-二甲基苯乙烯 (dimethylsiloxane-dimethylstyrene)	103	335	0.3	3.3
X-硅氧烷 (siloctylene-siloxane)	91	360	0.25	4.0

① 渗透率单位：$1\text{Barrer}=10^{-10}\,\text{cm}^3\text{STP·cm·(cm}^2 \cdot \text{s} \cdot \text{cm})^{-1}\text{Hg}$。

表 11-6　分子筛膜的渗透性

分子筛膜	渗透性/$\text{mol}\cdot(\text{m}^2 \cdot \text{s})^{-1}$		选择性
	N_2	CH_4	N_2/CH_4
SAPO-34	65×10^{-3}	3.7×10^{-3}	4.98
Zeolite T	0.17×10^{-8}	0.02×10^{-8}	—
DDR	10×10^{-3}	1.8×10^{-3}	—

11.1.2.3　膜法分离净化瓦斯的工艺流程

由气体膜分离原理可知，膜对混合物中的任何一个分离组分都不可能达到理想的全部通过，必定有其他组分一并通过，只是数量不同而已。从井下抽采的瓦斯的浓度一般比较低，在 30% 左右，甲烷浓度超过 80% 才能作为高效燃料并入城市瓦斯供应网。瓦斯中含有 H_2O（气）、N_2、CO_2、H_2S 等气体，水蒸气和 CO_2、H_2S 酸性气体的存在会给瓦斯的运输带来不便，对设备、管道会造成腐蚀，氮量过高会降低瓦斯的热值和管输能力，瓦斯中的氦气为特别有用的稀有贵重气体。因此必须研究瓦斯的浓缩净化问题，以满足用户对商品化产品的要求。分离瓦斯的技术是利用瓦斯中不同的组分，在压差作用下通过膜时的渗透速率的差异来分离瓦斯的各种组分。水蒸气、硫化氢、二氧化碳等气体比烃类气体容易穿透膜，故渗透过膜的气体是渗透气（"废气"），而余下来的则是渗余气（净气）[21]，其分离原理如图 11-4 所示。

图 11-4　膜分离原理

由于膜分离存在两个缺点：回收率较低，产品纯度不高。因此，若要制取高纯产品，则需采用多级操作。对瓦斯这种含有多种杂质气体的复杂气体，可以采用多级膜对混合气中的杂质气体逐级分离，如图 11-5 所示。80%～90% 煤矿瓦斯含量低于 5%，风排瓦斯一般在 0.2%～0.75% 范围内。极低的瓦斯浓度，加大了瓦斯利用的难度。一般对低瓦斯浓度的提纯比较困难，分离系数一般都小于 6，所以采取除去杂质气体的方法，因为在混合气体中氧氮等杂质的含量相对比较高。

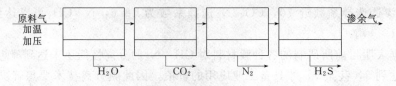

图 11-5　多级膜分离瓦斯原理

从瓦斯中脱除 H_2O、CO_2、H_2S、N_2 是利用各种气体通过膜的速率各不相同这一原理，从而达到分离的目的。气体渗透过程可分三个阶段：气体分子溶解于膜表面；溶解的气体分子在膜内活性扩散、移动；气体分子从膜的另一侧解吸。气体分离是一个浓缩驱动过程，它直接与进料气和渗透气的压力和组成有关。膜法脱水是近年来发展起来的新技术，它克服了传统净化的许多不足，表现出较大的发展潜力。以膜分离为主要技术内容的瓦斯干法净化技术近年来在美国等发达国家发展迅速。美国 Separeax、Grace 和 Air Product 等公司相继研制开发出了适合其市场需求的膜技术、膜产品及工艺装置，并进行了大量的工业性试验，在美国、加拿大、日本等国家已进入工业应用。膜法脱水材料主要有聚砜、醋酸纤维素、聚酰亚胺等，制备成中空纤维或卷式膜组件。

由李辉等研究的聚酰亚胺致密中空纤维膜，在实验室条件下，用配以不同含量 H_2S 的 CH_4 气体模拟，得到很好的实验结果[22]。流量较小时，脱硫率保持在较高水平，当进气流量变大时，脱硫效率降低。当膜两侧压差为 0.2MPa 时，脱硫率最大可以达到 97%。所以我们可以把其应用在瓦斯脱硫上。

Centeno 等制备的酚醛树脂碳分子筛膜在 25℃时，CO_2/CH_4 的分离系数达到 160，可以采用酚醛树脂碳分子筛膜来分离混合气中的 CO_2。我国中科院大连化物所研究的硅橡胶-聚砜中空纤维膜分离器用于从含氮 0.5% 的瓦斯中浓缩氮，氮的回收率达 30%。美国 Union Carbide 公司采用聚醋酸纤维平板膜分离器，对氮浓度 5.8%（体积分数）的瓦斯二级膜分离，产品中氮浓度达到 82% 左右[23]。

11.1.3　低浓度瓦斯浓缩提纯工业示范

2011 年 4 月 12 日，由中国煤炭科工集团重庆研究院、重庆能源集团松藻煤电公司、中国科学院理化技术研究所三家单位共同建设的国内首套低浓度煤层气深冷液化工业化试验装置在松藻煤电公司逢春煤矿建成[24]，该装置采用国际先进的 MRC 混合制冷工艺（深冷精馏法），在 −182℃的低温和 0.3MPa 的低压下同步进行含氧煤层气的分离和液化，每天能处理甲烷含量为 29%~31% 的低浓度煤层气（瓦斯）4800m³，生产液化甲烷气（LNG）1.1t。煤层气液化提纯后，其体积缩小为原来的 1/625，甲烷浓度达到 99% 以上，达到工业和民用使用标准。

"低浓度煤层气深冷技术提纯工艺及装备研究"是"十一五"国家科技重大专项"大型油气田及煤层气开发"的一个子项目，由中国煤炭科工集团重庆研究院承担。该装置于 2011 年 4 月 6 日上午 10 时系统投料运行，当晚 19 时 50 分生产出 LNG。经过系统的操作调整，于 7 日中午 12 时达到设计指标，LNG 甲烷浓度 99.10%，回收率 98.75%，综合电耗为 2.8kW·h·m^{-3}，LNG 产量 1.1t·d^{-1}。

通过本项目的研究，创新性地提出并形成了一套以湿法脱碳、分子筛脱水，以混合冷剂制冷，在低温低压下同时液化与分离含氧煤层气中的 CH_4、O_2 和 N_2 的技术方法，研制出了 4800m³·d^{-1} 低浓度煤层气含氧液化中试装置和含氧煤层气液化冷箱等关键设备。

目前国内煤层气液化普遍采用的是先脱氧后液化的"催化脱氧"技术，该技术存在工艺比较复杂、能耗高、投资大等不足，并且对煤层气的甲烷含量要求也比较高。这次和重庆研究院共同建设的深冷液化装置，克服了上述弱点，同时具有四项国家专利技术，成果达到国际领先水平。

低浓度煤层气深冷液化工业试验装置和以前利用的技术生产工艺不同，以前的技术对煤层气浓度要求高，必须达到 $60\%\sim70\%$，现在 30% 以下的就可以。这套装置的建成，让我们看到了低浓度瓦斯的利用前景，这个技术如果真的能大力推广应用，不仅松藻煤电的瓦斯开发利用能再上一个台阶，对我国其他煤矿的瓦斯利用也有示范作用。

2008 年毕节地区贯彻全国煤矿瓦斯治理和综合利用现场会精神，区内大中型煤矿率先筹措资金建设低浓度瓦斯发电厂，计划安装 166 台机组，现已安装 20 台 500kW 发电机组。其中，15 台已投入运行，利用的瓦斯浓度为 $6\%\sim25\%$，发电成本为 $0.1\sim0.2$ 元 $\cdot(kW\cdot h)^{-1}$，电价为 $0.45\sim0.5$ 元 $\cdot(kW\cdot h)^{-1}$，利润空间为 $0.3\sim0.35$ 元 $\cdot(kW\cdot h)^{-1}$，经济效益好，两年即可收回投资，企业积极性高，发展潜力大。

11.2　抽采低浓度瓦斯综合利用技术

11.2.1　抽采低浓度瓦斯发电技术

将瓦斯作为一种新能源进行勘探开发始于 20 世纪 80 年代中期，我国矿井分布范围广，各个矿区已逐渐开采利用瓦斯用于城镇燃气供应与发电等，收到了较好的经济效益。我国煤矿瓦斯抽排按浓度可以分为五种[25]。不同浓度有不同的相关利用技术选择，见表 11-7。

表 11-7　煤矿瓦斯利用途径

类别	浓度/%	技术选择
高浓度甲烷	>90	计划后可直接进入管道进行利用
较高浓度甲烷	60～90	提纯技术，处理后可进入管道
中等浓度甲烷	30～60	民用、发电、工业燃料等，无需处理，可直接利用
低浓度甲烷	1～30	配合高浓度甲烷使用或作为辅助燃料使用
矿井乏风	<1	逆流催化氧化、逆流氧化、稀薄燃料发电、辅助燃料

对低浓度煤矿瓦斯进行富集与应用开展研究，是事关国家开发利用能源资源，确保国家能源安全，减少温室气体排放，减轻我国国际环保压力，加强煤矿生产安全的重大战略课题，具有重大的能源、生态与生产安全综合效应。在建立资源节约型、环境友好型社会进程中尤显迫切和及时。

抽采瓦斯中含有大量的低浓度瓦斯，根据《煤矿安全规程》，瓦斯浓度低于 25% 的低浓度瓦斯不得利用。目前工业上往往采用焚烧销毁或者放散的办法处理浓度小于 25% 的低浓度瓦斯，浪费了大量的能量来源，造成了大量的温室气体的排放。因此对低浓度瓦斯的利用不但可以节约能源，同时还可以降低温室气体的排放，国内对低浓度的瓦斯做了一定的研究，并开始在煤矿进行项目实验和推广。

国内关于高于 6% 浓度瓦斯利用的技术的报道，主要为胜动集团与淮南矿业集团联合开发的"低浓度瓦斯细水雾输送系统及瓦斯发电技术"。该技术于 2005 年 12 月 25 日通过了国家鉴定。据报道，对下限浓度为 $4\%\sim8\%$ 的瓦斯，都可以采用燃油引燃式瓦斯发电机组进行发电[26]。目前，全国共有 13 个产煤省 70 多座瓦斯发电站使用该项技术，日发电量达到 $350\times10^4 kW\cdot h$，年利用瓦斯 4 亿立方米，可节约标准煤 50 万吨。

11.2.1.1　500GF1-3RW 瓦斯发电机组

500GF1-3RW 低浓度瓦斯发电机组对瓦斯的基本要求：a. 瓦斯浓度 $>6\%$；b. 压力（调压阀前）不低于 3kPa；c. 进气温度 $\leqslant35℃$。低浓度煤矿瓦斯发电机组于 2005 年 7 月 2 日通过了国家安全总局组织的技术鉴定，其技术达到了国际先进水平，于 2005 年 12 月 25

日通过了国家安全总局组织的产品鉴定[27]。

主要技术特点如下。

（1）空燃比自动调节技术

通过计算机实现发动机空燃比闭环控制，对低浓度瓦斯，设计大口径瓦斯进气通道。瓦斯与空气分别由电动蝶门进行控制。当 CH_4 的浓度变化时，发动机自动实时监控燃烧状况，由中央控制单元发出指令，执行器调整燃气通道，从而改变燃气进气量，达到自动调节混合比的目的，使发动机空燃比始终保持在理想状态，整个过程自动实现。无空燃比自动调节技术的机组理论上不能应用于瓦斯发电，实践也证明没有空燃比自动调节技术的机组国内没有成功使用的案例。

（2）低压进气技术

针对抽排瓦斯压力低的特点，机组采用瓦斯与空气先混合后增压技术适应煤矿瓦斯压力低的特点。该技术的应用，可实现直接应用煤矿抽排瓦斯发电的目的。瓦斯压力到调压阀前达到 3kPa 以上就可以达到使用条件，不需要增加加压装置，减少投资。未采用此技术的机组需要加压装置，增加了投资；同时低浓度瓦斯压力升高时，爆炸极限迅速变宽，增加了安全隐患，消耗了电力，降低了发电效益。

（3）稀薄燃烧技术

通过合理匹配配气系统，利用自主知识产权的新概念燃烧室技术和缸温控制技术，共同实现稀薄燃烧，降低热负荷，提高机组对燃气的适应性和机组的热效率，其动力性和可靠性大大提高。未采用此技术的机组，机组容易爆震，同时对燃气的潮湿性较为敏感，表现为点火困难或点火不连续，直接影响机组运行的可靠性。

（4）防回火技术

胜利动力机械有限公司针对低浓度瓦斯的特点，研制了金属波纹带瓦斯管道专用的阻火器，用于发动机的三处阻火点，防止发动机回火。此专用阻火器通过了国家消防总局的批准。

（5）数字点火技术

该技术为胜利动力机械有限公司专利技术，点火系统与美国 ALTRONIC 公司的产品配套使用，通过在世界范围内的使用证明：该系统具有较高的可靠性，尤其适用于大功率机组，保证燃气燃烧充分，机组可靠运行。此点火系统尤其适合多缸机型，使每个气缸都能在最佳状态工作，发挥机器的最佳性能。

（6）电子调速技术

选用美国 WOODWARD 电调系统，该系统是当前世界最先进的大功率调速系统，经过20 多年燃气机研发经验和国内外机组的使用验证，该调速系统的使用性能优越，具有高稳定性和反应快速等优点，适合多台机组并车或并网时使用，可达到精确的速度控制，使机组调速率稳定。

（7）TEM（工控计算机）技术

利用 TEM（工控计算机）系统对瓦斯浓度、发动机缸温、排温、混合器转角、监控仪测量参数、电量参数进行采集记录与故障报警，并能自动调节混合器控制阀开度，使机组始终处于最佳工作状态。进气总管装甲烷传感器，符合煤矿防爆要求。TEM 系统还可以根据用户的需要实现信息远传和远程监控。

11.2.1.2　机组本身的安全性

500GF1-3RW 瓦斯发电机组在设计时充分体现了最初的设计原则，充分考虑瓦斯气体的易燃、易爆性，尤其低浓度瓦斯。机组本身具有多种安全保护装置。

① 短路保护　利用主回路低压断路器的延时脱扣器作短路保护电器，动作电流整定 8～10 倍额定电流。

② 过电流保护　利用机组上的过流继电器检测过流信号，按照发电机额定电流的 1.25 倍整定。

③ 欠压保护　在主回路低压断路器装设失压脱扣器，当发电机电压低于 50%～60% 额定电压时，使主断路器分闸。

④ 逆功率保护　采用反时限逆功率保护机组，并联运行时发生 5%～15% 额定功率的逆功率时，10s 内逆功率保护装置使主断路器分闸。

⑤ 发电机热保护　定子温度超过 145℃，发出声光预告报警信号，超过 155℃ 使主断路器分闸。

⑥ TEM 保护系统　交流电流表、电压表、功率表、功率因数表、频率表、电能表、转速表、运行时间累计表及相应配套的电流互感器、电压互感器、测量转换开关；燃气机的进口气压、水温及排烟温度、油温、机油压力、缸温、同期测量仪表及同期控制设备、运行状态预告、故障报警信号、水温、油温过高报警。

⑦ 发动机的状态信号　润滑油压过低、超转速故障报警并停车。

11.2.1.3　低浓度瓦斯输送系统的安全性

（1）细水雾输送系统流程

瓦斯经过水位自控式水封阻火器和金属波纹带瓦斯管道专用阻火器，进入瓦斯输送管道。与瓦斯输送管道并行的输水管内的水由水泵加压，通过水雾发生器在瓦斯输送管道内连续成雾。细水雾与瓦斯在管道内混合输送。细水雾凝结，经脱水器脱水后循环使用。

（2）湿式水位自控阻火器

阻火器由雷达液位计、水封阻火罐、水位自动监控系统、工控机等部分组成，实现水封阻火罐水面的全自动监控。雷达液位计测量水封水位，并将信号传给监控系统；水位监控系统判断水位高低，按程序设定适时放水或加水。工控机用于实现水封阻火罐的模拟控制及参数的设置。

（3）金属波纹带瓦斯管道专用阻火器

在瓦斯输送管道上装有瓦斯专用阻火器，能够有效阻止管道内火焰的传播，保证瓦斯输送安全可靠。阻火原理是基于火焰冷壁淬熄现象，火焰以一定速度进入阻火芯狭缝时，反应活化中心的自由基和自由原子与冷壁相碰撞放出其能量，反应区的热量流向冷壁边界。火焰面达到一定距离时，开始形成熄火层，自由基越来越少直到没有，火焰熄灭。

（4）细水雾灭火技术

在瓦斯输送过程中，细水雾与瓦斯混合均匀，并以一定的速度流动，长期、连续地形成细水雾。其灭火机理是：细水雾在汽化的过程中，从燃烧物表面吸收大量的热量，从而使燃烧周围温度迅速降低，当温度降至燃烧临界值以下时，热分解中断，燃烧随即终止。细水雾在输送过程中，可以防止因静电而产生电火花，引起火焰传播。

（5）循环脱水技术

脱水器由旋风脱水和重力脱水串联实现，设置在瓦斯发电机组前端，每台发电机组分别配备一套脱水器。旋风和重力脱水装置上分别设置弹簧自复位式防爆门，出厂时弹簧开启压力设置完成。脱水器脱出来的水由水泵加压循环使用。

(6) 瓦斯输送系统压力控制技术

为保证煤矿水循环真空泵的安全运行和整个输送系统工作在设定的压力范围内，在输送系统的主管道上设置一个瓦斯安全放散器。当输送系统管道压力增高时，内套水面下降，外套水面上升；当内套水面下降到露出内套下沿时，瓦斯便通过水溢出排空。系统压力可通过改变放散器内的水量来调整。通过液位变送器可实现计算机远程控制。瓦斯的排空是通过水放散到空中的，因此放散器能够将外部可能存在的火源与系统内瓦斯隔离，实现安全放散。

(7) 细水雾输送监控技术

通过采集细水雾输送的相关参数，实现运行参数实时显示，对超限参数进行报警，并自动控制输送系统执行相关操作，有效地保证输送系统的安全可靠性，同时具有历史数据存储、查询和打印功能。

11.2.2　辅助燃料发电技术

对大多数矿井来说，由于抽采瓦斯的浓度及流量一般波动较大，特别是浓度低于 8% 的抽采瓦斯气体，将其作为辅助燃料直接进行利用仍存在较大困难。抽采低浓度瓦斯作为辅助的燃料进行利用，其原理就是用抽采的低浓度瓦斯部分代替燃料，以减少主燃料的使用量。

11.3　矿井乏风瓦斯减排及综合利用技术

煤矿开采中，瓦斯排出量的 70% 是通过通风瓦斯排出的。我国煤矿开采中，每年通过通风瓦斯排出的纯甲烷为 100 亿~150 亿立方米。年煤炭产量百万吨的高瓦斯矿井的通风量为 $5000 \sim 10000 m^3 \cdot min^{-1}$，每分钟通过通风瓦斯排出纯甲烷就是 $25 \sim 50 m^3$，每年排出的纯甲烷就是 1000 万~2000 万立方米，相当于向大气排放了 130 万~250 万吨二氧化碳[28]。

由于煤矿通风瓦斯的甲烷含量极低，如果进行提纯分离，不论是用变压吸附方法，还是用变温吸附分离方法，面对含量巨大的空气和微小的甲烷，都必然需要相对于甲烷产量所提供能量更多的加压耗能或加温耗能。所耗的能量，远远超过获取甲烷的能量。因而不论从能源的角度，还是从经济的角度，都是行不通的。另外，由于通风瓦斯中的甲烷含量远远超出了甲烷的空燃比范围，用直接燃烧的办法处理（排放或利用热能）也是行不通的。两种传统办法均不能解决通风瓦斯的有效处理问题，所以只能选择直接排放，因此造成了巨大的污染和能源浪费。

现阶段以煤矿乏风瓦斯作为主要燃料的利用方式中，最有效的是采用逆流氧化技术。澳大利亚能源发展有限公司(EDL)开发的间壁回流式燃气轮机可以利用的煤矿乏风瓦斯最低浓度为 1.6%。其缺点是需要添加大量的甲烷。澳大利亚联邦科学与工业研究组织(CSIRO)和美国 Ingersoll-Rand 公司分别开发的稀燃催化气轮机和稀燃催化微燃气轮机，可以将燃烧的乏风瓦斯最低浓度降到 1%。但目前这两种催化燃烧技术还处于实验室研究阶段。而目前最有效的煤矿乏风利用方法是采用逆流氧化技术[29]。

目前利用煤矿乏风瓦斯的方式主要有作为辅助燃料和主燃料使用两类。

11.3.1　辅助燃料发电技术

通风瓦斯在矿井乏风中的浓度一般较低，在高瓦斯矿井通常也小于 0.7%，对于低浓度瓦斯矿井，有的小于 0.1%，甚至更低，成为开发利用的难点。一方面，我们可以将其作为辅助燃料直接进行利用；另一方面，我们可以将其进行浓缩提升，作为主燃料利用。现在国外在开发一种低浓度的矿井通风瓦斯进行燃烧的稀薄燃气轮机和对通风瓦斯进行浓缩的技术，通过浓缩可将浓度为 0.5% 的通风瓦斯提升至 20%。

煤矿通风瓦斯可以作为辅助的燃料进行应用，其原理就是用乏风代替助燃空气，这样可以减少主燃料的使用量。当乏风中的甲烷浓度低于 0.75% 时，其自燃温度会在 1000℃ 以上，煤矿通风瓦斯作为辅助燃料使用时要求它的浓度低于主燃料燃烧的温度，为了达到减少输送费用的目的，通常是要求用风地靠近矿井通风排放口。辅助燃料主要应用于以下几方面。

11.3.1.1　燃气轮机

燃气轮机是以连续流动的气体为工质带动叶轮高速旋转，将燃料的能量转变为有用功的内燃式动力机械，是一种旋转叶轮式热力发动机。燃气轮机的工作过程是，压气机

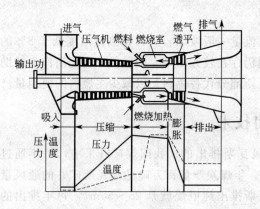

图 11-6　燃气轮机工作过程（等压加热循环）

（即压缩机）连续地从大气中吸入空气并将其压缩；压缩后的空气进入燃烧室，与喷入的燃料混合后燃烧，成为高温燃气，随即流入燃气透平中膨胀做功，推动透平叶轮带着压气机叶轮一起旋转；加热后的高温燃气的做功能力显著提高，因而燃气透平在带动压气机的同时，尚有余功作为燃气轮机的输出机械功[30]，如图 11-6 所示。燃气轮机由静止启动时，需用启动机带着旋转，待加速到能独立运行后，启动机才脱开。

通过压缩机可以将煤矿的通风瓦斯直接运送到燃气轮机的燃烧室中。我们可以把通风瓦斯和主燃料在燃烧室进行点燃，这样就会节省部分主燃料的费用。

11.3.1.2　内燃发动机

活塞式内燃机以往复活塞式最为普遍。活塞式内燃机将燃料和空气混合，在其气缸内燃烧，释放出的热能使气缸内产生高温高压的燃气。燃气膨胀推动活塞做功，再通过曲柄连杆机构或其他机构将机械功输出，驱动从动机械工作。内燃发动机示意见图 11-7。

在通常情况下我们使用中等质量的燃气进行发电。由于燃烧而需要的新鲜空气由煤矿通风瓦斯代替。在 1995 年，BHP 公司就在澳大利亚的 Appin 矿建造了一个抽放瓦斯发电厂。它的辅助主燃料就是煤矿通风瓦斯。Appin 矿的通风瓦斯浓度是 0.7%。采用这种方式发电比采用空气作助燃剂时约了 10% 的燃料，同时也减少了 20% 的瓦斯排放。

11.3.1.3　其他辅助应用技术

煤矿通风瓦斯在矿井附近的火电厂锅炉以及制砖窑炉的供风系统中的应用前景也是可以的。但是作为辅助燃料的处理方法来说，它要求矿井要靠近用风地，这就限制了这类技术的推广[31]。

辅助燃料技术的极低浓度瓦斯利用主要存在的问题是，风排瓦斯在发动机燃料中所占比例较小，导致风排瓦斯利用率很低。瓦斯辅助燃料发电技术优缺点对比见表 11-8。

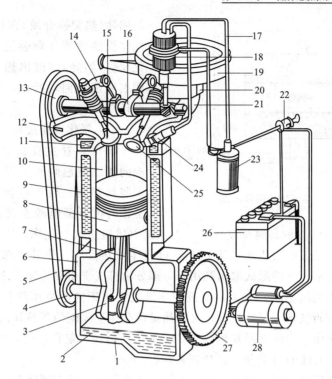

图 11-7　内燃发动机示意

1—油底壳；2—机油；3—曲轴；4—曲轴同步带轮；5—同步带；6—曲轴箱；7—连杆；8—活塞；9—水套；
10—汽缸；11—汽缸盖；12—排气管；13—凸轮轴同步带轮；14—摇臂；15—排气门；16—凸轮轴；17—高压线；
18—分电器；19—空气滤清器；20—化油器；21—进气管；22—点火开关；
23—点火线圈；24—火花塞；25—进气门；26—蓄电池；27—飞轮；28—启动机

表 11-8　瓦斯辅助燃料发电技术优缺点对比

发电系统	优点	缺点
内燃发动机	热效率较高；结构紧凑、质量轻，适于移动；启动方便；可选功率范围宽；对瓦斯浓度适应性强	结构复杂、噪声大；燃烧不完全，废气中 CH_4、CO、NO_x 等污染物含量较高
燃气轮机	结构简单、紧凑，运行维护方便；单机功率大；启动快捷；运行平稳；故障率低、自动化程度高	小型燃气轮机价格昂贵，效率小，对瓦斯浓度要求较高，40%以上
火电厂锅炉	使用方便，成本低	矿井要靠近用风地，技术受限

11.3.2　主燃料发电技术

11.3.2.1　乏风瓦斯热逆流氧化原理

（1）技术简介

这种技术的使用本来是为了消除有机挥发物的排放而开发使用的，原理就是将其氧化并生热的过程。目前，这种 MEGTEC 系统的应用是十分广泛的，它在各种有机挥发物及有味气体减排中起到了关键性的作用。这种技术把气体与固体间再生的热交换原理发挥得淋漓尽致，在这里用到的气体是煤矿通风瓦斯。

（2）氧化装置结构

图 11-8 是 TFRR 原理示意，反应器两端是石英砂或陶瓷颗粒构成的热交换介质层，热交换介质层中心装有电热元件，反应器周围有较好的绝热层。基本原理是气体（矿井回风流）

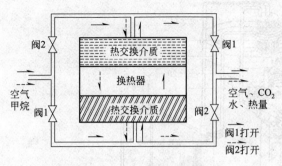

图 11-8　热流转反应器示意

与固体（热交换介质）在反应区进行热交换，气体受热达到瓦斯燃烧所需温度，发生氧化反应（燃烧），放出热量。一个循环包括两次风流转向，所以，每一次转向称为半循环[32]。

（3）氧化工作过程

氧化装置主要由氧化床、控制系统、换向阀、逃逸阀和引风机构成，氧化床内安装加热器、换热器和蓄热体。氧化装置工作时由外部电源通过加热器在氧化床内预先创造一个约 1000℃ 的高温反应环境。乏风由引风机送入氧化床，在高温区内乏风由蓄热体预热，即提供足够的活化能，使 CH 与 O 发生放热反应。热量一部分由下风侧的蓄热体留存，一部分以水蒸气的形式取出利用，一部分由排气带出氧化床。之后，通过换向阀使后期进入氧化床内的风流改变方向，新进的乏风在氧化床内逐级预热获取氧化所需的活化能，在高温区域开始氧化并释放热量，又将热量留存在下风侧的蓄热体内，富余热量由水蒸气及排气带出氧化床。如此周而复始，当 CH 氧化率达到一定程度时，停掉外部电源供给，氧化装置靠乏风中 CH 自身能量自维持正常运行。

在第一个半循环中，阀 1 打开，阀 2 关闭，这样风流从反应器底部流向顶部。经过一段时间（主要由反应生成的热量确定），阀 2 打开，阀 1 关闭，风流从顶部流向底部，完成另一半循环。

开始运行时，电热元件对热交换介质进行预热，使之达到反应所需温度（约 1000℃）。在第一个半循环中，回风流以常温通过反应器，由于热交换介质层中心温度达到引燃瓦斯所需温度，发生氧化反应，放出热量。反应方程式为：

$$CH_4 + 2O_2 \longrightarrow CO_2 + 2H_2O$$

反应生成的热量为：

$$\Delta H = -810267 + 28.41t - 25.56 \times 10^{-3} t^2 + 6 \times 10^{-6} t^3 + 0.461 \times 10^5 t^{-1} \ (J \cdot mol^{-1} CH_4)$$

反应温度 t 取决于热力平衡常数 K，K、t 之间的关系为

$$\ln K = -22.04 - 0.231 t^{-2} - 97458 t^{-1} + 3.417 \times 10^{-3} t + 3.61 t^2$$

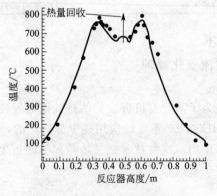

图 11-9　正常循环的温度曲线

产生的热量及未参加反应的空气持续通过反应器的出风口，出风口一段热交换介质层吸

热，温度不断升高；而入风侧因回风流以常温通过，热交换介质不断被冷却，当冷却到一定温度时，反应器自动转换风流方向。风流从高温侧进入，吸收热交换介质的热量，接近反应器中心时达到自燃温度。反应生成的热量，一部分被热交换器吸收利用，一部分用于补偿因绝热性能不良导致的热损，如此往复循环。循环正常后，温度沿反应器高度的变化曲线如图11-9 所示。

11.3.2.2　乏风瓦斯催化逆流氧化（CFRR）技术

1995 年，加拿大矿产与能源技术中心就设想开发出一种催化剂双向流反应器以利用煤矿通风瓦斯。他们成立了专门的小组进行攻关，研究小组掌握了热力双向流反应器技术，提出可利用催化剂去降低反应器运行温度。他们开发了一种催化剂可以使瓦斯自燃温度降到几百摄氏度。该技术已在加拿大厂矿完成了工业性试验。技术的特点是在换热器和热交换介质之间加了催化剂层，其目的是使风流中甲烷的自燃温度降低，使风流转向的周期延长。由于增加了催化剂层，也使得催化剂双向流反应器燃烧超低浓度瓦斯的最低甲烷浓度有所降低。催化剂双向流反应器示意见图 11-10。

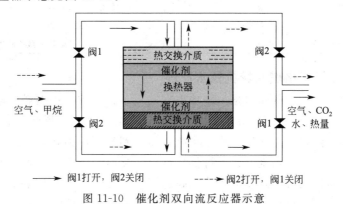

图 11-10　催化剂双向流反应器示意

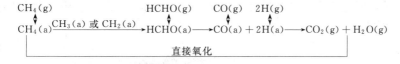

图 11-11　CH_4 在贵金属催化剂上的反应机理示意

CFRR 和 TFRR 有着基本相似的设计和运行方式，不同之处是在 TFRR 热交换器和热交换介质层中间加一层催化剂层，如图 11-11 所示[33]。催化氧化的原理：在贵金属催化剂上，CH_4 解离为甲基或亚甲基，与表面吸附氧作用或直接生成 CO_2 及 H_2O，或化学吸附生成甲醛，然后很快分解为 CO 和 H_2，与吸附氧进一步作用生成 CO_2 和 H_2O；对于非金属氧化物和类钙钛矿催化剂，燃烧反应遵循 Marsvankrerelen 机理，催化剂活性与其表面电子构型、氧移动性和晶格缺陷有关。CH_4 在贵金属催化剂上的反应机理如图 11-11 所示。加催化剂层的目的是使风流中瓦斯自燃温度降低（大约可降低 200℃）和风流转向周期延长。该技术的缺点是需要使用贵金属催化剂，增加了设备制造成本和维护费用。

11.3.3　乏风瓦斯催化燃气轮机技术

许多的技术人员都在积极研制怎样可以直接利用矿井通风瓦斯或利用其他技术将矿井通风瓦斯浓度提高再去对它进行利用。澳大利亚某能源公司开发出了一种燃气轮机，它要求的燃料浓度为 1.6%，这种技术在外部燃烧器中进行，这种方式可以在比常规气轮机低的温度中进行燃烧，还可防止 NO_x 产生[34]。

澳大利亚联邦科学和工业研究组织勘探与采矿部，正在尝试研制一种催化燃烧气轮机，这种气轮机是使用非常稀薄的燃料作为进气的。矿井通风瓦斯首先要经压缩才可以在催化燃烧室中进行燃烧，设计的矿井通风瓦斯浓度是 1.0%。

国内起步较晚。目前只有中煤科工集团重庆研究院、胜动集团等为数不多的几家单位进行了煤矿乏风逆流热氧化技术研发。北京化工大学研究了逆流催化氧化技术。逆流式热氧化技术目前存在稳定性差、甲烷转换率不高、热能回收率低、尚未达到工业化等问题。逆流式催化氧化技术则局限于实验室研究，需使用贵金属催化剂，成本高，应用受限。

主燃料瓦斯利用技术对比见表 11-9。

表 11-9　主燃料瓦斯利用技术对比

技术	氧化原理	原理
热力双向流反应器	热反应	使用再生的逆流操作反应器
催化剂双向流反应器	催化反应	使用再生的逆流操作反应器
稀薄燃气轮机	热反应	使用复热式燃烧室和复热器的燃气轮机
带有催化燃烧室的稀薄气轮机	催化反应	使用催化燃烧和复热器的内燃机

11.3.3.1　乏风瓦斯催化燃气轮机技术原理

燃用超低浓度瓦斯的燃气轮机是一种功率在几百千瓦以内的微型燃气轮机，早在 20 世纪 40～60 年代就已经开始研究和应用了。主要由离心式压气机、燃烧室、向心透平和回热器组成。工作过程：经过离心式压气机，将燃气压缩到较高压力，燃气的温度也随之上升。被压缩的高压燃气送入催化燃烧室，进行催化反应。高温高压烟气导入向心透平膨胀做功，推动透平转动，并带动压气机及发电机使之高速旋转，实现了气体燃料的化学能部分转化为机械功，并输出电力。高温燃气通过回热器回收一部分热量，用其加热压气机压缩过的超低浓度瓦斯，再送入催化燃烧室进行燃烧，完成燃气轮机的循环[35]。带有催化燃烧室的稀薄气轮机示意见图 11-12。

图 11-12　带有催化燃烧室的稀薄气轮机示意

11.3.3.2　燃气轮机特点

① 以超低浓度瓦斯为燃料　甲烷含量在 1% 左右，需要的功率相同时，必须大大地提高燃气轮机的燃料量，所以燃用超低浓度瓦斯的燃气轮机系统必须能够满足大流量的要求。

② 催化燃烧　由于甲烷的浓度太低，不可能进行传统的火焰燃烧，只能通过催化剂在催化燃烧室进行无焰燃烧。因此要求系统设置启动燃烧室，将催化燃烧室内的催化剂加热到催化反应可以进行的温度，继而进行催化反应[34]。

11.3.3.3　循环热效率的影响因素

（1）甲烷浓度对燃气轮机循环热效率的影响

如果甲烷浓度从 1％增加到 1.5％，虽然在数值上仅仅增加了 0.5％但是相对浓度却增加了 50％。所以，甲烷浓度的微小变化都会对燃气轮机的燃烧室温升、燃气轮机的效率有巨大的影响。将甲烷浓度和压比看做是可变的参数，其他的参数都可以看做是固定不变的。当压比一定时可以得出甲烷浓度与循环热效率之间的关系。当输出功率为 35kW，压比为 1.8～3.2 时的甲烷浓度与循环热效率之间的关系见图 11-13。

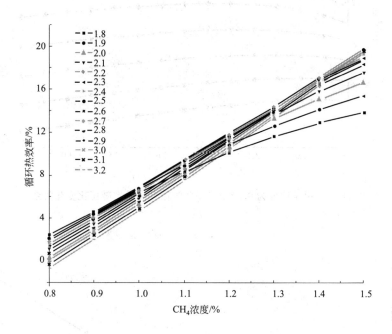

图 11-13　压比为 1.8～3.2 时循环热效率随甲烷浓度变化关系

（2）压气机压比对燃气轮机循环热效率的影响

压气机的压比对燃气轮机的循环热效率有很大的影响，循环热效率的变化率随着压比的增加而增加。在不同压比下，有一个使循环热效率达到最高值的压比。图 11-14 表示，当甲烷浓度为 0.8％～1.5％时，压比对循环热效率的影响状况[34]。

（3）燃烧室温升

甲烷浓度对催化燃烧室的温升起决定性作用。随着甲烷浓度升高，燃烧室的温升也随之增大。燃烧室入口燃气达到一定温度时，催化反应才能够发生。甲烷浓度与燃烧室入口温度的关系见图 11-15。

11.3.3.4　新型低浓度煤矿通风瓦斯的燃气轮机系统

图 11-16 为新型热力循环模式的示意。常温常压的低浓度瓦斯气体经压气机 1 压缩后进入回热器 3，与透平 2 的排气交换热量后，再送入催化燃烧室 5；达到催化起燃温度的高温瓦斯气体在催化剂的帮助下发生化学反应，生成高温燃气，流入透平 2 做功后，进入回热器 3 预热瓦斯气体，最后排入大气[36]。

新型热力循环模式与传统循环模式的区别在于：传统燃气轮机是以空气为工质，在压气

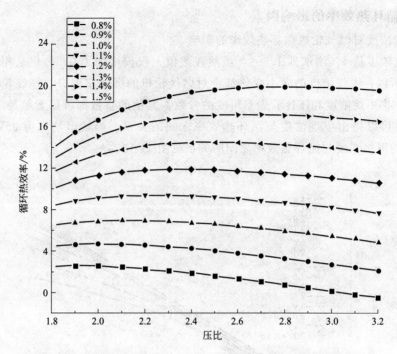

图 11-14　甲烷浓度为 0.8％～1.5％时循环热效率随压比变化关系

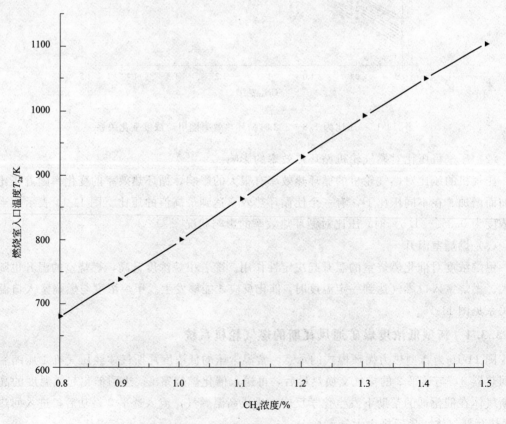

图 11-15　甲烷浓度与燃烧室入口温度关系

机内完成压缩，在燃烧室内通过燃烧瓦斯或油加热工质，在透平内进行膨胀做功，而后将废气排出。燃用低浓度瓦斯的燃气轮机系统的结构不同于传统燃气轮机系统，瓦斯气体直接通入压气机进气流道；催化燃烧室前设置有启动燃烧室；催化燃烧室采用陶瓷蜂窝状催化反应器；压气机和透平的通流面积比传统燃气轮机的通流面积要大。

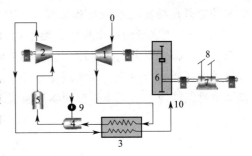

图 11-16　燃用瓦斯的燃气轮机发电系统

0—通风瓦斯气入口；1—压气机；2—透平；
3—回热器；4—启动燃烧室；5—催化燃烧室；
6—齿轮箱；7—发电机；8—电网；
9—油泵；10—废气排出口

瓦斯气体直接通入压气机，有两个主要原因：来自于煤矿的低浓度瓦斯气供应具有波动性，瓦斯进气设在系统最前部便于安装气体预处理装置，保证系统具有连续稳定的供气源；由于低浓度瓦斯是一种超低热值燃料，所含 CH_4 浓度低于 CH_4-空气混合气的可燃下限（5.3%），因而不能进行传统的火焰燃烧，只能依靠催化燃烧实现化学能向热能的转换，为达到催化燃烧的起燃温度需要压气机和回热器协助增加瓦斯气体的温度。

对于燃料为低浓度瓦斯、铂作催化剂的催化燃烧反应来说，起燃温度约为 500℃，在系统启动初始阶段需要利用启动燃烧室，以瓦斯或油作为启动燃料。系统启动工作后，不断升高催化燃烧室的温度，直至催化反应能够顺利进行。而后进行启动燃烧室和催化燃烧室的切换，以避免催化燃烧室的温度超过工作界限。温度过高会造成催化剂活性下降，催化转化率降低。

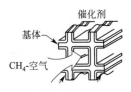

图 11-17　蜂窝体催化反应器单体结构

蜂窝体催化燃烧器是一种新型的结构化反应器，主要用于汽车尾气净化、烃类催化燃烧的补燃器、降低燃烧产物中 NO_x 含量的选择氧化等领域。与传统的固定填充床相比，这种整体式催化燃烧器由于阻力小，热传递性能好，在催化燃烧中广泛应用。蜂窝体催化反应器采用整体陶瓷或金属基体，基体由许多彼此隔离且与流动方向平行的细长通道组成，催化剂涂敷在基体表面，反应发生在反应器管壁面的涂层上，如图 11-17 所示。

由于通风瓦斯中甲烷含量很少，相对于纯瓦斯燃料而言，燃料流量要大得多，因此压气机和透平的通流面积比传统燃气轮机的通流面积要大。

11.3.4　煤矿乏风瓦斯氧化系统工业示范

陕西彬长矿区是国家确定的 13 个大型煤炭基地之一，总体规划 5 座特大型煤矿，设计年生产能力 3200 万吨，预计瓦斯储量为 300 亿立方米，该集团公司针对矿区瓦斯储量丰富的特点，利用矿井在开采过程中抽采出的低浓度瓦斯发电，已建成的 16 台机组，已累计发电 $1100 \times 10^4 kW \cdot h$，运行平稳，彬长公司根据矿区开发建设和瓦斯抽放情况，陆续在胡家河、小庄、孟村、文家坡等矿井配套建设低浓度瓦斯发电厂，使矿区瓦斯发电装机容量最终达到 5 万千瓦以上，年减排二氧化碳 160 万吨，形成我国目前规模最大的低浓度瓦斯发电产业集群[37]。

同时，该公司在大佛寺矿安装 10 台 $6 \times 10^4 m^3 \cdot h^{-1}$ 乏风氧化装置，形成装机容量 4500 千瓦的蒸汽轮机发电能力，年发电 $3000 \times 10^4 kW \cdot h$，减排二氧化碳 56 万吨，是我国第一个矿井通风瓦斯发电站，对我国煤矿通风瓦斯综合开发利用具有重要的示范和带动作用。图 11-18 为施工建设的一个场景。为了将井下瓦斯资源利用到极限，实现规模化抽放，促进安全生产，减少温室气体排放，该公司还同澳大利亚合作成立瓦斯地面抽采公司，通过对地面抽采的瓦斯进行净化、加压液化处理，送入城市煤气管道，用于居民生活用气，为汽车提供清洁燃气能源，实现彬长公司本质意义上"黑色资源，绿色开采"的发展目标。

图 11-18　煤矿通风瓦斯（乏风）利用示范区

参考文献

[1] 魏玺群，陈健．变压吸附气体分离技术的应用和发展 [J]．低温与特气，2002，20 (3)：1-4.

[2] 蒋孝兵，张兴云，谢海英．变压吸附技术在煤矿区煤层气利用中的探讨 [J]．中国煤层气，2006，1：22-23.

[3] 辜敏，鲜学福．提高煤矿抽放煤层气甲烷浓度的变压吸附技术的理论研究 [J]．天然气化工，2006，31 (6)：6-10.

[4] 辜敏，鲜学福．矿井抽放煤层气中甲烷的变压吸附提浓 [J]．重庆大学学报：自然科学版，2007，30 (4)：29-32.

[5] 陶鹏万，王晓东，黄建彬．低温法浓缩煤层气中的甲烷 [J]．天然气化工，2005，30 (4)：43-46.

[6] 王长元，王正辉，陈孝通．低浓度煤层气变压吸附浓缩技术研究现状 [J]．矿业安全与环保，2008，35 (6)：70-72.

[7] 冯孝庭．吸附分离技术 [M]．北京：化学工业出版社，2000.

[8] 常心洁，刘应书，刘文海，等．变压吸附法分离低浓度瓦斯的试验研究 [J]．低温与特气，2006，24 (6)．

[9] 张福凯，徐龙君，鲜学福．改性煤变压吸附分离煤层气中甲烷的研究 [J]．天然气化工，2008，33 (4)：17-19.

[10] 刘克万，辜敏，鲜学福．变压吸附浓缩甲烷/氮气中甲烷的研究进展 [J]．现代化工，2007，27 (12)：15-20.

[11] 管英富．CBM 甲烷回收吸附剂研究进展 [J]．化工进展，2010，1.

[12] Ackley M W, Rege S U, Saxena H. Application of natural zeolites in the purification and separation of gases [J]. Microporous and Mesoporous Materials, 2003, 61 (1): 25-42.

[13] Cavenati S, Grande C A, Rodrigues A E. Separation of $CH_4/CO_2/N_2$ mixtures by layered pressure swing adsorption for upgrade of natural gas [J]. Chemical Engineering Science, 2006, 61 (12): 3893-3906.

[14] Jayaraman A, Yang R T, Cho S H, et al. Adsorption of nitrogen, oxygen and argon on Na-CeX zeolites [J]. Adsorption, 2002, 8 (4): 271-278.

[15] Jayaraman A, Yang R T. Diffusion of Nitrogen and Methane in Clinoptilolites-Tailored for N_2/CH_4 Separation [J]. Gas Processors Association, 2009.

[16] 滕一万，武法文，王辉，等．CO_2/CH_4 高分子气体分离膜材料研究进展 [J]．化工进展，2007，8.

[17] 孟翠翠，牟文荷，罗新荣．膜法分离净化煤层气的基础研究 [J]．能源技术与管理，2009，3：101-103.

[18] 王学松．膜分离技术及其应用 [M]．北京：科学出版社，1994.

[19] 马云翔，田福利．膜分离技术 [J]．内蒙古石油化工，2003，29 (1)：15-19.

[20] 王湛．膜分离技术基础 [M]．北京：化学工业出版社，2006.

[21] 杨毅，李长俊，刘恩斌．膜技术在天然气分离中的应用研究［J］．西南石油学院学报，2005，27（5）：68-69.
[22] 李辉，王树立，赵会军，等．天然气膜法脱硫实验研究［J］．应用化工，2007，36（3）：243-245.
[23] Centeno T A，Fuertes A B. Supported carbon molecular sieve membranes based on a phenolic resin［J］. Journal of Membrane Science，1999，160（2）：201-211.
[24] 张小永，徐福根．RIK90-4 型空压机停机过程中喘振的原因分析［J］．深冷技术，2011，5：008.
[25] 刘文革，张斌川，刘馨，等．中国煤矿区甲烷零排放［J］．中国煤层气，2005，2（2）：6-9.
[26] 马晓钟．煤矿瓦斯综合利用技术的探索与实践［J］．中国煤层气，2007，4（3）：28-31.
[27] 低浓度瓦斯发电技术［EB/OL］. http：//www. cgness. pku. edu. cn/pages/document. aspxi. id＝b82eba47-98bd-437d-8672-3b971a0ad325.
[28] 马晓钟．煤矿乏风（通风瓦斯）甲烷氧化技术经济及社会效益分析．北京：2007 国际甲烷市场化大会暨展览会论文集，2007.
[29] 高增丽，高振强，刘永启，等．矿井乏风瓦斯治理利用现状与发展［J］．冶金能源，2010（005）：43-46.
[30] 钟芳明，龚建政，贺星，等．燃气轮机低压压气机转子动力特性研究［J］．机械工程与自动化，2012，1：023.
[31] 罗卫东．煤矿通风瓦斯利用技术现状及其潜力［J］．科技传播，2010，14：182.
[32] 牛国庆．矿井回风流中低浓度瓦斯利用现状及前景［J］．工业安全与环保，2002，28（3）：3-5.
[33] U. S. EPA Report. Technical and Economic Assessment：Mitigation of Methane Emissions from Coal Mine Ventilation Air. EPA-430-R-001，February，2000：1-24.
[34] 马熹焱，齐庆杰．燃用超低浓度瓦斯燃气轮机的热力特性研究［J］．能源与环境，2009，2：011.
[35] 李强，龙伍见，霍春秀．矿井乏风瓦斯氧化发电技术研究进展［J］．矿业安全与环保，2012，39（4）：81-84.
[36] 尹娟，翁一武．燃用低浓度煤矿通风瓦斯的燃气轮机系统及性能分析［J］．现代电力，2007，24（5）：68-71.
[37] 李聪，袁隆基，赵志红，等．国内低浓度煤矿瓦斯的利用技术和前景［J］．中国科技论文在线，2011.

第 12 章 ｜ 高浓度煤矿瓦斯的资源化利用

12.1 高浓度煤矿瓦斯能源利用

12.1.1 直接用作燃料

12.1.1.1 民用燃料

（1）瓦斯民用的条件

瓦斯民用的基本技术条件为：a. 瓦斯浓度大于 30%；b. 足够的气源、稳定的气压，当用于炊事时，气压应大于 2000Pa；c. 气体混合物中无有害杂质；d. 完善的气体储存和输送设施。瓦斯民用系统一般由抽放泵、储气罐、调压站和输气管道组成[1]。

我国目前有两类瓦斯供应系统：一类为低压一级供应系统，瓦斯压力维持在 2000Pa 以上；另一类为中、低压供应系统，中压为 3500Pa，低压为 2000Pa。在一般情况下，储气罐内的气压为 5000～6000Pa。

（2）瓦斯民用技术的使用保障[2]

① 保持气源稳定 采空区瓦斯民用时，若抽出的瓦斯浓度大于 40%，必须采取人工勾兑的方法来将其灌气浓度降至 35%～ 40% 之间。因为甲烷浓度为 35%～ 40% 时最适宜民用；浓度大于 40% 时，属于工业用料浓度，民用将会造成浪费，且民用过程中容易产生炭黑和甲醛污染环境。此方法是保证采空区能更长久地作为民用气源点的一种重要手段。

② 正确使用瓦斯燃料

1）燃气点必须保持气流畅通。以防止输气管泄漏或点火不及时而能及时地将瓦斯排出室外。

2）使用灶具和取暖灶具的地点必须安设抽油烟机、换气扇或烟囱。因瓦斯的主要成分是甲烷，还含有一些其他诸如 SO_2、H_2S、CO、CO_2 等多种有毒有害气体，同时甲烷燃烧不完全能产生炭黑和甲醛及其他有毒有害气体，人长期生存在这种环境中易得皮肤病或呼吸道疾病，不利于人体健康。

③ 加强瓦斯管理 为确保采空区瓦斯民用的持续稳定可靠，供气单位应定期检修相关设备、管道及其附属装置。并派专人（专业人员）定期巡视、维护瓦斯输出、输入管道，及时将管道内积水放干，将漏气点堵上，确保民用瓦斯气源稳定、正常安全。

（3）瓦斯民用的工业示范

晋煤集团充分发挥煤矿瓦斯安全、清洁、热值高等优势，拥有国内最大规模的瓦斯压缩站。晋城全年地面瓦斯抽采能力将达 40 亿立方米，日液化能力将突破 200 万立方米。通过煤矿瓦斯管网及专用煤矿瓦斯运输槽车，向晋城及周边地区居民供应瓦斯，仅晋城市区瓦斯居民用户达 17 万户。市区公交车、出租车全部实现"油改气",市区气化率达 90% 以上。煤矿瓦斯的供气方式将变为以长输管线为主。晋煤集团启动了"煤矿瓦斯能源新干线"活动,即用重型燃气卡车进行物流运输,目前已有 100 多辆重型燃气卡车投入运营,今后规模还将进一步扩大。晋城市区瓦斯居民用户达 17 万户,宇光、神州、富基新材料等陶瓷、玻璃、钢铁工业企业,也使用了洁净的瓦斯燃料,年用气规模 5000 万立方米以上[3]。

12.1.1.2 工业燃料

瓦斯可作为洁净的工业锅炉燃料,能够减少污染,改善工业产品质量。工业炉主要包括金属加工工业炉、硅酸盐熔炉和工业锅炉三种。工业炉以瓦斯为燃料,可以增加传热效率,提高工业炉的生产率[4]。

硅酸盐工业炉以瓦斯代煤作燃料,不仅能节能降耗,而且能提高产品质量。例如,燃用瓦斯的陶瓷窑炉,产品合格率和一级品率比燃煤窑炉分别提高 10%~15% 和 10%,热能利用率提高 70% 以上,水泥窑炉燃用瓦斯后,可比较容易地控制窑内温度和窑炉的生产率。

我国的燃气锅炉主要有卧式内燃火管炉和 D 型锅炉。卧式锅炉一般以天然气和高浓度瓦斯为燃料,热效率可达 88%。D 型锅炉可用中热值瓦斯作燃料。为了充分利用抽采的瓦斯,各矿务局积极将燃煤锅炉改装为燃瓦斯的锅炉。锅炉改装主要有两种方式:一是将燃煤锅炉改为全部燃气锅炉,锅炉效率可提高 30%~50%;二是将锅炉改装为调峰用气锅炉,即在居民用气低峰时,锅炉燃用瓦斯。

12.1.1.3 汽车燃料

一直以来,我国对瓦斯的综合利用主要集中在居民燃气、工业燃料、化工应用及发电等传统领域,将其作为清洁的汽车替代能源推广使用始于 2006 年,到目前为止,全国使用瓦斯作为汽车代用燃料的地区仍然较少,主要集中在瓦斯资源丰富的山西省及其周边部分省市。其中由晋煤集团控股的晨光物流有限公司是全国首家推广应用瓦斯汽车的企业。该公司自 2006 年以来已经出资为太原市公交系统改装了瓦斯公交车 1000 余辆,引导山西太原、晋城、长治及河南济源市等地 5000 余辆出租车改装成瓦斯汽车[5]。

煤矿瓦斯代替汽油作为运输燃料具有明显的环境效益和经济效益。与汽油汽车相比,天然气汽车可使汽车尾气中的一氧化碳减少 89%,碳氢化合物降低 72%,二氧化氮减少 39%,二氧化硫、苯、铅和粉尘减少 100%。从经济方面讲,根据上海等地的对比研究结果,天然气燃料费比汽油低 40%。另据美国天然气协会报道,$1m^3$ 天然气相当于 1.33L 汽油。

作为汽车燃料的压缩天然气的工艺参数为:瓦斯浓度为 83%~100%;乙烷以上的烃类含量不超过 6.5%。因为甲烷是瓦斯的主要成分,经过富集,瓦斯浓度可增加到 95%,而乙烷以上的烃类含量很小。车用压缩瓦斯技术指标[6]见表 12-1。

表 12-1　车用压缩瓦斯技术指标

项目	技 术 指 标	
	Ⅰ类	Ⅱ类
甲烷含量(体积分数)/%	≥90	≥83~90
高位发热量 Q_{gr}/MJ·m^{-3}	≥34	≥31.4~34
总硫含量/mg·m^{-3}	≤150	

续表

项目	技 术 指 标	
	Ⅰ类	Ⅱ类
硫化氢含量/mg·m^{-3}	<12	
水露点	在煤层气交接点的压力和温度条件下,煤层气的水露点应比最低环境温度低5℃	

注：1. 当甲烷含量指标与高位发热量指标发生矛盾时,以甲烷含量指标为分类依据。

　　2. 本标准中气体体积的标准参比条件是101.325kPa,20℃。

2004年晋城市建立第一座瓦斯加气站,2005年有大约400辆汽车燃用瓦斯。可以说瓦斯的使用远远落后于天然气。但是由于组分上的接近,性质上的类似,在探索初期,瓦斯被认为是天然气的一种,现在瓦斯在使用方面就直接借鉴天然气的设备。

推广应用瓦斯作为汽车燃料的目的及意义巨大。

(1) 有利于缓解燃油危机,减少汽车排放对环境的污染

我国瓦斯资源丰富,其储量在世界排名第三,组分和天然气相似,可以直接作为发动机燃料,是天然气最直接的替代品,同时,瓦斯燃烧后具有较低的排放,是一种非常有前途的能源。瓦斯燃料在汽车上的广泛应用,将有效地缓解常规能源供应的不足,有利于减少环境污染。所以,大力发展瓦斯汽车,使用瓦斯作为汽车替代燃料,在节油和环保方面将做出巨大贡献[7]。

(2) 有利于缓减瓦斯产生的温室效应

瓦斯的主要成分是甲烷,它具有很强的温室气体效应。在体积相同的条件下,甲烷产生的温室效应为二氧化碳的21倍以上。目前,我国抽取的瓦斯还没完全得到合理利用,直接排入大气现象非常严重,严重地污染了环境。推广应用瓦斯汽车,则是变废为宝,能有效缓减瓦斯直接排放到大气中导致的严重的温室效应问题。

(3) 有利于拉动相关产业的发展

任何一个新产业的形成与发展都与其他行业密切相关,瓦斯汽车产业是一项庞大的系统工程。首先,建设一个瓦斯生产基地将带动运输、钢铁、水泥、化工、电力、生活服务等相关产业的发展,增加就业机会,促进当地经济的发展;其次,推广应用瓦斯汽车也将拉动相关产业(如管道建设、运气车辆和加气站建设等)的发展。

(4) 有利于缓减煤矿安全问题

推广应用瓦斯汽车,首先必须要有充分的气源做保证。这就要求必须加大对瓦斯的采集、加工、利用、开发,如果广泛实行先采气后采煤的政策,将有效地降低由瓦斯引起的煤矿重大事故发生的频率,也有利于从根本上防止煤矿瓦斯事故。从而能有效改善煤矿的安全生产条件,缓减目前严重的煤矿安全问题,带来良好的社会效益和环境效益。

12.1.2　发电技术

12.1.2.1　煤矿高浓度瓦斯发电技术及现状

我国第1个瓦斯发电示范项目是辽宁抚顺矿务局的老虎台电站,采用引进的功率为1500kW的KGZ-3C燃气轮机,瓦斯体积分数为40.4%。晋城矿业集团的寺河矿区采用2台功率为2000kW的燃气轮机,瓦斯体积分数为55%～65%。

国内第一个内燃机瓦斯发电项目在山西五里庙煤矿电站,采用的是胜动集团的功率为400kW的瓦斯发电机组,瓦斯体积分数在30%以上。在国内,除胜动集团外,还有两个厂家曾在山西等地试验过瓦斯发电,但也是针对高浓度的瓦斯。由于没有自动适应瓦斯浓度变化的技术,以及需要对瓦斯气源进行增压等,此技术没有推广应用。在国外,25%体积分数的煤矿

瓦斯发电技术已经出现，所用发电机主要是以天然气或瓦斯为燃料的发电机组的基础上改造而来的，工业性应用的机型较少。国内常见瓦斯发电机组主要技术参数对比[8]见表 12-2。

表 12-2　国内常见瓦斯发电机组主要技术参数对比

项目	机型			
	中国胜动 (12V190)	德国道依茨 (TGB620V16K)	美国卡特彼勒 (3520C)	奥地利颜巴赫 (TGC420)
标定功率/kW	500	1360	1800	1416
标定转速/r·min⁻¹	1000	1500	1500	1500
缸径/mm	190	170	170	145
行程/mm	210	195	190	185
燃气热耗率/MJ·(kW·h)⁻¹	10.0	9.0	9.2	8.5
点火方式	火花筛点火	火花筛点火	火花筛点火	火花筛点火
排气支管温度/℃	500	525	464	400
外置增压设备	不需要	需要	需要	需要
储气柜	不需要	需要	需要	需要
应用瓦斯体积分数范围	大于 6%	大于 25%	大于 25%	大于 25%
排放指标	欧Ⅱ	欧Ⅲ	欧Ⅲ	欧Ⅲ

瓦斯体积分数达到 5%～15% 时，遇明火就会发生爆炸。因此，在 2004 年以前，体积分数为 6%～25% 的煤矿瓦斯全部被排空，得不到有效利用。2004 年 9 月，胜动集团研究开发了煤矿瓦斯细水雾安全输送系统和低浓度瓦斯发电机组，解决了低浓度瓦斯输送的安全性问题和发动机安全问题，在淮南矿业集团潘三矿建立了世界上首座低浓度煤矿瓦斯发电站，装机容量为 6×500kW。

12.1.2.2　煤矿瓦斯发电关键技术

（1）煤矿瓦斯发电设备应用

燃气轮机比较适合于高浓度瓦斯，需要 1.0MPa 以上的瓦斯压力，必须配套多级压缩机进行瓦斯压力提升，在高温高压下瓦斯爆炸上限提高，着火范围变宽，瓦斯浓度低时容易发生爆炸，因此如果瓦斯体积分数低于 35%，就不能运行。另外低的瓦斯浓度也造成压缩机需求的排量大，功耗加大，投资效益变差。燃气内燃机的燃烧在封闭的燃烧室内进行，燃烧时不与外部相连，因此，从原理上讲，除了可以燃用高浓度瓦斯外，在爆炸范围内的瓦斯也可以作为发动机的燃料，但是进气管回火现象是客观存在的，如果不能消除回火，那么将引起在爆炸范围内的瓦斯发生爆炸，对煤矿安全产生威胁。

（2）煤矿瓦斯发电技术难点

不同的发电设备其系统构成和技术难点是不一样的，以燃气内燃机作为煤矿瓦斯发电设备需要解决以下技术难点。对于体积分数大于 30% 的高浓度煤矿瓦斯，一般采用建造储气柜来保存和缓冲瓦斯供，从而使供给机组的瓦斯压力和浓度波动较小，对发动机稳定运行非常有利，但发动机如果不能实现闭环控制，当瓦斯浓度变化时会导致机组功率的大幅变化，瓦斯突变超过发动机允许的范围将会出现爆震，造成烧蚀活塞、拉缸、连杆断裂等恶性事故。有的用户不具备建储气柜条件，就会给机组运行带来新的问题：一是到机组的瓦斯浓度突变速度快，需要机组快速调节；二是机组快速调节又将引起瓦斯压力升高，破坏其调节作用。因此需要对机组供气压力进行调节，压力高时通过排空管进行排空或通过变频增压泵进行压力控制。

对于体积分数在 6%～30% 的煤矿瓦斯，由于瓦斯浓度的变化有可能造成瓦斯浓度在临界爆炸极限范围内，因此必须采取可靠的阻火措施，保证发动室回火不会造成火焰在管网中传播。另外，瓦斯浓度和压力的变化对空燃比的影响更大，为保证发动机可靠运行，机组对瓦斯压力的控制精度要求更高。归纳起来就是：一要技术安全；二要适应不同地区不同时间的瓦斯浓度的变化；三要适应压力的变化[8]。

（3）煤矿瓦斯发电关键技术介绍

煤矿瓦斯发电关键技术可以概括为瓦斯混合、自动控制、安全阻火三大类，细分为十项。

① 等真空度膜片混合技术　主要用于甲烷体积分数大于75％的瓦斯，调整混合器燃气供气压力和节流调节阀的开度，可以实现空燃比随功率变化的匹配特性，低负荷空燃比小，高负荷空燃比大。该技术无法自动适应瓦斯浓度的变化，但由于地面开发的瓦斯成分非常稳定，随时间的变化非常缓慢，相当于天然气，因此，这种混合器能满足高浓度瓦斯应用场合。

② 文丘里电控混合器混合技术　文丘里电控混合器采用文丘里管原理[9]，利用空气在文丘里管流动产生一个负压力，使瓦斯从侧通道进入混合器进行混合。当瓦斯浓度变化时，控制系统自动进行控制，调整混合器瓦斯通道的开度，从而使混合气浓度保持稳定。这种混合器可以适应体积分数为30％～55％和45％～75％的瓦斯混合需要。图12-1为文丘里电控混合器结构简图。

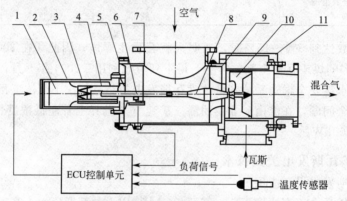

图12-1　文丘里电控混合器结构简图

1—步进电机；2—外罩；3—万向节；4—联轴器；5—下限位霍尔元件；6—感应磁块；7—上限位霍尔元件；8—橄榄阀；9—混合器体A；10—滑阀；11—混合器体B

③ 双碟门混合器电控技术　对于低浓度瓦斯，如果体积分数为25％，空气与瓦斯混合的体积比大约为3∶1，如果瓦斯体积分数降为10％，那么空气与瓦斯混合的体积比大约为9∶1。因此，常规的混合器无法满足低浓度瓦斯混合的需要。

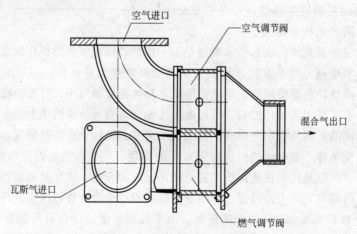

图12-2　双碟门电控混合器原理

图 12-2 为专用于低浓度煤矿瓦斯的双碟门电控混合器结构简图。空气通道和燃气通道分别经过电动控制的蝶阀来调节流量，瓦斯浓度增加时，TEM 控制系统进行闭环控制，减小瓦斯通道的开度或加大空气通道的开度，使空燃混合体积比加大，从而使混合气的浓度保持不变。这种混合器工作范围宽，可以用于体积分数为 6％～30％的瓦斯混合。

④ 瓦斯低压进气混合技术　天然气与地面开发的瓦斯压力和浓度都比较高，因此可以采用增压后混合方式。矿井抽排瓦斯压力一般在 10kPa，体积分数多在 10％～55％，比较适合于空气与瓦斯增压前预混合，混合器前瓦斯压力为 0 就可满足要求，因此机组供气压力只需 3～5kPa 就能正常运行，提高了投资经济性。通过废气涡轮增压器，利用发动机排气余热将混合后的瓦斯和空气同时增压（见图 12-3）。增压后的混合气压力一般在 0.10MPa（表压）以下，温度在 120℃以下，距 CH_4 自燃着火温度 650℃很远。增压器以每分钟数万转的速度旋转，气流高速运动，即使在增压器内由于机械原因"打火"，也会因强烈的气流流动导致火星熄灭，不会引起混合气爆炸。实践证明，瓦斯与空气先混合后增压在安全方面是可靠的，实现了直接应用煤矿抽放瓦斯发电的目的。

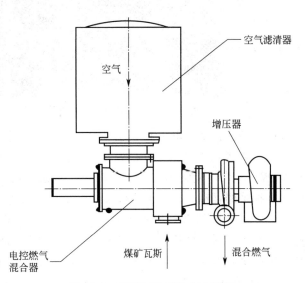

图 12-3　瓦斯与空气混合后增压

（4）效益分析

瓦斯发电的电价目前约为 0.35 元·$(kW·h)^{-1}$。由于没有燃料成本，瓦斯发电运行成本仅 0.08 元·$(kW·h)^{-1}$左右。以 5MW 瓦斯发电站为例，机组年运行成本约 320 万元，年收入可达 1400 万元。项目总投资约 2000 万元，1.5 年即可收回投资。此外，由于瓦斯发电项目可以实现温室气体减排量的转让，通过申请 CDM 项目，可得到为数可观的减排费。而且，瓦斯得到充分利用，可以大大减少煤炭和燃油的耗用量，减轻火力发电对环境的污染。因此，瓦斯发电项目具有非常好的经济效益和社会效益。

12.1.2.3　煤矿瓦斯发电技术工业示范

（1）铁煤集团低浓度瓦斯发电工业示范[10]

辽宁铁法煤业集团每年的瓦斯抽放总量约 8000 万立方米，浓度在 12％～30％的瓦斯全部排空，约占抽放总量的 33％，既造成了资源的浪费又污染了大气环境，为了充分利用这部分资源，使它们变废为宝，2007 年 7 月，集团公司经过详细考察研究，决定在具备条件的矿井瓦斯抽放泵站附近安装低浓度瓦斯发电机组，利用过去排空的低浓度瓦斯发电。低浓度瓦斯发电是以低浓度瓦斯为燃料，利用燃气往复式四冲程内燃机组驱动发电的一组新技术。大明矿斜井泵站两台低浓度瓦斯发电机组（图 12-4）每年可利用标准状况下的瓦斯储量 200 万立方米左右，可发电 $576×10^4 kW·h$，所发电将全部供给大明矿使用。除大明矿外，集团公司还在大兴矿、晓南矿和小青矿安装了低浓度瓦斯发电机组，这三个矿井的低浓度瓦斯发电机组并网发电。集团公司低浓度瓦斯发电项目总装机为 10 台 500GF13RW 型低浓度瓦斯发电机组，投入运行后，年发电量 $3024×10^4 kW·h$，创产值 1300 万元。

图 12-4　大明矿斜井泵站低浓度瓦斯发电机组

（2）寺河瓦斯发电工业示范[11]

山西省晋城市的寺河瓦斯发电厂，是目前世界上最大瓦斯发电厂，总装机容量 120MW，年发电量约 8.4×10^8 kW·h，年利用煤矿瓦斯 1.8 亿立方米。2001 年，利用寺河矿井下抽采的瓦斯，建成了装机容量 1.5 万千瓦的瓦斯发电试验厂。该电厂发电机组为 6 台 2000kW 的 WJ6G1 型燃气轮机和 1 台 3000kW 的 QFK-3-2 型汽轮机。燃气轮机利用瓦斯发电后，其尾气通过余热锅炉产生蒸汽，再带动蒸汽轮机发电。冬季利用余热为矿区供暖，实现热电联供，形成了一个闭路的多联产循环。实践证明：$1m^3$ 甲烷含量 100% 的瓦斯，可以发电 $3.2 \sim 3.3$ kW·h，即使是 30% 含量的 $1m^3$ 瓦斯也可以发电 1kW·h。如果采用先进的燃气-蒸汽联合循环发电机组，$1m^3$ 瓦斯可以发电 $5.0 \sim 5.3$ kW·h。

此外，瓦斯发电余热和尾气还可以综合利用。发电余热通过加装热交换器，取代井筒热风炉，向井筒供暖风，解决冬季井筒结冰问题；利用尾气余热采用热水型溴化锂吸收式冷热水装置，可以获得最廉价的冷、热风，对办公楼房和居民住宅实现冬季供应暖风，夏季供应冷风，可以享受到城市中央空调的条件；在发电及尾气部分加装热交换器，可以提供洗澡用水；拆除原锅炉系统，减少烧煤污染和浪费，同时省去操作人员；通过管道把低温尾气送入蔬菜大棚，为蔬菜大棚提供热量和植物所需的二氧化碳源；在尾气余热利用以后，还可以再增加一套设施来回收二氧化碳，用二氧化碳生产干冰或压缩灌装出售。

12.1.3　燃料电池发电技术

众所周知，传统的燃煤发电过程中，燃料燃烧只有一部分（典型的低于 40%）转换成电能，其余的能源则以不可避免的方式损耗。燃料电池作为一种新型的能源，它是将燃料（瓦斯）的化学能直接转化成电能的一种装置。由于没有机械和热的中间媒介，燃料电池具有效率高、污染低、系统运行噪声低等特点；根据用途的不同，其利用率可达 90% 以上，而 NO_x 的排放量不足 4mg·m^{-3}（6% O_2 的标准状态），被看成是继火电、水电、核电之后的第四种能源，在发达国家已成为十分活跃的研究领域[12]。

12.1.3.1　燃料电池工作原理

燃料电池的结构基本上是由两个电极和电解质组成。燃料和氧化剂分别在两个电极上进行电化学反应，电解质则构成电池的内回路。国际上公认的燃料电池大体分为以下五类：碱性燃料电池（AFC）、磷酸盐燃料电池（PAFC）、熔融碳酸盐燃料电池（MCFC）、高温固体燃料电池（SOFC）和聚合物电解质燃料电池（PEFC）[13]。其中 PAFC 和 SOFC 特别适合以瓦斯作为燃料。利用瓦斯开发燃料电池的关键问题就是要对瓦斯进行预处理，清除掉其中少量的污染物质，主要是硫及其他卤素元素，使其进入燃料电池之前小于 $3×10^{-6}$ 的水平。

一种简化的预处理如图 12-5 所示，它包含清除 H_2S、冷却、冷凝、干燥、再冷却、碳氢化合物分离及过滤几个环节。其步骤是先对 H_2S 和水蒸气进行清除和分离，使活性炭能在较低的温度和湿度下一并清除含量较高的其他污染物。预处理包括三个子过程，即燃气净化过程、再生过程和冷却过程。

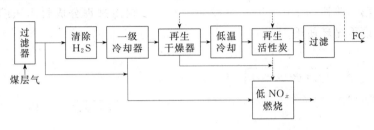

图 12-5　瓦斯预处理过程

燃气净化过程如图 12-6 所示，这个过程首先是将瓦斯调节至压力为 $1.5×10^5$ Pa 左右，然后 H_2S 和氧反应，产生单质硫。化学反应为：

$$H_2S+0.5O_2 = H_2O+S$$

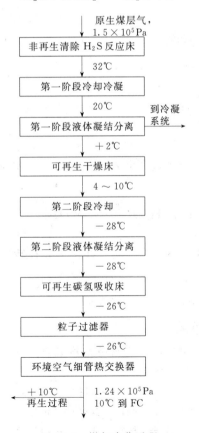

图 12-6　燃气净化过程

第一级冷却工作在大约$+2℃$，二级冷却在$-28℃$。一级冷却清除水、一些重碳氢化合物和硫；还有一些仍在瓦斯中的水、卤素元素和硫，进入可再生的干燥床中清除。然后，瓦斯进入二级冷却，只要碳氢化合物浓度较高，就可冷凝；另外，二级冷却由于降低了反应床温，因此，它的吸收性能增强。温度由二级冷却控制的下游碳氢吸收单元用于清除所有的重碳氢化合物、硫和卤素污染物。最后燃气再经过粒子过滤器，并由空气细管热交换器加热到$0℃$上，压力调节至$(1\sim3.5)\times10^3Pa$，以满足燃料电池进口要求。

再生过程如图12-7所示，首先加热在上一过程中过来的瓦斯，然后在再生循环流动反方向进行再生干燥及碳氢吸收反应，其余的再生燃气内部燃烧。再循环冷却过程如图12-8所示。通常，第一阶段为$2℃$，第二阶段为$-28℃$。制冷过程分成封闭压缩和盘型蒸发两段，冷却剂可以再循环使用[14]。

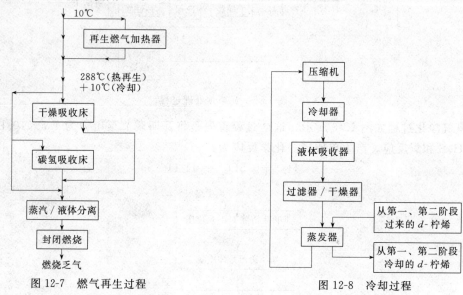

图 12-7　燃气再生过程　　　　　　图 12-8　冷却过程

12.1.3.2　燃料处理单元

在燃料处理单元，将预处理的瓦斯和发电单元过来的水蒸气在催化剂作用下发生反应，产生一种新的瓦斯：

$$2CH_4+3H_2O \xrightarrow{\text{重整装置}} 7H_2+CO+CO_2$$
　（瓦斯）　（水蒸气）　　　　　　　（新的瓦斯）

从重整装置出来经转化的瓦斯，温度进一步降低，在转化中产生富氢燃料：

$$7H_2+CO+CO_2+H_2O \xrightarrow{\text{转化器}} 8H_2+2CO_2$$
　（经转化的瓦斯）　　　（水蒸气）　　　（富氢燃料）

12.1.3.3　燃料电池发电单元

燃料电池的心脏是位于发电单元的燃料电池堆叠片（fuel cell stack）。富氢燃料和空气中的氧在此发生化学反应，产生直流电。

在阳极：　　　　　　　　$2H_2 \longrightarrow 4H^+ +4e$
　　　　　　　　　　（富氢燃料）（氢离子）（电子）

在阴极：　　　　　　$O_2+4H^+ + 4e \longrightarrow 2H_2O$
　　　　　　　　（氧气）（氢离子）（电子）　　（水蒸气）

12.1.3.4　电流转换单元

该单元是燃料电池最后一部分，主要是把直流电转变成交流电，供用户使用。它包括了微处理交换器和主要的过程控制器等[15]。

由于燃料电池电能通过电化学反应产生，和传统的发电方式相比，燃料电池不受卡诺循环的限制，输出功率近似等于吉布斯函数的减少：

$$W_{max,有用} = (G_2 - G_1) T_p$$

此外，浓度扩散也造成电压损失。由于所有燃料都是通过与氧反应而放出能量，燃料电池高转化效率的关键在于用催化剂来控制这个反应。只要不断地提供燃料，燃料电池就会永久地产生电能。另外，它的水循环系统使它无需提供水源就可维持运行。但对催化剂要加强维护，否则在启动和关闭时，电池堆叠片会被氮覆盖。像其他发电方式一样，燃料电池也会排放 CO_2，引起温室效应；但由于其效率高，排放量要比常规发电少得多。

无论从能源、环保的角度，还是为了发展国民经济，增强国家实力，研究开发燃料电池刻不容缓。我国在这方面虽已取得一些成果，但总的来说，发展较慢，应加强这方面的技术投入，开展适合我国国情的燃料电池研究工作。我国瓦斯资源丰富，开发以瓦斯为燃料的燃料电池，对减少瓦斯排放量，保护环境，改善我国能源结构，形成能源新行业，具有十分重要的战略意义。

12.1.4　煤矿高浓度瓦斯热电冷三联产工艺

热电冷联产（Combine Cooling Heating&Power，CCHP）又称分布式能源系统（Distributed Power System），是在热电联产的基础上发展起来的，利用一种燃料能源方式，生产两种或两种以上的能量——通常是电能和热能、冷能。它能够将能源进行梯级利用，使燃料的高品位燃烧热能通过汽轮机组或者燃气机组等热工转换设备进行发电，做过功的低品位热能（一般为尾气余热或余热水）利用余热转换设备进行冷、热转换，为用户提供供冷或供热服务，是在能源梯级利用基础上，将制冷、供热（采暖和供热水）及发电一体化的总能系统，使系统能源利用效率达到 70%～90%。从应用规模化角度进行划分，热电冷三联供系统分为以燃气轮机为原动机的大型热电冷三联供系统和分布式热电冷联供系统两种[16]。其能源利用分配关系如图 12-9 所示。

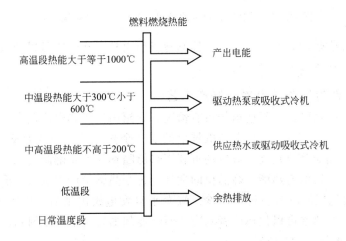

图 12-9　热电冷联产系统的能源梯级利用示意

12.1.4.1 热电冷联产系统的组成与结构

一个完整的热电冷联产系统（见表12-3）包括动力系统、发电机组、制冷机组、供热机组、控制系统等功能系统。其中，动力系统主要分为蒸汽轮机、燃气轮机、燃油发动机、燃料电池等类别；供热系统主要由热源、热网和热用户三部分组成；制冷系统按照其制冷方式的不同则分为压缩式制冷（电动压缩式制冷、蒸汽压缩式制冷）和吸收式制冷（氨-水吸收式制冷、溴化锂-水吸收式制冷）两种[17]。

表 12-3 热电冷联产系统构成

分 类	设备及构成	能源转换过程及功能	分 类	设备及构成	能源转换过程及功能
驱动系统	蒸汽轮机	高压蒸汽→动能	供热系统	热源	排气、余热→供热热媒
	燃气轮机	煤气等→动能		热力网	供热热媒的输送
	柴油发动机	油→动能		热用户	热量消费者
	燃气发动机	天然气等→动能	制冷系统	压缩式制冷	蒸汽动力→冷水
	燃料电池	天然气等→动能		吸收式制冷	蒸汽等热力→冷水
发电系统	发电机	动能→电能			

以燃气轮机为原动机的热电冷联产系统为例，如图12-10所示，这是以燃气为动力源，以吸收式制冷装置、热交换装置等作为热能二次利用的系统。

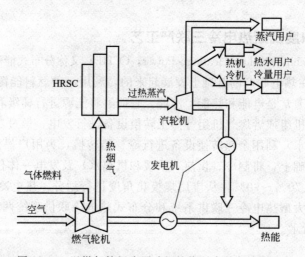

图 12-10 以燃气轮机为原动机的热电冷联产系统示意

热电站在对外供热的同时，通过溴化锂制冷机组对外供冷，既可以调节冬、夏冷热负荷的不均衡，又可以达到节能减排的目的。

12.1.4.2 以瓦斯为气源热电冷三联产工艺

根据瓦斯气源的特殊性及目前市场占有情况，介绍内燃机热电冷联产系统。内燃机发电机组的余热分为两部分：一部分为发动机排出的烟气余热，另一部分为发动机缸套冷却水。其中，烟气余热的热能品位较高，对应的可利用热能随利用后排烟温度的变化而变化；缸套水温度较低，属品位较低的热能。高品位的烟气经过余热锅炉产生蒸汽，蒸汽推动蒸汽轮机发电；或者采用溴化锂制冷机组进行制冷。缸套水自发电机出来后，可以进入水-水换热器进行热交换，出来的热水可以供热或者制冷，而经冷却的缸套水重新回到发电机进行闭式循环[18]。系统流程如图 12-11 所示。

天然气热电冷三联产（BCHP）系统是以天然气为一次能源，同时产生热、电、冷三种二次能源的联产联供系统。该系统以小型燃气轮机发电设备为核心，以燃气透平排放出来的高温尾气驱动吸收式冷热水机或通过余热锅炉产生的蒸汽或热水供热，满足用户对热电冷的各种需求。系统以小规模、分散式布置在用户附近，基本上可以摆脱对地区电网的依赖，具有相对的独立性和灵活性，具有效率高、可靠性强及污染物排放低等特性，多年来在国外已取得迅速发展，国内则刚起步。

12.1.4.3　瓦斯热电冷三联产系统常见的配置模式

① 燃气-蒸汽联合循环＋蒸汽型溴冷机系统　见图 12-12。既可用于新建，又可对现存燃气-蒸汽联合循环机组进行改造，配置蒸汽型溴冷机来实现热电冷三联产。发电通过燃气轮机发电机组和汽轮发电机组实现。余热锅炉回收燃气透平排气余热产生的蒸汽注入汽轮机，膨胀做功后的排汽或抽汽的一部分供蒸汽型溴化锂吸收式制冷机制冷，其余部分可用于提供采暖或卫生热水。溴化锂-水吸收制冷中的吸收剂溴化锂，不会对环境造成污染。

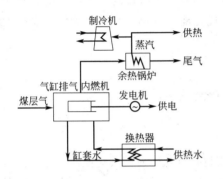

图 12-11　基于内燃机的热电冷联产系统流程

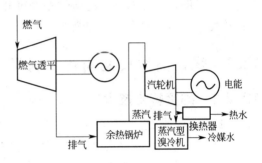

图 12-12　燃气-蒸汽联合循环＋蒸汽型溴冷机系统

② 燃气轮机＋余热型溴化锂冷热水机组系统　见图 12-13。利用燃气透平的排气直接通过余热型溴化锂冷热水机组制冷、采暖和提供生活热水，是一种系统结构简单、一次性投资较少的流程模式，但其要求在各种工况下，燃气透平排气热流量都能够满足系统制冷量或供热量的需求。

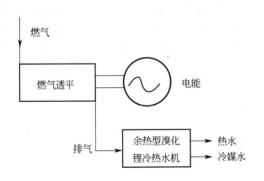

图 12-13　燃气轮机＋余热型溴化锂
冷热水机组系统

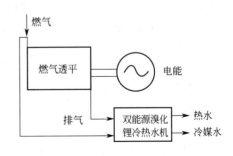

图 12-14　燃气轮机＋双能源溴化锂
冷热水机组系统

③ 燃气轮机＋双能源溴化锂冷热水机组系统　见图 12-14。作为对第二种模式的改进，当燃气透平排气热量不足时，就可以把排气作为助燃气体，混合补燃燃料，引入直燃型溴化锂冷热水机组的高压发生器中燃烧；或将燃气透平排气引入溴化锂吸收式冷热水机组的余热

型高压发生器，其低温排气可直接排放，也可再次引入带燃烧器的高压发生器中与补燃燃料混合燃烧。第三种模式是针对燃气透平排气温度较高但流量不足的情况。第二、第三种模式的负荷调节都较灵活，可满足楼宇在燃气轮机任意工况下对制冷、采暖和卫生热水的需求，所采用的溴化锂吸收式冷热水机组根据需要可同时供冷和供热，也可单供冷媒水或热水。如果采用内燃机作原动机，则内燃机缸套冷却水余热也可作为生活热水的热源。我国远大公司与美国能源部合作研发的一个三联产系统，采用燃气轮机＋双能源双效直燃式溴化锂吸收式冷热水机组模式。该系统额定制冷量为210kW，配置的燃气轮机发电机为75kW，系统总的能源效率可达70％以上。

热、电、冷联产技术是国际上公认的节约能源、改善环境、改善社会服务功能的重要能效措施，是应对能源安全、气候变化等问题的有效手段之一。自2003年夏以来，我国诸多省份面临着严峻的电力紧张局势，能源供应的"瓶颈"问题凸现。随着"西气东输"工程商业供气的启动，迅速发展我国的热电冷三联产技术，建立一大批以瓦斯为燃料的分布式能源系统成为可能，一方面提高清洁能源的利用效率，优化能源结构；另一方面可减少对大电网的依赖性，提高能源供应的安全性[19]。

12.2　煤矿高浓度瓦斯化工利用

12.2.1　间接转化技术

12.2.1.1　合成氨

用煤气化生产的氨合成气的组成取决于所用的煤种，气化炉及其气化操作条件。根据瓦斯的最终用途，要调整其组分，这常在气体净化工序中来完成。进而言之，空气或氧气均可用于气化炉，而二者的选择也会一定程度地影响净化工艺的选择[20]。例如，图12-15所表明的U-Gas工艺中用氧和空气两种气化方式时的净化工艺流程，后面的氨合成系统可以用传统工艺[21]。

瓦斯经加压至4.05MPa，经预热升温在脱硫工艺脱硫后，与水蒸气混合，进入一段转化炉进行转化制H_2，随后进入二次转化炉，再次引入空气，转化气在炉内燃烧放出热量，供进一步转化，同时获得N_2。工艺气经余热回收后，进入变换系统，将CO变为CO_2，随后经脱碳、甲烷化反应除去CO和CO_2，分离出的CO_2送往尿素工艺。工艺气进入分子筛系统除去少量水分，为合成氨提供纯净的氢氮混合气。氢氮混合气经压缩至14MPa，送入合成塔进行合成氨的循环反应，少量惰气经过普里森系统分离进行回收利用。产品氨送往尿素工艺或氨罐保存。

合成氨工艺的五个流程见图12-16。

① 瓦斯脱硫　$R-SH+H_2 \Longrightarrow RH+H_2S$，$H_2S+ZnO \Longrightarrow H_2O(气)+ZnS$。

② 转化　$CH_4+H_2O(气) \Longrightarrow CO+3H_2$，$CH_4+2H_2O(气) \Longrightarrow CO_2+4H_2$（$H_2+1/2O_2 \Longrightarrow H_2O$）。

③ 变换　$CO+H_2O(气) \Longrightarrow CO_2+H_2$。

④ 脱碳　a. $K_2CO_3+CO_2+H_2O \Longrightarrow 2KHCO_3$，$2KHCO_3 \Longrightarrow K_2CO_3+CO_2+H_2O$。
b. 甲烷化：$CO+3H_2 \Longrightarrow CH_4+H_2O$，$CO_2+4H_2 \Longrightarrow CH_4+2H_2O$。

⑤ $N_2+3H_2 \Longrightarrow 2NH_3$。

12.2.1.2　合成气制甲醇

甲醇不仅是大宗中间化工原料，而且是一种较为理想的代用燃料，也是生产无铅汽油添

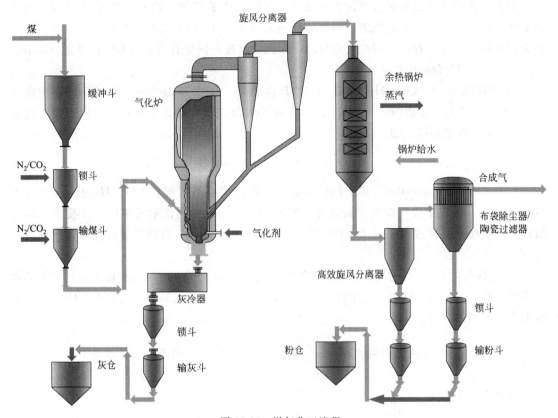

图 12-15　燃气化工流程

加剂甲基叔丁基醚的主要原料。与乙烯、合成氨一样，甲醇产量也是衡量一个国家化工水平的重要标志。甲醇脱水制备二甲醚（DME）被认为是甲醇转化中重要的一步。DME 是一种新型的、理想的、可替代车用燃料及民用燃料的"21世纪的绿色燃料"[22]。近年来，随着环境污染的日益严重及石油资源的日益匮乏，对甲醇、DME 的需求量迅速增加，DME 更是成为各国学者的研究焦点。

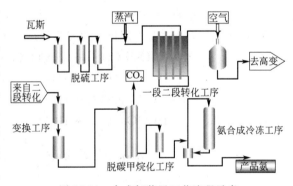

图 12-16　合成氨装置工艺流程示意

甲醇可来源于 CO 加氢（$CO+2H_2 = CH_3OH$），也可来源于 CO_2 加氢（$CO_2+3H_2 = CH_3OH+H_2O$）。由于水气变换反应（$CO+H_2O = CO_2+H_2$）的存在引起了甲醇合成机理的复杂性，虽然国内外学者用程序升温脱附、红外光谱、化学示踪等方法进行了长达几十年的研究，但至今仍各抒己见、分歧犹在。其争议焦点集中于以下几点：a. 甲醇合成反应的直接碳源（CO 或 CO_2）；b. 甲醇合成反应过程的中间物种；c. 反应控速步骤；d. CO_2（或 CO）在反应体系中的作用。甲醇脱水机理相对来说研究得较少，一般分为两种机理，即 L-H 和 R-E 机理，涉及甲醇是以吸附态还是以气态分子与另一吸附态甲醇反应的问题。水气变换机理的争论主要在于水气变换反应是否与甲醇合成反应具有同一中间体。

　　甲醇合成机理可按甲醇合成的碳源分为 $CO+H_2$ 合成机理、CO_2+H_2 合成甲醇机理以及 CO_2+CO+H_2 合成甲醇机理，即碳源分别来源于 CO，CO_2 或 CO 和 CO_2。另外，人们认为在不同原料气中存在不同的反应机理，因此，可按不同原料气中的不同机理划分如下。

　　（1）$CO+H_2$ 合成甲醇机理

　　① 原料气为 $CO/CO_2/H_2$，CO_2/H_2 的反应体系　1932 年 Boomer 和 Morris 首次提出 CO 是甲醇合成的直接碳源[23]，当体系中含有 CO_2 时，CO_2 需通过逆水气变换反应转化成 CO 后再参与甲醇合成。即

$$CO_2 \underset{H_2O}{\overset{H_2}{\rightleftharpoons}} CO \xrightarrow{2H_2} CH_3OH$$

　　后来，A. Kiennemann[24] 提出同样的观点。但该观点不能解释 $CO+H_2$ 原料气中引入少量 CO_2 时，合成甲醇速率大大提高这一现象。此后放射性同位素及原位红外技术在研究机理方面的应用，使持续了近半个世纪的 Boomer 式的 $CO+H_2$ 合成甲醇机理遭到怀疑甚至否定。

　　② 原料气为 CO/H_2 的反应体系　在 CO/H_2 反应体系中，CO 加氢机理仍得到了很多研究者的支持。人们对 CO 加氢过程的中间体也进行了一系列研究，但在反应中间体和速控步骤上存在不同的观点。

　　R. M. Agny[25] 等认为甲酰物种 （的生成是 CO 加氢的第一步，也是中间物种，反应机理如下。

　　V. B. Kazanskll[26] 提出催化剂的表面氧是 CO 加氢合成甲醇的关键。反应具体步骤为：

$$Os+CO \longrightarrow s+CO_2(ads) \Longleftrightarrow s+CO_2(g)$$
$$s+H_2 \longrightarrow 2Hs$$
$$Hs+CO_2(ads) \longrightarrow HCOOs$$
$$HCOOs+s \longrightarrow HCOs+Os$$

$$HCOs+Hs \longrightarrow s\!-\!\overset{OH}{\underset{H}{C}} \ +s$$

$$s\!-\!\overset{OH}{\underset{H}{C}} \ +2Hs \longrightarrow CH_3OH+3s$$

　　式中，s 代表催化剂表面上的吸附位。气态 CO 分子首先与催化剂上表面氧反应生成吸附态 CO_2，然后加氢生成甲酸盐中间体，甲酸盐中间体又转化为甲醛基，随后甲醛基加氢生成甲醇。但该机理中甲酸盐转变为甲醛基的过程与其他研究者的表述不一致。

　　J. Saussey 等[27] 在 15% $ZnAl_2O_4$ 催化剂上，1MPa、525K 条件下进行合成气制甲醇的机理研究。催化剂中的铜促进甲酸 $ZnAl_2O_4$ 的还原，控速步骤为甲醇盐的脱附。该机理的特点是认为催化剂还原后表面上存在大量的羟基，能与 CO 反应生成甲酸盐。Fujita 等在 Cu/ZnO 催化剂上，438K、常压条件下对 CO 加氢和 CO_2 加氢进行研究后得出了类似观点。

他也认为 $CO+H_2$ 和 CO_2+H_2 遵循两种不同的机理，当原料气为 CO 和 H_2 时，CO 是甲醇合成的直接碳源。结合 IR 光谱和 TPD 结果，确定 CO 加氢过程中有 HCOO—Zn 和 CH_3O—Zn 生成，而无 HCO—Cu 生成，CH_3O—Zn 来自 HCOO—Zn 加氢。HCOO—Zn 加氢为控速步骤。具体过程为

$$CO+\ \underset{|}{OH}(ads) \longrightarrow HCOO-Zn \xrightarrow{H_2} \underset{|}{CH_3O}-Zn+OH(ads) \longrightarrow \underset{|}{CH_3OH}(g)+O(ads) \xrightarrow{H_2} \underset{|}{OH}(ads)$$
$$\ \ \ \ \ Zn \qquad\qquad\qquad\qquad\qquad\qquad Zn \qquad\qquad\qquad\qquad Zn \qquad\qquad Zn$$

Saussey 与 Fujita 的研究均表明催化剂中 Zn 上形成的羟基是反应能够进行的关键，甲酸盐是反应中间物种。也有研究者认为 CO 和 H_2 在干净的催化剂表面上得不到甲醇产物。Chinchen 等在金属 Cu 上分别进行 $CO+H_2$ 和 CO_2+H_2 实验，结果 $CO+H_2$ 没有甲醇生成，而 CO_2+H_2 却很容易生成甲醇。

综上所述，CO 加氢机理虽然得到了一定的支持，但大部分研究者都认为只有当催化剂表面上存在表面氧或羟基时合成甲醇反应才能进行，催化剂的表面性质是 CO 加氢反应生成甲醇的关键。

(2) CO_2+H_2 合成甲醇机理

① 原料气为 $CO/CO_2/H_2$，CO/H_2 的体系　20 世纪 70 年代 H. B. Kagan 等[28]使用放射性同位素 ^{14}C 来研究甲醇合成过程机理，最先提出甲醇主要来源于 CO_2，当体系中含有 CO 时，CO 需通过水气变换反应转化成 CO_2 后再参与甲醇合成。CO_2 是甲醇的主要碳源。

$$CO \underset{H_2}{\overset{H_2O}{\rightleftharpoons}} CO_2 \xrightarrow{3H_2} CH_3O+H_2O$$

G. A. Vedage 等[29]用放射性同位素 ^{18}O、^{14}C 对甲醇合成反应宏观机理的研究结果表明，甲醇分子中的碳来源于 CO_2。Ehinehen 等将示踪剂 ^{14}CO 或 $^{14}CO_2$ 加入到反应物 $CO_2/CO/H_2$，室温下在 $Cu/ZnO/Al_2O_3$ 催化剂上得到的实验结果也证实了该观点。

J. S. Lee 等[23]使用同一催化剂，在相同的反应条件下比较了 CO_2/H_2 合成甲醇与 CO/H_2 合成甲醇的不同。CO_2/H_2 随空速增加甲醇生成速率增加，而 CO/H_2 低空速时甲醇合成速率高，由此得出 CO 需经两步反应转化为甲醇，即首先转化为 CO_2，然后再由 CO_2 生成甲醇。

M. Bowker 等[30]在 Cu/ZnO 催化剂上得出的机理表明，CO_2 和 H_2 可在催化剂表面上生成甲醇，而且 CO 具有还原被氧化的铜使之再生为活性位的作用。

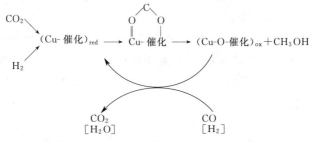

Q. Sun 等[31]利用原位红外技术，在反应条件（高温、高压）下研究了 $Cu/ZnO/Al_2O_3$ 催化剂上以 CO_2/H_2 和 $CO/CO_2/H_2$ 为原料的甲醇合成。由实验结果得出，对于 CO_2/H_2 和 $CO/CO_2/H_2$ 反应体系，甲醇直接来源于 CO_2，吸附态双齿甲酸基物种（b-$HCOO_{ads}^-$）是甲醇合成的关键中间物种，b-$HCOO_{ads}^-$ 加氢是控速步骤；当向 CO_2/H_2 中引入 CO 时，甲醇合成速率大大提高。其原因是，一方面 CO 抑制 CO_2 的解离吸附、促进水气变换反应、补充

CO_2；另一方面降低了反应的活化能。反应机理如下。

$$H_2(g) \rightleftharpoons 2Hs$$

② 原料气为 CO_2/H_2 的反应体系　Y. Amenomiya[32] 利用红外光谱和 TPD 技术对 CO_2/H_2 合成反应的研究证实了 CO_2 不需分解为 CO，而直接合成甲醇。Denise 等提出的机理历程为

Y. Amenomiya[32] 和 E. Ramaroson[33] 等在 Cu/ZnO 催化剂上研究得出相似的反应机理。Saussey 等研究得出，当原料气为 CO_2+H_2 时，在 15% Cu-ZnAl$_2$O$_4$ 催化剂上，反应主要发生在铜位上，中间体为甲酸铜。

S. I. Fujita 等[34] 在 Cu/ZnO 催化剂上进行 CO_2+H_2 合成甲醇机理研究时，观察到甲酸铜（HCOO—Cu）、甲酸锌（HCOO—Zn）和甲氧锌（CH$_3$O—Zn）中间体。CH$_3$O—Zn 可来自 HCOO—Cu 的加氢，但 HCOO—Cu 加氢速率比 HCOO—Zn 快 10 倍，且前者的活化能远远低于后者。机理描述为

$$CO_2 \xrightarrow[Cu,ZnO]{} CO_2(ads) \text{ 或 } CO_3(ads) \begin{matrix} \xrightarrow{H_2} HCOO-Zn \\ \xrightarrow{H_2} HCOO-Cu \end{matrix} \xrightarrow{H_2} CH_3O-Zn \xrightarrow{H_2O} CH_3OH$$

S. I. Fujita 描述的机理中认为 HCOO—Cu 加氢为控速步骤，解释为 H_2O 对甲醇合成有

阻碍作用，或者是气相中 CO_2 的存在削弱了同一吸附位上 H_2 的吸附，从而导致 HCOO—Cu 加氢速率降低。这与 S. G. Neophytides 等[35]的研究结果一致。S. G. Neophytides 结合 TPRS 和 DRIFTS 技术，在 $Cu/ZnO/Al_2O_3$ 上的 ICI 研究结果表明，由 CO_2 和 H_2 共吸附形成的甲酸铜是甲醇合成的关键中间物种，其加氢生成甲氧基物种的过程为控速步骤，ZnO 上的甲酸盐物种加氢活性较低，推测其为水气变换反应的中间体。

F. L. Peltier 等[36]的研究结果与 S. I. Fujita 也有相似之处。F. L. Peltier 分别在 $ZnAl_2O_4$ 和 $Cu-ZnAl_2O_4$ 上对 CO_2 加氢合成甲醇进行研究。通过 FTIR 确定在 $ZnAl_2O_4$ 上存在甲氧基物种、碳酸盐物种和三种甲酸盐物种，而对于 $Cu-ZnAl_2O_4$，除上述物种外，还有甲酸铜及羰基物种。甲氧基及 $ZnAl_2O_4$ 上的一种甲酸盐物种对加氢没有活性，$ZnAl_2O_4$ 上的另一种甲酸盐物种可与 Cu 上的甲酸盐物种互为溢流，碳酸盐加氢为速率控制步骤。结合动力学结果推出反应历程为：

$$CO_2+O(ads) \underset{催化}{\rightleftharpoons} CO(ads) \begin{cases} \longrightarrow HCOO(ads)(F_1) \\ \underset{慢}{\overset{Cu}{\longrightarrow}} HCOO(ads)(F_{Cu}) \overset{[2H]}{\underset{快}{\longrightarrow}} CH_3OH \end{cases}$$

式中，F_1 代表 $ZnAl_2O_4$ 上的甲酸盐物种；F_{Cu} 代表 Cu 上的甲酸盐物种。此外，S. I. Fujita 和 F. L. Peltier 均指出，CO_2 加氢合成甲醇过程中还存在生成 CO 的逆水气变换反应，二者按不同反应路径生成。

(3) CO_2+CO+H_2 合成甲醇机理

研究表明，当向 CO/H_2 体系中引入少量 CO_2 时，甲醇生成速率不但大大提高，而且还出现一极大值。对于 CO_2 的作用，K. Klier 等[37]认为，当 CO_2 含量较低时，催化剂因过度还原而失活；当 CO_2 含量过高时又因其强吸附性而阻碍了其他反应物的吸附。

Saussey 等认为，当 CO_2 与 CO 比例达到一定值时，两者均参与甲醇合成。即甲醇来源于两条途径：一是 $CO+2H_2 \Longrightarrow CH_3OH$，二是 $CO_2+3H_2 \Longrightarrow CH_3OH+H_2O$。Liu 等通过标记 CO_2 中的氧得出，甲醇来源于 CO 和 CO_2。Graaf 等将机理假设与动力学实验相结合也得出相同的结论。Lee 等的实验现象为该观点提供了实践依据。他在实验中发现，对于 $CO/CO_2/H_2$ 体系，当空速大于 $12m^3 \cdot (kg \cdot h)^{-1}$ 时，甲醇合成速率较低，且随 CO_2 含量的增加甲醇合成速率单调上升。而当空速降至 $6m^3 \cdot (kg \cdot h)^{-1}$ 时，CO_2 在 CO/CO_2 混合气中的体积分数为 5% 时，甲醇生成速率出现一极大值。为了解释过多甲醇的来源，Lee 在做上述实验时，对气相出口产物中水的体积分数进行检测。发现当空速由 $12m^3 \cdot (kg \cdot h)^{-1}$ 降至 $6m^3 \cdot (kg \cdot h)^{-1}$ 时，水的体积分数变化不大，这表明低空速下过多的甲醇应来源于不生成水的反应，即 $CO+2H_2 \Longrightarrow CH_3OH$。由此得出，对于 $CO/CO_2/H_2$ 体系，当 CO_2 体积分数达到某一值时，甲醇来源于 CO 加氢和 CO_2 加氢。

12.2.1.3　合成气制二甲醚

二甲醚在 21 世纪将成为大宗的商品，有着非常广泛的应用前景，在减轻污染、改善地球的生态环境以及生产石化产品方面发挥重要的作用。

(1) 二甲醚的生产工艺

目前大规模工业生产主要是甲醇脱水法。脱水催化剂或脱水剂的种类较多，常用的有硫酸、磷酸铝和固体酸催化剂。浓硫酸脱水反应[38]因对设备腐蚀严重，操作条件差而基本被淘汰；磷酸铝催化剂由于操作温度高，甲醇转化率和二甲醚的选择性低，而且对设备和材料的要求过高，也逐渐被淘汰；而固体酸催化剂对操作温度和压力条件要求较低，设备投资较少，生产容易控制，便于连续生产，是生产二甲醚的主要方法。该法通常在常压和 423 K 的反应条件下进行，用到的催化剂多为硅铝酸和分子筛（特别是 ZSM-5）等。目前，国外生产二甲醚的主要厂家有美国的杜邦公司、Mobile 公司、ESSO 公司、德国联合莱茵河褐煤燃料公司以及日本的住友公司等。Mobile 公司声称其 ZSM-分子筛催化剂可使甲醇转化率达到 80%，二甲醚的选择性达到 98%。以德国联合莱茵河褐煤燃料公司的操作流程为例，气态甲醇在固定床反应器中进行催化脱水反应，产物分两段冷却，再经蒸馏得到纯二甲醚，在洗涤塔中从废气回收的二甲醚送回反应器，在第二塔里分离出来未反应的甲醇循环使用。我国近年来二甲醚的生产也有多种技术，西南化工研究院[39]考察了 13X 分子筛 Al$_2$O$_3$ 和 ZSM-5 的催化性能。当采用 ZSM-5 分子筛催化剂，反应温度为 473K 时，甲醇转化率为 75%～85%，选择性大于 98%。甲醇脱水法生产二甲醚具有生产工艺成熟、装置适用性广、后处理简单的特点，具有广阔的市场。但由于该法生产的二甲醚由甲醇脱水而来，其成本与价格显然高于甲醇。因此用合成气直接合成二甲醚是二甲醚生产技术的重要发展方向[40]。

(2) 合成气合成二甲醚概况

随着化石资源的减少，二甲醚作为柴油、液化石油气替代品使二甲醚的需求量大幅度提高，这就促使二甲醚的合成逐步成为二甲醚工业领域中的研究热点。

① 合成气一步法合成二甲醚分类　合成气一步法合成二甲醚按其工艺特点可分为气相法和液相法两大类：气相法是指合成反应在固体催化剂表面上进行。在气相法工艺中，使用贫氢合成气为原料气时，催化剂表面会很快积炭，因此往往需要富氢合成气为原料气。气相法的优点是具有较高的 CO 转化率，但是由于二甲醚合成反应是强放热反应，反应所产生的热量无法及时移走，催化剂床层易产生热点，进而导致催化剂铜晶粒长大，催化剂性能下降。

液相法是指将双功能催化剂悬浮在惰性溶剂中，在一定条件下通合成气进行反应，由于惰性介质的存在，使反应器具有良好的传热性能，反应可以在恒温下进行。反应过程中气-液-固三相的接触，有利于反应速率和时空产率的提高。另外，由于液相热容大，易实现恒温操作，催化剂积炭现象大为缓解，而且氢在溶剂中的溶解度大于 CO 的溶解度，因而可以使用贫氢合成气作为原料气[41]。

② 合成气一步法合成二甲醚工艺

1) 固定床工艺。固定床工艺[42]主要有丹麦 Topsoe 公司 TIGAS 工艺和日本 Mitsubishi 与 COSMO 石油公司联合开发的 AMSTG 工艺。TIGAS 工艺采用了瓦斯或煤制取的合成气为原料，双功能催化剂为铜基催化剂及 γ-Al$_2$O$_3$ 组成的复合催化剂，操作温度 493～573K，压力 4.0～5.0MPa，完成了 1t·d^{-1} 的中试，运转 10000h；日本 Mitsubishi 与 COSMO 石油公司联合开发的 AMSTG 工艺采用了 Cu-Zn-Cr 加 γ-Al$_2$O$_3$ 组成的复合催化剂，在 4.0MPa，523～573K 时，CO 单程转化率可达 90% 以上，液相产物几乎全为二甲醚（DME），但是在进行 117kg·t^{-1} 的中试中，运行不足 1000h。我国研究人员也进行了固定床一步合成二甲醚的催化剂研究及过程开发，其中中科院大连化物所、兰州化物所、西南化工研究院、浙江大学等单位都对此过程进行了探索，基本通过了中试阶段，但只有浙江大学建成投产了国内第一个生产高纯二甲醚的工业装置（1500t·d^{-1}），但运转不足。

2) 浆态床工艺。1991 年，美国的 Air Products&Chemical 公司开发了合成气浆态床一步法合成二甲醚工艺并建成 10t·d^{-1} 的中试装置，催化剂选用 Cu 基醇合成催化剂及 γ-Al$_2$O$_3$

（或 SiO_2、沸石、固体酸等）。日本的 NKK 公司采用浆态床一步法合成二甲醚的技术，在完成了 $50kg \cdot d^{-1}$ 的中试以后，目前已经建成 $5t \cdot d^{-1}$ 的工业示范装置。我国贾美林等在实验室用 $Cu\text{-}ZnO\text{-}Al_2O_3/HZSM5$ 作为合成气直接合成二甲醚催化剂，并在浆态床反应器中进行了含氮合成气制二甲醚的研究，结果表明，采用浆态床反应器合成二甲醚，可以实现等温操作并可使反应热及时移出，从而避免催化剂床层飞温，使催化剂失活减缓，但是 CO 的转化率和 DME 的选择性相对较低。

3）改进工艺。Kohji 等[43]对固定床反应器进行了改进，提出了一种温度梯度反应器。在这种反应器中，催化剂床层在合成气入口处有较高的温度，随着反应气的流入，催化剂床层温度逐渐下降，当入口处的高温区反应达到了平衡转化率的时候，低温区的反应平衡转化率也会有显著的提高，在 $510\sim550K$，$3.0MPa$ 的反应条件下，可以获得 90% 的 CO 转化率和 $1.1kg$ $DME \cdot kg^{-1}$ 催化剂的收率。Mizukuguchi[44]提出将整个反应器分为两段，第一段装甲醇合成催化剂（$CuO\text{-}ZnO\text{-}Al_2O_3$ 的质量比为 $61:32:7$）、脱水催化剂 [CuO/Al_2O_3 的质量比为 $5:95(A)$] 或变换催化剂（B），第二段装 A 和（或）B，惰性溶剂为十六烷，以 CO、CO_2、H_2 为原料的反应器，DME 选择性为 96.1%，CO 转化率达 42.4%。贾美林等[45]将固定床反应器和浆态床反应器的集成技术用于二甲醚的合成，首先采用浆态床合成二甲醚，然后再在串联的固定床反应器中合成二甲醚，在反应压力为 $6.0MPa$，原料气总空速为 $1000h^{-1}$ 的条件下，考察了在集成反应器中二甲醚合成催化剂的稳定性。在实验的 $500h$ 内，CO 总的转化率维持在 90%，DME 选择性维持在 75% 左右，DME 收率维持在 68% 左右。

华东理工大学房鼎业等[46]设计了一种在组合床中合成二甲醚的方法，其特点是首先原料气经过浆态床进行反应，然后将反应产物和未反应的原料气进入固定床阶段进行催化反应，内设换热装置，及时移走反应热，反应温度为 $493\sim553K$，压力为 $3.0\sim7.0MPa$，总碳转化率达到 85% 以上，DME 收率达到 95% 以上。表 12-4 列出了一些合成气一步法合成二甲醚的代表性实验结果。

表 12-4　合成气合成二甲醚实验结果

项　目	大连	太原	丹麦	美国	日本
燃料气 H_2/CO（体积比）	2	2	2	0.7	1.0
压力/MPa	>3	2.0	$7\sim8$	$5\sim10$	$3\sim7$
温度/K	$532\sim553$	548	$483\sim563$	$532\sim553$	$532\sim553$
反应器	固定床	固定床	固定床	浆液床	浆液床
单程转化率/%	75	$76\sim79$	18	33	$55\sim60$
DME 选择性/%	95	$79\sim84$	$70\sim80$	$40\sim90$	90
装置规模/$kg \cdot d^{-1}$	实验室	实验室	50	4000	5000

③ 合成气直接制二甲醚的热力学分析　合成气直接合成二甲醚主要包括以下反应：

$$CO + 2H_2 \longrightarrow CH_3OH \tag{12-1}$$
$$\Delta H_{600K} = -100.46kJ \cdot mol^{-1}，\Delta G_{600K} = +45.36kJ \cdot mol^{-1}$$
$$2CH_3OH \longrightarrow CH_3OCH_3 + H_2O \tag{12-2}$$
$$\Delta H_{600K} = -20.59kJ \cdot mol^{-1}，\Delta G_{600K} = -10.71kJ \cdot mol^{-1}$$
$$CO + H_2O \longrightarrow CO_2 + H_2 \tag{12-3}$$
$$\Delta H_{600K} = -38.7kJ \cdot mol^{-1}，\Delta G_{600K} = -16.5kJ \cdot mol^{-1}$$

反应式(12-1) 和反应式(12-2) 的总反应式为：

$$2CO + 4H_2 \longrightarrow CH_3OCH_3 + H_2O \tag{12-4}$$

$$\Delta H_{600K}=-221.51\text{kJ}\cdot\text{mol}^{-1},\quad\Delta G_{600K}=+80.1\text{kJ}\cdot\text{mol}^{-1}$$

反应式(12-1)、反应式(12-2) 和反应式(12-3) 总反应式为：

$$3CO+3H_2\longrightarrow CH_3OCH_3+CO_2 \tag{12-5}$$

$$\Delta H_{600K}=-260.21\text{kJ}\cdot\text{mol}^{-1},\quad\Delta G_{600K}=63.51\text{kJ}\cdot\text{mol}^{-1}$$

由热力学结果可知，由于反应式(12-1) 生成的甲醇进一步脱水生成了二甲醚，从而促进了甲醇合成的化学平衡的正向移动，使 CO 的转化率增加，而反应式(12-5) 比反应式(12-4) 更容易进行，因为反应式(12-2) 中的产物 H_2O 进一步被消耗，使得化学平衡进一步向产物方向移动。Hansen[47]在温度为 513K，原料气 $H_2/CO/CO_2=51/48/1$ 的条件下进行了对比实验，合成气直接合成二甲醚和甲醇比只合成甲醇的 CO 转化率高出很多。

Lee 计算了 503K、5.2MPa 条件下 CO 加氢合成甲醇和 CO 加氢合成二甲醚反应的化学平衡。结果表明，合成气直接合成二甲醚反应中最大平衡转化率为 67.9%。显而易见，由合成气直接合成二甲醚的工业路线克服了合成气制甲醇反应中出现的化学平衡的限制问题，因而在热力学上是有利的。

④ 合成气直接合成二甲醚的动力学分析　合成气直接合成二甲醚包括反应式(12-1)、反应式(12-2) 和反应式(12-3) 三个反应，三个反应之间的协同作用使得 CO 转化率增加。这种协同作用不仅和热力学有关系，而且和三个反应的动力学也有关系。有关反应式(12-1)、反应式(12-2) 和反应式(12-3) 的动力学研究文献较多，但对同时包含三个反应的研究较少。X. D. Peng 等用近似平衡关系对反应进行了描述。

甲醇合成反应：
$$R_m=k_m f_{H_2}^{a_1} f_{CO}^{b_1}(1-\text{app}\cdot m)$$

水煤气变换反应：
$$R_w=k_w f_{CO}^{a_2} f_{H_2O}^{b_2}/f^{c_2}(1-\text{app}\cdot w)$$

甲醇脱水反应：
$$R_d=k_d f_{MeOH}^{a_3}/f_{DME}^{b_3}(1-\text{app}\cdot d)$$

并认为：a. 在合成气一步法合成二甲醚的反应中，当原料气富含 CO 时，三个反应间的协同作用会更强；b. 在单程通过的流程里，原料气中 H_2/CO 的合适比例应在 1.0~2.0 之间；c. 原料气中的 CO_2 对反应不利。总之，X. D. Peng 等[48]认为，合成气直接合成二甲醚反应更多的是由动力学而不是热力学控制的，反应体系中几个反应间的协同作用主要是由脱水反应的速率决定的，但二甲醚收率则与协同作用以及甲醇合成的速率有关。国内粟同林、方鼎业等也对二甲醚和甲醇合成反应进行了动力学研究，提出了反应体系的动力学模型，考察了温度、压力、空速、催化剂配比和原料气中 H_2：CO 对催化剂的影响，对反应条件进行了优化。

⑤ 合成气制备二甲醚催化剂　通常认为，合成气转化为二甲醚经历了甲醇合成和甲醇脱水两个步骤。因此合成气直接制取二甲醚催化剂是由甲醇合成组分和甲醇脱水组分复合而成，是一种双功能催化剂[49]。甲醇合成部分催化剂主要是铜锌基催化剂、Raney 铜催化剂、含铜金属化合物催化剂和贵金属催化剂等。铜锌基甲醇合成催化剂主要是金属氧化物复合物 $CuO\text{-}ZnO\text{-}Al_2O_3$ 等，其中铜锌为主要的活性组分。此外，还可以通过添加助剂 B、Mn、Ce、W、V、Mo、Mg 等，来提高催化性能[50]。贾美林等[51]研究了 $CuO\text{-}ZnO\text{-}Al_2O_3/HZSM\text{-}5$ 系列双功能催化剂催化含 N_2 合成气直接制二甲醚的性能，考察了助剂和催化剂制备方法对反应性能的影响。结果表明，在 $CuO\text{-}ZnO\text{-}Al_2O_3/HZSM\text{-}5$ 催化剂中加入 ZrO_2，有利于提高催化活性；用胶体沉积法制备的 $CuO\text{-}ZnO\text{-}ZrO_2\text{-}Al_2O_3/HZSM\text{-}5$ 双功能催化剂，其 CuO

晶粒小、分散好、易于还原，同时增强了各组分间的协同作用，表现出良好的催化性能。沙雪清等[52] 在 $CuO\text{-}ZnO\text{-}ZrO_2/HZSM\text{-}5$ 催化剂的基础上，又继续添加了具有可变化合价的第 4 组分助剂，如 B、La、Co 和 Mn 的氧化物，制备了一系列新催化剂，并考察了这些催化剂合成二甲醚的活性。结果表明，$MnO_2\text{-}(CuO\text{-}ZnO\text{-}ZrO_2)/HZSM\text{-}5$ 具有最佳的催化活性且当 $n(CuO):n(MnO_2)=1:0.1, m[(CuO/ZnO/ZrO_2/MnO_2)]:m(HZSM\text{-}5)=3:1$ 时，催化剂中各组分之间发生协同作用而表现出较好的催化活性，在反应压力为 4.0MPa，原料空速为 $1000h^{-1}$，反应温度为 250℃ 时，CO 转化率达到 87.81%，二甲醚收率达到 65.07%。葛庆杰等研究了镁、锰、锆、硼等助剂对 $CuO\text{-}ZnO\text{-}Al_2O_3/HZSM\text{-}5$ 催化剂性质和催化性能的影响，认为镁、锰、锆是合成气制二甲醚 $CuO\text{-}ZnO\text{-}Al_2O_3/HZSM\text{-}5$ 催化剂的优良助剂。

A. J. Bridgewater 等[53] 制备了不同组成的 Cu/Zn/Al 合金催化剂，研究表明其活性取决于铜的组成及碱浸溶的条件。少量锌的存在不仅能够提高催化剂的活性，而且还能提高催化剂的稳定性。E. G. Baglin 等[54] 采用含铜金属化合物作为催化剂来进行研究，催化剂为 Cu 与 Th、Hf 或 Zr 制成的合金。F. P. Daly[55] 认为使用 $ThCu_6$ 作为催化剂时，合成甲醇的活性物种是 Cu_2O。在合成气中没有 CO_2 时催化剂的活性是稳定的，但是微量的 CO_2 就能使其中毒。对于贵金属催化剂，单纯的 Pd 催化剂对合成甲醇反应速率较低，加入少量的碱金属 Li、Na、K、Rb 对催化活性有促进作用。将 Pd 负载在 Al_2O_3、SiO_2、MgO、La_2O_3、ZrO_2 等载体上，对合成甲醇具有不同的活性。

甲醇脱水部分催化剂可以是各种的固体酸，包括无定形类的氧化物和复合氧化物，如 $\gamma\text{-}Al_2O_3$、$SiO_2\text{-}Al_2O_3$、$TiO_2\text{-}Al_2O_3$、$TiO_2\text{-}ZrO_2$ 等；也包括固体超强酸类型的，如 HY、Hβ、HX、ZSM-5 等分子筛或者杂多酸以及 $SO_4\text{-}Al_2O_3$ 等。它们的酸性（包括酸强度、酸量、酸类型等）不同，因此催化性能也差别较大。活性较好和使用最为广泛的是 $\gamma\text{-}Al_2O_3$ 和 HZSM-5 分子筛。毛东森等[56] 采用浸渍法制备了经硼、磷和硫的含氧酸根阴离子改性的 $\gamma\text{-}Al_2O_3$，以其为甲醇脱水活性组分，与铜基甲醇合成活性组分 $CuO\text{-}ZnO\text{-}Al_2O_3$ 组成双功能催化剂，并在连续流动加压固定床反应器上考察了催化剂对合成气直接制二甲醚反应的催化性能。结果表明，SO_4^{2-} 改性可以显著提高 $\gamma\text{-}Al_2O_3$ 的甲醇脱水活性，从而提高产物中二甲醚的选择性和一氧化碳的转化率。由于 HZSM-5 的酸性太强也会导致二甲醚发生深度脱水生成烃类，因此近些年来，也有采用 Mg、Na 等对 HZSM-5 进行改性以提高二甲醚选择性的报道。宋庆英等[57] 采用 $MgCl_2 \cdot 6H_2O$ 固态离子交换法改性合成气直接制二甲醚双功能催化剂中的甲醇脱水组分 HZSM-5 分子筛，制得一系列 Mg-ZSM-5 催化剂，并用 XRD 和 NH_3-TPD 表征其结构和表面酸性，发现改性后分子筛的晶型和结构未受到破坏，但分子筛表面弱酸中心增强，强酸中心减弱，酸中心分布较为集中。将由 Mg-ZSM-5 分子筛与 Cu 基甲醇合成催化剂组成的双功能催化剂用于合成气直接制二甲醚反应，结果表明，目的产物 DME 选择性由改性前的 53.6% 提高到 68.3%，而副产物 CO_2 和烃类的选择性则分别由 41.75% 和 0.23% 下降至 27.67% 和 0.02%。所以加入适量的 $MgCl_2 \cdot 6H_2O$ 参与固态离子交换反应，能显著改善双功能催化剂中 HZSM-5 分子筛的甲醇脱水性能。

12.2.2　直接转化技术

12.2.2.1　直接制甲醇和甲醛

目前，由甲烷合成甲醇的方法有多相催化氧化法、均相催化氧化法、熔盐氧化法、等离子体转化法、酶催化氧化法和光催化氧化法等[58]。

（1）甲烷合成甲醇的方法

① 多相催化氧化法　多相催化氧化法基于瓦斯蒸气转化，即甲烷部分氧化成甲醇后再部分氧化成合成气。然而，由于甲烷分子的高稳定性，氧化甲烷的条件比较苛刻。同时，甲烷氧化生成的甲醇又容易被氧化为 CO_2 和 H_2，从热力学上考虑，目标产物甲醇是不稳定的。甲烷选择性氧化制甲醇催化剂必须具备高的选择性，同时又具有较好的稳定性。为此，国内外对多相催化部分氧化合成甲醇的催化剂进行了大量的研究。

R. L. McCormick 等用分子氧在常压、连续流动的反应器中对比了 Al_2O_3、SiO_2、ZrO_2 和 TiO_2 负载的 $FePO_4$ 催化剂上甲烷氧化合成甲醇的性能，发现主要产物为 HCHO、CO 和 CO_2，对 SiO_2 负载的催化剂有少量的甲醇生成[59]。Y. Shiota 等研究了过渡金属氧化物离子：ScO^+、TiO^+、VO^+、CrO^+、MnO^+、FeO^+、CoO^+、NiO^+ 和 CuO^+ 对甲烷转化制甲醇的影响[60]。Tomomi 等[61]研究了在 873K 和过量水蒸气存在时，在高度分散的 MoO_3-SiO_2 催化剂上，用氧气部分氧化甲烷为甲醇、甲醛的反应。结果表明，甲醇的选择性随原料气中水蒸气含量的增加而增加，CO 和 CO_2 的选择性随原料气中水蒸气含量的增加而减小，并认为这是在反应过程中催化剂表面形成 $H_4SiMo_{12}O_{14}$ 的结果。

② 均相催化氧化法　在常压下甲烷在气相部分氧化的研究结果表明，在 966 K 下甲烷转化率仅有 1%。采用 $NO_x(x=1,2)$ 活化氧化甲烷合成甲醇，在 808K、100 kPa、CH_4-O_2-NO_2-He 气氛中（四种气体的体积分数分别为 55.6%、27.7%、0.5% 及 6.2%）进行甲烷气相氧化时，除 CO_2、硝基甲烷和甲酸外还生成甲醇和甲醛。在甲烷转化率为 10% 时，甲醇和甲醛的选择性分别为 27.3% 和 24.5%。在 CH_4-O_2-NO_2 气氛中添加甲醇时，甲烷选择氧化合成甲醇的选择性提高，认为 250℃、0.4MPa 和 $q_V(CH_4)/q_V(O_2)=8.0$ 条件下，甲醇的收率最大，为 2.3%。即使在高压下，甲烷的转化率也不超过 10%，况且生成的产物是甲醇、甲醛、甲酸和甲酸甲酯的混合物和 CO_x 等。

Cu-ZnO/Al_2O_3 催化剂可以提高 CH_4-O_2-NO 气氛中甲烷氧化合成甲醇的选择性。目前还没有采用均相气相氧化法使瓦斯一步氧化转化为甲醇的经济性方法，虽然用 NO_x 氧化甲烷，甲烷的转化率和选择性有所提高，可以使甲烷一步直接氧化合成甲醇，但在氧化时不可避免地产生 CO_x 和水，NO_x 和水存在时对设备造成严重的腐蚀。Xiao 等用 $HgSO_4$ 作为催化剂，以 H_2SO_4-SO_3 为反应介质，在 150～200℃、40～100MPa 下氧化甲烷合成甲醇，考察了反应温度、系统压力、催化剂用量、搅拌速率对反应速率的影响，认为每个 $HgSO_4$ 分子催化一个甲烷分子。K. Mylvaganam 等[62]研究了在水溶液中顺式和反式的铂化合物 $[Pt(NH_3)_2(OSO_3H)_2]$ 或 $[Pt(NH_3)_2(OSO_3H)(H_2SO_4)]^+$ 催化甲烷合成甲醇的实验，并用密度泛函理论进行了计算，认为甲烷分子的 C—H 键是通过甲烷取代氨配位体，然后消去一个质子形成甲基化合物进行活化的。

③ 熔盐氧化法　B. J. Lee 等用硝酸盐作为甲烷部分氧化合成甲醇的促进剂，并和其他熔盐进行比较，发现在硝酸盐中生成甲醇，而在氢氧化物、碳酸盐和氯化物中主要产品为乙烷和乙烯。他们在流动的反应系统中，在 525～600℃ 用不同比例的（Na，K）NO_3 熔盐作为甲烷部分氧化反应的促进剂，产物主要是 CH_3OH、CO、CO_2、少量 C_2H_6 和 C_2H_4。甲烷转化率为 1.8%～12.4%，甲醇选择性为 0.4%～14.1%，结果表明双金属盐比单金属盐效果好。同时，研究表明甲烷氧化合成甲醇和生成碳二烃是平行反应，且在能量利用率上比晶体 $FeO \cdot 5AlO \cdot 5PO_4$ 的高。由于激光的特点在于其方向性，不利于工业化生产。用半导

体催化剂和自然光催化水和甲烷合成甲醇的研究已经进行了将近 20 年，C. E. Taylor 等最近用掺杂钨的催化剂和可见光进行甲烷合成甲醇，认为光催化甲烷和水合成甲醇的反应过程为：光解水产生 HO·，HO· 和 CH_4 反应生成 ·CH_3，然后 ·CH_3 和另一个水分子反应生成甲醇。Chen 等以溶胶-凝胶法合成的、表面积和孔径相近的含水 MO_3/TiO_2、WO_3/TiO_2 为催化剂，光催化分子氧氧化甲烷，催化剂的活性高于 TiO_2，且有少量的甲醇生成。认为在 350K 下，在预吸附水的 TiO_2 基催化剂上用分子氧光氧化甲烷在添加 Mo 时催化剂的活性提高。由于该过程不需要氧气，避免了深度氧化的可能性，同时有效地利用了丰富、廉价的水资源，这仍将是今后甲烷合成甲醇研究的重要方法之一。

④ 等离子体转化法　Huang 等在微波等离子体反应器中探索了用氧部分氧化甲烷制甲醇的工艺，认为在等离子体反应器中要选择性地转化甲烷，关键是控制自由基反应进行的程度，并设计了不同类型的反应器来控制自由基反应：一种反应器是反应物逆流进入，另一种是反应物并流进入。实验结果是，后一种反应器优于前者，但都不可避免地有碳二烃和一氧化碳的生成。M. Okumoto 等[63]在同心圆筒形反应器中，采用脉冲放电等离子体研究了添加 Ar 和 He 时 CH_4 与 O_2 直接合成甲醇，结果表明有较多的 C_2H_6 生成。将脉冲放电等离子体用于甲烷选择性氧化合成甲醇，研究结果表明，在甲烷转化率为 1.9% 时，甲醇的最大选择性为 47%，甲醇的选择性对输入的能量十分敏感。在介质阻挡放电反应器中，采用氧气或空气作为氧化剂部分氧化甲烷合成甲醇的研究结果表明，甲醇的收率为 3%，选择性为 30%，其他产物为一氧化碳、乙烯、乙烷和丙烷等。由于氧气或空气的氧化性比较强，往往会生成碳二烃和 CO_x。采用介质阻挡放电，在常压下用 N_2O 为氧化剂部分氧化甲烷，得到的产物主要有甲醇、甲醛和 CO。在用 Ar 作引发气体的情况下，甲醇和甲醛的收率达到 10%，选择性达到 40%，CO 是其他的主要副产物。

量子化学计算表明，等离子体条件下甲烷和氧气反应生成甲醇的微观历程为 $CH_4 + O \longrightarrow ·CH_3 + HO·$ 和 $·CH_3 + HO· \longrightarrow CH_3OH$。等离子体技术，特别是低温等离子体技术用于甲烷的转化研究是近期甲烷化学和 C_1 化工研究的热点之一。采用 O_2 或 N_2O 作为氧化剂，无法避免 CO_x 的生成，而水蒸气和甲烷在火花放电或丝状放电时能够产生 0.5% 的甲醇。甲烷和水蒸气混合物在超短脉冲放电情况下，甲醇的选择性为 10%，产率为 0.52%。本课题组采用甲烷和水蒸气为原料，把等离子体技术和催化剂相结合的初步研究结果表明，水的转化率大约为 6%，甲醇的选择性可达 85%，乙醇的选择性大约为 14%。利用介质阻挡放电非平衡等离子体反应技术，采用石英管为阻挡介质和不锈钢管内电极以及铜片外电极结构的反应器，在常压、连续流动的反应器中对甲烷在水中直接合成甲醇进行了研究。利用正交实验的方法对其工艺条件，其中包括原料气总流量（q_V）、内电极大小（d）、水温（t）、放电电压（U）、稀释率以及外电极长度进行了研究。实验结果表明，适宜的工艺条件为：$q_V = 17.256 \text{mL} \cdot \text{min}^{-1}$、$d = 12.0\text{mm}$、$t = 80℃$、$U = 55\text{kV}$、$L = 69.0\text{mm}$、稀释率为 4，甲醇选择性可达 64.78%，收率达到 16.12%。由于该过程不需要氧化剂，避免了深度氧化的可能性，可以利用丰富、廉价的水资源，同时能够得到氢能，这将是今后甲烷等离子体技术合成甲醇研究的重要方法之一。

⑤ 酶催化氧化法　尉迟力等对甲烷生物氧化合成甲醇进行了较为系统的研究。研究了在甲烷氧化细菌 *Methylosinus trichosporium* 3011 细胞反应液中加入一些化学物质对甲醇累积的影响；考察了甲烷氧化细菌 *Methylosinus trichosporium* 3011 的生理特性及反应条件对甲烷单加氧酶和甲醇累积的影响，甲醇的最大积累量为 3.1 $\mu mol \cdot (mg \cdot h)^{-1}$，并认为甲基

球菌3021中的甲烷单加氧酶在甲烷生物催化氧化制甲醇的反应中具有重要的作用。由于大部分甲醇被甲醇脱氢酶继续氧化、代谢，因此，寻找更好的抑制甲醇继续氧化的抑制剂，提高酶的稳定性，减少酶活性损失是甲烷酶催化氧化制甲醇的关键。利用无机载体（活性炭、氧化铝、分子筛等）吸附法和天然藻胶（海藻酸钙等）包埋法制备的固定化甲烷氧化细菌的催化性能及其在生物反应器中的反应结果表明，在进行甲烷制甲醇的反应中，活性炭吸附制备的固定化细胞的操作稳定性最好，但其初始酶活性与休止游离细胞相比损失 60%～80%；海藻酸钙包埋的固定化细胞初始酶活性高（与游离细胞相比，可保持 55%～90% 的酶活性），但反应中甲醇累积速率很低；而双重介质（琼脂-陶瓷粒）包埋的固定化细胞有利于保持固定化细胞的酶活性，增加操作稳定性，是一种很有希望的固定化方法，提高甲烷的转化率和甲醇的选择性仍是酶催化的研究方向[64]。

⑥ 光催化氧化法　高峰等采用激光为能量，用溶胶-凝胶法合成的非晶态 $Fe_{0.5}Al_{0.5}PO_4$ 催化剂催化甲烷部分氧化反应的研究结果表明，甲醇的选择性大于 80%，随激光含量的增加而减小，并认为这是在反应过程中催化剂表面形成 $H_4SiMo_{12}O_{40}$ 的结果。在原料气中水蒸气的体积分数为 60% 时，含氧化合物的收率可以达到 20%，甲烷的转化率大约为 25%，含氧化合物的选择性为 90%。Duck 等用活性炭负载的钯和氯化铜为催化剂，进行甲烷氧化合成甲醇及其同系物的研究[65]。M. A. Banares 等研究了在 V_2O_5/SiO_2 催化剂上进行甲烷选择性氧化合成甲醇和甲醛，发现添加 NO 甲烷转化率增大，NO 浓度低时产物主要是碳二烃，NO 浓度高时产物主要为 CO_2，甲醇收率随 NO 浓度的增大而增大，最大收率可达 7%。过渡金属化合物沸石催化剂和 Pt 催化剂都曾被用于甲烷部分氧化合成甲醇的研究。朱起明等评价了甲烷直接氧化制甲醇和甲醛的多种催化剂，活性比较好的是 V_2O_5/SiO_2、$MoO_3 \cdot Cr_2O_3/SiO_2$、Fe-Mo 催化剂；对醇、醛的选择性比较好的是 Fe-Mo 催化剂[66]。在甲烷部分氧化合成甲醇、甲醛中用 Cr_2O_3、MoO_3、V_2O_5 和 Bi_2O_3 作催化剂，采用三种共沉淀工艺制备了 Mo-Cr-V-Bi-Si 多元复合氧化物催化剂，发现不同的共沉淀工艺过程对催化剂体相中 Mo、Cr、V 和 Bi 的含量及催化剂活性有一定影响。最近，Zhang Qijian 等在新设计的反应器中，在 5.0 MPa、430～470℃、$CH_4/O_2/N_2$ 的体积流率比 $q_V(CH_4)/q_V(O_2)/q_V(N_2) = 100 : 10 : 10$ 时，得到的结果为甲烷转化率 13%，甲醇选择性 60%。沈守仓等在常压下研究了 Mo-Co-O/SiO_2 系催化剂上甲烷部分氧化制甲醇的反应。王承学等用 L9(3:4) 正交实验对 2% Mo-SiO_2 催化剂进行了改性研究，发现 Cr、Cu、Sn 和 P 可改变催化剂的活性和选择性，在 Cr 为 0.5% 时有较高的甲醇收率，在 450℃、常压下反应，甲醇收率为 2.76%。邱发礼等对甲烷部分氧化合成甲醇进行了研究，评价了在 433℃、50MPa 压力下不同种非均相增感剂对纯甲烷氧化的影响。清华大学化工研究所的林家庆用 Mo-V/SiO_2 作催化剂，N_2O 作氧化剂对甲烷进行部分氧化合成甲醇和甲醛进行了探讨。催化剂作用下甲烷部分被氧气、空气或氮的氧化物氧化合成甲醇的过程中，转化率很低；转化率高时，选择性则较差，常常生成甲醛、甲酸、水和 CO_x 等。CO_x 的生成反应是强放热反应，反应热的移出给工程上带来了工作量，而且高温下往往造成积炭，使反应无法连续长时间进行。采用常规催化剂，目前还没有瓦斯一步氧化转化为甲醇的经济性方法。

（2）甲烷合成甲醛的方法

① 甲烷合成甲醛的原理　甲烷和氧在低压和低浓度时形成甲醛的概率很大，过氧化物 CH_3OOH 分解为 CH_3 和 OH，然后由 CH_3O 原子团形成 CH_2O，反应如下：

$$CH_4 + O_2 \longrightarrow CH_3 + HO_2$$

$$CH_3 + O_2 \longrightarrow CH_3O_2$$

$$CH_3O_2 + CH_4 \longrightarrow CH_3OOH + CH_3$$

$$CH_3OOH \longrightarrow CH_3O + OH$$

$$CH_3O + O_2 \longrightarrow CH_2O + HO_2$$

由原子团 CH_3O_2 也能形成甲醛：

$$2CH_3O_2 \longrightarrow CH_3OH + CH_2O + O_2$$

所形成的甲醛按下列反应逐渐被消耗：

$$OH + CH_2O \longrightarrow HCO + H_2O$$

$$HO_2 + CH_2O \longrightarrow HCO + H_2O_2$$

在流动反应条件下，773～873K，通过低容量速度，甲基复合成甲醛占优势：

$$CH_3 + O_2 \longrightarrow CH_2O + OH$$

② 甲烷氧化成甲醛的催化剂　甲烷氧化成甲醛的催化剂应当具备脱氢机能和引入氧原子的机能，对于第一个机能，Fe^{3+} 和 Cr^{3+} 的氧化物是最好的；对于第二个机能，V^{5+}、Mo^{6+}、Ti^{4+} 和 Zr^{2+} 的氧化物是最好的。在 SiO_2 上用 HCl 提高甲烷的总转化率和甲醛的产量[67]。HCl 能毒化甲醛进一步氧化为活性中心，用过氧化氢覆盖 SiO_2 同样能提高甲醛的产量。在酸性基键—OH 上进行下列反应：

$$CH_4 + {-}OH \longrightarrow CH_3O + H_2O \xrightarrow{O_2} \begin{matrix} -O \\ \diagdown \\ \diagup \\ -O \end{matrix} CH_2 \longrightarrow CH_2O + O_s\ ({-}OH_s)$$

在循环与凝结中得到 14％～16％的甲醛，有的实验达 18％。利用 N_2O 和 O_2 作为氧化剂，在 MoO_3/SiO_2 催化剂上得到最高产量。例如，823K，在 1.7％ MoO_3/SiO_2 上，甲烷的转化率从 0.5％提高到 6％，甲醛的选择性为 55％，而甲醇的选择性为 38％。向混合物中加入水蒸气，得到甲醛和甲醇的最高产量，$p_{H_2O} = 20$kPa，转化率为 26％时，$CH_2O + CH_3OH$ 的总选择性为 99％。823～923K，在 MoO_3/SiO_2 上甲烷氧化成甲醛，转化率约为 3％时，选择性为 85％；转化率为 7％时，选择性为 30％。在无 SiO_2 的纯 MoO_3 上不能形成甲醛。

用 CO_2 作为氧化剂，使甲烷在黄铜网上顺利完成若干次氧化和还原，其比表面积是 24.3$m^2 \cdot g^{-1}$。如果在 653～733K 使用，氮气流冲量 $CH_4 + CO_2$，甲醛则是唯一的产物。用 CO_2 作为气体载体，873K，甲烷进行氧化，只能得到 1.23％～4.36％的甲醇。选择甲烷氧化成甲醛催化剂的总原则，通过大量研究分为三组催化剂：a. 含有氧化钼或氧化钒体系；b. 含有氧化铁的催化体系；c. 酸类。载有氧化物的 SiO_2 体系比载有氧化物的硅酸铝或 Al_2O_3 体系活泼而且有选择性，几乎在所有条件下，甲烷氧化成甲醛的温度（100～200K）比甲烷氧化缩合的温度（723～973K）低。

③ 甲烷氧化成甲醛的反应历程　甲烷氧化成甲醛的反应历程分为：a. 多相-单相历程，该历程选择性控制气体反应；b. 多相历程，选择性控制催化剂表面上的反应。多相-单相历程的主要证据是生成自由基，用 CO_2 矩阵凝结自由基的方法证明在这种反应中首先形成游离基 CH_3O_2，向 $CH_4 + O_2$ 混合物中加入乙烷，823～913K，在 SiO_2 上甲烷氧化成甲醛的选择性提高了，而一氧化碳的产量降低了，认为 C_2H_6 增加 CH_3 的形成。CH_3 在这种条件下转变成 CH_3O_2 和 CH_3O，CH_3O_2 原子团和 CH_2O 产量之间存在着相关性，HCl 提高总转化率，但降低原子团的产量而提高甲醛的产量。载有 H_2O_2 的 SiO_2 也能提高甲醛和自由基的

产量。在 Fe-Nb-B-O 催化剂上，甲烷与表面氧 O_s 首先作用，生成甲基，甲基再与 O_s 作用，生成甲醛。

$$CH_4 + -OH_s \longrightarrow CH_2O + H_2O \xrightarrow{O_2} \overset{-O}{\underset{-O}{\diagdown}} CH_2 \longrightarrow CH_2O + O_s \ (-OH_s)$$

$$CO_2 + O_s \longrightarrow CH_3 + OH_s$$

$$CH_3 + O_s \longrightarrow CH_2O + \frac{1}{2}H_2$$

$$OH_s \longrightarrow O_s + H_2O$$

在 MgO 催化剂上，$CH_4 : O_2 : Ar = 6 : 1 : 6$，混合物的容量速度从 $1000h^{-1}$ 提高到 $48000h^{-1}$，强烈地提高甲烷氧化成甲醛的选择性，当 O_2 的转化率为 9％时，甲醛的选择性为 65％，O_2 的转化率为 11％时，选择性减小到零，同时生成 CO 的选择性提高到 65％，而且出现了 C_2H_6。

用电子磁共振方法研究催化剂，发现催化剂 MoO_3/SiO_2 和 V_2O_5/SiO_2 容易把 $\equiv Mo^{6+} = O$ 和 $\equiv V^{5+} = O$ 还原成相应的原子团中心 $Mo^{6+}O^-$ 和 $V^{5+}O^-$，而不是 $Mo^{5+}O^-$（或 $Mo^{5+}OH^-$）或 $V^{6+}O^-$（或 $V^{6+}OH^-$），这些催化剂与 N_2O 作用容易形成 O^- 中心：

$$Mo^{5+} + N_2O \longrightarrow Mo^{6+}O^- + N_2$$

甲烷与这些中心作用，其反应历程为：

$$Mo^{6+}O^- + CH_4 \longrightarrow Mo^{6+}OH^- + CH_3$$
$$Mo^{6+}O^{2-} + CH_3 \longrightarrow Mo^{5+}OCH_3^-$$

甲基氧化分解形成甲醛：

$$Mo^{5+}OCH_3^- + Mo^{6+}O^{2-} \longrightarrow Mo^{5+}OH^- + CH_2O$$

而与水作用生成甲醇：

$$Mo^{5+}OCH_3^- + H_2O \longrightarrow Mo^{5+}OH^- + CH_3OH$$

按下列反应进行选择性氧化作用：

$$8Mo^{6+} + 4O^{2-} + CH_4 \longrightarrow 8Mo^{5+} + 2H_2O + CO_2$$

即 O^- 中心的单电子转化导致 CH_2O 的形成，而 O^{2-} 中心的双电子转移导致 CO_2 的形成。按照这种反应路线，如果不算自由基的形成和它们在表面上的作用，实际上没有单相阶段。用机械磨碎 $MoO_3 + SiO_2$ 催化剂，形成高浓度的 Mo^{5+} 原子中心，甲烷在这种催化剂上的反应历程：

无钼或钒的纯 SiO_2 对甲醛表现出高选择性，但在 873K 时表现出低活性。把 SiO_2 加热到 1273K，既提高甲醛的产量又提高选择性，由此可见，高温时 SiO_2 脱羟基，在表面上形成原子团和双原子团中心。

甲烷氧化成甲醛的多相路线。例如，在 MoO_3/SiO_2 和 V_2O_5/SiO_2 催化剂表面上完成了甲烷氧化作用的主要阶段。

$$CH_4+O_2+MO \rightleftharpoons CH_3OM \rightleftharpoons \begin{matrix} CH_3OH \\ \updownarrow \\ MOCH_2OM \end{matrix} \rightleftharpoons CO_2 \rightleftharpoons MOCOM$$
$$CH_2OM \rightleftharpoons CH_2O \rightleftharpoons OCH_2OM \rightleftharpoons CO$$

从图解中看出,甲醛是氧化成 CO 的中间产物,甲烷氧化成甲醇是平行反应。而 CO_2 的形成有两条路线:甲烷在催化剂表面上直接形成 CO_2;中间经过气相产物 CO 而生成 CO_2。大量资料说明多相-单相历程的好处,提出下列原理:a. 氧化物表面上稳定的原子团中心是活性中心,可能是 O^-;b. 通过甲烷与活性中心作用,生成气相的甲基原子团;c. 温度低于 $879 \sim 929K$ 时,甲基与氧作用,生成 CH_3O_2、CH_3O、CH_3OOH,最后生成 CH_2O;d. 高温时发生大量碰撞,高压时原子团转化成 CO、CO_2、C_2H_4、C_2H_6,降低了对 CH_2O 的选择性。

12. 2. 2. 2 甲烷氧化偶联合成乙烯

美国 Siluria 技术公司于 2010 年 7 月宣布,开发出纳米线基催化剂,这种催化剂可在温度大大低于蒸气裂解所需温度条件下,直接将甲烷转化成乙烯。Siluria 技术公司已与 Silieon Valley 风险投资公司 Kleinerperkins Caufield&Byer 合作启动这一项目。该公司组合采用了由 MIT 大学教授和 Siluria 公司创始人 Angela Belchcr 开发的高处理量筛选和合成生物技术,开发出生物材料"模板",这一模板可影响结晶时的表面结构。这种"由底向上"的方法可产生新的、更加高效的催化剂结构[68]。

被称为甲烷氧化耦合(OCM)的反应是石化工业一直试图开发的路线,但传统的催化剂技术的缺陷使其不可能达到经济上的可行性。采用多相和均相催化剂用于甲烷氧化耦合(OCM)已取得了一些成功,但没有实现商业化,这是因为反应的选择性及产率还不够高。

Beleher、Siluria 和其他一些公司,包括陶氏化学和巴斯夫公司,均在继续进行研发,以寻找比热裂解更好的途径,但这些研发仍有很长的路要走。试验研发与 $1Mt \cdot a^{-1}$ 乙烯装置之间还是存在很大的差别。然而,关键是坚持不懈地创新。陶氏化学公司在巴西通过反相裂解生物乙醇,正在使乙烯生产接近于商业化。

据 Siluria 公司估计,该公司开发的这一技术可望使石化行业在原材料及操作成本上每年节省数百亿美元。瓦斯资源在继续增长,而世界上可获得的石油供应正在变得越来越昂贵。美国科学家期望这一突破能创造就业机会,并继续使北美化工行业保持主导地位。

在经改造的蒸汽裂解装置中可使用催化剂,该公司已与几家大型化学公司进行合作来评估这一技术。该工艺过程也可进行调节,应用于其他反应,如将丙烷转化为丙烯,将乙烷转化为醋酸。采用该公司的方法制造的催化剂可应用于催化不同的反应,而沸石对一些定向反应则无效。

12. 2. 3 其他化工转化技术

12. 2. 3. 1 甲烷裂解制氢

氢气具有高热值、高清洁性、可再生性等特性,因而被认为是 21 世纪的清洁绿色能源。开发氢能是解决全球性能源危机和大气污染问题的重要途径。目前应用最广泛的规模制氢方法是化石燃料如煤、石油、瓦斯及生物质能等制氢。随着瓦斯资源探明储量的不断增加,以及瓦斯制氢的技术优势,瓦斯转化制氢成为当今的主要制氢方法之一。瓦斯的主要成分是甲烷,通过甲烷制氢的方法有多种,包括甲烷水蒸气重整制氢、甲烷部分氧化制氢、甲烷自热重整制氢、甲烷绝热催化裂解制氢等[69]。其中甲烷水蒸气重整工艺较为成熟,是目前工业应用最多的方法,但其耗能高、生产成本高、设备投资大,而且制氢过程中向大气排放大量的温室气体 CO_2,同时需要经过一氧化碳变换、二氧化碳脱除以及甲烷化多个后续步骤方能得到纯度较高的氢气,生产周期长。甲烷催化裂解制氢由于其耗能少,产物氢气中不含 CO_x 而对环境不会有影响,因而具有很好的前景,而且其产物纯度较高,可满足目前的燃料电池用能要求。目前限制其规模使用的原因主要在两方面,即制氢的转化率和副产品碳的应用。要提高制氢的转化率,主要应从催化裂解的操作条件以及催化剂的性能两方面着手。本文在给出甲烷催化裂解工艺的条件下,分析了各个方面的影响因素及副产品碳的可能的应用领域。

(1)催化裂解制氢工艺介绍

甲烷在高温情况下,直接分解为碳和氢气。甲烷的高温分解实际并不是一个新的反应,只是以前不是用在制氢而只是作为制备炭黑的方法。主要反应式如下:

$$CH_4 \longrightarrow C + 2H_2, \quad \Delta H = 18 \text{kcal} \cdot \text{mol}^{-1}$$

反应中由于 C—H 键非常稳定,反应要求温度很高。在无催化剂条件下,反应温度必须在 700℃ 以上才能保证反应进行。而要保证有较高产氢量,要求反应温度在 1500℃ 以上。产生的碳以微粒形式存在,主要的气态产物即是氢气。每反应 1mol 甲烷需能量 18kcal · mol^{-1},即使考虑在 80% 的热效率情况下,所需能量仍为 11.3kcal · mol^{-1}。为了降低反应温度,一般采用加入催化剂的方法。以前文献中有采用一些迁移性金属如 Ni、Fe、Co 等金属作为催化剂的方法,而且这些催化剂的活性很高,但由于分解出来的碳容易产生沉积现象,沉积阻塞导致催化剂失活及再生等问题。目前提出一种采用碳基催化剂的方法,Muradov 采用了各种碳基催化剂,包括活性炭、炭黑、石墨碳、碳纤维等,实验表明活性炭和炭黑催化活性较好。而且这些催化剂价廉易得,产生的碳还可以作为副产品加以利用,催化剂再生这一步也可以取消[70]。

反应可在一个石英管反应器中进行,反应所需热源可通过加热器燃烧甲烷气体或者部分产物 H_2 都可以,最简单的方式是采用管式电加热炉。实验前要对活性炭进行磨碎、筛分、干燥。系统在氩气保护下升温,然后置换成甲烷气体进入反应器,先经过预热阶段,到一定温度后再进入反应阶段,通过加热炉控制反应温度在 750~950℃ 之间,反应后气体流出,上部有过滤装置防止炭粉随气流逸出。最后通过气相色谱对产物进行成分分析,由氢平衡计算确定甲烷转化率。

(2)影响因素分析

① 反应器形式的选择　目前有两种反应器的形式,固定床式反应器和流化床式反应器。各自的优缺点都很明显而且反应机理类似[71]。在固定床反应器中,由于不断积炭带来的床层膨胀和堵塞给操作带来了困难,而且只能间歇生产。而流化床反应器传热传质快,能保证床层的温度和浓度均匀,还能实现新鲜催化剂的不断加入和失活催化剂的及时撤出,使连续操作成为可能。但是流化床中流体速度高,炭粉吹起来后,反应过程很难控制,而且可能有炭粉进入气流使产物不纯。在相同温度下,甲烷在流化床反应器中有较高的初速度,而在固定床中活性炭的失活速率较慢。

② 转化率随时间的变化　Myung Hwan Kim 对果壳活性炭及煤质活性炭做了实验,两者在反应趋势上没有明显的区别。炭都会很快失活,在反应 1h 后其活性只有初始活性的 0.1~0.25。以前还有的文献中的数据是 0.05~0.32,实验也在这个范围内,而且其他种类的活性炭也符合这个趋势。活性炭失活如此迅速主要是因为积炭导致孔道堵塞。对于初始反应速率,则可以采用外推法通过经验公式大致计算[72]。因此在实验时,如果采用固定床间

歇反应，要注意一次反应持续的时间。

③ 温度影响　随着反应温度的升高，甲烷裂解的初始速率增加，但是高温下活性炭失活较快，在 900℃ 下尤为明显。很显然，由于甲烷裂解是吸热反应，高温有利于甲烷的裂解，因此初期裂解速率较大，由此产生大量的积炭堵塞孔道，占据活性位，阻碍了甲烷进一步在活性炭上的裂解。在 850~950℃ 时反应总体转化率较高，针对不同催化剂的最好反应温度点不同。

④ 气流速度的影响　气体流速作为流化床操作的重要条件可以影响床层的流化状态，同时对甲烷在活性炭上的裂解也有很大的影响。随着气体流速增加，甲烷裂解的初始速率降低，同时整体的裂解速率也有相应的降低。气体流速增加，在催化剂质量不变的情况下，与催化剂的接触时间相应减少，即停留时间减小，转化率也相应减小。

（3）对催化剂性质研究

催化剂的种类是影响甲烷分解的重要因素，现已研究了多种过渡金属和贵金属负载型催化剂，这些催化剂大致可以分为两类：一类是以 Fe、Co、Ni 为主的第Ⅷ族复合金属氧化物或担载型催化剂，这类催化剂的优点是催化效率高、价格便宜；另一类则是贵金属催化剂及其与稀土金属氧化物形成的复合氧化物，这些金属或金属氧化物稳定性好，不易被氧化或腐蚀，在甲烷催化裂解研究中得到了一定的应用。

目前，在甲烷催化裂解制氢的研究中，Ni 被广泛的用作催化剂活性材料。M. A. Ermakova 等研究了 90% Ni-10% SiO₂（质量分数）和 90%Fe-10% SiO₂ 两种体系对甲烷催化裂解的影响，结果发现 Ni-SiO₂ 体系的催化效率远远大于 Fe-SiO₂ 体系，前者氢气产量也远远高于后者，而且 Fe 基催化剂在较短的时间内失去活性。尽管 K. J. Smith 等测得在还原 Co/Al₂O₃、Co/SiO₂ 催化剂上，Co/Al₂O₃ 上每摩尔表面 Co 分解 CH₄ 的摩尔数比 Co/SiO₂ 上的大得多，然而，L. B. Avdeeva 等却认为催化剂裂解甲烷用 Co 做催化剂是不适合的，因为 Co 的催化活性较低，而且 Co 的价格比较昂贵，毒性较高。Van Santen 等通过研究发现不同金属对 CH₄ 的活化顺序如下：Co，Ru，Ni，Rh＞Pt，Re，Ir＞Pd，Cu，W，Fe，Mo。这些过渡金属以及周期表中靠近过渡金属的金属，它们的催化活性除了与实验条件密切有关外，还与金属自身的 d 层电子结构有关，金属的价键理论认为，金属晶体是由单个原子的价电子之间通过共价键结合的结果，参加金属键的 d 电子分数越大，此金属的活性越高，金属 Ni 的 d 电子参加金属键的分数为 40%，在过渡金属中相对较高，这一因素对 Ni 的催化活性产生一定的影响，当然，负载金属的粒径大小、金属的负载量以及金属与催化剂载体、气体之间的相互作用也是影响催化剂催化活性的重要因素。因为负载金属的粒径大小严重影响了甲烷的裂解效率，很多研究者通过选择合适的载体来分散和稳定活性金属，从而得到颗粒较小且稳定的催化剂。S. Takenaka 等研究表明，当负载的 Ni 在 60~100nm 范围时，40%Ni-SiO₂ 催化剂在 773K 温度条件下催化裂解甲烷可得到相当高的氢气和碳产量（491gC/Ni），Kjersti O. Christensen 等在研究用甲烷裂解合成碳纳米管时也得出同样的结论[73]，Ni 颗粒的大小对碳纳米管的生长速度、催化剂的使用寿命和碳纳米管的产量有很大的影响。作为催化剂的金属往往不是单一的物质，而是由多种单质或化合物组成的混合物，当它们各自单独存在时，有的催化活性大，有的催化活性小，有的甚至没有催化活性，但是把它们组合在一起时可大大提高催化活性。在甲烷催化裂解反应时，为了提高催化剂的催化活性，经常把两种或两种以上的金属复合起来使用，Hitoshi Ogihara、S. Takenaka 等研究了甲烷在不同的钯合金上的转化率，结果发现，在研究以 Al₂O₃ 为载体的钯合金催化剂上，

Pd-Ni/Al$_2$O$_3$、Pd-Co/Al$_2$O$_3$ 催化剂在 973K 时，氢气的产量较高。L. B. Avdeeva、Jianzhong L 研究了不同含量的 Ni-Cu 和 Ni 在 Nb$_2$O$_5$ 载体上的催化裂解效率（见表 12-5），从表中可以看出，在温度为 600℃，空速为 48000mL·(g·h)$^{-1}$ 的条件下，用 50.8％Ni-21.2％Cu-Nb$_2$O$_5$ 催化剂催化裂解甲烷，1mol Ni 可以催化生成 7274mol 氢气，可见，采用 Ni-Cu-Nb$_2$O$_5$ 双金属催化剂得到的氢气产量远远高于单金属 Ni-Nb$_2$O$_5$ 催化剂，不仅如此，采用复合金属催化剂还可以大大提高催化剂的使用寿命，大多实验证明单质 Cu 在 800℃以下时对甲烷没有催化活性，然而 Cu、Ni 两种金属作催化剂却能大大提高氢气和碳的产量，延长催化剂的寿命，其中的原因可能是 Cu 和石墨结构的碳之间具有非常大的亲和力，这样 Cu 就阻止了甲烷裂解生成的碳在 Ni 表面沉积，从而延长了催化剂的使用寿命。

从大量文献资料中不难看出，许多研究者在研究金属催化活性时都采用了比表面积较大的材料作为催化剂中载体材料，如 SiO$_2$、活性炭、Al$_2$O$_3$ 等粉体材料。最近，日本研究者 K. Nakagawa 等研究了在比表面积较小（18.5m^2·g^{-1}）的氧化金刚石表面上不同金属催化剂对甲烷的催化效率，把金刚石放在含氧的气氛中部分氧化，然后通过化学方法分别在部分氧化的金刚石表面上涂载了八种不同金属 Ni、Pd、Fe、Co、Ru、Rh、Ir、Pt 质量分数各为 3％，在温度为 873K、甲烷流速为 30mL·min^{-1} 的条件下，在 TG 上分别采用 13mg 催化剂对甲烷催化裂解 0.5h，结果发现，不同催化剂对甲烷的催化效率依次如下：Ni＞Pd＞Fe、Co、Ru、Rh、Ir，Pt 在 Ni、Pd 上分别获得 2010μmol、1172μmol 氢气，而其他几种几乎对甲烷没有催化活性。在此之前 K. Nakagawa 等曾报道了 Ni/TiO$_2$ 和 Pd/TiO$_2$ 是裂解 CH$_4$ 较好的催化剂，Ni/氧化金刚石和 Pd/氧化金刚石催化剂同样证明了 Ni 和 Pd 对 CH$_4$ 有很高的催化活性，相比之下 K. Nakagawa 等曾研究表明 Rh 对 CH$_4$ 裂解有很高的催化活性，然而在以金刚石为载体时，Rh 对 CH$_4$ 裂解没有催化活性。可能与氧化金刚石表面的氧和金属催化剂之间的相互作用有关系，金刚石被氧化后在表面形成 C═O 和 C—O—C 化学键，氧对催化剂的催化活性起了重要的影响，要解释各种金属在氧化金刚石上的催化行为，还需要对它们的催化机理做进一步的研究。

在国内关于甲烷在催化剂上的裂解反应也有不少研究者进行了相关的研究工作，他们大多是在 Ni/SiO$_2$ 催化剂上研究甲烷裂解反应。潘智勇、沈师孔对不同温度条件下甲烷在 Ni/SiO$_2$ 催化剂上的催化裂解反应进行考察，结果表明，在反应温度为 550℃、600℃时，甲烷初始转化率较低，分别为 37％和 43％；当温度升高到 650℃后，甲烷初始转化率随之升高（＞63％）。

表 12-5　Ni-Cu-Nb$_2$O$_5$ 催化剂裂解甲烷获得的氢气产量

催化剂	Ni（质量分数）/％	Cu（质量分数）/％	T/℃	GHSV(空速)/mL·(g·h)$^{-1}$	碳产量/g C·g^{-1}Ni	氢产量/mol H$_2$·mol^{-1}Ni
Ni-Nb$_2$O$_5$	12	0	500	2400	377	3688
	5	0			148	1446
	19	0			393	3847
	32	0			244	2390
Ni-Cu-Nb$_2$O$_5$	46.7	19.4	600	4800	361	3528
	55.8	23.2			516	5052
	50.8	21.2			743	7274
	41.9	17.5			617	6038
	33.2	13.8			579	5663

甲烷制氢领域，催化剂种类除了上文所述的负载型催化剂之外，还有很多研究者直接采用非金属材料作为甲烷裂解的催化剂，其中研究最多的非金属材料催化剂是碳材料，如炭黑、活性炭、石墨以及合成金刚石粉末等。研究发现，炭黑和活性炭在甲烷催化裂解中具有比较稳定的催化活性和较长的使用寿命，但是相比负载型催化剂而言，炭黑和活性炭作为催化剂需要在较高的温度（＞800℃）条件下才具有催化活性，而且甲烷的转化率较低（＜10％）[73]。

12.2.3.2　甲烷氯化物、硫化物等的生产

（1）甲烷氯化物

甲烷氯化物（CMS）是一氯甲烷、二氯甲烷、三氯甲烷（氯仿）和四氯化碳的总称，属于基本化工原料，是重要的 C1 有机氯产品，是氯碱工业中主要耗氯产品，是重要的有机化学中间体。

近年，世界 CMS 生产能力约为 $320 \times 10^4 t \cdot a^{-1}$，主要生产地区为美国、西欧和日本，其产量占世界总产量的 90％以上。我国 CMS 年生产能力约为 $16.95 \times 10^4 t \cdot a^{-1}$，占世界总产量的 5.30％，所占比例太小，与国民经济发展不相适应。CMS 用途广泛，在国民经济发展中起到十分重要的作用。一氯甲烷主要用作生产有机硅单体甲基氯硅烷及甲基纤维素等有机化工产品的原料。二氯甲烷主要用作溶剂和清洗剂，目前世界生产能力为 $76 \times 10^4 t \cdot a^{-1}$，其中美国、西欧、日本占 98％以上。我国二氯甲烷主要用作生产三醋酸纤维胶片（即电影片、照相片、X 射线片）的原料，也有部分在医药等行业用作溶剂。

三氯甲烷主要用于生产 HCFC-22。HCFC-22 是制冷剂，也是生产聚四氟乙烯的原料，所消费的三氯甲烷占总量的 90％以上。

为了保护臭氧层不被破坏，我国根据《蒙特利尔协定》的要求，决定用于制冷行业的 HCFC-22，2016 年 7 月 1 日冻结在 2015 年水平上，2040 年 7 月 1 日停止使用。四氯化碳主要用作生产氟制冷剂 CFC-11 和 CFC-12 的原料，其消费量占总量的 90％。

我国根据《蒙特利尔协定》的要求，决定从 1999 年 7 月 1 日起，将四氯化碳及其衍生物氟制冷剂 CFC-11、CFC-12 等的生产与消费控制在 1995～1997 年 3 年的平均水平，2001 年逐步淘汰 CFC 5kt，2005 年削减 CFC 总产量的 50％，2010 年 7 月 1 日全部淘汰 CFC[74]。

① 氯甲烷

1）性质。氯甲烷又名甲基氯，是无色气体，可压缩成具有醚臭和甜味的无色液体。有麻醉作用，热稳定性好，400℃以下不与金属反应。微溶于水，溶于乙醇、苯、四氯化碳，与氯仿、乙醚和冰醋酸混溶。与空气形成爆炸性混合物，爆炸极限 8.1％～17.2％（体积分数）。有毒，人吸入多于 $1g \cdot m^{-3}$ 可能发生急性中毒。刺激和麻醉作用都较弱，即使到了危险浓度，中毒者仍感觉不到，慢性中毒的情况较多。长时间吸入少量氯甲烷蒸气会发生慢性或亚急性中毒。对一般金属（铝、镁、锌及其合金除外）无腐蚀性[75]。

2）产品用途。一氯甲烷主要用于生产甲基氯硅烷，全世界有 50％～90％的一氯甲烷用于有机硅生产。此外还用于甲基纤维素、四甲基铅、除草剂、丁基橡胶、季胺化合物等的生产。还可用作制冷剂、发泡剂，以及橡胶、树脂、有机化合物的溶剂。医药上用作局部麻醉剂。

3）技术进展。甲烷氯化法是将甲烷在高温下通氯气进行氯化，氯化产物经水吸收除去

氯化氢，再经压缩、冷凝分离出未反应的甲烷后，分馏即得成品氯甲烷和多氯化物。敌百虫副产回收法是回收氯甲烷或作商品或再氯化生产二氯甲烷、三氯甲烷、四氯化碳，是促进农药生产发展的一个方向，经济效益显著。除去氯化氢的敌百虫尾气（含一氯甲烷等）经两串联的缓冲罐，再经旋风分离器除去气体带来的水分，后经硫酸干燥器、酸雾捕集器、固碱干燥器，使一氯甲烷气体达到干燥的目的。然后经冷却器和缓冲罐由压缩机加压到 0.8 MPa，经油分离器、缓冲罐进入冷凝器，冷凝液即为一氯甲烷。

甲醇氢氯化法生产一氯甲烷是使甲醇气化后与来自氯化工序的尾气 [含 HCl 80％（体积分数）] 按一定的比例混合进入氯甲烷反应器，在 75％氧化锌水溶液的催化作用下，反应生成一氯甲烷。生产物经水洗、碱洗、干燥、压缩、液化，得成品。俄专利 RU 2070188 介绍：在 106～110℃、0～0.3MPa 条件下，甲醇和氯化氢进行脱氢氯化，随后将反应混合物蒸馏为氯甲烷及釜底产物（HCl 的甲醇液）。本法中 HCl 过量 $3mol \cdot L^{-1}$，并使母液甲醇形成饱和液，回收釜底产品用于反应。选用胺催化剂最好是 $PhNH_2$。

俄期刊中介绍了以铜-铬尖晶石为催化剂，在含氧混合物中甲烷氯化制取氯甲烷的有效方法。由于副产物 HCl 被氯化成与甲烷反应的 Cl_2，Cl_2 的利用率很高。俄专利介绍了在微球面 $\gamma\text{-}Al_2O_3$ 存在时，以氯化氢气相氯化甲醇制取一氯甲烷的方法[76]。

EP 878455 中介绍了无催化剂作用下，用盐酸液相氯化甲醇制备氯甲烷的方法。反应只受早晚期两个独立步骤的影响：反应初期受所采用的氯化氢化学计量余量的影响，反应晚期受所采用的甲醇化学计量余量的影响。从最后一步反应出来的粗混合物经气化和蒸馏，产生氯甲烷和甲醇水溶液，醇水溶液可分离为甲醇和副产水，甲醇回收再用作反应物[77]。

采用此方法制氯甲烷，可在抑制二甲基醚副产物生成的同时，使氯化氢转化率最高。罗马尼亚 Trabalka Carol 的发明是：由 30％氯化锌浸渍的氧化锌存在下，甲醇和氯化氢按物质的量的比为 1：1.2 反应制氯甲烷。该活性催化剂置于含四个反应区（分别为 300mm、300mm、800mm 和 2800mm）的反应器内，由充满的惰性碳化硅分为三层，惰性和活性催化剂层的比率为 (1：1)～(3：2)，非活性层便于热交换，以使活性催化剂层保持在 195～200℃[78]。在反应温度为 250～300℃、反应压力为 0.1～0.2MPa 的条件下，使原料甲醇、液氯和反应产物均处于气相。与液相反应相比，本法几乎不存在盐酸水溶液腐蚀反应器的问题，从而使反应器选择材质容易，方便制造，单台能力大。采用活性氧化铝为催化剂，由于催化活性高，甲醇转化率与一氯甲烷的选择性均较高。制得的一氯甲烷可经碱洗、干燥得到净化。一氯甲烷还可经进一步氯化、精馏制得二氯甲烷、三氯甲烷、四氯甲烷[79]。

② 二氯甲烷

1）性质。二氯甲烷是无色透明易挥发液体，具有类似醚的刺激性气味。溶于约 50 倍的水，溶于酚、醛、酮、冰醋酸、磷酸三乙酯、乙酰乙酸乙酯、环己胺。与其他氯代烃溶剂、乙醇、乙醚和 N,N-二甲基甲酰胺混溶。热解后产生 HCl 和痕量光气，与水长期加热，生产甲醛和 HCl。进一步氯化，可得氯仿和四氯化碳。毒性很小，且中毒后苏醒较快；对皮肤及黏膜有刺激性。

2）应用。二氯甲烷具有高溶解力和不燃性，沸点较低。广泛用作醋酸纤维素成膜，三醋酸纤维素抽丝，石油脱蜡，气溶胶和抗生素、维生素、甾族化合物生产中的溶剂，以及金属表面漆层清洗脱脂和脱膜剂。此外，还用于谷物熏蒸和低压冷冻机及空调装置的制冷。在聚醚型尿烷泡沫塑料生产中用作辅助发泡剂，以及用作挤压聚砜型泡沫塑料的发泡剂。

3）技术进展。瓦斯氯化法是使瓦斯与氯气反应，经水吸收氯化氢副产盐酸后，用碱液除去残余微量氯化氢，再经干燥、压缩、冷凝、蒸馏得成品。氯甲烷氯化法是使氯甲烷与氯气在 40MW 光照下进行反应，生成二氯甲烷，经碱洗、压缩、冷凝、干燥和精馏得成品。副产三氯甲烷。日本旭硝子公司介绍了有含铜氯化物，含锆、铁、镍、铝和/或碱土金属的混合氧化物催化剂存在时，（氯）烃经氧氯化制得氯烃的方法。例如向反应器内装填含有铜的氯化物和 Al_2O_3-ZrO_2（附制法）催化剂，在 360℃下，加入 MeCl、HCl 和氧的混合物，制得 CH_2Cl_2、$CHCl_3$ 和 CCl_4，其选择率分别为 70.1％、12.0％、0.5％，转化率为 49.2％[80]。

杜邦迪诺斯公司披露的方法是使用多相催化剂从而改变 C_1～C_6 卤烃的氢含量。多相催化剂的制法是：先制取含有两种金属组分（如锰、钴、锌、镁、镉的二价组分和/或铝、镓、铬和/或钒的三价组分）单相固体催化剂母体，在不高于 600℃破坏其结构；加入热母体形成多相结构化合物，制得催化剂，其中含有一种金属组分的一相均相分散到含其他金属组分的相中，当母体中不含氟化物时，至少在 200～450℃时要将多相化合物与含氟化合物氟化可蒸发化合物。以 MnF_2/β-AlF_3 为催化剂，在 250℃下，用氟化氢氟化 CH_2Cl_2 2.5 h，所得产物含 CH_2Cl_2 90％、CH_2F_2 1.3％、CH_2ClF 8.6％[81]。

日本旭硝子公司披露的方法是于催化剂存在下 MeOH 与 HCl 反应生成一氯甲烷，再进一步催化氧氯化所得一氯甲烷，制得二氯甲烷和氯仿。例如在 230℃下，HCl 和 MeOH（物质量的比为 1.3：1）的混合物与 ZrO_2 载的 ZnO 接触可使 MeOH 100％转化和对一氯甲烷 100％的选择性。将所得一氯甲烷与 NCl_3 和氧（空气）在 330℃下通过与 ZrO_2 载的氯化铜接触而被氧氯化，一氯甲烷转化率为 17.1％、CH_2Cl_2 选择性为 73.3％、$CHCl_3$ 选择性为 3.3％[82]。

③ 三氯甲烷

1）性质。三氯甲烷又称氯仿，是无色透明、高折射率、易挥发的液体。有特殊香甜气味。不易燃，与火焰接触会燃烧，并放出光气。与乙醇、乙醚、苯、石油醚、四氯化碳、二硫化碳和挥发油等混溶，微溶于水。在氯甲烷中最易水解成甲酸和 HCl，稳定性差，450℃以上发生热分解，能进一步氯化为 CCl_4。有麻醉性。大量吸入高浓度蒸气能损伤呼吸系统、心、肝和肾，甚至突然致死。蒸气可刺激眼黏膜而引起损害，进入眼睛能引起眼球震颤症。露置在日光、氧气、湿气中，特别是和铁接触时，则产生光气而使人中毒。

2）用途。三氯甲烷可作为制作氟里昂（F-21、F-22、F-23）等的原料，医药上用作麻醉剂及天然或发酵药物的萃取剂，也可作为香料、油脂、树脂、橡胶的溶剂和萃取剂，与四氯化碳混合可制成不冻的防火液体。还可配制熏蒸剂，用作杀虫防霉剂的中间体。

3）技术进展。三氯乙醛法（又称氯油法）是国内常用方法。该法是将酒精转化为三氯乙醛（氯油）（要求三氯乙醛含量大于 70％），然后滴加到装有石灰乳的碱解釜中。石灰乳含氢氧化钙 8％～21％。碱解釜中氯油在 60～65℃下碱解生成氯仿。然后通过水洗、沉降分离，得到粗氯仿，再精制得到成品。氯仿成品采用—15℃盐水冷却包装。蒸馏釜液返回碱解釜。此法的优点是产品质量好，主成分氯仿含量高于 99.80％；缺点是成本高，合 5800～5900 元·t^{-1}。

乙醛法也是国内常用的一种生产氯仿的方法。该法是将原料漂白液和经稀释的乙醛溶液按 1.015：1 的比例混合后，进入带搅拌的常压反应器中，在 72～80℃发生反应，生成氯仿，经两次冷凝后得到半成品——粗氯仿溶液（含氯仿超过 90％）。该溶液再经水洗处理送入间歇精馏塔精制得到氯仿成品。本法工艺流程简单，属废物利用，产品质量高，主成分氯仿含量超过 99.78%；但三废治理困难，成本约 6000 元·t^{-1}。

甲烷法是国内最主要的一种生产氯仿的方法。本法是将瓦斯、氯气、循环气（系统不凝气）按（0.6～0.8）：1：（3～4）的比例混合进入反应器，在 380～400℃、0.04～0.06MPa 下进行热氯化反应，生成一氯甲烷、二氯甲烷、三氯甲烷、四氯化碳和氯化氢等产物。反应后的气体经水洗、碱洗、干燥、压缩、冷凝得到四种甲烷氯化物的混合物——粗氯化液。粗氯化液采用连续精馏的方法，分离制得二氯甲烷、三氯甲烷成品。釜液送四氯化碳工序。此方法优点是成本低；缺点是原料甲烷气需净化，而且产品质量不高，主成分氯仿纯度只能达到 99.1%～99.5%。

国外多采用甲烷法和甲醇法，大部分是甲醇法。甲醇法是先使甲醇与氯化氢发生氢氯化反应生成一氯甲烷。然后再进行氯化反应，生产二氯甲烷、三氯甲烷和四氯甲烷。此法中氯仿的最大比例为 80%，而主产品氯仿纯度可达 99.9%。

此外还有文献介绍由四氯化碳加氢脱氯制氯仿的方法，如专利 EP 652195 中介绍：在载铂和/或钯催化剂及一种以上溶剂（如戊烷、己烷、庚烷、苯等）对四氯化碳液相催化加氢脱氯可制得氯仿。此反应可在工业规模连续或间歇进行。也有文献介绍将用过的 $Pt\text{-}Al_2O_3$ 经水洗、氢气氛中加热及烧结而再生的产物为催化剂，还原四氯化碳为氯仿[83]。

日本德山公司的发明是：在有催化剂存在的液相中使卤烃氢化生产低卤烃。例如用液体将黏附到反应器内壁的催化剂冲掉并进入液相，在以氧化铝为骨架的铂上以 140℃、4.5MPa 的氢热压处理 CCl_4 6h，通入 CCl_4 冲洗反应器内壁，制得 CH_2Cl_2、$CHCl_3$、CH_4、六氯乙烷、过氯乙烯，其选择率分别为 0.2%、96.0%、3.5%、0.2% 和 0.1%。700h 后 CH_3Cl 的选择率为 95.6%。另外还有俄专利 RU 2076854 中介绍用工业级氯醛氧化同时生产氯仿和甲酸钠的方法[84]。

④ 四氯甲烷

1）性质。四氯甲烷又称四氯化碳，是无色透明易挥发液体，具有特殊的芳香气味，味甜，有毒。与乙醇、乙醚、氯仿、苯、二硫化碳、石油醚和多数挥发油等混溶，不易燃。加热到 250℃ 即可分解为光气和 HCl，与氢等还原成氯仿。四氯化碳的麻醉性比氯仿小，但对心、肝、肾的毒性强。人饮入 2～4mL 即致死。刺激咽喉，可引起咳嗽、头痛、呕吐，而后呈现麻醉作用，昏睡，最后肺出血死亡。空气中最高容许浓度为 65mg·m^{-3}。

2）用途。四氯化碳可用作溶剂、有机物的氯化剂、香料的浸出剂、纤维的脱脂剂、谷物熏蒸消毒剂、药物的萃取剂，并用于制造氟利昂和织物干洗剂。医药上可用作杀钩虫药，在金属切削中用作润滑剂。

3）技术进展。甲烷热氯化法是甲烷与氯气混合，在 400～430℃ 下发生热氯化反应，制得粗品和副产盐酸，粗品经中和、干燥、蒸馏提纯得成品。副产物除盐酸外，还有三氯甲烷、四氯乙烯和六氯乙烷，都可经回收销售。二硫化碳法是以铁为催化剂，氯气和二硫化碳在 90～100℃ 下反应，反应产物经分馏、中和、精馏得成品。本法投资少，产品易提纯，但成本高，设备腐蚀严重。

甲醇液相光氯化法生产一氯甲烷后可将一氯甲烷气化后与氯气按一定比例进入氯化反应器，在光照作用下，反应生成氯化液（含四氯化碳 97%），氯化液经中和处理后进行精馏，得到成品四氯化碳。

本反应可在较低温度和压力下进行（70～80℃、0.1MPa），副反应小，转化率高。同时由于整个生产过程基本在一个闭合循环下进行，故生产连续性较强，控制水平较高。但反应速率低，生产强度低，只适宜小规模生产。

此外还有甲烷氧氯化法、高压氯解法、甲醇氢氯化法。国外生产四氯化碳的方法有甲醇法、甲烷法等。甲醇法生产过程可同时生成一氯甲烷、二氯甲烷、三氯甲烷、四氯化碳，其组成与氯比（氯与一氯甲烷的比）控制有直接关系，且影响最大。为了获得目的产物，就要控制适宜的氯比。

（2）硫化物

二硫化碳用途广泛，主要用于化学纤维、玻璃纸、四氯化碳的制造。也用作油漆和清漆脱膜剂，还用来制造农药、熏蒸杀虫剂，油脂工业用作溶剂，橡胶工业用作加硫促进剂，浮游选矿剂和飞机加速剂等。

① 二硫化碳的生产技术　制造二硫化碳目前世界上广泛使用的原料为硫黄、甲烷、丙烯、木炭等。二硫化碳的制造分为气固相反应和气相反应两种，下面介绍气相反应法制甲烷。气相反应是指在硫、碳两种原料均为气态的条件下进行的反应。如甲烷与硫蒸气的反应，丙烷、丙烯与硫蒸气的反应等[85]。

$$CH_4 + 4S \longrightarrow CS_2 + 2H_2S$$

甲烷法是甲烷（或瓦斯）与气态硫在 $500 \sim 700℃$ 的温度下，按上式反应生成二硫化碳和硫化氢，反应物中除二硫化碳、硫化氢外，还含有过量未反应的硫。经冷凝、分离、精制可得成品二硫化碳。分离出的硫化氢在克劳斯系统中反应生成硫，然后与未反应的硫一起返回合成工序。

甲烷法和电炉法相比，生产效率大大提高，投资、成本、维修费均低，节能而且环保问题得到解决。

② 二硫化碳合成反应动力学初探　文献报道：甲烷硫化反应为二级反应，二级反应的反应速率与反应物浓度的平方（或两种反应物浓度的乘积）成比例。反应速率方程式为

$$-\frac{dC_A}{d\tau} = KC_A^2$$

或写成：

$$-\frac{dC_A}{C_A^2} = K d\tau$$

反应开始时，$\tau = 0$，反应物浓度为 C_{A0}，经过时间 τ，反应物浓度为 C_A，上式积分得：

$$K\tau = \frac{1}{C_A} - \frac{1}{C_{A0}}$$

$$\tau = \frac{1}{K}\left(\frac{1}{C_A} - \frac{1}{C_{A0}}\right)$$

换成以转化率 x 表示，$C = C_0(1-x)$，则得：

$$\tau = \frac{1}{KC_0} \times \frac{x}{1-x}$$

二硫化碳合成反应是在反应炉管及反应器中进行，反应时间 $29.6s$，转化率为 96%，变化式，求出反应速率常数：

$$K = \frac{1}{29.6} \times \frac{0.96}{1-0.96} = 0.81 m^3 \cdot (kmol \cdot s)^{-1}$$

物料在反应炉管停留时间为 12.33 s，根据式 $\tau = \dfrac{1}{KC_0} \times \dfrac{x}{1-x}$ 可求出在反应炉管中的转化率为 90.9%，在转化器中的转化率仅为 5%。

③ 温度的影响　如众周知，在理想气体的情况下，平衡常数 K_p 只受温度影响，可用下式表示：

$$\frac{\mathrm{d}\ln K_p}{\mathrm{d}T} = \frac{\Delta H^{\ominus}}{RT^2}$$

化学反应为吸热反应时，$\Delta H^{\ominus}$ 为正值，则 $\dfrac{\mathrm{d}\ln K_p}{\mathrm{d}T} > 0$，$K_p$ 随温度的升高而加大，即提高温度，有利于吸热反应的进行，提高转化率。

放热反应时，$\Delta H^{\ominus}$ 为负值，$\dfrac{\mathrm{d}\ln K_p}{\mathrm{d}T} < 0$，$K_p$ 值随温度的升高而减小。

$$CH_4 + 2S_2 \longrightarrow CS_2 + 2H_2S$$

这一反应为放热反应。但是，硫分子是以 S_2、S_6、S_8 等多种形态存在，在高温下主要以 S_2 状态存在，温度低时，主要以 S_6、S_8 形态存在。然而 $S_8 \longrightarrow S_6 \longrightarrow S_2$，要吸收热量，因此，上述反应比较复杂。故将上述反应式改写成：

$$CH_4 + aS_x \longrightarrow CS_2 + 2H_2S$$

$$ax = 4, x = 2 \sim 8$$

实践证明，这一反应在低温时为吸热反应，而在高温时为放热反应，大约为 680℃，反应的热效应为零[86]，如图 12-17 所示。

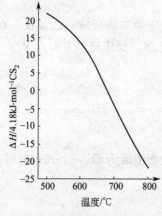

图 12-17　生成 CS_2 的反应热与温度的关系

为了提高转化率，反应温度控制在 650~680℃ 较为理想。讨论影响因素，还要兼顾化学动力学，即要考虑反应速率。根据阿伦尼乌斯公式，反应速率常数与温度有如下关系：

$$K = A\mathrm{e}^{-E'/(RT)}$$

$$\text{或}\quad \lg K = \lg A - \frac{E'}{2.303RT}$$

式中　K——反应速率常数，$m^3 \cdot (kmol \cdot s)^{-1}$；

　　　T——热力学温度，K；

　　　R——气体常数，$8.314J \cdot (mol \cdot K)^{-1}$；

　　　E——活化能，$131.47kJ \cdot mol^{-1}$；

　　　A——频率因子。

前面已经算出，在 650℃ 时，甲烷硫化合成二硫化碳的反应速率常数为 $0.81m^3 \cdot (kmol \cdot s)^{-1}$。将各值代入，求出频率因子。

$$\begin{aligned}
\lg A &= \lg K + \frac{E}{2.303RT} \\
&= -0.0915 + \frac{131470}{2.303 \times 923 \times 8.32} \\
&= 7.3427
\end{aligned}$$

$$A = 2.2 \times 10^7$$

用上式算出 500℃、600℃、650℃、700℃ 的反应速率常数，如表 12-6 所列。

表 12-6　反应速率常数　　　　　单位：$m^3 \cdot (kmol \cdot s)^{-1}$

反应温度/℃	500	600	650	700
反应速率常数	0.029	0.304	0.810	1.952

由上计算可见，温度升高反应速率加快。但是，温度过高，将影响炉管寿命。另外，温度超过 680℃ 为放热反应，继续提高温度，平衡转化率会随之降低。

12.2.3.3　炭黑生产

（1）炭黑生产发展简介

炭黑是人类很早以前就知道并有着广泛应用的化学物质之一，距今有 3000 多年的历史，我国是世界上最早应用和制造炭的国家之一，据有关资料记载从公元 176～257 年就开始制取"炱"（即炭黑），直到 1872 年近代炭黑出现后，才有"炭黑"这一名称。炭黑英文名称叫"carbon black"。

炭黑的工业化生产是近百年的事，开始为槽法炭黑，发明于 1872 年并逐渐发展。直到第二次世界大战期间至 1945 年前后，槽法炭黑的生产一直处于主导地位。但是，由于槽法炭黑生产过程中的种种问题（如原料的局限性，收率偏低，产量少，价格昂贵以及污染等），于是 1932 年由克雷奇（J. C. Krejei）研制成功了炉法炭黑。1944 年生产出了高耐炉炭黑，20 世纪 50 年代以后中超耐磨炉黑、通用炉黑等相继出现。从此，它以特有的方式得到迅速发展，并逐渐取代了槽法炭黑。

20 世纪 70 年代初一种全新的新工艺方式又推动了炉法炭黑的发展，并代替了传统炭黑。由于它具备了更合理的反应机理和强化了反应条件，很快在全世界得到推广和应用，产量不断扩大，到 20 世纪 80 年代末，全世界橡胶用炭黑达 600 万吨。其中新工艺占 90% 以上。20 世纪 70 年代初发展起来的新工艺炭黑使油炉法炭黑得到进一步开拓[87]，油炉法炭黑的生产特点是：a. 油炉法炭黑是用预混性火焰在还原的气氛中生成的；b. 为了提高炭黑收率和质量，通过选择各种可使用油料，而以富含芳烃油料最佳；c. 原料油在炉内燃烧裂解，可以大大提高原料油的利用率，并控制生产；d. 生产工艺技术的发展，自动化水平高，目前也采用计算机控制生产；e. 油炉法炭黑的生产是在密闭的容器中进行的，设备的布置较紧凑，环境污染问题也得到较为有效的控制。

（2）炭黑的生成过程及工艺流程简介

炭黑的生成过程大致可分为五个阶段：初期反应、成核作用、粒子集聚、聚集体表面增长、氧化作用[88]。典型炭黑生成的化学方程式：

$$C_n H_m \longrightarrow nC + \frac{m}{2} H_2$$

① 初期反应　是炭黑生成的先兆和开始，包括分子体系向粒子体系的转换。

② 成核作用　是晶核生成和晶核长大的过程。

③ 粒子集聚　在成核作用下生成直径为 1～2nm 小粒子间的碰撞。

④ 聚集体表面增长　积聚体表面集聚或吸附，生成 100～1000nm 的链状物。

⑤ 氧化作用　炭黑生成和增长之后，由于氧化过程，生成表面官能团。

其流程如图 12-18 所示。

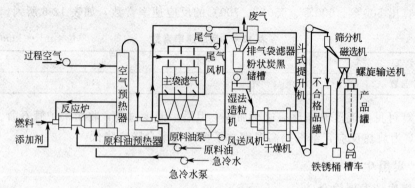

图 12-18　炭黑生产流程

参考文献

[1]　彭成．我国煤矿瓦斯抽采与利用的现状及问题 [J]．中国煤炭，2007，33（2）：60-63．

[2]　许木芹．采煤工作面采空区瓦斯民用需注意的几个问题 [J]．煤炭技术，2006，25（7）：137-138．

[3]　王平．晋城煤业集团煤层气产业发展规划研究 [D]．天津：天津大学，2010．

[4]　王力，翟成，陆海龙，等．我国煤矿瓦斯抽采利用现状及存在问题分析 [J]．中国科技论文在线，2008，06．

[5]　吴岳伟，邵毅明，潘芝桂．煤层气用作汽车替代燃料的现状及对策研究 [J]．公路与汽运，2011（001）：25-27．

[6]　GB/T 26127—2010.

[7]　王世德．兰州市发展压缩天然气汽车的探讨 [J]．煤气与热力，2005，25（3）：65-67．

[8]　于敢超，王欣．煤层气利用及发电技术现状概述 [J]．电站系统工程，2011，3：029．

[9]　朱一锟．流体力学基础 [M]．北京：航空航天大学出版社，1990．

[10]　樊会学，王健．铁煤集团低浓度瓦斯发电获成功 [J]．煤炭工程，2008（3）：59．

[11]　王军．寺河煤矿安全高效矿井建设实践 [J]．煤炭工程，2006，1：001．

[12]　张强．以煤层气作为燃料的燃料电池发电技术 [J]．能源研究与利用，2000（6）：32-35．

[13]　沈承，曹广益，朱新坚．熔融碳酸盐燃料电池发电的应用与商业化 [J]．现代电力，2001，18（2）：55-61．

[14]　衣宝廉．燃料电池的原理、技术状态与展望 [J]．电池工业，2003，8（1）：16-22．

[15]　Spiegel R J, Preston J L, Trocciola J C. Fuel cell operation on landfill gas at Penrose Power Station [J]．Energy, 1999, 24（8）：723-742.

[16]　马超．基于热电冷联产技术的煤矿瓦斯利用研究 [D]．阜新：辽宁工程技术大学，2009．

[17]　丰防震．分布式冷热电联产系统应用于建筑节能的技术经济分析 [J]．能源工程，2006（6）：69-72．

[18]　熊霞利．热电冷三联产系统的节能研究 [J]．武汉：华中科技大学，2004．

[19]　张宝怀，陈亚平，施明恒．天然气热电冷三联产系统及应用 [J]．热力发电，2005，4：59-61．

[20]　蒋德军．合成氨工艺技术的现状及其发展趋势 [J]．现代化工，2005，25（8）：9-16．

[21]　刘巧．浅议 U-GAS 炉气化工艺设计 [J]．煤化工，2000，3：26-31．

[22]　倪维斗，靳晖，李政，等．二甲醚经济：解决中国能源与环境问题的重大关键 [J]．煤化工，2003，31（4）：3-9．

[23]　Lee J S, Lee K H, Lee S Y, et al. A Comparative Study of Methanol Synthesis from CO_2/H_2/and CO/H_2/over a Cu/ZnO/Al$_2$O$_3$ Catalyst [J]．Journal of Catalysis, 1993, 144（2）：414-424.

[24]　Rapagna S, Jand N, Kiennemann A, et al. Steam-gasification of biomass in a fluidised-bed of olivine particles [J]．Biomass and Bioenergy, 2000, 19（3）：187-197.

[25]　Agny R M, Takoudis C G. Synthesis of methanol from carbon monoxide and hydrogen over a copper-zinc oxide-alumina catalyst [J]．Industrial & engineering chemistry product research and development, 1985, 24（1）：50-55.

[26]　Kazanskll V B. Quantum-chemical investigation of mechanism of de-hydroxylation of crystalline and amorphous alu-
minosilicates [J]. Kinetics and Catalysis, 1986, 27: 77.

[27]　Lavalley J C, Saussey J, Lamotte J, et al. Infrared study of carbon monoxide hydrogenation over rhodium/ceria and
rhodium/silica catalysts [J]. Journal of Physical Chemistry, 1990, 94 (15): 5941-5947.

[28]　Kagan H B, Riant O. Catalytic asymmetric diels alder reactions [J]. Chemical reviews, 1992, 92 (5): 1007-1019.

[29]　Vedage G A, Pitchai R, Herman R G, et al. Water promotion and identification of intermediates in methanol synthe-
sis [C]. Proceedings of the 8th International Congress on Catalysis. Berlin: Fed Rep Ger, 1984: 47-49.

[30]　Bowker M, Houghton H, Waugh K C. Mechanism and kinetics of methanol synthesis on zinc oxide [J]. J Chem
Soc, Faraday Trans, 1981, 77 (12): 3023-3036.

[31]　Sun Q, Deng Y. In situ synthesis of temperature-sensitive hollow microspheres via interfacial polymerization [J].
Journal of the American Chemical Society, 2005, 127 (23): 8274-8275.

[32]　Amenomiya Y, Tagawa T. Infrared study of methanol synthesis from $CO_2 + H_2$ on supported copper-zinc oxide cata-
lysts [J]. Proc 8th Intern Congr on Catalysis. Berlin: 1984: 557-567.

[33]　Ramaroson E, Kieffer R, Kiennemann A. Reaction of carbon dioxide and hydrogen on supported palladium catalysts
[J]. Journal of the Chemical Society, Chemical Communications, 1982 (12): 645-646.

[34]　Fujita S I, Usui M, Takezawa N. Mechanism of the reverse water gas shift reaction over Cu/ZnO catalyst [J].
Journal of Catalysis, 1992, 134 (1): 220-225.

[35]　Neophytides S G, Marchi A J, Froment G F. Methanol synthesis by means of diffuse reflectance infrared Fourier
transform and temperature-programmed reaction spectroscopy [J]. Applied Catalysis A: General, 1992, 86 (1):
45-64.

[36]　Peltier F L, Chaumette P, Saussey J, et al. In-situ FT-IR spectroscopy and kinetic study of methanol synthesis from
CO/H_2 over $ZnAl_2O_4$ and $CuZnAl_2O_4$ catalysts [J]. Journal of Molecular Catalysis A: Chemical, 1997, 122 (2):
131-139.

[37]　Klier K, Chatikavanij V, Herman R G, et al. Catalytic synthesis of methanol from COH_2: Ⅳ. The effects of carbon
dioxide [J]. Journal of Catalysis, 1982, 74 (2): 343-360.

[38]　李仕禄. 二甲醚及其生产工艺 [J]. 化肥设计, 1995, 4: 011.

[39]　林荆. 甲醇制气溶胶级二甲醚扩大试验通过省级鉴定 [J]. 天然气化工, 1992, 17 (3): 60.

[40]　陶家林, 牛玉琴. 合成气制二甲醚催化剂及反应条件的研究 [J]. 天然气化工: C1 化学与化工, 1991, 16 (5):
17-21.

[41]　王震. 合成气一步法合成二甲醚研究 [J]. 化工时刊, 2007, 11: 27-28.

[42]　刘志光. 国内外二甲醚市场分析和生产工艺水平 [J]. 化工科技市场, 2003, 12: 16-19.

[43]　Kohji Omata, Yuhsuke Watamahe, Tetsuo Umegaki, et al. Low-pressure DMIr synthesis with Cu-based hybrid cat-
alysts using temperatuee-gradient reactor [J]. Fuel, 2002, 81: 1605-1609.

[44]　Mizukuguchi M. A new catalyst for direct synthesis of dimthyl ether from synthesis gas [P]: JP, 09309852. 1997-
10-02.

[45]　贾美林, 徐恒泳, 李文钊, 等. 浆态床反应器中含氮合成气合成二甲醚的研究 [J]. 天然气化工, 2004, 29 (2):
1-5.

[46]　房鼎业, 姚佩芳, 朱炳辰. 甲醇生产技术及进展 [M]. 上海: 华东化工学院出版社, 1990.

[47]　Hansen J B, Joensen F. Natural Gas Conversion symposium Proceedings. Amsterdam: Elsevier, 1991: 457-467.

[48]　Peng X D, Toseland B A, Underwood R P. A novel mechanism of catalyst deactivation in liquid phase synthesis gas-
to-DME reactions [J]. Studies in Surface Science and Catalysis, 1997, 111: 175-182.

[49]　崔晓莉, 凌凤香. 合成气一步法制取二甲醚技术研究进展 [J]. 当代化工, 2008, 37 (3): 304-307.

[50]　谢光全, 谢闵. 天然气制二甲醚的经济评价 [J]. 石油与天然气化工, 2001, 30 (5): 221-224.

[51]　贾美林, 李文钊, 徐恒泳, 等. 含氮合成气直接制二甲醚的 Cu 基催化剂研究 [J]. 分子催化, 2002, 16 (1):
35-38.

[52]　沙雪清, 林红, 宫丽红, 等. 合成气直接制二甲醚的 Cu 基双功能催化剂研究 [J]. 哈尔滨工业大学学报, 2005, 37
(10): 1384-1387.

[53] Bridgewater A J, Wainwright M S, Young D J, et al. Methanol synthesis over raney copper-zinc catalysts. III. optimization of alloy composition and catalyst preparation [J]. Applied catalysis, 1983, 7 (3): 369-382.

[54] Baglin E G, Atkinson G B, Nicks L J. Catalyst for synthesis of methanol: US, 4181630. 1980-1-1.

[55] Daly F P. Methanol synthesis over a CuThO₂ catalyst [J]. Journal of Catalysis, 1984, 89 (1): 131-137.

[56] 毛东森，杨为民，张斌，等．氧化铝的改性及其在合成气直接制二甲醚反应中的应用 [J]．催化学报，2006, 27 (6)：515-521.

[57] 宋庆英，毛东森，张斌．HZSM-5 分子筛的改性对合成气直接制二甲醚反应的影响 [J]．天然气化工，2004, 29 (2)：12215.

[58] 王保伟，宋华，许根慧．甲烷直接转化合成甲醇研究进展 [J]．现代化工，2005, 25 (z1)：40-55.

[59] McCormick R L, Alptekin G O. Comparison of alumina-, silica-, titania-, and zirconia-supported FePO₄ atalysts for selective methane oxidation [J]. Catalysis today, 2000, 55 (3): 269-280.

[60] Shiota Y, Yoshizawa K. Methane-to-methanol conversion by first-row transition-metal oxide ions: ScO⁺, TiO⁺, VO⁺, CrO⁺, MnO⁺, FeO⁺, CoO⁺, NiO⁺, and CuO⁺ [J]. Journal of the American Chemical Society, 2000, 122 (49): 12317-12326.

[61] Tomomi S, Ayako K, Naoto A. Partial oxidation of methane on silica-supported silicomolybdic acid catalysts in an excess amount of water vapor [J]. Journal of Catalysis, 2000, 190 (1): 118-127.

[62] Mylvaganam K, Bacskay G B, Hush N S. Homogeneous conversion of methane to methanol. 2. Catalytic activation of methane by cis-and trans-platin: A density functional study of the Shilov type reaction [J]. Journal of the American Chemical Society, 2000, 122 (9): 2041-2052.

[63] Okumoto M, Su Z, Katsura S, et al. Dilution effect with inert gases in direct synthesis of methanol from methane using nonthermal plasma [J]. Industry Applications, IEEE Transactions on, 1999, 35 (5): 1205-1210.

[64] 尉迟力，夏仕文，李树本．甲烷生物催化氧化制甲醇 [J]．催化学报，1997, 18 (6)：505-508.

[65] 高峰，钟顺和．非晶态 FeO·5AlO·5PO₄ 表面上激光促进甲烷直接氧化合成甲醇的研究 [J]．化学物理学报，2000, 13 (5)．

[66] Taylor C E, Noceti R P. New developments in the photocatalytic conversion of methane to methanol [J]. Catalysis Today, 2000, 55 (3): 259-267.

[67] 王玉梅．甲烷催化氧化成甲醛 [J]．张家口师专学报：自然科学版，1995 (2)：29-33.

[68] 章文．甲烷直接转化制乙烯技术取得突破 [J]．石油炼制与化工，2010, 10：021.

[69] 许珊，王晓来，赵睿．甲烷催化制氢气的研究进展 [J]．化学进展，2003, 15 (2)：141-150.

[70] 李建雄，王振艳．甲烷催化裂解制氢气的研究 [J]．河南机电高等专科学校学报，2008, 16 (1)：18-19.

[71] 白宗庆，陈皓侃，李文，等．流化床中甲烷在活性炭上裂解制氢研究 [J]．天然气化工，2006, 31 (1)：124.

[72] 刘少文，陈久岭，曹磊，等．鼓泡流化床中甲烷催化裂解制氢的实验研究 [J]．天然气化工，2004, 29 (2)：6211.

[73] 张志，唐涛，陆光达．甲烷催化裂解制氢技术研究进展 [J]．化学研究与应用，2007, 19 (1)：1-9.

[74] 程中琪．我国甲烷氯化物的生产与技术进展 [J]．氯碱工业，1999, 8.

[75] 徐继红．甲烷氯化物生产技术进展 [J]．氯碱工业，2001, 4：1-4.

[76] Vlasenko V M, et al. 氧气存在下甲烷氯化作用的铜-铬尖晶石催化剂 [J].Zh Prikl Khim, 1998, 71 (8): 1321-1323.

[77] Narita Tomomi, Kobayashi Hiroyuki, et al [P]. 英国，878455. 1998-11-18.

[78] Trabalka Carol, Szabo Rozsika-Lili. 甲醇与氯化氢反应制氯甲烷的生产工艺及催化剂 [P]：罗马尼亚，105800. 1989-08-14.

[79] 俞潭洋．甲醇气相法联产氯代甲烷工艺特点 [J]．浙江化工，29 (4)：38-40.

[80] Rao Uelliyur Nott Mallikarjuna, Subramanian Munirpallam A. 卤烃转化的催化剂、催化剂母体的制备和应用 [P]：英国，9532799. 1995-12-07.

[81] Rao Uelliyur Nott Mallikarjuna, Subramanian Munirpallam A. 卤烃转化的催化剂、催化剂母体的制备和应用 [P]：英国，9532799. 1995-12-07.

[82] Takagi Yoichi, Yoshida Naoki, et al. 二氯甲烷和氯仿的生产 [P]：日本，0748293, 1995-02-21.

[83] Nurra Carmelo, Mansani Riccardo, et al. 四氯化碳液相加氢脱氯制备氯仿的方法及催化剂 [P]：意大利，

652195. 1995-05-10.

[84]　Myazaki Kojiro, Mizushima Yoji. 低卤烃的制备 [P]. 日本，07285895. 1995-10-31.

[85]　韩建多. 二硫化碳生产技术概况 [J]. 无机盐工业，1989 (5)：33-37.

[86]　韩建多，史传英. 甲烷法合成二硫化碳的探讨 [J]. 无机盐工业，1996 (4)：31-34.

[87]　李炳炎. 炭黑生产与应用手册 [M]. 北京：化学工业出版社，2000.

[88]　乔明. 富碳有机物成炭方法及应用研究 [D]. 南京：南京理工大学，2006.